Die Entstehung und Fortbildung des Reichserbhofgesetzes

Rechtshistorische Reihe

Band 378

Peter Lang
Frankfurt am Main · Berlin · Bern · Bruxelles · New York · Oxford · Wien

Christian Böse

Die Entstehung und Fortbildung des Reichserbhofgesetzes

Peter Lang
Internationaler Verlag der Wissenschaften

Bibliografische Information der Deutschen Nationalbibliothek
Die Deutsche Nationalbibliothek verzeichnet diese Publikation in der Deutschen Nationalbibliografie; detaillierte bibliografische Daten sind im Internet über <http://www.d-nb.de> abrufbar.

Zugl.: Kiel, Univ., Diss., 2008

Diese Arbeit wurde von
Herrn Prof. Dr. Werner Schubert
zur Aufnahme in diese Reihe empfohlen.

Umschlagabbildung:
Justitia – Sinnbild der Gerechtigkeit.
Dieser Bildausschnitt wurde einem Buch aus dem
17. Jahrhundert entnommen.

Gedruckt auf alterungsbeständigem,
säurefreiem Papier.

D 8
ISSN 0344-290X
ISBN 978-3-631-57863-6

Printed in Germany 1 2 3 4 5 7

www.peterlang.de

Vorwort

Die vorliegende Arbeit wurde von der Rechtswissenschaftlichen Fakultät der Christian-Albrechts-Universität zu Kiel im Wintersemester 2007/2008 als Dissertation angenommen.

Vorab möchte ich an meinen Doktorvater Herrn Prof. Dr. Jörn Eckert erinnern, der leider im Frühjahr 2006 viel zu früh verstorben ist. Ihm gebührt – auch posthum – mein besonderer Dank für seine Unterstützung sowohl hinsichtlich der Themensetzung als auch bei der anfänglichen Begleitung der Ausarbeitung.

Mein weiterer und ebenso großer Dank gilt Herrn Prof. Dr. Werner Schubert, welcher die Betreuung der Arbeit nach dem Tod von Prof. Dr. Eckert sofort übernommen, das Promotionsverfahren bis zum Ende in bester Weise begleitet sowie das Erstgutachten erstellt hat. Des Weiteren möchte ich Herrn Prof. Dr. Rudolf Meyer-Pritzl für die Übernahme und die zügige Erstellung des Zweitgutachtens danken.

In bester Erinnerung wird mir auch die geduldige und freundliche Hilfsbereitschaft der Mitarbeiterinnen und Mitarbeiter des Bundesarchivs in Berlin und des Geheimen Preußischen Staatsarchivs bleiben, denen an dieser Stelle nochmals ausdrücklich gedankt wird.

Erwähnen möchte ich auch diejenigen Freunde und Kollegen, die mich bei der Fertigstellung dieser Arbeit – vor allem bei der Durchsicht des Manuskripts – unterstützt haben. In diesem Zusammenhang seien insbesondere Inger Petersen, Christine und Jens Fickendey-Engels, Stephan Thomsen-Anders, John Christian Dous, Johannes Joepgen und Matthias Waibl genannt.

Meine Familie hat mir bei der Anfertigung der Arbeit in vielerlei Hinsicht zur Seite gestanden, wobei ich die vorbehaltlose Unterstützung meiner Mutter Ottilie Böse besonders hervorheben möchte. Ihr gilt mein besonderer Dank.

Ludwigsburg, im August 2008 Christian Böse

Inhaltsverzeichnis

Abkürzungsverzeichnis

a. A.	anderer Ansicht
a. a. O.	am angegebenen Ort
a. F.	alte Fassung
AcP	Archiv für civivlistische Praxis
ABGB	Allgemeines Bürgerliches Gesetzbuch (Österreich)
AgrarR	Zeitschrift für Agrarrecht
AkDR	Akademie für Deutsches Recht
a. M.	anderer Meinung
BArch	Bundesarchiv
Bad.	Baden, badische(s)
Bay.	Bayern, Bayrische(s)
BayObLG	Bayrisches Oberstes Landesgericht
Bd.	Band
Beschl.	Beschluss
BGB	Bürgerliches Gesetzbuch
Bl.	Blatt
BNSDJ	Bund Nationalsozialistischer Deutscher Juristen
DDJ	Der Deutsche Justizbeamte
DDR	Deutsche Demokratische Republik
DFG	Deutsche freiwillige Gerichtsbarkeit
DGWR	Deutsches Gemeinde und Wirtschaftsrecht
DJ	Deutsche Justiz
DJZ	Deutsche-Juristen-Zeitung
DNotZ	Deutsche Notar-Zeitschrift
DNVP	Deutschnationale Volkspartei
DR	Deutsches Recht
DRpfl	Deutsche Rechtspflege
DRZ	Deutsche Richterzeitung
dt.	deutsch(e)
Dt. AgrarR	Deutsches Agrarrecht
DVO. I	Erste Durchführungsverordnung zum Reichserbhofgesetz
DVO. II	Zweite Durchführungsverordnung zum Reichserbhofgesetz
DVO. III	Dritte Durchführungsverordnung zum Reichserbhofgesetz
DVO. IV	Vierte Durchführungsverordnung zum Reichserbhofgesetz
EGBGB	Einführungsgesetz zum Bürgerlichen Gesetzbuch

EHFV	Erbhoffortbildungsverordnung
EHG	Erbhofgericht
EHRV	Erbhofrechtsverordnung
EHVfO	Erbhofverfahrensordnung
FidErlG	Gesetz über das Erlöschen der Familienfideikommisse
GBO	Grundbuchordnung
GSA	Geheimes Staatsarchiv
GrdstVG	Grundstücksverkehrsgesetz
h. M.	herrschende Meinung
HA.	Hauptarchiv
HöfeO	Höfeordnung
JR	Juristische Rundschau
JW	Juristische Wochenschrift
Kap.	Kapitel
KG	Kammergericht
KPD	Kommunistische Partei Deutschlands
Landw.	Landwirtschaft, landwirtschaftliche(r)
LEG	Landeserbhofgericht
LG	Landgericht
MdR	Mitglied des Reichstages
MF	Mikrofiche
n. F.	neue Fassung
NS	Nationalsozialistisch,-e,-er
NSDAP	Nationalsozialistische Deutsche Arbeiterpartei
NS-Landpost	Nationalsozialistische Landpost
OLG	Oberlandesgericht
OKW	Oberkommando der Wehrmacht
Pr. EHR	Preußisches Bäuerliches Erbhofrecht
Pr. JM	Preußisches Justizministerium (bzw. -minister)
Pr. LM	Preußisches Landwirtschaftsministerium
RBewG	Reichsbewertungsgesetz
Rn(rn).	Randnummer(n)
RdL	Recht der Landwirtschaft
RdRN	Recht des Reichsnährstandes
REG	Reichserbhofgesetz
REHG	Reichserbhofgericht
REHGE	Entscheidungen des Reichserbhofgerichts
REM	Reichsministerium für Ernährung und Landwirtschaft, kurz: Reichsernährungsministerium
RGBl.	Reichsgesetzblatt
RIM	Reichsinnenministerium (bzw. –minister)

RJM	Reichsjustizministerium (bzw. –minister)
RMEL	Reichsminister für Ernährung und Landwirtschaft
Rspr.	Rechtsprechung
RuStAG	Reichs- und Staatsangehörigkeitsgesetz
SozPr	Soziale Praxis: Zentralblatt für Sozialpolitik
SS	Schutzstaffel
VfZ	Vierteljahreshefte für Zeitgeschichte
VO	Verordnung
WRV	Weimarer Reichsverfassung
WürttZ	Zeitschrift für die freiwillige Gerichtsbarkeit und die Gemeindeverwaltung in Württemberg und Jahrbücher der württembergischen Rechtspflege
ZAA	Zeitschrift für Agrargeschichte und Agrarsoziologie
ZAkDR	Zeitschrift der Akademie für Deutsches Recht
Ziff.	Ziffer
zit.	zitiert
ZNR	Zeitschrift für Neuere Rechtsgeschichte
ZPO	Zivilprozeßordnung
ZVG	Gesetz über die Zwangsversteigerung und die Zwangsverwaltung
ZWS	Zeitschrift für Wirtschafts- und Sozialwissenschaften

Einleitung

Das Reichserbhofgesetz (REG)[1] spielte als eines der „Leitgesetze"[2] des „Dritten Reichs" eine Vorreiterrolle bei der Schaffung einer völkischen Rechtsordnung im nationalsozialistischen Ungeist. Trotz dieser herausgehobenen Stellung als „Grundgesetz des deutschen Bauerntums"[3] ist die Zahl rechtshistorischer Arbeiten, welche das Reichserbhofgesetz in den Mittelpunkt ihrer Betrachtung stellen, bisher überschaubar. Hervorzuheben sind in diesem Zusammenhang zunächst die Arbeiten von Farquharson[4] und Grundmann[5] aus den 70'er Jahren, welche die nationalsozialistische Agrarpolitik zum Gegenstand haben, wobei insbesondere Grundmann den Schwerpunkt auf die Verdeutlichung der Diskrepanz zwischen dem Anspruch und der Wirklichkeit des Reichserbhofgesetzes legt.

Neben Zeitschriftenabhandlungen[6] sind in den letzten Jahren weitere Arbeiten erschienen, die das Reichserbhofrecht verstärkt in den Blickwinkel der rechtshistorischen Forschung gerückt haben. Hierzu zählen unter anderem die Betrachtung von Schliepkorte über das Erbrecht zwischen 1933 und 1953,[7] die Studie Buchenroths über das Heimatzufluchtsrecht des § 30 Abs. 3 REG,[8] die Dissertation von Sigmundt über Rechtsgewinnung im Nationalsozialismus am Beispiel des Erbhofrechts[9] sowie nunmehr die Studie Schobers, welche die Handhabung des Reichserbhofgesetzes durch die ausführenden Organe am Beispiel des Amtsgerichtsbezirks Pfaffenhofen/Ilm erhellt.[10] Erscheinen wird in Kürze darüber hinaus eine Untersuchung von Czeguhn, die sich insbesondere

1 RGBl. 1933, Teil I, S. 685 ff.

2 Wieacker, DR 1935, 498.

3 Saure, 6. Auflage, S. 13.

4 Farquharson, John Edgar, The Plough and the Swastika. The NSDAP and Agriculture in Germany 1928-1945, London 1976.

5 Grundmann, Friedrich, Agrarpolitik im Dritten Reich. Anspruch und Wirklichkeit des Reichserbhofgesetzes, Hamburg 1979.

6 Weitzel, Jürgen, Reichserbhofrecht und allgemeines Privatrecht 1933 - 1945, ZNR 1992, 55 ff.; Münkel, Daniela, Bäuerliche Interessen versus NS-Ideologie, VfZ 1996, 549 ff.

7 Schliepkorte, Jörg, Entwicklungen des Erbrechts zwischen 1933 und 1953, Bochum 1989.

8 Buchenroth, Axel C., Die Heimatzuflucht nach § 30 Abs. 3 Reichserbhofgesetz (REG) als Beispiel des anerbenrechtlichen Versorgungsprinzips in Geschichte und Gegenwart, Berlin 2004.

9 Sigmundt, Christian, Rechtsgewinnung und Erbhofrecht. Eine Analyse der Methoden in Wissenschaft und Rechtsprechung des Reichserbhofrechts, Würzburg 2005.

10 Schober, Gerhard, Die Anwendung des Reichserbhofgesetzes im ehemaligen Amtsgerichtsbezirk Pfaffenhofen/Ilm, München 2007.

mit der Umsetzung des Reichserbhofgesetzes durch die Rechtsprechung befassen wird.

An einer umfassenden Darstellung der Entstehung des Reichserbhofgesetzes und seiner Fortbildung im Verordnungsweg in den Jahren 1933 bis 1945 fehlt es allerdings bisher. Zwar ist insbesondere Grundmann auf die Entstehungsgeschichte des Gesetzes eingegangen, indem er sie in den rechtshistorischen Kontext der Diskussion über die Einführung eines reichsweiten Anerbengesetzes stellte. Auf die Quellen aus den Archiven der DDR konnte er sich bei seiner Arbeit, die im Jahr 1979 erschien, jedoch nicht stützen.

Vor diesem Hintergrund stehen bei der hier vorliegenden Untersuchung die Bestimmungen des Reichserbhofsgesetzes und seiner Durchführungsverordnungen im Mittelpunkt der Betrachtung, deren Entstehung und Weiterentwicklung anhand der zugänglichen archivalischen Quellen umfänglich dargestellt werden. Insbesondere soll auf die politischen, wirtschaftlichen und sozialen Hintergründe und Einflüsse eingegangen werden, die sich sowohl bei Entstehung des Gesetzes als auch im Rahmen seiner Fortbildung auswirkten. Denn während das Reichserbhofgesetz selbst auf Grundlage der von Darré ausformulierten Ideologie von „Blut und Boden“ im Jahr 1933 innerhalb von nur wenigen Wochen auf den Weg gebracht wurde, sind viele Bestimmungen der in den Jahren bis 1944 ergangenen Durchführungsverordnungen das Resultat von nicht selten konfliktträchtigen und lang andauernden Verhandlungen zwischen dem Reichsernährungs- und dem Reichsjustizministerium. Entsprechend stützt sich die Arbeit im Wesentlichen auf die Ministerialakten dieses Zeitraums, welche insbesondere im Bundesarchiv Berlin sowie im Geheimen Preußischen Staatsarchiv zur Verfügung stehen.

Anhand der vorliegenden Darstellung soll auch der Zielkonflikt in der Agrarpolitik des „Dritten Reichs“ erhellt werden, der sich zwischen der ordnungspolitischen Forderung nach der „Einheit von Blut und Boden“ einerseits und den ernährungspolitischen Leistungsansprüchen einer nach Autarkie strebenden Wirtschaftspolitik andererseits ergab. Auch sollen diejenigen Sachzwänge Beachtung finden, die ab 1936 zu einer gewissen „Entideologisierung“ des Reichserbhofrechts und zu seiner im Verordnungswege herbeigeführten Anpassung an die gesellschaftlichen, bevölkerungspolitischen und agrarwirtschaftlichen Realitäten führten.

Der Versuch, innerhalb eines ansonsten weitgehend unveränderten zivilrechtlichen Normengefüges den bäuerlichen Lebensbereich im Sinne des Nationalsozialismus rechtlich neu auszugestalten, führte zu einer Fülle von rechtstechnischen Neuerungen, die wiederum eine Vielzahl offener Fragen aufwarfen, welche mit den Konstruktionsmitteln des BGB nicht mehr zu beantworten waren. Angesichts des Umfangs der in den Jahren 1933 bis 1945 hierzu erschienenen rechtswissenschaftlichen Literatur kann die Arbeit nicht auf jede Einzelheit eingehen. Dennoch sollen für das Reichserbhofrecht wesentliche Fragestellungen entsprechende Darstellung finden.

Das Gesetz selbst wurde zunächst in den Jahren 1933 und 1934 durch drei ausführliche Durchführungsverordnungen (DVO. I bis DVO. III) ergänzt. Diese Durchführungsbestimmungen wurden wiederum im Jahr 1936 in der Erbhofrechtsverordnung (EHRV) und Erbhofverfahrensordnung (EHVfO) zusammengefasst und erweitert. Neben einigen kleineren Verordnungen trat schließlich noch im Jahr 1943 die regelungsdichte Erbhoffortbildungsverordnung (EHFV) in Kraft. Angesichts dieser Fülle an Bestimmungen musste die vorliegende Arbeit auf eine genauere Betrachtung bestimmter Normenkomplexe verzichten. Hierzu gehören im Wesentlichen die meisten verfahrensrechtlichen Vorschriften, insbesondere diejenigen der Ersten Durchführungsverordnung und der Erbhofverfahrensordnung. Auch wird auf die Einführungsgesetze in den jeweiligen neuen Reichsgebieten nicht näher eingegangen. Gleiches gilt für die bereits von Grundmann eingehend behandelte Erbhofentschuldungsproblematik.

1. Kapitel: Das Reichserbhofrecht im Überblick

Insbesondere auf dem Feld der Agrarpolitik gelang es dem nationalsozialistischen Gesetzgeber, konkrete ordnungspolitische Vorstellungen auf breiter Linie umzusetzen.[11] Neben dem Reichsnährstandsgesetz vom 13. September 1933 diente hierzu das Reichserbhofgesetz, das am 1. Oktober 1933 in Kraft trat und am gleichen Tag auf dem Reichserntedankfest bei Hameln verkündet wurde.
Als „Prototyp nationalsozialistischer Rechtsgedankenwelt“[12] ging das Reichserbhofgesetz weit über den Regelungsbereich eines klassischen Anerbengesetzes hinaus, neben erbrechtlichen Bestimmungen enthielt es familienrechtliche, sachenrechtliche, schuldrechtliche, vollstreckungsrechtliche, steuerrechtliche und verfahrensrechtliche Regelungen der freiwilligen und streitigen Gerichtsbarkeit. Mit der ideologischen Vorgabe, die bäuerliche Sippe unaufhebbar an ihre Scholle binden zu wollen und damit die Einheit von „Blut und Boden“ herzustellen, verwandelte dieses „neue deutsche Bauernrecht“ die Agrarverfassung des Deutschen Reiches von Grund auf, wobei eine – für die NS-Gesetzgebung typische – Präambel die Kernbestimmungen stichpunktartig zusammenfasste:

„Land- und forstwirtschaftlicher Besitz in der Größe von mindestens einer Ackernahrung und von höchstens 125 ha ist Erbhof, wenn er einer bauernfähigen Person gehört.
Der Eigentümer des Erbhofs heißt Bauer.
Bauer kann nur sein, wer deutscher Staatsbürger, deutschen oder stammesgleichen Blutes und ehrbar ist.
Der Erbhof geht ungeteilt auf den Anerben über.
Die Rechte der Miterben beschränken sich auf das übrige Vermögen des Bauern.
Nicht als Anerben berufene Abkömmlinge erhalten eine den Kräften des Hofes entsprechende Berufsausbildung und Ausstattung; geraten sie unverschuldet in Not, so wird ihnen die Heimatzuflucht gewährt.
Das Anerbenrecht kann durch Verfügung von Todes wegen nicht ausgeschlossen oder beschränkt werden.
Der Erbhof ist grundsätzlich unveräußerlich und unbelastbar.“

Damit wurden landwirtschaftliche Betriebe einer bestimmten Größe, die so genannten Erbhöfe, für grundsätzlich unveräußerlich und unteilbar erklärt sowie einem weitreichenden Vollstreckungsschutz unterstellt. Ein Erbhof konnte nur dann entstehen, wenn der Eigentümer die Voraussetzungen der sogenannten Bauernfähigkeit mitbrachte. Hierzu zählten neben der sogenannten „Rasserein-

11 Kruedener, ZWS 1974, 357.
12 Dölle, Bürgerliches Recht und Reichserbhofgesetz, S. 10.

heit“ und der deutschen Staatsangehörigkeit auch die Ehrbarkeit und die Wirtschaftsfähigkeit. Verlor ein Bauer im Nachhinein diese Bauernfähigkeit, so gab das Gesetz den Behörden die Möglichkeit, dem Eigentümer nicht nur die Verwaltung seines Betriebs, sondern im äußersten Fall auch das Eigentum zu entziehen. Der Eigentümer eines Erbhofes war darüber hinaus seiner Testierfreiheit weitgehend beraubt: Obligatorisch wurde das Anerbenrecht, der ungeteilte Übergang des Erbhofes auf einen Anerben im Wege der Sondererbfolge, und es verblieb dem Bauern nur ein kleiner Spielraum zur Bestimmung dieses Anerben, wobei den weichenden Erben demgegenüber kaum Ansprüche zustanden.

Angesichts dieses weitreichenden Eingriffs in die bäuerliche Eigentumssphäre stellte das Reichserbhofrecht einen Bruch in der Entwicklung der deutschen Agrarverfassung dar. Da zudem das obligatorische Anerbenrecht des Reichserbhofgesetzes einen vorläufigen und deutlichen Schlusspunkt unter die lange geführte Debatte über die Einführung eines Reichsanerbengesetzes setzte, soll zunächst die Stellung des Reichserbhofgesetzes in der Geschichte der deutschen Agrarverfassung kurz verortet werden.

A. Das Anerbenrecht und die deutsche Agrarverfassung

I. Grund- und Gutsherrschaft

Seit dem Mittelalter hatte die Grundherrschaft in fast allen deutschen Gegenden als die typische und prägende Institution der Agrarverfassung vorgeherrscht. Rechtlich war sie dadurch gekennzeichnet, dass der vom Bauern bewirtschaftete Boden nicht diesem selbst, sondern einem adligen oder geistlichen Herrn bzw. Landesfürsten gehörte, dem die Verfügungsgewalt hierüber zustand. Diesbezüglich sprach man auch vom geteilten Eigentum, bei dem zwischen dem Obereigentum bzw. dominum directum des Grundherrn und dem Untereigentum bzw. dominum utile des nutzenden Bauern unterschieden wurde.[13] Der Bauer bewirtschaftete den Grund und Boden gegen Entgelt, welches in Natural- bzw. Geldzinsen oder sonstigen Leistungen zu erbringen war. Von der reinen Pacht unterschied sich die Grundherrschaft durch das persönliche Abhängigkeitsverhältnis zwischen Bauern und Grundherrn, welcher in der Regel auch weitreichende Verwaltungs- und Gerichtsfunktionen ausübte. Im Gegensatz zur Leibeigenschaft bestand jedoch keine Herrschaft über die Person des Bauern selbst.

Bei diesem Grundmuster der Grundherrschaft gab es regional unterschiedliche Ausprägungen. Während zum Beispiel im Südwesten Deutschlands eine Rentengrundherrschaft mit erblichem Besitzrecht der Bauern neben zum Teil

13 Gierke, Deutsches Privatrecht, S. 368 ff; Bauerkämper, in: Siegrist/Sugarman, S. 112; vgl. auch Achilles, S. 109 f.

freibäuerlicher Einzelhofsiedlung vorherrschte, entwickelte sich im niedersächsisch-westfälischen Raum das Meierrecht. Bei diesem wurden die mittleren und größeren bäuerliche Betriebe von Meiern bewirtschaftet, denen ein – zunächst zeitliches, später erbliches – Besitzrecht am Hof zustand und die im Gegenzug den Grundherren eine Ertragsbeteiligung zu gewähren hatten.[14] Östlich der Elbe bildete sich dagegen aus verschiedenen Gründen im Lauf der Jahrhunderte die Gutsherrschaft als vorherrschend heraus.[15]

II. Bauern- und Bodenbefreiung

Das Ende dieser „alten“ Agrarverfassung zeichnete sich bereits ab Anfang des 18. Jahrhunderts ab. So hob Preußen im Jahr 1714 die Leibeigenschaft zunächst für die Domänenbauern in Ostpreußen auf, später auch in den übrigen Provinzen. 1777 übergab Preußen dann die zu den Domänenämtern gehörigen Bauernhöfe erb- und eigentümlich an die Bauern und verbot das Bauernlegen. Kaiser Joseph II. von Österreich plante Ende des 18. Jahrhunderts weitreichende Agrarreformen, die zwar nicht in Gänze umgesetzt wurden, im Ergebnis allerdings immerhin zur Aufhebung der Leibeigenschaft und zu einem weitreichenden Bauernschutz führten.[16]

Ab Beginn des 19. Jahrhunderts wurden die herrschaftlichen Bindungen des bäuerlichen Grundbesitzes dann konsequent abgebaut. Befördert von den Ideen der Aufklärung, die das Eigentumsrecht als Ausdruck der äußeren Freiheitssphäre des Einzelnen philosophisch rechtfertigte, sollte die neue bodenrechtliche Ordnung nun auf dem Eigentum des Bauern an Grund und Boden beruhen und alles beseitigen, was ihn in der freien Bodennutzung und Verfügung beschränkte.[17] Zu dem Bewusstsein, mit der Beseitigung der grundherrlichen Bindungen das theologisch bzw. philosophisch Richtige zu tun, trat auch die Überzeugung ihrer wirtschaftlichen Zweckmäßigkeit.[18]

Den entscheidenden politischen Durchbruch brachten in Preußen die Stein- und Hardenberg'schen Reformen: Zunächst erging die persönliche Bauernbefreiung durch das Stein'sche Oktoberedikt vom 9. Oktober 1807,[19] durch welche ein großer Teil der erbuntertänigen Bauern und Landarbeiter aus der feudalen Gutsobrigkeit entlassen wurde. Das Hardenberg'sche Regulierungsedikt vom

---

14 Kroeschell, AgrarR 1979, 243; Kryzmowski, S. 177, S. 190 f.

15 Lütge, S. 102 ff.

16 Kroeschell, AgrarR 1979, 245.

17 Kroeschell, AgrarR 1978, 151.

18 Kroeschell, AgrarR 1979, 246.

19 Edikt, den erleichterten Besitz und den freien Gebrauch des Grundeigenthums sowie die persönlichen Verhältnisse der Landbewohner betreffend vom 9. Oktober 1807, Pr. GS 1806-10, S. 170.

14. November 1811[20] leitete dann die Bodenbefreiung ein, indem es die Umwandlung der erblichen wie nichterblichen bäuerlichen Besitzrechte in volles Eigentum ermöglichte – allerdings gegen eine Ablösung der Lasten durch die Bauern, welche sich in der Regel durch die Abtretung eines Teils des Hofes vollzog.[21]

Nach preußischem Vorbild führten in den folgenden Jahrzehnten auch fast alle anderen deutschen Staaten Reformen durch. Zwar wurden bei der sich als schwierig erweisenden Frage der Ablösung zum Teil andere Wege als in Preußen beschritten.[22] Am Ende des Reformprozesses herrschte jedoch fast überall das freie landwirtschaftliche Grundeigentum vor.[23] Die Abkehr von der alten Agrar- und Eigentumsordnung fand schließlich in den Jahren nach 1848 auch ihren verfassungsrechtlichen Niederschlag.[24] Damit hatte sich der liberale Eigentumsbegriff durchgesetzt. Der Grund und Boden wurde vollkommen seiner öffentlich-rechtlichen Funktion „entkleidet" und hörte damit auf, „ein Instrument politischer Herrschaft" zu sein.[25]

Die im Zuge der bürgerlichen Reformen eingeleitete Bauern- und Bodenbefreiung war von Anfang an grundlegender Kritik ausgesetzt. Diese betraf zum einen den mit dem Wegfall der Schollengebundenheit einhergehenden Verlust des Bauernschutzes. Daneben stieß aber auch der in der herbeigeführten Bindungslosigkeit bäuerlichen Grund und Bodens zum Ausdruck kommende römisch-rechtliche Eigentumsbegriff auf Kritik.[26] Die Angriffe kamen dabei zum einen vom adligen Grundbesitz, der in der Beseitigung der Guts- und Gerichtsherrschaft das Ende seiner gesellschaftlichen Vorrangstellung erkannte. Zum anderen wandte sich insbesondere die politische Romantik gegen die Liberalisierung des Bodenrechts und trat für die Rückkehr zur „alten Ordnung" ein.[27]

---

20 Edikt betreffend die Regulierung der gutsherrlichen und bäuerlichen Verhältnisse vom 14. Sept. 1811", Pr. GS 1810 - 13, S. 281.

21 Eisenhardt, Rn. 432; Krzymowski, S. 236 f.; vgl. zur Ablösung allgemein Achilles, S. 109 ff.

22 So konnten im Zuge der Strüveschen Reformen der Jahre 1831/33 die Bauern im Königreich Hannover für die Ablösung eine staatlichen Kreditbank einschalten, ein Beispiel, dem zunächst 1834 Sachsen (vgl. Gross, S. 134 ff.), 1836 Preußen und schließlich 1848 auch Bayern folgte (vgl. Kroeschell, AgrarR 1979, 245).

23 Lütge, S. 223.

24 Nach der preußischen Verfassungsurkunde vom 30. Januar 1850 sollte das Grundeigentum grundsätzlich ein frei verfügbares Recht sein und lediglich den Beschränkungen der allgemeinen Gesetzgebung unterliegen. Vgl. auch Art. 56 der Sachsen-Coburg-Gothaischen Verfassung vom 3. Mai 1852 und Art. 7 des Staatsgrundgesetzes vom 21. Dezember 1867 in Österreich.

25 Kroeschell, Festschrift Thieme, S. 47.

26 Lütge, S. 223 f.

27 Huber, Verfassungsgeschichte, Bd.1, S. 135 ff.

Einer der prominentesten Gegner der Liberalisierung des Bodenrechts war Ernst Moritz Arndt. Arndts Forderung nach einem weitgehenden Bauernschutz, die mit einer nicht selten pathetischen Verherrlichung des Bauernstandes einherging, und seine Kritik gegenüber den liberalen Reformen wurden später von den Nationalsozialisten bereitwillig aufgegriffen und propagandistisch genutzt.[28] Nach Arndt sollte der Bauer „ein unmittelbarer Lehenmann, der Hörige des Staates werden“ und nicht frei über den Hof verfügen können.[29] Arndts Forderung nach einem Agrarstaat stützte sich in erster Linie auf staatspolitische Erwägungen, womit er einen nicht zu unterschätzenden Ansatzpunkt für die Agrarromantik schuf.[30] So schrieb Arndt in seiner Schrift „Der Bauernstand politisch betrachtet“:

„An dem festen und sicheren Besitz des Bodens durch lange Geschlechter von dem Urahn bis zum letzten Enkel hinab befestigt sich die Sitte, das Gesetz, die Treue, die Liebe: Der Bauer ist des Vaterlandes erster Sohn. Wann er ein Knecht wird, wann sein Herz kalt und sein Arm schlaff wird für das Vaterland, dann ist er wahrhaftig untergegangen. Wer also ein festes und glorreiches Vaterland will, der macht festen Besitz und feste Bauern. Die Erde muß nicht wie eine Kolonialware aus einer Hand in die andere gehen. Des Landmannes Haus muß kein Taubenschlag sein, woraus mit leichtfertigem Herzen aus- und eingeflogen wird. Wo das ist, da stirbt Sitte, Ehre und Treue, da stirbt zuletzt das Vaterland!“[31]

III. Die Anerbengesetzgebung des 19. Jahrhunderts

Als Begleiterscheinung der Grundentlastung wurden auch alle verschiedenen Formen der besonderen bäuerlichen Erbrechte beseitigt. Dieses betraf auch das Anerbenrecht, das in vielen deutschen Gegenden die geschlossene und ungeteilte Übergabe des Hofes im Rahmen der Sondererbfolge an einen alleinigen Erben, den sogenannten Anerben, ermöglichte. Da nach dem liberalen Eigentumskonzept der Bauer über seinen Hof frei verfügen und seine Besitzungen mithin sowohl beliebig teilen als auch geschlossen übergeben konnte, wurde die Anerbenfolge, nachdem sie zuvor noch Teil des bäuerlichen Besitzrechts im Rahmen der Grundherrschaft gewesen war, zu einer rein erbrechtlichen Fragestellung.[32] In der Praxis wirkte sich die Änderung des Erbrechts in den Anerbengebieten zwar kaum aus, da die Bauern an der Anerbensitte festhielten. Dennoch wurde

28 So berief sich Darré in seiner Kritik am liberalen Bodenrecht ausdrücklich auf Arndt, Darre, ZAkDR 1935, 194; vgl. auch Gülland, Reichserbhofrecht, S. 3 f.

29 Arndt, Über die Pflege und Erhaltung der Forsten und der Bauern, S. 137.

30 Achilles, S. 296 ff.

31 Arndt, zitiert nach Gülland, Reichserbhofrecht, S. 6.

32 Kroeschell, AgrarR 1978, 152 f.

das Auseinanderklaffen zwischen gesetzlichem Erbrecht und weiterbestehenden bäuerlichen Erbgewohnheiten „in steigendem Maße als Übelstand empfunden“.[33] Die Wiederherstellung des Anerbenrechts erlangte somit eine grundsätzliche Bedeutung für die Frage nach den rechtlichen Eigenschaften des bäuerlichen Grundeigentums und „wurde als ein geeignetes Mittel angesehen, den Warencharakter des Bodens wieder einzuschränken, d. h. die traditionelle, ständische Ordnung des Bauerntums vor den ‚zersetzenden' Einflüssen der sich kapitalistisch entfaltenden Industriegesellschaft zu bewahren.“[34]

Das Ergebnis war die Schaffung von Anerbengesetzen in den einzelnen deutschen Staaten. Erste Gesetze ergingen in Mecklenburg-Strelitz[35] und Waldeck[36] sowie – in der Form bäuerlicher Fideikommissrechte – in Hessen[37] und Bayern.[38] In Preußen tat sich hingegen lange Zeit nichts. Als erstes Gesetz erging ein preußisches Höfegesetz für die Provinz Hannover im Jahr 1874,[39] das allerdings noch auf Planungen aus der Zeit vor der Annexion des Königreichs 1866 zurückging und nur aufgrund starken politischen Drucks aus der Provinz selbst verabschiedet wurde.[40] Das Gesetz wurde Vorbild für eine ganze Kette von Anerbengesetzen, sowohl in[41] als auch außerhalb[42] Preußens.[43]
In ihrer Ausgestaltung unterschieden sich die Anerbengesetze im Wesentlichen darin, dass sie dem Anerbenrecht entweder mittelbare oder unmittelbare Wir-

33 Dietze, SozPr 42 (1933), 874.

34 Grundmann, S. 15 f.

35 Verordnung, betreffend die Feststellung der Verhältnisse der Bauern und Bauernstellen in den ritterschaftlichen Gütern vom 10. Dezember 1824, Ges.-S von Th. Scharenberg und F. Genzken, 2. Abtheilung, I (1859), S. 107.

36 Verordnung über die Erbfolge in ein Bauerngut vom 11. Dezember 1830, Fürstlich Waldeckisches Regierungsblatt No. 31, S. 111.

37 Gesetz die Familienfideicomisse betreffend vom 11. September 1859, Großherzoglich Hessisches Regierungsblatt von 1858 No. 37, S. 521 ff.

38 Gesetz, die landwirthschaftlichen Erbgüter betreffend vom 22. Februar 1855, Gesetz-Blatt 1855, Nr. 10, S. 49.

39 Gesetz, betreffend das Höferecht in der Provinz Hannover vom 2. Juni 1874, Ges.-S. 1874, Nr. 14, S. 186.

40 Quirll, S. 9 f.

41 Vgl. Höferecht für das Herzogtum Lauenburg, 1881; Landgüterordnung für die Provinz Westfalen, 1882; Landgüterordnung für die Provinz Brandenburg, 1883; Landgüterordnung für die Provinz Schlesien 1884; Landgüterordnung für die Provinz Schleswig-Holstein, 1886; Landgüterordnung für den Regierungsbezirk Cassel, 1887; Gesetz betr. Anerbenrecht bei Renten- und Ansiedlungsgütern, 1896; Gesetz betreffend das Anerbenrecht bei Landgütern in der Provinz Westfalen, 1898.

42 So z. B. in Oldenburg 1873, Braunschweig 1874, Bremen 1890 und Schaumburg-Lippe 1909.

43 Einen Überblick hierüber gibt auch die anerbenrechtliche Gesetzessammlung von Frommhold.

kung verschafften. So hing beim mittelbaren Anerbenrecht[44] die Geltung der gesetzlichen Anerbenregelungen von einer freiwilligen Eintragung in eine Landgüter- oder Höferolle ab, so dass die Entscheidung, ob ein Hof der bäuerlichen Anerbrechtsordnung unterstellt wurde, grundsätzlich vom Bauern selbst zu treffen war.[45] Beim unmittelbaren Intestat-Anerbenrecht[46] galt hingegen die geschlossene Hofesübergabe unmittelbar für alle Höfe im Geltungsbereich des Gesetzes, ohne dass eine vorherige Eintragung in eine Höferolle notwendig war.[47] Allerdings konnte in beiden Fällen die Wirkung der Anerbengesetze, also der ungeteilte Übergang des Hofes auf den Anerben, durch letztwillige Verfügung ausgeschlossen werden.

IV. Reichsanerbenrecht und Bürgerliches Gesetzbuch

Mit der Reichsgründung und den in der Folgezeit beginnenden Vorarbeiten zum Bürgerlichen Gesetzbuch kam in der Ersten Gesetzgebungskommission auch die Frage der Einführung eines reichsweiten Anerbenrechtes auf die rechtspolitische Tagesordnung.[48] Befördert wurden entsprechende Bestrebungen zum einen durch die Tatsache, dass sich die mittelbaren Anerbengesetze – von Ausnahmen abgesehen – als relativ unwirksam erwiesen hatten. Zum anderen schien die Einführung eines reichsweiten und einheitlichen Anerbenrechts vielen Agrarpolitikern als geeignetes Mittel, um den negativen Folgen der seit Mitte der 1870'er Jahre einsetzenden Agrarkrise, die einen starken Verfall der Preise nach sich gezogen hatte, entgegenzuwirken und die Landwirtschaft zu sanieren.[49]

Die entsprechende Diskussion, deren Forum unter anderem der „Verein für Socialpolitik" war, wurde zum Teil mit großer Heftigkeit geführt, traten doch bei der Frage über die Einführung eines Reichsanerbenrechts die Unterschiede zwischen den wesentlichen rechts- und agrarpolitischen Grundpositionen deutlich zu Tage.[50] So setzten sich – grob vereinfacht dargestellt – die Vertreter des sozialen, deutschrechtlichen Eigentumsbegriffs[51] und konservative Agrarpoliti-

44 Zum Teil auch als fakultatives Anerbenrecht bezeichnet, vgl. Haack, S. 184.

45 Vgl. z.B. § 2 des Höferechts für die Provinz Hannover.

46 Haack bezeichnete das unmittelbare Anerbenrecht – trotz Hinweis auf die grundsätzlich weiter bestehenden Verfügungsmöglichkeiten, missverständlich als „obligatorisches" Anerbenrecht, Haack, S. 185, S. 187.

47 Vgl. z.B. Gesetz betreffend das Anerbenrecht bei Landgütern in der Provinz Westfalen vom 2. Juli 1898.

48 Mugdan, 1. Band, S. 53 ff.

49 Grundmann, S. 17.

50 Vgl. hierzu u.a. die Diskussion auf der am 28. und 29. September 1894 in Wien abgehaltenen Generalversammlung, Schriften des Vereins für Socialpolitik 61, 1895, S. 239 - 404.

51 Vgl. zum „deutschen Eigentum" Gierke, Deutsches Privatrecht, S. 356 ff.

ker, zu denen u.a. auch der Agrarökonom Max Sering[52] zählte, für die Einführung eines reichsweiten Anerbenrechts als Intestatanerbfolge ein. Gegen eine entsprechende Einführung traten dagegen die Vertreter der römischrechtlichen Grundposition, wie z. B. Brentano[53] und Enneccereus ein. Auch liberale Agrarpolitiker hatten deutliche Vorbehalte, wie z. B. von der Goltz.[54]

Im Ergebnis konnten sich die Befürworter eines reichsweiten Intestatanerbenrechts nicht durchsetzen.[55] Art. 64 Abs. 1 EGBGB ließ zwar die bestehenden Anerbengesetze ausdrücklich unberührt und räumte den Ländern die Möglichkeit ein, neue Anerbengesetze zu verabschieden. Gemäß Art. 64 Abs. 2 EGBGB durften diese Anerbengesetze der Länder allerdings die Verfügungsfreiheit des Erblassers, von Todes wegen über seine Grundstücke zu verfügen, nicht beschränken. Die weiterbestehende Testierfreiheit des bäuerlichen Grundeigentümers war damit auch reichsrechtlich kodifiziert.[56]

V. Die Anerbenrechtsdiskussion in der Weimarer Republik

Nachdem durch die Grundsatzentscheidung des Art. 64 EGBGB die Diskussion über die Einführung eines Reichsanerbengesetzes fürs Erste ad acta gelegt worden war, tauchte dieses Thema Mitte der zwanziger Jahre wieder auf der agrarpolitischen Tagesordnung auf. Den Anstoß gaben diesmal die landwirtschaftlichen Spitzenorganisationen. So legte der Reichslandbund[57] im Frühjahr des Jahres 1924 den Entwurf eines entsprechenden, durch die Länder auszufüllenden, Reichsrahmengesetzes vor.[58] Der Verzicht auf die vollständige Durchgestaltung eines Anerbengesetzes auf Reichsebene wurde damit begründet, dass die „Verschiedenheiten und die Bedürfnisse und Wünsche der Bevölkerung jedes, auch

---

52 Sering, Max. Agrarökonom und Politiker.* 18. Januar 1857 in Barby/Elbe. Jurist. Seit 1885 Professor an der Universität Bonn. 1889 Wechsel an die Landwirtschaftliche Hochschule Berlin. 1897-1925 Lehrstuhl für Staatswissenschaften. 1922 Gründung des Deutschen Forschungsinsitutes für Agrar- und Siedlungswesen („Sering-Institut“) in Berlin. 1934 Auflösung des Institutes auf Betreiben Darrés. † 12. November 1939 in Berlin.

53 Brentano, insbes. S. 2, S. 41, S. 49.

54 Goltz, S. 152 ff.

55 Hierauf eingehend u.a. Kroeschell, AgrarR 1978, 153 f. und Kroeschell, in: Stolleis/Simon, S. 50 f.

56 Kroeschell, AgrarR 1978, 153 f.

57 Der Reichslandbund, im Jahr 1921 aus der Fusion des Bundes der Landwirte mit dem Deutschen Landbund hervorgegangen, war der bedeutendste landwirtschaftliche Interessenverband während der Weimarer Republik. 1933 gleichgeschaltet.

58 Gesetzesentwurf des Reichslandbundes, dem RJM mit Schreiben vom 15. März 1924 vorgelegt, in: BArch R 3001/Akte 591, 3 (Anschreiben), 4-6 (Entwurf), 7-12 (Begründung).

des kleinsten Gebietes durch die landesrechtlichen Ausführungsgesetze und Ausführungsbestimmungen sorgfältigste Berücksichtigung finden" sollten.[59] Nach dem Entwurf sollte das Reichsanerbengesetz grundsätzlich alle Besitzungen erfassen, die zu selbständigen Ackernahrungen in der Lage waren. Für diese Landgüter sollte das Anerbenrecht grundsätzlich unmittelbar gelten, eine Eintragung in eine Höferolle war nicht erforderlich. Allerdings sollte den Ländern die Möglichkeit verbleiben, abweichend ein mittelbares Anerbenrecht in denjenigen Gebieten einzuführen, in denen Anerbensitte nicht bestand. Damit konnte von ihnen auch die generelle Geltung des Anerbenrechts ausgeschlossen und von einer vorherigen Eintragung auf Antrag des Eigentümers in eine Erbhöferolle abhängig gemacht, also ein mittelbares Anerbenrecht eingeführt werden. In den traditionellen Anerbengebieten wiederum sollte dem Eigentümer die Möglichkeit verbleiben, seinem Landgut die Eigenschaft als Anerbengut durch einen Grundbuchvermerk zu entziehen. Des Weiteren sollten alle Eigentümer von Landgütern sowohl unter Lebenden als auch von Todes wegen über das Anerbengut frei verfügen können, soweit landesgesetzlich nichts Anderes bestimmt wurde.[60]

Das Reichsernährungsministerium reagierte zurückhaltend auf diesen Entwurf.[61] Dennoch kam es am 8. April 1924 im Reichsministerium für Ernährung und Landwirtschaft unter Beteiligung von Vertretern des Deutschen Landwirtschaftsrates und des Reichslandbundes zu einer Besprechung über den Entwurf, die freilich zu keiner Einigung führte.[62] Im Anschluss hieran legte auch der Deutsche Landwirtschaftsrat[63] einen eigenen Entwurf eines Reichsanerbengesetzes vor, der in einigen Punkten vom Vorschlag des Reichslandbundes abwich: So schlug er ein unmittelbares Anerbenrecht nur für die Landgüter in denjenigen Ländern und Landesteilen vor, in denen die Anerbensitte überwog. Allerdings sollte auch hier den Eigentümern die Möglichkeit vorbehalten bleiben, ihren Landgütern die Eigenschaft als Anerbengut durch die Abgabe einer Willenser-

59 Begründung zum Entwurf, BArch R 3001/Akte 591, 8.

60 Gesetzesentwurf, BArch R 3001/Akte 591, 4-6.

61 So wies das REM mit Schreiben vom 26. März 1924 den Reichslandbund darauf hin, dass man bereits am 17. Februar 1923 Anträge auf eine reichsrechtliche Regelung des Anerbenrechts abgelehnt und stattdessen die Landwirtschaftskammern ersucht habe, Landesgesetze gemäß Art. 64 EGBGB anzuregen, Schreiben des REM vom 26. März 1924 (Abschrift), in: BArch R 3001/Akte 591, 13.

62 Einladung des des REM vom 3. April 1924 und Vermerk des RJM vom 9. April 1924, in: BArch R 3001/Akte 591, 14 f.

63 Der deutsche Landwirtschaftsrat war ein im Jahr 1872 gebildetes und aus den Vertretern der landwirtschaftlichen Provinzial-, Zentral- und Hauptvereine des Deutschen Reichs bestehendes Kollegium. Als Dachorganisation der Landwirtschaftskammern zielte er insbesondere auf die Wahrnehmung der landwirtschaftlichen Interessen im Rahmen der Gesetzgebung ab. 1933 gleichgeschaltet.

klärung zu entziehen, soweit landesrechtlich nichts Anderes bestimmt worden war. In denjenigen Landesteilen hingegen, in denen Anerbensitte nicht vorlag, sollte ein mittelbares Anerbenrecht gelten und den Eigentümern die Möglichkeit eingeräumt werden, ihre Besitzungen durch Eintragung in eine Höferolle bzw. Landgüterrolle dem Anerbenrecht zu unterstellen. Aber auch bei bestehender Anerbengütereigenschaft sollten die Eigentümer nach Maßgabe der geltenden Bestimmungen in der Lage sein, über ihren Besitz unter Lebenden oder von Todes wegen frei verfügen zu können. Dem Landesgesetzgeber sollte außerdem die Regelung einiger Fragen selbst vorbehalten bleiben, u. a. die Bestimmung des Personenkreises und der Reihenfolge der Anerbenberechtigten, der dem Anerben zu gewährende Voraus, die Abfindung und die Unterhaltsansprüche der Miterben, das Altenteil der Ehegatten, das den Miterben zustehende gesetzliche Vorkaufsrecht und die Pflicht des Anerben zur Ausgleichung der ihm gewährten Vorteile.[64]

Am 5. Januar 1925 kam es zu einer weiteren Besprechung, an der neben Vertretern des Reichsernährungsministeriums, des Reichslandbundes und des Deutschen Landwirtschaftsrates diesmal auch Abgesandte des Reichsgrundbesitzervereins und verschiedener Bauernvereine sowie des Reichsjustizministeriums, des Preußischen Justiz- und Landwirtschaftsministeriums beteiligt waren. Bei dieser von Ministerialrat Herr geleiteten Besprechung wurde deutlich, dass zwar alle Vertreter der Landwirtschaft das Anerbenrecht grundsätzlich als ein wichtiges Mittel zur „Erhaltung des Bauerntums" anerkannten, die Einführung eines Reichsanerbengesetzes und die Art seiner Umsetzung jedoch höchst umstritten waren und auf zum Teil heftige Kritik stießen.[65]

Trotz der aufgetretenen Meinungsverschiedenheiten gelang es den landwirtschaftlichen Spitzenorganisationen – dem Deutschen Landwirtschaftsrat, dem Reichslandbund, der Vereinigung der deutschen Bauernvereine und dem Reichsgrundbesitzerverband – im Frühjahr 1925 einen gemeinsamen Entwurf eines Reichsanerbengesetzes vorzulegen, der den Anerbenrechtsbestrebungen „einen neuen kräftigen Anstoß" geben sollte.[66] Dieser Entwurf sah, dem Vorschlag des Deutschen Landwirtschaftsrates entsprechend, ein unmittelbares Anerbenrecht für diejenigen Reichsgebiete vor, in denen Anerbensitte bestand. Der Eigentümer sollte seinem Grundbesitz aber die Eigenschaft als Anerbengut durch Abgabe einer entsprechenden, öffentlich beglaubigten Willenserklärung gegenüber der zuständigen Behörde entziehen können. Für die Nichtanerbenrechtsgebiete war vorgesehen, dem Landesgesetzgeber die Einführung eines mittelbaren Anerbenrechtes zu ermöglichen. Grundsätzlich sollte das Anerben-

64 Entwurf des Deutschen Landwirtschaftsrates, in: BArch R 3001/Akte 591, 17 f.

65 Vermerk zur Besprechung vom 5. Januar 1925 im REM, in: BArch R 3001/Akte 591, 19.

66 Schreiben des REM vom 2. April 1925, BArch R 3001/Akte 591, 22.

recht aber als Intestatanerbenrecht fakultativ bleiben und der Eigentümer weiterhin im Rahmen der geltenden Bestimmungen über seine Besitzungen frei unter Lebenden oder von Todes wegen verfügen können. Auch sollten die Länder die Möglichkeit erhalten, Umfang und Reihenfolge der Anerbenberechtigten und weitere entsprechende Einzelbestimmungen selbst zu treffen.[67]

Doch auch dieser gemeinschaftliche Entwurf der landwirtschaftlichen Spitzenorganisationen stieß auf entschiedene Ablehnung. So hielt ihn die Bayrische Landesregierung für zu weitgehend und betonte die Länderzuständigkeit für das bäuerliche Erbrecht. Ähnlich zurückhaltend stand Preußen einem Reichsanerbengesetz gegenüber, wo sich sich zwei Drittel aller OLG-Präsidenten gegen den Entwurf der landwirtschaftlichen Spitzenverbände wandten.[68] Daneben konnte zwischen dem Reichsernährungsministerium und dem Preußischem Landwirtschaftsministerium kein entsprechendes Einvernehmen erzielt werden. Grund hierfür war, dass das Reichsjustizministerium, welches sich selbst die Federführung beim Erlass eines Reichsanerbengesetzes vorbehalten wollte, die Einführung des Reichsanerbengesetzes für überflüssig hielt, da ein solches ohnehin nichts Anderes als die im Art. 64 EGBGB bereits bestehende Ermächtigung der Länder enthalten würde.[69]

Im Ergebnis liefen die Bestrebungen zur Einführung eines Reichsanerbengesetzes ins Leere. Trotz zahlreicher Anregungen von verschiedenen Seiten, die Verhandlungen über ein Reichsanerbengesetz auf der Grundlage des Entwurfs der landwirtschaftlichen Spitzenverbände zu fördern, blieb die Reichsregierung diesbezüglich untätig.[70] Stattdessen begannen mehrere Reichsländer, eigene Anerbengesetze auf der Grundlage des Art. 64 EGBGB auszuarbeiten.[71]

B. Die Blut-und-Boden-Ideologie als Grundlage der nationalsozialistischen Agrarpolitik

Mittel und Ziele nationalsozialistischer Agrarpolitik blieben lange Zeit konturlos. So forderte zwar Punkt 17 des Parteiprogramms der NSDAP vom 25. Februar 1920 eine den „nationalen Bedürfnissen angepaßte Bodenreform", die Schaffung „eines Gesetzes zur unentgeltlichen Enteignung von Boden für

67 Entwurf eines Reichsanerbengesetzes der landwirtschaftlichen Spitzenorganisationen, BArch R 3001/Akte 591, 23.

68 Grundmann, S. 19.

69 Vermerk des Reichsjustizministerium vom 6. November 1925, in: BArch R 3001/Akte 591, 24.

70 So richtete z. B. der Reichsforstwirtschaftsrat am 6. November 1926 eine entsprechende Bitte an die Reichsregierung, Schreiben in: BArch R 3001/Akte 591, 30 ff.

71 So in Sachsen, Bayern, Thüringen und Württemberg. Allerdings wurde lediglich in Württemberg das Gesetz auch tatsächlich verabschiedet, Gesetz vom 14. Februar 1930.

gemeinnützige Zwecke“ sowie die „Abschaffung des Bodenzinses und Verhinderung jeder Bodenspekulation“.[72] Aus Rücksicht auf zu gewinnende Wählerkreise wurde dieser Programmpunkt durch eine Erklärung Hitlers vom 13. April 1928 aber wieder entschärft.[73]

Die „Parteiamtliche Kundgebung über die Stellung der NSDAP zum Landvolk und zur Landwirtschaft vom 6. März 1930“ sprach schließlich davon, dass ein „deutsches Bodenrecht gelten und deutsche Bodenpolitik getrieben werden“ sollte, womit die weitgehende Herauslösung der Landwirtschaft aus dem Markt und die Bindung des anerkannten erblichen Eigentums an Grund und Boden an das Gemeinwohlinteresse gemeint war. Die Verpfändung des Bodens an private Kreditgeber wollten die Nationalsozialisten verbieten und den landwirtschaftlichen Kreditverkehr nur über Genossenschaften und den Staat abwickeln.[74] Hinzu traten Forderungen nach der Schaffung einer bäuerlichen Einheitsorganisation und berufsständischer Gerichte sowie der Einführung eines reichsweiten Anerbenrechts. Unter Richard Walther Darré,[75] der im Jahr 1930 die Leitung des Agrarpolitischen Apparates bei der Reichsleitung der NSDAP übernommen hatte und zum Chef-Agrarideologen der Partei aufgestiegen war, vollzog sich dann die völlige programmatische Hinwendung der nationalsozialistischen Agrarpolitik zur Ideologie von „Blut und Boden“.[76]

Inhaltlich knüpfte die „Blut-und-Boden“-Lehre an die Bauerntumsideologie an, deren Wurzeln bis in die Zeit der deutschen Romantik zurückreichten und die der vor allem in agrarisch- und bürgerlich-konservativen Kreisen weitverbreiteten Sehnsucht nach „einer scheinbar glücklichen Agrargesellschaft“ entsprang. Für das sich durch das Erstarken der Sozialdemokratie bedroht fühlende Bürgertum bot diese romantisierte Vorstellung einer stabilen agrarisch geprägten vergangenen Gesellschaftsordnung eine „Idylle der Stabilität“ in Zeiten gesellschaftlichen Umbruchs.[77] Nach dem Ersten Weltkrieg wurde die Bauerntumsideologie verstärkt durch rechtsradikale Gruppen wie die Artamanenbewegung aufgegriffen, der unter anderem auch Himmler, von Schirach und der Auschwitz-Kommandant Höß angehörten. Die Artamenen übersteigerten die

---

72 Feder, S. 18 f.

73 Grundmann, S. 28.

74 Feder, S. 10 ff.

75 Darré, Richard Walther. *14. Juli 1895 in Belgrano, Argentinien. Seit 1933 Reichsminister für Ernährung und Landwirtschaft und seit 1934 Reichsbauernführer. 1942 aus sämtlichen Ämtern entlassen. Vom US-Militärgericht in Nürnberg 1949 zu 7 Jahren Gefängnis verurteilt. 1950 begnadigt. † 5. September 1953 in München.

76 Haushofer, Landwirtschaft im technischen Zeitalter, S. 293 f.

77 Grundmann, S. 21.

Bauerntumsideologie in völkisch-rassischer Hinsicht, indem sie das Bauerntum zur Keimzelle eines rassisch zu erneuernden Staates hochstilisierten.[78]

Darré wiederum berief sich in seinen Schriften ausdrücklich auf die antisemitischen und völkisch-agrarromantischen Vorstellungen der Artamanen. So versuchte er in „Das Bauerntum als Lebensquell der Nordischen Rasse“ (1928) den Nachweis zu erbringen, dass sich die „nordische Rasse“ aus sesshaftem Bauerntum entwickelt habe.[79] Demgegenüber sei das „semitische Nomadentum“ wegen seiner mangelnden Bindung an den Boden nicht zu eigenen schöpferischen Leistungen in der Lage. Im bäuerlichen Erbrecht sah Darré dabei „den Schlüssel zur Erhaltung der nordischen Rasse.“[80] In „Neuadel aus Blut und Boden“ (1930) präzisierte Darré dann seine Vorstellungen von einem Agrarstaat, wobei er konkrete Vorschläge zur „rassischen Erneuerung“ des deutschen Volkes durch die Züchtung nordisch-germanischer Bauerngeschlechter machte.[81]

Wie die Agrarromantik wies auch die von Darré ausgearbeitete nationalsozialistische Idee der Einheit von „Blut-und-Boden“ dem „Bauernstand“ eine besondere staatserhaltende Funktion zu.[82] Nach Auffassung Darrés schöpfte sich die Macht des Staates aus „der besonderen Art der Wechselwirkung, in der die lebensgesetzlichen Kräfte des Volkes, die Gestaltung seines Bodens, die Willenskraft seiner Führer und die Art des staatlichen Gefüges sich gegenseitig durchdringen und zu einer Einheit zusammengeschlossen werden.“ Dabei kam dem Bodenrecht eine entscheidende Bedeutung zu. Aus der Bindung des Bauern an seine Scholle, wie man sie in der germanischen Odalverfassung angelegt sah, folgte für Darré eine Bindung des Bauern an den Staat selbst, eine Bindung freilich, die er durch das liberale Bodenrecht gefährdet sah. Entsprechend konstruierte Darré einen Zusammenhang zwischen dem bestehenden Agrarrecht und dem Überleben des deutschen Volkes überhaupt und formulierte in der ihm eigenen Rhetorik:

„So müßten wir doch Narren sein, wenn wir nichts dagegen tun wollten, daß unsere ländliche Blutquelle infolge des bisher geltenden Rechts versiegt und sich im nichtländlichen Sektor unseres völkischen Daseins nutzlos verschwendet. Und dies alles, nachdem uns alle Geschichte beweist, daß unsere Kultur

---

78 Bergmann, Agrarromantik und Großstadtfeindschaft, S. 247 ff.; Farquharson, S. 15.

79 Darre, R. Walther, Das Bauerntum als Lebensquell der Nordischen Rasse, hier in 8. Auflage, München und Berlin 1940.

80 Grundmann, S. 23.

81 Darré, R. Walther, Neuadel aus Blut und Boden, München 1930.

82 Vgl. zur Blut-und-Boden-Ideologie u. a. Darré, Im Kampf um die Seele des deutschen Bauern; Burgdörfer, Zurück zum Agrar-Staat?; Gauch, Die germanische Odal - und Allodverfassung; Busse, DR 1934, 497 ff.

vom germanischen Blute bedingt ist und dieses wiederum in seiner Lebensfähigkeit vom Bodenrecht abhängt, unter dem es leben muß."[83]

Die entscheidende Funktion des Bauerntums war es dabei, „Lebensquell des deutschen Volkes" zu sein. Die Bauern sollten den biologischen Stamm eines sich erneuernden Volkskörpers bilden und die niedrigen Geburtenzahlen in den Städten ausgleichen, „Träger von Sitte und Kultur" und „die niemals versiegende Lebensquelle" des Volkstums sein.[84] Diese sozialdarwinistische Anschauung vom Bauerntum als „Lebensquelle" bzw. „Blutquelle" des Volkes bildete den eigentlichen Kern der Blut-und-Boden-Ideologie, wie Darré am 5. Oktober 1933 gegenüber der Presse erläuterte:

„Der Kampf um die Geburten entscheidet darüber, ob ein Volk überhaupt leben bleibt oder ob es von der Bühne der Welt abzutreten hat und für alle Zukunft aus dem Buche der Geschichte ausgelöscht wird. Darum steht im Mittelpunkt unseres Denkens und Handelns das Blut, die biologische Erhaltung unseres Volkes. Die einzige Blutquelle bildet noch das Bauerntum. Der Bauer hat dem städtischen Ein- und Keinkindersystem den Reichtum einer kinderfrohen Ehe entgegenzusetzen. (...) Völker, die leichtfertig ihr Bauerntum opfern, werden zum Spielball der Welt, und man übertreibt nicht, wenn man feststellt, dass ein in Auflösung begriffenes Bauerntum den ersten Schritt zum völkischen Selbstmord bedeutet."[85]

Und Werner Vogels,[86] für das Reichserbhofrecht zuständiger Ministerialbeamter im Reichsjustizministerium, äußerte nur wenige Wochen später:

„Wir sind umgeben von Völkern, von denen keines uns wohlwill, die im Gegenteil alle nur auf den Augenblick warten, wo unsere Spannkraft nachlässt, um weitere Fetzen aus unserem Land herauszureissen. Ich denke hierbei sowohl an die Verhältnisse im Osten, an die isolierte Lage von Ostpreussen und an die exponierte geopolitische Stellung von Oberschlesien, das wie ein langer Finger in völlig fremdes Volkstum hineinragt, wie an die Lage im Westen, wo wir ja auch noch manche Gefahren sehen müssen. Es ist noch gar nicht abzusehen, wie wir diesen Druck auf die Dauer aushalten, und alle die Gefahren überstehen sollen. Wenn wir uns diese Situation vorstellen und uns dabei vergewissern müs-

---

83 Darré, ZAkDR 1935, 194 f.

84 Protokoll der Rede Darrés vom 5. Oktober 1933, in: BArch R 3001/Akte 592, 26.

85 Darré verglich dabei die vermeintlich niedrigen Geburtenzahlen im Deutschen Reich (14 Geburten auf 1000 Einwohner) mit denen in Polen (35 Geburten auf 1000 Einwohner), in Russland (40 Geburten auf 1000 Einwohner) und anderen „slawischen" Völkern (35-40 Geburten auf 1000 Einwohner), vgl. Protokoll der Rede Darrés vom 5. Oktober 1933, in: BArch R 3001/Akte 592, 26.

86 Vogels, Werner Matthias. Dr. jur. *20. Juli 1888 in Krefeld. Seit 1930 Ministerialrat im RJM. Seit 1934 Richter am Reichserbhofgericht und Mitglied der Akademie für Deutsches Recht. Seit 1939 Ministeraldirektor im RJM. † 6. März 1942.

sen, dass die Volkskraft ständig abnimmt, dann gibt es nur eins, dass heisst, grundsätzlich Wandel zu schaffen. Völlige Umkehr! So wie bisher darf es nicht weitergehen. Und bei der Wiederbelebung der Volkskraft muss man – das ist auch eine unbestreitbare Wahrheit – von der ländlichen Bevölkerung ausgehen. Der Bauer ist von jeher der Rückhalt, der Kraftquell gewesen, aus dem das Volk und die Städte sich ergänzt haben. Wenn wir den Bauern untergehen lassen – aus den Städten heraus wird das deutsche Volk niemals seine gesunde Kraft wiedererhalten."[87]

Die Zuordnung eines „Standes" zu einer bestimmten völkischen Aufgabe entsprach in diesem Zusammenhang der Vorstellung vom Volk als etwas „organisch Gewachsenem". Diese Vorstellung war nicht neu, sondern unter anderem bereits in der deutschrechtlichen Genossenschaftstheorie beschrieben worden, die nunmehr von den Nationalsozialisten aufgegriffen wurde. Das Volk wurde angesehen als „eine Person, ein biologisches Wesen mit Gliedern, Händen und Füßen und – vor allem! – einem führenden Haupt, das für alle Glieder dachte und handelte."[88] Wenn man in diesen organischen Kategorien bleiben möchte, so war dem Bauernstand nach der Vorstellung Darrés in erster Linie die Aufgabe der „Gebärmutter des Volkes" zugedacht.

C. Die „Machtergreifung" Darrés

I. Agrarpolitik unter Hugenberg

Mittels des Agrarpolitischen Apparates der NSDAP erreichte es Darré, die berufsständischen Organisationen der deutschen Landwirtschaft gezielt zu unterwandern und den nationalsozialistischen Zielen nutzbar zu machen.[89] Darüber hinaus gelang es ihm, propagandistischen Nutzen aus der Krise der deutschen Landwirtschaft zu ziehen.[90] Insbesondere die Bauern in Norddeutschland waren durch den Preisverfall auf den Getreidemärkten besonders stark von der zunehmenden Verschuldung betroffen und radikalisierten sich unter der „Schwarzen

87 Protokoll des Kölner Vortrags von Vogels im „Verein für das Notariat in Rheinpreussen" am 22. Oktober 1933, in: BArch R 3001/Akte 593, 3.

88 Hattenhauer, Rn. 637.

89 Gies, ZAA 1968, 210 f.

90 Der Krise lagen insbesondere die seit 1925 kontinuierlich sinkenden Weltmarktpreise für Getreide und der seit 1928 versiegende Kreditstrom aus dem Ausland zugrunde, die durch die nachlassende Nachfrage von Verbraucherseite infolge des „Schwarzen Freitags" am 24. Oktober 1929 noch verschärft wurde, vgl. Haushofer, Landwirtschaft im technischen Zeitalter, S. 284 f.

Fahne“ der Landvolkbewegung.[91] Darrés aggressive Propaganda, die dem „Weimarer System“ die Schuld am Niedergang des Bauernstandes zuschob, machte sich diese Unzufriedenheit zunutze und erschloss sich erfolgreich breite neue Wählerkreise auf dem Land.[92]

Die vor dem Hintergrund dieser Erfolge in Darré erwachte Hoffnung, in einem Kabinett Hitlers zum Reichsernährungsminister ernannt zu werden, wurde allerdings enttäuscht: Mit der „Machtergreifung“ übernahm der Parteivorsitzende der DNVP, Alfred Hugenberg,[93] neben dem Reichswirtschaftsministerium auch die Leitung des Reichsministeriums für Ernährung und Landwirtschaft. Hugenberg und sein Staatssekretär von Rohr waren zwar mit den Nationalsozialisten darin einig, das Bauerntum im nationalen Interesse auf Kosten anderer Wirtschafts- und Bevölkerungskreise zu stützen.[94] Im Gegensatz zu Darré strebten sie aber keine grundsätzliche Umgestaltung der deutschen Agrarverfassung an und stimmten „mit den revolutionären Ansprüchen des Nationalsozialismus in der weltanschaulichen Wurzel nicht überein.“[95] An eine völlige Neugestaltung des bäuerlichen Erb- und Familienrechts, wie von Darré geplant, dachten die Deutschnationalen nicht.[96] Hugenberg selbst versuchte die Krise der Landwirtschaft vielmehr mit altbekannten Konzepten zu überwinden, indem die Preise für Agrarprodukte auf Kosten der Verbraucher angehoben wurden. Auch betrieb man eine Entschuldungspolitik zur Sanierung landwirtschaftlicher Betriebe und führte einen weitreichenden Vollstreckungsschutz ein.[97]

Darré, über seine Nichtberücksichtigung enttäuscht, begann dagegen planmäßig die Position Hugenbergs zu untergraben.[98] Dieses geschah – nach anfänglicher Zurückhaltung[99] – zum einen durch gezielte propagandistische Agitatio-

---

91 Haushofer, Landwirtschaft im technischen Zeitalter, S. 289 f.; Farquharson, S. 6, S. 25 f.; vgl. allgemein zur Lage in Schleswig-Holstein, Stoltenberg, Politische Strömungen im Schleswig-Holsteinischen Landvolk 1918-1933.

92 Grundmann, S. 29, Fn. 148; Lovin, ZAA 1974, 210.

93 Hugenberg, Alfred. *19. Juni 1865 in Hannover. 1909-1918 Vorstandsvorsitzender der Friedrich Krupp AG. Inhaber der Universum Film AG (UfA). 1928 bis zur Auflösung 1933 Vorsitzender der DNVP. 30. Januar - 27. Juni 1933 Reichswirtschafts- und Ernährungsminister. † 12. März 1951 in Kükenbruch bei Rinteln.

94 Gies, ZAA 1968, 225.

95 Haushofer, Ideengeschichte, S. 189 f.

96 Grundmann, S. 34.

97 Broszat, S. 233.

98 Bracher/Sauer/Schulz, S. 187 f.

99 Die Deutschnationalen konnten wegen ihrer Einbeziehung in die Regierung Hitler vom Agarpolitischen Apparat der NSDAP nicht mehr in der Schärfe attackiert werden, wie dieses noch im Vorfeld der Machtergreifung geschehen war. So wies Darré seine Mitarbeiter zunächst an, Hugenberg und von Rohr nicht direkt, sondern nur die Politik des REM allgemein anzugreifen, Gies, ZAA 1968, 227.

nen des Agrarpolitischen Apparates gegen Hugenberg und von Rohr. Hugenbergs Politik wurde als „kapitalistisch" gebrandmarkt, da diese „zu sehr die Interessen des Großgrundbesitzes" berücksichtige und „die klare Grundlage völkisch-rassischer Weltanschauung vermissen" lasse.[100] Zugleich schaltete Darré das landwirtschaftliche Organisationswesen komplett gleich, wobei er mit seinen Bestrebungen zur Schaffung einer landwirtschaftlichen Einheitsstandesorganisation einem in der deutschen Landwirtschaft weit verbreiteten Gefühl entgegenkam.[101] Am 4. April 1933 kam es zu Verhandlungen bezüglich einer Fusion von Reichslandbund, den christlichen Bauernvereinen und dem Agrarpolitischen Apparat der NSDAP. Vorsitzender dieser Führergemeinschaft, deren Aufgabe es war, bis zum 1. Januar 1934 eine einheitliche Standesorganisation der deutschen Landwirtschaft zu bilden, wurde Darré.[102]

Zusätzlich übernahm Darré am 19. April 1933 die faktische Führung des Reichsverbandes der landwirtschaftlichen Genossenschaften. Als dann am 12. Mai 1933 auch noch der Vorsitz des Deutschen Landwirtschaftsrates auf Darré übertragen wurde, hatte er eines seiner großen Ziele erreicht: Die Vereinigung aller wesentlichen Führungspositionen im landwirtschaftlichen Organisationswesen auf Reichsebene in seiner Person. Die hiermit verbundene große Machtfülle auf agrarpolitischem Sektor setzte Darré im Kampf gegen das von Hugenberg besetzte Reichsernährungsministerium ein.[103]

II. Das Preußische Bäuerliche Erbhofrecht

Ein weiterer Erfolg gelang Darré mit der Verabschiedung des Preußischen Bäuerlichen Erbhofrechts vom 15. Mai 1933,[104] bei dessen Erarbeitung Hugenberg, trotz seiner Eigenschaft als Reichskommissar für das preußische Landwirtschaftsministerium, von den Nationalsozialisten Darré, Backe,[105] Kerrl,[106] Freisler,[107] Willikens[108] und Wagemann[109] fast vollkommen übergangen wurde.[110]

---

100 Broszat, S. 233.

101 Gies, ZAA 1968, 213.

102 Gies, ZAA 1968, 215 f.

103 Gies, ZAA 1968, 224.

104 Pr.GS, Nr. 34 v. 17. Mai 1933, 165.

105 Backe, Herbert. Dr. agr. * 1. Mai 1896 in Batum/Rußland. Dipl.-Landwirt. 1922 SA. 1926 NSDAP. Abgeordneter des Preußischen Landtages. Seit Oktober 1933 Staatssekretär im REM. Stabshauptabteilungsleiter für Wirtschaft im Stabsamt des Reichsnährstandes. 1936 Chef der Geschäftsruppe Landwirtschaft und Ernährung in Görings Dienststelle Vierjahresplan. 23. Mai 1942 mit der Führung des REM beauftragt. 1. April 1944 Reichsminister sowie Reichsbauernführer. November 1942 SS-Obergruppenführer. † 1947 in Nürnberg (Selbsttötung).

106 Kerrl, Hanns. * 11. Dezember 1887 in Fallersleben. 1923 NSDAP, SA-Obergruppenführer. Seit 1932 Präsident des Preußischen Landtages. Ab 1932 kommissarischer preu-

Mit diesem Gesetz konnte Darré seine von der Blut-und-Boden-Ideologie durchsetzten agrarpolitischen Vorstellungen erstmals rechtlich umsetzen. Göring tönte anlässlich der Verabschiedung des Gesetz am 18. Mai 1933 vor dem preußischen Landtag entsprechend:

„Die Quelle des Rechtes ist das Volk selbst. Seine durch das Blut bestimmte Art wirkt sich in Herkommen und Sitte bewußt oder unbewußt aus. Solche lebendige Sitte als Ausdruck des Gewissens der Nation zur staatlich geschützten Norm zu erheben, ist die Aufgabe des Gesetzes. Der Gesetzgeber darf nicht die aus verstandesgemäßen Abstraktionen erwachsene Willkür an die Stelle des Volksrechtes setzen. Ein solches Volksrecht stellt die bäuerliche Verfassung des preußischen Erbhofrechtes dar, die die Preußische Staatsregierung vor wenigen Tagen zum Gesetz erhoben hat und wofür sie dem Preußischen Justizminister dankbar ist."[111]

Das Preußische Bäuerliche Erbhofrecht hob sich von allen bis dahin ergangenen Anerbengesetzen ab, da Letzteren eine völkisch-rassische Zwecksetzung des Anerbenrechts fremd gewesen war. Entsprechend bezog sich der Gesetzgeber im Vorspruch ausdrücklich auf die Blut-und-Boden-Ideologie: „Unabweisbare

---

ßischer Justizminister. Ab 21. April 1933 Preußischer Justizminister. 17. Juni 1934 Reichsminister ohne Geschäftsbereich, Reichskommissar für Raumordnung. Ab 3. Oktober 1935 zugleich Reichsminister für kirchliche Angelegenheiten. † 14. Dezember 1941 in Paris.

107 Freisler, Roland. Dr. jur. * 30. Oktober 1893 in Celle. 1925 NSDAP. 1931 BNSDJ. 1932 MdR. 1933 Ministerialdirektor und Leiter der Personalabteilung im Preußischen Justizministerium, Leiter der Abteilung Sabotagebekämpfung. April 1934 Staatssekretär im RJM, zuständig für den 1934 gegründeten Volksgerichtshof. Ab 23. August 1942 Präsident des Volksgerichtshofs. † 3. Februar 1945 in Berlin (Bombenangriff).

108 Willikens, Werner. * 8. Februar 1893 in Vienenburg. 1925 NSDAP. 1928 MdR. Dezember 1931 - Juli 1933 Präsident des Reichslandbundes. Ab Juli 1933 Staatssekretär im Preußischen Landwirtschaftsministerium, dann Staatssekretär im Reichsernährungsministerium. SS- Gruppenführer. † 25. Oktober 1961 in Wolfenbüttel.

109 Wagemann, Gustav. Seit 1932 Abgeordneter des Preußischen Landtages. 1933 Minsterialrat im Preußischen Justizministerium.

110 So mahnte Hugenberg auf der Sitzung des Preußischen Staatsministeriums vom 11. Mai 1933 ausdrücklich an, „daß dem Landwirtschaftsministerium unter Hinzuziehung von einigen Vertretern der Landwirtschaft vor der Verabschiedung Gelegenheit gegeben werden müsse, zu den Einzelheiten eines solchen die Struktur der bäuerlichen Bevölkerung tief berührenden Gesetzes Stellung zu nehmen", Abschrift zur Sitzung des Preußischen Staatsministeriums vom 11. Mai 1933, in: GSA, Rep. 84 a, Nr. 2013, MF 9268, 25 f.; vgl. auch Grundmann, S. 34 f.; Bracher/Sauer/Schulz, S. 188, S. 572 f; Buchenroth, S. 68 f.

111 Aufzeichnung (S. 12) der Rede Görings vor dem preußischen Landtag am 18. Mai 1933, in: BArch R 3001/4085.

Pflicht der Regierung des erwachten Volkes ist die Sicherung der nationalen Erhebung durch gesetzliche Festlegung der in deutscher Sitte bewahrten unauflöslichen Verbundenheit mit Blut und Boden durch das Bäuerliche Erbhofrecht." Der Anwendungsbereich des Gesetzes beschränkte sich – im Gegensatz zu den herkömmlichen Anerbengesetzen, die in der Regel für fast alle bäuerlichen Betriebe galten – auf die sogenannten Erbhöfe, landwirtschaftliche Betriebe, die bestimmte sachliche und deren Eigentümer bestimmte persönliche Voraussetzungen erfüllen mussten.

Die hervorgehobene Stellung des Bauerntums kam in der Bestimmung des § 1 Abs. 2 Pr. EHR zum Ausdruck, nach der nur der Eigentümer eines Erbhofes die Bezeichnung „Bauer" als Ehrennamen tragen durfte. Sonstigen Landwirten oder Landarbeitern war dieser „Ehrentitel" verwehrt. Das Gesetz war als unmittelbares Intestatanerbenrecht für alle Landschaften mit Anerbensitte konstruiert, in Landschaften ohne Anerbensitte galt dagegen mittelbares Anerbenrecht, §§ 1 Abs. 1, 39 Abs. 1, 2 Pr. EHR. Bei nichteingetragenen Höfen hatte jeder Miterbe das Recht, die Übernahme kraft Anerbenrechts zu verlangen, § 1 Abs. 5 Pr. EHR. Der Hof musste mindestens die Größe einer Ackernahrung haben und durfte nicht so groß sein, dass er nicht mehr von einer Hofstelle aus und ohne Vorwerke bewirtschaftet werden konnte, § 3 Pr. EHR. Eine neue Regelung war auch § 2 Abs. 1 Pr. EHR, wonach ein Bauer einen Erbhof nur besitzen konnte, wenn er selbst deutscher oder „stammesgleicher" Herkunft war.[112]

Im Vergleich zu anderen Anerbengesetzen war die Rechtsstellung der weichenden Erben schwach. Statt einer am Ertragswert bemessenen Abfindung stand ihnen nur noch ein Anspruch auf Unterhalt, Berufsausbildung und Heimatzuflucht zu, § 17 Pr. EHR. Auch die gesetzliche Anerbenordnung war ungewöhnlich. So wurden die weiblichen Nachkommen, wenn Bruderrecht eingetragen war, erst in vierter Ordnung berücksichtigt, § 12 Abs. 1, § 13 Abs. 1 Pr. EHR. Die Mutter des Erblassers war erst in 5. Ordnung, die Ehefrau erst in 8. Ordnung zur Anerbenfolge berufen.

Für Verfügungen unter Lebenden sah § 5 Pr. EHR weitgehende Beschränkungen für die Erbhofbauern vor, indem grundsätzlich jede rechtsgeschäftliche Veräußerung der Genehmigung des Anerbengerichts bedurfte. Diese bei den Amtsgerichten einzurichtenden Gerichte waren wiederum die erste Instanz eines neuen Rechtsprechungszugs, welcher der Durchführung des Gesetzes dienen

112 Sering kritisierte in einem Schreiben an Kerrl noch am 13. Mai 1933 den ihm vorliegenden Gesetzentwurf zum Preußischen Bäuerlichen Erbbhofrecht. Seine Kritik betraf insbesondere das Erfordernis der Rasse- und Staatszugehörigkeit und die mit dem Wegfall der Abfindungen einhergehende Formulierung „Der Bauer hat nur ein Kind", die er für einen Verstoß gegen die „altdeutsche Anschauung von der Gleichberechtigung der Erben" hielt, Schreiben Serings an Kerrl vom 13. Mai 1933, in: GSA, Rep. 84 a, Nr. 2013, MF 9268, 52 - 55.

sollte, §§ 29 ff. Pr. EHR. Das Gesetz hielt sich allerdings an die Grenze des § 64 EGBGB: Nach § 6 Abs. 4 Pr. EHR konnte der Erblasser das Erbhofrecht durch Testament oder Erbvertrag ausschließen oder beschränken.

III. Das Ende der Amtszeit Hugenbergs

Der von der aktiven Einflussnahme beim Gesetzgebungsverfahren ausgeschlossene Hugenberg nahm am 14. Mai 1933, einen Tag vor der Verkündung des Gesetzes, zum geplanten Erbhofrecht ausführlich und kritisch Stellung. So bemängelte Hugenberg in einem Schreiben an Kerrl insbesondere die ausgeprägte rechtliche Bevorzugung des Anerben, da dies „eine starke Entrüstung bei den weichenden Erben, aber auch bei den Bauern selbst hervorrufen“ werde.

Auch die dem Bauern verbliebenen Möglichkeiten, „den wesentlichen Teil der Wirkung des Gesetzes auszuschalten“, sah Hugenberg als nicht ausreichend an: Für den Fall, dass die Bauern nicht testierten, läge die Macht in der Hand des Anerbengerichts, so dass der „freie Bauer“ zu bestehen aufhöre. Hugenberg ging davon aus, dass der Bauer dadurch auf den Weg des öffentlichen Testamentes gedrängt werde, während er sich bisher in den Gegenden des Anerbenrechts in weitem Umfange auf ein „leidlich gesundes Intestaterbrecht“ habe verlassen können. Hugenberg schlug stattdessen vor, die im Zweifel geltenden Regeln eines Intestaterbrechtes einzubauen, mit einem Rahmen, innerhalb dessen der Erblasser eine Bevorzugung des Anerben nicht testamentarisch abändern könne, und dadurch „die Allmacht der Anerbengerichte gegenüber der bäuerlichen Familie einzuschränken.“

Insbesondere machte Hugenberg auf die möglichen nachteiligen bevölkerungspolitischen und wirtschaftlichen Folgen des Gesetzes aufmerksam, wobei er die Befürchtung äußerte, dass sich die im Gesetz vorhandene Formulierung „Der Bauer hat nur ein Kind, welches den Hof übernehmen kann; das ist der Anerbe“ im wörtlichen Sinne bewahrheiten könnte. Als Folge befürchtete er, „daß bei allzu scharfer Durchführung des Gedankens, daß der Hof auf Kosten der anderen Kinder bei Kräften bleiben muß, die Leistungsfähigkeit und Kraftanspannung der Geschlechter allmählich nachlassen wird – die wichtigste Grundlage der Volksentwicklung.“ Hugenberg kritisierte außerdem einzelne Formulierungen, wie zum Beispiel die Bezeichnung „deutsches Blut“ in den §§ 2 und 40 Pr. EHR, die er für nicht haltbar erachtete.

Auch die Aufhebung des Veräußerungsrechtes in § 5 Pr. EHR war für Hugenberg nicht hinnehmbar, da dieses nach seiner Ansicht den Bauern von der Bürokratie abhängig machte und viele Unzuträglichkeiten nach sich zöge. Die Berichtigung der Schulden aus dem Allod beurteilte Hugenberg nach Einführung der Tilgungshypothek als unzweckmäßig. Überhaupt kritisierte er die aus den §§ 17, 18 und 19 (aber auch § 25) Pr. EHR resultierende „völlige Abhängigkeit der bäuerlichen Familie von einer behördlichen Instanz“.

Daneben hielt Hugenberg die Bestimmungen der §§ 26 - 28 Pr. EHR für Eingriffe ins Reichsrecht: „Sie begründen, ohne daß der betreffende Hof Anerbengut ist, Eingriffe nicht nur in die gesetzliche, sondern auch in die testamentarische Erbfolge. Ich habe den Eindruck, daß aus ihnen eine große Rechtsunsicherheit und Willkür entstehen muß. Die augenblickliche gesamtwirtschaftliche Lage verträgt m. E. solche Eingriffe nicht."[113]

Hugenbergs Kritik an dem hinter seinem Rücken ausgearbeiteten Gesetz blieb zwar ohne jede Wirkung, verdeutlichte jedoch, wie weit die anerbengesetzliche Umsetzung der Blut-und-Boden-Ideologie im Preußischen Bäuerlichen Erbhofrecht sowohl von den bisherigen Anerbengesetzen als auch von agrarpolitischen Vorstellungen der Deutschnationalen abwich. Zu diesem Zeitpunkt war allerdings „das Verschwinden Hugenbergs von der politischen Bühne nur noch eine Frage der Zeit und der günstigen Gelegenheit."[114] Er konnte zwar noch das „Gesetz zur Regelung der landwirtschaftlichen Schuldverhältnisse" vom 1. Juni 1933[115] durchsetzen, wonach landwirtschaftliche Schulden, die eine bestimmte Schwelle überschritten, bis zur Hälfte gekürzt und der Zinssatz allgemein auf 4,5 % heruntergesetzt wurde.[116] Nachdem Hugenberg jedoch auf der Weltwirtschaftskonferenz in London Kolonien für das Deutsche Reich gefordert hatte, musste er am 27. Juni 1933 zurücktreten.[117] Darré wurde zwei Tage später zu seinem Nachfolger ernannt.

Die konservative Agrarpolitik war damit am Ende. In der Person Darrés vereinigte sich nun die parteiamtliche, berufsständische und staatliche Macht der Landwirtschaft – eine Machtfülle, die es in diesem Ausmaß in keinem anderen Wirtschaftsbereich gab.[118] Darré konnte so mit der Umsetzung seiner agrarpolitischen Ziele beginnen.[119]

---

113 Schreiben Hugenbergs an Kerrl vom 14. Mai 1933, in: BArch R 3001/Akte 591, 57. Vgl. außerdem das Schreiben Hugenbergs an Gürtner, in: GSA, Rep. 84 a, Nr. 2013, MF. 9268, 56 - 59; neben Hugenberg bemängelte im Übrigen auch der Preußische Finanzminister Popitz den von Kerrl ausgearbeiteten Entwurf, vgl. Abschrift (Auszug) der Sitzung des Pr. Staatsministeriums vom 15. Mai 1933, in: GSA, Rep. 84a, MF 9268, Nr. 2013, 28 f.

114 Gies, ZAA 1968, 232.

115 RGBl. 1933, Teil I, S. 331.

116 Heiden bezeichnete dieses als einen „nach kapitalistischen Grundsätzen (...) gesetzlich geschützten Vertragsbruch", Heiden, S. 181.

117 Gies, ZAA 1968, 232.

118 Frei, S. 79.

119 Von Rohr blieb zwar zunächst Staatssekretär, wurde jedoch am 23. September durch Herbert Backe ersetzt, nachdem von Rohr in einer Rede im September 1933 Darrés Agrarpolitik offen kritisiert hatte, Broszat, S. 234.

D. Reichsnährstands- und Reichserbhofgesetz

I. Nationalsozialistische „Gesetzgebungstechnik“

Das sogenannte „Ermächtigungsgesetz“ vom 24. März 1933[120] hatte die Gewaltenteilung beseitigt, indem es den Beschluss von Reichsgesetzen durch die Reichsregierung zugelassen hatte. Damit war der Reichstag vom Gesetzgebungsverfahren praktisch ausgeschlossen. Auch konnte die Reichsregierung – von einigen wenigen Ausnahmen abgesehen – bei der Gesetzgebung von der Reichsverfassung abweichen. Im Ergebnis führte dies dazu, dass „in rechtsformaler Hinsicht“ Gesetze „kaum noch von Verordnung und Erlassen“ unterschieden werden konnten.[121]

Im „Idealfall“ lief das Gesetzgebungsverfahren so ab, dass zunächst ein Gesetzesentwurf erstellt wurde, wozu neben dem jeweils zuständigen Reichsministerium das Reichsrechtsamt der Reichsleitung der NSDAP und die Akademie für Deutsches Recht (AkDR) befugt waren. Daneben konnten in den jeweils zuständigen Ministerien Referentenentwürfe erstellt werden. Im Reichsjustizministerium war für das Bürgerliche Recht die Abteilung IV unter Volkmar[122] und für das Bauernrecht die Abteilung II unter Schäfer[123] zuständig. Dem Gesetzesentwurf musste der Stellvertreter des Führers zustimmen, in dessen Stab wiederum die Abteilung III (Staatsrechtliche Fragen) die Zuständigkeit besaß. Nachdem 1941 Rudolf Heß in britische Kriegsgefangenschaft geraten war, wurde diese Stelle in Parteikanzlei umbenannt. Ihr stand Martin Bormann vor. Für Gesetzesentwürfe war allerdings der Münchner Stab zuständig, der damit zur „eigentlichen Nahtstelle“ zwischen der Partei und den Reichsministerien wurde.[124]

Im Anschluss hieran wurde im sogenannten Umlaufverfahren die Zustimmung derjenigen Minister eingeholt, deren Ressorts vom jeweiligen Gesetzesentwurf betroffen waren. Bei Meinungsverschiedenheiten kam es zur Chefbesprechung, einem Verständigungsgespräch zwischen den jeweiligen Ministern bzw. deren Stellvertretern. Abschließend legte der federführende Minister den Gesetzesentwurf der Reichskanzlei vor, deren Abteilung B diesbezüglich zuständig war.[125]

---

120 RGBl. 1933, Teil I, S. 141.

121 Broszat, S. 351.

122 Volkmar, Erich. Dr. jur. * 7. Mai 1879 in Berlin. 1920 Ministerialrat und 1931 Ministerialdirektor im RJM. Senatspräsident des Reichserbhofgerichts. Mitglied der Akademie für Deutsches Recht. Februar 1943 Ruhestand. † 24. Juli 1951 in Bückeburg.

123 Schäfer, Ernst. Jurist. * 13. Oktober 1882. Ab 1929 Ministerialdirektor im RJM 1937 Mitglied der Akademie für Deutsches Recht. März 1943 Ruhestand. † 9. Juli 1945 in Rothenburg ob der Tauber.

124 Schliepkorte, S. 64.

125 Schliepkorte, S. 65 f.

Streng genommen handelte es sich bei der abschließenden Annahme des Gesetzesentwurfs durch das Kabinett um eine Entscheidung Hitlers, dem das Gesetz zur Ausfertigung vom federführenden Minister vorgelegt wurde. Auch in dieser Hinsicht war die Weimarer Reichsverfassung, wonach die Reichsregierung die Beschlüsse grundsätzlich kollegial zu fassen hatte, hinfällig. Statt eines Kabinetts im alten Sinne wurde die Reichsregierung somit zum „Führerrat“, der den „Führer und Reichskanzler“, der schließlich auch das Gesetz verkündete, „bei der von ihm zu treffenden Entscheidung“ beriet und unterstützte.[126]

II. Das Reichsnährstandsgesetz

Das „Reichsnährstandsgesetz“ vom 13. September 1933[127] legte die Grundlage für die Schaffung des Reichsnährstandes, in den die verschiedenen landwirtschaftlichen Berufsverbände überführt wurden. Diese berufsständische Einheitsorganisation sollte, ebenso wie die Deutsche Arbeitsfront, für die das Gesetz zur Ordnung der nationalen Arbeit vom 20. Januar 1934[128] die gesetzliche Grundlage geschaffen hatte, wesentlich zum Umbau des Deutschen Reiches in einen vermeintlich ständischen Führerstaat beitragen.[129]

Entsprechend organisiert waren die neuen Stände, mit denen man angeblich den „Klassenkampf“ in der neuen Volksgemeinschaft auffangen wollte: So stand an der Spitze des Reichsnährstandsapparates der Reichsbauernführer, der mit der Person des Reichsernährungsministers identisch war. In den Ländern und Provinzen bestanden die Landesbauernschaften, denen die Landesbauernführer vorstanden. Darunter waren die Kreisbauernschaften mit den Kreisbauernführern und die Ortsbauernschaften mit den Ortsbauernführern angesiedelt. Insbesondere den Kreis- und Landesbauernführern waren dabei wesentliche Befugnisse und Pflichten im Rahmen des Erbhofrechts zugewiesen. Neben den Anerbenrichtern sollten sie „die lebendigen Gestalter des Reichserbhofrechts“ sein und für die „Aufrechterhaltung des Zweckes des Gesetzes, aber auch für die Erhaltung von Brauchtum in einer örtlich begrenzten Gegend sorgen“.[130]

Die Ernennung dieser nationalsozialistischen Funktionsträger vollzog sich dabei in erster Linie nach politischen und nationalsozialistischen und nicht nach fachlichen Gesichtspunkten.[131] Damit unterstellte man die Bauern der ländlichen

---

126 Formulierung vom Abteilungsleiter und Stellvertreter des Chefs der Reichskanzlei, Ministerialdirektor Wienstein, in einem Vortrag vor der Verwaltungsakademie in Bonn am 15. Dezember 1936, zitiert nach Broszat, S. 353.

127 RGBl. 1933, Teil I, S. 626.

128 RGBl. 1934, Teil I, S. 45 ff.

129 Lovin, ZAA 1974, 210 ff.

130 Baumecker, 4. Auflage, § 54 REG, Rn. 2.

131 Haushofer, Landwirtschaft im technischen Zeitalter, S. 297.

Führungsriege des NS-Staates, die grundsätzlich ihre Legitimation nicht durch die Wahl von unten, sondern vom „Führer“ bezog. Neben der Schaffung des Reichsnährstandes, der eine der größten Organisationen im NS-Staat war, gab das Gesetz dem Reichsernährungsminister die Möglichkeit an die Hand, eine Marktordnung herzustellen, mit welcher die Erzeugung und der Absatz landwirtschaftlicher Produkte geregelt werden konnte. Dies bedeutete die endgültige „Abkehr von der Gewerbefreiheit und freien Marktwirtschaft“ für die Land- und Ernährungswirtschaft.[132]

III. Die Entstehung des Reichserbhofgesetzes

Mit dem Reichserbhofgesetz wollte Darré, nachdem bereits am 14. Juli 1933 das der Binnensiedlung dienende „Gesetz über die Neubildung deutschen Bauerntums“[133] ergangen war, einen weiteren wesentlichen Schritt zur vermeintlichen „Rettung des deutschen Bauerntums“ gehen. Es sollte Grundgesetz des neuen „Bauernrechts“ werden.[134]

Das Reichserbhofgesetz war – mehr noch als das Preußische Bäuerliche Erbhofrecht – rechtlicher Ausdruck der Blut-und-Boden-Ideologie:[135] Die Bestimmungen des Gesetzes sollten nach die Bauern vermeintlich befähigen, ihre „Aufgaben als Blutsquell des Volkes zu bewältigen.“[136] Die Arbeiten an dieser neuen Agrarverfassung völkischer Prägung begannen im Juli 1933 in der Bauern- und Bodenrechtsabteilung des Reichsernährungsministeriums.[137] An diesen waren die Länder, insbesondere Preußen, nicht nur nicht mitbeteiligt, sondern hatten zum Teil noch nicht einmal Kenntnis von ihnen.[138] Dies hatte zur Folge,

---

132 Broszat, S. 235.

133 RGBl. 1933, Teil I, S. 517 f.

134 Stoll/Baur, S. 5.

135 In den späteren Auflagen der Darréschen Kampfschriften „Das Bauerntum als Lebensquell der Nordischen Rasse“ und „Neuadel aus Blut und Boden“ war jeweils am Ende das Reichserbhofgesetz abgedruckt, vgl. Darré, Bauerntum, 8. Auflage, S. 466-481; ders., Neuadel, 1943, S. 229-244.

136 Darré, in: Saure, 6. Auflage, S. 10.

137 Neben Backe, im Juli 1933 noch „Kommissar z.b.V.“ und erst ab 25. Oktober 1933 offiziell der Staatssekretär im REM, war hieran insbesondere der Ministerialdirektor im REM und Leiter der Rechtsabteilung im Stabsamt des Reichsbauernführers Wilhelm Saure maßgeblich beteiligt, vgl. Grundmann, S. 40 f.

138 Buchenroth, S. 99 f.; sogar der Mitschöpfer des Preußischen Bäuerlichen Erbhofrechts, der Preußische Justizminister Kerrl, war über die konkreten Arbeiten am Reicherbhofgesetz nicht informiert. Kerrl trat im Übrigen in einem Schreiben an Darré und Gürtner vom 30. August 1933 dafür ein, eine reichsgesetzliche Regelung des Preußischen Bäuerlichen Erbhofrechts fürs Erste zu unterlassen, solange es noch nicht ausreichend in der Praxis erprobt sei, vgl. Grundmann, S. 40.

dass zahlreiche Landesregierungen mangels Erwartung einer bevorstehenden reichsweiten Regelung bis in den Spätsommer 1933 hinein an eigenen Anerbengesetzen nach Vorbild des Preußischen Bäuerlichen Erbhofrechts arbeiteten, so zum Beispiel Sachsen, Bayern,[139] Hessen, Thüringen und Baden.[140] In Lippe trat sogar am 12. August 1933 noch ein eigenes Bäuerliches Erbhofrecht in Kraft.[141] Am 28. August 1933 kündigte Darré schließlich in einem Schreiben an Gürtner[142] konkrete Vorschläge für ein reichsweites bäuerliches Erbhofrecht an,[143] eine Ankündigung die er am 2. September 1933 auf dem Reichsparteitag öffentlich wiederholte.[144] Hitler erteilte daraufhin nach einer Besprechung mit Darré und dessen Stab am 8. September 1933 auf dem Obersalzberg seine grundsätzliche Zustimmung zu allen von Darré geplanten agrarpolitischen Gesetzesvorhaben.[145]

Die Reichweite des Darréschen Gesetzesvorhabens scheint jedoch außerhalb des Reichsernährungsministeriums kaum wirklich bekannt gewesen zu sein. Insbesondere Gürtner ging allem Anschein nach davon aus, dass das Reichserbhofrecht mehr oder weniger mit dem Preußischen Bäuerlichen Erbhofrecht deckungsgleich sein werde. Hierfür spricht ein Schreiben vom 14. September 1933, in welchem Gürtner Darré und weitere Reichs- und preußische Minister sowie die Landesregierungen für den 22. September 1933 zu einer Besprechung einlud, deren Gegenstand die Übernahme der Grundsätze des preußischen Bäuerlichen Erbhofrechts in das Reichsrecht sein sollte.[146] Gürtner hatte

---

139 Vgl. Niederschrift des Vortrags mit dem Thema „Vorschläge für ein Anerbenrecht in Bayern“, gehalten am 7. Juli 1933 bei der Agrarpolitischen Studiengesellschaft in München von Alfons Freiherr von Redwitz, in: BArch R 3001/Akte 591, 67d; vgl. hierzu außerdem den Entwurf eines Anerbengesetzes für Bayern vom „Verband des grösseren Grundbesitzes in Bayern“, übersandt an die Bayrischen Staatsministerien für Justiz, Wirtschaft und Wirtschaft/Abt. Landwirtschaft, in: BArch R 3001/Akte 592, 14.

140 Niederschrift (Seite 4 f.) des Vortrags von Vogels im „Verein für das Notariat in Rheinpreussen“ am 22. Oktober 1933 in Köln, in: BArch R 3001/Akte 593, 3.

141 Bäuerliches Erbhofrecht des Landes Lippe vom 12. August 1933.

142 Gürtner, Franz. Dr. h.c. * 26. August 1881 in Regensburg. Mitglied der DNVP. 4. August 1922 - 1. Juni 1932 Bayrischer Justizminister. 2. Juni 1932 - 29. Januar 1941 Reichsjustizminister. Mitglied der Akademie für Deutsches Recht. † 29. Januar 1941 in Berlin.

143 Schreiben Darrés an Gürtner vom 28. August 1933, in: BArch R 3001/Akte 591, 88.

144 Grundmann, S. 41.

145 Buchenroth, S. 100. Nach Aussage Reischles, des zukünftigen Stabsamtsleiters des Reichsnährstandes, habe Hitler allerdings der Erbhofpolitik Darrés kritisch gegenübergestanden und diese nur aus dem äußeren Anlaß heraus gebilligt, das Gesetz auf dem ersten Reichserntedankfest auf dem Bückeberg am 1. Oktober 1933 verkünden zu können, vgl. Vernehmung Reischles im „Wilhelmstraßen-Prozeß“, zitiert nach Grundmann, S. 41, Fn. 22-24.

146 Schreiben Gürtners vom 14. September 1933, in: BArch R 3001/Akte 591, 78.

folglich entweder keine Kenntnis von den weitergehenden Plänen Darrés oder er versuchte durch die Anberaumung dieses Besprechungstermins die Initiative an sich zu ziehen und Darré von seinem weitreichenden Vorhaben abzubringen.

Darré ließ es hierzu nicht kommen. Vielmehr bat er Gürtner, die Besprechung abzusagen, um ihm zunächst mündlich seine „Vorschläge für ein bäuerliches Erbhofrecht" unterbreiten zu können.[147] Dieses geschah im Rahmen einer Besprechung am 19. September 1933, die im Reichsjustizministerium stattfand.[148] Der bei dieser Besprechung von Darré vorgelegte fünfzehnseitige Ausgangsentwurf eines Reichserbhofgesetzes umfasste drei Artikel. Im ersten waren in einem Vorspruch die Grundgedanken des Gesetzes zusammengefasst. Der zweite Artikel enthielt die materiellrechtliche Ausführung dieser Grundgedanken in insgesamt 27 Paragraphen. Im dritten Artikel waren dann in drei Absätzen Vorschriften zur Ausführung des Gesetzes angeführt.

Der Entwurf nahm bereits alle wesentlichen Regelungen des später verabschiedeten Reichserbhofgesetzes vorweg: Grundsätzlich sollten land- und forstwirtschaftliche Besitzungen von der Größe einer Ackernahrung bis zu einer Höchstgrenze von 125 ha zu Erbhöfen werden. Der Erbhof musste hierfür im Alleineigentum einer bauernfähigen Person stehen. Bauer konnte dabei nur eine Person sein, die deutscher Staatsbürger, deutschen oder stammesgleichen „Blutes", ehrbar und in der Lage war, den Hof ordnungsgemäß zu bewirtschaften. Der Erbhof sollte dabei ungeteilt und schuldenfrei auf den Anerben übergehen. Die weichenden Erben waren auf das übrige Erbe verwiesen. Ihnen stand nach dem Entwurf außerdem eine den Kräften des Hofes entsprechende Berufsausbildung und Ausstattung zu sowie das Recht auf Heimatzuflucht im Falle unverschuldeter Not. Das Anerbenrecht war zwingend ausgestaltet, d. h. nicht durch Verfügung von Todes wegen auszuschließen oder beschränkbar. Erbhöfe sollten grundsätzlich unveräußerlich und unbelastbar sein. Die zur Durchführung der Bestimmungen des Reichserbhofgesetzes erforderlichen Entscheidungen sollten von einer eigens zu schaffenden Erbhof-Gerichtsbarkeit getroffen werden, in deren Instanzen die Bauern als Beisitzer mitentscheiden sollten.[149]

147 Schreiben Darrés an Gürtner, in: BArch R 3001/Akte 591, 83. Gürtner sagte daraufhin die Besprechung ab, Schreiben vom 19. September 1933, in: BArch R 3001/Akte 591, 85.

148 Handschriftlicher Vermerk von Vogels zur Besprechung vom 19. September 1933, in BArch, R 3001/Akte 591, 86a.

149 Ausgangsentwurf Darrés, vorgelegt auf der Besprechung am 19. September 1933, in: BArch R 3001/Akte 591, 87; Grundmann konnte auf diesen Rohentwurf noch nicht zugreifen, vgl. Grundmann, S. 41, Fn. 30.

Da Gürtner bei der Besprechung am 19. September 1933 keine ausführliche Stellungnahme zu Darrés Entwurf abgeben konnte,[150] wurde die Besprechung über den Entwurf am 21. September 1933 in erweitertem Kreis fortgeführt.[151] An dieser Besprechung nahmen neben Gürtner auf Seiten des Reichsjustizministeriums Staatssekretär Schlegelberger[152] und Ministerialdirektor Volkmar sowie Ministerialrat Vogels von der Abteilung I (Bürgerliches Recht) teil. Das Reichsernährungsministerium war durch Darré, Backe, Ministerialrat Harmening[153] und Regierungsrat von Zeppelin vertreten. Darüber hinaus war noch der Leiter der juristischen Abteilung des Stabsamtes des Reichsbauernführers Saure[154] anwesend. Während Darré bei der Besprechung darauf drängte, die Gesetzesvorlage noch auf der Kabinettssitzung am 26. September 1933 einzubringen, äußerte sich Gürtner zurückhaltend und meldete grundsätzliche Kritik am Entwurf an, wobei er insbesondere dessen „technische Unebenheit" bemängelte. Auch beanspruchten sowohl Gürtner als auch Darré die Federführung bei der Ausarbeitung des Reichserbhofrechts für das jeweils eigene Ressort.[155]

Das Reichsjustizministerium legte folglich am 22. September 1933 einen eigenen Entwurf eines Reichserbhofgesetzes vor, welcher unter der Federführung von Vogels in der Abteilung I (Bürgerliches Recht), die auch in Zukunft mit den Fragen des Reichserbhofgesetzes betraut sein sollte, zustande gekommen war.[156] Der Entwurf griff zwar die wesentlichsten Elemente des Ausgangsentwurfs des Reichsernährungsministeriums auf, strukturierte das Gesetz jedoch grundlegend um, wobei es unter anderem in einen Vorspruch und sieben Ab-

150 Handschriftlicher Vermerk von Vogels zur Besprechung vom 19. September 1933, in: BArch R 3001/Akte 591, 86 a.

151 Vogels' Protokoll zur Besprechung vom 21. September 1933, in: BArch R 3001/Akte 591, 93.

152 Schlegelberger, Franz. * 23. Oktober 1876 in Königsberg. Seit Oktober 1931 Staatssekretär im RJM. Mitglied der Akademie für Deutsches Recht. 1938 NSDAP. Ab Februar 1941 Wahrnehmung der Geschäfte des Reichsjustizministers. 20. August 1942 Amtsentlassung. Am 14. Dezember 1947 im Nürnberger Juristen-Prozeß zu lebenslanger Haft verurteilt. Entlassung 1951. † 14. Dezember 1970 in Flensburg.

153 Harmening, Rudolf. * 23. Juli 1892 in Bückeburg. Verwaltungsführer des Reichsnährstandes. Ab 1934 Ministerialdirektor im REM, zuständig für Bauern- und Bodenrecht. 1938 Leiter der Außenstelle Wien. 1942 Vizepräsident des Reichserbhofgerichts.

154 Saure, Wilhelm. Jurist. * 25. September 1899 in Rattlar/Waldeck. 1933 Leiter der Rechtsabteilung im Stabsamt des Reichsbauernführers. Ministerialrat bzw. Ministerialdirektor im REM. Mitglied der Akademie für Deutsches Recht. 1937 Lehrstuhl für Bauern- und Bodenrecht sowie Mitarbeiter der Akademie der Wissenschaften des NS-Dozentenbundes der Universität Göttingen. 1940 Rektor der Deutschen Karls-Universität Prag. 1942 Amtsentlassung. † 18. April 1951 Frankfurt/Main.

155 Protokoll von Vogels zur Besprechung vom 21. September 1933, in: BArch R 3001/Akte 591, 93.

156 Entwurf des RJM vom 22. September 1933, in: BArch R 3001/Akte 591, 90.

schnitte gegliedert wurde.[157] Nach einer Besprechung zwischen Vertretern des Reichsernährungs- und Reichsjustizministeriums über diesen Entwurf am 23. September 1933 wurde Vogels dann beauftragt, zum 25. September 1933 einen gemeinsamen Entwurf auszuarbeiten.[158]

Das Ergebnis war eine rechtstechnisch an den Vorschlag vom 22. September 1933 angelehnte Kabinettsvorlage, die mit 58 Paragraphen gegenüber dem Vorentwurf um einige Bestimmungen ergänzt bzw. insgesamt entzerrt worden war.[159] Reichsjustiz- und Reichsernährungsministerium übersandten diese am 25. September 1933 an die Reichskanzlei mit der Bitte, sie auf die Tagesordnung der Kabinettssitzung vom 26. September 1933 zu setzen, „da das Gesetz zum Erntedankfest verkündet werden" solle.[160]

Auf der Kabinettssitzung vom 26. September stieß der Entwurf jedoch auf grundlegende Bedenken, insbesondere beim preußischen Finanzminister Popitz,[161] beim Reichswirtschaftsminister Schmitt,[162] bei Reichsfinanzminister Graf Schwerin von Krosigk[163] und beim stellvertretenden Reichskanzler von Pa-

---

157 1. Abschnitt: Der Erbhof, §§ 1 ff.; 2. Abschnitt: Der Bauer, §§ 10 ff.; 3. Abschnitt: Erbfolge kraft Anerbenrechts, §§ 16 ff.; 4. Abschnitt: Beschränkungen der Veräußerung und Belastung des Erbhofs. Zwangsvollstreckung, §§ 31 f.; 5. Abschnitt: Die Anerbenbehörden, §§ 33 ff.; 6. Abschnitt: Erbhöferolle und Grundbuch, §§ 44 f.; 7. Abschnitt: Schlußvorschriften, §§ 46 ff.

158 Grundmann, S. 41.

159 1. Abschnitt: Der Erbhof, §§ 1-10; 2. Abschnitt: Der Bauer, §§ 11 - 18; 3. Abschnitt: Erbfolge kraft Anerbenrechts, §§ 19 - 36; 4. Abschnitt: Beschränkungen der Veräußerung und Belastung des Erbhofs, Zwangsvollstreckung, §§ 37 und 38; 5. Abschnitt: Die Anerbenbehörden, § 39 - 50; 6. Abschnitt: Erbhöferolle und Grundbuch, §§ 51 f. ; 7. Abschnitt: Schlußvorschriften, §§ 53–58.

160 Gemeinsamer Entwurf vom 25. September 1933 und dazugehöriges Anschreiben an die Reichskanzlei, in: BArch R 3001/Akte 591, 92.

161 Popitz, Johann. Jurist. * 2. Dezember 1884 in Leipzig. 1925-1929 Staatssekretär im Preußischen Finanzministerium. 1933-1934 Preußischer Finanzminister. 1937 Mitglied im Präsidium der Akademie für Deutsches Recht. Verbindung zum Widerstand des 20. Juli. Verhaftung am 21. Juli 1944. Todesurteil durch den Volksgerichtshof am 3. Oktober 1944. † 2. Februar 1945 in Berlin-Plötzensee (Hinrichtung).

162 Schmitt, Kurt. Dr. jur. * 7. Oktober 1866 in Heidelberg. 1921 Generaldirektor der Allianz-Versicherung. Ab 29. Juni 1933 als Nachfolger Hugenbergs Reichswirtschaftsminister. Seit Oktober 1933 Mitglied der Akademie für Deutsches Recht. am 30. Juli 1934 als Reichswirtschaftsminister von Schacht abgelöst. Rückzug in die Privatwirtschaft. † 22. November 1950 in Heidelberg.

163 Schwerin von Krosigk, Johann Ludwig Graf. * 22. August 1887 in Rathmannsdorf (Anhalt). Ab 1929 Ministerialdirektor im Reichsfinanzministerium. 1932-1945 Reichsfinanzminister unter von Papen, von Schleicher und Hitler. 2. - 23. Mai 1945 Leitender Minister und Außenminister der Geschäftsführenden Reichsregierung unter Dönitz. 1949 im „Wilhelmstraßenprozeß" zu 10 Jahren Gefängnis verurteilt. 1951 entlassen. † 3. April 1977 in Essen.

pen.[164] Umstritten war vor allen Dingen die Frage der Zwangsvollstreckung in den Erbhof, dessen Nicht-Beleihbarkeit und die Frage der Abstufung der Höchstgrenze des Erbhofs nach örtlichen Verhältnissen, insbesondere bei forstwirtschaftlichen Betrieben.[165] Trotz dieser Widerstände kam es letztendlich zu einer Zustimmung des Kabinetts, was seine Ursache nicht zuletzt in der Unterstützung Hitlers für das Gesetzesvorhaben hatte, der einen grundlegenden Wandel in der Agrarpolitik für erforderlich hielt. Bezüglich der noch strittigen Punkte wurden die beteiligten Minister angewiesen, im Rahmen einer Chefbesprechung nach einer Lösung zu suchen.[166] Vogels bemerkte mehrere Wochen später, „es hätten viele Meinungsverschiedenheiten bestanden, die aber dazu geführt hätten, daß man sich auf das Gesetz, so wie es erlassen ist, geeinigt hätte. Es hätte die Billigung aller, insbesondere auch die Billigung des Herrn Reichskanzlers gefunden, der den Gang der Verhandlungen mit grösstem Interesse verfolgt habe."[167]

Die Chefbesprechung fand am 28. September 1933 im Reichsjustizministerium statt. Teilnehmer waren auf Seiten des Reichsjustizministeriums Gürtner, Schlegelberger, Volkmar, Vogels und Paetzold. Für das preußische Justizministerium nahmen Justizminister Kerrl und Staatssekretär Freisler teil, für das preußische Finanzministerium war unter anderem Minister Popitz zugegen, für das Reichsfinanzministerium nahm neben Graf Schwerin von Krosigk Walther Bayrhoffer[168] teil. Das Reichskommissariat war durch Frank,[169] Schraut und

164 Papen, Franz von. Offizier. * 29. Oktober 1879 in Werl. 1. Juni 1932 Reichskanzler. Rücktritt am 17. November 1932. Januar 1933 bis Juli 1934 Vizekanzler Hitlers. Ab August 1934 Gesandter, später Botschafter in Wien. Nach Anschluß Österreichs bis August 1944 Botschafter in Ankara. † 2. Mai 1969 in Oberasbach/Baden.

165 Vgl. Schreiben des RJM vom 27. September 1933, in: BArch R 3001/Akte 591, 96.

166 Vermerk von Vogels zur Kabinettssitzung vom 26. September 1933, in: BArch R 3001/ Akte 591, 94; vgl. auch die weitere Niederschrift zur Kabinettssitzung von den Ministerialräten Wienstein und Willuhn, in: BArch R 43 I/1465, 311-321.

167 Protokoll des BNSDJ zur Besprechung vom 4. November 1933, in: BArch R 3001/Akte 592, 112.

168 Bayrhoffer, Walther. * 1. Februar 1890 in Berlin. Ministerialdirigent im Reichsfinanzministerium. Mitglied des Reichsbankdirektoriums in Berlin. Kommissar der Reichsregierung der Deutschen Rentenbank und Deutschen Rentenbank-Kreditanstalt Berlin.

169 Frank, Hans. Reichsrechtsführer. * 23. Mai 1900 in Karlsruhe. 1923 SA/NSDAP. 1926 Rechtsanwalt in München. 1928 Gründer BNSDJ (ab 1936 NS-Rechtswahrerbund). 1930 MdR. Bis Juli 1942 Leiter des Reichsrechtsamtes der NSDAP. 1933/34 Bayrischer Justizminister. Reichskommissar für die Gleichschaltung der Justiz in den Ländern. Reichsführer BNSDJ 1934-1942 Präsident der Akademie für Deutsches Recht. Dezember 1934-1945 Reichsminister ohne Geschäftsbereich. Ab 25. Oktober 1939 Generalgouverneur im besetzten Polen. Todesurteil am 1. Oktober 1946 im Nürnberger Prozeß gegen die Hauptkriegsverbrecher. † 16. Oktober 1946 in Nürnberg (Hinrichtung).

Dürr[170] vertreten, das Reichswirtschaftsministerium entsandte u. a. Staatssekretär Posse.[171] Außerdem nahm noch der Wirtschaftsbeauftragte Keppler[172] teil. Vom Reichsernährungsministerium waren neben Darré selbst noch Harmening, Backe und Saure anwesend. Im Rahmen dieser Besprechung konnte über dic wesentlichsten strittigen Punkte, insbesondere über die Höchstgrenze für Erbhöfe, die Belastbarkeit des Erbhofes und die Zwangsvollstreckung in den Erbhof, schließlich eine Einigung erzielt werden. Die beteiligten Referenten wurden daraufhin beauftragt, gemeinsam eine das Ergebnis der Besprechung wiedergebende Formulierung zu finden.[173]
Der hieraus hervorgehende Gesetzestext wurde als Reichserbhofgesetz – gesetzestechnisch gesprochen – am 29. September 1933 vollzogen und am 30. September 1933 im Reichsgesetzblatt veröffentlicht. Am 1. Oktober 1933 trat das Reichserbhofgesetz mit der Verkündung auf dem Reichserntedankfest auf dem Bückeberg bei Hameln in Kraft.

Im Ergebnis konnte Darré seinen am 19. September 1933 vorgelegten Ausgangsentwurf inhaltlich weitgehend realisieren und in den späteren Gesetzestext einfließen lassen, so dass er als eigentlicher Autor des Reichserbhofgesetzes angesehen werden muss. Der Einfluss des Reichsjustizministeriums auf die Ausgestaltung des Reichserbhofgesetzes trat dahinter zurück und beschränkte sich im Wesentlichen auf technische Fragen. So äußerte Vogels, als „Sachbearbeiter des Gesetzes" auf Seiten des Reichsjustizministerium beteiligt, diesbezüglich in einem am 22. Oktober 1933 in Köln gehaltenen Vortrag:

„Die Idee, die Gedanken, das ganz Neue, was hier in Paragraphen seinen Niederschlag gefunden hat, ist kein Erzeugnis des grünen Tisches oder der Amtsstuben, sondern ist von den Bauern selbst an den Reichsbauernführer herangebracht worden oder stammt von dem Reichsbauernführer aus seiner eige-

---

170 Dürr, Ministerialrat im Bayrischen Staatsministerium und stellvertretender bayrischer Bevollmächtigter zum Reichsrat.

171 Posse, Hans Ernst. Jurist, Beamter, Wirtschaftsfachmann. * 13. Januar 1886 in Berlin. 1924 Ministerialdirektor und Leiter der zoll- und handelspolitischen Abteilung im Reichswirtschaftsministerium. 1932 Mitglied des Wirtschaftskomitees beim Völkerbund. 1933-1935 Staatssekretär im Reichswirtschaftsministerium. † 18. August 1965 in Singen.

172 Keppler, Wilhelm. Ingenieur. * 14. Dezember 1882 in Heidelberg. 1927 NSDAP. Ab 1931 Wirtschaftsberater der NSDAP. 1933 Mitglied der SS. Präsidium der Akademie für Deutsches Recht. Leiter der Zentralstelle der wirtschaftspolitschen Organisation der NS-Reichsleitung. MdR. 1934 Beauftragter des Führers und Reichskanzlers in Wirtschaftsfragen. 1938 Staatssekretär z. b. V. im Auswärtigen Amt. Präsident der Reichsstelle für Bodenforschung. 11. April 1949 Verurteilung zu 10 Jahren Haft. Entlassung am 31. Januar 1951. † 13. Juni 1960 in Friedrichshafen.

173 Vermerk von Vogels zur Chefbesprechung vom 28. September 1933, in: BArch R 3001/ Akte 591, 98.

nen Gedankenwelt. Die Aufgabe des Reichsjustizministeriums und auch meines Ministers, Herrn Dr. Gürtner, hat im wesentlichen darin bestanden, diese Gedanken in eine klare, juristisch leicht verständliche Form zu bringen und die Schwierigkeiten, die mit jeder Neuordnung, mit jeder revolutionierenden Tat auf einem Rechtsgebiet verbunden sind, auf das mit der menschlichen Sprache erreichbare Mindestmass herabzuführen."[174]

E. Die Fortbildung des Reichserbhofrechts im Verordnungsweg

I. Verordnungspolitik und Rechtsfortbildung im Führerstaat

Nicht nur die Tatsache, dass die strittigen Fragen, die im Rahmen der Kabinettssitzung vom 26. September 1933 aufgetaucht waren, nicht im Kabinett selbst, sondern zwischen den Ressorts auf interministeriellen Referenten- oder Chefbesprechungen geklärt wurden, war bezeichnend für die frühe „Hitlersche Gesetzgebungspraxis", strittige Gesetzgebungsfragen aus dem Kabinett herauszuhalten und auf ministerieller Ebene zu klären.

Das Reichserbhofrecht war auch ein Beispiel dafür, wie die führerstaatliche Struktur des Dritten Reichs zu einer, wie Broszat formulierte, „immer weitergehenden Delegation des Gesetzgebungs- und Verordnungsrechts tendierte." So zeigte sich schon beim Erlass des Reichserbhofgesetzes, dass „bei wichtigen beabsichtigten Neuordnungen nur die grundsätzliche Richtung gesetzlich fixiert wurde, aber sehr wesentliche konkrete Zweifels- und Streitfragen ausgeklammert und der Regelung durch ministerielle Durchführungsverordnungen überlassen blieben."[175] Die rechtliche Grundlage für den Erlass der Durchführungsverordnungen bot dabei die „dynamische Klausel"[176] des § 61 REG, die es dem Reichsernährungsministerium mit seiner Bauern- und Bodenrechtsabteilung und dem federführenden Reichsernährungsministerium, bei dem die Abteilung I (Bürgerliches Recht) zuständig war, ermöglichte, das Reichserbhofrecht selbst auszugestalten. Dabei waren sie in der Gesetzesfortbildung gemäß § 61 Abs. 2 REG auch dazu ermächtigt, Vorschriften abweichenden Inhalts zu erlassen.

174 Protokoll von Vogels' Vortrag (S. 18 f.) vom 22. Oktober 1933, in: BArch R 3001/Akte 593, 3.

175 Broszat, S. 354 f.

176 Gülland, Reichserbhofrecht, S. 11.

II. Die Verordnungen

1. Die Verordnungen der Jahre 1933 bis 1935

In den Jahren 1933 bis 1935 ergingen zunächst drei Durchführungsverordnungen (DVO. I - III) sowie drei kleinere Verordnungen.

Die **Erste Durchführungsverordnung vom 19. Oktober 1933 (DVO. I),**[177] die rückwirkend zum 1. Oktober 1933 in Kraft trat, entstand unter der Federführung von Ministerialrat Vogels im Reichsjustizministerium.[178] Sie diente in erster Linie zur Regelung der Einrichtung der Anerbenbehörden und der jeweiligen Verfahren. Dementsprechend enthielt die Erste Durchführungsverordnung auch im Wesentlichen formell-rechtliche Bestimmungen,[179] begleitet von mehreren materiell-rechtlichen Vorschriften,[180] welche „Härten der Übergangszeit" abmildern und bestehende Regelungslücken ausfüllen sollten.[181] So unterstelle z. B. § 62 DVO. I auch solche Besitzungen dem Reichserbhofgesetz, die im Gesamtgut einer ehelichen Gütergemeinschaft oder sonst im Miteigentum von Ehegatten standen, während § 64 DVO. I das in § 37 REG ausgesprochene Belastungsverbot näher erläuterte und Grunddienstbarkeiten, beschränkte persönliche Dienstbarkeiten und öffentliche Lasten ausdrücklich hiervon ausnahm.

Auch die **Zweite Durchführungsverordnung vom 19. Dezember 1933 (DVO. II)**[182] wurde im Wesentlichen unter der Leitung von Vogels im Reichsjustizministerium ausgearbeitet.[183] Vogels' erster Referentenentwurf war dem Reichsernährungsministerium am 30. Oktober 1933 zugesandt worden und enthielt weitere Übergangsvorschriften zu den §§ 17, 25, 37 und 60 REG sowie eine Ergänzung zum § 34 Abs. 7, 8 DVO. I.[184] Am 4. November 1933 kam es hinsichtlich dieses Entwurfs im Reichsjustizministerium zu einer Besprechung[185]

---

177 RGBl. 1933, Teil I, S. 749 ff.

178 Protokoll von Vogels' Vortrag vom 22. Oktober 1933, in: BArch R 3001/Akte 593, 7, 25.

179 1. Abschnitt: Ergänzende Vorschriften über die Einrichtung der Anerbenbehörden, §§ 1-10; 2. Abschnitt: Allgemeine Vorschriften über das Verfahren vor den Anerbenbehörden, §§ 11-26; 3. Abschnitt: Die Erbhöferolle, §§ 27-48; 4. Abschnitt: Gebühren und Auslagen, §§ 49-59.

180 Vgl. §§ 60-69 DVO. I.

181 Protokoll von Vogels' Vortrag vom 22. Oktober 1933, in: BArch R 3001/Akte 593, 3.

182 RGBl. 1933, Teil I, S. 1069 ff.

183 Saure, RdRN 1934, 4 ff.

184 Referentenentwurf des RJM zur DVO. II, in: BArch R 3001/Akte 592, 48.

185 Über diese Sitzung gibt es verschiedene Protokolle, vgl. Protokoll des BNSDJ (Fachgruppe Notare), an Vogels mit Schreiben vom 10. November 1933 übersandt, in: BArch R 3001/Akte 592, 111 ff.; Vermerke verschiedener Verfasser, in: BArch R 3001/Akte 592, 75 a-d.

zwischen Vertretern der Praxis[186] und den zuständigen Regierungsstellen,[187] bei der die „durch den Erlass des Gesetzes entstandenen Fragen“ erörtert sowie Stellungnahmen „zu den bis jetzt gemachten Erfahrungen“ und „etwaige Änderungswünsche“ vorgebracht werden sollten. Bei dieser Besprechung machten nicht zuletzt die Vertreter des BNSDJ deutlich, „daß hinsichtlich vieler, teilweise auch grundsätzlicher Fragen von der bäuerlichen Bevölkerung Änderungen der Bestimmungen des Reichserbhofgesetzes gewünscht“ wurden. Diese Änderungswünsche betrafen Kernelemente des Reichserbhofrechts, insbesondere die rechtliche Stellung der Ehefrau und der Geschwister des Anerben, die zu starke Vereinheitlichung durch das Gesetz und die schlechte Stellung der nicht zum Anerben berufenen Kinder des Erblassers. Aber auch die niedrige Abfindung der Ehefrau, das grundsätzliche Verbot der Gütergemeinschaft am Erbhof, die Ackernahrungsgrenze von 7,5 ha, die Überbewertung der Bauernehre und die Einführung der ungeteilten Vererbung in den bisherigen Realteilungsgebieten wurden kritisiert.[188]

Das Reichsjustizministerium griff diese Änderungswünsche zum Teil auf und legte Mitte November 1933 einen noch umfassenderen Entwurf einer zweiten Durchführungsverordnung vor, welcher Übergangsvorschriften zu den §§ 17, 25, 26, 37, 38, 53, 59, 60 und 61 REG enthielt.[189] Diesen Entwurf stockte das Reichsjustizministerium dann Ende November in einem weiteren Entwurf um zusätzliche Übergangsvorschriften zu den §§ 9, 21 Abs. 6, 37 und 38 REG sowie um Ausführungsvorschriften zu den §§ 37 und 51 REG auf.[190]

---

186 Neben dem stellvertretenden Reichsgeschäftsführer des BNSDJ und Geschäftsführer des Deutschen Notarvereins im BNSDJ, Gonella, waren für die Fachgruppe Rechtsanwälte im BNDSJ der Reichsfachgruppenleiter Racke und der Rechtsanwalt Freiherr von Hodenberg anwesend. Die Fachgruppe Richter und Staatsanwälte im BNSDJ wurde durch Reichsfachgruppenleiter Schmid vertreten. Für die Fachgruppe Notare im BNSDJ war Notar Wolpers anwesend. Darüber hinaus waren noch zahlreiche weitere Notare aus dem ganzen Reichsgebiet zugegen: Justizrat Vleugels für das Rheinland, Justizrat Heß für Bayern, Justizrat Rimmelin für Baden, Notar Schieck für Bayern, Rechtsanwalt und Notar Heckmann für Thüringen, Bezirksnotar Gestrich für Württemberg und Rechtsanwalt und Notar Zimmer für Pommern.

187 Teilnehmer waren hier u.a. als Vertreter des Reichsjustizkommissariats Oberregierungsrat Schraut, der auch den Vorsitz führte, und Assessor Weh. Für das RJM nahm Vogels und für das REM Johe teil.

188 Protokoll des BNSDJ zur Besprechung vom 4. November 1933 (Fachgruppe Notare), in: BArch R 3001/Akte 592, 111 ff.; vgl. auch weiteres Protokoll, in: BArch R 3001/ Akte 592, 75 a.

189 Entwurf des RJM zur DVO. II von Mitte November 1933, dem REM zugesandt mit Schreiben vom 16. November 1933, in: BArch R 3001/Akte 593, 6.

190 Entwurf des RJM zur DVO. II, dem REM (Harmening, Saure, Johae) übersandt am 24. November 1933, in: BArch R 3001/Akte 593, 92 ff.

In einer Stellungnahme hierzu[191] unterbreitete das Reichsernährungsministerium im Gegenzug dem Reichsjustizministerium weitere Vorschläge zu einer zweiten Durchführungsverordnung,[192] woraufhin schließlich das Reichsjustizministerium am 29. November 1933 einen weiteren – nun 27 Paragraphen umfassenden – Entwurf vorlegte, der nun auch noch Ausführungsvorschriften zu § 12, § 13, § 38 und § 55 REG sowie eine Übergangsvorschrift zu § 57 REG beinhaltete.[193] Über diesen Entwurf kam es dann am 1. Dezember 1933 zu einer Besprechung,[194] bei der über die wesentlichen Punkte Einigung erzielt werden konnte,[195] so dass das Reichsjustizministerium Mitte Dezember 1933 dem Reichsernährungsministerium einen abschließenden Entwurf zur Zweiten Durchführungsverordnung übersenden konnte.[196] Nach einer weiteren Besprechung zwischen den Sachbearbeitern beider Ministerien, die nochmals zu geringfügigen Veränderungen am Entwurf führte,[197] wurde die Zweite Durchführungsverordnung schließlich am 19. Dezember 1933 verkündet. Sie trat gemäß § 29 DVO. II – mit Ausnahme der §§ 5 und 27 DVO.II – rückwirkend zum 1. Oktober 1933 in Kraft.

Die Mehrzahl der Ergänzungen und weiteren Übergangsvorschriften, die insbesondere der Beseitigung von Härten in bis dahin gesetzlich nicht geregelten Einzelfällen dienen sollten, betrafen alle Regelungsbereiche des Reichserbhofgesetzes. Während z. B. § 5 DVO. II nunmehr auch die sogenannten Errungen-

191 Stellungnahme des REM, in: BArch R 3001/Akte 593, 140 ff. Von dieser Stellungnahme hatte allerdings Darré, der erst am Ende des Entwurfverfahrens eingeschaltet wurde, noch keine Kenntnis.

192 Diese weitere Vorschläge finden sich in: BArch R 3001/Akte 593, 134 ff.

193 Entwurf vom 29. November 1933, in: BArch R 3001/Akte 593, 146 ff.

194 Vermerk zur Besprechung vom 1. Dezember 1933, in: BArch R 3001/Akte 593, 158 f.

195 Bearbeiteter Entwurf, in: BArch R 3001/Akte 593, 160 ff.

196 Wohl mit Schreiben vom 16. Dezember 1933 übersandt. Dieser Entwurf enthielt einen neuen § 1, demgegenüber war die Ausführungsvorschrift zu § 12, die sich nach dem letzten Entwurf vom 29. November 1933 nur auf die Danziger Staatsangehörigkeit bezogen hatte, vollends gestrichen worden. Dafür konnte nun vom Erfordernis der deutschen Staatsangehörigkeit durch den RMEL auf Antrag eine Ausnahme gemacht werden, § 3. Des Weiteren waren kleinere Änderungen an den Bestimmungen zum Eigentum des Ehegatten vorgenommen worden, §§ 5 und 6 des Entwurfs. Auch enthielt der Entwurf zusätzlich im § 8 eine neue Ausführungsvorschrift zu § 21 Abs. 7 REG und in § 10 war neue weitere Ausführungsvorschrift zu §§ 25, 37 des Gesetzes eingefügt. Darüber hinaus war durch den § 13 des Entwurfs die Ausführungsvorschrift zu § 26 des REG um einen Abs. 2 ergänzt worden und eine neue Ausführungsvorschrift zu § 29 des Gesetzes im § 14 eingefügt worden. § 13 des Entwurfs vom 29. November 1933 war hingegen ebenso gestrichen worden wie dessen § 17. Schließlich war noch die „Früchtepfandrecht-Bestimmung“ umformuliert und ein neuer § 24 eingefügt worden, in: BArch R 3001/Akte 594, 17.

197 Schreiben Darrés an das RJM vom 20. Dezember 1933, in: BArch R 3001/Akte 594, 16.

schaftsgemeinschaften dem Gesetz unterstellte, § 7 DVO. II für eine Übergangszeit die Anerbenbestimmung zugunsten adoptierter Kinder ermöglichte und § 28 DVO. II die landesgesetzlichen Vorschriften für Großbetriebe, die bisher dem Anerbenrecht unterstanden, entgegen der Bestimmung des § 60 REG fürs Erste aufrechterhielt, erlaubte § 3 DVO. II Ausnahmen vom Erfordernis der deutschen Staatsangehörigkeit, erweiterte § 12 DVO. II den Kreis der Personen, aus denen der Anerbe bestimmt werden konnte und ermöglichte es § 13 DVO. II, dem Ehegatten in bestimmten Fällen die Nutzwaltung im Erbfalle zuzusprechen.

Ausgangspunkt der **Dritten Durchführungsverordnung vom 27. April 1934 (DVO. III)**[198] war ein unter Federführung Saures im Reichsernährungsministerium entstandener Entwurf, den dieser mit Schreiben vom 16. Februar 1934 an Vogels übersandt hatte.[199] Er enthielt lediglich formell-rechtliche Regelungen über die Einrichtung des Reichserbhofgerichtes.[200] Am 23. Februar 1934 antwortete Vogels mit einer eigenen Fassung einer Dritten Durchführungsverordnung, die ebenfalls nicht über Regelungen zur Einrichtung und zum Verfahren vor dem Reichserbhofgericht hinausging und noch keine materiell-rechtlichen Übergangs- oder Ausführungsvorschriften beinhaltete.[201] Erst eine weitere Fassung Vogels', die er am 5. März 1934 an Saure übersandte, enthielt die Vorschrift des späteren § 10 Abs. 1 DVO. III und sah einen veränderten § 6 DVO. I und die Einfügung eines neuen § 6 a DVO. I vor.[202] In Vogels' Entwurf zur Dritten Durchführungsverordnung vom 13. April 1934 traten dann zu der im § 5 geregelten Ausführungsvorschrift zum Reichserbhofgericht noch weitere materiell-rechtliche Ausführungsbestimmungen hinzu.[203]

198 RGBl. 1934, Teil I, S. 349 ff; vgl. zum Inhalt Hopp, DJ 1934, 610 ff.

199 Schreiben vom 16. Februar 1934, in: BArch R 3001/Akte 596, 19 nebst Entwurf, in: BArch R 3001/Akte 596, 20.

200 Der Entwurf regelte im Wesentlichen Gliederung, Senate, Vorsitz, Haupt- und nebenamtliche Mitgliedschaft, Dienststrafverfahren, Versetzung in Ruhestand, Altersgrenze und Hilfsrichter; der Entwurf war daher auch überschrieben mit: „Entwurf einer dritten Durchführungsverordnung zum Reichserbhofgesetz über die Einrichtung des Reichserbhofgerichts“, in: BArch R 3001/Akte 596, 20.

201 Entwurf einer Verordnung über das Reichserbhofgericht, in: BArch R 3001/Akte 596, 21 f.

202 Anschreiben und Entwurf zur Dritten Durchführungsverordnung, in: BArch R 3001/ Akte 596, 23- 25.

203 Reinkonzept des Entwurfs, in: BArch R 3001/Akte 595, 141: § 1 (AV zu § 19 REG) (Erbschein), später § 3 DVO. III; § 2 (AV zu § 27 REG) (Hofname), später § 5 DVO. III; § 3 (AV zu § 37 REG) (Belastung eines Erbhofes bei seiner Entstehung) später § 6 DVO. III (diese Vorschrift enthielt allerdings noch einen Abs. 2, der aber später nicht in die Durchführungsverordnung aufgenommen wurde; § 4 (AV zu § 43 REG) (Erbhofgericht).

Noch umfangreicher war Vogels' Entwurf vom 18. April 1934,[204] der dann zwei Tage später nochmals durch weitere Entwürfe von in die Durchführungsverordnung aufzunehmenden Vorschriften ergänzt wurde.[205] Erst am 24. April 1934 konnte das Reichsjustizministerium dem Reichsernährungsministerium schließlich eine endgültige Fassung einer Dritten Durchführungsverordnung vorlegen, die im Wesentlichen der Endfassung entsprach.[206]

Die Dritte Durchführungsverordnung wurde am 30. April 1934 verkündet und trat, ebenso wie die Zweite Durchführungsverordnung, rückwirkend zum 1. Oktober 1933 in Kraft. Lediglich die §§ 3, 5 und 8 bis 11 DVO. III traten mit dem Tag der Verkündung in Wirkung. Neben den verfahrensrechtlichen Bestimmungen zum Reichserbhofgericht, die das Kernstück der Verordnung waren, unterstellte § 1 DVO. I auch noch die Ansiedlerstellen dem Reichserbhofrecht und machte § 6 DVO. I deutlich, dass sich das Genehmigungserfordernis des § 37 REG nicht auf diejenigen Veräußerungsgeschäfte bezog, die die Erbhofeigenschaft einer Besitzung erst herbeiführten.

Im Nachlauf der drei umfassenden Durchführungsverordnungen wurden in den Jahren 1934 und 1935 noch drei kleinere Verordnungen erlassen: Am 26. Juni 1934 erging zunächst die **Verordnung zur Änderung des § 28 der Zweiten Durchführungsverordnung zum Reichserbhofgesetz.**[207] Am 24. Juli 1934 wurde dann die **Verordnung über die Entschädigung der bäuerlichen Beisitzer der Anerbenbehörden**[208] erlassen. Schließlich erging die **Verordnung zur Änderung des § 28 der Zweiten Durchführungsverordnung zum Reichserbhofgesetz** vom 4. Januar 1935.[209]

---

204 Entwurf von Vogels vom 18. April 1934, in: BArch R 3001/Akte 596, 26 (Anschreiben) und 27 (Entwurf). § 1 des Entwurfs enthielt nun noch eine Ausführungsvorschrift zu § 17, später § 1 DVO. III. Die Ausführungsvorschrift zu § 43 REG wurde gestrichen. § 6 des Entwurfs sah zusätzlich eine Ausführungsvorschrift zu § 51 REG, § 8 eine neue Ausführungsvorschrift zu § 53 REG und § 9 eine neue Ausführungsvorschrift zu § 55 REG (Grundstückszubehörsteuer) vor. Ausserdem war noch ein Zusatz zum § 24 DVO. II, dem späteren § 12 DVO. III vorgesehen.

205 Schreiben von Vogels an Saure vom 20. April 1934, mit dem noch weitere Entwürfe zur DVO. III übersandt wurden, in: BArch R 3001/Akte 596, 37 f. Hierzu gehörte eine Übergangsvorschrift zu §§ 21, 58 REG und eine Ausführungsvorschrift zu § 46 REG

206 Der Entwurf umfasste 13 Paragraphen und enthielt als wesentliche Änderungen zum Entwurf vom 18. April 1934 einen neuen § 2 (Übergangsvorschrift zu § 17 des Gesetzes/Fortgesetzte Gütergemeinschaft), einen neuen § 4 (Übergangsvorschrift zu §§ 21, 58 des Gesetzes und einen neuen § 7 (Ausführungsvorschrift zu § 46 REG), Entwurf vom 24. April 1934, in: BArch R 3001/Akte 596, 41.

207 RGBl. 1934, Teil I, S. 594 ff.

208 RGBl. 1934, Teil I, S. 771 ff.

209 RGBl. 1935, Teil I, S. 9 ff.

2. Erbhofrechtsverordnung und Erbhofverfahrensordnung

Die Durchführungsverordnungen der Jahre 1933 bis 1935 wurden durch die **Erbhofrechtsverordnung**[210] und die **Erbhofverfahrensordnung**[211] vom 21. Dezember 1936 zusammengefasst, ergänzt und erweitert. Ausgangspunkt dieser Verordnungen waren im Jahr 1935 begonnene Vorarbeiten zu einer Vierten Durchführungsverordnung (DVO. IV).[212] Zu diesen hatte das Reichsernährungsministerium den Anstoß gegeben, indem es im August 1935 durch Saure an Vogels eine Sammlung verschiedener Fragen und Anregungen hatte übersenden lassen, die bei der Ausarbeitung einer solchen Durchführungsverordnung erwogen werden sollten.[213] Eine umfassende Reaktion des Reichsjustizministeriums hierauf ließ jedoch auf sich warten. Erst mit Schreiben vom 13. Januar 1936[214] lud Vogels die Vertreter des Reichsernährungsministeriums und des Preußischen Ministeriums für Ernährung und Landwirtschaft zu einer Besprechung über eine Vierte Durchführungsverordnung ein, wobei er dieser Einladung einen „Entwurf zu einigen Vorschriften" beifügte und um Anregungen zu weiteren Vorschriften bat.[215]

Die Besprechung des Entwurfs fand am 29. Januar 1936 statt.[216] Teilnehmer waren für das Reichsernährungsministerium Johae,[217] für das Stabsamt des Reichsbauernführers Busse,[218] sowie Vogels und Hopp[219] für das Reichsjustizministerium. Im Anschluss an die Diskussion, in der die jeweiligen Wünsche in

---

210 RGBl. 1936, Teil I, S. 1069 ff.

211 RGBl. 1936, Teil I., S. 1082 ff.

212 Geplant war ursprünglich „nur" eine Vierte Durchführungsverordnung. Später entschloss man sich stattdessen zum Erlass der EHRV und EHVfO, die die Bestimmungen der bisherigen Durchführungsverordnungen (DVO. I.-III.) ergänzten und bündelten.

213 Diese Fragen und Anregungen betrafen insbesondere Regelungen bzgl. der §§ 7, 9, 15, 22, 25, 30, 32, 37 Abs. 2 und 43 REG, §§ 11, 12, 49 f., 56 und 67 DVO. I sowie §§ 4 und 12 DVO. II, vgl. Schreiben Saures an Vogels vom August 1935, BArch R 3001/ 22196, 3-17. Zusätzlich übersandte Saure in Anlagen abschriftlich weitere Vorschläge, Vermerke und Denkschriften von verschiedenen Seiten, zu finden in: BArch R 3001/ 22196, 18-82.

214 Schreiben von Vogels vom 13. Januar 1936, in: BArch R 3001/22196, 92.

215 Dieser „Entwurf zu einigen Vorschriften", gegliedert in §§ a-u, enthielt Ausführungsbestimmungen zu den §§ 10, 13, 15, 17, 18, 25, 27, 34, 37, 53 und 57 REG, in: BArch R 3001/22196, 93-112.

216 Vermerk von Vogels zur Besprechung vom 29. Januar 1936, in: BArch R 3001/22196, 113 f.

217 Johae, Werner. Regierungsrat im Reichs- und Preußischen Ministerium für Ernährung und Landwirtschaft.

218 Busse, Martin. Jurist. * 31. Mai 1906 in Bleicherode. Stabsleiter beim Reichsbauernführer. 1937 Lehrstuhl für Rechtsphilosophie, Bauern- und Bürgerliches Recht in Kiel. 1942 Kriegsdienst. † 16. Februar 1945.

219 Hopp, Karl. Ministerialrat im Reichsjustizministerium.

Bezug auf eine zu erlassende Vierte Durchführungsverordnung deutlich gemacht worden waren,[220] legte Johae den Vertretern des Reichsjustizministeriums eine Anzahl ausformulierter Vorschläge für zu erlassende Bestimmungen vor.[221] Nachdem nach einer ersten Besprechung vom 3. Februar 1936, an der neben Johae und Vogels noch Busse und Hopp teilgenommen hatten, Vogels mehrere Entwurfsvorschläge vorgelegt hatte,[222] wurden während und nach einer weiteren Besprechung am 10. Februar 1936 von beiden Seiten zahlreiche zusätzliche Entwürfe und Anregungen für eine weitere Durchführungsverordnung überreicht.[223]

Den ersten vollständigen Entwurf einer Vierten Durchführungsverordnung übersandte das Reichsjustiz- dem Reichsernährungsministerium schließlich am 6. März 1936.[224] Dieser war dann Gegenstand einer am 26. März 1936 beginnenden und am 30. März 1936 fortgesetzten Unterredung zwischen Hopp und Johae im Reichsjustizministerium.[225] Unter dem Vorsitz Schäfers kam es schließlich am 2. April 1936 zu einer ersten umfassenden Besprechung, an der für das Reichsjustizministerium Vogels, Hesse und Hopp teilnahmen, während

---

220 Vermerk von Vogels zur Besprechung vom 29. Januar 1936, in: BArch R 3001/22196, 113 f.

221 Diese weiteren und eigenen Vorschläge Johaes umfassten Übergangsvorschriften zu den §§ 7 und 17 REG, Ausführungsvorschriften zu §§ 9, 17 und 37 REG, die Einfügung der Bestimmungen der §§ 15a-15d, 25a, 26 a und 32 Abs. 2 REG sowie eine Neufassung des § 22 Abs. 1, 3 REG, des § 67 DVO. I und des § 12 DVO. II, in: BArch R 3001/ 22196, 115-139.

222 So übersandte Vogels an Johae bis zum 8. Februar 1936 u.a. den Entwurf einer Vorschrift über die Anerbenfolge im Mannesstamm, (BArch R 3001/22196, 200), eine Neufassung der Ausführungsvorschriften zum § 37 REG (BArch R 3001/22196, 203) sowie eine Neufassung der Bestimmungen über Ehegattenerbhöfe und der §§ 10, 12 DVO. II und § 10 Abs. 1 DVO. III (BArch R 3001/22196, 209 - 213).

223 Johae überreichte auf der Besprechung am 10. Februar 1936 den Entwurf einer Übergangsvorschrift zu § 17 REG sowie Entwürfe zu Ausführungsvorschriften zu den §§ 2, 12, 13, 29 REG (BArch R 3001/22196, 216 - 219) und am 11. Februar 1936 den Entwurf einer Ausführungsvorschrift zu § 30 REG (BArch, R 3001/22196, 220), außerdem den von Schmidt begründeten Entwurf einer Ausführungsvorschrift zum § 20 REG (BArch R 3001/22196, 252-255). Vogels unterbreitete wiederum in einem Schreiben vom 12. Februar 1936 Vorschläge zu möglichen Ausführungsvorschriften zu § 5 REG (BArch R 3001/22196, 221-223) und zu § 15 REG (BArch R 3001/22196, 224-229, mit Anmerkungen von Hopp, BArch R 3001/22196, 230 f.).

224 Dieser Entwurf enthielt Ausführungsvorschriften zu den §§ 7, 9, 12, 13, 15, 25, 29, 30, 31, 34, 37, 51, 53, 55 und 60 REG sowie die Durchführungsverordnungen ändernde bzw. ergänzende Vorschriften, Entwurf vom 6. März 1936, in: BArch R 3001/22196, 383-429. Die Bemerkungen und Begründungen Hopps hierzu finden sich in: BArch R 3001/22196, 464-476.

225 Protokoll Hopps vom 26. März 1936, in: BArch R 3001/22196, 439 f. und Protokoll Hopps vom 30. März 1936, in: BArch R 3001/22196, 432.

das Reichsernährungsministerium Saure und Johae entsandte. Der Stellvertreter des Führers wurde durch Kloepfer vertreten. Im Rahmen der Beratungen äußerten die Vertreter des Reichsernährungsministeriums zahlreiche Änderungswünsche, denen das Reichsjustizministerium – soweit die Weisungen Gürtners dieses zuließen – Rechnung trug.[226]

Dem daraufhin von den Vertretern des Reichsjustizministerium aufgestellten berichtigten Entwurf[227] konnten die auf Seiten des Reichsernährungsministeriums beteiligten Sachbearbeiter jedoch ohne die Einschaltung Darrés nicht zustimmen. Darré wiederum befand sich im Urlaub und war mithin über die Einzelheiten und Ergebnisse der Besprechung nicht unterrichtet. Obwohl Saure bei der Besprechung am 2. April 1936 geäußert hatte, dass die Verordnung noch im Laufe des Monats April verabschiedet werden könne und er Darré nach Ostern informieren wolle, geschah von Seiten des Reichsernährungsministeriums zunächst nichts.[228] Erst nachdem Gürtner Darré mit Schreiben vom 5. Mai 1936 selbst darauf hingewiesen hatte, dass „einige wesentliche Punkte offen geblieben" seien, „da die Vertreter Ihres Ministeriums eine Erklärung zu ihnen nicht abgeben konnten" und verdeutlichte, dass seines Erachtens „der Erlaß der Verordnung nicht weiter hinausgezögert werden" solle,[229] reagierte Darré. In einem Schreiben vom 11. Mai 1936 erklärte er, dass ihm der Entwurf der Vierten Durchführungsverordnung „vor wenigen Tagen" vorgetragen worden sei und kein Hinderungsgrund mehr für eine rasche Erledigung der Arbeiten an dieser Verordnung bestehe.[230]

Zu einer Verabschiedung einer sogenannten Vierten Durchführungsverordnung kam es dann aber nicht mehr, da das Reichsjustizministerium nun selbst von dem von Gürtner noch als so dringend erachteten Erlass der Verordnung wieder Abstand nahm. Neben der zögerlichen Haltung des Reichsernährungsministeriums und bestehender grundlegender Meinungsverschiedenheiten in einzelnen Fragen[231] lag ein Grund hierfür darin, dass das Reichsjustizministerium im Verlauf der Arbeit an der Vierten Durchführungsverordnung zu der Erkenntnis gelangt war, dass

---

226 Vermerk zur Besprechung vom 2. April 1936, in: BArch R 3001/22196, 448 ff.

227 Die Zusammenstellung der im Anschluss an die Besprechung vom 2. April 1936 vorgenommenen Änderungen am Entwurf der Verordnung zur DVO. IV. findet sich in: BArch R 3001/22196, 488-493.

228 Vermerk, in: BArch R 3001/22196, 448; vgl. ausserdem das Schreiben von Regierungsrat Schlosser vom 2. April 1936, der dem RJM einen neuen Vorschlag für die Neufassung des § 67 DVO. I übersandte, in: BArch R 3001/22196, 453 f.

229 Schreiben Gürtners an Darré vom 5. Mai 1936, in: BArch R 3001/22199, 119 f.

230 Schreiben Darrés an Gürtner vom 11. Mai 1936, in: BArch R 3001/22199, 121.

231 Meinungsverschiedenheiten bestanden insbesondere hinsichtlich der Frage der „Generalklausel" (vgl. hierzu die Ausführungen in Kapitel 5) und bzgl. des Abmeierungskomplexes (vgl. hierzu die Ausführungen in Kapitel 4).

„das anfänglich sehr übersichtlich und auch dem Bauern verständlich gefasste Erbhofrecht durch die Verteilung auf ein Gesetz, vier zeitlich auf einander folgende Verordnungen und mehrere verstreute Anordnungen und Verwaltungsbestimmungen, besonders durch die hierdurch notwendig gewordenen wiederholten Verweisungen und Abänderungen an Klarheit und Verständlichkeit einbüssen könnte."

Um zu verhindern, dass das Erbhofrecht in seiner weiteren Entwicklung „den Weg des Schuldenregelungsgesetzes" ging, begann das Reichsjustizministerium – was im Übrigen vom Reichsernährungsministerium begrüßt wurde – mit der Arbeit an einem größeren „Verordnungswerk, das neben den notwendig gewordenen neuen Vorschriften alles enthalten sollte, was bisher den Inhalt der verschiedenen zum REG. erlassenen Durchführungsverordnungen bildete."[232] Das Ergebnis waren zwei Entwürfe, die unter der Federführung Vogels' ausgearbeitet und dem Reichsernährungsministerium sodann mit Schreiben vom 30. Juni sowie vom 1. und 3. Juli 1936 zugeleitet wurden. Die Bestimmungen waren nun ihrem sachlichen Inhalt gemäß in zwei Gruppen aufgeteilt: Die materiellrechtlichen Bestimmungen wurden in einer **Erbhofergänzungsverordnung**[233] und die verfahrensrechtlichen Vorschriften in einer **Verfahrensordnung zum Reichserbhofgesetz**[234] zusammengefasst.[235]

Das Reichsernährungsministerium nahm mit Schreiben vom 28. Juli 1936 zu den Entwürfen ausführlich Stellung, wobei es teilweise bereits aufgegebene Vorstellungen wieder aufgriff und bei nicht unerheblichen Teilen des Entwurfs wesentliche Abänderungswünsche erhob.[236] Die Abteilung I des Reichsjustizministeriums prüfte daraufhin die sich hieran anschließenden Fragen, wobei es die beteiligten Sachbearbeiter der Abteilung IV zu Rate zog.[237] Unter dem Vorsitz

---

232 Vermerk des RJM hinsichtlich der Vorbereitung einer Besprechung über die Verordnungen zum Erbhofrecht mit Staatssekretär Freisler vom 16. November 1936, in: BArch R 3001/22199, 153 f.

233 Entwurf der Erbhofergänzungsverordnung, in: BArch R 3001/22197, 231-248: 1. Abschnitt: Erbhof und Bauer, §§ 1 -6; 2. Abschnitt: Bauer, §§ 6 und 7; 3. Abschnitt: Erbfolge kraft Anerbenrechts, §§ 8 - 16; 4. Abschnitt: Ehegattenerbhöfe, §§ 17-25; 5. Abschnitt: Beschränkungen der Veräußerung und Belastung eines Erbhofs, §§ 26-36; 6. Abschnitt. Beschränkungen der Zwangsvollstreckung. §§ 37 - 41; 7. Abschnitt: Steuerliche Vergünstigungen, §§ 42 und 43; 8. Abschnitt: Besondere Güterarten, §§ 44-46; 9. Abschnitt: Vorschriften für die Übergangszeit, §§ 47-53; 10. Abschnitt: Schlußvorschriften, § 54.

234 Entwurf einer Verfahrensordnung zum Reichserbhogesetz, in BArch R 3001/22197, 360-419.

235 Das dazughörige Anschreiben ist zu finden in: BArch R 3001/22197, 230.

236 Stellungnahme des REM vom 28. Juli 1936, in: BArch R 3001/22197, 421-451.

237 Vermerk des RJM über die Vorbereitung einer Besprechung mit Freisler vom 16. November 1936, in: BArch R 3001/22199, 154.

Schäfers fanden daraufhin am 16., 17. und 23. Oktober 1936 im Reichsjustizministerium Besprechungen über die Entwürfe und die vom Reichsernährungsministerium erhobenen Einwendungen statt. Auf Seiten des Reichsjustizministeriums nahmen an diesen Besprechungen neben Schäfer noch Vogels und Hopp teil, für das Reichsernährungsministerium waren Saure und Johae vertreten. Im Ergebnis konnten sich die Vertreter beider Ministerien im Bewusstsein der besonderen Eilbedürftigkeit der Verordnungen in zahlreichen Punkten auf eine gemeinsame Linie verständigen und eine Einigung herbeiführen.[238]

Die auf der Grundlage dieser Einigung vom Reichsjustizministerium bis Mitte November 1936 ausgearbeiteten Entwürfe einer Erbhofrechts-[239] und einer Erbhofverfahrensordnung waren dann Gegenstand der unter dem Vorsitz Gürtners am 21. November 1936 im Reichsjustizministerium stattfindenden Chefbesprechung. Auf Seiten des Reichsjustizministeriums nahmen hieran außerdem noch Schäfer, Hopp und Vogels teil, während für das Reichsernährungsministerium Staatssekretär Willikens, Saure, Harmening und Johae auftraten.[240] Die Besprechung führte zur Abarbeitung der letzten noch strittigen Punkte.[241] Nachdem am 24. November 1936 der Stellvertreter des Führers seine allgemeine Zustimmung zu den Verordnungen erteilt[242] sowie das Reichsjustizministerium in einem Entwurf vom 2. Dezember 1936 letzte Änderungen vorgenommen hatte[243] und Bormann noch am 3. Dezember 1936 mit einer Stellungnahme an Gürtner herangetreten war,[244] stimmte Darré in einem Schreiben an Gürtner vom 14. Dezember 1936 den Endfassungen der Verordnungen zu.[245] Am 23. Dezember 1936 traten schließlich die Erbhofrechtsverordnung und die Erbhofverfahrensordnung in Kraft. Mit insgesamt 175 Paragraphen fassten die beiden Verordnungen nicht nur die Bestimmungen der Durchführungsverordnungen der Jahre 1933 und 1934 zusammen, sondern enthielten auch zahlreiche neue Bestimmungen, wie zum Beispiel zur Bildung neuer Ehegattenerbhöfe, zum Verfahren über das Vorgehen gegen bauernunfähige und schlecht wirtschaftende Erbhofeigentümer sowie zur Schaffung von neuen Erbhöfen.

---

238 Vermerke von Hopps und Vogels zu diesen Besprechungen, in: BArch R 3001/22198, 4-30.

239 Entwurf einer EHRV des RJM von Mitte November 1936, in: BArch R 3001/22198, 143-187.

240 Vermerke Hopps und Vogels' zur Chefbesprechung vom 21. November 1936, in: BArch R 3001/22199, 123-126 bzw. 127-130.

241 Eine Übersicht über die Ergebnisse dieser Besprechung findet sich in der Zusammenstellung von Hopp vom 23. November 1936, in: BArch R 3001/22199, 131-134.

242 Vermerk Hopps zu den Verhandlungen mit „den Herren des Ministeriums Heß" vom 25. November 1936, in: BArch R 3001/22199, 142-147.

243 Entwurf vom 2. Dezember 1936, in: BArch R 3001/22199, 157-202.

244 Stellungnahme Bormanns vom 3. Dezember 1936, in: BArch R 3001/22199, 331.

245 Schreiben Darrés an Gürtner, in: BArch R 3001/22199, 466.

3. *Die Verordnungen der Jahre 1938 und 1939*

Ende 1938 kamen konkrete Überlegungen zur Schaffung einer weiteren Verordnung auf. So schlug ein vorläufiger Entwurf des Reichsjustizministeriums vom 6. Dezember 1938 die Einfügung eines neuen § 2 a EHRV (Erstreckung der Erbhofeigenschaft auf besondere Gegenstände), eines § 9 a EHRV (Festlegung des Erbbrauchs) sowie der Neubestimmungen der §§ 23 a und 23 b EHVfO (Beschwerdemöglichkeiten gegen Entscheidungen der Anerben- und Erbhofgerichte erst ab einem Wert von 300 bzw. 600 Reichsmark) vor.[246]

Über diesen Entwurf wurde am 14. Dezember 1938 im Rahmen einer Ressortbesprechung beraten, an der auf Seiten des Reichsjustizministeriums Schäfer, Vogels, Hopp und Müller-Pohle teilnahmen. Das Reichsernährungsministerium wurde durch Johae vertreten. Dabei legte das Reichsjustizministerium einen noch ausführlicheren Entwurf vor, der um Neufassungen des § 26 Abs. 1 EHRV und § 54 Abs. 1 und 4 EHRV ergänzt worden war. Johae seinerseits regte bei dieser Besprechung die Einfügung einer Ausführungsvorschrift zum § 13 REG an. Eine Einigung konnte allerdings nur über die Neufassung des § 26 Abs. 1 EHRV und des § 54 Abs. 1 und 4 EHRV erzielt werden, da bezüglich der sonstigen Bestimmungen Johae eine abschließende Stellungnahme nicht möglich war.[247] Aus Gründen der Dringlichkeit wurden die unumstrittenen Fragen zunächst in einem Verordnungsrumpf, der **Verordnung über Erbhofrecht vom 23. Dezember 1938,**[248] umgesetzt.

Bezüglich der offen gebliebenen Punkte – den Neubestimmungen des §§ 2 a und 9 a EHRV sowie der §§ 23 a und 23 b EHVfO und zusätzlich noch hinsichtlich eines neuen § 6 a EHRV – setzte man die Erörterungen am 27. Januar 1939 fort. Zu einem deutlichen Fortschritt bei den Verhandlungen kam es allerdings erst im Rahmen eines Gesprächs zwischen Vogels und Johae am 24. Februar 1939.[249] Wegen Darré, der auf größere Einflussnahme drang, dauerte es jedoch noch weitere zwei Monate, bis die **Verordnung über Erbhofrecht vom 26. April 1939**[250] in Kraft treten konnte.[251]

---

246 Schreiben des RJM an das REM vom 6. Dezember 1938 mit anliegendem Entwurf, in: BArch R 3001/22168, 240 (Anschreiben) und 241 - 243 (Entwurf).

247 Protokoll der Ressortbesprechung vom 14. Dezember 1938, in: BArch R 3001/22168, 247-255, 247.

248 RGBl. 1938, Teil I, S. 1921.

249 Vermerk von Vogels vom 25. Februar 1939, in: BArch R 3001/22168, 310 - 313 .

250 RGBl. 1939, Teil I, S. 843.

251 Vgl. zu dieser Verordnung Vogels, DJ 1939, 726 ff.

4. Die „Fortbildung" in den Kriegsjahren

Nachdem die Verordnungen der Kriegsjahre 1940 und 1941, die **Verordnung zur Änderung der Erbhofrechtsverordnung vom 28. September 1940**[252] und die **Verordnung über Erbhofrecht vom 22. Januar 1941,**[253] lediglich kleine Änderungen enthalten hatten, trat im weiteren Kriegsverlauf die Erforderlichkeit einer tiefgreifenden Kurskorrektur auf dem Feld des Reichserbhofrechts immer deutlicher zu Tage. Grund hierfür war insbesondere das sich immer stärker abzeichnende Problem, dass das Gesetz durch die Schlechterstellung von einheiratenden Ehegatten, Ehefrauen und Töchtern nicht nur höheren Geburtenzahlen auf dem Land entgegenwirkte, sondern auch Familiengründungen hinauszögerte bzw. verhinderte. Vor diesem Hintergrund wiesen Erbhöfe eine ungünstige bevölkerungspolitische Entwicklung auf und erfüllten damit gerade diejenige Aufgabe nicht, die ihnen von der Intention des Gesetzes her zugedacht war.[254] Die Eingliederung neuer Reichsteile ab 1938 und die Auswirkungen des Zweiten Weltkrieges verstärkten dann diese Verwerfungen des Reichserbhofrechts noch.[255]

Ein wesentlicher Ausgangspunkt für den Erlass einer neuen Verordnung war eine Denkschrift des Gauamtes für Agrarpolitik der NSDAP-Gauleitung Niederdonau.[256] Diese Denkschrift vom November 1940 sprach offen die sozialen, wirtschaftlichen und bevölkerungspolitischen Probleme an, die sich aus dem bestehenden Reichserbhofrecht ergaben und im Krieg verschärft auswirkten. Dabei wurde deutlich, dass die geschilderten Missstände nicht nur den Gau Niederdonau betrafen, sondern reichsweit zu beobachten waren.[257] Man wies in die-

---

252 RGBl. 1940, Teil I, S. 1311.

253 RGBl. 1941, Teil I, S. 60.

254 Begründung des Entwurfs vom 13. Januar 1943, in: BArch R 3001/22173, 193.

255 Rede Thieracks zur Verkündung der EHFV auf der Zehnjahresfeier des Reichserbhofgerichts am 1. Oktober 1943 in Berlin, Niederschrift in: BArch R 3001/22170, 180-196, 182.

256 Denkschrift des Gauamtes für Agrarpolitik der Gauleitung Niederdonau vom 11. November 1940, in: BArch R 3001/22173, 27-40. Diese Denkschrift wurde zunächst vom Gauleiter an den OLG-Präsidenten von Wien weitergereicht. Dieser legte sie dann mit Schreiben vom 21. Juni 1941 dem Reichsminister der Justiz vor, wobei er sich den in der Denkschrift angeführten Änderungsvorschlägen – unter Hinweis auf die sich aus dem Reichserbhofrecht verschärfenden Verwerfungen – anschloss, Schreiben vom 21. Juni 1941, in: BArch R 3001/22173, 52.

257 Die Gauleitung berichtete von Beschwerden, die seit Inkrafttreten des REG an die Gauleitung herangetragen worden seien und regte Änderungen an: „Ich möchte vielmehr erreichen, daß der im Bauerntum der Ostmark tief verwurzelte Gedanke der Gütergemeinschaft der Ehegatten aufrecht erhalten wird, was nach meiner Auffassung durchaus ohne Verletzung des Grundgedankens des REG möglich ist. Veranlassung zu diesem meinem Wunsche geben folgende Schwierigkeiten, die sich in der Praxis immer wieder zeigen und trotz bester Aufklärungsarbeit infolge Fehlerhaftigkeit [sic!] des Gesetzes nicht

sem Zusammenhang insbesondere auf drei Bereiche hin: Zum einen auf die problematische Stellung des in einen Erbhof einheiratenden Ehemannes, zum anderen auf die rechtlich unzulängliche Stellung eines die Witwe eines Bauern heiratenden Ehemannes bei Nichtehegattenerbhöfen sowie auf die schwache rechtliche Stellung der in einen Erbhof einheiratenden Ehefrau.[258] Diesbezüglich legte das Gauamt einige das Reichserbhofrecht grundlegend verändernde Vorschläge vor.[259]

Die Denkschrift führte sowohl im Reichsjustiz- als auch im Reichsernährungsministerium zu Überlegungen über eine grundlegende Reform des Reichserbhofrechts, deren Resultat im Sommer 1941 ein einvernehmlich zustande gekommener Rohentwurf einer Erbhofrechtsnovelle war.[260] Dieser Rohentwurf sah zwar insbesondere für das Altreich eine gesetzliche Nutzverwaltung des Ehegatten vor, beschränkte sich aber ansonsten im Wesentlichen auf die Beseitigung der Unebenheiten, „die sich aus der abweichenden familienrechtlichen Regelung des ABGB“ ergeben hatten. Nach Ansicht Hopps enthielt der Entwurf auch „das Höchstmaß dessen, was auf die (...) Denkschrift des Agrarpolitischen Amtes des Gaues Niederdonau zugestanden werden“ konnte. Insbesondere der Vorschlag einer Wiederzulassung der Mitanschreibung des Ehegatten, also die Ermöglichung der ehelichen Gütergemeinschaft am bestehenden Erbhof, stieß nach Aus-

---

überwunden werden können“, Denkschrift des Gauamtes für Agrarpolitik der Gauleitung Niederdonau vom 11. November 1940, in: BArch R 3001/22173, 27.

258 Denkschrift des Gauamtes für Agrarpolitik der Gauleitung Niederdonau vom 11. November 1940, in: BArch R 3001/22173, 28-36.

259 „1.) Die Ehegattenerbhöfe werden allgemein wieder anerkannt, so daß in Zukunft die Vereinbarung der allgemeinen Gütergemeinschaft und in der Ostmark die Anscheibung des einheiratenden Ehegatten wieder zulässig ist. 2.) Der einheiratende Ehegatte kann zum Anerben des Erbhofes bestimmt werden, jedoch mit folgenden Einschränkungen: a) Die weitere Vererbung des Hofes ist nur an den Anerben des Ehegatten möglich, der den Hof oder den wirtschaftlich überwiegenden Teil des Hofes mit in die Ehe gebracht hat. Aus wichtigem Grunde kann mit Genehmigung des Anerbengerichtes ein Anerbe der Sippe des anderen Ehegatten zum Hofnachfolger bestimmt werden. b) Dem überlebenden Ehegatten kann auf Antrag des Landesbauernführers das Eigentum am Erbhofe genommen werden und auf den Anerben übertragen werden, wenn nach Lage des Falles die Übertragung des Hofes dem gesunden bäuerlichen Rechtsempfinden entspricht. c) Dem überlebenden Ehegatten, dem der Hof gemäß 2.) b) entzogen wird, stehen Rechte des § 31 REG (Altenteil) zu. 3.) Zur Vererbung eines Erbhofes sind Erbverträge auch unter Nichtehegatten zulässig.“, Denkschrift des Gauamtes für Agrarpolitik der Gauleitung Niederdonau vom 11. November 1940, in: BArch R 3001/22173, 37.

260 Rohentwurf der Novelle, in: BArch R 3001/22173, 75-82. Dieser vertraulich zu behandende Rohentwurf, der im Wesentlichen von Hopp ausgearbeitet worden war, wurde u. a. an den Oberlandesgerichtsrat Etz in Wien und an den Senatspräsidenten Bauer am OLG Linz versandt, Schreiben vom 30. Juni 1941, in: BArch R 3001/22173, 69 -71.

sage Hopps sowohl im Reichsjustiz- als auch im Reichsernährungsministerium „auf schärfsten Widerstand“.[261]

Doch selbst diese ins Auge gefasste Novellierung des Erbhofrechts kam nicht zustande.[262] Neuerliche Bewegung kam in die Diskussion über eine Novellierung des Reichserbhofrechts erst wieder im Sommer 1942. Der Anstoß ging diesmal augenscheinlich von der Parteikanzlei aus, dessen Leiter Martin Bormann in einem Schreiben vom 2. August das Reichsjustizministerium zu einer gesetzlichen Regelung der in der Denkschrift aufgeworfenen Fragen drängte, „(...) da gerade jetzt im Kriege die Bestimmungen des Reichserbhofgesetzes zu besonderen Unzuträglichkeiten führen können. Die Aufrechterhaltung des augenblicklichen Zustandes ist keinesfalls noch länger tragbar und ich muß Sie bitten, dafür Sorge zu tragen, daß die Vorschläge zur Änderung des Reichserbhofgesetzes, die ich Ihnen vor nunmehr fast 2 Jahren unterbreitet habe, beschleunigt verwirklicht werden.“[263]

Hierauf reagierend legte das Reichsjustizministerium nur wenige Tage später, am 11. August 1942, dem Reichsernährungsministerium, dem Reichsminister des Inneren, der Parteikanzlei, dem Oberkommando der Wehrmacht und dem Reichsbauernführer einen neuen Verordnungsentwurf zum Erbhofrecht vor. Dieser Entwurf, der auf dem Rohentwurf von Hopps vom Sommer 1941 aufbaute, sah eine Verbesserung der Rechtsstellung des Ehegatten und der Töchter des Bauern vor. Auch sollte der Vorrang der Anerben der 4. Ordnung auf den dritten und vierten Erbfall nach Inkrafttreten des Reichserbhofgesetzes ausgedehnt werden, was auf eine Anregung des Präsidenten des Landeserbhofgerichtes Celle vom 5. Juni 1942 zurückging. Darüber hinaus beabsichtigte man, § 11 EHRV

---

261 „Ich darf noch hinzufügen, daß die aus einzelnen Kreisen der Ostmark kommenden Vorschläge, die Mitanschreibung des Ehegatten wieder zuzulassen, sowohl im Reichsernährungsministerium wie in unserem Hause auf schärfsten Widerstand stoßen. Wir haben diese Frage wiederholt eingehend geprüft. Auch wenn man den überlieferten Brauch nur in der Form wieder aufrechterhalten wollte, daß der Hof jedenfalls nur in der Linie vererbt wird, aus der er stammt, würde man doch einem wesentlichen Grundgedanken des Erbhofrechts zuwiderhandeln. Der Vorschlag verkennt u. E. völlig die auf den Mann abgestellte sippenbildende Bedeutung der Anerbenordnung.“, Schreiben an Etz und Bauer, in: BArch R 3001/22173, 69 f.

262 So heißt es in einem Schreiben des RJM an das REM vom 3. Februar 1942 unter Hinweis auf einen Bericht des Präsidenten des OLG Linz: „Der OLGPräs. teilt mir mit, ihm sei berichtet worden, daß bei Erbhöfen, bei denen der Bauer im Wehrdienst stehe, sich wiederholt dadurch Schwierigkeiten ergeben hätten, daß der Bäuerin nicht die erforderliche Autorität zuerkannt werde, weil sie "nicht auf dem Hof angeschrieben" sei. Der OLGPräs. hält mit Rücksicht hierauf trotz des bestehenden Gesetzesstopps ein Eingreifen des Gesetzgebers für erwünscht.“, Schreiben des RJM vom 3. Februar 1942, in: BArch R 3001/22173, 148-150, 148.

263 Schreiben Bormanns an das RJM vom 2. August 1942, in: BArch R 3001/22173, 159 f.

zu ändern und § 48 Abs. 1 EHRV neu zu fassen. Daneben waren Veränderungen an den Einführungsverordnungen für Österreich (Artikel b) und dem Sudetenland (Artikel c) vorgesehen.[264] Nach dem Willen des Reichsjustizministeriums sollte – im Hinblick auf die Dringlichkeit einer Neufassung des § 48 Abs. 1 EHRV – dieser Verordnungsentwurf noch im Jahr 1942 zur Verabschiedung gebracht werden.

Die Verhandlungen gingen jedoch nur schleppend voran, da die entsprechenden Stellungnahmen entweder auf sich warten ließen oder zumindest nicht ausschließlich vorbehaltlose Zustimmung signalisierten. Während der Reichsinnenminister in seinem Schreiben vom 27. August 1942 an den Reichsjustizminister keine Bedenken gegenüber dem Verordnungsentwurf vortrug,[265] ging z. B. dem Oberkommando der Wehrmacht der Entwurf des Reichsjustizministeriums nicht weit genug. Zwar wurde das Ziel des Entwurfs grundsätzlich begrüßt, inhaltlich aber für „nicht ausreichend" gehalten, „um die bei den betroffenen Wehrmachtsangehörigen entstehenden Härten und Befürchtungen auszuräumen". So schlug das Oberkommando der Wehrmacht entsprechend vor, die Zurücksetzung der Töchter des Bauern hinter die Anerben der 2. und 3. Ordnung generell zu beseitigen.[266]

Das Reichsernährungsministerium nahm dagegen erst Anfang 1943 zum Entwurf des Reichsjustizministeriums ausführlich Stellung, indem es diesen als nicht ausreichend genug ablehnte und im Gegenzug einen eigenen umfangreichen und begründeten Referentenentwurf einer „Verordnung zur Fortbildung des Erbhofrechts und zur Verbesserung der Rechtsstellung der Bäuerin" übersandte.[267] Mit diesem Entwurf – der inhaltlich bereits große Teile der späteren Erbhoffortbildungsverordnung vorwegnahm – wollte man die sich durch den Krieg häufenden Schwierigkeiten der bisherigen Regelungen beseitigen, „damit unnötige Härten und entstandenes Unrecht vermieden werden können. (...) Nicht kriegsbedingte, aber zweifellos vorhandene weitere Mängel der bisherigen Erbhofgesetzgebung" waren im Entwurf noch nicht berücksichtigt worden, sollten aber bei einer „notwendigen späteren Neufassung des Gesetzes" beseitigt werden. Überhaupt wollte der Entwurf grundsätzlich eine bessere „Anpassung der z. T. zu allgemeinen Bestimmungen des REG an die Rechtsgewohnheiten einzelner Landes- und Volksteile erwirken." Diesem Ziel sollte vor allem „die Auflockerung einzelner allzu starrer Bestimmungen des Gesetzes" dienen, womit man „den Gerichten mehr Bewegungsfreiheit in der Entscheidung und damit die

264 Anschreiben und Entwurf, in: BArch R 3001/22173, 161-165.

265 Schreiben des RIM vom 27. August 1942, in: BArch R 3001/22173, 169.

266 Schreiben des OKW vom 24. September 1942, in: BArch R 3001/22173, 180 f.

267 Schreiben des REM an das RJM vom 13. Januar 1943, in: BArch R 3001/22173, 181 f. Der Entwurf vom 13. Januar 1943 findet sich in: BArch R 3001/22173, 182-193. Die Begründung ist zu finden in: BArch R 3001/22173, 193-210.

Möglichkeit eines, den Verhältnissen des Einzelfalles besser gerecht werdenden Richterspruches, besonders unter Berücksichtigung der neuen raumpolitischen Entwicklung und der bevölkerungspolitischen Notwendigkeiten" geben wollte. Dabei wich „der Entwurf dort, wo es zum besseren Verständnis für die Allgemeinheit und zur freieren Handhabung durch die Gerichte notwendig" erschien, „in seiner Sprache des öfteren bewusst von dem üblichen Wortlaut der bisherigen gesetzlichen Bestimmungen ab."[268]

Bei allen Lockerungen und Anpassungen, die mit den in diesem Verordnungsentwurf enthaltenen Bestimmungen erreicht werden sollten, stellte er jedoch keine Rückbesinnung auf klassische Anerbengesetze dar. Die Zwecksetzung war unverändert und wurde auch im Vorspruch des Verordnungsentwurfs ausdrücklich angesprochen: „Die Erweiterung des deutschen Lebens- und Siedlungsraumes stellt besonders das deutsche Bauerntum vor neue Aufgaben." Da vor diesem Hintergrund von der Bäuerin ein großer Kinderreichtum gefordert wurde, sollte diese auch besonderen Schutz erhalten. Dem gleichen Zweck diente auch die vorgesehene Erweiterung der Rechte des einheiratenden Ehegatten.[269]

Wesentlich für die Fortentwicklung des Reichserbhofrechts war die vom 15. bis zum 19. Februar 1943 in Salzburg stattfindende Erbhofrechtstagung, auf der die aktuellen erbhofrechtlichen Fragen auf Grundlage der Entwürfe des Reichsjustiz- und Reichsernährungsministerium ausführlich diskutiert wurden.[270] Die Teilnehmer dieser Tagung stammten im Wesentlichen aus der Praxis, da jedes Erbhofgericht jeweils einen Richter zur Tagung entsandt hatte. Im Rahmen zahlreicher Referate wurden anhand der vorliegenden Entwürfe alle wesentlichen erbhofrechtlichen Fragen angesprochen, wobei man offene und zum Teil scharfe Kritik am bestehenden Reichserbhofrecht äußerte.[271]

---

268 Begründung des Entwurfs vom 13. Januar 1943, in: BArch R 3001/22173, 193.

269 Vorspruch des Entwurfs, in: BArch R 3001/22173, 182.

270 Protokolle zur Salzburger Erbhofrechtstagung, in: BArch R 3001/22175, 1-126.

271 Ehard (Senatspräsident, München) zur Frage der Besserstellung der Frau bzw. der Besserstellung des einheiratenden Ehegatten überhaupt, Referat in: BArch R 3001/22175, 3-19; Fischer (Vorsitzender des 4. Senats des Landeserbhofgerichtes Celle) zu Fragen der Verwaltung und Nutznießung, der Voranerbfolge und der Zwischenwirtschaftsverträge, Referat in: BArch R 3001/22175, 21-27; Zieger (Senatspräsident, Dresden) zur Besserstellung der Töchter, Sohnestöchter, Töchtersöhne und Töchtertöchter, zum Bruder- und Mutterrecht, zum Erbhofkredit, sowie Anregungen verschiedener erbhofrechtlicher Vorschriften, auch hinsichtlich der Verfahrenvereinfachung, Referat in: BArch R 3001/ 22175, 29-41; Bauer (Senatspräsident, Graz) zu Bergbauernhöfen, zum Ehegattenerbhof und zur Wiederverheiratung, Referat in: BArch R 3001/22175, 43-49; Marcik (Oberlandesgerichtsrat, Linz) zur Fortbildung des Erbhofrechts und Verbesserung der Rechtsstellung der Bäuerin, Referat in: BArch R 3001/22175, 50-54; Etz (Oberlandesgerichtsrat, Wien) zur Ehescheidung, zum Altenteil, zum Anfall eines weiteren Erbhofs

Diese Kritik richtete sich insbesondere auch gegen die Art und Weise der Fortentwicklung des Reichserbhofrechts. So kritisierte Starcke in seiner Zusammenfassung der Tagungsergebnisse, dass an das Reichserbhofgesetz immer wieder im Rahmen von Verordnungen herangegangen werde. Diese war nach seiner Ansicht „in der gegenwärtigen Kriegszeit nur zu verantworten“, um „die Bedürfnisse der an der Front kämpfenden Bauern zu erfüllen.“ Starcke hielt „schnelles Eingreifen“ zwar für erforderlich, forderte jedoch für die Zukunft eine grundsätzliche Umgestaltung des Reichserbhofgesetzes. Die Form der Verordnung sei ein „notwendiges Übel“. Starcke stellte daher bezüglich des Verordnungserlasses die Forderung auf, dass in der Verordnung nur Kriegswichtiges geregelt werden dürfe. Auch sollten die Anordnungen „in größter Einfachheit und Klarheit“ formuliert sein und die Bauern nicht mehr mit Vorschriften gegängelt und bevormundet werden, „als die berechtigten Erfordernisse der Übergangszeit es verlangen“. Schließlich sollten die einzuführenden Rechtseinrichtungen kraft Gesetzes wirksam werden und nicht erst auf Grund besonderer Anträge oder Anordnungen des Bauern oder anderer Beteiligter.[272]

Das Ergebnis der Tagung war ein weiterer Entwurf des Reichsjustizministeriums vom April 1943, der von Ministerialrat Schultze und seinem Mitarbeiter Landgerichtsrat Dermietzel ausgearbeitet worden war.[273] Nach einer Chefbesprechung am 16. August 1943[274] verabschiedete der Gesetzgeber auf der Grundlage dieses Entwurfes die **Verordnung zur Fortbildung des Erbhofrechts vom 30. September 1943**[275], die das materielle Reichserbhofrecht grundlegend neugestaltete.[276] Vorausgegangen war die **Verordnung über Kriegsver-**

---

und zur Abänderung des § 54 EHRV, Referat in: BArch R 3001/22175, 56-58; Dückendorf (Bielefeld) zum Zwischenwirtschaftsvertrag, zur Voranerbschaft und zur Erbhöferolle, Referat in: BArch R 3001/22175, 59-78; Bauer (Erbhofgerichtsrat, Celle) zur Änderung des Zulassungsverfahrens bei Höfen über 125 ha, Referat in: BArch R 3001/22175, 78-80; Avenarius (Amtsgerichtsrat, Melle) zur Vereinfachung des Verfahrens in Erbhofsachen, Referat in: BArch R 3001/22175, 81-85; Müntinga (Amtsgerichtsrat, Bad Segeberg) zur Änderung der Führung der Erbhöferolle, Referat in: BArch R 3001/22175, 86-89; Vogel zu Zuständigkeitsfragen, Referat in: BArch R 3001/22175, 98-102; Starcke (Senatspräsident, Celle) machte Bemerkungen zu den einzelnen Bestimmungen in dem Verordnungsentwurf zur Fortbildung des Erbhofrechts sowie hinsichtlich sonstiger Zweifelsfragen, Referat in: BArch R 3001/22175, 103-126.

272 Niederschrift des Referats Starckes, in: BArch R 3001/22175, 103-126, 104.

273 Entwurf zur EHFV vom April 1943, in: BArch R 3001/22170, 164-180.

274 Vermerk zur Chefbesprechung vom 16. August 1943, in: BArch R 3001/22170, 116-120.

275 RGBl. 1943, Teil I, S. 549.

276 Niederschrift der Rede Thieracks zur Verkündung der EHFV auf der Zehnjahresfeier des Reichserbhofgerichts am 1. Oktober 1943 in Berlin, in: BArch R 3001/22170, 180-196, 195 f.

einfachungen im Erbhofverfahren vom 29. Mai 1943[277] (EHKV), die Erleichterungen für das Verfahren vor den Anerbengerichten gebracht hatte.

1944 erging noch die Ergänzende Durchführungsverordnung vom 22. Januar 1944 (DVO-EHFV),[278] die Änderungen auf dem Gebiet der Kosten und Steuern herbeiführte. Nach einer weiteren erbhofrechtlichen Arbeitstagung auf der Reichsburg Kochem vom 18. bis zum 21. Juli 1944[279] trat schließlich noch die Zweite Kriegsvereinfachungsverordnung für das Erbhofrecht vom 27. September 1944 (EHKV. II)[280] in Kraft, welche weitere Einschnitte im Erbhofverfahren nach sich zog. Eine grundsätzliche Neukodifikation, wie sie insbesondere von vielen Praktikern wegen der Unübersichtlichkeit des Erbhofrechts gefordert wurde, war erst für die Zeit nach Kriegsende vorgesehen und kam daher nicht mehr zustande.[281] Daneben wurde das Reichserbhofrecht durch zahlreiche weitere Verordnungen in den „neuen" Reichsgebieten eingeführt.[282]

277 RGBl. 1943, Teil I. S. 337.

278 RGBl. 1944, Teil I, S. 49.

279 Protokolle zur erbhofrechtlichen Arbeitstagung auf der Reichsburg Kochem finden sich in: BArch R 3001/22176, 1-309 und BArch R 3001/22177, 1-218.

280 RGBl. 1944, Teil I, S. 238.

281 Schreiben von Ministerialdirektor Altstötter vom 2. Oktober 1944, in: BArch R 3001/ 22170, 16 f.

282 Verordnung zur Einführung des Erbhofrechts im Saarland vom 16. April 1935 (RGBl. 1935, Teil I, S. 554); Verordnung über die Einführung des Erbhofrechts im Lande Österreich vom 27. Juli 1938 (RGBl. 1938, Teil I, S. 935), nebst Verordnung zur Ergänzung der Vorschriften über die Einführung des Erbhofrechts in der Ostmark vom 12. April 1940 (RGBl. 1940, Teil I, S. 665); Verordnung über die Einführung des Erbhofrechts im Memelland vom 29. April 1939 (RGBl. 1939, Teil I, S. 866); Verordnung über die Einführung des Erbhofrechts in den sudetendeutschen Gebieten außerhalb des Reichsgaues Sudetenland vom 30. Juni 1939 (RGBl. 1939, Teil I, S. 1069), nebst Ausführungsverordnung vom 13.2.1940 (RGBl. 1940, Teil I, S. 404); Verordnung über die Einführung des Erbhofrechts im Gebiet der bisherigen Freien Stadt Danzig vom 23. Dezember 1939 (RGBl. 1940, Teil I, S. 13); Verordnung über die Einführung des Erbhofrechts im Reichsgau Sudetenland vom 27. Februar 1940 (RGBl. 1940, Teil I, S. 426); Verordnung über die Einführung des Erbhofrechts in den Gebieten von Eupen, Malmedy und Moresnet vom 4. September 1940 (RGBl. 1940, Teil I, S. 1206); Verordnungen über das Erbhofrecht bei Besitzungen im Grenzgebiet des Protektorats Böhmen und Mähren vom 4. Mai 1942 (RGBl. 1942, Teil I, S. 275). Vgl. zu diesen Verordnungen, Baumecker, 4. Auflage, S. 953 ff.

F. Das Reichserbhofgesetz in der NS-Rechtsordnung

I. Das Reichserbhofgesetz als Prototyp gesetzgeberischer „Rechtserneuerung"

Der Satz „Du bist nichts, dein Volk ist alles" kann als Kernaussage der nationalsozialistischen Ideologie angesehen werden.[283] Wie sich dieser totalitäre Ansatz in rechtlicher Hinsicht niederschlug; fasste Larenz folgendermaßen zusammen:

„Nicht als Individuum, als Mensch schlechthin oder als Träger einer abstrakt-allgemeinen Vernunft habe ich Rechte und Pflichten (...) sondern als Glied einer sich im Recht ihre Lebensform gebenden Gemeinschaft, der Volksgemeinschaft. Nur als in Gemeinschaft lebendes Wesen, als Volksgenosse ist der Einzelne eine konkrete Persönlichkeit. (...) Rechtsgenosse ist nur, wer Volksgenosse ist; Volksgenosse ist, wer deutschen Blutes ist. Dieser Satz könnte an Stelle des die Rechtsfähigkeit ‚jedes Menschen' aussprechenden § 1 BGB an die Spitze unserer Rechtsordnung gestellt werden."[284]

Die von den Nationalsozialisten postulierte „völkische Rechtserneuerung" vollzog sich dabei auf dem Gebiet des Privatrechts sowohl durch staatliche Akte auf dem Wege von Gesetzen, Verordnungen und Führererlassen als auch durch eine Umdeutung des im Wortlaut unverändert gebliebenen Gesetzes. Soweit das „alte" Recht bestehen blieb, was weitgehend der Fall war, sollte im Wege der Gesetzesanwendung durch die Generalklauseln, für deren „Anwendung und Handhabung (…) die Grundsätze des Nationalsozialismus unmittelbar und ausschließlich maßgebend" sein sollten, der „Rechtserneuerung" zum Erfolg verholfen werden.[285] Der „Geist des Nationalsozialismus" war damit vorrangige Rechtsquelle, die zur Umwertung bestehender Gesetze herangezogen wurde, die konkrete Ordnung der (nationalsozialistischen) Wirklichkeit ging den einzelnen Rechtsnormen voraus. Das Ergebnis war eine „verwüstete Rechtsordnung", in der sämtliche rechtsstaatlichen Grundsätze im Interesse eines vermeinlich „gesunden Volksempfindens" über Bord geworfen worden waren.[286]

Das Reichserbhofgesetz sollte dagegen Prototyp einer gesetzgeberischen Tätigkeit auf dem Gebiet des Privatrechts, einer der „ersten Grundsteine zu einer neuen, in der Entstehung begriffenen Rechtsordnung" sein.[287] Die „völkische Neuordnung" sollte sich allmählich vollziehen und werde dabei, wie Busse in seiner Habilitationsschrift „Der Erbhof im Aufbau der Volksordnung" beschrieb,

---

283 Meder, S. 361.

284 Larenz, in: Dahm, Grundfragen, S. 241 f.

285 Rüthers, Entartetes Recht, S. 19 f.

286 Vgl. hierzu u.a. Laufs, S. 400 ff.

287 Rostosky, Erbhofeigentum, S. 75.

„den Beteiligten oft nur in geringem Maße bewußt. Soweit die Neuordnung sich in einer neuen rechtlichen Gestaltung festigt, tritt das neue Recht in Form von Gesetzen, Verordnungen, Satzungen und Entscheidungen zutage. Dabei wird vielfach nicht erkannt, daß dieses neue Recht Ausdruck einer tiefwirkenden Bewegung ist, innerhalb einer gesamten Volksordnung das Recht neu bildet und zu einer neuen Ausrichtung auch der vorhandenen rechtlichen Gebilde und Bestimmungen im Sinne einer neuen Struktur des Ganzen führt. Die Tatsache, daß diese Bewegung erst schrittweise hier und da auf Teilgebieten zu einer Setzung neuen Rechts führt, ruft vielmehr das Mißverständnis hervor, als handele es sich um einzelne Reformen und als müsse das insoweit neu geschaffene neue Recht in das bisherige Rechtssystem eingegliedert werden." Aufgabe der Rechtswissenschaft sollte es sein, so Busse, „in dem neu gestalteten Recht die neue Struktur der gesamten völkischen Ordnung zu erkennen und aufzuzeigen und auf diese Weise dem weiteren rechtlichen Ausbau der neuen Ordnung die Wege zu bahnen und die Bahnen offenzuhalten."[288]

Eine umfassende Rechtserneuerung im Wege einer entsprechend neuen Gesetzesordnung kam jedoch nicht zustande.[289] Eine gesetzliche Neuordnung vollzog sich auf dem Gebiet des Zivilrechts allenfalls fragmentarisch und die Arbeiten am nationalsozialistischen Volksgesetzbuch wurden im Jahr 1944 im Zuge der Stilllegung der Akademie für Deutsches Recht eingestellt.[290]

II. Der Erbhof als konkrete Ordnung

Nach dem „neuen Rechtsdenken" gliederte sich die völkische Ordnung – im Unterschied zum „alten Rechtssystem" – in verschiedene sachliche Ordnungen.[291] Was unter diesem Ordnungsbegriff zu verstehen war, erläuterte u. a. Busse:

„Wie die Gesetze in der tatsächlichen Gestaltung zusammenwirken und wie die Rechtsprechung das tatsächliche Geschehen in bleibende Gestalten prägt, diese Wirklichkeit bezeichnen wir als Ordnung. Die Ordnung ist stets Wirklichkeit, niemals abstrakt. Sie ist gegliedert, und wir können deshalb innerhalb der völkischen Gesamtordnung besondere Ordnung unterscheiden."[292]

288 Busse, Volksordnung, S. 14.

289 Rüthers, NJW 1988, 2827.

290 Wegen des Sondercharakters des Erbhofrechts wurden Überlegungen angestellt, entweder „einige wenige elementare Sätze" oder „das ganze System des Erbhofrechts" dem späteren Volksgesetzbuch „einzuverleiben". Hedemann äußerte im Jahr 1942 diesbezüglich: „Mit absolutem Schweigen an diesem lebensvollen Gebilde vorüberzugehen, wäre jedenfalls für ein deutsches Volksgesetzbuch unwürdig", zitiert nach Schubert (Hrsg.), Akadamie für Deutsches Recht. Protokolle der Ausschüsse, Bd. III, 1, S. 506.

291 Busse, Volksordnung, S. 19. Vgl. vertiefend auch Sigmundt, S. 178 ff.

292 Busse, Volksordnung, S. 14.

Diese neuen Ordnungen, zu denen auch der Erbhof gehörte, deckten sich nicht mit den „alten Rechtsgebieten“. So beinhaltete das Reichserbhofrecht sowohl Regelungen auf dem Gebiet des Sachen-, Familien und Erbrechts als auch öffentlich-rechtliche Elemente. Busse schrieb dazu:

„Diese Berührung mit nahezu sämtlichen bisherigen Rechtsgebieten mag bei demjenigen, der noch fest in diesem Schema denkt, den Eindruck einer dilletantischen Vielseitigkeit erwecken. Die Auseinandersetzung mit diesen bisher verschiedenen Rechtsgebieten angehörenden Fragen ist aber unvermeidlich, weil für die Abgrenzung der Arbeit nicht die Gliederung des bisherigen Rechtssystems, sondern die der neuen Ordnung maßgebend ist.“[293]

Der Erbhof sollte „der Kern der bäuerlichen Lebensordnung“ sein, „der die einzelnen Rechtsbestimmungen des Bauernrechts als ihr allgemeiner Grundgedanke“ beherrschte und begrenzte:[294]

„Die Ordnung des Erbhofes bildet einen wesentlichen Bestandteil der Volksordnung und muß vom Ganzen der Volksordnung her gesehen werden. Soll die Aufgabe, den Erbhof im Aufbau der Volksordnung darzustellen, voll erfüllt werden, so muß die Ordnung des Erbhofes zunächst im Aufbau der ganzen Ordnung des landwirtschaftlichen Bodens und im Aufbau des Reichsnährstandes dargestellt werden; denn die Erbhöfe bilden das Kernstück der Bodenordnung wie das Bauerntum den Kern der Standesordnung des Reichsnährstandes.“[295]

Der Erbhof war damit der Idee nach zugleich die „Kernzelle der nationalsozialistischen Bodenordnung und Agrarpolitik“,[296] ein an „Blut und Boden“ gebundener sozialer „Organismus“,[297] der seine Ordnung in sich selbst trug. Im Stoll/Busse hieß es hierzu:

„Leben und Arbeit des Bauern werden durch die natürliche Ordnung seines Hofes bestimmt; daraus folgt, daß das Eigentum am Hof seinen Gehalt aus dieser ‚Sonderordnung' schöpft, sie bestimmt seinen Inhalt, seine Bindungen. Wenn das Gesetz die sich aus dieser Bindung ergebenden Beschränkungen' im einzelnen festlegt, so will es diese Ordnung lediglich in Rechtssätze fassen, die ihre praktische Verwirklichung sicherstellen; es erhebt keinen Anspruch, eine umfassende und lückenlose Klarstellung des Begriffs ‚Erbhofeigentum' zu geben, sondern fordert, daß man sich bei seiner Auslegung immer die natürliche Lebensordnung des Hofes – skizziert im Gesetzesvorspruch – vor Augen hält (§ 56 REG). Der Ausdruck ‚Beschränkungen', „Verfügungsverbote“ u. dgl. ver-

293 Busse, Volksordnung, S. 19.
294 Busse, Volksordnung, S. 37.
295 Busse, Volksordnung, S. 20.
296 Stoll/Baur, S. 48.
297 Vgl. hierzu Herschel, Erbhofeigentum, S. 17 ff.

leitet dazu, darin Maßnahmen zu sehen, die – ähnlich wie im Bürgerlichen Recht (§§ 134 – 136 BGB) – nur eine zeitweilige und ausnahmsweise angeordnete, also eigentlich ‚naturwidrige' Beeinträchtigung der vollen Rechtsstellung mit sich bringen. Eine solche Auffassung wäre falsch: die Verfügungsbeschränkungen' usf. des Erbhofrechts sind rechtlicher Ausdruck einer ‚natürlichen', dauernden, den Erbhöfen innewohnenden Lebensordnung."[298]

III. Erbhofrecht und Bürgerliches Recht

Vor dem Hintergrund des Denkens in konkreten Ordnungen wurde das Verhältnis des Reichserbhofrechts zum BGB problematisch. Denn während auf der einen Seite das bürgerliche Recht erhalten blieb, stand auf der anderen Seite das neue Rechtsgebiet des Reichserbhofrechtes, das als neues bäuerliches Sonderrecht mit dem Erbhof eine neue „boden- und personenrechtliche Ordnung" schaffen sollte.[299] Busse hierzu:

„Die (...) Grundvorstellungen vom abstrakten Eigentum, von der Scheidung der privaten und der öffentlich-rechtlichen Sphäre sowie von der abstrakten Begründung neuer Sachherrschaft im Erbrecht und der abstrakten Trennung der juristischen Person von ihren Mitgliedern sind sämtlich darauf zurückzuführen, daß das Rechtssystem vom einzelnen ausgeht, und sind gewissermaßen in dem Begriff der abstrakten Person beschlossen. Die neue Ordnung baut im Gegensatz zu jenem Rechtssystem nicht auf dem einzelnen, sondern auf der völkischen Gemeinschaft auf. Sie steht darum nach ihrem Ausgangspunkt und der ganzen Anlage des rechtlichen Denkens zu jenen Grundbegriffen, die sich aus der abstrakten Person ergeben, im Gegensatz. Das ist vorauszuschicken, damit von vornherein vermieden wird, in die neue Ordnung jene gegensätzlichen Grundbegriffe hineinzutragen. Daß wir uns von diesen Grundbegriffen durch die Entgegensetzung zu ihnen und ihrem System gelöst haben, bildet die Voraussetzung für das richtige Verständnis der neuen Ordnung."[300]

Vor dem Hintergrund der Tatsache, dass das zivilrechtliche Normengefüge ansonsten weitgehend unverändert blieb, stellte sich nun die Frage nach der Auslegung der erbhofrechtlichen Bestimmungen und der Einordnung der entsprechenden Begrifflichkeiten und Konstruktionen. So interpretierten die Apologeten der „völkischen Rechtserneuerung" das Reichserbhofrecht losgelöst von bürgerlich-rechtlichen Maßstäben und sahen es als originären Ausdruck der neuen nationalsozialistischen Ordnung an. Demgegenüber versuchten andere Autoren, aber auch Teile der Rechtsprechung, die dem Reichserbhofrecht inne-

298 Stoll/Baur, S. 61 f.
299 Busse, Volksordnung, S. 41.
300 Busse, Volksordnung, S. 28.

wohnenden rechtlichen Konstruktionen in das „alte“ bürgerlich-rechtliche Rechtssystem einzuordnen und erbhofrechtliche Fragen vor diesem Hintergrund entsprechend zu lösen. Diese Autoren betrachteten das „Bauernrecht“, dessen Kern das Reicherbhofgesetz darstellte, lediglich als ein „Sonderrecht“ neben dem BGB, was ihnen die ausdrückliche Kritik der „Rechtserneuerer“ eintrug. So kritisierte Busse:

„Auch die Auffassung, daß das Bauernrecht nur ein Sonderrecht neben dem fortbestehenden System des bürgerlichen Rechts darstellt, geht an der rechtswissenschaftlichen Aufgabe vorbei. Denn es gilt gerade, den Zusammenhang der Gesamtordnung zu klären und dabei die Gedanken des neuen Rechts als tragende Grundpfeiler zu nehmen. Das überkommene Recht bildet nicht mehr ein geschlossenes System, sondern überliefert nur eine Fülle von einzelnen rechtlichen Regelungen, die jetzt im Sinne des Neuaufbaus der völkischen Ordnung anzuwenden und in den Neubau so einzufügen sind, wie es der Richtung der neuen Ordnung entspricht. Diese Aufgabe kann der Rechtswissenschaft auch von der Gesetzgebung nicht abgenommen werden.“[301]

In Bezug auf den Umgang von Rechtsprechung und Wissenschaft mit dem „neuen Recht“ stellte Busse fest:

„In jeder Frage, die nicht ausdrücklich im Gesetz geregelt ist und darum von der Rechtsprechung eine Fortbildung des gesetzten Rechts in der Richtung der neuen völkischen Ordnung verlangt, zeigt sich wenigstens in der Begründung der Entscheidung, ob der Aufbau der neuen Ordnung erfaßt und zum Ausgangspunkt genommen wird oder ob die Konstruktion aus dem bisherigen Rechtssystem die ‚Lücke‘ schließen muß. Soweit sich die Rechtsprechung aber auf einzelne positive Bestimmungen stützen kann, setzt sich in ihr vielfach unbewußt noch das bisherige Rechtsdenken fort. Die Rechtsprechung ist daher auch in ihrer Grundanschauung vom Rechtsganzen konservativ und weist nur eine allmähliche Entwicklung neuer Rechtsgedanken auf. Dagegen hat die Rechtswissenschaft im Blick auf das Ganze der völkischen Ordnung das grundlegend Neue unmittelbar im Auge. Trotzdem das bisherige Recht in vielen Einzelheiten fortbesteht, läßt sich erkennen, daß die beherrschenden Grundgedanken heute andere sind als vor der Revolution, und gerade diese Grundgedanken zu erkennen, das ist das Anliegen der Rechtswissenschaft.“[302]

Nach dem Willen der „Rechtserneuerer“ sollte das Reichserbhofgesetz gerade kein Ergänzungsgesetz zum BGB darstellen und für seine Anwendung sollten gerade keine bürgerlich-rechtlichen Begrifflichkeiten herangezogen werden.

301 Busse, Volksordnung, S. 18.
302 Busse,Volksordnung, S. 16.

Entscheidend für die Auslegung und Anwendung des Erbhofrechts war nach ihrer Ansicht allein die maßgebende Auslegungsregel des § 56 REG, die den Grundsatz aufstellte, dass das Gesetz aus der in den Einleitungsworten kundgegebenen Rechtsanschauung heraus verstanden und verwirklicht werden sollte.[303] Diese Präambel war gegenüber den bisherigen Anerbengesetzen ein Novum.[304] Sie enthielt sowohl eine Hervorhebung des Zwecks als auch eine Aufzählung der Grundgedanken des Reichserbhofgesetzes. Nach diesem Vorspruch verfolgte das Reichserbhofgesetz folgende Hauptziele:

„Die Reichsregierung will unter Sicherung alter deutscher Erbsitte das Bauerntum als Blutquelle des deutschen Volkes erhalten.
Die Bauernhöfe sollen vor Ueberschuldung und Zersplitterung im Erbgang geschützt werden, damit sie dauernd als Erbe der Sippe in der Hand freier Bauern verbleiben.
Es soll auf eine gesunde Verteilung der landwirtschaftlichen Besitzgrößen hingewirkt werden, da eine große Anzahl lebensfähiger kleiner und mittlerer Bauernhöfe, möglichst gleichmäßig über das ganze Land verteilt, die beste Gewähr für die Gesunderhaltung von Volk und Staat bildet.“

In § 56 REG wurde damit die Auslegung des Reichserbhofgesetzes explizit an die nationalsozialistische Weltanschauung gebunden, wie sie im Vorspruch zum Ausdruck kam.[305] Die Bestimmung enthielt damit auch eine Entscheidung über das Verhältnis des Erbhofrechts zum bürgerlichen Recht, wonach den im Vorspruch des Reichserbhofgesetzes zum Ausdruck kommenden Rechtsgedanken in allen den Erbhof betreffenden Fragen der grundsätzliche Vorrang vor bürgerlich-rechtlichen Bewertungen zukommen sollte. Damit käme, so heißt es im Stoll/Baur, „zum Ausdruck, daß jede erbhofrechtliche Frage in erster Linie aus dem REG und der durch das Gesetz für maßgebend erklärten bäuerlichen Lebensordnung erklärt werden“ müsse. BGB-Bestimmungen sollten nur dann zur Anwendung kommen, wenn „Ansprüche und Rechtsverhältnisse“ im Reichserbhofgesetz und seinen Durchführungsverordnungen keine Regelung gefunden

303 Vgl. Tolle, Einleitungsworte, S. 20 f.; vgl. zur Funktion des § 56 REG insbesondere hinsichtlich der Entscheidungspraxis des REHG, Sigmundt, S. 201 ff., S. 210 f. und S. 217 ff.

304 Im Gegensatz zur späteren Gesetzesfassung hatte der Entwurf des REM vom 19. September 1933 die Grundgedanken des Gesetzes nicht in einem eigenen Einleitungsteil zusammengefasst, sondern im Art. 1 des Gesetzes. Gürtner kritisierte in der Besprechung vom 21. September 1933 diesen „rechtsbindenden“ Charakter der Grundgedanken und trat dafür ein, diese in die Einleitungsworte zu übernehmen, Vermerk von Vogels zur Besprechung vom 21. September 1933, in: BArch R 3001/Akte 591, 93.

305 Zur Auslegungsregel des § 56 REG vgl. Baumbach, DJZ 1934, 54 ff., Freisler, DJ 1933, 694 ff. und DJ 1935, 1160 sowie Gürtner, DJZ 1934, 370.

hatten. Eine Anwendung des BGB sollte allerdings ausgeschlossen sein, „soweit es mit der im REG und seinen Einleitungsworten gestalteten bäuerlichen Lebensordnung unvereinbar“ war. Zum anderen sollten die ausfüllbaren BGB-Begriffe „mit dem gedanklichen Inhalt des REG“ erfüllt werden.[306]

306 Stoll/Baur, S. 38.

2. Kapitel: Das Verfahren vor den Anerbenbehörden

G. Allgemeines

Das Reichserbhofgesetz nahm für sich in Anspruch, das Grundgesetz für das künftige Leben des deutschen Bauernstandes zu sein. Dem entsprach es, neue Gerichte zu schaffen, „bei denen die Art ihrer Zusammensetzung und die Gestaltung des für sie geltenden Verfahrens jener Zielsetzung angepaßt" war.[307] Dies geschah durch die Einrichtung von sogenannten Anerbenbehörden, Sondergerichten der staatlichen Gerichtsbarkeit, die in ihrer Funktion und Zusammensetzung als bäuerliche Standesgerichte dienen sollten und damit vermeintlich in die Richtung der Vorstellung eines ständischen Staatsaufbaus zielten, in dem der Bauer angeblich selbst Gestalter seines Rechts war: „Die Anerbengerichte", so Baumecker, „und ihre bäuerlichen Beisitzer sollen in Zukunft das Erbhofrecht selbst bilden und ausgestalten. Es ist eine vom Vertrauen des Gesetzgebers getragene und daher um so verantwortungsvollere Aufgabe, die hier den Anerbenbehörden zugewiesen wird."[308]

Das Reichserbhofgesetz selbst stellte in Bezug auf die Bildung der Anerbenbehörden und das entsprechende Verfahren lediglich in den §§ 40 - 51 des 5. Abschnitts Rahmenbestimmungen auf. Im Übrigen fanden sich verfahrensrechtliche Regelungen zunächst insbesondere in der Ersten Durchführungsverordnung und ab 1936 dann in der Erbhofverfahrensordnung.

H. Die Anerbenbehörden

I. Schaffung einer neuen Standesgerichtsbarkeit

Gemäß § 40 Abs. 1 REG wurden zur Durchführung der besonderen Aufgaben des Reichserbhofgesetzes Anerbengerichte, Erbhofgerichte und das Reichserbhofgericht gebildet.[309] Da ihre Aufgaben zum Teil der freiwilligen Gerichtsbarkeit, zum Teil aber auch der streitigen Gerichtsbarkeit ähnelten und sich ihre Entscheidungen fast durchweg auf bürgerlich-rechtliches Gebiet bezogen, wurden die Anerbenbehörden nicht als Verwaltungsgerichte und Verwaltungsbe-

307 Wagemann/Hopp, 3. Auflage, S. 198.
308 Baumecker, 4. Auflage, § 40 REG, Rn. 2.
309 Ein Verzeichnis aller Anerben- und Erbhofgerichte findet sich in den Akten des RJM in: BArch R 3001/Akte 597, 39 ff.

hörden, sondern ganz überwiegend als Sondergerichte der freiwilligen Gerichtsbarkeit angesehen.[310]

Die Zuständigkeit der Anerbenbehörden bestimmte sich nach dem Enumerationsprinzip, so dass sie in den ihr vom Reichserbhofgesetz bzw. den Durchführungsverordnungen zugewiesenen Fällen zuständig waren.[311] Anderer Ansicht war u. a. Gülland, der annahm, dass § 40 Abs. 1 REG eine Generalklausel enthielt, die die allgemeine Zuständigkeit der Anerbenbehörden in allen das Erbhofrecht berührenden Fragen begründete.[312] § 40 Abs. 2 REG ordnete die ausschließliche Zuständigkeit der Anerbenbehörden in den aufgrund des Gesetzes oder der Durchführungsverordnungen überwiesenen Angelegenheiten an. Allerdings bestand diese ausschließliche Zuständigkeit der Anerbengerichte nur in sogenannten Zweifelsfällen. Tauchten die grundsätzlich von den Anerbenbehörden zu entscheidenden Fragen als Vorfragen in einem ordentlichen Verfahren auf, so konnten die ordentlichen Gerichte diese Fragen selbständig und ohne

310 Baumecker, 4. Auflage, § 40, Rn. 3; a. A. Hamkens, § 40, Anm 1.

311 Die Anerbenbehörden hatten schließlich u.a. Entscheidungen zu treffen über die Erbhofeigenschaft eines Hofes, § 10 REG; die „Rassereinheit" einer Person, § 13 REG; die Eigentumsentziehung am Erbhof, § 15 Abs. 3 REG, §§ 95 ff. EHVfO, die Bauernfähigkeit einer Person, § 18 REG; die Feststellung des Erbbrauchs (bis 1941), § 21 Abs. 3 REG, § 25 Abs. 1 REG; die Verteilung der Nachlass- und Hofesverbindlichkeiten, § 22 REG und § 32 REG i.V.m. § 36 EHRV; Fragen im Zusammenhang mit der Führung eines Erbhofnamens, § 27 REG, § 5 DVO. III, später § 12 EHRV; die Genehmigung der letztwilligen Bestimmung des Anerben, § 25 REG, §§ 7, 9, 20, 21, 44, 47, 50-53 EHRV; die Rechte der sonstigen Abkömmlinge, der Eltern und des Ehegatten des Erblassers, §§ 30-32 und 36 REG, § 22 EHRV; die Genehmigung der Veräußerung oder Belastung oder Teilung oder langfristiger Verpachtung eines Erbhofes, § 37 REG, §§ 27-35 EHRV; die Verschuldung eines nach dem 23. Dezember 1936 entstehenden Erbhofes, § 1 EHRV; die Entstehung eines Ehegattenerbhofes, §§ 17, 18, 25 EHRV; die Entziehung der Erbhofgemeinschaft hinsichtlich einzelner Teile des Erbhofs, § 27 Abs. 2 EHRV. Des Weiteren hatten sie folgende Entscheidungen vorzubereiten über: die Zulassung eines Erbhofes über 125 ha durch den Reichsminister für Ernährung und Landwirtschaft, §§ 5 REG, 44, 45 EHVfO; die Zulassung einer Abweichung von der gesetzlichen Anerbenfolge durch den Reichsjustizminister im Einvernehmen mit dem Reichsminister für Ernährung und Landwirtschaft, §§ 54 EHRV, 18 EHVfO; die Genehmigung einer Hofsatzung durch RMEL und RJM, §§ 10 Abs. 4 EHRV, § 18 EHVfO. Darüber hinaus nahmen die Anerbenbehörden Eingriffe in die Hofesbewirtschaftung selbst vor: Zwangsmaßnahmen gegen einen schlecht wirtschaftenden Eigentümer, §§ 15 REG, 73 ff. EHVfO; Anordnung und Aufhebung der Nutzungsverwaltung, §§ 11, 21 Abs. 4, 22 Abs. 3 EHRV. Hinzutrat die Entgegennahme von Erklärungen: Bei Übernahme eines angefallenen Erbhofes, § 22 Abs. 2 REG; bei Wahlerklärung des Anerben mehrerer Erbhöfe, § 23 Abs. 2 REG; bei Ausschlagung des Erbhofs durch den Anerben, § 29 REG und bei Ablehnung der Führung des Hofnamens, § 12 EHRV. Schließlich wurde bei den Anerbenbehörden noch die Erbhöferolle geführt.

312 Gülland, JW 1934, 389.

Anrufung der Anerbenbehörden beantworten, wenn keine Zweifelsfälle vorlagen.[313]

II. Das Anerbengericht

§ 41 REG regelte Bildung und Besetzung der Anerbengerichte, die bei den Amtsgerichten eingerichtet wurden.[314] Die Landesjustizverwaltungen konnten gemäß § 41 Abs. 1 Satz 2 REG den Bezirk des Anerbengerichts auch anders bestimmen, eine Befugnis, die am 1. April 1935 auf den Reichsjustizminister überging.[315] Das Anerbengericht entschied in der Besetzung von einem Richter als Vorsitzendem und zwei beisitzenden Bauern, § 41 Abs. 2 REG. Diese Besetzung mit Bauern entsprach der Zielsetzung des Gesetzes: „Sie sind mit den wirtschaftlichen Verhältnissen und den Anschauungen ihrer Standesgenossen auf das Beste vertraut und werden daher auch dazu beitragen, daß die Entscheidungen des Anerbengerichts stets mit einem gesunden Rechtsbewußtsein der bäuerlichen Bevölkerung im Einklang stehen."[316] Der Vorsitzende und sein ständiger Stellvertreter wurden von der Landesjustizverwaltung bzw. dem Reichsjustizminister in der Regel für die Dauer eines Kalenderjahres ernannt, § 41 Abs. 3 Satz 1 REG. Dabei sollten Personen ausgewählt werden, die mit den Erbgewohnheiten der bäuerlichen Bevölkerung vertraut waren, § 41 Abs. 3 Satz 2 REG.

Die Ernennung der bäuerlichen Beisitzer regelte sich nach § 44 REG. Die bäuerlichen Beisitzer der Anerbengerichte wurden hiernach auf Vorschlag des Landesbauernführers, die bäuerlichen Beisitzer der Erbhofgerichte auf Vorschlag des Reichsbauernführers durch die Landesjustizverwaltung ernannt, § 44 Satz 1 REG. Außer den Beisitzern war die erforderliche Zahl von Stellvertretern zu ernennen, § 44 Satz 2 REG. Auch hier hatte Darré ursprünglich eine Schlüsselposition des jeweiligen Landesbauernführers bzw. des Reichsbauernführers vorgesehen, der die bäuerlichen Beisitzer bei Erbhofgerichten allein ernennen

313 Wagemann/Hopp, 3. Auflage, S. 200 f.

314 Zur Entstehung des § 41 REG, vgl. Art. II § 14 des Entwurf des REM vom 19. September 1933, in: BArch R 3001/Akte 591, 87; eine dem § 41 Abs. 3 REG entsprechende Regelung fehlte dem Entwurf zwar noch, war aber dann in § 40 des gemeinsamen Entwurfs von REM und RJM vom 25. September 1933 enthalten, in: BArch R 3001/Akte 591, 92.

315 Eine Auflistung der gemeinschaftlichen Anerbengerichte findet sich bei Wagemann/Hopp, 3. Auflage, S. 204 - 207. Im Jahr 1937 gab es im Deutschen Reich insgesamt 1550 Anerbengerichte, von denen 915 ihren Sitz in Preußen hatten, vgl. Vogels, 4. Auflage, S. 523.

316 Wagemann/Hopp, 3. Auflage, S. 203.

sollte.[317] Auf Initiative des Reichsjustizministeriums hin wurde dieses Ernennungsrecht auf ein einfaches Vorschlagsrecht zurückgestutzt.[318]

Die Rechtsverhältnisse und Entschädigungen der bäuerlichen Beisitzer bestimmten sich nach § 45 REG. § 42 REG regelte die örtliche Zuständigkeit.[319] Entscheidend für die Bestimmung des örtlich zuständigen Anerbengerichts war die Lage der Hofstelle, § 42 Abs. 1 REG. In Zweifelsfällen, also wenn zum Beispiel ein Erbhof auf der Grenze zweier Anerbenbezirke lag, entschied der Präsident des übergeordneten Erbhofgerichts, § 42 Abs. 2 REG.[320]

III. Das Erbhofgericht

Gemäß § 43 Abs. 1 Satz 1 REG wurde für jedes Land durch die Landesjustizverwaltung bzw. den Reichsjustizminister bei einem Oberlandesgericht ein Erbhofgericht als unselbständige, dem Oberlandesgericht angegliederte Behörde gebildet.[321] Für mehrere Länder konnte dabei ein gemeinschaftliches Erbhofgericht geschaffen werden, § 43 Abs. 1 Satz 2 REG.[322] Umgekehrt bestand die Möglichkeit, in einem Land auch mehrere Erbhofgerichte zu bilden, § 43 Abs. 1 Satz 3 REG. Das Erbhofgericht war Rechtsmittelgericht, zuständig für die Entscheidung über die sofortige Beschwerde gegen die Beschlüsse der Anerbengerichte, § 48 Abs. 3 REG. Es entschied in der Besetzung von einem Richter als Vorsitzendem, zwei weiteren Richtern und zwei Bauern, § 43 Abs. 2 REG. Ursprünglich hatte das Reichsernährungsministerium vorgeschlagen, dass das Erbhofgericht mit einem Vorsitzenden Richter, einem weiteren Berufsrichter

---

317 Art. II § 16 Abs. 1 des REM-Entwurfs vom 19. September 1933, in: BArch R 3001/Akte 591, 87.

318 Niederschrift Vogels' zur Besprechung vom 21. September 1933, in: BArch R 3001/Akte 591, 93.

319 § 42 REG war im Ursprungsentwurf Darrés noch nicht vorgesehen gewesen. Er wurde erst in den gemeinsamen Entwurf von REM und RJM vom 25. September 1933 eingefügt, in: BArch R 3001/Akte 591, 92.

320 Zur praktischen Umsetzung des Reichserbhofgesetzes durch die Anerbengerichte Bergen/Kreis Celle, Stade, Buxtehude, Freiburg/Elbe, Jork und Osten, vgl. Münkel, VfZ 1996, 549 ff. Zur Anwendung des Reichserbhofgesetzes im ehemaligen Amtsgerichtsbezirk Pfaffenhofen/Ilm vgl. die ausführliche Darstellung von Schober.

321 Im Anschluss an die bestehenden Oberlandesgerichte entstanden mithin die Erbhofgerichte München, Nürnberg, Bamberg, Zweibrücken, Dresden, Jena, Stuttgart, Karlsruhe, Darmstadt, Rostock, Braunschweig, Oldenburg, Hamburg und Saarlautern (Zweigstelle des OLG Köln).

322 In Preußen wurde durch AusfG vom 26. Oktober 1933 gemäß § 43 Abs. 1 Satz 2 REG, § 66 DVO. I das selbständige Erbhofgericht in Celle gebildet, welches sowohl für ganz Preußen als auch für Lippe, Schaumburg-Lippe und Anhalt zuständig war. Ebenso gab es ein Erbhofgericht für Oldenburg und Bremen in Oldenburg und ein Erbhofgericht in Hamburg, das auch für Lübeck zuständig war.

und drei Bauern besetzt werden sollte.[323] Man begründete dieses damit, dass man es nicht für „genügend sicher“ halte, „daß die Berufsrichter schon jetzt die Grundgedanken des neuen Rechts verstehen.“[324] Demgegenüber hatte das Reichsjustizministerium die Besetzung mit einem Vorsitzenden, zwei weiteren Richtern und zwei Bauern verlangt,[325] womit es sich letztendlich durchsetzen konnte.[326]

IV. Das Reichserbhofgericht

Während in den §§ 41-43 REG die Einrichtung und die Besetzung der Anerben- und Erbhofgerichte geregelt wurde und gemäß § 46 REG lediglich das Verfahren durch Verordnung des Reichsjustiz- und des Reichsernährungsministers bestimmt werden sollte, regelte § 47 REG für die dritte Instanz, das Reichserbhofgericht, keine Einzelheiten über Einrichtung, Besetzung und Verfahren, sondern ermächtigte die beiden Reichsminister zur Ausformung im Verordnungsweg.[327]

Der Umfang dieser Ermächtigung entsprach dem ursprünglichen Ansinnen Darrés, wenn auch in anderer Form. So hatte sich Darré in seinem am 19. September 1933 vorgelegten Ausgangsentwurf selbst zur Regelung der Einrichtung, der Besetzung und des Verfahrens vor dem sogenannten „Reichserbhofamt“ zu ermächtigen versucht. Darüber hinaus sollte das Reichserbhofamt seinen Sitz beim Reichsminister für Ernährung und Landwirtschaft haben.[328] Das Reichsjustizministerium wandte sich jedoch gegen diesen Versuch, die höchste erbhofrechtliche Instanz praktisch dem Reichsernährungsministerium einzuverleiben und Darré damit die „Deutungshoheit“ über die entscheidenden erbhofrechtlichen Fragen zu überlassen. Gürtner forderte auf der Besprechung vom 21. September 1933 daher, die Bezeichnung „Reichserbhofamt“ durch die Bezeichnung „Reichserbhofgericht“ zu ersetzen. Darüber hinaus betonte er, dass die Mitglieder dieses Gerichts die richterliche Unabhängigkeit besitzen müssten. Trotz Widerstandes von Seiten des Reichsernährungsministeriums – so rechtfertigte Saure die Bezeichnung als „Reichserbhofamt“ mit dem Hinweis auf das Preußische Landesamt für Familiengüter und betonte, dass das Amt weniger

323 Art. II § 16 Abs. 2 des REM-Entwurfs vom 19. September 1933, in: BArch R 3001/ Akte 591, 87.

324 Niederschrift von Vogels zur Besprechung vom 21. September 1933, in: BArch R 3001/ Akte 591, 93.

325 § 35 des Entwurfs des RJM vom 23. September 1933, in: BArchR 3001/Akte 591, 90.

326 § 42 des gemeinsamen Entwurfs von REM und RMJ vom 25. September 1933, in: BArch R 3001/Akte 591, 92.

327 Vgl. zur Entscheidungspraxis die Entscheidungen des Reichserbhofgerichts (REHGE), herausgegeben von beamteten Mitgliedern des Gerichtshofs, Bd. 1-9, Berlin 1934-1943. Vgl im Übrigen auch Harmening, ZakDR 1936, 754 f.

328 § 17 des REM-Entwurfs vom 19. September 1933, in: BArch R 3001/Akte 591, 87.

richterliche als politische Entscheidungen zu fällen habe – konnte sich Gürtner mit dieser Forderung durchsetzen. Des Weiteren einigte man sich in der Besprechung vom 21. September 1933 darauf, den Aufbau des Reichserbhofgerichts im Gesetz selbst zu regeln.[329] Diesbezüglich kam jedoch in der Folgezeit, anders als zum Anerben- und Erbhofgericht, keine Einigung zustande.

Im Ergebnis sah § 47 Satz 1 REG vor, dass nicht nur Verfahren und Sitz, sondern auch die Einrichtung des Reichserbhofgerichts durch Verordnung des Reichsministers für Ernährung und Landwirtschaft und des Reichsministers der Justiz geregelt werden sollten. Dabei behielt sich das Reichsernährungsministerium in § 47 Satz 2 REG die Möglichkeit vor, „auf eine neue den agrarpolitischen und allgemein völkischen Zielen des neuen Staates entsprechende Gestaltung der Erbhofsachen hinzuwirken", indem vorgesehen werden konnte, dass die Entscheidungen des Reichserbhofgerichts der Bestätigung durch den Reichsminister für Ernährung und Landwirtschaft bedurften.[330]

Von dieser Ermächtigung des § 47 S. 2 REG musste allerdings kein Gebrauch gemacht werden, da in § 6 Abs. 1 Satz 3 DVO. I festgelegt wurde, dass der Reichsminister für Ernährung und Landwirtschaft ohnehin zugleich Präsident des Reichserbhofgerichts sein sollte, was eine klare Missachtung des Prinzips der Gewaltenteilung darstellte. Der Reichsernährungsminister war damit sowohl oberster Richter des Bauernrechts, stand an der Spitze der staatlichen Verwaltung und war darüber hinaus noch Mitglied der gesetzgebenden Reichsregierung und Reichsbauernführer in Personalunion.

Gemäß § 6 Abs. 1 Satz 1 DVO. I wurde das Reichserbhofgericht beim Reichsministerium für Ernährung und Landwirtschaft gebildet. Es wurden Senate eingerichtet, deren Zahl der Reichsminister für Ernährung und Landwirtschaft im Einvernehmen mit dem Reichsminister der Justiz bestimmte, § 6 Abs. 2 Satz 1, Satz 2 DVO. I. Jeder dieser Senate entschied in der Besetzung von einem Vorsitzenden, zwei beamteten Beisitzern und zwei Reichserbhofrichtern, § 6 Abs. 2 Satz 3 DVO. I. Den Vorsitz hatte der Präsident, der Vizepräsident oder ein Senatspräsident inne, § 6 Abs. 3 DVO. I.

Auch stellte sich heraus, dass eine Instanz erforderlich wurde, die über die verschiedenen Rechtsauffassungen zwischen den Senaten entscheiden musste. Die Bestimmung des § 6 DVO. I wurde daher durch § 8 DVO. III verändert und zusätzlich ein § 6 a in die Erste Durchführungsverordnung eingefügt, der die Einrichtung eines Großen Senates beim Reichserbhofgericht vorsah.[331] Dieser

329 Protokoll Vogels' zur Besprechung vom 21. September 1933, in: BArch R 3001/Akte 591, 93.

330 Wagemann/Hopp, 3. Auflage, S. 220.

331 Ursprünglich war statt einer allgemeinen DVO. III „nur" eine Verordnung über das Reichserbhofgericht geplant, die unter Federführung Saures im REM ausgearbeitet worden und Vogels mit Schreiben vom 16. Februar 1934 zugesandt worden war, An-

war zuständig, wenn ein Senat in einer grundsätzlichen Frage von der Entscheidung eines anderen Senates abweichen wollte, § 6 a Abs. 1 Satz 1 DVO. I. Eine Ausnahme bestand nur in den Fällen, in denen der Senat, von dessen Entscheidung abgewichen werden sollte, der Abweichung zustimmte, § 6 a Abs. 1 Satz 3 DVO. I. Gleiches galt, wenn ein Senat von einer Entscheidung des Großen Senats abweichen wollte, § 6 a Abs. 2 DVO. I. Nach § 6 a Abs. 3 DVO. I bestand der Große Senat aus dem Vorsitzenden – dem Präsidenten oder Vizepräsidenten des Reichserbhofgerichts – und acht Beisitzern, die sich wiederum aus vier beamteten Mitgliedern des Reichserbhofgerichts und vier Reichserbhofrichtern zusammensetzten.

V. Die sofortige Beschwerde

Gemäß § 48 Abs. 1 REG war gegen die Entscheidungen des Anerbengerichts innerhalb von zwei Wochen die sofortige Beschwerde möglich, es sei denn, dass diese unanfechtbar waren.[332] Unanfechtbar waren u. a. die Entscheidungen über Versorgungs- und Altenteilsstreitigkeiten, § 32 Satz 3 REG, Entscheidungen über Streitigkeiten bezüglich der Erbhofverbindlichkeiten von mehreren Erbhöfen, § 36 Abs. 3 REG oder über die Führung eines Hofnamens, § 12 Abs. 2 Satz 1 EHRV.[333] Unanfechtbarkeit sollte nach der Rechtsprechung allerdings nur dann gelten, wenn sich das Gericht im Rahmen seiner Zuständigkeit bewegt hatte. Hatte das Anerbengericht hingegen eine Entscheidung gefällt, für die eigentlich die ordentlichen Gerichte zuständig gewesen wären, so war eine Anfechtung der Entscheidung möglich.[334] Nach der Einführung des § 36 EHRV, welcher bei Entscheidungen über Streitigkeiten hinsichtlich vertraglicher Versorgungsansprüche keine ausdrückliche Unanfechtbarkeit vorsah, fühlte man sich

---

schreiben und Entwurf, in: BArch R 3001/Akte 596, 19 f.. Der Entwurf enthielt lediglich Vorschriften über die Einrichtung des Reichserbhofgerichts. In den §§ 1 ff. dieser Verordnung wurden Gliederung, Senate, Vorsitz, Haupt- und nebenamtliche Mitgliedschaft, Dienststrafverfahren, Versetzung in Ruhestand, Altersgrenze und Hilfsrichter des REG geregelt; mit zahlreichen Abänderungen fanden diese neuen Bestimmungen Aufnahme in den § 8 DVO. III, der wiederum den § 6 DVO. I abänderte.

332 Zur sofortigen Beschwerde vgl vertiefend Bergmann, Erbhofverfahren, S. 101 ff.; Boehr, DRpfl 1937, 142 ff.; Haegele, WürttZ 1937, 140 ff.; Haegele, RPflZ. 1937, 270; Hopp, DFG 1937, 26 ff.; Orthmann, RdRN 1935, 228 ff.; Vogels, DFG 1936, 7 ff.; Vogels, DJ 1934, 1236 ff.; Wöhrmann, JW 1934, 22196 ff.

333 Zur Entstehungsgeschichte des § 48 REG vgl. Art. II § 19 des REM-Entwurfs vom 19. September 1933, in: BArch R 3001/Akte 591, 87. Des Weiteren die Stellungnahme Darrés und Volkmars auf der Besprechung vom 21. September 1933, Protokoll Vogels'zur Besprechung am 21. Septmeber 1933, in: BArch R 3001/Akte 591, 93. § 40 des Entwurfs des RJM vom 23. September 1933, in: BArch R 3001/ Akte 591, 90.

334 Baumecker, 4. Auflage, § 48 REG, Rn. 2.

allerdings – wegen der Ähnlichkeit der gesetzlichen und vertraglichen Versorgungsansprüche – zu einer entsprechenden Angleichung der Rechtsmittelvorschriften berufen. So schlug das Reichsjustizministerium auf der Ressortbesprechung vom 14. Dezember 1938 die Einfügung eines § 23a EHVfO vor, nach dem gegen Entscheidungen des Anerbengerichts auf Grund des § 32 REG und § 36 EHRV eine sofortige Beschwerde an das Erbhofgericht dann zulässig sein sollte, wenn der Geschäftswert den Betrag von dreihundert Reichsmark überstieg oder die Sache grundsätzliche Bedeutung hatte.[335]

Zwar wandte Johae als Vertreter des Reichsernährungsministeriums dagegen ein, von einer Versperrung des Rechtsmittelzuges bei Streitigkeiten ganz abzusehen, da eine solche leicht unsozial wirken könne. Dem widersprachen jedoch die Vertreter des Reichsjustizministeriums, so dass zunächst keine Einigung zustande kam.[336] Auch mit einer Herabsetzung der Beschwerdesummen auf 200 bzw. 400 Reichsmark unabhängig von der Bedeutsamkeit der Sache, wie es Johae auf einer weiteren Besprechung am 27. Januar 1939 vorgeschlagen hatte, war das Reichsjustizministerium nicht einverstanden und beharrte auf der Schwelle von 300 Reichsmark.[337] Erst auf einer Unterredung zwischen Vogels und Johae am 24. Februar 1939 erklärte sich letzterer mit Beschwerdesummen von 300 und 600 Reichsmark einverstanden.[338]

Durch Verordnung vom 26. April 1939 wurde mithin die Bestimmung des § 23a EHVfO eingefügt und eine gleichmäßige Beschwerdebefugnis gegen Entscheidungen gemäß § 32 REG und § 36 EHRV festgesetzt. Eine Beschwerde war nur bei einer Beschwerdesumme über 300 RM bzw. – unabhängig davon, ob die Sache grundsätzliche Bedeutung hatte – bei einer Beschwerdesumme von über 600 RM zugelassen. Aufgehoben wurde die Bestimmung des § 23 a EHVfO schließlich durch § 53 Abs. 6 EHFV. Danach galt auch für erbhofrechtliche Versorgungsstreitigkeiten die allgemeine Regelung nach § 49 EHFV. Nach dieser Vorschrift wurde der Rechtsmittelzug für alle anerbengerichtlichen Entscheidungen in stark beschnittener Form vereinheitlicht.

Gemäß § 48 Abs. 2 REG konnte gegen Entscheidungen des Anerbengerichts, die es auf Grund der § 10, § 15 Abs. 3, § 18, § 21 Abs. 3, § 25, § 37 Abs. 2 REG getroffen hatte, auch vom Kreisbauernführer sofortige Beschwerde eingelegt werden. Der Kreisbauernführer sollte danach darüber „wachen, daß der Zweck des Gesetzes auch in den Einzelfällen erreicht und sichergestellt" wurde. In einer Stellung „wie der Staatsanwalt" sollte er „die Interessen des gesamten Bau-

335 Entwurf eines § 23 a EHVfO, in: BArch R 3001/22168, 249 f.
336 Vermerk zur Besprechung vom 14. Dezember 1938, in: BArch R 3001/22168, 252 f.
337 Vermerk zur Besprechung vom 27. Januar 1939, in: BArch R 3001/22168, 279, 283.
338 Vermerk zur Besprechung vom 24. Februar 1939, in: BArch R 3001/22168, 311.

ernstandes im Auge haben und eingreifen, wenn er diese durch eine Entscheidung einer Anerbenbehörde gefährdet" sah.[339]

Über die sofortige Beschwerde entschied das Erbhofgericht, § 48 Abs. 3 REG. Allerdings war anerkannt dass, obwohl das Gesetz ein solches Recht ausdrücklich nur dem Reichserbhofgericht zugewiesen hatte, das Erbhofgericht aus besonderen Gründen die Sache an das Anerbengericht zurückverweisen konnte.[340] Das Erbhofgericht prüfte die Sache in vollem Umfang und war nicht an den Beschwerdeantrag des Beschwerdeführers gebunden. Auch galt nach ganz h. M. das Verbot der „reformatio in peius" nicht,[341] was Baumecker folgendermaßen begründete:

„Die Prüfung durch die Anerbenbehörden ist angeordnet, um die Interessen des Volksganzen zu wahren. Um diese Prüfung im vollen Umfange durchführen zu können, ist der Amtsbetrieb eingeführt (...). Es würde dem Zweck des Reichserbhofgesetzes widersprechen, wenn man einer Partei den einmal erkämpften Erfolg auf Kosten des Volksganzen unter allen Umständen garantieren wollte. Obwohl daher für das Gebiet der freiwilligen Gerichtsbarkeit das Verbot der „reformatio in peius" anerkannt ist (...), gilt es nicht für das Verfahren vor den Anerbenbehörden (...)."[342]

VI. Die sofortige weitere Beschwerde

Mit der sofortigen Beschwerdemöglichkeit des § 48 REG korrespondierte die Regelung des § 49 REG hinsichtlich der sofortigen weiteren Beschwerde.[343] Gemäß § 49 Abs. 1 REG war die sofortige weitere Beschwerde gegen eine Entscheidung des Erbhofgerichts innerhalb von zwei Wochen möglich. Dem Landesbauernführer stand ein Beschwerderecht bzgl. der im § 48 Abs. 2 REG erwähnten Entscheidungen des Erbhofgerichts zu, § 49 Abs. 2 REG.[344]

---

339 Baumecker, 4. Auflage, § 48 REG, Rn. 37

340 Baumecker, 4. Auflage, § 48 REG, Rn. 40

341 So jedenfalls die ganz h. M., wie z. B Baumecker, 4. Auflage, § 48 REG, Rn. 41 und Hopp, RdRN 1934, 229. Zur Gegenansicht vgl. Stuttgart, JW 1934, 2263. Eine vermittelnde Ansicht vertrat Wöhrmann, 3. Auflage S. 278.

342 Baumecker, 4. Auflage, § 48 REG, Rn. 41.

343 Bergmann, Erbhofverfahren, S. 120 ff.

344 Zur Entstehungsgeschichte des § 49 REG, vgl. Art. II § 20 des REM-Entwurfs vom 19. September 1933, wonach der Landesbauernführer noch generell zur sofortigen weiteren Beschwerde hatte befugt sein sollen, Entwurf vom 19. September 1933, in: BArch R 3001/Akte 591, 87. Diese Beschwerdebefugnis des Landesbauernführers wurde gemäß § 49 Abs. 2 Satz 1 schließlich auf die im § 48 Abs. 2 REG vorgesehenen Fälle beschränkt, was auf § 41 des Entwurfs des RJM vom 23. September 1933, zurückging, in: BArch R 3001/Akte 591, 90. Diese Entwurfsvorschrift ging in § 48 der Kabinettsvorlage vom 25. September 1933 ein, Kabinettsvorlage, in: BArch R 3001/Akte 591, 92.

Das Reichserbhofgericht war hinsichtlich der Entscheidung über die weitere Beschwerde zuständig, § 49 Abs. 3 REG. Es konnte entweder in der Sache selbst entscheiden oder zu neuer Entscheidung an das Erbhofgericht, an ein anderes Erbhofgericht oder sogar an ein Anerbengericht zurückverweisen, § 25 EHVfO. Dabei war das Reichserbhofgericht kein reines Revisionsgericht, sondern es prüfte die Sache nicht nur in rechtlicher, sondern auch in tatsächlicher Hinsicht. Auch hier galt das Verbot der „reformatio in peius" nicht.[345]

345 Baumecker, 4. Auflage, § 49 REG, Rn. 6.

3. Kapitel: Der Erbhof

A. Allgemeines

Der Anknüpfungspunkt des Reichserbhofrechtes war der sogenannte Erbhof. Nur wenn ein solcher vorlag, griffen die Regelungen des Reichserbhofgesetzes. Zur Entstehung eines Erbhofes war grundsätzlich das Vorliegen bestimmter persönlicher und sachlicher Voraussetzungen erforderlich. Die persönlichen Voraussetzungen bezogen sich auf den Eigentümer eines Erbhofes. Dieser musste grundsätzlich die im 2. Abschnitt des Gesetzes geregelten Voraussetzungen der Bauernfähigkeit erfüllen.[346] Dagegen knüpften die sachlichen Erbhofvoraussetzungen am jeweiligen bäuerlichen Betrieb selbst an, der hinsichtlich Größe, Nutzungsform und rechtlicher Zuordnung bestimmten Erfordernissen genügen musste. Geregelt waren diese Voraussetzungen, von denen im Folgenden die Rede sein wird, im 1. Abschnitt des Gesetzes, § 1-10 REG.

Diese Verbindung persönlicher und sachlicher Voraussetzungen war im Vergleich zu den bisherigen Länderanerbengesetzen etwas grundsätzlich Neues und korrespondierte mit der von Darré propagierten Verbindung von „Blut und Boden". Sowohl der Eigentümer als auch der Hof selbst sollten die Voraussetzungen mitbringen, eine bäuerliche Sippe, also „das Blut", dauerhaft zu erhalten, damit diese ihrer völkischen Aufgabe als „Blutquelle" nachkommen konnte.

Kraft Gesetzes entstand ein Erbhof unmittelbar dann, wenn entweder zum Zeitpunkt des Inkrafttretens des Gesetzes selbst am 1. Oktober 1933 oder zu einem späteren Zeitpunkt[347] die Erbhofvoraussetzungen vorlagen. In Ausnahme vom Höchstgrenzenerfordernis des § 3 REG war aber auch die Entstehung eines Erbhofes durch ministerielle Zulassung möglich, § 5 Abs. 1 REG. Eine Eintragung in die Erbhöferolle war dagegen nicht erforderlich, da einer solchen gemäß § 1 Abs. 3 Satz 2 REG lediglich deklaratorische und keine rechtsbegründende Bedeutung zukam. Die Wirkungen des Reichserbhofgesetzes traten, wie bei den unmittelbaren Anerbengesetzen, bei Vorliegen der Erbhofvoraussetzungen kraft Gesetzes ein.[348]

---

346 Vgl. hierzu auch die Ausführungen im 4. Kapitel.

347 Z. B. wenn ein Bauer erst später die deutsche Staatsangehörigkeit erwarb.

348 Zu den sachlichen Erbhofvoraussetzungen vgl. vertiefend u.a. Gülland, JW 1934, 385; Hollje, DNotZ 1935, 20 ff.; Meyer, JR 1934, 256 ff.; Rötelmann, JW 1935, 587 f.; Sauer, RdRN 1936, 285 ff.; Tolle, JW 1934, 392 f.; Tolle, DJZ 1935, 215 ff.; Wieacker, DJZ 1936, 1330 ff.

B. Die sachlichen Erbhofvoraussetzungen

Gemäß § 1 REG war land- oder forstwirtschaftlich genutzter Grundbesitz dann Erbhof, wenn er im Alleineigentum einer bauernfähigen Person stand, nicht ständig verpachtet war und den Größenerfordernissen der §§ 2 und 3 REG entsprach.[349] Die im § 1 REG normierten sachlichen Voraussetzungen waren dabei nicht abschließend. So merkte Busse an:

„Der Begriff des Erbhofes erschöpft sich nicht darin, daß eine Reihe äußerlicher Voraussetzungen mehr oder weniger zufällig zusammentreffen, sondern gibt diesen äußeren Bestandteilen erst ihren Sinn, der sie zusammenbindet, und schließt dort, wo diese sinnerfüllte Einheit nicht wirklich ist, das Recht des Erbhofes aus."[350] Entsprechend wurde die Erbhofeigenschaft in der anerbengerichtlichen Praxis, trotz des eigentlichen Vorliegens der gesetzlichen Erbhofvoraussetzungen, fallweise verneint.[351]

I. Land- und forstwirtschaftlich genutztes Grundeigentum

1. Land- und forstwirtschaftliche Nutzung

Nur land- und forstwirtschaftlich genutztes Grundeigentum konnte Erbhof sein. Zur Landwirtschaft wurde dabei neben Ackerbau und damit verbundener Viehzucht auch Wiesen- und Weidewirtschaft, Wein-, Gemüse- und Obstbau sowie Fischerei und Imkerei gezählt.[352] Forstwirtschaftliche Bodennutzung lag bei jeder auf eine regelmäßige Gewinnung und Nutzung von Holz gerichteten Wirtschaftsweise vor. Abgelehnt wurde eine land- und forstwirtschaftliche Nutzung dann, wenn die Bewirtschaftung überwiegend gewerblichen Charakter hatte, da eine „kapitalistische" Wirtschaftsweise vom Reichserbhofrecht nicht geschützt werden sollte.[353] In der Praxis stellte sich diese Abgrenzung zwischen Landwirtschaft und Gewerbe jedoch als schwierig heraus.[354]

2. Die Behandlung nichtlandwirtschaftlicher Betriebsteile

Waren mit einem Erbhof bestimmte Nutzungsarten, wie z. B. Geflügelfarmen, Schweinemasten und Imkereien, oder gewerblich genutzte Betriebe, wie z. B.

---

349 § 1 REG ging in dieser Form auf einen Vorschlag des RJM zurück, den dieses im Entwurf vom 23. September 1933 unterbreitet hatte, in: BArch R 3001/Akte 591, 90. Die Bestimmung wurde daraufhin in die Kabinettsvorlage vom 25. September 1933 aufgenommen, in: BArch R 3001/Akte 591, 92.

350 Busse, Volksordnung, S. 33 f.

351 Wie z. B. bei der Verbindung des landwirtschaftlichen Betriebs mit einem Gewerbe oder bei „nicht lauterem" Erwerb landwirtschaftlicher Nutzflächen.

352 Baumecker, 4. Auflage, § 1 REG, Rn. 5.

353 Gülland, Reichserbhofrecht, S. 18.

354 Vgl. hierzu Baumecker, 4. Auflage, § 1 REG, Rnrn. 8-18.

Gastwirtschaften, Sägewerke oder Brennereien verbunden, stellte sich die Frage, ob diese Betriebe bzw. Nutzungsarten zu einem Teil des Erbhofes werden konnten bzw. ob und inwieweit sich diese Verbindung auf die Erbhofeigenschaft des landwirtschaftlichen Betriebsteils auswirkten. In Rechtsprechung und Rechtswissenschaft wurde bezüglich dieser Abgrenzung in der Folge zwischen Nebenbetrieben, Doppelbetrieben und gemischten Betrieben unterschieden, wobei eine Grenzziehung häufig schwierig war:

Ein Nebenbetrieb wurde angenommen, wenn eine enge wirtschaftliche Verflechtung eines nichtlandwirtschaftlichen Betriebsteils mit der Land- und Forstwirtschaft bestand und dieser in einem untergeordneten bzw. dienenden Verhältnis zum Haupthof stand.[355] Solche Nebenbetriebe waren grundsätzlich Teil des Erbhofs und wurden bei der Beurteilung der Erbhofeigenschaft (z. B. bei der Berechnung der Ackernahrung) berücksichtigt.

Bei starker gewerblicher Ausdehnung und Selbständigkeit des Nebenbetriebs konnte ein Doppelbetrieb entstehen. Ein solcher lag vor, wenn zwei Wirtschaftseinheiten gegeben waren, zwischen denen keine organische Verbindung bestand und die sich auch räumlich trennen ließen, insbesondere wenn die Einheiten nicht aufeinander angewiesen waren und sie sich nicht gegenseitig ergänzten.[356] Der nichtlandwirtschaftliche Betrieb war dann nicht (mehr) Teil des Erbhofes. Die einmal entstandene Erbhofeigenschaft eines landwirtschaftlichen Hauptbetriebes konnte durch das Auswachsen des Nebenbetriebs jedoch nicht verloren gehen.[357]

Umstritten war die Frage der Erbhofeigenschaft bei sogenannten gemischten Betrieben, bei denen zwei Betriebsteile untrennbar „räumlich und wirtschaftlich zu einem organischen Ganzen verbunden" waren.[358] Dieses war z. B. bei Gastwirtschaften, Brauereien, Brennereien und Saatzuchtbetrieben der Fall.[359] Gülland ging davon aus, dass das Vorhandensein eines gemischten Betriebes die Erbhofeigenschaft des landwirtschaftlichen Teils nicht beeinflusste, „selbst wenn der Gewerbebetrieb die Haupteinnahmequelle" bildete.[360] Baumecker

---

355 Fallgruppen des Nebenbetriebs waren z. B. Schweinemastanlagen und Geflügelfarmen, die dann zum Erbhof gehörten, wenn sie überwiegend Eigenerzeugnisse des Hofes verwerteten und nicht erheblich zukauften. Des Weiteren gehörten Verarbeitungsbetriebe wie Käsereien, Brennereien, Molkereien, Zucker- und Stärkefabriken und Sägewerke hierzu. Des Weiteren Substanzbetriebe, wie Ziegeleien oder Steinbrüche und für den Hof arbeitende Betriebe, vgl. Saure, 6. Auflage, S. 18.

356 Neben dem landwirtschaftlichen Betrieb konnte dann z. B. eine Bäckerei, ein Elektrizitätswerk, ein Getreidehandel oder eine Mühle bestehen, vgl. Baumecker, 4. Auflage, § 1 REG, Rnrn. 27 f.

357 EHG Nürnberg, JW 1937, 1582.

358 Stoll/Baur, S. 49.

359 Zu weiteren Entscheidungen siehe Baumecker, 4. Auflage, § 1 REG, Rn. 25.

360 Gülland, Reichserbhofrecht, S. 18 f.

nahm dagegen an, dass die Entscheidung, ob ein Erbhof vorlag, abhängig von der Frage war, welcher Tätigkeitszweig „dem ganzen Betrieb seinen Charakter" verlieh.[361] Gemischte Betriebe waren damit nur dann Erbhöfe, wenn der landwirtschaftliche Betriebsteil überwog. Überwog der gewerbliche Teil, so war der gesamte Hof nicht Erbhof.[362]

II. Alleineigentum einer bauernfähigen Person

Nach § 1 Abs. 1 Nr. 2 REG, der durch den § 17 REG ergänzt wurde, musste sich ein Erbhof grundsätzlich im Alleineigentum einer bauernfähigen Person befinden. Der Erbhof durfte somit weder im Miteigentum bzw. Gesamthandseigentum mehrerer Personen noch im Eigentum einer juristischen Person stehen.[363]

1. Erbhofeigenschaft von Erbpacht- und Lehnbauerngütern

Ursprünglich nicht erfasst vom Anwendungsbereich des Reichserbhofgesetzes wurden damit Erbpachtgüter und Lehnbauerngüter, da diese nicht die Erbhofvoraussetzung des Alleineigentums nach § 1 Abs. 1 Ziffer 2 REG erfüllten.[364] Die vor allem in Mecklenburg weit verbreiteten Erpachtgüter waren landwirtschaftlich genutzte Grundstücke mit geteiltem Eigentum, die sich als Reste der grundherrlichen Agrarverfassung erhalten hatten.[365] Sie zeichneten sich dadurch aus, dass der Bauer formalrechtlich nur Nutzeigentümer des Hofes war, das Obereigentum jedoch weiterhin dem Grundherrn zustand.[366] In Preußen gab es hingegen nur noch vereinzelt Erbpachtgüter, wobei den Hauptfall die friesischen Fehnkolonien darstellten, die im Obereigentum von Fehngesellschaften standen.[367]

Bei den Lehnbauerngütern, zu denen insbesondere die ritterschaftlichen Lehngüter zählten, gestalteten sich die Eigentumsverhältnisse wie bei den Erbpachtgütern: Auch hier bestand Unter- und Obereigentum, der Unterschied zu

---

361 Baumecker, 3. Auflage, S. 24.

362 Saure verlangte zusätzlich, dass der landwirtschaftliche Teil eine Ackernahrung darstellte, Saure, 6. Auflage, S. 18. Baumecker verneinte dieses, seiner Ansicht nach war eine Zerlegung des Betriebes, da dieser eine organisch gewachsene Gesamtheit darstellte, nicht erforderlich, Baumecker, 4. Auflage, § 1 REG, Rn. 22.

363 Zur Frage des Alleineigentumserfordernisses vgl. die Darstellung im 6. Kapitel.

364 Zur Frage der Behandlung der Erbpachtgüter und Lehnbauerngüter vgl. vertiefend Johae, RdRN 1934, 385 sowie Strutz, RdRN 1938, 546 ff.

365 Wagemann/Hopp, 3. Auflage, S. 440.

366 Thormann, RdRN 1934, 226; vgl. auch die kurze Darstellung „über das Wesen des Erbpachtrechtes" des Mecklenburg-Schwerinischen Staatsministeriums, an Vogels mit Schreiben vom 9. Oktober 1933 übersandt, in: BArch R 3001/Akte 592, 60.

367 Richter, RdRN 1934, 95 f.; vgl. bezüglich der Problematik des Generations-Pachtrechts in Westfalen den Vermerk in den Akten des RJM, in: BArch R 3001/ 22167, 118-120.

den Erbpachtgütern bestand lediglich in der Person des Verleihers und in der einzelnen Ausgestaltung der Rechte und Pflichten des Lehnbauern gegenüber seinem Lehnsherrn.[368]

§ 60 Abs. 2 REG ließ nun zwar ausdrücklich die landesrechtlichen Vorschriften über das Anerbenrecht bei Erbpachtgütern bestehen. Dennoch wurde die Tatsache, dass die im geteilten Eigentum stehenden bäuerlichen Betriebe nicht den Regeln des Reichserbhofgesetzes unterstanden, als Missstand empfunden. So wies das Mecklenburg-Schwerinische Justizministerium in einem Schreiben vom 1. November 1933 den Reichsminister der Justiz darauf hin, dass in Mecklenburg-Schwerin nur eine geringe Zahl von bäuerlichen Besitzstellen unter das Reichserbhofgesetz“ falle, da sich die große Mehrzahl der Betriebe in Erbpacht befände. Darüber hinaus gebe es in Mecklenburg-Schwerin noch andere Arten bäuerlicher Nutzungsrechte, welchen der Eigentumscharakter im Sinne des Reichserbhofgesetzes fehle. Das Mecklenburg-Schwerinische Justizministerium schlug daher vor, das Obereigentum an diesen Grundstücken auf den bisherigen Nutzeigentümer zu übertragen und legte einen entsprechenden Entwurf einer Bestimmung vor.[369]

Das Reichsjustizministerium, das bereits vorher dem Reichsernährungsministerium einen in die gleiche Richtung gehenden Vorschlag unterbreitet hatte,[370] griff diese Anregung aus Schwerin dann auf.[371] Durch § 27 DVO. II wurden Erbpacht- und Lehnbauerngüter mit Wirkung ab dem 21. Dezember 1933 trotz des nicht bestehenden Alleineigentums für erbhoffähig erklärt, wenn oder sobald die sonstigen Erbhofvoraussetzungen vorlagen. Darüber hinaus schuf § 27 Abs. 2, Abs. 3 DVO. II „eine reichsrechtliche Grundlage für die endgültige Bereinigung der im einzelnen außerordentlich verschieden gestalteten Rechtsverhältnisse in der Richtung auf eine dem ursprünglichen Freibauerntum entsprechende Gestaltung.“[372] Die Landesgesetzgeber wurden ermächtigt, mit Zustimmung des Reichsjustizministeriums und des Reichsernährungsministeriums die Umwandlung des Nutzungseigentums in freies Eigentum zu bestimmen und weitere damit im Zusammenhang stehende Regelungen zu treffen. Mecklenburg

---

368 Baumecker, 4. Auflage, § 45 EHRV, Rn. 2 f.

369 Schreiben des Mecklenburg-Schwerinschen Justizministeriums an den Reichsminister der Justiz vom 1. November 1933, in: BArch R 3001/Akte 592, 62. Der Entwurf findet sich in: BArch R 3001/Akte 592, 63 f.

370 § 5 des Entwurfs des RJM zur DVO. II, dem REM übersandt mit Schreiben vom 30. Oktober 1933, in: BArch R 3001/Akte 592, 48.

371 § 14 des Entwurfs des RJM zur DVO. II vom 16. November 1933, in: BArch R 3001/ Akte 593, 55 f. Diese Regelung fand allerdings noch nicht auf Lehnbauerngüter Anwendung. Erst § 20 Abs. 5 des Entwurfs des RJM zur DVO. II vom 24. November 1933 dehnte im Abs. 5 die Vorschrift auch auf Lehnbauerngüter aus, Entwurf vom 24. November 1933, in: BArch R 3001/Akte 593, 101.

372 Wagemann/Hopp, EHRV und EHVfO, § 45 EHRV, S. 120.

machte von dieser Ermächtigung mit einem Gesetz vom 11. August 1934[373] Gebrauch. Die Bestimmung des § 27 DVO. II ging später – leicht modifiziert – in § 45 EHRV auf.[374]

2. Erbhofeigenschaft von Vorerbschaftsbesitzungen

Vor Inkrafttreten der Erbhofrechtsverordnung hatte ein Streitstand hinsichtlich der Frage bestanden, ob eine Besitzung Erbhof sein konnte, die teilweise in unbeschränktem Eigentum und teilweise im Vorerbschaftseigentum stand. Während einige die Ansicht vertraten, dass die verschiedenen „Eigentumsarten" des Vorerben an seiner Besitzung nicht als Hindernis zur Entstehung eines Erbhofes anzusehen seien,[375] verneinten andere dieses und sahen Vorerbschaftseigentum als nicht ausreichend an.[376]

Zur gesetzlichen Lösung dieses Meinungsstreites schlug das Reichsjustizministerium im Rahmen seines Entwurfs einer Erbhofergänzungsverordnung vom 1. Juli 1936 eine Lösung dahingehend vor, dass der Entstehung eines Erbhofes nicht entgegenstehen sollte, wenn eine Besitzung am 1. Oktober 1933 dem Eigentümer sowohl zum Teil als Volleigentümer als auch zum Teil als Vorerbe gehört hatte. Erreichte der Wert des Teils der Besitzung, welcher dem Eigentümer bereits beim Anfall der Vorerbschaft gehört hatte, mindestens die Hälfte des Wertes der ganzen Besitzung, so richtete sich die Anerbenfolge nach der Person des Eigentümers. Mit Zustimmung des Anerbengerichts konnte dieser aber auch eine Person zum Anerben bestimmen, die nach dem Reichserbhofgesetz zum Anerben des ursprünglichen Erblassers hätte bestimmt werden können. Erreichte der Anteil des Alleineigentums bei Anfall der Vollerbschaft den Wert des zur Vorerbschaft gehörenden Teils der Besitzung nicht, so richtete sich die Anerbenfolge nach den ebenfalls vorgeschlagenen Regelungen über die Vorerbschaft.[377]

---

373 RGBl. für Mecklenburg, 1934, S. 299.

374 Die Bestimmungen des § 27 Abs. 2 und 3 DVO. II wurden im § 45 Abs. 2 EHRV zusammengefasst. § 45 Abs. 2 EHRV schuf für entsprechende weitere landesgesetzliche Maßnahmen eine verbreiterte reichsrechtliche Grundlage. Mit § 45 Abs. 2 Nr. 2 EHRV gab es eine allgemeine Regelung sämtlicher auf dem bisherigen Erbpachtverhältnis beruhenden Beziehungen zwischen Obereigentümer und Erbpächter. § 45 Abs. 2 Nr. 3 EHRV enthielt eine neue Vorschrift, die dem § 2 Abs. 2 des Schuldenregelungsgesetz vom 1. Juni 1933 und dem § 17 des Reichsheimstätten-gesetzes vom 10. Mai 1920 nachgebildet war, vgl. Wagemann/Hopp, EHRV und EHVfO, S. 120 f. § 45 EHRV entsprach im Wesentlichen § 45 des RJM-Entwurfs einer Erbhofergänzungsverordnung vom 1. Juli 1936, in: BArch R 3001/22197, 245 f.; vgl. auch § 45 des RJM-Entwurfs von Mitte November 1936, in: BArch R 3001/22198, 178 f.

375 Baumecker, 3. Auflage, S. 545; Busse, RdRN 1935, 492 ff.; Vogels, DJZ 1935, 283.

376 Dölle, DJZ 1935, 156; LEG Celle, JW 1935, 1699.

377 § 52 des Entwurfs vom 1. Juli 1936, in: BArch R 3001/22197, 231-248.

Das Reichsernährungsministerium begrüßte diesen Vorschlag des Reichsjustizministeriums im Schreiben vom 28. Juli 1936 ausdrücklich als geeigneten „Ausgangspunkt für die gesetzliche Regelung dieser Frage". Es regte jedoch auch eine Ergänzung der vom Reichsjustizministerium vorgeschlagenen Bestimmung an. Danach sollte nach dem Inkrafttreten der Verordnung ein Hof, der dem Eigentümer teils als Volleigentümer, teils als Vorerben gehörte, nur insoweit Erbhof werden, als es sich bei diesem bereits bei Eintritt des Vorerbfalls um eine wirtschaftliche Einheit gehandelt hatte. Hiernach sollte sich dann auch die Erbfolge richten. Auch sollte ein nachträglicher Grundstückszuerwerb nicht automatisch kraft Gesetzes dem Erbhof zufallen, allerdings auf Antrag des Eigentümers einbezogen werden können.[378]

Das Reichsernährungsministerium konnte sich mit seinen ergänzenden Vorstellungen jedoch nicht durchsetzen. Das Reichsjustizministerium legte Mitte November 1936 den Entwurf einer Bestimmung vor, die unverändert in die Erbhofrechtsverordnung einging und die lediglich noch auf die Regelung des Falles abzielte, in dem die Nacherbfolge vor dem Tode des Vorerbschafts- und Volleigentümers stattfand. Nach dem Vorschlag des Reichsjustizministeriums sollte in diesen Fällen das Anerbengericht dem Eigentümer auf dessen Antrag hin die Verwaltung und Nutznießung des Erbhofs zusprechen können, und zwar auch über das fünfundzwanzigste Lebensjahr des Anerben hinaus.[379] Dieser Vorschlag ging wortwörtlich in § 52 EHRV auf.

III. Die Dauerhaftigkeit der Verpachtung

1. Zweck

Gemäß § 1 Abs. 2 REG konnten Höfe, die ständig durch Verpachtung genutzt wurden, nicht zu Erbhöfen werden. Dieser Bestimmung lag zum einen die Vorstellung zugrunde,dass die Eigenschaft als Pachthof der Idee der dauerhaften und unlösbaren Verbindung von „Blut und Boden" widersprach. Grundsätzlich lag „nur der mit dem Boden verwachsene Bauer in der Zweckrichtung des Gesetzgebers."[380] Busse machte den Versuch, diesen Ausschluss der Pachtbetriebe aus einer rechtsstiftenden bäuerlichen Lebensordnung herzuleiten:

„Der Acker kann zwar jährlich eine Ernte bringen, aber wie die Erfahrung aller Pachtverhältnisse lehrt, erweist sich beim Acker die dauernde Beziehung desselben Nutzungsberechtigten zum selben Boden für die Pflege der Bodenfruchtbarkeit und dadurch für den Ertrag als die günstigste Form. So weisen die natürlichen Lebensbedingungen des Ackers selber auf die Rechtsformen hin, in denen der Bauer sich mit ihm verbinden kann. Das bäuerliche Denken ist darauf

378 Stellungnahme des REM zu § 52 des Entwurfs, in: BArch R 3001/22197, 439-443.

379 § 52 des Entwurfs des RJM vom November 1936, in: BArch R 3001/22198, 184 f.

380 Baumecker, 3. Auflage, S. 30.

gerichtet, die Formen, die im Einklang mit den natürlichen Gesetzen stehen, als Recht zu gestalten. So verbündet sich der Bauer durch eine sinnvolle Ordnung mit den Kräften der Natur selbst, um ihr Wachstum zu fördern und das natürliche Leben, das er vorfindet, durch Auslese und Zucht zu einem Höchstmaß von Gesamtleistung zu steigern."[381]

Zum anderen wurde es als „vom Standpunkt der Volksgemeinschaft aus nicht gerade ideal" angesehen, wenn „ein verpachteter Betrieb, der nur der Erzielung von Einnahmen diente, zum Erbhof des Verpächters gemacht" wurde, da es nicht im Interesse des Gesetzgebers lag, Eigentümer, die keine Bauern waren, zu Bauern zu machen.[382] Insbesondere sollte die Bestimmung des § 1 Abs. 2 REG verhindern, dass ständig verpachtete Bauernhöfe, die zum Beispiel in großer Zahl zu einem Fideikommiss gehörten, zu Erbhöfen wurden; denn dieses konnte im Erbfall dazu führen, dass dann die große Zahl verpachteter Erbhöfe gemäß § 23 REG an zahlreiche verschiedene Personen fiel.[383]

2. *Dauerhaftigkeit der Verpachtung*

Als schwierig stellte sich auch die Grenzziehung hinsichtlich der Frage heraus, wann von einer ständigen Verpachtung eines Hofes im Sinne des § 1 Abs. 2 REG gesprochen werden konnte. Im Ergebnis entwickelte sich zusätzlich zum Erfordernis einer objektiv langjährigen und möglicherweise ja gerechtfertigten Verpachtung ein subjektives Erfordernis heraus, nach dem der persönliche Wille des Eigentümers zur Beurteilung der Frage der „Ständigkeit" berücksichtigt werden sollte.[384] So ging die Rechtsprechung von ständiger Verpachtung zum Beispiel dann aus, wenn der Eigentümer diese vorgenommen hatte, weil ihm der Hof innerlich fremd geworden war, weil er „für sich und seine Familie die Verbundenheit mit der Scholle aufgeben wollte".[385] Solange aber noch von einer „bauernmäßigen" Verbundenheit des Eigentümers mit dem Hof gesprochen werden konnte, lag kein Pachthof vor.

---

381 Busse, Volksordnung, S. 36.

382 Protokoll von Vogels' Vortrag „Das Erbhofrecht und seine Anwendung in der Praxis", gehalten auf der fachwissenschaftlichen Woche für Justizbeamte vom 7. - 12. Oktober 1935, in: BArch R 3001/22165, 185-211, 194.

383 Protokoll von Vogels' Vortrag, gehalten im „Verein für das Notariat in Rheinpreussen" am 22. Oktober 1933 in Köln, in: BArch R 3001/Akte 593, 7 ff.

384 Baumecker, 4. Auflage, S. 135.

385 REHGE 1, 48.

IV. Schollenverbundenheit des Eigentümers. Lauterer Erwerb

Mit der Zeit kristallisierte sich heraus, dass die vom Gesetzgeber aufgestellten sachlichen Erbhofvoraussetzungen nicht abschließend waren.[386] Insbesondere wurde zusätzlich eine gewisse – vom Gesetz nicht ausdrücklich erwähnte – Schollenverbundenheit des Eigentümers mit dem Boden verlangt.[387] An einer solchen sollte es z. B. dann mangeln, wenn jemand den Hof lediglich zu Spekulationszwecken erworben hatte, „und die Eigentümer nicht die Absicht hatten, den Hof je in Eigenbewirtschaftung zu nehmen."[388]

Dieses entsprach der Vorstellung der NS-Agrarideologie von einem mit dem Boden fest verwurzelten Bauerntum. Der Boden sollte „als heiliges Gut" grundsätzlich der „reinen Gewinnerzielungsabsicht" entzogen sein: „Eine lebendige, dauerhafte Verbindung mit Grund und Boden, eine bäuerliche Einstellung muß den Bauern auszeichnen. Fehlen diese Eigenschaften, so kann der ‚Adel der Erbhofeigenschaft' (REHG 3, 467) dem Hof nicht zukommen." Ein Erbhof lag daher nicht vor, wenn eine erbhoffähige landwirtschaftliche Besitzung zwar im Eigentum einer bauernfähigen Person stand, jedoch lediglich „zu Spekulationszwecken oder Verpachtung" dienen sollte.[389] Daneben bestand als eine weitere ungeschriebene Voraussetzung der lautere Erwerb des Erbhofes: Grundsätzlich war zwar die Erbhofeigenschaft unabhängig davon, von wem und wie der Bauer den Hof erworben hatte. Es war allein wesentlich, dass der Erwerb rechtsgültig war. Da aber „die Erbhöfe (...) als Träger besonderer wirtschaftlicher und ideeller Aufgaben aus der Masse des landwirtschaftlichen Grundbesitzes herausgehoben" waren, sollten sie „dieser Sonderstellung nur dann würdig sein, wenn sie auf saubere Weise erworben" worden waren.[390]

V. Die Mindestgröße des Erbhofes

1. Die Größenerfordernisse

„Es soll auf eine gesunde Verteilung der landwirtschaftlichen Besitzgrößen hingewirkt werden, da eine große Anzahl lebensfähiger kleiner und mittlerer Bauernhöfe, möglichst gleichmäßig über das ganze Land verteilt, die beste Gewähr für die Gesunderhaltung von Volk und Staat bildet." Diese agrarpolitische Zielvorgabe des Gesetzesvorspruchs, die im grundsätzlichen Einklang mit den Forderungen der traditionellen Agrarverbände stand,[391] wurde in den §§ 2-5 des Ge-

---

386 Baumecker, 3. Auflage, S. 26.
387 Stoll/Baur, S. 50 f.
388 Baumecker, 3. Auflage, S. 26.
389 Stoll/Baur, S. 51.
390 Stoll/Baur. S. 50.
391 Münkel, VfZ 1996, 552.

setzes ausgefüllt: Grundsätzlich sollte ein Erbhof mindestens die Größe einer Ackernahrung haben, § 2 Abs. 1 REG, durfte gleichzeitig aber auch nicht größer als 125 ha sein, § 3 Abs. 1 REG.[392] Erfüllte ein landwirtschaftlicher Betrieb diese Voraussetzungen nicht, war das Reichserbhofrecht nicht anwendbar. Außerdem entbehrten diese Betriebe eines anerbenrechtlichen Schutzes, da die landesgesetzlichen Vorschriften über das Anerbenrecht gemäß § 60 Abs. 1 REG außer Kraft gesetzt wurden. Somit unterlagen sie dem allgemeinen BGB-Erbrecht. Für größeren Grundbesitz bestand allerdings die Möglichkeit, die Erbhofeigenschaft durch Teilung gemäß § 4 REG bzw. durch besondere Zulassung gemäß § 5 REG zu erlangen.

2. *Der Begriff der Ackernahrung*

§ 2 REG stellte das Ackernahrungserfordernis auf. Danach musste die Besitzung so groß sein, dass eine Familie unabhängig vom Markt und der allgemeinen Wirtschaftslage durch den Hof ernährt und bekleidet und gleichzeitig der Wirtschaftsablauf des Erbhofs erhalten werden konnte, § 2 Abs. 2 REG. Nach dem Willen des Gesetzgebers sollte diese Mindestgröße die Gewähr dafür bieten, dass der Hof der Stammsitz der Familie blieb. Im Gegensatz zu den meisten bisherigen Länderanerbengesetzen war das Ackernahrungserfordernis des Reichserbhofgesetzes an der jeweiligen dauerhaften Leistungsfähigkeit des Betriebes festgemacht.[393] Die das Ackernahrungserfordnis festschreibende Bestimmung des § 2 REG wurde daher als „funktionale Norm" bezeichnet.[394] Auch trat im Erfordernis, dass ein Erbhof „ein Bauerngeschlecht" unabhängig von der Marktlage zu tragen in der Lage sein musste, deutlich das auf potentielle Autarkie ausgerichtete Agrarkonzept der Nationalsozialisten zu Tage.

Zur rechtshistorischen Begründung des Ackernahrungserfordernisses griff man teilweise, wie zum Beispiel Gülland, auf „Überlieferungen aus grauer Vorzeit" zurück: „Bei den Germanen wurde die zugeteilte Bodeneinheit danach bemessen, die Sippe zu erhalten; diese bildete die Urzelle der gesamten Organisa-

---

392 Vertiefend zur Frage der Mindestgröße von Erbhöfen vgl. Bode, JW 1933, 2611 f.; Kahlke, DJ 1934, 1008; Pfleiderer, WürttZ 1934, 65 ff.

393 Dennoch hatte der Begriff der Ackernahrung, auch wenn Darré für sich in Anspruch nahm, diesen selbst erfunden zu haben, auch schon in früheren Anerbengesetzen, wie z. B. in dem österreichischen Anerbengesetz oder in der Westfälische Anerbenordnung, bei der der Hof eine „selbständige Nahrungsstelle bilden musste, Anwendung gefunden. Die Brandenburgische Landgüterrolle wiederum hatte eine bestimmte Größe bzw. einen gewissen Reinertrag gefordert, ebenso wie § 1 des Schaumburg-Lippischen Anerbenrechts vom 24. März 1924, das eine Mindestgröße von einem halben Hektar verlangt hatte. § 1 des Hannoverschen Höfegesetzes hatte wiederum keinerlei Mindestgröße gefordert, vielmehr konnte hiernach jede landwirtschaftliche Besitzung mit einem Wohnhaus in der Höferolle eingetragen werden, vgl. Quirll, S. 15.

394 Gülland, Reichserbhofrecht, S. 10.

tion des germanischen Staates, insbesondere die Grundlage der militärischen Zehntschaft. Diese Bodeneinheit hieß ‚Hufe', ‚Los', ‚Wohnland' oder ‚Pflugland'."[395] Aber man bediente sich auch hier wieder der agrarpolitischen Vorstellungen Ernst Moritz Arndts, indem man an dessen Definition eines Bauerngutes anknüpfte: „Unter einem Bauerngut oder Bauernhof verstehe ich einen solchen, der durch seinen Ertrag keinen Herrn ernähren kann, sondern wo Fleiß, Arbeitsamkeit und Mäßigkeit durchaus notwendig sind, wenn sein Besitzer nicht zum Bettler werden will."[396]

Diese recht allgemein gehaltene staatspolitische Zweckbestimmung Arndtscher Bauernpolitik, die darauf abzielte, „die besten Menschen" für ein Land zu erzeugen[397] lenkte die NS-Agrarpolitik in eine rassisch-völkische Richtung ab, indem sie dem Bauerntum die Funktion der „Blutquelle des Volkes" zuwies.

In der Definition der Ackernahrung des § 2 Abs. 2 REG, die aus dem Darréschen Ausgangsentwurf vom 19. September 1933 nahezu unverändert in die spätere Gesetzesfassung einfloss,[398] kam dann auch eine grundsätzlich andere agrarpolitische Auffassung zum Ausdruck: Durch die Einführung der Marktordnung im Rahmen des Reichsnährstandsgesetzes war der Einfluss von Marktschwankungen auf die Agrarproduktion des Bauern beseitigt worden. Aus dieser neuen Gestaltung der Agrarpolitik zog man für die Ackernahrung die Konsequenz, dass auch diese sich an der neuen Agrarpolitik auszurichten habe. Vogels äußerte hierzu: „Es genügt nicht, dass ein Betrieb für den Augenblick Ertrag aufbringt, etwa weil er Gemüse zieht, das gerade besonders geht; z. B. Blumenkohl, Tomaten oder sonst etwas, weil zu diesem Zeitpunkt die Wirtschaftslage in diesem einen besonderen Erzeugnis für ihn günstig ist. Ackernahrung ist vielmehr diejenige Menge des Bodens, die erforderlich ist, um unabhängig von der Marktlage eine Familie zu ernähren. Also es muss aus dem Hof auch unter schlechten Verhältnissen so viel herausgewirtschaftet werden können, dass der Hof sich durch Generationen hindurch als die Unterlage einer normalen bäuerlichen Familie erhalten kann."[399]

---

395 Gülland, Reichserbhofrecht, S. 21.

396 Arndt, zitiert nach Gülland, Reichserbhofrecht, S. 4.

397 Arndt, zitiert nach Gülland, Reichserbhofrecht, S. 5.

398 Art. II § 1 Abs. 2 des REM-Entwurfs vom 19. September 1933, in: BArch R 3001/Akte 591, 87. Diese Fassung wurde durch den Entwurf des RJM vom 23. September 1933 nochmals leicht abgeändert, in: BArch R 3001/Akte 591, 90. Diese korrigierte Version ging dann wortgetreu in den späteren Gesetzeswortlaut ein, vgl. Kabinettsvorlage von REM und RJM vom 25. September 1933, in: BArch R 3001/Akte 591, 92.

399 Protokoll des Vortrags von Vogels im „Verein für das Notariat in Rheinpreussen" (S. 15 f.), gehalten am 22. Oktober 1933 in Köln, in: BArch R 3001/Akte 593, 21 f.

3. *Die Bestimmung der Ackernahrung*

Durch das Fehlen einer zahlenmäßig genau bestimmten Erbhofmindestgröße musste es bei der Anwendung des ausfüllungsbedürftigen Begriffs der Ackernahrung zwangsläufig zu Schwierigkeiten kommen. Rechtsprechung und Wissenschaft hatten erst herauszubilden, ab welcher Größe eines Betriebes überhaupt von einer Ackernahrung gesprochen werden konnte und welche Faktoren zur entsprechenden Beurteilung berücksichtigt werden sollten.

Zwar gab § 34 Abs. 1 DVO. I. mit der 7,5 ha-Grenze einen Orientierungspunkt. Diese Bestimmung hatte jedoch lediglich formellrechtliche Auswirkungen. Nach ihr sollten die Gemeindevorsteher zur Anlegung der Erbhöferolle zunächst ein Verzeichnis der in ihrem Bezirk gelegenen land- und forstwirtschaftlichen Besitzungen aufstellen, deren Umfang mindestens 7,5 ha betrug. Diese 7,5 ha – ca. 30 preußische Morgen – waren aber lediglich „ein roher Masstab für die an die Gemeindevorsteher zu gebenden Weisungen für die Aufstellung der Höferolle“, und nicht bindend für die Erbhofeigenschaft. Die Entscheidung darüber, ob tatsächlich eine Ackernahrung vorlag, oblag letztendlich den Anerbengerichten.[400] Eine Fixierung auf die 7,5 ha-Grenze hätte im Übrigen dazu geführt, dass wegen der großen regionalen Unterschiede in Klima und Bodengüte zum einen Höfe, die keine Ackernahrung bildeten, zu Erbhöfen geworden wären; zum anderen wären kleine, aber leistungsfähige Betriebe vom Erbhofrecht ausgenommen gewesen. Dies hätte der Zweckrichtung des Ackernahrungsbegriffs gerade widersprochen. Das Fehlen von ausreichenden Anhaltspunkten zur Beurteilung der Ackernahrung führte somit zunächst zu einer gewissen Unsicherheit bei der Anwendung der Regelung. In einem Schreiben des Hessischen Staatsministeriums vom 8. Dezember 1933 an das Reichsjustizministerium hieß es im Zusammenhang mit von hessischen Gerichten vorgetragenen Fragen hierzu:

„Man ist im Zweifel, welche Durchschnittsgröße der ‚Familie' im Sinne des § 2 Abs. 2 des Gesetzes zu Grunde zu legen sein wird; um die Feststellung der ‚notwendigen Menge Landes' im Sinne der gleichen Bestimmung zu erleichtern, wird verschiedentlich vorgeschlagen, entweder eine allgemeine Mindestgröße des Landes zwingend vorzuschreiben oder Ertragsklassen zu bilden und die Mindestgröße hiernach verschieden festzusetzen. Man weist darauf hin, daß bei der gegenwärtigen Rechtslage die Entscheidung über die Erbhofeigenschaft in erster Linie vom Ermessen der Bürgermeistereien als der untersten Verwaltungsbehörde abhänge und daß ohne nähere Regelung des Begriffs der Acker-

400 So Vogels auf der Besprechung im Sitzungssal des RJM am 4. November 1933, das Protokoll hierzu findet sich in: BArch R 3001/Akte 592, 112.

nahrung die einheitliche Durchführung des Gesetzes nicht gewährleistet erscheine.“[401]

Zum Teil kam es auch dazu, dass die Anerbengerichte ihren Beurteilungsspielraum hinsichtlich des Vorliegens einer Ackernahrung so sehr praxisnah, d. h. im Interesse der Bauern, ausübten, dass Höfe, obwohl eine Ackernahrung darstellend, ganz bewusst dem Anwendungsbereich des Gesetzes entzogen wurden. Dieses war anscheinend insbesondere in den Gebieten traditioneller Realteilung der Fall, in denen das Reichserbhofgesetz durch die Anordnung des zwingenden Anerbenrechts besonders tief in die gewachsene Agrarstruktur eingriff. So war in einem Schreiben des rheinländischen Notars Busz im November 1933 vom „Versuch der Sabotage durch die Anerbenrichter“ die Rede: „Man will unter der unzutreffenden Begründung der Höhenlage, unter den Begriff der Ackernahrung ‚die notwendig ist...den Wirtschaftsablauf des Erbhofes zu erhalten’ nur Höfe einrechnen, welche mindestens 50 Morgen unter dem Pflug (Acker und Viehweide) haben, unter Ausschluss der Holzung.“[402]

Zwar bildeten sich im Lauf der Zeit bestimmte ackernahrungsbegründende Faktoren heraus. So spielten naturgemäß ortsbedingte Gegebenheiten, wie Klima, Bodengüte und Lage eine entscheidende Rolle für die Beurteilung der Ackernahrung.[403] Das Resultat war dementsprechend, dass die unteren Betriebsgrößen von Erbhöfen, abhängig von der jeweiligen geographischen Lage, deutlich voneinander abweichen konnten.[404] Besonders in günstigen Lagen wurden auch solche Betriebe, die viel kleiner als 7,5 ha waren, noch als Ackernahrung angesehen.[405] So kamen z. B. im Gebiet des Anerbengerichts Wolfenbüttel wegen der günstigen Rahmenbedingungen alle Grundstücke über 20 Morgen als Ackernahrung in Betracht, bei Größen von 16 bis 20 Morgen wurde der Einzelfall geprüft und nur bei Flächen unter 16 Morgen wurde das Vorliegen einer Ackernahrung ausgeschlossen. Dieses Heruntersetzen der Schwelle geschah ganz bewusst, um möglichst viele Betriebe dem Reichserbhofrecht zu unterstellen: „Indem man die Größenerfordernisse für die ‚Ackernahrung’ in dieser Art niedrig stellt, erreicht man, dass die Zahl der Anwesen, die bisher „Bauernhöfe“ waren, aber keine „Erbhöfe“ werden und damit der zersplitternden BGB-

401 Schreiben des Hessischen Staatsministeriums an das RJM vom 8. Dezember 1933, in: BArch R 3001/Akte 594, 21.

402 Schreiben des Notars Busz an Vogels vom 17. November 1933, in: BArch R 3001/ Akte 593, 79.

403 Baumecker, 4. Auflage, § 2 REG, Rn. 4.

404 Vgl. z.B. für den Kreis Rinteln Fischer, JW 1934, 399. In Bezug auf Württemberg vgl. Pfleiderer, WürttZ 1934, 65 ff.

405 Weitere Beispiele hierzu bei Baumecker, 4. Auflage, § 2 REG, Rn. 3.

Erbfolge unterliegen (...) herabgedrückt wird."[406] Auf schlechten Standorten wurden wiederum 7,5 ha als nicht ausreichend für eine Ackernahrung betrachtet. So sah man z. B. für bestimmte Höhenlagen in Thüringen selbst die doppelte Größe als für eine Ackernahrung nicht ausreichend an.[407]

Auch in nicht weit voneinander entfernten Gebieten konnte die jeweilige Ackernahrungsgrenze völlig unterschiedlich sein. So wurden z. B. im Landgerichtsbezirk Ratibor im Anerbengerichtsbezirk Leobschütz Besitzungen mit lediglich 26 Morgen noch als Ackernahrung angesehen, während im Bezirk des Anerbengerichts Ratibor „Höfe von 80 oder gar 100 Morgen gelegentlich nicht als Ackernahrung anerkannt" wurden.[408]

4. *Die Mindestgröße bei Wein-, Gemüse- und Obstbetrieben*

Eine Sonderregelung für die Mindestgröße bestand gemäß § 6 REG für den Gemüse-, Obst- und Weinbau.[409] Zwar zählten diese Wirtschaftszweige zur Landwirtschaft, waren aber durch eine besondere Marktnähe gekennzeichnet.[410] Diese Abhängigkeit – insbesondere des Weinbaus – vom Markt stand aber den Darréschen Vorstellungen vom potentiell autarken Erbhof entgegen.

Zwar hatte Darrés Ausgangsentwurf vom 19. September 1933 die dem Wein- und Gartenbau dienenden Grundstücke explizit erwähnt und pauschal dem Erbhofrecht unterstellt, ohne diese Betriebsformen in Bezug auf die Ackernahrung abweichend zu behandeln.[411] Doch in der Besprechung vom 21. September 1933 beschloss man, das Ackernahrungserfordernis in Bezug auf den Wein- und Gartenbau genauer zu fassen. Insbesondere Darré betonte in diesem Zusammenhang nachdrücklich die Wichtigkeit der Selbsterhaltung der Erbhöfe durch Vorhandensein einer Ackernahrung. Eine Einbeziehung von Weingütern in das Reichserbhofrecht beurteilte er als einen „Widerspruch in sich", da diese nach seiner Ansicht auf Güteraustausch ausgerichtet seien und daher „nicht

---

406 Bericht des Präsidenten des OLG Braunschweig, vom Braunschweigischen Justizminister weitergeleitet an den Reichsjustizminister am 20. März 1934, in: BArch R 3001/ Akte 596, 51 f.

407 Bericht des Notars Heckmann aus Thüringen auf der Besprechung des BNSDJ (Fachgruppe Notare) im RJM am 4. November 1933, Protokoll zu dieser Besprechung, in: BArch R 3001/Akte 592, 112.

408 Bericht Hopps über eine Dienstreise in den LG-Bezirk Ratibor vom 5. / 8. September 1934, Abschrift als Anlage eines Schreibens an den Preußischen Justizminister vom 24. September 1934, in: BArch R 3001/Akte 597, 149.

409 Vgl. zu Fragen der Wein-, Obst- und Gemüsebaubetriebe Beyer, JW 1934, 3179 f., Bode, JW 1934, 2611 ff. sowie Kahlke, DJ 1934, 1008.

410 Vogels, 3. Auflage, S. 72.

411 Art. II § 1 Abs. 1 des REM-Entwurfs vom 19. September 1933, in: BArch R 3001/ Akte 591, 87.

selbstgenügsam" wirtschafteten. Darré berief dabei sich auf den Spruch „Das Land, das den Pflug verträgt, trägt keine Reben."

Letztendlich fand sich Darré mit der Einbeziehung von Weingütern nur ab, „weil feststehe, daß der Weinbau viele Familien durch Generationen hindurch erhalten" könne. Auch seine Bedenken gegenüber der Einbeziehung des Gartenbaus stellte Darré zurück, brachte allerdings diesbezüglich zum Ausdruck, dass es bei diesem darauf ankommen müsse, „ob die Besitzung, falls sie in ein Landgut umgewandelt würde, lebensfähig sei."[412] Das Reichsjustizministerium berücksichtigte diese Einwände Darrés in seinem Entwurf vom 23. September 1933 jedoch nur teilweise. Zwar sah man eine einheitliche Ackernahrungsregelung für Wein-, Gemüse- und Obstbau vor. Hiernach genügte es für das Vorliegen einer Ackernahrung, wenn mit der Eigenerzeugung an Weintrauben, Gemüse und Obst die Familie ausreichend unterhalten werden konnte. Dem Darréschen Vorschlag, die Ackernahrung beim Gartenbaubetrieb auch davon abhängig zu machen, dass dieser in ein normales Landgut umgewandelt werden konnte, welches auch noch nach der Umwandlung eine Ackernahrung darstellte, folgte man dagegen zunächst nicht.[413] Dieses geschah erst im Rahmen der gemeinsamen Kabinettsvorlage vom 25. September 1933,[414] die unbeanstandet die Kabinettssitzung vom 26. September 1933 passierte und als § 6 REG verabschiedet wurde. § 6 Abs. 1 REG stellte dabei klar, dass Wein-, Gemüse- und Obstbetriebe grundsätzlich auch Erbhöfe sein konnten. § 6 Abs. 2 REG legte als Voraussetzung für die Ackernahrung bei Weinbaubetrieben das Vorliegen der zum Unterhalt der Familie ausreichenden Eigenerzeugung fest und knüpfte damit am Entwurf des Reichsjustizministeriums vom 23. September 1933 an. Dagegen setzte § 6 Abs. 3 REG für den Obst- und Gartenbau am Vorschlag Darrés an, die Ackernahrung grundsätzlich davon abhängig zu machen, ob der genutzte Grundbesitz auch bei Umstellung auf eine andere Art von landwirtschaftlicher Nutzung noch als Ackernahrung angesehen werden konnte.[415] Hierdurch sollte

412 Niederschrift zur Besprechung vom 21. September 1933, in: BArch R 3001/Akte 591, 93.

413 § 6 des Entwurf des RJM vom 23. September 1933, in: BArch R 3001/Akte 591, 90.

414 Kabinettsvorlage vom 25. September 1933, in: BArch R 3001/Akte 591, 92.

415 Diese im Vergleich zum Obst- und Gemüsebau niedrigeren Anforderungen für den Weinbau blieben nicht ohne Kritik. So bedauerte der Württembergische Weinbauverein, „dass der Weinbau keine dem Obst- oder Gemüsebau entsprechende Sonderregelung erhalten" habe, „da gerade beim Weinbau besondere Verhältnisse" vorlägen und „gerade dort noch weit grössere Schwankungen im Ertrag als beim Obst- und Gemüsebau" vorkämen. Auch wurde kritisiert, dass durch die Regelungen des Reichserbhofgesetzes die Kapitalaufnahme „praktisch unmöglich" gemacht worden sei. Entsprechend forderte der Württembergische Weinbauverein wohl in der Absicht, einen Großteil der Weinbaubetriebe dem Anwendungsbereich des Reichserbhofrechts zu entziehen - den Weinbau dem Obst- und Gemüsebau in § 6 REG gleichzustellen und auch hier das Vorhan-

eine gewisse Marktfreiheit garantiert werden. Allerdings konnte die Ackernahrungsgrenze hier, da es sich insbesondere beim Gemüsebau um in der Regel besonders fruchtbares Land handelte, weit unterhalb der 7,5 ha-Grenze, wenn auch nicht unter 4 ha, angesiedelt werden.[416]

VI. Die Höchstgrenze für Erbhöfe

1. Die 125 ha-Grenze

Im Gegensatz zur Ackernahrungsgrenze war die Erbhofhöchstgrenze im § 3 REG eindeutig festgelegt. Mit der starren 125 ha-Schwelle wollte man das Bauerntum klar vom Großgrundbesitz abgrenzen. Der Boden sollte in Hinblick auf die Bedeutung des Erbhofes innerhalb der völkischen Ordnung „die bäuerliche Lebensordnung nicht durch seine Größe sprengen."[417] Am Erhalt des Großgrundbesitzes bestand hingegen kein Interesse, wie Darré, von dessen Seite der Entwurf des § 3 REG stammte,[418] auf der Besprechung am 21. September 1933 ausdrücklich betonte.[419] Daher sollten Großbetriebe weder von der für die Erbhöfe geplanten Entschuldung profitieren noch anerbengesetzlichen Schutz genießen. Vielmehr war auf lange Sicht geplant, diesen Großgrundbesitz zu zerschlagen, um insbesondere im Osten des Reiches „Boden für die Besiedlung" frei machen zu können.[420]

Der Darrésche Vorschlag, die Obergrenze für Erbhöfe bei 125 ha anzusetzen, fand jedoch nicht ungeteilte Unterstützung, auf der Kabinettsitzung vom 26. September 1933 wurde insbesondere dieser Punkt stark kritisiert. So hielt zum Beispiel von Papen die Höchstgrenze für forstwirtschaftlichen Besitz für zu niedrig. Und der preußische Finanzminister Popitz bemängelte die Starrheit der Grenze von 125 ha, da diese zu einer „unbilligen Benachteiligung des Ostens"

---

densein einer Ackernahrung von der Möglichkeit einer Umstellung auf eine andere Art landwirtschaftlicher Nutzung abhängig zu machen, Schreiben des Württembergischen Weinbauvereins an das Württembergische Justizministerium vom 18. Oktober 1933, in: BArch R 3001/Akte 593, 174 ff.

416 Vogels, 3. Auflage, S. 72.

417 Busse, Volksordnung, S. 35.

418 § 3 REG ging auf Art. II § 1 Abs. 3 des am 19. September 1933 vorgelegten Darréschen Ausgangsentwurfs zurück, Entwurf vom 19. September, in: BArch R 3001/Akte 591, 87. Hieran wurden nach der Besprechung vom 21. September 1933 noch kleinere Abänderungen vorgenommen, Entwurf des RJM vom 23. September 1933, in: BArch R 3001/Akte 591, 90. § 3 der gemeinsamen Kabinettsvorlage vom 25. September 1933 entsprach dann dem späteren § 3 REG, Kabinettsvorlage, in: BArch R 3001/ Akte 591, 92.

419 Protokoll zur Besprechung vom 21. September 1933, in: BArch R 3001/Akte 591, 93.

420 So Vogels auf der Besprechung vom 4. November 1933, Protokoll des BNSDJ (Fachgruppe Notare) hierzu, in: BArch R 3001/Akte 592, 112.

führe, „wenn man Osten und Westen gleich behandeln wolle, müsse man den 500 Morgen im Westen eine erheblich größere Fläche im Osten gegenüberstellen.“[421] Popitz wiederholte diese Kritik auf der Chefbesprechung vom 28. September 1933. Dem hielt Gürtner entgegen, dass die Erklärung eines Erbhofes zum Erbhof bedeute, dass dieser unter das Erbhofentschuldungsgesetz falle. Mit Rücksicht hierauf habe der Entwurf eine feste Höchstgrenze von 125 ha vorgesehen, die nur in Ausnahmefällen mit Genehmigung des Reichsernährungsministers überschritten werden könne. Auch Darré beharrte auf der 125 ha-Grenze und führte an:

„Die alten Rittergüter im Osten vor der Hardenbergischen freien Marktwirtschaft überstiegen selten den Umfang von 125 ha. Die Vergrößerung der ostpreußischen Güter hat erst seit 1825 eingesetzt. Damals sind mehrere Millionen Bauernland vom Großgrundbesitz aufgenommen worden. Die Betriebsgröße im Osten ist also kein natürliches Ergebnis der Bodenart oder des Klimas, sondern eine Folge der liberalen Marktverfassung. Es wäre ungerecht und sittlich nicht gerechtfertigt, wenn der überschuldete Großgrundbesitz ebenso wie die Erbhöfe völlig entschuldet würden. Mit einem Gut von 500 Morgen kann man auch in Ostpreußen ein herrschaftliches Leben führen.“ Staatssekretär Posse aus dem Reichswirtschaftsministerium und der Preußische Justizminister Kerrl schlossen sich dieser Ansicht Darrés an.[422]

2. *Die Zulassung von Großbetrieben*

a) *Allgemeines*

§ 5 REG ermöglichte Ausnahmen vom Höchstgrenzenerfordernis des § 3 REG. Gemäß § 5 Abs. 1 REG war hierfür die besondere Zulassung des Reichsministers für Ernährung und Landwirtschaft erforderlich, die wiederum der vorherige Anhörung des Kreis- und des Landesbauernführers bedurfte.[423] Mit dieser Vorschrift sollten die durch die Festlegung der Höchstgrenze auf 125 ha entstehenden Härten abgemildert werden.

§ 5 Abs. 2 REG enthielt entsprechende Regelbeispiele für die Zulassung von über 125 ha großen Besitzungen. So konnte eine Ausnahme gemacht werden,

---

421 Vermerk von Vogels zur Kabinettsitzung am 26. September 1933, in: BArch R 3001/Akte 591, 94.

422 Vermerk von Vogels zur Chefbesprechung vom 28. September 1933, in: BArch R 3001/Akte 591, 98. Vgl. außerdem zur Begründung der 125 ha-Grenze, Schreiben Darrés an Gürtner vom 27. September 1933 mit anliegender Statistik („Betrifft: Verlust an bäuerlichem Land durch die Agrargesetzgebung pp. des 19. Jahrhunderts“), in: BArch R 3001/Akte 592, 1. Des Weiteren vgl. Vogels’ Äußerungen auf der Besprechung am 4. November 1933, in: BArch R 3001/Akte 592, 112.

423 Vgl. zum Zulassungsverfahren §§ 43-45 DVO. I. bzw. §§ 43-45 EHVfO.

wenn es mit Rücksicht auf Bodenart oder Klima geboten erschien, § 5 Abs. 2 Nr. 1 REG. Mit dieser Bestimmung sollte insbesondere dem Großbesitz auf leichten Böden oder Höfen in rauen Höhenlagen die Erlangung der Erbhofeigenschaft ermöglicht werden. Gemäß § 5 Abs. 2 Nr. 2 REG war eine Zulassung auch dann möglich, wenn es sich um einen wirtschaftlich in sich geschlossenen und in seinen Ländereien abgerundeten Hof handelte, der sich nachweislich seit mehr als einhundertfünfzig Jahren im Eigentum des Bauerngeschlechts befand. Nach § 5 Abs. 2 Nr. 3 REG sollte eine Besitzung auch dann zugelassen werden können, wenn ein um das Gesamtwohl des deutschen Volkes besonders verdienter Deutscher in eigener Person oder in seinen Nachkommen geehrt werden sollte. Hatte schließlich das auf dem Hof ansässige Geschlecht dort Werte von zum Beispiel künstlerischer oder kulturgeschichtlicher Bedeutung geschaffen, so sollte eine Zulassung erfolgen, wenn diese Werte bei einer Größe des Hofes von nicht mehr als 125 ha keine genügende Grundlage für die Unterhaltung fanden, § 5 Abs. 2 Nr. 4 REG.

Auch die Ausnahmebestimmung des § 5 REG stammte von Darré. Ursprünglich hatte das Reichsernährungsministerium dabei vorgeschlagen, die Zuständigkeit für eine Entscheidung über diese Zulassung von Großbetrieben beim zu bildenden „Reicherbhofamt" anzusiedeln. Auch sollten zunächst klimatische Bedingungen ausdrücklich mögliche Gründe für eine Ausnahme sein.[424] In der Besprechung vom 21. September 1933 machte Darré, der – wie erwähnt – eigentlich kein Interesse am Erhalt des Großgrundbesitzes hatte, deutlich, dass auch seinem Vorschlag, Ausnahmen von der 125 ha-Grenze zu ermöglichen, der grundsätzliche Gedanke einer dauerhaften Verbindung von „Blut und Boden" zugrunde lag. Große Betriebe sollten in Gegenden erhalten bleiben, „wo sich seit Jahrhunderten Bauernhöfe von größerem Umfang in derselben Familie erhalten hätten." Für das gesamte Reichsgebiet ging Darré jedoch von lediglich 15.000 Betrieben mit mehr als 125 ha aus, von denen nach seiner Ansicht bereits viele wegen „mangelnder Reinblütigkeit" und andere wegen ihrer Größe von vornherein ausschieden. Darré schätzte daher im Ergebnis den Anwendungsbereich des § 5 REG als nicht sonderlich groß ein und hielt es für verantwortbar, „auch diese großen Höfe der bevorzugten Behandlung, auch in die Entschuldung der Erbhöfe miteinzubeziehen."[425]

Umstritten war im Rahmen des Gesetzgebungsverfahrens insbesondere die Frage, welche Stelle für die Zulassung der Großbetriebe zum Erbhof zuständig sein sollte. Während, wie erwähnt, nach dem ursprünglichen Vorschlag des Reichsernährungsministeriums die Zulassung noch durch ein Reichserbhofamt

---

424 Art. II § 1 Abs. 6 des REM-Entwurfs vom 19. September 1933, in: BArch R 3001/Akte 591, 87.

425 Niederschrift der Besprechung vom 21. September 1933, in: BArch R 3001/Akte 591, 93.

erfolgen sollte, beanspruchte das Reichsjustizministerium in seinem Entwurf vom 23. September 1933 eine Mitsprache bei der Zulassung: Statt eines Reichserbhofamtes sollte der Reichsminister für Ernährung und Landwirtschaft nur im Einvernehmen mit dem Reichsminister der Justiz eine Ausnahme vom Höchstgrenzenerfordernis zulassen können.[426] Zwar verständigten sich Reichsernährungs- und Reichsjustizministerium in ihrer Kabinettsvorlage vom 25. September 1933 dahingehend, dass die alleinige Zuständigkeit nur dem Reichsminister für Ernährung und Landwirtschaft zustehen sollte.[427] Doch zeigte sich bereits anhand dieser Frage, dass das Reichsjustizministerium nicht bereit war, dem Reichsernährungsministerium sämtliche Einflussmöglichkeiten im Erbhofrecht widerspruchslos zu überlassen.

Im Rahmen der Chefbesprechung vom 28. September 1933 wurden weitere verschiedene Gründe für eine Ausnahme nach § 5 REG vorgetragen. So schlug zum Beispiel Schlegelberger vor, auch auf „die Eigenart des Wirtschaftsgebiets" Rücksicht zu nehmen, ein Vorschlag, der von Darré mit dem Argument abgelehnt wurde, dass mit dem Begriff des „Wirtschaftsgebiets" auf die „heutige Marktlage" abgestellt werde, was sich aber durch die landwirtschaftlichen Festpreise ohnehin ändere. Und dem Ansinnen Franks, „man sollte bei Festsetzung der Bauernhofgrenze auch auf die allgemeine Wirtschaftsentwicklung in der betreffenden Gegend Rücksicht nehmen," trat Gürtner mit dem Argument entgegen, dass man diesbezüglich nur an objektive Momente anknüpfen könne, subjektive Momente hingegen müssten ausscheiden. Schließlich einigte man sich auf Anregung Popitz' dahingehend, im § 5 Abs. 2 Nr. 1 REG „als Grund für die Ausnahmebewilligung neben der Bodenart auch das Klima" zu erwähnen.[428]

b) Das Zulassungsverfahren

§§ 44 und 45 DVO. I regelten das entsprechende Zulassungsverfahren für Erbhöfe über 125 ha Größe. Grundsätzlich hatte ein Eigentümer einen mit einer Begründung versehenen Antrag beim Anerbengericht einzureichen, § 44 Abs. 1, Abs. 2 DVO. I. Das Anerbengericht prüfte dann, ob die sonstigen Voraussetzungen der Erbhofeigenschaft vorlagen. Waren diese nicht gegeben, so lehnte das Anerbengericht die Weiterleitung des Antrags durch begründeten Beschluss ab, § 44 Abs. 3 DVO. I. Lagen die sonstigen Voraussetzungen hingegen vor, so übersandte das Anerbengericht den Antrag mit gutachterlicher Stellungnahme dem Kreisbauernführer, der ihn dann mit eigener Stellungnahme wiederum an

426 § 5 des Entwurfs des RJM vom 23. September 1933, in: BArch R 3001/Akte 591, 90.

427 Gemeinsamer Entwurf eines Reichserbhofgesetzes vom 25. September 1933, in: BArch R 3001/Akte 591, 92.

428 Vermerk von Vogels zur Chefbesprechung vom 28. September 1933, in: BArch R 3001/Akte 591, 98.

den Landesbauernführer weiterleitete. Dieser bezog dann gleichfalls Stellung und legte den Antrag dem Reichsernährungsminister vor, § 44 Abs. 4 DVO. I. Die daraufhin ergehende Entscheidung des Reichsministers für Ernährung und Landwirtschaft wurde schließlich dem Eigentümer zugestellt, dem Anerbengericht zugefertigt und mit jeweiligem Zugang wirksam. Das Anerbengericht hatte daraufhin den Hof in die Erbhöferolle einzutragen, § 45 DVO. I. Die Zulassung des Reichsernährungsministers schuf dabei lediglich eine Ausnahme vom Erfordernis der 125 ha-Höchstgrenze. Stellte sich im Nachhinein heraus, dass die sonstigen Erbhofvoraussetzungen doch nicht gegeben gewesen waren, so lag kein Erbhof vor. Die das Verfahren zur Zulassung der Großbetriebe als Erbhöfe regelnden §§ 44 und 45 DVO. I gingen 1936 wortgetreu als §§ 44 und 45 in die Erbhofverfahrensordnung ein.

In der Praxis verlief die Zulassung von Großbetrieben augenscheinlich schleppend. Auch blieb die Zahl entsprechender Zulassungsanträge zum Teil hinter den Erwartungen zurück. Vor diesem Hintergrund führte ein Erlass Darrés vom 15. April 1939 ein abgekürztes und von Amts wegen durchzuführendes Zulassungsverfahren zur Erfassung der großen bäuerlichen Betriebe ein, eine Maßnahme, die einem von Darré im Jahr 1935 geplanten Sammelerlaß entsprach. Der Kreisbauernführer erhielt hiernach den Auftrag, alle land- und forstwirtschaftlichen Betriebe über 125 ha auf die bäuerliche Wirtschaftsweise zu prüfen und zur Zulassung als Erbhöfe vorzuschlagen. Diese Vorschläge sollte der Kreisbauernführer dem Vorsitzenden des Anerbengerichts zuleiten, der dann wiederum selbst zu prüfen hatte, ob die sonstigen Erbhofvoraussetzungen vorlagen. Das diesbezüglich erstellte Gutachten ging dann an den Kreisbauernführer zurück, der es daraufhin über den Landesbauernführer beim Reichsernährungsminister vorzulegen hatte. Dieser entschied schließlich über die Zulassung.[429]

Ab Kriegsbeginn wurden dann wiederum die personellen Probleme im Reichsernährungsministerium und den gesetzlich eingeschalteten Reichsnährstandsstellen immer deutlicher. Aus diesem Grund trat Darré an Gürtner heran und schilderte, dass die Erbhofzulassungsverfahren nach § 5 REG aus Personalmangel und wegen anderweitiger Aufgaben „überhaupt nicht oder wenigstens doch nur in einem sehr begrenzten Umfange oder mit großer Verzögerung bearbeitet werden“ konnten. Die Folge sei, dass diejenigen, die einen Antrag auf Zulassung gestellt hätten, befürchten müssten, „ihr vorzeitiger Tod könne den Zulassungsantrag hinfällig machen und so zu einer Zersplitterung des Besitzes“ führen. Darré schlug daher eine gesetzgeberische Ergänzung der §§ 44 f. EHVfO dahingehend vor, dass die Wirksamkeit eines Zulassungsantrages durch den Tod eines Antragstellers nicht berührt werden sollte. Auch sollte der Antrag

429 Vgl. Vermerk der Stellungnahme von Senatspräsident Bauer zur Frage der „Bergbauernhöferegelungen“ auf der Salzburger Erbhofrechtstagung im Frühjahr 1943, in: BArch R 3001/ 22175, 43.

nach dem Tod nicht durch die Erben zurücknehmbar sein und die spätere Zulassung auf den Tod des Antragstellers zurückwirken. Gleiches sollte für die Zulassung von Amts wegen gelten. Darré sah in dieser Hinsicht unverzüglichen Handlungsbedarf.[430]

Gürtner hatte gegenüber diesem Vorschlag Darrés jedoch Einwände: „Allerdings steht Ihrem Vorschlage das ernste Bedenken entgegen, daß durch eine solche Verfügung nachträglich in die Rechte der Personen, die nach bürgerlichem Recht Erben geworden sind, eingegriffen wird. Auch können sich schwierige rechtliche Verhältnisse daraus ergeben, daß diese Erben in der Zwischenzeit Nachlaßgrundstücke veräußert oder belastet oder den Nachlaß verteilt haben; es wird dann zu prüfen sein, in welcher Weise diese an sich rechtmäßigen Verfügungen mit der nachträglich erfolgenden Erbhofzulassung in Einklang zu bringen sind.“ [431]

Darré bestand dagegen auf der Rückwirkung der Erbhofzulassung auf den Todeszeitpunkt des Antragstellers. Mit Schreiben vom 1. Februar 1940 drang er darauf, die Zulassung gemäß §§ 44 f. EHVfO zwingend mit einer Rückwirkung auf den Todesfall zu verbinden. Eine solche solle nicht im Ermessen einer Behörde stehen. Nach Darrés Ansicht sollte den Kriegsteilnehmern

„die Sorge um das künftige Schicksal ihres Besitzes genommen und den Antragstellern überhaupt die notwendige Beruhigung verschafft werden. Dieses Ziel wird aber“, so Darre, „nicht schon erreicht, wenn der Antragsteller weiss, dass eine Behörde im Falle seines Todes nach ihrem Ermessen die Rückwirkung der Zulassung verfügen kann, sondern dann, wenn er für den Fall seines Todes mit der Rückwirkung kraft gesetzlicher Vorschrift rechnen darf. Auch die von Ihnen erwähnten Schwierigkeiten, die sich durch zwischenzeitliche Verfügungen der Erben über Nachlaßgrundstücke ergeben könnten, sprechen ganz vorzugswürdig für diese Lösung. Denn wenn zugleich mit ihr z. B. der Sorge Rechnung getragen wird, dass die erfolgte Stellung eines Zulassungsantrags im Grundbuch vermerkt wird, dann muss der, der nach dem Tode des Antragstellers Rechte an Grundstücken erwerben will, die Gegenstand des Zulassungsantrages sind, davon ausgehen, dass diese Grundstücke rückwirkend die Erbhofeigenschaft erlangen. Ich möchte daher unbedingt an einer Regelung festhalten, die die Rückwirkung nicht der Entscheidung des einzelnen Falles überlässt, sondern sie gesetzlich festschreibt.“[432]

Am 30. Mai 1940 kam es dann zu konkreten Erörterungen über vom Reichsjustizministerium entsprechend entworfene Ergänzungsvorschriften zum Erbhofzu-

---

430 Schreiben Darrés an Gürtner vom 6. November 1939, in: BArch R 3001/22169, 119-121.

431 Antwortschreiben Gürtners an Darré vom 28. November 1939, in: BArch R 3001/22169, 128 f.

432 Schreiben Darrés an Gürtner vom 1. Februar 1940, in: BArch R 3001/22169, 131 f.

lassungsverfahren.[433] Diese sahen die Möglichkeit einer Vereinfachung des Zulassungsverfahrens bei solchen Eigentümern vor, die einen Antrag gemäß § 5 EHRV gestellt hatten und zum Wehrdienst oder zu einem Wehrmachtseinsatz eingezogen worden waren.[434] Außerdem sollten gestellte Zulassungsanträge auch beim Tode des Antragstellers weiter wirksam bleiben und die Erben diese nur mit Zustimmung des Reichsernährungsministers zurücknehmen können. Die Entscheidung des Reichsernährungsministers über die Zulassung einer Ausnahme vom Höchstgrenzenerfordernis sollte abweichend vom Wortlaut des § 45 Abs. 1 EHVfO auf den Zeitpunkt des Todes des Antragstellers zurückwirken.[435] Des Weiteren sah eine neue Bestimmung schließlich die sinngemäße Anwendung der Verfügungs- und Belastungsbeschränkungen des § 37 REG und der §§ 26-34 EHRV auf die Grundstücke vor, deren Zulassung zum Erbhof wirksam beim zuständigen Anerbengericht beantragt worden war.[436]

Bei den Erörterungen, die für das Reichsernährungsministerium von Johae und für das Reichsjustizministerium von Vogels und Hopp geführt wurden, konnte man sich zwar auf die vorgeschlagene Neufassung der § 44 Abs. 3 und § 45 EHVFO weitgehend einigen, nicht jedoch bezüglich der neuen Vorschriften der §§ 45 a, b und c EHVfO. Diesbezüglich hielt Johae hielt jedoch den Wunsch des Reichsernährungsministeriums aufrecht, ein besonderes Auseinandersetzungsverfahren vor dem Anerbengericht stattfinden zu lassen. Vogels widersprach dem jedoch: „Es gehe nicht an, hier eine Sonderregelung zu treffen, die der allgemeinen Regelung der Erbauseinandersetzung bei der im Gange befindlichen Reform vorgreife." Hopp wies darauf hin, daß es auch nicht vertretbar erscheine, den Anerbenbehörden Befugnisse gegenüber dem hier oft beträchtlichen erbhoffreien Vermögen zu geben. Im Rahmen der § 32 REG, § 36 EHRV könnten die Anerbenbehörden auch in diesen Fällen die Ansprüche der weichenden Erben ordnen. Vogels erklärte abschließend, dass das Reichsjustizministerium diesen Wunsch des Reichsernährungsministeriums auf keinen Fall erfüllen könne und, falls er aufrecht erhalten werde, der Verabschiedung der ganzen Verordnung einschließlich der den Erbhofkredit betreffenden Teile widersprechen müsse.[437] Im Ergebnis konnte man daher keine Einigung erzielen: Die Verordnung über Erbhofrecht vom 22. Januar 1941 enthielt keine die §§ 44 f. EHVfO modifzierenden Bestimmungen.[438]

---

433 Entwürfe, in: BArch R 3001/22169, 151-154; Bericht Hopps zu den Erörterungen, in: BArch R 3001/22169, 155-159.

434 Entwurf einer Neufassung des § 44 Abs. 3 EHVfO, in: BArch R 3001/22169, 152.

435 Entwurf eines neuen § 45 a EHVfO, in: BArch R 3001/22169, 152.

436 Entwurf eines neuen § 45 b EHVfO, in: BArch R 3001/22169, 153.

437 Vermerk Hopps, in: BArch R 3001/22169, 155-158.

438 Schreiben von Vogels an den RMEL vom 22. Januar 1941, in: BArch R 3001/22169, 202.

Im Januar 1943 erneuerte das Reichsernährungsministerium seine Forderungen hinsichtlich der Vereinfachung und Änderung des Zulassungsverfahrens für Höfe über 125 ha.[439] Inhaltlich entsprachen die vorgeschlagenen Änderungen im Wesentlichen den Forderungen aus dem Jahr 1940: Ein vom Eigentümer gestellter Zulassungsantrag sollte auch dann wirksam bleiben, wenn der Antragsteller vor Entscheidung über den Antrag starb. Die Erben des Antragstellers konnten dabei den Antrag nur mit Zustimmung des Reichsministers für Ernährung und Landwirtschaft zurücknehmen. Auch sollte die Entscheidung des Reichsernährungsministers auf den Zeitpunkt des Todes des Antragstellers zurückwirken. Des Weiteren war für den Fall, dass der Antragsteller vor Entscheidung über den Zulassungsantrag starb, die Möglichkeit der Bestellung eines Nachlasspflegers durch das Nachlassgericht vorgesehen. Auch beabsichtigte man eine Verfahrensvereinfachung: In den Fällen des § 5 Abs. 2 Nr. 1 und 2 REG, also der Zulassung von Höfen über 125 ha aufgrund von Bodenart, Klima oder zur Erhaltung geschlossenen Familienbesitzes, sollte in Zukunft das Erbhofgericht, nur bei Zweifeln über die Zuständigkeit der Reichsernährungsminister entscheiden.[440]

Auf der im Februar 1943 stattfindenden Salzburger Erbhofrechtstagung fielen die Vorschläge des Reichsernährungsministeriums hinsichtlich einer Änderung des Zulassungsverfahrens für Großbetriebe jedoch durch: So stufte der mit diesem Thema befasste Referent, Erbhofgerichtsrat Bauer, die Änderungswünsche des Reichsernährungsministeriums als nicht kriegswichtig ein. Inhaltlich äußerte er gesetzestechnische Einwände gegen eine Einordnung des § 45 b vor dem § 45 EHVfO. Auch widersprach er ausdrücklich der Einfügung eines neuen § 45 d, da dieser keine Verfahrensvereinfachung, sondern vielmehr eine erhebliche Komplizierung des Verfahrens mit sich bringe. Insbesondere hielt er es für unzweckmäßig, das Zulassungsverfahren aus der Hand der Verwaltungsbehörden in die Hand der Gericht zu legen, da die Zulassung von Höfen über 125 ha ein staatlicher „Verwaltungs- und Gnadeakt" sei.[441]

Im Ergebnis kam die geplante Veränderung des Zulassungsverfahrens jedenfalls nicht zustande: Weder die Verordnung über Kriegsvereinfachungen im Erbhofverfahren vom 29. Mai 1943 noch die Erbhoffortbildungsverordnung vom 30. September 1943 brachten die vom Reichsernährungsministerium eingeforderten Änderungen am Zulassungsverfahren der §§ 43 ff. EHVfO.

---

439 Vgl. § 42-44 des Entwurfs des REM vom 13. Januar 1943, in: BArch R 3001/22173, 189 ff., mit Begründung 209 f. Hierin waren Änderungen an den §§ 44 und 45 EHVfO sowie die Einfügung der neuen Bestimmungen § 45 a-d EHVfO vorgesehen.

440 § 45 a-d, vgl. § 44 des Entwurfs, in: BArch R 3001/22173, 191 f.

441 Stellungnahme Bauers, in: BArch R 3001/22175, 79 f.

Die Zulassung von Besitzungen kam schließlich mit dem Inkrafttreten der Zweiten Kriegsvereinfachungsverordnung für das Erbhofrecht am 15. Oktober 1944 fast vollständig zum Erliegen. Da die Erbhofzulassung von Besitzungen über 125 ha nun als nicht mehr kriegswichtig angesehen wurde, bestimmte § 4 EHKV. II,[442] dass Erbhofzulassungsanträge bis auf weiteres vom Anerbengericht nicht mehr bearbeitet werden sollten.[443]

3. Die bäuerlichen Betriebe über 125 ha

a) Die großbäuerlichen Betriebe in Nordwestdeutschland

Die starre 125 ha-Höchstgrenze nahm grundsätzlich keine Rücksicht auf Bodenbeschaffenheit, Lage oder klimatische Bedingungen.[444] Entscheidend war allein die Größe des Hofes, so dass grundsätzlich auch Ödlandflächen bei der Erfassung der Erbhöfe nach § 34 DVO. I. berücksichtigt wurden.[445] Das Ergebnis war, dass zahlreiche großbäuerliche Betriebe auf schlechten Standorten dem Reichserbhofgesetz nicht unterfielen und wegen des Außerkrafttretens der Anerbengesetze der Länder nun nach bürgerlichem Recht vererbt wurden – ein Resultat, welches man für „erhaltenswerte" bäuerliche Betriebe gerade verhindern wollte. Dieses Phänomen war reichsweit zu beobachten, insbesondere jedoch im ehemaligen Geltungsbereich des außer Kraft gesetzten Hannoverschen Höfegesetzes. Ganz besonders war hiervon die Lüneburger Heide betroffen, wo es zahlreiche Betriebe gab, die zwar größer als 125 ha waren, aber nach bäuerlichen Grundsätzen bewirtschaftet wurden und daher nach Sinn und Zweck des Reichserbhofgesetzes kein Großgrundbesitz, sondern Erbhöfe sein sollten. Bei diesen Höfen sorgten in der Regel die Heide-, Moor- oder Ödlandflächen für eine die 125-ha Grenze übersteigende Betriebsgröße, die tatsächlich vorhandene Fläche von bewirtschaftetem Kulturland war in der Regel jedoch viel geringer.[446]

---

442 Zur Entstehung der Bestimmung vgl. § 4 des Entwurfs der 2. EHKV vom Sommer 1944, in: BArch R 3001/22170, 7; vgl. auch § 4 des Entwurfs der „Verordnung über außerordentliche Maßnahmen im Erbhofrecht und Erbhofverfahren aus Anlaß des totalen Krieges" vom 21. August 1944, in: BArch R 3001/22170, 86.

443 Vgl. Fleer, Dt. AgrarR 1944, 273 f.

444 Baumecker, 3. Auflage, S. 48.

445 Allerdings war die Frage der Berücksichtigung von ungenutzten Flächen bei der Bemessung der Höchstgrenze des § 3 REG umstritten, bejahend z. B. Vogels, 3. Auflage, S. 63, verneinend hingegen Baumecker, 3. Auflage, S. 47 f.

446 Schreiben der Gauleitung Ost-Hannover an das Preußische Justizministerium vom 14. Juni 1934 (Abschrift), in: BArch R 3001/Akte 596, 159 c. In der Anlage zu diesem Schreiben befand sich der Abdruck eines Berichts des Landgerichtsrats Echte aus Lüneburg, der die Situation im Bezirk des Landgerichts Lüneburg schilderte, in: BArch R 3001/Akte 596, 159 d.

Dabei handelte es sich nicht um ein zahlenmäßig zu vernachlässigendes Problem. Allein im Landgerichtsbezirk Lüneburg waren von der Nichterfassung 843 Besitzungen von über 125 ha Größe betroffen, davon allein 252 im Kreis Celle.[447] Anerbenrechtlichen Schutz konnten diese Betriebe erst wieder durch die Begründung der Erbhofeigenschaft im Rahmen des Zulassungsverfahrens nach § 5 REG erlangen, da eine entsprechende Vorschrift, nach welcher die bisherigen Anerbengesetze erst dann außer Kraft traten, wenn über die Eintragung des Hofes in die Erbhöferolle neuen Rechts entschieden worden war, im Reichserbhofgesetz – im Gegensatz zu § 57 Pr. EHR – nicht (mehr) existierte.

Dieser Umstand veranlasste nicht zuletzt den Preußischen Justizminister dazu, die Schaffung einer dem § 57 Pr. EHR entsprechenden Bestimmung anzuregen,[448] was dann im § 28 DVO. II auch umgesetzt wurde: Nach dieser Vorschrift traten die landesgesetzlichen Anerbenvorschriften für Besitzungen über 125 ha, welche bisher kraft Eintragung oder kraft Gewohnheitsrechtes dem Anerbenrecht unterworfen gewesen waren, erst dann außer Kraft, wenn über ihre Zulassung gemäß § 5 REG entschieden worden war, spätestens jedoch mit dem 1. Juli 1934.[449] Diese zeitliche Befristung auf den 1. Juli 1935 erwies sich jedoch gerade in Hinblick auf die bäuerlichen Großbetriebe im Geltungsbereich des ehemaligen Hannoverschen Höfegesetzes als unzureichend. Denn zum einen nahm die Entscheidung über die Anträge auf Zulassung gemäß § 5 REG viel Zeit in Anspruch. Zum anderen wollten nur wenige Betriebe überhaupt dem Reichserbhofrecht unterstellt werden. So hatten im Landgerichtsbezirk Lüneburg zum 31. Mai 1934 von den oben genannten 843 Betrieben lediglich 157 eine Zulassung gemäß § 5 REG beantragt.[450] Ursache hierfür war augenscheinlich, dass trotz „umfassender Aufklärungsarbeit“ und der mit der Erbhofeigenschaft verbundenen Aussicht auf Entschuldung das Reichserbhofgesetz bei den Bauern nicht auf einhellige Zustimmung stieß. So schrieb der Bauernführer der Kreisbauernschaft Celle an den Landesbauernführer Hannover am 15. Mai 1934:

---

447 Bericht Echtes, in: BArch R 3001/Akte 596, 159 d; vgl. ausserdem zur Bodenverteilung, Bodengüte und Grundbesitzverteilung im Landkreis Celle, Bericht des Kreisbauernführers Celle in einem Schreiben an den Landesbauernführer Hannover, in: BArch R 3001/Akte 596, 159 i.

448 Schreiben des Preußischen Justizministers an das RJM vom 21. Oktober 1933, in: BArch R 3001/Akte 592, Bl. 75.

449 § 28 DVO. II ging auf § 4 eines Entwurfs des RJM zur DVO. II zurück, den dieses mit Schreiben vom 30. Oktober 1933 an Darré übersandt hatte. Dieser § 4 nahm im Wesentlichen die spätere Gesetzesfassung vorweg, enthielt allerdings keine dem § 28 Satz 2 DVO. II entsprechende Bestimmung, Entwurf in: BArch R 3001/Akte 592, 48. Die Endfassung des § 28 DVO. II ging dann auf § 11 des Entwurfs des RJM zur DVO. II von Mitte November 1933 zurück, der dem REM mit Schreiben vom 16. November 1933 zugesandt worden war, Entwurf in: BArch R 3001/Akte 593, 53f.

450 Bericht Echtes, in: BArch R 3001/Akte 596, 159 d.

„Um nun solchen besonderen Verhältnissen Rechnung zu tragen, hat der Gesetzgeber die Ausnahmebestimmungen des § 5 geschaffen. Infolge einer umfassenden Aufklärungsarbeit, wie persönlichen Schreiben, Versammlungen usw. haben auch schon etwa 80 Besitzer solcher grösseren Höfe im hiesigen Kreise hiervon Gebrauch gemacht und die Zulassung ihrer Besitzungen als Erbhof gemäss § 5 des Gesetzes nachgesucht. In einem erneuten persönlichen Schreiben habe ich den übrigen Besitzern unter kurzer Darlegung der Grundgedanken und den Zielen des Gesetzes nochmals nahegelegt, die Zulassung nunmehr nachzusuchen. Ich habe jedoch leider feststellen müssen, dass in verschiedenen Teilen des Kreises immer noch Persönlichkeiten aus dem reaktionären Lager tätig sind, die dem Reichserbhofgesetz grundsätzlich ablehnend gegenüberstehen, im stillen auch einen dahingehenden Einfluss auf ihre Nachbarn auszuüben und dieses dadurch von der Einreichung der Zulassungsanträge abzuhalten wissen. Diesem verwerflichen Treiben ist nur schwer beizukommen, da sich diese Gegenpropaganda nicht in der Öffentlichkeit abspielt und daher nicht zu überwachen ist. (...) Es ist ja auch nicht zu verkennen, dass die restlose Durchführung dieser Richtlinien im jeden einzelnen Fall den Beteiligten erhebliche Schwierigkeiten, Zeit- und Geldaufwand verursachen wird, die m. E. manchen an sich wohl geneigten Besitzer bei der immerhin schwerfälligen Art überhaupt von der Antragstellung abhalten wird.“ [451] Als eine mögliche Lösung dieses Problems wurde auch hier die generelle Erfassung der großbäuerlichen Betriebe durch das Reichserbhofgesetz ins Auge gefasst:

„Ich habe daher eingangs schon angedeutet, dass es M.E. nur im Sinne des Erbhofgedankens wäre, wenn für derart besondere Verhältnisse, wie ich sie für den Kreis Celle vorstehend eingehend dargelegt habe, in einer weiteren Durchführbestimmung im geeigneter Weise Bestimmungen dahin getroffen würden, dass bei solchen Boden- und Kulturartenverhältnissen unter Berücksichtigung der Einheitswerte pp. alle grösseren Besitzungen bis zu einer weiter heraufzusetzenden Grösse allgemein dem Reichserbhofgesetz unterstellt würden. Ich bitte daher ergebendst, unter Darlegung der geschilderten Verhältnisse bei dem Herrn Reichsbauernführer vorstellig zu werden, dass die Frage der generellen Erfassung solcher bäuerlichen Betriebe mit einer Gesamtfläche von mehr als 125 ha. wie sie in den Heidekreisen des Regierungsbezirks Lüneburg vorhanden sind, in Erwägung gezogen wird.“[452]

---

451 Schreiben des Kreisbauernführers der Kreisbauernschaft Celle an den Landesbauernführer Hannover vom 15. Mai 1934, in: BArch R 3001/22164, 237 ff., 243. Weitergeleitet wurde dieser Bericht an Hopp durch den Landrat des Landkreises Celle mit Schreiben vom 31. Mai. 1934, vgl. Schreiben, in: BArch R 3001/22164, 236.

452 Schreiben des Kreisbauernführers der Kreisbauernschaft Celle an den Landesbauernführer Hannover vom 15. Mai 1934, in: BArch R 3001/22164, 237 ff., 244.

Vor diesem Hintergrund regte die Gauleitung Hannover Ost Mitte Juni 1934 eine Verlängerung der Frist des § 28 DVO. II um mindestens ein weiteres halbes Jahr an.[453] Der Präsident des Landeserbhofgerichtes Celle Springmann, der augenscheinlich die Lage noch besser übersah, trat sogar für eine Verlängerung der Frist um mindestens ein Jahr ein.[454] In direktem Anschluss hieran verlängerte der Gesetzgeber die Frist des § 28 DVO. II durch **Verordnung zur Abänderung des § 28 der Zweiten Durchführungsverordnung zum Reichserbhofgesetz" vom 26. Juni 1934** bis zum 1. Januar 1935.[455]
Diese Verlängerung erwies sich jedoch als nicht ausreichend. Ende Dezember 1934 bat daher das Reichsernährungs- das Reichsjustizministerium, die Frist des Außerkrafttretens der Ländergesetze des § 28 DVO. II wieder um ein weiteres halbes Jahr auf den 1. Juli 1935 zu verlängern,[456] was dann mit der **Verordnung zur Abänderung des § 28 der Zweiten Durchführungsverordnung zum Reichserbhofgesetz** vom 4. Januar 1935 rückwirkend zum 1. Januar 1935 auch geschah.

Da man die sich ständig wiederholenden Verlängerungen der Übergangsvorschrift des § 28 DVO. II für nicht mehr tragbar erachtete, kam es Anfang 1935 im Reichsernährungsministerium zu Planungen, die bäuerlichen Großbetriebe der klassischen Anerbengebieten per ministeriellem Sammelerlass dem Reichserbhofgesetz zu unterstellen. In einer streng vertraulichen Verfügung ordnete Darré daher an, dass die Kreisbauernführer der Landesbauernschaften Hannover, Westfalen, Rheinland und Schleswig-Holstein bis zum 15. April 1935 ein Verzeichnis derjenigen Besitzungen bei den Landesbauernschaften einzureichen hatten, welche in den jeweiligen Kreisen die Höchstgrenze von 125 ha überschritten und in der jeweiligen alten Höfeordnung eingetragen waren. Dabei sollte darauf geachtet werden, ob im Einzelfall die Voraussetzungen für die Erbhofeigenschaft und für die Ausnahme vom Höchstgrenzenerfordernis

---

453 Schreiben der Gauleitung Ost-Hannover an das Preußische Justizministerium vom 14. Juni 1934, in: BArch R 3001/Akte 596, 159 c.

454 Schreiben Springmanns an den Preußischen Justizminister vom 21. Juni 1934, in: BArch R 3001/Akte 596, 159 f.

455 Neben dem Erfordernis ständiger Fristverlängerung hatte § 28 DVO. II einen inhaltlichen Mangel: Nach dem Wortlaut galt die Bestimmung nur für die Besitzungen über 125 ha, welche bisher kraft Eintragung oder kraft Gewohnheitsrecht dem Anerbenrecht unterworfen gewesen waren. Es gab aber auch Gebiete, in denen solche Güter kraft Gesetzes Anerbengüter geworden waren, wie z. B. nach dem Lippischen Gesetz vom 26. März 1924. Nach dem Wortlaut war § 28 DVO. II auf diese Betriebe nicht anwendbar, obwohl dieses dem Sinn und Zweck der Vorschrift entsprochen hätte. Diese Lücke wurde nicht geschlossen, vgl. hierzu Schreiben der Lippischen Landesregierung an den RMJ vom 15. Februar 1934, in: BArch 3001/Akte 594, 117.

456 Schreiben des REM an das RJM vom 22. Dezember 1934, in: BArch R 3001/22164, 169.

vorlagen oder nicht, die Entscheidung hierüber sollte aber im Ergebnis den Anerbengerichten überlassen bleiben. Darre äußerte diesbezüglich:

„Es muß natürlich verhindert werden, daß Zulassungen erfolgen, die deshalb nicht zu einer Erbhofeigenschaft der Besitzung führen, weil eine sonstige gesetzliche Voraussetzung fehlt. Daher muß vor der Zulassung auch eine vorläufige Prüfung stattfinden, die sichere Gewähr dafür bietet, daß die Zulassung auch die Erbhofeigenschaft herbeiführt.“ Aus diesem Grund sollten die von den Kreisbauernführern aufzustellenden Verzeichnisse sehr genau und detailliert sein und neben den Rechtsverhältnissen des Hofes auch Stellungnahmen des Kreisbauernführers, des Vorsitzenden des Anerbengerichts und eine Stellungnahme des Landesbauernführers enthalten: „Die Entscheidung darüber, ob ich bei dem Herrn Reichsminister für Ernährung und Landwirtschaft die Gestattung der Ausnahme von der Höchstgrenze beantragen und befürworten soll, behalte ich mir vor, in jedem Einzelfalle an Hand der zugeteilten Verzeichnisse zu treffen.“[457]

Dieses Vorhaben Darrés, das einen ungemeinen bürokratischen Aufwand zur Folge gehabt hätte, kam jedoch zu keinem Abschluss. Denn obwohl Darré das Ziel verfolgte, die Entscheidung noch vor dem 1. Juli 1935 zu treffen und eine weitere Verlängerung der Frist in § 28 DVO. II zu vermeiden, erging der ministerielle Sammelerlass nicht, so dass sich der bekannte Ablauf im Sommer 1935 wiederholte und die Frist des § 28 DVO. II bis zum 1. Januar 1936 verlängert wurde.

Daraufhin regte das Reichsjustizministerium seinerseits eine generelle Ausnahme vom Höchstgrenzenerfordernis für bäuerliche Betriebe in Anerbengebieten an. Im Rahmen einer Durchführungsverordnung sollte das Reichsernährungsministerium dazu ermächtigt werden, nach Anhörung des Landesbauernführers für bestimmte Bezirke, in denen zur Zeit des Erlasses des Reichserbhofgesetzes Anerbenrecht geherrscht hatte, zu bestimmen, dass dort die Erfordernisse des § 3 REG nicht für diejenige Höfe gelten sollten, die dem Anerbenrecht unterworfen gewesen waren.[458] Doch auch zu dieser Durchführungsverordnung kam es (vorerst) nicht, so dass die großbäuerlichen Betriebe über

457 Schreiben Darrés an die Landesbauernführer von Hannover, Westfalen, Rheinland und Schleswig-Holstein vom 1. Februar 1935, in: BArch R 3001/22164, 258 ff..

458 Schreiben des RJM an den REM vom 26. Juli 1935, in: BArch R 3001/Akte 596, 159 d. Hier wurde folgender Wortlaut für die Bestimmung vorgeschlagen: „Der Reichsminister für Ernährung und Landwirtschaft kann nach Anhörung des Landesbauernführers bestimmen, daß für bestimmte Bezirke, in welchen vor Erlaß des Reichserbhofgesetzes Anerbensitte bestand, die Erfordernisse des § 3 Reichserbhofgesetzes nicht gelten für Höfe, welche zur Zeit des Erlasses des Reichserbhofgesetzes kraft Eintragung oder kraft Gewohnheitsrechts dem Anerbenrecht unterworfen waren.“

125 ha weiterhin nur auf Antrag dem Reichserbhofgesetz unterstellt werden konnten.

b) Die Bergbauernhöfe

Ein weiteres Problem ergab sich hinsichtlich der 125 ha-Grenze im Zusammenhang mit der Einführung des Reichserbhofgesetzes in Österreich, also der sogenannten Ostmark bzw. den späteren „Alpen- und Donaureichsgauen“ Viele der dortigen Betriebe in Gebirgsgegenden waren trotz einer Fläche von mehr als 125 ha als bäuerliche Mittel- und Kleinbetriebe anzusehen. Da allerdings die Zulassung dieser zahlreichen Bergbauernbetriebe[459] der Alpen- und Voralpengebiete entweder wegen des umständlichen Zulassungsverfahrens bzw. mangels Antrag äußerst schleppend verlief,[460] schlug das Reichsernährungsministerium im Januar 1943 eine Sonderregelung für Bergbauernbetriebe vor: Diese sollten auch ohne Rücksicht auf die 125 ha-Grenze Erbhöfe werden, wenn sie als bäuerliche Betriebe anzusehen waren. Die Entscheidung über die Erbhofeigenschaft sollte das Anerbengericht treffen.[461]

Doch dieser Vorschlag stieß auf der Salzburger Erbhofrechtstagung nicht auf einhellige Zustimmung. So gestand der Grazer Senatspräsident Bauer, der über das Thema „Bergbauernhöferegelungen“ vorzutragen hatte, zwar grundsätzlich zu, „dass ein ernährungs- und siedlungspolitisches Bedürfnis besteht, bäuerlich betriebene Höfe mit mehr als 125 ha unter die Bestimmungen des REG fallen zu lassen“. Auch äußerte er, dass gerade in manchen Alpengegenden „wohlhabende Bauern erst mit 125 ha“ anfingen.

Bauer sah jedoch in dem Vorschlag des Reichsernährungsministeriums keine Vereinfachung des Zulassungsverfahrens, so dass sich „aus dem Gesichtspunkt der Arbeitsersparnis und der Dringlichkeit“ diesbezüglich „somit die Kriegs-

---

459 Zum Begriff der Bergbauernhöfe vgl. den gemeinsamen Erlass von RJM und REM vom 30. September 1943, DJ 1943, 502.

460 Begründung zu § 40 des Entwurfs des REM vom 13. Januar 1943, in: BArch R 3001/22173, 208.

461 § 40 (Erbhofeigenschaft der über 125 ha großen Bergbauernhöfe) und § 41 (Verfahren zur Erfassung der Bergbauernhöfe) des Entwurfs vom 13. Januar 1943, in: BArch R 3001/22173, 190. In der Begründung des RMEL hieß es zum § 40 des Entwurfs: „Die Abgrenzung dahin, welche Betriebe unter § 40 fallen, ist genügend durch den Begriff Bergbauernhöfe gekennzeichnet. Eine räumliche Abgrenzung von Bergbauerngebieten ist dabei nicht tunlich, da das zu ungerechtfertigtem Ausscheiden einzelner Bergbauernhöfe, die nicht in diesen Bergbauerngebieten liegen, führen würde. Eine Rechtsunsicherheit ist nicht in dem Masse zu befürchten, wie sie bei der Beurteilung von Höfen an der unteren Grenze der Ackernahrung und bei gemischten Betrieben aufgetreten ist. Die Erfassung solcher Betriebe als Erbhöfe kraft Gesetzes scheint demnach nicht nur unbedenklich, sondern sogar notwendig“, Begründung zu § 40 des Entwurfs des REM vom 13. Januar 1943, in: BArch R 3001/22173, 208.

wichtigkeit der Neuerung nicht begründen" ließe. Vor diesem Hintergrund gestand er zwar ein, dass „die Sache für die Bergbauern Bedeutung" habe, lehnte aber, da das Anlegungsverfahren für Höfe unter 125 ha in weiten Bereichen wegen Personalmangel stockte, eine Neuregelung „im jetzigen Zeitpunkt" ab. Auch kritisierte er die Unklarheit des Bergbauernhofbegriffes. Nach seiner Ansicht waren die Betriebe, die unter den § 40 des Entwurfes fallen sollten, nicht genügend abgegrenzt. Des Weiteren wies er darauf hin, dass das Verhältnis zu der geplanten Verordnung über die Einführung der Schuldengrenze beachtet werden müsse. Darüber hinaus gab er zu Bedenken, dass bisher der Verwaltungsakt des Reichsernährungsministers die Bedeutung einer Befreiung vom Erfordernis des § 3 REG gehabt habe. Die vorgeschlagene gerichtliche Entscheidung würde nur die Natur einer Feststellung haben, dass eine gesetzliche Voraussetzung für den Erbhof gegeben sei, und wäre somit rein deklaratorischer Natur. Auch der im Entwurf vorgesehene Vorschlag des Kreisbauernführers war nach Bauers Ansicht, „da die Höfe über 125 ha ohnehin im Gemeindeverzeichnis erfasst seien", entbehrlich.[462]

Trotz dieser Einwendungen konnte das Reichsernährungsministerium schließlich im § 38 EHFV die Befreiung vom Höchstgrenzenerfordernis für Bergbauernhöfe durchsetzen - wenn auch nicht in der im Entwurf vom 13. Januar 1943 vorgeschlagenen Fassung.

4. *Erweiterte Zulassungsmöglichkeiten durch die EHFV*

Eine weitere Änderung der Zulassungsvoraussetzungen für Großbetriebe brachte § 39 Abs. 1 EHFV, der § 5 Abs. 2 Nr. 2 und § 5 Abs. 2 Nr. 3 REG eine neue Fassung gab. Auch die Bestimmung des § 39 EHFV ging zurück auf einen Vorschlag des Reichsernährungsministeriums vom Januar 1943.[463] Die Neufassung des § 5 Abs. 2 Nr. 2 REG erweiterte die Zulassungsmöglichkeiten auch auf solche Höfe, die noch nicht seit 150 Jahren im Besitz der Familie waren, deren Zulassung aber zur Verwurzelung des Geschlechts für die Zukunft als wünschenswert angesehen wurde und gegen deren Zulassung keine Bedenken bodenpolitischer Art bestanden. Die Neufassung des § 5 Abs. 2 Nr. 3 sollte eine Zulassung ermöglichen, wenn jemand „sich große Verdienste um den nationalsozialistischen Staat erworben oder sich im Kampf um die Zukunft des Deutschen Volkes durch Tat und Leistung besonders ausgezeichnet" hatte. Sie wurde mit der Notwendigkeit begründet, „solche Männer und Geschlechter wieder fest mit dem Boden zu verbinden, die sich im Kampf um die innere und

---

462 Stellungnahme Bauers auf der Erbhofrechtstagung in Salzburg vom 16.-19. Februar 1943, in: BArch, R 3001/22175, 43-45.

463 § 42 des REM-Entwurfs vom 13. Januar 1943, in: BArch R 3001/22173, 190.

äussere Freiheit des deutschen Volkes bewährt und durch Tat und Leistung besonders ausgezeichnet“ hatten.[464]

5. Exkurs: „Lex Neudeck“

Wie erwähnt konnte gemäß § 5 Abs. 2 Nr. 3 REG eine Besitzung mit einer Größe von mehr als 125 ha zum Erbhof zugelassen werden, wenn ein um das Gesamtwohl des deutschen Volkes besonders verdienter Deutscher in eigener Person oder in seinen Nachkommen geehrt werden sollte. Zu den Großbetrieben, die nach dieser Vorschrift zum Erbhof zugelassen wurden, zählte zum Beispiel das Gut Friedrichsruh der Familie Bismarck, dessen Zulassung Ende November 1933 erfolgte.[465]

Anders lag der Fall beim Gut Neudeck, das durch Gesetz vom 27. August 1933[466] dem Reichspräsidenten von Hindenburg zum Geschenk gemacht worden war. Denn gegenüber entsprechenden Bestrebungen, das Gut dem Reichserbhofrecht zu unterstellen, ließ Hindenburg durch seinen Staatssekretär Meissner dem Reichsjustizminister Gürtner am 7. November 1933 mitteilen, dass er der Eintragung des Gutes als Erbhof infolge einer besonderen Zulassung nach § 5 Abs. 2 Ziffer 3 REG ablehnend gegenüberstehe. Man begründete dieses damit, dass das Reichserbhofgesetz „nach Auffassung des Herrn Reichspräsidenten“ zu enge Bindungen in der Bestimmung des Anerben enthalte, „starke Einmischungsmöglichkeiten des Landesbauernführers und der Anerben“ und den „fast völligen Ausschluss der Miterben“ vorsehe und durch die Bestimmungen der §§ 37 ff. einen „in Notfällen etwa unumgänglichen Kredit für den Besitzer“ fast ausschließe.[467] Hindenburg zog stattdessen den Erlass eines besonderen Reichsgesetzes vor, nach dem unter Abweichung von der gesetzlichen Erbfolge des BGB eine geschlossene Vererbung des Rittergutes Neudeck bestimmt werden sollte. Dabei war sich der Reichspräsident augenscheinlich bewusst, dass einem solchen Gesetz in Hinblick auf die in Art. 155 Abs. 2 WRV angeordnete Abschaffung der Fideikommisse verfassungsändernde Wirkung zukommen würde.[468]

Aufgrund dieses Wunsches Hindenburgs wurde in der Folge zwar ein entsprechender Gesetzesentwurf erarbeitet,[469] das Gesetz wurde jedoch nicht verabschiedet. Obwohl Gut Neudeck mangels eines Antrags Hindenburgs nicht zum

464 Begründung der Neufassung des § 5 Abs. 2 REG, in: BArch R 3001/22173, 209.

465 Dölle, 2. Auflage, S. 40; vgl. auch das entsprechende Reichsgesetz für den Erbhof Brüssow (Mackensen), RGBl. 1935, Teil I, S. 1249.

466 RGBl. 1933, Teil I, S. 595.

467 Schreiben des Büros des Reichspräsidenten Hindenburg an Gürtner vom 7. November 1933, in: BArch R 3001/Akte 593, 109.

468 Schliepkorte, Rn. 69, Fn. 300.

469 Der Gesetzesentwurf findet sich in: BArch R 3001/Akte 593, 264 ff.

Erbhof gemacht werden konnte, wurde die Bestimmung des § 5 Abs. 2 Nr. 3 REG dennoch in Teilen der erbhofrechtlichen Literatur mit dem irreführenden Hinweis „Lex Neudeck" näher erläutert.[470]

VII. Das Hofstellenerfordernis

Gemäß § 3 Abs. 2 REG musste ein Erbhof von einer Hofstelle aus und ohne Vorwerke bewirtschaftet werden können. Dabei verstand man unter Hofstelle eine bebaute Stelle der Grundstücke, von der deren Bewirtschaftung erfolgte.[471] Unter einem Vorwerk verstand man dagegen besondere Hofstellen oder geschlossene Wirtschaftsgebäude und Wirtschaftsanlagen, welche unselbständig nach Weisungen einer übergeordneten Gutsverwaltung arbeiteten.[472]

Sinn der Vorschrift war, die regelmäßig durch die Bewirtschaftung eines Hofes mit Hilfe von Vorwerken verbundenen doppelten Unkosten für Erbhöfe zu vermeiden. Auch sah man in der Notwendigkeit der Bewirtschaftung eines großen Hofes oder Gutes von zwei oder mehr Stellen auch einen Beleg dafür, dass der Hof auch von mehreren Bauernfamilien bewirtschaftet werden konnte, so dass man keinen vernünftigen Anlass sah, „derartige Höfe gegen Erbteilung von Staats wegen besonders zu schützen."[473] Machten allerdings besondere betriebswirtschaftliche Verhältnisse Vorwerke notwendig, so konnte gemäß § 5 Abs. 3 REG eine Ausnahme gewährt werden. Diese Bestimmung wurde aber im Jahr 1943 durch § 39 Abs. 2 EHFV aufgehoben, da sie durch die mit § 39 Abs. 1 EHFV erfolgte Erweiterung der Zulassungsvoraussetzungen der § 5 Abs. 2 Nr. 2 und Nr. 3 REG ihre Bedeutung eingebüßt hatte.

VIII. Zur Erbhofverschuldung

1. Allgemeines

Nachdem die landwirtschaftlichen Betriebe durch die Inflation des Jahres 1923 praktisch ihrer Verbindlichkeiten enthoben worden waren, hatten der in der zweiten Hälfte der 20'er Jahre einsetzende Preisverfall und die Auswirkungen der Weltwirtschaftskrise die Verschuldung der deutschen Landwirtschaft rasch

---

470 Baumecker, 4. Auflage, § 5 REG, Rn.5; Saure erwähnt dagegen in den späteren Auflagen das Gut Neudeck ausdrücklich nicht mehr als einen Fall des § 5 Abs. 2 Ziffer 3, sondern führt lediglich die Besitzungen Bismarcks und Mackensens an, vgl. Saure, 6. Auflage, S. 22.

471 Baumecker, 3. Auflage, S. 41; eine Streitfrage diesbezüglich war, ob zwingende Voraussetzung einer Hofstelle auch das Vorhandensein eines Wohngebäudes war oder ob lediglich Wirtschaftsgebäude hierfür ausreichten.

472 Baumecker, 4. Auflage, § 3 REG, Rn. 6.

473 Baumecker, 3. Auflage, S. 48.

wieder ansteigen lassen. Für die Beurteilung der Erbhofeigenschaft war allerdings die Höhe der auf einem Hof liegenden Verschuldung grundsätzlich unerheblich. Vielmehr sah man die schlechte wirtschaftliche Lage der Betriebe als das „zufällige Ergebnis einer in der Vergangenheit liegenden Wirtschaftskrise" an.[474] Nur mittelbar schloss man aus der Höhe der Verschuldung auf das Fehlen der Ackernahrung bzw. auf fehlende Wirtschaftsfähigkeit und somit Bauernfähigkeit.[475] Diese Rechtspraxis, auch überschuldete Betriebe als Erbhöfe zuzulassen, sollte ihren Ausgleich in der Möglichkeit erhalten, „die Schulden eines jeden Erbhofs im Entschuldungsverfahren auf einen Umfang und eine Form zurückzuführen, die die Lebensfähigkeit des Betriebs nicht in Frage" stellte.[476]

2. *Die geplante Erbhofentschuldung*

Grundlage der Entschuldung aller landwirtschaftlicher Betriebe – einschließlich der Erbhöfe – war im „Dritten Reich" das Gesetz zur Regelung der landwirtschaftlichen Schuldverhältnisse vom 1. Juni 1933,[477] das noch unter Hugenberg in Kraft getreten war.[478] Darüber hinaus war ursprünglich – parallel zum Reichserbhofgesetz – als integraler Bestandteil der Erbhofpolitik eine restlose Entschuldung der Erbhöfe auf der Grundlage eines eigenen Gesetzes vorgesehen gewesen. Mit diesem Erbhofentschuldungsgesetz, das im Wesentlichen von Backe ausgearbeitet worden war, wollte das Reichsernährungsministerium die Schuldenfrage der Erbhofbauern abschließend lösen und der Vorstellung vom „freien Bauern auf freier Scholle" zum Durchbruch verhelfen.

Der Entwurf des Erbhofentschuldungsgesetzes sah, im Unterschied zur Osthilfe und zur Hugenbergschen Schuldenregelung, die Übernahme sämtlicher auf den Erbhöfen ruhenden Hypotheken, Grundschulden, Rentenschulden und Reallasten sowie aller persönlicher Schulden des Bauern durch die Deutsche Rentenbank-Kreditanstalt vor. Lediglich öffentliche Lasten sowie einige andere aufgezählte Schuldverpflichtungen waren hiervon ausgenommen. Soweit die Schulden und Lasten von der Deutschen Rentenbank-Kreditanstalt übernommen wurden, sollten die Gläubiger als befriedigt gelten und die entsprechenden Eintragungen im Grundbuch gelöscht werden. Im Gegenzug war vorgesehen, dass die Erbhofbauern, ohne Rücksicht auf die Höhe ihrer bisherigen Schulden, eine jährliche Rente in Höhe von 1,5 % des für den 1. Januar 1931 festgestellten steuerlichen Einheitswertes des Hofes zahlen sollten. Diejenigen, die bisher un-

474 Hopp, EHRV und EHVfO, S. 3.
475 REHG, JW 1937, 1001.
476 Hopp, EHRV und EHVfO, S. 3 f.
477 RGBl. I 1933, S. 331 ff.
478 Zur landwirtschaftlichen Schuldenregelung vgl. allgemein Harmening/Pätzold/ Arnswaldt. Zum Scheitern des ursprünglichen Erbhofentschuldungsvorhabens vgl. Grundmann S. 50-54.

ter 30 % des Einheitswertes verschuldet waren, konnten einen Berechtigungsschein erhalten, der bei Erwerb einer Siedlerstelle für einen nachgeborenen Sohn in Zahlung gegeben werden konnte. Die Rente sollte vom Finanzamt festgesetzt, halbjährlich beigetrieben und an die Deutsche Rentenbank-Kreditbank weitergeleitet werden. Sie konnte aber auch durch Zahlung des 25fachen Jahresbetrages jederzeit abgetragen werden.[479]

Es war des Weiteren geplant, die Deutsche Rentenbank, ohne Rücksicht auf entgegenstehende Bestimmungen, zu berechtigen, zwei-, drei- und vierprozentige Schuldverschreibungen auszugeben und der Deutschen Rentenbank-Kreditanstalt zur Verfügung zu stellen. Diese hatte auch für die Verzinsung und Tilgung zu sorgen. Die Verzinsung sollte 4 % für innerhalb der Mündelsicherheitsgrenze liegende Hypotheken, Grundschulden, Rentenschulden und Reallasten betragen, 3 % für innerhalb des 1 ¼ fachen dieser Grenze liegende Hypotheken, Grundschulden, Rentenschulden und Reallasten und 2 % für alle sonstigen Forderungen.[480] Mit diesem Konzept der Entschuldung hätte es einen entscheidenden Anreiz für landwirtschaftliche Betriebe gegeben, sich dem Reichserbhofgesetz zu unterstellen, da eine vollkommene und sofortige Entschuldung gewährleistet gewesen wäre.[481]

---

479 Vgl. hierzu insbesondere die Begründung des Erbhofentschuldungsentwurfs, in: BArch R 43 I/1465, 351 - 355. Sering kritisierte 1934 das geplante Entschuldungskonzept deutlich. Insbesondere verglich er das Vorhaben einer von allen Erbhöfen zu entrichtenden jährlichen Abgabe mit dem Prinzip der bäuerlichen Solidarschaft für öffentliche Abgaben im alten Rußland. Seiner Ansicht nach widerstrebte das Entschuldungsprojekt „dem sittlichen Empfinden“ der deutschen Bauernschaft, Sering, S. 37.

480 Entwurf eines Erbhofentschuldungsgesetzes, Kabinettsvorlage am 26. September 1933 mit Begründung, BArch R 43 I/1465, 327-349, nebst Begründung, in: R 43 I/1465, 351-355.

481 So äußerte Vogels hinsichtlich der geplanten Erbhofentschuldung in seinem Vortrag am 22. Oktober 1933: „Es ist beabsichtigt, sämtliche Erbhöfe zu entschulden, sowohl die dinglichen, wie die persönlichen Schulden, also auch die Schulden gegenüber der Genossenschaft usw., von einem bestimmten Stichtag ab, den ich hier nicht nennen darf. Es ist natürlich nicht so, als wenn heute noch jemand feste Schulden machen dürfte in der Erwartung, dass diese wieder weggenommen würden. Der Stichtag liegt natürlich eine ganze Weile vorher. Aber alles, was bis zu diesem Stichtag an Schulden entstanden ist, wird weggeneommen, wird auf eine Rentenbank übertragen, und diese wird die Gläubiger in geeigneter Weise befriedigen, so viel ich weiss, zum vollen Nennwert, und der Bauer zahlt an die Rentenbank eine Reihe von Jahren – es wird ein längerer Zeitraum sein – eine Rente, die den Charakter einer öffentlichen Last hat, die nicht eingetragen zu werden braucht, die sich aber in mässiger Höhe hält. Diese Rente gibt der Bank die Mittel, um nach und nach die Auslagen, die sie durch die Übernahme der Schulden gehabt hat, wieder anzubringen. Die Entschuldung ist aber so, dass jeder, der nicht völlig schuldenfrei ist, ein Interesse daran hat, sich diesen Vorteil nicht entgehen

Der Entwurf des Erbhofentschuldungsgesetzes war zwar zunächst zusammen mit dem Entwurf des Reichserbhofgesetzes vom Reichskabinett in der Sitzung vom 26. September 1933 allgemein gebilligt worden. Das Erbhofentschuldungsgesetz kam dennoch nicht zustande, da zunächst auf der anschließenden Chefbesprechung vom 27. September 1933 über die Erbhofentschuldung keine Einigung erzielt werden konnte und der Erbhofentschuldungsgesetzentwurf entsprechend abgeändert wurde.[482] Zusätzlicher Widerstand gegen die geplante Erbhofentschuldung formierte sich auch auf Seiten des von Schacht[483] geführten Reichsbankdirektoriums. Dieses lehnte gegenüber dem Reichsernährungsministerium mit einem Schreiben vom 29. September 1933 insbesondere die „vorgesehene gleichmäßige Belastung aller Erbhöfe“ ab und forderte stattdessen eine „stärker am ‚Leistungsprinzip' orientierte“ Inanspruchnahme der Höfe, die sich an der unterschiedlichen Verschuldung orientierte. Auch bemängelte es die geplante Finanzierung der Erbhofentschuldung auf Kosten der Gläubiger.[484]

Ungeachtet dieser Kritik äußerte Darré wenige Tage später vor der Presse:

„Das Entschuldungsgesetz hierüber ist fertig, nur wurde es zurückgestellt, weil wir noch einige Möglichkeiten, sozusagen generalstabsmässig, durchexerzieren wollen, ehe wir das Gesetz zur Tat werden lassen. Wir stehen auf dem Standpunkt, dass jetzt 14 Tage oder 3 Wochen, in denen wir alle Einzelheiten dieses Entschuldungsgesetzes prüfen, für die Zukunft des Bauerntums und der Wirtschaft nutzbringender angewandt sind, als wenn wir um eines billigen Effektes willen das Gesetz überstürzt herausbringen.“[485]

Indes schlossen sich der Reichsfinanz- und der Reichswirtschaftsminister der Kritik der Reichsbank im Oktober 1933 vollinhaltlich an.[486] Sie regten zahlrei-

---

zu lassen.“, Protokoll des Vortrags von Vogels (S. 26 f.) im „Verein für das Notariat in Rheinpreussen“, in: BArch R 3001/Akte 593, 3.

482 Der abgeänderte Entwurf findet sich in: BArch R 3001/Akte 1065, 6.

483 Schacht, Hjalmar Horace Greely. Bankier und Politiker. * 22. Januar 1877 in Tinglev (bei Tondern). 1916 Leiter der „Nationalbank für Deutschland“. 1918 Mitbegründer der DDP (Austritt 1926). 1923 Reichswährungskommissar. 1924 - 1930 und ab März 1933 Reichsbankpräsident. Ab Juli 1934 auch Reichswirtschaftsminister. Ab Mai 1935 Generalbevollmächtigter für die Wehrwirtschaft. November 1937 Entlassung als Reichswirtschaftsminister. Januar 1939 Entlassung als Reichsbankpräsident. Bis 1943 Reichsminister ohne Geschäftsbereich. Juli 1944 Verhaftung wegen vermeintlicher Kontakte zum deutschen Widerstand. 1946 Freispruch im Nürnberger Hauptkriegsverbrecherprozess. Ab 1953 Mitinhaber der von ihm gegründeten Privatbank Schacht & Co. in Düsseldorf. † 3. Juni 1970 in München.

484 Grundmann, S. 52

485 Rede Darrés vor der Presse vom 5. Oktober 1933, in: BArch R 3001/Akte 592, 26.

486 Schreiben Schwerin von Krosigks und Schmitts, in: BArch R 3001/Akte 1065, 10.

che Änderungen des Ausgangsentwurfs an und schlugen vor, das Finanzierungskonzept grundsätzlich zu überdenken, da das Finanzministerium statt der zugrunde gelegten Gesamtverschuldung der Erbhöfe von 6 Milliarden Reichsmark von einer Gesamtbelastung von 8,4 Milliarden. Reichsmark ausging.[487] Auf der weiteren Chefbesprechung vom 11. Dezember 1933 im Reichsernährungs-ministerium bahnte sich schließlich dann das endgültige Scheitern des Entschuldungskonzepts an, da hier in den zentralen Punkten des Gesetzes, der Verzinsung der Schuldverschreibungen und der Staffelung der Entschuldungsrenten, keine Einigung erzielt werden konnte.[488] Nach zahlreichen weiteren Verhandlungen und Entwurfsvorschlägen[489] teilte das Reichsernährungsministerium der Reichskanzlei schließlich Mitte Juli 1934 mit, dass eine Weiterverfolgung der Gesetzesvorlage einstweilen nicht in Frage käme. Im Oktober 1934 wurde das Projekt dann endgültig zu den Akten gelegt.[490]

3. Das Gesetz zur Regelung der landwirtschaftlichen Schuldverhältnisse

Die Erbhofentschuldung war somit in das allgemeine Entschuldungsverfahren auf der Grundlage des Gesetzes zur Regelung der landwirtschaftlichen Schuldverhältnisse vom 1. Juni 1933 einbezogen. Dieses Gesetz sah im Wesentlichen die Rückführung der Verschuldung auf die Grenze der Mündelsicherheit (2/3 des Betriebswertes) vor. Alle innerhalb dieser Grenze liegenden hypothekarisch gesicherten Forderungen blieben bestehen, wurden aber in unkündbare Tilgungsforderungen mit jährlichen Tilgungsraten von ½ bis 5 % umgewandelt. Zusätzlich kürzte man die nicht innerhalb der Mündelsicherheitsgrenze liegenden Hypotheken und die nicht dinglich gesicherten Forderungen um bis auf 50 %, wobei die Zinsleistungsgrenze berücksichtigt werden musste. Danach durften die Gesamtverpflichtungen des Betriebes an Zinsen und Tilgungsraten jährlich ein Zwanzigstel des Betriebswertes nicht überschreiten. Mit der Entschuldung war daher auch eine Herabsetzung der Verzinsung sämtlicher Forderungen auf höchstens 4 % verbunden.

Mit der Eröffnung des Schuldenregelungsverfahrens trat auch ein Vollstreckungsschutz für das gesamte Vermögen des Schuldners und eine Grundstücks-

487 Grundmann, S. 52 f; vgl. hierzu auch den Vermerk des RJM vom 20. November 1933, in: BArch R 3001/Akte 1065, 5.

488 Vermerk des RJM, BArch R 3001/Akte 1065, 17.

489 Vgl. u.a. Schreiben Schachts an das RJM vom 21. Dezember 1933, in: BArch R 3001/ Akte 1065, 19; Entwurf vom 27. Januar 1934, in: BArch R 3001/Akte 1065, 23; Vermerk über eine Besprechung über diesen Entwurf zwischen einem Vertreter des RJM und dem Ministerialrat Heinrich im REM, in: BArch R 3001/Akte 1065, 27; Entwurf vom Februar 1934, in: BArch R 3001/Akte 1065, 35; Entwurf vom 14. April 1934, in: BArch R 3001/Akte 1065, 39.

490 Grundmann, S. 54.

sperre ein. Dem Landwirt blieb die Wirtschaftsführung, die Verwertung seiner Einnahmen wurde ihm jedoch vorgeschrieben. Zum Schutz vor zukünftiger Verschuldung wurde nach Erledigung des Entschuldungsverfahrens eine Belastungsbeschränkung im Grundbuch vermerkt: Die Grundstücke durften dann nur noch bis zur Mündelsicherheitsgrenze und nur mit unkündbaren Tilgungsforderungen neu belastet werden, der über die Mündelsicherheitsgrenze hinausgehende Wert des Grundstücks galt als mit einer Sicherungshypothek zugunsten der Rentenbankkreditanstalt belastet. Bei entschuldungsunfähigen Betrieben – bei diesen überstiegen die jährlich aufzubringenden Leistungen trotz Festschreibung und Kürzung der Forderungen und Zinsherabsetzung die Zinsleistungsgrenze – wurde das Entschuldungsverfahren aufgehoben. Als „lebensunfähig" angesehen, wurden sie „dem Zugriff der Gläubiger freigegeben".[491]

Nur bei den Erbhöfen wurde die Entschuldung ohne Rücksicht auf die Höhe des Schuldenstandes durchgeführt. Dieses war jedoch auf Dauer nicht mehr in vollem Umfang tragbar, da die Erbhofentschuldung große Zuschüsse erforderte und „auch große geldliche Einbußen der Gläubiger" mit sich brachte.[492] Daher bestimmte Art. 10 der **Erbhofentschuldungsverordnung vom 20. Juni 1936**,[493] dass überschuldete Erbhöfe nur noch bis zum Ablauf des Jahres 1936 einen Antrag auf Eröffnung des Entschuldungsverfahrens stellen konnten; eine Frist, die später noch einmal bis zum 15. Januar 1937 verlängert wurde.

Bis zum Zweiten Weltkrieg wurden auf der Grundlage dieses Gesetzes und der Durchführungsverordnungen insgesamt 200.000 Betriebe entschuldet. Die Gesamtlandwirtschaft konnte ihre Schulden bis 1938 um etwa 10 % von 12,4 Milliarden Reichsmark auf etwa 11 Milliarden zurückführen und die Zinslast der Betriebe damit von 13,6 % auf 5,8 % der Verkaufserlöse senken. Hierzu trug allerdings auch der Anstieg der Verkaufserlöse bei.[494]

4. Die Einführung der Verschuldensgrenze

Da nach dem Ablauf der Frist des 15. Januar 1937 die Gefahr der Entstehung von hoch belasteten und daher entschuldungsunfähigen Erbhöfen bestand, musste eine Bestimmung geschaffen werden, die mit der Einführung einer Schuldenhöchstgrenze für Erbhöfe diesem ungewollten Ergebnis entgegenwirkte. Den entscheidenden Anstoß in diese Richtung gab das Reichsernährungsministerium, welches Ende Mai 1936 dem Reichsjustizministerium durch Johae den Entwurf einer entsprechenden Regelung übergeben ließ. Dieser Entwurf sah insbesondere vor, dass die Erbhofeigenschaft einer Besitzung nur noch begründet werden konnte, wenn zu dem Zeitpunkt, zu dem die sämtlichen Erfordernisse des Geset-

491 Stoll/Baur, S. 144 f.
492 Baumecker, 4. Auflage, § 1 EHRV, Rn. 5.
493 RGBl. 1936, Teil I, S. 496.
494 Haushofer, Landwirtschaft im technischen Zeitalter, S. 297.

zes erstmalig erfüllt waren, der Gesamtbetrag der Schulden des Eigentümers 70 % des zuletzt festgestellten steuerlichen Einheitswerts nicht überstieg und der Schuldendienst bei ordnungsgemäßer Bewirtschaftung des Hofes und bei angemessener Lebenshaltung tragbar war.[495]

Das Reichsjustizministerium arbeitete den Vorschlag des Reichsernährungsministeriums zur Einführung einer Schuldengrenze bei 70 % des Einheitswertes in seinen Erbhofergänzungsverordnungsentwurf vom 1. Juli 1936 ein, wobei es einige inhaltliche Veränderungen und Ergänzungen vornahm: So sah § 1 Abs. 3 des Entwurfs eine Anwendung der Kapitalisierungsvorschriften der Kostenordnung für wiederkehrende Leistungen zur Berechnung des Schulden-Gesamtbetrages vor.[496] Mit Schreiben vom 28. Juli 1936 stimmte das Reichsernährungsministerium durch Saure der vom Reichsjustizministerium vorgeschlagenen Regelung zwar im Grundsatz zu, kritisierte jedoch diese Anwendung der Kapitalisierungsvorschriften der Kostenordnung für wiederkehrende Leistungen. Es hielt die Vorschriften „schon ihrer eigentlichen Zweckbestimmung nach" für „weniger geeignet, den richtigen Maßstab für die Bewertung im Rahmen des § 1 zu geben." Die hierauf beruhende Vervielfachung sei viel zu hoch. Das Reichsernährungsministerium hielt die Schuldengrenze von 70 % des Einheitswertes schon an sich für „recht vorsichtig gewählt" und bemängelte, dass damit „im Interesse klarer wirtschaftlicher Verhältnisse auf dem Erbhof und eines klar und einfach zu handhabenden Maßstabes (...) auf die Entstehung manchen Erbhofs Verzicht geleistet" werde, „dem die Erbhofeigenschaft meist unbedenklich zugesprochen werden könnte". Nach Ansicht des Reichsernährungsministeriums bestand daher

„kein Anlaß, darüber hinaus die Entstehung neuer Erbhöfe durch eine allzu strenge Bewertung – vor allem der Altenteile – mehr als nötig zu erschweren. An sich sind die wiederkehrenden Leistungen besser als alle Kapitalschulden einer unmittelbaren Prüfung auf ihre Tragbarkeit, gemessen an der Ertragsfähigkeit des Hofes, zugängig. Wenn in § 1 nun für alle Schulden ein einheitlicher Schuldkapitalmaßstab genommen wird, so darf die rechnerisch erforderliche Kapitalisierung der wiederkehrenden Leistungen nicht die wahre Bedeutung dieser Schulden im Rahmen der Gesamtbelastung außer acht lassen. Soweit es sich nicht um Rentenschulden handelt, wirken sich diese Schulden in der Regel keineswegs wie eine entsprechend kapitalisierte und allmählich zu tilgende Kapitalschuld aus. Dies gilt vor allem für die Altenteile und den bei ihnen zur Anwendung kommenden Kapitalisierungsfaktor. Bei ihnen kommt noch hinzu, daß § 36 der Verordnung es bei Erbhöfen erlaubt, unangemessene Altenteilsforderungen neu festzusetzen. Schließlich können die nicht in Geld zu erbringenden

495 Entwurf einer Ausführungsvorschrift zu § 1 REG, in: BArch R 3001/22197, 105 f.

496 §§ 1 und 2 des Erbhofergänzungsverordnungsentwurfs vom 1. Juli 1936 (späterer § 1 Abs. 5 EHRV), in: BArch R 3001/22197, 103 f.

wiederkehrenden Leistungen nicht allgemein in ihren vollen Geldwert umgerechnet werden, da sie erfahrungsgemäß meist nicht in voller Höhe beansprucht und benötigt werden. Hier ist eine Schätzung nach billigem Ermessen am Platze. Für die zutreffende Bewertung und Kapitalisierung aller wiederkehrenden Leistungen erscheinen mir danach mit einigen unwesentlichen Änderungen die Vorschriften als die richtigen, die die Schuldenregelung vom 15. September 1933 (RGBl. I S. 641) unter Heranziehung von Bestimmungen des Reichsbewertungsgesetzes aufgestellt hat."[497]

Entsprechend legte Saure einen Gegenvorschlag vor, nach dem bei Prüfung des Gesamtbetrages der Schulden als Wert der vom Eigentümer geschuldeten wiederkehrenden Leistungen die Summe der einzelnen Jahreswerte, höchstens jedoch der 12½ fache Betrag der Jahresleistung angesetzt werden sollte. Bei Leistungen, die auf die Lebenszeit einer Person bestimmt waren, sollte der Wert der Leistung für ein Lebensalter nach dem einer Staffelung für Altersklassen zwischen 15 und 80 zu entnehmenden Faktor entnommen werden.[498]

Das Reichsernährungsministerium konnte sich mit seinem Vorschlag jedoch nicht gegen das Reichsjustizministerium durchsetzen. Nach der Besprechung vom 16. Oktober 1936[499] gingen die vom Reichsjustizministerium ausgearbeiteten Vorschläge in § 1 EHRV auf:[500] Gemäß § 1 Abs. 1 Nr. 2 EHRV konnte eine Besitzung nur noch dann Erbhof werden, wenn die Verschuldung des Eigentümers nicht 70 % des Einheitswertes der Besitzung überstieg. Der Einheitswert wurde anhand der §§ 28 ff. **RBewG vom 16. Oktober 1934** für land- oder forstwirtschaftliches Vermögen[501] festgestellt. Hinsichtlich der Verschuldung wurden grundsätzlich alle persönlichen und dinglichen Schulden des Eigentümers berücksichtigt, die zur Zeit der Prüfung der Voraussetzungen begründet waren. Bei der Bewertung von geschuldeten wiederkehrenden Leistungen waren zwar, wie vom Reichsjustizministerium vorgeschlagen, die Vorschriften der Kostenordnung anzuwenden. Allerdings war hierbei gemäß § 1 Abs. 3 EHRV nur die Hälfte des Betrages anzusetzen, der sich bei Anwendung der Vorschriften des § 22 Abs. 1, 2, 5 der Kostenordnung vom 25. November 1935[502] ergab. Insoweit kam das Reichsjustizministerium dem Reichs-

497 Schreiben Saures vom 28. Juli 1936, in: BArch R 3001/22197, 421 ff.

498 Der veränderte § 1 Abs. 3 und der ergänzte § 1 Abs. 4 des Entwurfs findet sich in: BArch R 3001/22197, 421-424.

499 Siehe hierzu die Vermerke von Hopp und Vogels, BArch R 3001/22198, 4-30.

500 § 1 des RJM-Entwurfs zur EHRV von Mitte November 1936, in: BArch R 3001/22198, 144 f. und § 1 des RJM-Entwurfs von Anfang Dezember 1936, in: BArch R 3001/22199, 159.

501 RGBl. 1934, Teil I, S. 1035.

502 RGBl. 1936, Teil I, S. 1371.

ernährungsministerium entgegen.[503] Eine spätere Überschreitung der Schuldengrenze war im Übrigen für das Vorliegen der Erbhofeigenschaft irrelevant, § 1 Abs. 4 EHRV. § 1 Abs. 5 EHRV sah mehrere Ausnahmen vom Höchstschuldenerfordernis des § 1 Abs. 1 Nr. 2 EHRV vor: Bei Höfen, die im Rahmen des Siedlungsverfahrens gebildet worden waren, § 1 Abs. 5 Nr. 1 EHRV; bei Betrieben, die durch Zulassung des Reichsernährungsministeriums gemäß § 5 REG eine Ausnahme vom Höchstgrenzenerfordernis des § 3 REG erhielten, § 1 Abs. 5 Nr. 2 EHRV; und schließlich bei Besitzungen, bei denen die Voraussetzungen für die Entstehung der Erbhofeigenschaft im Zuge eines über das Vermögen des Eigentümers durchgeführten Entschuldungsverfahrens erfüllt wurden, § 1 Abs. 5 Nr. 3 EHRV.

Bei der Einführung des Erbhofrechts in den neuen Reichsgebieten trat die Schuldengrenzenregelung des § 1 EHRV zunächst nicht in Kraft, um die Betriebe in diesen Gebieten in der Entschuldungsfrage grundsätzlich nicht schlechter zu stellen als das sogenannte Altreich. Erst mit der Verordnung vom 25. September 1941 trat § 1 EHRV in der sogenannten Ostmark, im Memelland, in den ehemals sudetendeutschen Gebietsteilen und im Sudetenland mit Wirkung vom 2. Oktober 1941 in Kraft.[504]

C. Erbhofbildung durch Teilung größeren Grundbesitzes

Die Regelung des § 4 REG bezog sich auf die Teilung von Nichterbhof-Großgrundbesitz in mehrere Einzelbetriebe unter 125 ha.[505] Eine Bildung mehrerer Erbhöfe war auf diesem Wege nur dann zulässig, wenn die neu entstandenen Höfe zum einen die Erbhofvoraussetzungen der §§ 1-3 REG erfüllten, § 4 Nr. 1 REG. Zum anderen durfte der Gesamtbetrag der Schulden des teilenden Gutseigentümers nicht mehr als 30 % des zuletzt festgestellten steuerlichen Einheitswertes betragen, § 4 Nr. 2 REG.[506] Mit dieser Schuldengrenze sollte, obwohl die innerbetriebliche Teilung des Großbesitzes zur Schaffung von Erbhö-

503 Dementsprechend lautete die Begründung für die lediglich hälftige Berücksichtigung der Beträge, dass es sich bei wiederkehrenden Leistungen in landwirtschaftlichen Betrieben in der Regel um Naturalleistungen (z. B bei der Erfüllung von Altenteilsverpflichtungen) handelte, so dass die Berechnung der vollen Wertbeträge als unzweckmäßig betrachtet wurde, Baumecker, 4. Auflage, § 1 EHRV, Rn. 8.

504 Vgl. hierzu das Schreiben des REM an das RJM vom 17. Juni 1941, in: BArch R 3001/22169, 353 f., 356 f.

505 Zur Teilung bestehender Erbhöfe vgl. die Ausführungen zu § 64 Abs. 3 DVO. I und § 27 EHRV. Blieben die Erbhöfe in der Hand des früheren Eigentümers, so wirkte beim Erbfall die Regelung des § 23 REG.

506 Zur Teilung größeren Grundbesitzes vgl. Capitain, JW 1934, 1393 ff.; Mettenheim, JW 1934, 810 f.; Hopp, Geschäftsgang in Erbhofsachen; Ristow, DJ 1934, 289 f.

fen vom Gesetzgeber prinzipiell gewollt war, insbesondere der überschuldete Großbesitzes von den Vergünstigungen der Reichserbhofrechts ferngehalten werden. Dabei befürchtete man, dass die Einbeziehung einzelner übermäßig verschuldeter Betriebe den Erfolg der geplanten Erbhofentschuldung gefährden könnte.[507] Die im § 4 Nr. 2 REG vorgesehe Schuldengrenze des Eigentümer von 30 % des steuerlichen Einheitswertes war dabei erst das Endergebnis der Gesetzesverhandlungen. Sowohl der Darrésche Ausgangsentwurf[508] als auch der Entwurf des Reichsjustizministeriums vom 23. September 1933[509] hatten die Schuldengrenze ursprünglich noch bei 20 % des steuerlichen Einheitswertes angesetzt. In der Kabinettsvorlage zur Sitzung am 26. September 1933 jedoch hob man diese Schwelle auf 30 % an.[510]

D. Der Verlust der Erbhofeigenschaft

I. Grundsatz

Die persönlichen und sachlichen Voraussetzungen der Erbhofeigenschaft brauchten grundsätzlich nur bei der Entstehung eines Erbhofes vorzuliegen. Ihr späterer Wegfall war entweder unschädlich oder mangels einer erforderlichen anerbengerichtlichen Genehmigung gar nicht möglich: Fielen persönliche Erbhofvoraussetzungen weg, wie zum Beispiel durch den Entzug der Staatsangehörigkeit, so änderte dieses nichts an der Erbhofeigenschaft der Besitzung. Es sollte „nicht im Belieben des Bauern stehen, dem Hof die Erbhofeigenschaft" zu nehmen und ihn dem Anwendungsbereich des Reichserbhofgesetzes wieder zu entziehen.[511]

Bei den sachlichen Erbhofvoraussetzungen war dies zwar grundsätzlich anders. Ihr Wegfall, zum Beispiel der dauernde Verlust der Hofstelle oder der Ackernahrung, konnte zum Erlöschen der Erbhofeigenschaft führen. Das Reichserbhofrecht selbst sperrte jedoch diese Möglichkeit grundsätzlich durch verschiedene gesetzliche Regelungen, nach denen in der Regel ein Erlöschen der Erbhofeigenschaft nicht durch den Bauern selbst, sondern erst infolge einer behördlichen Genehmigung ausgelöst werden konnte. Allerdings gab es diesbezüglich verschiedene genehmigungsfreie Lücken, die vom Gesetzgeber auf

507 Wagemann/Hopp, 3. Auflage, S. 79.

508 Art. II § 1 Abs. 4 des REM-Entwurfs vom 19. September 1933, in: BArch R 3001/ Akte 591, 87.

509 § 4 des Entwurfes des RJM vom 23. September 1933, BArch R 3001/in: Akte 591, 90.

510 § 4 der Kabinettsvorlage vom 25. September 1933, in: BArch R 3001/Akte 591, 92.

511 Gülland, Reichserbhofrecht, S. 26 f.

Grundlage seiner Ermächtigung des § 61 REG im Laufe der Zeit gefüllt werden mussten.[512]

II. Die Genehmigungsfreiheit der innerbetrieblichen Teilung. Die Vergrößerung über die Erbhofhöchstgrenze

Während ein Verlust der Erbhofeigenschaft im Rahmen einer Veräußerung an einen Dritten durch das Genehmigungserfordernis des § 37 Abs. 1, Abs. 2 REG praktisch ausgeschlossen war, bestand eine Lücke hinsichtlich der innerbetrieblichen Erbhofteilung, auf die § 37 REG vom Wortlaut her nicht anwendbar war. Mangels Genehmigungsbedürftigkeit konnte somit ein Erbhofeigentümer mit einer innerbetrieblichen Teilung eine Situation herstellen, die im Ergebnis zur Zersplitterung des ursprünglichen Erbhofes nach § 23 REG führen konnte. Da es aber „nicht im Sinne des Erbhofrechts" lag, „alle bestehenden Höfe bis zur Ackernahrungsgrenze zu verkleinern,"[513] erging zur Füllung dieser Lücke § 64 Abs. 3 DVO. I, der mit seinem Genehmigungserfordernis für die Teilung eines bestehenden Erbhofes ein „Korrelat zum Veräußerungsverbot des § 37 REG" schuf.[514]
Auch hatte das Reichserbhofgesetz ursprünglich die umgekehrte Fragestellung nach den Auswirkungen einer nachträglichen Vergrößerung eines Erbhofes über die 125 ha-Grenze hinaus offen gelassen. Denn auch durch eine solche Vergrößerung konnte der Verlust der Erbhofeigenschaft eintreten. Zur Vermeidung dieses Ergebnisses erging § 60 DVO. I. Nach dieser Bestimmung konnte durch Hinzunahme von Grundstücken über die Gesamtfläche von 125 ha hinaus die Erbhofeigenschaft nicht verloren gehen. Allerdings fielen die hinzugenommenen Flächen auch nicht automatisch unter die erbhofrechtlichen Regelungen, sondern wurden nur dann zum Erbhofbestandteil, wenn der Reichsernährungsminister hierzu eine Genehmigung gemäß § 5 REG erteilte, § 60 Abs. 1 DVO. I. Entsprechendes galt für die Vergrößerung von Besitzung, die auf Grund des § 5 REG Erbhof geworden waren, § 60 Abs. 2 DVO. I.

Wurde eine Genehmigung nicht erteilt, so fanden die erbhofrechtlichen Bestimmungen für die hinzugenommen Flächen keine Anwendung, so dass diese ins sogenannte Allod, das Nichterbhofvermögen, fielen. Allerdings blieb dem Bauern in der Praxis die Möglichkeit, die hinzugewonnene Fläche so aufzuteilen, dass mit einem Teil davon die 125 ha-Grenze nicht überschritten wurde, so dass dieser Teil dann Erbhofeigenschaft erlangte. Die Bestimmung des § 60 DVO. I entsprach somit der grundsätzlichen Zweckrichtung des Reichserbhofgesetzes, einerseits die Erbhöfe zu erhalten, ohne Großgrundbesitz zu fördern.

512 Zur Frage der ständigen Verpachtung vgl. die Ausführungen zum § 64 Abs. 2 DVO. I.

513 Wagemann/Hopp, 3. Auflage, S. 375.

514 Hennig, S. 593.

Andererseits sollte eine Ausdehnung auch über die Fläche von 125 ha hinaus nicht kategorisch ausgeschlossen werden. § 60 DVO. I. ging später im § 2 EHRV auf.[515]

E. Der Wegfall des Anerbenschutzes für Nichterbhöfe

I. Allgemeines

Das Reichserbhofgesetz enthielt „für den in Erbhöfe gegliederten deutschen Boden eine feste, in sich geschlossene Ordnung".[516] Die „ideale" Betriebsform dieser Ordnung war der im Vorspruch des Gesetzes ausdrücklich hervorgehobene kleine und mittlere Bauernhof. An einer „Verewigung" anderer Wirtschaftsformen lag dem nationalsozialistischen Gesetzgeber dagegen nichts. Daher unterließ er es, für den sonstigen land- und forstwirtschaftlich genutzten Grundbesitz – den Großgrundbesitz sowie die Kleinbetriebe – eine eigene Ordnung zu schaffen. Vielmehr sollte „die Zahl der Erbhöfe auf Kosten der anderen landwirtschaftlichen Betriebe immer weiter vermehrt und so ein seßhaftes, auf freien, in ihrem Besitzstand abgerundeten Höfen wirtschaftendes Bauerntum" geschaffen werden.[517] Vor dem Hintergrund dieser Zielvorgabe erging nicht nur die Regelung des § 60 REG, sondern auch die Aufhebung der Fideikommisse und Familienstiftungen durch das Gesetz vom 6. Juli 1938.

II. Das Außerkrafttreten der Anerbenvorschriften der Länder

§ 60 Abs. 1 REG bewirkte dementsprechend, dass mit dem Inkrafttreten des Gesetzes gleichzeitig die landesgesetzlichen Vorschriften über das Anerbenrecht außer Kraft traten.[518] Das Reichserbhofgesetz ging dabei in seiner Rigorosität über das Preußische Bäuerliche Erbhofrecht hinaus, dessen Schonvorschrift des § 57 Pr. EHR noch bestimmt hatte, dass die bisherigen Anerbengesetze erst dann außer Kraft treten sollten, wenn über die Eintragung des Hofes in die Erbhöferolle entschieden worden war. Stattdessen gewährte § 60 Abs. 2 REG Ausnahmen für bestimmte Güterarten: So sollten die landesgesetzlichen Vorschriften über das Anerbenrecht bei den auf Grund der Gesetze über die Auflösung der Fideikommisse gebildeten Gütern, insbesondere bei den Wald- und Deichgüter,

515 § 2 EHRV entsprach § 3 des RJM-Entwurfs einer Erbhofergänzungsverordnung vom 1. Juli 1936, in: BArch R 3001/22197, 231-248, 232 f.

516 Stoll/Baur, S. 38.

517 Stoll/Baur, S. 38.

518 Eine Aufzählung der außer Kraft gesetzten Anerbengesetze findet sich bei Baumecker, 4. Auflage, § 60 REG, Rn. 1.

unberührt bleiben, soweit diese nicht ohnehin Erbhof wurden. Gleiches galt für Erbpachtgüter.

III. Die Nichterfassung des bäuerlichen Kleinbesitzes

Für die landwirtschaftlichen Betriebe unterhalb der Ackernahrungsgrenze fielen somit gemäß § 60 Abs. 1 REG alle landesgesetzlichen Vorschriften über das Anerbenrecht weg.[519] Auf sie waren im Erbgang nur noch die bürgerlich-rechtlichen Regelungen anwendbar, was die Zerschlagung im Erbgang bedeuten konnte. Der Erblasser hatte lediglich die Möglichkeit, sein Anwesen von einem der Erben zum Ertragswert übernehmen zu lassen bzw. dieses dem Reichsheimstättengesetz[520] zu unterstellen.[521]

Insbesondere für Kleinbetriebe auf guten Standorten wurde diese Folge des Reichserbhofrechts mit gewissen Vorbehalten aufgenommen. So trat zum Beispiel die Schaumburg-Lippische Landesregierung bereits Mitte Oktober 1933 dafür ein, das Schaumburg-Lippische Anerbengesetz vom 24. März 1909, welches lediglich eine Mindestgröße von 1,5 ha vorausgesetzt hatte, in diesem Punkt aufrechtzuerhalten, „da sich in Schaumburg-Lippe im wesentlichen kleine und mittlere Bauernhöfe befinden und sich die Verhältnisse auf Grund der Bestimmungen der vorgenannten Gesetzes ausserordentlich gut entwickelt haben. Es würde zweifellos ein ausserordentlicher Nachteil sein, wenn die Grösse einer selbständigen Ackernahrung auf 30 oder 40 Morgen erhöht würde."[522]

---

519 Viele bisherige Anerbengesetze hatten sich auch auf Betriebe erstreckt, die kleiner als eine Ackernahrung waren. So hatte z. B. das braunschweigische Höfegesetz von 1874 überhaupt keine Mindestgrenze vorgesehen und alle kleinbäuerlichen Betriebe mit einbezogen. Auch § 22 des Preußischen Bäuerlichen Erbhofrechts hatte für landwirtschaftlichen Kleinbesitz noch die Möglichkeit vorgesehen, dass diese auf Antrag in die Höferolle aufgenommen werden konnten.

520 Vgl. § 25 RheimstG vom 10. Mai 1920, RGBl. 1920, S. 962. Diese Bestimmung ermöglichte die Unterstellung von Kleinbetrieben unter das Heimstättenrecht, wodurch ein Schutz gegen Veräußerung, Teilung, Belastung und Vollstreckung erreicht werden konnte.

521 Hierauf wies Vogels, auch in Hinblick auf die Kritik an der Regelung des § 60 REG, in seinem Vortrag „Das Erbhofrecht und seine Anwendung in der Praxis" auf der fachwissenschaftlichen Woche für Justizbeamte vom 7. - 12. Oktober 1935 hin, Protokoll dieses Vortrages, in: BArch R 3001/22165, 185-211, 192. Diese Möglichkeit der Unterstellung unter das Reichsheimstättengesetz war jedoch nicht unumstritten: Bejahend u.a. Vogels, 3. Auflage, S. 61 und Baumecker, 4. Auflage, § 2 REG, Rn. 23. Verneinend dagegen Wenzel-Friedrich, S. 13, der davon ausging, dass durch § 60 Abs. 1 REG die auf Grund des Heimstättengesetzes von den Ländern erlassenen Bestimmungen aufgehoben worden waren.

522 Schreiben der Schaumburg-Lippischen Landesregierung an das RJM vom 13. Oktober 1933, in: BArch R 3001/Akte 595, 142.

Die Antwort des Reichsjustizministeriums hierauf war jedoch ablehnend und zeigte den grundsätzlichen Willen des Gesetzgebers, die Zerschlagung des landwirtschaftlichen Kleinbesitzes herbeizuführen:

„Das Erbhofgesetz hat davon abgesehen, die für einen Erbhof zulässige Größe nach unten durch eine feste Ziffer zu begrenzen, es hat vielmehr seiner Grundtendenz entsprechend als untere Grenze die Größe einer Ackernahrung in dem in § 2 Abs. 2 und § 6 näher bezeichneten Sinne festgesetzt. Danach wird je nach Bodenart und Klima die Mindestgröße eines Erbhofs verschieden zu bemessen sein. Im Reichsdurchschnitt dürfte sie etwa 7 1/2 ha betragen, in besonders fruchtbaren Gegenden kann sie erheblich niedriger angenommen werden. Ein Landbesitz von nur 1 1/2 ha dürfte allerdings auch in fruchtbarer Gegend wohl kaum mehr als Ackernahrung anzusehen sein. Eine Änderung der in § 2 des Gesetzes getroffenen Regelung kann, da sie mit dem Wesen des Gesetzes unvereinbar wäre, nicht in Betracht gezogen werden.“[523]

Darauf, dass der Ausschluss der Kleinbauern vom Reichserbhofrecht – und der damit verbundene Ausschluss von der geplanten Erbhofentschuldung – den Interessen der eigenen politischen Anhängerschaft auf dem Land nicht entgegenkam, wies allerdings auf der Notartagung vom 4. November 1933 der badische Notar Rimmelin hin: „Die Wohltat des Gesetzes kommt zumeist den Bauern zugute, die der nationalsozialistischen Bewegung ferngestanden haben. Die mit dem kleineren Besitz waren wirtschaftlich in schlechterer Lage, waren aktiver und haben auch der Bewegung gedient. Sie geniessen aber nicht die Vorteile der Entschuldung.“[524]

Dass die Ackernahrungsgrenze darüber hinaus ein eher willkürliches Abgrenzungskriterium war, zeigte sich zumal in den Fällen, in denen kleinere Betriebe zwar durch Hinzupacht von Land in der Lage waren, selbstgenügsam im Sinne des Gesetzes zu wirtschaften, eine Ackernahrung aber dennoch nicht angenommen wurde, da zur Berechnung derselben nur zum Hof gehörendes Eigentum berücksichtigt wurde. Auch diese Fälle stellten keine zahlenmäßig zu vernachlässigende Größe dar, so dass selbst NS-Funktionäre für einen Schutz dieser Höfe eintraten. So spricht ein Schreiben der Gau-Leitung Ost-Hannover vom 14. Juni 1934 von ca. 800 Betrieben allein im Bezirk des Landgerichtes Lüneburgs, die zwar die Mindestgröße des § 2 REG nicht erreichten, aber nach Ansicht der Gau-Leitung dennoch „in gleichem Maße wie die Erbhöfe besonderen gesetzlichen Schutz“ verdienten.[525]

---

523 Antwortschreiben des RJM an die Schaumburg-Lippische Landesregierung, in: BArch R 3001/ Akte 595, 144.

524 So Notar Rimmelin (Baden) auf der Besprechung vom 4. November 1933, Protokoll des BNSDJ (Fachgruppe Notare), in: BArch R 3001/Akte 592, 112.

525 Schreiben der Gau-Leitung Ost-Hannover an das Preußischen Justizministerium vom 14. Juni 1934, in: BArch R 3001/Akte 596, 159 c.

Auch der Präsident des Landeserbhofgerichtes Celle, Springmann, regte im Schreiben vom 21. Juni 1934 die Schaffung einer gesetzlichen Möglichkeit an, nach der auch der kleinere landwirtschaftliche Nichterbhofbesitz ohne Übergabevertrag oder letztwillige Verfügung ungeteilt vererbt werden konnte:

„In der Provinz Hannover gibt es eine große Zahl von Neu-, An- und Abbauerstellen, die in der Hannoverschen Höferolle eingetragen waren, die aber in die Erbhöferolle nicht eingetragen werden können, weil sie zu klein sind. Dabei haben die Eigentümer dieser Stellen vielfach soviel Land zugepachtet, daß sie ausschließlich von der Landwirtschaft leben können. Auch sie sind nach ihrer Denkungs-, Lebensweise und Lebenshaltung als Bauern zu bezeichnen."

Des Weiteren wies Springmann darauf hin, dass eine ungeteilte Vererbung erwünscht sei, da diese kleinen Stellen den Grundstock zu werdenden Erbhöfen bildeten und sich auch durch besonderen Kinderreichtum auszeichneten.[526]

Von Seiten des Gesetzgebers kam es jedoch trotz dieser Problematik zu keinen ernsthaften Bestrebungen hinsichtlich einer Herabsetzung der Mindestgröße oder der Wiederherstellung eines anerbenrechtlichen Schutzes für die kleinbäuerlichen Betriebe.[527]

IV. Das Wiederinkrafttreten des Tiroler Höferechts

Durch die Einführung des Erbhofrechts in Österreich traten auch die dortigen Anerbengesetze außer Kraft. Für Tirol hatte das zur Folge, dass einerseits lediglich wenige tausend Erbhöfe entstanden, gleichzeitig der anerbenrechtliche Schutz durch das Tiroler Gesetz vom 12. Juni1900[528] für zahlreiche Bergbauernhöfe, die keine Ackernahrung gewährleisteten, wegfiel. Zur Erhaltung der Wirtschaftseinheit dieser Betriebe musste – nach starkem Protest der Bauern und örtlicher Stellen – durch die **Verordnung zur Ergänzung der Vorschriften über die Einführung des Erbhofrechts in der Ostmark vom 17. April 1940**, das Tiroler Anerbenrecht rückwirkend zum 1. August 1938 wieder in Kraft gesetzt werden.[529]

526 Schreiben des Präsidenten des Landeserbhofgerichtes Celle, Springmann, an den Preußischen Justizminister vom 21. Juni 1934, in: BArch R 3001/Akte 596, 159 f.

527 Vgl. hinsichtlich einzelner Bestrebungen zur Veränderung der Mindestgröße, Pfleiderer, WürttZ 1934, 70.

528 LGBl. für Tirol Nr. 47.

529 Johae, RdRN 1940, 241.

V. Rechtsvereinheitlichung durch Aufhebung der Anerbengesetze

Die durch die Aufhebung der Länderbestimmungen zum Anerbenrecht bewirkte Rechtsvereinheitlichung war ein typisches Kennzeichen des nationalsozialistischen Rechtsdenkens, Ausdruck einer antiföderalen Grundhaltung. Mit dem Reichserbhofgesetz wurde für das gesamte Reichsgebiet ein einziges allgemein verbindliches bäuerliches Erbrecht geschaffen. In dieser Rechtsvereinheitlichung sahen sich die Autoren des Reichserbhofgesetzes in einer Linie mit Bestrebungen, die zur Vereinheitlichung des materiellen Zivilrechts im BGB geführt hatten. So begrüßte zum Beispiel Vogels ausdrücklich die Rechtsvereinheitlichung, die das BGB gebracht hatte und als deren Fortsetzung er nun das Reichserbhofgesetz betrachtete: „Im Einführungsgesetz zum Bürgerlichen Gesetzbuch haben wir eine ganze Reihe von Gegenständen ausnehmen müssen, weil damals eine Einigung über diese Dinge nicht erzielt werden konnte. Man hat nicht mit Unrecht gesagt, daß die Liste der landesrechtlichen Vorbehalte im Einführungsgesetz zum BGB die Verlustliste der deutschen Rechtseinheit darstelle. Und auf dieser Verlustliste steht auch als einer der wichtigsten Punkte das Anerbenrecht.“[530]

F. Familienfideikommisse und ähnliche gebundene Güterarten

I. Erbhofrecht und Familienfideikommissrecht

Neben dem bäuerlichen Anerbenrecht war auch das Recht der Familienfideikommisse ein vom bürgerlichen Erbrecht abweichender Regelungsbereich. Fideikommisse waren Vermögensmassen, die auf Grund einer gesetzlichen Ermächtigung durch einen Willensakt eines Stifters – entweder durch Rechtsgeschäft unter Lebenden oder durch Verfügung von Todes wegen – ausgesondert wurden, um sie einer Familie dauerhaft zu erhalten. Die unmittelbare Nutzung des Fideikommisses kam in einer vom Stifter zu bestimmenden Folgeordnung einem oder mehreren Mitgliedern der Familie zugute. Auch war der jeweilige Fideikommissbesitzer zur Bewahrung des Vermögens regelmäßig in der Möglichkeit der Belastung oder Veräußerung beschränkt.[531]

Ursprünglich konnte und wurde die Fideikommissfolge ohne eine zeitliche Begrenzung angeordnet. Auch das BGB führte auf dem Gebiet der Familienfideikommisse keine Rechtsvereinheitlichung herbei, § 59 EGBGB ordnete an,

530 Vortrag von Vogels im „Verein für das Notariat in Rheinpreussen“ am 22. Oktober 1933 in Köln, in: BArch R 3001/Akte 593, 3.

531 Zur Entwicklung des Fideikommißrechts vgl. vertiefend Eckert, Der Kampf um die Familienfideikommisse in Deutschland.

dass die Familiengüter des Adels als Besitzungen mit besonderen Verkehrsbeschränkungen auf Grund des Landesrechts bestehen bleiben sollten. 1914 gab es vor diesem rechtlichen Hintergrund insgesamt 2314 Fideikommisse mit einer Gesamtfläche von 3.206.000 ha, wovon 1,4 Millionen ha auf Wald entfielen.[532] Art. 155 Abs. 2 Satz 2 WRV ordnete dann die Auflösung der Fideikommisse an, deren Abwicklung den jeweiligen Ländern des Reiches oblag. Diese gingen unterschiedlich strikt vor. Während zum Beispiel Bayern und Baden das sofortige Erlöschen der Fideikommisse anordneten, gingen die meisten anderen Reichsländer einen anderen Weg, wie zum Beispiel Preußen, das mit dem Zwangsauflösungsgesetz vom 22. April 1930[533] ein schrittweises Erlöschen der Fideikommisse anordnete. Die Auflösungsgesetze enthielten in der Regel auch ein besonderes Anerbenrecht für die aufgelösten Güter. Diese Landesgesetze über die Familienfideikommisse blieben zunächst in Kraft. Auch ließ § 60 Abs. 2 REG das besondere Anerbenrecht dieser Auflösungsgesetze ausdrücklich fortbestehen.

Insbesondere auf dem Gebiet der Erbfolgeregelungen bestanden nicht von der Hand zu weisende Ähnlichkeiten zwischen den Familienfideikommissen und den Erbhöfen. Wie im Recht der Erb-, Stamm- und Familienfideikommissgüter wurde auch im Reichserbhofgesetz zwischen dem gebundenem und dem freiem Vermögen des Erbhofeigentümers unterschieden. Gemeinsamer Kerngedanke der Schutzgesetze war es, „zur Erhaltung des Geschlechts und seiner dauernden Verknüpfung mit der Heimat einen je nach Land und Leuten oder nach Zeitströmungen verschieden groß bemessenen Teil des Familienvermögens durch rechtliche, namentlich durch erbrechtliche Bindung vor Veräußerung, Teilung und Verschuldung zu schützen."[534]

Trotz dieser Ähnlichkeiten in der Erbfolgeordnung standen sich nach nationalsozialistischer Ansicht im Familienfideikommissrecht einerseits und im Erbhofrecht andererseits vollkommen unterschiedliche Zweckrichtungen gegenüber. Denn während das Reichserbhofrecht mit der Erhaltung des Bauerntums als „Blutquelle des deutschen Volkes" agrar- und bevölkerungspolitische Ziele verfolgte, diente aus Sicht der Nationalsozialisten das Recht der Familienfideikommisse „lediglich" der Erhaltung des Familiengutes und bevorzugte damit die Großgrundbesitzer. Dieses hemmte nach ihrer Ansicht entsprechend „die Entwicklung der bodenrechtlichen Verhältnisse auf dem durch das Reichserbhofgesetz gezeichneten Weg und beeinträchtigten die Einheitlichkeit der Bodenpolitik des Reiches."[535]

---

532 Baumecker, 4. Auflage, § 44 EHRV, Rn. 18.

533 Preußisches Zwangsauflösungsgesetz vom 22. April 1930, GS. S. 125.

534 Gülland, Reichserbhofrecht, S. 15.

535 Eckert, S. 747 f.

Aus diesem Grund wurde schließlich die Auflösung der Familienfideikommisse forciert betrieben. Nachdem zunächst durch Gesetz vom 26. Juni 1935[536] eine Rechtsvereinheitlichung herbeigeführt worden war, ordnete man schließlich durch das **Gesetz über das Erlöschen der Familienfideikommisse und sonstiger gebundener Vermögen vom 6. Juli 1938**[537] die Auflösung der noch bestehenden Fideikommisse an: Ab dem 1. Januar 1939 wurden diese zum freien Eigentum des letzten Fideikommissbesitzers. Betroffen waren hiervon die verbliebenen 900 Vermögen, mit einer Landfläche von ca. 1,7 Millionen Hektar, davon etwa 700.000 ha Wald.[538]

II. Das Inkraftlassen bestimmter anerbengesetzlicher Regelungen

Wie erwähnt blieben gemäß § 60 Abs. 2 REG die landesgesetzlichen Vorschriften über das Anerbenrecht bei den auf Grund der Gesetze über Auflösung der Fideikommisse gebildeten Gütern in Kraft, soweit diese Güter nicht Erbhof geworden waren. Gleiches galt für Erbpachtgüter. Zurück gingen diese Ausnahmeregelungen auf die Initiative des Reichsjustizministeriums. Darré, der den Großgrundbesitz als nicht schutzwürdig ansah, hatte nämlich im Ursprungsentwurf noch das ausnahmslose Außerkrafttreten aller das Anerbenrecht regelnden Landesgesetze vorgesehen.[539] Gürtner setzte sich jedoch demgegenüber auf der Besprechung vom 21. September 1933 nachdrücklich für einen Vorbehalt bei Renten-, Ansiedlungs- und Waldgütern und für die Aufrechterhaltung noch weiterer Schutzgesetze ein.[540] Entsprechend schlug das Reichsjustizministerium in seinem Entwurf vom 23. September 1933 vor, die landesgesetzlichen Vorschriften über das Anerbenrecht bei Rentengütern, Ansiedlungsgütern, Erbpachtgütern sowie bei Gütern, welche in den Gesetzen über Auflösung der Fideikommisse vorgesehen waren, nicht außer Kraft zu setzen.[541] Mit diesem Vorschlag konnte sich das Reichsjustizministerium größtenteils durchsetzen, zunächst allerdings unter Verzicht auf das das Weiterbestehen der landesgesetzlichen Vorschriften über die Anerbenrechte für Renten- und Ansiedlungsgüter.[542]

---

536 RGBl. 1935, Teil I., S. 785.

537 RGBl. 1938, Teil 1, S. 825.

538 Stoll/Baur, S. 122.

539 Art. II § 27 des Ausgangsentwurf des REM vom 19. September 1933, in: BArch R 3001/Akte 591, 87.

540 Protokoll von Vogels zur Besprechung vom 21. September 1933, in: BArch R 3001/ Akte 591, 93.

541 § 49 Abs. 2 des Entwurfs des RJM vom 23. September 1933.

542 § 57 der Kabinettsvorlage vom 25. September 1933, in: BArch R 3001/Akte 591, 92.

III. Das Anerbenrecht bei Renten- und preußischen Ansiedlungsgütern

Schon bald wurde jedoch auch die Aufrechterhaltung der landesgesetzlichen Vorschriften über das Anerbenrecht auch für Renten- und Ansiedlungsgüter[543] für erforderlich erachtet. Zunächst schlug das Reichsjustizministerium eine entsprechende Bestimmung für die preußischen Ansiedlungsgüter vor.[544] Auf Anregung des Preußischen Landwirtschaftsministers[545] wurde dieser Vorschlag dann auf alle Rentengüter ausgedehnt.[546] Der daraufhin ergehende § 26 DVO. II hielt entsprechend die landesgesetzlichen Vorschriften über das Anerbenrecht bei Renten- und preußischen Ansiedlungsgütern von weniger als 125 ha, soweit diese nicht Erbhof geworden waren, aufrecht.

Im Lauf der Zeit erwies sich aber selbst die Bestimmung des § 26 DVO. II als nicht ausreichend. Denn hinzutretend ergab sich das Problem, dass diejenigen Güter, die zunächst als Erbhöfe behandelt worden waren und bei denen sich später die fehlende Erbhofeigenschaft herausgestellt hatte, nicht mehr dem Anerbenrecht unterfielen, da bei ihnen der Anerbengutsvermerk[547] im Grundbuch von Amts wegen gelöscht worden war.[548] Vogels arbeitete dementsprechend im Jahr 1936 den § 46 Abs. 2 EHRV aus, nach dem in diesen Fällen die Anerbengutseigenschaft als nicht aufgehoben galt.[549] § 26 DVO. II selbst ging wiederum im § 46 Abs. 1 EHRV auf.

---

543 Ein Rentengut war der gegen eine feste Geldrente übertragene Grundbesitz, dessen Rechtsverhältnisse, insbesondere dessen Erbfolge, landesgesetzlich geregelt war. Das preußische Ansiedlungsgut war dabei eine Unterart des Rentenguts, welches durch das preußische Gesetz betreffend die Förderung deutscher Ansiedlungen in den Provinzen Westpreußen und Posen vom 26. April 1886 geschaffen worden war.

544 § 12 des Entwurfs des RJM zur DVO. II von Mitte November 1933, dem REM zugesandt mit Schreiben vom 16. November 1933, in: BArch R 3001/593, 6.

545 Schreiben des Preußischen Ministers für Landwirtschaft, Domänen und Forsten an den RJM vom 23. November 1933. In diesem Schreiben wurde die Zahl der Renten- und Ansiedlungsgüter im Preußischen Staatsgebiet, für die die Anerbeneigenschaft aufgehoben worden war, auf 6643 beziffert, in: BArch R 3001/Akte 593, 48.

546 § 19 des Entwurfs des RJM zur DVO. II vom 24. November 1933, in: BArch R 3001/ Akte 593, 28.

547 Das Anerbenrecht wurde nach den landesgesetzlichen Vorschriften erst durch Eintragung des Anerbengutsvermerks ins Grundbuch begründet (§ 1 des Preußischen Gesetzes betreffend das Anerbenrecht bei Renten und Ansiedlungsgütern vom 8. Juni 1896, GS. Er erlosch mit Löschung des Vermerks.

548 Hopp, EHRV und EHVfO, S. 122 f.

549 § 28 des Entwurfs des RJM (Vogels) vom 6. März 1936, in: BArch R 3001/22196, 428 f. In der Besprechung am 2. April 1936 wurde hinsichtlich dieser Bestimmung zwischen RJM und REM allgemeines Einverständnis erzielt, Vermerk Hopps zu dieser Besprechung, in: BArch R 3001/22196, 447.

IV. Die Einordnung von erbhoffähigen Fideikommissen

Probleme ergaben sich auch in den Fällen, in denen ein Fideikommissgut, dessen landesgesetzliche Auflösung noch nicht durchgeführt worden war, dem Erbhofrecht unterfiel. Zwar kam dieser Fall nicht häufig vor, da die Familienfideikommisse in der Regel die Höchstgrenze des § 3 REG weit überschritten. Wurde ein Familienfideikommiss aber dennoch Erbhof, so ergab sich die Frage nach dem Verhältnis von Fideikommissrecht und Reichserbhofrecht, wobei insbesondere umstritten war, ob die landesgesetzlichen Vorschriften über Familiengüter in Geltung bleiben sollten.

Überwiegend trat man dafür ein, die Fideikommissvorschriften insoweit in Kraft zu belassen, als sie mit dem Reichserbhofrecht vereinbar waren.[550] Damit lagen, da auch bei gebundenem Vermögen gewisse Beschränkungen bei der Veräußerung und Belastung bestanden, die erbhofrechtlichen Hauptwirkungen für einen Fideikommisserbhof auf den Gebieten der Erbfolge und des Vollstreckungsschutzes. Ein zum Erbhof gewordenes gebundenes Gut wurde somit trotz seiner Fideikommisseigenschaft nach erbhofrechtlichen Grundsätzen vererbt. Insbesondere setzte die Erbfolge des Reichserbhofgesetzes für Familiengüter die Bestimmungen der Stiftungsurkunde außer Kraft, so dass die Anerbenfolge in der Regel eine ganz andere war als die bisherige Erbfolge nach der Stiftungsurkunde.[551]

Da diese erbhofrechtliche Anerbenfolge jedoch in bestimmten Fällen ungewollte Härten mit sich brachte, kamen Bestrebungen auf, die eine Vererbung von Fideikommiss-Erbhöfen nach fideikommissrechtlichen Vorschriften einforderten. So legte Anfang 1936 das Reichsernährungsministerium einen entsprechenden ausformulierten Entwurf einer gesetzgeberischen Regelung dieser Frage vor, nach der bei gebundenen Vermögen und ähnlichen gebundenen Besitzungen, welche zu Erbhöfen geworden waren, der Nächstfolgeberechtigte „im Sinne der bisherigen Bestimmungen" zum Anerben sollte berufen werden können.[552] War „bei der Auflösung derartiger Vermögen der letzte Inhaber nach Art eines Vorerben in der Verfügung über das freigewordene Vermögen beschränkt", so sollte „zum Anerben derjenige Anwärter berufen" sein, „der nach der bisherigen Folgeordnung Folger geworden wäre".[553]

Die anerbenrechtlichen Vorschriften der §§ 20 ff. REG sollten allerdings dann beibehalten werden, wenn die nach den Folgeordnungen zum Anerben berufene

550 Cammerer, DNotZ 1934, 133; Vogels, 3. Auflage, S. 303; Brinkmann/Roscher, S. 2.

551 Baumecker, 3. Auflage S. 34.

552 Abs. 1 des Entwurfs einer Ausführungsvorschrift zu § 20 REG, dem RJM von Johae übergeben am 11. Februar 1936, in: BArch R 3001/22196, 252 f.

553 Abs. 2 des Entwurfs einer Ausführungsvorschrift zu § 20 REG, dem RJM von Johae übergeben am 11. Februar 1936, in: BArch R 3001/22196, 252 f.

Person nicht bauernfähig war.[554] Damit wurde im Falle fehlender Bauernfähigkeit der Anerbenfolge des Reichserbhofgesetzes der Vorrang gegenüber der jeweiligen Folgeordnung eingeräumt, was mit dem Ausnahmecharakter der Vorschrift begründet wurde. Die Zurücksetzung des nächsten Fideikommissanwärters nahm man mangels eines „innerlich gerechtfertigten" Anspruchs auf den Besitz in Kauf.[555]

Grundsätzlich sollte die Möglichkeit der Vererbung nach Fideikommissrecht nur als Übergangsvorschrift für den ersten Folgefall, nachdem das früher gebundene Vermögen Erbhof geworden war, bestehen.[556] Darüber hinaus sollte es dem Inhaber des bisher gebundenen Vermögens, wenn die nach den Abs. 1 und Abs. 2 zur Anerbenfolge berufene Person nicht zu einer im § 20 REG aufgeführten Ordnungen gehörte, freistehen, statt des Nächstfolgeberechtigten einen der im § 20 Ziff. 4 REG. genannten Personen zum Anerben bestimmen, wenn das nach den gesamten Umständen des Falles zur Vermeidung einer groben Unbilligkeit erforderlich war.[557] Diese Anordnung bedurfte allerdings „der Zustimmung des Anerbengerichts, das es dem Anerben zur Pflicht machen kann, den Nächstfolgeberechtigten angemessen zu entschädigen". Schließlich sollten die Vorschriften dieser Bestimmung - mit „Rücksicht darauf, dass die Verhältnisse bei den Fideikommissen bisher durchaus ungeklärt waren" – rückwirkend mit Wirkung vom 1. Oktober 1933 ab in Kraft treten.[558]

Mit Schreiben vom 12. Februar 1936 stimmte Vogels dem Vorschlag des Reichsernährungsministeriums zwar grundsätzlich zu, übersandte im Gegenzug allerdings eine eigene Fassung, die inhaltlich – neben deckungsgleichen Formulierungen – auch einige signifikante Unterschiede aufwies. So wandte sich das Reichsjustizministerium u. a. gegen eine rückwirkende Anwendung der Vorschriften über die Folgeordnungen: Der Anerbe sollte erst nach Inkrafttreten der Verordnung nach den bisher geltenden Vorschriften der maßgebenden Folgeordnung bestimmt werden können. Auch sollte in dem Fall, dass der zum Anerben berufene Folgeberechtigte nicht bauernfähig war, der nächste bauernfähige Folgeberechtigte an seine Stelle treten, so dass sich im Gegensatz zum Entwurf des Reichsernährungsministeriums die Anerbenfolge dann trotzdem weiterhin

---

554 Abs. 3 des Entwurfs einer Ausführungsvorschrift zu § 20 REG, dem RJM von Johae übergeben am 11. Februar 1936, in: BArch R 3001/22196, 252 f.

555 Begründungen und Anmerkungen zum Entwurf von Schmidt (REM), in: BArch R 3001/22196, 253-255.

556 Abs. 4 des Entwurfs einer Ausführungsvorschrift zu § 20 REG, dem RJM von Johae übergeben am 11. Februar 1936, in: BArch R 3001/22196, 252 f.

557 Abs. 5 des Entwurfs einer „Ausführungsvorschrift zu § 20 REG", dem RJM von Johae übergeben am 11. Februar 1936, in: BArch R 3001/22196, 252 f.

558 Begründungen und Anmerkungen zum § 20 des Entwurfs von Schmidt (REM), in: BArch R 3001/22196, 253-255.

nach den fideikommissrechtlichen Vorschriften bestimmen sollte. Des Weiteren schlug das Reichsjustizministerium vor, die Testiermöglichkeiten des Fideikommissbesitzers zu erweitern, „wenn dies nach den Umständen des Falles der Billigkeit“ entsprach, und den Anwendungsbereich dieser Vorschrift ausdrücklich auf die Fälle, „soweit Lehen, Stammgüter oder sonstige gebundene Vermögen im Sinne des Artikels 59 des Einführungsgesetzes zum Bürgerlichen Gesetzbuch sowie Hausgüter oder Hausvermögen in Betracht“ kamen, zu erweitern.[559]

Nach einer Besprechung über die jeweiligen Entwürfe zwischen Vogels und Koehler am 15. Februar 1936 übersandte das Reichsernährungsministerium Vogels einen weiteren Vorschlag zur Erbfolgeregelung bei gebundenen Erbhofgütern, wobei es dem Reichsjustizministerium in Teilen entgegenkam:[560] Die Erbfolge sollte sich hiernach sowohl bei gebundenen als auch bei ehemals gebundenen Erbhof-Besitzungen nach fideikommissrechtlichen Bestimmungen richten, „solange das Fideikommiss noch nicht aufgelöst oder der Eigentümer noch nach Art eines Vorerben beschränkt“ war. Gelten sollte dies erst nach Inkrafttreten der Verordnung, Abs. 1 des Entwurfs, bei gebundenen Besitzungen, die vor Inkrafttreten der Verordnung Erbhof geworden waren, sollte sich allerdings die Anerbenfolge grundsätzlich nach dem Reichserbhofgesetz bestimmen, Abs. 6 des Entwurfs. Dagegen hielt das Reichsernährungsministerium seine Forderung aufrecht, dass sich für den Fall, dass der „nach Abs. 1 zum Anerben berufene nicht bauernfähig“ war, die Anerbenfolge ausschließlich nach dem Reichserbhofgesetz bestimmen sollte. Das gleiche sollte gelten, wenn nach den fideikommissrechtlichen Bestimmungen mehrere in Rechtsgemeinschaft nebeneinander zur Nachfolge berufen waren, Abs. 2 des Entwurfs.

Auch gab es kein Entgegenkommen hinsichtlich der Frage, aus welchen Ordnungen der Fideikommissbesitzer oder der nach Art eines Vorerben beschränkte Eigentümer mit Zustimmung des Anerbengerichts statt des nach Abs. 1 Berufenen einen Anerbenberechtigten sollte bestimmen können. Das Reichsernährungsministerium wollte hier lediglich die Möglichkeit zulassen, einen Anerbenberechtigten der vierten Ordnung des § 20 REG zum Anerben zu bestimmen, „wenn dies nach den Umständen des Falles der Billigkeit“ entsprach, Abs. 3 des Entwurfs. Es fügte außerdem noch eine weitere Bestimmung ein: In den Fällen der Abs. 2 und 3 sollte das Anerbengericht dem Anerben die Verpflichtung auferlegen können, dem Anwärter (Anfallberechtigten, Nacher-

559 Entwurf einer Ausführungsvorschrift zu § 5 des Gesetzes (Gebundene Vermögen), Schreiben von Vogels an Johae (Anlage 1) vom 12. Februar 1936, in: BArch R 3001/22196, 223.

560 Schreiben Koehlers an Vogels und Entwurf zu einer Ausführungsvorschrift zu § 60 REG, in: BArch R 3001/22196, 261 f.

ben), der nach Abs. 1 berufen wäre, eine angemessene Versorgungsleistung zu gewähren, Abs. 4 des Entwurfs.[561]

Das Reichsjustizministerium folgte dem Vorschlag des Reichsernährungsministeriums in seinem Entwurf eines § 27 DVO. IV vom 6. März fast wortwörtlich. Lediglich für den Fall, dass der nach Abs. 1 zum Anerben Berufene nicht zu einer der im § 20 aufgeführten Ordnungen gehörte, schlug das Reichsjustizministerium erneut vor, dem Fideikommissbesitzer oder dem nach Art eines Vorerben beschränkten Eigentümer die Möglichkeit zu geben, mit Zustimmung des Anerbengerichts statt des nach Abs. 1 Berufenen einen Anerbenberechtigten bestimmen zu können, der Anerbenberechtigter der vierten oder sechsten Ordnung des § 20 REG war, wenn dies nach den Umständen des Falles der Billigkeit entsprach.[562]

Als problematisch stellte sich auch die vom Reichsjustizministerium vorgelegte Bestimmung des § 27 Abs. 6 des Entwurfs dar, die einer Rückwirkung der Bestimmung einen grundsätzlichen Riegel vorschob und die vorsah, bei gebundenen Besitzungen, welche vor Inkrafttreten der Verordnung Erbhof geworden waren, die Anerbenfolge grundsätzlich nach dem Reichserbhofgesetz zu bestimmen. Während das Reichsernährungsministerium diese vom Reichsjustizministerium vorgeschlagene Fassung des § 27 Abs. 6 des Entwurfs für „wenig glücklich" hielt, machte Hopp deutlich, dass mit dem § 27 Abs. 6 beabsichtigt sei, den Eindruck einer „dilettantischen Gesetzgebungsarbeit" zu verhindern. Wenn man den § 27 Abs. 6 fortließe, so ergäbe sich, „dass erst nach Ablauf von mehr als 2 Jahren eine gesetzliche Regelung für die rückliegende Zeit geschaffen würde, die dem widerspräche, was die Beteiligten bis dahin für recht halten mußten."

Dennoch drang das Reichsernährungsministerium darauf, die Regelung des § 27 Abs. 6 des Entwurfs auf die Fälle zu erweitern, „in denen in der Zeit vom 1. Oktober 1933 bis zum Inkrafttreten der DVO. IV ein Folgefall eingetreten sei. Nicht notwendig sei es dagegen, die in der Zwischenzeit Erbhof gewordenen Fideikommisse usw. nun für alle Zukunft strikt nach den Vorschriften des Reichserbhofgesetzes und unter Ausschluss der Sonderregelung des § 27 Abs. 1 - 5 zu behandeln. Insoweit könne für die Zukunft unbedenklich die Regelung von § 27 Abs. 1 - 5 Platz greifen. Man greife da nicht weiter in erworbene Rechte ein als es für die künftig zu Erbhof werdenden Fideikommisse ohnehin geschehe. Die Beteiligten hätten sich in diesem Falle auch nicht schon auf eine bestimmte Erbfolge eingestellt, seien vielmehr über die Rechtslage völlig im Zweifel und hätten mit Rücksicht hierauf von entscheidenden Dispositionen gerade abgesehen. Sie würden die gesetzliche Regelung in jedem Falle als eine Klarheit

561 Entwurf einer Ausführungsvorschrift zu § 60 REG, in: BArch R 3001/22196, 261-263.
562 § 27 des Entwurfs des RJM zur DVO. IV vom 6. März 1936, in: BArch R 3001/22196, 383-429, 427 f.

schaffende Grundlage hinnehmen. Dem würde es entsprechen, wenn man Abs. 6 dahin einschränkte, daß er nur für die Fälle gilt, in denen in der Zwischenzeit ein Erbfall eingetreten ist." Hopp sicherte Schmidt, der betonte, „daß die nach seinem Dafürhalten sehr notwendige Klärung dieser Dinge nicht etwa an der Unmöglichkeit scheitern dürfe, daß man sich über den Abs. 6 des § 27 nicht einigen könne", zu, diesen Gedankengang nachzuprüfen.[563]

Bei der Besprechung zwischen Reichsjustiz- und Reichsernährungsministerium vom 2. April 1936 konnte schließlich über alle noch offenen Fragen zur rechtlichen Behandlung der „Fideikomiss-Erbhöfe" Einigung erzielt werden.[564] Dabei einigte man sich auf den Vorschlag Schmidts, die fideikommissrechtlichen Bestimmungen hinsichtlich der Anerbenfolge auch auf diejenigen Besitzungen anzuwenden, die bereits vor dem Inkrafttreten der Verordnung Erbhöfe geworden waren und die seit der Erlangung der Erbhofeigenschaft bis zum Inkrafttreten dieser Verordnung den Eigentümer nicht gewechselt hatten. Nur wenn in der Zeit zwischen der Erlangung der Erbhofeigenschaft und dem Inkrafttreten der Verordnung ein Folgefall eingetreten war, sollten für diesen Folgefall und die weiteren Erbfälle die reichserbhofrechtlichen Vorschriften über die Anerbenfolge maßgebend sein und keine Rückwirkung eintreten. Daneben wurden noch kleinere weitere Textkorrekturen vereinbart.[565]

Dieser im April 1936 zwischen Reichsjustiz- und Reichsernährungsministerium ausgearbeitete Kompromiss über die rechtliche Behandlung von gebundenen Erbhofgütern wurde vom Reichsjustizministerium in § 44 des Entwurfs des Reichsjustizministeriums zur Erbhofergänzungsverordnung vom 1. Juli 1936 eingearbeitet.[566] Die Regelung trat allerdings erst im Dezember 1936 als § 44 EHRV in Kraft. Diese Bestimmung durchbrach – wie angeführt – den Grundsatz der Anerbfolge nach Erbhofrecht für alle Erbhöfe; die zu Erbhöfen gewordenen Fideikommisse bzw. Lehen, Stammgüter oder sonstigen gebundenen Vermögen konnten nun abweichend von den allgemeinen Regelungen des Reichserbhofgesetzes nach fideikommissrechtlichen Vorschriften vererbt werden, §§ 44 Abs. 1, 2 EHRV. Eine Erbfolge nach fideikommissrechtlichen Bestimmungen war für die Fälle ausgeschlossen, in denen nach Fideikommissrecht eine nicht bauernfähige Person oder mehrere in Rechtsgemeinschaft nebeneinander zur Nachfolge berufen waren, § 44 Abs. 3 EHRV. Gemäß § 44 Abs. 4 und 5 EHRV wurde, ge-

563 Vermerk Hopps über ein Telefonat mit Erbhofgerichtsrat Schmidt (REM) von Mitte März 1936, in: BArch R 3001/22196, 458 f. Der Vermerk wurde Koehler mit Bitte um Stellungnahme zugeleitet.

564 Vermerk Hopps zur Besprechung vom 2. Spril 1936, in: BArch R 3001/22196, 442-449.

565 „Zusammenstellung der inzwischen an dem Entwurf der Verordnung zur 4. DVO zum REG vorgenommenen Änderungen", dem REM vom RJM im Anschluss an die Besprechung vom 2. April 1936 übersandt, in: BArch R 3001/22196, 488-493, 492.

566 § 44 des RJM-Entwurfs vom 1. Juli 1936, in: BArch R 3001/22197, 245.

hörte die nach Fideikommissrecht folgeberechtigte Person keiner der in § 20 REG vorgesehenen Ordnung an, dem Fideikommissbesitzer bzw. der nach Art eines Vorerben beschränkten Person, ermöglicht, einen ihm geeignet erscheinenden Nachkommen der weiblichen Linie aus der 4. bis 6. Ordnung des § 20 REG an Stelle der ansonsten nach § 44 Abs. 1, 2 EHRV berufenen Person zum Anerben zu bestimmen. Zur Vermeidung des Missbrauchs dieses Bestimmungsrechts musste allerdings das Anerbengericht dieser Bestimmung zustimmen. § 44 Abs. 6 EHRV wies die Zuständigkeit für die Feststellung des nach Fideikommissrecht zur Folge Berechtigten den Fideikommissgerichten zu. § 44 Abs. 7 EHRV sprach schließlich die rückwirkende Wirkung der Bestimmung zum 1. Oktober 1933 aus.

G. Der Umfang des Erbhofes

I. Allgemeines

§§ 7-9 REG und einzelne Bestimmungen der Durchführungsverordnungen grenzten den Erbhof gegenständlich ab. Als juristischer Sachinbegriff[567] umfasste ein Erbhof alles, was dazu bestimmt war, seine Substanz zu erhalten und seinen Wirtschaftsablauf zu sichern, um den Hof als Einheit und in seiner Leistungsfähigkeit zu erhalten.[568] Diese Abgrenzung war insbesondere wichtig für die Frage des Vollstreckungsschutzes, des Veräußerungsverbotes, der Sicherungsübereignung und der Verpfändung von Zubehörstücken. Neben den Grundstücken umfasste der Erbhof auch das Zubehör, Nutzungsrechte, Versicherungsforderungen und Tilgungsguthaben. Aber auch das eigentlich erbhoffreie Vermögen, das sogenannte Allod (Freigut), konnte unter bestimmten Umständen dem Reichserbhofrecht unterworfen sein: So wurde gemäß § 34 Abs. 1 REG das außerhalb des Erbhofes vorhandene Vermögen dazu herangezogen, die auf dem Hofe ruhenden Nachlassverbindlichkeiten zu berichtigen.[569]

II. Erbhof und Erbhofzubehör

§ 7 REG regelte den Erbhofumfang. Gemäß § 7 Abs. 1 REG gehörten zum Erbhof alle im Eigentum des Bauern stehenden, regelmäßig vom Hof aus bewirtschafteten Grundstücke sowie das im Eigentum des Bauern stehende dazugehörige Zubehör. Eine zeitweilige Verpachtung oder ähnliche vorübergehende Be-

567 Gülland, Reichserbhofrecht, S. 29.
568 Stoll/Baur, S. 56.
569 Vgl. hierzu die Ausführungen im 5. Kapitel.

nutzung von Hofgrundstücken, zum Beispiel als Altenteilsland, schloss dabei die Hofeszugehörigkeit nicht aus, § 7 Abs. 2 REG.[570]

Hofzubehör im Sinne des § 7 Abs. 1 REG war alles, was nach §§ 97, 98 BGB als Zubehör in Frage kam, soweit es dem Bauern gehörte. Im Gegensatz zum BGB-Zubehör, das Gegenstand besonderer Rechte sein konnte, folgte das Erbhofzubehör grundsätzlich dem rechtlichen Schicksal des Erbhofes.[571] Zusätzlich erweiterte das Reichserbhofgesetz den Zubehörbegriff in § 8 REG um das im Eigentum des Bauern stehende Wirtschafts- und Traditionszubehör. Das im § 8 Abs. 1 REG aufgezählte Wirtschaftszubehör umfasste das auf dem Hofe vorhandene Vieh, Wirtschafts- und Hausgerät einschließlich des Leinenzeugs und der Betten, den vorhandenen Dünger und die für die Bewirtschaftung dienenden Vorräte an landwirtschaftlichen Erzeugnissen. § 8 Abs. 2 REG führte das Traditionszubehör auf. Um den „Sinn für gute Familienüberlieferung, Achtung vor der Arbeit der Vorfahren“ aus der „Verschütterung durch materialistische Geistesströmungen“ zu wecken,[572] wurden die auf den Hof bezüglichen Urkunden, aus früheren Generationen stammende Familienbriefe, Bilder mit Erinnerungswert, Geweihe und ähnliche auf den Hof und die darauf sesshafte Bauernfamilie bezügliche Erinnerungsstücke zum Hofeszubehör gezählt und damit rechtlich mit dem Erbhof verbunden.[573]

Der Zubehörbegriff der Bestimmungen der §§ 7 und 8 REG, die im Übrigen fast wortgetreu auf Art. II § 2 Abs. 1 und 2 des Entwurfs des Reichsernährungsministeriums vom 19. September 1933[574] zurückgingen, war somit einerseits weiter als der des BGB, teilweise aber auch enger, da stets Eigentum des Erbhofbauern erforderlich war.

III. Rechte. Versicherungsforderungen und Tilgungsguthaben. Nutzungsrechte und Anteile.

Der vom Reichsjustizministerium ausgearbeitete § 9 REG stellte eine Ergänzung des § 96 BGB speziell für Erbhöfe dar.[575] Da § 96 BGB keine Versicherungsforderungen umfasste, bei eintretenden Versicherungsfällen die Vorteile aus

570 Vgl. vertiefend zu § 7 REG Grosse, DJ 1934, 161 f., Haegele, RdRN 1937, 301 ff. und Meyer, JR 1934, 9 f.

571 Einen Grenzfall bildete das Zubehör der Ehefrau. Dieses gehörte nicht zum Erbhof, solange man nicht davon ausgehen konnte, dass die Ehefrau es ihrem Ehemanne geschenkt hatte, vgl. Baumecker, 4. Auflage, § 8 REG, Rn. 4.

572 Gülland, Reichserbhofrecht, S. 13.

573 Vgl. zu § 8 REG Börger, JW 1938, 354 f., Lange, JW 1933, 2376 f. sowie Prölß, JW 1938, 732.

574 Entwurf des REM vom 19. September 1933, in: BArch R 3001/Akte 591, 87.

575 § 9 des Entwurf des RJM vom 23. September 1933, in BArch, R 3001/Akte 591, 90. Dieser ging unverändert in den § 9 REG ein.

derartigen Versicherungen aber restlos dem Erbhof zugute kommen sollten, ließ § 9 REG auch die Forderungen aus den für den Hof und dessen Zubehör eingegangenen Versicherungen nebst den hierauf ausgezahlten Entschädigungssummen zum Erbhof gehören. Hierdurch waren die Versicherungsforderungen – ebenso wie die Erbhofsubstanz – dem Zugriff von dritter Seite entzogen, insbesondere konnten sie nicht gepfändet oder abgetreten werden.[576] Daneben ließ § 9 REG ein zur Abtragung einer Hofesschuld angesammeltes Tilgungsguthaben, also eine zur Abdeckung von Hofesschulden bereitgestellte Summe, zum Erbhof gehören. Sonstige Forderungen waren grundsätzlich erbhoffrei.[577]

§ 2 DVO. II unterstellte zusätzlich noch solche Nutzungsrechte und Grundstücksanteile dem Erbhof, die für den Erbhofwirtschaftsbetrieb erheblich waren, gleichgültig ob sie mit dem Eigentum am Grundstück verbunden waren oder dem Bauern persönlich zustanden.[578] Hiernach gehörten auch Forstnutzungsrechte und sonstige dingliche Nutzungsrechte, Waldgenossenschaftsanteile und ähnliche dem Erbhof dienende Rechte zum Erbhof, des Weiteren Molkerei-, Brennerei- und Zuckerfabrikanteile und auch Dreschmaschinenanteile.[579] Die Regelung des § 2 DVO. II[580] ging – ergänzt durch den Grundsatz, dass auch die dem Erbhof dienenden Miteigentumsanteile an den Grundstücken zum Erbhof gehören[581] – in § 4 EHRV auf.[582]

IV. Erbhofrecht und Grundstücke im Umlegungsverfahren

Die NS-Agrarpolitik zielte auf die Schaffung abgerundeter Höfe mittlerer Betriebsgröße ab.[583] Um ungewollte Gemengelagen zu beseitigen, vereinheitlichte der NS-Gesetzgeber das bis dahin bestehende Flurbereinigungsrecht der Länder

576 Baumecker, 3. Auflage, S. 66 f.

577 Klässel, RdRN 1940, 65 ff.

578 § 2 DVO. II entstammte einem Entwurf des RJM, den Vogels dem REM am 24. November 1933 übersandte, zu finden in: BArch R 3001/Akte 593, 28.

579 Nähere Erläuterung der einzelnen Nutzungsrechte bei Baumecker, 3. Auflage, S. 549.

580 Zu § 2 DVO. II vertiefend u.a. Bohnen, DJ 1934, 354 f. und Hagedorn, JW 1934, 1895.

581 § 4 Abs. 1 Satz 2 EHRV; dies entsprach im Übrigen auch der Auslegung des § 2 DVO. II in der Rechtsprechung, vgl. REHGE 3, 29.

582 § 4 EHRV ging auf § 5 des Entwurfs zu einer Erbhofergänzungsverordnung vom 1. Juli 1936 zurück, zu finden in: BArch R 3001/22197, 233. Zur Kritik Saures an der Aufteilung der Bestimmung in zwei Absätze, vgl. Schreiben des REM vom 28. Juli 1936, in: BArch R 3001/22197, 424. Das RJM trat dagegen für die Unterteilung in zwei Absätze ein und konnte sich damit auf den Besprechungen am 16. und 23. Oktober 1936 durchsetzen, vgl. BArch R 3001/22198, 6.

583 Stoll/Baur, S. 44.

im Umlegungsgesetz vom 26. Juni 1936,[584] um durch Flurbereinigung, Feldbereinigung und Zusammenlegung zu einer durchgreifenden Grundstücksumlegung zu kommen.[585] Als Folge des Umlegungsverfahrens konnte es dazu kommen, dass der Besitz oder die Nutzung von Grundstücken oder die Ausübung von Rechten einem Beteiligten entzogen und einem anderen Beteiligten zugewiesen wurde, also ein Bauer Flächen bewirtschaftete, die noch oder schon einem anderen am Umlegungsverfahren Beteiligten gehörten. Denn im Umlegungsverfahren trat der Eigentumswechsel bei den betroffenen Grundstücken erst mit dem förmlichen Verfahrensabschluss ein, obwohl diese vielfach schon früher von den Erwerbern in Besitz genommen und bewirtschaftet wurden. Somit zählten diese Flächen erbhofrechtlich weder zum Hof des Erwerbers, noch zu dem des Noch-Eigentümers, da beiden jeweils eine der beiden Voraussetzungen des § 7 REG, Eigentum oder Bewirtschaftung von der Hofstelle, fehlten. Dieses wirkte sich insbesondere in den Fällen aus, in denen ein wesentlicher Teil des Betriebes wegen des Umlegungsverfahrens nicht mehr von der bisherigen Hofstelle aus bewirtschaftet und deshalb die Ackernahrungsgrenze nicht erreicht wurde.[586]

Dieses unerwünschte Ergebnis beseitigte § 3 EHRV, der auf einen Vorschlag des Reichsernährungsministeriums zurückging.[587] Dieser durchbrach das Bewirtschaftungserfordernis des § 7 Abs. 1 REG und bestimmte, dass der im Umlegungsverfahren abgetrennte Grundstücksteil noch als zu der alten Besitzung zugehörig im Sinne der Erbhofrechtsbestimmungen betrachtet werden sollte. Wenn dieser schließlich auch rechtlich aus dem Eigentum eines am Umlegungsverfahren Beteiligten ausgeschieden war, wurde er als Bestandteil des neuen Erbhofes angesehen.

V. Die Erweiterung des Erbhofumfangs. Der geplante § 2 a EHRV.

Ende 1938 kam es von Seiten des Reichsjustizministeriums zu einer Initiative hinsichtlich der Schaffung einer Bestimmung, nach der es dem Reichsernährungsminister – im Einvernehmen mit dem Reichsjustizminister – ermöglicht werden sollte, die Erbhofeigenschaft über §§ 7 - 9 REG und § 4 EHRV hinaus auch auf besondere zu einer Besitzung gehörenden Gegenstände oder Sachgesamtheiten zu erweitern. Diese konnten zum Beispiel Bauwerke, Gemäldegale-

584 RGBl.1936, Teil I, S. 518; auf Grund dieses Gesetzes erging die Reichsumlegungsordnung vom 16. Juni 1937, RGBl. 1937, Teil I, S. 629.

585 Stoll/Baur, S. 44.

586 Schreiben Saures an Vogels vom August 1935, in: BArch R 3001/22196, 3-17.

587 Entwurf einer Übergangsvorschrift zu § 7 des Gesetzes, in: BArch R 3001/22196, 115. Dieser wurde noch leicht von Vogels abgeändert, Entwurf des RJM (Vogels) zur DVO. IV vom 6. März , in: BArch R 3001/22196, 385.

rien, Archive, Büchereien oder gemeinnützige Einrichtungen sein, die von einem besonderen künstlerischen, wissenschaftlichen, geschichtlichen oder heimatlichen Wert waren. Zweck dieser Bestrebungen war es, die in § 6 Abs. 1 des Gesetzes über das Erlöschen der Familienfideikommisse bezeichneten gemeinnützigen Einrichtungen und kulturell wertvollen Gegenstände zu erhalten. Dieses erschien aber nur in Verbindung mit einem größeren Vermögen möglich. Eine solche Verbindung sah man als gewährleistet an, wenn die Besitzungen, zu denen die Gegenstände und Einrichtungen gehörten, Erbhöfe waren. Diesbezüglich hatte auch § 31 des Gesetzes über das Erlöschen der Familienfideikommisse und sonstiger gebundener Vermögen eine entsprechende Änderung des Reichserbhofgesetzes vorgesehen. Diese sollte nun – im Rahmen eines zu schaffenden § 2 a EHRV - umgesetzt werden.[588]

Das Reichsernährungsministerium stand diesem Ansinnen jedoch ablehnend gegenüber. So argumentierte Johae auf der Ressortbesprechung vom 14. Dezember 1938 gegenüber den Vertretern des Reichsjustizministeriums hinsichtlich eines von diesen entsprechend vorgelegten Entwurfs eines § 2 a EHRV,[589] dass die in dieser Bestimmung genannten Gegenstände ohnehin bereits zum Erbhof gehörten und einer solchen Bestimmung „somit rein deklaratorische Wirkung" zukäme. Auch ließe sich vor diesem Hintergrund eine Beteiligung des Reichsjustizministeriums bei den Entscheidungen nicht rechtfertigen. Demgegenüber gingen die Vertreter des Reichsjustizministeriums davon aus, dass der § 2 a EHRV konstituierende Wirkung habe und daher eine Beteiligung des Reichsministers der Justiz gerechtfertigt sei. [590]

Vor dem Hintergrund dieser Meinungsverschiedenheiten konnte weder auf der Ressortbesprechung vom 14. Dezember 1938 noch bei der weiteren Verhandlung am 27. Januar 1939 über diese Frage eine Einigung erzielt werden. Vielmehr wiederholte Johae seine Kritik, wandte sich auch gegen die Einbeziehung sonstiger Einrichtungen, trat für eine Streichung der Bezugnahme auf § 6 FidErlG ein und legte einen Gegenentwurf vor. Die Vertreter des Reichsjustizministeriums widersprachen wiederum Johae in allen Punkten. Die Frage wurde zunächst zurückgestellt.[591]

Auch bei einer weiteren Unterredung zwischen Johae und Vogels am 24. Februar 1939 wurde über den vorgeschlagenen § 2 a EHRV keine Einigung erzielt. Johae erklärte, dass das Reichsernährungsministerium der Ansicht sei,

---

588 Schreiben Schäfers an Hopp, in: BArch R 3001/22168, 300-304.

589 Entwurf eines § 2 a EHRV, in: BArch R 3001/22168, 247.

590 Protokoll der Ressortbesprechung vom 14. Dezember 1938, in: BArch R 3001/22168, 252 f.

591 Protokoll der Ressortbesprechung vom 27. Januar 1939, in: BArch R 3001/22168, BArch 279 f. Vgl. außerdem den Gegenentwurf des REM, in: BArch R 3001/22168, 295.

„daß kein Anlaß bestehe, den Reichsminister der Justiz bei Verfügungen dieser Art mitwirken zu lassen". Auch sei die weitere Entscheidung über das Erfasstwerden von Kunstgut von lediglich untergeordneter Bedeutung, so dass somit kein Anlass bestehe „wegen dieses Nebenpunktes die Mitwirkung eines anderen Ministers hinzunehmen". Vogels entgegnete, „daß es sich doch hier sachlich darum handele, gewisse Vermögensgegenstände von hohem Wert dem gewöhnlichen Erbrecht zu entziehen und einer Sondererbfolge zu unterstellen und daß bei einer solchen rein erbrechtlichen und nicht ernährungspolitischen Frage der Erbrechtsminister sich nicht ausschließen lassen könne." Johae gab hierauf zwar zu, „daß die Zulassung nach § 5 REG überhaupt erbrechtliche Wirkungen erzeuge; da aber dennoch im Gesetze diese Entscheidung dem Ernährungsminister allein überlassen sei, so bestehe (...) weder ein Anlaß noch der Wille, den Wunsch des Justizministers zu erfüllen." Vogels betonte dagegen nachdrücklich, dass Reichsjustizminister Gürtner „persönlich auf eine solche Beteiligung Wert lege, daß er einfach nicht verstehe, wie man einen solchen Wunsch angesichts der unbestreitbaren sachlichen Berechtigung ablehnen könne" und bat Johae darum, im Ernährungsministerium darauf hinzuwirken, diesen Widerstand aufzugeben.[592]

Johae trug daraufhin diese Frage nach eigener Angabe Darré vor, wobei er deutlich machte, dass Gürtner auf die Beteiligung des Reichsjustizministeriums bei diesen Entscheidungen Wert legte. Darré bzw. das Reichsernährungsministerium konnte sich jedoch nicht dazu entschließen, diesem Wunsch zu entsprechen und hielten an der Ansicht fest, dass der Gesetzgeber in § 5 REG die ausschließliche Zuständigkeit des Reichsernährungsministers begründet habe. Von dieser Haltung setzte Johae Vogels auf der Besprechung vom 27. März 1939 in Kenntnis.[593] § 2 EHRV konnte angesichts dieser Meinungsverschiedenheiten nicht verabschiedet werden.

H. Erbhöferolle und Grundbuch. Grundbuchvermerk

§ 1 Abs. 3 REG sah eine Eintragung des Erbhofes von Amts wegen in die Erbhöferolle vor. Diese Eintragung hatte gleichwohl – das Reichserbhofgesetz war ein unmittelbares Anerbenrecht – rein deklaratorische Wirkung und bezweckte lediglich die Kennzeichnung nach außen.[594] In ihrer Funktion war die Erbhöferolle damit eine „Landkarte der Erbhöfe,"[595] mit der die dem Sonderrecht des

592 Vermerk zur Besprechung vom 24. Februar 1939 im RJM, in: BArch R 3001/22168, 310-314, 310 f.

593 Protokoll zur Besprechung vom 27. März 1939, in: BArch R 3001/22168, 316-319.

594 Vgl. zum Eintragungsverfahren §§ 27 und 34 ff. DVO. I.

595 Stoll/Baur, S. 54.

Reichserbhofgesetzes unterstehenden Besitzungen leichter erkannt werden sollten.[596] Gemäß § 1 Abs. 1, Satz 2 DVO. II begründete die Eintragung in der Erbhöferolle keinen guten Glauben im Sinne des § 892 BGB, sondern enthielt lediglich die widerlegbare Vermutung der Erbhofeigenschaft bei Eintragung und des Fehlens der Erbhofeigenschaft bei Nichteintragung.[597] Allerdings galt diese Vermutung erst mit lückenloser Erfassung aller Erbhöfe, nämlich wenn das Reichsjustizministerium durch Verkündung im Reichsgesetzblatt die Erbhöferolle für die jeweiligen OLG Bezirke für angelegt erklärt hatte; § 1 Abs. 2, 3 DVO. II. Von der Erbhöferolle war das Erbhofbuch zu unterscheiden. Bei diesem handelte es sich um eine Urkunde des Bauern über seinen Hof, die ihm auf Antrag durch das Anerbengericht ausgestellt wurde und die eine beglaubigte Abschrift der sich auf den Hof beziehenden Eintragungen in die Erbhöferolle sowie den für die Erbfolge maßgebenden Erbschein enthielt, § 49 EHVfO.

I. Erfassung, Anzahl und Verteilung der Erbhöfe.

Zur Einhaltung des von den Nationalsozialisten postulierten Zieles, das deutsche Volk „rassisch zu erneuern“, mussten möglichst viele Erbhöfe geschaffen werden. Mit der Zahl der Erbhöfe stieg und fiel der Erfolg des Reichserbhofrechts als der gesetzgeberischen Umsetzung der Blut-und-Boden-Ideologie. Dabei blieb lange Zeit unklar, wie viele Betriebe dem Reichserbhofrecht unterstellt worden waren. Während ursprüngliche Annahmen von ca. 500.000 Erbhöfen ausgingen,[598] schätzte das Berliner Institut für Konjunkturforschung Ende März 1934 die Zahl der Erbhöfe auf ca. eine Million Betriebe, die zusammen 19,7 Millionen Hektar umfassten und 54% der landwirtschaftlichen Fläche des Reiches bewirtschafteten.[599]

---

596 Vogels, 3. Auflage, S. 48.

597 § 1 DVO. II ging erst in der Schlussphase der Verhandlungen zur DVO. II. in einen Verordnungsentwurf ein und zwar in § 1 des RJM-Entwurfs von Mitte Dezember 1933, wohl übersandt mit Schreiben vom 16. Dezember 1933, in: BArch R 3001/Akte 594, 17.

598 So schätzte Saure am 5. Oktober 1933 die Zahl der Erbhöfe auf ca. 500.000, vgl. Berliner Nachtausgabe vom 6. Oktober 1933, Nr. 234. Auch Vogels ging ursprünglich von dieser Zahl aus, Vogels, JW 1933, 2306.

599 Das Institut für Konjunkturforschung legte dieser Schätzung nur Betriebe zwischen 7,5-125 ha – unter Nichtberücksichtigung der Pachtwirtschaften – zugrunde. Dabei war der Anteil der Erbhöfe an der Gesamtbetriebszahl im Westen wegen der dortigen großen Zahl von Kleinbetrieben niedriger als im Osten, dennoch lagen fast 75 % aller Erbhöfe (724.000) im Westen des Reiches, Wochenbericht vom 21. März 1934 in „Die Rheinprovinz“ vom Mai 1934, Abschrift zu finden in: BArch R 3001/Akte 597, 38.

Sering ging in seiner Denkschrift „Erbhofrecht und Entschuldung"[600] vom Januar 1934 sogar von 1,16 Millionen Erbhöfen aus, die zusammen 64% der landwirtschaftlichen Fläche des Reiches umfassten.[601] Es stellte sich jedoch relativ schnell heraus, dass die tatsächliche Zahl der Erbhöfe weit unter diesen optimistischen Schätzungen zurückblieb. So korrigierte das Statistische Reichsamt bereits Ende 1934 diese Zahlen in seinen Schätzungen auf 845.430 Erbhöfe mit insgesamt 17,2 Millionen Hektar Nutzfläche herunter. Die Gründe für die Unklarheit über die Zahl der Erbhöfe lagen vor allem in den aus dem formellen Erbhoffeststellungsverfahren resultierenden Verzögerungen, die sich insbesondere aus der notwendigen Klärung der Eigentumsverhältnisse und der jeweiligen Höhe der regionalen Ackernahrungsgrenze ergaben. Hinzu kam die Vielzahl der Einsprüche und Beschwerden von Betroffenen gegen Aufnahme und Nichtaufnahme in die Erbhöferolle: So lagen am 1. Januar 1935 bei ungefähr 666.000 Eintragungen in die Erbhöferolle allein ca. 99.000 Einsprüche vor.[602] Bis zum 1. Juli 1936 wuchs die Zahl der Einsprüche bei knapp 718.000 Eintragungen auf rund 116.000.[603]

1939 war das Erbhoffeststellungsverfahren im Wesentlichen abgeschlossen[604]. Das Ergebnis blieb weit hinter den Erwartungen vieler NS-Agrarpolitiker zurück: 689.635 Betriebe mit 16,1 Millionen ha Fläche waren Erbhöfe geworden, damit nur 21,6 % aller land- und forstwirtschaftlichen Betriebe über 0,5 ha, die zusammen 38% der gesamten land- und forstwirtschaftlichen Betriebsfläche bewirtschafteten.[605] Dabei waren in regionaler Hinsicht starke Unterschiede hinsichtlich Erbhofzahl und Erbhofdichte zu beobachten.[606] Während zum Beispiel in Hessen-Nassau im Jahr 1939 nur 17.689 und damit lediglich 10,4 % der land-

600 Diese Denkschrift, die die Agrarpolitik Darrés und insbesondere das Reichserbhofgesetz scharf kritisierte, wurde im Frühjahr 1934 von Sering zunächst an einige hundert Personen versandt (u.a. an den Preußischen Justizminister Kerrl, in: GSA, Rep. 84 a., Nr. 2014, MF. 9278), dann vom Reichsbankpräsidenten Schacht gedruckt und an mehrere tausend weitere Empfänger verschickt. Die Abhandlung wurde inbesondere in der Presse des europäischen Auslands eingehend diskutiert. Darré ließ daraufhin die Denkschrift durch die Preußische Geheime Staatspolizei beschlagnahmen, Dietze, Gedenkrede auf Max Sering, S. 22; vgl. auch Farquharson, S. 121.

601 Sering, S. 5

602 Hopp, DJ 1935, 626.

603 Hopp, DJ 1936, 1564.

604 Grundmann, S. 67.

605 Statistik des Deutschen Reiches, Bd. 560: Landwirtschaftliche Betriebszählung (17. Mai 1939), Berlin 1943, 166.

606 Zur Verteilung nach Betriebsgröße vgl. Hopp, DJ 1935, 626; Bode, JW 1933, 2611 ff., Kiesbye, JW 1933, 2613; vgl. außerdem hierzu Münkel, VfZ 1996, 553.

und forstwirtschaftlichen Betriebe zu Erbhöfen geworden waren,[607] lag der Anteil in Schleswig-Holstein mit 30.321 Höfen bei 44,9 %.[608]

Die Ursachen dafür, dass in einzelnen Landesbauernschaften das Verhältnis der Erbhöfe zur Gesamtzahl aller landwirtschaftlichen Betriebe – selbst dann, wenn eigentlich nach Größe und Beschaffenheit sehr viel mehr Betriebe Erbhofeigenschaft besitzen konnten – sehr niedrig blieb, waren vielfältig. Neben den unterschiedlichen Erbsitten, der fehlenden Bauernfähigkeit des Eigentümers oder dem fehlenden Alleineigentum an den Grundstücken, kam es auch vor, dass ein Betrieb zwar vom Sohn bewirtschaftet wurde, der Vater sich allerdings bis zum Tod das Eigentum vorbehielt. Zudem gab es den Umstand, dass eine Ackernahrung nur erreicht werden konnte, wenn man die Ländereien beider Ehegatten zusammenrechnete. Des Weiteren stand ständige Verpachtung der Grundstücke häufig der Entstehung eines Erbhofes entgegen.[609]

Vor diesem Hintergrund gingen gerade von Seiten des Reichsernährungsministeriums Bestrebungen aus, durch gesetzgeberische Maßnahmen den Anwendungsbereich des Reichserbhofrechts zu vergrößern.[610] Aber auch Teile der Rechtsprechung versuchten, durch eine weite Auslegung bestimmter Begriffe, das Reichserbhofgesetz in seiner Relevanz auf eine breitere Basis zu stellen.
Neben dieser Grundtendenz, möglichst viele Betriebe zu Erbhöfen werden zu lassen, gab es aber auch eine Haltung, nach welcher der Bestand auf sachlich wie persönlich leistungsfähige und kreditwürdige Erbhöfe beschränkt werden sollte. Dem lag die Auffassung zugrunde, dass das Erbhofrecht auf dem „Grundsatz der Auslese und nicht auf dem der Masse“ beruhte.[611] Daneben versuchte man im Rahmen der Neubildung deutschen Bauerntums neue Erbhöfe zu schaffen. Von den in den Jahren seit 1933 offiziell geschaffenen ca. 90.000 Erbhöfen wurden allerdings nur 21.200 Höfe überhaupt neu errichtet. Die übrigen 70.000 Betriebe hatte man dagegen lediglich durch Landzulagen über die Ackernahrungsgrenze „gehievt“.[612]

---

607 Vgl. „Zu wenig Erbhöfe in Hessen-Nassau“ in: Hessische Landeszeitung Nr. 96/1939 vom 7. April 1939.

608 Schleswig-Holstein hatte damit die höchste Erbhofdichte im ganzen Reichsgebiet. Diese 30.321 Betriebe bewirtschafteten dabei mit 905.520 ha 64,6 % der land- und forstwirtschaftlichen Nutzfläche, Grundmann, S. 68; vgl. auch Merkel, RdRN 1940, 514.

609 Entwurf des Reichsbauernführers zu „Maßnahmen zur Bildung neuer Erbhöfe, insbesondere von Ehegattenerbhöfen“, Anlage 3 zu einem Schreiben Saures an Vogels vom August 1935, in: BArch R 3001/22196, 37-43.

610 Vgl. hierzu die Ausführungen zum Ehegattenerbhof in Kapitel 6.

611 Rötelmann, JW 1935, 591.

612 Vgl. Zeitungsdienst, Berliner Dienst, 25. Juni 1940.

J. Entscheidung über die Erbhofeigenschaft

Gemäß § 10 REG entschied auf Antrag des Eigentümers oder des Kreisbauernführers das Anerbengericht darüber, ob ein Hof als Erbhof anzusehen war.[613] Nach Antragstellung hatte das Anerbengericht dann die Erbhofvoraussetzungen umfassend zu prüfen, nicht nur das Begriffsmerkmal, auf das sich der Antrag bezog.[614] § 10 REG[615] wurde durch die Ausführungsvorschrift des § 61 DVO. I ergänzt, der später im § 54 EHVfO aufging: Hiernach konnte ein Antrag auf Entscheidung über die Erbhofeigenschaft auch von demjenigen gestellt werden, der ein rechtliches Interesse an der Feststellung nachwies.[616]

613 Vgl. allgemein zur Entscheidung des Anerbengerichts über die Erbhofeigenschaft Bergmann, Das Erbhofverfahren, S. 111 ff., Bode, JW 1933, 2942 ff., Gülland, JW 1934, 385, Wendt, JW 1933, 2628 und Münzel, JW 1934, 812 f.

614 Zu den durchgeführten Feststellungsverfahren im Anerbengerichtsbezirk Pfaffenhofen/Ilm, vgl. Schober, S. 78 f.

615 Die Bestimmung entstammte Art. II, § 1 Abs. 5 des REM-Entwurfs vom 19. September 1933, in: BArch R 3001/Akte 591, 87.

616 Vgl. hierzu Baumecker, 3. Auflage, S. 506 ff.

4. Kapitel: „Bauer“, Bauernfähigkeit und „Abmeierung“

A. Allgemeines

Land- und forstwirtschaftlich genutztes Grundeigentum wurde nur dann zum Erbhof, wenn es sich im Alleineigentum einer **bauernfähigen** Person befand, § 1 Abs. 1 Nr. 2 REG. Die Voraussetzungen dieser Bauernfähigkeit regelte der 2. Abschnitt des Gesetzes. Unter dem Begriff der Bauernfähigkeit verstand man die persönliche Fähigkeit, einen Erbhof bewirtschaften zu können. In den §§ 12-15 REG waren ihre vier wesentlichen Voraussetzungen normiert: Bauer konnte grundsätzlich nur sein, wer die deutsche Staatsangehörigkeit besaß, § 12 REG. Darüber hinaus musste ein Bauer deutschen oder „stammesgleichen Blutes“ sein, § 13 REG. Entmündigte Personen waren gemäß § 14 REG ausdrücklich nicht bauernfähig. Außerdem musste ein Bauer auch die Eigenschaften der persönlichen Ehrbarkeit und der beruflichen Eignung/Wirtschaftsfähigkeit im Sinne des § 15 Abs. 1 REG mitbringen.[617]

Von diesem Typus des deutschen, „reinrassigen“, ehrbaren und wirtschaftsfähigen Bauern erwartete der NS-Gesetzgeber die „Neubelebung des Bauerntums, eine Neubildung deutscher Bauernsippen“.[618] Nur ein solcher Eigentümer eines Erbhofes durfte daher die zum „Ehrentitel“ erhobene Bezeichnung „Bauer“ tragen, § 11 Abs. 1 REG. In der Verknüpfung der sachlichen Erbhofvoraussetzungen des 1. Abschnitts mit den persönlichen Voraussetzungen des 2. Abschnitts fand die ideologische Formel der Einheit von „Blut und Boden“ damit ihre rechtliche Ausprägung. Die Bindung der Erbhofeigenschaft sowohl an sachliche als auch an persönliche Voraussetzungen zeigte, dass der Begriff des „Erbhofeigentums“ nicht im Sinne der üblichen Rechtssubjekt-Rechtsobjekt-Beziehung bürgerlichen Sachenrechts erfasst werden konnte. Bauer und Besitzung sollten stattdessen im Erbhof eine Einheit bilden, der Bauer war in eine konkrete Erbhofordnung hineingestellt, in welcher seine Rechtsstellung – zumindest dem Anspruch nach – streng an die Erfüllung völkischer Pflichten gebunden war.[619]

War erst einmal ein Erbhof entstanden, so blieb er dieses grundsätzlich auch dann noch, wenn die Bauernfähigkeit des Eigentümers entfiel. Dieses sollte insbesondere dann möglich sein, wenn der Bauer seinen erbhofrechtlichen Verpflichtungen nicht nachkam und dadurch seine Ehrbarkeit oder Wirtschaftsfähigkeit verlor. Durch die sogenannte kleine und große Abmeierung des § 15 REG konnte ihm dann die Nutzverwaltung am Erbhof entzogen werden, er durf-

617 Baumecker, 4. Auflage, § 12 REG, Rn. 1.
618 Stoll/Baur, S. 21.
619 Vgl. u.a. Busse, Volksordnung, S. 41 ff.

te den Ehrentitel „Bauer“ nicht mehr tragen und konnte sogar sein Erbhofeigentum gänzlich einbüßen.

B. Zum ursprünglichen Fehlen der Bauernfähigkeit

Wie bereits erwähnt, hatte das ursprüngliche Fehlen der Bauernfähigkeit zur Folge, dass ein Erbhof von vornherein erst gar nicht entstehen konnte. Hieraus ergab sich das Problem, dass Betriebe, welche von den sachlichen Voraussetzungen her grundsätzlich erbhoffähig waren, deren Eigentümer jedoch keine Bauernfähigkeit besaßen, durch die Regelung des § 60 REG ihren anerbenrechtlichen Schutz verloren. Um dieses missliebige Ergebnis zu umgehen wurde – als Alternativvorschlag zum Inkraftlassen oder Wiederinkraftsetzen der Anerbengesetze für diese Nicht-Erbhöfe – die Einräumung der Erbhofeigenschaft auch ohne Vorliegen der Bauernfähigkeit des Eigentümers gefordert. So schlug die Lippische Landesregierung dem Reichsjustizministerium Anfang 1934 vor,

„diesen teilweise alten Anerbengütern zur Erhaltung des Bauerngeschlechts auf dem angestammten Besitze auch ohne Rücksicht auf die Person des Eigentümers (nach dem Stichtag des 1. Oktobers 1933) die Erbhofeigenschaft zuteil werden zu lassen. Vielleicht läßt sich dieser Gedanke durch eine Vorschrift etwa des Inhalts verwirklichen, daß der Hof trotz fehlender persönlicher Befähigung des Eigentümers dann Erbhof ist, wenn der Eigentümer unter Vormundschaft oder Pflegschaft steht und der Vormund oder Pfleger die Eigenschaften einer bauernfähigen Person – von dem Eigentum eines Erbhofes abgesehen – besitzt oder der Hof an eine entsprechend geeignete Person verpachtet ist.“[620]

Den gleichen Vorschlag machte der Präsident des Landeserbhofgerichts Celle Springmann. Er wies darauf hin, dass bei Besitzungen, deren Eigentümer nicht bauernfähig war, die Gefahr bestand, „daß sie nicht nur vorübergehend ausscheiden, sondern dauernd als Erbhöfe verloren gehen, weil der nicht bauernfähige Eigentümer den Hof veräußert, zersplittert, ihn überlastet, dauernd verpachtet und insbesondere auch, weil bereits eingeleitete Zwangsversteigerungsverfahren durchgeführt werden müssen, endlich auch eine Teilnahme am demnächstigen Entschuldungsverfahren nicht Platz greifen würde“. Eine Besitzung sollte daher auch dann Erbhof sein können, wenn der Eigentümer bei Inkrafttreten des Gesetzes nicht bauernfähig gewesen war: „Dabei ist davon ausgegangen, daß der Wille des Gesetzes ist, die Erbhöfe vor Verschuldung und Zersplitterung zu schützen und sie dauernd der Sippe zu erhalten; daß es auch offenbar Absicht des Gesetzes ist, möglichst viele Höfe dem Bereich des Gesetzes zu unterstellen.“ Allerdings räumte er unter Bezugnahme auf den Wortlaut des § 1 Abs. 1

620 Schreiben der Lippischen Landesregierung an den RJM vom 15. Februar 1934, in: BArch R 3001/Akte 594, 107.

Nr. 2 REG ein, dass es angesichts dieser Begriffsbestimmung als recht schwierig erscheine, die Erbhofeigenschaft bei Nichtvorliegen der Bauernfähigkeit des Eigentümers zur Zeit des Inkrafttretens des Gesetzes anzunehmen.[621]

Auch der sich daraufhin mit dieser Frage auseinandersetzende Preußische Justizminister vertrat eine entsprechende Ansicht. Bei Voraussetzungen, welche die ganze Familie betrafen, sollte die Erbhofeigenschaft nicht vorliegen, wohl aber dann, wenn nur dem Einzelnen die jeweilige Voraussetzung fehlte. Den zwingenden Ausschluss der Erbhofeigenschaft bei fehlender Bauernfähigkeit des Eigentümers hielt der Minister für mit dem Grundgedanken des Gesetzes nicht im Einklang stehend und sah hierfür auch keine rechtspolitischen Notwendigkeiten.[622]

Dennoch konnte sich diese Ansicht nicht durchsetzen. Es blieb beim Grundsatz, dass ein Erbhof nur dann entstehen konnte, wenn sowohl die sachlichen als auch die persönlichen Erbhofvoraussetzungen vorlagen.

C. Der Bauernbegriff

I. Allgemeines

§ 11 REG war Ausdruck der von Darré propagierten Vorstellung vom „Neuadel aus Blut und Boden". Nach § 11 Abs. 1 REG hieß nur der Eigentümer eines Erbhofes „Bauer".[623] Ein Eigentümer oder Besitzer anderen land- oder forstwirtschaftlich genutzten Grundeigentums wurde dagegen als „Landwirt" bezeichnet, § 11 Abs. 2 REG. Gemäß § 11 Abs. 3 REG waren andere Bezeichnungen unzulässig. Die in den Grundbüchern noch bestehenden anderslautenden Berufsbezeichnungen sollten allmählich entsprechend geändert werden, § 11 Abs. 4 REG. Die Bestimmung ging im Wesentlichen auf den Vorschlag des Reichsernährungsministeriums vom 19. September 1933 zurück.[624] Das Reichsjustizministerium widersetzte sich zwar zunächst dem Ansinnen Darrés, eine Regelung zu schaffen, nach der nicht nur der Titel „Bauer" als Bezeichnung für Erbhofeigentümer eingeführt, sondern nach der auch eine Verpflichtung zur Führung der Bezeichnung „Landwirt" für alle anderen Eigentümer oder Besitzer land- oder

621 Schreiben des Präsidenten des Landeserbhofgerichts Celle, Springmann, an den Preußischen Justizminister vom 22. Februar 1934, in: BArch R 3001/Akte 596, 2.

622 Schreiben des Preußischen Justizministers an RJM und REM vom 26. März 1934, in: BArch R 3001/Akte 595, 111 a.

623 Zum Bauernbegriff des § 11 REG vgl. vertiefend Prinz, DR 1938, 251.

624 Art. II § 3 Abs. 1 des REM-Entwurfs vom 19. September 1933, in: BArch R 3001/Akte 591, 87.

forstwirtschaftlich genutzten Grundeigentums zwingend sein sollte.[625] Darré konnte sich jedoch mit seinen weitergehenden Vorstellungen durchsetzen.[626]

II. „Bauer" als Standesbezeichnung und Ehrentitel

Mit dem Reichserbhofgesetz sollte neben dem Bauernstand auch ein „neuer" Bauer geschaffen werden, dem innerhalb der völkischen Ordnung ein besonderer Rang zukam. Der Träger des Titels „Bauer" sollte als Teil eines Standes auftreten, der innerhalb des nationalsozialistischen Staates sowohl mit vermehrten Rechten ausgestattet als auch mit vermehrten Pflichten belegt wurde. Bauer war nach der Definition Darrés derjenige, welcher „in erblicher Verbundenheit seines Geschlechts mit der Scholle sein Land bestellt und diese Tätigkeit als eine Aufgabe an seinem Geschlecht und seinem Volk betrachtet."[627] Die Bezeichnung war damit nicht mehr nur lediglich Berufskennzeichnung, sondern vielmehr – und dies korrespondierte mit der vom NS-Regime mit großem propagandistischen Aufwand betriebenen ideologischen Überhöhung des Bauernstandes – ein „Ehrentitel", der die „Bedeutung des Bauerntums" und seine „große sittliche Verpflichtung" klar herausstellen sollte.[628] Daneben entsprachen die Schaffung eines Bauernstandes und die Verleihung eines bäuerlichen Ehrentitels dem von Darre entworfenen Konzept des Bauerntums als „Neuadel aus Blut und Boden".

III. Der Begriff des Landwirts

Der „Bauer" wurde begrifflich vom „Landwirt" abgegrenzt, womit gemäß § 11 Abs. 2 REG alle anderen land- und forstwirtschaftlich genutzten Grundeigentums bezeichnet werden sollten. Ergänzt wurde diese Bestimmung durch § 11 Abs. 3 REG, der alle anderen Bezeichnungen für Eigentümer land- oder forstwirtschaftlich genutzten Grundeigentums, wie zum Beispiel Gutsbesitzer, Rittergutsbesitzer, Hofbesitzer, Kötter, Anbauer, Vollbauer, Vollhufner, Halbhufner, Stavener, Kätner für unzulässig erklärte.[629] Dementsprechend sollten auch gemäß § 11 Abs. 4 REG die Berufsbezeichnungen der Eigentümer im Grund-

---

625 Das RJM wollte sich auf die Feststellung „Der Eigentümer eines Erbhofs heißt Bauer" beschränken, Gegenentwurf des RJM vom 23. September 1933, in: BArch R 3001/Akte 591, 90.

626 Kabinettsvorlage vom 25. September 1933, in: BArch R 3001/Akte 591, 92.

627 Vogels' Vortrag „Das Erbhofrecht und seine Anwendung in der Praxis" auf der fachwissenschaftlichen Woche für Justizbeamte vom 7. - 12. Oktober 1935, in: BArch R 3001/22165, 185-211, 195.

628 Stoll/Baur, S. 22.

629 Baumecker, 4. Auflage, § 11 REG, Rn. 5.

buch allmählich geändert werden. Auf den Wegfall dieser Bezeichnungen hatte insbesondere Darré Wert gelegt, der im Vorfeld der Verabschiedung des Reichserbhofgesetzes geäußert hatte, er halte „die Fälle, in denen sich Bürgerliche als ‚Rittergutsbesitzer eines adligen Gutes' bezeichneten, für Unfug.[630]

IV. Auswirkung und Fortbildung

Die im § 11 REG festgelegte klare Trennung zwischen „Bauer" einerseits und „Landwirt" andererseits erwies sich insbesondere deshalb als unglücklich, weil sie im Widerspruch zum allgemeinen Sprachgebrauch stand. Die vom § 11 REG verordnete Bezeichnungspraxis konnte sich nicht durchsetzen, im Volksmund wurde weiterhin auch die Eigentümer von landwirtschaftlichen Besitzungen, die nicht zum Erbhof geworden waren, als „Bauern" bezeichnet.[631] Die Titulierung als „Landwirt" wurde hingegen von vielen neuen „Nichtbauern" als Herabsetzung empfunden, auch wenn die Literatur nicht müde wurde zu betonen, dass die Hervorhebung des Bauern nicht zu einer geringwertigen Beurteilung der Landwirte führen sollte.[632]

Stattdessen setzte sich in der Volks- und Behördensprache an Stelle der Bezeichnung „Bauer" die Titulierung „Erbhofbauer" für die Eigentümer von Erbhöfen durch, eine Bezeichnung, die mit der Zeit auch vom Reichsernährungsministerium als tragbar und einem praktischen Bedürfnis entsprechend angesehen wurde. So herrschte spätestens bei den Beratungen zur Erbhoffortbildungsverordnung im Jahr 1943 die Überzeugung vor, dass der Begriff „Erbhofbauer" eines Tages den Begriff „Bauer" ablösen müsse. Von der gesetzgeberischen Umsetzung dieser Überzeugung sah man bei der Verabschiedung der Erbhoffortbildungsverordnung nur deshalb ab, weil man diese Änderung als nicht kriegswichtig und gesetzestechnisch schwierig ansah und sie sich daher für den Fall der „ohnehin notwendigen Neufassung des REG" vorbehielt.[633]

Auch aus weiteren Gründen erwies sich die Fassung des § 11 REG als unglücklich, führte doch nach dem Wortlaut des § 11 Abs. 1 REG auch eine Frau, wenn sie Eigentümerin eines Erbhofes war, die Bezeichnung „Bauer" und nicht „Bäuerin". Allerdings legte man den § 11 Abs. 1 REG dahingehend aus, dass sich weibliche Erbhofeigentümer als „Bäuerin" bezeichnen durften.[634]

---

630 Protokoll der Besprechung vom 21. September 1933, in: BArch R 3001/Akte 591, 93.

631 Begründung zu § 1 des REM-Entwurfs vom 13. Januar 1943, in: BArch R 3001/22173, 188 f.

632 Baumecker, 4. Auflage, § 11 REG, Rn. 5; Stoll/Baur, S. 22.

633 Begründung zu § 1des Entwurfs des REM vom 13. Januar 1943, in: BArch R 3001/ 22173, 188 f.

634 Baumecker, 4. Auflage, § 11 REG, Rn. 3.

Viel dringlicher und einer Neuregelung bedürftig war der Umstand, dass sich auch die einheiratenden Ehegatten von Erbhofeigentümer(innen) „nur" noch „Landwirt" nennen durften und eben nicht mehr „Bauer" bzw. „Bäuerin". Dieses widersprach zu einem dem landläufigen Sprachgebrauch.[635] Zum anderen waren an die Stellung als „Bauer" auch standesrechtliche Funktionen im Reichsnährstand geknüpft, so dass einheiratende Ehemänner für die Besetzung dieser Positionen von vornherein nicht in Betracht kamen. Auch konnten diese „Bauern zweiter Klasse" nicht als bäuerliche Beisitzer bei den Anerbenbehörden zugelassen werden. Als dann im Verlauf des Krieges „infolge des vorzeitigen Todes vieler Bauern manche Kriegerwitwe genötigt" war, wieder zu heiraten und diese baldige Wiederheirat der Ehefrauen aus bevölkerungspolitischen wie aus wirtschaftlichen Gründen vom Regime gefördert werden sollte, war man bereit, dem einheiratenden Ehemann das Recht zu geben, sich „Bauer" nennen zu dürfen und bäuerlicher Beisitzer bei den Anerbenbehörden zu sein.[636]

Das Reichsernährungsministerium schlug daher Anfang 1943 vor, den § 11 REG in dieser Hinsicht praxisnah zu ergänzen und zu erweitern,[637] was auf der anschließenden Salzburger Erbhofrechtstagung auf allgemeine Zustimmung stieß. Daneben sprach man sich hier auch einhellig für die Einführung des Ehrentitels „Bäuerin" für einheiratende bauernfähige Ehefrauen aus, da diese „auf dem Erbhofe ihres Mannes in der Regel die gleiche Stellung einnehmen, die gleiche Arbeit verrichten und die gleiche Verantwortung tragen, wie die verheiratete Eigentümerin eines Erbhofes."[638] Beide Vorschläge wurden schließlich in § 1 Abs. 1, Abs. 2 EHFV durch den Gesetzgeber umgesetzt. Eine Erweiterung enthielt auch § 2 EHFV, wonach auch nach der Abgabe des Hofes der bisherige Bauer und die Bäuerin „altem Brauch entsprechend" die Bezeichnungen „Altbauer" und „Altbäuerin" führen durften, § 2 Abs. 1 EHFV. Mit dieser Bestimmung wollte man die Übergabefreudigkeit eines älteren Bauern/Bäuerin an den Anerben erhöhen, da „in manchen Gegenden des Reiches (...) der Umstand, daß der Hofübergeber mit der Übergabe die Bezeichnung Bauer verlor, die Übergabefreudigkeit" beeinträchtigt hatte. Dasselbe sollte gemäß § 2 Abs. 2 EHFV auch nach dem Tod des Hofeigentümers für den überlebenden Ehegatten gelten, soweit dieser nicht bäuerlicher Verwalter und Nutznießer oder Anerbe war und

---

635 So äußerte Baumecker ganz offen Zweifel an der Durchsetzbarkeit der „Landwirt"-Bezeichnung für den einheiratenden Ehegatten, vgl. Baumecker, 4. Auflage, § 11, Rn. 3; vgl. auch Begründung zu § 1 des Entwurfs vom 13. Januar 1943, in: BArch R 3001/22173, 188 f.

636 Begründung zu § 1 des REM-Entwurfs vom 13. Januar 1943, in: BArch R 3001/22173, 188 f.

637 § 1 des REM-Entwurfs zur EHFV vom 13. Januar 1943, in: BArch R 3001/22173, 182.

638 Protokoll zur Stellungnahme Starckes, in: BArch R 3001/22175, 106 f; vgl. zu dieser Frage auch die Niederschrift zum Referat von Marcik, in: BArch R 3001/22175, 50.

deshalb weiterhin als Bauer oder Bäuerin bezeichnet wurde. § 3 EHFV ließ schließlich sowohl den einheiratenden bauernfähigen Ehemann als auch den Altbauern als bäuerlichen Beisitzer bei den Anerbengerichten, den Erbhofgerichten und dem Reichserbhofgericht zum „Ehrenamt des Bauernrichters" zu.[639]

D. Das Erfordernis der deutschen Staatsangehörigkeit

I. Zum Staatsangehörigkeitsrecht im NS-Staat

Gemäß § 12 REG, der auf Art. II § 3 Abs. 2 des Ausgangsentwurfs Darrés zurückging,[640] konnte Bauer nur derjenige sein, der die deutsche Staatsangehörigkeit besaß. Dieses entsprach dem Zweck des Reichserbhofgesetzes, „deutsche Bauern auf deutscher Scholle" zu verwurzeln.[641] Grundlage des deutschen Staatsangehörigkeitsrechts war auch im Dritten Reich zunächst das Reichs- und Staatsangehörigkeitsgesetz vom 22. Juli 1913 (RuStAG),[642] nach dessen Grundkonzeption die Reichsangehörigkeit durch die einzelstaatliche Staatsangehörigkeit vermittelt wurde.[643] Daneben gab es die unmittelbare Reichsangehörigkeit, die unabhängig von der Staatsangehörigkeit in einem Bundesstaate erworben werden konnte.[644] Art. 110 WRV gab dem RuStAG dann eine verfassungsrechtliche Grundlage, wonach jeder Angehörige eines Landes zugleich Reichsangehöriger war und jeder Deutsche in jedem Land die gleichen Rechte und Pflichten wie die Angehörigen dieses Landes selbst hatte.

Im „Dritten Reich" griff man tief in dieses Gefüge des Staatsangehörigkeitsrechts ein, indem es insbesondere zur Durchsetzung ihrer Rassenideologie gesetzgeberisch umgestaltet wurde.[645] Zunächst erlaubte das „Gesetz über den Widerruf von Einbürgerungen und die Aberkennung der deutschen Staatangehörigkeit" vom 14. Juli 1933, politisch unerwünschte Einbürgerungen, welche zwischen 1918 und 1933 erfolgt waren, zurückzunehmen. Darüber hinaus konnten sich im Ausland aufhaltende Deutsche ausgebürgert werden, wenn festgestellt

639 Rede Thieracks zur Verkündung der EHFV auf der Zehnjahresfeier des Reichserbhofgerichts am 1. Oktober 1943 in Berlin, in: BArch R 3001/22170, 180-196, 186.

640 Art. II § 3 Abs. 2 umfasste noch das sogenannte „Rassenerfordernis", Entwurf vom 19. September 1933, in: BArch R 3001/Akte 591, 87. § 11 Abs. 1 des RJM-Entwurfes vom 23. September 1933 ging dann über § 12 der Kabinettsvorlage in das Gesetz ein, Entwurf vom 23. September 1933, in: BArch R 3001/Akte 591, 90 und Kabinettsvorlage vom 25. September 1933, in: BArch R 3001/Akte 591, 92.

641 Stoll/Baur, S. 23.

642 RGBl. 1913, S. 583, zum Teil auch als Lex Delbrück bezeichnet.

643 Marx, Vorb. § 1, Rn. 31.

644 Dieser Fall betraf insbesondere die sogenannten „Schutzgebiete", vgl. §§33 ff. RuStAG.

645 Sturm/Sturm, Rn. 18; Marx, Vorb. § 1, Rn. 39.

wurde, dass diese durch eine „Verletzung ihrer Treuepflicht“ gegen das Deutsche Reich deutsche Belange geschädigt oder einer Rückkehraufforderung des Reichsinnenministers nicht Folge geleistet hatten.
Einen weiteren tiefgreifenden Einschnitt bedeutete die „Verordnung über die deutsche Staatsangehörigkeit vom 5. Februar 1934“,[646] mit der die Landesstaatenzugehörigkeit und somit die Konzeption der Vermittlung der Reichsangehörigkeit durch die Staatsangehörigkeit der Einzelstaaten zugunsten einer einheitlichen deutschen Staatsangehörigkeit, der sogenannten Reichsangehörigkeit, aufgehoben wurde.

Schließlich griff das Reichsbürgergesetz vom 15. Mai 1935,[647] welches mit dem Erlass der sogenannten „Nürnberger Gesetze“ zusammenfiel, tief in das Staatsangehörigkeitsrecht ein. Dieses Gesetz unterschied zwischen Reichsbürgern einerseits und Staatsangehörigen andererseits, wobei nur der Reichsbürger Vollinhaber politischer Rechte war. Reichsbürger konnte aber, ganz im Sinne nationalsozialistischer Doktrin, nur sein, wer als Deutscher „arischer Abstammung“ galt und durch sein Verhalten bewies, dass er Volk und Reich treu dienen wollte und konnte.[648] Damit wurden Juden zu Bürgern minderen Rechts, diese konnten lediglich Staatsangehörige sein, nicht aber Volksangehörige und damit Reichsbürger.[649]

II. Die Ausnahmeregelung des § 3 DVO. II

Es konnte Gründe geben, welche die Aufrechterhaltung einer fremden Staatsangehörigkeit durch den Eigentümer eines in Deutschland liegenden Erbhofs „erwünscht und ratsam sein“ lassen konnten.[650] Dies war zum Beispiel dann der Fall, wenn Deutsche ihre deutsche Staatsangehörigkeit durch die Gebietsabtretungen des Versailler Vertrages verloren hatten und daher mangels Bauernfähigkeit keinen Erbhof im Deutschen Reich begründen konnten.[651] Da dem formalen Erfordernis der Staatsangehörigkeit ein wesentlich niedrigerer Stellenwert zukam als dem Erfordernis der „Deutschblütigkeit“ oder „Stammesgleicheit“, wurde eine Ausführungsvorschrift zu § 12 REG geschaffen, die eine Ausnahme vom Erfordernis der deutschen Staatsangehörigkeit vorsah.

---

646 RGBl. 1934, Teil I, S. 85.

647 RGBl. 1935, Teil I, S. 593.

648 Sturm/Sturm, Rn. 20. Auf Grundlage dieses Gesetzes ergingen in der Folge zahlreiche in das Staatsangehörigkeitsrecht eingreifende Verordnungen, vgl. hierzu u.a. Marx, Vorb. § 1, Rnrn. 43 ff.

649 Hattenhauer, Rn. 641.

650 Baumecker, 4. Auflage, § 5 EHRV, Rn. 2.

651 Baumecker, 4. Auflage, § 12 REG, Rn. 7; Hopp, EHRV und EHVfO, S. 17.

Den Anstoß zu einer solchen Bestimmung gab das Reichsernährungsministerium Ende November 1933, die vorgeschlagene Regelung beschränkte allerdings die Ausnahme vom Erfordernis des § 12 noch auf Angehörige der Freien Stadt Danzig.[652] Das Reichsjustizministerium folgte diesem Vorschlag zunächst mit § 4 seines Entwurfs zur Zweiten Durchführungsverordnung vom 29. November 1933.[653] Um zusätzlich denjenigen Angehörigen „deutschen Volkstums", die infolge der Gebietsabtretungen des Versailler Vertrages dänische, holländische, belgische oder polnische Staatsbürger geworden waren, dieselbe Möglichkeit zu eröffnen, erweiterte das Reichsjustizministerium jedoch diesen Vorschlag enstprechend,[654] der dann im § 3 DVO. II umgesetzt wurde. Hiernach konnte der Reichsminister für Ernährung und Landwirtschaft auf begründeten Antrag vom Erfordernis der deutschen Staatsangehörigkeit Ausnahmen gewähren. § 3 DVO. II ging später im § 5 Abs. 1 EHRV auf.

E. Das Erfordernis der „Deutschblütigkeit"

I. Entstehungsgeschichte. Zweck

Die „völkische Rechtsidee" war ein Kernbestandteil nationalsozialistischer Weltanschauung.[655] Als ideologische Grundlage des praktizierten Rassismus war für sie das Recht der unmittelbare Ausdruck der „Blutsgemeinschaft eines Volkes". „Völkische Artgleichheit" war damit Voraussetzung, um einer Rechtsgemeinschaft anzugehören. Da man in der „Überfremdung des deutschen Blutes" durch „artfremdes, jüdisches Blut" die Ursache für den nationalen Niedergang sah, wurden im Reichserbhofgesetz – das ja gerade dazu dienen sollte, durch die Erhaltung der „Blutquellen" des Volkes diesem vermeintlichen Niedergang entgegenzuwirken – die Anforderungen an die Zugehörigkeit zur Rechtsgemeinschaft der Bauern besonders hoch angesetzt.

§ 13 REG exerzierte dann auch den Gedanken der Volksgemeinschaft als Rechtsgemeinschaft in drastischer Weise durch. Gemäß § 13 Abs. 1 REG konnte Bauer nur derjenige sein, wer deutschen oder stammesgleichen „Blutes" war. Ausgeschlossen waren gemäß § 13 Abs. 2 REG damit ausdrücklich Personen, die unter ihren Vorfahren väter- oder mütterlicherseits „jüdisches" oder „farbi-

652 Schreiben des REM an Vogels von Ende November 1933, in: BArch R 3001/Akte 593, 50 a.

653 Entwurf des RJM vom 29. November 1933 zur DVO. II, dem REM übersandt mit Schreiben vom 1. Dezember 1933, in: BArch R 3001/Akte 593, 52.

654 § 3 des Entwurfs des RJM zur DVO. II vom 16. Dezember 1933, in: BArch R 3001/Akte 594, 17.

655 Kroeschell, Rechtsgeschichte 20. Jh., S. 80.

ges“ Blut hatten. Stichtag für das Vorhandensein dieser rassischen Voraussetzungen war der 1. Januar 1800, § 13 Abs. 3 Satz 1. Bei Zweifeln entschied das Anerbengericht, § 13 Abs. 3 Satz 2 REG.

Bereits § 2 Abs. 1 des Preußischen Bäuerlichen Erbhofrechts hatte die Erbhofvoraussetzung, „deutschen oder stammesgleichen Blutes“ zu sein, festgeschrieben. Auf diese Bestimmung bezog sich der Darrésche Ausgangsentwurf vom 19. September 1933, der den späteren Wortlaut des § 13 REG bereits im Wesentlichen vorwegnahm, wenngleich ihm noch eine dem späteren § 13 Abs. § 3 Satz 2 REG entsprechende Regelung fehlte.[656] Diese Bestimmung war dann in der gemeinsamen Kabinettsvorlage vom 25. September 1933 enthalten.[657] Vom Anwendungsbereich des Reichserbhofgesetzes waren damit die Personenkreise ausgeschlossen, die nicht in das Bild der „arischen“ Volksgemeinschaft passten. Nach der nationalsozialistischen Rechtsanschauung, dass man nur noch als „Volksgenosse“ in seiner Funktion als Glied der deutschen „Volksgemeinschaft“ auch „Rechtsgenosse“ sein konnte,[658] trug das Gesetz zur Entrechtung der im Deutschen Reich lebenden Bürger jüdischen Glaubens oder Herkunft bei, indem es diese unter Berufung auf fadenscheinigste rassische Argumente von seinem Anwendungsbereich ausschloss.[659] Damit stand auch das Reichserbhofgesetz am Ausgangspunkt einer „Rechtsperversion“, die der planmäßig betriebenen Judenverfolgung Vorschub leistete und in millionenfachem Mord gipfelte.[660]

II. Deutsches bzw. „stammesgleiches“ Blut

Das Merkmal „deutschen oder stammesgleichen Blutes“ wurde vom Gesetz nicht positiv bestimmt. § 13 Abs. 2 REG enthielt lediglich eine negative Definition nach welcher deutschen oder stammesgleichen Blutes zumindest nicht derjenige war, „wer unter seinen Vorfahren väterlicher- oder mütterlicherseits ‚jüdisches‘ oder ‚farbiges‘ Blut“ hatte.

Abschließend war diese negative Definition nicht. Aus der Feststellung des Nichtvorhandenseins „jüdischen“ oder „farbigen“ Blutes konnte mithin nicht automatisch auf die Deutschblütigkeit bzw. Stammesgleichheit geschlossen werden. So blieb es Aufgabe von Wissenschaft und Rechtsprechung zu klären,

---

656 Art. II § 3 Abs. 2, 3 des REM-Entwurfs vom 19. September 1933, in: BArch R 3001/ Akte 591, 87.

657 Kabinettsvorlage vom 25. September 1933, in: BArch R 3001/Akte 591, Bl. 92.

658 Kroeschell, Rechtsgeschichte 20. Jh., S. 83.

659 Wie umfassend dieser Ausschluss durch gesetzliche Maßnahmen und Richtlinien umgesetzt wurde, geht aus der Sammlung von Walk, Das Sonderrecht für Juden im NS-Staat, hervor.

660 Vgl. hierzu auch Laufs, S. 374 f und Rüthers, NJW 1988, 2825 ff.

was unter der „deutschen" und insbesondere der „stammesgleichen" Blutseigenschaft zu verstehen war. So stufte z. B. Wöhrmann ursprünglich bei der Bestimmung der Stammesgleichheit lediglich „alle der germanischen Rasse angehörigen Personen" als „unbedenklich" ein, wobei er zugestand, dass „Wenden" und „Masuren" nicht auszuschließen seien.[661] Demgegenüber vertrat zum Beispiel Vogels einen weiteren und praxisnahen Begriff der Stammesgleichheit: „Stammesgleich sind vielmehr nur diejenigen Völker, die in geschlossener Volkstumssiedlung seit geschichtlicher Zeit in Europa beheimatet sind. Das sind also alle europäischen Arier und ihre reinrassigen Nachkommen in den Kolonialländern und einige nichtarische Völker, nämlich Ungarn, Esten und Finnen, dagegen nicht mehr die asiatischen Türken."[662]
Dieser nicht unumstrittenen Auslegung Vogels' schloss sich im August 1934 auch das Landeserbhofgericht Celle[663] und schließlich auch das Reichserbhofgericht an:[664] Alle sogenannten „Arier", also nicht nur „germanische", sondern auch „romanische" und „slawische" Völker galten danach als stammesgleich und bauernfähig, ebenso die sogenannten „stammverwandten" Völker, wie Finnen, Balten und Ungarn.[665] Als „nicht stammesgleich" wurden nach dieser Definition neben den Juden die unter dem Oberbegriff „Zigeuner" diskriminierten Minderheiten angesehen.[666]

---

661 Wöhrmann, Erstauflage, S. 30.

662 Vogels, 3. Auflage, S. 100; vgl. auch Siefert, S. 78 und Hagedorn, JW 1934, 394. Warum Vogels sich für diese relativ weite Auslegung des Begriffs der „Stammesgleichheit" entschied und hierbei auf den – im Gesetz ja selbst nicht angeführten Begriff des „Ariers" zurückgriff – machte er später auf einem Vortrag im Oktober 1935 deutlich: „Selbst wenn wir jenen Einwendungen entsprechen wollten, könnten wir es nicht. Wo soll man die Grenze ziehen? Wir wissen, daß das deutsche Volk nicht in dem Sinne rasserein ist, daß alle Volksgenossen rein nordisches Blut hätten. Wir wissen aus der Geschichte, daß wir zum Beispiel in Brandenburg einen wendischen Einschlag haben, ebenso in Ostpreußen einen slavischen. Wir könnten, selbst wenn wir wollten, gar keine genaue Unterscheidung treffen. Wir mussten uns hier an den größeren Begriff des Ariers halten. Der Arier ist stammesgleich, gleichviel ob er Slave, Romane oder Germane ist.", Vortrag Vogels' unter dem Titel „Das Erbhofrecht und seine Anwendung in der Praxis", gehalten auf der fachwissenschaftlichen Woche für Justizbeamte vom 7.-12. Oktober 1935, Protokoll in: BArch R 3001/22165, 185-211, 199.

663 Vgl. LEG Celle, JW 1934, 2480.

664 REHG, RdRN 1935, 671.

665 Hierzu Baumecker, 4. Auflage, § 13 REG, Rn. 5: „Bezüglich (...) der Slawen, einschl. der Polen (Celle, 1. VIII. 34, a.a.O.) können aus rassischen Gründen keine Zweifel bestehen."

666 Zur Begründung der Entscheidung des LEG Celle hieß es in einem Schreiben des Preußischen Innenministeriums (Loehrs) an das RJM: „Das Erbhofgericht musste in seinen Entscheidungsgründen den Nachweis führen, dass die Bestimmungen des Reichserbhofgesetzes mit denen des Genfer Abkommens zu vereinbaren sind und dass die An-

III. Zur Frage der „Stammesgleichheit" der polnischen Minderheit

1. Die rechtliche Situation bis 1939

Die obige Entscheidung des Landeserbhofgerichtes Celle aus dem Jahr 1934 sollte einen Schlussstrich unter die seit Inkrafttreten des Reichserbhofgesetzes geführte Debatte über die Bauernfähigkeit der relativ großen polnischen Minderheit in den östlichen Grenzgebieten Preußens ziehen. Denn obwohl Hitler sich in seiner Reichstagsrede vom 17. Mai 1933 gegen die Assimilation von Minderheiten und somit gegen deren „Germanisierung" ausgesprochen hatte,[667] sah die Praxis der Anerbengerichte von Anfang an anders aus: Die Stammesgleichheit und somit die Bauernfähigkeit von Angehörigen der polnischen Minderheit wurde – von wenigen Ausnahmen abgesehen – in der Regel bejaht und ihre Eintragung in die Erbhöferolle vorgenommen. Einsprüche hiergegen waren grundsätzlich erfolglos.[668]

Diese Praxis stieß bei der polnischen Minderheit im Allgemeinen und bei den hiervon betroffenen Bauern im Besonderen auf scharfe Kritik. Als besonders heikel stellte sich dabei die Frage nach der Stellung der polnischen Bauern in Oberschlesien heraus, da hier das Genfer Abkommen vom 15. März 1922 der polnischen Minderheit unbeschränkte Freiheiten auf persönlichem, sozialem, kulturellem und wirtschaftlichem Gebiet gewährleistete.[669] Nach Ansicht der Vertreter der polnischen Minderheit lag nun gerade in der Beurteilung der oberschlesischen polnischen Bauern als „stammesgleich" ein Verstoß gegen das Ab-

---

wendung des Reichserbhofgesetzes auf Angehörige der oberschlesischen Minderheiten in keiner Weise dem Sinn und Zweck des Genfer Abkommens widerspricht. Eine andere Auslegung ist aus politischen und rechtlichen Gründen nicht tragbar. Aus der Geschichte Oberschlesiens ergibt sich, dass der Zweck des Gesetzes, die Erhaltung des Bauerntums als Blutsquelle des deutschen Volkes unter Sicherung alter deutscher Erbsitte, auf die oberschlesischen Verhältnisse wohl zutrifft. Da die rassische Zusammensetzung des ostdeutschen Minderheiten keinen Zweifel an ihrer stammesgleichen ostisch-nordischen Abstammung zulässt, kann wohl von der Minderheit die Pflege alter deutscher Erbsitte wohl gefordert werden, wenn dabei gewisse Besonderheiten einer östlichen Kulturentwicklung verständig mitberücksichtigt werden. Deutsche Erbsitte ist in dem geschichtlichen deutschen Ostraum stets auch dort lebendig gewesen, wo Angehörige eines fremden Volkstums deutschem Kultureinfluss unterworfen waren.", Schreiben des Preußischen Innenministeriums (Loehrs) an das RJM vom 4. August 1934, in: BArch R 3001/Akte 597, 103 f.

667 Domarus, S. 273.

668 Openkowski, Kulturwehr 1934, 587-617, 688.

669 Vgl zur Frage des § 13 REG und seine Auswirkungen auf die jüdisch-polnischen Bauern im deutschen Teils Oberschlesiens hinsichtlich der Bindung des Deutschen Reichs an das „Abkommen über Oberschlesien vom 11. Juli 1922", Schreiben des stellvertretenden Präsidenten des LEG Celle, Springmann, an den Preußischen Justizminister vom 15. März 1934, in: BArch R 3001/Akte 595, 149.

kommen.[670] Am 15. Mai 1934 richtete daher der „Bund der Polen in Deutschland e.V.“, nachdem sich in den ersten Monaten nach Inkrafttreten des Reichserbhofgesetzes die Praxis der Gerichte in obiger Weise verfestigt hatte,[671] eine Eingabe an die Reichsregierung, mit dem Antrag, das Reichserbhofgesetz nicht auf Angehörige der polnischen Minderheit anzuwenden.[672] Neben dem Verweis auf den von Hitler geäußerten Verzicht auf Germanisierung und dem Hinweis auf den Genfer Vertrag vom 15. Mai 1922 wurde insbesondere der im Vorspruch des Reichserbhofgesetzes niedergelegte Gesetzeszweck gegen die Anwendung des Gesetzes auf die polnische Minderheit angeführt: Die Reichsregierung könne mit dem Reichserbhofgesetz nicht beabsichtigt haben, „dass ein Pole zum Hüter oder Garanten deutscher Erbsitte und deutschem Volkstums bestellt“ werde.[673]

Was damit genau gemeint war, führte Openkowski in seinem Aufsatz „Reichserbhofgesetz und nationale Minderheiten“ in der Zeitschrift „Kulturwehr“ im November 1934 näher aus: Den § 13 Abs. 1 REG, so Openkowski, könne man nur im Zusammenhang mit den in der Einleitung des Reichserbhofgesetzes aufgeführten Grundgedanken, dass die Reichsregierung „unter Sicherung alter deutscher Erbsitte das Bauerntum als Blutsquelle des deutschen Volkes erhalten“ wolle, würdigen. Der Zielsetzung des Gesetzgebers werde man am ehesten gerecht, wenn „das Reichserbhofgesetz nur auf Angehörige des deutschen Volkstums Anwendung findet und die Angehörigen eines fremden, also nichtdeutschen Volkstums vom Reichserbhofgesetz nicht erfasst“ würden.[674]

Nach Openkowskis Ansicht bot die Auslegungsregel des § 56 REG eine Handhabe für das Festhalten an dem Einleitungssatz, wonach die Erhaltung des Bauerntums als Blutquelle des deutschen Volkstums unter Sicherung alter deutscher Erbsitte der rote Faden des Gesetzes sei und somit eine Beurteilung der

670 Openkowski, Kulturwehr 1934, 588 f., 591 f.

671 Vgl. hierzu den „Fall Mysliwietz“, bei dem das Anerbengericht Groß Strehlitz am 18. April 1934 den Einspruch eines polnischen Ehepaares gegen die Aufnahme ihres Hofes in die Erbhöferolle zurückgewiesen hatte. Dieser Fall war Mitauslöser der Eingabe, vgl. Beschluss des Anerbengerichts Groß Strehlitz vom 18. April 1934, in: BArch R 3001/Akte 596, 118. Auf diesen Fall nimmt Openkowski ausdrücklich Bezug, Openkowski, Kulturwehr 1934, 588 f.

672 Die Abschrift der Eingabe vom 15. Mai 1934 ist zu finden in: BArch R 3001/Akte 597, 105, 117. Im Nachtrag hierzu reichte der „Bund der Polen in Deutschland“ mit Schreiben vom 11. Juni 1934 bei der Reichsregierung die deutsche Übersetzung des Protokolls einer polnischen Landwirtsfrau aus Ostpreußen ein. Der in diesem Protokoll geschilderte Vorfall wurde als Beweis für die Germanisierungsbestrebungen der deutschen Reichsregierung angesehen, Protokoll, in: BArch R 3001/Akte 597, 129 f.

673 Abschrift der Eingabe vom 15. Mai 1934, in: BArch R 3001/Akte 596, 117.

674 Openkowski, Kulturwehr 1934, 588.

polnischen Minderheit als stammesgleich im Sinnes des § 13 Abs. 1 REG ausscheiden müsse.[675]

Grundsätzlich sprach für diese Ansicht Openkowskis Einiges, da § 13 Abs. 1 REG gemäß der Auslegungsregel des § 56 REG im Lichte des in den Einleitungsworten dargelegten Zweckes ausgelegt werden sollte. Das Landeserbhofgericht in Celle stellte sich dieser Argumentation entgegen, indem es die in den Einleitungsworten zum Ausdruck kommende Gewichtung anders interpretierte:

„Es ist zwar richtig, dass die Präambel des Reichserbhofgesetzes in den Eingangsworten erklärt, dass die Reichsregierung unter Sicherung alter deutscher Erbsitte das Bauerntum als Blutquelle des deutschen Volkes erhalten will. In Absatz 7 [des Vorspruchs; der Verfasser] definiert aber auch das REG. das Wort ‚deutsch', indem es den Deutschen gleichsetzt denjenigen, der stammesgleichen Blutes ist. Was die Fassung ‚stammesgleichen Blutes' bedeutet, ist im Gesetz nicht definiert. Das REG sagt nur negativ, dass stammesgleichen Blutes derjenige nicht ist, der unter seinen Vorfahren väterlicher- oder mütterlicherseits jüdisches oder farbiges Blut hat. Positiv gibt zwar das Gesetz keine Bestimmung. Trotzdem wäre es wohl irrig anzunehmen, dass alles Blut, das weder jüdisch noch farbig ist, stammesgleich ist. Stammesgleich sind vielmehr nur diejenigen Völker, die in geschlossener Volkstumssiedlung seit geschichtlicher Zeit in Europa beheimatet sind (Vergl. Vogels Anmerkung 2b zu § 13 REG). Demnach ist der Slawe als europäischer Arier im Sinne des REG stammesgleich. Der Grundstückseigentümer ist damit bauernfähig. Er verkennt auch den Geist und den Zweck des Gesetzes. Der Geist und der Zweck des Gesetzes ist ausschließlich aufzufassen, dass es sich um ein Gesetz handelt, das zum Schutze und Nutzen der Bauern geschaffen ist. Es ist ein Agrargesetz, das einen neuen gesunden Bauernstand schaffen will. Der Ton liegt nicht in der Präambel auf dem Worte ‚deutsch', sondern auf dem Worte ‚Bauerntum'. Das ergibt sich daraus, dass es durchaus nicht eine überall in Deutschland geltende rein deutsche Erbsitte zum Gesetz macht. In vielen Teilen Deutschlands wird vielmehr die vom REG. vertretene Anerbensitte nicht geteilt. Nicht nur die polnischen Minderheiten allein haben und kennen diese Erbsitte des Anerbenrechts nicht, sondern diese Erbsitte haben viele andere deutsche Erbstämme ebenfalls nicht, die sogar Erbsitten gepflegt haben, die dieser Erbsitte direkt widersprechen. Mit dem Reichserbhofgesetz hat der Gesetzgeber eine Erbsitte von den vielen, die bestehen, herausgegriffen, weil es sie für besonders geeignet hält, um ein neues kräftiges Bauerntum zu schaffen, und nicht deswegen, weil es sich um eine deutsche Erbsitte handelt."[676]

675 Openkowski, Kulturwehr 1934, 606.
676 LEG Celle, JW 1934, 2480.

Das Urteil des Landeserbhofgericht Celle wurde verständlicherweise bei der polnischen Minderheit mit Ablehnung aufgenommen: So argumentierte eine Zeitung der polnischen Minderheit in der Ausgabe vom 9. November 1934:

„Als Teil des polnischen Volkes haben die Polen in Deutschland nicht das Recht, zu Gunsten eines anderen Volkes auf eine Stärke zu verzichten, wie sie der polnische Bauer repräsentiert. Und die Anwendung des Reichserbhofgesetzes auf die Polen bedeutet doch nicht anderes als aus Polen eine Blutsquelle des deutschen Volkes zu machen. So lange das Gesetz diese Quelle aus der deutschen Bauernschaft bildet, ist es verständlich und gerechtfertigt. Ungerecht im höchsten Grade und mit den nationalen Grundsätzen in Widerspruch stehend ist es aber, dasselbe mit der polnischen Bauernschaft zu machen.“[677]

Neben der Wahrung der eigenen polnischen Identität spielten aber auch wirtschaftliche Erwägungen bei der ablehnenden Haltung gegenüber dem Reichserbhofrecht eine Rolle.[678] So schrieb „Rowinny Codzienne“ aus Oppeln in der Ausgabe vom 20. November 1934 unter Bezugnahme auf entsprechende Ausführungen des Staatssekretärs Backe auf dem Reichsbauerntag in Goslar:

„So wie Herr Backe, kann der deutsche Bauer die Rentabilität des Erbhofs ansehen. Für die Polen existiert hierbei nur unser eigener polnischer Gesichtspunkt. Der polnische Bauer, der gewöhnlich eine zahlreichere Familie als der deutsche besitzt, muß aus diesem Grunde der Rentabilität seiner Scholle größere Sorgfalt widmen, um seine ganze Familie zu ernähren und zu unterhalten sowie um noch einen kleinen Gewinn zu erzielen, damit die Existenz der heranwachsenden Kinder gesichert ist. Außer den Erzeugnissen, die für die Ernährung unbedingt notwendig sind, baut er daher besonders das an, was sich mehr bezahlt macht – er achtet auf die Konjunktur. Als selbstbewußter in die Zukunft schau-

---

677 „Narod“, Ausgabe Nr. 258 vom 9. November 1934, in deutscher Übersetzung zu finden in einem Auszug aus dem „Gesamtüberblick über die polnische Presse“ des Jahres 1934, in: BArch R 3001/22219, 5 f.

678 Dieses ging sogar so weit, dass man von deutscher Seite eine Flucht in „fremdnationale Minderheiten“ befürchtete. Am 26.Juni 1934 war es im Auswärtigen Amt zu einem Treffen u.a. einzelner Vertreter von Preußischen und Reichsministerien gekommen, auf dem „die neuen dem ständischen Aufbau des deutschen Volkes dienenden Gesetze“ und die Stellung der „fremdnationalen Minderheiten im Deutschen Reiche“ zu diesen besprochen wurde. In einem Vermerk von Richter über diese Besprechung, heißt es: „Die Besprechung im Auswärtigen Amt ergab, daß bei verschiedenen Stellen die Sorge besteht, die Minderheiten könnten dadurch, daß sie von einzelnen, zum Teil als Belastung empfundenen Neuregelungen ausgenommen werden, eine erheblich Anziehungskraft ausüben.“ Zu diesen erwähnten Neuregelungen zählte neben dem Schriftleitergesetz vom 4. Oktober 1933, den Bestimmungen der Deutschen Arbeitsfront, des Reichsnährstandes, der neuen Gemeindeverfassungsgesetze und der Art und Beteiligung am Reichsluftschutzbund auch das Reichserbhofgesetz, Vermerk des RJM zur Besprechung vom 26. Juni 1934, in: BArch R 3001/Akte 596, Bl. 123 f.

ender Pole kann er seine Kinder nicht mit dem Bettelstab vom Hof jagen, damit sie in weiter Ferne für das polnische Volkstum verlorengehen. Sein Instinkt und starker Wille zur Selbsterhaltung gebieten ihm, daß so viel Söhne und Töchter wie möglich auf der väterlichen Scholle oder wenigstens in der Nähe derselben bleiben möchten. Das Erbhofgesetz läßt aber nur einen Sohn auf dem Hof und treibt seine Geschwister so früh wie möglich von diesem herunter. Das polnische Volk will, wenn es sich der Einbeziehung seiner Höfe in das Erbhofrecht widersetzt und sich um die Rentabilität seiner Scholle sorgt, die Existenz seines kommenden Geschlechts nach Möglichkeit sichern und nicht nur die Existenz eines bestimmten Hundertsatzes durch das Gesetz Auserwählter. Obschon daher dieses Gesetz für den Deutschen von Nutzen sein kann, verwandelt es sich für uns Polen zum Nachteil und es ist für das Polentum eine große Gefahr."[679]

Openkowski bewertete vor diesem Hintergrund die Entscheidung des Landeserbhofgerichts hinsichtlich der Stammesgleichheit der polnischen Minderheit als eine „zweckgebundene Konstruktion", die „jeglicher Beweiskraft" entbehre.[680] Auch vermochte er keine Vorteile für die polnische Minderheit durch das Erbhofrecht zu erkennen: „Es kann nicht die Meinung geteilt werden, dass eine Massnahme, die geeignet sein mag, deutsches Volkstum zu schützen, ohne weiteres auch die Wirkung haben müsste, dem davon betroffenen polnischen Volksteil förderlich zu sein. (...) In der durch das Reichserbhofgesetz geschaffenen Rechtsstellung des Bauern liegt bei der Anwendung des Gesetzes auf die polnische Minderheit eine Schlechterstellung gegenüber dem früheren Zustand und damit auch ein Verstoss gegen die Genfer Konvention und minderheitliche Grundsätze."[681]

Trotz der Einwendungen und Proteste von polnischer Seite fand das Reichserbhofgesetz in den Jahren bis zum 2. Weltkrieg auf die entsprechenden Bauern der polnischen Minderheit uneingeschränkte Anwendung. Damit unterlagen sie auch dem erbhofrechtlichen Instrument der Abmeierung des § 15 Abs. 2 - 4 REG, dass gerade gegenüber der polnischen Minderheit zum Mittel der Gängelung der volkstümlicher Bestrebungen eingesetzt werden konnte. So wurde der Abmeierungsgrund der mangelnden Ehrbarkeit, § 15 Abs. 1 Satz 1 REG, bereits für den Fall angenommen, dass ein polnischer Erbhofbauer seine Kinder auf eine polnische Schule schickte.[682]

---

679 „Nowiny Codzienne", Oppeln, Nr. 265 vom 20. November 1934, in deutscher Übersetzung zu finden in einem Auszug aus dem „Gesamtüberblick über die polnische Presse"1934, in: BArch R 3001/22219, 10.

680 Openkowski, Kulturwehr 1934, 603.

681 Openkowski, Kulturwehr 1934, 608 f.

682 Ein solcher Fall, der Fall „Wanda Preuss", wurde als Nachtrag zur Eingabe vom 15. Mai 1933 am 11. Juni 1934 vom „Bund der Polen in Deutschland" bei der Reichsregierung abgegeben, Openkowski, in: Kulturwehr 1934, 595.

2. Die Einordnung nach Kriegsbeginn

Eine grundsätzliche Kehrtwende hinsichtlich der Frage der Bauernfähigkeit der polnischen Minderheit setzte nach Kriegsbeginn ein. Ausgangspunkt war der Fall eines Bauern in Steinau, der noch im Jahr 1934 als Angehöriger der polnischen Minderheit Einspruch gegen die Eintragung seines Hofes in die Erbhöferolle eingelegt hatte. Im Jahr 1940 versuchte nun dieser Bauer dem Sohn seines vorverstorbenen Sohnes den Erbhof zu übertragen.[683] Die hierzu gemäß § 37 Abs. 2 REG erforderliche Genehmigung durch das Anerbengericht wurde ihm jedoch mit dem Hinweis verweigert, dass „ein Angehöriger des polnischen Volkes mit Rücksicht auf die Ereignisse des Septembers 1939 und die Verantwortlichkeit des gesamten polnischen Volkes für die polnischen Grausamkeiten" nicht mehr als bauernfähig im Sinne des deutschen Erbhofrechts angesehen werden könne. Hiergegen legte der Bauer sofortige Beschwerde zum Landeserbhofgericht Celle, die er nicht zuletzt damit begründete, dass die Familie, insbesondere der verstorbene Sohn des Bauern und die Mutter des Übernehmers, „deutscher Gesinnung" sei.[684]

Der mit dem Fall betraute Berichterstatter des 4. Senats des Landeserbhofgerichtes Celle vertrat nun die Ansicht, dass Polen als Anerben grundsätzlich auszuscheiden hatten. Vor diesem Hintergrund wandte sich der Präsident des Landeserbhofgerichtes Celle, Springmann, an das Reichsjustizministerium und bat um Prüfung dieser Frage. Springmann selbst war der Auffassung, dass „die Erbhofeigenschaft der Höfe" überhaupt angezweifelt werden müsse, falls man sich gegen die Bauernfähigkeit der Polen entscheide. Man müsse daher die frühere Stellungnahme auch für die Vergangenheit aufgeben und anerkennen, dass ein zur polnischen Minderheit gehöriger Pole nicht als deutscher Bauer anerkannt werden könne, so dass von vornherein die Erbhofeigenschaft nicht gegeben sei. Springmann beurteilte die Lage so, dass es „die gegen das Polentum geplanten Maßnahmen wesentlich erleichtern" würde, wenn die polnischen Betriebe in der Erbhöferolle gelöscht würden. Daher trat er für eine rückwirkende Aberkennung der Bauernfähigkeit der polnischen Bauern ein:

„Wenn man den früheren Standpunkt aufrechterhalten will, daß Polen, auch wenn sie zur polnischen Minderheit gehörten bzw. gehören, als bauernfähig zu behandeln sind, so würde man die Bauernfähigkeit im Einzelfall wohl nur verneinen können, wenn die Betätigung deutschfeindlicher Gesinnung nachgewiesen wird. Das wird vielfach zu sehr umständlichen Ermittlungen führen und vielfach ergebnislos bleiben. Auch kann die Einstellung verschiedener Familienangehöriger sehr verschieden sein, und daraus dürften sich sehr unerquickli-

683 Sogenannter „Fall Kopinke", vgl. Schreiben des Präsidenten des Landeserbhofgerichtes Celle, Springmann, an den RMJ vom 23. Oktober 1940, in: BArch R 3001/22278, 1-3.

684 Schreiben des Präsidenten des Landeserbhofgerichtes Celle Springmann an den RMJ vom 23. Oktober 1940, in: BArch R 3001/22278, 2.

che Verhältnisse ergeben. Wenn man aber andererseits jetzt Polen, die zur Minderheit gehören, trotz der deutschen Staatsangehörigkeit und trotz der Anerkennung slawischen Blutes als bauernfähig nicht mehr gelten lassen will, so daß sie zum Beispiel nicht Anerben werden können, so dürfte es auch zu unhaltbaren Ergebnissen führen, wenn man dann andererseits die Erbhofeigenschaft der Höfe nicht verneinen will, die sich jetzt in den Händen Angehöriger der polnischen Minderheit befinden. Sicherlich würde die allgemeine Stellungnahme, daß Angehörige der polnischen Minderheit nicht bauernfähig sind und waren, und daß die Besitzungen in ihren Händen überhaupt nicht als Erbhöfe weiterhin zu behandeln sind, eine viel klarere und einfachere Sachlage schaffen."[685]

Gegenüber diesem Ansinnen Springmanns verhielt sich das Reichsjustizministerium jedoch zurückhaltend. So hieß es in dem Antwortschreiben an Springmann vom 3. Dezember 1940:

„Ich sehe jedoch auch bei erneuter Überprüfung der Sach- und Rechtslage keinen Anlaß, eine allgemeine Nachprüfung der inzwischen vorgenommenen Eintragungen in der Erbhöferolle mit dem Ziele in Aussicht zu nehmen, die Erbhofeigenschaft von Besitzungen solcher Personen zum Erlöschen zu bringen, die im Sinne der vorstehend gekennzeichneten Abgrenzung verdächtig sind. Ein derartiges Verfahren könnte zu einer ernsthaften Beunruhigung weiter Bevölkerungsteile in den ehemaligen Grenzgebieten führen. Diese Kreise werden tatsächlich von einer großen Zahl von Personen bewohnt, die beispielsweise allein durch die Form oder den Wortklang ihres Familiennamens Verdächtigungen ausgesetzt werden könnten, die in ihrem Verhalten und in ihrer völkischen Einstellung keine Rechtfertigung fänden. Das gilt namentlich im Hinblick auf die sehr zahlreichen Fälle, in denen Angehörige der in den Grenzkreisen wohnenden Familien gegenwärtig bei der Wehrmacht ihre vaterländische Pflicht erfüllen."

Der Reichsminister der Justiz hielt vor diesem Hintergrund die durch die Erste Durchführungsverordnung zur Grenzsicherungsverordnung vom 17. August 1937 ermöglichten Maßnahmen für ausreichend:

„Jedenfalls sind bei einer den Gesamtverhältnissen angepaßten Anwendung der gesetzlichen Bestimmungen aus dem derzeitigen Fehlen einer allgemeinen Volkszugehörigkeitsklausel in den Vorschriften des Erbhofrechts keinerlei besondere Schwierigkeiten zu befürchten. Der Umstand, daß die erbhofrechtlichen Schutzbestimmungen in Einzelfällen auch einstweilen Anwendung auf Personen finden, die volkstumspolitisch unerwünscht sind, muß in Kauf genommen wer-

685 Schreiben des Präsidenten des Landeserbhofgerichtes Celle Springmann an den Reichsjustizminister vom 23. Oktober 1940, in: BArch R 3001/22278, 2 f.

den. Die denkbaren Nachteile werden aufgewogen durch die mit der allgemeinen Grenzsicherungsgesetzgebung geschaffenen Einwirkungsmöglichkeiten“.[686]

Das Reichsernährungsministerium war diesbezüglich jedoch anderer Auffassung.[687] Nach Ansicht Harmenings konnten weder die Anerbengerichte noch das Landeserbhofgericht Celle diese „in Wirklichkeit politische Frage“ der Bauernfähigkeit der polnischen Minderheit lösen. Vielmehr drang das Reichsernährungsministerium auf eine gesetzgeberische Lösung durch eine entsprechende Verordnungsvorschrift:

„Es besteht nun zwar im vorliegenden Fall die Möglichkeit dem Landeserbhofgericht nahezulegen, das Verfahren auszusetzen und den Parteien aufzugeben, zunächst die gemäß der Ersten Durchführungsverordnung zum Gesetz über die Sicherung der Reichsgrenze vom 17. August 1937 (Reichsgesetzbl. I S. 905) erforderlichen Genehmigung einzuholen; und das gleiche könnte in ähnlichen Fällen allgemein gegenüber den Anerbengerichten geschehen. Die Genehmigung würde dann in allen Fällen, in denen Angehörige des polnischen Volkstums als Hofnachfolger beteiligt sind, verweigert werden können. Damit würden aber nur die Fälle erfaßt werden, in denen es sich um einen Erbgang oder wie hier um die Übergabe eines Erbhofes handelt. Es ist aber nicht möglich zu verhindern, daß auf Grund des § 10 REG, § 54 EHVfO außer vom Eigentümer oder Kreisbauernführer auch von jedem, der ein rechtliches Interesse daran nachweist, ein Antrag auf Feststellung der Nichterbhofeigenschaft bei dem Anerbengericht mit der Begründung,, daß der Eigentümer Volkstumspole sei, gestellt wird. Der Abs. 3 des § 56 EHVfO würde unter den gegenwärtigen veränderten Umständen die Grundlage geben, die Frage auch in den Fällen, in denen die Erbhofeigenschaft bereits rechtskräftig durch eine frühere Entscheidung festgestellt ist, noch einmal aufzurollen. Wie aus einem Bericht des Kommissars für die polnischen Organisationen hervorgeht, besteht hierzu bei den verschiedenen Treuhandstellen die größte Neigung. Aber auch jeder dingliche Privatgläubiger z. B. wäre zur Antragstellung ohne weiteres berechtigt. Mit einer großen Anzahl derartiger Anträge muß, wenn die Frage einmal ins Rollen gekommen ist, ge-

686 Antwortschreiben (Geheime Reichssache) des RJM an Springmann vom 3. Dezember 1940, in: BArch R 3001/22278, 4-8.

687 Vgl. auch das Schreiben des Reichsbauernführers an das Landeserbhofgericht Celle, in dem Kritik an einem Beschluß des Anerbengerichts Flatow (Aberkennung der Bauernfähigkeit eines Mitglieds der polnischen Minderheit) vom 15. April 1940 geübt wird: „Bei allem Verständnis für die grundsätzliche Haltung des Anerbengerichts und dafür, daß diese wohl in Einklang mit dem Rechtsempfinden des Volkes steht, muß doch festgestellt werden, daß auf der Ebene des § 13 REG keine schlüssige Begründung für den Beschluß des Anerbengerichts gefunden werden kann.“, Schreiben, weitergeleitet über die Landesbauernschaft Pommern, in: BArch R 3001/22278, 11.

rechnet werden. Damit würden die Anerbengerichte in die Zwangslage kommen, erneut zu entscheiden. Es ist dabei zu erwarten, daß ein Teil der in Frage kommenden Anerbengerichte die Erbhofeigenschaft alsdann verneinen wird, besonders diejenigen, die sich schon früher gegen die Erbhofeigenschaft volkstumspolnischen Besitzes ausgesprochen haben. Damit stünde aber weiterhin das Landeserbhofgericht (gegebenenfalls auch das Reichserbhofgericht)erneut vor die Entscheidung der streitigen Frage gestellt werden. Es würde wohl die Erbhofeigenschaft der Besitzungen erneut bestätigen müssen, weil es seine eigenen zahlreichen früheren, auch vom Reichserbhofgericht bestätigten Entscheidungen schlechterdings nicht würde umwerfen können. Möglicherweise würde es in den Gründen zu der Feststellung gelangen, daß der betreffende Eigentümer nunmehr, d. h. nach den Ereignissen des Septembers 1939 die Bauernfähigkeit verloren habe. Eine solche Feststellung könnte dann aber nur gemäß § 15 REG die Voraussetzungen für die kleine (...), auch für die große Abmeierung schaffen, nicht aber die einmal begründete Erbhofeigenschaft beseitigen. Mit einer derartigen Feststellung der Bauernunfähigkeit ex nunc, d. h. seit September 1939, würde aber wiederum der Landesbauernführer bezw. der Reichsbauernführer in die Zwangslage versetzt werden, nunmehr mit Abmeierungsanträgen voranzugehen. Dieser Weg der Entsetzung würde aber wohl kaum erträglich sein; (...) Alle diese Erwägungen machen es nach meiner Auffassung notwendig, im Wege einer Ergänzungsverordnung des Reichserbhofgesetzes die Frage einer Regelung zuzuführen, und zwar alsbald, ohne erst die allgemeine Entsetzung der Polen aus ihrem Besitz abzuwarten. Für diese Verordnung würde m. E. etwa folgender Inhalt zum Vorschlag zu bringen sein: 1. Ein Angehöriger des polnischen Volkstums kann nicht Bauer sein. 2. Wer als Angehöriger der polnischen Volkstums zu gelten hat, entscheidet im Einvernehmen mit dem Landesbauernführer der Regierungspräsident, 3. mit der Rechtskraft der Entscheidung, durch welche die polnische Volkstumszugehörigkeit festgestellt wird, erlischt die Erbhofeigenschaft des im Eigentum des Betroffenen befindlichen Grundbesitzes. 4. Auf die Mitteilung hiervon veranlaßt das Anerbengericht die Löschung des Besitzes in der Erbhöferolle und des Erbhofvermerks im Grundbuch."

Harmening schloss: „Nachdem Vorgang der erwähnten Angleichungsvorschriften, der Grenzsicherungsverordnung und, nachdem die Frage der Bauernfähigkeit der Volkstumspolen bereits in einer gerichtlichen Entscheidung verneint worden ist, dürfte eine besondere Beunruhigung durch die geplante Verordnung nicht mehr zu befürchten sein. Sie wäre aber geeignet, in der polnischen Minderheit die Vorstellung zu unterbinden, Über das Erbhofrecht im Grundbesitz gesichert zu sein; sie in dieser Vorstellung zu erhalten, dürfte auch kaum vertretbar sein. (...) Vom Standpunkt des Erbhofgedankens würde ich es schließlich grundsätzlich als eine Entlastung begrüßen, wenn diese Maßnahme einer allgemeinen Entfernung der Volkstumspolen von ihrem Grundbesitz, die dann auch die Erbhöfe mit umfassen müßte, durchgeführt werden würde."[688]

Das Landeserbhofgericht Celle jedenfalls wies mit seiner Entscheidung vom 9. Januar 1941 in der oben angeführten Erbhofsache die Beschwerde des Bauern zurück und lehnte die Bauernfähigkeit des Anerben ab.[689]

IV. Negativbestimmung des § 13 Abs. 2 REG. Stichtagsregelung des § 13 Abs. 3 REG.

1. Allgemeines

§ 13 Abs. 2 REG bestimmte, dass „deutschen oder stammesgleichen Blutes" nicht sein konnte, „wer unter seinen Vorfahren väter- oder mütterlicherseits jüdisches Blut oder farbiges Blut" hatte. In dieser Formulierung des § 13 Abs. 2 REG trieb die NS-Rassenlehre im Reichserbhofgesetz eine weitere absurde Blüte. Als Stichtag für das Vorhandensein der Voraussetzungen der Blutseigenschaft legte § 13 Abs. 3 Satz 1 REG den 1. Januar 1800 fest. Bis zu diesem Zeitpunkt musste für den jeweiligen Bauern nachgewiesen werden, dass unter den Vorfahren väter- noch mütterlicherseits kein Träger „jüdischen" oder „farbigen" Blutes vorhanden war. Stellte sich bei irgendeinem Vorfahren, der am 1. Oktober 1800 oder danach gelebt hatte, heraus, dass dieser nicht „rasserein" im Sinne des § 13 REG gewesen war, so war auch die „Rassereinheit" der betroffenen Person zu verneinen. Die Nachprüfung der Blutseigenschaft sollte bis zum 1. Januar 1800 zurückgehen, weil man an diesem Datum der ungefähre Beginn der Judenemanzipation festmachte.[690]

Bei Zweifeln, ob jemand deutschen oder stammesgleichen Blutes war, entschied auf Antrag des Eigentümers oder des Kreisbauernführers das Anerbengericht, § 13 Abs. 3 Satz 2 REG. Antragsberechtigt waren, neben dem im § 13 Abs. 3 Satz 2 REG angeführten Eigentümer oder Kreisbauernführer, mit der Ersten Durchführungsverordnung auch Personen, die ein berechtigtes Interesse an der Feststellung nachweisen konnten, § 61 DVO. I, der spätere § 54 EHVfO.

§ 13 REG unterschied sich in seinen rassischen Anforderungen von entsprechenden Bestimmungen anderer NS-Gesetze, da er nicht das Erfordernis der sogenannten „arischen" Herkunft aufstellte, sondern vom „deutschen oder stam-

---

688 Schreiben Harmenings, dem Reichsjustizminister zur vorläufigen Kenntnisnahme am 18. Dezember 1940 vorgelegt, an den Reichsminister des Innern und den Reichskommissar für die Festigung deutschen Volkstums, in: BArch R 3001/22278, 12-16, 14 ff.

689 Beschluß des 4. Senats des LEG Celle vom 9. Januar 1941 (Erbhofsache Kopinke), in: BArch R 3001/22278, 20-22.

690 Baumecker, 4. Auflage, § 13 REG, Rn. 3.

mesgleichen“ Blut sprach.[691] Insoweit ging es – jedenfalls vom Wortlaut her – über andere diskriminierende Gesetze hinaus.[692] Auch was den zeitlichen Aspekt der Rassereinheit anging, waren die Voraussetzungen des Reichserbhofgesetzes strenger. Mit dem festen Stichtag des 1. Januar 1800 für die Rassereinheit ging das Gesetz über andere Bestimmungen hinaus. Auch der Vorläufer des 13 Abs. 3 REG, § 2 des Pr. EHR, hatte für die „Rassereinheit“ „nur“ vorausgesetzt, dass „jemand unter seinen Vorfahren im Mannesstamm ohne Begrenzung oder unter seinen übrigen Vorfahren bis ins zweite Glied eine Person jüdischer oder farbiger Herkunft“ nicht hatte. Selbst die Nürnberger Rassengesetze schlossen eine Ehe noch nicht aus, wenn auf einer Seite „nur“ ein jüdischer Großelternteil vorhanden war.

2. „Farbiges Blut“

Bei den Verhandlungen zwischen Reichsjustiz- und Reichsernährungsministerium war die Formulierung „farbiges Blut“, mit der man Personen „farbiger Herkunft“ vom Reichserbhofrecht ausschließen wollte,[693] nicht unumstritten gewesen. Der Wortlaut war § 4 Abs. 2 des Preußischen Bäuerlichen Erbhofrechts entlehnt und in den Darréschen Ausgangsentwurf vom 19. September 1933 eingebracht worden.[694] Nach der Besprechung vom 21. September 1933 hatte man dann zunächst die Formulierung „farbiges Blut“ durch die etwas weniger unglückliche Fassung „sonstwie artfremdes Blut“ ersetzt. Darré konnte schließlich jedoch den ausdrücklichen, ungewöhnlichen und sprachlich unglücklichen Hinweis auf „farbiges Blut“ durchsetzen. Er begründete dieses damit, dass im Rheinland von der „farbigen Besetzung“ rund 15.000 „Bastarde“ zurückgeblieben seien, „ferner hätten seit dem 18. Jahrhundert die an den Fürstenhöfen beschäftigten Mohren Spuren in der Bevölkerung hinterlassen“, man könne ferner auch auf indianisches Blut stoßen.[695]

Trotz der Absurdität dieser Behauptung erhob bei den weiteren Beratungen zum Reichserbhofgesetz niemand ausdrückliche Bedenken gegen die Verabschiedung der Bestimmung.[696] Dass diese von einem pathologischen Rassenwahn

---

691 Das Kriterium „arischer“ Abstammung war zum Beispiel im „Gesetz zur Wiederherstellung des Berufsbeamtentums“ vom 7. April 1933 ausschlaggebendes Kriterium.

692 In den Nürnberger Gesetzen vom 15. September 1935 wurde nicht mehr zwischen „Ariern“ und „Nichtariern“, sondern zwischen Personen deutschen und artverwandten Blutes einerseits, und Juden sowie sonstigen „Artfremden“ andererseits, unterschieden, Stuckart/Blobke, Band 1, Seite 55.

693 Vogels, 3. Auflage, S. 99.

694 Entwurf des REM vom 19. September 1933, in: BArch R 3001/Akte 591, 87.

695 Protokoll von Vogels zur Besprechung vom 21. September 1933, in: BArch R 3001/Akte 591, 93.

696 Schreiben des RJM an den Reichsminister des Innern vom 12. März 1934, in: BArch R 3001/Akte 595, 17.

motivierte Gesetzgebung nicht unproblematisch war und auch in der Führungsspitze des Regimes nicht auf ungeteilte Zustimmung stieß, darauf deutet ein Schreiben des Reichsministers des Innern, Frick, an den Reichsminister der Justiz vom 21. Februar 1934 hin. Frick betonte, dass „die deutsche Ariergesetzgebung" es bis dahin vermieden hätte, das Wort „Farbige" zu gebrauchen und wies auf Probleme in den auswärtigen Beziehungen des Deutschen Reiches hin, die aus der Verwendung des Ausdrucks „farbiges Blut" resultierten:

„Dagegen verwendet das Reichserbhofgesetz vom 29. September 1933 (Reichsgesetzbl. I S. 685) in § 13 Abs. 2 den Ausdruck ‚farbiges Blut'. Dieser Ausdruck dürfte schon sprachlich mißverständlich sein. Ich bitte daher, wenn ich auch die besondere Stellung dieses Gesetzes nicht verkenne, um gefällige Prüfung im Benehmen mit dem Herrn Reichsminister für Ernährung und Landwirtschaft, ob sich nicht nachträglich eine andere Fassung der Bestimmung ermöglichen läßt. Zu dieser Anregung veranlassen mich namentlich die Schwierigkeiten, auf die unsere Rassengesetzgebung in außenpolitischer Beziehung, vor allem bei großen Völkern des fernen Ostens gestoßen ist. Die Bezeichnung ‚Farbige' – als Gegensatz zu ‚weißen' Völkern – wird dort als schwere Kränkung und Herabsetzung empfunden."[697]

Im Antwortschreiben vom 12. März 1934 lehnte das Reichsjustizministerium, mit ausdrücklichem Einverständnis des Reichsernährungsministerium, eine diesbezügliche Änderung des Wortlautes des § 13 REG jedoch ab. Die Rechtsbenachteiligung anderer Völker sei nur zur Erhaltung der eigenen Volkskraft geschaffen worden und würde in keiner Weise eine Herabwürdigung dieser Völker bedeuten.[698] Der Begriff des „farbigen Blutes" blieb mithin bestehen.

V. Die Entrechtung der Juden

Die Entrechtung der Juden durch das Reichserbhofrecht vollzog sich im Wesentlichen auf zwei Wegen: Zum einen in der Weise, dass das Reichserbhofgesetz von vornherein keine Anwendung fand. War ein Landwirt selbst „jüdischen Blutes", so entstand mangels Bauernfähigkeit zwar kein Erbhof und der Landwirt kam damit auch nicht in den „Genuss" der damit verbundenen Vorteile, wie der Unterstellung unter den Vollstreckungsschutz des § 38 REG. Diese „sektorale Diskriminierung"[699] hatte allerdings keine großen praktischen Auswirkungen, da nur wenige Juden überhaupt Landwirtschaft betrieben und im Ergebnis damit „lediglich" das rechtliche Schicksal derjenigen Landwirte teilten, die aus anderen Gründen, insbesondere weil ihre Höfe die Größenerfordernisse des Reichs-

697 Schreiben des RIM an den RJM vom 21. Februar 1934, in: BArch R 3001/Akte 595, 15.
698 Antwortschreiben des RJM an den RMI vom 12. März 1934, in: BArch R 3001/Akte 595, 17.
699 Tarrab-Maslaton, S. 25 ff.

erbhofrechts nicht erfüllten, nicht zu „Bauern" im Sinne des Gesetzes werden konnten.[700] Sie waren damit zwar nicht den Zwängen des Gesetzes unterworfen, die eigenen Besitzungen, für die weiterhin das bürgerliche Recht galt, waren allerdings der massiv durchgeführten sogenannten „Entjudung" unterworfen.[701]

Gravierendere Folgen hatte die sich aus dem Rasseerfordernis ergebende mittelbare Diskriminierung, da sich das Erfordernis des § 13 REG bereits 1933 und damit zwei Jahre vor dem Inkrafttreten der Nürnberger Rassegesetze als ein faktisches Ehehindernis zwischen sogenannten „Deutschblütigen" und Juden auswirkte. Während sich an der „Rassereinheit" eines Bauern bzw. einer Bäuerin durch eine Heirat mit Juden selbst nichts änderte, konnte in einem solchen Falle dem Bauern bzw. der Bäuerin die „Ehrbarkeit" im Sinne des § 15 Abs. 1 S. 1 REG abgesprochen werden, was die Gefahr der kleinen oder großen „Abmeierung" heraufbeschwor. Auch waren die Nachkommen sogenannter „Mischehen", da diese nicht dem rassischen Erfordernis des § 13 REG entsprachen, nicht bauernfähig. Somit schieden sie gemäß § 21 Abs. 1 Satz 1 REG nicht nur als Anerben aus, sondern konnten ihrerseits auch nicht die Verwaltung und Nutznießung bei der kleinen Abmeierung übernehmen, was wiederum die Gefahr der „großen Abmeierung" erhöhte. Somit ging ein(e) „deutschblütige(r)" Bauer/Bäuerin mit der Heirat eines jüdischen Ehepartners das Risiko ein, den Erbhof im Erbgang an eine deutschblütige Seitenlinie zu verlieren, während die eigenen Kinder weitestgehend unversorgt blieben. Auch bestand die Gefahr, die Nutzverwaltung bzw. sogar das Eigentum am Betrieb zu verlieren. Im Ergebnis erschwerte diese mittelbar diskriminierende Wirkung eine Heirat zwischen „deutschblütigen" Erbhofeigentümern und Juden erheblich.[702]

Bezeichnend ist folgende Bemerkung bei Baumecker hinsichtlich der Handhabung des § 13 REG:

„Hervorzuheben ist, daß nach dem REG. die Eingehung der Ehe mit einem jüdischen oder farbigen Ehegatten die Rassereinheit der nichtjüdischen oder nichtfarbigen Person nicht ausschließt. Derartige Ehen sind inzwischen durch die Nürnberger Gesetze verboten. Bei kurz vorher geschlossenen derartigen Ehen muß man dem rassereinen Bauern bzw. Bäuerin aber die Ehrbarkeit im Sinne des REG. in solchen Fällen absprechen. Diese Ansicht ist im Schrifttum übereinstimmend. Für die Zeit vor 1933 ist diese Ansicht abzulehnen, da sonst in vielen Fällen das Entstehen eines Erbhofs überhaupt in Frage gestellt würde

700 Farquharson, S. 110.

701 Haushofer, Landwirtschaft im technischen Zeitalter, S. 300.

702 Vgl. zur Erbhofeigenschaft des Hofes bei einer nicht voll „deutschblütigen" einheiratenden Ehefrau, den „Fall von Dungern/von Wedel". Die Erbhofeigenschaft des Erbhofes wurde hier selbst zwar nicht berührt, es stand auch nicht die Ehrbarkeit des Bauern in Frage, die Kinder konnten jedoch keine Anerben werden, in: BArch R 3001/22169, 221-225, 256-258.

(vgl. Hagedorn, JW 34, 395). Die Kinder aus einer solchen Ehe sind naturgemäß stets nicht rasserein und können daher nicht Anerbe des Erbhofes werden. Was für den Bauern gilt, gilt auch für die Bäuerin, wenn diese nicht nur die Ehefrau des Bauern und Eigentümers des Erbhofes ist, sondern wenn sie selbst den Erbhof geerbt oder übertragen erhalten hat. Celle (23.IX. 37; RdRN 37, 383) verlangt für die Zukunft, daß auch die Ehefrau des Anerben den Anforderungen des § 13 genügt."[703]

Ein Bauer lief darüber hinaus selbst dann noch Gefahr, seine Ehrbarkeit zu verlieren und daraufhin abgemeiert zu werden, wenn er zum Beispiel mit jüdischen Viehhändlern oder Tierärzten geschäftlich zusammenarbeitete. Wie beliebig in diesem Zusammenhang der Ehrbarkeitsbegriff ausgelegt wurde, zeigt eine Entscheidung des Landeserbhofgerichts Celle aus dem Jahr 1937, in der einer Bauerntochter die Ehrbarkeit abgesprochen wurde, weil sie im Jahr 1914 „außerehelichen Verkehr" mit einem jüdischen Viehhändler gehabt hatte.[704]

VI. Die Vermutung der „Rassereinheit"

Wie bereits angeführt, war nach § 13 Abs. 3 Satz 1 REG der Stichtag für das Vorhandensein der Voraussetzungen der Blutseigenschaft der 1. Januar 1800. Hiernach musste nachgewiesen werden, dass unter den Vorfahren der in Frage kommenden Person bis zum 1. Januar 1800 keine Person väter- oder mütterlicherseits Träger „jüdischen" oder „farbigen" Blutes gewesen war.[705] Problematisch bei der Anwendung dieser Bestimmung war allerdings, dass die Vermutung der „Rassereinheit", auch wenn zunächst bei einem Bauern für die Vorfahren bis zum 1. Januar 1800 kein „jüdisches" oder „farbiges" Blut nachgewiesen werden konnte, jederzeit widerlegbar war: Konnte später für Vorfahren, und zwar auch für solche, die vor dem 1. Januar 1800 verstorben waren, ein „jüdischer" oder „farbiger" „Bluteinschlag" festgestellt werden, so entfiel die „Rassereinheit" des Bauern. Dies führte zu Rechtsunsicherheit und förderte – auch wegen der Antragsberechtigung bei berechtigtem Interesse nach § 61 DVO. I (§ 54 EHVfO) – „eine ins uferlose gehende Nachprüfung und Nachforschung".[706] Um dem entgegenzuwirken, wurde mit der Verordnung über Erbhofrecht vom 26. April 1939 die Bestimmung des § 6 a EHRV eingefügt, die auf einen auf der Ressortbesprechung vom 14. Dezember 1938 eingebrachten Entwurf Johaes zurückging.[707] Nach dieser Bestimmung war die Möglichkeit jüdischen Blutein-

703 Baumecker, 4. Auflage, § 13 REG, Rn. 7.

704 LEG Celle, RdRN 1937, 181.

705 Wagemann/Hopp, 3. Auflage, S. 101.

706 Baumecker, 4. Auflage, § 6 a EHRV.

707 Ziel der Aufstellung einer unwiderleglichen Vermutung für das Vorhandensein der Deutschblütigkeit sollte nach Johaes Ansicht sein, weitere Nachforschungen abzu-

schlags als ausgeschlossen anzusehen, wenn keiner der vor dem 1. Januar 1800 geborenen nächsten Vorfahren einen Elternteil hatte, der der jüdischen Religionsgemeinschaft angehört hatte.

Aber auch die Bestimmung des § 6 a EHRV warf noch einige strittige Punkte auf. Fraglich war zum einen, ob die Regelung auch auf „farbigen" Bluteinschlag entsprechend angewendet werden sollte, eine Auffassung, die zum Beispiel Vogels und Wöhrmann vertraten.[708] Doch selbst diese Sichtweise, deren praktische Auswirkungen so gering wie nur überhaupt denkbar waren, wurde von den Schwertträgern des Rassenwahns noch scharf kritisiert. So hieß es in einem Schreiben des Leiters des Rassenpolitischen Amtes im Stab des Stellvertreters des Führers an Vogels von Anfang 1941 zu dieser Meinung: „Abgesehen davon, dass diese Auffassung in der betreffenden Verordnung keine Stütze findet, darf ich Sie darauf hinweisen, dass ich einer derartigen Auslegung auf das Schärfste widersprechen muss, da sie aus rassenpolitischen Gründen untragbar ist. Es ist nur allzu bekannt, wie stark farbiger und insbesondere negrider Bluteinschlag durchschlägt. Wir können hier nicht auf die am 1. Januar 1800 lebende Ahnenreihe abstellen."[709]

Angegriffen wurde auch die Annahme einer im § 6 a EHRV enthaltenen unwiderlegbaren Vermutung, wie sie vom Gesetzgeber bezweckt worden war. So schrieb Bormann in Vertretung des Stellvertreters des Führers am 27. April 1941 an den Reichsminister der Justiz diesbezüglich:

„Ich vermag diese Auffassung nicht zu teilen. Ihr widerspricht bereits der Wortlaut des § 6 a Erbhofrechtsverordnung. Dieser bildet für den Richter nur einen Anhalt dafür, dass eine weitere Nachforschung weder von Amts wegen vorgeschrieben ist, noch dass der Bauer einen weiteren Nachweis von vornherein zu erbringen hat." Bormann legte den § 6 a EHRV anders aus: „Der Stichtag (1. Januar 1800) in §§ 6 a Erbhofrechtsverordnung, § 13 Reichserbhofgesetz ist lediglich für die Frage der Beweislast hinsichtlich der Blutsreinheit des Bauern von Bedeutung. Bis zu diesem Zeitpunkt längstens muss er, um als Bauer im Sinne der Erbhofgesetzgebung anerkannt zu werden, nachweisen, dass er deutschen oder stammesgleichen Blutes ist."[710]

Der Reichsjustizminister wies Bormanns Ansicht jedoch zurück. In einem Erwiderungsschreiben an die Münchner Parteikanzlei vom 23. Mai 1941 wurde

---

schneiden. Die Vertreter des RJM stimmten anschließend dem Vorschlag Johaes grundsätzlich zu, Entwurf Johaes, in: BArch R 3001/22168, 251 sowie Protokoll zur Besprechung, in: BArch R 3001/22168, 254.

708 Hopp, DJ 1939, 726.

709 Schreiben des Leiters des Rassenpolitischen Amtes im Stab des „Stellvertreters des Führers" an Vogels vom 7. Februar 1941, in: BArch R 3001/22169, 250.

710 Schreiben Bormanns in Vertretung des „Stellvertreters des Führers" vom 27. April 1941 an den Reichsminister der Justiz, in: BArch R 3001/22169, 267 f.

dabei insbesondere die geringe Relevanz der in Rede stehenden Frage in der Praxis betont, da „in der Zeit vor 1750 Ehen zwischen Juden und Ariern in Deutschland in bäuerlichen Kreisen tatsächlich nicht vorgekommen sein dürften." Gleiches habe für einen farbigen Blutseinschlag gegolten.[711]

F. Fehlende Entmündigung

Des Weiteren konnte auch eine entmündigte Person nicht Bauer sein, § 14 REG. Die Bestimmung ging auf § 13 des Entwurfs des Reichsjustizministeriums vom 23. September 1933 zurück.[712] Der Verlust der Bauernfähigkeit nach § 14 REG trat allerdings erst dann ein, wenn die gegen den die Entmündigung aussprechenden Beschluss erhobene Anfechtungsklage rechtskräftig abgewiesen bzw. gar nicht rechtzeitig erhoben wurde. Zweck der Regelung des § 14 REG – streng genommen war das Fehlen einer Entmündigung ein Unterfall der Wirtschaftsfähigkeit – war es, „schikanöse Entmündigungsanträge gegen den Bauern" zu verhindern.[713] Die Entmündigung richtete sich dabei nach den entsprechenden Bestimmungen des BGB und der ZPO. Wurde ein Bauer entmündigt, so fiel hiermit regelmäßig auch die Wirtschaftsfähigkeit im Sinne des § 15 Abs. 1 Satz 2 REG weg, so dass der Entmündigte abgemeiert werden konnte.

G. Ehrbarkeit und Wirtschaftsfähigkeit

§ 15 REG bestimmte schließlich noch zwei weitere Kernelemente der Bauernfähigkeit. Neben dem Erfordernis der deutschen Reichsangehörigkeit, der „Rassereinheit" und der fehlenden Entmündigung waren diese die Ehrbarkeit und die Wirtschaftsfähigkeit, § 15 Abs. 1 REG. Auch die Bestimmung des § 15 Abs. 1 REG ging auf den Ursprungsentwurf von Darré zurück.[714] In § 15 Abs. 2 bis 4 REG wurde wiederum geregelt, welche Rechtsfolgen der Verlust der Ehrbar- und Wirtschaftsfähigkeit nach sich ziehen konnte.[715]

---

711 Schreiben des Reichsjustizministers an die Münchner Parteikanzlei vom 23. Mai 1941, in: BArch R 3001/22169, 270 f.

712 Entwurf des RJM vom 23. September 1933, in: BArch R 3001/Akte 591, 90.

713 Baumecker, 4. Auflage, § 14 REG, Rn. 2.

714 § 15 Abs. 1 Satz 3 wurde erst später eingefügt, Art. II § 3 Abs. 4 des Entwurfs vom 19. September 1933, in: BArch R 3001/Akte 591, 87.

715 Vertiefend zum § 15 REG vgl. Althoff, Die Bauernfähigkeit; Auffeß, RdRN 1935, 884 ff.; Busse, RdRN 1935, 113 ff.; Dellian, RdRN 1937, 133 f..; Dünnebier, JW 1934, 816 f.; Haegele, WürttZ 1938, 245 ff.; Johae, RdRN 1938, 353 ff.; Lange, DRZ 1934, 111 ff.; Schramm, DJZ 1934, 845 ff.; Tolle, JW 1934, 398 f.

I. Das Erfordernis der Ehrbarkeit

Mit dem unbestimmten Begriff der „Ehrbarkeit" wurde ein gesetzliches Ehrerfordernis für den „Bauernstand" aufgestellt. Dieser „bäuerliche Ehrbegriff" sollte mit der großen Bedeutung korrespondieren, die den Bauern in der nationalsozialistischen Volksordnung beigemessen wurde.[716] Ehrbarkeit sollte für ihn, mehr noch als für andere „Volksgenossen", eine „völkische Tugend" darstellen.[717] Gleichzeitig wollte man mit dem Erfordernis der Ehrbarkeit, bei deren Verlust der Bauer gemäß § 15 Abs. 2 - 4 REG abgemeiert werden konnte, einen Ersatz für die durch die weitgehende Ausgliederung der Erbhöfe aus dem Rechtsverkehr weggefallenen zivilrechtlichen Zwangsmittel schaffen. Insoweit hing die Einführung eines Ehrbarkeitserfordernisses mit der „Umstellung von dem materialistischen Denken auf die höhere Ebene der Standesehre zusammen."[718]

Nach der ursprünglichen Konzeption Darrés sollte das „Ehrgefühl der Standesgenossen" Grundlage für den Begriff der Ehrbarkeit sein, wobei sich die Ausfüllung des unbestimmten Begriffs „Ehrbarkeit" durch die Standesgewalt und die Rechtsprechung der Anerbengerichte vollziehen sollte.[719] Der Begriff der „bäuerlichen Ehre" war jedoch alles andere als leicht greifbar. So ging Vogels davon aus, dass diese überhaupt erst noch herausgebildet werden musste:

„Wenn sich innerhalb des Bauerntums dank der Standesgewalt und dank der Rechtsprechung der Anerbengerichte bestimmte feste Begriffe für das, was einen groben Verstoss gegen die Standesehre darstellt, gebildet haben, dann kann man an den Verlust der Standesehre, an die Ehrlosigkeit, die schweren Folgen knüpfen."[720]

Auch ein thüringischer Notar äußerte auf einer Besprechung im Reichsjustizministerium Anfang November 1933 in Hinblick auf die Verhältnisse in Thüringen, dass man dort vom Vorhandensein einer sogenannten Bauernehre nicht sprechen könne: „Man sieht nicht einmal ein, dass dies zweckmässig sei. (...) Was man „Bauernehre" nennt, kann man in Thüringen nicht feststellen."[721]

716 Siefert, S. 80.

717 Wagemann/Hopp, 3. Auflage, S. 106.

718 Protokoll zu Vogels' Vortrag im „Verein für das Notariat in Rheinpreussen" am 22. Oktober 1933 in Köln, in: BArch R 3001/Akte 593, 3, 9.

719 Niederschrift von Vogels zur Besprechung vom 21. September 1933, in: BArch R 3001/ Akte 591, 93.

720 Protokoll zu Vogels' Vortrag im Verein für das Notariat in Rheinpreussen am 22. Oktober 1933, in: BArch R 3001/Akte 593, 3, 9.

721 Protokoll des BNSDJ (Fachgruppe Notare) zur Besprechung im Sitzungssal des RJM vom 4. November 1933, in: BArch R 3001/Akte 592, 112.

Vor diesem Hintergrund versuchten Rechtsprechung und Wissenschaft einzelne Fallgruppen für die fehlende Ehrbarkeit herauszuarbeiten.[722] Neben den Anschauungen des Bauernstandes[723] wurden hierfür auch die Anschauungen der sogenannten Volksgesamtheit zur Beurteilung herangezogen.[724] So sollte es zum Beispiel im Falle der Aberkennung der bürgerlichen Ehrenrechte oder der Entziehung der Befugnis zur Bekleidung öffentlicher Ämter grundsätzlich an der Ehrbarkeit fehlen.[725] Auch konnte einem Bauern wegen Tierquälerei,[726] Trunksucht, Schwarzbrennerei und wiederholter Übervorteilung bei Viehverkäufen die Bauernfähigkeit ebenso aberkannt werden wie beim Nichtgenügen der Pflicht für den Altenteiler aufzukommen,[727] der Zahlungsverweigerung trotz einer rechtskräftigen Verurteilung,[728] bei schwerer Misshandlung und Ausnutzung der Ehefrau, oder beim Verlust der Standesehre als Offizier oder „Rechtswahrer".[729]

In der anerbengerichtlichen Praxis nutzte man den bäuerlichen Ehrbegriff darüber hinaus dazu, politisch missliebige Bauern zu disziplinieren, Mitglieder nationaler Minderheiten zu gängeln und die soziale Isolierung der Juden weiter voranzutreiben: Mit der Ehrbarkeit wurden grundsätzlich alle Handlungen als unvereinbar betrachtet, „die den Grundsätzen des nationalsozialistischen Staates widersprachen."[730] So schloss die vormalige politische Betätigung eines Bauern für die KPD die Ehrbarkeit zunächst aus, wobei diese allerdings „bei innerer Umkehr" wiedererworben werden konnte.[731] Und der polnischen Minderheit angehörende Erbhofbauern, die ihre Kinder auf polnische Schulen schickten, mussten ebenso mit dem Verlust der Ehrbarkeit rechnen[732], wie deutsche Bauern die „Handel mit Viehjuden" trieben[733] oder mit einer „Person jüdischer Herkunft" die Ehe eingingen.

Umstritten war insbesondere die Frage, ob eine strafrechtliche Verurteilung regelmäßig auch den Verlust der Ehrbarkeit nach sich ziehen sollte. Ursprünglich hatte das Reichsjustizministerium sogar eine gesetzliche Regelung vorgesehen, nach welcher bei rechtskräftiger Verurteilung die Bauernfähigkeit ausge-

722 Baumecker, 4. Auflage, § 15 REG, Rn. 1 ff.
723 Celle, JW 1935, 1168.
724 Hagedorn, JW 1934, 395.
725 Baumecker, 4. Auflage, § 15 REG, Rnrn. 3.
726 Vgl. u.a. Schriftwechsel im BArch R 3001/22168, 8 -10.
727 REHG, RdRN 1938, 155.
728 LEG Celle, RdRN 1937, 451.
729 Dresden, RdRN 1937, 449.
730 Siefert, S. 80.
731 Celle, JW 1934, 2958.
732 Zur Frage, ob die Mitgliedschaft eines deutschen Bauern bei einer polnischen Bank an sich ein unehrenhaftes Verhalten darstellte, vgl. den „Fall Hirsch", in: BArch R 3001/22168, 12 ff.
733 Celle, RdRN 1938, 250.

schlossen sein sollte.[734] Eine grundsätzliche Bindung von rechtskräftiger Verurteilung einerseits und dem Wegfall der Bauernfähigkeit andererseits wurde jedoch nicht getroffen: Zwar nahm man bei Verurteilungen häufig Ehrenrührigkeit an und Zuchthausstrafen galten als mit der Bauernehre grundsätzlich unvereinbar.[735] Ansonsten waren die Anerbengerichte aber an strafgerichtliche Feststellungen nicht gebunden, da weniger die Tatsache der Bestrafung an sich als ausschlaggebend für den Verlust der Ehrbarkeit angesehen wurde, als vielmehr die durch die Tat offenbarte Gesinnung.[736] Des Weiteren hätte die konsequente Durchführung des Prinzips eines Wegfallens der Bauernfähigkeit bei rechtskräftiger Verurteilung eines Bauern eine erhöhte bürokratische Belastung zur Folge gehabt. So reagierte das Bayrische Justizministerium auf einen Vorschlag das Landesbauernführers Bayern, zur Überwachung der Bauernfähigkeit die „Urteile der Strafgerichte gegen Bauern mit Begründung dem zuständigen Kreisbauernführer" zuzustellen",[737] zwar mit der Empfehlung, „über die dort aufgeworfene Frage einheitlich für das ganze Reich zu entscheiden." Allerdings ging man davon aus, dass dem Wunsch des Landesbauernführers nicht entsprochen werden könne, „wenn nicht eine unerträgliche Arbeitsbelastung der zur Mitteilung verpflichteten Behörden herbeigeführt werden soll."[738]

Mit der Erhebung des unbestimmten Begriffs der „Ehrbarkeit" zum Rechtsbegriff vollzog sich auch im Reichserbhofgesetz eine „Umwidmung der völkischen Moral in eine unmittelbare Rechtsquelle". Statt eines klaren Gesetzgebungsaktes, der das moralisch Gute in eine deutlich erkennbare Form goss, wurde nun über die Generalklausel der Ehrbarkeit dem „gesunden Volksempfinden" bzw. dem „bäuerlichen Ehrgefühl" unmittelbare Rechtsgeltung zugestanden. Damit hob man die Trennung von Recht und Moral auf und führte die „Moralisierung des Rechts" herbei, wobei allerdings die herrschende Moral bzw. das gesunde Volksempfinden als mit dem Willen des Führers identisch anzusehen war.[739]

---

734 „Bauer kann nicht werden, wer rechtskräftig verurteilt ist.", vgl. § 14 Abs. 1 des Entwurfes des RJM vom 23. September 1933, in: BArch R 3001/Akte 591, 90.

735 DNotZ 1934, 695; JW 1934, 2626. Zu Beispielsfällen für Straftaten, die eine Verneinung der Ehrbarkeit nach sich zogen, vgl. Baumecker, 4. Auflage, § 15 REG, Rnrn. 7 f.

736 REHG, RdRN 1935, 132.

737 Schreiben des Landesbauernführers Bayern an das Bayrische Justizministerium vom 11. August 1934, in: BArch R 3001/22164, 283.

738 Schreiben des Bayrischen Staatsministeriums an den Reichsminister der Justiz vom 21. August 1934, in: BArch R 3001/22164, 282.

739 Vgl. allgemein hierzu Hattenhauer, Rnrn. 662 f.

II. Das Erfordernis der Wirtschaftsfähigkeit

Als weiteres Erfordernis der Bauernfähigkeit musste der Bauer den Hof ordnungsgemäß bewirtschaften können, somit „wirtschaftsfähig“ sein, § 15 Abs. 1 Satz 2 REG. Auch der Begriff der Wirtschaftungsfähigkeit erwies sich wegen seiner Unbestimmtheit von Anfang an als problematisch.[740] Lediglich § 15 Abs. 1 Satz 3 REG brachte eine Erläuterung, nach welcher mangelnde Altersreife allein keinen Hinderungsgrund darstellen sollte. Als schwierig erwies es sich auch, in Bezug auf die Ausgestaltung des Begriffs der Wirtschaftsfähigkeit eine allgemeine Definition aufzustellen. Der Begriff sollte jedenfalls in dem Sinne auszulegen sein, dass der Bauer fähig sein musste, seinen Hof den Zielen des Reichserbhofgesetzes entsprechend zu bewirtschaften.[741] Gleichzeitig wollte man eine möglichst große Zahl an Erbhöfen entstehen lassen. Entsprechend definierte Saure den Begriff der Wirtschaftsfähigkeit relativ weit:

„Der Bauer muß gewillt und seiner ganzen Persönlichkeit nach in der Lage sein, den Hof durch eigene Bewirtschaftung als Lebensgrundlage seines Geschlechts zu erhalten. Es kommt nicht darauf an, ob der Besitzer tatsächlich mit eigener Hand und unter seiner alleinigen Leitung die Wirtschaft führt. Er muß aber soviel von der Landwirtschaft und dem bäuerlichen Beruf verstehen, daß er den Hof, ohne die Sorge ganz einem Pächter zu überlassen, allein oder mit Hilfe eines Verwalters oder sonstigen Hilfskraft bewirtschaften kann. Der Bauer kann daher auch noch einen anderen Beruf haben, den er ausübt (z. B. als Handwerker, Beamter, Offizier usw.). Er braucht auch nicht unbedingt auf dem Hofe zu wohnen. Auch wenn er auf der Hofstelle einen abhängigen Verwalter einsetzt, bleibt er noch Bauer.“[742]

Diese Auslegung Saures wurde weitgehend geteilt. Beim Übergang eines bestehenden Erbhofes auf den Anerben legte man dabei strengere Maßstäbe an „als bei der Prüfung der Bauernfähigkeit für die Feststellung der Erbhofeigenschaft“, da der Anerbe die Gewähr dafür bieten musste, „daß der Hof den heutigen Anforderungen entsprechend bewirtschaftet“ wurde.[743] Allerdings sollten in der Übergangszeit keine allzu strengen Maßstäbe angelegt werden: „Es muß auch in Betracht gezogen werden, daß in der ersten Zeit nach dem Inkrafttreten des Reichserbhofgesetzes nicht ein allzu strenger Maßstab an die Wirtschaftsfähigkeit des Bauern angelegt werden darf. Dieses Gesetz muß erst eine angemessene Zeit lang seinen erzieherischen Einfluß auf das Bauerntum ausüben kön-

740 Vgl. Protokoll zu Vogels’ Vortrag „Das Erbhofrecht und seine Anwendung in der Praxis“ auf der fachwissenschaftlichen Woche für Justizbeamte vom 7. - 12. Oktober 1935, in: BArch R 3001/22165, 185-211, 199 f.

741 Stoll/Baur, S. 24.

742 Saure, 3. Auflage, S. 24.

743 Baumecker, 4. Auflage, § 15 REG, Rn. 23; vgl. auch Hagedorn, JW 1934, 395.

nen, damit manchem Bauern zum Bewußtsein gebracht wird, daß ihm der Verlust des Hofes droht, wenn er sich nicht mit allen Kräften bemüht, ihn vorwärts zu bringen und seine Verpflichtungen zu erfüllen. Erst wenn er sich dann noch diesen Notwendigkeiten verschließt, wird ihn mit Recht die Strenge des Gesetzes treffen."[744]

Aus der Rechtsprechung der Anerbenbehörden kristallisierten sich langsam Fallgruppen für die Fälle heraus, in denen es an der Wirtschaftsfähigkeit, die auch als Bewirtschaftungsfähigkeit bezeichnet wurde, fehlen sollte. So konnte Personen, die geistig und körperlich schwach waren, die Wirtschaftsfähigkeit abgesprochen werden.[745] Bei lediglich vorübergehenden Krankheiten wurde die Bewirtschaftungsfähigkeit nicht in Frage gestellt, wohl aber bei Dauererkrankungen, insbesondere Alterskrankheiten. Andererseits bedeutete hohes Alter grundsätzlich keinen Hinderungsgrund bzgl. der Bewirtschaftungsfähigkeit, wenn der Bauer imstande war „in großen Zügen den Wirtschaftsablauf des Erbhofes zu bestimmen".[746] Einem Bauern, der sich hartnäckig weigerte, den Hof an den Anerben zu übergeben, konnte die Bewirtschaftungsfähigkeit abgesprochen werden – mit der Folge der Abmeierung.[747]

Des Weiteren galt „Schollenverbundenheit", die innere Verbundenheit mit dem Hof, als Voraussetzung für die Wirtschaftsfähigkeit.[748] Für sie sprachen grundsätzlich bäuerliche Herkunft bzw. das Aufwachsen auf dem Land. Fehlte diese Herkunft, so waren Vorbildung und die Gesamtpersönlichkeit zu prüfen. Für die Bewirtschaftungsfähigkeit konnte auch eine langjährige praktische Arbeit auf einem land- oder forstwirtschaftlichen Betrieb sprechen.

Die Verschuldung eines Betriebes und die Nichtzahlung von Zinsen allein bedeuteten noch nicht automatisch mangelnde Wirtschaftsfähigkeit.[749] Allerdings legte eine ungewöhnlich hohe Verschuldung eine diesbezügliche Vermutung nahe.[750] Entscheidend war dann, ob der Eigentümer für diese hohe Verschuldung verantwortlich gemacht werden konnte, und wenn ja, ob auch zukünftig eine ordnungsgemäße Wirtschaft als ausgeschlossen erschien. Zumindest leichtfertiges Schuldenmachen und die grobe Vernachlässigung von Haus und Hof sprachen gegen die Wirtschaftungsfähigkeit.[751] Auch die Bewirtschaftung durch einen Verwalter schloss die Bewirtschaftungsfähigkeit nicht aus: Eigene körperliche Mitarbeit war nicht notwendig; es kam auf die Leitung und Beauf-

---

744 EHG Dresden, RdRN 1934, 152.
745 LEG Celle, DRZ 1935, 342.
746 REHGE 4, 189.
747 REHG, RdRN 1940, Nr. 181.
748 REHG, RdRN 1942, 234.
749 REHG, DNotZ 1935, 54.
750 REHGE 5, 128.
751 REHG, RdRN 1940, 172.

sichtigung des Hofes an, so dass die ordnungsmäßige, sachliche Bewirtschaftung gesichert war.[752] War der Erbhof im Eigentum der Frau, so konnten Defizite der Bäuerin bei der Wirtschaftsführung teilweise durch den Ehemann ausgeglichen werden. Wirtschaftete die Frau allein, so musste sie die volle Bewirtschaftungsfähigkeit besitzen.[753]

Da gemäß des Vorspruchs des Reichserbhofgesetzes dem Bauerntum innerhalb der völkischen Ordnung die Funktion der „Blutquelle des Volkes" zukam, wurde die Wirtschaftsfähigkeit gemäß § 56 REG auch in Bezug auf sogenannte „Erbmängel" entsprechend ausgelegt. So sprach das Reichserbhofgericht aus, dass der Bauer, um seinen Pflichten nachzukommen und vor allem „den gesunden Blutstrom des Volkes weiterleiten zu können", erbgesund sein musste.[754] So wurde bei Vorliegen von Erbkrankheiten, selbst bei gesunden sogenannten bloßen „Anlagenträgern", die Bewirtschaftungsfähigkeit verneint. An ihrer Stelle wurden die „erbgesunden" Anerben der Sippe eingesetzt.[755]

H. Wirkung des Verlusts der Bauernfähigkeit

Der Verlust der Bauernfähigkeit hatte grundsätzlich keine Auswirkungen auf die Erbhofeigenschaft des Hofes. Auch die Eigentümerstellung am Erbhof wurde – vorbehaltlich der Gefahr der Abmeierung – zunächst nicht angetastet, § 16 Abs. 2 REG. Der bisherige Bauer durfte sich allerdings nicht mehr „Bauer" nennen, § 16 Abs. 1 REG. Mit dem Wegfall der Bauernfähigkeit ging der Verlust der an die Bauernstellung gebundenen Funktionen im Reichsnährstand oder als Anerbenrichter einher.[756] § 16 REG ging auf § 11 Abs. 2 des Entwurfs des Reichsjustizministeriums vom 23. September 1933 zurück.[757] § 12 des gemein-

752 Bamberg, JW 1934, 2417.

753 Baumecker, 4. Auflage, § 15 REG, Rn. 35.

754 REHGE 4, 128; 6, 433; 8, 20.

755 Vgl. hierzu auch die Vorschläge Busses betreffend der „Ausscheidung erbkranker Blutlinien aus dem Bauerntum", Anlage 7 zu einem Schreiben an Saures Vogels vom August 1935, in: BArch R 3001/22196, 69-77, 69 f. Busse u.a.: „Es bedarf keiner näheren Begründung, daß es mit den Grundgedanken des REG. nicht vereinbar ist, wenn einem Sterilisierten ein Erbhof anvertraut werden würde. Denn der wegen Erbkrankheit Sterilisierte kann die vom REG. gesetzte Aufgabe, seinen Stamm auf dem Hof fortzupflanzen, nicht erfüllen. Deshalb wird man in sinngemäßer Auslegung der Einleitungsworte des REG. wohl nach dem gegenwärtigen Rechtszustand einen wegen Erbkrankheit Sterilisierten von der Anerbschaft ausschließen können. Immerhin empfiehlt sich die Aufnahme einer ausdrücklichen gesetzlichen Zustimmung darüber auch schon deshalb, um eine feste Grenze dafür zu ziehen, wie weit erbgesundheitliche Gesichtspunkte im Erbhofrecht Anwendung finden sollen."

756 Baumecker, 4. Auflage, § 16 REG, Rn. 5.

757 § 11 Entwurfes des RJM vom 23. September 1933, in: BArch R 3001/Akte 591, 90.

samen Entwurfes vom 25. September 1933[758] entsprach dann dem späteren § 12 REG vollkommen. Der einmal entstandene Erbhof blieb damit Erbhof ohne Rücksicht auf die Veränderungen im Eigentum oder in der Person des Eigentümers. Ohne Zustimmung des Anerbengerichts war der Verlust der Erbhofeigenschaft nicht möglich. Grundsätzlich blieb aber auch das Eigentum des früheren Bauern, vorbehaltlich des § 15 REG, vom Verlust der Bauernfähigkeit unberührt, § 16 Satz 2 REG.

I. Maßnahmen gegen schlecht wirtschaftende oder bauernunfähige Erbhofeigentümer

I. Das ursprüngliche Abmeierungskonzept

1. Die Abmeierung

Verlor der Bauer seine Bauernfähigkeit durch Einbuße der deutschen Staatsangehörigkeit oder durch Entmündigung, so hatte es mit den Rechtsfolgen des § 16 REG sein Bewenden. Insbesondere im Falle der Entmündigung wurde die Verwaltung des Erbhofs durch den Vormund übernommen, so dass diesbezüglich ein Bedürfnis für darüber hinausgehende Maßnahmen als nicht bestehend erachtet wurde. Anders war die Situation, wenn ein Bauer seine Ehrbarkeit oder Wirtschaftsfähigkeit verlor, schlecht wirtschaftete oder seinen Schuldverpflichtungen nicht nachkam, obwohl ihm dies bei ordnungsmäßiger Wirtschaftsführung möglich gewesen wäre. Da der Gesetzgeber in diesen Fällen die Zwecke des Reichserbhofgesetzes als gefährdet ansah, bestimmte § 15 Abs. 2 bis 4 REG besondere Maßnahmen.[759]

Ursprünglich – bis 1936 – hatte das Reichserbhofrecht nur zwei Maßnahmen gegen schlecht wirtschaftende oder bauernunfähige Erbhofeigentümer gekannt, nämlich die sogenannte „kleine" und „große" Abmeierung. Gemäß § 15 Abs. 2

---

758 Gemeinsamer Entwurf vom 25. September 1933, in: BArch R 3001/Akte 591, 92.

759 § 15 Abs. 2 REG ging inhaltlich auf Art. II § 3 Abs. 5 S.1 und § 15 Abs. 3 REG auf Art. II § 3 Abs. 5 S. 2 des REM-Entwurfs vom 19. September 1933 zurück, in: BArch R 3001/Akte 591, 87. Das REM hatte hiernach ursprünglich für den Fall der großen Abmeierung nur vorgesehen, dass „der Hof dem Reichsbauernführer zur Verfügung gestellt" werden sollte. Auf der Besprechung vom 21. September 1933 erklärte sich Darré jedoch damit einverstanden, die Fassung dahingehend zu ändern, dass das Anerbengericht ermächtgt werden durfte, den Hof auf einen anderen zu übertragen, Protokoll Vogels' zur Besprechung vom 21. September 1933, in: BArch R 3001/Akte 591, 93. Der auf der Kabinettsitzung vom 26. September 1933 vorgelegte § 15 entsprach dann dem späteren § 15 REG, in: BArch R 3001/Akte 591, 92. § 14 Abs. 2 - 5 des Entwurfes des RJM vom 23. September 1933 hatten noch eine leicht abweichende Fassung gehabt, Entwurf, in: BArch R 3001/Akte 591, 90.

REG konnte das Anerbengericht zunächst auf Antrag des Landesbauernführers die Verwaltung und Nutznießung des Erbhofs dauernd oder auf Zeit auf den Ehegatten des Bauern oder auf den Anerbenberechtigten übertragen. Dieser Vorgang wurde als „kleine Abmeierung" bezeichnet.[760] Der auf diese Weise Abgemeierte blieb zwar Eigentümer, war aber nicht mehr Herr auf dem Hofe.[761] Fehlte ein Ehegatte oder ein Anerbe bzw. waren auch diese nicht bauernfähig, so konnte es zur sogenannten „großen Abmeierung" kommen:[762] Das Anerbengericht übertrug in diesem Fall auf Antrag des Reichsbauernführers das Eigentum am Erbhof auf eine von diesem vorzuschlagende bauernfähige Person, § 15 Abs. 3 Satz 1 REG. Waren geeignete Verwandte des Bauern vorhanden, so hatte der Reichsbauernführer einen von diesen auszuwählen, § 15 Abs. 3 Satz 2 REG. Gemäß § 15 Abs. 4 Satz 1 REG ging das Eigentum am Erbhof dann mit Rechtskraft des Übertragungsbeschlusses über. Das Anerbengericht hatte das Grundbuchamt von Amts wegen um die Eintragung des neuen Eigentümers zu ersuchen, wobei die Vorschriften § 419 BGB entsprechende Anwendung fanden, § 15 Abs. 4 Satz 2 und 3 REG.

2. Die Abmeierung als Ersatz der Zwangsvollstreckung

Kleine und große Abmeierung sollten dem Gläubigerschutz dienen und einen Ausgleich für die durch den Vollstreckungsschutz des § 38 REG erfolgte Gläubigerbenachteiligung bieten. Der Schutz der Bauern durch das Reichserbhofgesetz sollte nicht so weit gehen, dass der Bauer ihn „im Sinne einer hartnäckigen oder mutwilligen Zahlungsverweigerung für eingegangene Schuldverbindlichkeiten" ausnutzte.[763] Als neues standesrechtliches Druckmittel sollte die Abmeierung an die Stelle der Zwangsvollstreckung treten.

Der Begriff der Abmeierung, der sich für die Rechtsinstitute des § 15 Abs. 2-4 REG einbürgerte, stammte aus dem Meierrecht, nach dem der Gutsherr des Meiergutes den Meier absetzen konnte, wenn dieser in grober Weise gegen seine Pflichten verstoßen hatte.[764] Von welchen Vorstellungen sich der Gesetzgeber bei der Einführungen dieses „neuen" Konstrukts der Abmeierung leiten ließ, erläuterte Vogels in seiner Rede vom 22. Oktober 1933:

„Der Druck, den bisher der Gerichtsvollzieher oder der Versteigerungsrichter hinter den Bauern gesetzt hat – dieser Druck, der beinahe tödlich war, denn die Drohung mit der Versteigerung bedeutet ja die Vernichtung des Bauern und seiner ganzen Familie, somit aller derjenigen, die als Lebensquell für uns

760 Vgl. hierzu vertiefend Baumecker, 4. Auflage, § 15 REG, Rnrn. 56 ff.

761 Anerbengericht Tübingen, RdRN 1937, S. 163.

762 Gleiches war übrigens auch möglich, wenn ein bauernfähiger Ehegatte oder Anerbe die Übernahme der Nutzverwaltung ablehnte, Baumecker, 4. Auflage, § 15 REG, Rn. 69.

763 Baumecker, 4. Auflage, § 15 REG, Rn. 51.

764 Vogels, 3. Auflage, S. 110.

wichtig waren – dieser Druck soll ergänzt, zum grossen Teil sogar ersetzt werden durch etwas Neues. Dieses Neue ist etwas, was wir zuvor im ersten und im zweiten Reich nicht gekannt haben, eine der ganz grossen, genialen Schöpfung unseres Führers. Das ist die Zusammenfassung des ganzen Bauernstandes, des Standes, den man am schwersten erfassen kann, weil er ja überall verstreut in Einzelsiedlungen auf dem Lande lebt; ihn konnten die früheren Regierungen einfach nicht beeinflussen, weil sie an ihn nicht herankamen. Dieser ganze Bauernstand soll im Reichsnährstand zusammengefasst werden. Das ist nun auch wieder mehr als ein Wort. Das ist ein Gebilde mit einer so ungeheuren Energie, von einer straffen Organisation, das derart vom Gedanken des Führertums erfüllt ist, dass niemand sich dem wohltätigen Einfluss, der erzieherischen Einwirkungen dieser grossen Standesorganisation entziehen kann. (...) Und diese Entwicklung [die Entwicklung der Standesehre der Offiziere; der Verf.], wenn auch nicht mit der gleichen Intensität, jedenfalls in ähnlicher Art, schwebt der Reichsregierung und dem Reichsbauernführer vor. Er will, dass ein Bauer, der seine Schulden nicht bezahlt, obwohl er es könnte, der seine Eltern schlecht behandelt, der sich gegenüber seinen Geschwistern, die er versorgen soll, nicht so benimmt, wie es einem ehrenhaften Bauern entspricht, durch die Standesgewalt daran erinnert werden soll, dass er damit gegen die Standesehre verstösst. Dabei bleibt es nicht! Hinter dieser Mahnung ehrenhaft zu sein, steht die Drohung mit der Absetzung von der Verwaltung. Ein Bauer, der sich gegenüber diesem Befehl der Führung weigerlich verhält, der kein Verständnis dafür hat, dass auch im Bauerntum ein neuer Geist einziehen soll, der seine Schulden nicht bezahlt, obwohl er nach ordnungsgemäßer Wirtschaftsführung dazu in der Lage wäre, der kann – das ist nun wieder etwas völlig Neues – auf Antrag des Landesbauernführers durch das Anerbengericht aus der Verwaltung des Hofes entsetzt werden und einen Nachfolger in der Person seines Ehegatten oder seines Anerben durch die behördliche Verfügung erhalten. Und darüber hinaus: Wenn der Bauer keinen geeigneten Nachfolger hat, kann ihm das Eigentum des Hofes genommen werden.“[765]

Daneben sollte die Drohung mit der Abmeierung der wirtschaftlichen Disziplinierung der Bauern dienen, da wegen der Festsetzung fester Preise für Agrarprodukte mit einer zurückgehenden Leistungsbereitschaft der Bauern gerechnet wurde.[766] Auch boten die Möglichkeiten des § 15 Abs. 2 - 4 REG ein Instrument zur Erreichung politischer „Linientreue“. Bauern, die sich politisch missliebig äußerten oder betätigten, verloren danach nicht nur ihre Ehrbarkeit, sondern konnten infolgedessen auch der Bewirtschaftung oder sogar des Eigentums am Erbhof enthoben werden.

765 Protokoll zum Vortrag von Vogels' im „Verein für das Notariat in Rheinpreussen“ am 22. Oktober 1933 in Köln (S. 8), in: BArch R 3001/Akte 593, 3.

766 Baumecker, 4. Auflage, § 15 REG, Rn. 49.

Das Institut der Abmeierung erschließt sich nur vor dem Hintergrund der Absicht des NS-Gesetzgebers, eine grundsätzlich neue, in sich mehr oder weniger geschlossene Erbhofordnung und damit Bodenordnung zu schaffen. Mit dem Begriff der Abmeierung griff man dabei nicht zufällig auf ein Institut der Grundherrschaft und damit in die Zeit vor der Bauern- und Bodenbefreiung zurück, hatte doch hier wie dort der Bauer kein freies Eigentum an seinem Hof. Nach bürgerlich-rechtlichem Eigentumsverständnis konnte der bäuerliche Grundeigentümer grundsätzlich ungebunden und frei über seinem Eigentum verfügen, eine Freiheit, die im äußersten Fall, wie in den §§ 928 und 959 BGB, auch die Möglichkeit umfasste, sein Eigentum nicht zu nutzen, es sogar aufzugeben bzw. zu wirtschaften, bis die Zwangsvollstreckung erfolgte. Diese Eigentümerfreiheit widersprach grundsätzlich dem nationalsozialistischen Rechts- und Eigentumsverständnis, in dessen Mittelpunkt die Pflichtbindung stand. Ein Erbhofbauer konnte danach mit dem Erbhof nicht umgehen wie er wollte. Die Idee der Pflichtbindung des Erbhofeigentums fand dabei ihren stärksten Ausdruck in dem Verlust der Bauernfähigkeit, der dann die Folge der Abmeierung nach sich ziehen konnte.[767]

Durch die Mißachtung seiner bäuerlichen Pflichten verletzte der Bauer aus nationalsozialistischer Sicht auch die bäuerliche Lebensordnung an sich. So führte Busse aus:

„Der Bauer kann durch Verletzung dieser Pflichten seine Ehre verlieren und sich dadurch außerhalb der Ordnung des Erbhofes stellen, was wiederum seine Abmeierung zu Folge hat. Der Erbhof steht also mitten in dem Aufbau der Volksordnung und die Ordnung des Erbhofrechts kann nur verstanden werden als gliedmäßige Ordnung im ganzen der Volksordnung, als Formation im Aufbau der Volksgemeinschaft."[768] Insbesondere die Nichterfüllung der Schuldverpflichtungen sah Busse als eine Missachtung der sich aus dem Erbhofeigentum immanent ergebenden Pflichten und somit als eine Verletzung der Erbhofordnung an: „Die Schuldverpflichtungen, die der Bauer ihnen gegenüber eingeht, bleiben nicht außerhalb der Ordnung des Erbhofrechts, sondern werden von ihr ergriffen und bestimmen sich nicht nur nach dem ihnen zugrundeliegenden Vertrage, sondern zugleich nach der Ordnung des Erbhofes. Das ist auch die rechtliche Bedeutung der sogenannten Vollstreckungsverbote, z. B. des Zwangsversteigerungsverbotes, das nicht eine etwa mit dem materiellen Recht im Widerspruch stehende Schranke des Vollstreckungsschutzrechtes bedeutet, sondern die in der Ordnung des Erbhofrechts begründete immanente Grenze der gegen den Bauern gerichteten Ansprüche bezeichnet. Diese Schuldverpflichtungen werden andererseits in einem Maße, daß durch die Ertragfähigkeit des Hofes

767 Vgl. hierzu auch Stoll/Baur, S. 75.

768 Busse, Volksordnung, S. 40.

und den Zweck der Erhaltung des Erbhofes begrenzt ist, in die Ordnung des Erbhofes selbst aufgenommen, so daß ihre Verletzung insoweit zugleich eine Verletzung der Pflichten aus dem Erbhofeigentum sein kann. So ist es zu verstehen, daß der Bauer, der seinen Schuldverpflichtungen nicht nachkommt, obwohl er sie bei ordnungsgemäßer Wirtschaftsführung erfüllen könnte, abgemeiert werden kann. Der Grund der Abmeierung ist hier nicht die Vernachlässigung des Hofes; denn es kommt hier nicht notwendig darauf an, ob der Bauer tatsächlich schlecht gewirtschaftet hat und deshalb nicht zahlen kann; er kann auch abgemeiert werden, wenn er zwar zahlen könnte, aber die Zahlung aus nicht zu billigenden Gründen hintanhält. Die Verletzung von Schuldverpflichtungen kann also selber schon eine Verletzung der im Erbhofeigentum begründeten Pflichten bedeuten."[769]

3. *Regelungslücken und Unklarheiten*

Die ursprüngliche Regelung der Abmeierung ließ einige Fragen offen. Insbesondere war das Verhältnis zwischen dem abgemeierten Eigentümer und dem jeweiligen Inhaber der Nutzverwaltung weitgehend unausgestaltet geblieben. So stand dem gemäß § 15 Abs. 2 REG abgemeierten Eigentümer weiterhin die Möglichkeit zu, im Rahmen der Befugnis des § 25 REG eine andere Person zum Anerben zu bestimmen als diejenige, die gemäß § 15 Abs. 2 REG zur Nutzverwaltung eingesetzt worden war. Bei der kleinen Abmeierung konnte dieses dazu führen, dass sich der abgemeierte Bauer durch die Einsetzung eines anderen Anerben an dem als Nutzwalter eingesetzten Anerben rächte.[770]

Auch stellte sich die Frage, wie eine Schuldentilgung erfolgen sollte, wenn der Verwalter und Nutznießer auch einen seinen Leistungen entsprechenden Lohn für seine Tätigkeit erhalten sollte. Diese Probleme entfielen zwar, wenn der Hof dem späteren Anerben übertragen wurde. Dafür, dass die Verwaltung und Nutznießung bereits der Person übertragen wurde, die später ohnehin das Eigentum am Erbhof erhalten sollte, bestand nach dem bestehenden Rechtszustand aber keine Gewähr, da nach der im Schrifttum vorherrschenden Meinung der abgemeierte Eigentümer das Recht behielt, den Anerben zu bestimmen.[771]

Saure regte vor diesem Hintergrund im August 1935 eine Regelung an, nach der für die Zeit der Abmeierung dem Abgemeierten die Testierfähigkeit entzogen werden und das Bestimmungsrecht durch das Anerbengericht ausgeübt werden sollte: „Damit wird auch der notwendige Anreiz für den ausgewählten Verwalter geschaffen, die Verwaltung anzunehmen und ordnungsgemäß durchzuführen: Er weiß, daß er bei ordnungsgemäßer Durchführung der Verwaltung auch tatsächlich später Anerbe wird und daß der abgemeierte Bauer dies nicht

769 Busse, Volksordnung, S. 39 f.

770 Baumecker, 4. Auflage, § 88 EHVfO, Rn. 1.

771 Vgl. hierzu das Schreiben an Vogels vom August 1935, in: BArch R 3001/22196, 22 f.

durch eine anderweitige Bestimmung durchkreuzen kann. Ein starkes Bedürfnis für eine solche Regelung besteht vor allem bei der dauernden Abmeierung."[772]

Als weiteres Problem kristallisierte sich heraus, dass der Personenkreis, aus dem der Verwalter und Nutznießer bei der kleinen Abmeierung gemäß § 15 Abs. 2 REG bestimmt werden musste, zu eng war. Die in dieser Bestimmung vorgesehene Übertragung der Nutzverwaltung auf den Ehegatten oder Anerben hatte in der Regel keine Änderung in der Wirtschaftsführung zur Folge. Auch war der zukünftige Anerbe häufig wegen seiner Jugend zur Nutzverwaltung ungeeignet.[773]

Darüber hinaus wurde es von der Praxis als misslich angesehen, dass das Gesetz keine Eingriffsmöglichkeiten für den Fall hergab, in dem der Bauer zwar schlecht wirtschaftete, aber nicht so schlecht, dass ihm die Wirtschaftsfähigkeit abgesprochen werden konnte.[774] Auch bestimmte die Regelung des § 15 Abs. 3 REG nicht, welche Rechte dem vollkommen abgemeierten Bauern verblieben. Während man ursprünglich dem abgemeierten Bauern noch ein gesetzliches „Recht auf Wohnung und notdürftigen Unterhalt" zugestehen wollte, hatte man diesen Anspruch im Verlauf der Verhandlungen zur Verabschiedung des Reichserbhofgesetzes fallengelassen.[775]

4. *Anspruch und Wirklichkeit des Abmeierungskonzepts*

Wie bereits ausgeführt sollten die Bestimmungen des § 15 Abs. 2 bis 4 REG ein Druckmittel sein, „daß der Bauer keine Schulden macht, die der Hof nicht tragen kann und daß er die gemachten Schulden bezahlt". Dieses Druckmittel der Abmeierung sollte grundsätzlich nicht hinter der Effizienz der Zwangsvollstreckung zurückstehen. So beurteilte Siefert den durch die Abmeierung ausgeübten Druck auf den schuldenden Bauern dahingehend, „daß dieser Druck der Standesgewalt nach § 15 die frühere mögliche Zwangsvollstreckung voll ersetzt, ja noch übertrifft".[776]

In Wirklichkeit wurde das Institut der Abmeierung diesem Anspruch nicht gerecht. Insbesondere die „harte" Bestimmung des § 15 Abs. 3 REG, die „große Abmeierung", fand relativ selten Anwendung.[777] Entsprechend kritisierte eine

---

772 Schreiben Saures an Vogels vom 22. August 1935, in dem er diejenigen Hauptpunkte mitteilte, die nach seiner Ansicht bei der Ausarbeitung einer neuen Durchführungsverordnung zur Erwägung standen, in: BArch R 3001/22196, 3-17, 6 f.

773 Schreiben an Vogels vom August 1935, in: BArch R 3001/22196, 18-30, Bl.18 ff.

774 Dölle, 2. Auflage, S. 94.

775 So Vogels auf der Sitzung vom 4. November 1933, Protokoll des BNSDJ (Fachgruppe Notare) zur Besprechung im Sitzungssal des RJM vom 4. November 1933, in: BArch R 3001/Akte 592, 112.

776 Siefert, S. 83.

777 Baumecker, 4. Auflage, § 15 REG, Rn. 68.

Eingabe an das Reichsjustizministerium vom 14. Januar 1936, mit dem bezeichnenden Titel „Hat es Wert über die Folgen einer Abmeierung zu sprechen?“, die Abmeierungspraxis. Die Eingabe nahm inhaltlich Bezug auf einen vorangegangenen Artikel in der Deutschen Juristenzeitung, in dem Vogels zu den Folgen der Abmeierung Stellung bezogen und zugegeben hatte, dass „bislang“ [1936!; der Verf.] noch gar keine große und nur ganz vereinzelt kleine Abmeierungen stattgefunden hatten. Den Grund für die geringe Anzahl der Abmeierungen sah der unbekannte Verfasser der Eingabe in der jeweiligen Zuständigkeit für die Stellung des Abmeierungsantrags, die bei der kleinen Abmeierung beim Landesbauernführer und bei der großen Abmeierung beim Reichsbauernführer lag:

„Der Reichsbauernführer ist so wenig in der Lage wie der Landesbauernführer über den einzelnen Bauern seines Bezirks unterrichtet zu sein, ob derselbe als ehrbar anzusprechen ist und ob er die Fähigkeit besitzt einen Erbhof ordnungsgemäß zu bewirtschaften. Sie sind vielmehr auf die Auskunft ihrer Unterorgane angewiesen, der Kreisbauernführer und den Ortsbauernführer.“ Da aber sowohl die Ehrbarkeit als auch die Bewirtschaftungsfähigkeit keine festen Begriffe seien, sei in beiden Fällen „das persönliche Empfinden“ i. d. R. des Ortsbauernführers ausschlaggebend. Nach Ansicht des Verfassers führte dieses im Ergebnis dazu, dass das Gesetz es zwar erfordere, dass ein Bauer in der Lage sei, einen Hof ordnungsgemäß zu bewirtschaften. Dass er es auch wirklich tue, sei jedoch nicht gefordert und nach rein formellem Recht bestehe keine Möglichkeit, in diesem Falle eine Abmeierung vorzunehmen. Der Gutsherr habe noch die Möglichkeit gehabt, über die Ehrbarkeit und die Wirtschaftsfähigkeit des von ihm belehnten Bauern sich ein Bild zu machen: „Beim unbeschränkten Recht gab es früher keine Abmeierung, natürlich mußte der freie Bauer auch schon damals seine Verbindlichkeiten erfüllen. Heute braucht er es nicht mehr.“

Weiter äußerte er: „Der Vater des Gesetzes stammt sicher nicht aus einer Bauernfamilie, er kann aber unmöglich in einem Bauerndorfe gewohnt haben, sonst hätte er diese Bestimmung sicher nicht in das Gesetz aufgenommen.“ Die Abmeierung bringe der Volksgesamtheit überhaupt keinen Nutzen, „denn der Nutzungsverwalter muß natürlich mit seiner Familie leben, der Abgemeierte muß aber auch leben. Der Hof vermag aber nur eine Familie zu ernähren, was wird nun? Der Abgemeierte muß auf Arbeit gehen um seinen Lebensunterhalt sich zu verschaffen und für den Nutzungsverwalter liegt doch wohl die Versuchung nahe vorerst für sich zu sorgen. Würde es da nicht viel richtiger sein, daß der Bauer der abmeierungsreif ist keinen Schutz mehr genießt, dann wird er seinen Hof freiwillig oder gezwungen verkaufen und ein anderer, der tüchtiger und ehrbarer ist, tritt an seine Stelle. Darüber kann doch wohl kaum ein Zweifel bestehen, daß es zu einer Auslese, wie die Natur sie betreibt, im Bauernstande nur der freie Wettbewerb führen kann. Der beste Beweis dafür ist die Tatsache, daß es eine große Zahl von Bauernhöfen gibt, die sich jahrhundertelang in einer Familie erhalten haben. (...) Durch die Sicherung des Besitzes erlahmt Wille und

Arbeitskraft und die Nahrungsfreiheit ist und bleibt eine Hoffnung." Die von Vogels aufgezeigten Möglichkeiten, seine Ansprüche gegen einen Bauern zu verwirklichen, hielt er für „rein theoretische Möglichkeiten". Die Erbhofbauern seien praktisch unpfändbar und die Pfändung des Erlöses von Wirtschaftsgütern, welche der Erbhofbauer verkauft hat, sei i. d. R nicht möglich, weil der Gläubiger von Verkauf nichts erfahre und auch böser Wille oft nicht nachweisbar sei. Der Autor der Eingabe kam somit zu dem Ergebnis: „Dem Erbhofbauer gegenüber ist jeder Volksgenosse rechtlos."

Im Ergebnis schlug der Verfasser vor, als Folge der Abmeierung grundsätzlich die Eigentumsentziehung einzuführen und nur für Ausnahmefälle die zeitweise Entziehung der Verwaltung und Nutznießung vorzubehalten: „Der Grund für diese verschiedenartige Behandlung des Bauern (je nachdem, ob er Ehegatten oder Anerben hat) leuchtet nicht ganz ein. Er ist wohl darin zu suchen, daß der Gesetzgeber diese Regelung mit Rücksicht auf die rechtlichen Schwierigkeiten getroffen hat, die sich aus der V. u. N. ergeben müssen. Trotzdem erscheint mir diese Regelung nicht gerechtfertigt; vielmehr dürfte es angebracht sein, die Art der Abmeierung (Entziehung des Eigentums oder nur der V. u. N) lediglich danach festzusetzen, ob eine dauernde Maßnahme gegen den Bauern notwendig ist, oder ob eine vorübergehende Maßnahme genügt."[778] Dementsprechend machte der Verfasser einen ausformulierten Vorschlag einer Neufassung des § 15 Abs. 2 und 3 REG.[779]

II. Die Neuregelung der Abmeierung in der EHVfO

1. Positionen von Reichsjustiz- und Reichsernährungsministerium

Vor diesem Hintergrund nahmen Reichsjustiz- und Reichsernährungsministerium eine Reform des Abmeierungsverfahrens in Angriff. Dabei zeigte sich, dass insbesondere ein Bedürfnis nach weiteren Eingriffsmöglichkeiten jenseits der Abmeierung bestand. So merkte Harmening im Herbst 1935 nach einer Besichtigungsreise nach Schleswig-Holstein an, man solle erwägen, „ob man nicht vor die ausserordentlich einschneidende Maßnahme der völligen Entziehung der Verwaltung und Nutzniessung ein weniger hartes Mittel vorschalten solle, von dem man in allen Fällen Gebrauch machen könne, in denen der Tatbestand für die Abmeierung nicht recht hinreiche, andererseits das Bedürfnis zum Einschreiten nicht abgeleugnet werden könne." Als Alternative schlug Harmening vor, den Bauern auf Antrag des Landesbauernführers durch das Anerbengericht unter die Aufsicht einer Aufsichtsperson stellen zu lassen, deren Weisungen der Bauer

778 Eingabe vom 14. Januar 1936 (Verfasser unbekannt), in: BArch R 3001/22165, 236-238.

779 Dieser Vorschlag ist zu finden in: BArch R 3001/22196, 28-30.

sowohl hinsichtlich der Wirtschaftsführung als auch hinsichtlich der Verfügungsgewalt über Erträge zu folgen haben sollte.[780]

Am 13. Januar 1936 legte das Reichsjustizministerium entsprechend einige das Abmeierungsverfahren novellierende Ausführungsvorschriften vor. Dabei regte man neben einer Erweiterung des als Nutzwalter in Betracht kommenden Personenkreises auch eine Präzisierung der den Nutzwalter treffenden Rechte und Pflichten an: Der Nutzwalter sollte im Rahmen einer ordnungsgemäßen Wirtschaft über den Erbhof verfügen können und gleichzeitig auch gegenüber dem Eigentümer zur Gewährung von Unterhalt auf dem Hof verpflichtet sein. Des Weiteren schlug das Reichsjustizministerium eine die Rechtsstellung des abgesetzten Eigentümers klärende Vorschrift vor, nach welcher der Eigentümer eine Verfügung über den Erbhof nur mit Zustimmung des Nutzwalters und Verfügungen von Todes wegen nur mit Zustimmung des Anerbengerichts sollte treffen dürfen. Schließlich beabsichtigte man die Schließung einer bestehenden Gesetzeslücke, indem auch ein Vorgehen gegen den Ehemann einer Bäuerin möglich sein sollte, falls dieser als Nichteigentümer seine Ehr- oder Wirtschaftsfähigkeit verlor.[781]

In Reaktion hierauf brachte Johae auf der Vorbesprechung vom 29. Januar 1936 einen von Harmening und Saure gebilligten eigenen ausformulierten Entwurf des Abmeierungskomplexes ein. Das Konzept sah zum einen für den Fortfall der Ehrbarkeit und Wirtschaftsfähigkeit weiterhin grundsätzlich die „große Abmeierung“ vor. Neben der Abmeierung sollten aber auch sonstige „Maßnahmen zur Sicherung ordnungsgemäßer Wirtschaftsführung“ ergriffen werden können. Hierzu sollte, neben der bereits bekannten Übertragung der Nutzverwaltung, auch die Unterstellung des Bauern unter Betreuung und Aufsicht durch den Reichsnährstand möglich sein, wobei die Maßnahmen auf Teile der Wirtschaftsführung beschränkt bleiben konnten. Schließlich schlug Johae – entsprechend dem Vorschlag des Reichsjustizministeriums – ebenfalls Maßnahmen gegen den nutzwaltenden Ehemann der Bäuerin vor, wenn dieser Ehrbarkeit und Wirtschaftsfähigkeit verlor.[782]

Im Anschluss an die Unterredung zwischen Vogels und Johae vom 10. Februar 1936, die die jeweiligen Entwürfe zum Gegenstand gehabt hatte, übersandte Vogels seinerseits wiederum an Johae Vorschläge von Ausführungs-

780 Reisebericht vom 28. Oktober 1935 über eine landwirtschaftliche Besichtigungsfahrt am 24. und 25. Oktober 1935 in Schleswig-Holstein, in: BArch R 3001/22165, 160 ff., 163. Teilnehmer waren u.a. Beamte des Reichsernährungs-, Reichsfinanz- und Reichsjustizministeriums.

781 §§ i-m des RJM-Entwurfs zu einer 4. DVO vom 13. Januar 1936, in: BArch R 3001/22196, 93-112, 102-105.

782 Vermerk Vogels zur Vorbesprechung vom 29. Januar 1936, in: BArch R 3001/22196, 114 und §§ 15b-15d des Gegenentwurfs Johaes, in: BArch R 3001/22196, 117-120.

vorschriften zum § 15 REG, welche die Erbhofverwaltung und nun auch die Erbhofaufsicht rechtlich detailliert ausgestalteten.[783] Nachdem von Seiten des Reichsernährungsministeriums zu diesen Vorschlägen Vogels' Koehler Stellung bezogen und verschiedene Änderungswünsche vorgebracht worden waren,[784] legte das Reichsjustizministerium am 6. März 1936 im Rahmen eines umfassenden Entwurfs zur Vierten Durchführungsverordnung abgewandelte Ausführungsvorschriften zum § 15 REG vor. Diese stellten im Wesentlichen einen Kompromiss zwischen den bisherigen Vorschlägen der beiden Ministerien dar:
Im Falle der schlechten Bewirtschaftung oder der Nichterfüllung von Schuldverbindlichkeiten sollte auf Antrag des Kreisbauernführers oder eines mit einem vollstreckbaren Titels versehenen Gläubigers der Eigentümer des Erbhofs durch das Anerbengericht unter Aufsicht einer Aufsichtsperson gestellt werden können, § 4 des Entwurfs. Vor der Anhörung sollte allerdings der Eigentümer oder der Kreisbauernführer gehört werden. Nur bei grober Misswirtschaft war vorgesehen, dem Eigentümer die Verwaltung des Erbhofs zu entziehen und einem Erbhofverwalter zu übertragen, § 5 des Entwurfs. Voraussetzung für diese Anordnung durch das Anerbengericht sollte sein, dass sich hieraus die Gefahr einer erheblichen Schädigung des Erbhofs oder seiner Gläubiger ergab. Antragsberechtigt waren hier wiederum nur der Landesbauernführer oder ein Gläubiger, dessen vollstreckbare Forderung mindestens eintausend Reichsmark betrug.[785]

Beim Reichsernährungsministerium stieß der Entwurf des Reichsjustizministeriums jedoch nicht auf vorbehaltlose Zustimmung. So äußerte Johae auf der am 26. März 1936 mit Hopp geführten Unterredung über die Vierte Durchführungsverordnung, man müsse „bei der Fassung in schärferer Weise zum Ausdruck zu bringen, daß es sich bei der Erbhofverwaltung nur um eine vorübergehende Maßnahme handle. Es müsse verhindert werden, daß die Abmeierung, wie sie in § 15 des Gesetzes vorgesehen sei, völlig verschwinde und durch die Verewigung der Erbhofverwaltung im Einzelfall ersetzt werde. Dafür könne das Antragsrecht den Gläubigern nicht zugebilligt werden. Die Erbhofverwaltung müsse ihrer Natur nach befristet sein." Johae führte weiterhin aus, dass Ausgangspunkt der Reformbestrebungen drei Aspekte gewesen seien. Zum einen das in der Praxis der Nährstandsstellen hervorgetretene Bedürfnis nach einem Verfahren für minder schwere Fälle. Zum anderen „der Wunsch, gegenüber den Gläubigern ein gewissen Entgegenkommen zu zeigen im Zusammenhang mit

---

783 § b1 - § b3 im Anhang zu Vogels' Schreiben an Johae vom 12. Februar 1936, in: BArch R 3001/22196, 221 ff.

784 Anmerkungen Koehlers zum Entwurf Vogels im Schreiben vom 21. Februar 1936, in: BArch R 3001/22196, 358 ff.

785 §§ 4-6 des Entwurfs vom 6. März 1936, in: BArch R 3001/22196, 388-395. Die Bemerkungen/Begründungen Hopps zur Neuregelung der Erbhofaufsicht und Erbhofverwaltung sind zu finden in: BArch R 3001/22196, 465-469.

den Erörterungen über das Problem des Erbhofkredites." Schließlich „die praktischen Schwierigkeiten tatsächlicher und rechtlicher Art bei der Durchführung der Abmeierungsverfahren nach § 15 des Gesetzes." Johae merkte diesbezüglich an, dass der Entwurf „befriedigende Lösungen nur hinsichtlich der beiden ersten Fragen" bringe. Demgegenüber äußerte Hopp, dass durch die neuere Rechtsprechung vieles geklärt worden sei. Johae drang jedoch darauf, diese Fragen in der Durchführungsverordnung festzulegen, wobei man insbesondere die Stellung des Nutzverwalters näher umreissen sollte:

„Leitender Gesichtspunkt müsse sein, daß der Nutzverwalter nach § 15, jedenfalls in der Mehrzahl der Fälle, nämlich bei der dauernden Abmeierung, Nutzverwalter für die ganze Lebenszeit des Bauern sei; dagegen sei der Erbhofverwalter nur Verwalter auf Zeit. Gehe man davon aus, so ergäbe die Beobachtung in der Praxis die Notwendigkeit, nur eine Person zum dauernden Nutzverwalter zu machen, die schließlich auch als Anerbe den Hof erhalte. Wenn der Nutzverwalter nicht damit rechnen könne, daß er einmal Eigentümer des Hofes werde, vielmehr an die Möglichkeit denken müsse, daß er sich einmal anderweit ein Existenz schaffen müsse, so würde er zur Übernahme dieses mißlichen Amtes kaum bereit sein; übernehme er aber die Nutzverwaltung, so werde er Hemmungen haben, eigenes Vermögen zu investieren. Diese Sachlage zwinge dazu, die Frage der Testierbefugnis des Abgemeierten zu klären. Nachdem in den Fällen der dauernden Abmeierung die Person, die im Zeitpunkt der Abmeierung als Anerbe anzusehen sei, zum Nutzverwalter bestellt sei, dürfe der Bauer nicht mehr durch abweichende Bestimmung des Anerben die Möglichkeit schaffen, daß einmal ein anderer als der Nutzverwalter den Hof erbe. Um alle diese Schwierigkeiten würde man herumkommen, wenn man an die Stelle der Übertragung der Verwaltung und Nutzniessung die Übertragung des Eigentums vorsähe."

Hopp wies demgegenüber darauf hin, „daß eine solche Erweiterung des Gesetzesinhaltes kaum durch die Ermächtigung im § 61 des Gesetzes gedeckt würde und daß man sich dann wohl zu einer Kabinettsvorlage würde entschliessen müssen. Es handle sich nicht um eine Notverordnung oder irgendein Gesetz früherer Regierungen, sondern um ein Gesetz, das die Unterschrift des Führers trüge und das als eines der wesentlichsten Gesetz des neuen Reichs überhaupt bezeichnet werde." Johae erkannte diese Bedenken an, und schlug vor, „wenn unter diesen Umständen die Umgehung der ganzen Problematik durch eine Vorschrift, die die Entziehung des Eigentums vorsähe, nicht möglich sei", dass man dann eine Lösung in der Richtung suchen müsse, „daß man Einzelvorschriften trifft, die die entstandenen Schwierigkeiten ausräumen; andernfalls bliebe die Regelung ein Torso."[786] Entsprechend legte Johae bei der Fortsetzung der Unter-

786 Protokoll Hopps vom 26. März 1936, in: BArchR 3001/22196, 434-438.

redung wiederum eine eigene Entwurfssammlung verschiedener Ausführungsvorschriften zum § 15 REG vor. In dieser war die dauernde Übertragung der Verwaltung und Nutznießung, die kleine Abmeierung, rechtlich näher ausgestaltet. Daneben legte Johae entsprechende Vorschriften hinsichtlich der vom Anerbengericht anzuordnenden Wirtschaftsüberwachung und der – grundsätzlich zeitlich begrenzten – Wirtschaftsführung durch einen Treuhänder vor. Beide Maßnahmen sollten auch auf Antrag eines Gläubigers einer nach dem Eintritt der Erbhofeigenschaft der Besitzung entstandenen Forderung gestellt werden können, falls es sich um eine Tilgungsforderung mit einer Abtragungszeit von mehr als drei Jahren handelte und der Bauer mit Tilgungsleistungen in Höhe von mindestens zwei halbjährigen Leistungsraten in Verzug war.[787]

Auf der sich anschließenden Besprechung vom 2. April 1936 wurden dann sowohl die Vorschläge des Reichsjustizministeriums als auch der Entwurf Hopps eingehend erörtert. Hinsichtlich des von Johae vorgelegten Entwurfs erklärten die Vertreter des Reichsernährungsministeriums, dass bei der Einführung der Begriffe „Wirtschaftsüberwachung" und „Wirtschaftsführung durch einen Treuhänder" die Ansicht leitend gewesen sei, diese Maßnahme von dem Institut der Verwaltung des Erbhofs nach § 15 REG abzugrenzen. „Die Frage stünde im übrigen im unmittelbaren Zusammenhang mit Erwägungen, die zur Zeit im REM gepflogen würden, über die Schaffung einer allgemeinen Wirtschaftsbeaufsichtigung sämtlicher Betriebe durch den Reichsnährstand, im besonderen die Beeinflussung schlecht bewirtschafteten landwirtschaftlichen Grundbesitzes jeder Art." Die Beschränkung des Antragsrechts auf die Gläubiger von neuen Tilgungsforderungen erklärte Saure damit, „daß eine neue kreditpolitische Situation entstanden sei. Die Dinge hätten sich hier dahin entwickelt, daß für die Erbhöfe jetzt mittelfristige Kredite von Seiten der Genossenschaften in Aussicht gestellt seien mit sechs- bis siebenjähriger Laufzeit; diese Kredite würden zur Befriedigung des wirklich bestehenden und der Beachtung werten Kreditbedürfnisses völlig hinreichen. Seitens der kreditgebenden Genossenschaften sei hierbei lediglich die Ausschließlichkeitsklausel zur Bedingung gemacht."

Darüber hinaus wurde die Abgrenzung der Stellung der Anerbenbehörden gegenüber der des Reichsnährstandes erörtert, wobei Einigkeit darüber erzielt werden konnte, dass bei der bloßen Wirtschaftsüberwachung eine allgemeine Übertragung auf den Reichsnährstand hinreichend sein würde. Bei der Wirtschaftsführung durch einen Treuhänder hielt man es hingegen für erforderlich, dass das Gericht bei Anordnung des Verfahrens eine bestimmte namentlich zu bezeichnende Person zum Treuhänder bestimmen sollte. Bei der Erörterung die-

787 Entwurf verschiedener Ausführungsvorschriften zum § 15 REG, in: BArch R 3001/ 22196, 479-487.

ser Frage drang das Reichsjustizministerium darauf, „das Anerbengericht in diesen Fällen nicht unbedingt an den Vorschlag des Bauernführers zu binden".
Des Weiteren betrachteten es alle Seiten als Missstand, dass dem Anerbengericht zwar die Anordnung des Verfahrens, nicht aber dessen Überwachung anvertraut war. Im Ergebnis erzielte man hinsichtlich dieser Frage Einigkeit darüber, „daß die rein betriebswirtschaftliche Seite der Maßnahmen Aufgabe des Reichsnährstandes werden müsse, während diejenigen Einzelheiten des Verfahrens, bei denen es auf die Durchsetzung der staatlichen Macht ankäme, der Gerichtsbehörde zu überlassen seien."

Zu Unstimmigkeiten kam es hinsichtlich der Frage der näheren Ausgestaltung der Abmeierung. Diesbezüglich wies Vogels „auf die Gefahr hin, die sich daraus ergäbe, daß aus Anlaß dieser doch kranken Fälle die allgemeine gesetzliche Regelung der Anerbenordnung aufgelockert würde. Die beabsichtigte Vorschrift könne zu einer empfindlichen Störung des Familienfriedens führen; sie könne auf eine Prämierung eines besonders aktiven und habgierigen Prätendenten hinauslaufen und enthalte in jedem Falle eine Beseitigung des freien Bestimmungsrechts des Bauern." Die Vertreter des Reichsernährungsministeriums brachten demgegenüber zum Ausdruck, dass sie diese Gefahr nicht für sonderlich groß hielten, zumal man mit einer vernünftigen Handhabung der Vorschrift durch die Gerichte rechnen könne.[788]

In der Folgezeit wurden zwischen den Ministerien diverse Entwürfe von Ausführungsvorschriften zum § 15 REG mit den jeweiligen Vorschlägen zur dauernden Nutzverwaltung, Wirtschaftsüberwachung und Wirtschaftsführung durch einen Treuhänder ausgetauscht.[789] Schließlich legte das Reichsjustizministerium, nachdem man vom Vorhaben einer Vierten Durchführungsverordnung abgekommen war, mit Schreiben vom 3. Juli 1936 im Rahmen des Entwurfs einer Erbhofverfahrensordnung einen vollständigen Entwurf für die Abmeierung, Wirtschaftsüberwachung und Wirtschaftsführung durch einen Treuhänder vor.[790]

Am 28. Juli 1936 nahm dann das Reichsernährungsministerium durch Saure zu diesen vom Reichsjustizministerium vorgeschlagenen Vorschriften eingehend Stellung. Das Reichsernährungsministerium schlug dabei von vornherein vor, „die Vorschriften über Maßnahmen gegen einen Erbhofeigentümer, der

---

788 Vermerk Hopps zur Besprechung vom 2. April 1936, in: BArch R 3001/22196, 442-449.

789 Entwurf Johaes vom 14. Mai 1936, in: BArch R 3001/22197, 3-13; Entwurf Hopps vom 12. Juni 1936, in: BArch R 3001/22197, 59-70; Entwurf Johaes vom 16. Juni 1936, in: BArch R 3001/22197, 71-77; „vollständiger Vorschlag für die kleine und große Abmeierung sowie über die Wirtschaftsüberwachung und Wirtschaftsführung" von Johae vom 23. Juni 1936, in: BArch R 3001/22197, 78-99.

790 Der Entwurf zur EHVfO, übersandt am 3. Juli 1936, findet sich in: BArch R 3001/22197, 360-419.

schlecht wirtschaftet oder die Bauernfähigkeit verliert“ in die materiellrechtliche Erbhofergänzungsverordnung zu übernehmen, da diese „trotz ihres verfahrensrechtlichen Einschlags“ grundsätzliche Bestimmungen enthalte, „die dem sachlich rechtlichen Erbhofrecht angehören und vor allem die Bauernfähigkeit betreffen.“[791]

Hinsichtlich der Frage der Wirtschaftsüberwachung wurden nach Ansicht Saures die Entwurfsvorschriften den von ihm mit der Einführung einer solchen Überwachung verfolgten Zielen „nicht ganz gerecht“. Sie erweckten seiner Meinung nach mehr den Eindruck einer im fremden Interesse erfolgenden gerichtlichen Zwangsmaßnahme: „Ich erblicke in der Wirtschaftsüberwachung hingegen eine Maßregel der ständischen Betreuung und Aufsicht, die das Ziel verfolgt, den Bauer – möglichst ohne festgelegte Zwangsmittel – durch Rat und Belehrung im günstigsten Sinne zu beeinflussen und dadurch die ordnungsgemäße Bewirtschaftung des Hofes, zu der auch die im Rahmen des Möglichen liegende Leistungssteigerung (Erzeugungsschlacht) gehört, herbeizuführen. Es ist dies eine Aufgabe, die wirksam nur vom Stande her geleistet werden kann und bei der eine laufende gerichtliche Aufsichtstätigkeit weder erforderlich noch nützlich ist. Um die Überwachung auch äußerlich möglichst auf eine vertrauensvolle Zusammenarbeit zwischen Stand und Bauer hinzulenken, lege ich auf die Bezeichnung des Überwachenden als ‚Vertrauensmann’ besonderen Wert.“ Saure trat insbesondere für eine bevorzugte Stellung des Reichsnährstandes ein:

„Der Bauer hat gewiß gegenüber dem Vertrauensmann einige Pflichten und muß sich, wenn Rat und Belehrung allein nicht helfen, auch seinen Anweisungen fügen und die nötigen Auskünfte erteilen. Aus diesem Grunde bin ich auch damit einverstanden, daß die Anerbenbehörden als unabhängige Gericht zunächst darüber befinden, ob die Betriebsüberwachungen gegeben sind und der Bauer die Pflicht hat, sich ihr zu unterwerfen. Die Durchführung der Überwachung selbst aber einschließlich der Wahl der dafür in Frage kommenden Vertrauensperson muß, zumal bei der Geringfügigkeit des vorübergehenden Eingriffs in die Rechtssphäre des Betroffenen, eine Sache des Reichsnährstandes bzw. des Landesbauernführers bleiben.“[792]

Auch bezüglich der Wirtschaftsführung durch einen Treuhänder bestand Saure darauf, „daß sie aus erzieherischen Gründen und um des sachlichen Erfolges willen nicht lediglich als eine gerichtliche Zwangsmaßnahme nach Art einer Zwangsverwaltung erscheint, sondern als eine vom Gericht angeordnete und in weitgehendem Umfange beaufsichtigte Maßnahme der berufsständischen Selbstverwaltung.“ Mit der Beaufsichtigung des Treuhänders in § 11 des Entwurfs erklärte er sich zwar grundsätzlich einverstanden, schlug für den Treu-

791 Stellungnahme des REM vom 28. Juli 1936, in: BArch R 3001/22197, 425.
792 Stellungnahme des REM vom 28. Juli 1936, in: BArch R 3001/22197, 425 f.

händer allerdings die Bezeichnung „Treuhänder des Reichsnährstandes" vor. Dieser sollte zwar durch das Anerbengericht bestimmt werden, allerdings auf Vorschlag des Landesbauernführers.[793]

Hinsichtlich der vom Reichsjustizministerium vorgeschlagenen Ausgestaltung der Abmeierung äußerte Saure „erneut die stärksten Bedenken, ob man eine derart komplizierte Regelung im Bereich des bäuerlichen Rechts überhaupt noch verantworten kann und ob man nicht zu einfacheren und klareren Maßnahmen übergehen muß, wenn sich nicht aus dem Erbhofrecht ein unverständliches, unvolkstümliches Juristenrecht entwickeln soll." Saure schlug im Gegenzug vor, „das ganze Institut der Verwaltung und Nutznießung, das sich in den meisten Fällen als nicht durchführbar erwiesen hat, zu Gunsten einer Eigentumsentziehung (entsprechend § 15 Abs. 3, 4 des Gesetzes) zurückzudrängen." Die „ganzen umfangreichen Abmeierungsvorschriften des Entwurfs" und die auftretenden Schwierigkeiten gingen nach Ansicht Saures immer wieder darauf zurück, dass man, wenn man mit dem Institut der Verwaltung und Nutznießung das vom Gesetz gesteckte Ziel erreichen wolle, den Abgemeierten praktisch in keiner Weise mehr als Eigentümer behandeln dürfe und andererseits dem Nutzverwalter eine eigentümerähnlich Stellung geben müsse. Saure schlug daher „als geeigneten Ausweg aus allen diesen Schwierigkeiten" vor, „unter Wahrung der Grundgedanken und des Wortlautes des Gesetzes selbst vorzusehen, daß statt der Entziehung der Verwaltung und Nutznießung auch die Eigentumsentziehung und -übertragung auf den Anerben erfolgen kann. Irgendein sachlich gerechtfertigter Grund für die unterschiedlichen Maßnahmen im § 15 Abs. 2 und § 15 Abs. 3, 4 des Gesetzes ist bisher nicht gefunden worden, und es kann daher auch nicht das Bedenken erhoben werden, daß die vorgeschlagene Regelung irgendwie gegen grundlegende Bestimmungen und Ziele des Gesetzes verstiesse. Dies umso weniger, als durch die Einführung der Wirtschaftsüberwachung und Wirtschaftsführung der Anwendungsbereich für die Abmeierungsvorschriften in der Hauptsache nunmehr auf die schwersten Fälle eingeengt wird, in denen der Bauer die Ehrbarkeit verloren hat. Das Bauerntum, die Rechtspraxis und die Wissenschaft würden die vorgeschlagene Änderung nur mit Freuden begrüssen." Entsprechend legte Saure einen seine Kritikpunkte berücksichtigenden neuen Entwurf des Abschnitts vor.[794]

2. *Die Beratungen im Oktober und November 1936*

Bei den am 16., 17. und 23. Oktober 1936 sowie am 3. November 1936 im Reichsjustizministerium abgehaltenen Besprechungen waren die Fragen der Wirtschaftsüberwachung, Wirtschaftsführung und Abmeierung wiederum zent-

793 Stellungnahme des REM vom 28. Juli 1936, in: BArch R 3001/22197, 427 f.
794 Stellungnahme des REM vom 28. Juli 1936, in: BArch R 3001/22197, 429 - 431.

rale Themen.[795] Hinsichtlich der Frage der Wirtschaftsüberwachung stellten insbesondere die Vertreter des Reichsjustizministeriums die Notwendigkeit heraus, den Anerbengerichten eine ihrer Bedeutung entsprechende Stellung einzuräumen. Es sei nicht angängig, das Gericht nur zum anordnenden Organ zu machen, es hierbei aber durchweg an die Wünsche des Landesbauernführers zu binden und ihm weiterhin auch die Möglichkeit zu nehmen, nach der Anordnung der Maßnahme auf Vorstellung der Betroffenen selbst noch etwas in der Sache zu unternehmen. Es sei andererseits auch nicht möglich, das Gericht einen „Vertrauensmann des Landesbauernführers" bestellen zu lassen. Ob die bestellte Person das Vertrauen des Landesbauernführers besitze, sei eine den Entschließungen des Gerichts nicht zugängliche Frage. Erforderlich sei unter allen Umständen, dass Landesbauernführer und Anerbengericht in den Berufenen das Vertrauen setzten, dass er den Hof in Ordnung bringen würde.

Saure erkannte diese Erwägungen des Reichsjustizministeriums im Grundsatz an, hob aber hervor, „daß die Maßnahmen nur dann zur vollen Wirkung kommen könnten, wenn sie nicht unter wirtschaftspolitischen Gesichtspunkten ergriffen würden, vielmehr unter starker Betonung der Mitwirkung des Reichsnährstandes als ständische Einrichtung." Im Ergebnis einigte man sich hinsichtlich der Wirtschaftsüberwachung darauf, die Bezeichnung „Vertrauensmann" beizubehalten. Auch sollte sich der Vorschlag des Landesbauernführers nicht auf zwei Personen erstrecken. Wenn das Anerbengericht mit dem Vorgeschlagenen nicht einverstanden war, sollte es den Landesbauernführer zu einem anderen Vorschlag veranlassen, notfalls jedoch die Anordnung ablehnen. Des Weiteren kam man dahingehend überein, dass die Verlängerung der Wirtschaftsüberwachung nur auf Antrag des Landesbauernführers und nicht von Amts wegen erfolgen sollte.[796]

Bezüglich der Wirtschaftsführung einigte man sich dahingehend, die die Wirtschaftsführung ausübende Person als „Treuhänder" zu bezeichnen. Ihre Ernennung sollte auf Vorschlag des Landesbauernführers erfolgen, wobei dem Anerbengericht die Möglichkeit offen blieb, „den Landesbauernführer um die Ernennung einer anderen Person zu ersuchen, wenn die vorgeschlagene Person ihm nicht geeignet" erschien. Auch sollte der Treuhänder „seine Tätigkeit unter dem Schutz des Gerichts vornehmen und nicht unter dem Druck der Gefahr stehen, auf den Wink des Landesbauernführers abgerufen zu werden", was auch von den Vertretern des Reichsernährungsministeriums anerkannt wurde. Dem Landesbauernführer sollte allerdings ein Beschwerderecht zustehen, wobei auch die weitere Beschwerde möglich sein sollte.[797]

---

795 Vgl. hierzu Vermerke des RJM zu den Besprechungen vom 16., 17. und 23. Oktober 1936 sowie 3. November 1936, in: BArch R 3001/22198, 4-30.

796 Vermerk des RJM, in: BArch R 3001/22198, 16 f.

797 Vermerk des RJM, in: BArch R 3001/22198, 18 f.

Keine Einigkeit erzielte man hinsichtlich des Gegenvorschlags des Reichsernährungsministeriums, der für den Fall der Streitigkeiten zwischen Treuhänder und Bauer nach Beendigung der Wirtschaftsführung die Zuständigkeit der Anerbengerichte vorsah. Während die Vertreter des Reichsernährungsministeriums zugunsten einer solchen Regelung insbesondere ins Feld führten, dass das Anerbengericht im Gegensatz zum ordentlichen Gericht über „besondere Sachkunde" verfüge und die Fragen eher unter bauernrechtlichen und landwirtschaftlichen Gesichtspunkten prüften und weniger „zivilrechtlich von dem erhobenen Anspruch aus", führten die Vertreter des Reichsjustizministeriums an, dass „eine zu starke Aushöhlung der ordentlichen Gerichtsbarkeit" allgemein unerwünscht sei:

„Man dürfe das Anerbengericht nicht zum Richter in eigener Sache machen; wenn Pflichtverletzungen des Treuhänders behauptet würden, so läge damit meist zugleich auch der Vorwurf, daß das Anerbengericht seine Aufsichtspflicht verletzt habe. Zahlreiche Richter würden ihre Mitwirkung an Entscheidungen dieser Art verweigern, weil sie sich befangen fühlten." Man könne „einen Stamm aufrechter, zuverlässiger und unverderbter Treuhänder" nur heranbilden, wenn man ihre Tätigkeit unter Kontrolle des ordentlichen gerichtlichen Verfahrens stelle, „wie dies bei sämtlichen Amtsträgern dieser Art bisher auch immer geschehen sei." Auch würden die beteiligten Bauern in der Regelung die Versagung rechtlichen Schutzes sehen: „Im Anerbengericht sähen sie die Stelle, die die ihnen unbequeme Maßnahme veranlaßt habe; müßte diese Behörde jetzt auch über das von ihnen behauptete Versagen des Treuhänders bei Schadensersatzstreitigkeiten entscheiden, so würden sie von vornherein die Objektivität des Verfahrens anzweifeln."[798]

Umstritten war auch die grundsätzliche Frage, ob die vom Gesetz vorgesehene Entziehung der Verwaltung und Nutznießung durch die vom Reichsernährungsministerium vorgeschlagene Entziehung des Eigentums ersetzt werden sollte oder ob man sich – entsprechend dem Vorschlag des Reichsjustizministeriums – mit einer Ergänzung der lückenhaften Bestimmung des § 15 REG begnügen sollte. Das Reichsjustizministerium führte dementsprechend an, der dem § 15 REG zugrundeliegende Gedanke sei es, „den Hof um jeden Preis der Sippe zu erhalten. Es solle verhindert werden, daß der Erbhof aus der Sippe herausfalle, weil ein einzelner Eigentümer einmal nichts taugt. Diesem Gedanken diene das Institut der Übertragung der Verwaltung und Nutznießung. Ersetze man diese Regelung durch die Eigentumsentziehung, so werde der ausgezeichnete Grundgedanke des § 15 in sein Gegenteil verkehrt. Man nehme sich die Möglichkeit, den Hof der Familie zu erhalten." Das Reichsjustizministerium trat ent-

798 Vermerk des RJM, in: BArch R 3001/22198, 19-21.

sprechend für eine Schließung der der bisherigen Regelung innewohnenden Lücken ein.[799]

Die Vertreter des Reichsernährungsministeriums sahen dagegen in § 61 REG eine hinreichende Grundlage für eine Erledigung im Wege einer Durchführungsverordnung und hielten ihren Vorschlag aufrecht. Insbesondere hob Johae noch einmal hervor, „daß die vorgesehenen Regelungen der Befugnisse des Nutzverwalters dem Eigentümer überhaupt keine Rechte mehr lasse. Dieser habe nur noch die Befugnis, seinen Namen weiter im Grundbuch stehen zu lassen; sein Eigentum sei aber jeden Inhalts entkleidet. Dieser Sachlage entspreche es, dann auch die rechtliche Folgerung zu ziehen und dem Betreffenden auch das formelle Eigentum abzuerkennen. Damit umgehe man die ganzen sonstigen bestehenden Streitigkeiten." Vogels wandte demgegenüber ein, „daß dieses formale Eigentum durchaus seine Bedeutung behalte, und zwar gerade im Hinblick auf den dem ganzen § 15 des Gesetzes zugrunde liegenden und das Erbhofrecht überhaupt tragenden Sippengedanken. Dieses formale Eigentum mache den abgemeierten Bauern eben zum Platzhalter für die Sippe. Daran dürfe man nicht rühren, auch wenn man sich darüber im Klaren sei, daß der Abgemeierte weitere Aufgaben am Hofe nicht mehr zu erfüllen habe. Der Abgemeierte könne auch nach der Abmeierung noch gesunde Kinder zeugen, von denen eines einmal Anerbe werden könne. Dann gerade zeige sich der Segen des Erbhofrechts: Der Hof sei der Sippe erhalten geblieben, obwohl ein einzelner Eigentümer einmal nichts getaugt habe." Die Klärung dieser Frage wurde einer Besprechung auf Ministerebene vorbehalten.[800]

Nachdem man auf den Vorbesprechungen zu den meisten Detailfragen Einigkeit erzielt hatte, wurden am 21. November 1936 auf der unter Gürtners Vorsitz stattfindenden Chefbesprechung die letzten noch strittigen Punkte abgearbeitet. Im Ergebnis blieb es beim Entwurf des Reichsjustizministeriums, wobei abgewartet werden sollte, ob diese Regelungen sich bewährten. Die Vertreter des Reichsernährungsministeriums behielten sich vor, auf den Gedanken einer Eigentumsentziehung zurückzukommen, falls die neuen Vorschriften sich wiederum als unzureichend erwiesen. Auch verzichtete das Reichsernährungsministerium auf die Herausnahme der Streitigkeiten zwischen Bauer und Treuhänder aus der ordentlichen Gerichtsbarkeit.[801] Saure hatte ursprünglich den dritten Unterabschnitt – die Regelungen über die Entziehung des Nutzverwaltung nach § 15 Abs. 2 REG – für überflüssig gehalten, „nachdem man die beiden Neuformen der Wirtschaftsüberwachung und der Wirtschaftsführung durch den Treuhänder gefunden habe. Es diene zur Vereinfachung der ganzen Regelung, wenn

799 Vermerk des RJM, in: BArch R 3001/22198, 22 f.

800 Vermerk des RJM, in: BArch R 3001/22198, 24 f.

801 Vermerk Hopps zur Chefbesprechung vom 21. November 1936, in: BArch R 3001/22199, 124.

man die wenig glückliche Einrichtung der Nutzverwaltung ganz fortfallen lasse." Gürtner hielt dem entgegen, „daß es doch Fälle gäbe, in denen die Nutzverwaltung das Gegebene sei, um auf dem Hof Ordnung zu schaffen." Außerdem sei es nicht angängig, eine Einrichtung, die als regelmäßige Form der Abmeierung im Reichserbhofgesetz vorgesehen sei, durch eine Durchführungsverordnung völlig zu beseitigen. Saure erklärte sich schließlich mit dem Bestehenbleiben des 3. Unterabschnitts einverstanden.[802]

3. Das Abmeierungsverfahren der §§ 73-98 EHVfO

Durch die §§ 73-98 EHVfO wurden die Maßnahmen der Wirtschaftsüberwachung und der Wirtschaftsführung eingeführt sowie die Institute der „kleinen" und „großen" Abmeierung präzisiert. Hieraus ergab sich eine „Stufenfolge von Eingriffen", die den Bauern in immer zunehmendem Maße seines Einflusses auf den Betrieb entsetzen sollte.[803]

Durch die in den §§ 74-76 EHVfO geregelte **Wirtschaftsüberwachung** konnte ein Bauer unter die besondere Kontrolle eines Vertrauensmannes gestellt werden, wenn er den Hof nicht ordnungsgemäß bewirtschaftete oder er seinen Schuldverpflichtungen nicht nachkam, obwohl ihm dies bei ordnungsgemäßer Wirtschaftsführung möglich war, § 74 Abs. 1 EHVfO. Die Anordnung traf das Anerbengericht durch Beschluss auf Antrag des Landesbauernführers, der auch die zum Vertrauensmann zu bestellende Person vorschlug, § 74 Abs. 2 EHVfO. Die Wirtschaftsüberwachung war immer nur auf bestimmte, im Beschluss anzugebende Zeitdauer anzuordnen, § 74 Abs. 3 EHVfO. Sie konnte verlängert werden, aber auch – bei Wegfallen des Grundes für die Anordnung der Wirtschaftsüberwachung – vorher aufgehoben werden, § 76 Abs. 1, Abs. 2 EHVfO. Sie konnte jedoch auch ebenso, falls dies erforderlich wurde, durch die Wirtschaftsführung oder Abmeierung ersetzt werden, § 76 Abs. 4 EHVfO. Bei der Wirtschaftsüberwachung verblieb die Verwaltung des Hofes beim Bauern. Der Bauer hatte allerdings die Prüfung und Überwachung des Hofes durch den Vertrauensmann zu dulden, der auf eine günstige Bewirtschaftung des Betriebes hinzuwirken hatte, § 75 Abs. 1 EHVfO.

Die **Wirtschaftsführung durch einen Treuhänder** wurde in den §§ 77 - 84 EHVfO geregelt. Mit ihr übertrug man dem Treuhänder die Verwaltung über den ganzen Erbhof oder selbständige Teile desselben. Auch wurde dem Eigentümer die Möglichkeit zur Verfügung über Erbhofgegenstände einschließlich der Nutzungen genommen, § 79 Abs. 1 EHVfO. Der Treuhänder übernahm mithin an Stelle des Bauern und auf dessen Rechnung die Verwaltung des Hofes. Die

802 Vermerk Vogels' zur Chefbesprechung vom 21. November 1936, in: BArch R 3001/ 22199, 128 f.; vgl. auch den entsprechenden Entwurf der EHVfO vom Dezember 1936, in: BArch R 3001/22199, 380 ff.

803 Dölle, 2. Auflage, S. 94.

Wirtschaftsführung war eine sehr viel einschneidendere Maßnahme als die bloße Wirtschaftsüberwachung. Sie wurde angeordnet, wenn in Fällen nicht ordnungsgemäßer Wirtschaft oder Nichterfüllung von Verbindlichkeiten die alleinige Anordnung der Wirtschaftsüberwachung als nicht ausreichend angesehen wurde, § 77 Abs. 1 EHVfO. Die Anordnung erfolgte durch Beschluss des Anerbengerichts auf Antrag des Landesbauernführers, § 77 Abs. 1 EHVfO. Die Bestellung des Treuhänders geschah dabei nur auf bestimmte Zeit, § 77 Abs. 4 EHVfO. Die Wirtschaftsführung konnte allerdings verlängert, aber auch schon vorher aufgehoben werden, wenn ihr Grund weggefallen war, § 84 Abs. 1, 2 EHVfO. Die Verwaltung des Treuhänders geschah auf Rechnung des Bauern, der auf dem Hof wohnen bleiben durfte und mit seinen Familienangehörigen einen angemessenen und der Wirtschaftslage des Hofes entsprechenden Unterhalt erhalten sollte, § 79 Abs. 4, § 81 Abs. 1, Abs. 2 EHVfO. Der Treuhänder selbst war wiederum nicht nur dem Bauern gegenüber zur ordnungsgemäßen Verwaltung gemäß § 80 Abs. 1 EHVfO verpflichtet, sondern unterstand auch der Aufsicht des Anerbengerichts, wobei der Landesbauernführer Weisungen über Angelegenheiten des landwirtschaftlichen Betriebes erteilen konnte, § 82 Abs. 1 EHVfO.

Die § 85 - 95 EHVfO gestalteten die **„kleine Abmeierung"** des § 15 Abs. 2 REG näher aus. § 86 EHVfO regelte die Auswahl des Nutzwalters. Grundsätzlich sollte die Nutzverwaltung auf den Ehegatten des Eigentümers oder denjenigen Sippenangehörigen übertragen werden, der zur Zeit der Abmeierung gesetzlicher Anerbe war, § 86 Abs. 2 EHVfO. Die Übertragung konnte auch auf eine Person erfolgen, die der Eigentümer zulässigerweise zum Anerben bestimmt hatte, § 86 Abs. 3 EHVfO. Erschienen alle diese Personen nach den Umständen des Falles als ungeeignet, so konnte das Anerbengericht die Verwaltung und Nutznießung auf eine andere grundsätzlich anerbenberechtigte Person übertragen, § 86 Abs. 4 EHVfO. Zum Schutz des Nutzverwalters konnte der Eigentümer nach der „kleinen Abmeierung" nur noch mit Zustimmung des Anerbengerichts den Anerben bestimmen oder eine vor Einleitung des Abmeierungsverfahrens getroffene Bestimmung aufheben, § 88 Abs. 1 EHVfO. Auch konnte der Nutzverwalter, der nicht selbst der nächstberechtigte Anerbe war, gemäß § 87 EHVfO auch ohne Mitwirkung des Eigentümers vom Anerbengericht zum Anerben bestimmt werden, wenn die Belange des Hofes dies gestatteten und die Einsetzung auch keine unbillige Härte gegen den Nächstberufenen bedeutete.

Die § 95-98 EHVfO regelten schließlich die noch offenen Einzelfragen zur **„großen Abmeierung"**.

4. Auswirkungen der Neuregelung

Die Regelungen des achten Abschnitts der Erbhofverfahrensordnung wurden von der Praxis zwar begrüßt, ihre Umsetzung stieß jedoch auf Schwierigkeiten. Zum einen trat das Problem der Überlastung der dem Reichsnährstand zur Verfügung stehenden Personals zu Tage. Zum anderen wurde deutlich, dass sich die

Wirtschaftsführung bei kleineren Höfen als schwer durchführbar erwies, da die nebenamtliche Betätigung des Treuhänders auf der einen Seite nicht ausreichte, es auf der anderen Seite aber auch nicht möglich war, den Treuhänder aus den Einkünften einer kleinen Stelle zusätzlich zu unterhalten.[804] Auch zeigte sich, dass in der Praxis von den neuen Instrumentarien – allen Beteuerungen zum Trotz – nur wenig Gebrauch gemacht wurde. So mahnte Dellian bereits Ende 1937 ein härteres „und gegebenenfalls rücksichtsloseres Vorgehen" an, „um einen nicht leistungskräftigen Bauern durch einen besseren zu ersetzen." Man müsse den Beweis erbringen, „daß die Mittel der Standesaufsicht einen vollwertigen Ersatz für die im Bereiche des Bauernrechts beseitigte liberalistische Vollstreckungsordnung darstellen. (...) Die bestehenden rechtlichen Vorschriften geben den Organen der Standesaufsicht hinreichende Möglichkeiten; es komme jetzt entscheidend darauf an, wie die Bestimmungen durch die Landesbauernführer in die Praxis umgesetzt würden."[805]

Im Ergebnis versagte das Konzept der Wirtschaftsführung durch einen Treuhänder nach den §§ 77 ff. EHVfO in der Praxis, so dass Zieger auf der Erbhofrechtstagung in Salzburg 1943 feststellte, dass dieses „vom Gesetzgeber gewollte Verfahren, bzgl. der Wirtschaftsführung praktisch fast nie durchgeführt" worden sei. Praktisch sei die vom Gesetz vorgesehen Form, dass der Treuhänder die Wirtschaft selbst führen soll, so gut wie nie der Fall gewesen, „der Treuhänder komme nur alle vier bis sechs Wochen bzw. alle zwei Monate einmal auf den Hof, um nach dem Rechten zu sehen." Vor diesem Hintergrund mahnte Zieger Ergänzungen und Veränderungen der rechtlichen Regelung der Wirtschaftsführung und Wirtschaftsüberwachung an. Insbesondere trat er dafür ein, den Anerbenbehörden das Recht einzuräumen, aus wichtigen Gründen von den Vorschlägen des Landesbauernführers bezüglich der Person des Treuhänders abzuweichen und selbst eine andere ihr geeignet erscheinende Person zum Anerben zu bestellen. Denn die Bindung an den Vorschlag des Landesbauernführers werde weder der Stellung des Anerbenrichters gerecht, noch dem Zweck der Vorschrift. Auch schlug Zieger vor, die Anerbenbehörde selbst in die Lage zu versetzen, von Amts wegen ein Standesaufsichtsverfahren einzuleiten. Die Aufsicht über den Treuhänder sollte kraft eigener Vorschrift dem Reichsnährstand und nicht den Anerbenbehörden obliegen. Daneben forderte er eine gesetzliche Bestimmung, nach der die Vorschriften über das Standesaufsichtsverfahren auch

804 Vgl. hierzu Bericht Hopps über die Schulungstagung der Reichsabteilungsleiter der Landesbauernschaften des Reichsnährstandes vom 17.-20. März 1937 in Goslar, in: BArch R 3001/22167, 269-275, 272 f.

805 Vortrag Dellians im Reisebericht Vogels über die vom Reichsnährstand veranstaltete Arbeitstagung für Leiter der Rechtsabteilungen der Landesbauernschaften vom 30. September bis 2. Oktober 1937 in Frankfurt am Main, in: BArch R 3001/22167, 216 - 226, 221.

dann entsprechend anzuwenden sein sollten, wenn nachträglich die Erbhofeigenschaft eines Besitztums, gegen dessen Eigentümer ein Standesaufsichtsverfahren schwebte, verneint wurde.[806]

Trotz dieser auf der Salzburger Erbhofrechtstagung vorgebrachten Änderungsvorschläge ließ die Erbhoffortbildungsverordnung den Komplex der Abmeierung, Wirtschaftsführung und Wirtschaftsüberwachung unberührt.

J. Entscheidung über die Bauernfähigkeit

Gemäß § 18 REG entschied bei Zweifeln über die Erbhofeigenschaft einer Person auf deren Antrag bzw. auf Antrag des Kreisbauernführers das Anerbengericht, dem damit die ausschließliche Zuständigkeit bezüglich der Frage der Bauernfähigkeit zukam, § 40 Abs. 2 REG.[807] Die Prüfung der Bauernfähigkeit einer Person wurde zum einen im Rahmen der Entscheidung über die Erbhofeigenschaft eines Hofes durchgeführt. Hierunter fiel die erstmalige Prüfung der Bauernfähigkeit im Rahmen der Feststellung der Erbhofeigenschaft, ebenso wie die spätere nochmalige Prüfung der Bauernfähigkeit eines Eigentümers bzw. die Prüfung eines Rechtsnachfolgers einer nicht bauernfähigen Person. Der in diesen Fällen – also bei der Entstehung eines Erbhofes – an die Bauernfähigkeit angelegte Maßstab war dabei ein grundsätzlich milderer als derjenige, der bei der Prüfung des späteren Verlustes der Bauernfähigkeit oder bei der Prüfung von zu Anerben berufenen Personen bei bestehenden Erbhöfen angelegt wurde. Dieser Prüfung kam, wegen der möglichen schwerwiegenden Folgen für die betroffene Person, eine besondere Bedeutung zu.

Schließlich klärte das Anerbengericht die Frage der Bauernfähigkeit als Vorfrage für das ordentliche Gericht, das Grundbuchamt, das Vollstreckungsgericht sowie sonstige Behörden, wenn in deren Verfahren Bedenken gegen die Bauernfähigkeit einer Person auftauchten. Selbst darüber entscheiden konnten die Gerichte bzw. die sonstigen Behörden über diese Frage nur, wenn diese Bedenken offensichtlich gegenstandslos waren. Bei berechtigten bedeutenden Zweifeln war eine Entscheidung des Anerbengerichts einzuholen.[808]

---

806 Referat Ziegers auf der Salzburger Erbhofrechtstagung, in: BArch R 3001/22175, 39.

807 § 18 REG ging auf Art. II § 4, 5 des Entwurf des REM vom 19. September 1933 zurück, in: BArch R 3001/Akte 591, 87.

808 Baumecker, 4. Auflage, § 18, Rn. 4.

5. Kapitel: Die Erbfolge kraft Anerbenrechts

A. Allgemeines

Die Erbfolgeregelungen der §§ 19-36 REG bildeten den eigentlichen „Kern des Gesetzes“.[809] Inhaltlich griffen sie tief in die bestehende Agrarverfassung ein, wobei sie nicht nur deutlich vom bäuerlichen Erbrecht der bis 1933 bestehenden Anerbengesetze abwichen, sondern auch weit über die vom Preußischen Bäuerlichen Erbhofrecht bereits eingeführten Veränderungen hinausgingen. Insbesondere führte das Reichserbhofgesetz ein Zwangsanerbenrecht ein, das in seiner Kompromisslosigkeit bis dahin unbekannt gewesen war. So wurde z. B. die gesetzliche Erbfolgeordnung streng agnatisch ausgestaltet, indem es die Töchter und Ehefrauen des Erblassers zurücksetzte. Auch beseitigte es weitgehend die Möglichkeiten des Erblassers, von der gesetzlichen Erbfolgeordnung abzuweichen. Daneben wurden Erbabfindungen grundsätzlich verboten.

Mit diesen gesetzlichen Neuerungen wollte der Gesetzgeber die dauerhafte Verwurzelung der bäuerlichen Sippe mit der von ihr bewirtschafteten „Scholle“ sicherstellen und eine Überschuldung der Erbhöfe sowie ihre Zersplitterung im Erbgang verhindern.

B. Die Erbfolge in den Erbhof

I. Inhalt

§ 19 REG stelle die zentrale Erbfolgeregelung des Reichserbhofgesetzes auf. So verdeutlichte § 19 Abs. 1 REG, der auf einen Entwurf Vogels vom 23. September 1933 zurückging,[810] dass der Erbhof hinsichtlich der gesetzlichen Erbfolge und der Erbteilung einen besonderen Teil der Erbschaft bilden sollte. Die bürgerlich-rechtlichen Erbfolgeregelungen waren hiernach grundsätzlich unanwendbar. Die Erbfolge des Erbhofes regelte sich allein nach dem Sonderrecht des Reichserbhofgesetzes.[811] Lediglich der übrige Nachlass vererbte sich nach den allgemeinen Regelungen des BGB, § 33 REG. § 19 Abs. 2 REG schrieb er-

809 Tolle, Anerbe des Reichserbhofgesetzes, S. 1.

810 Art. II § 4 Abs. 1 des Ausgangsentwurfs des REM hatte noch nicht ausdrücklich festgeschrieben, dass der Erbhof einen besonderen Teil der Erbschaft bilden sollte, Entwurf vom 19. September 1933, in: BArch R 3001/Akte 591, 87. Erst § 16 des Entwurfs von Vogels vom 23. September 1933 sah dieses vor, in: BArch R 3001/Akte 591, 90.

811 Baumecker, 4. Auflage, § 19 REG, Rn. 10.

gänzend das gesetzliche Anerbenrecht fest, wonach der Erbhof beim Erbfall kraft Gesetzes unmittelbar und ungeteilt auf den Anerben überging.[812]

Die Bestimmung des § 24 Abs. 1 REG ergänzte § 19 REG dahingehend, dass die Erbfolge kraft Anerbenrechts durch eine Verfügung von Todes wegen grundsätzlich nicht ausgeschlossen oder beschränkt werden konnte. Damit erhielt das Anerbenrecht des Reichserbhofgesetzes seinen ausdrücklichen Zwangscharakter. Weder in den ehemaligen Anerben- noch in den traditionellen Realteilungsgebieten konnte der Erblasser nun noch das Anerbenrecht, also den ungeteilten Übergang des Hofes auf nur einen Erben, durch Verfügung von Todes wegen ausschließen oder beschränken. Mit dieser strengen Regelung brachte das Reichserbhofgesetz eine absolute Neuerung. Weder die früheren Anerbengesetze noch das Preußische Bäuerliche Erbhofrecht hatten das Anerbenrecht in dieser konsequenten Form durchzusetzen gewagt.[813]

Bei den Beratungen zum Reichserbhofgesetz rechtfertigte man die weitgehende Einschränkung der Testierfreiheit mit dem Hinweis auf vermeintlich bestehendes bäuerliches Recht und äußerte die – im Nachhinein mehr als optimistische – Erwartung, dass das Gesetz vor diesem Hintergrund bei der Landbevölkerung reüssieren werde. So behauptete Gürtner auf der Kabinettsitzung vom 26. September 1933, dass tatsächlich „schon jetzt" in weiten Teilen Deutschlands eine Teilung des Bauernhofes beim Erbgang nicht stattfände. Das Gesetz sehe gewissermaßen „eine Thronfolgeordnung" vor, die stärker als der Wille des Erblassers sei. Diese Ordnung sei gekennzeichnet durch eine starke Bevorzugung der Agnaten, sie nehme aber dennoch auch auf die Kognaten Rücksicht. Sie stelle eine mittlere Lösung dar, die es gewährleiste, dass das bäuerliche Anerbenrecht sich die Zustimmung der ländlichen Bevölkerung erwerben könne. Diese innere Zustimmung sei notwendig, denn die Erfahrung habe gezeigt, dass sich beispielsweise das bäuerliche Anerbenrecht in Bayern während eines Zeitraums von fast 1500 Jahren gegen jede Rechtsordnung durchgesetzt habe. Vor der Kraft des bäuerlichen Rechts müsse man also Respekt haben. Das neue Recht dürfe kein „Nessusgewand" für die Landbevölkerung sein.[814]

Auch Hitler selbst scheint diesbezüglich angenommen zu haben, dass mit der Einführung eines Zwangsanerbenrechtes lediglich gewohnheitsrechtlich be-

---

812 § 19 Abs. 2 REG ging auf Art. II § 4 Abs. 1 des am 19. September 1933 vorgelegten Ausgangsentwurfs zurück, in: BArch R 3001/Akte 591, 87.

813 So hatte z.B. § 20 Abs. 1 des Hannoverschen Höfegestzes – dem § Art 64 Abs. 2 EGBGB entsprechend – klargestellt, dass das Recht des Eigentümers, über den Hof unter Lebenden oder von Todes wegen zu verfügen, durch das Gesetz nicht beschränkt werden konnte. Auch § 6 Abs. 4 Pr. EHR hatte dem Erblasser die Möglichkeit belassen, das Preußische Bäuerliche Erbhofrecht durch öffentliches Testament auszuschließen.

814 Vermerk von Vogels zur Kabinettssitzung vom 26. September 1933, in: BArch R 3001/ Akte 591, 94.

stehendes Anerbenrecht auf das ganze Reichsgebiet ausgedehnt werde und sprach sich entsprechend auf der Kabinettsitzung dafür aus, „daß man ein Erbrecht, das schon jetzt bei vier Fünfteilen der deutschen bäuerlichen Bevölkerung gelte, auf das ganze Reich übertrage."[815]

II. Rechtfertigung des erbhofrechtlichen Zwangsanerbenrechts

Während die Anerbengesetze der Länder sich in ihren Begründungen in der Regel auf agrarpolitische und agrarstrukturelle Erwägungen gestützt hatten, traten die Autoren des Reichserbhofgesetzes mit dem grundsätzlichen Anspruch an, mit dem Gesetz, wie es im Vorspruch hieß, „alter deutscher Erbsitte" zu entsprechen. In diesem Zusammenhang versuchte man sowohl das rigide reichserbhofrechtliche Anerbenkonzept, als auch die Abtrennung des Erbhofs als besonderen Teil der Erbschaft mit der Berufung auf altes Volksrecht zu rechtfertigen. Insbesondere im Anerbenrecht sah man dabei ein erhalten gebliebenes Rechtsgebilde alten deutschen bzw. germanischen Ursprungs, das sich gegenüber römischrechtlichen Einflüssen als resistent erwiesen habe.[816] Im Anerbenrecht habe alte deutsche Erbauffassung überlebt, die ansonsten in weiten Bereichen durch die Rezeption des römischen Rechts verschüttet worden sei. In der Erbhofgesetzgebung sah man vor diesem Hintergrund einen radikalen Bruch mit römisch-rechtlichen Erbrechtsvorstellungen und in der Bindung des Grundeigentums an die Sippe die Wiederherstellung alter deutscher Erbsitte.[817] Teilweise betrachtete man daher die geographische Grenze der Anerbengebiete als „die

815 Vermerk von Vogels zur Kabinettssitzung vom 26. September 1933, in: BArch R 3001/ Akte 591, 94.

816 Hinsichtlich der Frage nach den genauen Wurzeln des Anerbenrechts herrschte unter den NS-Rechtswissenschaftlern keine Einigkeit. Während z. B. Gülland davon ausging, dass sich das Anerbenrecht im Bauernrecht des Mittelalters entwickelt habe und „dass dabei zur Erhaltung des Gutes in der Familie das männliche Geschlecht den Vorzug vor dem weiblichen hatte" (Gülland, Reichserbhofrecht, S. 60) und auch Siefert den Zeitpunkt der Entstehung des Anerbenrechts „als eigentliches Rechtsgebilde (...) erst etwa um die Zeit der Aufnahme des römischen Rechts in Deutschland als Gegenwirkung zu dem in diesem Recht herrschenden Grundsatz der freien Teilbarkeit" festlegte, (Siefert, S. 5), führten andere die Entstehung des Anerbenrechts in altgermanische Zeiten zurück. So behauptete Vogels, dass das Anerbenrecht als altes deutsches Rechtsgut in den Gegenden, wo die bäuerliche Bewirtschaftung von Einzelhöfen aus betrieben wurde, so alt sei, „wie es Bauernhöfe gibt" (Vermerk von Vogels' Vortrags im „Verein für das Notariat in Rheinpreussen" am 22. Oktober 1933 in Köln, in: BArch R 3001/Akte 593, 3).

817 Gülland, Reichserbhofrecht, S. 60 f.; vgl. in Bezug auf die Rechtsentwicklung in Ostfriesland Agena, S. 13 ff., S. 19 ff., S. 77.

Rückzugslinie nordisch-germanischer bäuerlicher Rechtsordnung gegenüber mittelmeerisch-römischer Kultur."[818]

Auch die weitgehende Beseitigung der Testierfreiheit rechtfertigte man unter Berufung auf altes deutsches Recht. So behauptete zum Beispiel Gülland, dass es nach alter deutschrechtlicher Auffassung grundsätzlich nur ein blutsverwandschaftliches Erbrecht gegeben habe, das der Willkür des Erblassers entzogen gewesen sei. Das Recht am Vermögen habe mit dem Tode des Erblassers geendet. Erst im Laufe der späteren Zeit sei die Übertragung durch letztwillige Verfügung oder Vertrag neben die Übertragung auf Grund der Verwandtschaft getreten, wobei jedoch auch dann noch der Wille zur letztwilligen Verfügung gegenüber der blutsgeschlechtlichen Verbindung des Geschlechts mit dem Boden zurückgetreten sei. Bis in die Gegenwart sei daher dem deutschen Bauern das Mittel der letztwilligen Verfügung nicht geläufig gewesen.[819] Aus Sicht der Verfechter der nationalsozialistischen „Rechtserneuerung" war daher die Beschränkung der Testierfreiheit durch das Reichserbhofgesetz nur konsequent, galt diese doch als maßgeblicher Grundsatz des auf „Ideen der Aufklärung und der römisch-byzantinischen Erbrechtsvorstellung" beruhenden BGB-Erbrechts, von dessen individualistischen und materialistischen Zügen es sich abzukehren galt – hin zu einer Bindung des Vermögens an Sippe und Volksgemeinschaft.[820]

Diese Auffassung von der deutschrechtlichen bzw. germanischen Wurzel des (Zwangs-) Anerbenrechts blieb jedoch nicht ohne – teils offen geäußerten, teils im Verborgenen formulierten – Widerspruch. So sah z. B. Sering die Ursprünge des Anerbenrechts zwar tatsächlich im bäuerlichen Erbrecht, setzte seine Entstehungszeit jedoch erst im 16. Jahrhundert an. Nach seiner Ansicht bestand seit vorgeschichtlicher Zeit grundsätzlich die ungeteilte Vererbung auf alle Söhne, von diesen habe aber nur einer das Recht gehabt, eine „Frau dem Vater ins Haus" zu führen. Wenn eines seiner Geschwister dann einen eigenen Hausstand habe gründen wollen, so hätte dieses weichen müssen.[821] Nach dem Tode des Vaters habe dann der verheiratete und in der Regel älteste Sohn die sogenannte Muntgewalt über Frau und Kinder und auch die unmündigen Geschwister übernommen. Der verheiratete/älteste Sohn sei andererseits gegenüber den erwachsenen Geschwistern aber nur „Erster unter Gleichen" und die erwachsenen Brüder seien Miteigentümer zu gesamter Hand am ererbten Besitz gewesen, Verfügung hierüber hätte nur allen gemeinschaftlich zugestanden.[822] Die Erbtei-

818 Huppertz, S. 54.

819 Gülland, Reichserbhofrecht, S. 59. Zur Stützung seiner Behauptungen führte Gülland die Rechtssprichwörter „Das Erbe geht durch das Blut", „Der Nächste im Blut, der Nächste im Gut", und „Gott, nicht der Mensch macht den Erben" an.

820 Stoll/Baur, S. 81.

821 Sering, S. 11.

822 Sering, S. 21, S. 45 f.

lung sei somit in der Regel die Sache der Erben selbst gewesen. Wollte einer der erwachsenen Brüder sich selbständig machen, so habe ein Anspruch auf Abfindung bestanden. Diese Abfindung der weichenden Erben habe sich seit dem 12. und 13. Jahrhundert in der Form vollzogen, dass der ungeteilte Liegenschaftsverband wertmäßig geteilt worden sei, wobei man die Naturalabfindungen auf diesen Wertanteil angerechnet habe. Zur Sicherung des ungetilgten Wertanteils sei dann den weichenden Erben der Miteigentumsanteil vorbehalten geblieben, bis der letzte Rest bezahlt worden war.[823] Bei fehlender Möglichkeit, die Abfindung zu bezahlen, hätten die Miterben nur die „Einweisung in den Mitbesitz" verlangen können. Erst nach Auslösung der Miterben sei der verheiratete Sohn zum Alleineigentümer des Hofes geworden.[824] Ab dem 16. Jahrhundert habe dann der steigende Kapitalreichtum die vorzeitige Übernahme des Alleineigentums durch einen der Miterben ermöglicht. Die Sicherung der Abfindungen der anderen Geschwister durch Hypotheken sei an die Stelle der Einweisung ins Miteigentum getreten. Die Erbteilung sei daher in der Regel nicht mehr Sache der Erben, sondern der Eltern gewesen, die ab gewissem Alter Übergabeverträge mit dem Anerben geschlossen und darin gleichzeitig die Abfindungen und das Altenteil festgelegt hätten. Im 17. und 18. Jahrhundert habe sich dann diese Anerbensitte zum Anerbenrecht verfestigt.[825]

823 Sering, S. 12.

824 Sering, S. 47.

825 Sering, S. 12. Neuere Forschungen widersprechen zwar dieser Auffassung Serings, sehen aber – ebenso wie dieser – die Wurzeln des Anerbenrechts jedenfalls nicht im altgermanischen Recht. So kommt Kroeschell zum Ergebnis, dass die germanischen Rechte kein Anerbenrecht gekannt hätten, da bei Auflösung der Hausgemeinschaft die Frage der Erbfolge durch Realteilung gelöst worden sei, „zunächst unter den Söhnen, bei deren Fehlen unter den Töchtern". Stattdessen sieht Kroeschell die Wurzeln des Anerbenrechts in der Grundherrschaft (Schon in den 30er Jahren war im Übrigen auf diese Urspünge hingewiesen worden, vgl. Gebb, S. 8 ff.). Das Aufkommen der geschlossenen Hofübergabe setzt Kroeschell dabei im Hochmittelalter an. Die Anerbensitte sei entstanden im Interesse des Grundherrn, der seine Güter an freie und unfreie Bauern verliehen hatte. Um das Eintreiben seiner Abgaben nicht dadurch zu erschweren, dass die Güter unter mehreren Bauernkindern aufgeteilt wurden, hätten die Grundherren darauf gedrungen, die Teilung der Güter bei Tode des Bauern zu verhindern. Insbesondere hätten sie die große Agrarkrise des 14. und 15. Jahrhunderts bzw. die Pestepedemien dazu genutzt, die freigewordenen Flächen an die verbliebenen Bauern unter der neuen Bedingung des Teilungsverbotes zu vergeben. Am Ende dieser Entwicklung habe in der Regel eine geschlossene Vererbung/Anerbensitte als Ergebnis des erfolgreichen Kampfes „der Grundherren gegen die Aufteilung der Landsiedelgüter" gestanden. Nach Kroeschells Ansicht entbehrten daher „die Versuche nationalsozialistischer Autoren, das Anerbenrecht auf ein angebliches urgermanisches Odalsrecht zurückzuführen", jeglicher Grundlage. Kroeschell kommt zu dem Ergebnis, dass gerade die Realteilung auf freies bäuerliches Besitzrecht schließen lasse, während die geschlossene Vererbung und

Vor dem Hintergrund dieser Annahmen wies Sering auch auf Parallelen zwischen der reichserbhofrechtlichen Anerbenrechtskonzeption – mit seinem zwingenden agnatischen Anerbenrecht, der weitgehenden Einschränkung der Testiermöglichkeiten und dem Verbot der Abfindungszahlungen – und dem Adelsrecht, insbesondere dem englischen Adelsrecht, hin. Denn nach Serings Einschätzung war England, dessen Common Law dem ältesten Sohn alle Liegenschaften zusprach und den Geschwistern diesbezüglich keine Abfindung zuerkannte, das einzige „germanische" Land, dessen Erbkonzept mit dem des Reichserbhofgesetzes übereinstimmte. Dieses Erbrecht des Common Law hatte aber nach Serings Ansicht weder einen bäuerlichen noch originär germanischen Ursprung. Vielmehr sei es im Ursprung eine Schöpfung des Lehnsrechts gewesen, das die französierten Normannen dem eroberten England aufgezwungen hätten. Lediglich in der Grafschaft Kent seien Reste des angelsächsischen, mithin deutsch-germanischen Rechtes erhalten geblieben, gerade dort werde jedoch die gleichmäßige Verteilung des hinterlassenen Grundbesitzes unter den Söhnen des Erblassers praktiziert.[826]

Im Vergleich beurteilte Sering das Reichserbhofgesetz jedoch als wesentlich strenger als das englische Adelsrecht. Zum einen hätten bei Letzterem, wenn keine Söhne vorhanden waren, die Töchter die Liegenschaften als Gesamthänderinnen erben können. Daneben habe es in England seit dem 17. Jahrhundert vollständige Testierfreiheit gegeben, so dass man das Erstgeburtsrecht korrigieren konnte. Im Ergebnis bewertete Sering das Anerbenkonzept des Reichserbhofgesetzes folgendermaßen: „Das deutsche Anerbenrecht ist abgeschafft und ein Adelsrecht - im rechtsgeschäftlichen Sinne dieses Wortes – an seine Stelle getreten." Nach seiner Ansicht war es „kein Zufall, sondern eine Folge der Idee eines Bauernadels als ‚Lebensquell der nordischen Rasse', daß man – vielleicht unbewußt – die Grundzüge des englischen Adelsrechtes auf das deutsche Bauerntum übertragen" habe.[827]

III. Realteilung und Verschuldung

Nach dem Vorspruch des Reichserbhofgesetzes sollte „eine große Anzahl lebensfähiger kleiner und mittlerer Bauernhöfe, möglichst gleichmäßig über das ganze Land verteilt, die beste Gewähr für die Gesunderhaltung von Volk und Staat" bieten. Diese Betonung der Wichtigkeit der Erhaltung des bäuerlichen Idealtypus des kleinen und mittleren Familienbetriebes deckte sich zwar mit den

---

Übergabe eines Hofes auf eine starke Stellung des Grundherrn und somit gerade nicht auf das Recht „des freien Bauern auf freier Scholle" hindeute, Kroeschell, AgrarR 1978, 148 ff.

826 Sering, S. 7.

827 Sering, S. 15.

Auffassungen zahlreicher nicht-nationalsozialistischer Agrarpolitiker. Die Apologeten der Lehre von „Blut-und-Boden“ übersteigerten diesen Ansatz jedoch in völkischer Richtung, indem sie die Erhaltung des Bauerntums den Zielen ihrer „dubiosen Rassedoktrin“[828] unterstellten, wonach in der Erhaltung eines gesunden Bauernstandes als „Blutquelle“ die Grundbedingung für das „Fortleben des Volkes“ überhaupt gesehen wurde.[829]

In der Realteilungssitte und der damit verbundenen Praxis der Erbabfindungen sahen die nationalsozialistischen Agrarpolitiker dagegen eine der Hauptursachen für die wirtschaftlichen Probleme der Landwirtschaft. So formulierte Saure: „Die sich in jeder Generation wiederholenden Teilungen (und Abfindungen) sind, das beweist die Geschichte aller Völker und Zeiten, die Ursache des Bauernsterbens.“[830] Mit der Hinwendung zu dem strengen Anerbenkonzept sollte daher auf eine „gesunde“ Verteilung der landwirtschaftlichen Besitzgrößen hingewirkt werden. Auch sahen die Verfechter der Lehre von „Blut und Boden“ in der Realteilung grundsätzlich „undeutsches“, der Bevölkerung aufgedrängtes fremdes Recht. So behauptete Freisler:

„Und wo unter dem Schutze undeutschen, fremden Rechts einmal der 2. oder 3. Sohn oder die Tochter durch den Schwiegersohn die Teilung des Hofes seine Vereinzelung erzwang, da empfand es die ganze Dorfschaft als Unrecht, als Sünde wider das Blut. So hat das Gesetz sich einen Kampfgenossen gesucht, der ihm helfen soll in der Ueberwindung der Teilungsunsitte. In den Gebieten des früheren französischen Rechts und überall, wo diese Unsitte sich findet.“[831]

Allerdings war auch dieser, nicht nur von Nationalsozialisten, sondern auch von Vertretern der klassischen konservativen Agrarpolitik formulierte Zusammenhang zwischen Realteilung und Verschuldung/Zersplitterung nicht unumstritten. So hatte zum Beispiel Aeroboe noch Ende der zwanziger Jahre die geschlossene Vererbung an sich kritisiert und die Realteilung für vorteilhafter angesehen.[832] Selbst Vertreter des BNSDJ machten deutlich, dass Realteilung nicht zwingend die Überschuldung der bäuerlichen Betriebe nach sich ziehen müsse.[833] Und Sering, im Grundsatz ein erklärter Anhänger des Intestatanerbenrechtes, sah keinen zwingenden Zusammenhang zwischen hoher Verschuldung einerseits und Real-

---

828 Wöhrmann/Stöcker, S. 34.

829 Merkel/Wöhrmann, S. 39.

830 Saure, Das REG. Was jeder davon wissen muß, S. 44.

831 Freisler, Einl. zu Wagemann/Hopp, 3. Auflage, S. 27.

832 Vgl. Aereboe, S. 260.

833 So Notar Gestrich unter Bezugnahme auf die Agrarstruktur Württembergs auf dem Treffen des BNSDJ vom 4. November 1933, Protokoll des BNSDJ (Fachgruppe Notare) zur Besprechung im Sitzungssal des RJM vom 4. November 1933, in: BArch R 3001/Akte 592, 112.

teilung andererseits. Vielmehr wies er darauf hin, dass zum Beispiel im Rheinland, dem klassischen Realteilungsgebiet, die Höfe vor dem Ersten Weltkrieg so gut wie nicht verschuldet gewesen seien.[834]

Auch wandte sich Sering ausdrücklich gegen die Behauptung, dass die Teilungssitte „undeutschen" Ursprungs sei. Lediglich für die linksrheinischen Mittelgebirge, Eifel und Hunsrück, in denen in der ersten Hälfte des 19. Jahrhunderts im Zuge der Einführung des Code civil die Güter zerschlagen worden waren, konnte man nach seiner Ansicht von „aufgedrängtem" Recht sprechen. Hinsichtlich der Hauptgebiete der Realteilung ging Sering jedoch davon aus, dass diese Sitte „urwüchsig und zwar schon seit dem 12. und 13. Jahrhundert" in diesen Gebieten vorgeherrscht hatte. Teilungssitte hielt er ebenso für einen „Ausdruck germanischen Rechtsbewußtseins" wie die Anerbensitte: „Von jeher haben die deutschen Bauern darauf gehalten, jedem der gleichberechtigten Erben die Wahrung standesgemäßer Lebensstellung und Lebenshaltung zu ermöglichen. Je nach Lage der Wirtschaftsbedingungen ist dazu die Teilung oder der Zusammenhalt der Grundstücke das zweckmäßigere Verfahren."[835]

IV. Führerprinzip und Sippenamt

Die dem Anerbenrecht innewohnende Bevorzugung eines einzelnen Erben passte grundsätzlich zum nationalsozialistischen Führerprinzip. Gleichzeitig zielte man mit der anerbenrechtlichen Bevorzugung der männlichen Blutsverwandten auf die Stärkung des Sippenprinzips ab, was man auch im Vorspruch das Gesetz ausdrücklich formulierte, der als Zweck des Gesetzes angab, Bauernhöfe „dauernd als Erbe der Sippe in der Hand freier Bauern verbleiben" lassen zu wollen.

Vor diesem Hintergrund sah ein Teil der „bauernrechtlichen" Literatur in der Anerbenfolge mithin auch weniger einen vermögensrechtlichen als vielmehr einen personenrechtlichen Vorgang, der sich in Form einer Rechtsnachfolge des Anerben im Sippenamt des verstorbenen Hofherrn von Todes wegen vollzog.[836] Der Bauer war hiernach in dieser ihm zugewiesenen sippenrechtlichen Stellung zwar „Führer" seiner Sippe und das Oberhaupt innerhalb der Erbhofordnung, fungierte jedoch lediglich als eine Art Treuhänder. Dieses entsprach der nationalsozialistischen Auffassung vom grundsätzlich pflichtgebundenen und aus sich selbst heraus seine Schranken findenden Eigentum. Hiernach wohnte dem Erbhof der Zweck inne, grundsätzlich der Erhaltung der Sippe zu dienen. In diesem Sinne gehörte er weniger dem einzelnen Eigentümer als der Sippe als solcher und sollte daher als ererbtes Gut auch weiter der Sippe erhalten werden.

834 Sering, S. 14.
835 Sering, S. 33 f.
836 Dölle, 2. Auflage, S. 240; Stoll/Baur, S. 83; Busse, Volksordnung, S. 157 ff.

Sering kritisierte auch diese Überbewertung der Sippe durch das Reichserbhofgesetz scharf. Nach seiner Ansicht war das Bewusstsein vom Sippenzusammenhang im Bauerntum im Wesentlichen nicht mehr vorhanden. Wiederbelebungsversuche des Sippengedankens hielt er für aussichtslos, das Zusammengehörigkeitsgefühl sei schon seit langer Zeit auf die Einzelfamilie beschränkt: „Im klassischen Lande der Anerbensitte," so Sering, „in Niedersachsen, richtet sich der Wille, über den Tode hinaus zu wirken, nicht auf das blutsverwandte Geschlecht, sondern auf den Hof – nach ihm benennt sich der Erbe, und es kommt vor, daß drei Brüder alle verschiedene Namen tragen."[837]

V. Das Verhältnis des Erbhofes zum erbhoffreien Vermögen

Eine weitere strittige Frage war, in welchem Verhältnis der Erbhof zum übrigen Vermögen des Erblassers stand. Im deutschen Anerbenrecht waren bis dahin im Wesentlichen drei Vererbungssysteme bekannt gewesen:[838] Nach dem System der Sondererbfolge stellte das Anerbengut grundsätzlich ein vom übrigen Vermögen des Erblassers getrenntes Sondervermögen dar. Dagegen ging im System des Vindikationslegats[839] der Hof kraft Gesetzes zwar unmittelbar auf den Anerben über. Dieser erhielt den Hof, als einen Teil der Erbschaft als Miterbe, der durch eine gesetzliche Teilungsanordnung begünstigt war. Beim System des Damnationslegats[840] stand schließlich dem Anerben als Miterben lediglich ein schuldrechtlicher Anspruch gegen die anderen Miterben auf Umschreibung des Hofes bei der Erbteilung zu.[841]

Die h. M. nahm eine Gesamtrechtsnachfolge aller Erben in das Vermögen des Erbhofbauern bei mit dem Erbfall eintretender sofortiger gesetzlicher Erbteilung an und folgte mithin dogmatisch dem System des Vindikationslegats.[842] Gegenüber dieser Ansicht, die ja grundsätzlich von einer Einheit des Nachlasses ausging und den Grundsatz der Universalsukzession aufrechterhielt, wurde allerdings deutlicher Widerspruch geäußert. So argumentierte Hennig, die Vorschrift des § 19 Abs. 1 REG entspreche vom Wortlaut her dem § 353 der Mecklb.-Schw. AusfVO. zum BGB vom 8. April 1899. Da allerdings diese Bestimmung in der Weise ausgelegt werde, dass man von einer Sonderung des An-

837 Sering, S. 17 f.
838 Vgl. hierzu Wagemann, Anerbenrechte in den deutschen und außerdeutschen Ländern, S. 14 f.; Creite, S. 62; Frommhold, S. 31.
839 So § 13 des Westfälischen Anerbengesetzes vom 2. Juli 1898.
840 So § 10 der Landgüterordnung für Brandenburg vom 10. September 1883.
841 Hennig. S. 279 f.
842 Baumecker, 4. Auflage, S. 239; Weißmann, Rechtsstellung des Anerben, Göttingen 1934, S. 15 ff; Cammerer, DJZ 1934, 256; a. A. Saure, 3. Auflage, S. 28; Dölle DJZ 1935, 37.

erbenguts auszugehen habe, käme hier der Unterschied zu Erbrechtssystemen nach dem Vorbild des Vindikations- oder Damnationslegats deutlich zum Ausdruck. § 19 REG sei wegen seines mit dem § 353 übereinstimmenden Wortlautes auch in gleicher Weise auszulegen, so dass der Anerbe nicht lediglich Miterbe mit einer ihn begünstigenden Teilungsanordnung sein könne, wie dieses beim von der h. M. favorisierten Vindikationslegat der Fall sei. Auch war Hennig der Auffassung, dass dem Reicherbhofrecht ohnehin der Gedanke fernliegen müsse, die Erbfolge kraft Anerbenrechts in Anlehnung an das römisch-rechtliche Vindikationslegat zu regeln.[843]

Ähnlich argumentierte auch Gülland. Nach seiner Ansicht stand die im § 19 REG vermeintlich verwirklichte altdeutsche Auffassung von der Sonderung des Nachlasses in verschiedene Massen in einem nicht zu vereinbarenden Gegensatz zu den romanistischen Grundlagen des Erbrechts des BGB, zu dessen grundsätzlicher Auffassung von der Einheit des Nachlasses und der Gesamtrechtsnachfolge der Erben (1922 BGB). Daher seien die §§ 2032 ff. BGB auf den Erbhof nicht anwendbar, das Miterbenverhältnis beschränke sich auf den sonstigen Nachlass. Durch die rechtliche Trennung der Erbmassen folge das Reichserbhofgesetz bewusst oder unbewusst deutschrechtlichen Gedankengängen und stehe damit in Widerspruch mit der römisch-rechtlichen Auffassung des BGB von der Einheit des Nachlasses und der Gesamtrechtsnachfolge der Erben nach § 1922 BGB.[844]

VI. Die Erbscheinproblematik

Gemäß § 19 Abs. 2 REG ging mit dem Anfall der Erbschaft das Eigentum am Erbhof kraft Gesetzes auf den Anerben über. Mangels einer notwendigen Auseinandersetzung mit den übrigen Miterben war lediglich eine Berichtigung des Grundbuchs erforderlich. Diese konnte gemäß § 35 GBO auf Grund Erbscheins oder Erbfolgezeugnisses erfolgen. Gemäß § 2353 BGB sagte der Erbschein allerdings grundsätzlich nichts über einzelne, zur Erbschaft gehörige Gegenstände aus. Gehörte ein Erbhof zur Erbmasse, so stellte sich das Problem, dass ein Erbschein unvollständig und unrichtig blieb, der die faktische Herausnahme des Erbhofs aus der Erbmasse nicht erwähnte. Insbesondere war das Nachlassgericht vielfach dazu gezwungen, die Klärung von Vorfragen den Anerbengerichten zu überlassen. Dieses führte zu einem längeren Schwebezustand. Auch war die Vorschrift des § 16 des Preußischen Bäuerlichen Erbhofrechts, wonach dem Anerben vom Vorsitzenden des Anerbengerichts ein besonderes Zeugnis über

843 Hennig, S. 280.

844 Gülland, JW 1934, 1389 ff.; vgl. auch Tolle, Der Anerbe des Reichserbhofgesetzes, S. 10 f.; Burghoff, S. 23; Kiesbye, JW 1933, 2615.

seine Erbfolge in den Erbhof auszustellen war, vom Reichserbhofgesetz nicht übernommen worden.

Nachdem der Preußische Justizminister den Reichsjustizminister auf diesen Missstand hingewiesen und die Einführung eines Hoffolgezeugnisses vorgeschlagen hatte, füllte das Reichsjustizministerium diese Lücke durch § 3 DVO. III,[845] dem späteren § 15 EHRV. Hiernach musste in einem Erbschein auch der Anerbe als solcher aufgeführt werden, wenn zum Nachlass ein Erbhof gehörte.

C. Die gesetzliche Anerbenordnung

I. Überblick über die Anerbenordnung

§ 20 REG legte die gesetzliche Anerbenordnung fest.[846] Abweichungen von ihr waren lediglich in engen Grenzen zulässig. Die Bestimmung ging im Wesentlichen auf den Entwurf des Reichsernährungsministeriums vom 19. September 1933 zurück.[847] Die Anerbenordnung berechtigte in erster Ordnung die Söhne des Erblassers, § 20 Nr. 1 REG. War ein Sohn vorverstorben, so traten dessen Söhne und Sohnessöhne an seine Stelle. Erst wenn diese nicht vorhanden waren, erbte der nächstberufene Sohn des Erblassers. In zweiter Ordnung war der Vater des Erblassers zum gesetzlichen Anerben berufen, § 20 Nr. 2 REG, und zwar auch dann, wenn er den Hof bereits durch Vertrag an den Anerben übertragen hatte.[848] Zu den Anerben dritter Ordnung zählten die Brüder des Erblassers, an deren Stelle bei Vorversterben wiederum ihre Söhne und Sohnessöhne traten, § 20 Nr. 3 REG. Erst in vierter Ordnung wurden die Töchter des Erblassers berücksichtigt, § 20 Nr. 4 REG. War eine Tochter vorverstorben, so stand das Eintrittsrecht wiederum nur ihren Söhnen und Sohnessöhnen zu. Die fünfte Ordnung berief dann die Schwestern des Erblassers zu Anerben, an deren Stelle wiederum deren Söhne und Sohnessöhne eintraten, § 20 Nr. 5 REG. Zur sechsten Ordnung gehörten schließlich diejenigen weiblichen Abkömmlinge, die nicht bereits nach der vierten Ordnung berücksichtigt worden waren. Dabei gingen die dem Mannesstamm näher stehenden weiblichen Nachfahren, zum Bei-

845 Vgl. zur Entstehung § 1 des Entwurfs des RJM zur DVO. III von Mitte April 1934, in: BArch R 3001/Akte 595, 141.

846 Vgl. allgemein zur gesetzlichen Anerbenordnung, Dellian, RdRN 1938, 89 ff.; Herschel, SozPr 1933, 1311 f.; Schenk, JW 1933, 2609 ff.

847 Art. II § 6 des REM-Entwurfs vom 19. September 1933, in: BArch R 3001/Akte 591, 87. Eine sechste Ordnung hatte dieser Entwurf noch nicht vorgesehen gewesen, diese wurde erst im gemeinsamen Entwurf von REM und RJM vom 25. September 1933 angefügt, in: BArch R 3001/Akte 591, 92.

848 Wöhrmann, 3. Auflage, S. 99.

spiel die Töchter der Söhne, anderen Abkömmlingen, zum Beispiel den Töchtern der Töchter, vor, § 20 Nr. 6 S. 2 REG. Im Übrigen entschied der Vorzug des männlichen Geschlechts.

II. Kennzeichen der Anerbenordnung

Die Anerbenordnung des Reichserbhofgesetzes unterschied sich in ihrer Konzeption damit grundlegend von den bisherigen Länder-Anerbengesetzen, ja ging sogar in der Umsetzung der Idee von „Blut-und-Boden" deutlich über das Preußische Bäuerliche Erbhofrecht hinaus. Kennzeichnend für sie war zum einen die anerbenrechtliche Beschränkung auf diejenigen näheren Blutsverwandten des Erblassers, die zusammen die sogenannte „bäuerliche Sippe" bildeten: So blieb der einheiratende Ehegatte des Erblassers mangels Blutsverwandtschaft gänzlich unberücksichtigt, nur im Falle des Fehlens von Anerbenberechtigten i. S. d. § 20 REG konnte der Erblasser gemäß § 25 Abs. 5 Satz 1 REG diesen zum Anerben bestimmen. Da eine Übertragung des Erbhofs auf einen Ehegatten des Erblassers zu Lebzeiten wegen des Genehmigungserfordernisses des § 37 REG so gut wie ausgeschlossen war, stand dem Ehegatten damit in der Regel lediglich ein gesetzliches Altenteil zu. Unter den Voraussetzungen des § 26 REG konnte ihm außerdem noch die Verwaltung und Nutznießung des Hofes eingeräumt werden. Ebenfalls von der Anerbenfolge ausgeschlossen waren die Mutter und die Großeltern des Erblassers, ebenso die Töchter der Geschwister und deren Abkömmlinge. Gleiches galt für verschwägerte Personen, also Schwiegersohn und Schwiegertochter.

Mit dieser Eingrenzung der gesetzlichen Anerbenberechtigten auf einen kleinen Kreis naher Blutsverwandter sollte das Verbleiben des Erbhofs in der angestammten Sippe erzwungen werden, ein Ziel, dessen Erreichung bei anerbenrechtlicher Berücksichtigung von einheiratenden Ehegatten – bei Nichtvorhandensein von gemeinsamen Kindern konnte der Erbhof an dessen Angehörige fallen – grundsätzlich nicht gewährleistet war.[849] Man wollte „den Hof dem angestammten Bauerngeschlecht" erhalten.[850] Aus dem gleichen Grund wurde die Mutter des Erblassers nicht in die gesetzliche Anerbenordnung miteinbezogen. Außerdem begründete man die Bevorzugung der männlichen Blutslinie, der Agnaten, mit der vermeintlich geringeren Eignung von Frauen zur Erbhofbewirtschaftung.[851] Weiter entfernte „Blutverwandte" wurden dagegen von der Anerbenordnung nicht berücksichtigt, bei ihnen sah man den Familienzusam-

849 Wöhrmann, 3. Auflage, S. 97 f; Baumecker, 4. Auflage, § 31 REG, Rn. 1.
850 Vogels, 4. Auflage, S. 315.
851 Hennig, S. 297 f.

menhang als zu lose an, als dass man hieraus eine Erbfolge in den Erbhof hätte rechtfertigen können.[852]

Bei der Zurückstellung der weiblichen Blutlinie spielten außerdem noch „biologisch-züchterische" Überlegungen eine Rolle. So vertrat Darré auf der Besprechung vom 21. September 1933 die Ansicht, dass man „vom biologischen Standpunkt aus (...) eigentlich nur männliche Personen als anerbenfähig ansehen" könne. Wegen der Härten habe man jedoch in weitem Umfang Ausnahmen zugelassen. Dieser Auffassung trat Gürtner zwar entgegen und äußerte, dass vom „züchterischen Standpunkt" Erbtöchter ebenso viel wert seien wie der Agnat. Auch äußerte er die Befürchtung, dass man „die Bevorzugung der Neffen vor der Tochter in Bayern nicht verstehen werde" und dass lediglich im Fürstenrecht die Bevorzugung des Mannesstammes gerechtfertigt sei. Darré hielt jedoch an seiner Auffassung fest, dass die sogenannte Blutslinie durch Männer besser vererbt werde als durch weibliche Familienmitglieder.[853] Bei dieser Frage des „Bruderrechts" konnte sich Darré grundsätzlich durchsetzen.

Insbesondere der Ausschluss von Ehegatten und Müttern stand im Widerspruch zu den Anerbenordnungen der alten Anerbengesetze der Länder. Auch war in weiten Teilen Deutschlands traditionell zumindest die Möglichkeit der Gütergemeinschaft zwischen den Eheleuten möglich gewesen. Das hatte zwar gelegentlich, besonders nach dem Inkrafttreten des BGB, zum Abwandern des Hofes aus der Sippe des Erblassers geführt, weil eine gesetzliche Bindung des Hofes an die Sippe wegen Art. 64 EGBGB nicht möglich gewesen war. Nichtsdestotrotz hatten einige Anerbengesetze diesen Weg der ehelichen Gütergemeinschaft eröffnet, wie z. B. das Anerbenrecht der Provinz Hannover.[854] Bei Vorliegen einer ehelichen Gütergemeinschaft wurde der Ehegatte damit bei unbeerbter Ehe kraft Gesetzes Vorerbe und bei beerbter Ehe setzte der überlebende Ehegatte die Gütergemeinschaft mit seinen Kindern fort.[855] Selbst das Preußische Bäuerliche Erbhofrecht war den Weg des vollständigen Ausschlusses des Ehegatten von der gesetzlichen Anerbenordnung nicht gegangen und hatte diesen in letzter Ordnung unter den Anerbenberechtigten aufgezählt.

Das konsequent umgesetzte „Bruderrecht" wiederum, also die Zurücksetzung der Töchter des Erblassers hinter die Brüder und Brüdersöhne, war im

852 Vogels, 4. Auflage, S. 315.

853 Darré stützte seine Behauptung mit dem Hinweis auf die Unterlippe der Habsburger [sic!], Vogels' Protokoll zur Besprechung vom 21. September 1933, in: BArch R 3001/ Akte 591, 93.

854 Vgl. §§ 26 ff. des Höferechts für die Provinz Hannover.

855 Auch viele der anderen alten Gesetze und Verordnungen über das bäuerliche Erbhofrecht hatten in möglichst weitem Ausmaße die Rechte des einheiratenden Ehegatten – vielfach mit Hilfe der Gütergemeinschaft – in verschiedensten Ausgestaltungen gesichert.

bäuerlichen Erbrecht völlig neu und widersprach nicht nur der gesetzlichen Erbfolge des BGB, sondern auch den bäuerlichen Anerbensitten und den bis dahin bestehenden Anerbengesetzen.[856] Eine derartige Bevorzugung der männlichen Anverwandten unter Zurückstellung der Töchter hinter die Brüder war dem deutschen Recht in dieser Form lediglich aus dem Fürsten-, Adels- und Fideikommissrecht bekannt gewesen. Dessen Grundsatz, dass nur die durch Männer verwandten Männer zu Erben berufen waren, übertrug man nun auf das bäuerliche Erbrecht.[857] Entsprechend wurde das „Bruderrecht" auch als ganz bewusster Bruch mit den bäuerlichen Erbsitten vollzogen, wobei man sich darüber im Klaren war, dass sich dessen Umsetzung in der Praxis nicht ohne Probleme vollziehen würde, wie Vogels von vornherein öffentlich zugab: „Wir haben eine Anerbenordnung in dem Gesetz, die von den bisherigen Anschauungen stark abweicht. Wir bevorzugen den Bruder des Erblassers vor der Tochter, etwas, was wir im Fideikommissrecht, nicht aber im Bauernrecht und in Durchschnittsfamilien kennen. Wir sind uns bewusst, dass lange Zeit vergehen wird, bis die Erkenntnis sich auf dem Lande durchsetzt, dass dieser Weg des Erbgangs im Interesse der Familie und des Volkes liegt. Es wird noch lange dauern, bis der Bauer das einsieht und er wird bis dahin immer bestrebt sein, von den Milderungsmöglichkeiten, die das Gesetz eingebaut hat, Gebrauch zu machen."[858]

III. Abfederung des Bruderrechts durch Übergangsregelungen

Zur Abfederung der Härten, die man als Folge der Einführung des Bruderrechts erwartete, enthielt das Reichserbhofgesetz die Übergangsregelungen § 21 Abs. 7 REG und § 25 Abs. 3 REG. § 25 Abs. 3 Satz 1 REG ließ dem Erblasser die Möglichkeit, mit Zustimmung des Anerbengerichts eine Tochter bzw. deren Söhne, den anerbenberechtigten Personen der anderen Ordnungen durch Testament oder Erbvertrag vorzuziehen. Eine Zustimmung des Anerbengerichts sollte allerdings gemäß § 25 Abs. 3 Satz 2 REG nur dann erteilt werden, wenn ein wichtiger Grund vorlag. Einen solchen nahm man insbesondere dann an, wenn

856 Vgl. diesbezüglich auch den entsprechenden Hinweis im Schreiben des Staatsministers der Lippischen Landesregierung an den Reichsminister der Justiz vom 27. März 1935, in: BArch R 3001/22165, 29-33, 29 f.

857 Vgl. Protokoll der Rede von Vogels auf der Bezirksversammlung des BNSDJ in Münster am 10. Dezember 1933, in: BArch R 3001/Akte 594, 8.

858 Protokoll des Vortrags von Vogels' im „Verein für das Notariat in Rheinpreussen" am 22. Oktober 1933 in Köln, in: BArch R 3001/Akte 593, 3, 9.

eine unversorgte Tochter vorhanden war und ihre Brüder bzw. deren Söhne sich nicht zur Landwirtschaft eigneten oder kein Interesse daran hatten.[859]

Von dieser durch § 25 Abs. 3 Satz 1 REG eingeräumten Möglichkeit wurde jedoch nur in sehr beschränktem Ausmaß Gebrauch gemacht, obwohl das im Reichserbhofgesetz niedergelegte Bruderrecht in weiten bäuerlichen Kreisen auf scharfe Ablehnung stieß. Als Grund für diese bäuerliche Zurückhaltung, die Möglichkeit der testamentarischen Ausschaltung des Bruderrechts auch tatsächlich zu nutzen, führte man zum einen die bekannte „Testamentsfeindlichkeit" der Bauern an. Auch ging man davon aus, dass der Bauer bei jugendlichem Alter mehrerer Töchter noch gar nicht wissen konnte, welche Tochter er zur Anerbin bestimmen sollte, und deshalb nicht testierte. Schließlich nahm man an, dass viele Bauern es grundsätzlich ablehnten, sich beim Anerbengericht die Erlaubnis holen zu müssen, um ihrer Tochter zur Anerbin bestimmen zu dürfen.[860] § 21 Abs. 7 REG räumte darüber hinaus den Anerben der 4. Ordnung Vorrang vor den Anerben zweiter und dritter Ordnung in den Fällen ein, in denen zum Zeitpunkt der Erlangung der Erbhofeigenschaft keine Söhne oder Sohnessöhne vorhanden gewesen waren.[861]

Beide Bestimmungen gingen auf Art. II § 6 Abs. 5 Satz 1 des am 19. September 1933 vorgelegten Ausgangsentwurfs des Reichsernährungsministeriums zurück. Hiernach war sogar bei Vorliegen eines wichtigen Grundes die Möglichkeit des Vorrangs einer Tochter vor den Anerben der ersten Ordnung vorgesehen gewesen, was jedoch nicht umgesetzt wurde.[862]

Vogels schätzte die Länge des Zeitraums, in dem „sich ganz allgemein die Gedanken von der Erhaltung der Rasse und des Mannesstammes auf den Bauernhöfen" durchgesetzt" hatte und die Ausnahmebestimmung des § 21 Abs. 7 REG nicht mehr gelte, auf „dreissig bis vierzig Jahre" ein.[863]

859 Protokoll zu Vogels' Rede auf der Bezirksversammlung des BNSDJ in Münster am 10. Dezember 1933, in: BArch R 3001/Akte 594, 8. Zu weiteren Beispielen vgl. Baumecker, 4. Auflage, § 25 REG, Rn. 34.

860 Begründung zum REM-Referentenentwurf zur EHFV vom 13. Januar 1943, in: BArch R 3001/22173, 196.

861 § 21 Abs. 7 REG ging auf den REM-Entwurf vom 19. September 1933 zurück, der in seinem Art. II § 6 Abs. 5 Satz 1 bereits eine entsprechende Regelung vorgesehen hatte, in: BArch R 3001/Akte 591, 87. Die spätere Gesetzesfassung entstammte dann dem § 18 Abs. 7 des Entwurfs des RJM vom 23. September 1933, in: BArch R 3001/Akte 591, 90. Vgl. auch § 21 Abs. 7 der Kabinettsvorlage vom 25. September 1933, in: BArch R 3001/Akte 591, 92.

862 Art. II § 6 Abs. 5 des Entwurfs vom 19. September 1933, in: BArch R 3001/Akte 591, 87.

863 Protokoll der Rede von Vogels auf der Bezirksversammlung des BNSDJ in Münster am 10. Dezember 1933, in: BArch R 3001/Akte 594, 8.

Die Bestimmung des § 21 Abs. 7 REG erwies sich allerdings als sprachlich ungenau. Obwohl es sich beim § 21 Abs. 7 REG lediglich um eine Übergangsbestimmung handeln sollte,[864] ging gerade dieser Übergangscharakter aus dem Wortlaut der Bestimmung nicht eindeutig hervor. Denn die Formulierung des Vorrangs der Anerben der vierten Ordnung vor denen der zweiten und dritten Ordnung für den Fall, dass zu der Zeit, zu der der Hof auf Grund des Reichserbhofgesetzes Erbhof wurde, keine Söhne und Sohnessöhne vorhanden waren, konnte auch auf eine Dauerbestimmung mit Wirkung für alle künftigen Erbfälle schließen lassen.

Eine zweite korrekturbedürftige Ungenauigkeit des § 21 Abs. 7 REG lag in der Formulierung, dass „keine Söhne oder Sohnessöhne vorhanden" sein durften. Denn der Vorzug der Töchter sollte grundsätzlich auch für den Fall gelten, in dem ein Sohn oder Sohnessohn zwar vorhanden, aber nicht bauernfähig bzw. später gestorben war. Auf die Behebung dieser Ungenauigkeiten zielte § 8 DVO. II ab, der der ursprünglichen Intention des Gesetzgebers entsprechend einen möglichen Vorzug der Töchter des Anerben auf den ersten Erbfall nach Inkrafttreten des Reichserbhofgesetzes beschränkte und diesen Vorrang auch dann einräumte, wenn Söhne oder Sohnessöhne zwar vorhanden waren, ihnen aber die Bauernfähigkeit fehlte oder diese später wegfiel.[865]

Allerdings erwies sich auch diese Bestimmung als nicht präzise genug und musste hinsichtlich der Erbfolge bei Ehegattenerbhöfen und durch die Regelung des § 4 DVO. III ergänzt werden. Diese bestimmte, dass in Hinblick auf den Vorrang der Töchter gemäß § 21 Abs. 7 REG, § 8 DVO. II bei Ehegattenerbhöfen der Tod des überlebenden Ehegatten noch als erster Erbfall angesehen werden sollte.[866] § 8 DVO. II und § 4 DVO. III wurden 1936 im § 48 EHRV zusammengefasst.

IV. Das Bruderrecht als Dauerproblem

1. Ausgangspunkt

Das Bruderrecht stieß – wie erwartet – in weiten Kreisen der bäuerlichen Bevölkerung auf zum Teil scharfe Ablehnung.[867] So wies z. B. der Staatsminister der Lippischen Landesregierung in einem Schreiben vom 27. März 1935 darauf hin,

---

864 Protokoll von Vogels zur Besprechung vom 21. September 1933, in: BArch R 3001/Akte 591, 93.

865 § 8 DVO. II entstammte dem Entwurf des RJM zur DVO. II zum REG, dem REM übersandt mit Schreiben vom 16. Dezember 1933, in: BArch R 3001/Akte 594, 17.

866 Zur Entstehung des § 4 DVO. III vgl. Anlage zum Schreiben Vogels vom 20. April 1934, in: BArch R 3001/Akte 596, 37 f.

867 Vgl. u.a. Niederschrift einer Besprechung von Vorsitzenden der Anerbengerichte des Landgerichtsbezirks Düsseldorf vom 25. Juli 1934, in: BArch R 3001/Akte 597, 128.

dass das „starke Empfinden für den Zusammenhalt der engeren Familie (...) noch stark eingewurzelt" sei und „die bäuerliche Bevölkerung (...) ihm häufig den Vorrang vor dem an sich vorhandenen und ausgeprägten Sippengefühl" einräume. Auch machte er auf die wirtschaftlichen Gefahren aufmerksam, die das Bruderrecht mit sich bringen konnte:

„Man verweist auch darauf, dass bei Übergang des Erbhofes an Seitenverwandte statt an die Tochter die Gefahr einer Vernachlässigung in der Bewirtschaftung bestehe, indem der Bauer bestrebt sein werde die Zukunft seiner Töchter dadurch sicherzustellen, dass er die dafür bestimmten Beträge statt zur Verbesserung des Hofes anderweit anlegen werde."[868]

Trotz Kritik hielt man aber sowohl im Reichsjustiz- als auch im Reichsernährungsministerium zunächst übereinstimmend am Grundsatz des Bruderrechts fest und setzte darauf, „dass durch geeignete Erziehungsarbeit die bäuerliche Bevölkerung in der zweiten Generation so weit gebracht wird, dass sie diesen grundlegenden Gedanken des REG – Vererbung im Mannesstamme – als richtig anerkennt und sich innerlich immer mehr darauf einstellt".[869]

2. *Die Ausdehnung des Töchtervorrangs*

Wie bereits erwähnt, beschränkte § 8 DVO. II bzw. der spätere § 48 Abs. 1 EHRV, den im § 21 Abs. 7 REG normierten Vorrang der Töchter vor den Anerben der zweiten und dritten Ordnung auf den ersten Erbfall nach dem Zeitpunkt, in dem die Besitzung Erbhof geworden war. Diese Beschränkung der Bevorzugung der Töchter auf den ersten Erbfall nach Erbhofentstehung erwies sich jedoch auf Dauer als nicht ausreichend. Anfang 1939 ging daher vom Reichsernährungsministerium eine Initiative zur Ausdehnung der Übergangsregelung des § 21 Abs. 7 REG auf weitere Erbfälle aus. So brachte Johae in der Besprechung vom 27. Januar 1939 den ausdrücklichen Wunsch Darrés zu Sprache, in einer neuen Verordnung den Vorrang der Töchter aus § 21 Abs. 7 REG und § 48 EHRV auf den zweiten und dritten Erbfall auszudehnen, ein Vorschlag, der allerdings vom Reichsjustizministerium nur teilweise akzeptiert wurde. So widersetzte sich Vogels einer Ausdehnung auf den dritten Erbfall mit dem Argument, dass dieses auf eine praktische Außerkraftsetzung der gesetzlichen Regelung für insgesamt drei Generationen hinauslaufe.[870]

Daher einigte man sich zunächst darauf, den Vorrang der Töchter zumindest auf den zweiten Erbfall nach Erlangung der Erbhofeigenschaft auszudehnen. Dieses setzte man in Art. 1 Ziffer 4 der Verordnung über Erbhofrecht vom

---

868 Schreiben des Staatsministers der Lippischen Landesregierung an den Reichsminister der Justiz vom 27. März 1935, in: BArch R 3001/22165, 29-33, 29 f.

869 Niederschrift einer Besprechung von Vorsitzenden der Anerbengerichte des Landgerichtsbezirks Düsseldorf vom 25. Juli 1934, in: BArch R 3001/Akte 597, 128.

870 Vermerk zur Besprechung vom 27. Januar 1939, in: BArch R 3001/22168, 284 f.

26. April 1939 um. Darüber hinaus fügte diese Verordnung einen neuen § 48 Abs. 1 Satz 3 in die Erbhofrechtsverordnung ein. Danach sollte es einem Erbfall gleichstehen, wenn ein Hof durch Übergabevertrag übergeben worden war. Damit wurde ein seit längerem bestehender Streit durch gesetzliche Regelung entschieden.[871]

3. *Die Bruderrechtsproblematik nach Kriegsbeginn.*

Ab Ende 1939 stiegen die Todeszahlen von Erbhofbauern kriegsbedingt stark an. Dieses betraf insbesondere junge Bauern, von denen viele zwar (noch) keine männlichen, wohl aber bereits weibliche Abkömmlinge hatten. Erbhofrechtliche Folge war, dass bei Fehlen einer letztwilligen Verfügung der Hof des gefallenen Bauern nicht seiner Tochter, sondern seinem Bruder anfiel. Angesichts dieser anerbenrechtlichen Zurücksetzung der Bauerntöchter kam es zu Unruhe unter den als Soldaten dienenden Erbhofbauern.

Exemplarisch kann dieses am Fall „Nowak“ aus dem Jahr 1940 aufgezeigt werden. Ausgangspunkt war eine Entscheidung des Anerbengerichts Trebnitz, nach der dem Vater eines gefallenen Bauern der Hof zugesprochen und die einen Monat nach dem Ableben des Bauern geborene Tochter unberücksichtigt geblieben war.[872] Das Anerbengericht hatte in diesem Zusammenhang nicht nur die Bestimmung des § 1923 Abs. 2 BGB nicht angewandt, was als ein möglicher Beleg für die gewollte Abgrenzung des „neuen deutschen Bauernrechts“ vom BGB gesehen werden konnte.[873] Vielmehr hatte das Gericht auch die Erweiterung des § 21 Abs. 7 REG durch § 48 EHRV auf den zweiten Erbfall im Rahmen der Verfügung über Erbhofrecht vom 26. April 1939 unbeachtet gelassen.

Der Fall „Nowak“ erregte derart große Aufmerksamkeit, dass sich das Oberkommando der Wehrmacht – in erster Linie wegen der durch den Fall ausgelösten Unruhe unter den eingezogenen Bauern – besorgt einschaltete und eine gesetzliche Anpassung der Anerbenordnung anmahnte. Selbst schlug es in diesem Zusammenhang eine Regelung vor, nach der grundsätzlich in den Fällen, in denen ein Bauer infolge einer im Kriege erlittenen Wehrdienstbeschädigung getötet worden war und keine Söhne hinterlassen hatte, an die Stelle der Söhne die Töchter des Bauern treten und damit vor den Anerben der zweiten und dritten Ordnung berechtigt sein sollten. Dieses sollte allerdings nur dann gelten, wenn ohne den vorzeitigen Tod des Bauern noch mit männlichen Nachkommen hätte gerechnet werden können.[874]

---

871 Zu diesem Meinungstreit vgl. Bergmann, ZAkDR 1938, 846 ff.

872 „Fall Nowak“, in: BArch R 3001/22169, 81-91, 87 f.

873 Diesbezüglich war eine Verfügung des zuständigen OLG-Präsidenten vom 23. Juli 1940 ergangen, Bericht vom 23. Juli 1940, in: BArch R 3001/22169, 90 f.

874 Schreiben des Wehrkommandos VIII an das Oberkommando der Wehrmacht vom 9. Juli 1940, in: BArch R 3001/22169, 88 f.

Der Nowak-Fall blieb allerdings zunächst ohne direkte gesetzgeberische Auswirkung, was möglicherweise an der Annahme einer vermeintlich kurzen Kriegsdauer lag und man vor diesem Hintergrund eine Veränderung der Anerbenordnung als nicht dringlich erachtete.

4. *Reformbestrebungen der Jahre 1942/43 und § 33 EHFV*

1942 kamen konkretere Planungen über eine Verbesserung der anerbenrechtlichen Stellung der Töchter auch von Seiten des Gesetzgebers. In diesem Zusammenhang wurde auch deutlich, dass sich bei den Bauern der Sippengedanke gegenüber der Bevorzugung der Kleinfamilie auch neun Jahre nach Inkrafttreten des Reichserbhofgesetzes nicht hatte durchsetzen können.

Hierauf hatte unter anderem auch der Präsident des LEG Celle Springmann hingewiesen. Springmann befürchtete, dass sich in schon „naher Zukunft" Fälle ereignen könnten, bei denen die Töchter und ihre Söhne in ihrer Anerbenstellung hinter die Anerben der 2. und 3. Ordnung zurückfielen, was man dann im Bauerntum als ungerecht empfinden würde. Auch wies er wiederum deutlich auf die aufkommende Beunruhigung der eingezogenen Bauern hin, wenn diese damit rechnen mussten, dass bei ihrem Tod der Hof der Frau und den Kindern zu Gunsten der Anerben der 2. und 3. Ordnung verloren gehen konnte. Entsprechend trat er dafür ein, „das Vorrecht der Töchter des Erblassers auch für weitere Erbfälle, die sich insbesondere während des Krieges ereignen können, wenigstens vorläufig" zu sichern.[875] Daneben machte Springmann deutlich, „daß in der heutigen Kriegszeit, wo vielfach auf den Frauen und Töchtern eingezogener Bauern die ganze jetzt besonders schwere Last der Hofesarbeit und Verantwortung für die Wirtschaftsführung oft mit ungenügenden Hilfskräften und Gefangenen ruht, und die Frauen und Töchter durch ihren Einsatz dem Vaterlande besonders dienen und auch in Wahrheit den Hof und seine Wirtschaft erhalten, es erst recht untragbar erscheint, wenn jetzt die Anerben der 4. Ordnung zurücktreten müßten hinter die Anerben der 2. und 3. Ordnung."[876]

Mit Schreiben vom 11. August 1942 legte daraufhin das Reichsjustizministerium – nicht zuletzt infolge des von Bormann ausgeübten Drucks – im Rahmen eines Verordnungsentwurfs auch eine Neufassung des § 48 Abs. 1 EHRV vor, wonach der Vorrang der Töchter auf den dritten und vierten Erbfall nach Erlangung der Erbhofeigenschaft ausgedehnt werden sollte.[877] Auch das Reichsjustizministerium begründete diese Neufassung mit der unvermindert starken

875 Schreiben des Präsidenten des Landeserbhofgerichts Celle Springmann an den RMJ vom 5. Juni 1942, in: BArch R 3001/22173, 153 f.

876 Schreiben des Präsidenten des Landeserbhofgerichts Celle Springmann an den RMJ vom 8. Juni 1942, in: BArch R 3001/22173, 160.

877 RJM-Entwurf vom 11. August 1942, in: BArch R 3001/22173, 164.

Ablehnung der bäuerlichen Bevölkerung gegen das Bruderrecht und mit der bestehenden Beunruhigung der „an der Front stehenden Bauern“.[878]

Erst im Januar 1943 bezog das Reichsernährungsministerium zu dieser Neufassung des § 48 EHRV umfassend Stellung. Dabei legte es einen abweichenden Gegenentwurf vor, nach welchem der Vorrang der Töchter nicht lediglich auf vier Erbfälle beschränkt sein, sondern „bis auf weiteres“ gelten sollte. Im Gegenzug wollte man es den Bauern ermöglichen, das Bruderrecht durch Erklärung gegenüber dem Anerbengericht selbst einzuführen. Geschah dieses, so konnte der Bauer dann allerdings nicht mehr von dem Recht des § 25 Abs. 3 REG Gebrauch machen. Darüber hinaus sollte das Anerbengericht auf einen Antrag des Landesbauernführers hin den Vorrang der Töchter rückwirkend anordnen können, wenn dieser vor Inkrafttreten der Verordnung wegen des Vorliegens von mehr als zwei Erbfällen nicht mehr Anwendung gefunden hatte.[879]

Das Reichsernährungsministerium zielte mit seinem Vorschlag auf eine grundsätzliche Beseitigung des Bruderrechts überhaupt ab. Lediglich aus technischen Gründen, „um im Augenblick nicht die einzelnen Bestimmungen des Reichserbhofgesetzes umgestalten zu müssen“, sah man zunächst lediglich eine Verlängerung der bisherigen Übergangsregelung im Sinne des Töchterrechts „bis auf weiteres“ vor, d. h. bis zu dem Zeitpunkt, zu dem durch eine Neufassung des Erbhofgesetzes die endgültige Umgestaltung der Einzelbestimmungen erfolgen konnte. Man erhoffte sich in diesem Zusammenhang, dass „durch eine solche beispielgebende Tat einzelner Bauern (...) dann nach und nach bei den Höfen, die die wirtschaftlichen und blutsmässigen Voraussetzungen mitbringen, sich das Bruderrecht entwickeln“ könnte.[880]

Auf der im Februar 1943 in Salzburg stattfindenden Erbhofrechtstagung fand der Vorschlag des Reichsernährungsministeriums, das Bruderrecht weitestgehend abzuschaffen und das Töchterrecht wieder einzuführen, breite Unterstützung. Insbesondere Senatspräsident Zieger aus Dresden nahm hierzu in seinem Referat ausführlich Stellung. Er betonte wegen der „erheblichen Ausfälle an männlichem Blut“ nicht nur die „Kriegswichtigkeit“ dieser Frage, sondern hob auch hervor, dass zwar die gesamte bisherige Rechtsentwicklung grundsätzlich vom Sippengedanken beherrscht gewesen sei, dass aber diese „vom Gesetzgeber vorgeschriebene Einheitlichkeit, die gegen das Rechtsgefühl einzelner Stämme“ verstoße, „als unerwünschter Zwang und lästige Fessel empfunden“ werde. Zieger trat daher generell dafür ein, das gesetzliche Bauernrecht grundsätzlich bäuerlichem Denken und Fühlen anzupassen:
„Das Gesetz darf niemals gegen das Rechtsgefühl verstoßen.“ Da „trotz der Verschiedenartigkeit der Rechtsbräuche der deutschen Stämme (...) überall eine

878 Begründung zum Entwurf vom 11. August 1942, in: BArch R 3001/22173, 162.
879 § 37 des REM-Referentenentwurf vom 13. Januar 1943, in: BArch R 3001/22173, 189.
880 Begründung zum Entwurf vom 13. Januar 1943, in: BArch R 3001/22173, 206 f.

Besserstellung der Töchter als Anerben bejaht" werde, hielt Zieger die Besserstellung der Töchter außerdem sowohl aus dem Blickpunkt der Bauern selbst als auch aus der Sicht der Volksgesamtheit für sinnvoll. Aus Bauernperspektive deshalb, weil dort das Familiengefühl stärker als das Sippengefühl ausgeprägt sei und die Tochter dem Bauern näher stehe als dessen Vater, Bruder oder Neffe. Auch sei die Tochter auf dem Hof aufgewachsen und habe diesem ihre Arbeitskraft gewidmet.

Aus Sicht der Volksgesamtheit berief sich Zieger hinsichtlich des Vorrangs der Tochter interessanterweise auf altes deutsches Recht: „Beim Eindringen in die alten deutschen Rechtsquellen zeigt sich immer und immer von neuem, daß das altgermanische Recht auf den Grundsatz des Rechts der Arbeit aufgebaut ist, mag es sich um Bauernrecht, um Mietrecht oder ähnliches handeln. Nicht der kapitalistische, sondern der arbeitsrechtliche Gesichtspunkt schafft Rechtsbeziehungen." Auch führte Zieger bevölkerungspolitische Aspekte an: „Wenn der Bauer damit rechnen muß, daß seine Töchter gegenüber seinem Bruder und seinem Neffen an späterer Stelle als Anerben zum Zuge kommen, wird sein Interesse, möglichst viele Kinder zu haben, schwinden."

In seinen Forderungen ging Zieger sogar über die Pläne des Reichsernährungsministeriums hinaus und verlangte eine Besserstellung der Tochtertöchter, da der Familiengedanke über den Sippengedanken siege. Die Besserstellung der Töchter „bis auf weiteres" war seiner Ansicht nach wegen mangelnder Klarheit und Sicherheit ungenügend, vielmehr sollte die Anerbenordnung des Reichserbhofgesetzes selbst dauerhaft geändert werden, indem die Töchter, Töchtersöhne und Tochtertöchter grundsätzlich in die 2. Anerbenordnung vorrückten. Die Möglichkeit der Einführung eines Bruderrechts durch den Erbhofbauern hielt er dagegen, in vollem Konsens mit den übrigen Teilnehmern der Tagung, für unnötig und beurteilte die dem Bauern durch die Errichtung einer Hofsatzung nach §§ 25 REG, 10 EHRV eröffneten Möglichkeiten als völlig ausreichend. Daneben trat Zieger für eine rechtliche Besserstellung der Mutter eines Erblassers ein. Diese sollte, wenn der Erbhof von ihrer Seite stammte, auch als Anerbin in Frage kommen können.[881]

Die Bestimmung des § 33 EHFV, die die Anerbenfolge der Töchter und Töchtersöhne schließlich am 30. September 1943 neu regelte, folgte schließlich weitgehend den Vorschlägen des Reichsernährungsministeriums. Die auf der Erbhofrechtstagung in Salzburg vorgetragenen Anregungen blieben dagegen weitgehend unberücksichtigt: Gemäß § 33 Abs. 1 EHFV wurde den Töchtern und Töchtersöhnen bis „auf weiteres" der Vorrang vor dem Vater und den Seitenverwandten des Erblassers eingeräumt. Auch konnte der Bauer das Bruder-

881 Niederschrift des Referats „Besserstellung der Töchter, Sohnestöchter, Töchtersöhne und Töchtertöchter. Bruderrecht und Mutterrecht" von Senatspräsident Zieger, OLG Dresden, in: BArch R 3001/22175, 29 ff.

recht gemäß § 33 Abs. 2 und 3 EHFV selbst begründen und auch wieder aufheben, § 33 Abs. 4 EHFV. Die Bestimmung des § 33 EHFV machte dadurch die Bestimmungen des § 21 Abs. 7 REG und § 48 EHRV überflüssig, die entsprechend durch § 52 Abs. 4 EHFV aufgehoben wurden.[882]

Auch der Ausschluss der Mutter des Erblassers von der Anerbenfolge wurde beseitigt. Entsprechend der Anregungen von der Salzburger Erbhofrechtstagung schuf § 32 EHFV ein Anerbenrecht für die Mutter des Erblassers, die danach in der Anerbenfolge an die Stelle des Vaters trat, wenn der Hof von ihr stammte.

V. Die Ausgrenzung des einheiratenden Ehegatten[883]

Daneben stieß die schwache Rechtsstellung des einheiratenden Ehegatten auf dauernde und nicht nachlassende Kritik.[884] Denn sowohl die Nichtberücksichtigung des Ehegatten in der Anerbenordnung als auch das damit einhergehende Verbot der Errichtung ehelicher Gütergemeinschaften an bestehenden Erbhöfen widersprachen dem bäuerlichem Rechtsempfinden sowie auch den bisherigen Anerbengesetzen. Nach weitverbreiteter Auffassung wurden die reichserbhofrechtlichen Bestimmungen damit der tatsächlichen Stellung des einheiratenden Ehegatten nicht gerecht. Auch wies man darauf hin, dass durch die schwache rechtliche Stellung des einheiratenden Ehegatten der Zweck des Gesetzes, das Bauerntum als „Blutquelle des deutschen Volkes“ zu erhalten, konterkariert werden konnte. So schrieb der Präsident des OLG München im Frühjahr 1939 an Freisler: „Nach wie vor ist das Erbhofgesetz bei der ländlichen Bevölkerung teilweise noch unbeliebt. Man wirft dem Gesetz vor, daß es dem Bauern seine persönliche Freiheit nimmt. Der Bauer sah in einzelnen Bezirken, insbesondere im bayrischen Allgäu, seinen Hof als ein Geschäft an, daß einen Ertrag abwerfen mußte und das er früher sofort aufgab, wenn er einen besseren Hof fand. Die Bauernmädchen wollen keinen Erbhofbauern heiraten, weil sie fürchten, mit dessen Ableben rechtlos zu werden.“[885]

---

882 Zur Zulassung der Sohnestöchter zur bevorzugten Anerbenfolge vgl. die Ausführungen zu § 54 EHRV.

883 Zur Frage der Rechtsstellung der Ehegatten bei Ehegattenerbhöfen, vgl. die Ausführungen zum Ehegattenerbhof im 6. Kapitel. Zum Recht der Verwaltung vgl. auch die Ausführungen zu § 25 REG.

884 Niederschrift des Referats von Ehard auf der Salzburger Erbhofrechtstagung, in: BArch R 3001/22175, 3.

885 Auszug aus einem Bericht des Münchner OLG-Präsidenten vom 3. März 1939, weitergeleitet von Freisler an Ministerialdirektor Schäfer, in: BArch R 3001/22168, 222-225, 223; vgl. hierzu auch Referat Ehards auf der Salzburger Tagung, in: BArch R 3001/ 22175, 3.

Die vom Gesetzgeber eingeleiteten Bemühungen, im Verordnungswege eine Besserstellung der Ehefrau zu bewirken, blieben bruchstückhaft und bezogen sich in erster Linie auf die sogenannten Ehegattenerbhöfe. Bei Nichtehegattenerbhöfen waren die einheiratenden Ehegatten nach wie vor in einer äußerst schlechten Rechtsposition. Mit dem Anschluss Österreichs und des Sudetenlandes verschärfte sich diese Lage noch, da in diesen Gebieten, mit Ausnahme Kärntens, die Gütergemeinschaft bzw. das Miteigentum unter Ehegatten weit verbreitet gewesen war. Aufgrund des dort aufkommenden Widerstandes gegen die erbhofrechtliche Zurücksetzung der einheiratenden Ehegatten forderten die Gauleiter und Reichsstatthalter der „Alpen- und Donaureichsgaue" wiederholt und deutlich vom Gesetzgeber Abhilfe.[886]

Schließlich brachten auch in dieser Frage die im Kriegsverlauf ansteigenden Todeszahlen junger Erbhofbauern den Gesetzgeber dazu, eine Verbesserung der Stellung des einheiratenden Ehegatten ernsthaft in Erwägung zu ziehen.[887] Im Ergebnis ließ schließlich die Erbhoffortbildungsverordnung die Möglichkeit der Errichtung ehelicher Gütergemeinschaften an Erbhöfen wieder zu.[888] Die Nichtberücksichtigung des Ehegatten im Rahmen der gesetzlichen Anerbenordnung ließ der Gesetzgeber bei Nichtehegattenerbhöfen jedoch unverändert.

D. Einzelvorschriften zur Anerbenordnung

§ 21 REG regelte in einem Bündel von Einzelbestimmungen das Ausscheiden von Anerben, die Reihenfolge der Anerbenordnungen, das Ältesten- und Jüngstenrecht, die Anerbenfolge der Abkömmlinge aus mehreren Ehen des Erblassers und das anerbenrechtliche Verhältnis von ehelichen und unehelichen Kindern sowie der angenommenen Kinder.[889] Des Weiteren ermöglichte, wie ausgeführt, § 21 Abs. 7 REG unter bestimmten Voraussetzungen den Vorrang der Töchter vor Anerben der zweiten und dritten Ordnung.

886 Denkschrift des Gauamtes für Agrarpolitik der Gauleitung Niederdonau vom 11. November 1940, in: BArch R 3001/22173, 27-40.

887 Vgl. hierzu z. B. die Begründung des Referentenentwurfs der „Verordnung zur Fortbildung des Erbhofrechts und zur Verbesserung der Rechtsstellung der Bäuerin" vom 13. Januar 1943, in: BArch R 3001/22173, 193- 210, 194 f; vgl. außerdem diesbezüglich die Niederschrift des Referats von Ehard, in: BArch R 3001/22175, 3 f.

888 Vgl. hierzu die Ausführungen in Kapitel 6.

889 Zu Einzelfragen zur Anerbenordnung vgl. vertiefend Bergmann, ZAkDR 1938, 846 ff.; Blomeyer, DNotZ 1938, 445 ff.; Dellian, RdRN 1938, 89; Haegele, DNotZ 1935, 711 ff.; Haegele, WürttZ 1938, 213 ff.; Neider, DR 1937, 470 f.; Schleich, DRpfl 1937, 273 ff.; Setz, DJ 1935, 964 ff.; Wöhrmann, ZAkDR 1935, 955 ff; Wöhrmann, ZAkDR 1936, 787 ff.

I. Ausscheiden eines Anerbenberechtigten

Gemäß § 21 Abs. 1 REG[890] ließ mangelnde Bauernfähigkeit eine Person als Anerben ausscheiden.[891] Bei der Beurteilung der Bauernfähigkeit eines Erbhofanerben wurden dabei deutlich strengere Maßstäbe angesetzt als es bei Prüfung der die Erbhofeigenschaft begründenden Bauernfähigkeit eines Hofeigentümers der Fall war, um möglichst viele Betriebe dem Reichserbhofrecht unterstellen zu können.[892] Gerade durch die Bestimmung des § 21 Abs. 1 REG sollte es dem Bauern praktisch unmöglich gemacht werden, „sich eine nicht rassereine Frau zu nehmen", da aus einer solchen Ehe stammende Kinder nicht anerbenberechtigt waren.[893] Damit nahm das Reichserbhofgesetz die Nürnberger Rassengesetze aus dem Jahr 1935 in ihren diskriminierenden Wirkungen vorweg.

Hinsichtlich des Erfordernisses der deutschen Staatsangehörigkeit machte der Gesetzgeber jedoch eine Ausnahme vom Erfordernis der Bauernfähigkeit eines Anerben, § 29 Abs. 3 REG. Nach dieser Bestimmung erhielt die zum Anerben berufene Person die Möglichkeit, innerhalb einer Frist von sechs Wochen nach Kenntniserlangung von der Berufung zum Anerben oder seit einer etwaigen Testaments- oder Erbvertragseröffnung, um die Verleihung der deutschen Staatsangehörigkeit nachzusuchen. Erst nach Ablauf dieser Frist oder bei Ablehnung des Einbürgerungsgesuches wurde die Ausschlagung des Anfalls der Erbhofs im Sinne des § 29 Abs. 1 REG fingiert. Die Vorschrift des § 29 Abs. 3 REG sollte in erster Linie deutschstämmigen Personen zugute kommen.[894] Die von Wöhrmann vertretene Ansicht, wonach ein Ausländer grundsätzlich dann von der Anerbenfolge nicht ausgeschlossen sein sollte, wenn dessen „Gleichberechtigung" durch einen Staatsvertrag verbürgt worden war, konnte sich dagegen nicht durchsetzen.[895]

---

890 § 21 Abs. 1 REG ging auf Art. II § 4 Abs. 4 Satz 1 des Entwurfs des REM vom 19. September 1933 zurück, in: BArch R 3001/Akte 591, 87. Der Entwurf des RJM vom 23. September 1933 bestimmte hingegen in seinem § 18 Abs. 1 lediglich: „Wer nicht bauernfähig ist, scheidet als Anerbe aus", Entwurf des RJM vom 23. September 1933, in: BArch R 3001/Akte 591, 90. Der später im § 21 Abs. 1 Satz 2 REG zu findende Hinweis wurde wahrscheinlich – er war auch noch nicht im gemeinsamen Entwurf von RMEL und RMJ vom 25. September 1933 vorgesehen, in: BArch R 3001/Akte 591, 92 – erst später infolge der Kabinettsitzung bzw. der daran anschließenden Chefbesprechungen eingefügt.

891 Zu den Voraussetzungen der Bauernfähigkeit, vgl. obige Ausführungen zu den §§ 12-15 REG.

892 Wöhrmann, 3. Auflage, S. 103.

893 Vogels, 4. Auflage, S. 319 f.

894 Hennig, S. 450.

895 Wöhrmann, 3. Auflage, S. 154.

Eine Ergänzung zum § 29 Abs. 3 REG brachte § 3 DVO. II, wonach der Reichsminister für Ernährung und Landwirtschaft vom Erfordernis der deutschen Staatsangehörigkeit auf Antrag des Eigentümers Ausnahmen gewähren konnte. Entsprechend bestimmte § 14 DVO. II, dass die im § 29 Abs. 3 REG verlangte Frist auch dadurch gewahrt werden konnte, dass der zum Anerben Berufene den im § 3 DVO. II vorgesehenen Antrag stellte. Erst wenn ein solcher abgelehnt worden war, begann die im § 29 Abs. 2, 3 REG vorgesehene Frist, falls sie nicht bei Stellung des vorerwähnten Antrags bereits abgelaufen war, mit Zustimmung des ablehnenden Bescheides von neuem zu laufen.

§ 5 EHRV fasste schließlich die §§ 3 und 14 DVO. II in zum Teil abgeänderter Fassung zusammen und erweiterte sie. So wurde eine Ausschlagung des Anfalls der Erbschaft im Sinne des § 29 Abs. 1 REG fingiert, wenn die zum Anerben berufene Person weder den Befreiungsantrag nach § 5 Abs. 1 EHRV noch das Einbürgerungsgesuch nach § 29 Abs. 3 REG innerhalb der 6-Wochen-Frist des § 29 Abs. 2 REG gestellt hatte, § 5 Abs. 2 EHRV. Auch kam es zur Ausschlagungsfiktion, wenn das Einbürgerungsgesuch des § 29 Abs. 3 REG abgelehnt und nicht innerhalb einer weiteren Frist von 6 Wochen der Befreiungsantrag nach § 5 Abs. 1 EHRV gestellt oder dieser abgelehnt wurde, § 5 Abs. 3 EHRV. Schließlich wurden eine Ausschlagung umgekehrt dann fingiert, wenn der Befreiungsantrag nach § 5 Abs. 1 EHRV abgelehnt und nicht innerhalb einer weiteren Frist von 6 Wochen nach Ablehnung des Antrags ein Einbürgerungsgesuch nach § 29 Abs. 3 REG gestellt oder dieses abgelehnt wurde, § 5 Abs. 4 EHRV. § 5 Abs. 5 EHRV bestimmte zur Vermeidung von Fristversäumnissen eine diesbezügliche passive Empfangszuständigkeit für alle inländischen Behörden und jede Dienststelle des Reichsnährstandes.

II. Ältesten- oder Jüngstenrecht. Die Feststellung des Erbbrauchs.

1. Inhalt, Entstehungsgeschichte und Zweck

§ 21 Abs. 2 REG beschränkte sich auf die Feststellung, dass Anerbenberechtigte verschiedener Ordnungen einander in der durch § 20 REG festgesetzten Reihenfolge folgen sollten.[896] Anerbenberechtigte früherer Ordnungen schlossen somit diejenigen späterer Ordnungen von der Anerbfolge aus. § 21 Abs. 3 REG bestimmte dagegen die Reihenfolge der Anerbenberechtigten innerhalb einer Ordnung. Hiernach entschied, je nach dem in einer Gegend geltenden Brauch, entweder Jüngsten- oder Ältestenrecht. Alle sonstigen Erbbräuche wurden aufgehoben. Bestand in einer Gegend kein bestimmter Brauch oder herrschte überhaupt kein Anerbenrecht, so galt gemäß § 21 Abs. 3 Satz 2 REG grundsätz-

896 Die Bestimmung des § 21 Abs. 2 REG ging wortgetreu auf den Art. II § 6 Abs. 2 Satz 1 des Entwurfs des REM vom 19. September 1933 zurück, in: BArch R 3001/Akte 591, 87.

lich und ohne Übergangsregelung das Jüngstenrecht.[897] Ältestenrecht herrschte nur dort, wo es zur Zeit des Inkrafttretens des Gesetzes geltender Brauch gewesen war.

Für die Einführung des Jüngstenrechts, das in den Anerbengebieten eher die Ausnahme als die Regel war und im Widerspruch zur überwiegenden bäuerlichen Praxis stand,[898] zeichnete Darré verantwortlich.[899] Darré begründete den Vorzug des Jüngstgeborenen auf der Besprechung vom 21. September 1933 damit, dass beim Jüngstenrecht der Hof länger in derselben Hand bleibe und man außerdem erfahrungsgemäß eine bessere Ausstattung der übrigen Kinder erziele, was aus bevölkerungspolitischer Hinsicht günstiger sei. Gürtner setzte sich zwar anfänglich noch dafür ein, „entsprechend der tatsächlichen Lage vom Ältestenrecht als Regelfall" auszugehen. Gegen Darré, der das Majorat auf römisches Recht zurückführte, das Minorat dagegen als deutschrechtliches Institut ansah, konnte er sich jedoch auch in dieser Frage nicht durchsetzen.[900] Entsprechend wurde der Vorschlag des Jüngstenrechts vom Reichsjustizministerium bereits in den Entwurf vom 23. September 1933 aufgenommen.[901]

Zum Ausgleich gewährte das Reichserbhofgesetz dem Erblasser in § 25 Abs. 1 REG die Möglichkeit, vom Jüngstenrecht innerhalb der ersten Ordnung genehmigungsfrei abzuweichen. So konnte der Erblasser den Anerben zum einen dann frei auswählen, wenn der Hof in einer Gegend lag, in der Anerbenrecht überhaupt nicht Brauch gewesen war, § 25 Abs. 1 S. 1 Nr. 1 REG. Dieser Fall betraf insbesondere die klassischen Realteilungsgebiete. Zum anderen hatte er diese Möglichkeit, wenn in der Gegend die freie Bestimmung des Anerben durch Bauern üblich gewesen war, § 25 Abs. 1 Satz 1 Nr. 2 REG. Über das Vorliegen dieser Voraussetzungen entschied das Anerbengericht, § 25 Abs. 1 Satz 2 REG. In allen anderen Fällen, wenn also in einer Gegend entweder Ältesten- oder Jüngstenanerbrecht vorgeherrscht hatte, bedurfte der Erblasser zur Bestimmung seines Anerben der ausdrücklichen Zustimmung des Anerbengerichts, § 25 Abs. 1 Satz 1 Nr. 3 REG. Voraussetzung hierfür war wiederum, dass ein wichtiger Grund zur Übergehung des Jüngsten vorlag.

---

897 Vgl. auch Merkel/Wöhrmann, S. 41.

898 So galt z. B. in Ostfriesland Jüngstenrecht, Agena, S. 35.

899 Art. II, § 6, Abs. 2 des REM-Entwurfs vom 19. September 1933, in: BArch R 3001/Akte 591, 87.

900 Protokoll von Vogels zur Besprechung vom 21. September 1933; in: BArch R 3001/Akte 591, 93.

901 § 18 Abs. 3 des Entwurfs des RJM vom 23. September 1933, in: BArch R 3001/Akte 591, 90.

2. *Das Jüngstenrecht in der Praxis*

Die Frage des Jüngstenrechts blieb eine der umstrittensten Grundsatzfragen des Reichserbhofrechts. Von Seiten der Praxis wurden sowohl praktische als auch psychologische und theoretische Gründe gegen die Bevorzugung des Jüngsten angeführt. Ein häufig auftauchendes Argument war die Feststellung, dass der Bauer grundsätzlich seinen erstgeborenen Sohn immer zum Hofesnachfolger ausbilde, da er nicht damit rechnen könne, dass ihm ein zweiter Sohn geboren werde. Falls dieses aber dennoch geschehe, so könne für den ältesten Sohn ein „Umsteigen" auf einen anderen Beruf zu spät sein, während dies bei einem nachgeborenen Sohn von vornherein möglich bleibe. Auch wurde angeführt, dass der älteste Sohn beim Tod des Vaters am längsten in der Landwirtschaft tätig sei und daher über die meiste Erfahrung verfüge, wohingegen der jüngste Sohn oft noch minderjährig oder schulpflichtig sei. Im Ergebnis bestünde daher durch das Jüngstenerbrecht die Gefahr eines Ein- oder Zweikindersystems auf dem Land, so dass die von dem Gesetz gewollte Blutquelle versiege.

Daneben behauptete man, dass das Jüngstenrecht der natürlichen Ordnung innerhalb der Familie widerspreche. Der älteste Sohn werde dem jüngsten Sohn „Untertan" und „Knecht", was psychologisch unrichtig sei. Auch widerspreche das Jüngstenerbrecht dem Gefühl „eines monarchisch erzogenen Volkes" und stehe damit mit dem Führerprinzip im Widerspruch. So hieß es in einem Schreiben des Anerbengerichts Bad Salzungen an das Reichsjustizministerium: „Das Reich ist ein autoritärer Volksstaat. Es steht auf dem Boden des Führergedankens. Innerhalb der Geschwisterschar ist aber Führer der älteste, nicht der jüngste Sohn, bei jenem liegt die Autorität. Daß man beim Reichserbhofgesetz von diesem autoritären Standpunkte abgewichen ist, indem man das Jüngstenrecht anordnete, erscheint bedenklich."[902]

Ähnlich wurde auf einer Besprechung von Anerbenvorsitzenden des Landgerichtsbezirks Düsseldorf im Jahr 1934 argumentiert, auf der vor allem „ethische Gründe" für das Ältestenrecht ins Feld geführt wurden: Das Vorrecht der Erstgeburt sei gefühlsmässig so stark eingewurzelt, dass die Unterordnung der älteren Geschwister unter den jüngsten Sohn sehr leicht zu erheblichen Störungen des Familienfriedens führen könne: „Der älteste Sohn hat schon auf Grund seines Alters die grössere Autorität, so dass die jüngeren sich ihm leichter unterordnen und ihn auf Grund seines Erstgeburtsrechts eher als Herrn des Hofes anerkennen werden als den Jüngsten."[903]

902 Schreiben des Anerbengerichts Bad Salzungen an das Thüringische Justizministerium vom Frühjahr 1934.

903 Niederschrift einer Besprechung von Vorsitzenden der Anerbengerichte des Landgerichtsbezirks Düsseldorf vom 25. Juli 1934, dem RJM durch den Preußischen Justizminister am 4. September 1934 zugesandt, in: BArch R 3001/Akte 597, 128 ff.

Entsprechend konnte sich das Jüngstenrecht in der Praxis nicht durchsetzen und stieß nachhaltig auf scharfe Ablehnung. So berichtete der Präsident des OLG München Anfang 1939 über die Einstellung der dortigen bäuerlichen Bevölkerung:

„Nach wie vor ist das Erbhofgesetz bei der ländlichen Bevölkerung teilweise noch unbeliebt. Man wirft dem Gesetz vor, daß es dem Bauern seine persönliche Freiheit nimmt. Der Bauer sah in einzelnen Bezirken, insbesondere im bayrischen Allgäu, seinen Hof als ein Geschäft an, daß einen Ertrag abwerfen mußte und das er früher sofort aufgab, wenn er einen besseren Hof fand. (...) Im bayrischen Allgäu herrscht mangels höchstrichterlicher Entscheidung in der Frage der Anerbenfolge völlige Verwirrung. Man wünscht eine gesetzliche Vorschrift, die das freie Bestimmungsrecht des Bauern, notfalls auch das Ältestenrecht einführt. Das Jüngstenrecht ist im Allgäu allgemein so unbeliebt, daß es nach Anschauung des Kemptener Bauernführers zu ernster Beunruhigung der Bauernschaft führen könnte.“[904]

3. *Die Feststellung des Erbbrauchs bis 1940*

Wie ausgeführt galt Ältestenrecht grundsätzlich nur in den Gegenden fort, in denen es vor dem Inkrafttreten des Reichserbhofgesetzes auch als Brauch bestanden hatte, § 21 Abs. 3 Satz 1 REG. Über die Frage, ob in einer bestimmten Gegend Ältestenrecht Brauch gewesen war, entschied auf Antrag eines Beteiligten das Anerbengericht, § 21 Abs. 3 Satz 3 REG. Antragsberechtigt war eine Person, deren Rechte und Pflichten durch das Verfahrensergebnis betroffen sein konnte.

Die Feststellung des Erbbrauchs war für die Anerbengerichte kompliziert und arbeitsaufwendig.[905] So musste hierfür die tatsächliche Vererbungspraxis in den letzten drei Generationen festgestellt werden.[906] Auch konnten sich Anhaltspunkte für das Bestehen des Ältestenrechts aus den bis zum 1. Oktober 1933 geltenden Landesgesetzen ergeben.[907] Zusätzlich zur tatsächlichen Praxis der Vererbung an den jüngsten oder ältesten Sohn wurde auch eine feste Rechtsüberzeugung der Beteiligten verlangt. Führten die Ermittlungen zu keinem eindeutigen Ergebnis, so wurde der Brauch des Ältestenrechts verneint.[908] Die Entscheidungen der Anerbengerichte entfalteten dann aber lediglich für den betreffenden Erbhof bindende Wirkung.

---

904 Bericht des Präsidenten des OLG München vom 3. März 1939, weitergeleitet von Freisler an Schäfer, in: BArch R 3001/22168, 222-225, 223.

905 Vgl. Schriftwechsel zwischen dem Landgerichtspräsidenten Osnabrück und dem dortigen Kreisbauernführer vom Herbst 1934, in: BArch R 3001/22164, 131 ff.

906 Wöhrmann, 3. Auflage, S. 103.

907 Vogels, 4. Auflage, S. 322 f.

908 Wöhrmann, 3. Auflage, § 21 REG, S. 106.

Die Regelung des § 21 Abs. 3 REG führte vor diesem Hintergrund insbesondere in denjenigen Anerbengerichtsbezirken zu Problemen, in denen diese von der Rechtsprechung aufgestellten Voraussetzungen für einen festen Erbbrauch nicht erfüllt werden konnten. Häufig kam hier die Geltung des Jüngstenrechts den Beteiligten erst bei Eintritt des Erbfalles zu Bewusstsein.[909] So äußerte beispielsweise der Präsident des OLG Celle in einem Schreiben an den RMJ vom 23. November 1934 unter Bezugnahme auf die problematische Situation im Landgerichtsbezirk Osnabrück:

„Von einem einheitlichen Brauch für grössere Bezirke kann nur in wenigen Gemeinden die Rede sein. Nach den zur Zeit geltenden gesetzlichen Bestimmungen ist eine Entscheidung des Anerbengerichts über den Anerbenbrauch für die einzelnen Gemeinden aber erst dann möglich, wenn dem Gericht ein Streitfall aus dieser Gemeinde unterbreitet wird. Für die Bauern ist jedoch unbedingt erforderlich, Gewissheit darüber zu erlangen, welcher Brauch in ihrer Gemeinde als bestehend anerkannt wird, damit sie sich mit ihren Massnahmen danach richten und gegebenenfalls die Zustimmung des Anerbengerichts für die von ihnen getroffene Anerbenwahl herbeiführen können."[910]

Darüber hinaus war die Feststellung des Erbbrauches nicht nur relevant für die Frage der Reihenfolge der Anerbenberechtigten innerhalb einer gesetzlichen Anerbenordnung. Auch hinsichtlich der Möglichkeit der Bestimmung eines Anerben nach § 25 Abs. 1 REG kam es, wie bereits erwähnt, entscheidend auf den bestehenden Erbbrauch an.[911] Aus diesem Grunde erwog man, für die einzelnen Bezirke die Erbbräuche durch den Gesetzgeber selbst festlegen zu lassen.[912] Da die Entscheidungen der Anerbengerichte bindende Wirkung nur für den betreffenden Erbhof entfalteten, sah man darüber hinaus in einer solchen gesetzlichen Regelung die Möglichkeit, Rechtssicherheit in Fragen des Erbbrauchs für alle beteiligten Personen herbeizuführen.[913]

4. *Gemeinschaftliche Bekanntmachung vom 28. September 1940*

Doch erst im Jahr 1938 begann man damit, die Voraussetzungen für eine gesetzliche Festlegung der Erbbräuche für die einzelnen Bezirke zu schaffen: Mit Schreiben vom 6. Dezember 1938 erbat Vogels von den Präsidenten der einzel-

---

909 Vgl. Vermerk des RJM aus dem Jahr 1938 bezüglich einer Anregung von Johae, in: BArch R 3001/22168, 237.

910 Schreiben des OLG-Präsidenten in Celle an den Reichs- und Preussischen Justizminister vom 23. November 1934, in: BArch R 3001/22164, 130.

911 Vgl. hierzu die Ausführungen zum § 25 Abs. 1 REG.

912 Vermerk des RJM aus dem Jahr 1938 bezüglich einer Anregung von Johae, in: BArch R 3001/22168, 237.

913 Schreiben des LG-Präsidenten Osnabrück an den dortigen Kreisbauernführer vom 14. Oktober 1934, in: BArch R 3001/22164, 133 ff.

nen Erbhofgerichte, ihn bis zum 15. Januar 1939 über die in den einzelnen Bezirken zum Zeitpunkt des Inkrafttretens des Reichserbhofgesetzes herrschenden Erbbräuche zu unterrichten. Insbesondere bat er um die Mitteilung der Fälle, in denen die Feststellung eines bestimmten Erbbrauches trotz bestehender Übung nur an dem Nichtvorhandensein einer feststehenden Rechtsüberzeugung der Beteiligten scheiterte.[914] Bereits am 14. Dezember 1938 erzielten Reichsjustiz- und Reichsernährungsministerium auf einer Ressortbesprechung über den Entwurf eines neuen § 9 a EHRV, der die Feststellung der Erbbräuche regelte, eine grundsätzliche Übereinstimmung.[915] Insbesondere Johae hob dabei die Notwendigkeit einer solchen, „von ihm selbst angeregten Bestimmung" hervor. Die bestehende Rechtslage war nach seiner Ansicht zu umständlich. Insbesondere hielt er es für unerwünscht, „daß die Gerichte in subjektiver Richtung die Feststellung einer der tatsächlichen Übung entsprechenden Rechtsüberzeugung forderten (...)." Eine endgültige Einigung erfolgte dann am 27. Januar 1939.[916]

§ 9 a EHRV, mit der Verordnung über Erbhofrecht vom 26. April 1939[917] eingeführt und später nochmals modifiziert, ermächtigte den Reichsminister der Justiz und den Reichsminister für Ernährung und Landwirtschaft zur gemeinschaftlichen Feststellung der Erbbräuche für die einzelnen Gegenden des Deutschen Reiches. Auf der Grundlage dieser Bestimmung erging die „Gemeinschaftliche Bekanntmachung des Reichsministers der Justiz und des Reichsministers für Ernährung und Landwirtschaft" vom 28. September 1940.[918] In dieser wurden für alle OLG-Bezirke die Erbbräuche verbindlich festgestellt, sowohl in Hinblick auf die gesetzliche Erbfolge innerhalb einer Ordnung nach § 21 Abs. 3 REG als auch bezüglich der Möglichkeit der freien Bestimmung des Anerben durch den Erblasser innerhalb der ersten Ordnung gemäß § 25 Abs. 1 REG.[919] Trotz der durch die Bekanntmachung vom 28. September 1940 herbeigeführten Rechtssicherheit änderte sich nichts daran, dass die aus dem grundsätzlichen Vorrang des Jüngstenerbrecht resultierenden Probleme sich während des Krie-

914 Anschreiben von Vogels vom 6. Dezember 1938, in: BArch R 3001/22168, 245.

915 Zu diesem Entwurf eines § 9 a EHRV, der weitgehend mit dem späteren § 9 a EHRV deckungsgleich war, konnte Johae zwar mangels Rücksprache mit Darré noch nicht abschließend Stellung beziehen, erklärte sich jedoch selbst im Wesentlichen einverstanden, Vermerk zur Ressortbesprechung am 14. Dezember 1938, in: BArch R 3001/22168, 253.

916 Vermerk des RJM zur Besprechung vom 27. Januar 1939, in: BArch R 3001/22168, 283.

917 RGBl. 1940, Teil. I, S. 1311.

918 DJ 1940, 1009.

919 Bei der Feststellung der Erbbräuche nach § 9 a EHRV war ausdrücklich darauf geachtet worden, „das Gebiet des Ältestenrechts bei gesetzlicher Erbfolge nach Möglichkeit auszudehnen, soweit das im Rahmen der tatsächlichen Verhältnisse vertretbar erschien.", Schreiben des RMJ an den OLG-Präsidenten Jena, in: BArch R 3001/22169, 273 f.

ges weiter verschärften. Insbesondere durch die ansteigenden Todeszahlen von Erbhofbauern kam es in denjenigen Gegenden, in denen Ältestenrecht als Brauch nicht festgestellt werden konnte, gehäuft dazu, dass mangels einer Bestimmung nach § 25 Abs. 1 REG der Erbhof dem jüngsten Sohn, bei dem es sich noch um ein Kleinkind handeln konnte, als Anerben anfiel. Dies hatte zur Folge, dass „ältere Abkömmlinge und mögliche neue Ehemänner der Frau (...) keine Zukunft mehr für sich und ihre Abkömmlinge“ sahen und „die Anerbschaft des Kleinkindes als ungerecht empfanden“.[920] Die vor diesem Hintergrund formulierte Anregung, das Jüngstenrecht durch eine gesetzliche Regelung weiter einzuengen, wurde jedoch vom Gesetzgeber nicht umgesetzt.[921]

III. Das Vorrangrecht der Söhne aus erster Ehe

§ 21 Abs. 4 Satz 1 REG bestimmte den Vorrang der Söhne eines Bauern aus dessen erster Ehe.[922] Begründet wurde diese Bevorzugung damit, dass die erste Frau „durch ihre Mitarbeit und Beisteuer den größeren Anteil an der Erhaltung des Hofes“ geleistet habe.[923] Der Wortlaut des § 21 Abs. 4 Satz 1 REG war jedoch zu eng gefasst, da diese Bestimmung lediglich für die Söhne aus erster Ehe galt. Auch sollte die Regelung sowohl für den Fall gelten, dass ein männlicher Bauer mehrere Frauen sowie ein weiblicher ‚Bauer' mehrere Männer gehabt hatte.[924] In der Praxis entschieden die Gerichte daher, da die Durchführungsverordnungen der Jahre 1933 und 1934 keine entsprechende Abhilfe gebracht hatten, häufig contra legem.[925]

Um die sich aus dem Widerspruch zwischen Wortlaut einerseits und Entscheidungspraxis andererseits resultierende Rechtsunsicherheit zu beseitigen, schlug das Reichsjustizministerium schließlich im Juli 1936 eine Korrektur des missverständlichen § 21 Abs. 4 Satz 1 REG vor.[926] Das Ergebnis war die Bestimmung des § 7 EHRV. Dieser räumte zum einen den Söhnen aus erster Ehe vor denen aus zweiter Ehe auch dann Vorrang ein, wenn der Erbhof einer Bäuerin gehörte, § 7 Abs. 1 EHRV. § 7 Abs. 2 EHRV schuf zum anderen eine entsprechende Regelung für den Vorrang der Töchter aus erster Ehe vor denen aus

920 Schreiben des OLG-Präsidenten Jena an den RMJ vom 2. Mai 1941, in: BArch R 3001/22169, 272.

921 Schreiben des RMJ an den OLG-Präsidenten Jena, in: BArch R 3001/22169, 273 f.

922 § 21 Abs. 4 Satz 1 REG ging auf die fast wortgleiche Regelung des Art. II § 6 Abs. 3 Satz 5 des REM-Entwurfs vom 19. September 1933 zurück, in: BArch R 3001/Akte 591, 87.

923 Busse, RdRN 1937, 8.

924 Schreiben des REM an Vogels von Ende November 1933, in: BArch R 3001/Akte 593, 50 a.

925 Wöhrmann, 3. Auflage, S. 108, S 315.

926 § 8 des RJM-Entwurfs vom 1. Juli 1936, in: BArch R 3001/22197, 231-248, 234.

zweiter Ehe. § 7 Abs. 3 EHRV dehnte dann diesen Vorrang der Söhne oder Töchter aus erster Ehe auf die übrigen Ordnungen aus. Schließlich beschränkte § 7 Abs. 4 EHRV die Möglichkeit des Erblassers, einen Sohn aus zweiter Ehe gemäß § 25 Abs. 1 Nr. 1 und 2 REG genehmigungsfrei zum Anerben zu bestimmen und somit einen Sohn aus erster Ehe zu übergehen. Eine Zustimmung zur Nichtberücksichtigung eines Sohnes aus erster Ehe war danach nur bei Vorliegen eines wichtigen Grundes mit Zustimmung des Anerbengerichts möglich.[927]

IV. Die Stellung halbbürtiger Geschwister

§ 21 Abs. 4 Satz 2 REG gewährte eine weitere Ausnahme vom Grundsatz des Jüngsten- bzw. Ältestenrecht, indem es den Vorrang der vollbürtigen vor den halbbürtigen Geschwistern des Erblassers festschrieb.[928] Stiefgeschwister kamen, da mit dem Erblasser nicht blutsverwandt, als Anerben ohnehin grundsätzlich nicht in Betracht.[929] Bedeutung für die Anerbenfolge hatte die Norm mithin innerhalb der dritten und der fünften Ordnung.

Als problematisch stellte sich mit der Zeit heraus, dass auch diejenigen halbbürtigen Geschwister, die mit dem Erblasser nicht denjenigen Elternteil gemeinsam hatten, aus dessen Sippe der Erbhof stammte, anerbenberechtigt sein konnten. Mit der Verabschiedung der Erbhoffortbildungsverordnung, die vom „roten Faden“ einer verstärkten Durchführung des Sippenprinzips durchzogen war,[930] wurde diese Anerbenberechtigung durch § 35 Abs. 1 EHFV ausgeschlossen. In Ausnahmefällen konnte der Erblasser mit Zustimmung des Anerbengerichts aber auch diese halbbürtigen Geschwister zu Anerben bestimmen, § 35 Abs. 2 EHFV.

---

927 Die Bestimmung des § 7 Abs. 4 EHRV war im Entwurf des RJM vom 1. Juli 1936 noch nicht vorgesehen gewesen. Erst während der Besprechung über die Entwürfe zum Erbhofrecht am 16. Oktober 1936 war allgemein die Notwendigkeit einer Bestimmung anerkannt worden, die die Übergehung eines Sohnes aus erster Ehe zugunsten eines Kindes aus zweiter Ehe genehmigungspflichtig machte, Vermerke Hopps und Vogels’ zu dieser Besprechung, in: BArch R 3001/22198, 4-30, 7.

928 Der Entwurf des RJM vom 23. September 1933 hatte noch keine dem späteren § 21 Abs. 4 Satz 2 REG entsprechende Bestimmung enthalten, Entwurf des RJM vom 23. September 1933, in: BArch R 3001/Akte 591, 90. Erst § 21 Abs. 4 des gemeinsamen Entwurfes vom 25. September 1933 entsprach dem späteren § 21 Abs. 4 REG, in: BArch R 3001/Akte 591, 92.

929 Baumecker, 4. Auflage, § 21 REG, Rn. 28.

930 Rede Thieracks anläßlich der Verkündung der EHFV auf der Zehnjahresfeier des Reichserbhofgerichts am 1. Oktober 1943, in: BArch R 3001/22170, 180-196, 193.

V. Die rechtliche Stellung von für ehelich erklärten Kindern

Während § 21 Abs. 5 Satz 1 REG die durch die nachfolgende Eheschließung der Eltern anerkannten Kinder den in der Ehe geborenen Kindern gleichstellte, hatten die gemäß §§ 1723 ff. BGB „für ehelich" erklärten Kinder eine schwächere Rechtsposition. Diese ursprünglich unehelichen Kinder des Mannes gingen gemäß § 21 Abs. 5 Satz 2, Hs. 1 REG den ehelichen Kindern beider Elternteile innerhalb derselben Ordnung in der Anerbenfolge nach.[931]

Die anfänglichen Planungen des Reichsernährungsministeriums hatten diesbezüglich sogar das Ziel gehabt, die Voraussetzungen für die Ehelichkeitserklärung von unehelichen Bauernsöhnen gegenüber den BGB-Regelungen aufzuweichen. Denn während nach §§ 1723, 1726 BGB eine Ehelichkeitserklärung von unehelichen Kindern nur mit Zustimmung der Ehefrau geschehen konnte, sollten nach dem Ausgangsentwurf vom 19. September 1933 uneheliche Söhne eines Bauern allein auf dessen Antrag hin vom Anerbengericht für ehelich erklärt werden können. Dieser Antrag hätte allerdings zusätzlich der Zustimmung des jeweiligen Landesbauernführers bedurft.[932]

Die einer solchen Bestimmung innewohnende offene Zurücksetzung der Ehefrau des Bauern stieß jedoch bei der Besprechung vom 21. September 1933 auf den ausdrücklichen Widerstand Gürtners, der sich für die Beibehaltung des Zustimmungserfordernisses der Bäuerin bei der Ehelichkeitserklärung stark machte, da man ansonsten „die Familie dem Züchtungsgedanken" opfere. Die geplante Vorschrift bedeutete nach Gürtners Ansicht „ein Privileg des Ehebruchs." Lieber solle man die Unfruchtbarkeit als Ehescheidungsgrund einführen: „Im Übrigen sei keineswegs gesagt, daß die Bäuerin die Zustimmung stets verweigern werde. Es sei möglich, daß die Anschauungen sich wandeln und daß die Zustimmung sogar die Regel werde."

Darré versuchte, die Einwendungen Gürtners mit dem Hinweis auf die geplante Zustimmung des Landesbauernführers zu entkräften. Dieser werde eine Zustimmung nur in den Fällen erteilen werde, wo ein ehelicher Sohn nicht vorhanden oder unter das Sterilisationsgesetz falle. Er solle sowohl die rassischen als auch die Familieninteressen wahrnehmen. Schlegelberger machte einen vermittelnden Vorschlag, indem er darauf hinwies, dass es wohl genüge, wenn das uneheliche Kind anerbenfähig gemacht werde, man auf eine Legitimierung des Kindes durch Ehelichkeitserklärung aber verzichten solle. Im Ergebnis einigte man sich zumindest darauf, auf Antrag des Bauern und mit Zustimmung von

931 Vgl. hierzu auch Baumecker, 4. Auflage, § 21 REG, Rn. 32 f.

932 Art. II § 6 Abs. 3 Satz 2 des Entwurfs vom 19. September 1933, in: BArch R 3001/Akte 591, 87.

Landesbauernführer und Anerbengericht die Bestimmung eines unehelichen Sohn zum Anerben zuzulassen.[933]

Dieses Verhandlungsergebnis wurde schließlich, wenn auch unter der Maßgabe, dass Söhne oder Sohnessöhne bei der Bestimmung eines unehelichen Sohnes nicht vorhanden sein durften, im § 25 Abs. 2 REG umgesetzt. Eine vereinfachte Ehelichkeitserklärung unehelicher Kinder kam jedoch nicht zustande.

VI. Die erbrechtliche Stellung unehelicher Kinder

Ein uneheliches Kind einer Mutter hatte nach § 1705 BGB die rechtliche Stellung eines ehelichen Kindes. Es wurde grundsätzlich von der Anerbenordnung erfasst, war jedoch gemäß § 21 Abs. 5, Satz 2, 2. Hs. REG erst hinter sämtlichen ehelichen Kindern zum Anerben berufen. Ein unehelicher Sohn einer Erbhofbäuerin ging somit sowohl den ehelichen Söhnen der ersten Anerbenordnung, als auch den ehelichen Töchtern der vierten Anerbenordnung nach. Auf der anderen Seite war er aber vor den Anerbenberechtigten zweiter und dritter Ordnung zur Anerbfolge berufen, da er nur den ehelichen Kindern nachgehen sollte.

Zu zweifelhaften Ergebnissen führt diese gesetzliche Regelung dann, wenn es neben einem unehelichen Sohn erster Ordnung noch eine eheliche Tochter vierter Ordnung und einen Bruder der Bäuerin dritter Ordnung gab. Denn gemäß des Gesetzes ging in solchen Fällen zwar der uneheliche Sohn grundsätzlich den ehelichen Töchtern nach. Andererseits war aber der Bruder der Bäuerin, jedenfalls wenn keine Übergangsregelung griff, vor der ehelichen Tochter zur Anerbfolge berufen. Diesem Bruder ging nun wiederum der uneheliche Sohn grundsätzlich vor, da dieser ja nach dem Wortlaut nur den ehelichen Kindern nachzugehen hatte.[934] Das Reichserbhofgericht löste den Fall zwar dahingehend, dass der uneheliche Sohn der ehelichen Tochter schlechthin nachgehen sollte.[935] An der Tatsache, dass es sich bei der Regelung des § 21 Abs. 5 Satz 2 um eine gesetzliche Fehlkonstruktion handelte, änderte dieses aber nichts.

Bei unehelichen Kindern des Vaters griff der bereits erwähnte § 25 Abs. 2 REG.

933 Protokoll Vogels' zur Besprechung vom 21. September 1933, in: BArch R 3001/Akte 591, 93. Vgl. außerdem § 18 Abs. 5 des RJM-Entwurfs vom 23. September 1933, in: BArch R 3001/Akte 591, 90 und § 21 Abs. 5 Satz 1 REG der Kabinettsvorlage vom 25. September 1933, in: BArch R 3001/Akte 591, 92.

934 Baumecker, 4. Auflage, § 21, Rn. 35 f.

935 REHGE 3, 397.

VII. Die Rechtsstellung angenommener Kinder

Entgegen dem Grundsatz des § 1757 BGB, der adoptierten Kindern die Rechtsstellung ehelicher Kinder einräumte, konnten nach dem Reichserbhofrecht angenommene Kinder nicht zu Anerben werde, § 21 Abs. 6 REG.[936] Nur wenn anerbenberechtigte Personen überhaupt nicht vorhanden waren, konnte ein angenommenes Kind durch Verfügung von Todes wegen zum Anerben bestimmt werden, § 25 Abs. 5 REG. Auch diesen Regelungen lag der Zweck zugrunde, den Verbleib des Erbhofes in der Sippe sicherzustellen.[937]

§ 21 Abs. 6 REG wurde durch die Durchführungsverordnungen ergänzt und abgemildert: Zunächst brachte die Übergangsvorschrift des § 63 DVO. I eine Ausnahme für vor dem 1. Oktober 1933 adoptierte Kinder, indem zumindest diese in der Anerbenfolge den ehelichen Kindern wieder gleichgestellt wurden.[938] Auf Vorschlag des Reichsjustizministeriums[939] ergänzte man § 63 DVO. I durch § 7 DVO. II, wonach auch für den nächsten auf das Inkrafttreten des Gesetzes folgenden Erbfall ein adoptiertes Kind zum Anerben bestimmt werden konnte. Erforderlich war hierfür allerdings eine Zulassung durch das Anerbengericht. Auch musste das Kind – eine Voraussetzung, die auf eine Forderung des Reichsernährungsministeriums zurückging[940] – bei Inkrafttreten des Gesetzes bereits längere Zeit wie ein Kind im Hause des Bauern gelebt haben. § 4 DVO. III bestimmte schließlich, dass bei Ehegattenerbhöfen der Tod des überlebenden Ehegatten als erster Erbfall angesehen werden sollte.[941]

§ 47 EHRV fasste diese Durchführungsverordnungsbestimmungen zusammen.[942] Neu eingeführt wurde die Regelung des § 47 Abs. 4 EHRV, wonach ein angenommenes Kind wie ein eheliches Kind des Annehmenden wiederum selbst beerbt werden konnte. Dem lag der Zweck zugrunde – abweichend von der Regelung des § 1759 BGB, wonach es kein Erbrecht des Annehmenden gegenüber

---

936 § 21 Abs. 6 REG ging wortwörtlich auf Art. II § 6 Abs. 3 Satz 4 des Entwurfs des REM vom 19. September 1933 zurück, in: BArch R 3001/Akte 591, 87.

937 Baumecker, 4. Auflage, § 47 EHRV, Rn. 1.

938 Voraussetzung für die Anwendung der Ausnahmebestimmung des § 63 DVO. I war jedoch, dass das Kind am 1. Oktober 1933 bereits voll angenommen, also der Annahmevertrag gemäß § 1754 Abs. 1 BGB bereits rechtskräftig bestätigt worden war.

939 § 6 des DVO. II-Entwurfs des RJM zur DVO. II, dem REM (Harmening, Saure, Johae) am 24. November 1933 übersandt, Schreiben in: BArch R 3001/Akte 593, 28.

940 Schreiben des REM an Vogels von Ende November, in: BArch R 3001/Akte 593, 50 b.

941 § 4 DVO. III ging auf einen Entwurf des RJM zurück, der dem REM als Anlage zu einem Schreiben vom 20. April 1934 übersandt worden war, in: BArch R 3001/Akte 596, 37 f.

942 § 47 Abs. 1 EHRV übernahm im Wesentlichen die Bestimmung des 63 DVO. I, § 47 Abs. 2 EHRV entsprach weitestgehend dem § 7 DVO. II und § 47 Abs. 3 EHRV umfasste den Regelungsinhalt des § 4 DVO. III.

dem adoptierten Kind gab – zu vermeiden, dass der Hof an Verwandte des angenommen Kindes fiel und somit der Sippe des Erblassers verloren ging.[943]

In der Folgezeit erwies sich jedoch die Beschränkung der anerbrechtlichen Gleichstellung adoptierter Kinder auf den ersten Erbfall nach Erbhofentstehung als nicht ausreichend. So kam beispielsweise die Bestimmung eines angenommenen Kindes zum Anerben dann nicht in Betracht, wenn der Hof auf den Sohn eines Bauern erst nach Erlangung der Erbhofeigenschaft übergegangen war und dieser dann selbst wiederum sein adoptiertes Kind zum Anerben einsetzen wollte. Insbesondere für diese Fälle wurde gefordert, den § 47 Abs. 2 EHRV „in ähnlicher Weise, wie solches durch die Verordnung vom 26. April 1939 für den § 48 geschehen ist", auf den zweiten Erbfall auszudehnen.[944]

Auch zeigte sich, dass der Auschluss adoptierter Kinder von der Anerbenfolge mit den bevölkerungspolitischen Zielen des NS-Regimes in Widerspruch geriet. So stellte das Landesjugendamt Berlin in einem Schreiben an den Reichsinnenminister Anfang 1941 fest, dass die bisher bestehenden Regelungen nicht ausreichend seien.[945] Das bestehende Reichserbhofrecht habe dazu geführt, dass die Adoption durch Erbhofeigentümer unmöglich geworden sei, da adoptierte Kinder kein Erbrecht am Erbhof hatten und ihnen auch die Rechte nach § 30 REG auf Versorgung nicht zustanden. In diesem Zusammenhang empfänden es die Erbhofbauern als untragbar, hierdurch praktisch von der Adoption von Kindern ausgeschlossen zu sein. Das Landesjugendamt trat daher dafür ein, diese Härten für beide Teile wenigstens dahingehend zu mildern, ein adoptiertes Kind dann mit Zustimmung des Anerbengerichts zur Erbfolge berufen zu können, wenn es – ganz allgemein – längere Zeit vor dem Erbfall wie ein Kind im Hause gelebt habe. Des Weiteren wurde vorgeschlagen, bei der Anwendung des § 37 Abs. 2 REG das Vorhandensein eines erbgesunden und bauernfähigen Adoptivkindes als wichtigen Grund für die Veräußerung oder Belastung zu Gunsten des Adoptivkindes anzusehen.[946]

Das Reichsjustizministerium trat dem Ansinnen des Landesjugendamtes jedoch in weiten Teilen entgegen. Zwar gestand man ein, dass der Ausschluss adoptierter Kinder von der Anerbfolge die Vermittlung von Kindesannahmen

943 Baumecker, 4. Auflage, § 21 REG, Rn. 40.

944 Vgl. bzgl. eines Falls aus dem Jahr 1940, Vermerk des RJM, in: BArch R 3001/22169, 68.

945 Vgl. zur Frage der Besserstellung von angenommenen Kindern im Erbhofrecht auch das Schreiben des „Deutschen Vereins für Öffentliche und Private Fürsorge" an Vogels vom 12. August 1941 mit Bitte um Stellungnahme zum anliegenden Artikel „Adoptionsvermittlung an Erbhofbauern", in: BArch R 3001/22169, 336-341.

946 Schreiben des Landesjugendamtes der Reichshauptstadt Berlin an den Reichsminister des Inneren vom 20. Februar 1941, weitergeleitet an den Reichsminister der Justiz am 20. März 1941, in: BArch R 3001/22169, 259 f.

erschweren könne. Eine „Lockerung“ der bestehenden Vorschriften wurde jedoch nicht in Aussicht gestellt. Die Anregung, die Vorschrift des § 47 EHRV zu erweitern, beruhte nach Ansicht des Reichsernährungsministeriums auf einer Verkennung des Ausnahmecharakters dieser nur für Übergangsfälle geschaffenen Regelung. Der in § 21 Abs. 6 REG festgelegte Grundsatz, dass an Kindes statt angenommene Personen nicht zur Anerbenfolge berufen seien, sei der „natürliche Niederschlag“ des durch das Erbhofrecht verwirklichten Gedankens der Bindung von Blut und Boden. Die in § 47 EHRV für gewisse Übergangsfälle zugelassene Durchbrechung dieses Grundsatzes beruhe lediglich auf einem Zugeständnis an die beim Inkrafttreten des neuen Rechts vorhanden gewesene Sachlage, die „als das Ergebnis einer im früheren Denken wurzelnden Entwicklung vorgefunden“ worden sei und „denen gegenüber die uneingeschränkte Durchführung der Grundsätze des Erbhofrechts bei einer ganzen Anzahl von Höfen möglicherweise zu schweren Erschütterungen bäuerlichen Lebens hätte führen können.“ Diese Bedeutung der Vorschriften des § 47 EHRV schließe es aber aus, eine Erweiterung der darin enthaltenen Ausnahmeregel für künftige Fälle der Annahme an Kindes statt in Erwägung zu ziehen.[947]

In § 36 EHFV wurde schließlich zumindest – in Ergänzung des § 47 Abs. 4 EHRV – die Anerbenfolge der Seitenverwandten des angenommenen Kindes neu geregelt. Dieses entsprach dem der Erbhoffortbildungsverordnung innewohnenden Grundsatz der verstärkten Durchführung des Sippenprinzips. Die leiblichen Seitenverwandten des Angenommen waren hiernach nun, wenn Abkömmlinge des Angenommenen und Anerbenberechtigte nach dem Angenommenen aus der Sippe des Annehmenden nicht vorhanden waren, nur dann zur Anerbenfolge berufen, sofern sie auch nach dem Annehmenden anerbenberechtigt gewesen wären, § 36 Abs. 1 EHFV. Allerdings konnte der Angenommene seine leiblichen Geschwister, deren Söhne und Sohnessöhne in besonderen Ausnahmefällen mit Zustimmung des Anerbengerichts zum Anerben bestimmen. Dieses war dann möglich, wenn er selbst keine bauernfähigen Abkömmlinge hatte, der Annehmende nicht mehr am Leben oder nicht bauernfähig war und wenn nach den besonderen Umständen des Falles das Festhalten an der Anerbenfolge in der Hofessippe für den zum Anerben bestimmten leiblichen Seitenverwandten des Erblassers eine unbillige schwere Härte bedeutet hätte, § 36 Abs. 2 Satz 1 EHFV. Das Anerbengericht hatte vor seiner Entscheidung den Landesbauernführer zu hören.

947 Antwortschreiben des Reichsministers der Justiz an den Reichsminister des Inneren vom 10. April 1941, in: BArch R 3001/22169, 262-265.

VIII. Die anerbrechtliche Generalklausel

1. Härtefallklausel des § 54 EHRV

Im August 1935 regte Saure die Schaffung einer Generalklausel zur Beseitigung „allgemein als unbillig empfundener Fälle der Anerbenfolge" an. Ausgangspunkt seines Vorschlages war zum einen die vermeintliche Beobachtung, dass die gesetzliche Anerbenordnung nicht immer den geeigneten Anerben traf. Das Bestimmungsrecht des Bauern, das im Einzelfall die „gerechte" Auswahl möglich machen sollte, ließ nach seiner Ansicht dann eine Lücke, wenn der Bauer nicht testierte. Die Einsetzung des gesetzlichen Anerben könnte dann zu Härtefällen führen. Zum anderen sollte eine solche Generalklausel auch dann greifen, wenn der Bauer von seiner Testierfreiheit in einer dem Sinn und Zweck des Erbhofrechts widersprechenden Weise Gebrauch machte. Einen Missbrauch nahm Saure insbesondere in den Fällen an, in denen die zum Anerben bestimmte Person zwar noch nicht bauernunfähig im Sinne des § 21 Abs. 1 REG, gleichwohl aber „erblich belastet" bzw. mit einer „erbkranken" Person verheiratet war und durch die Einsetzung eines solchen Anerben eine „erbgesunde" Person benachteiligt wurde.[948]

Auch in der Zurücksetzung einer Person, die dauerhaft auf dem Hof gearbeitet hatte oder bei Verfügungen nach einer zweiten Eheschließung sah er die Gefahr von Unbilligkeiten. Die einzuführende Generalklausel sollte, so Saure,
„die Testierfreiheit des Bauern (...) an sich unberührt lassen, jedoch eine Handhabe gegen einen offenkundigen Mißbrauch dieser Freiheit gewähren, dem auch durch die sonstigen Bestimmungen des Reichserbhofgesetzes, insbesondere über die Bauernfähigkeit, nicht anderweitig begegnet werden kann. (...) Man könnte z. B. an die Klausel denken, daß das Anerbengericht auf Antrag des Landesbauernführers innerhalb der Grenzen der gesetzlichen Anerbenordnung einen anderen Anerben bestimmen kann, wenn die gesetzliche oder testamentarische Anerbenfolge allgemein als unbillig oder schädlich empfunden werden muß."

Saure rechtfertigte seinen Vorschlag, nach welchem die Anerbenfolge letztlich unter die vollkommene Kontrolle des nationalsozialistischen Staates gestellt werden konnte, auch mit dem Hinweis auf die Ermöglichung erhöhter Flexibilität und Auslese im Rahmen der Anerbenfolge: „Die vorgeschlagene Regelung sollte damit auch der Tatsache gerecht werden, dass der Anerbe – anders als der BGB-Testamentserbe – eine Verantwortung gegenüber der Volksgemeinschaft übernehmen musste. Die Generalklausel würde einen bei der Bestimmung des Anerben möglichen Mißbrauch verhüten und zu der gesetzlichen Erbfolge nach festem Brauch eine Ergänzung für Sonderfälle bilden. Auf diese Weise würde

948 Schreiben Saures an Vogels vom August 1935, in Barch, R 3001/22196, 3-17, 8. Vorgeschlagene Fassung als Anlage 4 zu diesem Schreiben, in: BArch R 3001/22196, 44-52, 45 f.

das wichtigste im ganzen Erbhofrecht, die Anerbenfolge, nicht starr, sondern im Sinne des Auslesegedankens elastisch gestaltet sein.“[949]

Das Reichsjustizministerium stand der von Saure vorgeschlagenen Regelung zunächst jedoch sehr skeptisch gegenüber. Dementsprechend wurde sein Vorschlag auch im Entwurf vom 13. Januar 1936 nicht umgesetzt,[950] was in der anschließenden Besprechung vom 29. Januar 1936 von den Vertretern des Reichsernährungsministeriums ausdrücklich bemängelt wurde.[951]

Um der Forderung nach einer Generalklausel Nachdruck zu verleihen, legte das Reichsernährungsministerium durch Johae im Anschluss an diese Besprechung auch einen weiteren Entwurf einer Generalklausel vor. Nach diesem sollte bei einer gesetzlichen oder gewillkürten Anerbfolge, die „allgemein von den Standesgenossen als ungerecht und dem Zweck des Gesetzes widersprechend empfunden“ wurde und bei der „sich insbesondere die Verfügung von Todes wegen (...) als ein Missbrauch des Bestimmungsrechtes“ darstellte, vom Anerbengericht „auf Antrag des Landesbauernführers innerhalb der dem verstorbenen Bauern gesetzten Grenzen“ ein anderer Anerbe bestimmt werden können. Das Anerbengericht sollte dabei an die Reihenfolge der gesetzlichen Anerbenordnung nicht gebunden sein und auch eine Bestimmung über die Anerbfolge treffen können, die nur gemeinsam von dem verstorbenen Bauern und dessen Ehegatten in einem Erbvertrag oder gegenseitigem Testament möglich gewesen war. Auch sollte es dem Anerbengericht ermöglicht werden, „auf Antrag des Landesbauernführers innerhalb der dem verstorbenen Bauern gesetzten Grenze auch eine Verwaltung und Nutzniessung des Erbhofes anzuordnen, wenn dies zum Besten des Hofes oder zur Vermeidung besonderer Härten als dringend geboten“ erschien.[952]

In der angefügten umfassenden Begründung wiederholte und ergänzte das Reichsernährungsministerium die im August 1935 von Saure angeführten Argumente zugunsten einer Bestimmung des Anerben durch das Anerbengericht in solchen Härtefällen, die „als ungerecht und den Grundgedanken des Erbhofrechts widersprechend empfunden“ wurden.[953] Auch erläuterte man, dass die gesetzliche Anerbenordnung des § 20 REG zu nicht hinnehmbaren Verwerfungen führen könne, da sie den Nachteil habe, die Besonderheit des Falles nicht zu berücksichtigen. Dieses könne in vielen Fällen zwar in Kauf genommen werden,

949 Schreiben Saures an Vogels vom August 1935, in: BArch R 3001/22196, 3-17, 8. Vorgeschlagene Fassung als Anlage 4 zu diesem Schreiben, in: BArch R 3001/22196, 44-52, 49 ff.

950 Vgl. Entwurf des RJM vom 13. Januar 1936, in: BArch R 3001, 22196, 93-112.

951 Vermerk Vogels’ zu dieser Besprechung, in: BArch R 3001/22196, 113 f.

952 Entwurf eines § 28a REG (Bestimmung des Anerben und Anordnung der Verwaltung und Nutzniessung durch das Anerbengericht), in: BArch R 3001/22196, 129.

953 Begründung zum Entwurf eines § 28 a REG, in: BArch R 3001/22196, 130-138, 130 f.

allerdings werde es aber auch Fälle geben, die immer wiederkehrten und wo man eingreifen müsse. Daneben verdeutlichte das Reichsernährungsministerium, dass es alternativ in Erwägung zog, die Bauernfähigkeit zur Voraussetzung für die Wirksamkeit von Verfügungen von Todes wegen zu machen, um bei einem Missbrauch der Testierfreiheit über den Weg einer nachträglichen Entziehung der Bauernfähigkeit des Erblassers die Unwirksamkeit der Verfügung von Todes wegen herbeizuführen: „Würde man für die Wirksamkeit der Verfügung von Todes wegen im Erbhofrecht zur Voraussetzung machen, dass der Testierende im Zeitpunkt der Errichtung bauernfähig gewesen ist und würde man einen solchen Bauern, der eine nach allgemeinem Empfinden unbillige und durch die Sorge um den Hof nicht gerechtfertigte Verfügung getroffen hat, nachträglich die Bauernfähigkeit absprechen, so könnte man auf diesem Wege einer Verfügung von Todeswegen, die einen offenbaren Missbrauch der Testierfreiheit enthält und von allen Dorfgenossen und übrigen Verwandten als unbillig empfunden wird, die Wirksamkeit nehmen. Es steht aber dahin, ob die dann eintretende gesetzliche Regelung (Ältesten- oder Jüngstenrecht) eine bessere Auswahl verbürgen würde.“ Gegenüber den vom Reichsjustizministerium geäußerten Bedenken, dass man durch die Möglichkeit einer Nachprüfung von letztwilligen Verfügungen die Rechtssicherheit gefährde und die Bauern im Ungewissen über den rechtlichen Bestand der letztwilligen Verfügungen lasse, betonte das Reichsernährungsministerium die grundsätzliche Sippenbindung des Erbhofbauern: „Dagegen ist hervorzuheben, dass die Gewissheit des Bauern nicht allein auf der unumschränkten Gültigkeit seines Testaments beruhen darf, sondern vor allem darauf, dass er eine dem Hof und damit auch der Sippe nützliche und dienende Bestimmung getroffen hat. Dann braucht er aber nicht zu befürchten, dass sie auf Antrag des Landesbauernführers als ungerecht vom bäuerlichen Gericht beiseite geschoben wird.“[954]

Das Reichsjustizministerium gab dem Drängen des Reichsernährungsministeriums jedoch nicht nach und lehnte die vorgeschlagene Generalklausel nach wie vor aus Gründen der Rechtssicherheit ab. Entsprechend betonte Johae, nachdem Vogels in den Entwurf zur Vierten Durchführungsverordnung vom 6. März 1936[955] wiederum keine Generalklausel eingearbeitet hatte, in der mit Hopp geführten Unterredung vom 26. März 1936, „daß man um der Gerechtigkeit willen den Gedanken der Rechtssicherheit zurückstellen müsse. Wenn man das Antragsrecht in die Hand des Reichsbauernführers lege oder gar auf die Ein-

954 Begründung zum Entwurf eines § 28a REG, in: BArch R 3001/22196, 130-138, 133-136.

955 Vgl. Entwurf von Vogels vom 2. April 1936 zu einer DVO. IV, in: BArch R 3001/22196, 383-429.

schaltung der Ministerialinstanzen abstelle, sei eine Gefährdung der Rechtssicherheit nicht zu besorgen."[956]

Auch auf der Besprechung am 2. April 1936 war die Generalklausel Gegenstand längerer Erörterungen. Vogels verwies erneut auf die Gefahren, die sich „aus der bloßen Festlegung einer solchen Bestimmung" ergeben könnten: „Selbst wenn man davon ausgehe, daß in der praktischen Durchführung einer solchen Vorschrift nur Fälle erfaßt würden, bei denen eine Änderung der Anerbenfolge im Einzelfalle wirklich erwünscht sei, so sei damit doch nicht die mögliche Beeinträchtigung des Familienfriedens in zahlreichen anderen Fällen ausgeräumt."

Saure ließ angesichts dieses Widerstandes von Vogels schließlich von seiner Forderung, Eingriffe in die gewillkürte Anerbenordnung zuzulassen, ab. Er betonte jedoch weiterhin die Notwendigkeit einer Generalklausel „für diejenigen Fälle, in denen offensichtlich und in einer jeden Zweifel ausschließenden Weise durch bestimmte Tatsachen nach außen erkennbar geworden sei, daß der Bauer und alle Beteiligten eine andere Person zum Anerben ausersehen hatten, in denen aber dieser Wille des Bauern in rechtswirksamer Form nicht zur Erklärung gelangt sei. Wenn man hier lediglich dem Reichsbauernführer ein Antragsrecht zubillige und die Entscheidung im ersten Rechtszuge den Erbhofgerichten übertrage, so dürfte damit eine Lösung geschaffen sein, die wirklich gerechte Entscheidungen ermögliche, ohne die Rechtssicherheit zu gefährden." Kloepfer hielt vor diesem Hintergrund die Einführung einer Generalklausel „für vertretbar", und wies diesbezüglich „auf die an den Führer gelangenden Einzelbeschwerden" hin, „die sich gerade mit derartigen Härtefällen beschäftigten und verhinderten, daß das Erbhofrecht allgemeine Anerkennung bei den Beteiligten fände." Den Einwand, dass solche Härtefälle immer möglich gewesen seien, wies er mit dem Hinweis zurück, „daß im übrigen Recht Regelungen des Einzelfalles im Wege der Vereinbarung der Beteiligten möglich seien, unter der Geltung des Erbhofrechts dagegen nicht." Im Ergebnis der Besprechung konnte allerdings keine Einigung erzielt werden, da das Reichsjustizministerium bei seinem grundsätzlichen „Nein" blieb.[957]

Am 14. Mai 1936 legte Johae daraufhin einen weiteren Entwurf einer Generalklausel im Rahmen einer „Ausführungsvorschrift zu § 28 des Gesetzes" vor, die auf den Fall, „dass die mangels einer Verfügung von Todes wegen kraft Gesetzes eingetretene Erbfolge in den Erbhof offensichtlich dem Zweck und den Grundgedanken des Gesetzes gröblich widersprach und allgemein als ungerecht angesehen wurde", beschränkt war. Von dem Vorhaben, auch in eine durch Verfügung von Todes wegen bestimmte Anerbfolge einzugreifen, hatte sich das

956 Hopps Vermerk zu dieser Unterredung, in: BArch R 3001/22196, 438 f.
957 Vermerk Hopps zu dieser Besprechung, in: BArch R 3001/22196, 442-449, 448 f.

Reichsernährungsministerium damit als Folge der Verhandlungen vom 2. April 1936 verabschiedet.[958]
Trotz dieses Entgegenkommens rückte das Reichsjustizministerium von seiner Position einer grundsätzlichen Ablehnung einer Generalklausel immer noch nicht ab. So enthielt der Entwurf einer Erbhofergänzungsverordnung vom 1. Juli 1936 keine entsprechende Bestimmung, was Saure in seiner diesbezüglichen Stellungnahme vom 28. Juli 1936 zu folgendem Kommentar veranlasste:

„Das Für und Wider einer derartigen Bestimmung ist zwischen den beiderseitigen Sachbearbeitern bereits eingehend erörtert worden. Ich verkenne keineswegs die Ihrerseits geltend gemachten Bedenken, denen jedoch meines Erachtens dadurch begegnet werden kann, dass ein entsprechendes Antragsrecht nur dem Reichsbauernführer zusteht. Aeusserstenfalls könnte man auch in Erwägung ziehen, dass das Reichserbhofgericht als erste und letzte Instanz entscheidet. Ich halte es jedoch im Bereich des Bauernrechts für unerträglich, dass die mechanische Anwendung des Gesetzes in Verbindung mit den Vorschriften des bürgerlichen Rechts über Testamente usw. mitunter zu Ergebnissen führen kann, die jedem gesunden Rechtsgefühl widersprechen und geradezu Empörung hervorrufen. [...] Es muss meines Erachtens möglich sein, hier unter Einbau aller auch nach meiner Auffassung unerlässlichen Sicherungen eine Handhabe zu schaffen, die dem Gedanken der Gerechtigkeit den Vorrang vor allen sonstigen Erwägungen gibt."[959]

Erst im Rahmen der Besprechungen vom 16. und 23. Oktober 1936 zeichnete sich – wenn auch in eingeschränkter Form – eine Einigung in der Generalklausel-Frage ab. Ihre endgültige Klärung sollte allerdings den jeweiligen Ministern im Rahmen einer Chefbesprechung vorbehalten bleiben.[960] Dementsprechend enthielt § 54 des Entwurfs von Mitte November 1936 eine die Abweichung von der gesetzlichen Anerbenfolge ermöglichende Härteklausel. Nach dieser sollte der Reichsjustizminister im Einvernehmen mit dem Reichsernährungsminister auf Antrag des jeweiligen Landesbauernführers hin einen anderen Anerben bestimmen können, § 54 Abs. 1 des Entwurfs. Entsprechendes sollte auch beim Übergang eines Erbhofs in den Fällen des § 22 Abs. 3 REG gelten, wobei die für den Antrag des Landesbauernführers vorgesehene Frist mit dem Zeitpunkt beginnen sollte, in dem die Übernahmeerklärung des Anerben beim Anerbengericht einging, § 54 Abs. 2 des Entwurfs. Keine Anwendung der Härtefallklausel war allerdings für die Erbfälle vorgesehen, die vor dem Inkrafttreten der Erbhofrechtsverordnung stattgefunden hatten. Hiervon sollten allerdings wiederum auf Antrag des Reichsbauernführers bei solchen Erbfällen, die

958 Entwurf einer Ausführungsvorschrift zu § 28 REG, in: BArch R 3001/22197, 41 f.
959 Schreiben Saures an das RJM vom 28. Juli 1936, in: BArch R 3001/22197, 421-451, 443 f.
960 Vermerk Hopps, in: BArch R 3001/22198, 4-30, 12 f.

in dem Zeitraum zwischen dem 1. Oktober 1934 und dem Inkrafttreten der Erbhofrechtsverordnung eingetreten waren, Ausnahmen möglich sein. Dieser Antrag war spätestens binnen drei Monaten nach dem Inkrafttreten der Erbhofrechtsverordnung zu stellen, § 54 Abs. 3 des Entwurfs.[961]

Bei der Chefbesprechung am 21. November 1936 meldete Gürtner jedoch wieder grundlegende Bedenken gegenüber der Härtefallklausel an und betonte, „daß er sich zu einer Abänderung der gesetzlichen Anerbenfolge im Einzelfalle nur schwer entschließen könne. Er halte den § 54 des Entwurfs nur für eine kurze Übergangszeit, die bis zum 31. Dezember 1938 zu bemessen sei, tragbar. In der Zwischenzeit könne in geeigneter Weise durch Aufklärung dafür gesorgt werden, daß die Bauern ihre Scheu vor dem Testieren aufgeben.“[962] Im Ergebnis beschloss man daher, die Geltung der Härteklausel auf die Dauer von zwei Jahren, also bis zum 31. Dezember 1938, zu begrenzen. Gürtner hob in diesem Zusammenhang zusätzlich hervor, dass er eine spätere Verlängerung dieser Frist unter keinen Umständen in Aussicht stellen könne.[963]

Entsprechend trat die Generalklausel im § 54 EHRV schließlich mit einer zeitlichen Beschränkung in Kraft, die nicht nur gegen den Willen des Reichsernährungsministeriums durchgesetzt worden war, sondern auch von Seiten des Stellvertreters des Führers ausdrücklich kritisiert und nur deshalb hingenommen worden war, „um die Verabschiedung der Entwürfe nicht zu erschweren.“[964]

2. *Die Verlängerung der Geltungsdauer*

Sowohl Stellen des Reichsnährstandes als auch das Reichsernährungministerium selbst setzten sich in der Folgezeit für eine Aufhebung der von Gürtner durchgesetzten zeitlichen Befristung der Generalklausel ein.[965] Nach anfänglichen Be-

---

961 § 54 des RJM-Entwurfs von Mitte November 1936, in: BArch R 3001/22198, 143-187, 185 f.

962 Vermerk von Vogels zur Chefbesprechung vom 21. November 1936, in: BArch R 3001/22199, 127-130, 128.

963 Vermerk Hopps zur Chefbesprechung vom 21. November 1936, in: BArch R 3001/22199, 123 f. Die Ergebnisse dieser Besprechung in Bezug auf § 54 EHRV sind zu finden in einer Zusammenstellung von Hopps vom 23. November 1936, in: BArch R 3001/22199, 131-134, 132.

964 Vermerk Hopps vom 25. November 1936 zu den Besprechungen mit „den Herren des Ministeriums Heß“ am 24. November 1936 in München, in: BArch R 3001/22199, 142-147, 145.

965 So wurde bereits auf der Schulungstagung des Reichsnährstandes Anfang 1937 in Goslar die Forderung erhoben, die Bestimmung des § 54 EHRV zu einer Dauervorschrift zu machen. Hopp, der an dieser Tagung teilnahm, trat diesem Ansinnen mit dem Argument entgegen, dass der § 54 EHRV „nicht Kampfmittel gegen das gesetzliche Erbrecht werden dürfe“ und wies auch hier auf die Gefahren hin, „die eine zu häufige Anwendung der Bestimmung für das Rechtsbewußtsein der bäuerlichen Bevölkerung und die Stabi-

denken auf Seiten des Reichsjustizministeriums gelangte im April 1938 auch Hopp zu der Überzeugung, dass sich „eine weitergehende allgemeine gesetzliche Regelung, dic das Entstehen der Fälle verhindert, nicht finden“ lasse. Das Verfahren nach § 54 EHRV habe sich, so stellte er fest, als „sehr brauchbar erwiesen, um befriedigende Lösungen zu schaffen, die auch dem Grundgedanken des Erbhofrechts gerecht“ würden. Hopp stimmte daher einer Verlängerung der Geltungsdauer des § 54 EHRV zu, sperrte sich jedoch weiterhin gegen eine Dauerbestimmung, da die bisherigen Erfahrungen noch nicht mit Sicherheit erwiesen hätten, „daß man eine solche Härteklausel für alle Zeiten braucht.“[966] Dem vor diesem Hintergrund von Hopp ausgearbeitete Entwurf einer entsprechenden Verordnung,[967] die die Frist des § 54 Abs. 4 EHRV bis ins Jahr 1940 verlängerte, stimmte schließlich auch Vogels zu.[968]

Neben der Geltungsdauer des § 54 Abs. 4 EHRV stellte aber auch die auf drei Monate beschränkte Antragsfrist des § 54 Abs. 1 EHRV ein praktisches Problem dar. So machte unter anderem das Verwaltungsamt des Reichsbauernführers darauf aufmerksam, dass in allen Landesbauernschaften Einzelfälle bekannt geworden seien, bei denen der erforderliche Antrag nach § 54 Abs. 1 EHRV nicht mehr fristgemäß gestellt werden konnte. Es regte daher an, im Rahmen der erforderlichen Verlängerung der Geltungsdauer des § 54 EHRV auch gleichzeitig die Antragsfrist des § 54 Abs. 1 EHRV von 3 Monaten auf ein Jahr zu verlängern.[969] Diesem Ansinnen schloss sich auch Harmening an, der allerdings eine Verlängerung der Antragsfrist des § 54 Abs. 1 EHRV auf lediglich 6 Monate für ausreichend hielt.[970]

Nachdem das Reichsjustizministerium am 10. November 1938 den entsprechenden Entwurf eines geänderten § 54 EHRV vorgelegt hatte[971] und über diesen in der Ressortbesprechung vom 14. Dezember 1938 Einigkeit festgestellt werden konnte,[972] verlängerte die **Verordnung über Erbhofrecht vom**

---

lität der Hofesbewirtschaftung herbeiführen könne“, Reisebericht Hopps über eine Schulungstagung der Reichsabteilungsleiter der Landesbauernschaften des Reichsnährstandes vom 17. - 20. März 1937 in Goslar, in: BArch R 3001/22167, 269-275, 270 f.

966 Vermerk Hopps vom 4. April 1938, in: BArch R 3001/22168, 178.

967 Dieser Entwurf findet sich in: BArch R 3001/22168, 180.

968 Vermerk des RJM, in: BArch R 3001/22168, 175 f.

969 Schreiben der Rechtshauptabteilung 1 des Verwaltungsamtes des Reichsbauernführers an den RMEL vom 23. September 1938, in: BArch R 3001/22168, 185 f. Beigefügt war ein von der Landesbauernschaft Niedersachsen am 5. September 1938 übersandter Bericht, in dem auch die Verlängerung der Antragsfrist nach § 54 EHRV auf mindestens ein halbes Jahr als zweckmässig erachtet wurde, in: BArch R 3001/22168, 187.

970 Schreiben Harmenings an das RJM, in: BArch R 3001/22168, 188 f.

971 Die Entwürfe mit Begründung finden sich in: BArch R 3001/22168, 193-197, 194, 196.

972 Vermerk zur Ressortbesprechung vom 14. Dezember 1938, in: BArch R 3001/22168, 253.

23. Dezember 1938[973] die Antragsfrist des § 54 Abs. 1 EHRV auf sechs Monate und die Geltungsdauer der Bestimmung im § 54 Abs. 4 EHRV bis zum 31. Dezember 1940.

Doch auch diese Verlängerung der Geltungsdauer des § 54 EHRV erwies sich – gerade hinsichtlich der ab 1939 eintretenden Kriegsfolgen – als nicht ausreichend. Auf Vorschlag Harmenings vom August 1940, der eigentlich für einen völligen Wegfall der Befristung eingetreten war,[974] erklärte sich das Reichsjustizministerium dazu bereit, zumindest einer Verlängerung der Geltungsdauer zuzustimmen.[975] Umgesetzt wurde diese Ankündigung durch die **Verordnung über Erbhofrecht vom 22. Januar 1941**[976], die die Frist des § 54 Abs. 4 EHRV bis zum 31. Dezember 1945 ausdehnte.

Nachdem dann im Februar 1943 auf der in Salzburg stattfindenden Erbhofrechtstagung eine Änderung des § 54 EHRV als „dringend notwendig" erachtet worden war – so hatte der zuständige Referent Etz die Umwandlung des § 54 EHRV in eine Dauerbestimmung vorgeschlagen, die Verlängerung der sechsmonatigen Antragsfrist angeregt und eine Ausdehnung des Kreises der anerbenberechtigten Personen angedacht[977] – fasste § 41 EHFV die Bestimmung des § 54 EHRV entsprechend neu: Neben einer Verlängerung der Antragsfrist des § 54 Abs. 1 EHRV auf ein Jahr und der Erweiterung des bei der Anerbenbestimmung zu berücksichtigenden Personenkreises ließ man schließlich die zeitliche Befristung des § 54 Abs. 4 EHRV ganz entfallen. Damit einhergehend wurde durch § 34 EHFV die den § 54 EHRV ergänzende Bestimmung des § 54 a EHRV eingefügt, nach der nun auch Sohnestöchter zur bevorzugten Anerbenfolge bestimmt werden konnten.[978]

E. Der Austausch eines Erbhofes

I. Ausscheiden eines Erbhofeigentümers bei bestehendem Eigentum

Ein Bauer sollte in der nationalsozialistischen Volksordnung grundsätzlich nicht mehrere Erbhöfe besitzen. Daher bestimmte § 22 Abs. 1 Satz 1 REG, dass derjenige, der bereits Eigentümer eines Erbhofes war, beim Anfall der Erbschaft als

973 RGBl. 1938, Teil I, S. 1921.

974 Schreiben Harmenings an den RMJ vom 15. August 1940, in BArch R 3001/22169, 185.

975 Vermerk des RJM, in: BArch R 3001/22169, 192.

976 RGBl. 1941, Teil I, S. 60.

977 Referat von OLG-Rat Etz („Ehescheidung, Altenteil, Anfall eines weiteren Erbhofs, Abänderung des § 54 EHRV"), in: BArch R 3001/22175, 58.

978 Vgl. zur Begründung des § 34 EHFV, Rede Thieracks anläßlich der Zehnjahresfeier des Reichserbhofgerichts am 1. Oktober 1943, in: BArch R 3001/ 22170, 180-196, 193 f.

Anerbe auszuscheiden hatte.[979] Dieser Ausschluss bezog sich lediglich auf Alleineigentümer, so dass Ehegatten, die Miteigentümer an einem Ehegattenerbhof waren, weiterhin Anerben eines weiteren Erbhofes werden konnten.[980] Des Weiteren stand auch das Eigentum an landwirtschaftlichem Klein- oder Großbesitz, der nicht den Erbhofanforderungen des § 5 REG entsprach, der Anerbenfolge in einen Erbhof nicht entgegen.[981] Dem Ausschluss der Erbhofeigentümer von der Anerbfolge lag die Annahme zugrunde, dass ein Bauer allein mehrere Erbhöfe nicht ordnungsgemäß bewirtschaften könne.[982] Zudem entsprach diese Beschränkung der gesetzgeberischen Zielsetzung, möglichst viele selbständige Bauernstellen zu schaffen.[983]

II. Das Austauschverfahren

Ein Erbhofeigentümer schied allerdings nicht sofort mit Anfall der Erbschaft als Anerbe aus, vielmehr entstand zunächst im Rahmen eines im § 22 Abs. 2, Abs. 3 REG geregelten Austauschverfahrens ein Schwebezustand.[984] Hiernach hatte ein zur Anerbschaft berufener Erbhofeigentümer zunächst das Recht, innerhalb von sechs Wochen nach Kenntniserlangung vom Anfall der Anerbschaft beim zuständigen Anerbengericht die Übernahme des angefallenen Hofes zu erklären, § 22 Abs. 2 REG. In dieser Zeit kam ihm lediglich eine vorläufige Anerbenstellung zu. Erst wenn er innerhalb dieser Frist eine Übernahmeerklärung in der vorgeschriebenen Form nicht abgab, galt er als von der Anerbschaft ausgeschlossen. Erklärte er hingegen die Übernahme, verzichtete er rückwirkend auf seinen eigenen Hof, der automatisch dem nächstberufenen Anerben des Erblassers und nicht den eigenen Abkömmlingen des Austauschenden anfiel, § 22 Abs. 3 Satz 1 REG. Der nächstberufene Anerbe des Erblassers konnte dann seinerseits wiederum den Anfall dieses Erbhofes nach den Vorschriften des BGB ausschlagen, § 22 Abs. 3 Satz 2, Satz 3 REG.

---

979 § 22 REG ging auf § 4 Abs. 4 Satz 2 des Ausgangsentwurfs des REM vom 19. September 1933 zurück, in: BArch R 3001/Akte 591, 87. Diese Bestimmung wurde dann im Rahmen des § 19 des Entwurfs des RJM vom 23. September 1933 abgeändert und erweitert, in: BArch R 3001/Akte 591, 90.

980 Wöhrmann, 2. Auflage, S. 124 f.

981 Baumecker, 4. Auflage, § 22 REG, Rn. 1.

982 Zum § 22 REG vgl. vertiefend Hopp, Geschäftsgang in Erbhofsachen, S. 65 ff.; Püschel, ZAkDR 1938, 127 ff.; Zimmer, DNotZ 1933, 694 ff.

983 Baumecker, 4. Auflage, § 22 REG, Rn. 1.

984 Baumecker, 4. Auflage, § 22 REG, Rn. 3 a.

III. Haftung für Anerben- und Nachlassverbindlichkeiten

Da der Nächstberechtigte den Erbhof des austauschenden Anerben unmittelbar kraft Gesetzes erwarb, hätte dieses zur Folge gehabt, dass er weder als Erbe des Erblassers für dessen Verbindlichkeiten, noch kraft Vertragsübernahme für die persönlichen Schulden des Austauschenden hätte haften müssen und lediglich mit den auf dem Austauschhof liegenden dinglichen Lasten belastet gewesen wäre. Da dieses Ergebnis als unbillig angesehen wurde, sah § 22 Abs. 4, Abs. 5 REG eine Verpflichtung des den Austauschhof übernehmenden Nächstberechtigten vor, die Nachlassverbindlichkeiten des Erblassers und die mit dem Austauschhof zusammenhängenden persönlichen Verbindlichkeiten des Austauschenden mitzutragen. Die Höhe der Verpflichtungen des Nächstberufenen bestimmte dabei das Anerbengericht nach pflichtgemäßem Ermessen. Dabei war eine Einigung von Anerben und Nächstberechtigten über die Haftung ohne Beteiligung des Anerbengerichts zum Schutze der Belange der Gläubiger ausgeschlossen.[985] Hierbei haftete der Nächstberufene für die persönlichen Hofesschulden den Gläubigern des Austauschenden gegenüber neben diesem auch unmittelbar als Gesamtschuldner, § 22 Abs. 5 Satz 2 REG.[986]

IV. Die Sonderregelung des § 8 EHRV

§ 22 Abs. 1 Satz 2 REG bestimmte, dass im Fall des Ausscheidens eines Anerben wegen bestehenden Erbhofeigentums diejenige Person eintrat, die berufen gewesen wäre, wenn der Ausscheidende zur Zeit des Erbfalles nicht gelebt hätte. Die Umsetzung dieser Bestimmung führte in der Praxis dazu, dass zum Beispiel an die Stelle eines bereits einen Erbhof besitzenden Vaters dessen Sohn als Anerbe eintrat, so dass ein weiterer Sohn des Erblassers hinter dem Enkel zurückzutreten hatte. Eine solche Häufung von mehreren Erbhöfen in einem Stamm und die Nichtberücksichtigung eines anderen Stammes wurde aber allgemein als unbillig empfunden. Aus diesem Grund schlug Saure im August 1935 gegenüber Vogels vor, aus „dringenden bevölkerungspolitischen Gründen" zu erwägen, „daß dann, wenn der bereits einen Hof besitzende und daher als Anerbe ausscheidende Anerbe nur ein Kind besitzt, auch dieses Kind zu Gunsten sonstiger Personen aus der gesetzlichen Anerbenordnung des Verstorbenen nicht zum Zuge kommt. Man könnte diese Regelung schließlich auch auf den Fall erstrecken, daß der Ehegatte des Anerben bereits einen Hof hat und nur ein Kind vorhanden ist."[987] Saure ergänze seine Anregung mit einem entsprechenden Entwurf.[988]

985 Baumecker, 4. Auflage, § 22 REG, Rn. 18.
986 Stoll/ Baur, S. 90.
987 Schreiben Saures an Vogels vom August 1935, in: BArch R 3001/22196, 3-17, 7.
988 Anlage 2 zum Schreiben an Vogels vom August 1935, in: BArch R 3001/22196, 31-36.

Auch diesen Vorschlag griff das Reichsjustizministerium jedoch zunächst nicht auf.[989] Erst am 22. Juni 1936 legte das Reichsjustizministerium einen eigenen Entwurf einer Ausführungsvorschrift zum § 22 Abs. 1 REG vor. Dieser ging nun freilich noch über den Vorschlag des Reichsernährungsministeriums hinaus, indem er grundsätzlich sämtliche Abkömmlinge – und nicht nur ein Kind – des wegen bestehenden Erbhofeigentums ausscheidenden Anerben hinter die Brüder und deren Abkömmlingen zurücktreten ließ.[990] Nachdem das Reichsjustizministerium diesen Entwurf in den § 9 des Entwurfs einer Erbhofergänzungsverordnung vom 1. Juli 1936 hatte einfließen lassen,[991] ging nun wiederum das Reichsernährungsministerium einen Schritt weiter und schlug vor, „den im § 9 ausgesprochenen Gedanken sinngemäß auch auf die übrigen Grade der Anerbenordnung auszudehnen."[992]

Diese Ergänzung wurde auf der Besprechung am 16. Oktober 1936 von Vertretern des Reichsjustizministeriums, da man sich darüber einig war, „daß angesichts der bestehenden Landnot der Gedanke, daß jeder nur einen Hof bekommen solle, der anderen Erwägung, daß der väterliche Hof in der alten Linie bleiben solle, vorangestellt werden müsse", im Grundsatz angenommen[993] und schließlich im § 8 EHRV umgesetzt: Der in der Anerbenordnung dem Ausscheidenden gleichstehende Verwandte des Erblassers genoss hiernach Vorrang vor den Abkömmlingen des Ausscheidenden, falls dieser gleichstehende Ver-

---

989 Vgl. Entwurf des RJM vom 13. Januar 1936, in: BArch R 3001/22169, 93-112. Selbst nachdem Johae am 29. Januar 1936 den Vorschlag zur Neufassung des § 22 REG wiederholt und einen weiteren Entwurf einer Neufassung des § 22 Abs. 1 und 3 REG vorgelegt hatte, in: BArch R 3001/22196, 115-139, 124, kam das RJM dem zunächst nicht nach, Entwurf des RJM vom 6. März 1936, in: BArch R 3001/22196, 383-429.

990 Entwurf einer Ausführungsvorschrift zu § 22 Abs. 1 des Gesetzes, § 11a (Ausscheiden eines Anerben, der bereits einen Erbhof hat), Schreiben Vogels' an das REM vom 22. Juni 1936, in: BArch R 3001/22197, 100 f.

991 § 9, Ausscheiden eines Anerben, der bereits einen Erbhof hat (§ 22 Abs. 1 des Gesetzes) des Entwurfs einer Erbhofergänzungsverordnung vom 1. Juli 1936, in: BArch R 3001/ 22197, 231-248, 234.

992 Saure schlug hinsichtlich des § 9 des Entwurfs folgende Fassung vor: „Hat der Erblasser, dessen Anerbe ausscheidet, weil er bereits einen Erbhof hat, einen anderen Verwandten der gleichen Anerbenordnung (z. B. Sohn, Bruder, Tochter, Schwester des Erblassers) und hat weder dieser Verwandte noch dessen Ehegatte noch einer der Abkömmlinge dieses Verwandten einen Erbhof, so hat dieser Verwandte den Vorrang vor den Abkömmlingen des ausscheidenden Anerben. Ist der Verwandte gestorben oder wird er aus einem anderen Grunde nicht Anerbe, so gilt der im vorstehenden Satz vorgesehene Vorrang auch zu Gunsten seines Sohnes oder Sohnessohnes", Schreiben Saures an das RJM vom 28. Juli 1936, in: BArch R 3001/22197, 421-451, 431 f; vgl. auch das Schreiben des Reichsrechtsamt der NSDAP-Reichsleitung an den Reichsnährstand vom 6. August 1936, in: BArch R 3001/22198, 33-41.

993 Vermerk von Hopp, in: BArch R 3001/22198, 4-30, 7.

wandte selbst, sein Ehegatte oder seine Abkömmlinge noch keinen Erbhof hatten, § 8 Abs. 1 EHRV. Dieser Vorrang sollte, sofern der dem Ausscheidenden in der Anerbenordnung gleichstehende Verwandte bereits gestorben war, auch dessen Söhnen und Sohnessöhnen zugute kommen, § 8 Abs. 2 EHRV.

V. Die Ausnahmeregelungen § 42 EHFV und § 16 EHFV

Im Januar 1943 schlug das Reichsernährungsministerium die Einfügung eines § 8a EHRV vor. Hiernach sollte es dem Anerbengericht auf Antrag des Erblassers oder desjenigen Anerben, der nach § 22 REG grundsätzlich auszuscheiden hatte, möglich sein, bei Vorliegen eines wichtigen Grundes dessen Nichtausscheiden zu genehmigen.[994] Begründet wurde diese Neuregelung mit der allzu großen Starrheit, die die Bestimmungen des § 22 REG und 8 EHRV mit sich brachten. Angesichts drohender Härten wollte man die Möglichkeit des Hinzuerbens eines zweiten Erbhofes durch ein Sippenmitglied grundsätzlich ermöglichen, insbesondere dann, wenn dieses Mitglied das letzte der Sippe und kinderreich war oder letzteres zumindest zu werden versprach. Dann sei der Betreffende nämlich nur vorübergehend Eigentümer von mehreren Erbhöfen und werde diese Erbhöfe später wieder auf mehrere Kinder vererben. Solche Tatbestände häuften sich, so das Reichsernährungsministerium,

„jetzt gerade im Kriege, in dem plötzlich von mehreren Anerbenberechtigten einer Sippe mehrere fallen und die mehreren Erbhöfe sich nur noch auf einen vorhandenen Anerbenberechtigten oder auf den letzten vorhandenen Bauern, der bereits im Besitz eines Erbhofes ist, vererben können. Hier müssen Ausnahmen zugelassen werden, damit nicht der Krieg dazu führt, dass die Höfe aus der Sippe kommen und zwar gerade infolge des Heldentodes von Sippenmitgliedern, die dafür gefallen sind, dass unser Lebensraum im Osten erweitert würde. (...) Das neu gewonnene Siedlungsland erlaubt es auch, von dem bisherigen Grundsatz Ausnahmen zuzulassen, daß jeder nur einen Erbhof haben soll. Im Gegenteil, der besonders nach dem Kriege bei Neubesiedlung fühlbar in Erscheinung tretende Mangel an Menschen wird es in vielen Fällen fordern, dass einer mehrere Höfe wird bewirtschaften müssen. Bisher wurde die zu starre Regelung des Gesetzes dadurch umgangen, dass zu Lebzeiten bereits die Höfe mit Genehmigung des Anerbengerichts auf den betreffenden Bauern übertragen wurden. Diese Möglichkeit reicht jedoch in der Praxis nicht aus, weil häufig der Eigentümer des Erbhofes, der die zukünftige Vererbung seines Hofes regeln will, noch zu jung ist, um schon jetzt durch Übergabevertrag eine vollendete Tatsache zu schaffen. Ihm soll der § 8 a die Möglichkeit geben, das, was er mit Hilfe der Genehmigung des Anerbengerichts bisher zu Lebzeiten machen konnte, auch

994 § 39 des Entwurfs des REM vom 13. Januar 1943, in: BArch R 3001/22173, 191.

durch eine letztwillige Verfügung mit Genehmigung des Anerbengerichts anzuordnen." [995]

Auch auf der Salzburger Erbhofrechtstagung hob man die unerwünschten Ergebnisse, zu denen die zu starre Regelung des § 22 REG im Kriege führte, hervor und sprach sich für eine entsprechend notwendige und kriegswichtige Abänderung der Regelung aus. Auch mahnte man darüber hinaus eine Änderung der Fristbestimmung an: Statt auf den Erbfall sollte auf den Zeitpunkt, in dem der Antragsteller eine einwandfreie Nachricht von dem Tode des Bauern erhalten hatte oder ein Verfahren zur Todeserklärung des Bauern rechtskräftig abgeschlossen worden war, abgestellt werden. Auch hiermit sollte den besonderen Umständen des Krieges Rechnung getragen werden.[996]

In § 42 EHFV setzte man schließlich die vom Reichsernährungsministerium vorgelegten und auf der Salzburger Erbhofrechtstagung ergänzten Vorschläge zur Umgestaltung des Erbhofaustausches gesetzgeberisch um. Auch § 16 EHFV – in einer Linie mit der vom § 12 EHFV bezweckten erbrechtlichen Besserstellung des Ehegatten stehend – brachte die Möglichkeit einer Erbfolge in einen weiteren Erbhof. Hiernach konnte ein Ehegatte, der bereits aufgrund des § 12 EHFV einen Erbhof erworben hatte, Anerbe eines weiteren Erbhofes sein, ohne seinen Erbhof austauschen zu müssen, § 16 Abs. 1 EHFV. Umgekehrt konnte der Eigentümer eines Erbhofes auf Grund des § 12 Abs. 1 EHFV Anerbe weiterer Erbhöfe werden, § 16 Abs. 2, 1. Hs. EHFV. Auch hierbei entfiel der durch § 22 REG gebotene Austausch der Erbhöfe und das in § 23 REG geregelte Wahlrecht der Anerbenberechtigten. Im Ergebnis war spätestens hiermit der Grundsatz des § 22 REG, dass eine Person nicht Eigentümer mehrerer Erbhöfe sein durfte, durchbrochen.

F. Der Erbanfall von mehreren Erbhöfen

§ 23 REG regelte den Erbanfall von mehreren Erbhöfen.[997] Auch hier sollte es aus bevölkerungspolitischen und wirtschaftlichen Erwägungen nicht zum Anfall von mehreren Erbhöfen bei einem Anerben kommen.[998] § 23 Abs. 1 REG sah

995 REM-Begründung des neuen § 8 a EHRV, in: BArch R 3001/, 22173, 193-210, 207 f.

996 Referat „Ehescheidung, Altenteil, Anfall eines weiteren Erbhofs, Abänderung des § 54 EHRV" von OLG-Rat Etz auf der Salzburger Erbhofrechtstagung vom 16. - 19. Februar 1943, in: BArch R 3001/22175, 57.

997 Vertiefend zum § 23 REG vgl. Hopp, Geschäftsgang in Erbhofsachen, S. 40 ff.; Kiesbye, DJ 1934, 291; Zimmer, DNotZ 1934, 93.

998 § 23 REG ging auf Art. II § 4 Abs. 2 des am 19. September 1933 vorgelegten REM-Entwurfs zurück, in: BArch R 3001/Akte 591, 87. Allerdings regelte diese Entwurfsbestimmung das Auswahlverfahren nicht näher. Dieses geschah erst im Rahmen des

daher für den Fall, dass ein Bauer mehrere Erbhöfe hinterließ, ein Wahlrecht der anerbenberechtigten Personen in der Reihenfolge ihrer Berufung vor. War ein wahlberechtigter Anerbe bereits Eigentümer eines Erbhofes, so konnte er sein Wahlrecht nach § 23 REG nur ausüben, wenn er gleichzeitig die Austausch- und Übernahmeerklärung nach § 22 REG abgab.[999] Das Auswahlverfahren bestimmte sich nach § 23 Abs. 2 REG. Die Auswahlerklärung war gegenüber dem zuständigen Anerbengericht in öffentlich beglaubigter Form oder zur Niederschrift der Geschäftsstelle zu erklären, § 23 Abs. 2 Satz 1 REG. Nahm ein Anerbenberechtigter keine Auswahl vor, so bestimmte auf Antrag eines nachstehenden Wahlberechtigten das Anerbengericht eine angemessene Frist, innerhalb welcher der Anerbenberechtigte einen Hof zu wählen hatte, § 23 Abs. 2 Satz 2 REG. Erfolgte innerhalb dieser Frist keine Auswahl, so trat dieser Wahlberechtigte hinter die übrigen Wahlberechtigten zurück, was zum Verlust des Anerbenrechts führen konnte, § 23 Abs. 2 Satz 3 REG. Der Eigentumsübergang am ausgewählten Hof erfolgte gemäß § 23 Abs. 3 Satz 1 REG mit dem Zeitpunkt der Vollziehung der Wahl, und nicht rückwirkend wie z. B bei der Austausch- und Übernahmeerklärung des § 22 Abs. 2 REG. Bis zur Vornahme der Wahl bestand nach h. M. zwischen den Anerbenberechtigten eine Miterbengemeinschaft, die erst mit Vollziehung der Wahl auseinandergesetzt wurde.[1000] Dies stand allerdings in Widerspruch zu § 17 REG, der ein Gesamthandseigentum an Erbhöfen grundsätzlich untersagte.[1001]
Eine Ausnahme vom Grundsatz des § 23 REG ließ die Übergangsvorschrift des § 58 REG zu. Hiernach konnte ein Erblasser, der mehrere Erbhöfe besaß, durch Testament oder Erbvertrag bestimmen, dass auf einen anerbenden Sohn oder Sohnessohn zwei Erbhöfe entfallen sollten, wenn die Größe beider Höfe zusammen 125 ha nicht überstieg. § 58 REG kam insbesondere in jenen Fällen zur Anwendung, in denen beide Ehegatten je einen Erbhof besaßen, diese Erbhöfe zusammen in der Größe 125 ha nicht überstiegen und beide denselben Sohn zum Anerben einsetzten.[1002] Grundsätzlich war diese Möglichkeit des § 58 REG zu-

Entwurfs des RJM vom 23. September 1933, dessen § 20 weitgehend mit dem späteren § 23 REG übereinstimmte, in: BArch R 3001/Akte 591, 90.

999 Baumecker, 4. Auflage, § 23 REG, Rn. 2.

1000 Baumecker, 4. Auflage, § 23 REG, Rn. 8.

1001 Um diesen gesetzestechnischen Widerspruch zu vermeiden, nahm z. B. Wöhrmann zunächst den Verlust der Erbhofeigenschaft der Höfe an, erst mit Vornahme der Auswahlerklärung sollte die Erbhofeigenschaft wieder aufleben. Diese Auffassung hatte allerdings den Nachteil, dass mit dem Verlust der Erbhofeigenschaft Vollstreckungshandlungen von Gläubigern in den Erbhof möglich wurden, zur Kritik hieran vgl. Baumecker, 4. Auflage, § 23, Rn. 9. Später änderte Wöhrmann seine Ansicht, vgl. Wöhrmann, 3. Auflage, S. 119.

1002 Baumecker, 4. Auflage, § 58 REG, Rn. 7; Vogels empfahl dagegen den Weg der Vereinigung der Höfe in der Hand des Mannes, Vogels, 4. Auflage, S. 581.

nächst auf den ersten Erbfall nach Inkrafttreten des Reichserbhofgesetzes beschränkt. Durch § 4 DVO. III, dem späteren § 49 EHRV, führte man allerdings für Ehegattenerbhöfe die Besonderheit ein, dass als erster Erbfall im Sinne des § 58 REG der Tod des überlebenden Ehegatten angesehen werden sollte.

§ 42 Abs. 2, 3 EHFV brachte schließlich auch für den Erbanfall bei mehreren Erbhöfen eine dem § 42 Abs. 1 EHFV entsprechende Lösung dahingehend, dass das Anerbengericht auf Antrag des Erblassers oder des an erster Stelle berufenen Anerben bei Vorliegen eines wichtigen Grundes die Anerbschaft in mehrere Erbhöfe anordnen konnte. Auch hier endete die Antragsfrist erst sechs Wochen nach dem Zeitpunkt, in dem der Anerbe von seiner Berufung Kenntnis erlangt hatte. Ein wichtiger Grund sollte dabei dann vorliegen, wenn durch die Vereinigung mehrerer Erbhöfe in einer Hand eine wünschenswerte Bereinigung der Besitzverhältnisse ermöglicht wurde, oder die Vereinigung nur eine vorübergehende war, weil beim nächsten Erbfall die getrennte Vererbung der Erbhöfe auf gesetzliche Anerben zu erwarten stand.

G. Einschränkung der Testierfreiheit. Zwangsanerbenrecht

I. Inhalt

§ 24 REG nahm den Bauern weitgehend die bis dahin gewährleistete Möglichkeit zur freien und selbständigen Errichtung von Testamenten und Erbverträgen.[1003] Dieses betraf insbesondere die gesetzliche Erbfolge kraft Anerbenrechts, welche durch Verfügung von Todes wegen weder ausgeschlossen noch beschränkt werden konnte, § 24 Abs. 1 REG.[1004] Zu solchen Verfügungen von Todes wegen zählten auch solche, durch die eine Belastung des Hofs angeordnet oder durch die über den übrigen Nachlas so verfügt wurde, dass eine Berichtigung der Nachlassverbindlichkeiten gemäß den Vorschriften des § 34 REG nicht mehr möglich war, § 24 Abs. 3 REG. Schloss eine Bestimmung von Todes wegen die Erbfolge kraft Anerbenrechts aus oder beschränkte sie diese zumindest, so war sie, jedenfalls soweit es den Erbhof betraf, unwirksam. Dies galt auch für

1003 § 24 ging auf Art. II § 4 Abs. 3 des Entwurfes des REM vom 19. September 1933 zurück, in: BArch R 3001/Akte 591, 87. § 21 des Entwurfs des RJM vom 23. September 1933 nahm dann eine dem § 24 Abs. 1 REG entsprechende Regelung vorweg, die Bestimmungen des § 24 Abs. 2 und 3 fehlten jedoch noch, Entwurf des RJM vom 23. September 1933, in: BArch R 3001/Akte 591, 90. § 24 des gemeinsamen Entwurfs von REM und RJM vom 25. September 1933 entsprach dann der späteren Gesetzesfassung, Kabinettsvorlage in: BArch R 3001/Akte 591, 92.

1004 Zu § 24 REG vertiefend Bosch, DJZ, 1934, 913 ff.; Dellian, RdRN 1938, 870; Haegele, DNotZ 1935, 368; Kiesbye, DJ 1934, 290 ff.; Mann, JW 1935, 592; Müller, JR 1934, 66; Schenk, JR 1934, 145 ff.

Testamente und Erbverträge, die bereits vor dem 1. Oktober 1933 entstanden, aber erst nach dem 1. Oktober 1933 eröffnet worden waren.[1005]

Die Regelung des § 24 REG stand im ausdrücklichen Gegensatz zur Bestimmung des Art. 64 Abs. 2 EGBGB. Letztere hatte dem bäuerlichen Erblasser die Möglichkeit zur freien Verfügung über seinen Hof gewährleistet. Durch das „Zwangsanerbenrecht" wurde diese Bestimmung praktisch „aus den Angeln" gehoben.[1006] Gerade im § 24 REG manifestierte sich damit die antiliberale Haltung der nationalsozialistischen Rechtsidee. Der Testierfreiheit, einem Kernstück der „bürgerlichen Freiheit", kam keine große Bedeutung mehr zu, das Reichserbhofgesetz gestattete dem Bauern lediglich in engen Grenzen die Möglichkeit zur Verfügung von Todes wegen.[1007] Solche Reste der Testierfreiheit ergaben sich zum einen aus § 24 Abs. 2 REG, wonach dem Erblasser die Verfügungsfreiheit über einzelne, für die Bewirtschaftung des Hofes unwesentliche Zubehörstücke belassen wurde. Darüber beließen die §§ 25 - 27 REG dem Erblasser bestimmte Restbefugnisse. Im Rahmen der Durchführungsverordnungen, insbesondere der Erbhofrechts- und Erbhofverfahrensordnung, weitete man außerdem die Eigentümerbefugnisse teilweise wieder aus.

II. Zweck

Die flächendeckende Einführung des obligatorischen Anerbenrechts zielte, neben der Herbeiführung einer Rechtsvereinheitlichung, auf die wirtschaftliche Stärkung der Erbhöfe ab, die vor Verschuldung und Zersplitterung im Erbgang geschützt werden sollten. Die damit verbundene fast vollständige Beseitigung der Testierfreiheit sollte dieses Ziel – im vermeintlichen Interesse des Volksganzen, der bäuerlichen Sippe, ja des Bauern selbst – erzwingen. Angesichts der erklärten Absicht, das „deutsche Bauerntum" stärken zu wollen, bedeute die Einschränkung der bäuerlichen Freiheiten, dass man den Bauern vor sich selbst zu schützen meinte. Entsprechend kommentierte Wöhrmann: „Ein freies Verfügungsrecht des Bauern über seinen Erbhof könnte den vom Gesetzgeber erstrebten Zweck vereiteln und in sein Gegenteil verkehren."[1008]
Deutlich gehen die für die Einschränkung der Testierfreiheit maßgeblichen Motive auch aus einer Rede Vogels' in Münster am 10. Dezember 1933 hervor. In dem Protokoll hierzu heißt es:

„Es sei ihnen bekannt, dass man vielfach nicht verstanden habe, warum das Erbhofgesetz den Grundsatz der Testierfreiheit verlassen habe. Gerade diese Maßnahme sei aber eine Notwendigkeit gewesen. Man habe die Erfahrung ge-

1005 Baumecker, 4. Auflage, § 24 REG, Rn. 5.
1006 Sering, S. 5 f.
1007 Vgl. Baumecker, 4. Auflage, § 24 REG, Rnrn. 1 f.
1008 Wöhrmann, 3. Auflage, § 24 REG, S. 121.

macht, dass die testamentarischen Belastungen für Abfindungen an die übrigen Erben sehr oft für den Erben des Hofes untragbar gewesen seien, denn bei diesen Belastungen habe der Erbhofbauer regelmäßig auch nicht, wie oft angenommen wurde, sich auf das Entgegenkommen der abgefundenen Kinder verlassen können, denn praktisch seien die Abfindungen meistens so vor sich gegangen, dass der Erbe, um seine Geschwister abfinden zu können, Hypotheken aufgenommen habe, und die Hypothekenbanken hätten selbstverständlich irgendwelche Rücksichten nicht nehmen können. So seien oft gerade die Abfindungshypotheken Anlass für die Zwangsversteigerung eines Hofes gewesen, und das habe in den Krisenjahren bei niedrigen Grundstückspreisen oft zur Folge gehabt, dass schließlich niemand etwas gehabt habe. [...] Der Bauer habe bisher statt seiner eigenen Kinder oder andere Blutsverwandte einen beliebigen Fremden zum Erben des Hofes einsetzen und damit den Hof der Familie, der er seit Jahrhunderten angehört habe, entfremden können."[1009]

Sering übte 1934 an dieser Haltung und am Verlust der bäuerlichen Verfügungsfreiheit deutliche Kritik: „ (…) es verletzt ihr [die Bauern] stolzes Unabhängigkeitsgefühl, zu allen wichtigeren Entscheidungen obrigkeitlicher Genehmigung zu bedürfen. (…) aber die ‚alte deutsche Erbsitte' kann nur geschädigt werden, wenn man die Verantwortlichkeit und Entschlußkraft ihrer besten Hüter lahmlegt und ihnen die Freude an ihrem Besitztum schmälert."[1010]

Sogar von ausgewiesenen Anhängern der Blut-und-Boden-Ideologie wurde die weitgehende Beschränkung der Testierfreiheit zumindest hinterfragt, wenn auch aus anderen Motiven. So urteilte Molitor, dass es bei oberflächlicher Beurteilung den Anschein habe, „als sei der Auslesegedanke durch die Einschränkung des freien Verfügungsrechts des Erblassers über den Nachlaß eher zurückgedrängt". Allerdings zog er diesen Gedanken unter Hinweis auf die vermeintliche Tatsache, dass in der Vergangenheit „von der Möglichkeit testamentarischer Auslese sehr oft nicht und jedenfalls unkontrolliert und daher nicht ganz selten willkürlich Gebrauch gemacht" worden sei, sogleich wieder zurück. Außerdem nahm Molitor für das Erbhofrecht an, dass auch dort in gewissen Grenzen die Möglichkeit einer Auslese gewährleistet sei, „weil wenigstens in den wichtigeren Fällen die betreffenden Verfügungen von Todes wegen vom Anerbengericht genehmigt werden" müssten.[1011]

1009 Vermerk zur Rede Vogels auf der Bezirksversammlung des BNSDJ am 10. Dezember 1933 in Münster, in: BArch R 3001/Akte 594, 8.

1010 Sering, S. 26.

1011 Molitor, S. 100.

H. Die Anerbenbestimmung. Reste der Testierfreiheit.

I. Allgemeines

§ 25 REG gewährte dem Erblasser unter bestimmten Voraussetzungen die Möglichkeit, von der gesetzlichen Anerbenordnung des § 20 REG abzuweichen und die Person des Anerben selbst zu bestimmen. Häufig war hierfür allerdings die Zustimmung des Anerbengerichts erforderlich.[1012] § 25 Abs. 1 REG ließ dabei dem Erblasser Restbefugnisse, innerhalb der ersten Ordnung den Anerben selbst zu bestimmen.[1013] Hiernach konnte ein Erbhofbauer seinen Anerben dann frei und ohne Mitwirkung des Anerbengerichts auswählen, wenn entweder der Hof in einer Gegend lag, in der Anerbenrecht überhaupt nicht Brauch gewesen war, § 25 Abs. 1 Satz 1 Nr.1 REG, oder wenn in der Gegend die freie Bestimmung des Anerben durch Bauern üblich gewesen war, § 25 Abs. 1 Satz 1 Nr. 2 REG. Bestanden Zweifel hinsichtlich des Brauchs, entschied das Anerbengericht, § 25 Abs. 1 Satz 2 REG.[1014] War in einer Gegend dagegen Anerbenrecht Brauch und die freie Bestimmung durch den Bauern unüblich gewesen, so benötigte der Erblasser zur Anerbenbestimmung innerhalb der ersten Ordnung die Zustimmung des Anerbengerichts, § 25 Abs. 1 Nr. 3 REG. Voraussetzung dieser Genehmigung war ein wichtiger Grund für die Übergehung des Erstberechtigten.[1015] Da in weiten Teilen des Deutschen Reiches das Ältesten- oder Jüngstenanerbenrecht vorherrschte, hatte § 25 Abs. 1 REG zur Folge, dass für den Großteil der Erbhöfe zur freien Bestimmung des Anerben in der ersten Ordnung eine Zustimmung des Anerbengerichts notwendig war.

Gemäß § 25 Abs. 2 REG konnte der Erblasser unter gewissen Umständen auch seinen unehelichen Sohn zum Anerben einsetzen. Des Weiteren bestand, wie bereits angesprochen, für einen Bauern die Möglichkeit, mit Zustimmung des Anerbengerichts die eigene Tochter oder die Töchtersöhne noch vor den Anerbenberechtigten der ersten bis dritten Ordnung zum Anerben zu bestimmen,

---

1012 Vertiefend zu § 25 REG vgl. Bode, JW 1934. 147 f; Haegele, WürttZ 1938, 165 ff.; Haegele DRpfl 1938, 246 ff.; Müller, JW 1935, 91 ff.; Schenk, JR 1934, 145; Schmidt-Klevenow, DR 1937, 325 ff.; Starcke, DJ 1934, 1216.

1013 § 25 Abs. 1 REG ging inhaltlich auf Art. II § 6 Abs. 4 des REM-Entwurfs vom 19. September 1933 zurück, in: BArch R 3001/Akte 591, 87.

1014 Die auf Grund des § 9a EHRV ergangene gemeinschaftliche Bekanntmachung des RM der Justiz und des RM für Ernährung und Landwirtschaft vom 28. September 1940 stellte schließlich für die einzelnen Oberlandesgerichtsbezirke verbindlich fest, in welchen Gegenden die freie Bestimmung des Anerben durch den Bauern üblich und/oder Anerbenrecht Brauch gewesen war oder nicht, vgl. hierzu die Ausführungen zu § 21 REG.

1015 Vgl. zu den Gründen die Aufzählung bei Baumecker, 4. Auflage, § 25 REG, Rn. 27.

§ 25 Abs. 3 REG.[1016] Innerhalb der zweiten bis sechsten Ordnung konnte der Erblasser dagegen, unabhängig von einem bestimmten Erbbrauch, den Anerben frei wählen und mit Zustimmung des Anerbengerichts dabei auch Ordnungen überspringen, § 25 Abs. 4 REG.[1017] Für diese Zustimmung des Anerbengerichts war jedoch explizit kein wichtiger Grund erforderlich. Waren keine anerbenberechtigten Personen im Sinne des § 20 REG vorhanden, so stand dem Erblasser ein freies Anerbenbestimmungsrecht zu, § 25 Abs. 5 Satz 1 REG.[1018] Bei allen diesen Möglichkeiten richtete sich die Form der Bestimmung nach § 28 REG bzw. § 13 EHRV.

II. Die Übergangsvorschriften § 12 DVO. II und § 53 EHRV

Die erbhofrechtliche Anerbenordnung fußte auf dem Grundsatz der Blutsverwandtschaft. Zu Härten konnte es in jenen Fällen kommen, in denen ein Erbhof zwar aus dem Familienbesitz des einen Ehegatten stammte, nach dessen Tod jedoch in das Eigentum des anderen Ehegatten, in der Regel der Ehefrau, gelangte. Die Folge, dass der Erbhof in der „Blutlinie" des anderen Ehegatten weitervererbt wurde, konnte aber durch eine letztwillige Verfügung nicht ausgeschlossen werden.[1019] Um dem abzuhelfen, erging der vom Reichsjustizministerium ausgearbeitete § 12 DVO. II.[1020] Hiernach konnte ein Eigentümer, dessen Ehegatte vor Inkrafttreten des Reichserbhofgesetzes gestorben und der daraufhin Eigentümer des von Seiten des verstorbenen Ehegatten stammenden Erbhofes geworden war, auch eine solche Person zum Anerben einsetzen, die zum Anerben des anderen Ehegatten hätte bestimmt werden können.

§ 12 DVO. II erfasste jedoch jene Fallkonstellationen nicht, in denen ein Bauer vor Inkrafttreten des Reichserbhofgesetzes verstorben war, seine Kinder und seine Ehefrau als Erben hinterlassen und die Ehefrau nach Wiederverheira-

---

1016 § 25 Abs. 2 und 3 REG gingen auf § 21 Abs. 4 des RJM-Entwurfs vom 23. September 1933 zurück, in: BArch R 3001/Akte 591, 90.

1017 § 25 Abs. 4 ging fast wortgetreu auf Art. II § 6 Abs. 6 des REM-Entwurfs vom 19. September 1933 zurück, in: BArch R 3001/Akte 591, 87. Vgl. auch § 21 Abs. 5 des Entwurfs des RJM vom 23. September 1933, in: BArch R 3001/Akte 591, 90.

1018 Vgl. hierzu § 21 Abs. 6 des RJM-Entwurfs vom 23. September 1933, der allerdings bestimmte, dass, wenn der vom Erblasser bestimmte Anerbe nicht bauernfähig war oder der Bauer keine Bestimmung traf, das Anerbengericht nach Anhörung des Reichsbauernführers den Anerben bestimmen sollte, RJM-Entwurf vom 23. September 1933, in: BArch R 3001/Akte 591, 90.

1019 Vgl. Wagemann/Hopp, 3. Auflage, S. 423 f.

1020 Vgl. § 2 des Entwurfs des RJM vom 30. Oktober 1933, in: BArch R 3001/Akte 592, 48. § 12 Abs. 1 Satz 2 DVO. II, wurde auf Anregung des RMEL noch eingefügt, vgl. Schreiben des RMEL an Vogels von Ende November 1933, in: BArch R 3001/ Akte 593, 50 b.

tung den Hof – wie dieses z. B. in Sachsen üblich war – auf den neuen Ehemann übertragen hatte. Als unbillig wurde die Anerbenfolge dann angesehen, wenn diese zweite Ehe kinderlos geblieben war, die Abfindung der Kinder aus erster Ehe entwertet war und der Hof gemäß der Erbfolge des § 20 REG nun an die Verwandten des zweiten Mannes fiel.[1021]

Um diesem Härtefall abzuhelfen, schlug das Reichsjustizministerium im August 1935 eine entsprechende Neufassung des § 12 DVO. II. vor.[1022] Das Reichsjustizministerium ging hierauf nach wiederholtem Drängen von Seiten des Reichsernährungsministeriums[1023] in § 13 des Entwurfs zur Vierten Durchführungsverordnung vom 6. März 1936 ein.[1024] Hierüber konnte allgemeines Einverständnis erzielt werden.[1025] Die Bestimmung fand Eingang in § 53 EHRV, der den Interessen desjenigen Ehegatten, der den betreffenden Erbhof mit in die Ehe gebracht hatte, entsprechend Rechnung trug und damit den Kreis der Personen, die durch Verfügung von Todes zum Anerben bestimmt werden konnten, erweiterte: Hatte also ein Erbhofeigentümer einen Erbhof vor dem Zeitpunkt, in welchem dieser Erbhof geworden war, von seinem Ehegatten oder von einer Gemeinschaft, an welcher der Ehegatte beteiligt war, erworben, so konnte der Erbhofeigentümer den Anerben auch aus der Sippe seines Ehegatten bestimmen, § 53 Abs. 1 EHRV. Die Zustimmung des Anerbengerichts war nur insoweit erforderlich, wie sie der Ehegatte als verfügender Erbhofeigentümer zur Einsetzung des Anerben bedurft hätte, § 53 Abs. 2 EHRV.[1026]

1021 Dieses betraf insbesondere Kriegswaisen aus dem ersten Weltkrieg. Nach Saures Darlegung wurden allein im Freistaat Sachsen auf Grund einer Rundfrage der Landesbauernschaft innerhalb kürzester Zeit 66 solcher Fälle gemeldet, die angeblich „gerade im Hinblick auf den Heldentod des Vaters der Waisen eine ausgesprochene psychologische Belastung“ darstellten, Schreiben Saures an Vogels vom August 1935, in: BArch R 3001/22196, 3-17, 16 f.; vgl. auch Schreiben der Landesbauernschaft Sachsen, Anlage 4 zum Schreiben Saures an Vogels vom August 1935, in: BArch R 3001/22196, 57-60.

1022 Entwurf Johaes als Anlage 5 zum Schreiben von Saure, in: BArch R 3001/22196, 61 f.

1023 Vermerk von Vogels zur Besprechung vom 29. Januar 1936, in: BArch R 3001/22196, 113 f. In der Folge überreichte Johae nochmals seinen Entwurf einer Neufassung des § 12 DVO. II, Entwurf in: BArch R 3001/22196, 127.

1024 Schreiben von Vogels an Johae vom 8. Februar 1936 als „Unterlage für unsere Besprechung vom 10. d.M.“, in dem das RJM eine an Johaes Vorschlag angelehnte Neufassung des § 12 DVO. II vorlegte, Schreiben Vogels, in: BArch R 3001/22196, 213. Vgl. auch § 13 des RJM-Entwurfs vom 6. März 1936, in: BArch R 3001/22196, 383-429, 407.

1025 Vermerk Hopps zur Besprechung vom 2. April 1936, BArch R 3001/22196, 442-449, 445.

1026 Zur Anregung des National-Sozialistischen-Rechtswahrer-Bundes, den § 53 Abs. 1 EHRV dergestalt zu erweitern, dass er auch die Fälle erfassen sollte, in denen der Eigentümer eines Erbhofes diesen vor der Entstehung der Erbhofeigenschaft von einer mit

III. Das Überspringen eines Anerbenberechtigten

Das Reichserbhofgesetz sah ein Überspringen eines Anerbenberechtigten durch seine Abkömmlinge ursprünglich nicht vor. Das Eintreten eines Abkömmlings des Anerben in dessen erbrechtliche Stellung war grundsätzlich erst dann möglich, wenn dieser durch Tod, Erbverzicht, mangelnde Bauernfähigkeit usw. weggefallen war. In Schrifttum und Rechtsprechung entwickelte sich jedoch eine Diskussion über die Frage, ob ein Erblasser nicht in die Lage versetzt werden sollte, aus einem wichtigen Grund seine Enkel unter Umgehung seines noch lebenden und bauernfähigen Sohnes zum Anerben zu bestimmen.[1027] Die Bestimmung des § 9 EHRV beendete diese Debatte.[1028] Hiernach konnte ein Erblasser mit Zustimmung des Anerbengerichts innerhalb der ersten Ordnung seinen in der Erbfolge noch nicht weggefallenen Sohn zugunsten eines Sohnessohnes oder Sohnesenkels übergehen, wenn hierfür ein wichtiger Grund vorlag, § 9 Abs. 1 EHRV.[1029] § 9 Abs. 2 und 3 EHRV erweiterten diese Möglichkeit auf die anderen Anerbenordnungen.

IV. Die Hofsatzung

Ebenfalls 1935 trat Saure an Vogels mit dem Wunsch heran, „über die bisherigen Bestimmungen hinaus die unbedingte Vererbung im Mannesstamm" herbeizuführen, „sofern der Bauer dies wünscht."[1030] Auf der Besprechung vom 29. Januar 1936 unterstrichen Busse und Johae diese Forderung und betonten, dass Darré eine „weitere Förderung des Gedankens des Mannesrechts" ausdrücklich wünschte: „Gedacht ist hierbei an einen Ausschluß der Anerbenfolge

---

seinem Ehegatten in gerader Linie verwandten Person durch Erbgang oder Rechtsgeschäft erhalten hatte, vgl. Schreiben in den Akten des RJM, in: BArch R 3001/22169, 292 f.

1027 Baumecker, 4. Auflage, § 9 EHRV, Rn. 1.

1028 § 9 EHRV ging auf § c des mitübersandten Entwurfs des RJM vom 13. Januar 1936 zurück, in: BArch R 3001/22196, 93-112, 95. Der vollständige Entwurf des RJM vom 6. März 1936 enthielt dann im § 12 bereits die spätere Verordnungsfassung, in: BArch R 3001/22196, 406 f. In der Besprechung vom 2. April 1936 wurde zwar zum § 12 eine Nachprüfung dahingehend angeregt, ob der Wortlaut keine Zweifel darüber lasse, daß der Bauer sowohl den Sohn des einen wie auch des anderen Sohnes zum Anerben bestimmen dürfe, Vermerk Hopps zu dieser Besprechung, in: BArch R 3001/22196, 442-449, 445. In § 10 des Entwurfs des RJM zu einer Erbhofergänzungsverordnung vom 1. Juli 1936 nahm man dann aber keine Änderungen mehr vor, Entwurf in: BArch R 3001/22197, 231-248, 234.

1029 Nach § 8 der EHKV.II war schließlich eine anerbengerichtliche Zustimmung nicht mehr notwendig.

1030 Schreiben von Saure an Vogels vom August 1935, in: BArch R 3001/22196, 3-17, 9.

in der weiblichen Linie auf Grund eines Antrags des Bauern (Eintragung des Mannesrechts in die Erbhöferolle)." Der von Vogels „zur Erörterung gestellte Gedanke, die Einführung des Mannesrechts zu verbinden mit einem Ausspruch des RErnMin. im Zulassungsverfahren nach § 5", wurde von Johae abgelehnt, der die beabsichtigte Regelung – gemäß den Wünschen Darrés – nicht auf die Fälle des größeren Grundbesitzes beschränken wollte.[1031]

Das Reichsjustizministerium folgte daraufhin dem Ansinnen des Reichsernährungsministeriums. Am 6. Februar 1936 legte Vogels einen entsprechenden Entwurf einer Ausführungsvorschrift zu § 25 REG vor. Hiernach sollte ein Bauer durch eine sogenannte Haussatzung bestimmen können, dass sich der Hof ausschließlich im Mannesstamm vererbte. Die Anerbenberechtigten der vierten bis sechsten Ordnung sollten dabei auch hinter männliche Verwandte, die nicht zu den Anerbenberechtigten im Sinne des § 20 REG gehörten, zurücktreten bzw. ganz von der Anerbfolge ausgeschlossen werden. In der gerichtlich oder notariell zu beurkundenden Haussatzung sollte ferner festgelegt werden, inwieweit der jeweilige Erbhofeigentümer innerhalb der Folgeordnung den Anerben bestimmen durfte. Die Haussatzung bedurfte der Genehmigung des Reichsministers der Justiz und des Reichministers für Ernährung und Landwirtschaft, wobei bei dieser Genehmigung wiederum vorgeschrieben werden konnte, dass die Bestimmung des Anerben in gewissen Fällen der Genehmigung des Anerbengerichts bedürfen sollte.[1032]

Obwohl die Entwurfsbestimmung damit schon im Wesentlichen die Form der späteren Verordnungsfassung hatte,[1033] war sie auf der Besprechung vom 2. April 1936 Gegenstand eingehender Erörterungen. Insbesondere entzündete sich an der „Haussatzung" für Erbhöfe, die ja durchaus Ähnlichkeiten zu fideikommissrechtlichen Regelungen aufwies, die Frage nach der Federführung in diesem Bereich. Während das Reichsernährungsministerium diese grundsätzlich für sich selbst beanspruchte, wies Vogels „auf die enge Verquickung mit dem Fideikommissrecht hin und auf den praktisch bedeutsamen Umstand, daß im Reichsjustizministerium Akten jedes Fideikommisses bestünden. Außerdem handele es sich um eine Frage des Erbrechts. Diese Umstände müßten dazu führen, die Federführung wie allgemein für das Erbhofrecht beim RJM zu belassen." Demgegenüber erklärte Saure, dass diese Frage der Entscheidung „des Herrn Ministers vorbehalten" bleiben müsse. Johae regte außerdem eine stärkere Einschaltung des Reichsnährstandes an. Dementsprechend einigte man sich dar-

1031 Vermerk Vogels' zur Besprechung vom 29. Januar 1936, in: BArch R 3001/22196, 113 f.

1032 Entwurf einer Ausführungsvorschrift zu § 25 des Gesetzes (Anerbenfolge im Mannesstamm), in: BArch R 3001/22196, 200-202.

1033 § 14 des RJM-Entwurfs vom 6. März 1936, in: BArch R 3001/22196, 383-429, 407-409.

auf, den Entwurf dahingehend zu ändern, dass vor der Entscheidung durch die Minister der Landesbauernführer gehört werden sollte.[1034]

Im Zuge weiterer Besprechungen wurde dieser Vorbehalt einer Anhörung des Landesbauernführers dann durch das Erfordernis der Anhörung des Reichsbauernführers ersetzt.[1035] Auch nahm man auf Initiative des Reichsernährungsministeriums vom Begriff der Haussatzung wieder Abstand und ersetzte ihn – wohl um eine Abgrenzung zum Fideikommiss beizubehalten – durch den Begriff der Hofsatzung.[1036]

In § 10 EHRV wurde die Hofsatzung schließlich umgesetzt. Dabei sollte die Hofsatzung keine Regelung für den Einzelfall sein, sondern für alle künftigen Erbfälle gelten. Damit stellte sie eine besondere Anerbenordnung außerhalb der gesetzlichen Anerbenfolge dar.[1037]

V. Fehlender Anerbe

Wie bereits angesprochen gewährte § 25 Abs. 5 Satz 1 REG dem Erblasser die Möglichkeit, seinen Anerben auch dann frei zu bestimmen, wenn keine Personen der im § 20 REG bezeichneten Ordnungen vorhanden waren. War die in diesem Fall vom Anerben bestimmte Person allerdings nicht bauernfähig oder traf der Bauer überhaupt keine Bestimmung, so bestimmte der Reichsbauernführer den Anerben, § 25 Abs. 5 Satz 2 REG, wobei bauernfähige Verwandte oder Verschwägerte des Erblassers bevorzugt berücksichtigt werden sollten, § 25 Abs. 5 Satz 3 REG.[1038]

Die der Anerbenbestimmung durch den Reichsbauernführer vorausgehende Prüfung, ob ein Anerbe vorhanden oder nicht bauernfähig war, konnte aber dann zu Problemen führen, wenn dieser zu einem anderen Ergebnis kam als das jeweilige Nachlassgericht, dass, wenn ein potentieller Anerbe durch den zur Eintragung

---

1034 Vermerk Hopps zu dieser Besprechung, in: BArch R 3001/22196, 442-449, 445.

1035 Vgl. Zusammenstellung der Änderungen des RJM im Anschluss an die Besprechung vom 2. April 1936, in: BArch R 3001/22196, 488-493, 489.

1036 Hierum bat zunächst Saure im Schreiben an das RJM vom 28. Juli 1936, in: BArch R 3001/2197, 421-451, 432. Vgl. sodann § 11 des Entwurfs des RJM von Mitte November 1936, in: BArch R 3001/22198, 143-187, 151 f.

1037 Baumecker, 4. Auflage, § 10 EHRV, Rn. 2; Stoll, AcP 1937, 220.

1038 Die Bestimmungen der § 25 Abs. 5 Satz 2 und 3 REG gingen zurück auf Art. II § 6 Abs. 7 Satz 2 des REM-Entwurfs vom 19. September 1933. Dieser hatte allerdings noch vorgesehen, dass dann, wenn der Bauer keine Bestimmung vornahm oder der bestimmte Anerbe nicht bauernfähig war, der Hof an den Reichsfiskus fallen sollte, in: BArch R 3001/Akte 591, 87. In der Besprechung vom 21. September 1933 wurde von diesem Vorschlag allerdings abgerückt und Einigkeit darüber erzielt, dass der Hof statt an den Reichsfiskus an den Reichsnährstand fallen sollte, Protokoll von Vogels, in: BArch R 3001/Akte 591, 93.

im Grundbuch erforderlichen Erbschein legitimiert wurde, für die Nachprüfung zuständig war. Dann lief der Reichsbauernführer bei der Prüfung der Frage, ob ein Anerbe vorhanden war oder nicht, Gefahr, vom Nachlassgericht korrigiert zu werden. Von Seiten des Reichsnährstandes wurde daher befürchtet, dass eine solche Korrektur dem Ansehen des Reichsbauernführers abträglich sein könnte. Daher regte man an, die Prüfung, ob ein Anerbe vorhanden war, von vornherein dem Nachlassgericht zu übertragen. Dies auch deshalb, weil ein gerichtliches Verfahren „viel größere Gewähr für die Vollständigkeit und Richtigkeit der Feststellungen als die Ermittlungen durch den Kreisbauernführer" bot. Nach Busses Ansicht bedurfte es, da nach geltendem Recht die Verpflichtungen des Nachlassgerichts bestanden, einer neuen gesetzlichen Regelung nur insoweit, als dem Nachlassgericht auch noch die Pflicht aufzuerlegen war, „nach Abschluß der Nachforschungen ein Zeugnis über das Ergebnis der Ermittlungen auszustellen". Eine Bescheinigung, dass ein Anerbe nicht vorhanden war, sollte darüber von Amts wegen ausgestellt werden.[1039]

Nachdem Johae den Vertretern das Reichsjustizministeriums einen entsprechenden Entwurf eines neu einzufügenden § 25 a REG vorgelegt hatte,[1040] zog Vogels nach und arbeitete seinerseits eine vereinfachte Fassung einer Ausführungsvorschrift zu § 25 Abs. 5 REG aus.[1041] Nach einigen im Rahmen der Besprechung vom 2. April 1936 vorgenommenen Änderungen,[1042] fand die Bestimmung Eingang in den Erbhofergänzungsverordnungsentwurf vom 1. Juli 1936,[1043] und wurde in § 16 EHRV umgesetzt.

VI. Erweiterte Testierfreiheit nach der EHFV

Die eng begrenzten Testiermöglichkeiten erwiesen sich, insbesondere nach Beginn des Zweiten Weltkrieges, auf lange Sicht als nicht ausreichend. Hierauf machte unter anderem die bereits erwähnte Denkschrift des agrarpolitischen Gauamtes der Gauleitung Niederdonau im November 1940 aufmerksam. Diese Denkschrift regte vor dem Hintergrund zahlreicher Beschwerden vor allem eine Verbesserung der Rechtsstellung einheiratender Ehegatten an, da der einheira-

1039 Anmerkung von Busse, Anlage 6 zum Schreiben von Saure an Vogels vom August 1935, in: BArch R 3001/22196, 62-67, 66 f.

1040 Entwurf eines § 25 a REG, vorgelegt im Anschluss an die Besprechung vom 29. Januar 1936, in: BArch R 3001/ 22196, 115-139, 125 f.

1041 Schreiben Vogels an das REM vom 6. Februar 1936 mit dazugehörigem Entwurf, in: BArch R 3001/22196, 196 f. Dieser Vorschlag war dann auch als § 15 im Entwurf des RJM zur geplanten DVO. IV. vom 6. März 1936 enthalten, in: BArch R 3001/22196, 383-429, 409 f.

1042 Vermerk Hopps zu dieser Besprechung, in: BArch R 3001/22196, 442-449, 445.

1043 § 16 des Erbhofergänzungsverordnung-Entwurfs des RJM vom 1. Juli 1936, in: BArch R 3001/22197, 231-248, 236.

tende Ehemann nicht an der Auswahl des Anerben beteiligt war und die Ehefrau ohne seine Beteiligung mit anerbengerichtlicher Genehmigung auch über den Erbhof verfügen konnte.[1044] Daneben bemängelte sie, dass die Witwe eines Erbhofbauern den geeigneten Hofnachfolger nicht unter den Kindern bestimmen konnte und stattdessen die gesetzliche Erbfolge eintrat, ohne dass man wusste, „ob nun gerade dieser Säugling unter den vorhandenen Kindern den geeigneten Hofesnachfolger abgeben“ werde. Die Denkschrift schlug daher unter anderem vor, dem Erblasser die Möglichkeit einzuräumen, seinen eingeheirateten Ehegatten als Anerben einzusetzen. Diese Möglichkeit sollte allerdings unter der Einschränkung geschehen, dass die weitere Vererbung des Hofes nur an den Anerben desjenigen Ehegatten möglich sein durfte, der den Hof oder den wirtschaftlich überwiegenden Teil des Hofes mit in die Ehe gebracht hatte. Auch sollte dem überlebenden Ehegatten auf Antrag des Landesbauernführers das Eigentum am Erbhof wieder genommen werden und auf den Anerben übertragen werden können, wenn nach Lage des Falles diese Übertragung des Hofes dem gesunden bäuerlichen Rechtsempfinden entsprach.[1045]

Trotz der erkannten Notwendigkeit eines Handlungsbedarfs bei den Testiermöglichkeiten des Erblassers vergingen jedoch mehr als zwei weitere Jahre, bis es zu einem konkreten und umfassenden Vorschlag einer Neuregelung kam. So sah § 2 des Entwurfs des Reichsernährungsministeriums vom 13. Januar 1943 zunächst eine weitere Einschränkung der Testierfreiheit des Eigentümers vor, da hiernach eine Anerbenbestimmung durch eine Bäuerin von der Zustimmung des einheiratenden Ehemannes abhängig gemacht werden sollte, „um den einheiratenden Bauern nicht als Bauern minderen Rechts erscheinen zu lassen und der natürlichen Forderung Rechnung zu tragen, dass der Familienvater ein Mitbestimmungsrecht hinsichtlich des Auswählens eines seiner Kinder als Anerben bekommt.“[1046]

Daneben regte das Reichsernährungsministerium die Einführung einer sogenannten „Voranerbschaft“ an.[1047] Durch dieses rechtliche Neugebilde, das nur auf Anordnung des Erblassers zur Anwendung kommen sollte, wollte man dem überlebenden Ehegatten, dem bisher lediglich das gesetzliche Nutzwaltungsrecht

1044 Denkschrift des Gauamtes für Agrarpolitik der Gauleitung Niederdonau vom 11. November 1940, in: BArch R 3001/22173, 29 f.

1045 Denkschrift des Gauamtes für Agrarpolitik der Gauleitung Niederdonau vom 11. November 1940, in: BArch R 3001/22173, 35.

1046 § 2 des REM-Entwurfs zur „Verordnung zur Fortbildung des Erbhofrechts und zur Verbesserung der Rechtsstellung der Bäuerin“ vom 13. Januar 1943, in: BArch R 3001/22173, 182 f., nebst Begründung, in: BArch R 3001/22173, 199.

1047 §§ 7-18 des Entwurfs vom 13. Januar 1943, in: BArch R 3001/22173, 184–186. Begründung in: BArch R 3001/22173, 200–202.

nach § 11 EHRV zustand,[1048] in die verlängerte Rechtsstellung des Verstorbenen eintreten lassen. Dabei sollte es auf Anordnung der Erblassers möglich sein, die Voranerbschaftsfolge bereits zu seinen Lebzeiten herbeizuführen. Des Weiteren konnte der Erblasser den nach Beendigung der Voranerbschaft begünstigten Anerben bestimmen. Dem Bauern sollte darüber hinaus die Möglichkeit erhalten bleiben, seinen Ehegatten auch weiterhin im Falle des Fehlens gesetzlicher Anerben gemäß § 25 Abs. 5 REG selbst zum Anerben zu bestimmen.[1049] Außerdem sah der Entwurf eine Regelung des Falles vor, dass der Erblasser zwar eine Voranerbschaft, jedoch keinen nachfolgenden Anerben bestimmt hatte. Dann sollte der Voranerbe mit Genehmigung des Anerbengerichts den Anerben selbstbestimmen können, wobei sein Bestimmungsrecht sich auf diejenigen Personen beschränkte, welche der vorverstorbene Ehegatte, hätte dieser bei Beendigung der Voranerbschaft noch gelebt, selbst zu Anerben hätte bestimmen können.[1050] Hatten weder der Erblasser noch der Voranerbe einen Anerben bestimmt, so richtete sich die gesetzliche Erbfolge beim Tod des Voranerben nach dem vorverstorbenen Ehegatten, als hätte dieser im Zeitpunkt der Voranerbschaft noch gelebt.[1051]

Aus wichtigem Grund konnte nach dem Entwurf bei der Voranerbschaft die weitere Anerbenfolge auf Antrag des Anerben oder des Landesbauernführers durch das Anerbengericht vorzeitig angeordnet werden. Ein wichtiger Grund sollte unter anderem dann vorliegen, wenn die Eheschließung des vorverstorbenen Bauern mit dem überlebenden Ehegatten oder die erneute Eheschließung des überlebenden Ehegatten „dem gesunden Empfinden des Bauerntums" widersprach, wenn der überlebende Ehegatte den Hof nicht bewirtschaften wollte oder konnte oder wenn der nicht zu den Abkömmlingen gehörende Anerbe das 30. Lebensjahr überschritten hatte und es als zweckmäßig erschien, „ihn in die Lage zu setzen, durch Heirat eine Familie auf dem Erbhof zu gründen oder die Bewirtschaftung des Erbhofes zu übernehmen".[1052] Ein Antragsrecht des Anerben hielt man dabei für notwendig, weil dieser dann seine Gründe für die Beendigung der Voranerbschaft vor Gericht geltend machen und offen vertreten konnte. Auch sollte mit der vorzeitigen Herbeiführung der Anerbenfolge der Gefahr entgegengewirkt werden, dass der Voranerbe den Hof nicht rechtzeitig übergab.[1053] Diese Übergabe auf den Anerben sollte grundsätzlich dann erfolgen „wenn die Umstände des einzelnen Falles die Hofesübergabe zur Förderung des Kinderreichtums auf dem Erbhofe erforderlich erscheinen lassen und der Zeit-

1048 Vgl. hierzu die Ausführungen zum § 26 REG.
1049 § 7 des Entwurfs, in: BArch R 3001/22173, 184.
1050 § 9 des Entwurfs, in: BArch R 3001/22173, 184.
1051 § 8 des Entwurfs, in: BArch R 3001/22173, 184.
1052 § 10 des Entwurfs, in: BArch R 3001/22173, 184 f.
1053 Begründung zu § 10 des Entwurfs, in: BArch R 3001/22173, 201.

punkt auch für den Voranerben dem gesunden Empfinden des Bauerntums" entsprach. Übergab der Voranerbe den Hof nicht, so sollte auf Antrag des Landesbauernführers oder des Anerben durch das Anerbengericht die Herbeiführung der Anerbfolge angeordnet werden, insbesondere dann, wenn aus der Ehe des Anerben bereits mehrere Kinder hervorgegangen waren und der Übergang des Erbhofes auf diesen Anerben den Belangen der Sippe entsprach. Um eine unerwünschte Anerbenfolge zu verhindern, sollte schließlich das Anerbengericht auf Antrag des Landesbauernführers hin ermächtigt werden, gleichzeitig mit der Anordnung der vorzeitigen Anerbenfolge eine Person zum Anerben zu bestimmen, die dem vorverstorbenen Ehegatten gegenüber anerbenberechtigt gewesen war oder von diesem zum Zeitpunkt der Anordnung der vorzeitigen Anerbenfolge zum Anerben hätte bestimmt werden können.[1054] Des Weiteren regelte der Entwurf die Stellung der Angehörigen des Voranerben aus weiteren Ehen, die Erbfolge und Voranerbfolge bei mehreren Erbhöfen, die Frage des Altenteils statt Voranerbschaft, die Anordnung der Voranerbfolge durch das Anerbengericht und die Bestimmung des Nutzverwalters zum Voranerben.[1055]

Auf der Salzburger Erbhofrechtstagung stieß die Rechtsfigur der Voranerbschaft auf allgemeine Ablehnung.[1056] So begrüßte man zwar grundsätzlich die Besserstellung des Ehegatten.[1057] Das Konstrukt der Voranerbschaft als „ein Kunstgebilde, das schon den Juristen schreckt und dem bäuerlichen Denken wirklich nicht entspricht", hielt man dagegen für zu kompliziert und eine „einfachere und übersichtlichere Lösung" für erforderlich.[1058]
Insbesondere Ehard, der mit diesem Thema betraute Berichterstatter, sah das Konstrukt der Voranerbschaft als „keine zwingende Voraussetzung" für die Bestimmung des Anerben durch den überlebenden Ehegatten an und machte sich stattdessen für die Möglichkeit der Einsetzung der Ehefrau des Bauern in die volle Anerbenstellung stark. Seiner Ansicht nach war es „nicht einzusehen, warum man dem Erblasser nicht das Recht geben könnte, seinen Ehegatten zum Anerben einzusetzen." Er betonte in diesem Zusammengang ausdrücklich, wie sehr die bestehende Gesetzeslage der Lebenswirklichkeit widersprach:

„Vor allem nimmt man noch besonderen Anstoß daran, daß die Frau Anerbe des Mannes sein könnte. Ganz zu Unrecht. Die Frau ist Mutter der Kinder,

1054 §§ 11 und 12 des Entwurfs, in: BArch R 3001/22173, 185, nebst Begründung, in: BArch R 3001/22173, 202.

1055 §§ 14 - 18 des Entwurfs, in: BArch R 3001/22173, 185 f.

1056 Stellungnahme Marciks' zu den §§ 7-18 des Entwurfs, in: BArch R 3001/22175, 50-54, 52; vgl. auch Dückendorfs Stellungnahme, in: BArch R 3001/22175, 75.

1057 So wurde der vorgesehenen gemeinschaftlichen Bestimmung des Anerben im Falle des Einheiratens eines Bauern grundsätzlich zugestimmt, Stellungnahme Ehards, in: BArch R 3001/22175, 5; vgl. auch das Referat Starckes, in: BArch R 3001/22175, 107.

1058 Niederschrift des Referats Ehards, in: BArch R 3001/22175, 4.

sie ist das wichtigste Verbindungsglied zur künftigen Generation des Mannes, von der Natur inniger mit ihr verbunden als der Mann. (...) Es liegt deshalb durchaus im Sinne der Grundgedanken des Erbhofrechts und ist für gesundes Bauerndenken selbstverständlich (das Gegenteil ist nie verstanden worden!), daß die Frau zur „Sippe“ des Mannes gehört. Man soll sich endlich von der Vorstellung lösen, die Frau sei nur ein Teil der Sippe, aus der sie kommt, und sie müßte als Mutter und Ehefrau stets die ganze Kette ihrer Sippe hinter sich herziehen, geradezu mit ihr belastet sein. Kommt man von dieser Vorstellung los, dann besteht kein Hinderungsgrund, die Frau und Mutter für ihre Person rechtlich als einen Teil der Sippe des Mannes zu betrachten. Dann ist aber der Weg für jede vernünftige und einfache Lösung offen. Der Bauer kann seine Frau zur Anerbin einsetzen. Die Frau als Anerbin kann den Anerben wie der Bauer aus dessen Sippe und – durchaus folgerichtig – nur aus dieser Sippe bestimmen. Auch wenn sie wieder heiratet, muß diese Beschränkung ausdrücklich bestehen bleiben.“
Daneben trat Ehard natürlich auch für die Möglichkeit der Einsetzung des einheiratenden Ehemannes als Anerben ein, da dieses auch im bäuerlichen Sinne sei und sprach sich darüber hinaus für die Berücksichtigung der Ehefrau im Rahmen der gesetzlichen Erbfolge aus – und zwar noch vor den Seitenverwandten des Erblassers.[1059]

Starcke schloss sich der Kritik Ehards an und bezeichnete die geplante Voranerbschaftsregelung als „zu kompliziert“ und „nicht volksnah genug“. Auch sei die Voranerbschaft abhängig von einer besonderen Anordnung des Bauern, zumindest für im Alleineigentum stehende Höfe. Als alleinigen Vorteil der Voranerbschaft betrachtete er die Möglichkeit des Übergangs des Anerben-Bestimmungsrechts auf den überlebenden Ehegatten. Bei Ehegattenerbhöfen habe sie lediglich den Vorzug, dass ein Sippenwechsel des Erbhofes, wenn dieser nur von einer Person eingebracht worden sei, ohne Sonderregelung verhindert werden könne. Starcke trat im Ergebnis auch für eine volle Anerbenstellung des Ehegatten ein.[1060]

Vor dem Hintergrund der in Salzburg geübten Kritik kamen die Vorschläge des Reichsernährungsministeriums in der Erbhoffortbildungsverordnung nur teilweise zur Umsetzung. Zwar band § 5 EHFV die Möglichkeit der Anerbeneinsetzung durch eine Bäuerin an die Mitwirkung des eingeheirateten Ehemannes. Daneben wurde dem überlebenden eingeheirateten Ehegatten, der anstelle eines zum Anerben berufenen Abkömmlings die Verwaltung und Nutznießung am Erbhof ausübte, das Recht eingeräumt, im Falle des Vorliegens eines wichtigen Grundes einen anderen Abkömmling des Erblassers zum Anerben zu bestimmen, § 8 EHFV. Hierzu war jedoch die Zustimmung des Anerbengerichts

1059 Niederschrift von Ehards Referat, in: BArch R 3001/22175, 11 f.
1060 Niederschrift der Stellungnahme Starckes, in: BArch R 3001/22175, 111 ff.

erforderlich, welches vor seiner Entscheidung den Landesbauernführer zu hören hatte.[1061] Das Konzept der Voranerbschaft wurde jedoch nicht übernommen, vielmehr ermöglichte der Gesetzgeber es dem Erblasser, seinen Ehegatten zum Anerben bestimmen zu können, § 12 EHFV. Der Erblasser konnte auch anordnen, dass schon zu Lebzeiten des Ehegatten zu einem bestimmten Zeitpunkt oder zu einem bestimmten Ereignis die weitere Anerbenfolge eintreten sollte, § 12 Abs. 1 Satz 2 EHFV. Mit dem Tod des zum Anerben gewordenen Erblassers oder mit dem sonstigen Eintritt der Anerbenfolge wurde dann diejenige Person als weiterer Anerbe, die nach dem Reichserbhofgesetz als Anerbe des vorverstorbenen Ehegatten und Hofeigentümers berufen gewesen wäre, § 12 Abs. 2 EHFV. Hatte der Eigentümer seinen Ehegatten gemäß § 12 Abs. 1 EHFV zum Anerben eingesetzt, so konnte er gemäß § 12 Abs. 3 Satz 1 EHFV auch den weiteren Anerben bestimmen, in den Fällen des § 5 EHFV mit seinem Ehegatten. Gleiches galt für den zur Anerbfolge gelangten Ehegatten, § 12 Abs. 3 Satz 2 EHFV. Allerdings konnte zum Anerben nur bestimmt werden, wer nach dem Gesetz zum Anerben des erstverstorbenen Ehegatten berufen gewesen wäre oder hätte bestimmt werden können, § 12 Abs. 3 Satz 3 EHFV. Fehlten bauernfähige eheliche Abkömmlinge des vorverstorbenen Ehegatten und war keine Bestimmung im Sinne des § 12 Abs. 3 Satz 1 EHFV getroffen, so konnte der zum Anerben gewordene überlebende Ehegatte den weiteren Anerben in besonderen Ausnahmefällen mit Zustimmung des Anerbengerichts auch aus seinen Abkömmlingen bestimmen, wenn nach den besonderen Umständen des Falles das Festhalten an der Anerbenfolge in der Hofessippe für diesen Abkömmling eine unbillige schwere Härte bedeutet hätte, § 12 Abs. 4 EHFV.

§ 15 EHFV wiederum räumte dem Anerbengericht die Möglichkeit ein, in die Anerbenstellung des zum Anerben gewordenen Ehegatten einzugreifen: Auf Antrag des Landesbauernführers konnte es, und zwar auch im Falle der Wiederverheiratung des Anerbe gewordenen Ehegatten im Sinne des § 12 EHFV, aus wichtigem Grund den vorzeitigen Eintritt der Anerbenfolge anordnen, § 15 Abs. 1 EHFV. Auch bestimmte § 15 Abs. 2 EHFV den Zeitpunkt in dem der zum Anerben gewordenene Ehegatte den Erbhof an den weiteren Anerben übergeben sollte. Dieses sollte dann geschehen, wenn dieser zu den Abkömmlingen des verstorbenen Ehegatten gehörte, das 25. Lebensjahr überschritten hatte, nach seiner bäuerlichen Ausbildung zur Selbstbewirtschaftung des Hofes in der Lage war und die Hofübergabe zur Förderung der Familiengründung des weiteren Anerben oder des Kinderreichtums auf dem Hofe geboten erschien, § 15 Abs. 2 Satz 1 EHFV. Verweigerte der zum Anerben gewordene Ehegatte die Hofübergabe, so sollte das Anerbengericht auf Antrag des Landesbauernführers gemäß

1061 Vgl. hierzu Rede Thieracks zur Verkündung der EHFV auf der Zehnjahresfeier des Reichserbhofgerichts am 1. Oktober 1943 in Berlin, in: BArch R 3001/22170, 180-196, 188 f.

§ 15 Abs. 1 EHFV den vorzeitigen Eintritt der Anerbenfolge anordnen, § 15 Abs. 2 Satz 2 EHFV.

§ 37 EHFV nahm dem Erbhofeigentümer schließlich noch die Möglichkeit der freien Bestimmung des Anerben bei völligem Fehlen von Anerbenberechtigten gemäß § 25 Abs. 5 Satz 1 REG. § 7 Abs. 1 EHKV. II führte letztendlich auch für Gegenden mit ehemals starrem Jüngsten- oder Ältestenrecht die freie Bestimmung durch den Erblasser ein. Gemäß § 7 Abs. 2 EHKV. II bedurfte aber die Übergehung eines Sohnes aus erster Ehe zugunsten eines Sohnes aus zweiter Ehe sowie die Bestimmung eines Adoptivkindes weiterhin der Zustimmung des Anerben sowie des Anerbengerichts.

I. Die Verwaltung und Nutznießung am Erbhof

1. Die Verwaltung und Nutznießung der Anerbeneltern

War ein Anerbe noch minderjährig, so stand grundsätzlich seinem Vater oder seiner Mutter das Recht zur Verwaltung oder Nutznießung am Erbhof als Ausfluss ihrer elterlichen Gewalt zu, §§ 1626 ff. und §§ 1649 ff. BGB.[1062] § 26 REG gab dem Erblasser die darüber hinausgehende Möglichkeit, dieses Recht zur Verwaltung oder Nutznießung – auch als Nutzverwaltung bezeichnet – zeitlich über die Volljährigkeit hinaus bis zum 25. Lebensjahr des Anerben zu verlängern.[1063] Mit der Einräumung des Nutzwaltungsrechts zugunsten der Eltern des Anerben sollten Zwistigkeiten und schlechte Bewirtschaftung, welche sich aus der Jugend und Unerfahrenheit eines Anerben ergeben konnten, vermieden und

1062 Vgl. Baumecker, 4. Auflage, § 26 REG, Rn. 8.

1063 § 26 REG ging auf Art. II § 8 des Entwurf des REM vom 19. September 1933 zurück. Dieser hatte allerdings zum einen die Verpflichtung festgeschrieben, „den Anerben und dessen Miterben gegen Leistung angemessener und ihren Kräften entsprechender Arbeitshilfe angemessenen Unterhalt auf dem Hofe zu gewähren." Zum anderen hatte dieser die Grenze für die mögliche Ausübung des Rechts der Verwaltung und des „Nießbrauchs" zeitlich bis auf das 26. Lebensjahr ausgedehnt, Entwurf vom 19. September 1933, in: BArch R 3001/Akte 591, 87. Wie diese Verwaltung durch Vater oder Mutter des Anerben rechtlich verstanden werden sollte, wurde auf der diesen Entwurf behandelnden Besprechung vom 21. September 1933 festgestellt: Die Verwaltung sollte dahingehend verstanden werden, dass der Anerbe hinsichtlich des Hofs noch bis zum 25. Lebensjahr wie ein Minderjähriger behandelt und von der Verwaltung ausgeschlossen werden sollte. Die Minderjährigkeit sollte also insoweit fortgesetzt werden, Protokoll Vogels' zu dieser Besprechung, in: BArch R 3001/Akte 591, 93. Der Entwurf des RJM vom 23. September 1933 hatte dann den § 26 REG – im Wortlaut noch leicht abweichend – vorweggenommen. § 26 der Kabinettsvorlage von REM und RJM vom 25. September 1933 entsprach dann dem späteren § 26 REG, Kabinettsvorlage, in: BArch R 3001/Akte 591, 92.

die Sippe wirtschaftlich gesichert werden.[1064] Da die zur Nutzungsverwaltung berufene Person in der Regel der Ehegatte des Erblassers war, brachte § 26 REG einen gewissen Ausgleich für deren ansonsten durchgängig schlechte Rechtsstellung.[1065] Allerdings griff die Bestimmung nur, wenn Anerbenberechtigte der ersten oder vierten Ordnung überhaupt vorhanden waren.[1066]
Trotz Nutzverwaltung durch Vater oder Mutter stand dem Anerben aber grundsätzlich die Verfügungsbefugnis über den Erbhof zu. Umstritten war daher der Umfang der Beteiligung des Nutzverwalters bei Verfügungen. Während zum Beispiel Baumecker lediglich eine Anhörung des Nutzverwalters verlangte,[1067] forderten andere eine Zustimmung zu Verfügungen des Anerben.[1068] Ein weiteres Problem war die ungeregelte Frage nach der Versorgung des Anerben während der Nutzverwaltung durch Vater oder Mutter. Denn der Anerbe, dem weder Versorgungsansprüche nach § 30 REG noch gesetzliche Unterhaltsansprüche aus dem BGB zustanden, war in diesem Fall mit seiner Familie nicht versorgt.[1069] Zwar hatte Art. II § 8 des Ausgangsentwurfs vom 19. September 1933 noch eine Verpflichtung des Nutzverwalters vorgesehen, „den Anerben und dessen Miterben gegen Leistung angemessener und ihren Kräften entsprechender Arbeitshilfe angemessenen Unterhalt auf dem Hofe zu gewähren“.[1070] Diese Regelung hatte jedoch keinen Eingang ins Gesetz gefunden.

2. *Die Anordnung der Nutzverwaltung des Ehegatten*

Dass dem Ehegatten des Erblassers nur dann nach § 26 REG die Nutzverwaltung eingeräumt werden konnte, wenn Anerbenberechtigte der ersten oder vierten Ordnung vorhanden waren, wurde von Anfang an als nicht ausreichend angesehen. So hatte man bereits Anfang November 1933 auf der Besprechung der Fachgruppe Notare des BNSDJ die Möglichkeit einer Erweiterung der Bestimmung des § 26 REG erörtert – zum einen in Richtung der allgemeinen Einräumung einer Nutzverwaltung zugunsten der Ehefrau des Erblassers, zum anderen dahingehend, dem Elternteil des Anerben oder dem Ehegatten des verstorbenen

1064 Baumecker, 4. Auflage, § 26 Rn. 1 REG.

1065 Zum Recht der Nutzungsverwaltung bei Ehegattenerbhöfen vgl. die Ausführungen zum Ehegattenerbhofrecht, insbes. zu § 5 Abs. 3 Satz 2, Halbs. 2 DVO. II. Hiernach stand der Ehefrau des verstorbenen Ehegattenerbhofbauern bis zum 25. Lebensjahr des Anerben die Verwaltung und Nutznießung des Hofes zu, falls dieses Recht nicht durch Erbvertrag oder gemeinschaftliches Testament ausgeschlossen oder beschränkt ist.

1066 Vertiefend zur Nutzverwaltung vgl. Mandel, DGBR 1937, 320 ff.; Hopp, Geschäftsgang, S. 67 ff.; Gülland, DJ 1934, 576 ff.; Ledschbor, DJ 1934, 870 f.; Setz, WürttZ 1938, 159 ff.

1067 Baumecker, 4. Auflage, § 26 REG, Rn. 9.

1068 Dölle, 2. Auflage, S. 85.

1069 Baumecker, 4. Auflage, § 26 REG, Rn. 9.

1070 Ausgangsentwurf, in: BArch R 3001/Akte 591, 87.

Erbhofbesitzers ein Nutzwaltungsrecht auf Lebenszeit einzuräumen. Vogels hatte bereits auf dieser Besprechung einer Erstreckung des § 26 REG auf denjenigen Ehegatten, der nicht Elternteil des Anerben war, zugestimmt.[1071] Einen Monat später, auf der Bezirksversammlung des BNSDJ in Münster, erläuterte er außerdem, was er unter Verwaltung und Nutznießung verstand. Diese sei „ein aus juristisch technischen Gründen notwendiger Ausdruck, praktisch bedeute die Verwaltung und Nutzniessung eine Art Vorerbschaft, jedenfalls aber die volle Herrschaftsgewalt des überlebenden Ehegatten."[1072]

Diese Möglichkeit der Bestellung einer „Art Vorerbschaft" wurde im – unter der Federführung von Vogels ausgearbeiteten – § 13 DVO. II umgesetzt.[1073] Mit dieser Bestimmung schuf man einen Ausgleich für die fehlende Möglichkeit der Errichtung einer ehelichen Gütergemeinschaft am Erbhof und für das sehr knapp bemessene Altenteil des § 31 REG.[1074] Gemäß § 13 Abs. 1 DVO. II konnte eine Nutzverwaltung für den Ehegatten des Erblassers auch dann angeordnet werden, wenn dieser nicht Vater oder Mutter des Anerben war. Die Dauer der Nutzverwaltung war dabei abhängig von der jeweiligen Anerbenordnung, der der Anerbe angehörte: Bei Anerben erster oder vierter Anerbenordnung endete die angeordnete Nutzungsverwaltung des überlebenden Ehegatten mit der Vollendung des 25. Lebensjahr des Anerben – ein Fall, der bei Söhnen und Töchtern des Erblassers ohnehin von § 26 Abs. 1 REG abgedeckt war.
Gehörte der Anerbe einer anderen Anerbenordnung an, so konnte das Nutzwaltungsrecht des Ehegatten des Erblassers auch über das 25. Lebensjahr des Anerben hinaus angeordnet werden, jedoch höchstens – eine unnötige und auch missverständliche Formulierung – „auf Lebenszeit". Hatte der Anerbe allerdings das dreißigste Lebensjahr vollendet, so konnte gemäß § 13 Abs. 2 DVO. II wiederum das Anerbengericht auf Antrag des Landesbauernführers die im § 13 Abs. 1 DVO. II bezeichnete Verwaltung und Nutznießung aufheben. Diese Regelung war auf Druck des Reichsernährungsministeriums zustande gekommen, welches den § 13 Abs. 1 DVO. II nur unter der Maßgabe gebilligt hatte, „dass das Anerbengericht nachträglich die Verwaltung und Nutzniessung aufheben kann, damit der Anerbe jedenfalls den Hof zu einem Zeitpunkt erhalten kann, zu dem der Bauer im allgemeinen den Hof übergibt. Auch sonst muss eine Hand-

1071 Protokoll des BNSDJ (Fachgruppe Notare) zur Besprechung im Sitzungssal des RJM vom 4. November 1933, in: BArch R 3001/Akte 592, 112.

1072 Protokoll zur Rede Vogels' auf der Bezirksversammlung des BNSDJ am 10. Dezember 1933 in Münster, in: BArch R 3001/Akte 594, 8.

1073 § 6 des Entwurfs des RJM zur DVO. II von Mitte November 1933, dem REM zugesandt mit Schreiben vom 16. November 1933, in: BArch R 3001/Akte 593, 6.

1074 Baumecker, 4. Auflage, § 11 EHRV, Rn. 3.

habe bestehen, bei wichtigem Grunde den überlebenden Ehegatten auf das Altenteil zu verweisen."[1075]

Mit der Möglichkeit der Aufhebung der Nutzverwaltung durch die Anerbenbehörden sollte der Anerbenberechtigte vor einer „unwürdigen und unverständigen Behandlung" durch den überlebenden Elternteil bewahrt werden. Auch sollte der Anerbe „im Interesse des Volkstums" den Erbhof nicht zu spät erhalten. Der Landesbauernführer sollte befähigt werden, zum Beispiel dann einen Antrag zu stellen, wenn der Nutzverwalter unvernünftig wirtschaftete oder eine Versorgung des Anerben und seiner Familie aus dem Erbhof verhinderte.[1076] § 13 DVO. II ging schließlich im § 11 EHRV auf.[1077]

3. *Auswirkungen*

Die „vorerbschaftliche" Anordnung einer Nutzverwaltung konnte sich aber nachteilig für den Anerbenberechtigten auswirken, wenn die Wirtschaftsführung zu sehr zugunsten des Nutznießers gehandhabt wurde, so dass der Anerbe beim Wirtschaftsantritt nur einen heruntergewirtschafteten Hof vorfand. Daher wurden ergänzende Vorschriften für notwendig gehalten, die eine nähere gerichtliche Aufsicht über die Verwaltung ermöglichten.[1078] Auch zeigte sich, dass die Bestimmungen des § 26 REG und des § 13 DVO. II bzw. § 11 EHRV nicht ausreichten, um eine grundsätzliche Verbesserung der Rechtsstellung des einheiratenden Ehegatten herbeizuführen, da die Bauern von der Möglichkeit, die Verwaltung und Nutznießung dem Vater oder der Mutter des Anerben oder dem Ehegatten zu übertragen, kaum Gebrauch machten. Des Weiteren wurde deutlich, dass Notare und Rechtsanwälte „vielfach noch nicht in den Rechtsformen des Erbhofrechts so bewandert" waren, wie dieses „eigentlich erforderlich" gewesen wäre.[1079] Zwar gab der Reichsnährstand an, „alle Bauern, die einen Alleineigentumshof haben, zum Abschluss eines vorsorglichen Erbvertrages mit ihrem Ehegatten zu bewegen." Dieser vorsorgliche Erbvertrag sollte nach Ansicht des Reichsbauernführers „eigentlich mit jeder Eheschließung eines Bauern verbunden werden, genau so wie früher in Bayern der Ehevertrag mit Vereinba-

1075 Schreiben des REM an Vogels vom 24. November 1933, in: BArch R 3001/Akte 593, 50 b.

1076 Baumecker, 4. Auflage, § 26 REG, Rnrn. 2-4.

1077 Vgl. § 12 des Entwurfs der Erbhofergänzungsverordnung vom 1. Juli 1936, in dem sich § 13 DVO. II in leicht veränderter Form wiederfindet. Die Bestimmung entsprach dem späteren § 11 EHRV, Entwurf einer Erbhofergänzungsverordnung vom 1. Juli 1936, in: BArch R 3001/22197, 230, 235.

1078 Vgl. Bericht des OLG-Präsidenten Braunschweig an den Braunschweigischen Justizminister vom 4. Februar 1934, weitergeleitet an den RJM am 20. März 1934, in: BArch R 3001/ Akte 596, 51 f.

1079 Schreiben der Landesbauernschaft Bayern an den Präsidenten des OLG Nürnberg vom 11. Januar 1940, in: BArch R 3001/22169, 38-42, 40.

rung der allgemeinen Gütergemeinschaft und gegenseitiger Alleinerbeneinsetzung den Bauern nicht minder wichtig erschien, als der Gang zum Standesamt oder zur kirchlichen Trauung."[1080]

Dass dieses Ziel augenscheinlich nicht erreicht wurde, ergibt sich aber aus einem Schreiben des Präsidenten des Oberlandesgerichts Nürnberg vom 3. Februar 1940. Hierin äußerte dieser, „dass die Bemühungen des Herrn Reichsbauernführers, die Bauern, denen Alleineigentum an dem Hofe zusteht, zu Abschluss eines vorsorglichen Erbvertrages mit dem Ehegatten zu bewegen, bisher nicht den gewünschten Erfolg hatten." Und er fügte hinzu: „Die Verhältnisse werden wohl im ganzen Reichsgebiet oder doch wenigstens in den übrigen bayerischen Landesteilen im wesentlichen gleich gelagert sein."[1081]

Auch die Leitung des Gauamtes für Agrarpolitik des Gaus Niederdonau kritisierte in ihrer Denkschrift vom November 1940 die Ausgestaltung der Verwaltung und Nutznießung in den §§ 26 REG, 11 EHRV als rechtlich unzulänglich und den Zwecken des Gesetzes zuwiderlaufend. In diesem Zusammenhang wies man insbesondere auf ein in Österreich vorkommendes Sonderproblem der Nutzverwaltung hin. Dem dort einheiratenden Ehemann stand nämlich nach § 1238 ABGB kein unwiderrufliches gesetzliches Recht zur Verwaltung und Nutznießung zu, im Gegensatz zum sogenannten „Altreich", wo der einheiratende Ehemann die Verwaltung und Nutznießung kraft Gesetz innehatte. In Österreich hatte der einheiratende Ehegatte die Nutzwaltung auf Grund einer rechtlichen Vermutung lediglich solange inne, wie die Ehefrau nicht widersprach. Der Reichsnährstand konnte, kam es zum Widerspruch der Ehefrau gegen die Verwaltung des Ehemannes, nicht eingreifen.

Daneben zeigte die Gauleitung die rechtlich noch schlechtere Stellung eines mit einer Bauernwitwe verheiratenden Ehemannes auf, ein Problem, das gerade im Kriegsverlauf immer deutlicher hervortrat. Denn während beim Versterben des Ehemannes der Ehefrau, wenn überhaupt angeordnet, zumindest die Nutzverwaltung nach § 26 REG, § 11 EHRV zustand, hatte ihr „neuer" Ehemann überhaupt kein Verwaltungsrecht am Hof und durfte „lediglich arbeiten". Auch standen ihm nach dem Tod der Frau keinerlei Ansprüche zu. Gleiches galt für die Kinder aus zweiter Ehe, deren Rechtsstellung ebenfalls nicht hinreichend

1080 Der vorsorgliche Ehevertrag sollte folgendermaßen lauten: „1.) Der Bauer bestimmt seine Ehefrau zum Anerben für den Fall, dass bei seinem Tode keine gesetzlichen Anerben vorhanden sind. 2.) Der Bauer vermacht seiner Ehefrau die Verwaltung und Nutzniessung im gesetzlich weit zulässigsten Umfange (§ 11 EHRV).", Antwortschreiben des Reichsbauernführers, in: BArch R 3001/22169, 39 f.

1081 Schreiben des OLG-Präsidenten Nürnberg an den Landesbauernführer Bayern vom 3. Februar 1940, in: BArch R 3001/22169, 37.

geklärt war. Vor diesem Hintergrund schlug man vor, auch ein gesetzliches Nutzwaltungsrecht zu Gunsten des einheiratenden Ehemannes einzuführen.[1082]

4. Die Neuregelung der Nutzverwaltung

Bei den auf die Änderungsvorschläge des Gauamtes folgenden Erörterungen konnte über die Frage der Einführung eines gesetzlichen Nutzwaltungsrechts zügig Einigkeit erzielt werden.[1083] So sah ein am 30. Juni 1941 versandter und von Hopp stammender vertraulicher Entwurf einer Novelle zum Erbhofrecht eine Neufassung des § 11 EHRV vor, wonach dem überlebenden Ehegatten ein gesetzliches Nutzwaltungsrecht bis zur Vollendung des 25. Lebensjahres des Anerben zustehen sollte. Gehörte der Anerbe nicht der ersten oder vierten Anerbenordnung an, so sollte das Nutzwaltungsrecht dem Ehegatten auch über das fünfundzwanzigste Lebensjahr des Anerben hinaus zugestanden werden. Dieses konnte auch ohne Testament oder Erbvertrag auf Antrag durch das Anerbengericht geschehen, um eine unbillige Härte zu vermeiden. Auch konnte das Anerbengericht, hatte der Erblasser das für den überlebenden Ehegatten vorgesehene Recht der Verwaltung und Nutznießung ausgeschlossen oder beschränkt, auf Antrag den Ausschluss oder die Beschränkung ganz oder teilweise beseitigen. Schließlich sollte das Anerbengericht ermächtigt werden, auf Antrag des Landesbauernführers die Verwaltung und Nutznießung aufzuheben, wenn der Anerbe das dreißigste Lebensjahr vollendet hatte.[1084]

Obwohl damit bereits im Sommer 1941 Einigkeit über die Einführung eines gesetzlichen Nutzwaltungsrecht zugunsten des überlebenden Ehegatten bestand, dauerte es noch bis zum August 1942, bis das Reichsjustizministerium den Entwurf einer Erbhofrechtsverordnung vorlegte, der neben der Änderung des § 11 EHRV auch eine Bestimmung enthielt, die den bis dahin formlosen Widerspruch, der in Österreich einer Bäuerin gegenüber ihrem einheiratenden Ehemann hinsichtlich dessen Nutzverwaltung gemäß § 1238 ABGB zustand, an die Genehmigung des Anerbengerichts band.[1085]

Das Reichsernährungsministerium übernahm die Vorschläge des Reichsjustizministeriums zur Neugestaltung der Nutzverwaltung in seinem Entwurf vom 13. Januar 1943. § 3 dieses Entwurfs bestimmte, dass die Ehefrau in den „Alpen- und Donaureichsgauen“ beim Widerruf der von ihrem eingeheirateten Ehemann ausgeübten Verwaltung des Erbhofes gemäß § 1238 ABGB an eine

1082 Denkschrift des Leiters des Gauamtes für Agrarpolitik des Gaus Niederdonau vom 11. November 1940, in: BArch R 3001/22173, 34-37.

1083 Schreiben vom 30. Juni 1941, u.a. übersandt an Oberlandesgerichtsrat Etz in Wien und an Senatspräsident Bauer am OLG Linz, in: BArch R 3001/22173, 69 - 71.

1084 Rohentwurf einer Novelle vom 30. Juni 1941 zum Erbhofrecht, in: BArch R 3001/22173, 75-82, 79 f.

1085 Entwurf des RJM vom 11. August 1942, in: BArch R 3001/22173, 163-165.

Genehmigung des Anerbengerichts gebunden sein sollte. § 4 erlaubte die Beteiligung des einheiratenden Bauern in „Verfahren über die Genehmigung einer Veräusserung, Belastung, Übergabe, Teilung oder Verpachtung des Erbhofes oder einzelner Erbhofgrundstücke, der Entziehung der Erbhofeigenschaft sowie bei Streitigkeiten über Versorgungsansprüche“ in den Alpen- und Donaureichsgauen und im Reichsgau Sudetenland. Dies galt auch dann, wenn der Erbhof der Verwaltung und Nutznießung durch die Ehefrau unterlag. § 5 enthielt die bereits seit langem feststehende Neufassung des § 11 EHRV mit dem gesetzlichen Recht des überlebenden Ehegatten zur Verwaltung und Nutznießung des Erbhofes bis zum 25. Lebensjahr eines zu den Abkömmlingen gehörenden Anerben.
§ 6 des Entwurfs stellte klar, dass die Neufassung des § 11 EHRV grundsätzlich nur für die nach dem Inkrafttreten der Verordnung eintretenden Erbfälle gelten sollte. Für vor dem Inkrafttreten eingetretene Erbfälle sollte gesetzliche Nutzverwaltung des überlebenden Ehegatten des § 5 unter bestimmten Umständen nur aufgrund Antrages mit rückwirkender Wirkung möglich sein. Diese Möglichkeit sah man als notwendig an, „weil gerade jetzt im Kriege in grossem Umfange sich Erbfälle ereignet haben, bei denen die Ehefrau infolge Nichtvorliegens einer letztwilligen Verfügung ohne ausreichende Rechte auf dem Hof sitzt und neben dem Leid über den im Krieg gefallenen Ehegatten auch noch die Sorge um ihre zukünftige Existenz und die schwere Last der Bewirtschaftung des Erbhofes trägt.“[1086]

Darüber hinaus schlug das Reichsernährungsministerium die Einführung von Zwischenbewirtschaftungsverträgen in einem neuen § 11 a EHRV vor. Ausgangspunkt dieser Bestimmung war, dass „für den Fall der Wiederheirat des überlebenden Ehegatten eine gesetzliche Sicherstellung des weiteren Ehegatten und der Kinder aus einer weiteren Ehe nicht vorgesehen“ war, „weil im allgemeinen die gesetzliche Verwaltung und Nutzniessung nur dann Platz griff, wenn eine Wiederverheiratung gar nicht erwünscht war.“ Im Falle einer Wiederverheiratung sollte es allerdings den Beteiligten überlassen bleiben, die Rechtsverhältnisse durch einen Zwischenwirtschaftsvertrag zu regeln.[1087] Entsprechend sollten mit einem Zwischenbewirtschaftungsvertrag insbesondere die Rechte des überlebenden und weiteren Ehegatten und des Anerben hinsichtlich der Verwaltung und Nutznießung des Erbhofes, der Erziehung der Anerben sowie der Versorgung der Geschwister geregelt werden können. Der Zwischenbewirtschaftungsvertrag sollte allerdings zur Wirksamkeit der Genehmigung des Anerbengerichts bedürfen. Ergänzt werden sollte dieser § 11 a EHRV auch durch einen neu einzufügenden § 11 b EHRV, der den Standesbehörden wiederum Eingriffsmöglichkeiten in den Zwischenbewirtschaftungsvertrag gab, so dass dieser bei wich-

1086 § 2-6 des Entwurfs vom 13. Januar 1943, in: BArch R 3001/22173, 183 f.
1087 Begründung zum Entwurf vom 13. Januar 1943, in: BArch R 3001/22173, 199 f.

tigem Grund auf Antrag des Landesbauernführers durch das Anerbengericht aufgehoben werden konnte.[1088]

Auf der Salzburger Erbhofrechtstagung 1943 begrüßte man die Neuregelung der Nutzverwaltung. Dies betraf insbesondere die vorgesehene Bindung des Widerspruchs der Ehefrau gegen die Nutzverwaltung des Ehemannes in Österreich an eine Genehmigung des Anerbengerichts[1089] sowie die Neufassung des §§ 11 EHRV.[1090] So hielt z. B. Starcke die Verleihung eines Rechts zur Verwaltung und Nutznießung an den überlebenden Ehegatten „für sachgemäß und kriegswichtig" und ging davon aus, dass die Neufassung des § 11 EHRV „die im Felde stehenden jungen Bauern beruhigen" werde. In diesem Zusammenhang wies er darauf hin, dass es eine entsprechende Bestimmung bereits im Hannoverschen Höfegesetz gegeben habe.[1091]

Auch die Ermöglichung von Zwischenbewirtschaftungsverträgen wurde allgemein begrüßt. So hob Ehard hervor, dass Zwischenbewirtschaftungsverträge traditionell in einigen Gegenden bestanden hätten und dass sie nun auch während des Krieges in Regionen, in denen sie traditionell nicht vorkämen, als „Notbehelf für die zweite Ehe" wichtig geworden seien. Ehard sprach sich daher grundsätzlich für eine Einfügung des § 11 a EHRV aus, wobei er allerdings einige inhaltliche Änderungsvorschläge machte. So sollte zum Beispiel die grundsätzliche Genehmigungsbedürftigkeit des Zwischenbewirtschaftungsvertrages klargestellt werden.[1092] In ähnlicher Richtung äußerte sich Starcke, der betonte, dass gerade der Zwischenbewirtschaftungsvertrag desjenigen Landwirts, der

1088 § 14 des Entwurfs vom 13. Januar 1943, in: BArch R 3001/22173, 185.

1089 Vgl. hierzu insbesondere die Bemerkungen Marciks zu § 3 des Entwurfs. Allerdings hielt es Marcik für einen schwerwiegenden Mangel, dass dieser Entwurfsvorschrift nicht entnommen werden konnte, von wann ab der Widerspruch der Ehefrau wirksam sein sollte. Marcik schlug deshalb vor, § 3 Abs. 1 des Entwurfs um folgenden Satz zu ergänzen: „Die Rechtswirkungen des Widerspruchs treten erst ein, wenn die Genehmigung rechtskräftig erteilt ist.", Niederschrift zu Marciks Referat, in: BArch R 3001/ 22175, 50-54, 51 f.

1090 So stimmte Ehard der Neufassung des § 11 EHRV durch § 5 des Entwurfs grundsätzlich zu, sah allerdings „Verwaltung" und „Nutznießung" als unglückliche Begriffe an, da diese an die Abmeierungsnormen erinnerten. Eine von einem Teilnehmer aus Osnabrück geforderte Heraufsetzung der Altersgrenze für die Versorgung und Nutznießung von 25 auf 27 Jahre hielt er aber nicht für notwendig. Auch der Übergangsregelung des § 6 Abs. 1 des Entwurfs stimmte Ehard grundsätzlich zu, Niederschrift zu Ehards Referat, in: BArch R 3001/22175, 5.

1091 Allerdings regte Starcke kleinere Korrekturen des § 5 Abs. 2 des Entwurfs an und hielt § 5 Abs. 3 für überflüssig. Dagegen schlug er vor, in einem besonderen Absatz eine Bestimmung einzufügen, nach der, wenn die Verwaltung und Nutznießung von Todes wegen endete, dem Berechtigten ein Anspruch auf ein Altenteil nach den Vorschriften des § 31 REG zustehen sollte, Stellungnahme Starckes, in: BArch R 3001/22175, 108.

1092 Niederschrift zu Ehards Referat, in: BArch 3001/22175, 8.

nach dem Tode des Bauern dessen Witwe geheiratet hatte, in jenen Gebieten Deutschlands verbreitet gewesen sei, in denen die Gütergemeinschaft nicht bestanden habe. Dort habe sich dieses Institut bewährt. Bisher seien unter dem Reichserbhofrecht solche Verträge als Pachtverträge vorgenommen worden. Da aber der Zwischenbewirtschaftungsvertrag von diesen wesensverschieden sei, ergebe die Regelung Sinn.[1093]

In der Erbhoffortbildungsverordnung vom 30. September 1943 wurden die obigen Vorschläge zur Neuordnung der Nutzverwaltung gesetzgeberisch umgesetzt. § 4 und § 6 EHFV verbesserten die Rechtsstellung des einheiratenden Ehemannes, § 4 EHFV sprach den einheiratenden bauernfähigen Ehemännern die bäuerliche Verwaltung und Nutznießung am Erbhof der Ehefrau zu,[1094] § 6 EHFV ermöglichte dem einheiratenden Ehemann die Beteiligung in Verfahren vor den Anerbenbehörden. Auch die Rechtsstellung des überlebenden Ehegatten wurden deutlich verbessert, indem § 7 EHFV – entsprechend den vom Reichsjustiz- und Reichsernährungsministerium gemachten Vorschlägen – dem überlebenden Ehegatten ein Recht auf Verwaltung und Nutznießung einräumte. Bei Vorhandensein von Abkömmlingen des Erblassers sollte dieses bis zum 25. Lebensjahr des Anerben möglich sein, ansonsten darüber hinaus.[1095] Dem Ehemann einer überlebenden Ehefrau wurde durch § 9 EHFV die bäuerliche Verwaltung und Nutznießung am Erbhof auch über den Tod der Ehefrau hinaus sowie ein Altenteilsanspruch zugestanden. Daneben gewährte § 9 EHFV den Kindern aus der neuen Ehe einen Erziehungs-, Unterhalts- und Ausstattungsanspruch. Gleiches galt gemäß § 10 EHFV zugunsten der neuen Ehefrau eines überlebenden Ehemannes und der während der Zeit seiner gemäß § 7 EHFV ausgeübten Nutzverwaltung gezeugten Kinder aus dieser Ehe.[1096] In § 11 EHFV wurde der Zwischenbewirtschaftungsvertrag im Sinne des Entwurfs des Reichsernährungsministeriums und gemäß der Erörterungen der Salzburger Erbhofrechtstagung umgesetzt. § 13 EHFV gestand dem neuen bauernfähigen Ehemann einer gemäß § 12 EHFV[1097] zur Anerbenfolge gelangten Ehefrau die bäuerliche Verwaltung und Nutznießung am Erbhof zu, wenn die Heirat vor der

1093 Starcke machte sich allerdings für eine Angleichung von § 5 und § 14 des Entwurfs stark, Niederschrift der Stellungnahme Starckes, in: BArch R 3001/22175, 110.

1094 Vgl. hierzu Rede Thieracks zur Verkündung der EHFV auf der Zehnjahresfeier des Reichserbhofgerichts am 1. Oktober 1943 in Berlin, in: BArch R3001/22170, 180-196, 186 f.

1095 Begründung des § 7 EHFV, Rede Thieracks zur Verkündung der EHFV auf der Zehnjahresfeier des Reichserbhofgerichts am 1. Oktober 1943 in Berlin, in: BArch R 3001/ 22170, 180-196, 187 f.

1096 Zur Begründung vgl. Rede Thieracks zur Verkündung der EHFV auf der Zehnjahresfeier des Reichserbhofgerichts am 1. Oktober 1943 in Berlin, in: BArch R 3001/22170, 180-196, 189.

1097 Vgl. hierzu die Ausführungen zu § 25 REG.

weiteren Anerbenfolge eingetreten war. § 17 EHFV bestimmte schließlich Inhalt und Wirkungen der bäuerlichen Verwaltung und Nutznießung näher, wohingegen § 18 EHFV die Zuständigkeit der Anerbenbehörden für die hiermit in Zusammenhang stehenden Streitigkeiten vorschrieb.

J. Bestimmung der Führung eines Hofnamens

I. Führung eines Hofnamens

Gemäß § 27 REG konnte der Erblasser bestimmen, dass der Anerbe als Zusatz zu seinem Familiennamen den Hofnamen führte.[1098] In der Praxis bedeutete dies, dass Hofname und Familienname durch einen Bindestrich verbunden wurden. § 27 REG ging zurück auf eine im Entwurf des Reichsernährungsministeriums vom 19. September 1933[1099] vorgesehene Regelung, die die Möglichkeit der Führung eines Geschlechternamens vorgesehen hatte. Der Erblasser sollte hiernach bestimmen können, dass der Anerbe und dessen männliche Nachkommen außer ihrem Familiennamen an erster Stelle den Geschlechternamen des Bauern führten. Dass statt des Geschlechternamens der Hofname ins Spiel kam, war eine Folge der Besprechung vom 21. September 1933, bei der sich die Vertreter des Reichsjustizministeriums und des Reichsernährungsministeriums darauf verständigten, dass der Erbhofbesitzer dem Hof einen Namen sollte geben können, der dann auch von dem Anerben zu führen war.[1100]

Die Führung eines Hofnamen neben dem Familiennamen war keine grundsätzliche Neuerung. Ein entsprechender bäuerlicher Brauch bestand in einigen deutschen Gegenden, insbesondere in den preußischen Provinzen Hannover und Westfalen. Daneben entsprach die Führung eines Hofnamens der Darréschen Vorstellung vom „Neuadel aus Blut und Boden".

II. Klarstellende Regelung des § 5 DVO. III

Die knapp formulierte Regelung des § 27 REG stellte sich jedoch schon frühzeitig in verschiedener Hinsicht als zur „praktischen Ausführung nicht ausrei-

---

1098 Vgl. allgemein zu § 27 REG Bohnen, RdRN 1934, 52 ff.; Hopp, Geschäftsgang, S. 69 ff.; Maßfeller, JW 1938, 337 ff.

1099 Art. II § 6 Abs. 8 des Entwurfs des REM vom 19. September 1933, in: BArch R 3001/Akte 591, 87.

1100 Niederschrift Vogels' zur Besprechung vom 21. September 1933, in: BArch R 3001/Akte 591, 93. Vom RJM wurde dieser Vorschlag im Entwurf vom 23. September 1933 nochmals leicht abgeändert und ging dann als § 27 ins REG ein, Entwurf des RJM vom 23. September 1933, in: BArch R 3001/Akte 591, 90.

chend“ ausgestaltet heraus.[1101] Dies betraf insbesondere die Frage nach der Verpflichtung des Anerben, den Hofnamen zu führen, da es sich beim Namensrecht um ein höchstpersönliches Recht handelte. Auch stellte sich dieses Problem hinsichtlich der Familienangehörigen des Anerben. Diesbezüglich hatte bereits auf der Besprechung vom 21. September 1933 Reichsjustizminister Gürtner die Frage aufgeworfen, ob die Bestimmung in Richtung einer Verpflichtung oder Berechtigung zur Führung des Hofesnamens verstanden werden sollte. In diesem Zusammenhang machte er deutlich, dass er eine Verpflichtung für nicht zweckmäßig hielt, „da das Namensrecht ein Persönlichkeitsrecht sei, das man nicht durch eine Verfügung des Erblassers beschränken könne“.[1102] Zum anderen ließ § 27 REG auch nicht erkennen, ab welchem Zeitpunkt die Führung des Hofnamens erfolgen sollte.

Vor diesem Hintergrund regte der Preußische Innenminister im Januar 1934 den Erlass einer entsprechenden Ausführungsbestimmung zu § 27 REG an,[1103] woraufhin das Reichsjustizministerium Mitte April 1934 eine entsprechende Vorschrift vorlegte,[1104] den späteren § 5 DVO. III. Dieser stellte klar, dass die Namensänderung unabhängig vom Willen des Anerben kraft Gesetzes mit dem Anfall des Erbhofes eintrat, § 5 Abs. 1, Hs. 1 DVO. III. Dabei erstreckte sich die Namensänderung nur auf den Anerben selbst, nicht auf die Ehefrau und die Kinder, § 5 Abs. 1, Hs. 2 DVO. III. Bei Zweifeln über den Hofnamen entschied nach Anhörung des Kreisbauernführers das Anerbengericht auf Antrag eines Beteiligten oder von Amts wegen über den Hofnamen, § 5 Abs. 2 Satz 2, 3 DVO. III. Gemäß § 5 Abs. 3 Satz 1 DVO. III konnte der Anerbe, wenn ein wichtiger Grund vorlag, die Führung des Namenszusatzes durch eine Erklärung gegenüber dem Anerbengericht ablehnen. Bezüglich der Ablehnungserklärung waren nach § 5 Abs. 3 Satz 2 DVO. III die Vorschriften über die Ausschlagung

---

1101 Schreiben des Preußischen Ministers des Inneren an den RMJ vom 18. Januar 1934, in: BArch R 3001/Akte 594, 146 a.

1102 Niederschrift von Vogels zur Besprechung vom 21. September 1933, in: BArch R 3001/ Akte 591, 93.

1103 Schreiben des Preußischen Innenministers an den RMJ vom 18. Januar 1934, in: BArch R 3001/Akte 594, 146 a. Hierbei wies er zusätzlich noch darauf hin, dass es zwar bisher in einigen Landesteilen der preußischen Provinzen Hannover und Westfalen herrschende Sitte gewesen sei, Landwirte im täglichen Verkehr mit dem Hofesnamen anzureden, und dass man bisher dieser Sitte dadurch Rechung getragen habe, dass auf einen Antrag hin der Name des Hofbesitzers und seiner Angehörigen in den Hofnamen geändert werden konnte, wenn der Hofbesitzer durch Verwandschaft oder Heirat Eigentümer des Hofes geworden war. Dabei sei allerdings „im Interesse der Vermeidung unerwünschter Doppelnamen“ dieser Hofesname „nicht etwa nur als Zusatzname bewilligt“ worden. Nach Ansicht des Ministers war daher mit § 27 REG gerade der „in den genannten Gegenden herrschenden Praxis nicht Rechnung getragen worden.“

1104 § 2 des RJM-Entwurfs von Mitte April 1934, in: BArch R 3001/Akte 595, 141.

einer Erbschaft entsprechend anwendbar, mithin § 29 REG, §§ 1943 ff. BGB. Über das Vorliegen eines wichtigen Grundes entschied von Amts wegen das Anerbengericht nach Anhörung des Kreisbauernführers, § 5 Abs. 3 Satz 3 DVO. III. Wichtige Gründe konnten hierbei aus wirtschaftlichen oder familiären Verhältnissen oder aus Rücksichtnahme auf das vorhandene Brauchtum herrühren.[1105] § 5 DVO. III ging später im § 12 EHRV auf.[1106]

K. Formen der Anordnungen des Erblassers

Gemäß § 28 REG konnte ein Erblasser die in den §§ 25 bis 27 REG vorgesehenen Anordnungen nur durch Testament oder Erbvertrag treffen. Dabei griff § 28 REG die noch von § 6 Pr. EHR vorgesehene Möglichkeit, den Anerben durch eine einfache beglaubigte Erklärung zu bestimmen, nicht mehr auf.[1107] Da im Lauf der Zeit deutlich wurde, dass die Bauern von den Testiermöglichkeiten der § 25 bis 27 REG nicht im erwarteten Maße Gebrauch machten, wurde die Forderung nach einer Erleichterung der Formbestimmungen gestellt. Auf der Besprechung vom 21. November 1936, also kurz vor Verabschiedung der Erbhofrechtsverordnung, wurde daher vorgeschlagen, „angesichts der anscheinend unausrottbaren Scheu der Bauern vor Testamenten“ die Anerbenbestimmung durch eine Erklärung gegenüber dem Anerbengericht zuzulassen. Hierüber wurde allgemeine Zustimmung erzielt.[1108]

Der daraufhin ergehende § 13 EHRV eröffnete dem Erblasser die Möglichkeit, die Bestimmung des Anerben oder die Anordnung der Verwaltung oder Nutznießung auch durch Niederschrift vor einem Notar oder vor dem Vorsitzenden des zuständigen Anerbengerichts abzugeben, § 13 Abs. 1 EHRV. Hierbei richtete sich die Form der Beurkundung nach den für die gerichtliche oder nota-

1105 Baumecker, 4. Auflage, § 27 REG, Rn. 11.

1106 § 13 des RJM-Entwurfs zu einer „Erbhofergänzungsverordnung“ vom 1. Juli 1936, in: BArch R 3001/22197, 231-248, 235.

1107 § 28 REG ging zurück auf Art. II § 9 des Entwurfs des REM vom 19. September 1933, in: BArch R 3001/Akte 591, 87. Auf der Besprechung vom 21. September 1933 wurde dann beschlossen, die Fassung dahingehend zu ändern, dass die Anordnungen „nur durch letztwillige Verfügung oder Erbvertrag“ sollten erfolgen können, Niederschrift Vogels hierzu, in: BArch R 3001/Akte 591, 93. § 24 des Entwurfs des RJM vom 23. September 1933 wurde entsprechend geändert, Entwurf des RJM vom 23. September 1933, in: BArch R 3001/Akte 591, 90.

1108 Vermerk Hopps zu dieser Chefbesprechung, in: BArch R 3001/22199, 123 f. Im § 13 des EHRV-Entwurfs des RJM vom 2. Dezember 1936 fügte man dann eine dementsprechende Vorschrift ein.

rielle Beurkundung eines Rechtsgeschäfts unter Lebenden geltenden Vorschriften, § 13 Abs. 2 Satz 1 EHRV.[1109]

L. Die Ausschlagung des Anfalls des Erbhofes

I. Allgemeines

§ 29 REG regelte das Recht zur Ausschlagung des Erbhofes. Danach konnte der Anerbe den Anfall des Erbhofes ausschlagen, ohne sein Erbrecht am erbhoffreien Vermögen zu verlieren, § 29 Abs. 1 Satz 1 REG. Hierbei fanden, mit einigen Abweichungen, die Regelungen der §§ 1942 ff. BGB Anwendung, § 29 Abs. 1 Satz 2 REG. Die formgerechte Ausschlagung konnte nur innerhalb einer Frist von sechs Wochen erfolgen bzw. bei Auslandsaufenthalt innerhalb von sechs Monaten.[1110] Der Anerbe hatte die Möglichkeit, durch wirksame Ausschlagungserklärung den Erbhof wieder abzustoßen, behielt jedoch weiterhin sein Erbrecht am erbhoffreien Vermögen inklusive der Versorgungsansprüche des § 30 REG. Der nächstberufene Anerbe trat rückwirkend in die volle Anerbenstellung des Anerben ein, der erste Erbanfall wurde so behandelt, als sei er nie geschehen. Die Erklärung hatte – abweichend von § 1945 BGB – gegenüber dem Anerbengericht zu erfolgen, § 29 Abs. 1 REG.[1111] Die Frist begann hinsichtlich des Erbhofes mit dem Zeitpunkt zu laufen, in dem der Anerbe von seiner Berufung zum Anerben sichere Kenntnis erlangte, jedoch nicht vor der Verkündung, wenn die Berufung zum Anerben auf einer Verfügung von Todes wegen durch den Erblasser beruhte, § 29 Abs. 2 Satz 2 REG. Vorläufer des § 29 REG war § 15 Abs. 2 Pr. EHR gewesen, der in den Entwurf des Reichsjustizministeriums vom 23. September 1933 übernommen wurde, allerdings in einigen anderen Punkten noch vom späteren Gesetzestext abwich.[1112] Nach Umgestaltung entsprach dann § 29 des gemeinsamen Entwurfs vom 25. September 1933 dem späteren § 29 REG im Wesentlichen.[1113]

Der Verzicht auf den Erbhof durch Vertrag unter Lebenden, der nach h. M. auch auf diesen beschränkt sein konnte, bestimmte sich ebenfalls nach den Re-

1109 Zur Kritik an der Gebührenpflichtigkeit des § 13 EHRV, vgl. den Reisebericht Hopps über die Goslarer Schulungstagung der Reichsabteilungsleiter der Landesbauernschaften des Reichsnährstandes vom 17. - 20. März 1937, in: BArch R 3001/22167, 269-275, 272.

1110 Zur Ausschlagung des Erbhofes vgl. Haegele, WürttZ 1937, 177 f.; Hopp, Geschäftsgang, S. 64 ff.; Pöll, JW 1934, 1771 f.

1111 Bzgl. der übrigen Erbschaft musste die Erklärung gegenüber dem Nachlassgericht abgegeben werden, vgl. Baumecker, 4. Auflage, § 29, Rn. 9.

1112 § 25 des Entwurfs des RJM vom 25. September 1933, in: BArch R 3001/Akte 591, 90.

1113 § 29 der Kabinettsvorlage vom 25. September 1933, in: BArch R 3001/Akte 591, 92.

gelungen des BGB.[1114] Der Erbverzichtsvertrag gemäß §§ 2346 ff. BGB bedurfte der Form der notariellen oder gerichtlichen Beurkundung, § 2348 BGB. Der Verzichtende wurde beim Eintritt des Erbfalles so behandelt, als ob er nicht gelebt hätte, § 2346 BGB.[1115] Im Unterschied zur Ausschlagung erstreckte sich jedoch der Erbhof-Erbverzicht einer anerbenberechtigten Person auch auf seine Abkömmlinge, § 2349 BGB.

II. Die Fiktion der Ausschlagung

Grundsätzlich kamen nur bauernfähige Personen als Anerben in Frage. Personen nichtdeutscher Staatsangehörigkeit waren gemäß § 12 REG grundsätzlich als Anerben ausgeschlossen – sowohl was die gesetzliche Anerbfolge des § 20 REG anging, als auch hinsichtlich der Einsetzung zum Anerben, § 24 Abs. 1 REG. § 29 Abs. 3 REG wiederum trug der Tatsache Rechnung tragen, dass „die Staatsangehörigkeit nur ein äußeres Zeichen der Verbundenheit mit dem deutschen Volk" darstellte.[1116] Mithin schied gemäß § 29 Abs. 3, Hs. 1 REG der grundsätzlich zum Anerben berufene nicht deutsche Staatsangehörige zunächst nicht als Anerbe aus. Erst wenn er nicht innerhalb der sechswöchigen Frist des § 29 Abs. 2 REG um die Verleihung der Staatsangehörigkeit nachgesucht hatte oder sein diesbezügliches Gesuch abgelehnt worden war, galt der Anfall des Erbhofs als ausgeschlagen, § 29 Abs. 3, Hs. 2 REG.[1117]

Gleiches galt sodann im Fall eines Antrags auf Ausnahme vom Erfordernis der deutschen Staatsangehörigkeit gemäß § 3 DVO. II. Angepasst wurde die Bestimmung des § 29 Abs. 3 REG an die durch den § 3 DVO. II geschaffene Möglichkeit des § 14 DVO. II, wonach die erforderliche Fristwahrung auch dadurch gewahrt werden konnte, dass der zum Anerben Berufene den im § 3 DVO. II vorgesehenen Antrag stellte.[1118] Erst wenn der Antrag auf Befreiung abgelehnt worden war, begann die im § 29 Abs. 3 REG vorgesehene Frist von neuem zu laufen. § 14 DVO. II ging später in § 5 EHRV auf.[1119]

1114 Brinkmann/Roscher, S. 59; Wöhrmann, 2. Auflage, S. 168.

1115 REHG 5, 1 und REHG 2, 232.

1116 Wagemann/Hopp, 3. Aufl, S. 156.

1117 Vgl. hierzu auch die Ausführungen zu § 21 Abs. 1 REG.

1118 § 14 DVO. II wurde erst am Ende der Verhandlungen in den letzten Entwurf des RJM eingebracht, in: BArch R 3001/Akte 594, 17.

1119 § 5 EHRV ging in der Ursprungsfassung auf § 17 des Entwurfs des RJM (Vogels) zur DVO. IV vom 6. März 1936 zurück, in: BArch R 3001/22196, 411. Dieser Bestimmung wurde auf der Besprechung über den Entwurf zur Vierten Durchführungsverordnung zum REG am 2. April 1936 allgemein zugestimmt. Vorbehalten blieb eine Erweiterung nach dem von Johae bei der letzten Referentenbesprechung gemachten Vorschlag, Vermerk Hopps hierzu, in: BArch R 3001/22196, 446.

M. Ansprüche der weichenden Abkömmlinge

I. Allgemeines. Entstehungsgeschichte. Zweck

§ 30 REG regelte die Versorgung derjenigen Abkömmlinge des Anerben, die nicht zur Anerbschaft berufen waren. Grundsätzlich hatten diese – im Gegensatz zu den bisherigen Anerbengesetzen und den bestehenden bäuerlichen Erbsitten – keinen Abfindungsanspruch mehr.[1120] Stattdessen bestand bis zur Volljährigkeit lediglich ein grundsätzlicher Anspruch auf angemessene Unterhaltung und Erziehung auf dem Erbhof, § 30 Abs. 1 REG. Darüber hinaus sollten die Abkömmlinge eine dem Stande des Hofs entsprechende Berufausbildung erhalten und bei ihrer Verselbständigung – weibliche Abkömmlinge bei ihrer Verheiratung – soweit ausgestattet werden, wie die Hofesmittel dies gestatteten, § 30 Abs. 2, Hs. 1 REG. Dabei konnte die Ausstattung insbesondere auch in der Gewährung von Mitteln für die Beschaffung einer Siedlerstelle bestehen, § 30 Abs. 2, Hs. 2 REG. Schließlich hatten die Abkömmlingen gegen Leistung angemessener Arbeitshilfe im Falle unverschuldeter Not das Recht der „Heimatzuflucht", § 30 Abs. 3 Satz 1 REG. Dieses wurde auch den Eltern des Erblassers zugestanden, § 30 Abs. 3 Satz 2 REG.[1121]

Den Ausschluss von Abfindungszahlungen an die nichtanerbenberechtigten Abkömmlinge hatte Darré angestoßen.[1122] Durch die im § 30 REG getroffene Regelung sollten die Erbhöfe vor Überschuldung bewahrt und das „Bauernsterben" abgewendet werden, als deren Hauptursache die nach den bisherigen Anerbenrechten erforderlichen Abfindungen zugunsten der weichenden Erben angesehen wurden.

1120 Vertiefend zum § 30 REG vgl. Bosch, Die Regelung der Nachlassverbindlichkeiten im Erbhofrecht; Brugger, Der Anerbe und das Schicksal seiner Geschwister in mehreren Oberämtern des württembergischen Oberlandes; Burghoff, Die Heimatzuflucht nach dem Reichserbhofgesetz; Busse, RdRN 1934, 441 ff.; Fürholzer, JW 1934, 1956 f.; Hawlitzky, JW 1934, 2900 ff.; Johae, RdRN 1934, 93 ff.; Kunze, JR 1934, 104 ff.; Oehlschläger, DJ 1934, 355 ff.; Reineke, JW 1934, 79 ff.; Schapp, Reichserbhofrecht, S. 40 f.; Schmidt, JW 1934, 815 f.; Schrodt, JW 1936, 554 ff.; Schröer, RdRN 1934, 520 ff.; Setz, DGWR 1938, 7; Sprick, Die Rechtsstellung der weichenden Erben; Wöhler, Die Rechte der weichenden Erben nach dem REG; Wöhrmann, ZAkDR 1935, 787 ff.; Zmeck, Versorgungsansprüche und Übergabevertrag.

1121 Vgl. zum Recht auf Heimatzuflucht vertiefend Buchenroth, insbes. S. 120 ff.

1122 Art. II § 7 Abs. 3 des Entwurfs des REM vom 19. September 1933, in: BArch R 3001/Akte 591, 87; vgl. auch § 26 des Entwurfs des RJM vom 23. September 1933, in: BArch R 3001/Akte 591, 90; § 30 des gemeinsamen Entwurfs vom 25. September 1933 entsprach dann dem späteren Gesetzestext vollkommen, in: BArch R 3001/Akte 591, 92.

So formulierte Saure: „Die sich in jeder Generation wiederholenden Teilungen (und Abfindungen) sind, das beweist die Geschichte aller Völker und Zeiten, die Ursache des Bauernsterbens.“[1123] Und Hennig sah in der wertmäßigen Aufteilung eines Hofes „nur das Übergangsstadium zur Realteilung oder Veräußerung“ und betrachtete das Verbot der Abfindungszahlungen als einen begrüßenswerten Schlag gegen den „Geist der Erbengemeinschaft“ des bürgerlichen Rechts: „Die Erhaltung der Einheitlichkeit und Leistungsfähigkeit des Hofes“, so Hennig, „fordert daher von den weichenden Erben Opfer. Keineswegs jedoch ungerechte! Denn die Bevorzugung des Anerben geschieht nicht seiner selbst willen, sondern aus höheren Gründen des Staatswohls. Das Gesetz wägt zudem maßvoll ab, was für den Hof tragbar und für die Beteiligten zumutbar ist. Die Teilungsgrundsätze des bürgerlichen Rechts sind abgelehnt. An die Stelle des Geistes der Erbengemeinschaft, deren Ziel die Zertrümmerung des Erbenguts aus eigennützigen Gesichtspunkten ist, tritt der Gemeinschaftsgedanke, daß der Hof gerade, weil er ‚einem' gehört, um so mehr das unveräußerliche Erbe aller ist.“[1124]

Darre selbst sah darüber hinaus einen Zusammenhang zwischen dem Erfordernis von Abfindungszahlungen an die weichenden Erben einerseits und niedrigen Kinderzahlen bei den Bauern andererseits und begründete dementsprechend auf der Kabinettsitzung vom 26. September 1933 den Abfindungsausschluss. Die Verschuldung „nehme weiter zu, wenn der Bauer bei einem Erbfall Miterben abfinden muß. Das Bauerntum sei in der Weise ausgewichen, daß es die Kinderzahl beschränkt habe, um die Erbenauszahlung zu vermeiden.“[1125]

Auch Vogels prophezeite auf einer Rede in Münster im Dezember 1933, in Reaktion auf aufkommende Kritik am Abfindungsverbot, dass dieses „sich besser als die bisherige Regelung zum Segen des Bauernhofes und der Bauernfamilie bewähren werde.“ Er betonte dabei die Überzeugung der Reichsregierung, dass eine gute, dem Stande entsprechende Berufsausbildung wertvoller sei als ein Geldanspruch, wobei er bezeichnenderweise auf die Rechtslage in England Bezug nahm. „Dieser Appell an die Tüchtigkeit und die Schaffensfreude des jungen Menschen sei, wie sich in der Praxis anderer Rechte, insbesondere des englischen Rechtes zeige – geeignet die Tatkraft des Nachwuchses zu fördern.“[1126]

1123 Saure, Das Erbhofgesetz. Was jeder davon wissen muß, S. 44.

1124 Hennig, S. 456 f.

1125 Vermerk von Vogels zur Kabinettsitzung vom 26. September 1933, in: BArch R 3001/Akte 591, 94.

1126 Protokoll zur Rede von Vogels auf der Bezirksversammlung des BNSDJ in Münster am 10. Dezember 1933, in: BArch R 3001/Akte 594, 8.

II. Inhalt. Rechtsnatur der Versorgungsansprüche[1127]

Die Versorgungsansprüche des § 30 REG standen den Abkömmlingen nur dann zu, wenn sie Miterben des sonstigen Nachlasses oder diesbezüglich pflichtteilsberechtigt waren.[1128] In diesem Fall war andererseits aber auch eine Beschränkung der Ansprüche der Abkömmlinge durch Verfügung von Todes unzulässig und unwirksam. Die Ansprüche des § 30 REG waren somit nicht nur Höchst-, sondern auch Mindestansprüche.[1129]

1. Angemessene Erziehung und Unterhalt

§ 30 Abs. 1 REG, der einen Anspruch auf angemessenen Unterhalt und Erziehung gegen den Anerben gewährte, wurde als Ausweitung der gesetzlichen Unterhaltspflicht der §§ 1601 ff. BGB betrachtet. Der Unterhalt richtete sich dabei nach den Kräften und Größenverhältnissen des Hofes sowie nach den Lebensverhältnissen der Familie.[1130] Der Unterhaltsberechtigte war nach h. M. im Gegenzug verpflichtet, in angemessener Weise im Haushalt und auf dem Hofe des Anerben mitzuarbeiten, eine Verpflichtung, die von § 30 REG nicht ausdrücklich erwähnt wurde.[1131]

2. Berufsausbildung, Ausstattung und Aussteuer

Des Weiteren „sollten“ die weichenden Erben eine dem Stande des Hofes entsprechende Berufsausbildung und einen Anspruch auf Ausstattung bei Verselbständigung, weibliche Abkömmlinge einen Anspruch auf Aussteuer bei Verheiratung, erhalten, § 30 Abs. 2, Hs. 1 REG. Trotz des „soll“-Wortlautes, Baumecker sprach diesbezüglich von einer „nicht glücklichen Gesetzesfassung“, wurde der Bestimmung ein rechtlicher Anspruch des weichenden Erben entnommen.[1132]

Der Umfang des Anspruchs auf angemessene Berufsausbildung richtete sich auch hier nach Stand und Leistungsfähigkeit des Hofes, wobei umstritten war, an welchem Zeitpunkt bzw. Maßstab die Leistungsfähigkeit festgemacht werden sollte. Nach einer Ansicht sollte sich die Leistungsfähigkeit nach dem

1127 Vgl. zu den Versorgungsansprüchen von „Nichtabkömmlingen“ § 9 Abs. 2 EHFV, § 10 EHFV, § 11 EHFV, § 13 Abs. 2 EHFV, § 14 EHFV sowie die Ausführungen zu § 26 REG.

1128 Zum Streit, ob bei Erbverzicht, Erbunwürdigkeit, Ausschlagung oder Pflichtteilsentziehung die Berechtigtenstellung des § 30 REG entfiel, vgl. Hennig, S. 460.

1129 Baumecker, 4. Auflage, § 30 REG, Rn. 30.

1130 Baumecker, 4. Auflage, § 30 REG, Rn. 11 ff.

1131 Brinkmann/Roscher, S. 61; Hamkens, S. 125.

1132 Baumecker, REG, § 30 REG, Rn. 17.

Stand zum Zeitpunkt des Erbfalles richten.[1133] Baumecker zum stellte dagegen auf die Leistungsfähigkeit bei ordnungsgemäßer Bewirtschaftung ab.[1134] Hinsichtlich Ausstattung und Aussteuer dehnte § 30 Abs. 2, Hs. 1 REG die nach §§ 1600, 1624 BGB gegen die Eltern gerichteten Ansprüche auf den Anerben aus, der damit ebenso wie diese zur Ausstattung und Aussteuer dahingehend verpflichtet wurde, die für den Bestand des Erbhofes entbehrlichen Vermögenswerte oder auch geldliche Mittel für die Verselbständigung der weichenden Erben zur Verfügung zu stellen.[1135] Allerdings sollte der Anspruch versagt werden, wenn der Erblasser seine Abkömmlinge bereits selbst ausreichend versorgt hatte bzw. wenn sie aus dem übrigen Nachlass genügende Mittel zur Ermöglichung ihrer Verselbständigung erhalten hatten. Des Weiteren war der Anerbe den weiblichen Abkömmlingen bei ihrer Verheiratung zur Stellung einer Aussteuer verpflichtet, die sowohl die zur Einrichtung und Führung eines selbständigen Haushalts notwendigen Gegenstände umfasste, als auch eine Mitgift, wenn der Hof die nötige Leistungsfähigkeit aufbrachte.[1136]

§ 30 Abs. 2, Hs. 2 REG hob hinsichtlich der Ausstattung insbesondere die Gewährung von Mitteln zur Beschaffung einer Siedlerstelle nach dem „Gesetz über die Neubildung Deutschen Bauerntums" vom 24. Juli 1933[1137] hervor. Je nach betrieblicher Leistungsfähigkeit konnte dabei die Ausstattung von der Zurverfügungstellung von überflüssigen Inventarstücken, Vieh oder Saatgut bis hin zur Gewährung von Barmitteln oder der Abgabe von Land reichen.[1138]

3. *Recht zur Heimatzuflucht*

§ 30 Abs. 3 Satz 1 REG sprach jedem Abkömmling ein Recht auf Heimatzuflucht zu. Hiernach konnte sich dieser, war er unverschuldet in Not geraten, auf den Hof zurückziehen. Unverschuldete Not nahm man in der Regel dann an, wenn der Abkömmling infolge Unfalls, Alters oder einer Krankheit arbeits- und erwerbsunfähig geworden war. Der Anspruch des § 30 REG erstreckte sich nach h. M. dabei auch auf die Abkömmlinge des in Not Geratenen, nicht jedoch auf seine Ehegatten. Auch bestand kein Heimatzufluchtsrecht, solange der Abkömmling des Erblassers Unterhaltsansprüche gegen seinen Ehegatten oder ge-

---

1133 Brinkmann/Roscher, S. 61.

1134 Baumecker, 4. Auflage, § 30 REG, Rn. 16.

1135 Entscheidend für den Umfang dieser Verpflichung war auch hier die Leistungsfähigkeit des Hofes. So konnte bei Kleinbetrieben die Einrichtung eines Handwerksbetriebs, bei größeren Höfen auch die Einrichtung einer ärztlichen Praxis in Frage kommen, Baumecker, 4. Auflage, § 30 REG, Rn. 23.

1136 Baumecker, 4. Auflage, § 30 REG, Rnrn. 24 f.

1137 RGBl. 1933, Teil I, S. 517.

1138 Baumecker, 4. Auflage, § 30 REG, Rnrn. 19 ff. Diente die Belastung eines Erbhofes der Schaffung einer neuen Bauern- oder Siedlerstelle, so wurde dieses großzügiger gehandhabt, Baumecker, 4. Auflage, § 30 REG, Rn. 22.

gen seine eigenen Kinder erfolgreich geltend machen konnte. Im Gegenzug war der Berechtigte zur Arbeitshilfe auf dem Hof verpflichtet, was allerdings kein arbeitsrechtliches Dienstverhältnis entstehen ließ.[1139]

§ 30 Abs. 3 Satz 2 REG billigte darüber hinaus auch den Eltern des Erblassers ein Heimatzufluchtsrecht zu, wenn diese miterben- oder pflichtteilsberechtigt waren. Eine Miterbenstellung der Eltern des Erblassers kam allerdings nur in Frage, wenn Angehörige der ersten Ordnung im Sinne des § 1924 BGB nicht vorhanden waren, § 1930 BGB. Pflichtteilsberechtigt waren die Eltern des Erblassers gemäß §§ 2303 ff. BGB, wenn sie als potentielle gesetzliche Erben von der Erbfolge durch Verfügung von Todes wegen ausgeschlossen worden waren. In Umfang und Art entsprach das Heimatzufluchtsrecht der Eltern dem der Abkömmlinge.

4. *Rechtsnatur der Versorgungsansprüche*

Umstritten war auch, wie die Versorgungsansprüche der §§ 30 und 31 REG rechtlich einzuordnen waren. Mangels eines Grundbucheintragungserfordernisses[1140] und da sie Elemente der Reallast, der persönlichen beschränkten Dienstbarkeit und der Hypothek enthielten, wurden die Versorgungsansprüche des § 30 REG vom überwiegenden Schrifttum als dingliche Lasten angesehen,[1141] z. T. auch als quasidingliche Ansprüche bezeichnet.[1142]

Allerdings wurde die dingliche Wirkung der Ansprüche des § 30 REG auf die Zeit beschränkt, in der eine erbrechtliche Bindung im Rahmen der Erbfolge kraft Anerbenrechts bestand, so dass bei einer mit Genehmigung des Anerbengerichts möglichen Veräußerung an „Sippenfremde" diese dingliche Wirkung verloren gehen sollte. Blieb bei einer Rechtsnachfolge der Erbhof jedoch innerhalb der Sippe, so hatte die dingliche Natur der Ansprüche aus § 30 REG zur Folge, dass der Rechtsnachfolger auch für diese einzustehen hatte.[1143]

1139 Baumecker, 4. Auflage, § 30 REG, Rn. 34 ff.

1140 Allerdings sollte nach einem Teil der Literatur und Rspr. mit Genehmigung des Anerbengerichts auch eine Eintragung der Ansprüche nach § 30 REG ins Grundbuch möglich sein, Hamkens, S. 124; Schmidt, JW 1934, 3292. Gegen eine solche Sicherung sprach sich das REHG aus, vgl. JW 1935, 604.

1141 Die herrschende Lehre bezeichnete die Versorgungslasten als dingliche Rechte, Vogels, 3. Auflage, S. 180, Schmidt, JW 1934, 815, Brinkmann/Roscher, S. 62, Wenzel/ Friedrich, S. 73; eine andere Ansicht nahm eine nur schuldrechtliche Verpflichtung des Anerben an, Dölle, 2. Auflage, S. 106 f.; Siefert, S. 137; Eberhardt, DJZ 1933, 1280.

1142 Schieck, JW 1934, 3216; Hennig bezeichnet sie auch als „gesetzliches Vermächtnis", „das sich im Ergebnis als Erbteils- oder Pflichtteilssurrogat darstellt", vgl. Hennig, S. 473.

1143 Baumecker, 4. Auflage, § 30 REG, Rn. 8.

III. Kritik Serings

Sering zog die der Abschaffung der Abfindungen zugrunde liegende Annahme eines zwingenden Zusammenhanges zwischen Abfindungspraxis und Überschuldung der Betriebe in Zweifel. In seiner Schrift „Erbhofrecht und Entschuldung“ stritt er einen solchen Zusammenhang sowohl für die Vor- als auch für die Nachkriegszeit grundsätzlich ab. Unter Berufung auf die Verschuldungsstatistik des Jahres 1928 legte Sering dar, dass die Höfe der Realteilungsgebiete neben denen der strengen Anerbengebiete die niedrigste Verschuldung aufgewiesen hätten.[1144] Vor diesem Hintergrund hielt Sering für die deutsche Agrargeschichte die Behauptung eines zwingenden Zusammenhanges zwischen Abfindungspraxis und Überschuldung für unzutreffend. Er stellte entsprechend fest: „Wenn aber (nächst den Realteilungsbezirken) die Gebiete der strengen Anerbensitte auch nach dem Kriege am wenigsten verschuldet sind, so kommt darin zum Ausdruck, daß hier der geschulte Blick für die Leistungsfähigkeit der Höfe nicht zu Abfindungen, sondern auch den Betriebskredit in tragbaren Grenzen gehalten hat.“ Von den 13,6 Milliarden Reichsmark Gesamtschulden der deutschen Landwirtschaft stammten lediglich etwas mehr als ein Viertel, nämlich 3,5 bis 4 Milliarden Reichsmark, aus Erbauseinandersetzungen.[1145]

Im Ergebnis beurteilte Sering nicht nur die vor dem Inkrafttreten des Gesetzes vorhandenen Perspektiven der deutschen Landwirtschaft als weit weniger schlecht, als die Verfechter des Reichserbhofrechts dieses taten. Er griff sogar Darré direkt an, wobei er die für die Einschränkung der Eigentümerbefugnisse und die Beseitigung der Abfindungsansprüche angeführten Argumente grundsätzlich in Frage stellte:

„Angesichts der allgemeinen politischen Lage und der steuer-, zins- und preispolitischen Erfolge war zu erwarten, daß die Erbrechtsreform die Geschlechterfolge auf den Bauernhöfen sichern werde, ohne die germanischen Rechtsgedanken der Selbstverantwortlichkeit des Eigentümers und der Gleichberechtigung seiner Kinder, auf der die auch in der Krise überlegene bäuerliche Arbeitsorganisation beruht, zu gefährden. Blieb der Gedanke der Geschlechtererbfolge gewahrt, so bestand auch für R. Walther Darré kein Grund, die nachgeborenen Bauernkinder zu enterben.“[1146]

Vor diesem Hintergrund kritisierte Sering die Regelung des § 31 REG in Hinblick auf ihre vermeintlichen Auswirkungen scharf. Eine besondere Härte sah er darin, dass in Erwartung der Abfindung „ein großer Teil der Söhne und Töchter nach der Schulentlassung in der Wirtschaft des Übernehmers noch 10 bis 15 Jahre lang, und zwar nur gegen Verköstigung und ein Taschengeld“ mit-

1144 Sering, S. 14, S. 50 ff.

1145 Sering, S. 22.

1146 Sering, S. 23.

gearbeitet und dadurch den Hauptteil der Werte hervorgebracht hätten, aus denen sie später abgefunden werden sollten. Durch das Abfindungsverbot habe das Erbhofrecht die Geschwister des Anerben schlechter gestellt als in der Zeit der Grundherrschaft, als „die Geschwister mit dem Übernehmer den gleichen Anteil am Wert der im bäuerlichen Eigentum verbliebenen Gebäude und am Wert der ‚Besserung' der Liegenschaften" gehabt hätten:

„Daß das Reichserbhofrecht diejenigen ihrer Natur nach arbiträren Pflichten, die der Anerbe in seiner Eigenschaft als Familienoberhaupt von jeher neben der Abfindung oder in Anrechnung auf die Abfindung zu erfüllen hatte (Erziehung, Ausstattung und Zufluchtsrechte), fortbestehen läßt und etwas ausgestaltet, ändert nichts an der Tatsache, daß das neue Recht zu einem 700jährigen Abfindungswesen und durch 2000 Jahre gefestigten Rechtsbewußtsein in scharfen Gegensatz getreten ist."

In diesem Bruch des Reichserbhofgesetzes mit der bestehenden bäuerlichen Abfindungspraxis sah Sering eine weitere Annäherung an das deutsche Adelsrecht mit seinen Familienfideikommissen, die die Miterben grundsätzlich auf mitgestiftetes bewegliches Kapital, auf Erziehungsrecht und Aussteuern beschränkten. In Bezug auf deren rechtsgeschichtliche Entwicklung führte Sering entsprechend aus: „Aus lehnsrechtlicher Wurzel entstanden, haben die Familienfideikommisse ihren Namen einer anders gearteten römisch-rechtlichen Institution entlehnt und im 17. Jahrhundert ihre Ausgestaltung durch Nachbildung des über Österreich und Flandern eingedrungenen Rechts der spanischen Maiorate gefunden."[1147]

Angesichts dessen erwartete Sering weitreichende negative Folgen sowohl in wirtschaftlicher als auch bevölkerungspolitischer Hinsicht: „Die Erbabfindung ist rechtshistorisch und juristisch Auslösung des Miteigentums der Geschwister des Anerben am väterlichen Erbgut, und sozialwirtschaftlich nichts anderes als Aushändigung des Wertanteils, den sie als Glieder der Arbeitsgemeinschaft auf dem väterlichen Hof miterzeugt, und den die Eltern und Geschwister mit für sie erzeugt haben. Die Abschaffung dieser festen Wertanteile am Erbhof zerstört die Familie als Arbeitsgemeinschaft und vereitelt dadurch die volkswirtschaftlichen und biologischen Ziele, die der Gesetzgeber sich selbst stellte: die Nahrungsfreiheit und die zahlreiche erbgesunde Nachkommenschaft für unser Volk."[1148] So werde u.a. eine Folge sein, dass Eltern, um ihren weichenden Kindern zu helfen, die Hofübergabe hinausschöben und keine Ersparnisse mehr in den Hof hineinsteckten, „um jedem der Kinder doch ein paar tausend Mark mitgeben zu können." Auch gebe es keinen Grund für die weichenden Erben mehr, auf dem Betrieb zu bleiben und auf diesem mitzuarbeiten,

1147 Sering, S. 15 f.
1148 Sering, S. 41.

obwohl bei allen Erbhöfen „der Erfolg ganz wesentlich von dem guten Zusammenwirken der arbeitsfähigen Familienangehörigen abhängig“ sei.[1149]

IV. Auswirkungen des Abfindungsverbotes

In der Folgezeit bestätigten sich Serings Vorhersagen. Insbesondere in den traditionellen Realteilungsgebieten wirkte sich das Abfindungsverbot negativ aus. So hieß es in einem Bericht über eine Besichtigungsreise in die Anerbengerichtsbezirke Wehen und Idstein zusammenfassend über die Abfindungsproblematik:

„Von sämtlichen befragten Stellen wurde die Abfindung der bereits erwachsenen Kinder als Hauptangriffspunkt gegen das Gesetz bezeichnet. Die Bauern sind es bislang gewohnt gewesen, ihre Parzellen schon bei ihren Lebzeiten auf ihre oft sehr zahlreichen Kinder zu verteilen oder durch Verfügung von Todes wegen für den Fall ihres Ablebens Teilungsanordnungen zu treffen. Sie können oder wollen sich nun nicht daran gewöhnen, daß das Reichserbhofgesetz ihnen diese Teilungsbefugnis nimmt. Man hört von ihnen immer wieder die Klage, es sei ihnen doch unmöglich zuzumuten, ihre sämtlichen Kinder bis auf den Anerben als Bettler in die Welt zu schicken. Auf die Frage, ob die Kinder nicht einen Beruf erlernt hätten, der sie zu ernähren vermöge, erhält man in der Regel die Antwort, die Kinder – oft schon im Alter von 35 - 40 Jahren – hätten bislang auf dem Anwesen in der Erwartung mitgearbeitet, daß ihnen im Falle ihrer Heirat zwecks Gründung einer eigenen Existenz die ihnen zustehenden Parzellen zugeteilt werden würden. Als besondere Folge des Reichserbhofgesetzes in Bezug auf die Töchter wurde erwähnt, daß jetzt nicht mehr die Töchter der Erbhofbauern, sondern die der Kleinbauern, die nach wie vor ihren Besitz teilen könnten, geheiratet würden; ferner soll die nach dem Reichserbhofgesetz vorgesehene Versorgung der weichenden Erben Familienstreitigkeiten der übelsten Art auslösen. Die Folgen des Gesetzes in Bezug auf die weichenden Erben werden – wie ich von den Vorsitzenden der Anerbengerichte hörte – vielfach dadurch umgangen, daß die Bauern nunmehr Land aufkaufen und es sogleich auf ihre Kinder umschreiben lassen.“[1150]

Angesichts dieser Unbilligkeiten wurde daher schon früh der Ruf nach einem Einlenken des Gesetzgebers laut. So schlug das Württembergische Justizministerium bereits im Frühjahr 1934 vor, „im Wege einer Übergangsbestimmung eine wenn auch bescheidene Abfindung solcher Kinder im Rahmen der Leistungsfähigkeit des Hofe“ in dem Fall zu ermöglichen, in dem „der Bauer bei Inkrafttreten des Reichserbhofgesetzes ausser dem Anerben mehrere erwachsene

---

1149 Sering, S. 28 f.

1150 Bericht des Kammergerichtsrates Kollmeyer über eine Besichtigungsreise in die Anerbengerichtsbezirke Wehen und Idstein (Untertaunusbezirk), in: BArch R 3001/22165, 216-219, 216 f.

noch nicht ausgestattete Kinder" hatte, „deren Arbeit bisher ohne Entschädigung dem Erbhof zugute gekommen" war. Die Abfindung sollte den „Erträgnissen" des Erbhofes angepasst sein und in Form einer zeitlich begrenzten Rente verlangt werden können, „sofern ihr Anteil an dem übrigen Nachlass des Bauern keinen und wenn auch nur mässigen Ausgleich für die geleistete Arbeit" bildete.[1151] Das Württembergische Justizministerium drang jedoch mit seiner Bestrebung nach einer Übergangsbestimmung „aus grundsätzlichen Erwägungen" weder beim Reichsjustiz- noch beim Reichsernährungsministerium durch.[1152]

Doch nicht nur aus den Realteilungsgebieten kamen Klagen über die Regelung des § 30 REG und entsprechende Forderungen nach einer den tatsächlichen Verhältnissen näheren Übergangsbestimmung.[1153] So schilderte der Staatsminister der Lippischen Landesregierung Anfang 1935, dass die dortige Landbevölkerung vorherrschend die Ansicht vertrete, „dass die gegenüber dem hiesigen früheren Rechtszustand erheblich eingeschränkte Versorgung der weichenden Abkömmlinge unzureichend sei. Dem Bauern stünden seine Nachkommen gleich nahe. Nicht nur der Anerbe, sondern auch die nachgeborenen Kinder hätten vielfach ihre Arbeitskraft Jahre hindurch zum Besten des Hofes, an dem sie hingen, zur Verfügung gestellt." Auch führte er aus, dass die Bauern und Bäuerinnen nach Wegen suchten, die weichenden Erben anderweitig zu versorgen, mit der Folge, dass dem Hof diese Mittel nicht zugute kamen. Auch gebe es Anzeichen dafür, dass die Bäuerin versuchen werde, „in Abweichung von der bisherigen Übung, ihr Vermögen nicht zum Besten des Hofes zu verwenden, sondern es anderweit anzulegen, um es für den Fall der Beendigung der Ehe für sich verwenden zu können oder um es ihren nachgeborenen Kindern zu erhalten (…)." – Allerdings versuchten die Anerbengerichte, den praktischen Bedürfnissen der Bauern entgegenzukommen: „Die während der jetzigen Übergangszeit in der Frage der Versorgung der weichenden Abkömmlinge zu beobachtende, nicht engherzige Übung der zuständigen Gerichte trägt im Übrigen dazu bei, eine etwa bestehende Unzufriedenheit zu beseitigen."[1154]

1151 Schreiben des Württembergischen Justizministeriums an den Reichsjustizminister vom 27. Februar 1934, in: BArch R 3001/Akte 596, Bl 11.

1152 Schreiben des REM an den RJM vom 5. April 1934, in: BArch R 3001/Akte 596, 14 und das ablehnende Antwortschreiben das RJM an den Württembergischen Justizminister vom 18. April 1934, in: BArch R 3001/Akte 596, 13.

1153 Vgl. hierzu bereits die Kritik von Zimmer (Pommern) auf der Besprechung des BNSDJ (Fachgruppe Notare) im Reichsjustizministerium am 4. November 1933, Protokoll zu dieser Besprechung, in: BArch R 3001/Akte 592, 112.

1154 Schreiben des Staatsministers der Lippischen Landesregierung an den Reichsminister der Justiz vom 27. März 1935, in: BArch R 3001/22165, 29-33, 30 f. Auch im Familienrechtsausschuss der Akademie für Deutsches Recht wurden auf der Sitzung am 30. März 1935 ernsthafte Befürchtungen dahingehend geäußert, dass das Reichserbhofgesetz dazu führen könne, dass sich bei den Bauern das Einkindersystem durchsetzen

Folgen auf gesetzgeberischer Ebene hatten solche Schilderungen jedoch nicht. Mangels einer den § 30 REG abmildernden Übergangsregelung suchte man nach anderen Möglichkeiten zur Absicherung der weichenden Erben. Hierzu zählten in der Folgezeit unter anderem das genossenschaftliche Erbhofsparbuch, Lebensversicherungen[1155] sowie ab 1937 die Gewährung unverzinslicher Personalkredite mit einer Laufzeit von 10 bis 15 Jahren, sogenannte Ausstattungsvorschüsse.[1156]

N. Das Altenteil des Ehegatten

Gemäß § 31 REG konnte der überlebende Ehegatte einen für die Verhältnisse des Hofes angemessenen lebenslänglichen Unterhalt verlangen.[1157] Dieser gesetzliche Altenteilsanspruch setzte allerdings voraus, dass der Ehegatte, wenn er Miterbe oder pflichtteilsberechtigt war, auf alle ihm gegen den Nachlass zustehenden Ansprüche verzichtete. Außerdem erhielt er Unterhalt nur in dem Umfang, in welchem er sich nicht aus eigenem Vermögen unterhalten konnte. Eine Verfügung von Todes wegen, die einen Altenteil des Ehegatten anordnete, hatte sich an diesen vom § 31 REG vorgegebenen Rahmen zu halten, ein Abweichen hiervon war gemäß § 24 Abs. 1 REG unheilbar unwirksam.[1158] In rechtlicher Hinsicht wurde der Altenteilsanspruch, ebenso wie der Versorgungsanspruch der Abkömmlinge, als eine auf dem Erbhof ruhende dinglich wirkende Last angesehen: Das Altenteil war hinsichtlich des Wohnrechts eine persönlich beschränkte Dienstbarkeit, hinsichtlich der wiederkehrenden Leistungen aus dem Erbhof eine Reallast.[1159]

---

werde. In diesem Zusammenhang wurde das Reichserbhofgesetz in einem Zwischenruf als „Grabstein in bevölkerungspolitischer Beziehung“ bezeichnet, Schubert (Hrsg), Akademie für Deutsches Recht. Protokolle der Ausschüsse, Bd. III, 2, S. 364.

1155 Vgl. hierzu die Denkschrift „Reichserbhofgesetz und Lebensversicherung“ der Allianz und Stuttgarter Lebensversicherungsbank AG, in: BArch R 3001/Akte 594, 148.

1156 Vgl. Bericht einer Besichtigungsreise in die Realteilungsgebiete Rheinland, Saar-Pfalz, Baden und Hessen- Nassau vom 7.-13. Mai 1937, in dem zur Lösung von Härtefällen die Gewährung von Ausstattungsvorschüssen empfohlen wurde, Protokoll in: BArch R 3001/22167, 47-70, 70.

1157 Zum Altenteil nach dem REG vgl. vertiefend Haegele, WürttZ 1935, 38 ff.; Köhler, DJF 1936, 200 ff.; Schröder, Die Rechtsstellung der Ehefrau im Erbhofrecht; Setz, DGWR 1937, 121 ff.; Seybold, DNotZ 1934, 502 ff.

1158 Baumecker, 4. Auflage, § 31 REG, Rn. 29.

1159 Baumecker, 4. Auflage, § 31 REG, Rn. 24.

Auch die Beschränkung des gesetzlichen Altenteilsrechts ging auf Darrés Gesetzesentwurf vom 19. September 1933 zurück.[1160] Über diesen Punkt konnte auf der Besprechung vom 21. September 1933 Einigkeit erzielt werden. Dabei kam man überein, dass das Altenteilsrecht des überlebenden Ehegatten gemäß dem Spruch „Der Leibzüchter züchtet nicht" enden sollte, wenn er sich wiederverheiratete.[1161]

Auch diese im Vergleich zur allgemeinen bäuerlichen Sitte und den früheren Anerbengesetzen starke Beschneidung des bäuerlichen Altenteilsrechts wurde mit der größtmöglichen wirtschaftlichen Entlastung der Erbhöfe begründet.[1162] Vogels äußerte diesbezüglich öffentlich: „Ist es im Interesse des Familienfriedens nicht besser, dass dann die Jungen allein wirtschaften und dass der Ueberlebende, wenn er es bequem kann, aus dem Eigenen lebt? [...] Wir möchten nicht, dass in der Familie, wenn die Mutter auf den Altenteil zieht, nun eine grosse Rechnung aufgestellt wird: die Kuh stammt von mir und die Parzelle von mir. Es soll dann eben eine grosszügige Rechnung gelten."[1163]

Der Verzicht auf die Ansprüche gegen den Nachlass traf dabei nicht nur den überlebenden Ehegatten, sondern auch mittelbar die weichenden Erben, die dadurch „um ihr künftiges Erbe am Nachlass des überlebenden Ehegatten gebracht" wurden, worauf das Sächsische Justizministerium im Dezember 1933 aufmerksam machte.[1164] Dementsprechend führte auch die Altenteilsregelung des § 31 REG zu einer weiteren Beunruhigung unter den Bauern. Sie bürgerte sich nicht, wie von Vogels erhofft, als „gemässte Form der Abfindung"[1165] allgemein ein, worauf nicht zuletzt die Lippische Landesregierung im Frühjahr 1935 hinwies:

„Schwieriger ist, wirksam ein mitunter auftretendes mangelndes Verständnis für einige Bestimmungen des Altenteilsrechts zu bekämpfen. Man hält es für unbillig, daß auch bei unbeerbter Ehe der überlebende Ehegatte des verstorbenen Bauern den Altenteil nur dann verlangen kann, wenn er auf alle ihm gegen den Nachlass zustehenden Ansprüche verzichtet. Der Altenteiler habe, wie man

---

1160 Dieser hatte freilich noch nicht die Klarstellung enthalten, dass der überlebende Ehegatte „Miterbe oder pflichtteilsberechtigt" sein sollte, Art. II § 7 Abs. 4 des Entwurf des RMEL vom 19. September 1933, in: BArch R 3001/Akte 591, 87. Der Entwurf vom 25. September 1933 enthielt dann die spätere Gesetzesfassung, Kabinettsvorlage, in: BArch R 3001/Akte 591, 92.

1161 Niederschrift Vogels' zu dieser Besprechung, in: BArch R 3001/Akte 591, 93.

1162 Zimmer, DNotZ 1933, 473.

1163 Protokoll zum Vortrag Vogels im „Verein für das Notariat in Rheinpreussen" vom 22. Oktober 1933 in Köln, in: BArch R 3001/Akte 593, 3.

1164 Schreiben des Sächsischen Justizministeriums an Vogels vom 5. Dezember 1933, in: BArch R 3001/Akte 593, 74.

1165 Protokoll des BNSDJ (Fachgruppe Notare) zur Besprechung vom 4. November 1933, in: BArch R 3001/Akte 592, 112.

hervorhebt, sich seinen Altenteil meist durch langjährige Tätigkeit auf dem Hofe bedingungslos verdient. Aus dem gleichen Grunde versteht man es nicht immer, dass der Unterhaltsanspruch nur soweit besteht, als sich der Altenteiler nicht aus eigenem Vermögen unterhalten kann."[1166]

Im Ergebnis führte die Regelung des § 31 REG dazu, dass derjenige Altenteiler, der eigenes Vermögen oder Ansprüche gegen erbhoffreies Vermögen hatte, sich vom Hof lösen musste, weil ihm ein Altenteil nicht zustand. Diese Auswirkung fand deutliche Kritik, da hierdurch die „Verbindung der alten Generation mit dem Hofe aus Gründen des Geldes zerstört" werde, die „gerade im Interesse der Alten und des Hofes unbedingt aufrechterhalten bleiben" müsse.[1167] Die vor diesem Hintergrund geäußerten Änderungswünsche hinsichtlich des § 31 REG wurden jedoch erst durch die Erbhoffortbildungsverordnung verwirklicht, nachdem das Reichsernährungsministerium am 13. Januar 1943 eine diesbezügliche Neuregelung vorgeschlagen hatte,[1168] die dann auf der Salzburger Erbhofrechtstagung 1943 als kriegswichtige Änderung befürwortet worden war:[1169] Gemäß § 44 EHFV musste der überlebende Ehegatte auf alle ihm aus der Verwendung eigenen Vermögens für den Erbhof zustehenden Ansprüche verzichten, um Unterhalt auf dem Erbhof verlangen zu können. Aus den gleichen Erwägungen fiel die Einschränkung, dass Alteinteilansprüche nur möglich sein sollten, soweit Unterhalt aus eigenem Vermögen nicht möglich war.[1170] Ergänzt wurde § 44 EHFV durch die Übergangsvorschriften des § 53 Abs. 3 EHFV, § 13 Abs. 2 EHFV und § 14 EHFV, die die Altenteilsansprüche im Falle

1166 Schreiben des Staatsministers der Lippischen Landesregierung an den Reichsminister der Justiz vom 27. März 1935, in: BArch R 3001/22165, 29-33, 32. Vgl. auch den Bericht des BNSDJ im Amtsgerichtsbezirk Tecklenburg an den Bezirksobmann des LG-Bezirks Münster vom 6. Dezember 1933, in: BArch R 3001/Akte 603, 55.

1167 Begründung zu § 38 des Entwurf einer „Verordnung zur Fortbildung des Erbhofrechts und zur Verbesserung der Rechtsstellung der Bäuerin" vom 13. Januar 1943, in: BArch R 3001/22173, 207 unter Bezugnahme auf Klässel, ZAkDR 1941, 312 ff.

1168 § 38 des Entwurfs der „Verordnung zur Fortbildung des Erbhofrechts und zur Verbesserung der Rechtsstellung der Bäuerin" vom 13. Januar 1943, in: BArch R 3001/22173, 182-193, 189; vgl. auch Begründung des § 38 des Entwurfs, in: BArch R 3001/22173, 207.

1169 Referat von Etz („Ehescheidung, Altenteil, Anfall eines weiteren Erbhofs, Abänderung des § 54 EHRV") auf der Salzburger Erbhofrechtstagung, Protokoll hierzu in: BArch R 3001/22175, 57. Ehard wiederum hielt die Neufassung des § 31 REG für noch nicht für weitgehend genug und schlug vor, sowohl dem zweiten Ehegatten einen Altenteilsanspruch nach § 31 REG zuzugestehen, als auch den Kindern aus zweiter Ehe Versorgungsansprüche nach § 30 REG zu gewähren, Protokoll in: BArch R 3001/22175, 7.

1170 Begründung zu § 38 des Entwurf vom 13. Januar 1943, in: BArch R 3001/22173, 207.

der Wiederverheiratung der gemäß § 12 EHFV zum Anerben bestimmen Ehefrau bzw. des Ehemannes regelten.[1171]

O. Zuständigkeit bei Versorgungsstreitigkeiten

§ 32 REG wies die Zuständigkeit bei Streitigkeiten über die Versorgung aus § 30 und § 31 REG dem Anerbengericht zu.[1172] Die Bestimmung ging auf den Ausgangsentwurf des Reichsernährungsministeriums zurück. Auch war ursprünglich vorgesehen gewesen, dem Anerbengericht die Entscheidung über die Gültigkeit eines Testaments, über Klagen der Gläubiger aus Nachlassverbindlichkeiten und über sonstige Rechtsstreitigkeiten zuzuweisen.[1173] Nachdem auf der Besprechung vom 21. September 1933 sowohl Gürtner als auch Volkmar unter Hinweis darauf, dass diese Rechtsstreitigkeiten normalerweise in den Bereich des Zivilprozesses gehörten und die Anerbengerichte „hierfür nicht geeignet“ seien, ihre Kritik deutlich gemacht hatten, wurde die Zuständigkeit des Anerbengerichts auf Versorgungsstreitigkeiten aus § 30 und § 31 REG beschränkt. Gürtner und Volkmar hatten insbesondere vorgebracht, dass man als „Richtlinie“ daran festhalten müsse, „daß die Anerbengerichte nur über die eigentlichen Standesfragen entscheiden sollten. (…) Dagegen sei es unerwünscht, wenn das Anerbengericht etwa entscheiden sollte, wer nach der Rangordnung des § 6 im Einzelfall berufen sei. Das könne dazu führen, daß das Anerbengericht über die Anfechtung einer Ehelichkeitserklärung und dergl. zu entscheiden habe.“[1174]

Im Rahmen der Verabschiedung der Erbhofrechtsverordnung wurde die Entscheidungsgewalt der Anerbengerichte dann auf diejenigen Versorgungsstreitigkeiten ausgedehnt, die die Versorgung in Übergabeverträgen oder sonstigen Rechtsgeschäften betrafen, § 36 EHRV. Man begründete diese Erweiterung, die auf einen Vorschlag des Reichsernährungsministeriums zurückging,[1175] da-

1171 Zur gesetzlichen Ausweitung des Anspruchs auf Altenteil nach § 9 Abs. 2 EHFV und § 10 EHFV, vgl. die Ausführungen zu § 26 REG.

1172 Vgl. hierzu Johae, RdRN 1938, 441 ff.; Rostosky, Anerbengericht, S. 31 ff.

1173 Art. II § 10 des REM-Entwurfs vom 19. September 1933, in: BArch R 3001/Akte 591, 87.

1174 Vogels’ Protokoll zur Besprechung vom 21. September 1933, in: BArch R 3001/Akte 591, 93.

1175 Schreiben Saures an Vogels vom August 1935, in: BArch R 3001/22196, 3-17, 9. Vgl. Anlage 8 hierzu, in: BArch R 3001/22196, 78 f. Vgl auch die Vorbesprechung vom 29. Januar 1936, auf der Johae den Vertretern des RJM auch den Entwurf eines neuen § 32 Abs. 2 REG überreichte. Dieser Entwurf erweiterte den Vorschlag Saures vom August 1935, wonach bei Streitigeiten das Anerbengericht auch noch dann zuständig sein sollte, „wenn der Hof durch Tode des Bauern auf den Anerben übergeht und die Versorgung vor dem Erbfall rechtsgeschäftlich geregelt worden ist“, Vermerk von Vogels, in:

mit, dass man der Möglichkeit vorbeugen müsse, dass die Bauern vor der Übergabe oder vor ihrem Tode zu große Verpflichtungen zur Versorgung eingingen.[1176] Auch sei der Übergabevertrag nur eine besondere Form der Anerbenfolge. Dabei nahm man in Kauf, dass das Anerbengericht, das ja bereits den Übergabevertrag genehmigt hatte, den Streit sowohl als „erste und letzte Instanz" regelte.[1177]

P. Die Haftung für Nachlassverbindlichkeiten

I. Die Haftung nach § 34 REG

§ 34 Abs. 1 REG bestimmte, dass die Nachlassverbindlichkeiten einschließlich der auf dem Hofe ruhenden Hypotheken, Grund- und Rentenschulden grundsätzlich aus dem erbhoffreien Vermögen beglichen werden sollten. Soweit dieses Vermögen nicht ausreichte, war der Anerbe den Miterben gegenüber verpflichtet, die Nachlassverbindlichkeiten allein zu tragen und es waren die Miterben von den Nachlassverbindlichkeiten zu befreien, § 34 Abs. 2 REG.[1178] Der Ausgangsentwurf des Reichsernährungsministeriums hatte zwar ursprünglich vorgesehen, dass der Anerbe allein für alle Nachlassverbindlichkeiten haften sollte.[1179] Da diesem Entwurf allerdings auch ein Entschuldungskonzept für Erbhöfe zugrunde gelegen hatte, das eine Belastung mit einer Entschuldungsrente für alle Höfe vorsah, sollten – solange eine Entschuldungsrente auf dem Hof ruhte – gemäß Art. II § 25 Abs. 1 vorhandene Nachlassverbindlichkeiten aus dem sonstigen Nachlass berichtigt werden. Ausgenommen hiervon sollten lediglich die

---

BArch R 3001/22196, 115-139, 128. Dieser Vorschlag wurde dann im Entwurf des Stabsamtes des Reichsbauernführers vom 5. Februar 1936 nochmals durch folgenden Satz ergänzt: „Auf Altenteilsforderungen aus Verträgen, die vor der Geltung des Erbhofrechts geschlossen sind, ist § 32 des Gesetzes entsprechend anzuwenden", Entwurf in: BArch 3001/22196, 153-159, 153. Der am 6. März 1936 vom RJM an das REM übersandte Entwurf zur DVO. IV enthielt dann im § 18 eine Ausführungsvorschrift zu den §§ 30, 31 und 37 REG, Bestimmungen, die den späteren § 36 EHRV in weiten Teilen vorwegnahmen, Entwurf vom 6. März , in: BArch R 3001/22196, 383-429, 412 f.

1176 Schreiben Saures an Vogels vom August 1935, in: BArch R 3001/22196, 3-17, 9.

1177 Anlage 8 zum Schreiben Saures an Vogels vom August 1935, in: BArch R 3001/ 22196, 78 f.

1178 Zur Nachlasshaftung vgl. Bosch, Die Regelung der Nachlaßverbindlichkeiten im Erbhofrecht; Meyer, JR 1935, 97 ff.; Stoll, DJZ 1935, 937 ff.

1179 Art. II § 7 Abs. 2 des Entwurfs des Reichsernährungsministeriums vom 19. September 1933, in: BArch R 3001/Akte 591, 87.

Entschuldungsrente selbst, etwaige Altenteils-, Nießbrauch- und ähnliche Lasten sein.[1180]

Darré rechtfertigte dieses Konzept auf der Besprechung vom 21. September 1933 damit, dass sich eine andere Möglichkeit der Entschuldung als durch eine solche Umlage nicht habe finden lassen „Infolgedessen sei“, so Darré, „§ 25 für die nächsten Jahrzehnte der Regelfall. Sobald aber die Entschuldungsrente abgetragen sei, werde der Bauer zu seinen Lebzeiten so viel ersparen können, daß er die Tochter aus dem freien Vermögen ausstatten könne, infolgedessen sei dann kein Bedürfnis mehr dafür vorhanden, daß die Tochter von dem Anerben eine Aussteuer erhalte.“ Gegen dieses Konzept Darrés wandte sich Volkmar, der befürchtete, dass dieses unter Umständen zu einer übermäßigen Belastung des Hofs führen könne.[1181]

Dementsprechend sah § 30 Abs. 1 des Entwurfs des Reichsjustizministeriums vom 23. September 1933 vor, die auf dem Erbhof ruhenden dinglichen Lasten sowie die Ansprüche aus §§ 26, 27 des Entwurfs ausdrücklich dem Anerben zur Last fallen zu lassen. Die übrigen Nachlassverbindlichkeiten sollten dagegen von den übrigen zur Erbschaft Berufenen getragen werden, § 30 Abs. 2 des Entwurfs vom 23. September 1933. Reichte diese übrige Erbschaft zur Berichtigung der Verbindlichkeiten nicht aus, so sollte der Anerbe den anderen Erben gegenüber verpflichtet sein, diese allein zu tragen und insoweit mit dem Erbhof auch gegenüber den Nachlassgläubigern zu haften.[1182] Mit diesem Vorschlag, die dinglichen Lasten dem Anerben aufzubürden, konnte sich das Reichsjustizministerium jedoch nicht durchsetzen. § 34 der Kabinettsvorlage vom 25. September 1933 sah vor, dass auch die auf dem Erbhof ruhenden Hypotheken, Grund- und Rentenschulden zunächst aus dem Nichterbhofvermögen befriedigt werden sollten.[1183] Dieses wurde dann auch vom Kabinett abgesegnet und im § 34 REG umgesetzt.

II. Die Haftung nach § 14 EHRV

Aus § 2058 BGB ergab sich eine gesamtschuldnerische Haftung sämtlicher Erben, woraus folgte, dass der Anerbe gegenüber den Gläubigern auch mit dem Erbhof haftete. Ein Problem ergab sich in den Fällen, in denen der Anerbe nicht zugleich Miterbe im Sinne des § 34 Abs. 2 REG war. Dieses war zum Beispiel dann der Fall, wenn ein Bauer als nächste anerbenberechtigte Person nur einen

---

1180 Art. II § 25 Abs. 1 des REM-Entwurfs vom 19. September 1933, in: BArch R 3001/Akte 591, 87.

1181 Protokoll von Vogels zur Besprechung vom 21. September 1933, in: BArch R 3001/Akte 591, 93.

1182 § 30 des RJM-Entwurfs vom 23. September 1933, in: BArch R 3001/Akte 591, 90.

1183 Kabinettsvorlage vom 25. September 1933, in: BArch R 3001/Akte 591, 92.

Bruder hatte, nach dem Erbrecht des BGB aber die Ehefrau Alleinerbin des übrigen Nachlasses wurde. Dann war eine Haftung des Anerben aus BGB nicht zu konstruieren und nur die Ehefrau haftete. Dieses bedeutete nicht nur eine weitere Schwächung der rechtlichen Stellung der Ehefrau, sondern auch eine Benachteiligung der Gläubiger, da ein Bauer in der Regel nur den Hof hinterließ. Der Anerbe erhielt mithin „nur die Werte", die Erben nach BGB trugen „nur die Lasten".[1184]

Zur Beseitigung dieser unbilligen Folge des § 34 REG verabschiedete man § 14 EHRV. Nach dieser Bestimmung haftete der Anerbe über die Regelungen des BGB hinaus den Gläubigern auch dann gesamtschuldnerisch, wenn er nicht Miterbe im Sinne des bürgerlichen Rechts war, § 14 Abs. 1 EHRV. § 14 Abs. 2 EHRV erlaubte den Gläubigern darüber hinaus, Befriedigung in den pfändbaren Nutzungen des Erbhofes zu suchen. Die Bestimmung ging zurück auf einen Vorschlag Vogels' vom 13. Januar 1936, nach dem der Anerbe für die Nachlassverbindlichkeiten als Gesamtschuldner haften sollte, auch wenn er am übrigen Nachlass nicht als Erbe beteiligt war.[1185] Mit dieser Bestimmung zeigte sich Johae dann auf der Besprechung vom 29. Januar 1936 im Prinzip einverstanden.[1186]

Im Entwurf des Reichsjustizministeriums vom 6. März 1936 wurde die Nachlasshaftung dann aber auch auf die der Zwangsvollstreckung unterliegenden Früchte des Erbhofs ausgedehnt,[1187] was bei der anschließenden Besprechung vom 2. April 1936 bei den Vertretern des Reichsernährungsministeriums auf scharfe Ablehnung stieß. So wies Saure darauf hin, dass diese Bestimmung dazu führe, dass zahlreichen Erbhöfen bei Eintritt des Erbfalles die Lebensmöglichkeit genommen werden könne. Bei der großen Bedeutung, die in gewissen Bezirken zum Beispiel der Zuckerrübenbau habe, habe die Vorschrift, die das gesamte Rübenkontingent des Betriebs dem Nachlassgläubiger ausliefere, zur Folge, dass der Betrieb die Lebensfähigkeit einbüße. Besonders einschneidend sei das für eine große Zahl von Neubauernhöfen, deren Finanzierung auf dem Rübenkontingent aufgebaut sei. Demgegenüber wies Vogels auf die unbedingte Notwendigkeit hin, die Gläubiger nicht rechtlos zu machen. Man einigte sich schließlich darauf, einen Mittelweg zu gehen, der die Lebensfähigkeit des Erbhofs unangetastet lasse, den Abs. 2 jedoch in der obigen Form zu streichen.[1188]

1184 Baumecker, 4. Auflage, § 14 REG, Rn. 3.

1185 § s des RJM-Entwurfs vom 13. Januar 1936, in: BArch R 3001/22196, 93-112, 110.

1186 Vermerk von Vogels zur Vorbesprechung vom 29. Januar 1936, in: BArch R 3001/22196, 113 f.

1187 § 20 Abs. 2 des RJM-Entwurfs zur DVO. IV vom 6. März 1936, in: BArch R 3001/22196, 383-429, 413.

1188 Vermerk Hopps zur Besprechung vom 2. April 1936, in: BArch R 3001/22196, 446 f.

Im Entwurf einer Erbhofergänzungsverordnung vom 1. Juli 1936 machte das Reichsjustizministerium dann einen Kompromissvorschlag, wonach der Anerbe für die Erfüllung der Nachlassverbindlichkeiten mindestens mit den pfändbaren Nutzungen des Erbhofs haften sollte.[1189] Zwar wandte sich das Reichsernährungsministerium gegen diesen Vorschlag und bestand zeitweise sogar auf einer völligen Streichung der vom Reichsjustizministerium vorgeschlagenen Bestimmung, da hierdurch eine dauernde und starke Beschränkung des Jungbauern in seiner wirtschaftlichen Bewegungsfreiheit eintreten könne, was wiederum die intensive Nutzung des Betriebes erschwere, wenn nicht ganz unmöglich mache.[1190] Im Ergebnis konnte sich jedoch das Reichsjustizministerium durchsetzen.[1191] Den Argumenten des Reichsernährungsministeriums hielt man entgegen, dass „es nicht angängig sei, dem Gläubiger nun auch die persönliche Inanspruchnahme des Bauern zu verwehren, nachdem man ihm die dingliche Haftung des Hofes genommen habe. Man dürfe nicht einen leeren Raum schaffen, wenn man nicht ein völliges Erliegen des bäuerlichen Kredites herbeiführen wolle."[1192]

Q. Die Vererbung des übrigen Nachlasses

Gemäß § 33 REG vererbte sich das außerhalb des Erbhofs stehende Vermögen nach den Vorschriften des allgemeinen Rechts.[1193] In dem Fall, dass nach der Berichtigung der Nachlassverbindlichkeiten ein Überschuss verblieb, war dieser nach den Vorschriften des allgemeinen Rechts zu verteilen, § 35 Abs. 1 REG. Der Anerbe selbst konnte, wenn er nach BGB zum Erben am übrigen Nachlass berufen war, eine Beteiligung hieran nur verlangen, insoweit der auf ihn entfallende Anteil größer war als der lastenfreie Ertragswert des Erbhofes, § 35 Abs. 2 Satz 1 REG.[1194]

1189 § 14 des Entwurfs einer Erbhofergänzungsverordnung vom 1. Juli 1936, in: BArch R 3001/22197, 235 f.

1190 Schreiben Saures vom 28. Juli 1936 an das RJM, in: BArch R 3001/22197, 421-451, 432; vgl. hierzu auch den Vermerk Hopps zur Besprechung vom 16. Oktober 1936, in: BArch R 3001/22198, 7 f.

1191 § 14 des RJM-Entwurfs von Mitte November 1936, in: BArch R 3001/22198, 143-187, 154.

1192 Vermerk Hopps zur Besprechung vom 16. Oktober 1936, in: BArch R 3001/22198, 7 f.

1193 Vgl. hierzu Bosch, AcP 143, 197 ff.; Eggers, Pflichtteilsanspruch und Pflichtteilsschuldner; Kunze, JR 1934, 104; Stoll, AcP.143, 220 ff.

1194 Die Bestimmung ging zurück auf Art. II § 7 Abs. 1 des REM-Entwurfs vom 19. September 1933, in: BArch R 3001/Akte 591, 87. Später wurde der Wortlaut noch infolge des Entwurfs des RJM vom 23. September 1933 ergänzt, vgl. § 29 des Entwurfs des RJM vom 23. September 1933, in: BArch R 3001/Akte 591, 90. Vgl. auch §§ 33 und 35 der Kabinettsvorlage vom 25. September 1933, in: BArch R 3001/Akte 591, 92.

6. Kapitel: Alleineigentum und Ehegattenerbhof

A. Das Alleineigentumserfordernis

I. Allgemeines

§ 17 REG präzisierte den in § 1 Abs. 1 Nr. 2 REG aufgestellten Grundsatz, nach dem sich ein Erbhof nur im Alleineigentum einer bauernfähigen Person befinden durfte. Die Norm stellte insoweit das Bindeglied zwischen den beiden Erbhofelementen „Blut" und „Boden" her. Die Ordnung des Erbhofs sollte so beschaffen sein, dass die erbhoffähige Besitzung lediglich einer bauernfähigen Person allein zugeordnet war. Die Bestimmung des § 17 REG zielte dabei auf die rechtliche Zuordnung auf „horizontaler" Ebene ab, d. h. neben dem Bauern sollte niemand sonst Eigentümer des Erbhofes sein, weder im Miteigentum noch zur gesamten Hand. Ob die dem Bauern zustehenden Rechte am Erbhof dabei noch unter den Begriff des Alleineigentums im bürgerlich-rechtlichen Sinne subsumiert werden konnten oder ob sie sich inhaltlich auf ein einfaches „Nutzungseigentum" beschränkten, wird im Rahmen der Ausführungen zu § 37 ff. REG angesprochen.

II. Regelungsinhalt

§ 17 Abs. 1 REG bestimmte, dass ein Erbhof nicht zum Gesamtgut einer ehelichen Gütergemeinschaft gehören konnte. Damit fielen zunächst sowohl die bürgerlich-rechtlichen ehelichen Gütergemeinschaften[1195] als auch die ehelichen Gütergemeinschaften der Länder- oder Provinzialgesetze aus der Zeit vor dem Inkrafttreten des BGB[1196] grundsätzlich für das Reichserbhofrecht aus. Daneben blieb die Vereinbarung der ehelichen Gütergemeinschaft zwischen einem Erbhofbauern und seinem Ehegatten zwar grundsätzlich möglich, sie hatte jedoch keinen Einfluss auf das Eigentum am Erbhof und wirkte sich damit auch nicht auf die Erbhofeigenschaft aus: Der Erbhof galt in diesen Fällen als Sondergut im Sinne des § 1439 BGB und wurde von der Gütergemeinschaft nicht umfasst. Lediglich das „Nichterbhof"-Vermögen wurde aufgrund der Vereinbarung zum Gesamtgut.[1197] Darüber hinaus konnte gemäß § 17 Abs. 1 REG der Erbhof auch

1195 Hierzu gehörten die Allgemeine Gütergemeinschaft, §§ 1437 ff. BGB, die Errungenschaftsgemeinschaft, §§ 1519 ff. BGB und die Fahrnisgemeinschaft, §§ 1549 ff. BGB.

1196 Diese Gütergemeinschaften bestanden nur z. T. in alter Form weiter, weil die Landesgesetzgebung teilweise die alten Güterstände entgegen Art. 200 EGBG ins BGB überführt hatte, wie z. B. in Preußen und Bayern.

1197 Wöhrmann, 2. Auflage, S. 90; Zimmer, DNotZ 1933, 397.

nicht in sonstiger Weise im Eigentum mehrerer Personen stehen: Zum einen war Miteigentum als Bruchteilseigentum im Sinne der §§ 741 ff., 1008 ff. BGB ausgeschlossen. Zum anderen war – neben der explizit erwähnten ehelichen Gütergemeinschaft – sonstiges Gesamthandseigentum am Erbhof unzulässig. Auch Besitzungen, die im Eigentum einer Gesellschaft bürgerlichen Rechts, einer offenen Handelsgesellschaft, einer Kommanditgesellschaft oder eines nicht rechtsfähigen Vereins standen, wurden somit nicht zu Erbhöfen.

Einen Sonderfall stellte in diesem Zusammenhang die Miterbengemeinschaft am Erbhof dar. Diese bedurfte der Auseinandersetzung der Miterben, um Alleineigentum herbeizuführen und damit die Erbhofeigenschaft auszulösen.[1198] In ihr galt das Alleineigentum als angelegt, so dass auf eine Auseinandersetzung hingewirkt werden sollte.[1199] Gemäß § 17 Abs. 2 REG waren auch alle diejenigen Besitzungen vom Anwendungsbereich des Reichserbhofgesetzes ausgenommen, die im Eigentum juristischer Personen des privaten und öffentlichen Rechts standen. Dies galt selbst dann, wenn sich alle Anteile in der Hand einer natürlichen Person befanden.[1200]

III. Zweck. Entstehungsgeschichte.

Wie bereits ausgeführt, zielte die Blut-und-Boden-Ideologie auf die Schaffung einer dauerhaften Verbindung einer Sippe mit einem Hof ab. Entsprechend sollten als Eigentümer des Erbhofes nur Personen zugelassen sein, die mit diesem „blutmäßig" verbunden waren.[1201] Ein Erbhof durfte grundsätzlich nicht dem „angestammten Geschlecht" verloren gehen. Dieses „Geschlecht" sollte, wie

1198 Höfe im Eigentum von Erbengemeinschaftem waren am 1. Oktober 1933 nicht zu Erbhöfen geworden. Bei ihnen sollte darauf hingewirkt werden, dass sie in das Alleineigentum einer bauernfähigen Person überführt wurden. Allerdings wurde bei der Auseinandesetzung der Erbengemeischaft des öfteren versucht, das Reichserbhofgesetz zu umgehen. Auch kam es vor, dass Eltern, deren Hof noch nicht Erbhof geworden war, ihre Grundstücke so unter den Kindern aufteilten, dass bei keinem ein Erbhof entstehen konnte. Daher machte die am 26. Januar 1937 vorgenommene Änderung der Grundstücksverkehrsbekanntmachung vom 15. März 1918 auch die Veräußerung von erbhoffreien Grundstücken unter nahen Verwandten ab einer bestimmten Größe von der Genehmigung der Verwaltungsbehörde abhängig, Rauber, RdRN 1937, 44.

1199 Vgl. hierzu § 67 DVO. I. und § 32 Abs. 1 Ziff. 4 EHRV: Hiernach war keine Genehmigung des Anerbengerichts für Belastungen eines Erbhofs erforderlich bzw. es fielen keine oder ermäßigte Gebühren und Abgaben an, wenn die Besitzung erst durch ein Veräußerungsgeschäft Erbhofeigenschaft erlangte und die Belastung im Zusammenhang mit dem Veräußerungsgeschäft erfolgte. Gerade in Bezug auf Erbengemeinschaften sollte hierdurch die Entstehung von Erbhöfen erleichtert werden.

1200 Hennig, S. 270.

1201 Baumecker, 4. Auflage, § 17, Rn. 2.

Vogels es beschrieb, „Wurzel fassen bis tief in den Boden, damit niemand mehr es herausreissen kann." Nur dann könne es die Stürme wirtschaftlicher und politischer Art überstehen. Daher wollte man ausdrücklich vermeiden, „dass bei der Heirat die Hälfte des Gutes auf die Frau übertragen wird, denn wenn der Mann zuerst stirbt und keine Kinder da sind, fällt der Hof aus der Familie heraus und fällt an die Verwandten der Frau, wir haben also eine Durchbrechung der geraden Linie, und werden niemals dazu kommen, dass sich auf dem Hofe Tradition bildet."[1202]

Entsprechend ging das reichserbhofrechtliche Anerbenkonzept vom Alleineigentum aus. Da gemäß § 19 Abs. 2 REG beim Tod des Erblassers der Hof ungeteilt auf den Anerben überging, wäre bei der Zulassung von Höfen in gemeinschaftlichem Eigentum ansonsten das Problem aufgetreten, wie man erbrechtlich mit dem Eigentum des überlebenden Ehegatten – in der Regel die Ehefrau – hätte verfahren sollen, wollte man den Erbhof im männlichen Stamm behalten. Ließ man nämlich der Ehefrau in einem solchen Fall ihren Eigentumsanteil beim Tod des Ehegatten und vererbte lediglich den Anteil des verstorbenen Ehemannes nach der reichserbhofrechtlichen Anerbenfolge, so gefährdete man die Einheit des Erbhofes. Schuf man dagegen eine gesetzliche Anerbenfolge, die die Ehefrau zum gesetzlichen Anerben erster Ordnung bei Ehegattenerbhöfen machte, so verstieß man gegen das grundsätzlich agnatische Erbkonzept des Gesetzes. Ließ man schließlich beim Tode des Ehemannes den Erbhof als Ganzes auf den Anerben des Mannes übergehen, so führte man eine Anerbenfolge unter Lebenden herbei.[1203]

Durch den grundsätzlichen Ausschluss gemeinschaftlichen Eigentums an Erbhöfen umging man dieses Problem zunächst. Ursächlich für diese Entscheidung mag gewesen sein, dass das Reichserbhofgesetz im September 1933 innerhalb weniger Tage „durchgepeitscht" wurde und man mithin keine Zeit fand, um für die „Miteigentumserbhöfe" eine sachgerechte Lösung zu erarbeiten.[1204] Auch ist auffällig, dass der Inhalt der Alleineigentumsbestimmung des Art. 2 § 3 Abs. 6 des Darréschen Entwurfs vom 19. September 1933, der später im § 17 REG wortgetreu umgesetzt wurde, weder bei der Kabinettssitzung am 26. September 1933 noch bei der anschließenden Chefbesprechung kontrovers diskutiert wurde. Dies ist eine Tatsache, die in Hinblick auf die zahlreichen Probleme, die das Alleineigentumserfordernis für Erbhöfe in der Folgezeit dann auslöste, erstaunlich wirkt. Allerdings war den am Gesetzgebungsverfahren beteiligten Personen zumindest bewusst, dass das Reichserbhofrecht wegen des Alleineigentumserfordernisses auf zahlreiche Höfe keine Anwendung finden

---

1202 Protokoll zum Vortrag von Vogels im Verein für das Notariat in Rheinpreussen am 22. Oktober 1933 in Köln, in: BArch R 3001/Akte 593, 3.

1203 Vgl. zur Anerbenfolge unter Lebenden die Ausführungen zu § 62 Abs. 3 DVO. II.

1204 Grundmann, S. 41.

würde. Entsprechend stellte Darré auf der Besprechung vom 21. September 1933 die Forderung auf, bestehende Gütergemeinschaften an erbhoffähigen Höfen kraft Gesetzes zu trennen, um sie dann dem Gesetz unterstellen zu können. Diesem sehr weitreichenden Vorschlag widersetzte sich jedoch Gürtner mit dem Einwand, dass „man nicht kraft Gesetzes in Verträge, die auf einer tausendjährigen Geschichte beruhen," eingreifen könne. Stattdessen trat er dafür ein, das Erbhofrecht so auszugestalten, dass die Bauern selbst veranlasst würden, die Gütergemeinschaft freiwillig zu lösen.[1205]

Aus dieser Stellungnahme Gürtners lässt sich entnehmen, dass das Reichserbhofgesetz auch in Hinblick auf das postulierte Erfordernis des Alleineigentums seinem Anspruch, alter deutscher bäuerlicher Erbsitte zu entsprechen, nicht nachkam. Da der deutschrechtliche Ursprung des Rechtsinstituts der ehelichen Gütergemeinschaft unbestreitbar war, konnte der Ausschluss dieser Höfe daher nicht mit rechtshistorischen Argumenten gerechtfertigt werden. Vielmehr scheint für die Einführung des Alleineigentums in der neu zu schaffenden bäuerlichen Ordnung ein anderer Kernaspekt nationalsozialistischer Ordnungsvorstellungen ausschlaggebend gewesen zu sein, nämlich das Führerprinzip. So äußerte Vogels am 4. November 1933 bei der Besprechung mit Vertretern des BNSDJ unter Bezugnahme auf Bedenken, die hinsichtlich des Ausschlusses der ehelichen Gütergemeinschaft geäußert worden waren, dass diese Bedenken zwar verständlich seien, es aber trotzdem darauf ankomme, dass der Mann regiere. In diesem Zusammenhang sprach Vogels vom „Führertum des Mannes".[1206]

Darüber hinaus wurde gegen das Eigentum mehrerer Personen an einem Erbhof angeführt, dass dieses „notwendig das Moment der Zersplitterung in sich" trage, was durch „die praktische Erfahrung, dass in Gegenden mit vorherrschender Gütergemeinschaft das Anerbenrecht sich nicht durchsetzen konnte, bestätigt werde."[1207] Diese Behauptung war allerdings, in Anbetracht der Tatsache, dass gerade in den traditionellen Anerbengebieten wie Westfalen, Niedersachsen, Bayern und Ostpreußen die eheliche Gütergemeinschaft an Höfen weit verbreitet war, schlichtweg falsch.

Auch der Ausschluss juristischer Personen vom Erbhofeigentum lag in der Ausrichtung der Erbhofordnung auf die Blutquellenfunktion und in der grundsätzlichen Ablehnung abstrakter Rechtsgebilde begründet: Auf das „fiktive Gebilde der juristischen Person" war das Erbhofrecht nicht zugeschnitten.[1208] Das Reichserbhofrecht sollte schließlich bäuerliche Familien auf Dauer mit dem Bo-

---

1205 Protokoll Vogels' zur Besprechung vom 21. September 1933, in: BArch R 3001/Akte 591, 93.

1206 Protokoll des BNSDJ (Fachgruppe Notare) zur Besprechung am 4. November 1933, in: BArch R 3001/Akte 592, 112.

1207 Hennig, S. 232.

1208 Hennig, S. 233.

den verbinden, damit diese nicht nur für die Ernährung des Volkes, sondern insbesondere auch für gesunden Nachwuchs sorgen konnten.[1209] Und zumindest die zweite dieser Aufgaben, „die im Dienste des Rassegedankens“ stehende „Blutquellenfunktion“, konnte nur durch eine natürliche Person „aus Fleisch und Blut“ erfüllt werden.[1210]

B. Das Ehegattenerbhofrecht nach den Durchführungsverordnungen der Jahre 1933 und 1934

I. Der Ausschluss des Ehegattenerbhofs

Durch das Alleineigentumserfordernis des § 17 REG blieb eine große Zahl – in einigen Gebieten sogar der überwiegende Teil – grundsätzlich erbhoffähiger landwirtschaftlicher Besitzungen vom Anwendungsbereich des Reichserbhofrechts ausgeschlossen.[1211] Dies betraf nicht nur die Realteilungsgebiete wie Württemberg oder das Rheinland, sondern gerade die „klassischen“ Anerbengebiete wie Westfalen, Hannover, Oldenburg, Bayern, Teile Ostpreußens[1212] und Schlesien.[1213] Hier war insbesondere die eheliche Gütergemeinschaft in bäuerlichen Kreisen weit verbreitet und beruhte auf der Auffassung, dass der einheiratende Ehegatte seine rechtmäßige Stellung auf dem Hofe erst durch die Einräumung von Eigentum erhalten könne.[1214]

Die Nichtberücksichtigung grundsätzlich erbhoffähiger landwirtschaftlicher Betriebe stand allerdings dem Ziel des Gesetzgebers entgegen, eine möglichst große Zahl von Erbhöfe zu schaffen. Darüber hinaus kam es durch die Außerkraftsetzung der landesgesetzlichen Vorschriften über das Anerbenrecht gemäß § 60 Abs. 1 REG zur Schutzlosstellung dieser bisher geschützten Ehegattenhöfe, die nun dem BGB-Erbrecht unterstanden. Somit wurden diese Betriebe gerade der Zersplitterungs- und Verschuldungsgefahr ausgesetzt, die das

1209 Vogels, 4. Auflage, S. 303.

1210 Dölle, 2. Auflage, S. 71.

1211 Vgl. hierzu die Abschrift eines Schreibens des Vorsitzenden des Anerbengerichts Worms und Alzey, Anlage zum Schreiben vom 25. Juli 1935 an das RJM, in: BArch R 3001/22196, 178-186, 178. Zur Situation im Anerbengerichtsbezirk Pfaffenhofen/Ilm, wo nur lediglich 15 % der potentiell erbhoffähigen Betriebe im Alleineigentum standen, vgl. Schober, S. 71.

1212 Dobinsky, DRZ 1934, 183 f.

1213 Hopp, DR 1943, 1088.

1214 Wöhrmann, 2. Auflage, S. 87. Wöhrmann hielt diese Aufassung allerdings für falsch.

Zwangsanerbenrecht des Reichserbhofgesetzes für schützenswerte Betriebe beseitigen wollte.[1215]

Angesichts dieses deutlich ins Auge fallenden Zielkonflikts ließ die Kritik am Alleineigentumserfordernis des § 17 REG nicht lange auf sich warten. So leitete Dürr, Ministerialrat im Bayrischen Staatsministerium und stellvertretender bayrischer Bevollmächtigter zum Reichsrat, am 9. Oktober 1933 ein Schreiben des Bayrischen Staatsministeriums der Justiz an das Reichsjustizministerium weiter, in dem die Lage in Bayern folgendermaßen beschrieben wurde:

„Das neue Erbhofgesetz wird sich – so wie die Rechtslage jetzt ist – in Bayern so gut wie nicht auswirken. Etwa 75 % der in Frage kommenden landwirtschaftlichen Güter stehen kraft Vertrags in allgemeiner Gütergemeinschaft. In Ober- und Niederbayern, Schwaben und Oberpfalz kennt man kaum etwas anderes; nur in Mittelfranken, Ober- und Unterfranken und in der Pfalz sind die Verhältnisse gemischt und wegen der bisherigen Sitte der Realteilung nunmehr das neue Erbhofrecht rechtens. Ist es der Wunsch des Reichs, daß das Erbhofrecht auch in Bayern zu voller Geltung gelangt, müssen die bestehenden Gütergemeinschaften gelöst werden. Daß der Bauer dies freiwillig tut, ist bei seinem zähen Festhalten am Ueberkommenen nicht wahrscheinlich. Aufklärung usw., auch wesentliche Gebührenermässigung für den Aufhebungsvertrag würden unserer Sachkenntnis nach wohl keinen genügenden Anreiz schaffen. Höchstens die Anteilnahme an der freilich noch nicht gesetzlich festgelegten Entschuldung der Erbhöfe könnte ihn eher dazu bestimmen.“[1216]

Vor diesem Hintergrund boten sich zur Ausweitung des Erbhofrechts auf Ehegattenhöfe vor diesem Hintergrund im Wesentlichen zwei Wege an: Entweder die grundsätzliche Lösung bestehender Gütergemeinschaften oder die Auflockerung des Alleineigentumserfordernisses. Da jedoch die freiwillige Lösung der ehelichen Gütergemeinschaften wenig Erfolg versprach und die zwangsweise Auflösung als ein zu weitgehender Eingriff angesehen wurde, entschied sich der Gesetzgeber für die Ausdehnung des Anwendungsbereichs des Erbhofrechts: Im Rahmen der Durchführungsverordnung der Jahre 1933 und 1934 wurde der Alleineigentumsgrundsatz der §§ 1, 17 REG durchbrochen. Cammerer schrieb diesbezüglich: „Sichtlich hat sich aber der Gesetzgeber alsbald davon überzeugt, daß er mit diesem bündigen Leitsatze [§ 17 REG; der Verf.] seine Absichten nicht in dem Maße durchsetzen konnte, und deshalb Ausnahmen eingeführt.“[1217]

1215 Vgl. hierzu Schreiben der Lippischen Landesregierung an das RJM vom 10. Oktober 1933, in: BArch R 3001/Akte 592, 17.

1216 Schreiben Dürrs an das RJM vom 9. Oktober 1933 nebst Schreiben (Abschrift) des Bayrischen Staatsministeriums der Justiz, in: BArch 3001/Akte 592, 16.

1217 Cammerer, DNotZ 1934, 68.

II. Erweiterung in der Ersten Durchführungsverordnung

1. Die Übergangsbestimmung des § 62 DVO. I

Für Erbhöfe im Miteigentum von Ehegatten stellten §§ 62 und 67 DVO. I relevante Regelungen auf. Während mit § 67 DVO. I ein Anreiz geschaffen werden sollte, Besitzungen im Eigentum mehrerer Personen oder einer juristischen Person in Alleineigentum zu überführen, erweiterte § 62 DVO. I den Anwendungsbereich des Reichserbhofrechts auf zahlreiche Ehegattenerbhöfe.

a) Dauer- oder Übergangsbestimmung

Im Vorfeld der Verabschiedung des § 62 DVO. I hatte zunächst Streit darüber bestanden, ob man Ehegattenerbhöfe dauerhaft zulassen oder ob dieses lediglich für eine Übergangszeit geschehen sollte. So hatte zum Beispiel Dürr dem Reichsjustizministerium eine Dauerregelung für diejenigen im Miteigentum oder im Gesamthandseigentum von Ehegatten stehenden Höfe vorgeschlagen, die in Gebieten lagen, „wo es beim Inkrafttreten des Gesetzes Brauch war, daß Ehegatten an einem landwirtschaftlichen Anwesen Miteigentum nach Bruchteilen oder Eigentum zur gesamten Hand zustand." Hier sollten Erbhöfe grundsätzlich im Miteigentum nach Bruchteilen oder im Eigentum zur gesamten Hand von Ehegatten stehen dürfen, also auch Miteigentum an einem bestehenden Erbhof vereinbart werden können.[1218] Dieses hätte eine grundsätzliche Ausnahme vom Alleineigentumserfordernis des § 17 REG bedeutet.

Der Gesetzgeber folgte diesem Vorschlag jedoch nicht und hielt am Alleineigentum als Zielvorstellung für die zu schaffende Erbhofordnung fest. Dementsprechend konzipierte er die Bestimmung des § 62 DVO. I auch lediglich als Übergangsbestimmung. § 17 REG wurde weiterhin als eine „in ihrer Allgemeingültigkeit unbestreitbar richtige Regelung" bezeichnet.[1219] Die Eigentumsform des Ehegattenerbhofs sollte durch die das Alleineigentum des Anerben bewirkende Anerbenfolge langsam aussterben.

b) Erbhöfe im gemeinsamen Eigentum von Ehegatten

§ 62 Abs. 1 DVO. I unterstellte erbhoffähige Besitzungen, die sich am 1. Oktober 1933 im gemeinschaftlichen Eigentum von Ehegatten befunden hatten, rückwirkend dem Reichserbhofrecht.[1220] Als Miteigentum von Ehegatten im Sinne dieser Bestimmung wurde dabei nicht nur das Bruchteilseigentum der

---

1218 Schreiben Dürrs an Vogels vom 13. Oktober 1933 mit Referentenwürfen, in: BArch R 3001/Akte 592, 34 f.

1219 Baumecker, 4. Auflage, Vorb. zu §§ 17-25 EHRV, Rn. 1.

1220 § 62 DVO. I widersprach zwar dem Wortlaut des § 17 Abs. 1, 1. Var. REG, gemäß § 61 Abs. 2 REG konnten der Reichsjustizminister und der Reichsernährungsminister jedoch in den Durchführungsverordnungen auch Vorschriften abweichenden Inhalts treffen.

§§ 741 ff. BGB angesehen, sondern jede Art des gemeinschaftlichen Eigentums von Ehegatten schlechthin. Somit fielen die Höfe in allgemeiner BGB-Gütergemeinschaft (§§ 1437 ff.), die Errungenschafts- und Fahrnisgemeinschaften (§§ 1519 ff., 1549 ff. BGB) sowie die durch Art. 200 EGBGB aufrechterhaltenen Güterstände aus der Zeit vor dem Inkrafttreten des BGB unter den Anwendungsbereich des Reichserbhofgesetzes.[1221]

Da das Gesetz aber grundsätzlich vom Alleineigentum am Erbhof ausging, ergaben sich vor dem Hintergrund dieser Regelung zahlreiche neue Problemstellungen. Hierzu gehörte unter anderem die Frage nach dem Erfordernis der Bauernfähigkeit. Denn abgesehen vom Alleineigentum mussten bei Ehegattenerbhöfen grundsätzlich auch die sonstigen allgemeinen Erbhofvoraussetzungen vorliegen. Dies führte insbesondere hinsichtlich des Erfordernisses des § 1 Abs. 1 Ziffer 2 REG, der vom Eigentümer eines Erbhofes Bauernfähigkeit verlangte und dabei vom grundsätzlichen Alleineigentumserbhof ausging, zu der Frage, ob bei Ehegattenerbhöfen beide Ehegatten bauernfähig sein mussten oder ob das Vorliegen dieses Erfordernisses bei nur einem Ehegatten ausreichend war.[1222] So ließ zum Beispiel das Erbhofgericht Nürnberg grundsätzlich die Bauernfähigkeit eines Ehegatten genügen.[1223] Auch Cammerer argumentierte in diese Richtung, indem er annahm, dass man dem Willen des Gesetzgebers, möglichst viele Erbhöfe dem Gesetz zu unterstellen, kaum gerecht werde, wenn man von beiden Ehegatten Bauernfähigkeit verlangte. Im Gegensatz zum Erbhofgericht Nürnberg stelle Cammerer allerdings auf die Bauernfähigkeit des Ehemannes ab, da das Reichserbhofgesetz diesem den Erbhof in die Hand gelegt hätte „und das Anwesen der Familie im Mannesstamme zu erhalten bestrebt“ sei.[1224]

Einer sehr verbreiteten Meinung zufolge musste jedoch von beiden Ehegatten das Vorliegen der Bauernfähigkeit verlangt werden.[1225] Begründet wurde dies mit dem Gesetzeswortlaut, nach dem die Entstehung eines Erbhofs von der Bauernfähigkeit des Eigentümers abhängig war. Man sah vor diesem Hintergrund keinen Anlass, von diesem Grundsatz abzuweichen, nur weil es sich um mehrere Eigentümer handelte. Das Argument Cammerers, wonach das Gesetz möglichst viele Besitzungen als Erbhöfe erfassen sollte, wurde mit dem Hinweis auf das Alleineigentumserfordernis nicht gelten gelassen.[1226]
Weite Teile der Rechtsprechung und schließlich auch das Reichserbhofgericht traten für eine im Einzelfall anpassungsfähigere Lösung ein, nach der zwar beide

1221 Vogels, 3. Auflage, S. 381 f.
1222 Vgl. zur gleichen Frage bei der fortgesetzten Gütergemeinschaft die Ausführungen zu § 62 Abs. 4 DVO. I
1223 EHG Nürnberg, JW 1935, 132.
1224 Cammerer, DNotZ 1934, 72.
1225 Vogels, 3. Auflage, S. 382; Hennig, S. 246; Dölle, 2. Auflage, S. 33.
1226 Siefert, S. 93.

Ehegatten grundsätzlich bauernfähig sein sollten, unter besonderen Umständen aber das Fehlen der Bauernfähigkeit eines Ehegatten der Entstehung eines Erbhofs nicht zwingend entgegenstand und eine Ausnahme zugelassen werden konnte.[1227] Diese vermittelnde Lösung setzte sich schließlich durch und erhielt in § 17 Abs. 4 EHRV eine gesetzliche Verankerung.

c) Gewillkürte Erbfolge bei Ehegattenerbhöfen

§ 62 DVO. I gestand den Eigentümern von Ehegattenerbhöfen deutlich größere Testierfreiheiten zu als § 25 REG den Alleineigentümern. Gemäß § 62 Abs. 2 DVO. I konnte bei Ehegattenerbhöfen jeder Ehegatte auch ohne Genehmigung des Anerbengerichts den anderen Ehegatten zum Anerben einsetzen, eine Möglichkeit, die bei Alleineigentumserbhöfen nur im Falle des § 25 Abs. 5 REG bei gänzlichem Fehlen von gesetzlichen Anerben aller Anerbenordnungen bestand.[1228] Darüber hinaus hatten die Ehegatten die Möglichkeit, die anerbenberechtigte Person zu bestimmen, an die nach dem Tode des Erstversterbenden oder des Überlebenden der Erbhof fallen sollte. Der Gesetzgeber verzichtete dabei auf die strenge Durchführung der Vererbung des Hofes in der angestammten Linie – den Ehegatten wurde bei der Bestimmung des Anerben die Wahl zwischen der Linie des Mannes und derjenigen der Frau freigestellt. Zwar konnte diesbezüglich eine Genehmigung des Anerbengerichts erforderlich sein,[1229] die Genehmigungspflicht richtete sich jedoch lediglich nach dem Bestand der jeweiligen Linien, eine Zusammenrechnung fand nicht statt.[1230] Außerdem konnte die Einsetzung des Ehegatten zum Anerben mit der Bestimmung des danach berechtigten Anerben – entgegen dem Wortlaut des § 62 Abs. 2 DVO. I, der nur von „oder“ sprach und insoweit sprachlich ungenau war – verbunden werden.[1231]
Dieser Einräumung vergleichsweise weitgehender Testiermöglichkeiten zugunsten der Eigentümer von Ehegattenerbhöfen lag der gesetzgeberische Wille

1227 EHG Stuttgart, RdRN 1935, 904; REHG, RdRN 1936, 72, 350.

1228 Strittig war ursprünglich die Auslegung des Begriffs der „Gegenseitigkeit“ in § 62 Abs. 2 DVO. I Die Bestimmung war diesbezüglich nicht deutlich formuliert (vgl. zum Streit über den Begriff der Gegenseitigkeit, Cammerer, DNotZ 1934, 76 f.). So ging das Kammergericht davon aus, dass die Bestimmung nur eine gegenseitige Erbeinsetzung möglich machte (KG. JW 1936, 2352). Dagegen wurde ganz überwiegend angeführt, dass mit gegenseitiger Erbeinsetzung nicht gemeint sein konnte, dass auch gegenseitige Verfügungen getroffen werden mussten. Auch einseitige Erbeinsetzungen wurden daher als möglich angesehen (Cammerer, DNotZ 1934, 76). Vgl. auch zur Ergänzung dieser Bestimmung die Ausführungen unter § 6 Abs. 2 DVO. II.)

1229 Bezüglich der Genehmigungspflicht durch das Anerbengericht in Hinblick auf Erbverträge und Testamente, die vor dem Inkrafttreten der DVO. II errichtet worden waren, vgl. die Ausführungen zu § 5 Abs. 2 Satz 2 DVO. II.

1230 Hennig, S. 251.

1231 Vogels, 3. Auflage, S. 383 f.; Cammerer, DNotZ 1934, 76; Hennig, S. 253.

zugrunde, einen billigen Ausgleich für den einschneidenden Eingriff zu schaffen, der in der Unterstellung unter das Erbhofrecht gesehen wurde.[1232] Den Bauern sollte es selbst überlassen bleiben, die „vermeintlichen Ungerechtigkeiten der gesetzlichen Erbfolge auszuschließen".[1233] Gleichzeitig wollte man mit dieser Bestimmung die schnelle Überführung eines Ehegattenerbhofes in das Alleineigentum einer Person fördern.[1234] Die Bestimmung des § 62 Abs. 2 DVO. I ließ es allerdings zu, dass Erbhöfe in eine andere Linie übergingen, was der Zweckrichtung des Reichserbhofgesetzes grundsätzlich widersprach.[1235]

d) Gesetzliche Erbfolge bei Ehegattenerbhöfen

(1) Regelungsinhalt. Zweck. Härten.

§ 62 Abs. 3 DVO. I regelte die gesetzliche Anerbfolge für Ehegattenerbhöfe. § 62 Abs. 3 Satz 1 DVO. I sah beim Tod der Ehefrau den Anfall des Erbhofs beim Manne vor, eine Regelung, die im Wesentlichen als eine „durch die Sache selbst gegebene Ordnung" anerkannt wurde.[1236] Beim Tod des Mannes fiel der ganze Erbhof hingegen der zum gesetzlichen Anerben des Mannes berufenen Person zu, § 62 Abs. 3 Satz 2 DVO. I. Hierdurch verlor die noch lebende Ehefrau ihre Eigentümerstellung am Erbhof. Mit dieser strikten und ungewöhnlichen gesetzlichen Erbfolgeregelung wollte man das Verbleiben des Hofes im Mannesstamm garantieren und das Auslaufen des – nur für den Übergang vorgesehenen – Ehegattenerbhofmodells erzwingen. Die Bestimmung sollte „einige der urdeutschen Gedanken des Reichserbhofgesetzes" durchsetzen, nach denen der Mann der geborene Wirt auf dem Hofe war, verantwortlich „für die Reinheit des Blutes der Sippe (...) und der berufene Wahrer der Familienüberlieferung."[1237]

So sehr diese gesetzliche Anerbfolge des § 62 Abs. 3 DVO. I auch im Geist der vom Vorrang des Mannes durchdrungenen Blut-und-Boden-Ideologie lag, so sehr stieß sie in der Praxis auf Unverständnis. Das galt insbesondere dort, wo es üblich gewesen war, dass die Bauern mit ihren Frauen in allgemeiner Gütergemeinschaft lebten bzw. wo nach dem Tode eines Gatten die fortgesetzte Gütergemeinschaft bestanden hatte. So beschrieb Hagemann die Haltung der Bauern gegenüber der gesetzlichen Anerbfolge bei Ehegattenerbhöfen folgendermaßen: „Ihre Frauen, so begründen sie die in diesem Punkten dem REG vorgeworfenen Ungerechtigkeiten, hätten während ihrer ganzen Ehe zusammen mit ihnen in

1232 Vogels, 3. Auflage, S. 383.
1233 Hagemann, DJZ 1934, 866.
1234 Siefert, S. 308 f.
1235 Hopp, DR 1943, 1089.
1236 Hagemann, DJZ 1934, 865.
1237 Hagemann, DJZ 1934, 865.

demselben Umfange und in derselben Hingebung für das Wohl des Hofes gearbeitet. Mann und Frau habe der Hof gemeinsam gemeinschaftlich gehört, und die letztere habe daher auch keine Bedenken getragen, ihren Besitz und ihren Erwerb in den Hof zu stecken, hoffend, in ihrem Alter davon den Nutzen zu haben. Jetzt habe sie dies alles verloren."[1238]

Insbesondere traten außergewöhnliche Härten dann auf, wenn eine Ehefrau einen Hof mit in die Ehe eingebracht und mit dem Ehemann noch vor Inkrafttreten des Reichserbhofgesetzes den Güterstand der allgemeinen Gütergemeinschaft vereinbart hatte. Verstarb dann der Ehemann nach kinderloser Ehe ohne Testament, so verlor die Ehefrau nicht nur ihren Anteil am Erbhof an einen Anerben des Ehemannes, sondern es ging der Hof der angestammten Sippe überhaupt verloren. Dies war nicht nur ein besonders fühlbarer Eingriff in die bisherigen Gepflogenheiten, sondern es widersprach auch der Zweckrichtung der Blut-und-Boden-Ideologie, Höfe nach Möglichkeit in den Händen der angestammten Sippe zu erhalten.[1239]

(2) Die „Anerbenfolge unter Lebenden"

Darüber hinaus bereitete die rechtssystematische Einordnung der gesetzlichen Anerbenfolge des § 62 Abs. 3 DVO. I starke Probleme, da der Übergang des Erbhofanteils der Ehefrau auf den Anerben beim Tod des Mannes eine „Erbfolge unter Lebenden" bedeutete. Dieses war ein Vorgang, der zumindest dem römischen Recht grundsätzlich fremd war. Vor diesem Hintergrund kam es hinsichtlich der Frage nach dem Rechtscharakter der „Anerbenfolge unter Lebenden" zu einer kontrovers geführten Diskussion. Im Wesentlichen wurden drei Meinungen vertreten:

So trat Wöhrmann für eine Auslegung des § 62 Abs. 3 Satz 2 DVO. I contra Wortlaut ein. Nach seiner Ansicht sollte beim Tod des Ehemannes der Anteil der Frau erst nach ihrem eigenen Tode an den Anerben des Mannes fallen. Ausgehend vom Grundsatz des bürgerlichen Erbrechts, wonach eine Erbfolge in das Vermögen eines Lebenden ausgeschlossen war, hielt es Wöhrmann für rechtlich nicht möglich, dass nach dem Tode des erstversterbenden Mannes auch der Hofesanteil der noch lebenden Witwe dem Anerben zufiel.[1240]

1238 Hagemann, DJZ 1934, 865.

1239 Vgl. diesbezüglich die Anfrage des Rechtsanwalts Erich Günther beim Landeserbhofgericht Celle vom 12. Juni 1934, in: BArch R 3001/Akte 22164, 99 f. Der Präsident des Landeserbhofgerichtes Celle bezweifelte in einem Schreiben an den Preußischen Justizminister diesbezüglich allerdings, ob „solche Einzelfälle Anlass geben können, die gesetzlichen Bestimmungen bei Gütergemeinschaft und fortgesetzter Gütergemeinschaft abzuändern", in: BArch R 3001/22164, 97.

1240 So äußerte Wöhrmann, dass ein solcher Eigentumsübergang ohne Beispiel und seine rechtliche Konstruktion überaus zweifelhaft sei, Wöhrmann, 2. Auflage, S. 94.

Andere befürworteten dagegen ausdrücklich eine „Anerbenfolge unter Lebenden". Insbesondere Gülland, der die Ansicht Wöhrmanns als über die der Gesetzesauslegung gesetzten Grenzen hinausgehend zurückwies, verteidigte die „eigenartigen Neubildungen des nationalsozialistischen Erbhofrechts" unter Berufung auf alte deutsches Erbrechtstradition. Nach Güllands Auffassung entsprach die gesetzliche Anerkennung des im Reichserbhofgesetz hervortretenden Mannesrechtes älterem deutschen Recht und den Lehren der Geschichte. Dieses allein rechtfertigte in seinen Augen bereits, „daß in einzelnen Rechtslagen das Eigentum der Frau am Erbhof schon bei ihren Lebzeiten auf den Anerben" übergehen konnte. Darüber hinaus seien auch die Grundsätze von Testierfreiheit und Einheit des Nachlasses älterem deutschen Recht überhaupt fremd gewesen. Des Weiteren habe der Grundsatz „viventis nulla hereditas" nicht ausnahmslos gegolten, da es in bestimmten Fällen durchaus eine Erbfolge nach einer lebenden Person gegeben habe. Vor diesem Hintergrund ordnete Gülland die gesetzliche Erbfolge des § 62 Abs. 3 DVO. I rechtssystematisch unter den altdeutschen Begriff des „bürgerlichen Todes" ein, nach welchem Lebende rechtlich so behandelt werden konnten, als ob sie bereits gestorben waren, ein sogenannter „fingierter Tod".[1241]

Dieser Ansatz Güllands, die gesetzliche Anerbfolge des § 62 Abs. 3 DVO. I rechthistorisch in eine Linie mit altem deutschen Erbrecht zu stellen, sich also „an bisher bekannten Rechtseinrichtungen anzuklammern und die Neuerscheinungen des Rechtslebens ihnen einzuordnen", stieß auf Ablehnung bei denjenigen, die bezüglich des Reichserbhofrechts von einer originär neuen nationalsozialistischen Rechtseinrichtung ausgingen.[1242] So hielt zum Beispiel Ledschbor eine Berufung auf älteres deutsches Recht für überflüssig: „Man wird grundsätzlich davon ausgehen müssen, daß die Gesetzgebung des nationalsozialistischen Staates – insbesondere da, wo es sich um grundlegende Gesetzgebungswerke und nicht nur um dringend gewordene Flickarbeit an alten Rechtsvorschriften handelt – neue Rechtseinrichtungen geschaffen hat, die mit denen des bisher geltenden Rechts nichts gemein haben, und auf die die für die Einrichtungen des bisherigen Rechts geltenden Vorschriften keine Anwendung finden können." Nach Ledschbors Ansicht unterschieden sich die von Gülland angeführten Gründe der Anerbenfolge unter Lebenden grundsätzlich von denen, die den Gesetzgeber tatsächlich zur Einführung des gesetzlichen Übergangs des Hofanteils des überlebenden Ehegatten auf den Anerben bewogen hatten. Entsprechend warnte Ledschbor vor einer „Bastardisierung des Rechts" als Folge der Einordnung des fingierten Todes in das römisch-rechtliche BGB; eine solche

1241 Gülland, DJ 1934, 576 ff; ähnlich auch Vogels, 3. Auflage, S. 385 f.
1242 Ledschbor, DJ 1934, 870; vgl. auch Cammerer, DJZ 1934, 254 ff.; Siefert, S. 316 ff.

Einordnung barg nach seiner Ansicht die Gefahr der „Schwächung des Gesetzeswillens“ in sich.

Für Ledschbor war die gesetzliche Anerbfolge vielmehr als eine „kraft Gesetzes erfolgende Übertragung des Eigentums an einem Erbhofanteil von einer lebenden Person auf eine andere“ einzuordnen. In rechtssystematischer Hinsicht verwies er auf § 22 REG, der auch die gesetzliche Übertragung von Erbhofeigentum vorsah. Den Eigentumsübergang von noch lebender Ehefrau auf den Anerben ordnete Ledschbor entsprechend auch nicht primär als einen erbrechtlichen Vorgang ein, da der Ausgangspunkt des gesamten Erbrechts im Wegfall eines Trägers von Rechten und Pflichten vermögensrechtlicher Art läge.
Der Ausgangspunkt der Anerbfolge in den Erbhofanteil des überlebenden Ehegatten zu dessen Lebzeiten sei hingegen „der durch den Willen des nationalsozialistischen Staates begründete Zwang, den Erbhof in das ungeteilte Eigentum einer einzigen Person übergehen zu lassen.“ So gesehen habe die Anerbfolge in den Erbhofanteil des überlebenden Ehegatten mehr Ähnlichkeit mit der auf Verbindung und Vermischung beruhenden Eigentumsverschiebung nach den §§ 946 ff. BGB, die auf der durch den Willen des Gesetzes begründeten Unmöglichkeit des getrennten Eigentums an wesentlichen Bestandteilen beruhe.[1243]

Cammerer stimmte mit Ledschbor in der Ablehnung der Anerbfolge unter Lebenden überein, nahm jedoch einen gesetzlich vorgeschriebenen und normierten Übergabevertrag an.[1244] Auch Siefert lehnte die von Wöhrmann ursprünglich vertretene Position, die Bestimmung des § 62 Abs. 3 DVO. I in einen Erbfall nach dem Tode des überlebenden Ehegatten umzudeuten, ab. Er räumte allerdings ein, dass de lege ferenda die Auffassung Wöhrmanns sehr viel für sich habe. Siefert hielt es vor diesem Hintergrund aus Billigkeitsgründen für „durchaus erträglich und auch zweckmäßig (...) Miteigentum am Erbhof auch noch zwischen dem Anerben des Mannes und der überlebenden Witwe bis zu deren Tod oder Übergabe zuzulassen.“[1245]

(3) Der Ersatzanspruch des überlebenden Ehegatten

Eine weitere Folge der gesetzlichen Erbfolgeregelung des § 62 Abs. 3 DVO. I. war, dass der überlebenden Ehefrau, obwohl diese bisher Miteigentümerin des Erbhofes gewesen war, lediglich ein Anspruch auf Altenteil und die mögliche Verwaltung und Nutznießung bzw. Beteiligung am übrigen Nachlass zustand. Um die aus dem Verlust des Anteils am Erbhof eintretende Schlechterstellung der Ehefrau abzumildern, stellte z. B. Hase die Rechtsfrage in den Raum, ob nicht die Bäuerin in diesem Falle den Wert ihres Anteils am Miteigentum oder

1243 Ledschbor, DJ 1934, 870 f.

1244 Cammerer, DJZ 1934, 258.

1245 Siefert, S. 317. In Anbetracht der Umstrittenheit der Frage mahnte Siefert eine gesetzliche Regelung an, Siefert, S. 320.

ihres Bruchteils am Eigentum als Eingebrachtes gegenüber dem nicht zum Erbhof gehörigen Nachlasse geltend machen könne.[1246] Auch diese Ansicht wurde überwiegend abgelehnt.[1247]

(4) Die Rückwirkung auf den 1. Oktober 1933

Problematisch wirkte sich auch die Rückwirkung der Ersten Durchführungsverordnung aus, nach der für die vom § 62 Abs. 1 DVO. I erfassten Ehegattenerbhöfe das Vorliegen der Erbhofeigenschaft für den Zeitpunkt des 1. Oktober 1933 fingiert wurde. Dies hatte zum einen zur Folge, dass in der Zwischenzeit getroffene Verfügungen – da ohne anerbengerichtliche Genehmigung erfolgt – ihre Wirksamkeit verloren, wobei allerdings den Beteiligten freistand, die Genehmigung der Verfügung beim Anerbengericht zu beantragen.[1248] Zum anderen führte die Rückwirkung auf den 1. Oktober 1933 dazu, dass dann, wenn auf einem Ehegattenerbhof zwischen dem 1. Oktober 1933 und dem 18. Oktober 1933 ein Erbfall stattgefunden hatte, die gesetzliche Erbfolge des § 62 Abs. 3 DVO. I eintrat, wenn es der Erblasser im Vertrauen auf die Nichterbhofeigenschaft unterlassen hatte, über seinen Hof von Todes wegen zu verfügen.

e) Die Erfassung der fortgesetzten Gütergemeinschaften

Gemäß § 62 Abs. 4 Satz 1 DVO. I fanden die Vorschriften des § 62 Abs. 1 und 2 DVO. I bei Besitzungen im Gesamtgut einer fortgesetzten Gütergemeinschaft entsprechende Anwendung. Für den Fall, dass die Ehegatten keine Bestimmung gemäß § 62 Abs. 4 Satz 1, § 62 Abs. 2 DVO. I getroffen hatten, bestimmte § 62 Abs. 4 Satz 2 DVO. I die gesetzliche Anerbfolge bei Beendigung der fortgesetzten Gütergemeinschaft. Zweck dieser Ausdehnung des Anwendungsbereichs des Reichserbhofrechts auf die fortgesetzten Gütergemeinschaften war auch hier die Erhöhung der Anzahl der Erbhöfe. Erfasst wurden durch die Bestimmung des § 62 Abs. 4 Satz 1 DVO. I dabei sowohl die fortgesetzten Gütergemeinschaften nach §§ 1483 f., 1557 BGB als auch diejenigen nach älterem Landesrecht.[1249] Nicht erfasst wurden hingegen Erbengemeinschaften oder Auseinandersetzungsgemeinschaften gemäß § 1471 BGB.[1250]

1246 Hase, JW 1934, 389-392, 389.

1247 Vogels, 3. Auflage, S. 386; Gülland, DJ 1934, 580.

1248 Vogels, 3. Auflage, S. 382 f.

1249 Vgl. z. B. § 311 Ziffer 8 des Württ. AG zum BGB; §§ 10 f. des Gesetzes vom 16. April 1860 für Westfalen.

1250 Grundsätzlich blieben auf die fortgesetzten Gütergemeinschaften auch weiterhin die BGB-Regelungen anwendbar. Bei Verfügungen unter Lebenden bei einer fortgesetzten Gütergemeinschaft, insbesondere bei einem grundsätzlich möglichen Auseinandersetzungsvertrag, durch den das Alleineigentum am Erbhof auf einen Beteiligten übertragen wurde, bedurfte es aber der Genehmigung des Anerbengerichts nach § 37 REG. Des

Auch bei den fortgesetzten Gütergemeinschaften stellte sich die Frage, ob sowohl der überlebende Ehegatten als auch die anteilsberechtigten Abkömmlinge bauernfähig sein mussten. Während von einigen die Bauernfähigkeit des überlebenden Ehegatte als ausreichend für die Erbhofentstehung angesehen wurde,[1251] verlangten andere, dass jeder Teilhaber als Eigentümer grundsätzlich bauernfähig sein müsse.[1252] So hielt es Wöhrmann für „nicht gut denkbar, dass ein Entmündigter, Nichtdeutschblütiger oder Ausländer, überhaupt eine Person, die als Anerbe nicht in Frage kommt, Miteigentümer eines Erbhofs sein“ sollte.[1253]

Gesetzestechnisch war außerdem die Verweisung des § 62 Abs. 4 Satz 1 DVO. I auf § 62 Abs. 2 DVO. I missglückt. Zum einen war bei einer fortgesetzten Gütergemeinschaft die gemeinschaftliche Anerbenbestimmung beider Ehegatten, wie sie § 62 Abs. 2 DVO. I. vorsah, überhaupt nicht möglich. Im Wege der Auslegung wurde dieser Widerspruch dahingehend aufgelöst, dass ein Übernahmerecht, das vor dem 1. Oktober 1933 einem anteilsberechtigten Abkömmling von den Ehegatten eingeräumt worden war, bei Teilung des Gesamtgutes in der Regel als Anerbeneinsetzung gedeutet und möglichst aufrechterhalten werden sollte.[1254] Zum anderen beschränkte sich die Anerbenfolge bei einer fortgesetzten Gütergemeinschaft nicht auf den Todesfall, sondern es fiel generell bei ihrer Beendigung der Hof dem Anerben zu.[1255] Auch konnte nach §§ 1490 f. BGB der Fall eintreten, dass sich alle Anteile der anteilsberechtigten Abkömmlinge in der Hand des überlebenden Ehegatten vereinigten, so dass dieser dann Alleineigentümer wurde. Gleichzeitig konnte dann aber der nächstberufene Anerbe dieses Ehegatten die Beendigung der fortgesetzten Gütergemeinschaft geltend machen und behaupten, kraft Gesetzes Anerbe geworden zu sein. Dieses bedeutete eine Härte für den überlebenden Ehegatten und führte auch dazu, dass eine mögliche Bildung von Alleineigentum – grundsätzlich ja Zielvorstellung des Gesetzgebers – durch den überlebenden Ehegatten hinausgezögert wurde.[1256] Bei fehlender Anerbenbestimmung fiel der Hof gemäß § 62 Abs. 4 Satz 2 DVO. I bei Beendigung der fortgesetzten Gütergemeinschaft schließlich dem

---

Weiteren erstreckte sich das Übernahmerecht des § 1502 nicht auf den Erbhof, da dieser bei Beendigung der fortgesetzten Gütergemeinschaft sofort dem Anerben anfiel.

1251 Vogels, 3. Auflage, S. 389 f.; Cammerer, DNotZ 1934, 72; LEG Celle, JW 1934, 2344.

1252 Hennig, S. 261; Siefert, S. 93; Althoff, S. 32.

1253 Wöhrmann, 2. Auflage, S. 97.

1254 Vgl. u.a. Hennig, S. 263 f.

1255 Vgl. Heyer, DNotZ 1934, 587. Der Anerbe musste im Übrigen keinen Wertersatz für den Erbhof leisten, vgl. Hennig, S. 264.

1256 Um diese Härte für den überlebenden Ehegatten zu vermeiden, bestimmte § 62 Abs. 4 Satz 3 DVO. I, der durch § 2 DVO. III eingefügt wurde, dass § 62 Abs. 4 Satz 2 DVO insoweit nicht galt: Bei Vereinigung aller Anteile in der Hand des überlebenen Ehegatten wurde danach dieser Alleineigentümer, vgl. hierzu Ausführungen zu § 2 DVO. III.

gesetzlichen Anerben des Mannes nach § 20 REG an, unabhängig davon, ob der Mann noch lebte oder bereits vorverstorben war.

2. Die Nichterfassung von „zusammengesetzten" Höfen

Neben der Tatsache, dass § 62 DVO. I in vielerlei Hinsicht unklar war und die nur unter großen dogmatischen Abstrichen zu rechtfertigende „Anerbfolge unter Lebenden" enthielt, zeigte sich, dass die Bestimmung eine bedeutende Regelungslücke nicht ausfüllte. Nach dem Wortlaut erfasste sie diejenigen „zusammengesetzten" Besitzungen nicht, die zwar rechtlich in die jeweiligen Alleineigentumsanteile der Ehegatten unterteilt waren, wirtschaftlich jedoch eine Einheit darstellten. Diese Form der bäuerlichen Wirtschaftsgemeinschaft zwischen Ehegatten, auch als Errungenschaftsgemeinschaft bezeichnet, war in den Realteilungsgebieten des Deutschen Reiches weit verbreitet. Insbesondere im Rheinland, in Württemberg und in der Pfalz standen nur wenige Betriebe im einheitlichen Alleineigentum und befanden sich stattdessen in Errungenschaftsgemeinschaft der Ehegatten bzw. der Geschwister.[1257] Entsprechend unterfielen in diesen Gebieten viele Höfe nicht dem Reichserbhofrecht.

Teilweise versuchte man zwar, auch diese Besitzungen unter den § 62 DVO. I zu subsumieren,[1258] was jedoch – da contra legem – auf breite Ablehnung stieß. Stattdessen forderte man bereits unmittelbar nach Inkrafttreten der Ersten Durchführungsverordnung ein entsprechendes weiteres Tätigwerden des Gesetzgebers.[1259] Noch auf seinem Vortrag vom 22. Oktober 1933 in Köln rechtfertigte Vogels dagegen die Nichtberücksichtigung der Errungenschaftsgemeinschaften damit, dass im Rheinland die Bevölkerung Gelegenheit haben sollte, sich an die neuen Gedanken zu gewöhnen: „Es soll hier nichts überstürzt werden, und dieser Eingriff in die Eigentumsverhältnisse der einzelnen Ehegatten, der eine gewisse Steigerung des Eingriffs, der überhaupt mit dem Gesetz verbunden ist, enthält, soll jedenfalls nicht so überstürzt werden, dass die Bevölkerung sagen könnte, man habe kein Verständnis für das, was in den Familien

1257 Vogels, 3. Auflage, S. 50 f. Zu den Errungenschaftsgemeinschaften in der Provinz Hannover, vgl. Quirll, S. 47 f. Zur Situation im Rheinland vgl. Schreiben von Busz (Gaufachleiter für Notare des Gaus OLG-Bezirk Köln und Düsseldorf) vom 13. November 1933, in: BArch R 3001/Akte 593, 8.

1258 Bergmann, DJ 1933, 649.

1259 So forderte Busz in einem Schreiben an Vogels vom 14. November 1933, eine authentische Interpretation des Gesetzgebers herbeizuführen: „Eine zweifelsfreie Regelung im Sinne der Zusammenrechnung der 3 realen Eigentumsteile, Alleineigentum des Ehemannes, Alleineigentum der Ehefrau und gemeinschaftliches Eigentum beider (sei es Gütergemeinschaft, Gesellschaftsgemeinschaft oder Bruchteilsmiteigentum) erscheint unabweisbar, wenn man nicht im Rheinland auf die Bildung von Erbhöfen in nennenswerter Zahl verzichten will.", Schreiben von Busz an Vogels, in: BArch R 3001/Akte 593, 7.

bei diesen grossen Dingen zu ordnen und auszugleichen sei.“[1260] Diese Behauptung ergänzte er noch auf der Sitzung am 4. November 1933 dahingehend, man habe „aus Gründen der Schonung der Beteiligten zunächst davon abgesehen, diese Besitzungen in das Gesetz einzubeziehen“; bei „der endgültigen Regelung“ sollten auch „diese Besitzungen unter die Erbhöfe fallen“.[1261]

Angesichts der Tatsache, dass diese „endgültige Regelung“ des § 5 DVO. II bereits Ende Dezember 1933 erging, spricht jedoch vieles dafür, dass man in der Hastigkeit, in der die Erste Durchführungsverordnung verabschiedet wurde, die obigen Fälle schlichtweg übersehen bzw. ihre Regelung als nicht vordringlich angesehen hatte.[1262] Auch führte die anfängliche Nichterfassung der Errungenschaftshöfe zu der vom Gesetzgeber wohl kaum beabsichtigten Folge, dass die Hofeseigentümer in Erwartung einer baldigen Ausdehnung des Anwendungsbereichs des Reichserbhofgesetzes begannen, ihre Flächen unter den Kindern aufzuteilen. So beschrieb ein rheinländischer Notar in einer Eingabe an Vogels vom November 1933 die Situation folgendermaßen:

„Aus derselben [Niederschrift; der Verf.] ersehen Sie, dass meine Bedenken gegen den gegenwärtigen Zustand des Gesetzes §§ 1, 62 als ein Schlag ins Wasser aus allen Kreisen des Rheinlands bestätigt wird. Die Schätzungen der verschiedenen Bauernführer aus den bergigen Teilen links und rechts des Rhei-

1260 Protokoll zum Vortrag Vogels’ vom 22. Oktober 1933 im Verein für das Notariat in Rheinpreussen am 22. Oktober 1933 in Köln, in: BArch R 3001/Akte 593, 3.

1261 Protokoll des BNSDJ zur Besprechung im Sitzungssal des Reichsjustizministeriums vom 4. November 1933, in: BArch R 3001/Akte 592, 112.

1262 Vogels wurde für seine Stellungnahme in Köln, wonach der Bevölkerung Gelegenheit gegeben werden sollte, „sich an die neuen Gedanken zu gewöhnen“ angesichts der nur wenige Wochen später ergehenden DVO. II offen kritisiert. So äußere ein Notar gegenüber Vogels in einem Schreiben vom 19. Februar 1934: „Diese Ihre Stellungnahme ist in der Zeitschrift des Rheinischen Notarvereins in Köln veröffentlicht, und im Vertrauen darauf sind unzählige Verträge getätigt worden vor Notaren und vor Gerichten, weil man sich sagte, die Regierung will uns die Möglichkeit geben, die Dinge noch so zu ordnen, wie es zweckmäßig ist. Nun liegt es auf der Hand, daß von all diesen Verträgen (...) kaum ein einziger zur Überschreibung gelangt ist. Mit anderen Worten: es ist im Vertrauen auf die Regierung etwas getätigt und für etwas Geld aufgewendet worden, was in dem Augenblick, in dem es endgültig ausgeführt werden sollte, durch eine neue Durchführungsverordnung unmöglich gemacht wurde. Das erregte bei allen Beteiligten Mißstimmung. (...) Es hat mich außerordentlich überrascht, als diese Verordnung so schnell kam, ehe noch die Betreffenden ihre Regelung durchführen konnten, zu der ihnen nach Ihren eigenen Worten doch die Möglichkeit gegeben sein sollte. Man kann es doch nicht verstehen, daß in einem Zeitraum von noch nicht 3 Monaten ein Gesetz durch 2 Durchführungsverordnungen in 2 Punkten so außerordentlich geändert wird. Jeder wird doch sagen, das wußte die Regierung doch von vorn herein und mußte uns von vorn herein reinen Wein einschenken.’“ Schreiben des Notars Sayn (Altenkirchen) an Vogels vom 19. Februar 1934, in: BArch R 3001/Akte 605, 70.

nes, dass zum Beispiel in einem ganzen Kreise von 100 und mehr an sich erbbaufähigen Höfen nur 3, 4 wirklich als Erbhöfe herauskommen werden, sind leider nur zu berechtigt. (...) Das schlimmste ist, was mehrere Bauernführer richtig anerkennen und zum Teil ausgesprochen haben, es sei einstweilen als Wirkung des Gesetzes die Absicht zu beobachten, die Höfe zu zerschlagen."[1263]

3. Steuer und Gebührenfreiheit

Entstand bei der Überführung einer erbhoffähigen Besitzung aus dem Eigentum einer juristischen Person oder mehrerer Personen in das Alleineigentum einer bauernfähigen Person ein Erbhof, so wurden gemäß § 67 DVO. I keine Steuern oder Gebühren erhoben. Gleiches galt für Besitzungen, die vorher bereits als Ehegattenerbhöfe gemäß § 62 DVO. I Erbhof geworden waren.[1264] § 67 DVO. I sollte einen Anreiz für die Schaffung von Erbhöfen durch die Überführung von Nichterbhofeigentum in das Alleineigentum bzw. für die Beseitigung von unerwünschten Eigentumsformen am Erbhof schaffen. Insbesondere wollte es der Gesetzgeber Ehepartnern erleichtern, den Erbhof schon vor dem Todesfall freiwillig aus der ehelichen Gütergemeinschaft herauszunehmen.

III. Die Änderungen der Zweiten Durchführungsverordnung

Auf der am 4. November 1933 im Reichsjustizministerium stattfindenden Besprechung zwischen Vertretern des Reichsernährungs- und des Reichsjustizministeriums wurden die vor dem Hintergrund des Erlasses der Ersten Durchführungsverordnung offen gebliebenen Fragen deutlich angesprochen.[1265] Im Rahmen der Zweiten Durchführungsverordnung versuchte man dann, eine entsprechende Lösung herbeizuführen.

1. Die Erfassung der Errungenschaftsgemeinschaften, § 5 DVO. II

§ 5 Abs. 1 DVO. II erweiterte den Anwendungsbereich des Reichserbhofrechts um die sogenannten Errungenschaftsgemeinschaften und führte damit eine Gleichstellung von Rechts- und Wirtschaftsgemeinschaft herbei.[1266] Die Be-

1263 Schreiben des Notars Busz an Vogels vom 17. November 1933, in: BArch R 3001/Akte 593, 17. Vgl. dazu auch das Protokoll zur Schulungstagung der Landesbauernschaft Rheinland am 15. November 1933 in Bonn, in: BArch R 3001/ Akte 593, 18.

1264 Vogels, 3. Auflage, S. 403.

1265 Zu dieser Besprechung gibt es zum einen ein Protokoll des BNSDJ (Fachgruppe Notare), welches an Ministerialrat Vogels mit Schreiben vom 10. November 1933 übersandt wurde, in: BArch R 3001/Akte 592, 111 f. Weitere Vermerke (z. T. Verfasser unklar) über diese Sitzung befinden sich in den Akten des RJM in: BArch R 3001/Akte 592, 75 a-d.

1266 Hennig, S. 232 f.

stimmung gestattete die Zusammenrechnung der im Alleineigentum und im gemeinschaftlichem Eigentum der Ehegatten stehenden Teile einer von einer Hofstelle aus bewirtschafteten landwirtschaftlichen Besitzung. Diese Teile wurden zum Erbhof, wenn sich der Hof am Stichtag des 21. Dezember 1933 entweder a) zum Teil im Alleineigentum des Ehemannes und zum Teil im Alleineigentum der Ehefrau oder b) zum Teil im gemeinschaftlichen Eigentum beider Ehegatten und zum Teil im Alleineigentum eines oder jedes der Ehegatten befunden hatte. Die Eigentumsverhältnisse an den jeweiligen Grundstücken beeinflusste diese Zusammenrechnung nicht.

Die Vorschrift des § 5 Abs. 2 DVO. II war § 62 Abs. 2 DVO. I nachgebildet und regelte die gewillkürte Erbfolge entsprechend. Wie bei der einheitlichen Gütergemeinschaft oder beim Miteigentum konnten die Ehegatten sich auch bei den Besitzungen im Sinne des § 5 DVO. II gegenseitig durch Erbvertrag oder gemeinschaftliches Testament zu Anerben einsetzen bzw. den Anerben des Erstversterbenden oder des Überlebenden bestimmen. Auch hier sollte mit den erweiterten Möglichkeiten zur Erbfolge der Tatsache Rechnung getragen werden, dass der überlebende Ehegatte als Eigentümer am Hof grundsätzlich beteiligt war. Allerdings enthielt § 5 Abs. 2 DVO. II einen zusätzlichen Satz 2, der klarstellte, dass zur Anerbenbestimmung die Zustimmung des Anerbengerichts nach Maßgabe des Reichserbhofgesetzes weiterhin erforderlich blieb. Dieses galt allerdings nicht für vor dem 1. Oktober 1933 errichtete gemeinschaftliche Testamente und Erbverträge. Damit sollten eintretende Härten für den Fall vermieden werden, dass Ehegatten trotz Vorhandensein eines Sohnes in einem schon vor dem 1. Oktober 1933 errichteten gemeinschaftlichen Testament oder Erbvertrag eine Tochter als Erbin des gemeinschaftlichen Grundbesitzes bestimmt hatten.[1267] Auch § 5 Abs. 3 DVO. II regelte die gesetzliche Erbfolge entsprechend der Bestimmung des § 62 Abs. 3 DVO. I, enthielt allerdings im 2. Halbsatz eine wichtige Neuerung, die die Auswirkungen der „Anerbfolge unter Lebenden“ mildern sollte.[1268] Daher wurde der überlebenden Ehefrau ein gesetzliches Verwaltungs- und Nutznießungsrecht bis zum 25. Lebensjahr der Anerben eingeräumt, falls dieses nicht durch eine gemeinschaftliche Verfügung von Todes wegen durch die Ehegatten ausgeschlossen oder beschränkt worden war.

Die Bestimmung des § 5 DVO. II ging zurück auf § 1 eines Entwurfs des Reichsjustizministeriums zur Zweiten Durchführungsverordnung, den dieses mit Schreiben vom 30. Oktober 1933 an Darré übersandt hatte.[1269] Diese Entwurfs-

1267 Vogels, 3. Auflage, S. 428.

1268 Vogels, 3. Auflage, S. 429; Siefert, S. 312 f; Saure, RdRN 1934, 5.

1269 Dieser Entwurf nahm im Wesentlichen die spätere Gesetzesfassung bereits vorweg, enthielt allerdings noch keinen Abs. 2 Satz 2 und auch Abs. 1 wich inhaltlich noch von der späteren Gesetzesfassung ab, Schreiben des RJM vom 30. Oktober 1933, in: BArch R 3001/Akte 592, 48.

bestimmung ging dann in § 4 eines weiteren Entwurfs zur Zweiten Durchführungsverordnung vom 16. November 1933 auf.[1270] Diesbezüglich regte das Reichsernährungsministerium verschiedene textliche Änderungen an. Insbesondere drang es darauf, die vorgeschlagene Fassung „Miteigentum" in § 4 Abs. 1 b des Entwurfs durch die Formulierung „im gemeinschaftlichen Eigentum beider Ehegatten (...)" zu ersetzen.[1271] Diesem Vorschlag kam das Reichsjustizministerium nach. Im letzten Entwurf des Reichsjustizministeriums zur Zweiten Durchführungsverordnung, den dieses dem Reichsernährungsministerium mit Schreiben vom 16. Dezember 1933 übersandt hatte, war außerdem noch ein § 5 Abs. 4 enthalten gewesen, welcher dann auf Veranlassung des Reichsernährungsministeriums gestrichen wurde.[1272]

2. *Nachträglich erworbene Grundstücke*

Eine umstrittene Frage war, ob auch die von den Eigentümern der Ehegattenerbhöfe nach den jeweiligen Stichtagen des 1. Oktober bzw. 19. Dezember 1933 hinzuerworbenen Grundstücke automatisch dem Erbhofrecht unterfallen sollten. Einige bejahten dieses grundsätzlich nur bei nachträglich zu Alleineigentum erworbenem Land.[1273] Teilweise wurde auch verlangt, dass die erworbenen Grundstücke im gleichen Eigentumsverhältnis wie der bereits bestehende Erbhof stehen sollten. So bejahte Sunkel zwar grundsätzlich die Erbhofeigenschaft von hinzu erworbenen Grundstücken, „mit der Einschränkung allerdings, daß ein Zuerwerb von Einzelgrundstücken nur dann Erbhofeigenschaft erlangt, wenn und auch nur insoweit er in der an den Stichtagen vorhanden gewesenen maßgeblichen Gemeinschaftseigentumsform erfolgt".[1274] Für Vogels war diese unterschiedliche Behandlung von hinzu erworbenen Grundstücken nicht erforderlich. Nach seiner Ansicht zwang das Gesetz nicht zu einer solchen Auslegung und neu hinzuerworbenes Land wurde damit immer automatisch Teil des Erbhofs.[1275] Zum Teil wurde die nachträgliche Vergrößerung des Erbhofs durch Hinzuerwerb nach den Stichtagen sogar generell abgelehnt. So ging Siefert davon aus, dass die Ausnahmevorschriften der §§ 62 DVO. I und § 5 DVO. II nach allgemeiner Rechtsübung nicht ausdehnend auszulegen seien. Als Grund führte er wiederum das Bedürfnis der bäuerlichen Kreise an, neben den Erbhofgrundstücken auch das eine oder andere Grundstück zu erwerben, um es später einem Kinde zu vererben, das nicht Anerbe war. Da eine solche Möglichkeit bei

---

1270 Entwurf des RJM vom 16. November 1933, in: BArch R 3001/Akte 593, 6.

1271 Die Änderungsvorschläge des REM vom 1. Dezember 1933 finden sich in: BArch R 3001/Akte 593, 50 b.

1272 Entwurf des RJM vom 16. Dezember 1933, in: BArch R 3001/Akte 594, 17.

1273 Cammerer, DNotZ 1934, 73;.

1274 Sunkel, JW 1934, 811 f.

1275 Vogels, 4. Auflage, S. 634.

Alleineigentumserbhöfen in der Form bestand, dass entweder der andere Ehegatte allein oder beide Ehegatten im Miteigentum das Grundstück erwarben, sah er keinen Grund, in dieser Hinsicht Ehegattenerbhöfe schlechter zu stellen.[1276]

3. *Die Ergänzung des § 6 DVO. II*

Die Übergangsregelung des § 6 DVO. II ergänzte § 62 DVO. I.[1277] Dabei enthielt insbesondere § 6 Abs. 1 DVO. II eine Regelung von großer praktischer Bedeutung, welche der Tatsache Rechnung trug, dass die bisherige Bestimmung des § 62 Abs. 4 DVO. I wegen der selten vorkommenden gemeinschaftlichen Verfügungen bei fortgesetzter Gütergemeinschaft weitgehend ins Leere lief.[1278] Dieses führte wiederum bei der Anerbfolge zu mitunter unhaltbaren Ergebnissen, da der überlebende Ehegatte den Anerben selbst nicht bestimmen durfte. Vor diesem Hintergrund räumte § 6 Abs. 1 DVO. II schließlich dem überlebenden Ehegatten bei fortgesetzter Gütergemeinschaft die Befugnis ein, selbst den Anerben aus den anteilsberechtigten Abkömmlingen auszuwählen. Allerdings war hierfür die Zustimmung des Anerbengerichts erforderlich. Anteilsberechtigt in diesem Sinne waren dann die gemeinschaftlichen Abkömmlinge, so dass auch eine Tochter trotz des Vorhandenseins von Söhnen grundsätzlich zur Anerbin bestimmt werden konnte.[1279]

§ 6 Abs. 2 DVO. II glich die Bestimmung des § 62 Abs. 2 DVO. I dem § 5 Abs. 2 DVO. II an, da § 62 Abs. 2 DVO. I ungeregelt gelassen hatte, inwieweit zur Bestimmung des Anerben die Zustimmung des Anerbengerichts erforderlich sein musste. Zur Klarstellung bestimmte § 6 Abs. 2 , 1. Hs DVO. II, dass weiterhin in gewissen Fällen die Zustimmung des Anerbengerichts erforderlich blieb, was allerdings nicht für vor dem 1. Oktober 1933 errichteten gemeinschaftliche Testamente und Erbverträge gelten sollte, § 6 Abs. 2, 2. Hs. DVO. II. § 6 Abs. 3 DVO. II milderte wiederum die sich aus der strikten Anwendung des § 62 Abs. 4 Satz 2 DVO. I ergebende Folge, nach der bei Beendigung der fortgesetzten Gütergemeinschaft der Hof zwangsläufig dem Anerben des Mannes zufiel. Denn die praktische Auswirkung dieser streng agnatischen Erbfolge war, dass die verwitwete Ehefrau daran gehindert wurde, durch Wiederverheiratung

---

1276 Hennig, S. 94 f.

1277 § 6 Abs. 3 Satz DVO. II. wurde zuerst in § 4 Satz 1 des Entwurfes des RJM zur Zweiten Durchführungsverordnung von 16. November 1933 aufgeführt, in: BArch R 3001/Akte 593, 6. Auf Anregung des REM ergänzte man die Bestimmung dann noch um den Hinweis auf die Nichtgeltung im Falle der Aufhebung der fortgesetzten Gütergemeinschaft auf Grund des § 1495 BGB durch Urteil, vgl. Schreiben des REM vom 1. Dezember 1933, in: BArch R 3001/Akte 593, 50b. Seine Endfassung erhielt § 6 DVO. II. dann erst mit dem letzten Entwurf des RJM, das mit Schreiben vom 16. Dezember 1933 übersandt wurde, in: BArch R 3001/Akte 594, 16 f.

1278 Vogels, 3. Auflage, S. 431.

1279 Siefert, S. 313 f.

die Beendigung der fortgesetzten Gütergemeinschaft herbeizuführen. Genau diese Wiederverheiratung der Bauernfrauen war jedoch erklärtes bevölkerungspolitisches Ziel. Ebenso erwünscht war die Überführung des Hofs in das Alleineigentum eines anteilsberechtigten Abkömmlings.[1280]

Vor dem Hintergrund dieses Zielkonflikts – die erbrechtliche Bevorzugung des Mannesstammes und die daraus resultierende Zurücksetzung der Ehefrau wirkte sowohl der zügigen Überführung ins Alleineigentum als auch der Wiederverheiratung der Ehefrau und somit der bevölkerungspolitischen Zielsetzung des Gesetzes entgegen – erliess man die Bestimmung des § 6 Abs. 3 DVO. II. Nach ihr konnte das Anerbengericht auf Antrag bestimmen, dass auch nach Beendigung der fortgesetzten Gütergemeinschaft dem überlebenden Ehegatten die Verwaltung und Nutznießung des Erbhofs zustehen sollte, und zwar nicht nur über das 25. Lebensjahr des Anerben hinaus, sondern unter Umständen sogar auf Lebenszeit. Hiermit bezweckte man, den Widersprüchen und Härten der gesetzlichen Erbfolgeregelung des § 62 Abs. 4 Satz 2 DVO. I abzuhelfen.

IV. Die Ergänzungen der Dritten Durchführungsverordnung

Grundsätzliche Voraussetzung für die Entstehung eines Erbhofes gemäß § 62 DVO. I und § 5 DVO. II war, dass zum Zeitpunkt des Inkrafttretens des Gesetzes zumindest Eigentum der jeweiligen bauernfähigen Person, in welcher Form auch immer, an den betreffenden Grundstücken bestanden hatte. Nach dem 1. Oktober 1933 war die Entstehung eines Ehegattenerbhofs damit grundsätzlich nicht mehr möglich. Somit wurden solchen Besitzungen, bei denen die Ehegatten erst nach Inkrafttreten des Reichserbhofgesetzes als „Miteigentümer" ins Grundbuch eingetragen wurden, nicht mehr zu Erbhöfen. Betroffen waren hiervon insbesondere die vor dem 1. Oktober 1933 abgeschlossenen Siedlerverträge, bei denen die Ehegatten erst nach diesem Zeitpunkt im Grundbuch eingetragen worden waren.[1281]

Der Erfolgsaussichten, die neuen Eigentümer – es handelte sich im ganzen um mehrere tausend Betriebe[1282] – dazu zu bewegen, ihre Höfe in das Alleineigentum eines Ehegatten zu überführen, wurden dabei als gering eingeschätzt. Der Oberpräsident der Provinz Pommern nahm entsprechend in einem Schreiben vom 4. Januar 1934 an, dass die Ehefrauen, vielfach nicht gewillt sein würden, „auf ihre Rechte an dem Grundstück zu verzichten, sondern ihre Eintragung als Miteigentümer verlangen. Der Grundbuchrichter wird auch dem Ersuchen

1280 Siefert, S. 315 f.

1281 Die Folge in der Praxis war, dass ab dem 1. Oktober 1933 Siedlerverträge nur noch mit einem Siedler allein, nicht mehr mit Ehepaaren abgeschlossen wurden, Vogels, 3. Auflage, S. 454.

1282 Vogels, 3. Auflage, S. 454.

um Eintragung stattgeben müssen, und zwar gleichgültig, ob der Rezess bei Inkrafttreten des Reichserbhofgesetzes bereits vollzogen war oder jetzt erst aufgenommen werden soll, da bisher ein Erbhof nicht besteht, sondern sich das ungeteilte Siedlungsgut im Eigentum des Rentengutsherausgebers befindet." Daher schlug er es als zweckmäßig vor, eine dem § 62 DVO. I entsprechende Regelung auch für gemeinschaftliche Siedlerstellen zu schaffen, soweit sich diese Besitzungen bei Inkrafttreten des Gesetzes nicht im Eigentum, sondern im Eigenbesitz von Eheleuten befunden hatten.[1283]

Der Gesetzgeber setzte dieses Ansinnen in § 1 Abs. 1 DVO. III um. Diese Bestimmung erweiterte den Anwendungsbereich des Erbhofrechts auf die Fälle, in denen Eheleute in einem Siedlungsverfahren[1284] auf Grund eines vor dem 1. Oktober 1933 abgeschlossenen Vertrages nach dem 30. September 1933 eine Ansiedlerstelle zum gemeinsamen Eigentum im Sinne das § 62 Abs. 1 DVO. I erworben hatten und diese Besitzung den Voraussetzungen der §§ 1 bis 4 und 6 REG entsprach. § 1 Abs. 1 DVO. III enthielt damit ein zeitliches Privileg: Während sonstige Ehegattenerbhöfe am 1. Oktober 1933 erbhoffähig und im gemeinschaftlichem Eigentum stehen oder Miteigentum der Ehegatten sein mussten, war es bei Ansiedlerstellen ausreichend, dass die sie betreffenden Kaufverträge am 1. Oktober 1933 bereits abgeschlossen gewesen waren. Gemäß § 1 Abs. 3 DVO. III fanden auf diese Besitzungen die Vorschriften des § 62 Abs. 2, 3 DVO. I und § 6 Abs. 2 DVO. II entsprechende Anwendung.
§ 2 DVO. III klärte schließlich noch die Frage nach den rechtlichen Folgen des Falles, wenn sich bei einer fortgesetzten Gütergemeinschaft im Sinne des § 62 Abs. 4 DVO. I die Anteile gemäß § 1490 BGB in der Hand der Witwe vereinigten. Die Bestimmung legte fest, dass der Erbhof bei Vereinigung der Anteile in der Hand des überlebenden Ehegatten auf Grund der §§ 1490, 1491 BGB bei

1283 Schreiben des Oberpräsidenten der Provinz Pommern an den Preußischen Landwirtschaftsminister vom 4. Januar 1934, in: BArch R 3001/Akte 596, 17. Der Preußische Landwirtschaftsminister schloss sich im Schreiben vom 27. Januar 1934 an den RMEL dieser Anregung ausdrücklich an, Schreiben in: BArch R 3001/Akte 596, 18; vgl. zu diesem Thema auch Ristow, DJ 1934, 289 f.

1284 Im Sinne des Reichssiedlungsgesetzes vom 11. August 1933 (Vgl. hierzu § 1 Satz 1 des Reichssiedlungsgesetzes vom 11. August 1919: „Die Bundesstaaten sind verpflichtet, wo gemeinnützige Siedlungsunternehmen nicht vorhanden sind, solche zu begründen zur Schaffung neuer Ansiedlerstellen sowie zur Hebung bestehender Kleinbetriebe, doch höchstens auf die Größe einer selbständigen Ackernahrung, soweit das dazu erforderliche Land auf Grund der Bestimmungen dieses Gesetzes beschafft werden kann.") oder im Sinne des Gesetzes über die Neubildung deutschen Bauerntums vom 14. Juli 1933. Vgl. hierzu § 1 des Gesetzes vom 14. Juli 1933: „Die ländliche Siedlung, insbesondere die Schaffung von Bauernhöfen im gesamten Reichsgebiet (Neubildung deutschen Bauerntums), ist die Aufgabe des Reichs. Das Reich hat hierüber die ausschließliche Gesetzgebung."

diesem Ehegatten verblieb und erst bei dessen Tod auf den Anerben überging.[1285]

C. Neuregelung des Ehegattenerbhofrechts in der EHRV

I. Weiterbestehende Lücken und Problemstellungen

Die in den Durchführungsverordnungen zu den Ehegattenerbhöfen geschaffenen Regelungen stellten – wie Schieck es 1934 formulierte – „eine wie es scheint, unerschöpfliche Quelle von Fragen" dar, wobei insbesondere die Abgrenzung des Geltungsbereichs der Vorschriften des Bürgerlichen Gesetzbuchs gegenüber der besonderen Regelung des Erbhofrechts ein Hauptstreitpunkt war.[1286] Daneben bestanden noch zahlreiche weitere offene Fragen und Probleme. So war die Rechtsstellung des Ehemannes in den Fällen, in denen der Erbhof ganz oder zum überwiegenden Teil der Ehefrau gehörte, von den Durchführungsverordnungen ungeregelt geblieben. Die Beschränkung auf die Stichtage des 1. Oktober 1933 (§ 62 Abs. 1 DVO. I, § 57 Abs. 1 REG) und des 21. Dezember 1933 (§ 5 Abs. 1, § 29 DVO. II) erwies sich als hinderlich für die Neuentstehung von Ehegattenerbhöfen, da die Bereitschaft der Ehefrauen, zur Entstehung eines Erbhofes ihren Eigentumsanteil am Hof auf die Ehegatten zu übertragen, nach wie vor schwach ausgeprägt blieb. Außerdem hielt sich die Kritik an dem grundsätzlichen Alleineigentumserfordernis und dem damit korrespondierenden kategorischen Ausschluss der Vereinbarung der ehelichen Gütergemeinschaft an bestehenden Erbhöfen. Zudem fehlte es an einer gesetzlichen Lösung hinsichtlich der Rechtsfolgen bei einer Scheidung von „Erbhofehegatten". Schließlich bestand immer noch eine Regelungslücke dahingehend, dass die Durchführungsbestimmungen keine Höfe erfasst hatten, bei denen getrenntes Eigentum an der Hofstelle einerseits und an den von dieser bewirtschafteten Flächen andererseits bestand.[1287]

1285 Die Bestimmung ging auf einen Vorschlag des RJM zurück, Entwurf des RJM vom 24. April 1934, in: BArch R 3001/Akte 596, 41. Vgl. außerdem Vogels, JW 1934, 1211.

1286 Schieck, DNotZ, 1934, 320.

1287 Die Unterstellung der Ehegattenerbhöfen unter das Reichserbhofrecht war im Übrigen außerordentlich bedeutsam. So waren bis zum 1. Januar 1935 insgesamt 956.207 Betriebe als grundsätzlich erbhoffähige land-und forstwirtschaftlichen Besitzungen in die Gemeindeverzeichnisse aufgenommen worden. Hiervon konnten ca. 223.700 Betrieben aus sachlichen Gründen von vorherein nicht in die Erbhöferolle eingetragen werden. Hauptgründe hierfür waren, dass an diesen Höfen z. T. noch Miteigentum mehrerer Personen bestand, die Betriebe ständig verpachtet waren, im Eigentum einer juristischen Person standen, trotz einer Größe von 7,5 ha keine Ackernahrung erreichten oder sogenannte gemischte Betriebe waren. Von den restlichen 665.644 Höfen waren wiederum

1. Die Rechtsstellung des Ehemannes beim Ehegattenerbhof

Eine umstrittene Frage war, ob dem Ehemann auch dann das Recht zur Verwaltung eines Hofes zustehen sollte, wenn der Hof, zum Beispiel wegen Gütertrennung oder bei Zusammensetzung nach § 5 DVO. II, zum ganz überwiegenden Teil der Ehefrau gehörte. Denn in diesem Fall wurde dem Ehemann – anders als bei den Ehegattenerbhöfen in ehelicher Gütergemeinschaft – vom Gesetz kein Verwaltungsrecht am Erbhof zugewiesen, da zwischen den Ehegatten lediglich die personenrechtlichen Wirkungen der Ehe, aber keine güterrechtlichen Verbindungen bestanden. Diese Frage entschied das Landeserbhofgericht Celle dahingehend, dass ein Ehemann, der mit seiner Ehefrau in Gütertrennung lebte, eine Verpachtung des Erbhofes ohne deren Mitwirkung nicht sollte vornehmen können und dass in diesen Fällen grundsätzlich nur gemeinschaftliche Verwaltung möglich sein sollte.[1288] Diese Rechtsprechung entsprach zwar den Regelungen und Wertungen des bürgerlichen Rechts, welches das Recht zur Verwaltung und Nutznießung von den jeweiligen güterrechtlichen Verhältnissen abhängig machte, widersprach allerdings dem Leitbild vom Mann als Führer der bäuerlichen Sippe, welches den Apologeten der „Blut-und-Boden-Ideologie“ und den Autoren des Reichserbhofgesetzes vorgeschwebt hatte.

Entsprechend versuchte man, ein Nutzverwaltungsrecht des Mannes zu konstruieren. So schlug Münzel vor, die Nutzverwaltung des Mannes im Wege der Auslegung zu erlangen, ohne hierbei auf den Wortlaut des Gesetzes, sondern vielmehr „bei der Ermittlung des Inhalts auf den Geist des Gesetzes“ abzustellen und formulierte entsprechend: „Dieses Problem ist allerdings nicht mit den herkömmlichen juristischen Auslegungsmitteln zu bewältigen, wir müssen wohl

---

bis Anfang 1935 nur 322.437 in der Erbhöferolle eingetragen. Von diesen eingetragenen Erbhöfen waren allerdings bereits 73.858 Ehegattenerbhöfe nach § 62 DVO. I und 17.901 Ehegattenerbhöfe nach § 5 DVO. II. Somit waren knapp 30 % aller Erbhöfe Ehegattenerbhöfe. Interessant ist in diesem Zusammenhang insbesondere das Verhältnis zwischen der Zahl der als Erbhöfe in das gerichtliche Verzeichnis aufgenommenen Betriebe und der Zahl der gegen diese Aufnahme oder Nichtaufnahme eingelegten Einsprüche: OLG Bezirk Köln (10.245 in das gerichtliche Verzeichnis aufgenommene Betriebe/ 5.041 Einsprüchen); Karlsruhe (9.726/ 2.780); Zweibrücken (3.022/ 946); Karlsruhe (9.726/ 2.780); Frankfurt/M. (3.231/ 1.499; Düsseldorf (8.521/ 2.012); Braunschweig (4.271/ 342); Rostock (8.559/ 813); Celle (73.680/ 6.968). Die OLG-Bezirke mit den meisten Ehegattenhöfen gem. § 62 Abs. 1 DVO. I waren die OLG-Bezirke München (14.977), Königsberg (11.085), Stettin (6.887), Hamm (5.508) und Breslau (5.193). Die OLG- Bezirke mit den – in absoluten Zahlen – meisten Ehegattenerbhöfen gem. § 5 Abs. 1 DVO. II waren die OLG-Bezirke Naumburg (2.825), Celle (1.849), Kammergericht (1.793), Kassel (1.711), Breslau (1.229), Jena (1.153), Köln (810). In Relation zur Gesamtzahl der Erbhöfe gab es am meisten Ehegattenerbhöfe nach § 5 DVO.II in den OLG-Bezirken Jena, Kassel und Köln. Vgl hierzu Hopp, DJ 1935, 624-626.

1288 LEG Celle, JW 1936, 1463.

den Mut zu dem neuen Rechtsdenken aufbringen, das die Auslegung nationalsozialistischer Gesetze fordert, das nicht nur das ausdrücklich Ausgesprochene berücksichtigt, sondern bei der Ermittlung des Inhalts eines Gesetzes den ganzen Geist, aus dem es geboren ist, und seine Zielsetzung mit bewertet. Dabei darf hier nicht vergessen werden, daß das Erbhofgesetz, wie bereits eingangs bemerkt, bewußt an altdeutsche Vorstellungen anknüpft und zu den gesunden, dem deutschen Wesen entsprechenden Rechtsbräuchen zurückkehren will, soweit sie in die heutige Zeit wieder übertragbar sind. Daher wird es für die Auslegung des Erbhofrechts förderlich sein, einen Blick auf diese altdeutschen Rechtsbräuche zu tun."[1289] Eine gesetzliche Lösung dieser Frage des Verwaltungsrechts des Ehemannes bot sich vor diesem Hintergrund zur Herbeiführung von Rechtssicherheit an.

2. *Die Stichtagsbeschränkungen*

§ 62 DVO. I und § 5 DVO. II wirkten lediglich auf die Stichtage des 1. Oktober 1933 und 21. Dezember 1933 zurück. Danach konnten – außer im Falle des § 1 DVO. III – keine neuen „gemeinschaftlichen" Erbhöfe mehr gebildet werden. Zweck dieser „Stichtagsregelung" war zum einen die Absicht gewesen, dass man eine Ausnahme von dem Grundsatz des Alleineigentums ohnehin nur für eine Übergangszeit zulassen wollte. Zum anderen lag ihr die Annahme zugrunde, mit den Bestimmungen bereits im Wesentlichen alle diejenigen Grundstücke, die nach ihrer Größe als Erbhöfe in Frage kamen, erfasst zu haben.

In der Praxis zeigte sich aber, dass eine große Zahl von Grundstücken wegen dieser zeitlichen Befristung nicht unter das Reichserbhofgesetz fallen konnte. Dieses führte nicht nur zu einer rechtlichen Ungleichbehandlung von äußerlich völlig gleichen Betrieben, sondern beförderte insbesondere in den Realteilungsgebieten zusätzlich die bereits vorhandene negative Einstellung zum Reichserbhofrecht.[1290] So standen zum Beispiel im Anerbengerichtsbezirk Wehen im Taunus im Jahr 1934 von insgesamt 89 Erbhöfen lediglich 14 im Allein-, und nur drei im Miteigentum der Ehegatten. Bei 72 Höfen hingegen musste das Eigentum der Ehegatten gemäß § 5 Abs. 1 DVO. II zusammengerechnet werden, um die Erbhofeigenschaft zu erlangen. Entsprechend stand der Bildung neuer Erbhöfe die Stichtagsregelung entgegen, falls nach dem 22. Dezember 1933 erst

1289 Münzel, ZakDR 1936, 781.

1290 Entwurf des Reichsbauernführers (Saure) zu „Maßnahmen zur Bildung neuer Erbhöfe, insbesondere von Ehegattenerbhöfen", Anlage 3 zu einem Schreiben an Vogels vom August 1935, in: BArch R 3001/22196, 37-43. Hinsichtlich der Auswirkungen in den Realteilungsgebieten, Abschrift des Schreibens des Vorsitzenden des Anerbengerichte Worms und Alzey, Anlage zum Schreiben vom 25. Juli 1935, in: BArch R 3001/ 22196, 178-186, 179.

Errungenschaftsgemeinschaften entstanden. Entsprechend drang man darauf, weitere Ehegattenerbhöfe für eine Übergangszeit zuzulassen.
Gegenüber der „Alternative“ hierzu, Alleineigentum im Wege eines gesetzlichen Eigentumsübergangs von der Ehefrau auf den Ehemann zu erzwingen, meldete die Praxis – nicht nur in diesem Fall – „schwerste Bedenken psychologischer Art“, da weder die Eltern der Frau geneigt seien, „ihrem Schwiegersohn ihr Land zu Eigentum zu überlassen, noch die Frau ihrem Ehemann gegenüber.“[1291]
Einen anderen „Lösungsansatz“ vertrat der Landesbauernführer von Hessen-Nassau. Dort überschritten von insgesamt 154.000 Betrieben über 0,5 ha lediglich 28.000 die Ackernahrungsgrenze, von denen wiederum infolge der Eigentumsverhältnisse lediglich 10.000 in die Erbhöferolle übernommen werden konnten. Ursache für diese niedrige Zahl von Erbhöfen waren nicht zuletzt die Stichtagsregelungen der §§ 62 DVO. I und § 5 DVO. II, die der nachträglichen Entstehung von Ehegattenerbhöfen entgegenstanden. Vor diesem Hintergrund drang der Landesbauernführer darauf, bei der Erbhofentstehung nur von der „wirtschaftlichen Betriebseinheit“ und nicht vom juristischen Eigentum auszugehen und Ehegattenerbhöfe gesetzlich grundsätzlich zuzulassen. Des Weiteren schlug er vor, auch einen vierköpfigen Erbhof im Eigentum von Ehegatten und Eltern zuzulassen und auch bei Betrieben im Eigentum von Erbengemeinschaften die Betriebseinheit in der Person eines Erben bei entsprechender Abfindung der übrigen Erben zu erhalten.[1292]

Der OLG-Präsident Frankfurt schloss sich zwar grundsätzlich den Anregungen des Landesbauernführers von Hessen-Nassau an, wies jedoch darauf hin, dass es der Gesetzgeber aus Scheu vor einem gewaltsamen Eingriff in das Eigentum der Bauern bewusst unterlassen habe, das gesetzgeberische Ziel des Alleineigentums durch Zwang herbeizuführen. Bei der Fremdheit des Erbhofgedankens in den Realteilungsgebieten und bei dem grundsätzlichen Festhalten des Nationalsozialismus am Einzeleigentum sei es nur zu begreiflich, dass der Gesetzgeber davor zurückgeschreckt habe. Eine Herbeiführung von Alleineigentum

---

1291 Schreiben des Vorsitzenden Richters am Anerbengericht Wehen im Taunus vom 27. September 1934, in: BArch R 3001/22165, 214 f. In ähnlicher Richtung äußerte sich auch der Vorsitzende des Anerbengerichts Sondershausen, Schreiben an das RJM vom 2. Juli 1935, in: BArch R 3001/22165, 16. Die Folgen der Stichtagsregelung beschrieb vor diesem Hintergrund auch ein Anerbenrichter aus Südthürigen mit stagnierenden Erbhofzahlen und einer andauernden Zerplitterung des Grundbesitzes, da weiterhin bei vielen grundsätzlich erbhoffähigen Höfe eine Teilung im Erbgang möglich blieb, Bericht des Vorsitzenden Anerbenrichters in Hildburghausen/Thüringen, weitergeleitet an den RJM mit Schreiben vom 10. Januar 1935, in: BArch R 3001/22165, 36-38, 37.

1292 Schreiben des Landesbauernführers Hessen-Nassau, weitergeleitet an das RJM durch Schreiben des OLG-Präsidenten Frankfurt vom 15. Juni 1936, in: BArch R 3001/22199, 40-47, 41.

gegen den Willen der Betroffenen bedeute Enteignung, dagegen halte der Nationalsozialismus „unbeschadet des Vorrangs des Gemeinnutzes vor Eigennutz" grundsätzlich am Eigentum fest. Die zur Bildung eines Erbhofes notwendige Herstellung des Alleineigentums müsse daher auf die Fälle beschränkt werden, in denen die Mitberechtigten angemessen entschädigt werden könnten.

Stattdessen machte sich der OLG-Präsident Frankfurt gegenüber dem Reichsjustizministerium für eine punktuelle Aufweichung der Stichtagsregelungen stark. Besitzungen, die die Voraussetzungen des § 62 Abs. 1 DVO. I oder § 5 Abs. 1 DVO. II erfüllten, sollten durch Spruch des Anerbengerichts auch noch nach dem 1. Oktober 1933 bzw. 21. Dezember 1933 zum Ehegattenerbhof erklärt werden können. Des Weiteren sollte das Reichserbhofgesetz um eine Generalklausel § 5a ergänzt werden, nach der für alle anderen Fälle das Anerbengericht bestimmen konnte, dass, wenn die Umwandlung des Besitzes in einen Erbhof dem Zweck dieses Gesetzes sowie gesundem Rechtsempfinden entsprach und die entgegenstehenden Belange der Beteiligten einschließlich der Gläubiger nicht überwogen, ein Besitz zum Erbhof werden sollte.[1293]

3. *Der Ausschluss der ehelichen Gütergemeinschaft*

Weiterhin Ansatzpunkt grundsätzlicher Kritik blieb die Nichtzulassung von ehelichen Gütergemeinschaften an Erbhöfen, da gerade hier das Reichserbhofgesetz dem im Vorspruch postulierten Anspruch, alte bäuerliche Erbsitte verwirklichen zu wollen, nicht nachkam. So wies Sering 1934 in Bezug auf die Situation in Bayern darauf hin, dass es im Widerspruch zum Rechtsbewusstsein der bayrischen Bauernschaft stehe, „daß kein Erbhof in Zukunft zum Gesamtgut einer neu zu begründenden Gütergemeinschaft gehören darf." Sering verwies auch auf das bestehende norwegische Odalsrecht, in dem die allgemeine Gütergemeinschaft galt und der überlebenden Ehefrau mithin das Recht zustand, den ganzen Hof, somit auch die Liegenschaften, zu übernehmen.[1294]

Aber auch unter nationalsozialistischen Juristen stieß der kategorische Ausschluss der allgemeinen Gütergemeinschaft auf Unverständnis. So vertrat Schieck auf der BNSDJ-Besprechung am 4. November 1933 die Meinung, dass der Ausschluss der ehelichen Gütergemeinschaft zur Erreichung des durch das Reichserbhofgesetzes verfolgten Zieles nicht notwendig sei. Die Gütergemeinschaft bedeute die Anerkennung der bäuerlichen Familie als eine Einheit. Er wandte sich insbesondere dagegen, auf der einen Seite das rezipierte römische Recht ausmerzen zu wollen „und dennoch den deutschrechtlichen Güterstand der Gütergemeinschaft" zu beseitigen und zur „patria potestas" des römischen Rechts zurückzukehren. Der angegebene Grund, den Übergang des Hofes

1293 Schreiben und Entwurf des OLG-Präsidenten Frankfurt an das RJM vom 15. Juni 1936, in: BArch R 3001/22199, 40-47, 41.

1294 Sering, S. 18, S.30.

von der männlichen auf die weibliche Linie zu verhindern zu wollen, sei nicht stichhaltig, da auch die Übergangsbestimmung einen Weg gefunden hätte, die gütergemeinschaftlichen Besitze einzubeziehen und die gewollte Erbfolge zu sichern.[1295] Vogels selbst gestand mehrere Wochen später auf einer Rede bei der Bezirksversammlung des BNSDJ im Münster ein, dass die Gütergemeinschaft zwar altes deutsches Rechtsgut sei. Diese müsse aber verhindert werden, weil es sonst vorkommen könne, dass eine überlebende Ehefrau wieder heirate und dann die aus erster Ehe stammenden Kinder verdrängt würden, so dass die mit dem ursprünglichen Mannesstamm gar nicht verwandten Kinder aus erster Ehe zu Erben des Hofes werden könnten.[1296]

4. Die güterrechtliche Stellung der Ehefrau

Grundsätzlich war durch den Ausschluss der Gütergemeinschaft die Stellung des Ehegatten, dem der Erbhof nicht gehörte, geschwächt, da diesem nach dem Reichserbhofgesetz kein Erbrecht zustand. Er konnte lediglich bis zum 25. Lebensjahr des Anerben die Verwaltung und Nutznießung ausüben und war ansonsten auf sein gesetzliches Altenteil nach § 31 REG verwiesen – „Ersatzlösungen", die sich schon bald als nicht ausreichend erwiesen. So bezeichnete Schieck es auf der Besprechung vom 4. November 1933 auch in dieser Hinsicht als „nicht richtig, dass der Bauer allein das Oberhaupt des Hofes sein sollte, da auch die Bäuerin ihren eigenen Wirkungskreis habe." Bisher hätten einheiratende Bauerntöchter Geld mit in die Ehe eingebracht, welches jetzt der Landwirtschaft verloren ginge, da die Ehegatten nunmehr dazu neigen würden, Gütertrennung zu vereinbaren und daher die einheiratende Bauerntochter ihr Vermögen für sich behalten werde. Daneben bezweifelte Schieck, ob das Gesetz bevölkerungspolitisch den von der Reichsregierung beabsichtigten Zweck erreichen werde, da viele Bauerntöchter lieber die Schwester des ledigen Bauern bleiben als die „Magd" auf einem fremden Hof werden würden. Stattdessen prognostizierte er einen Zuwachs an unehelichen Kindern.[1297]
Auch wenn Vogels in der direkten Stellungnahme hierzu betonte, dass das „Führertum des Mannes" nicht dazu führen dürfe, „dass die Frau zur Magd werde" und darauf verwies, dass mit dem Verwaltungs- und Nutznießungsrecht nach § 26 REG die Ehefrau ein beschränktes Herrschaftsrecht behalten könne, so stellte sich doch im Verlauf der nächsten Jahre heraus, dass durch die grundsätz-

1295 Protokoll des BNSDJ (Fachgruppe Notare) zur Besprechung im Sitzungssal des RJM vom 4. November 1933, in: BArch R 3001/Akte 592, 112.

1296 Protokoll von Vogels' Rede auf der Bezirksversammlung des BNSDJ in Münster, in: BArch R 3001/Akte 594, 3 ff.

1297 Protokoll des BNSDJ (Fachgruppe Notare) zur Besprechung im Sitzungssal des RJM vom 4. November 1933, in: BArch R 3001/Akte 592, 112.

liche Benachteiligung der Ehegatten von Erbhofbauern Tendenzen einsetzten, die der eigentlichen Zweckrichtung des Gesctzes entgegenwirkten.

5. Die Auswirkungen einer Scheidung auf den Ehegattenerbhof

Ungeregelt war weiterhin die Frage geblieben, ob und inwieweit eine Scheidung die Erbhofeigenschaft des Ehegattenerbhofs berührte.[1298] Dies führte zu großer Rechtsunsicherheit. Zwar fanden auf die vermögensrechtlichen Folgen der Ehescheidung die auf Auseinandersetzung gerichteten BGB-Bestimmungen Anwendung. Diese kollidierten aber mit dem grundsätzlich auf Erhaltung des Erbhofs ausgerichteten Bestimmungen des Reichserbhofgesetzes. Vor diesem Hintergrund gingen die Ansichten über die Auswirkungen einer Scheidung auf den Ehegattenerbhof deutlich auseinander. Teile der Rechtsprechung, wie z. B. das Landeserbhofgericht in Celle, nahmen einen grundsätzlichen Untergang der Erbhofeigenschaft bei rechtskräftiger Ehescheidung an und begründeten dieses mit dem Übergangscharakter der Ehegattenerbhofregelungen.[1299] Andere führten als Argument für das Erlöschen der Erbhofeigenschaft an, dass man den Grundgedanken der Bestimmungen, möglichst viele Erbhöfe zu schaffen, überspanne, wenn man den Ehegatten die Fortsetzung der Erbhofgemeinschaft zumute.[1300]

Das Reichserbhofgericht entschied die Frage im Jahr 1936, wobei es zwischen den jeweiligen Ehegattenerbhoftypen differenzierte: So verneinte es den grundsätzlichen Wegfall der Erbhofeigenschaft bei einer Scheidung für Ehegattenerbhöfe nach § 62 Abs. 1 DVO. I. Die Auseinandersetzungsverträge sollten vom Anerbengericht grundsätzlich nur dann erteilt werden, wenn die Vereinbarungen dem Sinn und Zweck des Reichserbhofgesetzes entsprachen, was nur dann der Fall sein sollte, wenn der Erbhof demjenigen bauernfähigen Ehegatten erhalten blieb, aus dessen Sippe er stammte. Stammte der Hof von beiden, so sollte dem Mann der Vorzug gegeben werden und dem weichenden Ehegatten lediglich die Rechte nach § 31 REG erhalten bleiben.[1301] Bei Ehegattenerbhöfen nach § 5 DVO. II sollte dagegen, da hier die Gütermassen nach Scheidung fortbestanden, ein Erbhof nur erhalten bleiben, wenn eine Gütermasse für sich allein einen Erbhof bildete. War dieses nicht der Fall und bildete keine der Eigentumsmassen für sich allein einen Erbhof, so sollte durch die Scheidung das Alleineigentum jedes einzelnen Ehegatten wieder freies Eigentum werden und das gemeinschaftliche Eigentum die Erbhofeigenschaft verlieren und aufgeteilt werden. Diese Lösung stand zwar im Widerspruch zur grundsätzlichen Zweckrich-

---

1298 Hierauf hatte das REM bereits Ende November 1933 hingewiesen, Schreiben des REM an Vogels von Ende November 1933, in: BArch R 3001/Akte 593, 50 a.

1299 LEG Celle, JW 1934, 2566, JW 1935, 1500; auch EHG Stuttgart, JW 1936, 131.

1300 Hennig, S. 248; Siefert, S.320

1301 REHG, JW 1936, 1058 f.

tung des Erbhofrechts, wurde jedoch, „angesichts der Tatsache, daß Ehescheidungen im Bauernstande außerordentlich selten“ vorkamen, hingenommen.[1302]

6. Getrenntes Eigentum an Hofstelle und Hofesfläche

Gemäß § 3 Abs. 2 REG musste das Land von einer Hofstelle aus bewirtschaftet werden. Hieraus ergab sich das Erfordernis, dass zum Vorliegen eines Erbhofes Eigentum des Bauern an den bewirtschafteten Flächen und an der Hofstelle gegeben sein musste. Dieses führte in bestimmten Gebieten, in denen die bäuerliche Sitte vorherrschte, dass dem Sohn im Rahmen der Hofesübergabe zunächst nur die Hofstelle als Eigentum übertragen wurde, während die Eltern das Eigentum am bewirtschafteten Land zunächst für sich zurückbehielten, gehäuft dazu, dass keine Erbhöfe entstanden, weil Nutzflächen und Hofstelle verschiedenen Eigentümern gehörten. Bei Inkrafttreten des Reichserbhofgesetzes lagen die Verhältnisse dort häufig so, dass ein junger Bauer zwar Eigentümer der Hofstelle war, das Land aber noch im Eigentum der auf dem Hof lebenden Eltern lag. Im Ergebnis entstand mithin kein Erbhof. Da dieses Problem insbesondere im pfälzischen Teilungsgebiet eine Vielzahl von Betrieben betraf, wurde zur Lösung eine weitere Ausführungsvorschrift zu § 17 REG gefordert.[1303]

II. Neuregelung des Ehegattenerbhofrechts in der EHRV

1. Entstehungsgeschichte

Erste konkrete Anstöße zu einer Ergänzung bzw. Neuregelung des Ehegattenerbhofrechts kamen 1935 aus dem Stab des Reichsbauernführers, dessen Rechtsamt zu der Überzeugung gelangt war, dass es an einem „durchgreifenden gesetzgeberischen Grund“ für die zeitliche Begrenzung der Zulässigkeit von Ehegattenerbhöfen fehlte und es vielmehr dem bäuerlichen Empfinden entspreche, die Frage der Erbhofeigenschaft nach objektiven wirtschaftlichen und nicht nach den rechtlichen Gesichtspunkten zu entscheiden. Eine weitere Zulassung von Ehegattenerbhöfen sah man daher als ein sehr einfaches Mittel an, bereits bestehende Bauernhöfe vor weiterer Zersplitterung zu schützen bzw. „aus zersplitterten Parzellen wieder neue Erbhöfe zu schaffen“. Gegenüber diesen großen „wirtschaftlichen und völkischen“ Zielen müssten die Bedenken, die grundsätzlich gegen die Zulassung von Ehegattenerbhöfen bestünden, zurücktreten – vor allem auch deshalb, weil bei Ehegattenerbhöfen das Alleineigentum beim nächs-

1302 Schieck, DNotZ 1934, 324.

1303 Bericht der Landesbauernschaft Pfalz-Saar vom 31. Mai 1935, in: BArch R 3001/22196, 122 f.

ten Erbfall ohnehin eintrete.[1304] Konkreten Regelungsbedarf sah man auch in den Fällen, in denen der Ehegattenerbhof ganz oder zum überwiegenden Teil von der Seite der Frau stammte und bei kinderloser Ehe im Rahmen der gesetzlichen Anerbfolge der Ursprungssippe entzogen werden konnte und der Ehemann dann seine Mitwirkung an einer gemeinschaftlichen und die Ursprungssippe begünstigenden Verfügung nach § 62 Abs. 2 DVO. II bzw. § 5 Abs. 2 DVO. II verweigerte. Man betonte, dass diese Fälle insbesondere dann den Unwillen der bäuerlichen Bevölkerung hervorriefen, wenn keine Kinder aus der zweiten, wohl aber aus der ersten Ehe der Bäuerin vorhanden waren, die dann – da sie nach dem Reichserbhofrecht hinter den Verwandten des zweiten Ehegatten zurückzustehen hatten – völlig leer ausgingen.

Vor diesem Hintergrund schlug der Reichsberunführer vor, derjenigen Ehefrau, die den Ehegattenerbhof ganz oder zum überwiegenden Teil in die Ehe eingebracht hatte, das Recht einzuräumen, mit Zustimmung des Anerbengerichts den Anerben allein zu bestimmen. Umgekehrt sollte dem überlebenden Mann in diesem Fall die Verwaltung und Nutznießung des Hofes entsprechend der Bestimmung des § 5 Abs. 3 Satz 2 DVO. II verbleiben – sogar über das 25. Lebensjahr des Anerben hinaus. Das Anerbengericht konnte allerdings auf Antrag des Landesbauernführers die Verwaltung und Nutznießung aufheben, wenn der Anerbe das 30. Lebensjahr vollendet hatte.[1305]

Das Reichsjustizministerium folgte diesen Vorschlägen, die ihm im August 1935 von Saure übermittelt worden waren, jedoch nur zum Teil. Zwar legte es am 13. Januar 1936 einige das Ehegattenerbhofrecht novellierenden Entwurfsvorschriften vor: So folgte man dem Reichsbauernführer in dem Vorschlag, demjenigen Ehegatten, der den wirtschaftlich bedeutenderen Teil in den Erbhof eingebracht hatte, mit Zustimmung des Anerbengerichts ein alleiniges Anerbenbestimmungsrecht zuzugestehen.[1306] Eine weitere Zulassung von Ehegattenerbhöfen sah der Entwurf jedoch nicht vor, er regelte lediglich noch den Fall der Scheidung bei Ehegattenerbhöfen und das Verwaltungs- und Nutznießungsrecht der Ehefrau: Eine rechtskräftige Scheidung sollte auf den Erbhof grundsätzlich keine Auswirkungen haben und die Auseinandersetzung so vollzogen werden, dass die Erbhofeigenschaft erhalten blieb.[1307] Auch sollte im Fall des § 62 Abs. 3 Satz 2 DVO. I der überlebenden Ehefrau außerdem ein gesetzliches Ver-

1304 Entwurf des Reichsbauernführers „Maßnahmen zur Bildung neuer Erbhöfe, insbesondere von Ehegattenerbhöfen" als Anlage 3 zum Schreiben von Saure an Vogels vom August 1935, in: BArch R 3001/22196, 37-43, 40.

1305 Entwurf des Reichsbauernführers „Vorschlag von Sonderbestimmungen zur Ergänzung der Anerbenordnung" als Anlage 5 zum Schreiben vom Saure an Vogels vom August 1935, in: BArch R 3001/22196, 53-61, 53 ff.

1306 § n des Entwurfs vom 13. Januar 1936, in: BArch R 3001/22196, 106 f.

1307 § o des Entwurfs vom 13. Januar 1936, in: BArch R 3001/22196, 107.

waltungs- und Nutznießungsrecht bis zum 25. Lebensjahr des Anerben am Erbhof zustehen.[1308]

Entsprechend stimmten auf der Besprechung vom 29. Januar 1936 die Vertreter des Reichsernährungsministeriums den Vorschlägen des Reichsjustizministeriums sowohl hinsichtlich der Abänderung des § 62 Abs. 2 DVO. I als auch bezüglich der Regelung der Scheidungsfolgen bei Ehegattenerbhöfen zwar grundsätzlich zu.[1309] Allerdings machte man deutlich, dass die eigenen Vorstellungen zur Reform des Ehegattenerbhofrechts weiter gingen und überreichte im Gegenzug entsprechend ausformulierte Vorschläge ergänzender Durchführungsbestimmungen. Inhaltlich regte das Reichsernährungsministerium hierbei an, auch diejenigen Betriebe dem Reichserbhofgesetz zu unterstellen, bei denen getrenntes Eigentum an Hofstelle und Land bestand.[1310] Des Weiteren wollte es eine die Befristung der § 62 Abs. 1 DVO. I und § 5 Abs. 1 DVO. II aufhebende Bestimmung einführen, die der überlebenden Ehefrau ein gesetzliches Nutznießungsrecht im Rahmen der gesetzlichen Anerbfolge einräumte und die Scheidungsfolgen regelte.[1311] Daneben schlug es eine Neufassung des § 67 DVO. I vor.[1312]

Unter Bezugnahme auf diese Vorschläge legte Vogels Johae am 7. Februar 1936 einen vollständigen Entwurf über eine Neufassung der Bestimmungen über Ehegattenerbhöfe vor. Dieser sah neben der Einfügung mehrerer neuer Durchführungsvorschriften zu § 17 REG und Änderungen zu § 5 DVO. II und § 1 DVO. III, die Streichung des § 6 DVO. II und die Einfügung formell-rechtlicher Bestimmungen vor.[1313] Insbesondere ersetzte Vogels den bisherigen § 62

1308 § q des Entwurfs vom 13. Januar 1936, in: BArch R 3001/22196, 108.

1309 Bezüglich der geplanten Neufassung des § 62 DVO. I äußerten Johae und Busse, dass sich dieser Vorschlag mit den Erwägungen des Reichsernährungsministeriums und des Stabsamtes decke. Allerdings sollte er zum Anlass zur Schaffung einer allgemeinen Generalklausel genommen werden. Johae überreichte diesbezüglich einen entsprechend formulierten Vorschlag, dessen „zugrundeliegender Gedanke“ wohl von Harmening und Saure gebilligt war, ohne dass diesen die Formulierung bereits vorgelegen hatte. Entsprechend machte Johae auch zur Ehescheidung einen eigenen „im Prinzip von den Herren Harmening und Saure“ gebilligten Vorschlag, Vermerk Vogels, in: BArch R 3001/22196, 114.

1310 Entwurf einer Ausführungsvorschrift zu § 17 des Gesetzes „Getrenntes Eigentum an Hofstelle und Land“, in: BArch R 3001/22196, Bl.121.

1311 Entwurf einer Ausführungs- und Uebergangsvorschrift zu § 17 des Gesetzes „Eigentum von Ehegatten“, in: BArch R 3001/22196, 139 f.

1312 Entwurf eines neuen § 67 DVO. I, in: BArch R 3001/22196, 139 f.

1313 § a1 (Übergangsvorschrift zu § 17 / Eigentum von Ehegatten; Einfügung eines § 62 a, Übergangsvorschrift zu § 17 / Fortgesetzte Gütergemeinschaft), in: BArch R 3001/ 22196, 277-279; § a2, in: BArch R 3001/22196, 280 f; § a3, in: BArch R 3001/22196, 282; § a4, in: BArch R 3001/22196, 283; § a5 (Übergangsvorschift zu § 17 / Eigentum von Ehegatten), in: BArch R 3001/22196, 284; § a6 (Übergangsvorschrift zu § 17 / Ei-

DVO. I, der seiner Ansicht nach zu unübersichtlich geworden war, durch die zwei Neubestimmungen, § 62 und § 62 a DVO.I. Auch ermöglichte Vogels nun doch die Zulassung neuer Erbhöfe – allerdings nur bis zum Inkrafttreten der neuen Durchführungsverordnung, wobei hervorgehoben wurde, dass „die Vorschrift nicht für Bestimmungen gilt, die beim Inkrafttreten der DVO. IV schon Erbhof sind, denn sonst könnte der Eigentümer eines im Alleineigentum stehenden Erbhofs sich die Testiermöglichkeiten von DVO. II § 5 Abs. 2 bis 4 dadurch verschaffen, daß er nachträglich ein von seinem Ehegatten zu erwerbendes Grundstück von der Hofstelle aus bewirtschaftet."[1314]

Nachdem in der Besprechung am 10. Februar 1936 ein weiterer Entwurf einer Übergangsvorschrift zu § 17 REG vorgelegt worden war[1315] und Vogels am 13. Februar 1936 Johae noch die überarbeitete Neufassung des § 67 DVO. I übersandt hatte,[1316] fasste der Entwurf des Reichsjustizministeriums vom 6. März 1936 die bisher erörterten Regelungen des Ehegattenerbhofrechts nochmals zusammen.[1317] Diese Vorlage war dann am 26. März 1936 Gegenstand einer Unterredung zwischen Johae und Hopp.[1318]

Bei der schließlich am 2. April 1936 unter dem Vorsitz Schäfers stattfindenden Besprechung wiederholte Johae seinen Wunsch, der Neuregelung des § 62 Abs. 3 DVO. I rückwirkende Kraft und damit der überlebenden Ehefrau ein gesetzliches Verwaltungs- und Nutznießungsrecht bis zum 25. Lebensjahr des Anerben zu geben. Dieses stieß jedoch auf den entschiedenen Widerstand von Vogels, der erwiderte, „daß man damit einen Eingriff in wohl erworbene Rechte schaffe, die zustande gekommen seien auf der Grundlage eines vom Führer geschaffenen Gesetzes". Vogels schätzte die Fälle, in denen der Witwe lediglich das gesetzliche Verwaltungs- und Nutznießungsrecht zustand, als nicht so außerordentlich hart und in ihrer Häufigkeit als gering ein. Auch sei man sich bei Erlass der Vorschrift derzeit darüber auch im Klaren gewesen, dass gewisse Härten entstehen könnten, dass man aber dennoch diese Lösung schaffen müsse, um überhaupt die Ehegattenerbhöfe zu ermöglichen. Auch Saure bewertete diese Frage als nicht „sonderlich wichtig". Demgegenüber wies Klöpfer darauf hin, dass gerade diese Grenzfälle immer wieder zum Anlass von Klagen über das

---

gentum von Ehegatten), in: BArch R 3001/22196, 285. § a7 und § a8, in:BArch R 3001/ 22196, 286-288.

1314 Schreiben Vogels an Johae vom 7. Februar 1936, in: BArch R 3001/22196, 275 f.

1315 Übergangsvorschrift zu § 17 des Gesetzes (Eigentum von Ehegatten), in:BArch R 3001/ 22196, 216.

1316 § c1, in: BArch R 3001/22196, 235 f. , 239 f.

1317 § 7-10 des Entwurfs vom 6. März 1936, in: BArch R 3001/22196, 395-404.

1318 Johae schickte in diesem Zusammenhang voraus, dass die Prüfung noch nicht abgeschlossen sei, da man Darré augenschienlich über den Entwurf des RJM noch nicht informiert habe und Saure erkrankt sei. Für § 62 Abs. 3 Satz 1 des Entwurfs schlug Johae eine Fassungsänderung vor, Vermerk Hopps, in: BArch R 3001/22196, 432, 439 f.

Erbhofrecht gemacht würden: „Bei der Ausräumung solcher Härtefälle solle man nicht überängstlich darüber wachen, daß an einem vom Führer vorgesehenen Gesetz Änderungen nicht vorgenommen würden. Die Auffassung der betroffenen Bevölkerung gehe dahin, daß der Führer mit seinem Gesetz unmöglich etwas Ungerechtes gewollt haben könne; es sei unbedenklich, diesen Fällen durch Eingeständnisse Rechnung zu tragen." Hinsichtlich des neu einzufügenden § 62 a DVO. I erneuerte Johae seine Anregung, die Veräußerung des Erbhofs durch das Anerbengericht vorzusehen. Auch diesem Vorschlag widersprach – neben Hesse – Vogels, der das Anerbengericht für dieses Verfahren als „wenig geeignet" ansah, da „das Entscheidende bei der ganzen Vorschrift" nicht ihre Durchführung, sondern „der auf die Beteiligten durch die Existenz der Bestimmung ausgeübte Druck" sei. Daraufhin ließ Saure für das Reichsernährungsministerium diese Anregung fallen.[1319] Schlosser legte darüber hinaus einen neuen Vorschlag für die Neufassung des § 67 DVO. I vor.[1320] Über die sonstigen Vorschläge des Reichsjustizministeriums zum Ehegattenerbhofrecht konnten die Beteiligten hingegen Einverständnis erzielen.[1321] Vor diesem Hintergrund wurden die Ergebnisse der bis dahin erfolgten Verhandlungen vom Reichsjustizministerium im 4. Abschnitt (§§ 17-25) des Entwurfs zur Erbhofergänzungsverordnung vom 30. Juni, 1. und 3. Juli 1936 entsprechend eingearbeitet.[1322]

Im Schreiben vom 28. Juli 1936 regte das Reichsernährungsministerium jedoch weitere Änderungen an, wobei es zum Teil bereits aufgegebene Vorschläge wieder aufgriff. Dabei drang es darauf, die Entstehung von Ehegattenerbhöfen nicht von der Bauernfähigkeit beider Ehegatten abhängig zu machen, da diese Frage nicht allgemein, sondern „nach Lage des Einzelfalles unter Berücksichtigung der Ziele und Gedanken des Gesetzes (§ 56)" entschieden werden sollte. Darüber hinaus stellte das Reichsernährungsministerium zur Erwägung, die Vorschrift des § 22 Abs. 3 des Entwurfs dahingehend zu ergänzen, dass man das Anerbengericht in besonderen Fällen zur Vermeidung einer unbilligen Härte dazu ermächtigte, der überlebenden Ehefrau die Verwaltung und

---

1319 Vermerk Hopps zur Besprechung vom 2. April 1936, in: BArch R 3001/22196, 444 ff.

1320 Entwurf Schlossers zu einer Neufassung des § 67 DVO. I. (Abgabenfreiheit und Gebührenermäßigung), in: BArch R 3001/22196, 453 f.

1321 § 62 b im § 7 und §§ 8-10 des Entwurfs. Die als Ergebnis der Besprechung dem REM vom RJM übersandte Zusammenstellung der Änderungen findet sich in: BArch R 3001/22196, 489.

1322 §§ 17-25 des Entwurfs, in: BArch R 3001/22197, 236-239. Bis auf § 18 (Regelung der Frage der Bauernfähigkeit der Ehegatten), dem noch der spätere Absatz 4 fehlte (Entwurf, in: BArch R 3001/22197, 236 f.), § 21 (Entwurf, in: BArch R 3001/22197, 237f.), § 22, dem noch der spätere Abs. 3 Satz 2 fehlte (Entwurf, in: BArch R 3001/ 22197, 238) und § 25 des Entwurfs, der noch einen Abs. 2 enthielt, der nicht in die spätere Verordnung einging (Entwurf, in: BArch R 3001/22197, 239) entsprachen die Entwurfsbestimmungen bereits dem späteren Verordnungstext.

Nutznießung des Erbhofs auch über das 25. Lebensjahr des Anerben hinaus zuzugestehen. Schließlich sollte im § 25 das Wort „Siedlungsverfahren" durch „Verfahren zur Neubildung deutschen Bauerntums (Neusiedlungs- oder Anliegersiedlungsverfahren)" ersetzt und Absatz 2 eine andere Fassung erhalten. [1323]

Die Anregungen des Reichsernährungsministeriums wurden auf den unter dem Vorsitz Schäfers stattfindenden Besprechungen im Oktober und November 1936 erörtert. Diese führten zur fast vollständigen Einigung beider Ministerien über die Ehegattenerbhofregelungen in der zu verabschiedenden Erbhofrechtsverordnung. Hinsichtlich der Frage der Bauernfähigkeit beider Ehegatten kamen die Vertreter des Reichsernährungsministeriums – unter dem Vorbehalt der Zustimmung Darrés – dem Reichsjustizministerium entgegen und erkannten die grundsätzliche Bauernfähigkeit beider Eheleute im Ergebnis an. Im Einzelfall sollte aber vom Erfordernis der Wirtschaftsfähigkeit eines der Ehegatten abgesehen werden können, „wenn die dauernde Erhaltung des Hofes in einer gesunden Sippe und die ordnungsgemäße Bewirtschaftung des Hofes gesichert" war.[1324] Auf der Chefbesprechung vom 21. November 1936 konnte schließlich über diese Frage eine endgültige Einigung erzielt werden.[1325]

Kritik kam allerdings noch vom „Stellvertreter des Führers", der zwar Hopp gegenüber am 24. November 1936 die Bestimmungen über die Neubildung von Ehegattenerbhöfen besonders begrüßte, den vorgesehenen § 21 EHRV, der ein alleiniges Recht der Ehefrau zur Anerbenbestimmung mit Zustimmung des Anerbengerichts vorsah, wenn sie selbst den wirtschaftlich bedeutenderen Teil eingebracht hatte, jedoch als „eine wenig erfreuliche Anomalie" bezeichnete, da dadurch „ein alleiniges Bestimmungsrecht der Ehefrau unter Betonung der Nichtmitwirkung des Mannes in den Vordergrund" gestellt werde. Stattdessen sollte ein freies richterliches, von einem solchen Testament der Ehefrau unabhängiges Gestaltungsrecht eingeführt werden. Auch § 24 des Entwurfs, der die Bauernfähigkeit des überlebenden Ehegatten bei der fortgesetzten Gütergemeinschaft verlangte, stieß hinsichtlich der Möglichkeit, dass in einem solchen Falle die Erbhofeigenschaft an der Person dieses einen Ehegatten trotz Vorhandenseins tüchtiger Kinder scheitern konnte, auf Kritik. Im Ergebnis er-

---

1323 Stellungnahme des REM vom 28. Juli 1936 zu den §§ 17-25 des Entwurfs, in: BArch R 3001/22196, 432-434.

1324 Vermerke Hopps und Vogels zu diesen Besprechungen, in: BArch R 3001/22198, 8 f.; vgl. hierzu auch den 4. Abschnitt des EHRV-Entwurfs des RJM von Mitte November 1936, in: BArch R 3001/22198, 156-163.

1325 Vermerk Hopps, in: BArch R 3001/22199, 123. Die Ergebnisse dieser Besprechung in Bezug auf die spätere Fassung der EHRV finden sich in einer Zusammenstellung von Hopp vom 23. November 1936, in: BArch R 3001/22199, 131-134.

klärte man sich aber mit den Entwürfen einverstanden.[1326] Auch Bormann, der als Folge des § 21 des Entwurfs befürchtete, „dass in sehr vielen Fällen die Ehegatten sich nicht darüber einigen werden, wer den wirtschaftlich bedeutenderen Teil des den Erbhof bildenden Besitzes in die Ehe eingebracht hat", stellte seine diesbezüglich im Schreiben an das Reichsjustizministerium am 3. Dezember 1936 geäußerten Bedenken in Anbetracht der Tatsache, dass „die Verordnung auf dem Reichsbauerntag verkündet" werden sollte, zurück.[1327]

2. *Das Ehegattenerbhofrecht der §§ 17 - 25 EHRV*

a) Allgemeines

Im 4. Abschnitt der Erbhofrechtsverordnung vom 21. Dezember 1936 wurden schließlich mit der Zulassung weiterer Ehegattenerbhöfe, der Ermöglichung von Ausnahmen vom Erfordernis der Bauernfähigkeit eines der Ehegatten und der Verbesserung der rechtlichen Stellung der Ehefrau die im Vorfeld ausgearbeiteten Änderungen des Ehegattenerbhofrechts umgesetzt. Daneben fasste die Erbhofrechtsverordnung die Bestimmungen der bisherigen Durchführungsverordnungen neu: So regelten die §§ 17, 18 und 25 EHRV die Voraussetzungen der Ehegattenerbhofentstehung, §§ 19-23 EHRV enthielten die Regelungen über die sich hieraus ergebenden besonderen Rechtsfolgen und § 24 EHRV fasste die Bestimmungen über die fortgesetzte Gütergemeinschaft neu.

b) Die Entstehung eines Ehegattenerbhofs

Die Voraussetzungen für die Entstehung eines Ehegattenerbhofes gemäß § 17 EHRV und 18 EHRV entsprachen im Wesentlichen denen der §§ 62 DVO. I und 5 DVO. II. Allerdings unterstellten § 17 Abs. 2 und § 18 Abs. 2 EHRV nun auch diejenigen Höfe, die erst nach den Stichtagen des 1. Oktober bzw. 21. Dezember 1933 die Voraussetzungen des Ehegattenerbhofs erfüllt hatten, mit Inkrafttreten der Erbhofrechtsverordnung am 23. Dezember 1936 dem Reichserbhofrecht. Der Gesetzgeber hob dabei in § 17 Abs. 2 und § 18 Abs. 2 EHRV ausdrücklich hervor, dass die Bestimmung nur auf Besitzungen Anwendung finden sollte, die bis dahin noch nicht Erbhof geworden waren. Auch wurde für die Entstehung solcher Betriebe die Einhaltung der Schuldengrenze des § 1 EHRV nicht vorausgesetzt, § 17 Abs. 2 Satz 2 EHRV.

§§ 17 Abs. 3 und 18 Abs. 3 EHRV ermöglichten darüber hinaus die weitere Zulassung von Ehegattenerbhöfen für die Zukunft, galten also für Betriebe, die erst nach dem 23. Dezember 1936 die Voraussetzungen des § 17 Abs. 1 bzw. des

---

1326 Vermerk Hopps zur Besprechung vom 24. November 1936, in: BArch R 3001/22199, 147.

1327 Schreiben Bormanns an das RJM vom 3. Dezember 1936, in: BArch R 3001/22199, 331.

§ 18 Abs. 1 EHRV erfüllten. Die damit einhergehende Lösung der Erbhofzulassung von einem bestimmten Stichtag begründete Vogels folgendermaßen: „Nachdem der Grundsatz des Alleineigentums zugunsten der Ehegattenerbhöfe nun einmal so weit durchbrochen ist, weshalb soll man dann beim Stichtag des 23. Dezember 1936 Halt machen? In der Tat lassen sich hierfür keine zwingenden Gründe mehr anführen.“[1328] Allerdings war bei diesen Besitzungen dann zusätzlich die Einhaltung der Schuldengrenze des § 1 EHRV erforderlich.

§ 17 Abs. 4 und § 18 Abs. 4 EHRV klärten die Frage der Bauernfähigkeit beider Ehegatten im Sinne der bestehenden vermittelnden Meinung: Bauernfähigkeit beider Ehegatten war grundsätzlich erforderlich, das Anerbengericht konnte aber auf Antrag eines der Ehegatten oder des Kreisbauernführers bestimmen, dass das Fehlen der Bauernfähigkeit eines der Ehegatten die Entstehung der Erbhofeigenschaft nicht hinderte. Eine Ausnahme vom Erfordernis des §§ 12 und 13 REG blieb jedoch ausgeschlossen. § 25 EHRV entsprach wiederum inhaltlich § 1 DVO. III.

c) Die rechtliche Sonderbehandlung der Ehegattenerbhöfe

Gemäß § 19 EHRV unterfielen die Ehegattenerbhöfe grundsätzlich den allgemeinen Regelungen des Reichserbhofgesetzes, soweit sich nicht aus den §§ 20 bis 23 EHRV etwas anderes ergab. §§ 20 bis 22 EHRV enthielten sodann Sonderregelungen hinsichtlich der gesetzlichen und gewillkürten Anerbfolge und ergänzten und vereinheitlichten die Anerbenfolgeregelungen der §§ 62 DVO. I und 5 DVO. II. § 23 EHRV regelte die Auseinandersetzung bei Ehescheidung.

§ 20 EHRV überführte § 62 Abs. 2 DVO. I und § 5 Abs. 2 DVO. II in eine einheitliche Bestimmung. § 20 Abs. 1 EHRV enthielt zunächst die Möglichkeit der gegenseitigen Einsetzung zum Anerben, ohne dass eine Genehmigung durch das Anerbengericht erforderlich war. Darüber hinaus erlaubte § 20 Abs. 2 EHRV den Ehegatten die gemeinschaftliche Bestimmung des Anerben nach dem Tode des Erstversterbenden oder Überlebenden.

Neu war § 20 Abs. 3 EHRV, wonach der zum Anerben eingesetzte überlebende Ehegatte, soweit er nicht durch eine gemeinschaftliche Verfügung von Todes wegen gebunden war, auch einseitig eine Person zum Anerben bestimmen konnte, die nach dem Reichserbhofgesetz als Anerbe des verstorbenen Ehegatten in Frage gekommen wäre.[1329] § 20 Abs. 4 EHRV stellte wiederum klar, dass bei der Einsetzung eines Anerben gemäß § 20 Abs. 2 und 3 EHRV eine nach den Regelungen des Reichserbhofgesetzes erforderliche Zustimmung

1328 Vogels, DFG 1937, 1.

1329 Zwar hatte § 6 Abs. 1 DVO. II die nachträgliche Bestimmung eines Anerben durch einen Ehegatten mit Zustimmung des Anerbengerichts vorgesehen. Dies allerdings nur bei der Fortgesetzten Gütergemeinschaft, Baumecker, 4. Auflage, § 20 Abs. 3 REG, Rn. 21.

des Anerbengerichts nicht entbehrlich war, es sei denn, die letztwilligen Verfügungen waren bei Ehegattenerbhöfen des § 17 EHRV vor dem 1. Oktober 1933 und bei Ehegattenerbhöfen des § 18 EHRV vor dem 21. Dezember 1933 errichtet worden, § 20 Abs. 4 Satz 2 EHRV. Die Regelung entsprach insoweit den Regelungen nach § 5 Abs. 2 Satz 2 bzw. § 6 Abs. 2 DVO. II.

§ 22 EHRV regelte die gesetzliche Anerbenfolge beim Ehegattenerbhof und entsprach den Regelungen der § 62 Abs. 3 DVO. I bzw. § 5 Abs. 3 DVO. III.[1330] Neu war das stetige Recht zur Nutzverwaltung der Ehefrau bis zum 25. Lebensjahr der Ehefrau, was bisher kraft Erbhofrecht nur der Ehefrau eines aus Alleineigentum zusammengesetzten Erbhofes gemäß § 5 Abs. 3 Satz 2 DVO. II gestattet gewesen war, § 22 Abs. 3 EHRV. Auch konnte dieses Recht nun auf Antrag durch Bestimmung des Anerbengerichts zur Vermeidung unbilliger Härte auch über das 25. Lebensjahr hinaus verlängert werden, § 22 Abs. 3 Satz 2 EHRV.

Eine grundlegende Neuerung brachte auch § 21 EHRV. Diese Bestimmung räumte der Ehefrau – entsprechend der in den Vorgesprächen erwähnten Absicht, deren rechtliche Stellung zu verbessern – besondere Anerbenbestimmungsrechte ein, wenn sie den wirtschaftlich bedeutenderen Teil des den Erbhof bildenden Besitzes eingebracht hatte: Ohne Mitwirkung des Ehemannes konnte sie nunmehr – mit Zustimmung des Anerbengerichts und bei einem Nichtentgegenstehen einer gemeinschaftlichen Verfügung von Todes wegen – sich selbst zur Anerbin des Mannes einsetzen, den Anerben selbst bestimmen oder sich selbst oder ihrem Ehemann die Verwaltung und Nutznießung am Erbhof zusprechen und zwar über das fünfundzwanzigste Lebensjahr des Anerben hinaus, § 21 Abs. 1 EHRV. Die Bestimmung lief darauf hinaus, dass die Frau den Mann bei der Bestimmung des Anerben kraft Gesetzes vertreten konnte, ein Ergebnis, das unter Berufung auf die ungewöhnliche Sachlage gerechtfertigt wurde. Zur Wahrung der Belange des Mannes sollte § 21 Abs. 2 EHRV dienen, wonach einerseits die Form des öffentlichen Testaments verlangt, andererseits die Möglichkeit der Testamentserrichtung auf die Lebzeiten des Mannes beschränkt und die Wirksamkeit von der Zustellung einer beglaubigten Abschrift abhängig gemacht wurde.[1331] Weiter räumte § 21 Abs. 3 EHRV jedem Ehegatten das Recht ein, beim Anerbengericht einen Antrag auf Entscheidung über die Zustimmung zum Testament zu stellen. Auch konnte das Anerbengericht nach § 21 Abs. 4 EHRV auf Antrag bestimmen, dass dem überlebenden Ehegatten, falls dieser nicht Anerbe wurde, die Verwaltung und Nutznießung zustehen sollte, und zwar auch über das 25. Lebensjahr des von der Ehefrau bestimmten Anerben hinaus.

1330 Vertiefend hierzu vgl. Setz, WürttZ 1938, 159-165.
1331 Vogels, DFG 1937, 3.

In § 23 EHRV beantwortete dann der Gesetzgeber die Frage nach den Auswirkungen einer Ehescheidung auf die Ehegattenerbhofeigenschaft entlang der Ansicht der bisherigen Rechtsprechung:[1332] Grundsätzlich sollte die Ehescheidung keine Auswirkungen auf die Erbhofeigenschaft haben, § 23 Abs. 1 EHRV. Die geschiedenen Ehegatten konnten zwar die Auseinandersetzung des Erbhofes herbeiführen. Hierbei war allerdings immer die Genehmigung des Anerbengerichts erforderlich. Einigten sich die Ehegatten über eine Auseinandersetzung freiwillig und ohne Einschaltung des Anerbengerichts, so war bezüglich geschlossener Auseinandersetzungsverträge ohnehin die Genehmigung des Anerbengerichts erforderlich. Kam es zu keiner solchen Einigung, so leitete das Anerbengericht auf Antrag eines der geschiedenen Ehegatten das Verfahren zur Auseinandersetzung über den Erbhof ein, §§ 67-72 EHFVO.[1333]

d) Die Behandlung der fortgesetzten Gütergemeinschaft

§ 62 Abs. 4 DVO. I hatte in Ausnahme vom Alleineigentumserfordernis fortgesetzte Gütergemeinschaften zu Erbhöfen zugelassen. § 24 EHRV knüpfte hieran an und ergänzte die Bestimmung. So stellte § 24 Abs. 1 Satz 1 EHRV wie bereits § 62 Abs. 4 Satz 1 DVO. I fest, dass fortgesetzte Gütergemeinschaften ab Inkrafttreten des Reichserbhofgesetzes Erbhöfe geworden waren. § 24 Abs. 1 Satz 2 EHRV löste diesbezüglich das Problem der Bauernfähigkeit der an der fortgesetzten Gütergemeinschaft beteiligten Personen dahingehend, dass zur Entstehung der Erbhofeigenschaft lediglich ein anteilsberechtigter Abkömmling und der überlebende Ehegatte bauernfähig sein mussten.

Die Bestimmungen des § 24 Abs. 2 bis 7 EHRV entsprachen weitgehend den Vorschriften der bisherigen Durchführungsverordnungen. So hatte man § 24 Abs. 2 EHRV der bisherigen Regelung des § 62 Abs. 4 i. V. m. Abs. 2 DVO. I nachgebildet, Die neue Bestimmung war jedoch vom Wortlaut her genauer.[1334] In § 24 Abs. 3 EHRV ging § 62 Abs. 4 DVO. I in der durch § 6 Abs. 1 DVO. II modifizierten Form auf. § 24 Abs. 4 Satz 1 EHRV regelte die gesetzliche Erbfolge entlang des bisherigen § 62 Abs. 4 Satz 2 DVO. I. Dass dabei anteilsberechtigte Abkömmlinge anderen Anerbenberechtigten vorgingen, bestimmte jedoch die Neuvorschrift des § 24 Abs. 4 Satz 2 EHRV. § 24 Abs. 5 EHRV wiederum entsprach § 2 DVO. III und § 24 Abs. 6 und 7 EHRV dem § 6 Abs. 3 und 4 DVO. II.

1332 REHG 2, 126 ff. und 185 ff.; zum Streitstand außerdem Vogels, 4. Auflage, S. 655 f.

1333 Vertiefend Dobinsky, JW 1937, 973 ff.

1334 Hatten die Ehegatten den “Anerben”, die Formulierung konnte diesbezüglich auch anders sein, vor dem 1. Oktober 1933 durch letztwillige Verfügung bestimmt, so fiel diesem beim Tode des überlebenden Ehegatten der Erbhof zu, wenn er gemäß der reichserbhofrechtlichen Bestimmungen zum Anerben hätte erklärt werden können.

D. Der sippegebundene Ehegattenerbhof

I. Fortbestehende Probleme

Zwar hatte die Erbhofrechtsverordnung offene Streitragen geklärt, sprachliche Verbesserungen herbeigeführt und die Entstehung von neuen Ehegattenerbhöfen ermöglicht. Dennoch blieben weiterhin einige Fragen offen, so dass trotz allgemeiner Zustimmung zur Neufassung sich schon bald weiterer Regelungsbedarf abzeichnete.[1335] So war es weiterhin unmöglich, bestehende Erbhöfe durch Güterrechtsvertrag in Ehegattenerbhöfe umzuwandeln, ein Problem, das sich – wie bereits erwähnt – insbesondere nach dem Anschluss Österreichs und dem Beginn des 2. Weltkrieges verstärkte. Vor diesem Hintergrund bezeichnete die Leitung des Gauamtes für Agrarpolitik Niederdonau das Gesetz im Jahr diesbezüglich als „fehlerhaft“ und riet dringend an, die Zulassung der ehelichen Gütergemeinschaft für bestehende Erbhöfe zu ermöglichen.[1336] Diesem Ansinnen schloss sich der OLG-Präsident von Wien in einem Schreiben vom 26. Mai 1941 an das Reichsjustizministerium ausdrücklich an. Er wies dabei auf die Gefahren hin, die sich insbesondere in bevölkerungspolitischer Hinsicht aus der schwachen Stellung des einheiratenden Ehegatten ergeben konnten, da sich angesichts der bestehenden Rechtslage sich die Heiratsaussichten von Bauerntöchtern und Bauernwitwen verschlechterten. Auch konnte beobachtet werden, dass einheiratende Ehegatten es daher unterließen, Investitionen in den Erbhof vorzunehmen.[1337] Als weiteres Problem zeichnete sich – wie bereits erwähnt – ab, dass die oft noch junge Witwe eines gefallenen Bauern, die in den Hof eingeheiratet hatte und daher lediglich ein gesetzliches Nutzungsrecht erhielt, nicht selbst den geeigneten Hofesnachfolger bestimmen konnte; stattdessen trat gesetzliche Erbfolge ein, unabhängig von der jeweiligen Eignung des hiernach Anerbenberechtigten.[1338]

Darüber hinaus zeigte sich, dass die bestehende Rechtslage auch Anlass zur Landflucht sein konnte. So fasste der OLG-Präsident von Innsbruck in einem Schreiben an den Reichsminister der Justiz vom 14. August 1942 die Lage folgendermaßen zusammen: „Wie die Erfahrung aus dem Verkehr mit bäuerlichen Kreisen im allgemeinen und insbesondere oftmals die Nebenumstände der ande-

1335 Bericht von der Schulungstagung der Rechtsabteilungsleiter der Landesbauernschaften vom 17. - 20. März 1937 in Goslar, in: BArch R 3001/22167, 269-275, 270.

1336 Denkschrift des Gauamtes für Agrarpolitik der Gauleitung Niederdonau vom 11. November 1940, in: BArch R 3001/22173, 27-40, 27.

1337 Schreiben des OLG-Präsidenten von Wien an das RJM vom 26. Mai 1941, in: BArch R 3001/22173, 19 f.; vgl. auch Denkschrift des Gauamtes für Agrarpolitik der Gauleitung Niederdonau vom 11. November 1940, in: BArch R 3001/22173, 30 ff.

1338 Denkschrift des Gauamtes für Agrarpolitik der Gauleitung Niederdonau vom 11. November 1940, in: BArch R 3001/22173, 27-40, 35

re Rechtsgebiete umfassenden Rechtssachen der bäuerlichen Bevölkerung aufzeigen, widerspricht es einer gesunden Auffassung der bodenverwurzelten Bevölkerung, daß der in der Bewirtschaftung führende oder auch nur mittätige Ehegatte nicht bücherlicher Miteigentümer des Hofes ist oder werden kann. Es ist für bäuerliche Kreise geradezu unverständlich, daß der überwiegend mit Eigenvermögen auf den Hof tretende Gatte von der bücherlichen Auszeichnung seines Mitbesitzes am Hofe ausgeschlossen wird. Diese Tatsachen sind nicht nur geeignet, volkswichtige Ehevorhaben zum Scheitern zu bringen, sondern darüber hinaus eine Gefahr in der Richtung, daß gerade die vermögende Bauerntochter ihr bewegliches und unbewegliches Vermögen lieber einem Nichtbauern als Gatten zubringt, dessen Rechtskreis die bücherliche und damit tatsächliche Wahrung ihrer Eigentumsrechte gestattet. Damit ist aber der Weg zur Landflucht im weiteren Sinne oftmals gerade für nach ihrer Gesinnung und Fähigkeit vollwertige Träger bäuerlichen Sippengutes gewiesen."[1339]

Angesichts dessen blieb der Widerstand gegen das Erbhofrecht gerade im „Anerbengebiet" Österreich bestehen, dessen Lage man folgendermaßen beschrieb: „Da tatsächlich nicht nachgewiesen werden kann, dass die oben geschilderte Rechtslage [die Nichtzulassung der ehelichen Gütergemeinschaft; der Verf.] aus bäuerlichem Rechtsempfinden entstanden ist, glauben die Bauern auch nicht die allgemeine Behauptung, dass das REG aus gutem bäuerlichen Rechtsempfinden geboren worden sei, welche zur Überwindung der Widerstände gegen das REG gebraucht würde."[1340]

II. Die Reform des Ehegattenerbhofrechts

1. Die Ausgangslage

Erste Bestrebungen zur Veränderung der Ehegattenerbhofvorschriften setzten am § 21 EHRV an, durch den der Ehefrau, die den wirtschaftlich bedeutenderen Teil des Erbhofes in die Ehe eingebracht hatte, die Bestimmung des Anerben ohne Mitwirkung des Ehemannes mit Zustimmung des Anerbengerichts ermöglicht wurde. So schlug Johae in der Besprechung vom 27. Januar 1939 vor, in einer neuen Verordnung dieses der Ehefrau zustehende Recht auf den Ehemann auszudehnen. Diesem Vorschlag widersetzte sich jedoch Vogels, der darauf hinwies, „daß die äußerst komplizierte und in das Bauernrecht wenig hineinpassende Vorschrift, gegen die vom Stellvertreter des Führers derzeit große Bedenken geltend gemacht seien, nach den bisherigen Beobachtungen wenig zur Anwendung gelangt sei. Sie sei in der vorliegenden Form noch vertretbar, weil sie

1339 Schreiben des OLG-Präsidenten Innsbruck an den RMJ vom 14. August 1942, in: BArch R 3001/22173, 170.

1340 Denkschrift des Gauamtes für Agrarpolitik der Gauleitung Niederdonau vom 11. November 1940, in: BArch R 3001/22173, 32.

das Übergewicht des zum gesetzlichen Anerben berufenen Anerben zurückdränge. Die Interessenlage bei der jetzt vorgeschlagenen Erweiterung sei aber völlig anders. Hier bedürfe es eines Schutzes des Mannes, dem das Bestimmungsrecht gegeben werden soll, nicht. Maßgebender Gesichtspunkt für die Schaffung des § 21 EHRV sei aber gerade der Gedanke des Schutzes der Ehefrau gegenüber dem gesetzlichen Anerbenrecht des Mannes gewesen.“[1341] Auch in der anschließenden Verhandlung am 24. Februar 1939 wies Vogels Johaes Anregung nach einer Ausdehnung des § 21 EHRV als „wenig glücklich“ zurück, so dass diese Frage zurückgestellt wurde.[1342]

Konkrete Vorschläge zu einer grundsätzlichen Veränderung der Ehegattenerbhofbestimmungen kamen erst wieder vor dem Hintergrund der sich aus dem Anschluss Österreichs und des Kriegsverlaufs ergebenden Probleme auf.[1343] Deutlich wurde dabei, dass sowohl das Reichsjustizministerium als auch das Reichsernährungsministerium der nachträglichen Einrichtung der Gütergemeinschaft an Erbhöfen weiterhin grundsätzlich ablehnend gegenüberstanden. Entsprechend äußerte Hopp in einem Schreiben an den Oberlandesgerichtsrat Etz in Wien, „daß die aus einzelnen Kreisen der Ostmark kommenden Vorschläge, die Mitanschreibung des Ehegatten wieder zuzulassen, sowohl im Reichsernährungsministerium wie in unserem Hause auf schärfsten Widerstand stoßen. Wir haben diese Frage wiederholt eingehend geprüft. Auch wenn man den überlieferten Brauch nur in der Form wieder aufrechterhalten wollte, daß der Hof jedenfalls nur in der Linie vererbt wird, aus der er stammt, würde man doch einem wesentlichen Grundgedanken des Erbhofrechts zuwiderhandeln. Der Vorschlag verkennt u. E. völlig die auf den Mann abgestellte sippenbildende Bedeutung der Anerbenordnung.“[1344]

Trotz dieser bekannten Haltung des „Gesetzgebers“ riss die Kritik an der Nichtzulassung ehelicher Gütergemeinschaft am bestehenden Erbhof nicht ab.[1345] Bewegung kam in die Diskussion über die Neugestaltung des Rechts der

1341 Vermerk zur Besprechung vom 27. Januar 1939, in: BArch R 3001/22168, 288 f.

1342 Vermerk zur Verhandlung vom 24. Februar 1939, in: BArch R 3001/22168, 311.

1343 Schreiben an den Oberlandesgerichtsrat Etz in Wien, in: BArch R 3001/22173, 69-71, 69; vgl. auch Hopps vertraulicher Rohentwurf einer Erbhofrechtsnovelle vom 30. Juni 1941, in: BArch R 3001/22173, 75-82.

1344 Schreiben Hopps an den Oberlandesgerichtsrat Etz in Wien, in: BArch R 3001/22173, 69-71, 70.

1345 Vgl. hierzu u.a. Schreiben des RJM an das REM vom 3. Februar 1942 unter Bezugnahme auf einen Bericht des OLG-Präsidenten Linz: „Der OLGPräs. teilt mir mit, ihm sei berichtet worden, daß bei Erbhöfen, bei denen der Bauer im Wehrdienst stehe, sich wiederholt dadurch Schwierigkeiten ergeben hätten, daß der Bäuerin nicht die erforderliche Autorität zuerkannt werde, weil sie "nicht auf dem Hof angeschrieben“ sei. Der OLGPräs. hält mit Rücksicht hierauf trotz des bestehenden Gesetzesstopps ein Eingreifen des Gesetzgebers für erwünscht“, in: BArch R 3001/22173, 148.

Ehegattenerbhöfe aber erst wieder im Jahr 1942, ausgelöst durch das Schreiben Bormanns vom 2. August.[1346] Der daraufhin vom Reichsjustizministerium am 11. August 1942 vorgelegte Entwurf einer Verordnung über Erbhofrecht beinhaltete jedoch noch keine spezifisch ehegattenerbhofrechtlichen Regelungen; schon gar nicht enthielt er eine die Zulassung der ehelichen Gütergemeinschaft an Erbhöfen ermöglichende Bestimmung.[1347]

2. Der Entwurf des REM vom 13. Januar 1943

Erst der umfassende Referentenentwurf des Reichsernährungsministeriums vom 13. Januar 1943 sah eine grundlegende Neuordnung des Ehegattenerbhofrechts vor. Es berief sich in seiner Begründung ausdrücklich auf den anhaltenden Widerstand der Bauern gegen die bestehenden Vorschriften. Auch gestand das Ministerium ein, dass das bestehende Ehegattenerbhofrecht der bevölkerungspolitischen Zielsetzung der Blut-und-Boden-Ideologie entgegenwirkte.[1348] § 19 Abs. 1 des Entwurfs ließ dementsprechend erstmals den sogenannten „sippegebundenen" Ehegattenerbhof zu: Dem Erbhofeigentümer sollte es hiernach möglich werden, mit seinem Ehegatten eine eheliche Gütergemeinschaft zu vereinbaren bzw. diesem das Miteigentum am Hof einzuräumen. Hierzu bedurfte er grundsätzlich der Genehmigung des Anerbengerichts, die nur bei Vorliegen eines wichtigen Grundes erteilt werden sollte. Eine Genehmigung war allerdings dann nicht erforderlich, wenn der Erbhof in einer Gegend lag, in der die Gütergemeinschaft oder das Miteigentum der Ehegatten weitgehend üblich gewesen war, § 19 Abs. 2 des Entwurfs.[1349]

Gemäß § 20 des Entwurfs sollten für die sippengebundenen Ehegattenerbhöfe die allgemeinen Erbhofvorschriften gelten, soweit sich nicht aus den §§ 21-25, die die bisherigen Sonderbestimmungen für Ehegattenerbhöfe ersetzen sollten, etwas anderes ergab.[1350] § 21 des Entwurfs legte dann die gesetzliche Erbfolge bei den sippegebundenen Ehegattenerbhöfen fest: Starb der einheiratende Ehegatte zuerst, so fiel der Erbhof dem anderen Ehegatten als Anerben zu. Starb der andere Ehegatte zuerst, so wurde der einheiratende Ehegatte Voranerbe. Mit der Voranerbschaft des überlebenden Ehegatten, von dem der Hof nicht stamm-

---

1346 Schreiben Bormann vom 2. August 1942, in: BArch R 3001/22173, 159 f.

1347 Entwurf des RJM vom 11. August 1942, in: BArch R 3001/22173, 163-165.

1348 Vgl. hierzu § 19-36 („der sippengebundene Ehegattenerbhof, §§ 19-26"; „die alten Ehegattenerbhöfe, §§ 27-32"; „Auseinandersetzung bei Ehescheidung, §§ 33-36") des Referentenentwurfs vom 13. Januar 1943, in: BArch R 3001/22173, 182-193, nebst Begründung, in: BArch R 3001/22173, 193-210.

1349 § 19 des Entwurfs (Begründung des sippegebundenen Ehegattenerbhofes), in: BArch R 3001/22173, 186. Begründung des § 19 des Entwurfs in: BArch R 3001/22173, 203 f.

1350 § 20 des Entwurfs (Rechtliche Behandlung der sippengebundenen Ehegattenerbhöfe), in: BArch R 3001/22173, 186. Begründung zum § 20 des Entwurfs in: BArch R 3001/22173, 204.

te, sollte dessen Rechtsstellung nach dem Tode des Ehegatten gesichert werden. Ein Ausschluss der Voranerbfolge war unzulässig, „weil durch die Zulässigkeit eines solchen Ausschlusses eine besondere Abart des Ehegattenerbhofes ermöglicht würde, für die kein Bedürfnis vorliegt, weil bei Verfolgung eines solchen Zwecks die Ehegatten einen Erbhof erst gar nicht zu begründen brauchen.“[1351]

§ 22 des Entwurfs regelte die Bestimmung des Anerben, die grundsätzlich den Ehegatten nur gemeinschaftlich möglich war. Dabei hatten sie sich im Rahmen des Bestimmungsrechts desjenigen Ehegatten zu halten, der den Erbhof mit in die Ehe eingebracht hatte, § 22 Abs. 1 des Entwurfs. Um Missbräuchen entgegenzuwirken, sollte die Mitwirkung eines Ehegatten ersetzt werden können, wenn sich dieser der gemeinschaftlichen Anerbenbestimmung ohne ausreichenden Grund verweigerte, § 22 Abs. 2 des Entwurfs.[1352] Daneben schlug das Reichsernährungsministerium vor, dass die bisher gemäß § 11 EHRV erfolgte Einräumung einer lebenslänglichen Verwaltung und Nutznießung zugunsten eines einheiratenden Ehegatten in denjenigen Gegenden als eine Voranerbeneinsetzung angesehen werden sollte, in denen die Vereinbarung der Gütergemeinschaft zwischen Ehegatten oder die Begründung von Höfen im Miteigentum der Ehegatten bisher weitgehend üblich gewesen war, § 23 des Entwurfs. Dieser Regelung lag die Annahme zugrunde, dass man dort, wo bisher von der Möglichkeit des § 11 EHRV Gebrauch gemacht worden war, auch von der Anordnung der Voranerbschaft Gebrauch gemacht hätte, wenn diese möglich gewesen wäre. Auch sollten den Beteiligten die erneuten Kosten einer letztwilligen Verfügung sowie den Gerichten und Notaren Arbeit erspart werden.[1353]

§ 24 des Entwurfs regelte den Fall, dass demjenigen Ehegatten, der den Erbhof mit in die Ehe gebracht hatte, noch ein weiterer Erbhof anfiel. Diesen sollte er dann nur nach Maßgabe des § 22 REG erben können. Die Übernahmeerklärung bedurfte der Zustimmung des anderen Ehegatten in öffentlich beglaubigter Form. Verweigerte der Ehegatte die Zustimmung grundlos, so sollte diese auf Antrag ersetzt werden können.[1354] Während § 25 des Entwurfs den Hinzuerwerb von Grundstücken bei Ehegattenerbhöfen regelte,[1355] stellte § 26 des Entwurfs fest, dass die §§ 19-26 des Entwurfs auch auf die Höfe Anwen-

1351 § 21 des Entwurfs (Gesetzliche Erbfolge nach dem Ehegatten), BArch R 3001/22173, 186. Begründung des § 21 des Entwurfs in: BArch R 3001/22173, 204.

1352 § 22 des Entwurfs (Bestimmung des Anerben), in: BArch R 3001/22173, 186 f.. Begründung des § 22 des Entwurfs in: BArch R 3001/22173, 204.

1353 § 23 des Entwurfs (Die Anordnung der Verwaltung und Nutzniessung gilt als Voranerbeneinsetzung), in: BArch R 3001/22173, 187. Begründung des § 23 des Entwurfs in: BArch R 3001/22173, 204.

1354 § 24 des Entwurfs (Erbfolge in einen weiteren Erbhof), in: BArch R 3001/22173, 187. Begründung des § 24 des Entwurfs in: BArch R 3001/22173, 204 f.

1355 § 25 des Entwurfs (Hinzuerwerb von Grundstücken bei Ehegattenerbhöfen), in: BArch R 3001/22173, 187.

dung finden sollten, die erst nach Inkrafttreten der Verordnung in gemeinsamem Eigentum von Ehegatten nach §§ 17 Abs. 1 und § 18 Abs. 1 Erbhöfe wurden. Ein solcher Erbhof galt dann als von demjenigen Ehegatten in die Ehe eingebracht, von dem der wirtschaftlich bedeutendere Teil stammte. Hiermit wollte man bewirken, dass es in Zukunft nur noch den sippegebundenen Ehegattenerbhof geben sollte. Dementsprechend wurden die Bestimmungen des § 17 Abs. 2 und des § 18 Abs. 3 EHRV überflüssig, deren Außerkraftsetzung daher der § 46 des Entwurfs auch vorsah.[1356]

Neben § 27 des Entwurfs, der die Überleitung der alten Ehegattenerbhöfe in das neue Recht zum Gegenstand hatte,[1357] trugen die §§ 28 bis 31 des Entwurfs dem Umstand Rechnung, dass die bisherigen Ehegattenerbhofregelungen die Abwanderung des Hofes in eine fremde Sippe nicht nur möglich gemacht, sondern diesen beim Tode der Ehefrau, von der der Erbhof stammte, sogar gesetzlich vorschrieben hatten. Andererseits wollte man davon Abstand nehmen, das bisherige Recht ohne weiteres durch das neue Recht zu ersetzen, da sich „unter der Herrschaft des Reichserbhofgesetzes schon weitgehendst“ Tatbestände „abgewickelt“ hatten „und die Beteiligten sich sowohl tatsächlich als auch rechtlich auf die bisherige Regelung eingestellt“ hatten.[1358] Dementsprechend sah § 28 des Entwurfs vor, dass dann, wenn der Erbhof ganz oder zum wirtschaftlich bedeutenderen Teil von dem vorverstorbenen Ehegatten in die Ehe eingebracht worden war, der überlebende Ehegatte, dem der Erbhof kraft Gesetzes oder Verfügung von Todes wegen anfiel, unbeschadet der Einsetzung zum Anerben nach § 25 Abs. 5 REG, Voranerbe werden sollte. Stammte der Erbhof von beiden Ehegatten zu gleichen Teilen, so sollte er als vom Ehemann in die Ehe eingebracht gelten.[1359]

Das neue Ehegattenerbhofrecht wollte man nur insoweit übernehmen, als die Vererbung auf den anderen Ehegatten zum Abwandern des Hofes in die fremde Sippe führte, also insbesondere in den Fällen, in denen der einheiratende Ehegatte durch letztwillige Verfügung ungehindert zum Anerben bestimmt werden konnte. Für diese Fälle sah daher § 29 des Entwurfs vor, dass der einheiratende Ehegatte – also auch die Ehefrau – Voranerbe wurde, im Gegensatz zum bisherigen Ehegattenrecht, dass überhaupt keine Vererbung kraft Gesetzes auf die Ehefrau kannte. Weiter bestimmte § 29 des Entwurfs, dass die Ehefrau An-

1356 § 26 des Entwurfs (Neu entstehende Erbhöfe als sippengebundene Ehegattenerbhöfe), in: BArch R 3001/22173, 187. Begründung des § 26 des Entwurfs in: BArch R 3001/22173, 205 f.

1357 § 27 des Entwurfs (Überleitung alter Ehegattenerbhöfe in sippegebundene Ehegattenerbhöfe), in: BArch R 3001/22173, 187.

1358 Begründung des Entwurfs, in: BArch R 3001/22173, 205 f.

1359 § 28 des Entwurfs (Voranerbe statt Anerbe), in: BArch R 3001/22173, 187.

erbin wurde, wenn der Hof von ihr stammte.[1360] Nun wurde auf diese Weise zwar nicht in die bereits bestehenden letztwilligen Verfügungen eingegriffen, die im Widerspruch zu dieser Regelung standen. Diese Anordnungen sollten grundsätzlich gültig bleiben, um „das Vertrauen in derartige auf gesetzlicher Grundlage errichtete letztwillige Verfügungen" nicht zu erschüttern. Soweit aber Verfügungen von Todes wegen nicht gegeben waren, sollte ein mögliches Abwandern des Hofes in eine fremde Sippe, wie bisher nach § 20 EHRV möglich, durch § 30 Abs. 1 des Entwurfs verhindert werden.[1361] Wenn aber eine gewillkürte Erbfolge dann als ungerecht und unbillig angesehen wurde, konnte durch § 32 des Entwurfs Abhilfe geschaffen werden, der den § 54 EHRV auch auf die gewillkürte Erbfolge ausdehnte.[1362]

§§ 33-36 des Entwurfs enthielten schließlich Regelungen hinsichtlich der Auseinandersetzung bei Ehescheidung: Gemäß § 33 des Entwurfs sollten die §§ 67-72 EHVfO bezüglich der Auseinandersetzung von Ehegatten nur noch nach Maßgabe der §§ 34 - 36 des Entwurfs Geltung haben.[1363] § 34 sah bei Auseinandersetzung eine grundsätzliche Bevorzugung desjenigen Ehegatten vor, von dem der Erbhof stammte; eine Regelung, die § 70 EHVfO bisher nicht enthalten hatte. Die bisherige Neigung der Praxis, demjenigen Ehegatten, von dem der Erbhof stammte, den Hof dann nicht zuzusprechen, wenn dieser alleinschuldig geschieden worden war, fand jedoch auch seinen gesetzgeberischen Niederschlag. Die gleiche Folge sah man im Falle ehrlosen oder unwürdigen Verhaltens vor. Auch sollte das Eigentum dann auf den gesetzlichen oder den bestimmbaren Anerben übertragen werden können, wenn Gründe vorlagen, die die Anordnung der vorzeitigen Anerbenfolge nach dem unschuldig geschiedenen Ehegatten rechtfertigten, wobei die Entscheidung unter Berücksichtigung aller Umstände nach billigem Ermessen getroffen werden sollte, § 34 Abs. 1 Satz 2 des Entwurfs. Man begründete dieses damit, dass sich gezeigt habe, „dass häufig der Ehegatte, dem der Erbhof nach Lage der Sache übertragen werden musste, aus den verschiedensten Gründen nicht besonders gut zur Weiterführung der Wirtschaft auf den Hof geeignet erschien, so dass eine Lösung geschaffen werden muss, durch welche in solchen Fällen bereits der Anerbe Eigentümer wird. Auf diese Weise kann häufig eine Generalbereinigung in den bei Ehescheidun-

1360 § 29 des Entwurfs (Die Ehefrau als gesetzliche Anerbin oder Voranerbin beim Tode des Ehemannes), in: BArch R 3001/22173, 188.

1361 § 30 des Entwurfs (Verbot der Bestimmung eines Anerben aus der anderen Sippe, Gültigkeit alter Anerbenbestimmungen), in: BArch R 3001/22173, 188.

1362 § 32 des Entwurfs (Zulassung einer Abweichung auch von der gewillkürten Erbfolge bei Ehegattenerbhöfen dieses Unterabschnittes), in: BArch R 3001/22173, 188.

1363 § 33 des Entwurfs (Ergänzungsbestimmungen für das Auseinandersetzungsverfahren bei Ehegattenerbhöfen), in: BArch R 3001/22173, 188. Begründung zu § 33 des Entwurfs in: BArch R 3001/22173, 206.

gen besonders schwierigen häuslichen Verhältnissen herbeigeführt werden." [1364] § 35 des Entwurfes sah darüber hinaus die Möglichkeit des Ausschlusses des geschiedenen Ehemannes als Anerben vor. Die Bestimmung wurde für „unbedingt notwendig" gehalten, um dem „unerwünschten Ergebnis" vorzubeugen, dass der geschiedene Ehemann, dem der Hof nicht zugesprochen worden war, den Hof auf dem Umweg über den Anerben erster oder vierter Ordnung wieder erhielt, was zur Folge gehabt hätte, dass die geschiedene Ehefrau, der der Erbhof im Auseinandersetzungsverfahren zugesprochen worden war, dann Altenteilerin auf dem Hofe ihres geschiedenen Ehemannes geworden wäre.[1365] Mit der gleichen Zielsetzung bestimmte ergänzend hierzu § 36 des Entwurfes, dass eine Entscheidung nach § 35 des Entwurfs auf Antrag eines Beteiligten auch ohne Vorliegen eines Auseinandersetzungsbeschlusses über einen Ehegattenerbhof getroffen werden konnte, wenn die Ehe geschieden oder für nichtig erklärt war und das Ausscheiden des Ehemannes als Anerbe zweiter Ordnung der Billigkeit entsprach.[1366]

3. *Die Salzburger Erbhofrechtstagung*

Der vom Reichsernährungsministerium vorgeschlagene Weg zur Novellierung des Ehegattenerbhofrechts war zentraler Diskussionspunkt auf der im Februar 1943 stattfindenden Salzburger Erbhofrechtstagung, auf der zu diesem Thema insbesondere die Referenten Ehard, Bauer, Marcik, Etz und Starcke ausführlich Stellung bezogen.

Ehard kritisierte vor allem das in § 19 des Entwurfs vorgesehene Genehmigungsbedürfnis zur Ehegattenerbhofbegründung, da hierdurch zweierlei Recht geschaffen werde. Eine anerbengerichtliche Genehmigung hielt er lediglich dann für nötig, wenn die Begründung des Ehegattenerbhofes mit einer Übergabe von dritter Seite verbunden war. Auch sollte nach seiner Ansicht durch die Vereinbarung des Ehegattenerbhofes auf keinen Fall die Erbhofeigenschaft verloren gehen dürfen und die Schuldengrenze des § 1 EHRV gewahrt bleiben. Auch der geplanten gewillkürten Erbfolge für Ehegattenerbhöfe stand Ehard kritisch gegenüber. Seiner Ansicht nach müssten die Ehegatten sich auch gegenseitig zu Anerben einsetzen können, da ansonsten die ganze Einrichtung des Ehegattenerbhofes zwecklos sei. Darüber hinaus setzte sich Ehard für ein gesetzliches An-

---

1364 § 34 des Entwurfs (Grundsätzliche Bevorzugung des Ehegatten, von dem der Erbhof stammt), in: BArch R 3001/22173, 188. Begründung zu § 34 des Entwurfs in: BArch R 3001/22173, 206.

1365 § 35 des Entwurfs (Ausschluß des geschiedenen Ehemannes als Anerbe), in: BArch R 3001/22173, 188. Begründung des § 35 des Entwurfs in: BArch R 3001/22173, 206.

1366 § 36 des Entwurfs (Ausschluß des Mannes als Anerbe bei Ehescheidung oder nichtiger Ehe auch bei Erbhöfen im Alleineigentum), in: BArch R 3001/22173, 189. Begründung zu § 36 des Entwurfs in: BArch R 3001/22173, 206.

erbenrecht des Ehegatten ein, welches sich bereits „aus der Natur des Ehegattenerbhofes“ selbst ergebe. Dabei sollte die Ehefrau in der gesetzlichen Anerbfolge noch vor den Abkömmlingen zugelassen werden. Die vorgesehene Regelung hielt er demgegenüber für verfehlt, da man nicht der Ehefrau erst einen Miteigentumsanteil einräumen und ihr diesen Teil dann beim Tode des Ehemannes wieder abnehmen könne. Eine solche Beerbung zu Lebzeiten lehnte Ehard ab: „(...) niemals wird die Frau nach dem Tode des Mannes von ihrem Miteigentumsanteil einfach weggedrängt.“

Zwar unterstützte Ehard den Vorschlag, den Hof in der Sippe desjenigen verbleiben zu lassen, der ihn eingebracht hatte. Die Ersetzung der Mitwirkung des anderen Ehegatten in § 22 des Entwurfes hielt er allerdings für problematisch. Vielmehr sollte der überlebende Ehegatte, lag keine gemeinsame Bestimmung des Anerben oder eine alleinige des Erblassers vor, dann den Anerben selbst innerhalb des Rahmens bestimmen können, in dem die gemeinsame Bestimmung möglich gewesen wäre. Der zweite Ehegatte des überlebenden Ehegatten sollte daran, auch nach Ableben des überlebenden Ehegatten, nicht beteiligt werden. Daneben setzte sich Ehard zwar für eine grundsätzliche Förderung der zweiten Ehe des überlebenden Ehegatten ein, dieser sollte allerdings nicht mit dem zweiten Ehegatten wiederum einen Ehegattenerbhof errichten können, da dieses in der gesetzlichen Anerbenfolge dazu führen würde, dass dann einem „Fremden“ der der Frau durch den Tod ihres Mannes zugefallene Anteil übertragen werden könnte, was die sippengebundene Anerbenfolge beschränke oder beseitige. Stattdessen forderte Ehard, dem zweiten Ehegatten ein gesetzliches Recht der Verwaltung und Nutznießung zuzugestehen sowie ihm und den Kindern aus dieser Ehe Versorgungsansprüche nach §§ 31, 32 REG zu gewähren und einen Zwischenbewirtschaftungsvertrag zu ermöglichen. Schließlich mahnte Ehard für die Überleitung alter Ehegattenerbhöfe eine einheitliche Regelung an und wies darauf hin, dass man die neuen Regelungen zwar auf die bereits bestehenden Ehegattenerbhöfe ausdehnen müsse, vor Inkrafttreten vorgenommene Anerbenbestimmungen jedoch wirksam bleiben sollten, auch wenn sie in Widerspruch zu den neuen Vorschriften über die sippengebundene Anerbenfolge standen.[1367]

Bauer bezeichnete das Problem der Wiederverheiratung des verwitweten Ehegatten auf einem Ehegattenerbhof als „Schicksalsfrage des Ehegattenerbhofs überhaupt.“ Dabei wies er darauf hin, dass in Eheverträgen bei Wiederverheiratung früher Tendenzen zu erkennen gewesen wären, die Kinder aus erster Ehe bei der Übernahme des Hofes bevorzugt hätten, aber ebenso oft habe man in Verträgen auch Bestimmungen getroffen, die die Kinder beider Ehen gleichgestellt hätten. Das Familiengefühl sei allerdings stärker als das Sippengefühl und

1367 Niederschrift zum Referat Ehards in: BArch R 3001/22175, 12-17.

das stärkere Familiengefühl werde immer einen Ausweg suchen, sich durchzusetzen. Diesbezüglich stellte er fest: „Wir können es nur erschweren, ganz verhindern werden wir es nie." Auch Bauer sprach sich eindeutig für die Ermöglichung der Neuerrichtung von Ehegattenerbhöfen aus, da dieses altem bäuerlichem Brauch insbesondere in Süddeutschland, aber auch in vielen Gebieten Mittel- und Norddeutschlands entspreche. Die Folge der Unterbindung der Neu- und Wiederbegründung von Ehegattenerbhöfen durch das Reichserbhofgesetz sei, dass in diesen Gebieten das Gesetz „nicht nur nicht Wurzel fassen" könne, sondern „geradezu abgelehnt" werde. Er wiederholte, dass durch das Verbot der zuheiratende Ehemann nur „Knecht" sei bzw. diesem, falls er das Verwaltungs- und Nutznießungsrecht habe, nur ein „kündbarer Verwalterposten" auf dem Hof der Frau zustehe. Umgekehrt lehnten Frauen die Einheirat in einen Erbhof ab, „weil sie nicht nur Dirn auf dem Hof des Mannes sein wollten." Des Weiteren vertrat Bauer die Ansicht, dass man die gegenseitige Erbeinsetzung zum Anerben durch die Ehegatten eines Ehegattenerbhofes sowieso nicht verweigern könne, „ohne dem Sinn der bäuerlichen Erwerbswirtschaft, der Gütergemeinschaft, und den Familienbanden jeden Inhalt zu nehmen." Entsprechend plädierte er für ein gesetzliches Anerbrecht des Ehegatten noch vor den Abkömmlingen.[1368]

Ausdrücklich wandte sich Bauer gegen das Konstrukt der Voranerbschaft, welches er für keine adäquate Lösung des Problems der Abwanderung des Erbhofes aus der ursprünglichen Sippe hielt. Als einzigen Ausweg sah Bauer den Ausschluss der Wiederbegründung eines Ehegattenerbhofes bei Wiederverheiratung einer überlebenden Bäuerin. Gleiches gelte für die Anerbeneinsetzung des zweiten einheiratenden Ehemannes, der lediglich ein Nutzverwaltungsrecht erhalten dürfe. Dies sei zwar insbesondere vom Standpunkt der Eheschließung und Kinderfreudigkeit aus keine ideale Lösung. Der einheiratende Ehegatte werde aber zumindest Bauer und erhalte Bauernrechte. Faktisch sei die Voranerbenstellung auch nicht viel mehr als ein Nutzverwaltungsrecht. Abschließend brachte Bauer die Grundproblematik auf den Punkt: „Jedenfalls sieht man: hier prallen die Grundsätze des Sippegedankens und der Bevölkerungspolitik hart auf hart aneinander. Man muss sich entscheiden entweder jetzt im Krieg die Eheschliessung und den Kinderreichtum fördern oder den Sippegedanken aufgeben, d. h. die Kinder erster Ehe rechtlich opfern. Tut man aber Letzteres, so zertrümmert man eine tragende Säule des REG. und davor sind wir zurückgeschreckt."[1369]

1368 Niederschrift zum Referat Bauers „Ehegattenerbhof und Wiederverheiratung", in: BArch R 3001/22175, 46 f.

1369 Niederschrift zum Referat Bauers „Ehegattenerbhof und Wiederverheiratung", in: BArch R 3001/22175, 48 f.

Marcik wiederholte die einhellige Meinung, dass die neuen Vorschriften über die sippegebundenen Ehegattenerbhöfe sofort mit dem Inkrafttreten der neuen Verordnung auch für die alten Ehegattenerbhöfe gelten sollten. Lediglich letztwillige Verfügungen, die vor dem Inkrafttreten der neuen Verordnung getroffen würden, sollten aufrecht erhalten bleiben.[1370]

Etz hielt die bisherige Regelung des § 23 Abs. 2 EHRV für ausreichend. Diesbezüglich bestünde kein Bedürfnis nach Vorschriften, welche dem Gericht nähere Anweisungen darüber geben, welcher der beiden Ehegatten den Erbhof zugesprochen bekommen sollte. Auch hielt Etz die Regelung des § 70 EHVfO für vorzugswürdig. Dem Grundgedanken des § 34 Abs. 2 des Entwurfs stimmte Etz grundsätzlich zu. Die in den §§ 33-36 des Entwurfs vorgesehenen Änderungen beurteilte er jedoch als „keineswegs kriegswichtig". Die Vorschriften der §§ 35, 36 des Entwurfs hielt er für schlichtweg überflüssig, da sich die von diesen Bestimmungen zu verhindernde „unbillige Rechtsfolge" „verhältnismäßig selten" ereigne und dann auf dem Wege des § 54 EHRV beseitigt werden könne.[1371]

Starcke wiederholte abschließend, dass auch in Gebieten Nordwestdeutschlands, insbesondere in Westfalen und Teilen Niedersachsens, der Ehegattenerbhof verbreitet sei. Auch vor diesem Hintergrund hielt er die Zulassung der Ehegattenerbhöfe für kriegswichtig. Unter Hinweis auf die Begründung des Reichsernährungsministeriums hinsichtlich der Vorschriften zum sippegebundenen Erbhof äußerte Starcke, dass man beinahe versucht sein könne,

„sich zu fragen, wie es überhaupt möglich war, daß solche im Miteigentum von Ehegatten stehende Bauernhöfe ursprünglich durch das Reichserbhofgesetz als Erbhöfe vollständig ausgeschlossen waren und in der Folgezeit auch nur zaghaft und gewissermaßen als ein notwendiges Übel übergangsweise zugelassen worden sind. Immerhin sind es seinerzeit beachtliche Gründe gewesen, die dazu geführt haben, den Gedanken an die Sippe erheblich stärker zu betonen als den Gedanken an die Familie und demgemäß den im Miteigentum von Ehegatten stehenden Bauernhof als Erbhof grundsätzlich abzulehnen und nur, um nicht einen zu großen Teil richtig bäuerlichen Grundbesitzes von der Regelung durch das Reichserbhofgesetz auszuschließen, wenigstens für eine Übergangszeit zuzulassen. Aber wenn der Gesetzgeber auch ‚allmächtig' sein mag und alles dasjenige mag ordnen können, was ihm gerecht und gut dünkt, so geht doch auch das Leben nun einmal in weitem Umfange seinen eigenen Weg unabhängig vom Gesetzgeber weiter. Das muß der Gesetzgeber beachten und darauf muß er Rücksicht nehmen, wenn es nicht zu schweren Konflikten kommen soll."

1370 Niederschrift zum Referat Marciks, in: BArch R 3001/22175, 50-54.

1371 Niederschrift zum Referat von Etz zum Thema „Ehescheidung, Altenteil, Anfall eines weiteren Erbhofs, Abänderung des § 54 EHRV", in: BArch R 3001/22175, 56-58, 57.

An der Tatsache, dass im Bauerntum der Familiengedanke dem Sippengedanken vorgehe – unabhängig davon, ob dieses nun auf eine gewisse kapitalistische Denkweise oder Einstellung zurückzuführen sei oder nicht – könne kaum etwas geändert werden.

Den Entwurf des Reichsernährungsministeriums hielt Starcke, trotz der grundsätzlich zu begrüßenden Zulassung von weiteren Ehegattenerbhöfen, in insbesondere vier wesentlichen Punkten für zu kompliziert und zu unübersichtlich. Zum einen kritisierte Starcke die Unterscheidung nach Gegenden, wo Ehegattenerbhöfe grundsätzlich möglich sein sollten und solchen, wo diese nicht möglich sein sollten. Vielmehr sollte nach Starckes Ansicht überhaupt keine gesonderte Genehmigung mehr erforderlich sein. Eine Ausweitung des Ehegattenerbhofes sei nicht zu befürchten. Zum anderen sah Starcke keine Notwendigkeit, durch die Einführung von Übergangsregelungen drei verschiedene Ehegattenerbhofarten einzuführen und trat dafür ein, alle bisher schon bestehenden Erbhöfe in sippengebundene Ehegattenerbhöfe überzuleiten. Des Weiteren forderte Starcke die grundsätzliche Bauernfähigkeit des einheiratenden Ehegatten und die Zusammenfassung und Ergänzung der Bestimmungen des § 19 und des § 26 des Entwurfs. Die Regelung der Auseinandersetzung bei Ehescheidung beurteile Starcke dagegen als nicht kriegswichtig.[1372]

III. Der Ehegattenerbhof nach der EHFV

Vor dem Hintergrund der Ergebnisse der Salzburger Erbhofrechtstagung konnten das Reichsernährungs- und das Reichsjustizministerium nach zahlreichen Beratungen und einer Chefbesprechung vom 16. August 1943 schließlich über die Novellierung des Ehegattenerbhofrechts Einigung erzielen. In seiner am 1. Oktober 1943 anlässlich der Verkündung der Erbhoffortbildungsverordnung gehaltenen Rede verdeutlichte Reichsjustizminister Thierack[1373] öffentlich die der Neuregelung des Ehegattenerbhofrechts zugrunde liegende Problematik:
„So hat schon die fortschreitende Erkenntnis der Auswirkungen des Reichserbhofgesetzes selbst im Laufe seiner Anwendung in mancherlei Beziehung gezeigt, daß das Erbhofrecht weiter zu entwickeln ist. Mit der Erweiterung des Reiches, insbesondere der Heimkehr der Donau- und Alpengaue, kamen neue Gebiete_zum Reich, in denen ebenfalls ein starkes und gesundes Bauerntum

1372 Niederschrift der Stellungnahme Starckes zum sippegebundenen Erbhof und zu den alten Ehegattenerbhöfen, in: BArch R 3001/22175, 115-121, 115 ff.

1373 Thierack, Otto Georg. Jurist und Politiker. * 19. April 1889 in Wurzen. 1921 Staatsanwalt in Leipzig, 1926 in Dresden. 1932 Mitglied der NSDAP und Führer des NS-Rechtswahrerbundes. 1933 Saächsicher Justizminister. 1935 Vizepräsident des Reichsgerichts in Leipzig. 1936 – 1942 Präsident des Volksgerichtshofs. 1942 Reichsminister der Justiz. † 22. November 1946 in Sennelager (Selbsttötung)

heimisch ist, das aber nach seinem eigenen Brauchtum lebte. Durch den Krieg und den Heldentod_vieler Bauern und Bauernsöhne wurde weitere Probleme und Fragen aufgeworfen, und so mußte die Reform notwendig beschleunigt werden."[1374]

Zu diesen Problemen und Fragen zählte Thierack insbesondere die Stellung des einheiratenden Ehegatten, die Förderung der Wiederheirat des überlebenden Ehegatten, die größere Sicherstellung der einheiratenden Ehefrau und die Verbesserung ihrer rechtlichen Stellung sowie die Wiederzulassung von Ehegattenerbhöfen.[1375] Entsprechend veränderte der 2. Abschnitt der Erbhofortbildungsverordnung in den Bestimmungen der §§ 20-31 EHFV das Recht der Ehegattenerbhöfe grundlegend. Insbesondere gestaltete er die Rechtslage hinsichtlich der überlebenden und einheiratenden Ehegatten elastischer und sah in weiterem Umfang die Möglichkeit vor, Ehegattenerbhöfe zu schaffen. Durch die Zulassung des sogenannten sippegebundenen Erbhofes sollte u. a. die „soziale und wirtschaftliche Stellung der Bauernfrau im Leben des Landvolkes die ihr gebührende Sicherung" finden.[1376]

1. Die Zulassung des Ehegattenerbhofes

§ 20 EHFV brachte die endgültige Anerkennung des Ehegattenerbhofes, die Umwandlung bereits bestehender „Alleineigentums"-Erbhöfe in Ehegattenerbhöfe wurde zugelassen. Dieses war grundsätzlich auf drei Wegen möglich: Zum einen durch Vereinbarung der Gütergemeinschaft zwischen dem Erbhofeigentümer und seinem Ehegatten, § 20 Abs. 1, 1. Var. EHFV. Zum anderen durch Einräumung sonstigen Miteigentums des Erbhofeigentümers gegenüber seinem Ehegatten, § 20 Abs. 1, 2 Var. EHFV.[1377] Schließlich wurde der gemeinschaftliche Erwerb eines Erbhofes durch die Ehegatten ermöglicht, § 20 Abs. 2 EHFV. Daneben blieben die Bestimmungen der §§ 17 und 18 EHRV bestehen, so dass nach diesen Bestimmungen auch originär Ehegattenerbhöfe entstehen konnten. Gemäß § 20 Abs. 3 EHFV konnten die auf die Schaffung solcher Ehegattenerbhöfe abzielenden Rechtsgeschäfte – aufschiebend bedingt wirksam durch die Eheschließung – bereits von Brautleuten vorgenommen werden. Erforderlich für die Begründung einer Ehegattenerbhofes war eine anerbengerichtliche Genehmigung, welche allerdings bei Vorliegen eines wichtigen Grundes grundsätzlich

1374 Rede Thieracks zur Verkündung der EHFV auf der Zehnjahresfeier des Reichserbhofgerichts am 1. Oktober 1943 in Berlin, in: BArch R 3001/22170, 180-196, 189.

1375 Rede Thieracks zur Verkündung der EHFV auf der Zehnjahresfeier des Reichserbhofgerichts am 1. Oktober 1943 in Berlin, in: BArch R 3001/22170, 180-196, 182.

1376 Hopp, DR 1943, 1089.

1377 Hierunter fiel auch die sogenannte Anschreibung des einheiratenden Ehegatten zur Hälfte, wie sie in den „Alpen- und Donaureichsregionen sowie wie im Sudetenland üblich gewesen war", Meyer in der Stroth, Dt. Agrarrecht 1943, S. 401.

erteilt werden sollte, § 20 Abs. 4 Satz 1. Eine wichtiger Grund sollte insbesondere dann gegeben sein, wenn in der Gegend, in der der Erbhof lag, die Begründung von Ehegattenerbhöfen in Fällen der zur Entscheidung stehenden Art üblich gewesen war, § 20 Abs. 4 Satz 2 EHFV. Mit dieser generellen Genehmigungspflicht blieb der Gesetzgeber sowohl hinter dem Entwurf des Reichsernährungsministeriums, der zumindest für traditionelle Ehegattenhofgebiete Genehmigungsfreiheit vorgesehen hatte, als auch hinter den auf der Salzburger Erbhofrechtstagung aufgestellten Forderungen nach zurück. Man überließ es den Anerbengerichten, hierüber im Einzelfall zu entscheiden. Damit erübrigte sich auch eine ausdrückliche Regelung des Erfordernisses der Bauernfähigkeit des einheiratenden Ehegatten, wobei allerdings nicht in jedem Fall fehlender Bauernfähigkeit eine Genehmigung verweigert werden sollte.[1378]

2. Die Neuregelung des Rechts der Ehegattenerbhöfe

§ 21 EHFV übernahm den Hinweis des § 19 EHRV und stellte klar, dass für die Ehegattenerbhöfe dieselben Vorschriften maßgebend waren, die für alle Erbhöfe galten, soweit sich nicht aus den §§ 22 ff. EHFV etwas anderes ergab. Für die bereits bestehenden Ehegattenerbhöfe galten die Regelungen allerdings gemäß § 31 EHFV erst ab dem 1. April 1944. Dementsprechend traten die §§ 19 bis 22 EHRV gemäß § 51 EHFV mit Ablauf des 31. März 1944 außer Kraft. Für Anträge und Streitigkeiten, die sich bei Anwendung der Vorschriften über den sippegebundenen Ehegattenerbhof ergaben, waren die Anerbenbehörden ausschließlich zuständig, § 30 EHFV.

Von einer Abänderung der Vorschriften des ehelichen Güterrechts sah man dagegen weitgehend ab, § 22 EHFV. Eine Ausnahme galt zum einen für das ABGB, in dem das Recht zum Widerspruch der Ehefrau gegenüber der rechnungsfreien Verwaltung des Ehemannes gemäß §§ 1238 f. ABGB dem Genehmigungsvorbehalt des Anerbengerichts unterstellt wurde, § 22 Abs. 1 Satz 2 EHFV.[1379] Darüber hinaus ergänzte § 22 Abs. 2 EHFV das eheliche Güterrecht dahingehend, dass dann, wenn keine Gütergemeinschaft vereinbart worden und der Erbhof lediglich ins einfache Miteigentum des Ehegatten übergegangen war, dem bauernfähigen Ehemann die bäuerliche Verwaltung und Nutznießung nach § 22 Abs. 2 Satz 1 EHFV zustehen sollte. Hierdurch wollte man eine einheitliche Wirtschaftsführung des Ehemannes gewährleisten.[1380] Dieses Recht konnte jedoch durch Ehevertrag ausgeschlossen, aufgehoben oder zeitlich begrenzt werden, § 22 Abs. 2, Satz 2 EHFV. Bei Vorliegen eines wichtigen Grundes war auf Antrag des Landesbauernführers auch eine Aufhebung oder Beschränkung

1378 Meyer in der Stroth, Dt. Agrarrecht 1943, 401.
1379 Vgl. hierzu die Ausführungen zu § 26 REG.
1380 Meyer in der Stroth, Dt. Agrarrecht 1943, 402.

dieses Nutzverwaltungsrechtes durch das Anerbengericht möglich, § 22 Abs. 2 Satz 3 EHFV.

3. *Die Vererbung der Ehegattenerbhöfe*

Die §§ 23 ff. EHFV sollten den Sippengedanken wahren und gleichzeitig dem einheiratenden Ehegatten eine angemessene Rechtsstellung einräumen. Hierfür war die „Herkunft“ des Erbhofes von zentraler Bedeutung. Denn während diese Frage in der Erbhofrechtsverordnung nur im Falle des § 21 EHRV Bedeutung gehabt hatte, war nach der Erbhoffortbildungsverordnung die Frage, von welchem Ehegatten der Erbhof stammte, für die gesetzliche wie für die gewillkürte Anerbfolge entscheidend, §§ 24, 25 EHFV.

Zur Klärung der Frage nach der Herkunft diente § 23 EHFV. § 23 Abs. 1 Satz 1 EHFV stellte in Anlehnung an § 21 EHRV klar, dass für die Beurteilung der Herkunft grundsätzlich der wirtschaftliche Gesichtspunkt ausschlaggebend sein sollte, § 23 Abs. 1 Satz 1 EHFV. Maßgeblich für die Beurteilung war dabei nicht lediglich der Grundbesitz, sondern alle den Erbhof bildenden Vermögensteile.[1381] Hatten beide Ehegatten den Hof, wie in Realteilungsgebieten häufig, zu gleichen Teilen eingebracht, so galt er als vom Ehemanne abstammend, § 23 Abs. 1 Satz 2 EHFV. Im Zweifel entschied auf Antrag eines Ehegatten das Anerbengericht nach billigem Ermessen, § 23 Abs. 1 Satz 3 EHFV. Diese rein wirtschaftliche Betrachtungsweise konnte jedoch nach § 23 Abs. 2 EHFV zurückstehen, wenn die Sippe des einen Ehegatten bereits in mehrfacher Geschlechterfolge auf dem von ihm eingebrachten Teile des Hofes ansässig war, während dies für den anderen Ehegatten nicht zutraf. In diesem Fall konnte das Anerbengericht – ohne Rücksicht auf die wirtschaftliche Bedeutung des eingebrachten Teils – entscheiden, dass der Hof von dem alteingesessenen Ehegatten stammte, sofern eine solche Entscheidung bäuerlichem Denken entsprach. Das Anerbengericht hatte im Verfahren nicht nur die beiden Ehegatten, sondern auch die nächsten Anerbenberechtigten aus beiden Sippen hinzuzuziehen, § 23 Abs. 3 EHFV. Zur Erleichterung der Beantwortung der Frage nach der Herkunft des Hofes diente zusätzlich § 23 Abs. 4 EHFV, wonach Eheverträge und gemeinschaftliche Verfügungen von Todes wegen Angaben über Umfang und Wert des von den Ehegatten eingebrachten Vermögens enthalten sollten.

§ 24 EHFV legte die gesetzliche Anerbenfolge fest. Diese richtete sich grundsätzlich nach dem Ehegatten, von dem der Erbhof stammte: Gemäß § 24 Abs. 1 Satz 1 EHFV fiel der Erbhof zwar zunächst dem überlebenden Ehegatten an. Auf diesen folgte als gesetzlicher Anerbe dann aber der nächstberufene Anwärter aus der Sippe, aus der der Erbhof stammte, § 24 Abs. 1 Satz 2 EHFV.

1381 Vgl. Stoll/Baur, S. 114.

Damit folgte man nicht dem vom Reichsernährungsministerium ursprünglich vorgeschlagenen Konzept der Voranerbschaft, sondern richtete sich hierbei nach geltendem bäuerlichen Brauch. Thierack bemerkte hierzu: „Auch bei der Gestaltung der Anerbenfolge beim Ehegattenerbhof ist von altem erprobtem Erbhofbrauchtum ausgegangen worden. In den Gebieten der Ehegattenerbhöfe war es üblich, daß zunächst der Ehegatte zum Zuge kam. Auch er wird also zunächst Eigentümer des Erbhofs."[1382] Bei Vorliegen eines wichtigen Grundes konnte außerdem mit anerbengerichtlicher Genehmigung die gesetzliche Anerbenfolge desjenigen Ehegatten ausgeschlossen werden, von dem der Erbhof nicht stammte, § 24 Abs. 2 Satz 1 EHFV. Diesem stand dann lediglich die bäuerliche Verwaltung und Nutznießung zu, § 24 Abs. 2 Satz 2 EHFV, soweit nicht auch diese bereits durch § 7 Abs. 1 Satz 3 EHFV ausgeschlossen oder beschränkt worden war.

Bei der gewillkürten Anerbfolge, die von § 25 EHFV geregelt wurde, waren die Ehegatten in ihrem Bestimmungsrecht auf Anwärter nach dem Ehegatten beschränkt, von dem der Hof stammte, § 25 Abs. 2 Satz 4 EHFV. Das Bestimmungsrecht stand dabei den Ehegatten gemeinsam zu, auch konnte diese Bestimmung nur gemeinsam wieder aufgehoben werden, § 25 Abs. 1 S.1 EHFV. Nach § 25 Abs. 2 Satz 5 EHRV konnte zum Anerben oder weiteren Anerben nur eine Person bestimmt werden, die nach dem Reichserbhofgesetz zum Anerben desjenigen Ehegatten berufen war, von dem der Hof stammte. Kam keine Einigung zustande, so konnte derjenige Ehegatte, von dem der Erbhof stammte, den Anerben allein bestimmen oder gemäß § 25 Abs. 1 S. 1 EHFV getroffene Bestimmungen wieder aufheben. In beiden Fällen war hierzu allerdings die Zustimmung des Anerbengerichts erforderlich. Daneben bestand die Möglichkeit der gegenseitigen Anerbeneinsetzung, § 25 Abs. 2 S. 1 EHFV. Darüber hinaus konnten die Ehegatten Person und Zeitpunkt der weiteren Anerbenfolge festlegen, § 25 Abs. 2 S. 2 EHFV. Nach § 25 Abs. 2 S. 4 EHFV konnte eine solche Bestimmung auch der zum Anerben gewordene Ehegatte treffen. Stammte von diesem nicht der Hof, so war dazu die Zustimmung des Anerbengerichts erforderlich, § 25 Abs. 2 S. 7 EHFV.

Eine Durchbrechung des Sippenprinzips ermöglichte § 25 Abs. 3 EHFV: Fehlten bauernfähige eheliche Abkömmlinge des verstorbenen Ehegatten, von dem der Hof stammte, und war der Anerbe noch nicht bestimmt, so konnte der zum Anerben gewordene Ehegatte den weiteren Anerben auch aus seinen eigenen Abkömmlingen auswählen, wenn das Festhalten an der Anerbenfolge in der Hofessippe eine unbillige schwere Härte bedeutet hätte. Auch hierzu war die

1382 Rede Thieracks zur Verkündung der EHFV auf der Zehnjahresfeier des Reichserbhofgerichts am 1. Oktober 1943 in Berlin, in: BArch R 3001/22170, 180-196, 190.

Zustimmung des Anerbengerichts erforderlich, das vorher den Landesbauernführer zu hören hatte.

4. Die weiteren Auswirkungen der Anerbfolge des Ehegatten

§ 26 EHFV erleichterte die Wiederverheiratung des überlebenden Ehegatten. Stammte der Erbhof von diesem selbst, so konnte er einen neuen Ehegattenerbhof begründen, § 26 Abs. 1 Satz 1 EHFV. Begründete eine überlebende Ehefrau, von der der Hof stammte, mit ihrem neuen Ehemann keinen Ehegattenerbhof, so stand dem bauernfähigen Ehemanne zumindest die bäuerliche Verwaltung und Nutznießung am Erbhofe zu, § 26 Abs. 1 Satz 2 EHFV. Gleiches galt für den Fall der Wiederverheiratung einer Witwe, von der der Hof nicht stammte, § 26 Abs. 2 EHFV. § 26 Abs. 3 EHFV sollte die Altenteilsansprüche des neuen Ehegatten und die Versorgungsansprüche der Kinder aus der neuen Ehe sichern. Diese bestimmten sich, bei Wiederverheiratung des Ehegatten, von dem der Hof stammte, nach § 31 und § 30 REG. Bei Wiederverheiratung desjenigen Ehegatten, von dem der Hof nicht stammte, regelte sich die Versorgung nach § 13 Abs. 2 und § 14 EHFV sowie § 26 Abs. 3 EHFV.

Mit § 27 EHFV wiederum wollte man der Gefahr vorbeugen, dass die Anerbenfolge desjenigen Ehegatten, von dem der Hof nicht stammte, der neuen Generation den Weg zum Hofe versperrte. Hiernach konnte die weitere Anerbenfolge auf Anordnung des Anerbengerichts und auf Antrag des Landesbauernführers aus wichtigem Grund bereits vorzeitig eintreten, § 27 Abs. 1 EHFV.

§ 28 EHFV schloss eine bei der bisherigen Gesetzesanwendung bestehende Lücke,[1383] die zwar als störend angesehen worden war, aber auf der Grundlage des alten Rechts zu einer Nichtanwendung des § 22 gegenüber den Miteigentümern von Ehegattenerbhöfen geführt hatte.[1384] Gemäß § 28 Abs. 1 Satz 1 EHFV konnte der Ehegatte, von dem der Hof stammte, einen weiteren Erbhof nur nach Maßgabe des § 22 REG, § 16 Abs. 2 oder § 42 EHFV erben. Die Erklärung der Hofübernahme bedurfte der Zustimmung des anderen Ehegatten, § 28 Abs. 1 Satz 2 EHFV. Gemäß § 28 Abs. 2 EHFV schied derjenige Ehegatte, von dem der Hof nicht stammte, in Abweichung von § 22 REG als Anerbe des anderen Erbhofs nicht aus.

§ 29 EHFV erstreckte schließlich den Grundgedanken, wonach der Erbhof nicht aus der ursprünglichen Hofessippe abwandern sollte, auf die Fälle der Ehescheidung: Die Bestimmung behielt insbesondere das in den §§ 67 ff. EHVfO geschaffene Gestaltungsverfahren bei und ergänzte es durch einige materielle Grundsätze, von denen sich das Anerbengericht bei der Gestaltung seiner Befugnisse leiten lassen sollte: Hiernach erhielt derjenige Ehegatte den Erbhof, von

1383 Vgl. insoweit auch § 16 Abs. 1 EHFV.

1384 Hopp, DR 1943, 1091.

dem er stammte, § 29 Abs. 2 Satz 1 EHFV. Dieser Grundsatz galt allerdings dann nicht, wenn die Ehe aus alleinigem oder überwiegendem Verschulden dieses Ehegatten geschieden worden war, er sich eines unbäuerlichen und ehrlosen Verhaltens schuldig gemacht hatte und der andere Ehegatte zur ordnungsgemäßen Bewirtschaftung des Hofes in der Lage war, § 29 Abs. 2 Satz 2 EHFV. Die Entscheidung hatte das Anerbengericht unter Berücksichtigung aller Umstände nach billigem Ermessen zu treffen, § 29 Abs. 2 Satz 3 EHFV.
Eine weitere Neuregelung enthielt § 29 Abs. 3 EHFV. Hiernach konnte das Anerbengericht bei Vorliegen eines wichtigen Grundes den Erbhof auch auf den Anerben übertragen, wobei es sogar die Möglichkeit erhielt, von der gesetzlichen oder gewillkürten Anerbfolge abzuweichen.

E. Die agrarpolitische Neuorientierung in den §§ 37 – 39 REG

Nach dem Gesetzesvorspruch zielte das Reichserbhofrecht auf die Erhaltung des Bauerntums als „Blutquelle des deutschen Volkes“ ab. Zur Erreichung dieses Ziels schlug der nationalsozialistische Gesetzgeber nicht nur auf dem Gebiet der Erbfolge kraft Anerbenrechts mit den Regelungen der §§ 19 ff. REG eine grundsätzlich neue Richtung ein. Auch mit den §§ 37-39 REG, die die Rechtsgeschäfte unter Lebenden betrafen, wollte man sich von den Methoden der traditionellen Agrarpolitik abwenden, die man als unzureichend für den Schutz der Bauern erachtete, wie Darré in seiner Rede vom 5. Oktober 1933 deutlich machte:

„Wie alles, was die Zeit vor uns tat, wollte man auch hier mit halben Massnahmen retten, was nur durch eine grundsätzliche Umkehr auf dem bisher beschrittenen Wege zu retten war. Man redete von Zollschutz und Binnenmarkt und glaubte über den Zollschutz und Binnenmarkt durch Erhöhung der Preise das Problem der Verschuldung des Bauern grundsätzlich lösen zu können. Dass dieses Bestreben kindlich war, konnte sich jeder an seinen fünf Fingern abzählen, der gewohnt ist, Probleme des wirtschaftlichen Geschehens auf Ursache und Wirkung zu durchdenken. (...) Möge nun endlich jener Unsinn auch aus dem letzten deutschen Bauerngehirn verschwinden, dass man mit der Preispolitik allein die Zukunft des deutschen Bauern garantieren könne.“[1385]

Vor diesem Hintergrund sahen Darré und seine Gefolgsleute in der „liberalistischen Wirtschaftspolitik“ die Hauptursache für die wirtschaftlichen Probleme der Landwirtschaft, und erblickten in der Herauslösung der Erbhöfe aus dem Marktverkehr und in der Aufhebung des Marktdruckes die entsprechende Lösung. So erläuterte Vogels am 22. Oktober 1933 auf seinem Kölner Vortrag die der nationalsozialistischen Agrarpolitik in dieser Hinsicht zugrunde liegenden Annahmen:

„Der Bauer soll überhaupt unangreifbar sein. Die Bauern, die wir noch haben, wollen wir uns erhalten im Interesse des Gemeinwohls, im Interesse der Gesamtheit. Es soll nicht mehr möglich sein, dass ein Bauer, der unverschuldet infolge der Wirtschaftskrise in Not geraten ist, deshalb, weil er seine Hypothekenzinsen nicht zahlen kann, trotz größten Fleisses vom Hof vertrieben wird. Diesen Luxus können wir uns auf die Dauer als Volk nicht mehr gestatten. (...) Der Bauernhof soll nicht mehr als Ware angesehen werden, die man beliebig verpfänden kann, sondern der Bauernhof ist ein Ding, das jenseits dieser geschäftlichen Manipulation steht. Der Bauernhof soll – das ist etwas völlig Neu-

1385 Niederschrift der Rede Darrés vor der Presse vom 5. Oktober 1933, in: BArch R 3001/ Akte 592, 26.

es, in allen bisherigen Anerbengesetzen kommt das nicht vor – unveräusserlich und unbelastbar sein."[1386]

In den §§ 37-39 REG wurde diese Neuordnung der Agrarpolitik rechtlich umgesetzt. § 37 Abs. 1 Satz 1 REG bestimmte die grundsätzliche Unveräußerlichkeit und Unbelastbarkeit der Erbhöfe. Ausnahmen hiervon waren grundsätzlich nur bei Vorliegen eines wichtigen Grundes möglich, dann konnte das Anerbengericht eine Veräußerung oder Belastung genehmigen, § 37 Abs. 2 Satz 1 REG. Möglich und genehmigungsfrei blieben lediglich Verfügungen über Zubehörstücke, wenn deren Veräußerung im Rahmen einer ordnungsgemäßen Wirtschaft erfolgte, § 37 Abs. 1 Satz 2 REG. Auch bei Übergabeverträgen galt gemäß § 37 Abs. 3 REG ein etwas milderer Maßstab. Eine Verfügung unter Lebenden aufgrund eines Übergabevertrages sollte durch das Anerbengericht grundsätzlich genehmigt werden, wenn der Bauer den Hof einem Anerbenberechtigten übergeben wollte, der bei Erbfall der Nächstberechtigte gewesen wäre oder vom Erblasser gemäß § 25 REG zum Anerben hätte bestimmt werden können; dabei durfte der Übergabevertrag den Erbhof jedoch nicht über seine Kräfte belasten. Darüber hinaus enthob § 38 REG die Erbhöfe weitestgehend dem Zugang der Gläubiger: Wegen normaler Geldforderungen konnte in den Erbhof nicht mehr vollstreckt werden. Lediglich wegen öffentlich-rechtlicher Geldforderungen blieb dieses gemäß § 39 Abs. 1 REG nach Maßgabe des § 39 Abs. 2 bis 5 REG möglich.

Die Neuerungen der §§ 37-39 REG gingen weit über das hinaus, was die bisherige Agrarpolitik den bäuerlichen Betrieben an Schutz gewährt hatte. Insbesondere das grundsätzliche Veräußerungs- und Belastungsverbot, in diesem Umfang bisher nur von Außenseitern gefordert,[1387] griff tief in die Agrarordnung ein. Allerdings entsprach die sich hieraus ergebende Festschreibung der bestehenden Bodeneigentumsverhältnisse im Erbhofbereich dem „stationären Wirtschaftsbegriff"[1388] der Blut-und-Boden-Ideologie, die die Bauern und ihre Nachkommen fest an die ererbte „Scholle" binden wollte.

Welche agrarpolitischen bzw. bevölkerungspolitischen Vorstellungen den Regelungen der §§ 37-39 REG innewohnten und von welchem Bild einer völkischen Ordnung sich Darré beim Umbau der Agrarverfassung leiten ließ, ver-

---

1386 Vortrag von Ministerialrat Vogels über das Reichserbhofgesetz (Seite 6 f.) im „Verein für das Notariat in Rheinpreussen" vom 22. Oktober 1933 in Köln, in: BArch R 3001/ Akte 593, 3 f.

1387 Hierzu zählte insbesondere der Agrarpolitiker Ruhland, der die Vereinbarkeit von Kapitalismus und bäuerlicher Landwirtschaft grundsätzlich verneinte und auf dessen Schrift „System der politischen Ökonomie" sich Darré ausdrücklich berief, vgl. Protokoll zur Rede Darrés vor der Presse in Berlin am 5. Oktober 1933, in: BArch R 3001/Akte 592, 26.

1388 Grundmann, S. 45.

deutlichte er auf der Kabinettsitzung vom 26. September 1933. Hier vertrat er die Auffassung, dass man bisher den Fehler begangen habe,

„den Bauer aus seiner bäuerlichen Funktion herauszuholen und ihn in den allgemeinen Wirtschaftsprozeß zu stellen. Der Bauer habe versucht, sich mit rein wirtschaftlichen Methoden zu erhalten. Diesen Kampf habe er verloren. Man habe untersucht, warum der Bauer stirbt. Hier habe sich ergeben, daß der Bauer gezwungen ist, sich mit seinem Hof dem Markt anzupassen und seine Produktion geldwirtschaftlich zu gestalten. Bei dem Wettbewerb ausländischer Erzeugnisse habe dieser Versuch zu einer Verschuldung der Bauern führen müssen. (...) Der Versuch mit dem Markte mitzugehen, führte zur Verschuldung. Man müsse aus dieser Erkenntnis die Folgerung ziehen, dass der Bauer nicht so behandelt werden könne, wie ein kapitalistischer Unternehmer. Der Bauer soll außerhalb des kapitalistischen Kampfes stehen. Hiergegen könnte man einwenden, ein solcher Bauer werde sich nicht mehr anstrengen und eine solche Regelung laufe auf eine Garantie des Eigentums hinaus. Darauf sei zu erwidern, daß früher auch der Offizier zur Erfüllung seiner Spielschulden nur durch den Druck des Standes und durch die Ehrbegriffe des Standes angehalten wurde. Man müsse jetzt bäuerliche Standesauffassung auf die Ebene der Offiziersehre bringen. Man müsse sich also die Frage vorlegen, ob man den Bauern aus dem Wirtschaftskampfe herausnehmen wolle oder nicht. Aus der Erkenntnis heraus, daß der Bauer kein Unternehmer sei, habe der Entwurf diese Herausnahme des Bauern aus dem kapitalistischen Wirtschaftssystem zu verwirklichen gesucht.“[1389]

Hitler schloss sich auf der Kabinettsitzung diesem Ansatz Darrés, den Erbhof aus dem Markt herauszunehmen, ausdrücklich an:

„Ein grundsätzlicher Wandel ist nötig, sonst wird das deutsche Volk in 30 Jahren nur noch aus 30 Millionen Menschen bestehen. Das führt zum Volkstod. Der bisherige Weg ist nicht der richtige. Man kann nicht die Aufwärtsentwicklung, die seit den siebziger Jahren stattgefunden hat, jetzt wieder absacken lassen. Man muß sich von der liberalistischen Auffassung abwenden. Die liberalistische Wirtschaftsentwicklung war eine Fehlentwicklung. Kapital kommt und vergeht. Wenn der Bauer einmal vergeht, kommt er nicht wieder. Das Gesetz vom Sinken und Fallen des Kapitals kann man nicht auf den Bauern übertragen. Eine Fabrik kann ohne Schaden für die Volkswirtschaft zugrunde gehen. Der Unternehmer kann anderswo unterkommen. Ein Bauer, der vom Hof vertrieben ist, ist aber für alle Zeit erledigt. Das Bauerntum bildet eine Welt für sich. Wir müssen den Bauern aus einer ihm wesensfremden Entwicklung herausnehmen. Er muß von der freien Wirtschaft losgelöst werden. Wir müssen ihn entweder

1389 Vermerk von Vogels zur Kabinettssitzung vom 26. September 1933, in: BArch R 3001/ Akte 591, 94.

mit allen gesetzlichen Hilfsmaßnahmen mit der Scholle verbinden oder er scheidet aus. Tatsache ist, daß in allen Geschichtsperioden, wo man versucht hat, den Bauern der liberalen Entwicklung anzupassen, der Bauer zugrunde gegangen ist.˙ (...) Wenn man die Entwicklung der letzten Jahrzehnte betrachte, so kann man eine Produktionssteigerung auf sämtlichen Gebieten betrachten. Nur auf dem Lande ist die Produktionssteigerung beschränkt. Dem Bauern ist ein engerer Rahmen gezogen als dem Industriellen. Wenn man davon ausgeht, daß wir 1870 41 Millionen Einwohner und 1914 70 Millionen Einwohner hatten, und annimmt, daß die Landwirtschaft immer genug erzeugte, so würde das eine Steigerung von nur 60 % bedeuten. Der Bauer müsse also von vornherein die Hoffnung aufgeben, Reichtümer zu erwerben. Beim Bauer ist traditioneller Fleiß, Sparsamkeit und Arbeitsamkeit entscheidend. Man kann ihn aber nicht mit einem Krämer vergleichen, der durch Tüchtigkeit zu einem Warenhaus kommen kann. Diese begrenzten Möglichkeiten liegen aber nicht beim Bauern, sondern sie liegen im Wesen der Landwirtschaft. Der Bauer soll und kann nicht spekulieren. Sein bleibender Wert bestehe in seiner volksbildenden Kraft. Man muß ihn daher aus der individuellen Wirtschaft herausnehmen.“[1390]

Allerdings wurde Darrés Konzept nicht widerspruchslos abgenickt. So wandte von Papen ein, dass es schwierig sei, „den Bauern aus der Wirtschaft herauszunehmen. Zwischen dem Bauerntum und der übrigen Wirtschaft bestehe eine enge Verflechtung. Wenn der bäuerliche Besitz unangreifbar wird, bestehe für den Bauern keine Möglichkeit mehr, den Besitz entsprechend seinen Fähigkeiten auszudehnen. Die Sicherheit führe dazu, daß der Bauer sich schließlich nicht mehr anstrenge. Wir seien aber volkswirtschaftlich darauf angewiesen, aus dem eigenen Land zu leben. Daher müsse man die Produktionskraft des Bauern erhalten. Es empfehle sich, den Erbhof bis zu einer gewissen Grenze beleihungsfähig zu machen, ähnlich, wie das bisher bei den Fideikommissen der Fall war.“ Auch Arbeitsminister Seldte gab zu bedenken, dass man nach Mitteln suchen müsse, „um zu verhindern, daß der Bauer träge werde. Man solle ihm daher gestatten, über einen Teil seines Hofes frei zu verfügen, indem man eine gewisse Beleihbarkeit einführe.“ Im Ergebnis konnten sich Darré gegen diese ins Feld geführten Bedenken jedoch durchsetzen, ohne von seinem Vorschlag der grundsätzlichen Unveräußerlich- und Unbelastbarkeit Abstriche machen zu müssen. Ausschlaggebend hierfür war die Unterstützung Hitlers, der, wie Darré, den bevölkerungspolitischen Gesichtspunkten Vorrang gegenüber der Frage der Kreditfähigkeit der Höfe einräumte.[1391]

1390 Vermerk von Vogels zur Kabinettssitzung vom 26. September 1933, in: BArch R 3001/ Akte 591, 94.

1391 Vermerk von Vogels zur Kabinettssitzung vom 26. September 1933, in: BArch R 3001/ Akte 591, 94.

Sering kritisierte 1934 in seiner Schrift „Erbhofrecht und Entschuldung" die von Darré durchgesetzte Herausnahme der Erbhöfe aus dem Markt entsprechend deutlich: „Das Erbhofrecht greift damit auf eine Zeit zurück, in der aller fruchttragender Grundbesitz unveräußerliches „Erbe der Sippe in der Hand freier Bauern" war, als es noch keine Städte, keinen Marktverkehr und keine Geldsteuern gab, die Bauernhöfe dem Eigenbedarf der Bauernfamilie dienten und ohne Aufwand von Kapital in Geldform bewirtschaftet wurden. Auf diese Weise aber tritt das Reichserbhofrecht in Gegensatz zu den fest eingewurzelten Rechtsanschauungen der Bauern, gefährdet die familienhafte Arbeitsverfassung der bäuerlichen Wirtschaft und damit auch die Vermehrung gerade der bäuerlichen Bevölkerung, die die Reichsregierung mit allem Recht als besonders wertvoll ansieht."[1392]

F. Die Rechtsstellung des Bauern am Erbhof

I. Allgemeines

Angesichts des im § 37 REG umgesetzten Grundsatzes der Unveräußerlichkeit und Unbelastbarkeit des Erbhofs, der Möglichkeit der Abmeierung nach § 15 REG und der Einführung des zwingenden Anerbenrechts unter gleichzeitiger weitgehender Beseitigung der Testierfreiheit, stellte sich die Frage nach der rechtlichen Einordnung des Erbhofeigentums. Gürtner verdeutlichte auf der Kabinettsitzung, welche einschneidenden Veränderungen die Einführung des Reichserbhofrechts für die Rechtsstellung des Bauern an seinem Hof nach sich zog, der nunmehr ein „Lehnsmann des Volkes" sei:

„Der von Herrn Darré gewiesene Weg mache den Bauernhof zu einer res extra commercium. Der Bauernhof werde eine Art Lehnsbesitz, wobei das deutsche Volk der Lehnsherr sei. Der Ausnahme in sachlicher Beziehung entspreche die Vorzugsstellung in persönlicher Beziehung. Durch das Gesetz werde der Bauer aus dem Handel und Wandel weitgehend herausgenommen. Er kann den Hof nicht veräußern, nicht belasten, der Bauer kann sich nur noch beschränkt verpflichten. Gegen den Erbhof ist die Zwangsvollstreckung in jeder Form unmöglich, auch wegen öffentlicher Abgaben. Nicht einmal die Herausgabe einer Sache, die im fremden Eigentum steht und zum Hofeszubehör gehört, kann verlangt werden (Beispiel: Eine auf Abzahlung oder Eigentumsvorbehalt gekaufte, aber nicht bezahlte Maschine). Der Bauer stehe hiernach außerhalb des Rechts. Der Entwurf wolle nun die Staatsgewalt in gewissem Umfang durch die Gewalt des Standes ersetzen. Die Säumigkeit gegenüber Forderungen, deren Erfüllung

1392 Sering, S. 25.

der Ehrbarkeit entspricht, könne dazu führen, daß der Bauer abgemeiert wird."[1393]

In der Umgestaltung der bäuerlichen Agrarverfassung sah Darré entsprechend eine ausdrückliche Abkehr vom römischrechtlich geprägten Eigentumsbegriff: „Wir Nationalsozialisten sind mit dem Reichserbhofgesetz auf dem Wege, ein neues Bauernrecht germanisch-deutschen Rechtsdenkens zu schaffen. Im Mittelpunkt dieses Rechts steht nicht der liberalistische Begriff vom Eigentum, der die Scholle des Bauern zu einer beliebig zu veräußerlichen ‚Sache' herabwürdigt, sondern ein blutmäßig gebundener Eigentumsbegriff."

Behauptungen, das Gesetz bedeute eine Einengung des Eigentumsbegriffs, wies Darré dagegen deutlich zurück: „Man hat mir entgegengehalten, daß die durch das Erbhofrecht bedingte Einengung des gesamten Eigentumsbegriffs in heutiger Zeit nicht mehr verstanden werden wird. Wer aber das denkt, vergißt, daß die Freiheit eines ganzen Standes nicht möglich ist, ohne die Beschränkung des Einzelnen."[1394]

Mit diesem Verständnis vom Eigentum griff der Nationalsozialist Darré auf die gleichen Schlagworte zurück, die bereits im 19. Jahrhundert von den Vertretern des deutschrechtlichen bzw. germanischen Eigentumsbegriffs gegenüber den Anhängern der „römischen" Eigentumslehre angeführt worden war und in deren Mittelpunkt die „immanente Pflichtbindung" gestanden hatte.[1395]

II. Zur Einordnung des „Erbhofeigentums"

Vor diesem Hintergrund wurde insbesondere in den ersten Jahren nach dem Inkrafttreten des Gesetzes die Frage nach dem Wesen der Rechtsstellung des Bauern am Erbhof lebhaft diskutiert.[1396] So ordneten einige Autoren das Recht am Erbhof noch nicht einmal mehr als Eigentumsrecht ein, wie zum Beispiel Schapp: „Das Recht am Erbhof ist ein Recht eigener Art. Es ist nicht abgeleitet vom Eigentum. Es ist auch mit sonstigen bürgerlichen Rechten nicht zu vergleichen. (...) Das Recht am Erbhof hat seinen bestimmten Inhalt, welcher aber nicht den Teil eines umfassenden Rechts bildet, welcher auch nicht von einem umfassenden Recht abgeleitet ist und welcher auch nicht irgendeinen Mangel auf-

---

1393 Vermerk von Vogels zur Kabinettssitzung vom 26. September 1933, in: BArch R 3001/Akte 591, 94.

1394 Protokoll der Rede Darrés vor der Presse vom 5. Oktober 1933, in: BArch R 3001/Akte 592, 26.

1395 Vgl. hierzu Kroeschell, in: Stolleis/Simon, S. 49.

1396 Zu dieser Diskussion insbesondere Wieacker, Wandlungen der Eigentumsverfassung; Würdinger, ZakDR 1936, 70 ff.; Busse, Volksordnung, S. 278 f.; Blomeyer, DR 1934, 595 ff.; Blomeyer, Festschrift Hübner, S. 92 ff.; Jentzsch, S. 133 ff; Rostosky, Erbhofeigentum, S. 17 ff.

weist, sondern lediglich aus dem Zusammenhang des Erbhofrechts zu erfassen ist.“[1397]

Diese Auffassung wurde allerdings ganz überwiegend abgelehnt. Zum einen sah man in ihr die Gefahr einer „erheblichen Herabsetzung“ des stark ausgebildeten bäuerlichen Eigentumsgefühls.[1398] Zum anderen stand sie, wie Siefert ausführte, im Widerspruch zum Wortlaut des Gesetzes:

„Wenn die Auffassung von Schapp richtig wäre, dann müssen die Schöpfer und Gestalter unseres Erbhofrechts (Darré, Kerrl, Wagemann) einer schweren Unterlassung beschuldigt werden, daß sie Begriffe des bürgerlichen Rechts gebrauchten, ohne irgendwie – im Gesetz oder anderswo – zu sagen, dass diese Begriffe höchstens im Wege der Analogie Anwendung finden dürfen. Ich kann auch in den berufenen Auslegern des Gesetzes (Vogels, Saure) nichts finden, das mit der Auffassung von Schapp zu vereinbaren ist. Gewiß, das Eigentum am Erbhof ist nicht das volle Eigentum des § 903 BGB. Es ist in starkem Maße eingeschränkt. Aber daraus kann man nicht folgern, daß das Eigentum am Erbhof überhaupt kein Eigentum mehr im Sinne des BGB. ist und daß dessen Vorschriften über das Sachenrecht nur im Wege der Analogie Anwendung finden können. Durch die Auffassung von Schapp wird in das ganze Erbhofrecht eine Unsicherheit hineingetragen, daß es der Bauer überhaupt nicht mehr verstehen kann.“[1399]

Andere Ansichten griffen wiederum auf die aus der Zeit der Grundherrschaft bekannte Lehre vom Ober- und Untereigentum zurück[1400] oder ordneten, wie Herschel, das Erbhofeigentum als eine dreifach gestufte Treuhand ein.[1401] Vogels sah dagegen das Eigentum am Erbhof zunächst „als Eigentum im Sinne des BGB“ an[1402] und bezeichnete es später als „pflichtgebundenes Herrschaftsrecht“.[1403] Herrschend wurde schließlich die vom Reichserbhofgericht vertretene Ansicht, die im Erbhof ein pflichtgebundenes Eigentum besonderer Art sah. Dieser Auffassung schloss sich der Großteil der Literatur an: „Es darf angenommen werden, daß die Erbhofeigenschaft dem Eigentum am Erbhof einen besonderen Inhalt gibt. Das Eigentum am Erbhof ist einerseits hinsichtlich der Veräußerung und Belastung und der Verfügung von Todes wegen beschränkt, andererseits aber auch durch diese Maßnahmen und vor allem durch das Voll-

1397 Schapp, S. 27.

1398 Molitor, S. 97.

1399 Siefert, S. 86.

1400 So ging z. B. Rostosky davon aus, dass der Erbhofeigentümer „tatsächlich nur Treuhänder einerseits gegenüber der Sippe, andererseits gegenüber der Volksgemeinschaft“ sei und sprach in diesem Zusammenhang auch vom „Obereigentum der Familie“, vgl. Rostosky, Erbhofeigentum, S. 24; vgl. auch Mittag, S. 13.

1401 Herschel, Erbhofeigentum, S. 8 ff.; Busse, RdRN 1934, 445; anfänglich auch Wöhrmann, JW 1935, 3197.

1402 Vogels, 3. Auflage, S. 208 f.

1403 Vogels, 4. Auflage, S. 210

streckungsverbot gesichert und gefestigt. Bei der Beschränkung setzt sich der Gedanke durch, daß der jeweilige Eigentümer als Treuhänder der Sippe und des Volkes zu gelten hat."[1404]

G. Die Unveräußerlichkeit und Unbelastbarkeit des Erbhofes

I. Das Veräußerungs- und Belastungsverbot

1. Rechtliche Einordnung des Veräußerungs- und Belastungsverbotes

Auch die rechtliche Einordnung des Veräußerungs- und Belastungsverbotes war umstritten.[1405] So ordnete es eine Ansicht als Verbot im Sinne des § 134 ff. BGB ein. Danach sollte Nichtigkeit nur dann eintreten, wenn sich aus dem Gesetz nichts anderes ergab, wie zum Beispiel aus § 37 Abs. 2 REG.[1406] Nach einer anderen recht verbreiteten Ansicht machte das Veräußerungs- und Belastungsverbot den Erbhof zu einer res extra commercium, zu einer dem Rechtsverkehr nicht mehr zugänglichen Sache.[1407] Andere wiederum sahen in dem Verbot eine rechtliche Eigenschaft des Erbhofs selbst.[1408]

2. Die Genehmigung bei längerer Verpachtung

Hinsichtlich der Verpachtbarkeit von Erbhöfen wies das Reichserbhofgesetz eine Lücke auf. Zwar stellte das Gesetz die Veräußerung und Belastung von Erbhofeigentum unter den grundsätzlichen Genehmigungsvorbehalt des § 37 Abs. 2 REG. Der Abschluss von Pachtverträgen unterfiel hingegen, da diese nicht auf eine Veräußerung gerichtet waren, vom Wortlaut her nicht dem Verbot des § 37 Abs. 1 REG.[1409] Es bestand damit zunächst weiterhin die Möglichkeit, Erbhöfe

1404 REHG, JW 1937, 2151.

1405 Das Veräußerungs- und Belastungsverbot des § 37 REG ging auf § 11 Abs. 1 des Entwurfs des REM vom 19. September 1933 zurück, in: BArch R 3001/Akte 591, 87. Diese Bestimmung wurde lediglich noch leicht ergänzt, u.a. durch die Einfügung eines „wichtigen Grundes" als Genehmigungserfordernis im § 31 des Entwurfs des RJM vom 23. September 1933, Niederschrift Vogels' zur Besprechung vom 21. September 1933, in: BArch R 3001/Akte 591, 93 und Entwurf des RJM vom 23. September 1933, in: R 3001/Akte 591, 90. Eine dem § 37 Abs. 2 Satz 2 REG entsprechende Bestimmung, nach der eine Genehmigung nur unter Auflage erteilt werden konnte, wurde erst in die Kabinettsvorlage vom 25. September 1933 aufgenommen, in: BArch R 3001/Akte 591, 92.

1406 Siefert, S. 150; Baumecker, 4. Auflage, § 37, Rn. 9; Brinkmann/Roscher, S. 69; Gülland, Reichserbhofrecht, S. 138 und DJ 1934, 63; Cammerer, JW 1934, 795; Borst, JW 1934, 397.

1407 Herschel, DJ 1934, 191; Tabouillet, JW 1934, 83; Hesse, DJ 1934, 393.

1408 Rostosky, Erbhofeigentum, S. 18 ff.; Busse, RdRN 1934, 278; Dietz, DJZ 1935, 1453.

1409 Vgl. Reichspachtschutzverordnung vom 9. Juli 1920.

oder Teile von Erbhöfen zu verpachten. Insbesondere durch den Abschluss von Kettenpachtverträgen oder die Vereinbarung einer langen Pachtdauer konnte dadurch das Veräußerungsverbot des § 37 Abs. 1 REG umgangen werden.[1410] Daneben widersprach die Verpachtung von Erbhöfen oder Erbhofteilen dem Grundgedanken des Erbhofrechts, wonach der Erbhof vom Bauern selbst bewirtschaftet werden sollte. Durch eine Verpachtung wurde diese von der Blut-und-Boden-Ideologie geforderte Verbindung von Bauer und Boden gestört. Auch sah man in über den Tod des Bauern hinausreichenden Pachtverträgen eine Beeinträchtigung der Rechte des Anerben.

Um diesen „Gefahren“ vorzubeugen, erließ man § 64 Abs. 2 DVO. I. Dieser führte rückwirkend zum Inkrafttreten des Gesetzes „im Interesse des Hofes und des Staates“ ein Genehmigungserfordernis für solche Verträge eing, durch die der Erbhof oder ein Teil desselben für einen Zeitraum von mehr als drei Jahren verpachtet wurde. Voraussetzung für eine Genehmigung war, obwohl § 64 Abs. 2 Satz 1 DVO. I hiervon nicht explizit sprach, das Vorliegen eines wichtigen Grundes. Diesbezüglich wandte man die Grundsätze des § 37 Abs. 2 REG, wenn auch in milderer Form, entsprechend an.[1411] So waren langfristige Verpachtungen nur in Ausnahmefällen genehmigungsfähig und eine Sicherungspacht grundsätzlich unzulässig.[1412] Obwohl auch gegenüber diesem Genehmigungserfordernis Bedenken dahingehend geäußert wurden, dass hierdurch dem Bauern das „Herrengefühl über sein Eigen“ genommen werden könne,[1413] dehnte man die Bestimmung in der Folgezeit auch auf pachtähnliche Verträge ausge, wie zum Beispiel auf die unentgeltliche Überlassung[1414] oder auf die Verpachtung von zum Erbhof gehörenden Rechten.[1415]

Auch dieses Genehmigungserfordernis des § 64 Abs. 2 DVO. I wurde aber schon bald als nicht mehr ausreichend angesehen. Nachdem bereits das Reichsjustizministerium im Entwurf der Erbhofergänzungsverordnung vom 1. Juli 1936 als zusätzliches Genehmigungserfordernis das Vorliegen eines Grundes vorgeschlagen hatte,[1416] trat Saure im Schreiben vom 28. Juli 1936 mit dem Vorschlag an das Reichsjustizministerium heran, die Genehmigungspflicht, „auf alle Pachtverträge über den Erbhof oder einen Teil desselben, die auf mehr als 1 Jahr oder auf unbestimmte Zeit geschlossen werden“, auszudehnen „um Umgehungsversuchen durch sogenannte Kettenverträge oder durch Verpachtungen auf unbestimmte Zeit im Interesse der Rechtssicherheit von vornherein zu begeg-

1410 Baumecker, 3. Auflage, S. 527.
1411 EHG Stuttgart, JW 1934, 1734.
1412 Baumecker, 3. Auflage, S. 528-530.
1413 Simler, DJ 1935, 820.
1414 Herschel, DJ 1935, 716.
1415 KG, JW 1935, 3567.
1416 § 30 des Entwurfs vom 1. Juli 1936, in: BArch R 3001/22197, 231-248, 241.

nen".[1417] Auf der Besprechung vom 16. Oktober 1936 meldeten die Vertreter des Reichsjustizministeriums zwar Bedenken hinsichtlich einer solchen Ausdehnung der Genehmigungspflicht bei Pachtverträgen an, da „die Regelung mit einer langen Dauer der Genehmigungsverfahren nicht gut vereinbar sei." Nachdem jedoch Saure die Unentbehrlichkeit einer solchen Vorschrift nochmals betont hatte, stellte das Reichsjustizministerium diese Bedenken – auch im „Hinblick darauf, daß erforderlichenfalls im Verwaltungswege auf die Beschleunigung dieser Verfahren hingewirkt werden könne" – zurück.[1418] § 30 EHRV führte mithin ein grundsätzliches Genehmigungserfordernis für Pachtverträge von einem Jahr und länger ein. Ein wichtiger Grund wurde hierfür nicht verlangt.[1419]

Doch auch diese Beschränkung auf Pachtverträge von einem Jahr hatte nicht lange Bestand. Auf Anregung Johaes hin änderte man § 30 Abs. 1 EHRV bereits durch die Verordnung über Erbhofrecht vom 26. April 1939 wieder und dehtne die Genehmigungspflicht auf alle Pachtverträge aus.[1420].

3. *Die doppelte Genehmigung bei Grundstücken von mehr als 5 ha*

Das Genehmigungserfordernis des § 64 Abs. 2 DVO. I traf mit einem anderen Genehmigungserfordernis für landwirtschaftlichen Grundbesitz zusammen. Gemäß der Verordnung des Bundesrats über den Verkehr mit landwirtschaftlichen Grundstücken vom 15. März 1918 bedurften Pachtverträge über Grundstücke mit mehr als 5 Hektar zu ihrer Wirksamkeit der Genehmigung der zuständigen Behörden. Nach § 2 Nr. 3 dieser Verordnung war eine Genehmigung jedoch dann nicht erforderlich, wenn die Genehmigung einer anderen Verwaltungsbehörde vorgeschrieben war. Ob nun das Anerbengericht als eine andere Verwaltungsbehörde in diesem Sinne anzusehen war, blieb umstritten.[1421]

1417 Stellungnahme Hopps zu § 30 des Entwurfs, in: BArch R 3001/22197, 434 (Hervorhebungen im Original).

1418 Vermerk von Vogels zur Besprechung vom 16. Oktober 1936, in: BArch R 3001/22198, 10.

1419 Zur anerbengerichtlichen Genehmigungspraxis hinsichtlich der Genehmigung von Verpachtungen bzw. Pachtverlängerungen im Anerbengerichtsbezirk Pfaffenhofen/Ilm, vgl. Schober, S. 102 ff.

1420 In einer Besprechung von RJM und REM im Frühjahr 1939 hatte Johae angeregt, die Genehmigungspflicht auch auf Pachtverträge zu beziehen, die für einen kürzeren Zeitraum als ein Jahr abgeschlossen wurden. Schon wegen der Regelung in § 2 des Grundstücksverkehrsbekanntmachung erschien dies Johae erforderlich: Es sei nicht gerechtfertigt, an die Erbhöfe geringere Anforderungen zu stellen, als bei dem nicht erbhofrechtlich gebundenen Besitz. Die Vertreter des RJM stimmten diesem Vorschlag zu, Vermerk des RJM, in: BArch R 3001/22168, 285.

1421 Vgl. u.a. Böttger, JW 1934, 1773; Wöhrmann, JW 1934, 534; Spohr, JW 1934, 2201.

4. Die Genehmigungspflicht bei innerbetrieblicher Teilung

Auch die innerbetriebliche Teilung des Erbhofes wurde vom Verbot des § 37 Abs. 1 REG nicht erfasst. Damit bestand die Gefahr, dass der Bauer durch eine innerbetriebliche Aufteilung das Teilungs- und Veräußerungsverbot des Erbhofrechts umging und eine Erbfolge nach § 23 REG herbeiführte. Um dieses zu vermeiden, bestimmte § 64 Abs. 3 Satz 1 DVO. I, dass die Bildung mehrerer Erbhöfe durch Teilung eines bestehenden Erbhofs der Genehmigung des Anerbengerichts bedürfen und nur bei Vorliegen eines wichtigen Grundes erfolgen sollte.[1422] Daneben ermöglichte § 64 Abs. 3 Satz 2 DVO. I, dass Teilen eines Erbhofes die Erbhofeigenschaft mit Genehmigung des Anerbengerichtes wieder entzogen werden konnte. Dieses sollte zum Beispiel dann möglich sein, wenn wichtige Gründe eine innerbetriebliche Herausnahme von einzelnen Teilen aus dem Erbhofverband und eine damit verbundene Entziehung der Erbhofeigenschaft notwendig machten, zum Beispiel wenn ein Teil des Erbhofs Bauland sein sollte. Die § 64 Abs. 3 S. 1 und § 64 Abs. 3 S. 2 DV. I fanden Eingang im § 27 EHRV.

5. Reichweite des Veräußerungs- und Belastungsverbotes

Umstritten war auch die Reichweite des grundsätzlichen Veräußerungs- und Belastungsverbotes. So war zum einen umstritten, ob sich das Veräußerungs- und Belastungsverbot auf rechtsgeschäftliche Veräußerungen und Belastungen beschränkte oder ob auch öffentliche Eingriffe oder eventuell sogar kraft Gesetzes stattfindende Eigentumsänderungen nur mit Genehmigung des Anerbengerichts möglich sein durften. Zum Teil wurde angenommen, dass sich das Verbot des § 37 Abs. 1 REG nicht nur auf Rechtsgeschäfte des Bauern beziehen sollte, sondern dass auch die durch Dritte herbeigeführte „zwangsweise" Veräußerung und Belastung (zum Beispiel Enteignung, Zwangsversteigerung, Grundabtretung zu bergbaulichen Zwecken) hiervon erfasst und damit eine Genehmigung des Anerbengerichts grundsätzlich erforderlich sein sollte.[1423] Eine andere Ansicht lehnte für diese Fälle ein anerbengerichtliches Genehmigungserfordernis ab.[1424] So berief sich zum Beispiel Weigelt auf §§ 9, 9 b des Gesetzes über Reichsautobahnen vom 18. Dezember 1933, welches ausdrücklich ein Enteignungsrecht gegenüber Erbhöfen enthielt.[1425] Auch Dölle äußerte sich in dieser Richtung und argumentierte: „Denn es ist schwerlich die Absicht des Reichserbhofgesetzes,

1422 Hierzu Baumecker, 4. Auflage, § 27 EHRV, Rnrn. 13-18.

1423 Siefert, S. 151; Gülland, DJ 1934, 62.

1424 Wagemann-Hopp, 3. Auflage, S. 185; Weigelt, DJ 1934, 62; Heinemann, JW 1934, 1212; Dölle, 2. Auflage, S. 156 f.

1425 Weigelt, DJ 1934, 62; Siefert hielt dem entgegen, dass §§ 9, 9a des Gesetzes gerade deshalb ein besonderes Enteignungsrecht gewährten, weil dieses eben nach dem REG nicht zustand.

die Kontrolle über die Zweckdienlichkeit von Eigentumsänderungen, selbst wenn sie den Verlust der Erbhofeigenschaft mit sich bringen, derart bei den Anerbenbehörden zu konzentrieren, daß diese durch ihr Veto Eingriffe unmöglich machen können, welche andere in der Regel höhergestellte Behörden aus Gründen des Allgemeinwohls für unerläßlich erachten."[1426]

Eine vermittelnde Ansicht vertrat Baumecker, der das Veräußerungs- und Belastungsverbot zwar grundsätzlich nicht auf rechtsgeschäftliche Veräußerungen und Belastungen beschränkt wollte. Dennoch habe das „im Enteignungsrecht wurzelnde allgemeine öffentliche Interesse doch die Vorhand vor dem engeren Ziele des Reicherbhofgesetzes." Die Belange des Ganzen seien im Enteignungsverfahren von der allgemein staatlichen Verwaltungsbehörde abzuwägen, im Gegensatz zu den bäuerlichen erbhofrechtlichen Belangen im anerbengerichtlichen Verfahren. Die staatshoheitlich ausgesprochene Enteignung könne daher nicht abhängig sein von der Zustimmung des bäuerlichen Anerbengerichts. Eine solche Rolle hätte gesetzlich bestimmt werden müssen. Die Enteignungsbehörde müsse bereits die erbhofrechtlichen Belange gegen die Belange der Allgemeinheit und die jeweiligen Belange des Bergbaus, der Elektrizitätswerke, von Talsperrenunternehmungen, Industrie und Gewerbe schlechthin abwägen. In Zweifelsfällen werde die Enteignungsbehörde gut daran tun, gutachtliche Äußerungen des Anerbengerichts, des Kreisbauernführers oder noch besser des höheren Landesbauernführers einzuholen, damit eine Kirchturmpolitik vermieden werde.[1427]

Daneben blieb lange Zeit die Frage ungeklärt, ob sich das Veräußerungs- und Belastungsverbot nur auf die dingliche Veräußerung oder Belastung oder auch auf das darauf abzielende Grundgeschäft erstreckte. Der Wortlaut des § 37 Abs. 1 REG war inofern unklar, als unter Veräußerung im weiteren Sinne auch das diesbezügliche Verpflichtungsgeschäft verstanden werden konnte. Im Schrifttum wurde z. T. die Genehmigung des Verpflichtungsgeschäfts verlangt, da eine solche für die „Sicherheit des Rechtsverkehrs" als erforderlich angesehen wurde. So war zum Beispiel Baumecker der Ansicht, dass durch einen „erzwungenen Aufschub der Genehmigung bis zur späteren Vornahme des Erfüllungsgeschäftes" ein „unerträglicher Zwischenzustand" entstehe.[1428] Zur Beseitigung dieser Rechtsunsicherheit schlug das Reichsjustizministerium im Januar 1936 die Verabschiedung einer Ausführungsvorschrift zu § 37 REG vor, nach der auch das einer genehmigungsbedürftigen Verfügung zugrunde liegende Verpflichtungsgeschäft genehmigungsbedürftig sein sollte.[1429]

1426 Dölle, 2. Auflage, S. 157.

1427 Baumecker, 4. Auflage, § 37 REG, Rn. 65.

1428 Baumecker, 4. Auflage, § 37 REG, Rn. 12.

1429 „§ e. Ausführungsvorschrift zu § 37 des Gesetzes (Verpflichtungsgeschäft)" des RJM-Entwurfs vom 13. Januar 1936, in: BArch R 3001/22196, 93-112.

Diese Fassung wurde infolge der anschließenden Besprechungen noch um den Zusatz ergänzt, dass die Ausübung des (siedlungsrechtlichen) Vorkaufsrechtes selbst nicht von der anerbengerichtlichen Genehmigung abhängig sein sollte.[1430] Bei Vorkaufsrechten führte die Regelung des § 37 Abs. 1 REG bis dahin zu Verfahrensschwierigkeiten, da gemäß § 510 BGB ein Vorkaufsrecht innerhalb einer Frist von zwei Monaten ab Abschluss des Kaufvertrages ausgeübt werden musste. Die bis dahin umstrittene Frage des Zeitpunkts eben dieses Kaufvertragsabschlusses beantwortete die obige Regelung. Hiernach brauchte der Berechtigte mit der Vorkaufsrechtsausübung nicht zu warten. Später wurde dann noch die Bestimmung eingefügt, wonach die Genehmigung eines Erfüllungsgeschäftes bei einer anerbengerichtlichen Genehmigung des zugrunde liegenden Verpflichtungsgeschäfts als erteilt gelten sollte.[1431] Die Bestimmungen gingen in den § 33 EHRV ein.

II. Die anerbengerichtliche Genehmigung

1. Der „wichtige Grund"

Gemäß § 37 Abs. 2 Satz 1 REG war eine anerbengerichtliche Genehmigung einer Veräußerung oder Belastung nur bei Vorliegen eines wichtigen Grundes möglich. Im Laufe der Zeit wurde dieser unbestimmte Rechtsbegriff von der Rechtsprechung ausgefüllt.[1432] Bei Veräußerungen wurde ein wichtiger Grund dann angenommen, wenn diese im öffentlichen Interesse erfolgten.[1433] Zunächst kamen diesbezüglich im Erbhofgrundstück selbst wurzelnde Gründe in Betracht. Als am Unbedenklichsten wurden dabei Veräußerungen von Erbhofgrundstücken zu Siedlungszwecken erachtet, da die Binnensiedlung als außerordentlich förderungswürdig angesehen wurde, so dass die „Maßnahmen zur Erreichung dieses Zieles" vor dem Erbhof nicht haltmachen durften.[1434] Daneben sah man die Verwendung zu Wehrmachtszwecken, für den Straßen- und Eisenbahnbau,

---

1430 § 22 der Ausführungsvorschrift zu § 37 des Gesetzes (Verpflichtungsgeschäft) des Entwurfs des RJM vom 6. März 1936, in: BArch R 3001/22196, 414 f.

1431 Entwurf des RJM einer EHRV von (Mitte) November 1936, in: BArch R 3001/22198, 143-187; 168 f.

1432 Vgl. hierzu die Anregung von Wolpers (Reichsfachgruppenleiter der Fachgruppe Notare im BNSDJ) auf der Besprechung vom 4. November 1933, eine Bestimmung in § 37 aufzunehmen, nach der ein wichtiger Grund zumindest dann vorliegen sollte, wenn durch Veräusserung oder Belastung innerhalb von 10 Jahren seit Inkrafttreten des Gesetzes unbillige Härten vermieden werden konnten, Protokoll des BNSDJ, in: BArch R 3001/Akte 592, 112.

1433 Siefert, S. 153.

1434 Baumecker, 4. Auflage, § 37 REG, Rn. 92. Die gewollte Siedlungsförderung fand auch in den Regelungen des § 32 Abs. 1 Nr. 3 EHRV und des § 25 EHRV ihren Ausdruck.

für sonstige infrastrukturelle Maßnahmen die Veräußerung als Bauland sowie die Veräußerung von entbehrlichen Flächen (Ödland) als genehmigungsfähig an. Des Weiteren kamen persönliche und sonstige sachliche Gründe in Frage, wie zum Beispiel die Notwendigkeit, besonders drückende Schulden zu tilgen oder die Instandsetzung des Betriebes zu finanzieren. Grundstücksveräußerungen zu Ausstattungen galten allgemein als nicht genehmigswürdig, da der Hof gegenüber den Versorgungsansprüchen der Abkömmlinge als unantastbar angesehen wurde.[1435] Allerdings sollten in der Übergangszeit Veräußerungen wohlwollender behandelt werden, wenn die vor dem 1. Oktober 1933 Vertrag schließenden Personen sich völlig auf die Veräußerung eingestellt und den Vertrag erfüllt hatten.[1436] Genehmigung einer Belastung mit Hypotheken, Grundschulden und Reallasten sollte dagegen nur ganz ausnahmsweise erfolgen.[1437] Da die Kreditinstitute zum Teil jedoch durch Gesetz oder Satzung dazu verpflichtet waren, Kredit nur gegen dingliche Sicherung zu gewähren, führte dieses zum sogenannten „Erbhofkreditproblem“.

2. *Genehmigungserfordernis bei alten Veräußerungs- und Belastungsanträgen*

Eine offene Frage war zunächst, ob eine Genehmigung auch dann erforderlich sein sollte, wenn bei Inkrafttreten des Gesetzes die auf Veräußerung oder Belastung gerichtete Erklärung des Eigentümers zwar bereits bindend geworden war, die Eintragung aber noch nicht stattgefunden hatte. Zweifel ergaben sich diesbezüglich insbesondere hinsichtlich der Anwendbarkeit des § 878 BGB.[1438] Die Regelung des § 15 Abs. 2 Satz 1 DVO. II[1439] stellte klar, dass in diesen Fällen eine Genehmigung erforderlich wr. Allerdings sollte die Genehmigung grundsätzlich erteilt werden, wenn keine besonderen Gründe dagegen sprachen, § 15 Abs. 2 Satz 2 DVO. II Die Bestimmung sollte „weittragenden“ Eingriffen in „wirtschaftlich vielfach schon“ vorweggenommene Rechtsverhältnisse vorbeugen.[1440] § 15 Abs. 2 DVO. II ging im späteren § 31 EHRV auf.[1441]

1435 Baumecker, 4. Auflage, § 37 REG, Rn. 108 f.

1436 REHG, RdRN 1935, 163.

1437 Vgl. Siefert, S. 155.

1438 Bejahend Seibert, JW 1933, 2757, verneinend hingegen Ries, JW 1933, 2814.

1439 § 15 Abs. 2 Satz 1 DVO. II ging im Kern auf den Entwurf des RJM vom November 1933 zurück, § 7 des Entwurfes des RJM zur DVO. II von 16. November 1933, BArch R 3001/Akte 593, 6.

1440 Wagemann/Hopp, 3. Auflage, S. 429.

1441 § 31 des RJM-Entwurfs zur Erbhofergänzungsverordnung vom 1. Juli 1936, BArch R 3001/22197, 231-248, 241.

3. *Die Genehmigungserfordernisse anderer Gesetze*

Strittig war darüber hinaus das Verhältnis des Genehmigungserfordernisses des § 37 Abs. 2 REG zu den Verfügungsbeschränkungen anderer Gesetze. Dies galt insbesondere auch hier für die Verordnung über den Verkehr mit landwirtschaftlichen Grundstücken vom 15. März 1918, nach deren § 1 die Auflassung eines über 5 ha großen Grundstückes zu ihrer Wirksamkeit der Genehmigung der zuständigen Behörde bedurfte.[1442] Zwar war eine Genehmigung nach § 2 Nr. 3 der Verordnung bei solchen Rechtsgeschäften nicht erforderlich, die nach anderen Vorschriften der Genehmigung durch eine Verwaltungsbehörde bedurften. Umstritten war aber auch hier, ob diese Ausnahme für die anerbengerichtliche Genehmigung des § 37 Abs. 2 REG gelten sollte. Während einige eine Ausnahme im Sinne des § 2 Nr. 3 mit dem Argument ablehnten, dass das Anerbengericht keine Verwaltungsbehörde sei, hielt die Mehrheit, unter Berufung auf den Wortlaut „Anerbenbehörden“, eine zusätzliche Genehmigung nach der Bekanntmachung vom 15. März 1918 für nicht mehr notwendig.

Angesichts dessen wurde zwar schon früh eine gesetzliche Klarstellung dieser Frage eingefordert. Da der Gesetzgeber – trotz Ankündigung[1443] – eine solche jedoch zunächst nicht herbeiführte, wurde den Grundbuchämtern empfohlen, vorerst sicherheitshalber weiterhin die Genehmigung nach der Bekanntmachung vom 15. März 1918 zu verlangen.[1444] Erst im Januar 1936 legte das Reichsjustizministerium, nachdem die auf eine entsprechende gesetzliche Lösung gerichteten Eingaben immer drängender geworden waren[1445] und auch das Reichsernährungsministerium eine entsprechende gesetzliche Klärung angemahnt hatte,[1446] den Entwurf einer Ausführungsvorschrift zu § 37 REG vor,[1447]

1442 Zu erwähnen ist in diesem Zusammenhang, dass § 11 Abs. 1 Satz 3 des REM-Entwurfs vom 19. September 1933 noch ursprünglich eine diese Streitfrage vermeidende Regelung vorgesehen hatte, Art. II § 11 Abs. 1 Satz 3 des REM-Entwurfs vom 19. September 1933, in: BArch R 3001/Akte 591, 87. Diese Regelung fand jedoch keinen Eingang in das Gesetz, Niederschrift von Vogels zur Besprechung vom 21. September 1933, in: BArch R 3001/Akte 591, 93. Vgl. auch § 31 des RJM-Entwurf vom 23. September 1933, BArch, R 3001/Akte 591, 90.

1443 Entsprechende Äußerung von Vogels auf der BNSDJ-Sitzung vom 4. November 1933, Protokoll des BNSDJ (Fachgruppe Notare), in: BArch R 3001/Akte 592, 112.

1444 Siefert, S. 158

1445 Schreiben des Sächsischen Wirtschaftsministers an den Reichs- und Preußischen Justizminister vom 28. Juni 1935, in: BArch R 3001/22165, 26-28, 27.

1446 Schreiben Saures an Vogels vom August 1935, in: BArch R 3001/22196, 3-17, 9 f.

1447 § f („Ausführungsvorschrift zu § 37 des Gesetzes/Verkehr mit landwirtschaftlichen Grundstücken“) des RJM-Entwurfs vom 13. Januar 1936, in: BArch R 3001/22196, 93-112.

der mit kleineren Abänderungen[1448] als § 34 EHRV verabschiedet wurde. § 34 Abs. 1 EHRV bestimmte, dass neben der Verordnung vom 15. März 1918 auch alle sonstigen reichs- oder landesgesetzlichen Vorschriften, welche die Veräußerung, Teilung oder Belastung von Grundstücken verboten oder beschränkten, keine Anwendung finden sollten. Somit wurde eine zusätzliche Genehmigung durch andere Behördenstellen in der Regel entbehrlich, da das Erbhofrecht „selbst die aus allgemeinen Gründen notwendigen Beschränkungen" berücksichtigte.[1449] Gemäß § 34 Abs. 2 EHRV waren dann die Rechtsgeschäfte, die der zuständigen Behörde noch nicht gemäß den im Abs. 1 erwähnten Vorschriften zur Genehmigung vorgelegt worden waren oder über deren Genehmigung die zuständige Behörde beim Inkrafttreten der Verordnung noch nicht rechtskräftig entschieden hatte, so anzusehen, wie wenn die Behörde die Genehmigung ohne Einschränkung erteilt hätte. Gemäß § 34 Abs. 3 EHRV sollten die Absätze 1 und 2 jedoch bei Beschränkungen, die sich aus dem Gesetz über die Aufschließung von Wohnsiedlungsgebieten vom 22. September 1933 und nach dem Gesetz zur Regelung der landwirtschaftlichen Schuldverhältnisse vom 1. Mai 1933 ergaben, nicht gelten. Hier war weiterhin eine Genehmigung erforderlich.

4. *Genehmigung einer Belastung bei der Erbhofentstehung*

Umstritten war die Frage, ob eine Genehmigung des Anerbengerichts nach § 37 Abs. 1 REG auch in den Fällen erforderlich sein sollte, in denen ein Erbhof zu seiner Entstehung mit Hypotheken oder Grundschulden belastet wurde – zum Beispiel bei der Überführung einer erbhoffähigen Besitzung von eine Erbengemeinschaft oder juristischen Personen in das Alleineigentum einer bauernfähigen Person. So entschied das BayOblG im Februar 1934, dass in solchen Fällen keine anerbengerichtliche Genehmigung erforderlich sein sollte, da – entsprechend dem Gesetzeszweck – die Schaffung möglichst vieler neuer Erbhöfe nicht gefährdet werden durfte.[1450] Das Kammergericht hingegen urteilte im gleichen

1448 § f Abs. 2 des Entwurfs vom 13. Januar 1936 wurde infolge der Erörterungen auf den Besprechungen vom 29. Januar und 3. Februar 1936 noch verändert, Vermerke Vogels zu den Besprechungen, in: BArch R 3001/22196, 113 f. und BArch R 3001/22196, 205. Diese daraufhin gefundene Fassung, § 21 des RJM-Entwurfs vom 21. März 1936, in: BArch R 3001/22196, 383-429, 414, stieß dann aber auf allgemeines Einverständnis, Vermerk Hopps zur Besprechung vom 2. April 1936, in: BArch, R 3001/22196, 442-449, 447, und wurde dann auch vom RJM in dieser Form in den Entwurf zu einer Erbhofergänzungsverordnung vom 1. Juli 1936 übernommen, in: BArch R 3001/22197, 230; 242. § 34 des Entwurf des RJM zu einer EHRV von Mitte November 1936 weitete schließlich den Regelungsgehalt des Abs. 1 noch aus und fügte einen weiteren Abs. 3 an, RJM-Entwurf von Mitte November 1936, in: BArch R 3001/22198, 143-187, 169 f.. Diese Fassung wurden dann als § 34 EHRV verabschiedet.

1449 Baumecker, 4. Auflage, § 34 EHRV, Rn. 2.

1450 BayObLG, JW 1934, 846.

Monat genau entgegengesetzt: Da der Schutz der Bauernhöfe vor Überschuldung Gesetzeszweck sei, müsse verhindert werden, dass durch die Belastung mit Abfindungshypotheken ihre Eignung zur Erfüllung ihrer volkswirtschaftlichen Funktion verloren ging.[1451]

Die Streitfrage wurde im Sinne des BayObLG gelöst. Auf Vorschlag des Reichsjustizministeriums[1452] erging § 6 DVO. III. Hiernach war grundsätzlich keine anerbengerichtliche Genehmigung erforderlich, wenn die Besitzung erst durch ein Veräußerungsgeschäft Erbhofeigenschaft erlangte und die Belastung im Zusammenhang mit dem Veräußerungsgeschäft stand. § 6 DVO. III ging später im § 32 Abs. 1 Nr. 4 EHRV auf.

5. *Die Belastung oder Löschung einer Eigentümergrundschuld*

Aus den gesetzlichen Bestimmungen der §§ 37-39 REG folgte nicht unmittelbar, dass auch die Veräußerung oder Belastung mit einer Eigentümergrundschuld eine genehmigungspflichtige Belastung i. S. d. § 37 REG darstellte.[1453] Zur Verhinderung einer Umgehung des Belastungsverbots des § 37 REG erging daher § 15 Abs. 3 DVO. II.[1454] Die Bestimmung stellte klar, dass als Belastung des Grundstücks vorbehaltlich des § 64 Abs. 4 DVO. I auch die Belastung oder Veräußerung einer Eigentümergrundschuld zu verstehen war und somit auch diese der Genehmigung durch das Anerbengericht bedurfte. § 15 Abs. 3 DVO. II ging in § 26 Abs. 1 Satz 1 EHRV auf.

Ungeklärt blieb jedoch die Frage, ob auch die Bewilligung der Löschung einer Eigentümergrundschuld als eine genehmigungspflichtige Veräußerung angesehen werden sollte. Das Reichsjustizministerium selbst lehnte – wie das Kammergericht[1455] – eine solche Genehmigungspflichtigkeit der Löschung der Eigentümergrundschuld ab. Dementsprechend legte es im November 1938 den Entwurf einer Neufassung des § 26 EHRV vor, der vorsah, dass die Löschung einer Eigentümergrundschuld keiner Genehmigung des Anerbengerichts bedürfen sollte. Das Reichsernährungsministerium stimmte diesem Vorschlag des Reichsjustizministeriums zu,[1456] so dass durch Verordnung vom 23. Dezember 1938 diese Streitfrage mit der Einfügung des § 26 Abs. 1 Satz 2 EHRV ent-

1451 KG, JW 1934, 845.

1452 § 3 des von Vogels stammenden Entwurfs des RJM zur DVO. III von Mitte April 1934, in: BArch R 3001/Akte 595, 141. Im übrigen hatte dieser Entwurf noch einen § 3 Abs. 2 enthalten, nach dem die Belastung die Kräfte des Erbhofes nicht übersteigen durfte. Diese Bestimmung wurde allerdings nicht in die DVO. III übernommen.

1453 Heinze, DJZ 1934, 138.

1454 § 15 Abs. 3 DVO. II ging zurück auf einen Vorschlag des REM von Ende November 1933, in: BArch R 3001/Akte 593, 50 b.

1455 KG, DNotZ 1938, 32.

1456 Protokoll zur abschließenden Ressortbesprechung vom 14. Dezember 1938, in: BArch R 3001/22168, 253.

schieden wurde: Die Löschung einer Eigentümergrundschuld war hiernach nicht genehmigungspflichtig.[1457]

6. Einzelfälle der Genehmigungsfreiheit

Im Rahmen der Durchführungsverordnungen der Jahre 1933 und 1934 wurden weitere Einzelfälle der Genehmigungsfreiheit gesetzlich niedergelegt. So bestimmte § 64 Abs. 1 DVO. I, dass das Belastungsverbot des § 37 Abs. 1 REG sich nicht auf Grunddienstbarkeiten und beschränkte persönliche Dienstbarkeiten beziehen sollte. Diese kamen in der Landwirtschaft naturgemäß häufig vor, zum Beispiel in der Form des Wohnrechts gemäß § 1093 BGB.[1458] Da man in ihnen allerdings keine Belastungen „kapitalistischer Natur" sah, wurden diese Belastungen als grundsätzlich genehmigungsfrei betrachtet.[1459] Die Bestimmung des § 64 Abs. 1 DVO. I ging im § 32 Abs. 1 Nr. 1 EHRV auf.

Daneben wurde die Bestimmung des § 64 Abs. 4 DVO. I geschaffen, die aus Rücksicht auf § 1163 BGB bestimmte, dass dann, wenn vor Inkrafttreten des Gesetzes auf einer zukünftigen Erbhofbesitzung eine Hypothek eingetragen war, eine Genehmigung der die Belastung auslösenden Auszahlung nach § 37 Abs. 1 REG zum Erwerb der Hypothek nicht erforderlich sein sollte. § 64 Abs. 4 DVO. I ging dann als § 26 Abs. 2 in die Erbhofrechtsverordnung ein.[1460] § 64 Abs. 5 DVO. I regelte darüber hinaus, dass auch die Belastungen, die im Rahmen des Reichssiedlungsgesetzes vom 11.8.1919 oder des Gesetzes über die Neubildung deutschen Bauerntums vom 14. Juli 1933 zugelassen worden waren, der anerbengerichtlichen Genehmigung nicht bedurften. Diese Bestimmung ging im späteren § 32 Abs. 1 Nr. 3 EHRV auf.[1461]

Ungeregelt war ursprünglich auch die Frage geblieben, wie sich das Genehmigungserfordernis des § 37 Abs. 2 REG auf die Grundstücksumlegungsver-

1457 Baumecker, DNotZ 1939, 118.

1458 Zu den Abbaugerechtigkeiten vgl. Baumecker, 4. Auflage, § 32 EHRV, Rnrn. 8-15. Zu den öffentlichen Lasten vgl. die Zusammenstellung bei Baumecker, 4. Auflage, § 32 EHRV, Rn. 16. Zu den Zweifeln der Erdölindustrie, „ob die mit den Grundeigentümern abgeschlossenen Verträge auf Übertragung des Rechts zur Aufsuchung und Gewinnung von Erdöl nach § 37 Abs. 2 des Reichserbhofgesetzes der Genehmigung der Anerbengerichte bedürfen", auch als beschränkte persönliche Dienstbarkeiten i.S.d. § 64 Abs. 1 DVO. I angesehen werden sollten, Schreiben des Preußischen Ministers für Wirtschaft und Arbeit vom 27. Juli 1934, in: BArch R 3001/Akte 597, 57.

1459 Wagemann/Hopp, 3. Auflage, S. 373. Z.T wurde allerdings vertreten, dass dann, wenn die Belastung des Erbhofes mit einer Grunddienstbarkeit die landwirtschaftliche Nutzung beeinträchtigte, eine Genehmigungspflicht bestehen sollte. Eine Genehmigung für erforderlich hielten u.a. Gülland, DJ 1934, 62; Weigelt, DJ 1934, 326; Wurst, JW 1935, 3508. Dagegen wandten sich u.a. Wöhrmann, 3. Auflage, S. 388.

1460 § 26 des Entwurfs des RJM vom 1. Juli 1936, in: BArch R 3001/22197, 231-248, 239.

1461 Vgl. hierzu Baumecker, 4. Auflage, § 32 EHRV, Rnrn. 20-23.

fahren auswirken sollte, da die Zusammenlegungen zersplitterten Grundbesitzes im Rahmen des Zusammenlegungsverfahrens Veräußerungen im Sinne des § 37 Abs. 1 REG darstellten. Daher wurde schon kurz nach Inkrafttreten angeregt, die landesrechtlichen Vorschriften über die Zusammenlegung zersplitterten Grundbesitzes durch das Erbhofgesetz unberührt zu lassen, um die Umlegungsmöglichkeit bei Erbhöfen nicht zu gefährden und unnötige Arbeit zu vermeiden.[1462] Dementsprechend bestimmte § 16 DVO. II, dass für die Einbeziehung eines Erbhofes in ein Zusammenlegungsverfahren keine anerbengerichtliche Zustimmung erforderlich sein sollte.[1463] Die Regelung ging später im § 32 Abs. 1 Nr. 2 EHRV auf.

Unklar war ursprünglich auch, ob im sogenannten Osthilfegebiet Erbhöfe auch ohne Genehmigung des Anerbengerichts mit einer Entschuldungs- bzw. Betriebssicherungshypothek belastet werden konnten.[1464] Diesbezüglich brachte § 17 DVO. II eine gesetzliche Ausnahme vom Genehmigungserfordernis des § 37 Abs. 1 REG.[1465] § 17 DVO. II wurde zum § 32 Abs. 2 EHRV.

III. Die anerbengerichtliche Genehmigungspraxis

Nach dem Willen der meisten Autoren sollten – wie erwähnt – strenge Anforderungen an das Vorliegen eines wichtigen Grundes im Sinne des § 37 Abs. 2 REG geknüpft werden, Veräußerungen und Belastungen sollten zu den Ausnahmen gehören. In der Praxis entschieden die Anerbengerichte hinsichtlich der Annahme eines öffentlichen Interesses dagegen häufig erbhoffreundlich und genehmigten die Veräußerung oder Belastung von Erbhöfen und Erbhofteilen.[1466]

1462 Schreiben Hillebrandts vom 26. Oktober 1933 an Vogels, in: BArch R 3001/Akte 592, 59. Vgl. auch das Schreiben des Hessischen Staatsministeriums an das RJM vom 8. Dezember 1933, in: BArch 3001/Akte 594, 21.

1463 § 16 DVO. II ging wortgetreu auf § 3 des Entwurfs des RJM zur DVO. II zurück, übersandt an das RMEL am 30. Oktober 1933, Schreiben in: BArch R 3001/Akte 592, 48.

1464 Baumecker, 4. Auflage, § 37 REG, Rnrn. 141 ff.

1465 § 17 DVO. II ging zurück auf § 12 des Entwurfs des RJM vom 24. November 1933, in: BArch R 3001/Akte 593, 28.

1466 Zum Teil nutzten die Anerbengerichte das Genehmigungserfordernis des § 37 Abs. 2 REG aber auch zur politischen Gängelung. Ein Beispiel hierfür ist der Fall „Kleefmann", in dem ein niederländischer Staatsangehöriger beim Anerbengericht die Genehmigung der Übernahme einer Erbhof-Ödlandparzelle beantragt hatte. Das Anerbengericht hatte der Veräußerung nur unter der Auflage der Annahme der deutschen Staatsangehörigkeit durch die Eheleute zugestimmt, die dazu aber nicht bereit waren. Hierauf kam es zur Einschaltung der Königlich Niederländischen Gesandschaft, die auf die zwischen dem Deutschen Reich und den Niederlanden abgeschlossenen Verträge verwies, gegen die eine solche anerbengerichtliche Entscheidung verstieß, Briefwechsel zwischen dem REM und dem landwirtschaftlichen Beirat der Königlich-Niederländischen Gesandtschaft im Februar 1937, in: BArch R 3001/22167, 23-28; vgl. hierzu auch für

So schrieb der Beauftragte für den Vierjahresplan dem Reichsminister der Justiz am 28. März 1939, dass die Anerbengerichte die Grundstücksveräußerungen zu so hohen Preisen genehmigten, dass die Preisbehörden nicht hatten zustimmen können:

„Die Preisüberwachung und Preisbildung beim Verkauf von Erbhofgrundstücken hat in den Fällen zu Schwierigkeiten geführt, bei denen zwischen Preisbehörden und Anerbengerichten über die Höhe des volkswirtschaftlich gerechtfertigten Verkaufspreises Meinungsverschiedenheiten bestehen. Diese Meinungsverschiedenheiten rühren daher, dass die Anerbengerichte manchmal Verkäufe zu Preisen genehmigen, die vielleicht vom Standpunkt des Hofes erwünscht sein mögen, denen die Preisbehörden jedoch nicht zustimmen können, weil sie den nach der Preisstoppverordnung im Höchstfalle zulässigen Preis übersteigen. Ich verkenne nicht, daß es die ausschließliche Aufgabe der Anerbengerichte ist, zu entscheiden, ob ein Verkauf sich mit den Interessen des Erbhofes vereinbaren läßt oder nicht. Es ist jedoch m.E. nicht angängig, daß das Anerbengericht einen Kaufvertrag mit der Begründung ablehnt, daß der von der Preisbehörde festgestellte Preis nicht angemessen sei. Insbesondere ist eine verschiedene Stellungnahme des Anerbengerichts und der Preisbehörde auch dem Interesse der Staatsautorität abträglich.“[1467]

Auch in einem dem Reichskommissar für die Preisbildung mit Schreiben vom 12. April 1940 übersandter Bericht des Württembergischen Wirtschaftsministers wurde diese anerbengerichtliche Praxis angesprochen:

„Ich habe wiederholt die Wahrnehmung gemacht, dass die Anerbenbehörden bei Erteilung der Genehmigung zur Veräußerung eines zu einem Erbhofe gehörenden Grundstücke ihr Augenmerk hauptsächlich darauf richten, ob der Verkauf und der erzielte Erlös für den Erbhof günstig ist oder nicht. Dagegen scheinen sie vielfach nicht genügend zu prüfen, ob der Preis volkswirtschaftlich gerechtfertigt ist und vom Standpunkt der Preisüberwachung ohne Schaden für andere Grundstückskäufe zugelassen werden kann. Sie unterlassen es vielfach, hiewegen mit der Preisbehörde für Grundstücke sich ins Benehmen zu setzen. Erfahren diese vom Verkauf erst nach Erteilung der Genehmigung, so ist es unzweckmäßig, einen Kaufpreis zu beanstanden, der vom Anerbengericht bereits

---

die anerbengerichtliche Praxis im Amtsgerichtsbezirk Pfaffenhofen/Ilm, wo in den Jahren 1933 bis 1945 von 330 Anträgen auf Genehmigung von Grundstücksverkäufen an Privatpersonen 308 positiv und von 147 Anträgen auf Grundstücksbelastung 119 positiv beschieden wurden, Schober, S. 93 f., S. 125 ff.

1467 Schreiben des Beauftragten für den Vierjahresplan an dem Reichsminister der Justiz vom 28. März 1939, in: BArch R 3001/22168, 357. Vgl. auch das Schreiben des Reichskommissars für die Preisbildung an den Reichsminister der Justiz vom 13. August 1940, in: BArch R 3001/22169, 95 f.

genehmigt ist." Der Minister wiederholte seine Anregung, „die Anerbenbehörden zur Fühlungnahme mit den Preisbehörden anzuhalten.[1468]

IV. Der Übergabevertrag

1. Allgemeines

Die Übergabe eines Hofes im Rahmen eines die Erbfolge vorwegnehmenden Übergabevertrages war gängige bäuerliche Praxis, insbesondere in Westfalen, Hannover, Brandenburg, Schlesien, Schleswig-Holstein, Lippe und Waldeck. Das Reichserbhofgesetz regelte diese Hofesübergabe im § 37 Abs. 3 REG.[1469] Hierdurch wurde die sogenannte „Hofesübergabe" zwar systematisch in die Nähe der Fremdveräußerung gerückt. Nach der nationalsozialistischen Agrardoktrin stellte sich jedoch der Übergang des Erbhofes vom Bauern auf den Anerben eher als ein (Generationen-) Wechsel im Sippenamt denn als ein einfacher Eigentumsübergang dar.[1470] Die Hofesübergabe wurde mithin weniger als eine besondere Art der Veräußerung angesehen, sondern vielmehr als vorweggenommene Erbfolge behandelt und daher auch von Rechtsprechung und Wissenschaft aus dem rechtssystematischen Zusammenhang des § 37 REG herausgelöst.[1471]

2. Regelungsinhalt

Gemäß § 37 Abs. 3 Satz 1 REG sollte das Anerbengericht die Genehmigung dann erteilen, wenn der Bauer den Hof einem Anerbenberechtigten übergeben wollte, der beim Erbfall der Nächstberechtigte war oder vom Erblasser gemäß § 25 zum Anerben bestimmt werden konnte. Bei Hofübergabeverträgen an sonstige Personen war ein wichtiger Grund i. S. d. § 37 Abs. 2 REG erforderlich und § 37 Abs. 3 REG nicht anwendbar – selbst dann nicht, wenn anerbenberechtigte Personen überhaupt nicht vorhanden waren.[1472] Eine Genehmigung sollte gemäß § 37 Abs. 3 Satz 2 REG allerdings nur dann erfolgen, wenn der Übergabevertrag den Erbhof nicht über dessen Kräfte belastete.[1473] Mit Belastung war hier nicht nur die dingliche Belastung gemeint, sondern „jede Beeinträchtigung seiner

1468 Bericht des Württembergischen Wirtschaftsministers, dem Reichskommissars für die Preisblidung mit Schreiben vom 12. April 1940 übersandt, in: BArch R 3001/22169, 57 f.

1469 Dass der Übergabevertrag ausdrücklich für zulässig erklärt wurde, war ein Ergebnis der Besprechung vom 21. September 1933, Niederschrift Vogels' hierzu, in: BArch R 3001/Akte 591, 93.

1470 Hopp, Dt. AgrarR 1944, 2 f.; Herschel, AcP 1936, S. 350.

1471 Weitzel, ZNR 1992, 75.

1472 Baumecker, 4. Auflage, § 37 REG, Rn. 191.

1473 Zur anerbengerichtlichen Genehmigungspraxis hinsichtlich der Genehmigung von Übergabeverträgen im Anerbengerichtsbezirk Pfaffenhofen/Ilm, wo von 196 Anträgen 191 positiv beschieden wurden, Schober, S. 106 ff.

wirtschaftlichen Leistungsfähigkeit, unabhängig davon, ob die Belastung in einer schuldrechtlichen Verpflichtung des Erbhofbauern zu irgendeiner geldwerten Leistung oder in einer dinglichen Belastung (Belastungsbegriff des § 37 Abs. 2 REG)" bestand.[1474]

3. Versorgungs- und Altenteilsansprüche aus der Hofesübergabe

Die nationalsozialistische Agrarpolitik hatte ein grundsätzliches Interesse an der freiwilligen und rechtzeitigen Hofesübergabe. Im Rahmen der nicht vertraglich vorweggenommenen Erbfolge waren hinsichtlich der Ansprüche des Ehegatten und der weichenden Erben die §§ 30 und 31 REG einschlägig. Umstritten war, ob auch die Parteien des Übergabevertrages an diese Bestimmungen gebunden sein sollten.[1475] Dass diese Frage eine große praktische Relevanz hatte, wurde schon früh deutlich. So wies bereits auf der BNSDJ-Besprechung vom 4. November 1933 der Notar Zimmer auf die Gefahr hin, „dass der Bauer nunmehr seinen Hof solange behält, als er lebt, um für die nachgeborenen Kinder möglichst viel herauszuwirtschaften."[1476]

Im Hinblick auf die zu vermeidende Herauszögerung der rechtzeitigen Hofesübergabe wurde von einer verbreiteten Position sowohl in der Literatur als auch in der Rechtsprechung eine generelle Bindung eines Übergabevertrages an die Bestimmungen der §§ 30 und 31 REG verneint. So schrieb Siefert: „Der Gesetzgeber wollte offenbar den Beteiligten bei der Hofübergabe einen weiteren Spielraum lassen als bei der Erbfolge. Das ist auch verständlich. Denn die Übergabe des Hofes liegt im freien Ermessen des Bauern. Übergibt der Bauer vorzeitig den Hof, so begibt er sich freiwillig zu Gunsten des Anerben der Einkünfte, die ohne den Übergabevertrag ihm selbst zugeflossen wären. Wenn daher die Eltern diese durch den Übergabevertrag hervorgerufene schlechtere Stellung der Geschwister des Übernehmers dadurch auszugleichen suchen, daß sie für diese Abfindung vereinbaren, auf welche sie im Falle der §§ 30 ff. keinen Anspruch haben, so ist das nicht zu beanstanden (...)."[1477] § 36 EHRV, der auf einen Vorschlag des Reichsjustizministeriums zurückging,[1478] folgte dieser Ansicht. Allerdings konnte das Anerbengericht die Versorgungsleistungen, soweit dies unter Berücksichtigung der jeweiligen Umstände der Billigkeit entsprach, auf Antrag anderweitig festsetzen, § 36 Abs. 3 EHRV.

1474 Baumecker, 4. Auflage, § 37 REG, Rn. 197.

1475 Baumecker, 4. Auflage, § 37 REG, Rn. 202 ff., 213 f.

1476 Protokoll des BNSDJ (Fachgruppe Notare) zur Besprechung im Sitzungssal des RJM vom 4. November 1933, in: BArch R 3001/Akte 592, 112.

1477 Siefert, S. 160 f.; vgl. auch Reineke, JW 1934, 79; Bohnen, DJ 1934, 355; EHG Nürnberg, DNotZ 1934, 348.

1478 § 36 des RJM-Entwurfs vom 1. Juli 1936, in: BArch R 3001/22197, 231-248, 242.

H. Der erbhofrechtliche Vollstreckungsschutz

I. Der Vollstreckungsschutz des § 38 REG

Zur wirtschaftlichen Absicherung der Erbhöfe wurde das Veräußerungs- und Belastungsverbot des § 37 REG durch den Vollstreckungsschutz des § 38 REG ergänzt. Dieser entzog den Erbhof weitgehend dem Zugriff der Gläubiger und nahm ihn auch in dieser Hinsicht aus dem Markt heraus: § 38 REG stellte den Erbhof und die auf dem Erbhof gewonnenen landwirtschaftlichen Erzeugnisse unter Vollstreckungsschutz. Die Gläubiger konnten allerdings weiterhin ihre Forderung gegen den Bauern einklagen. Auch konnte sich der Bauer der sofortigen Zwangsvollstreckung unterwerfen. Ausnahmen vom Vollstreckungsschutz des § 38 REG ergaben sich zum einen aus § 39 REG, wonach die Vollstreckung wegen öffentlich-rechtlicher Geldforderungen in die auf dem Erbhof gewonnenen landwirtschaftlichen Erzeugnisse grundsätzlich möglich war. Zum anderen ließ die Übergangsvorschrift des § 59 REG zunächst auch eine Vollstreckung in landwirtschaftliche Erzeugnisse wegen privatrechtlicher Geldforderung bis zum Inkrafttreten einer anderen, im Wege der Durchführungsverordnung zu treffenden Regelung, zu.

In ihrer Funktion sollte die Zwangsvollstreckung durch die „Abmeierung“ ersetzt werden. Dieses in ständische Zeiten zurückgreifende Maßregelungsinstrument sollte den notwendigen Druck auf den Bauern ausüben, um maßvoll zu wirtschaften. Den dadurch ausgelösten Härten für Gläubiger sollte durch ein Entschuldungsgesetz für Erbhöfe begegnet werden. Auch ging man davon aus, dass für die Zukunft der weitgehende Vollstreckungsschutz keine Probleme bereiten werde, da eine dingliche Belastung des Erbhofs gemäß § 37 REG ausgeschlossen war und der Bauer darüber hinaus nach den Standesgrundsätzen die Verpflichtung hatte, nur solche Verbindlichkeiten einzugehen, die er erfüllen konnte.[1479]

II. Die Ausnahmen der §§ 39 und 59 REG

§ 39 Abs. 1 REG machte eine Ausnahme vom grundsätzlichen Vollstreckungsschutz: Wegen öffentlich-rechtlicher Geldforderungen konnte in landwirtschaftliche Erzeugnisse vollstreckt werden, soweit diese nicht zum Zubehör gehörten und auch nicht zum Unterhalt des Bauern oder seiner Familie bis zur nächsten Ernte erforderlich waren. Allerdings fand die Vollstreckung nach Maßgabe des in den § 39 Abs. 2 bis 4 REG geregelten Verfahrens statt, wenn die Forderung einhundertfünfzig Reichsmark überstieg, § 39 Abs. 5 REG: Danach durfte die Vollstreckung nur beginnen, wenn der Gläubiger einen Monat vor der Vollstre-

---

1479 Baumecker, 4. Auflage, § 38 REG, Rn. 3.

ckung dem Kreisbauernführer den Vollstreckungstitel nebst gleichzeitiger Androhung der Vollstreckung hatte zustellen lassen, § 39 Abs. 2 REG. Innerhalb dieser Monatsfrist konnte der Kreisbauernführer dann, falls er hierzu vom Reichsnährstand ermächtigt worden war, dem Gläubiger gegenüber schriftlich die Erklärung abgeben, dass er die Schuld für den Reichsnährstand übernahm, § 39 Abs. 3 Satz 1 REG. Durch diese Erklärung wurde dann der Reichsnährstand verpflichtet, den Gläubiger gegen Aushändigung des Vollstreckungstitels nebst einer öffentlich beglaubigten Empfangsbestätigung zu befriedigen, § 39 Abs. 3 Satz 2 REG. Dann konnte der Gläubiger die Forderung nicht mehr gegen den Bauern geltend machen, § 39 Abs. 3 S. 3 REG. Die Forderung ging kraft Gesetzes auf den Reichsnährstand über, soweit dieser den Gläubiger befriedigte, § 39 Abs. 4 Satz 1 REG. Aus dem Vollstreckungstitel konnte der Reichsnährstand dann mit der Beschränkung des § 38, § 39 Abs. 1 REG in den Erbhof vollstrecken, § 39 Abs. 4 Satz 2 REG. Für die Übergangszeit war auch privaten Gläubigern die Möglichkeit gegeben, in Erbhoferzeugnisse unter den Voraussetzungen des § 39 REG zu vollstrecken, § 59 REG.

III. Entstehungsgeschichte

Ursprünglich hatte Darré ein sehr viel großzügigeres Erbhofvollstreckungsschutzkonzept geplant. Nach dem Ausgangsentwurf vom 19. September 1933 sollten die Erbhöfe vollkommen der Zwangsvollstreckung entzogen und damit aus dem Verkehr herausgenommen werden. Eine Zwangsvollstreckung war ursprünglich weder aus öffentlich-rechtlichen Geldforderungen noch für eine Übergangszeit vorgesehen gewesen. Nur Zwangsvollstreckungen aus rechtskräftigen Entscheidungen der Anerbengerichte, der Erbhofgerichte und des zu diesem Zeitpunkt noch geplanten Reichserbhofamtes hatte man ursprünglich geplant.[1480] Das Reichsjustizministerium schloss sich diesem Darréschen Vorschlag eines umfassenden Vollstreckungsschutzes auch grundsätzlich an.[1481]
Doch insbesondere bei Reichsfinanzminister Popitz stieß das Konzept auf der Kabinettsitzung vom 26. September 1933 auf entschiedenen Widerstand. Popitz bemängelte, dass der Entwurf hinsichtlich des Verfügungsverbotes und des Vollstreckungsschutzes „weit über eine anerbenrechtliche Regelung“ hinausgehe und „das ganze bisherige Rechtssystem verlassen und auf einen anderen Bo-

1480 Art. II § 11 Abs. 2 des REM-Entwurfs vom 19. September 1933, in: BArch R 3001/ Akte 591, 87.

1481 Niederschrift von Vogels zur Besprechung vom 21. September 1933, in: BArch R 3001/ Akte 591, 93. Vgl. auch Entwurf des RJM vom 23. September 1933, in: BArch R 3001/ Akte 591, 90. Vgl. außerdem § 38 der Kabinettsvorlage vom 25. September 1933, in: BArch 3001/Akte 591, 92.

den treten“ wolle. Insbesondere die Reichweite des Vollstreckungsschutzes fand seinen Widerspruch:

„Man könne schließlich verstehen, daß man den Druck der Staatsgewalt durch den Druck des Standes ersetze, wenn es sich um private Rechtsverhältnisse handele, wenn er auch in der Hinsicht manche Zweifel habe. Dagegen könne man dieses System nicht ausdehnen auf die öffentlich-rechtlichen Forderungen gegen den Bauern. Sonst liefere man Staat und Gemeinde den Standesorganen aus. Der Bauer ist der Träger der ländlichen Selbstverwaltung. Die Selbstverwaltung werde aber vernichtet, wenn die Gemeinde die öffentlichen Abgaben, welche die Bauern beschließen, nicht beitreiben könne. Der Entwurf müsse so umgestaltet werden, daß der Bauer gezwungen werden könne, mindestens die örtliche Selbstverwaltung zu bezahlen. Man könne der Steuerverwaltung nicht zumuten, sich zunächst an den Bauernführer zu wenden und dann mit dessen Genehmigung an das Anerbengericht. Das sei zu umständlich. (...) Der Entwurf gehe seines Erachtens viel zu weit. Man habe den Bauer ganz aus dem Verkehr genommen. Man habe z. B. die Vollstreckung auf Lieferung von Eiern, die der Bauer verkauft habe, unmöglich gemacht. So könne der Entwurf nicht bleiben.“[1482]

Hintergrund des vehementen Eintretens von Popitz für die Aufrechterhaltung der Zwangsvollstreckung aus öffentlich-rechtlichen Forderungen war der zeitgleich vom Reichsernährungsministerium eingebrachte Entwurf des Erbhofentschuldungsgesetzes, der die Entschuldung der Erbhöfe gegen eine von allen Erbhöfen zu zahlende jährliche Rente in Höhe von 1,5 % des steuerlichen Einheitswertes vorsah. Da diese Rente von den Finanzämtern eingezogen werden sollte, trat Popitz – um dem Staat die Möglichkeit der Zwangsvollstreckung zu belassen – für die Einfügung eines § 39 REG ein.[1483]
Da auf der Kabinettsitzung vom 26. September 1933 über das Problemfeld des Vollstreckungsschutzes keine abschließende Einigung erzielt werden konnte, vertagte man die Lösung dieser strittigen Frage auf die am 28. September 1933 stattfindende Chefbesprechung. Hier war dann auch die geplante Ersetzung der Staats- durch die Standesgewalt hinsichtlich der Beitreibung öffentlich-rechtlicher Forderungen ein zentraler Streitpunkt. So beurteilte es Schwerin von Krosigk es als „vollkommen unnötig, daß zum Beitreiben einer öffentlich-rechtlichen Forderung dem Staat keine andere Gewalt zur Verfügung“ stehe als die Standesgewalt. Vielmehr trat er dafür ein, dass für die fiskalischen Forderungen die Zwangsvollstreckung in die Früchte sowie die Zwangsverwaltung angedroht bleiben müssten.

1482 Vermerk von Vogels zur Kabinettsitzung vom 26. September 1933, in: BArch R 3001/ Akte 591, 94.

1483 Vgl. Grundmann, S. 51, Fußnote 81.

Auch Popitz wiederholte seine Kritik: Er habe zwar keine Bedenken gegen die Schaffung des Reichsnährstandes, man müsse „hierbei aber die Grenze gegenüber dem Staat einhalten. Der Stand kann den Staat nicht ersetzen; nur ein bestimmter Sektor des öffentlichen Lebens kann dem Stand überwiesen werden, sonst wird der Staat durch den Stand gesprengt. Die Möglichkeit der Beitreibung der öffentlichen Abgaben ist für die örtliche Selbstverwaltung von lebenswichtiger Bedeutung. Ebenso muss die Sozialversicherung ihre Beiträge einziehen können. Hierbei kommt es entscheidend auf den Termin der Zahlung an. Es muss sofort zugegriffen werden können. Die Gläubiger dieser öffentlichrechtlichen Forderungen nehmen schon von sich aus auf die Lage des Schuldners Rücksicht. Auf die Vollstreckung in den Grundbesitz kann man wohl verzichten. Dagegen müßte die Vollstreckung in die bewegliche Habe zulässig bleiben. Ich würde es nicht für glücklich halten, wenn man den Stand zum Vollstreckungsorgan machen wollte; damit würde der Stand sich nur unbeliebt machen.“ [1484]

In Reaktion auf Popitz' Kritik machte Darré zwar das Zugeständnis, eine Vollstreckung in diejenigen Früchte zuzulassen, die übrig blieben, wenn die Weiterführung des Betriebs und die Ernährung des Bauern sichergestellt seien. Allerdings stellte Darré gerade hinsichtlich der Kritik Schwerins die Frage in den Raum, ob die „Zwangsvollstreckung in den Stand“ nicht genügen könne. Hierauf stellte Popitz fest, dass der Staat wiederum die Beiträge der Landwirtschaftskammer und des Reichsnährstandes vollstrecke und wiederholte seine Forderung, dass der Staat in der Lage sein sollte, für seine Steuern die beweglichen Gegenstände, zum Beispiel eine Kuh, pfänden zu können. In Bezug auf den Vorbehalt Darrés, dass bei Vollstreckung die Weiterführung des Betriebs und die Ernährung des Bauern sichergestellt sein müssten, wandte er ein, dass für die Erreichung dieses Zwecks bereits die Reichsabgabenordnung sorge.

Frank schlug demgegenüber einen Mittelweg vor: Man könne den Stand zwischenschalten, indem man ihm die Gelegenheit gebe, die Schuld zu übernehmen. Die Vollstreckung solle nur dann zugelassen werden, wenn der Stand die Übernahme ablehne. Daraufhin erklärte sich Darré dazu bereit, auch die Zwangsvollstreckung von staatlichen Forderungen zuzulassen. Dieses dürfe allerdings nicht so weit gehen, dass der Gedanke des Erbhofs wieder aufgehoben werde. Unterstützung bekam Darré hierbei von Kerrl, der darauf hinwies, dass „die Partei“ die Trägerin des Staates sei und dieser sei wiederum identisch mit den von der Partei geleiteten Ständen. Wenn ein Teil der Staatsgewalt auf die Stände übertragen werde, so gebe das Gesetz nur das wieder, was sich bereits entwickelt habe. Kerrl hielt es jedoch für unmöglich, dass eine Zwangsvollstreckung in das unbewegliche Vermögen gestattet werden könne.

1484 Vermerk von Vogels zur Chefbesprechung vom 28. September 1933, in: BArch R 3001/ Akte 591, 98.

Doch Popitz blieb bei seinen Einwänden: Der Stand sei dem Bauern gegenüber praktisch machtlos. § 15 REG sei für die kleineren alltäglichen Fälle nicht geeignet. Bei der Einziehung der Beiträge bediene sich der Stand des Armes des Staates. Wenn man zuließe, daß der Stand die Schuld übernehme, so müsste er den Betrag im Wege der Umlage wieder einziehen. Auch dieser Weg laufe also wieder auf eine Zwangsvollstreckung hinaus. Vor diesem Hintergrund einigte man sich zunächst darauf, die Zwangsvollstreckung wegen öffentlich-rechtlicher Forderungen in das bewegliche Vermögen zumindest insoweit zuzulassen, wie die Bewirtschaftung des Hofes und des Hauses nicht gefährdet wurde. Daneben sollte § 15 REG gelten und der Stand vor der Zwangsvollstreckung benachrichtigt werden, um ihm Gelegenheit zu geben, die Schuld zu übernehmen.[1485]

Des Weiteren war der Ausschluss der Zwangsvollstreckung durch private Gläubiger ein hervorgehobener Streitpunkt. Gürtner betonte, dass man die privatrechtlichen Gläubiger nicht völlig rechtlos stellen dürfe, da der Bauer ansonsten „vertrags- und verkehrsunfähig" würde. Keppler schlug dementsprechend vor, Schulden unter 100 Reichsmark ausscheiden zu lassen. Der Stand könne sich nicht mit Kleinigkeiten befassen. Der Bauer solle Schulden im Betrage von mehr als 100 Reichsmark nur mit Zustimmung des Standes eingehen können. Dem entgegnete das Reichsernährungsministerium, dass in Zukunft der Lieferant des Bauern auch sein Hauptabnehmer sein werde, so dass der Lieferant sich durch Verrechnung befriedigen könne. Frank schlug vor, dass der Gläubiger sich unter Umständen an die Forderungen des Bauern gegen seine Abnehmer halten können sollte. Dem widersetzte sich wiederum Freissler, nach dessen Ansicht die Forderungen des Bauern gegen seine Abnehmer dem Zubehör gleichgestellt werden müssten. Man sollte den Stand vor die Wahl stellen, entweder die Vollstreckung zu genehmigen oder die Schuld zu übernehmen. Bei Kleinigkeiten sollte man allerdings die unmittelbare Vollstreckung zulassen. Frank trat dagegen dafür ein, die Vollstreckung für eine Übergangszeit im Interesse der Wirtschaft zuzulassen. Der Bauer sollte nicht verkehrsunfähig gemacht werden. Dem stimmte auch Keppler zu, da sich nach der Entschuldung das „Investierungsbedürfnis" regen werde. Für eine Übergangszeit sollte eine gewisse Vollstreckung zugelassen werden. Hierbei wäre eine Benachrichtigung des Standes vorzusehen, um diesem die Möglichkeit der Übernahme zu geben. Kerrl wiederum wollte Vollstreckungen mit Forderungen bis 100 Reichsmark ohne weiteres ermöglichen. Für darüberliegende Forderungen sollte man die Übernahme oder die Vollstreckung durch den Stand vorsehen. Keppler ergänzte dies dementsprechend, dass eine Übernahme der Schuld durch den Stand naturgemäß nur inso-

1485 Vermerk von Vogels zur Chefbesprechung vom 28. September 1933, in: BArch R 3001/ Akte 591, 98.

weit in Frage komme, als die Forderung durch das Vermögen des Bauern gedeckt sei.

Im Ergebnis einigte man sich darauf, die Vollstreckung wegen öffentlichrechtlicher Geldforderungen in die auf dem Erbhof gewonnenen landwirtschaftlichen Erzeugnisse grundsätzlich zuzulassen. Auch sollte zunächst eine Vollstreckung in landwirtschaftliche Erzeugnisse wegen privatrechtlicher Geldforderung bis zum Inkrafttreten einer anderen, im Wege der Durchführungsverordnung zu treffenden Regelung, möglich sein. Dementsprechend ergingen § 39 und § 58 REG.[1486]

IV. Die „Flucht in den Erbhof". Der Missbrauch des Vollstreckungsschutzes.

Der weitgehende Vollstreckungsschutz des § 38 REG hatte insbesondere in zwei Konstellationen eine missbräuchliche Inanspruchnahme des Vollstreckungsschutzes, die sogenannte „Flucht in den Erbhof", zur Folge. Zum einen betraf dies den Fall der Übertragung einer grundsätzlich erbhoffähigen Besitzung, die zum Beispiel im Eigentum einer Erbengemeinschaft oder einer juristischen oder nicht bauernfähigen Person stand, auf einen bauernfähigen Erwerber, um den Hof der drohenden Zwangsvollstreckung zu entziehen. Dieses Rechtsgeschäft war dann zwar in der Regel nach dem Anfechtungsgesetz anfechtbar, so dass die Zwangsvollstreckung grundsätzlich geduldet werden musste. Allerdings stand dies im Widerspruch zu der Tatsache, dass die Besitzung in der Person des Erwerbers Erbhofeigenschaft erlangt hatte und damit durch § 38 REG vor der Zwangsvollstreckung geschützt war. Die zweite umstrittene Fallgruppe betraf die Veräußerung eines erbhoffähigen und zum Zwecke der Zwangsvollstreckung bereits beschlagnahmten Grundstücks an einen bauernfähigen Erwerber. Normalerweise musste auch hier ein Gläubiger die Veräußerung nicht gegen sich gelten lassen, so dass die Beschlagnahme aufrechterhalten bleiben und die Vollstreckung durchgeführt werden konnte. Jedoch widersprach auch dies § 38 REG.[1487]

Die juristische Lösung dieser Fragen blieb umstritten. Zum Teil wurden die Kreditschutzinteressen des Gläubigers höher angesetzt, zum Teil wurde dem Schutz und der Bildung der Erbhöfe Priorität eingeräumt. So nahmen Teile der Rechtsprechung und Literatur an, dass in solchen Fällen kein volles Erbhofeigentum vorlag, da kein qualifiziertes Alleineigentum i. S. d. § 1 Abs. 1 Nr. 2 REG entstanden sei. Die Belange des Vollstreckungsgläubigers in den Vordergrund stellend, ließen diese Ansichten eine Zwangsvollstreckungsmöglichkeit in

1486 Vermerk von Vogels zur Chefbesprechung vom 28. September 1933, BArch R 3001/ Akte 591, 98.

1487 Zu dieser Streitfrage vertiefend auch Weitzel, ZNR 1992, 66 ff.

die erworbenen Gegenstände zu.[1488] Ähnlicher Ansicht war Rostosky, der mangels einer dauernden Verbindung von Bauer und Boden die Entstehung der Erbhofeigenschaft und damit des Erbhofeigentums verneinte.[1489]

Wiederum andere, zu diesen zählte insbesondere Vogels, nahmen zwar die Entstehung eines Erbhofes an; dieses freilich nur mit Wirkung gegenüber Dritten, nicht jedoch gegenüber dem Anfechtungsgläubiger, der weiterhin vollstrecken dürfen sollte.[1490] Doch insbesondere dieser von Vogels vertretene Lösungsvorschlag der „relativen Erbhofeigenschaft" war umstritten. Aus einem Schreiben des Amtsgerichtsrats Bohnen an Vogels vom 30. November 1934 geht hervor, dass dabei nicht nur die Theorie an sich, sondern auch ihre Umsetzung umstritten war:

„Sorge macht uns dagegen die Ausgestaltung, die Sie, sehr verehrter Herr Ministerialrat, dieser Theorie geben, nämlich Ihre Meinung, daß der Zuschlag in dem an sich zulässig gebliebenen Zwangsversteigerungsverfahren der anerbengerichtlichen Genehmigung bedarf. Das greift soweit in die ZVG. ein, daß ich – ebenfalls auf höhere Veranlassung – die Zweifel Herrn Ministerialrat Dr. Hesse als Sachbearbeiter für Zwangsversteigerung unterbreitet habe. (...) Darf ich mir erlauben, auch Ihnen unsere Bedenken mitzuteilen: (...) Das REG. kennt an sich überhaupt keine Zwangsvollstreckung in den Stamm des Erbhofes. Wenn sie in dem gedachten Fall zugelassen wird, so geschieht das nicht als eine Ausnahme vom § 38 REG., sondern weil man infolge der den betreibenden Gläubigern gegenüber wirkenden Mängel des Eigentumsüberganges die Erbhofeigenschaft relativ verneint. Die Fragestellung lautet also nicht dahin: Will man zugunsten der betreibenden Gläubiger eine Ausnahme vom § 38 zulassen? Der Angelpunkt liegt in einem begrifflich früheren Stadium, nämlich in der Frage, ob auch den betreibenden Gläubigern gegenüber die Voraussetzungen des § 1, nämlich das dort erforderte bürgerlichrechtliche Eigentum vorliegt. Verneint man das, so kann man m. E. nicht auf der einen Seite sagen, den Gläubigern ist keine Erbhofeigenschaft entstanden, trotzdem sind auch ihnen gegenüber erbhofrechtliche Rechtssätze anzuwenden. Darin liegt m. E. ein logischer Widerspruch."[1491]

Das Reichserbhofgericht folgte mit der Entscheidung vom 6. März 1935 in der Tat nicht der Theorie von Vogels von der relativen Erbhofeigenschaft. Vielmehr sah es eine Beschlagnahme als der Entstehung eines Erbhofes bzw. der Erlangung der Erbhofeigenschaft grundsätzlich nicht entgegenstehend an. Die Möglichkeit des Gläubigers, sich auf § 23 ZVG und damit auf das relative Veräußerungsverbot zu berufen, wurde verneint. Der Vollstreckungsschutz des

---

1488 Vgl. u. a. Rötelmann JW 1935, 587 ff.

1489 Rostosky, Erbhofeigentum, S. 28.

1490 Vogels, 3. Auflage, S. 252; Stein/Jonas, S 252; Münzel, JR 1935, 62.

1491 Schreiben Bohnens an Vogels vom 30. November 1934, in: BArch R 3001/22164, 119, 120 f.

§ 38 REG ging somit grundsätzlich vor. Das Reichserbhofgericht löste das Problem über die Frage der Bauernfähigkeit, indem es darauf abstellte, ob das Geschäft unsittlich oder ein Scheingeschäft und damit nichtig war. Da in solchen Fällen der Erwerber nicht bauernfähig war, wurde das Besitztum auch nicht Erbhof. Lag aber Bauernfähigkeit vor, so wurde die Erbhofeigenschaft bejaht und die Beschlagnahme nach dem ZVG hatte zu entfallen.[1492]

Vom Gesetzgeber wurde die Frage des Missbrauchs des Vollstreckungsschutzes, nachdem erste Anregung diesbezüglich bereits im Frühjahr 1934 gekommen waren,[1493] schließlich durch die Bestimmung des § 39 EHRV klargestellt. Bei der Entstehung dieser Vorschrift kam es jedoch zu Unstimmigkeiten zwischen Reichsjustiz- und Reichsernährungsministerium, da der von Vogels am 1. Juli 1936 vorgelegte Entwurf eines § 40 einer Erbhofergänzungsverordnung[1494] bezeichnenderweise nicht auf der Linie der Rechtsprechung des Reichserbhofgerichts gelegen hatte. Vogels schlug vor, dass sowohl im Fall, dass ein erbhoffreies Grundstück aufgrund eines der Anfechtung wegen Gläubigerbenachteiligung unterliegenden Rechtsgeschäftes Erbhofeigenschaft erlangt hatte, als auch im Fall einer der Beschlagnahme nachfolgenden Veräußerung eine Zwangsvollstreckung möglich sein sollte.
Diesem Vorschlag des Reichsjustizministeriums widersprach jedoch das Reichsernährungsministerium. So bezeichnete Saure die Bestimmung des § 40 „von der grundsätzlichen Seite der Frage abgesehen, jedenfalls im Hinblick auf die in § 1 der Verordnung geplante Regelung [Berücksichtigung der Schulden; der Verf.] als nicht mehr erforderlich und daher entbehrlich. Dies gilt nicht nur für Abs. 1, sondern auch für den vorgeschlagenen Abs. 2. Zu diesem Abs. 2 möchte ich außerdem grundsätzlich bemerken, daß mir lediglich die Tatsache, daß eine Zwangsversteigerung oder Zwangsverwaltung angeordnet ist, für die Bewertung des rechtsgeschäftlichen Vorgangs nicht als ausreichendes Kriterium erscheint. Maßgebend für die Beurteilung solcher Rechtsgeschäfte können (abgesehen von dem etwaigen Scheincharakter des Geschäfts), allein die guten Sitten und die bäuerliche Ehrauffassung sein. Wie in der Rechtsprechung des Reichserbhofgerichts näher entwickelt ist, lässt sich damit wirklich unlauteren Geschäften wirksam begegnen, und zwar nach dem geltenden Rechtszustand ebenso wie erst recht nach dem Inkrafttreten der neuen Verordnung, da alsdann im Hinblick auf den § 1 nur mehr ganz besonders gelagerte Fälle Anlass zu dieser Prüfung geben können. Diese Auffassung gilt auch für Fälle der Art, wie sie in dem von Ihnen angezogenen Urteil des Oberlandesgerichts Kassel (JW 1935,

1492 REHG, JW 1935, 2560.

1493 Vgl. z. B. Schreiben der Industrie- und Handelskammer München vom 13. März 1934, in: BArch R 3001/Akte 595, 128.

1494 § 40 des Entwurfs (Anfechtbare oder unwirksame Rechtsgeschäfte), in: BArch R 3001/22197, 231-248, 243.

S. 1481) erörtert worden sind. Handelt es sich, wie dort, überhaupt nicht um die Begründung der Erbhofeigenschaft eines Hofes, sondern um die Zulegung gewisser fremder Grundstücke zu einem bestehenden Erbhof, so wird der unlautere Charakter des Vorgangs wohl stets offen zutage liegen und damit zur Verneinung der Erbhofeigenschaft der zugeschlagenen Grundstücke führen. Es besteht m.E. nicht der geringste Zweifel, dass die Rechtsprechung der Anerbenbehörden unter Führung des Reichserbhofgerichts auch hier mit Sicherheit die zutreffende Lösung treffen wird. Ob sie dabei etwa in Einzelfällen von der (doch recht anfechtbaren) Rechtsprechung der ordentlichen Gerichte über die Unsittlichkeit anfechtbarer Geschäfte abweichen wird, kann auf sich beruhen bleiben, da Gegenstand der anerbenbehördlichen Entscheidung immer nur die Feststellung sein wird, ob die hinzuerworbenen Grundstücke Bestandteile des Erbhofs geworden sind oder nicht.“[1495]

Die von Saure vorgebrachten Bedenken stellte das Reichsernährungsministerium im Rahmen der Besprechungen vom 16. Oktober 1936 und 23. Oktober 1936 jedoch zum Teil wieder zurück. Grund hierfür war, dass man sich über die Aufnahme einer erbhoffreundlichen Zusatzbestimmung im Abs. 4 geeinigt hatte, wonach auf Antrag des Schuldners das Vollstreckungsgericht Ausnahmen von Abs. 1 und 2 gewähren konnte, wenn nach den Umständen des Falles die Gewährung des Vollstreckungsschutzes der Billigkeit, insbesondere den Grundgedanken des Erbhofrechts entsprach.[1496]

Diese Sonderbestimmung sollte namentlich die Fälle alten Familienbesitzes betreffen, die unter den Auswirkungen der Wirtschaftskrise notleidend geworden waren. Die zunächst erörterte Lösung, die Anwendung der Ausnahmebestimmung von einem Antrag des Bauernführers abhängig zu machen, wurde von Saure abgelehnt. Dieser erklärte, dass dem Reichsnährstand die Zuweisung dieser Initiative sehr unerwünscht sein müsse, weil sie die Bauernführer gegebenenfalls in eine Kampfstellung gegen die Gerichte zwänge. Allgemein erklärte Saure zu dieser Frage, dass er sich die Einholung der Zustimmung seines Ministers vorbehalten müsse. Auch die Vertreter des Reichsjustizministeriums behielten sich ihre endgültige Stellungnahme nach Rücksprache mit den im Haus beteiligten Referenten und nach Vortrag vor.[1497]
Auf Initiative Harmenings wurde die Bestimmung nach der am 21. November 1936 abgehaltenen Chefbesprechung nochmals umgestaltet:

„MinDir. Harmening legte dar, es führe zu Unzuträglichkeiten, wenn das Reichserbhofgericht bei einer Besitzung die Erbhofeigenschaft bejahe, während

1495 Stellungnahme Saures vom 28. Juli 1936 zum § 40 des Entwurfs, in: BArch R 3001/22197, 435 f.

1496 § 40 des EHRV-Entwurfs des RJM von Mitte November 1936 (Anfechtbare oder unwirksame Rechtsgeschäfte), in: BArch R 3001/22198, 173.

1497 Vermerk Hopps, in: BArch R 3001/22198, 4-30, 10 f.

das Vollstreckungsgericht die gegenteilige Meinung vertrete und Anstalten treffe, die Besitzung zu versteigern. Die VO. müsse einen Weg vorsehen, um solche widersprechenden Entscheidungen in derselben Sache zu vermeiden. Die in unserem Entwurf des § 40 vorgeschlagene Regelung trage diesem Bedürfnis nicht genügend Rechnung. Herr Harmening bat daher, zu bestimmen, daß in solchen Konfliktsfällen die Frage der Erbhofeigenschaft vom Anerbengericht zu entscheiden und daß das Vollstreckungsgericht an diese Entscheidung gebunden sei. Das Vollstreckungsgericht solle also das Verfahren aussetzen, um die Klärung der Erbhofeigenschaft durch das Anerbengericht herbeizuführen, bis dahin könne die Beschlagnahme weiterbestehen. Sobald aber die Erbhofeigenschaft durch das Anerbengericht beantragt sei, müsse das Vollstreckungsgericht die Beschlagnahme aufheben. Der Herr Minister hat dieses Verlangen des MinDir. Harmening als berechtigt anerkannt, aus der Erwägung, daß Streitigkeiten der Gerichte untereinander nicht geduldet werden können. Es sei in einem solchen Falle nicht so wichtig, welches Gericht die Entscheidung treffe, nötig sei aber, daß eines von beiden Gerichten solche Fragen endgültig entscheide. (...) Angesichts der sonstigen Zuständigkeit der Anerbengerichte lasse es sich vertreten, daß die Fragen der Erbhofeigenschaft aus (...) solchen Konfliktfällen vom Anerbengericht entschieden werden."[1498]

Dementsprechend wurde die Bestimmung nochmals abgeändert, im § 40 des Entwurfs des Reichsjustizministeriums vom 24. November 1936 umgesetzt[1499] und trat dann, nach einer weiteren kleinen Änderung, als § 39 EHRV in Kraft.[1500] § 39 EHRV blieb im Grunde genommen bei der Linie, dass eine Zwangsvollstreckung in den Erbhof grundsätzlich nicht zulässig sein sollte, entzog daher die Beurteilung der Frage, ob das Besitztum der Vollstreckung zugänglich war, dem Prozessgericht und wies sie dem Anerbengericht zu. Die Anrufung des Anerbengerichts nach § 39 Abs. 1, 2 i. V. m. 3 EHRV war aber nur in jenen Fällen erforderlich, in denen die Entstehung der Erbhofeigenschaft zweifelhaft war. Das Anerbengericht musste somit nicht beteiligt werden, wenn die Anfechtungsklage völlig unschlüssig war bzw. z. B. die Bauernfähigkeit des Erwerbers offensichtlich nicht vorlag.[1501] § 39 Abs. 1 EHRV bestimmte, dass in dem Fall, in dem ein erbhoffreies Grundstück durch eine Rechtshandlung, die der Anfechtung wegen Gläubigerbenachteiligung unterlag, veräußert worden war und der Anfechtungsbeklagte geltend machte, dass das Grundstück Erbhof-

---

1498 Vermerk Vogels', in: BArch R 3001/22199, 127 f.

1499 § 40 des RJM-Entwurf, dem REM übersandt am 24. November 1936, in: BArch R 3001/22199, 138 f.

1500 Vermerk Hopps von der Besprechung vom 1. bzw. 4. Dezember 1936, in: BArch R 3001/22199, 326.

1501 Baumecker, 4. Auflage, § 39 EHRV, Rn. 7.

eigenschaft erlangt hatte, das Prozessgericht dem Antrag, den Beklagten ohne Vorbehalt des Vollstreckungsschutzes des § 38 zur Duldung der Zwangsvollstreckung in das Grundstück zu verurteilen, nur entsprechen konnte, nachdem das Anerbengericht in einem auf Antrag eingeleiteten Verfahren rechtskräftig die Erbhofeigenschaft verneint hatte. Gleiches galt im Fall, dass ein Schuldner ein erbhoffreies Grundstück veräußert hatte, nachdem es zum Zwecke der Zwangsvollstreckung beschlagnahmt worden war und geltend gemacht wurde, dass das Grundstück Erbhofeigenschaft erlangt hatte. Auch hier durfte das Vollstreckungsgericht, falls die Behauptung der Erbhofeigenschaft nicht offenbar unrichtig war, das Versteigerungsverfahren erst fortsetzen, nachdem das Anerbengericht in einem auf Antrag eingeleiteten Verfahren rechtskräftig die Erbhofeigenschaft des Grundstücks verneint hatte. Bejahte das Anerbengericht rechtskräftig die Erbhofeigenschaft, so hob das Vollstreckungsgericht die Beschlagnahme auf, § 39 Abs. 2 EHRV.

§ 39 EHRV folgte mithin nicht der Theorie der relativen Erbhofeigenschaft. Anders als das Reichserbhofgericht stellte aber die Bestimmung hinsichtlich der Frage der Erbhofeigenschaft der erworbenen Bedingung auch nicht explizit auf die Bauernfähigkeit des Erwerbers ab. Denn nach § 39 Abs. 3 EHRV hatte das Anerbengericht die Erbhofeigenschaft auch dann zu verneinen, wenn die Veräußerung sich als eine unlautere Machenschaft oder als ein Versuch zur missbräuchlichen Beanspruchung des im § 38 REG vorgesehenen Vollstreckungsschutzes darstellte, so dass es auf die Bauernfähigkeit des Erwerbers nicht unbedingt ankam. Vielmehr folgte der Gesetzgeber mit seiner Fassung des § 39 EHRV am ehesten der von Rostosky vertretenen Ansicht, dass eine Erbhofeigenschaft „bei einem anrüchigen Rechtsgeschäft nie entstehen“ könne.[1502]

I. Das „Erbhofkreditproblem“

Durch den im § 37 REG ausgesprochenen Grundsatz der Unbelastbarkeit des Erbhofes und durch den im § 38 REG durchgesetzten weitgehenden Vollstreckungsschutz befanden sich die Gläubiger von Erbhofbauern in einer schwachen Stellung bezüglich der Sicherung und Durchsetzung ihrer Ansprüche. Dieses beeinträchtigte naturgemäß die Kreditwürdigkeit der Erbhöfe, ein Problem, dass Gürtner bereits auf der Kabinettsitzung vom 26. September 1933 offen angesprochen hatte: „Das Kabinett müsse also entscheiden, ob man den Bauer aus dem Rechtsverkehr herausnehmen und ihm eine Sonderstellung geben solle und ob an die Stelle der Staatsgewalt die Macht des Standes treten solle. Nur dann, wenn der Gläubiger die Überzeugung habe, daß der Druck des Standes gleich

1502 Rostosky, Erbhofeigentum, S. 27.

stark sei wie der Druck des Gerichtsvollziehers, werde der Bauer kreditfähig bleiben."

Auch Wirtschaftsminister Schmitt hatte auf die Gefahren aufmerksam gemacht, die vor dem Hintergrund des vorgesehenen Belastungsverbotes zu erwarten waren: „Man müsse die Rückwirkungen des Entwurfs auf das Kreditwesen beachten. Der Bauer könne doch den landwirtschaftlichen Kredit nicht vollständig entbehren. Im Falle von Seuchen, Wetterschäden sowie bei Anschaffungen aller Art müsse der Bauer doch Kredit aufnehmen dürfen. Er könne verstehen, wenn man die Belastung des Hofes über die Mündelsicherheitsgrenze verbiete. Aber zu verlangen, daß der Bauer überhaupt keine Schulden aufnehmen dürfe, unterbinde den ländlichen Kreditverkehr. Dies könne schwere Folgen für die Genossenschaften und Sparkassen haben. Auch die 6 Milliarden der Genossenschaften müsse man im Auge behalten. Er sei nicht Gegner des Gesetzes, aber in der jetzigen Form könne er dem Entwurf noch nicht zustimmen. Man solle das herausarbeiten, über das man einig sei und das am 1. Oktober verkündigen. Man solle aber im übrigen den Entwurf nicht übers Knie brechen."[1503]

Auf der Chefbesprechung vom 28. September 1933 wandte sich dann auch Schwerin von Krosigk offen gegen das Belastungsverbot, da der Personalkredit „nicht alle Fälle einer etwa notwendigen Kapitalbeschaffung" abdecken konnte. Ein Investierungskredit sollte nach seiner Ansicht zumindest ermöglicht werden."[1504] Gegen die Mehrheit der Kabinettsmitglieder, die der Auffassung war, dass man an der Unbelastbarkeit festhalten solle, konnten sich die Kritiker jedoch nicht durchsetzen.

Vogels spielte jedoch die hinsichtlich der Kreditproblematik vorgetragenen Bedenken herunter. Auf einer Rede in Münster am 10. Dezember 1933 äußerte er, es sei „hinsichtlich der Kreditwürdigkeit des Bauern zu bedenken, dass es hierbei auf seine wirtschaftliche Lage überhaupt ankomme, und dass – wie die Praxis der letzten Jahre bitter genug gezeigt habe – die schönsten Grundbucheintragungen nichts nutzten, wenn der Bauer aus seinem Grund und Boden nicht soviel herauswirtschaften könne, um davon leben zu können. Hier werde das demnächst erscheinende Reichsnährstandsgesetz mit der Einrichtung von Festpreisen eine grundlegende Besserung schaffen. (...) Die Regierung sei der Ueberzeugung, dass ein durch solche Massnahmen wieder gesundeter Bauernstand von selbst wieder jedem Geldgeber kreditfähig genug sein werde."[1505]

1503 Vermerk von Vogels zur Kabinettsitzung vom 26. September 1933, in: BArch R 3001/Akte 591, 94.

1504 Vermerk von Vogels zur Chefbesprechung vom 28. September 1933, in: BArch R 3001/Akte 591, 98.

1505 Protokoll von Vogels' Rede in Münster auf der Bezirksversammlung des BNSDJ am 10. Dezember 1933, in: BArch R 3001/Akte 594, 8.

Sering kommentierte dagegen 1934 das Belastungsverbot mit den Worten: „Wer dem Bauern die kreditweise Zuführung von Kapital in seine Wirtschaft abschneidet, leistet ihm einen wahren Bärendienst.“[1506] Dass Sering hiermit Recht hatte und die standesrechtlichen Zwangsmaßnahmen nicht ausreichend waren, um die schwache Kreditwürdigkeit der Erbhöfe auszugleichen, zeigte sich schon früh überdeutlich. So kam ein dem Reichsernährungsministerium am 4. Dezember 1933 übersandtes Rechtsgutachten des Deutschen Sparkassen- und Giroverbandes hinsichtlich der Frage der Auswirkung der Erbhofgesetzgebung auf die öffentlichen Bausparkassen zu dem Ergebnis:

„Aus den vorstehenden Darlegungen ist zu entnehmen, dass an sich keine ‚rechtlichen' Hindernisse für den Abschluss neuer Bausparverträge durch das Erbhofgesetz geschaffen worden sind, dass es sich jedoch empfiehlt, aus wirtschaftlichen Erwägungen heraus von dem Abschluss neuer Verträge mit Bauern abzusehen, weil in der Regel der Zweck des Vertrages, Darlehensgewährung gegen Hypothekenbestellung, nicht erreichbar sein wird. Lediglich in den Fällen, in welchen der Bauer genügenden Grundbesitz, der zur Beleihung geeignet ist, neben seinem Erbhof hat, kommt der Abschluss eines Bausparvertrages für beide Teile in Betracht.“ [1507]Und in einem Schreiben an den Reichsernährungsminister vom 26. Februar 1934 berichtete der Reichsarbeitsminister entsprechend über die Reaktionen der „Spitzenverbände des organisierten Kredits“ auf die Anfrage über die Höhe der bisher beantragten und bewilligten Instandsetzungskredite bezüglich der Finanzierung von Instandsetzungsarbeiten an landwirtschaftlichen Gebäuden:

„a) Deutscher Sparkassen- und Giroverband: ‚Gewährung von Instandsetzungskrediten an die Landwirtschaft nur in den wenigsten Fällen', ‚da die krediteinschränkenden Bestimmungen des Reichserbhofgesetzes sowie die erhebliche Zahl der Entschuldungsverfahren die Hergabe einer satzungsmäßigen Sicherheit unmöglich gemacht hätten. Andererseits sei die Nachfrage nach diesen Krediten durchaus rege gewesen.' b) Centralverband des Deutschen Bank- und Bankiergewerbes (E.V.), Sonderausschuss für Hypothekenbankwesen: kann es nicht verantworten, auf landwirtschaftliche Objekte Instandsetzungsdarlehen zu gewähren, ‚die die vielfachen Schutzmassnahmen für die Landwirtschaft für die Durchsetzung der Zins- und Rückzahlungsansprüche gefährdet erscheinen lassen.' c) Verband deutscher öffentlich-rechtlicher Kreditanstalten: ‚Die Hergabe von Instandsetzungskrediten an bäuerliche oder landwirtschaftliche Betrie-

---

1506 Sering, S. 43.

1507 Schreiben des Präsidenten des Deutschen Sparkassen- und Giroverbandes an den Reichsminister für Ernährung und Landwirtschaft, übersandt am 4. Dezember 1933, in: BArch R 3001/Akte 595, 35 ff. Vgl. hierzu auch das Schreiben der Landesbank der Rheinprovinz an den Preußischen Minister für Wirtschaft und Arbeit vom 5. Juni 1934, in: BArch R 3001/Akte 597, 80.

be scheint durch die unklaren Verhältnisse, die das erst im Anfangsstadium steckende Entschuldungsverfahren notwendig mit sich bringt, sehr beeinträchtigt zu sein.' d) Verband öffentlicher Feuerversicherungsanstalten in Deutschland: ‚Die Hauptschwierigkeit liegt darin, dass Erbhöfe nicht belastet werden können, so dass eine dingliche Sicherung des Darlehensgebers nicht möglich ist. Wenn hier eine andere wirksame Sicherung, etwa durch gesetzgeberische Massnahmen möglich wäre, würden die Mittel mit Sicherheit viel stärker in Anspruch genommen werden, als es jetzt der Fall ist.'“ [1508]

Die durch das Fehlen eines Erbhofentschuldungsgesetzes verstärkte Folge war, dass den Erbhöfen die reguläre Kreditbeschaffung praktisch unmöglich gemacht wurde. Die anerbengerichtliche Praxis registrierte dies sehr schnell: „Sie [die Kreditbeschaffung, der Verf.] stösst auf grösste Schwierigkeiten und ist meist infolge der fehlenden Vollstreckungsmöglichkeiten praktisch unmöglich. Der Hypothekenkredit ist z. Zt. praktisch fast bedeutungslos. Allgemein klagen die Bauern, dass ihnen Geld zur Anschaffung lebenswichtiger Dinge (Saatgut, Werkzeuge, Vieh) und für Reparaturen fehle. (...) Die Lösung der Kreditbeschaffungsfrage wird allgemein als besonders dringend bezeichnet. Es fehlt auch noch das in Aussicht gestellte Entschuldungsgesetz für Erbhöfe.“ Die „rechtliche und praktische Bedeutung genehmigter Hypotheken“ sei „sehr gering“.[1509] Auch führte die Kreditunwürdigkeit der Erbhöfe in der Praxis dazu, dass die Erbhöfe ihren Finanzbedarf auf anderen Wegen zu befriedigen versuchten. „Dass bereits heute“, so in einem Bericht einer Besprechung von hessischen Anerbengerichtsvorsitzenden aus dem Jahr 1934, „Bauern, wenn auch heimlich, wieder zu jüdischen Geldverleihern gingen, da diese ihnen u. U. ohne Sicherung zur Verfügung stellten, d) dass selbst nach der Durchführung der Entschuldung für unbelastete Höfe weiterhin und stets ein Kreditbedürfnis bezüglich der Bezahlung der Arbeitskräfte, Beschaffung von Betriebsmitteln und Abfindungen an weggehende Geschwister vorhanden sein“ werde.[1510]

Neben der negativen Auswirkung des Belastungsverbotes auf die Kreditwürdigkeit der Erbhöfe führte die fehlende Möglichkeit der Zwangsvollstreckung zu einer entsprechenden Lähmung im Rechtsverkehr. So wies zum Bei-

1508 Schreiben des Reichsarbeitsministers an den RMEL und nachrichtlich an den RMJ vom 26. Februar 1934, in: BArch R 3001/Akte 594, 144 a. Vgl. auch das Schreiben der Hannoverschen Kreditanstalt an den Präsidenten des Landeserbhofgerichtes Celle vom 2. Juni 1934, in: BArch R 3001/Akte 597, 83 f.

1509 Niederschrift einer Besprechung von Vorsitzenden von Anerbengerichten des Landgerichtsbezirks Düsseldorf vom 25. Juli 1934, in: BArch R 3001/Akte 597, 128.

1510 Niederschrift einer Besprechung der Vorsitzenden der Anerbengerichte des LG-Bezirks Wiesbaden vom 23. Mai 1934, in: BArch R 3001/Akte 597, 14 f. Vgl. auch Bericht über eine Besichtigungsreise in die Anerbengerichtsbezirke Wehen und Idstein (Untertaunusbezirk), in: BArch R 3001/22165, 216-219, 217.

spiel das „Deutsche Handwerk" auf die Probleme hin, die sich durch die fehlende Möglichkeit hypothekarischer Belastung der Grundstücke ergaben. Da das ländliche Handwerk keine Möglichkeiten der Sicherung seiner Forderungen gegenüber Erbhofbauern mehr hatte, galten entsprechende Geschäfte für Handwerker als mit Risiken behaftet.[1511] Ähnliche Stimmen kamen von Seiten der Industrie, die z. B. die Beobachtung eines Landmaschinenproduzenten mitteilte, der als „Folgeerscheidung des Erbhofgesetzes" eine „aussergewöhnlich schlechte Zahlungsweise der Landwirte" festgestellt hatte, obwohl „die Kauflust nicht kleiner, sondern erherblich grösser geworden" sei.[1512]
Zwar gab es immer wieder Ansätze, die Frage des Erbhofkredites durch eine gesetzgeberische Maßnahme neu zu regeln. So war 1937 der Ausschuss für Immobiliarkredit der Akademie für Deutsches Recht angesichts der agrarpolitischen Ziele des Vierjahresplans übereinstimmend der Ansicht, eine langfristige Beleihung für „wesenseigene Zwecke" der Erbhöfe seiin „bescheidenen Grenzen" wieder als zulässig anzuerkennen.[1513] Zum Erfolg führten diese Ansaätze – nicht zuletzt wegen des Widerstandes von Seiten Darrés – nicht.[1514] Nach dem Rücktritt Darrés wurde dann von einer entsprechenden Neuregelung dieser Frage im Rahmen der Erbhoffortbildungsverordnung abgesehen, da man ihr „keine kriegswichtige Bedeutung" zumaß. Zieger sprach sich diesbezüglich auf der Salzburger Erbhofrechtstagung im Februar 1943 für eine spätere Regelung im Rahmen einer Verordnung aus.[1515]

Gerade beim „Erbhofkreditproblem" trat der Zielkonflikt der nationalsozialistischen Agrarpolitik deutlich zu Tage.[1516] Im Ergebnis trugen sowohl das Belastungsverbot als auch das Verbot der Zwangsvollstreckung dazu bei, dass die vom Regime geforderte Erhöhung der landwirtschaftlichen Produktion nicht in dem beabsichtigten Umfang eintrat, da das für eine Modernisierung der Landwirtschaft erforderliche Kapital nicht im Kreditwege beschafft werden konnte.

1511 Schreiben des Deutschen Handwerks an das RJM vom 24. Mai 1934, in: BArch R 3001/ Akte 596, 109 a.

1512 Schreiben des Reichsstands der Deutschen Industrie an das REM vom 28. Mai 1938, in: BArch R 3001/Akte 606.

1513 So Gelpcke auf der Sitzung der Vorsitzenden der bürgerlich-rechtlichen Ausschüsse der Akademie für Deutsches Recht am 30. Oktober 1937 in München, Schubert (Hrsg.), Akademie für Deutsches Recht. Protokolle der Ausschüsse, Bd. III, 1, S. 309.

1514 Schreiben Gürtners an Darré vom 28. November 1939, in dem er eine Wiederaufnahme der Gespräche über die Neuregelung des Erbhofkredites anmahnte, in: BArch R 3001/ 22169, 128 f.

1515 Referat von Senatspräsident Zieger, Dresden, zum Thema „Erbhofkredit" auf der Salzburger Erbhofrechtstagung, Niederschrift des Referats „Erbhofkredit", in: BArch R 3001/22175, 33-37, 33.

1516 Hierzu auch Kruedener, ZWS 1974, 342 f.

Es war die „archaische Sonderordnung“[1517] des Reichserbhofrechts selbst, die der Modernisierung der Landwirtschaft und den nationalsozialistischen Autarkiebestrebungen im Wege stand.

1517 Kroeschell, Rechtsgeschichte 20. Jh., S. 98.

8. Kapitel: Das „Ende“ des Reichserbhofrechts

Nach Kriegsende blieb das Reichserbhofgesetz zunächst bestehen, allerdings wurden alle rassisch oder politisch diskriminierenden Bestimmungen für unwirksam erklärt. Erst das Kontrollratsgesetzes Nr. 45 vom 20. Februar 1947[1518] setzte das Reichserbhofrecht mit Wirkung zum 24. April 1947 außer Kraft. An seine Stelle sollten grundsätzlich wieder diejenigen alten Anerbengesetze treten, die am 1. Januar 1933 bestanden hatten.

In Wiederherstellung dieser alten „Rechtsvielfalt“ traten damit außerhalb der britischen Besatzungszone neun Anerbengesetze wieder in Wirkung. In den Zonen der Amerikaner und Franzosen waren dies das Gesetz vom 22. Februar 1855 für Bayern,[1519] das Badische Gesetz, die geschlossenen Hofgüter betreffend vom 20. August 1889,[1520] das Württembergische Gesetz über das Anerbenrecht vom 4. Februar 1930[1521] sowie in Hessen das Gesetz vom 11. September 1858.[1522]

Auch in der sowjetischen Besatzungszone traten – streng genommen – die alten Anerbengesetze wieder in Kraft. Hierzu gehörten in Mecklenburg-Schwerin die Verordnung vom 9. April 1899,[1523] in Mecklenburg-Strelitz das Anerbengesetz vom 20. April 1922,[1524] in Brandenburg die Landgüterordnung vom 10. Juli 1883,[1525] in Schlesien, soweit zu Sachsen gehörig, die Landgüterordnung vom 24. April 1884[1526] sowie in einigen Enklaven die Anerbengesetze von Braunschweig und Hannover.[1527]

1518 ABlKR, S. 256.

1519 Gesetz-Blatt 1855, Nr. 10, S. 49.

1520 GVBl. S. 288.

1521 Regierungsblatt, S. 5.

1522 Regierungsblatt, 1858, Br. 39, S. 537.

1523 Regierungsblatt für das Großherzogtum Mecklenburg-Schwerin 1899, S. 57.

1524 Mecklenburg-Strelitzscher Amtlicher Anzeiger 1922, S. 201.

1525 Ges.-S. 1883, Nr. 21, S. 111.

1526 Ges.-S. 1884, Nr. 15, S. 121.

1527 Umstritten war und ist die Frage, ob und wann die Anerbengesetze in der sowjetischen Besatzungszone bzw. in der DDR tatsächlich in Kraft waren. Während die mecklenburgischen Anerbengesetze durch das Landesgesetz vom 24. August 1951 (Regierungsblatt für Mecklenburg, S. 84.) mit diesem Tag aufgehoben wurden, geschah eine explizite Außerkraftsetzung der übrigen Anerbengesetze weder in der sowjetischen Besatzungszone noch in der späteren DDR. Dennoch geht z. B. Wöhrmann/Stöcker davon aus, dass in der sowjetischen Besatzungszone die alten Landesanerbengesetze nie in Geltung getreten seien, Wöhrmann/Stöcker, S. 44. Andere sind der Ansicht, dass die Anerbengesetze, da diese im Widerspruch zu Zielsetzung und Inhalt der DDR-Verfassung gestanden hätten, mit deren Inkrafttreten gegenstandslos geworden seien, Südel, S. 102 f., m.w.N. Fassbender führt aus, dass jedenfalls mit Wirkung vom

Einen gesonderten Weg beschritt man in der britischen Besatzungszone. Hier nutzte der Befehlshaber die ihm im Kontrollratsgesetz Nr. 45 eingeräumte Möglichkeit zur Änderung oder Aufhebung der wieder in Kraft gesetzten Anerbengesetze in extensiver Weise. Entsprechend wurden als Anlage B der Militärregierungs-Verordnung Nr. 84[1528] eigene Nachfolgenormen in Form einer Höfeordnung für die Länder Hamburg, Niedersachsen, Nordrhein-Westfalen und Schleswig-Holstein erlassen.[1529] Damit vermied man – in dem Gebiet der Britischen Besatzungszone hatten vor 1933 insgesamt 23 unterschiedliche Anerbengesetze gegolten – die Herbeiführung einer erheblichen Rechtszersplitterung im norddeutschen Raum.[1530]

Die Höfeordnung beschränkte sich im Gegensatz zum Reichserbhofgesetz im Wesentlichen auf die privatrechtlichen Erbfolgeregelungen. Sie enthielt weder Regelungen hinsichtlich der Belastung, Veräußerung oder Verpachtung des Hofes noch ein Verbot der Zwangsvollstreckung. Insbesondere konnte der Erblasser gemäß § 7 HöfeO in sehr viel weiterem Umfang die Person des Anerben bestimmen. Insoweit wurde die Verfügungsfreiheit des Eigentümers in weitem Umfang wieder hergestellt. Auch enthielt die Höfeordnung keine expliziten Größenerfordernisse.

Allerdings hielt die Höfeordnung, mit deren Ausarbeitung unter Ägide des britischen Befehlshabers die neu geschaffenen Stellen des Zentraljustizamtes und des Zentralamtes für Ernährung und Landwirtschaft wesentlich befasst gewesen waren, an einigen Prinzipien des Reichserbhofgesetzes fest.[1531] Insbesondere folgte der Gesetzgeber nicht den Forderungen nach einer umfassenden Wiederherstellung der Testierfreiheit des Erblassers. Anstatt sich für das Prinzip der freien Erbeinsetzung mit der Möglichkeit der Realteilung zu entscheiden, wurde in § 4 HöfeO der zwingende Anfall des Hofes bei einem Erben festgelegt. § 16 HöfeO erklärte ergänzend eine Verfügung von Todes wegen für den Fall für unwirksam, in dem der Anfall des Hofes bei mehreren Erben oder die gesetzliche Erbfolge nach BGB angeordnet wurde. Damit behielt die Höfeordnung das Prinzip des unmittelbaren Zwangsanerbenrechts des Reichserbhofgesetzes bei.[1532] Zwar enthielt § 19 Abs. 5 HöfeO in Hinblick auf die klassischen Realteilungsgebiete eine Öffnungsklausel: Hiernach konnte die oberste Landesjustizbe-

---

1. Januar 1976, dem Inkrafttreten des ZGB der DDR, die Anerbengesetze unanwendbar geworden seien, Faßbender in: Faßbender/Hötzel/von Jeinsen/Pikalo, S. 39 f.

1528 ABlMRBr. S. 500 ff.

1529 Eine umfassende Darstellung des Entstehungsprozesses der Höfeordnung findet sich bei Kannewurf, S. 15 ff.; vgl. auch Wöhrmann, RdL 1950, 101 ff.

1530 Kannewurf, S. 40 f., S. 43 ff.; vgl. auch Wöhrmann/Stöcker, S. 33.

1531 Kannewurf, S. 4, S. 21 ff.

1532 Zur Diskussion über die Frage der Wiederherstellung der Testierfreiheit, vgl. Kannewurf, S. 84 ff.

hörde im Einvernehmen mit der obersten Landesbehörde für Ernährung und Landwirtschaft anordnen, dass der Hofeseigentümer das Recht haben sollte, bei Gericht zu erklären, dass die Besitzung nicht mehr die Eigenschaft eines Hofes haben sollte. Von dieser Ermächtigung machte allerdings lediglich das Land Nordrhein-Westfalen durch die Verordnung vom 4. März 1949[1533] Gebrauch. Neben der Beschränkung der Testierfreiheit bestätigte das Zwangsanerbenrecht der Höfeordnung auch die schlechte Rechtsstellung der weichenden Erben, lagen die in § 12 HöfeO festgeschriebenen Ansprüche auf Abfindungszahlungen doch der Höhe nach deutlich unter denjenigen, die dem Hof nach den früheren Anerbenrechten auferlegt worden waren.[1534]

Daneben hielt die Höfeordnung, wenn auch abgemildert, am Prinzip des Vorrangs des männlichen Geschlechts in der Anerbenfolge fest. Zwar wurde die agnatische Anerbenordnung und die Überbetonung der bäuerlichen Sippe des § 20 REG abgeschafft: Nach § 5 HöfeO waren in erster Ordnung die Kinder des Erblassers und deren Abkömmlinge, sodann der Ehegatte des Erblassers und erst in dritter Ordnung der Vater, in vierter Ordnung die Mutter und in fünfter Ordnung die Geschwister des Erblassers zu Erbfolge berufen. Innerhalb derselben Ordnung kam jedoch nach § 6 Abs. 1 Satz 2 HöfeO dem männlichen Geschlecht der Vorrang zu.

Auch wenn diese Ausformung der Höfeordnung nicht zuletzt dem Ziel dienen sollte, die Ernährungssituation in der britischen Besatzungszone zu verbessern,[1535] zeigte sich nach dem Inkrafttreten des Grundgesetzes, dass sich insbesondere der Zwangscharakter der Höfeordnung, die schlechte Rechtsstellung der weichenden Erben und die Zurücksetzung der Töchter verfassungsrechtlich nicht auf Dauer halten liessen.[1536] Entsprechend musste die Höfeordnung mehrfach geändert werden. So war unter anderem der Gesetzgeber nach einer Entscheidung des Bundesverfassungsgerichts vom 20. März 1963,[1537] die den Mannesvorzug in der Hoffolgeordnung als mit Art. 3 Abs. 2 GG unvereinbar erklärt hatte, dazu aufgefordert, eine entsprechende Anpassung der vorkonstitutionellen Höfeordnung an das Grundgesetz vorzunehmen. Diese geschah mit dem Ersten Gesetz zur Änderung der Höfeordnung vom 24. August 1964,[1538] welches den

1533 GVBl. NW, S. 67.

1534 Zur Diskussion hinsichtlich der Rechtsstellung der weichenden Erben vgl. Kannewurf, S. 173 ff.

1535 Seidel, S. 12 ff

1536 Wöhrmann/Stöcker, 7. Auflage, S. 33; Südel, S. 45; zur rechtshistorischen Einordnung und Ausarbeitung der Höfeordnung vgl. allegemein die ausführliche Darstellung von Kannewurf, Die Höfeordnung vom 24. April 1947. Entstehungsgeschichte und Einordnung in die Entwicklung des Anerbenrechts, Frankfurt am Main 2004.

1537 BVerfGE 15, 337 ff.

1538 BGBl. 1964, Teil. I, S. 693.

Vorrang des männlichen Geschlecht in den §§ 6 und 7 HöfeO abschaffte und ihn durch beide Geschlechter gleich berücksichtigende Bestimmungen ersetzte.

Mit dem Zweiten Gesetz zur Änderung der Höfeordnung vom 29. März 1976[1539] wurde schließlich auch das Zwangsanerbenrecht abgeschafft: Durch die Schaffung eines fakultativen Höferechts in § 1 Abs. 4 HöfeO stellte man die Testierfreiheit des Hofeseigentümers in grundgesetzkonformer Weise wieder her. Zwar konnte auch weiterhin die Erbfolge kraft Anerbenrechts nicht ausgeschlossen werden. Durch die höferechtliche Gestaltungserklärung des § 1 Abs. 4 Höfe wurde der Eigentümer jedoch in die Lage versetzt, den Betrieb aus der Höfeordnung herauszunehmen und sie den bürgerlich-rechtlichen Erbregelungen zu unterstellen.[1540] Daneben definierte man den Zweck der Höfeordnung neu, um den verfassungsrechtlichen Anforderungen des Art. 3 Abs. 1 GG unter den geänderten agrarpolitischen Rahmenbedingungen gerecht zu werden. Da die Ernährungslage allein den ungeschmälerten Erhalt möglichst vieler landwirtschaftlicher Betriebseinheiten nicht mehr rechtfertigen konnte, wurde als Gesetzeszweck nunmehr die Förderung entwicklungsfähiger Vollerwerbsbetriebe bestimmt. Außerdem stellte man auf den Willen der in der Landwirtschaft tätigen Personengruppe ab.[1541]

Des Weiteren veränderte das Gesetz die Abfindungsregelung des § 12 HöfeO zugunsten der weichenden Erben. Die Berechnungsgrundlage wurde nunmehr auf das 1,5fache des steuerlichen Einheitswertes festgesetzt, wobei dieser Wert nach dem Bewertungsgesetz in der Fassung der Bekanntmachung vom 26. September 1974 zu ermitteln war. Daneben wurde den weichenden Erben ein Nachabfindungsanspruch für den Fall frühzeitiger Veräußerung des Betriebes nach dem Erbfall eingeräumt. Auch konnte der überlebende Ehegatte nunmehr unbeschränkter Hofeserbe werden.[1542]

1539 BGBl. 1976, Teil I, S. 881.

1540 Lange/Wulff/Lüdtke-Handjery, 10. Auflage, S. 3 f.

1541 Südel, S. 87 f.

1542 Südel, S. 38.

Schlussbetrachtung

Das Reichserbhofgesetz markiert einen tiefen Einschnitt in der Geschichte der deutschen Agrarverfassung. Es trat 1933 mit dem Anspruch an, das Kerngesetz eines neuen deutschen Bauernrechts zu sein und war damit Prototyp einer der sogenannten „völkischen Rechtserneuerung" dienenden gesetzgeberischen Tätigkeit auf dem Gebiet des Privatrechts. Der vom Gesetzgeber dabei ausgeformte Erbhof sollte die „Kernzelle der nationalsozialistischen Bodenordnung und Agrarpolitik" sein.[1543] Diese Erbhofordnung erhob den Anspruch, Leben und Arbeit des Bauern durch die vermeintlich natürliche Lebenswelt seines Hofes zu bestimmen. In Wirklichkeit zeigte sich jedoch, dass die vom Gesetzgeber im Reichserbhofrecht geschaffene Ordnung – mit ihrer konsequenten Beschneidung des (erbhof-) bäuerlichen Grundeigentums – weniger eine Abbildung der natürlichen bäuerlichen Lebensordnung als vielmehr ein ideologisches Kunstprodukt darstellte, welches Ausfluss der „Rechtsgedankenwelt" der führenden nationalsozialistischen Agrarpolitiker war.

Darré war es möglich, das Gesetz innerhalb kürzester Zeit im Herbst 1933 durchzusetzen, zu einem Zeitpunkt, als er nach dem Rücktritt Hugenbergs alle wesentlichen agrarpolitischen Funktionen in seiner Person vereinte. Bei der von ihm betriebenen gesetzlichen Umsetzung der „Blut-und-Boden-Ideologie" konnte er dabei auf die grundsätzliche Unterstützung Hitlers zurückgreifen – gegen von Anfang an vorhandene Kritik aus den Reihen der nationalkonservativen Kabinettsmitglieder.

Angesichts der Diskrepanz zwischen gesetzlicher und tatsächlicher Ordnung, aber auch wegen der Tatsache, dass das Gesetz zahlreiche Lücken, dogmatische Widersprüche, systematische und rechtstechnische Schwächen sowie sprachliche Ungenauigkeiten aufwies, bedurfte es zu seiner Korrektur zahlreicher Durchführungsbestimmungen, welche die Übersichtlichkeit des Reichserbhofrechts nicht förderten. Das letztendlich „fortgebildete" Normengefüge stand im Ergebnis in einem eklatanten Widerspruch zu dem ursprünglichen Ansatz, mit dem Reichserbhofgesetz ein besonders volksnahes und verständliches Gesetz schaffen zu wollen. So hatte der Staatssekretär im Reichs- und Preußischen Justizministerium und spätere Vorsitzende des Volksgerichtshofes, Roland Freisler, noch im Jahr 1933 in üblicher „Blut-und-Boden"-Rhetorik für das Gesetz in Anspruch genommen:

„Unbequem, stachlich und trotzig steht dieses Gesetz da, schon in seinem Äußeren. Es spricht nicht die Sprache der eleganten Jurisprudenz. Nicht Juristen

1543 Stoll/Baur, S. 48.

sollen es lesen mit dem selbstzufriedenen Behagen, eine exakte Konstruktion vor sich zu haben, eine Konstruktion, die nur ihrem Geheimwissen und ihrer Geheimsprache verständlich ist. Nein, dieses Gesetz will in seinen grundlegenden Bestimmungen geeignet sein, dem Bauernbub vom Lehrer in der Dorfschule näher gebracht zu werden. Nicht für die Juristen sind Gesetze da, sondern für das Volk."[1544]

Mit Wirklichkeitsnähe hatte diese Behauptung angesichts des selbst für Fachleute immer undurchdringlicher gewordenen Dickichts der erbhofrechtlichen Bestimmungen schließlich nichts mehr zu tun. Aufbau und Sprache des Reichserbhofrechts waren, entgegen der Behauptung von Siefert, alles andere als „musterhaft",[1545] und es blieb bis 1945 eine gesetzgeberische Baustelle, deren grundlegender Umbau für die Zeit nach den Krieg fest vorgesehen war.

Auffallend ist, dass das Reichskabinett selbst mit der Gesetzesfortbildung im Verordnungsweg nach 1933 nicht weiter befasst war. Auch Hitler, der Darré im September 1933 „grünes Licht" für sein Vorhaben erteilt hatte, nahm keinen weiteren Einfluss mehr, zumindest lässt sich ein solcher aus den vorliegenden Quellen nicht herleiten. Die weitere Ausgestaltung und Fortbildung des Reichserbhofrechts oblag vielmehr im Wesentlichen der Bürokratie des Reichsjustiz- und Reichsernährungsministeriums. Dieses Fehlen einer gewissenhaften und regelmäßigen Kontrolle der ministeriellen Verordnungspraxis von Seiten des „Führers" widersprach grundsätzlich der „führerstaatlichen Verfassungstheorie", wonach die selbständige „Ausübung des Gesetzgebungs- und Verordnungsrechts durch die Minister nur die Durchführung grundsätzlich schon bekannter und fixierter Willensäußerungen des Führers" darstellen sollte. Vor diesem Hintergrund ist die Fortbildungspraxis des Reichserbhofrechts in der Tat ein Ausdruck der – wie Broszat formuliert – „Polykratie partikularer Ressorts".[1546]

Die entscheidenden Personen bei der Fortbildung des Reichserbhofrechtes waren auf Seiten des Reichsjustizministeriums in erster Linie Ministerialrat bzw. Ministerialdirektor Vogels und Erbhofgerichtsrat Hopp. Auf Seiten des Reichsernährungsministeriums bzw. des Reichsnährstandes waren die Ministerialdirektoren Saure und Harmening sowie Regierungsrat Johae mit dem Reichserbhofrecht befasst. Die Probleme zogen sich quer durch alle Regelungsbereiche des Gesetzes und resultierten nicht zuletzt daraus, dass das zivilrechtliche Normengefüge ansonsten nicht grundlegend umgestaltet wurde. Da 1944 schließlich die

---

1544 Freisler, in: Wagemann/Hopp, 3. Auflage, S. 35.
1545 Siefert, S. 8.
1546 Broszat, S. 358 f.

Arbeiten an einem Volksgesetzbuch eingestellt wurden, blieb die Frage des Verhältnisses zwischen Bürgerlichem Recht und Reichserbhofrecht ungelöst.

Wie dargelegt führte bereits die Bestimmung der Erbhofmindestgröße zu bedeutenden Schwierigkeiten, da gesetzliche Anhaltspunkte zur Bestimmung der Ackernahrung fehlten. Mithin hatten die Gerichte bei der Beurteilung dieser Frage einen entsprechenden Spielraum. Im Ergebnis hatte dieses zur Folge, dass zum Teil deutliche Unterschiede hinsichtlich der unteren Betriebsgröße der Erbhöfe in den jeweiligen Anerbengerichtsbezirken bestanden.

Andererseits hatte die starre Erbhofhöchstgrenze zur Folge, dass zahlreiche bäuerliche Großbetriebe, die auf schlechten Standorten lagen aber mehr als 125 Hektar Land umfassten, vom Reichserbhofrecht ausgenommen blieben. Obwohl dieses unbeabsichtigte Resultat grundsätzlich dem Zweck des Gesetzes widersprach, unterblieb eine Sonderregelung, die diese Betriebe dem Gesetz unterstellt hätte, obwohl die entsprechende Frage im Raume stand. Eine Ausnahme bildete hier lediglich die Erfassung der Bergbauernbetriebe der „Alpen- und Donaureichsgaue“ Österreichs durch § 38 EHFV.

Hinzu kam, dass viele dieser „Großbauern“ keinen Gebrauch von der Zulassungsmöglichkeit des § 5 REG machten. Ursächlich hierfür war unter anderem das Nichtzustandekommen des Erbhofentschuldungsgesetzes, das nicht zuletzt auf Druck von Reichsbank, Reichsfinanz- und Reichswirtschaftsministerium gekippt worden war. Die Folge war, dass die Schuldenfrage der Erbhöfe ungelöst blieb und sich daher kein Anreiz für einen Betrieb ergab, sich dem Erbhofrecht zu unterstellen.

Da andererseits das Reichserbhofrecht einen weitreichenden Vollstreckungsschutz gewährte, musste man aus Gründen des Gläubigerschutzes mit § 1 EHRV eine Bestimmung einführen, nach welcher die Verschuldung eines Erbhofes bei seiner „Entstehung“ nicht über 70 % des Einheitswertes liegen durfte. Bezeichnenderweise war auch diese Regelung, mit der man der Gefahr der Entstehung von hoch belasteten Erbhöfen vorbeugen wollte, vom Reichsjustizministerium angestoßen und gegen Widerstände auf Seiten des Reichsernährungsministeriums durchgesetzt worden.

Durch das angeordnete Außerkrafttreten der landesgesetzlichen Anerbenvorschriften forcierte man darüber hinaus die Zerschlagung des nicht in die Ordnungsvorstellungen passenden bäuerlichen Kleinbesitzes, der vor 1933 nicht unerheblich zur nationalsozialistischen „Machtergreifung“ auf dem Lande beigetragen hatte. Nunmehr lagen diese Höfe, die vorher in großer Zahl von den Anerbengesetzen der Länder geschützt worden waren, unterhalb der Ackernah-

rung, so dass die Gefahr der Zersplitterung bestand. Trotz der Anregungen von verschiedenen Seiten, auch diesen Betrieben dic Möglichkeit der ungeteilten Vererbung zu ermöglichen, kam der Gesetzgeber diesen nicht nach. Eine Ausnahme bildeten lediglich die Bergbauernhöfe in Tirol, bei denen der Protest der örtlichen Stellen und der Bauern so stark wurde, dass hier das ursprüngliche Höferecht im Jahr 1940 wieder in Kraft gesetzt werden musste.
Im Gegensatz hierzu blieb der Schutz der aufgelösten Fideikommisse und Erbpachtgüter zunächst erhalten, wofür sich insbesondere das Reichsjustizministerium unter Gürtner stark gemacht hatte. Dieser Schutz wurde dann im Rahmen der Durchführungsverordnungen auf Renten- und preußische Ansiedlungsgüter ausgedehnt. Problematisch war allerdings das Verhältnis zwischen Erbhofrecht und Fideikommissrecht, mit dem das Reichserbhofrecht nicht zu bestreitende Ähnlichkeiten aufwies. Hier war insbesondere lange Zeit offen, ob die landesgesetzlichen Vorschriften über Fideikommisse in Geltung bleiben sollten. Diese Frage wurde schließlich in § 44 EHRV dahingehend beantwortet, dass die zu Erbhöfen gewordenen Fideikommisse bzw. Lehen, Stammgüter und die sonstigen gebundenen Vermögen nach fideikommissrechtlichen Regelungen vererbt werden konnten, wodurch der Grundsatz der einheitlichen Anerbenfolge für alle Erbhöfe durchbrochen wurde.

Auch die gesetzgeberische Umsetzung der Darréschen Vorstellung vom Bauern als „Neuadel aus Blut und Boden" brach sich an der Realität der ländlichen Verhältnisse. Der vom Gesetz angeordnete Ehrentitel des „Bauern" für den – sowohl männlichen als auch weiblichen – Alleineigentümer eines Erbhofes und die verpflichtende Bezeichnung als „Landwirt" für jeden anderen Eigentümer und Besitzer land- oder forstwirtschaftlichen Grundeigentums konnten sich in der Praxis nicht durchsetzen. So wurden nicht nur die traditionellen Bezeichnungen weiterverwendet, sondern es kam die vom Gesetzgeber nicht vorgesehene Bezeichnung des „Erbhofbauern" auf. Insbesondere stand die gesetzliche Forderung, die einheiratenden Ehemänner „nur" noch als Landwirte zu bezeichnen, im völligen Widerspruch zur tatsächlichen Praxis. Zudem konnten Letztere auch keine Anerbenrichter werden. Erst mit der Erbhoffortbildungsverordnung im Jahr 1943 wurden diese Regelungen – zumindest teilweise – angepasst.
Während das Staatsangehörigkeitserfordernis als nicht unabdingbar für das Vorliegen der Bauernfähigkeit angesehen wurde und daher Ausnahmen hiervon zugelassen werden konnten, galt für die sogenannte „Rassereinheit" etwas Anderes. Dabei kam gerade bei der Diskussion der Frage, was unter „stammesgleichem Blut" zu verstehen sein sollte, die ganze Bandbreite rassenideologischer Vorstellungen zum Ausdruck. Im Ergebnis schloss sich das Reichserbhofgericht der Meinung Vogels an, wonach als stammesgleich – und damit erbhoffähig – zumindest alle diejenigen Völker angesehen werden sollten, „die in geschlossener Volkstumssiedlung seit geschichtlicher Zeit in Europa beheimatet" waren.

Damit konnten weder Juden noch die Angehörigen der unter der Bezeichnung „Zigeuner“ diskriminierten Minderheiten, also insbesondere der Roma und Sinti, zu Bauern im Sinne des Reichserbhofgesetzes werden. Hinzu kam, dass gemäß § 21 Abs. 1 REG bauernunfähige Personen von der Anerbenfolge ausgeschlossen waren. Dieses stellte zunächst ein praktisches Ehehindernis zwischen Deutschen und Juden dar, da die Kinder aus einer solchen Verbindung kraft Gesetzes nicht zu Anerben bestimmt werden konnten und die Abwanderung in die Seitenlinie damit vorprogrammiert war. Damit wirkte auch das Reichserbhofgesetz an dem von den Nazis betriebenen Ausschluss der Juden aus der Rechtsgemeinschaft mit, wie sie zwei Jahre später mit den Nürnberger Gesetzen forciert und schließlich im Volksgesetzbuch umfassend vorgesehen war.

Zwiegespalten war die rechtliche Einordnung der polnischen Landeigentümer in den östlichen Grenzgebieten Preußens. Während diese Minderheit bis 1940 als grundsätzlich „stammesgleich“ behandelt wurde, änderte sich diese Einschätzung nach dem gewonnenen Polenfeldzug. Angesichts der von den Deutschen geplanten und betriebenen gewaltsamen Umsiedlung von Völkern und Volksgruppen insbesondere in Mittelosteuropa stellte sich die Bauernfähigkeit der Polen und der damit verbundene rechtliche Schutz als Erbhofbauern als hinderlich in Bezug auf die Verwirklichung der Ziele des deutschen „Rassekrieges“ heraus, so dass man den Polen nunmehr die Bauernfähigkeit absprach.

Grundsätzlich neu war das im Reichserbhofgesetz ausgeformte Zwangsanerbenrecht, welches sich, entgegen der Erwartung auf Seiten seiner „Erfinder“, bei der Landbevölkerung nicht in dieser Form durchsetzen konnte. Grund hierfür war unter anderem, dass das reichserbhofrechtliche Anerbenrecht eben nicht, wie es der Vorspruch des Gesetzes suggerierte, „alter deutscher Erbsitte“ entsprach, sondern in erster Linie Ausfluss der „Rechtsgedankenwelt“ Darrés und der Blut-und-Boden-Ideologen war. Zwar versuchte man von Seiten Darrés das – vermeintlich – deutsche Anerbenrecht gegen das römischrechtliche Teilungsprinzip in Stellung zu bringen, indem man Letzteres für die Misere der deutschen Landwirtschaft überhaupt verantwortlich machte. In der Praxis erwies sich jedoch die gesetzliche Anerbenordnung mit ihrer Benachteiligung der weiblichen „Blutlinie“, die von Darré mit „biologisch-züchterischen“ Überlegungen begründet worden war, als unhaltbar. Gerade an ihr nahm die Kritik von Seiten der Bauern und der ländlichen Funktionsträger, insbesondere im Krieg, immer mehr zu. So musste das Bruderrecht, also die Zurückstellung der Tochter des Erblassers in der Erbfolge hinter dessen Bruder, schließlich in der Erbhoffortbildungsverordnung aufgegeben werden, da es im eklatanten Widerspruch zu den bäuerlichen Erbgewohnheiten stand. Auch wurde 1943 der grundsätzliche Ausschluss der Mutter von der gesetzlichen Anerbenfolge wieder beseitigt.

Als weiteres großes Problem erwies sich, dass das Reichserbhofgesetz dem einheiratenden Ehegatten eine nur äußerst schwache Stellung innerhalb der Erbhofordnung zugewiesen hatte. Dieses äußerte sich nicht nur in dessen Nichtberücksichtigung im Rahmen der gesetzlichen Anerbenordnung, sondern auch und insbesondere in der fehlenden Möglichkeit der „Anschreibung", also der Errichtung einer ehelichen Gütergemeinschaft am bestehenden Erbhof. Da insbesondere die Ehefrauen des Bauern hierdurch die Rechtlosstellung im Falle des Ablebens ihres Ehemannes befürchten mussten, wirkten sich die Regelungen des Reichserbhofgesetzes als regelrechtes Heiratshindernis aus, was dem erklärten Ziel, die Erbhöfe zu den „Blutquellen des Volkes" zu machen, zuwiderlief. Lediglich bei den im Rahmen der Durchführungsverordnungen zugelassenen Ehegattenerbhöfen, bei denen allerdings eine Eigentümerstellung der Ehefrau bereits von vornherein vorhanden war, galt etwas anderes.

Auch der Grundsatz des Jüngstenrechts in § 21 Abs. 3 REG, das in all jenen Gebieten, in denen vor Inkrafttreten des Gesetzes kein Ältestenrecht geherrscht hatte, durchgesetzt wurde, stand im Widerspruch zur der überwiegend gängigen Praxis. Insbesondere in den sogenannten „Mischgebieten", in denen nicht klar war, ob Ältestenrecht vorgelegen hatte oder nicht, herrschte lange Zeit große Rechtsunsicherheit, welche Person zur Anerbfolge berufen war. Erst 1940 wurde diesbezüglich eine klärende Regelung herbeigeführt.

Gravierend wirkte sich auch die weitgehende Beseitigung der bäuerlichen Testierfreiheit aus, die den Bauern praktisch „vor sich selbst" schützen sollte und die von vielen als Verletzung des bäuerlichen Unabhängigkeitsgefühls empfunden wurde. Hier mussten durch die Erbhoffortbildungsverordnung 1943 die Testiermöglichkeiten dahingehend erweitert werden, dass der Ehegatte nunmehr wieder als Anerbe eingesetzt werden konnte. § 7 Abs. 1 EHKV. II führte schließlich im Jahr 1944 wieder die freie Bestimmung des Anerben innerhalb der ersten Ordnung in allen Gebieten ein.

Seit 1936 bestand mit der anerbenrechtlichen Generalklausel des § 54 EHRV darüber hinaus ein behördliches Instrument, in die Anerbenfolge eines einzelnen Erbfalles einzugreifen. Die Bestimmung war zwischen Reichsernährungs- und Reichsjustizministerium äußerst umstritten gewesen. Während Ersteres zunächst eine weitreichende Klausel zur Korrektur „allgemein als unbillig empfundener Fälle" der gesetzlichen und gewillkürten Erbfolge hatte schaffen wollen, hatte sich das Reichsjustizministerium lange Zeit aus Gründen der Rechtssicherheit gegen eine solche Regelung gesperrt und erst im letzten Augenblick einer abgemilderten Übergangsregelung zugestimmt. Diese wurde dann immer wieder verlängert und schließlich im Rahmen der Erbhoffortbildungsverordnung zu einer Dauerbestimmung.

Ein weiteres Problem bildete die Frage der Nutzverwaltung des Erbhofes. Zwar konnte der Erblasser bestimmen, dass Vater oder Mutter des Anerben bis zu dessen 25. Lebensjahr die Nutzverwaltung innehaben sollten. Ungeregelt geblieben war hier allerdings die Frage der Versorgung des Anerben in Zeiten der Nutzverwaltung. § 13 DVO. II erweiterte die Bestimmung zwar zugunsten des Ehegatten des Erblassers, der danach auch dann zum Nutzverwalter bestimmt werden konnte, wenn er nicht Vater oder Mutter des Anerben war und zwar auch über dessen 25. Lebensjahr hinaus. Diese Regelung erwies sich jedoch in der Praxis als nicht ausreichend für eine grundlegende Verbesserung der Rechtsstellung des überlebenden Ehegatten, da die Bauern von der Möglichkeit des § 13 DVO. II nicht im vorgesehenen Umfang Gebrauch machten. Entsprechend musste man schließlich in § 11 EHFV eine gesetzliche Nutzverwaltung des überlebenden Ehegatten bis zum 25. Lebensjahr des Anerben einführen.

Großer Kritik sah sich die vom Reichserbhofrecht vorgesehene Versorgung der weichenden Abkömmlinge des Erbhofbauern ausgesetzt. § 30 REG sprach diesen lediglich einen grundsätzlichen Anspruch auf angemessenen Unterhalt und Erziehung, darüber hinaus noch angemessene Berufsausbildung und Ausstattung sowie im Notfall ein Recht zur Heimatzuflucht zu. Abfindungszahlungen waren dagegen kategorisch ausgeschlossen, da Darré diese für mitursächlich für das Bauernsterben erachtete. Diese deutliche Zurücksetzung der weichenden Erben stand in Widerspruch zu den bäuerlichen Erbsitten und wurde daher auch auf vielfältige Weise zu umgehen versucht.

Auch die gesetzliche Einschränkung des Altenteils, welches nur verlangt werden konnte, wenn der überlebende Ehegatte Miterbe oder pflichtteilsberechtigt war und auf alle seine Ansprüche gegen den Erbhof verzichtete, spiegelte nicht die tatsächliche bäuerliche Lebensordnung wider. Abgesehen hiervon stellte diese Altenteilsregelung keine sonderlich verlockende Aussicht für eine zukünftige Erbhofbäuerin dar, die zudem noch als „Blutquelle" des Volkes zu dienen hatte. Gerade in den Anerbengebieten wurde diese Regelung als unbillig angesehen, so dass auch in diesem Fall durch die Erbhoffortbildungsverordnung eine praxisnähere Regelung eingeführt wurde.

Ein weiterer ständiger Anlass für offene Fragen und Problemen war das Erfordernis, wonach sich ein Erbhof nur im Alleineigentum einer bauernfähigen Person und nicht im Gesamtgut einer ehelichen Gütergemeinschaft oder sonst im Eigentum mehrerer Personen befinden durfte. Diese Regelung sorgte dafür, dass zunächst eine immense Zahl grundsätzlich erbhoffähiger Betriebe vom Erbhofrecht ausgeschlossen blieb, was der erklärten Absicht des Gesetzgebers, möglichst viele Betriebe dem Erbhofrecht zu unterstellen, zuwiderlief. So entstanden zum Beispiel in Mecklenburg zunächst fast gar keine Erbhöfe, da die ostelbischen Erbpacht- und Lehnbauerngüter nicht im Alleineigentum der Bauern standen. Erst im Rahmen der Zweiten Durchführungsverordnung wurde für diese Betriebe eine Lösung herbeigeführt. Das gleiche Problem betraf Besitzungen in teilweisem Vorerbschaftseigentum.

Die größte Bedeutung hatte das Alleineigentumserfordernis bei Höfen, die sich im gemeinschaftlichen oder zusammengesetzten Eigentum von Ehegatten befanden. Diese Betriebe mussten im Rahmen der Durchführungsverordnungen der Jahre 1933 und 1934 – gemeinsam mit den erst nach dem 30. September 1933 erworbenen Ansiedlerstellen – gesondert dem Gesetz unterstellt werden. Da das Reichserbhofrecht jedoch auf den Alleineigentumserbhof ausgerichtet war, mussten hinsichtlich der Ehegattenerbhöfe zahlreiche Details geklärt werden. Hierzu gehörte unter anderem die „Anerbenfolge unter Lebenden“, mit welcher der Gesetzgeber eine Antwort auf die Frage nach der gesetzlichen Anerbenordnung für Ehegattenerbhöfe zu geben versuchte.

Problematisch war außerdem das Erfordernis der Bauernfähigkeit beider Ehegatten. Des Weiteren bedurften Themen wie die Rechtsstellung des Ehemannes, die Beschränkung auf die an den Stichtagen vorliegenden Ehegattenerbhöfe, der Ausschluss der ehelichen Gütergemeinschaft, die güterrechtliche Stellung der Ehefrau, die Auswirkungen einer Scheidung auf den Ehegattenerbhof und die Erfassung der fortgesetzten Gütergemeinschaften einer rechtlichen Lösung. Man versuchte diese Fragen zwar im Rahmen der Erbhofrechtsverordnung zu beantworten, indem man das Ehegattenerbhofrecht neu und übersichtlicher gestaltete sowie weitere Ehegattenerbhöfe zuließ, Ausnahmen vom Erfordernis der Bauernfähigkeit eines Ehegatten ermöglichte und die rechtliche Stellung der Ehefrau verbesserte. Dennoch blieben wesentliche Probleme ungelöst, wozu nicht zuletzt die unbehoben schwache Stellung des einheiratenden Ehegatten gehörte. Nach Kriegsbeginn verschärften sich die Probleme zudem, da sich die Heiratsaussichten von Bauernwitwen und Bauerntöchtern deutlich verschlechterten. Der schließlich vom Reichsernährungsministerium im Januar 1943 vorgelegte Entwurf sah folglich eine grundlegende Neuordnung des Ehegattenerbhofrechts vor, indem es den sogenannten sippengebundenen Ehegattenerbhof, also die eheliche Gütergemeinschaft am bestehenden Erbhof, nach anerbengerichtlicher Genehmigung zulassen wollte. Bei der gesetzlichen Erbfolge ging dieser Entwurf zwar den Sonderweg der sogenannten Voranerbschaft des überlebenden Ehegatten, ein Konzept, das auf der Salzburger Erbhofrechtstagung im Februar 1943 verworfen wurde. Aber in der Erbhoffortbildungsverordnung wurde der Ehegattenerbhof endgültig anerkannt und das Recht der Ehegattenerbhöfe grundsätzlich neu geregelt, wobei die Vererbung des Ehegattenerbhofes sippenbezogen ausgerichtet wurde.

Die durch das Veräußerungs- und Belastungsverbot bewirkte Herausnahme der Erbhöfe aus dem allgemeinen Wirtschaftsverkehr – von Hitler grundsätzlich gewollt, von einigen Ministern dagegen grundsätzlich in Frage gestellt – führte zwar tatsächlich zu einer Stabilisierung der Zahl der Erbhöfe, hob aber auch in Wechselwirkung mit dem nährstandsrechtlichen Preissystem den Wettbewerb im landwirtschaftlichen Sektor auf. Dadurch wurde nicht nur der notwendige Strukturwandel der Landwirtschaft gehemmt, sondern auch die Kreditfähigkeit der Betriebe untergraben, was einer Modernisierung der Betriebe ebenso entgegenstand wie der weitgehende Vollstreckungsschutz des § 38 REG, der bei den Kabinettsverhandlungen äußerst umstritten gewesen war.

Im Ergebnis hatte sich Darré zwar gegen die Bedenken, dass die Abmeierung keinen adäquaten Ersatz für die Zwangsvollstreckung werde bieten können, durchgesetzt. Die Befürchtungen anderer Kabinettsmitglieder stellten sich jedoch in der Folgezeit als berechtigt heraus: Da von den Möglichkeiten der kleinen und großen Abmeierung in der Praxis kaum Gebrauch gemacht wurde, konnte, wie dargelegt, keine Rede davon sein, dass diese Zwangsinstrumente einen hinreichenden Ersatz für die nicht mehr mögliche Zwangsvollstreckung in den Erbhof darstellten. Darüber hinaus musste im Rahmen der Erbhofverfahrensordnung das Abmeierungsverfahren grundlegend neu geregelt werden und um die Instrumente der Wirtschaftsüberwachung und Wirtschaftsführung ergänzt werden. Doch auch diese Konzepte versagten in der Praxis. Stattdessen kam es, wovor schon im September 1933 Wirtschaftsminister Schmitt gewarnt hatte, vermehrt zur missbräuchlichen Inanspruchnahme des Vollstreckungsschutzes, der sogenannten „Flucht in den Erbhof".

Insgesamt brachte das Gesetz einen weiten Rechtsverlust der zu Erbhofbauern gewordenen Eigentümer landwirtschaftlicher Betriebe mit sich. Diesen rechtfertigte der nationalsozialistische Gesetzgeber unter Berufung auf den vermeintlichen Grundsatz der Pflichtbindung „germanischen Rechtsdenkens". Die unlösbare Bindung des Bauern mit seiner „Scholle" wurde an die Erfüllung völkischer Pflichten, insbesondere der Wahrnehmung der Funktion als „Blutquelle des Volkes", geknüpft. Angesichts der Beschneidung der bäuerlichen Befugnisse an dem bewirtschafteten Grund und Boden ergab sich aber auch zwangsläufig die Frage nach der Natur des Erbhofeigentums. Bei ihrer Beantwortung traten die verschiedenen agrar- und rechtspolitischen Grundpositionen offen zu Tage: Zum Teil nahm man überhaupt kein Eigentum der Bauern mehr an, einige gingen von Untereigentum und wieder andere von einem pflichtgebundenen Eigentum besonderer Art aus. Zumindest stellte die starke Beschränkung der Rechtsstellung des Bauern die Hinwendung zu einer Agrarverfassung dar, die das freie bäuerliche Grundeigentum negierte und den Bauern einem Zwangsregime wie zu Zeiten der Grundherrschaft unterwarf. Darüber hinaus bildete die Pflichtbindung des Bauern, die in der Einschränkung seiner Rechtsstellung an der – pseudoreligiös verklärten – „heiligen bäuerlichen Scholle“ ihren Ausdruck fand, das Bindeglied zur sogenannten deutschrechtlichen bzw. sozialen Eigentumslehre.

Die Nationalsozialisten versuchten diese starke Bindung des bäuerlichen Grundeigentümers durch eine propagandistisch untermalte Bevorzugung der Bauern vor anderen „Volksgenossen“ zu kompensieren. Diesbezüglich ist unbestreitbar, dass die ideologisch motivierte Aufwertung der Bauern dem Selbstwertgefühl der Landbevölkerung sehr entgegenkam und überwiegend begrüßt wurde. Dabei wurde in Kauf genommen, dass die Überhöhung des Bauerntums als „Neuadel aus Blut und Boden“ an die Erfüllung der „völkischen Pflicht“, „Blutquelle des Volkes“ zu sein, gebunden war, wonach man dem „nationalsozialistischen Rassestaat“ möglichst viele „rassisch reine“ Kinder zu schenken hatte, damit diese unter anderem einen zu erobernden „Lebensraum im Osten“ besiedeln konnten. Erst vor dem Hintergrund der Tatsache, dass nach der völkischen Ideologie gerade die Geburtenzahl der entscheidende Faktor dafür war, ob, wie es Darré ausdrückte, „ein Volk leben bleibt oder aus der Geschichte ausgelöscht wird!“,[1547] erschließt sich der dem Reichserbhofgesetz eigentlich zugrunde liegende tiefere Zweck: Das Gesetz sollte die Bauern in die Lage versetzen, ihre Pflichten als „Blutquelle“ zu erfüllen. Gleichzeitig war die Idee von einem durch das Bauerntum rassisch zu erneuernden Volk auch Bestandteil einer Ideologie, die den rücksichtslosen Massenmord an Millionen Menschen, insbesondere an den europäischen Juden, vorsah.

Trotz aller Propaganda konnten weder die alljährlich stattfindenden Reichserntedankfeste noch die ständige Wiederholung der Phrase des „Neuadels aus Blut und Boden“ darüber hinwegtäuschen, dass das Darrésche Konzept des Erbhofes von vornherein an den wirtschaftlichen und gesellschaftlichen Realitäten vorbeilief. So waren die sozialen Folgen des Reichserbhofrechts gerade in den ehemaligen Realteilungsgebieten tiefgreifend. Da hier die Möglichkeiten zur Erwerbstätigkeit der weichenden Erben gering waren, forcierte die vom Reichserbhofrecht bewirkte faktische Enterbung der bisher erbberechtigten Geschwister des Anerben die Landflucht, die durch die einsetzende, besser bezahlte Industriearbeitsplätze schaffende, staatlich gesteuerte Wirtschafts- und Rüstungspolitik noch zusätzlich angefacht wurde. Bis zum Beginn des Zweiten Weltkrieges gingen der deutschen Landwirtschaft rund 1,4 Millionen Arbeitskräfte verloren.[1548] Die Folge war, dass zum einen die „Erzeugungsschlacht“ der Jahre 1934 bis 1936, die eine allgemeine Steigerung der landwirtschaftlichen Produktivität be-

1547 Darré, in: Saure, 6. Auflage, S. 9 f.
1548 Frei, S. 104 f.

wirken sollte, mit immer weniger Arbeitskräften bewältigt werden musste. Darüber wirkte sich das Erbhofkreditproblem nachteilig aus: Obwohl die Erhöhung der Kapitalkraft als unabdingbare Voraussetzung für die Modernisierung der bäuerlichen Betriebe angesehen wurde, führten sowohl der erbhofrechtliche Vollstreckungsschutz als auch die grundsätzliche Unbelastbarkeit der Erbhöfe dazu, dass diese weitgehend dem Kreditverkehr entzogen wurden.

Trotz der staatlichen Preispolitik blieben daher die Erträge vor allem der kleinen und mittleren Höfe unbefriedigend. Obwohl man den Mangel an Landarbeitern vor Kriegsbeginn durch die Einführung des HJ-Landdienstes, der Erntehilfe und des Landjahres und nach Kriegsbeginn durch den Einsatz von Kriegsgefangenen und Zwangsarbeitern zu beheben versuchte, konnten diese Aktionen nicht darüber hinwegtäuschen, dass die deutsche Landwirtschaft das vorgegebene Autarkieziel nicht erreichen konnte. Trotz einer zum Teil deutlichen Produktionssteigerung bei den meisten Feldfrüchten blieb auch nach dem die Erzeugungsschlacht im Jahr 1936 ablösenden Vierjahresplan, der auch das Ende der Kontrolle der Agrarpolitik durch Darré einläutete, eine deutliche Abhängigkeit des Deutschen Reiches in der Nahrungsmittelversorgung vom Ausland, insbesondere bei Fetten, bestehen.[1549] Dass eine Ernährungskatastrophe wie im Ersten Weltkrieg verhindert werden konnte, lag im Ergebnis weniger an der Steigerung der landwirtschaftlichen Produktion, als vielmehr an dem besseren Rationierungssystem und vor allem an der rücksichtslosen Ausbeutung der besetzten Gebiete.[1550]

Statt auf die Eigenverantwortlichkeit des Bauern zu setzen, hatte man schließlich durch die ordnungspolitischen Grundentscheidungen der Marktordnung und des Reichserbhofrechts einen Agrarproduzenten geschaffen, der, eingespannt „in ein Netz von Anbauvorschriften, Preisregulierungen und Abnahmegarantien",[1551] eigentlich im diametralen Gegensatz zu dem von Darré propagierten und von der Bauerntumsideologie geprägten Bild der bäuerlichen Sippenidylle stand. Dabei wurde ausgeblendet, dass gerade die Bauern- und Bodenbefreiung und die mit ihr verbundene Schaffung freien bäuerlichen Grundeigentums im Deutschland der ersten Hälfte des 19. Jahrhunderts mitursächlich für die unerhörte Steigerung der landwirtschaftlichen Produktion und Produktivität – nicht zuletzt in Preußen – gewesen war.[1552]

1549 Lovin, ZAA 1974, 218

1550 Corni/Gies, S. 369, S. 552 ff.

1551 Frei, S. 104 f.

1552 Lütge, S. 226 f.

Angesichts all dessen war die Akzeptanz des Reichserbhofrechts unter den Bauernschaft, die die „Machtergreifung" der Nationalsozialisten ganz überwiegend und zum Teil sogar enthusiastisch begrüßt hatte, längst nicht so einhellig und ungebrochen, wie es die Propaganda des Dritten Reichs erscheinen lassen wollte.[1553] Die bäuerliche Kritik am Gesetz kam dabei aus allen Gebieten des Deutschen Reiches, sowohl aus den klassischen Anerbengebieten als auch – und hier besonders deutlich und gehäuft – aus den ehemaligen Realteilungsgebieten des Westens und Südens, wo das Gesetz am tiefsten in die seit Jahrhunderten bestehenden bäuerlichen Vererbungsgewohnheiten eingriff.

Während man seitens des Regimes als Mitursache für die negativen Reaktionen der Bauern insbesondere das Eindringen liberaler Gedanken in das Bauerntum ansah, zeigte sich, dass die von den Bauern geäußerte Kritik am Gesetz nicht nur nicht nachließ, sondern – insbesondere während des Krieges – noch zunahm. Die ländlichen Funktionsträger des Regimes – sowohl die Richter der Anerbengerichtsbarkeit als auch die Funktionäre des Reichsnährstandes oder der Parteistellen – gaben diese Kritik, der sie sich häufig anschlossen, an die zuständigen Stellen der Ministerien weiter. Reichsernährungs- und Reichsjustizministerium nahmen die vorgetragenen Änderungswünsche zwar auf, bei der Abstimmung der vorzunehmenden Korrekturen traten jedoch immer wieder deutliche Meinungsverschiedenheiten zwischen den Ministerien zu Tage. Darüber hinaus schalteten sich auch immer wieder andere Stellen, wie z. B. Gauämter, andere Ministerien und nicht zuletzt – angesichts der sich verschärfenden Probleme im Krieg – das Oberkommando der Wehrmacht in die Diskussionen über die Fortbildung des Reichserbhofrechtes ein.

In diesem Zusammenhang zeigte sich, dass, zumindest solange Darrés politischer Einfluss noch nicht völlig gebrochen war – und dieses war letztendlich erst im Jahr 1942 der Fall – die Grundlinien der im Reichserbhofgesetz niedergelegten Blut-und-Boden-Ideologie mehr oder weniger unangetastet blieben. Darré hatte zwar spätestens 1939, nachdem Himmler per Führererlass die Kompetenz für die Ostsiedlung übertragen und damit das eigentlich zuständige Reichsernährungsministerium übergangen worden war, seine politische Macht in weiten Teilen eingebüßt.[1554] Aber erst nach seinem erzwungenen Rücktritt am 23. Mai 1942 wurde unter Backe, der die Leitung des Reichsernährungsministeriums, des Reichsnährstandes und des Reichsamts für Agrarpolitik der NSDAP übernahm, der Weg frei für eine agrarpolitische Richtungsänderung, die dann in der Erbhoffortbildungsverordnung umgesetzt wurde.

1553 Farquharson, S. 117 ff.
1554 Schultz-Klinken, ZAA 1973, 208.

Auch was die Zahl der Erbhöfe angeht, blieb der Wirkungsgrad des Reichserbhofrechts begrenzt und hinter den Erwartungen zurück. So hielt sich die Summe der „Blutquellen“ zahlenmäßig in doch verhältnismäßig engen Grenzen: 1939 waren lediglich 689.635 und mithin nur 21,6 % aller land- und forstwirtschaftlichen Betriebe zu Erbhöfen geworden.

Im Ergebnis war das Erbhofrecht alles andere als der rechtliche Ausdruck der den bäuerlichen Betrieben innewohnenden Lebenswirklichkeit: Vielmehr wurde umgekehrt die Ordnung des Erbhofes von oben bestimmt und die im Reichserbhofrecht umgesetzte Lehre von „Blut-und-Boden“ vermengte Elemente der Bauerntumsideologie mit sozialistischen Eigentums- und ständischen Gesellschaftsvorstellungen. Die Einführung des Reichserbhofrechts stellte damit eben gerade nicht die „große nationalsozialistische Bauernbefreiung“ dar, zu der sie propagandistisch aufgeblasen wurde. Aller ideologischen Überhöhung der Bauern und aller völkisch verklärten Verherrlichung der Einheit des Bauern und seiner „Scholle“ zum Trotz, bedeutete das Reichserbhofgesetz in rechtlicher Hinsicht einen Rückschritt in die Zeit der Grundherrschaft. Lehnsherr war nunmehr allerdings nicht mehr ein adliger oder geistlicher Grundherr, sondern – je nach Sichtweise – die Sippe, der Staat, die „Volksgemeinschaft“ oder der „Führer“ selbst.

Quellen- und Literaturverzeichnis

A. Archivalische Quellen

I. Bundesarchiv Berlin

1. R 3001 Reichsjustizministerium

22164 - 22169 Erbhofrecht im Allgemeinen, insbes. Durchführung und Ergänzung des REG vom 29. September 1933 (**22164**: Band 1, 1933 - 1936, 1943; **22165**: Band 2, 1933 - 1936; **22167**: Band 4, 1937 - 1938; **22168**: Band 5, 1937 - 1940; **22169**: Band 6, 1940 - 1941)

22170 Einschränkungsmaßnahmen aus Anlass des totalen Krieges 1943-1945, hierin: EHFV (Entwürfe) sowie Rede Thieracks zur Zehnjahresfeier des Reichserbhofgerichts am 1. Oktober 1943 in Berlin

22173, 22175 Änderung des Erbhofrechts hinsichtlich der Stellung des einheiratenden Ehegatten und der Töchter (**22173**: Band 1, 1939 - 1943, hierin: Denkschrift der NSDAP, Gauleitung Niederdonau, zur Änderung des REG und Sonderbericht des SD-Leitabschnitts München zum Verbot von Miteigentum an Erbhöfen 1940; **22175**: Erbhofrechtstagung in Salzburg vom 15. bis 19.2.1943, Referate)

22176, 22177 Zweite erbhofrechtliche Arbeitstagung auf der Reichsburg Kochem vom 18. – 21. Juli 1944 (**22176**: Referate Teil I; **22177**: dgl. Teil II)

22196 - 22199 EHRV und EHVfO vom 21. Dez. 1936 – RGBl. I, S. 1069 und S. 1082, 4. DVO zum REG - Entwürfe, Vorschläge, Stellungnahmen (**22196**: Band 1, 1935, Mai 1936, Oktober; **22197**: Band 2, 1936, Mai - Okt.; **22198**: Band 3, 1936, Okt. - Nov.; **22199**: Band 4, 1936, Nov. - 1937, Jan.)

22219 Erbhofrecht und nationale Minderheiten, insb. Übersichten über die polnische Presseäußerungen; hierin:

	„Kulturwehr", Zeitschrift für Volkstumsfragen, hrsg. vom Verband der nationalen Minderheiten im Deutschen Reich, Hefte 11 und 12
22278	Bauernfähigkeit von Angehörigen des polnischen Volkstums im Sinne des Reichserbhofgesetzes 1940 - 1942
Akten 591 - 598	Bodenrecht: Fideikommißwesen und Anerbenrecht, März 1924 - November 1933 (Akten 590 - 592); Bodenrecht: Anerbenrecht, Oktober 1933 - April 1934 (Akten 593 - 595); Bodenrecht: Anerbenrecht, April 1934 - September 1934 (Akten 596 - 598);
Akte 603	Bodenrecht: Anerbenrecht, Eingaben, November 1933 - Januar 1934
Akte 606	Bodenrecht: Anerbenrecht, Eingaben, November 1933 - Juli 1934
Akte 1065	Bürgerliches Recht: Entschuldung der Erbhöfe, September 1933 - Oktober 1934

2. R 43 Reichskanzlei

I / 1465	Kabinettsprotokolle, Band 118: September - Oktober 1933

II. Geheimes Staatsarchiv Preußischer Kulturbesitz

I. HA, Rep. 84 a Preußisches Justizministerium

Nr. 2013	Bäuerliches Erbhofrecht, Bd. 1, 1933 (Mikrofiche **9268 - 9273**)
Nr. 2014	Reichserbhofgesetz, Bd. 2, 1933 – 1944 (Mikrofiche **9274 -9274**, K 30)

B. Sonstige Quellen und Literatur

I. Bis 1945 erschienene Schriften

Aereboe, Friedrich, Agrarpolitik. Ein Lehrbuch, Berlin 1928.

Agena, Gesine, Grundbesitz, Beispruch und Anerbenrecht in Ostfriesland, Quakenbrück 1937.

Albers, Der Umfang von Altenteilsverpflichtungen aus Uebergabeverträgen bei Erbhöfen. RdRN 1935, 569 ff.

Althoff, Fritz, Die Bauernfähigkeit, Emsdetten 1934.

Arndt, Ernst Moritz, Der Bauernstand politisch betrachtet, Berlin 1810.

Arndt, Ernst Moritz, Ein Wort über die Pflege und Erhaltung der Forsten und der Bauern im Sinne einer höheren d. h. menschlichen Gesetzgebung, Schleswig 1820.

Auffeß, von, Erbhofrecht und Erbgesundheit, RdRN 1935, 884 ff.

Baumbach, Adolf, Der unbekannte Zivilprozeß, DJZ 1934, Sp. 50 ff.

Baumecker, Otto, Handbuch des gesamten Erbhofrechts, 3. Auflage, Köln 1935.

Baumecker, Otto, Handbuch des Großdeutschen Erbhofrechts, 4. Auflage, Köln 1940.

Bergmann, Walter, Das Erbhofverfahren, München 1934.

Bergmann, Walter, Das Töchtervorrecht nach § 48 ErbhofrechtsVO, ZAkDR 1938, 846 ff.

Bergmann, Walter Die Anlegung der Erbhöferolle, DJ 1933, 646 ff.

Bernhardt, Wolfgang, Die Veräußerung eines Erbhofes, in: DJZ 1936, Sp. 1211 ff.

Beyer, Fragen des Weinbaus im Erbhofrecht, JW 1934, 3179 f.

Blomeyer, Karl, Das Anerbenrecht des 19. Jahrhunderts, DNotZ 1938, 445 ff.

Blomeyer, Karl, Grundbegriffe des Reichserbhofrechtes, DR 1934, 559 ff.

Blomeyer, Karl, Hat der Bauer Eigentum am Erbhof ?, in: Festschrift für Rudolf Hübner zum siebzigsten Geburtstag, Jena 1935, S. 92 ff.

Bode, Die Rechtskraft der Entscheidungen der Anerbenbehörden, JW 1933, 2942 ff.

Bode, Landwirtschaftlicher Kleinbesitz und Erbhöferolle, JW 1933, 2611 f.

Bode, Nachträgliche Genehmigung einer Verfügung von Todes wegen durch die Anerbenbehörde?, JW 1934, 147 f.

Boehr, Die Stellung des Kreisbauernführers im Verfahren, DRpfl 1937, 142 ff.

Bohnen, Einzelheiten aus dem Erbhofrecht, DJ 1934, 354 f.

Bohnen, Führung des Hofnamens nach § 27 des Reichserbhofgesetzes, RdRN 1934, 52 ff.

Börger, Erbhofzubehör und Versicherungsvertrag, JW 1938, 354 f.

Borst, Grundbuchrechtliche Fragen zum RerbhofG, JW 1934, 397.

Bosch, Friedrich Wilhelm, Die Regelung der Nachlassverbindlichkeiten im Erbhofrecht, Bonn 1934.

Bosch, Friedrich Wilhelm, Keine Anfechtung früherer Verfügungen von Todes wegen mit Rücksicht auf das REG, DJZ 1934, Sp. 913 ff.

Bosch, Friedrich Wilhelm, Das Pflichtteilsrecht im Rahmen des REG.; zugleich ein Vorschlag für die Gesetzgebung, AcP. 143 (1937), 197 ff.

Brentano, Lujo, Anerbenrecht und Grundeigenthum, Berlin 1895.

Brinkmann, Karl / Roscher, Helmut, Das Reichserbhofgesetz, 3. Auflage des PrBER, Buxtehude 1933.

Brugger, Peter, Der Anerbe und das Schicksal seiner Geschwister in mehreren Oberämtern des württembergischen Oberlandes, Berlin 1936.

Burgdörfer, Friedrich, Zurück zum Agrar-Staat? Stadt und Land in volksbiologischer Betrachtung; dynamische Grundlinien künftiger deutscher Agrar-, Siedlungs-, Wohnungs- und Wirtschaftspolitik, 2. Auflage, Berlin 1935.

Burghoff, Kurt, Die Heimatzuflucht nach dem Reichserbhofgesetz, Hamburg 1934.

Busse, Martin, Der Erbhof im Aufbau der Volksordnung. Ein Beispiel für das Verhältnis von Gesamtordnung und besonderer Ordnung, Berlin 1936.

Busse, Martin, Die Verwaltung und Nutznießung am Erbhof nach § 15 des Reichserbhofgesetzes, RdRN 1935, 113 ff.

Busse, Martin, Erbhofrecht und bürgerliches Recht, RdRN 1934, 277 ff.

Busse, Martin, Germanisches Bauernrecht, DR 1934, 497 ff.

Busse, Martin, Uebergaebverträge bei Erbhöfen, RdRN 1934, 441 ff.

Busse, Martin, und Johae, Werner, Zur Erbhofrechtsverordnung vom 21. Dezember 1936, RdRN 1937, 1 ff.

Busse, Martin, Wird ein Hof, von dem ein Teil dem Eigentümer nur als Vorerbe zugefallen ist, im Ganzen vom Erbhofrecht erfasst?, RdRN 1935, 492 ff.

Cammerer, Der Erbhof in der Erbhöferolle, Grundbuch und Erbschein, JW 1934, 794 ff.

Cammerer, Der Erbhof mehrerer Eigentümer, DNotZ 1934, 68 ff.

Cammerer, Fortdauernde Geltung der landesrechtlichen Vorschriften über die (aufgehobenen) Fideikommisse nach Inkrafttreten des Reichserbhofgesetzes, DNotZ 1934, 131 ff.

Cammerer, Neues bürgerliches Recht nach dem Reichserbhofgesetz, DJZ 1934, Sp. 254 ff.

Capitain, Die Bildung von Erbhöfen durch Teilung größeren Grundbesitzes und ihre Bedeutung für laufende Haftpflicht- undSachversicherungsverträge, JW 1934, 1393 ff.

Creite, Fritz, Das Höferecht in der Provinz Hannover nach der Novelle zum Höfegesetz für die Provinz Hannover vom 28. Juli 1909, Leipzig 1910.

Darré, R. Walther, Blut und Boden ein Grundgedanke des Nationalsozialismus, ZAkDR 1935, 191 ff.

Darré, R. Walther, Das Bauerntum als Lebensquell der Nordischen Rasse, 8. Auflage, München und Berlin 1940.

Darré, R. Walther, Im Kampf um die Seele des deutschen Bauern, Berlin 1934.

Darré, R. Walther, Neuadel aus Blut und Boden, München 1930.

Dellian, Eduard, Die Aufgabe der Standesaufsicht und der Anerbenbehörden gegenüber dem geschäftlichen und persönlichen Verkehr mit Juden, RdRN 1937, 133 f.

Dellian, Eduard, Recht und Gesetzestechnik. Zur Frage des Anerbenrechts halbbürtiger sippenfremder Geschwister, RdRN 1938, 89 ff.

Dellian, Eduard, Zuständigkeit der Bauerngerichte im Rahmen des § 24, Abs. 2 REG, RdRN 1938, 870.

Dietz, Rolf, Unveräußerlichkeit und gutgläubiger Erwerb von Erbhofsachen, DJZ 1935, Sp. 1453 ff.

Dietze, Constantin von, Die Bedeutung des preußischen Erbhofrechts für die soziale und wirtschaftliche Entwicklung des Bauerntums, Soziale Praxis 42 (1933), S. 873 ff.; S. 897 ff.

Dietze, Constantin von, Gedenkrede auf Max Sering anläßlich der 100. Wiederkehr seines Geburtstages, Hamburg 1957.

Dobinsky, Das anerbengerichtliche Verfahren zur Auseinandersetzung über einen Ehegattenerbhof bei Ehescheidung, JW 1937, 973 ff.

Dobinsky, Über die Auseinandersetzung der Ehegatten hinsichtlich ihres Mit- oder Gesamt-handeigentums an einem Erbhof nach erfolgter Scheidung der Ehe, DRZ 1934, 183 f.

Dölle, Hans, Anerbfolge nach Vorerbschaft, DJZ 1935, Sp. 156 ff.

Dölle, Hans, Die Erbfolge in den Erbhof, DJZ 1935, Sp. 37 ff.

Dölle, Hans, Lehrbuch des Reichserbhofrechts, 2. Auflage, München und Berlin 1939.

Dünnebier, zur Frage der Abmeierung nach § 15 RErbhofG, JW 1934, 816.

Eberhardt, Erbschaftsausschlagung durch „weichende Erben" und ihre Einwirkung auf deren Sonderstellung nach Erbhofrecht, DJZ 1933, Sp. 1278 ff.

Eggers, Erika, Pflichtteilsanspruch und Pflichtteilsschuldner im Rahmen des REG, Düsseldorf 1936.

Entscheidungen des Reichserbhofgerichts, herausgegeben von den beamteten Mitgliedern des Gerichtshofs, 9 Bände, Berlin 1934 bis 1943,

Feder, Gottfried, Das Programm der N.S.D.A.P. und seine weltanschaulichen Grundgedanken, 126. - 135. Auflage, München 1933.

Fischer, Harald, Welcher Grundbesitz gewährt Ackernahrung, JW 1933, 399 f.

Fleer, Wilhelm, Erbhofrecht im Kriege. Die Zweite Kriegsvereinfachungsverordnung für das Erbhofrecht, Dt. AgrarR 1944, 273 ff.

Freisler, Roland, Recht, Richter und Gesetz, DJ 1933, 694 ff.

Freisler, Roland, Volk, Richter und Recht, DJ 1935, 1160 ff.

Frommhold, Georg, Die rechtliche Natur des Anerbenrechts nach der neuesten deutschen Höfegesetzgebung und das Verhältnis desselben zu dem älteren bäuerlichen Anerbenrecht, Berlin 1885.

Fürholzer, Unterliegen die Versorgungsansprüche nach § 30 RerbhofG. der Erbschaftssteuer?, JW 1934, 1956 f.

Gauch, Herman, Die germanische Odal - oder Allodverfassung, 2. Auflage, Berlin 1934.

Gebb, Irmgard, Über den Ursprung des deutschen Anerbenrechts, Greifswald 1935.

Gierke, Otto (von), Deutsches Privatrecht. Zweiter Band, 2. Auflage, Leipzig 1905.

Goltz, Theodor Freiherr von der, Die agrarischen Aufgaben der Gegenwart, Jena 1895.

Grosse, Was gehört zum Erbhof ?, DJ 1934, 161 f.

Gülland, Paul, Das Reichserbhofrecht, Berlin 1935.

Gülland, Paul, Die Anerbfolge unter Lebenden, DJ 1934, 576 ff.

Gülland, Paul, Die Erbhofeigenschaft. Tragweite des Eintrags in die Erbhöferolle und der Vermutungen für die Richtigkeit des Eintrags nach § 1 der 2. DurchfVO., Zuständigkeitsbereich des Anerbengerichts, JW 1934, 385 ff.

Gülland, Paul, Erbrecht des Anerben, JW 1934, 1389 ff.

Gülland, Paul, Nachweis der Anerbenfolge, JW 1934, 1454 ff.

Gülland, Paul, Streitfragen zum Veräußerungs- und Belastungsverbot des Reichserbhofgesetzes, DJ 1934, 62 ff.

Gülland, Paul, Zur Rechtsprechung im zwischenzeitlichen Erbhofrecht, DNotZ 1936, 253 ff.

Gürtner, Franz, Richer und Rechtsanwalt im neuen Staat, DJZ 1934, Sp. 369 ff.

Haack, Richard, Grundriß des in Preußen geltenden Agrarrechts, Berlin 1927.

Haegele, Karl, Der Ausbau des Erbhofrechts, in: Zeitschrift für die freiwillge Gerichtsbarkeit und die Gemeindeverwaltung in Württemberg, WürttZ 79 (1937), 33 ff.

Haegele, Karl, Der Zuerwerb zu einem Erbhof. Zugleich zur Frage Erbhofrecht und Güterrecht, RdRN 1937, 301 ff.

Haegele, Karl, Die Bekanntmachung der Entscheidungen des Anerbengerichts an den Kreisbauernführer, WürttZ 79 (1937), 140 ff.

Haegele, Karl, Die Erteilung des Rechtskraftzeugnisses in Erbhofsachen, RPflZ 1937, 270 ff.

Haegele, Karl, Die Frau im Reichserbhofgesetz, WürttZ 77 (1935), 38 ff.

Haegele, Karl, Die Rechtsstellung von an Kindesstatt angenommenen Personen im Erbhofrecht, DNotZ 1935, 711 ff.

Haegele, Karl, Erbverzichts- und Ausschlagungserklärungen im Erbhofrecht, WürttZ 79 (1937), 177 ff.

Haegele, Karl, Übernahmerecht und Anerbenordnung, WürttZ 80 (1938), 165 ff.

Haegele, Karl, Wirksamkeit und Auslegung alter Verfügungen von Todes wegen im Erbhofrecht, DNotZ 1935, 368 ff.

Haegele, Karl, Zur Frage des Ältesten- oder Jüngstenrechts in Württemberg, WürttZ 80 (1938), 213 ff.

Haegele, Karl, Zweifelsfragen aus der Anerbenfolge des REG, DRpfl 1938, 246 ff.

Hagedorn, Wolfgang, Die Bauernfähigkeit, JW 1934, 393 ff.

Hagedorn, Wolfgang, Können Berechtigungen i. S. von § 2 DuchfVO. zum RErbhofG. vom Bauern ohne Genehmigung des Anerbengerichts gekündigt werden?, JW 1934, 1895.

Hagemann, Gesetzliche und testamentarische Erbfolge in Erbhöfe, die im Miteigentum des Bauern und der Bäuerin stehen, DJZ 1934, Sp. 863 ff.

Hamkens, Friedrich, Das Reichserbhofgesetz vom 29. September 1933, Schleswig 1934.

Harmening, Rudolf / Pätzold, Erwin / Arnswaldt, Hans-Dietrich von, Die landwirtschaftliche Schuldenregelung und Zinssenkung des landwirtschaftlichen Realkredits, 3. Aufl., Berlin 1941.

Harmening, Rudolf, Zwei Jahre Reichserbhofgericht, ZakDR 1936, 754 ff.

Hase, Armin, Die Bäuerin im Anerbenrecht, JW 1934, 389 ff.

Hawlitzky, Ausstattungsanspruch der Erbhoftochter!, JW 1934, 2900 ff.

Heiden, Konrad, Geburt des dritten Reiches. Die Geschichte des Nationalsozialismus bis Herbst 1933, Zürich 1934.

Heinemann, Gustav W., Bergbau und Erbhof, JW 1934, 1212 ff.

Heinze, Die Abtretung von Eigentümergrundschulden als Grundstücksbelastung im Sinne von § 37 REG, DJZ 1934, Sp. 138.

Hennig, Franz, Das Reichserbhofrecht, Erstauflage, Berlin 1935.

Herschel, Wilhelm, Anerbenbehörden und Zwangspacht, RdRN 1936, 925.

Herschel, Wilhelm, Das Erbhofeigentum. Eine Vorarbeit zu seiner rechtswissenschaftlichen Erfassung, Mannheim, Berlin, Leipzig 1936.

Herschel, Wilhelm, Das rechtliche Wesen der Hofesübergabe, AcP 142 (1936), 341 ff.

Herschel, Wilhelm, Die Verpachtung von Erbhöfen, DJ 1935, 715 ff.

Herschel, Wilhelm, Rechtliche Eigenschaften im Reichserbhofgesetz, DJ 1934 191.

Herschel, Wilhelm, Zur Frage der Anerbenordnung, Soziale Praxis 1933, 1311 f.

Hesse, Erbhofvermerk und § 40 GBO, DJ 1934, 392 f.

Heyer, Verfügungen von Todes wegen beim Erbhof der fortgesetzten Gütergemeinschaft, DNotZ 1934, 587 ff.

Hollje, Otto, Pachthöfe und das Reichserbhofgesetz, DNotZ 1935, 20 ff.

Hopp, Karl, Entscheidungsfreiheit des Beschwerdegerichts im anerbengerichtlichen Verfahren, RdRN 1934, 229 ff.

Hopp, Karl, Der Geschäftsgang in Erbhofsachen, Berlin und Leipzig 1934.

Hopp, Karl, Die Dritte Durchführungsverordnung zum Reichserbhofgesetz, DJ 1934, 610 ff.

Hopp, Karl, Erbhofrecht in Zahlen, DJ 1936, 1563 ff.

Hopp, Karl, Erbhofrechtsverordnung und Erbhofverfahrensordnung, 1937.

Hopp, Karl, Fortbildung des Erbhofrechts, DR 1943, 1081 ff.

Hopp, Karl, Neubildung deutschen Bauerntums, Neues Bauerntum, 1937, 5 ff.

Hopp, Karl, Weiterentwicklung im Erbhofrecht, JW 1939, 726 ff.

Hopp, Karl, Zahlen zum Erbhofrecht, DJ 1935, 624 ff.

Hopp, Karl, Zehn Jahre Erbhofrechtsprechung, Dt. AgrarR 1944. 2 f.

Hopp, Karl, Zum Beschwerderecht im Erbhofverfahren, DFG 1937, 26 ff.

Huppertz, Barthel, Räume und Schichten bäuerlicher Kulturformen in Deutschland, Bonn 1939.

Jentzsch, Helmut, Begriffsjurisprudenz im Erbhofrecht (Erbhofentstehung während schwebender Vollstreckungsverfahren, Stuttgart und Berlin 1939.

Johae, Werner, Aufrechterhaltung des Tiroler Höferechts, RdRN 1940, 241 ff.

Johae, Werner, Das Mecklenburgische Gesetz zur Ausführung der Durchführungsverordnung zum Reichserbhofgesetz (vom 19.12.1933) vom 11.8.1934, RdRN 1934, 385.

Johae, Werner, Die Zuständigkeit der Anerbenbehörden zur Entscheidung von Versorgungsstreitigkeiten gemäß § 36 EHRV, RdRN 1938, 441 ff.

Johae, Werner, Wirksamkeit anerbenbehördlicher Maßnahmen gegen Hofeigentümer bei nachträglicher Verwirkung der Erbhofeigenschaft, RdRN 1938, 353 ff.

Johae, Werner, Zwei praktische Fragen zum Erbhofrecht, RdRN 1934, 93 ff.

Kahlke, Gemüsebau und Ackernahrung, DJ 1934, 1008 f.

Kiesbye, Hermann, Die Einschränkung der Testierfreiheit im Reichserbhofrecht, DJ 1934, 290 ff.

Kiesbye, Hermann, Tabellarische Übersicht der Rechtsverhältnisse des Reichserbhofs, der Wirtschaftsheimstätte, des Entschuldungsbetriebs, des preußischen Erbhofs und des preußischen Renten- und Anerbenguts nach Reichsrecht und preußischem Recht, JW 1933, 2613 ff.

Klässel, Die Surrogation im Erbhofrecht, RdRN 1940, 65 ff.

Klinge, Werner, Kann die auf Grund des Preuß. Ges. v. 8. Juni 1896 (GS. 124) in den Grundbüchern eingetragene Anerbengutseigenschaft im Wege des Grundbuchbereinigungsverfahrens als gegenstandslos gelöscht werden ?, JW 1935, 267 f.

Köhler, Die Abänderbarkeit im Entschuldungsverfahren, bereits rechtskräftig neufestgesetzter Altenteile, DJ 1936, 200 ff.

Kunze, Otto, Die Rechte am erbhoffreien Vermögen und der erbhofrechtliche Pfllichtteil, JR 1934, 104 ff.

Lange, Heinrich, Bedeutsame Fragen aus dem Reichserbhofgesetz, DRZ 1934, 111 ff.

Lange, Heinrich, Die Veräußerlichkeit der Realgemeindeberechtigungen nach dem REG, JW 1933, 2376 f.

Larenz, Karl, in: Georg Dahm, Hg., Grundfragen der neuen Rechtswissenschaft, 1935, 241 ff.

Ledschbor, Hans, Die Anerbfolge in den Erbhofanteil des überlebenden Ehegatten bei dessen Lebzeiten, DJ 1934, 870 ff.

Mandel, Verwaltung und Nutznießung des Erbhofs im Zusammenhang mit der Erbfolge in den Erbhof, DGBR 1937, 320 ff.

Mann, W., Kann auch der nicht bauernfähige Eigentümer eines Erbhofes Verfügungen von Todes wegen im Rahmen der §§ 24-28 REG errichten?, JW 1935, 592.

Maßfeller, Die Namensänderung, JW 1938, 337 ff.

Merkel, Hans, Raumbild des Bodenrechts, RdRN 1940, 513 ff.

Merkel, Hans / Wöhrmann, Otto, Deutsches Bauernrecht, 4. Auflage, Leipzig 1942.

Mettenheim, Heinrich von, Werden Siedlungen Erbhöfe?, JW 1934, 810 f.

Meyer, O., Konkurs, Nachlaßkonkurs, Nachlaßverwaltung und Erbhof, JR 1935, 97 ff.

Meyer, O., Zum Reichserbhofgesetz, JR 1934, 9 f.

Meyer, O., Der Erbhof als Stätte für ein selbständiges Gewerbe, JR 1934, 256 ff.

Meyer in der Stroth, Kurt, Verordnung zur Fortbildung des Erbhofrechts, RdRN 1943, 401 ff.

Mittag, Heinz, Der Erbhof als Betriebs- und Rechtseinheit, Berlin 1938.

Molitor, Erich, Deutsches Bauern- und Agrarrecht, 2. Auflage, Leipzig 1939.

Mugdan, Benno, Die gesammelten Materialien zum Bürgerlichen Gesetzbuch für das Deutsche Reich, 1. Band, Einführungsgesetz und Allgemeiner Theil, Berlin 1899.

Müller, Max, Das Anerbenrecht der Söhne der in §§ 20 Ziff. 1, 3, 4, 5 RerbhofG. aufgeführten Anerbenberechtigten, JW 1935, 91 ff.

Müller, Max, Erbverzicht und Reichserbhofgesetz, JR 1934, 66.

Münzel, Die Zwangsvollstreckung in den Erbhof, JR 1935, 61 ff.

Münzel, Hat die ausschließliche Zuständigkeit der Anerbengerichte zur Folge, daß andere Gerichte auch nicht als Vorfrage über die Erbhofeigenschaft entscheiden dürfen?, JW 1934, 812 f.

Münzel, Neues Rechtsdenken im Erbhofrecht, ZAkDR 1936, 780 ff.

Neider, Heinz, Bürgerlich-rechtliche Begriffe im Erbhofrecht, DR 1937, 470 f.

Oehlschläger, Der Pflichtteil im Erbhofrecht, DJ 1934, 355 ff.

Openkowski, B. von, Reichserbhofgesetz und nationale Minderheiten, in: Kulturwehr. Zeitschrift für Volkstumsfragen 1934, 587 ff.

Orthmann, Die Wiedereinsetzung in den vorigen Stand im anerbenbehördlichen Verfahren, RdRN, 1935, 228 ff.

Pfleiderer, Ein Beitrag zur Festsetzung der unteren Erbhofgrenze in Württemberg, insbesondere im württ. Unterland, WürttZ 76 (1934), 65 ff.

Pfleiderer, Fragen aus dem Erbhofrecht, WürttZ 76 (1934), 262 ff.

Pöll, Felix, Zur Frage der Ausschlagung des Anfalls des Erbhofes, JW 1934, 1771 f.

Prinz, „Bauer", ein Ehrentitel, DR 1938, 251 f.

Prölß, Erbhofzubehör und Versicherungsvertrag, JW 1938, 732 f.

Püschel, R., Die Schuldenverteilung nach § 22 Abs. 4 und 5 des Reichserbhofgesetzes, ZAkDR 1938, 127 ff.

Quirll, Otto, Das Höferecht in der Provinz Hannover, 3. Auflage, Hannover 1921.

Rauber, W., Volk und Boden. Zur weiteren Ordnung des Verkehrs mit landwirtschaftlichen Grundstücken durch das Gesetz vom 26.1.1937 (RGBl. I S. 52), RdRN 1937, 41 ff.

Reineke, Testamente (Erbverträge) und Übertragungsverträge im Rahmen des Reichserbhofgesetzes unter Berücksichtigung der zweiten Durchführungsverordnung vom 19. Dezember 1933, JW 1934, 79 ff.

Richter, Lutz, Die Neuregelung der Fehnpachten in Ostfriesland, RdRN 1934, 95 f.

Ries, Das Veräußerungs- und Belastungsverbot des Reichserbhofgesetzes, JW 1933, 2814 f.

Ristow, Landwirtschaftliche Siedlungen und Reichserbhofgesetz, DJ 1934, 289 f.

Rostosky, Friedrich, Das Anerbengericht und seine Abteilung, Berlin 1938.

Rostosky, Friedrich, Das Erbhofeigentum. Sein Wesen und seine Grenzen, Berlin 1935.

Rötelmann, Beschränkte Erbhofeigenschaft (Hofzugehörigkeit), JW 1935, 587 ff.

Ruhland, Gustav, System der politischen Ökonomie, 1.-3. Band, Berlin 1933 (Neudruck).

Sauer, Erbhof und Pacht, RdRN 1936, 285 ff.

Saure, Wilhelm, Das REG. Was jeder davon wissen muß, Berlin 1933.

Saure, Wilhelm, Das Reichserbhofgesetz, 3. Auflage, Berlin 1934.

Saure, Wilhelm, Das Reichserbhofgesetz, 6. Auflage, Berlin 1941.

Saure, Wilhelm, Die 2. Durchführungsverordnung zum Reichserbhofgesetz, RdRN 1934, 4 ff.

Saure, Wilhelm, Die dritte Durchführungsverordnung zum Reichserbhofgesetz, RdRN 1934, 171 ff.

Schapp, Wilhelm, Das Reichserbhofrecht, Berlin 1934.

Schenk, Georg, Die Bedeutung des öffentlichen Testaments nach dem Reichserbhofgesetz, JR 1934, 145 ff.

Schenk, Georg, Einzelheiten zur Anerbenordnung des Reichserbhofgesetzes, JW 1933, 2609 ff.

Schieck, Helmuth, Einzelfragen zum Erbhofrecht, DNotZ 1934, 320 ff.

Schleich, Das Erbrecht und die Anerbenordnung bei Adoptivkindern, DRpfl 1937, 273 ff.

Schmidt, Die Ansprüche nach den §§ 30, 31 RErbhofG, JW 1934, 815 f.

Schmidt-Klevenow, Kurt, Anwendung bürgerlich-rechtlicher Vorschriften über Ehelichkeit und Unehelichkeit im Erbhofrecht, DR 1937, 325 ff.

Schramm, Dürfen für die Bauernfähigkeit über § 15 RErbhofG. hinausgehende Erfordernisse aufgestellt werden ?, DJZ 1934, Sp. 845 ff.

Schröder, Kurt, Die Rechtstellung der Ehefrau im Erbhofrecht, Breslau 1935.

Schrodt, Zu den Versorgunganspruchen bei der Erbhofübergabe, JW 1936, 554 ff.

Schröer, Ansprüche gegen den Bauern aus Schulden des Bauernsohnes, RdRN 1934, 520 ff.

Seibert, Eine grundbuchrechtliche Frage zum Erbhofrecht, JW 1933, 2757.

Sering, Max, Erbhofrecht und Entschuldung unter rechtsgeschichtlichen, volkswirtschaftlichen und biologischen Gesichtspunkten, Altenburg 1934.

Setz, Bauernfähigkeit und Erbhofeigentum beim Ehegattenerbhof, WürttZ 79 (1937), 89 ff.

Setz, Das Altenteil des Bauern, DGWR 1937, 121 ff.

Setz, Der Geschwisterteil des Bauern, DGWR 1938, 7 ff.

Setz, Grenzen der anerbenbehördlichen Zuständigkeit zur Regelung von Familienlasten nach § 36 EHRV, WürttZ 80 (1938), 182 ff.

Setz, Wann war in einer Gegend Ältestenrecht Brauch?, DJ 1935, 964 ff.

Setz, Zur Frage der gesetzlichen Anerbenfolge beim Ehegattenerbhof, WürttZ 80 (1938), 159 ff.

Seybold, Karl, Das Notariatsrecht seit der nationalsozialistischen Revolution, DNotZ 1934, 502 ff.

Siefert, Joseph, Das Reichserbhofrecht, 2. Auflage, Karlsruhe 1934.

Sprick, Heinz, Die Rechtsstellung der weichenden Erben in Bezug auf den Erbhof als besonderen Teil der bäuerlichen Erbschaft, Düren 1935

Starcke, Wann war in einer Gegend freie Bestimmung des Anerben durch den Bauern üblich?, DJ 1934, 1216.

Stein, Friedrich / Jonas, Friedrich, Kommentar zur Zivilprozessordnung, 15. Auflage, Tübingen 1934.

Stoll, Heinrich, Haftung für die Nachlaßverbindlichkeiten im Erbhofrecht, DJZ 1935, Sp. 937 ff.

Stoll, Heinrich, Neues Erbhofrecht, AcP. 143 (1937), 220 ff.

Stoll, Heinrich / Baur, Fritz, Deutsches Bauernrecht, 5. Auflage, Tübingen 1944.

Strutz, Die Entwicklung und jetzige Gestaltung der bäuerlichen Nutzungsrechte in Mecklenburg, RdRN 1938, 546 ff.

Stuckart, Wilhelm / Blobke, Hans, Kommentare zur deutschen Rassengesetzgebung, Band 1, München und Berlin 1936.

Sunkel, Erbhofeigenschaft des Zuerwerbs von Grundstücken, JW 1934, 811 f.

Tabouillet, von, Zur Auslegung des § 37 Reichserbhofgesetz, JW 1934, 83 f.

Thormann, Das mecklenburgische Erbpachtrecht, RdRN 1934, 226 ff .

Tolle, Adolf, Das Reichserbhofgesetz und die Grundstücksbeschlagnahme in der Zwangsvollstreckung, DJZ 1935, Sp. 215 ff.

Tolle, Adolf, Der Anerbe des Reichserbhofgesetzes und die Erben nach dem allgemeinen Recht, Berlin 1934

Tolle, Adolf, Die Einleitungsworte des Reichserbhofgesetzes, Berlin 1934.

Tolle, Adolf, Zum Recht der Erbhöferolle, JW 1934, 392 f.

Verein für Socialpolitik, Schriften des Vereins für Socialpolitik, Band. 61, Verhandlungen von 1894. Verhandlungen der am 28. und 29. September 1894 in Wien abgehaltenen Generalversammlung des Vereins für Socialpolitik über die Kartelle und über das ländliche Erbrecht, Leipzig 1895.

Ventker, August Friedrich, Stüve und die hannoversche Bauernbefreiung, Oldenburg 1935.

Vogels, Werner, Behandlung der Vorerbschaft im Reichserbhofgesetz, DJZ 1935, 283 ff.

Vogels, Werner, Der Ehegattenerbhof nach den Verordnungen vom 21.12.1936, DFG 1937, 1 ff.

Vogels, Werner, Die Abgrenzung der Beschwerdebefugnis in Erbhofsachen, DJ 1934, 1236 ff.

Vogels, Werner, Die Beschwerde in Erbhofsachen, DFG 1936, 7 ff.

Vogels, Werner, Die Dritte Durchführungsverordnung zum Reichserbhofgesetz, JW 1934, 1209 ff.

Vogels, Werner, Die Erbhofrechtsverordnung vom 21.12.1936, DJ 1937, 35 ff.

Vogels, Werner, Die Grundzüge des Reichserbhofrechts, JW 1933, 2306 ff.

Vogels, Werner, Reichserbhofgesetz, 3. Auflage, Berlin 1934.

Vogels, Werner, Reichserbhofgesetz, 4. Auflage, Berlin 1937.

Vogels, Werner, Weiterentwicklung im Erbhofrecht, DJ 1939, 726 ff.

Wagemann, Gustav, Die Anerbenrechte in den deutschen und außerdeutschen Ländern, München und Leipzig 1930.

Wagemann, Gustav / Hopp, Karl, Erbhofrechtsverordnung und Erbhofverfahrensordnung, Berlin und Leipzig 1937.

Wagemann, Gustav / Hopp, Karl, Reichserbhofgesetz, 3. Auflage, Berlin und Leipzig 1935.

Watenphul, Bergbau und Grundbesitz in Preußen unter besonderer Berücksichtigung des REG, Köln 1938.

Weigelt, Werner, Bergrecht gegen Erbhofrecht, DJ 1934, 324 ff.

Weißmann, Rechtsstellung des Anerben, Göttingen 1934.

Wendt, Egon, Hat die ausschließliche Zuständigkeit der Anerbengerichte zur Folge, daß andere Gerichte auch nicht als Vorfrage über die Erbhofeigenschaft entscheiden dürfen, JW 1933, 2628.

Wenzel, Fritz / Friedrich, Karl-Heinz, Das Reichserbhofgesetz, 2. Auflage, Berlin 1934.

Wiacker, Franz, Erbhofeigentum und Treuhand, DJZ 1936, 1330 ff.

Wieacker, Franz, Eigentum und Eigen, DR 1935, 496 ff.

Wieacker, Franz, Wandlungen der Eigentumsverfassung, Hamburg 1935.

Wöhler, Herbert, Die Rechte der weichenden Erben nach dem Reichserbhofgesetz, Bielefeld 1935.

Wöhrmann, Ernst, Bedarf ein Vertrag über die Veräußerung eines Erbhofes noch der Genehmigung des Landrats auf Grund der VO. vom 15. März 1918 ?, JW 1934, 534.

Wöhrmann, Otto, Das Adoptivkind im Erbhofrecht, ZAkDR 1936, 787 ff.

Wöhrmann, Otto, Das Ältesten- und Jüngstenrecht nach dem Reichserbhofgesetz, ZAkDR 1935, 955 ff.

Wöhrmann, Otto, Das erbhoffreie Vermögen, JW 1934, 800 ff.

Wöhrmann, Otto, Das Reichserbhofrecht, Erstauflage, Berlin 1934.

Wöhrmann, Otto, Das Reichserbhofrecht, 2. Auflage, Berlin 1934.

Wöhrmann, Otto, Das Reichserbhofrecht, 3. Auflage, Berlin 1939.

Wöhrmann, Otto, Der erbhofrechtliche Pflichtteil, JW 1934, 273 ff.

Wöhrmann, Otto, Der Schuldner der Versorgungsansprüche der §§ 30, 31 RerbhofG, JW 1935, 3194 ff.

Wöhrmann, Otto, Die Beschwerdebefugnis nach dem Reichserbhofgesetz, JW 1934, 2196 ff.

Würdinger, Hans, Wandlung in der Eigentumsverfassung, ZAkDR 1936, 70 ff.

Wurst, Bruno, Behandlung der selbständigen Kohlengerechtigkeit im Erbhofrecht, JW 1935, 3508 ff.

Zimmer, Gustav, Die Aufgaben des Notars nach dem preußischen bäuerlichen Erbhofrecht vom 15. Mai 1933, DNotZ 1933, 392 ff; 467 ff.

Zimmer, Gustav, Die Aufgaben des Notars nach dem Reichserbhofgesetz vom 29. September 1933, DNotZ 1933, 694 ff.; DNotZ 1934, 88 ff.

Zmeck, Heinrich, Versorgungsansprüche und Übergabevertrag. Zugleich ein Beitrag zum Begriff des Eigentums am Erbhof, Leipzig 1937.

II. Nach 1945 erschienene Schriften

Achilles, Walter, Deutsche Agrargeschichte im Zeitalter der Reformen und der Industrialisierung, Stuttgart 1993.

Bauerkämper, Arnd, Kontinuität und Auflösung der bürgerlichen Rechtsordnung. Landwirtschaftliches Bodeneigentum in Ost- und Westdeutschland (1945-1990), in: Siegrist, Hannes / Sugarman, David, Eigentum im internationalen Vergleich, Göttingen 1999.

Bergmann, Klaus, Agrarromantik und Großstadtfeindschaft, Meisenheim am Glan 1970.

Bracher, Karl Dietrich / Sauer, Wolfgang / Schulz, Gerhard, Die nationalsozialistische Machtergreifung, Studien zur Errichtung des totalitären Herrschaftssystems in Deutschland 1933/34, 2. Auflage, Köln und Opladen 1962.

Broszat, Martin, Der Staat Hitlers, 12. Auflage, München 1989.

Buchenroth, Axel C., Die Heimatzuflucht nach § 30 Absatz 3 Reichserbhofgesetz (REG) als Beispiel des anerbenrechtlichen Versorgungsprinzips in Geschichte und Gegenwart, Berlin 2004.

Corni, Gustavo / Gies, Horst, Brot, Butter, Kanonen: die Ernährungswirtschaft unter der Diktatut Hitlers, Berlin 1997.

Dietze, Constantin von, Gedenkrede auf Max Sering anläßlich der 100. Wiederkehr seines Geburtstages, in: Berichte über Landwirtschaft, 168. Sonderheft (1957), S. 1 ff.

Domarus, Max, Hitler. Reden und Proklamationen, I. Band, Neustadt an der Aisch 1962.

Eckert, Jörn, Der Kampf um die Familienfideikommisse in Deutschland, Frankfurt am Main, Berlin, Bern, New York, Paris, Wien 1992.

Eisenhardt, Ulrich, Deutsche Rechtsgeschichte, 2. Auflage, München 1995.

Farquharson, John Edgar, The Plough and the Swastika. The NSDAP and Agriculture in Germany 1928-1945, London 1976.

Faßbender, Hermann / Hötzel, Hans Joachin / Jeinsen, Ulrich von / Pikalo, Alfred, Höfeordnung. Höfeverfahrensordnung und Überleitungsvorschriften, 3. Auflage, Münster 1994.

Frei, Norbert, Der Führerstaat, 6. Auflage, München 2001.

Gies, Horst, Die nationalsozialistische Machtergreifung auf dem agrarpolitischen Sektor, ZAA 16 (1968), 210 ff.

Gross, Reiner, Die bürgerliche Agrarreform in Sachsen in der ersten Hälfte des 19. Jahrhunderts, Weimar 1968.

Grundmann, Friedrich, Agrarpolitik im „Dritten Reich", Hamburg 1979.

Hattenhauer, Hans, Die geistesgeschichtlichen Grundlagen des deutschen Rechts, 4. Auflage, Heidelberg 1996.

Haushofer, Heinz, Ideengeschichte der Agrarwirtschaft und Agrarpolitik, 1958.

Haushofer, Heinz, Die deutsche Landwirtschaft im technischen Zeitalter, 2. Auflage, Stuttgart 1972.

Huber, Ernst Rudolf, Deutsche Verfassungsgeschichte. Band 1, Reform und Restauration 1789 bis 1830, Stuttgart 1957.

Kannewurf, Tim, Die Höfeordnung vom 24. April 1947. Entstehungsgeschichte und Einordnung in die Entwicklung des Anerbenrechts, Frankfurt am Main 2004.

Krzymowski, Richard, Geschichte der deutschen Landwirtschaft, 3. Auflage, Berlin 1961.

Kroeschell, Karl, Bauernbefreiung und Grundentlastung, AgrarR 9 (1979), 241 ff.

Kroeschell, Karl, Die nationalsozialistische Eigentumslehre. Vorgeschichte und Nachwirkung, in: Stolleis, Michael / Simon, Dieter, Rechtsgeschichte im Nationalsozialismus: Beiträge zur Geschichte einer Disziplin, Tübingen 1989.

Kroeschell, Karl, Geschichtliche Grundlagen des Anerbenrechts, AgrarR 8 (1978), 147 ff.

Kroeschell, Karl, Rechtsgeschichte Deutschlands im 20. Jahrhundert, Göttingen 1992.

Kroeschell, Karl, Zur Lehre vom germanischen Eigentumsbegriff, in: Hans Thieme zum 70. Geburtstag zugeeignet von seinen Schülern, Köln, Wien 1977, S. 34 ff.

Kruedener, Jürgen von, Zielkonflikt in der nationalsozialistischen Agrarpolitik, ZWS 1974, 335 ff.

Lange, Rudolf/Wulff, Hans/Lüdtke-Handjery, Christian und Elke, Höfeordnung, 10. Auflage, München 2001.

Laufs, Adolf, Rechtsentwicklungen in Deutschland, 5. Auflage, Berlin und New York 1996.

Lovin, Clifford R., Erzeugungsschlacht 1934-1936, ZAA 22 (1974), 210 ff.

Lütge, Friedrich, Geschichte der deutschen Agrarverfassung vom frühen Mittelalter bis zum 19. Jahrhundert, 2. Auflage, Stuttgart 1967.

Marx, Reinhard, Kommentar zum Staatsangehörigkeitsrecht, Berlin 1997.

Meder, Stephan, Rechtsgeschichte, 2. Auflage, Köln, Weimar, Wien 2005.

Münkel, Daniela, Bäuerliche Interessen versus NS-Ideologie, VfZ 1996, 549 ff.

Rüthers, Bernd, Entartetes Recht: Rechtslehren und Kronjuristen im Dritten Reich, München 1988.

Rüthers, Bernd, Recht und Nationalsozialismus, NJW 1988, 2825 ff.

Schliepkorte, Jörg, Entwicklungen des Erbrechts zwischen 1933 und 1953, Bochum 1989.

Schober, Gerhard, Die Anwendung des Reichserbhofgesetzes im ehemaligen Amtsgerichtsbezirk Pfaffenhofen/Ilm, München 2007.

Schubert, Werner (Hrsg.), Akademie für Deutsches Recht, 1933 - 1945, Protokolle der Ausschüsse, Band III, 1. Volksgesetzbuch: Teilentwürfe, Arbeitsberichte und sonstige Materialien, Berlin, New York 1988.

Schubert, Werner (Hrsg.), Akademie für Deutsches Recht, 1933 - 1945, Protokolle der Ausschüsse, Band III, 2. Familienrechtsausschuß. Unterausschuß für Eheliches Güterrecht, Berlin, New York 1989.

Schultz-Klinken, Karl-Rolf, Preußische und deutsche Ostsiedlungspolitik von 1886 bis 1945; ihre Zielvorstellungen, Entwicklungsphasen und Ergebnisse, ZAA 1973, 198 ff.

Seidel, Hauke, Der fünfte Titel. Ein neues Hoffolgerecht für Deutschland, Kiel 2006.

Sigmundt, Christian, Rechtsgewinnung und Erbhofrecht. Eine Analyse der Methoden in Wissenschaft und Rechtsprechung des Reichserbhofrechts, Würzburg 2005.

Stoltenberg, Gerhard, Politische Strömungen im Schleswig-Holsteinischen Landvolk 1918 -1933, Düsseldorf 1962.

Sturm, Fritz / Sturm, Gudrun, Das deutsche Staatsangehörigkeitsrecht; Grundriß und Quellen, Frankfurt am Main, Berlin 2001.

Südel, Inken, Das landwirtschaftliche Erbrecht in Norddeutschland (am Beispiel von Schleswig-Holstein und Mecklenburg-Vorpommern) und in der Schweiz, Frankfurt am Main 2007.

Tarrab-Maslaton, Martin, Rechtliche Strukturen der Diskriminierung der Juden im Dritten Reich, Berlin 1993.

Walk, Joseph (Hrsg.), Das Sonderrecht für die Juden im NS-Staat, 2. Auflage, Heidelberg 1996.

Weitzel, Jürgen, Reichserbhofrecht und allgemeines Privatrecht 1933 - 1945, ZNR 1992, 55 ff.

Wöhrmann, Otto, Zur Entstehungsgeschichte des neuen Landwirtschaftsrechts der britischen Zone, RdL 1950, 101 ff.

Wöhrmann, Otto / Stöcker, Hans A., Das Landwirtschaftserbrecht, 7. Auflage, Neuwied 1999.

Anhang

A. Reichserbhofgesetz (REG) vom 29. September 1933 (RGBl. I S. 685)

1. Abschnitt
Der Erbhof

§ 1 REG.
Begriff.
(1) Land- oder forstwirtschaftlich genutztes Grundeigentum ist Erbhof, wenn es
1. hinsichtlich seiner Größe den Erfordernissen der §§ 2, 3 entspricht und
2. sich im Alleineigentum einer bauernfähigen Person befindet.
(2) Höfe, die ständig durch Verpachtung genutzt werden, sind nicht Erbhöfe.
(3) Die Erbhöfe werden von Amts wegen in die Erbhöferolle eingetragen. Diese Eintragung hat rechtserklärende, keine rechtsbegründende Bedeutung.

§ 2 REG.
Mindestgröße.
(1) Der Erbhof muß mindestens die Größe einer Ackernahrung haben.
(2) Als Ackernahrung ist diejenige Menge Landes anzusehen, welche notwendig ist, um eine Familie unabhängig vom Markt und der allgemeinen Wirtschaftslage zu ernähren und zu bekleiden sowie den Wirtschaftsablauf des Erbhofs zu erhalten.

§ 3 REG.
Höchstgrenze.
(1) Der Erbhof darf nicht größer sein als einhundertfünfundzwanzig Hektar.
(2) Er muß von einer Hofstelle aus ohne Vorwerke bewirtschaftet werden können.

§ 4 REG.
Entstehung von Erbhöfen durch Teilung.
Die Bildung mehrerer Erbhöfe durch Teilung größeren Grundbesitzes ist zulässig, wenn
1. jeder Hof für sich den Erfordernissen der §§ 1 bis 3 entspricht und
2. der Gesamtbetrag der Schulden des Eigentümers einschließlich der auf dem zu teilenden Grundbesitz ruhenden dinglichen Lasten dreißig von Hundert des vor der Teilung zuletzt festgesetzten steuerlichen Einheitswerts nicht übersteigt.

§ 5 REG.
Entstehung eines Erbhofs durch besondere Zulassung.
(1) Der Reichsminister für Ernährung und Landwirtschaft kann nach Anhörung des Kreisbauernführers und des Landesbauernführers von den Erfordernissen des § 3 Ausnahmen zulassen
(2) Eine Größe von mehr als einhundertfünfundzwanzig Hektar soll jedoch in der Regel nur zugelassen werden,
1. wenn es mit Rücksicht auf die Bodenart oder das Klima geboten erscheint;
2. wenn es sich um einen wirtschaftlich in sich geschlossenen und in seinen Ländereien abgerundeten Hof handelt, der sich nachweislich seit mehr als einhundertfünfzig Jahren im Eigentum des Bauerngeschlechts befindet;
3. wenn ein um das Gesamtwohl des deutschen Volkes besonders verdienter Deutscher in eigener Person oder in seinen Nachkommen geehrt werden soll;
4. wenn das auf dem Hof ansässige Geschlecht dort Werte (z. B. Bauwerke von künstlerischer oder kulturgeschichtlicher Bedeutung) geschaffen hat, die bei einer Größe des Hofs von nicht mehr als einhundertfünfzig Hektar keine genügende wirtschaftliche Grundlage für ihre Erhaltung finden.
(3) Von der Voraussetzung, daß der Erbhof von einer Hofstelle aus ohne Vorwerke bewirtschaftet werden kann, soll nur abgesehen werden, wenn besondere betriebswirtschaftliche Verhältnisse das Vorwerk notwendig machen.

§ 6 REG.
Wein-, Gemüse- oder Obstbau.
(1) Die Vorschriften der §§ 1 bis 5 gelten auch für Grundstücke, die durch Wein-, Gemüse- oder Obstbau genutzt werden.
(2) Beim Weinbau ist als Ackernahrung ein Betrieb anzusehen, dessen Eigenerzeugung an Weintrauben zum Unterhalt einer Familie ausreicht.
(3) Beim Gemüse- oder Obstbau ist ein Betrieb als Ackernahrung anzusehen, wenn der genutzte Grundbesitz auch bei Umstellung auf eine andere Art landwirtschaftlicher Nutzung als Ackernahrung im Sinne des § 2 Abs. 2 anzusehen wäre.

§ 7 REG.
Der Erbhof.
(1) Zum Erbhof gehören alle im Eigentum des Bauern stehenden Grundstücke, die regelmäßig von der Hofstelle aus bewirtschaftet werden, und das im Eigentum des Bauern stehende Zubehör.
(2) Eine zeitweilige Verpachtung oder ähnliche vorübergehende Benutzung von Hofgrundstücken, z. B. als Altenteilsland, schließt die Hofzugehörigkeit nicht aus.

§ 8 REG.
Das Erbhofzubehör im einzelnen.
(1) Das Hofzubehör umfaßt insbesondere das auf dem Hofe für die Bewirtschaftung vorhandene Vieh, Wirtschafts- und Hausgerät einschließlich des Leinenzeugs und der Betten, den vorhandenen Dünger und die für die Bewirtschaftung dienenden Vorräte an landwirtschaftlichen Erzeugnissen.
(2) Zum Hofzubehör gehören außerdem die auf den Hof bezüglichen Urkunden, aus früheren Generationen stammende Familienbriefe, ferner Bilder mit Erinnerungswert, Geweihe und ähnliche auf den Hof und die darauf seßhafte Bauernfamilie bezügliche Erinnerungsstücke.

§ 9 REG.
Versicherungsforderung. Tilgungsguthaben.
Zum Erbhof gehören auch die Forderungen aus den für den Hof und dessen Zubehör eingegangenen Versicherungen nebst den hierauf ausgezahlten Entschädigungssummen, sowie ein zur Abtragung einer Hofschuld angesammeltes Tilgungsguthaben.

§ 10 REG.
Entscheidung des Anerbengerichts über die Erbhofeigenschaft.
Bestehen Zweifel darüber, ob ein Hof als Erbhof anzusehen ist, so entscheidet auf Antrag des Eigentümers oder des Kreisbauernführers das Anerbengericht.

2. Abschnitt
Der Bauer

§ 11 REG.
Begriff.
(1) Nur der Eigentümer eines Erbhofs heißt Bauer.
(2) Der Eigentümer oder Besitzer anderen land- oder forstwirtschaftlich genutzten Grundeigentums heißt Landwirt.
(3) Andere Bezeichnungen für Eigentümer oder Besitzer land- oder forstwirtschaftlich genutzten Grundeigentums sind unzulässig.
(4) Die Berufsbezeichnung der Eigentümer im Grundbuch ist allmählich zu ändern.

§ 12 REG.
Erfordernis der deutschen Staatsangehörigkeit.
Bauer kann nur sein, wer die deutsche Staatsangehörigkeit besitzt.

§ 13 REG.
Erfordernis deutschen oder stammesgleichen Bluts.
(1) Bauer kann nur sein, wer deutschen oder stammesgleichen Blutes ist.
(2) Deutschen oder stammesgleichen Blutes ist nicht, wer unter seinen Vorfahren väter- oder mütterlicherseits jüdisches oder farbiges Blut hat.
(3) Stichtag für das Vorhandensein der Voraussetzungen des Abs. 1 ist der 1. Januar 1800. Ist zweifelhaft, ob die Voraussetzungen des Abs. 1 gegeben sind, so entscheidet hierüber auf Antrag des Eigentümers oder des Kreisbauernführers das Anerbengericht.

§ 14 REG.
Ausschluß durch Entmündigung.
Bauer kann nicht sein, wer entmündigt ist, sofern die Anfechtungsklage rechtskräftig abgewiesen oder nicht innerhalb der gesetzlichen Frist erhoben ist.

§ 15 REG.
Ehrbarkeit und Befähigung.
(1) Der Bauer muß ehrbar sein. Er muß fähig sein, den Hof ordentlich zu bewirtschaften. Mangelnde Altersreife allein bildet keinen Hinerungsgrund.
(2) Fallen die Voraussetzungen des Abs. 1 fort oder kommt der Bauer seinen Schuldverpflichtungen nicht nach, obwohl ihm dies bei ordnungsgemäßer Wirtschaftsführung möglich wäre, so kann das Anerbengericht auf Antrag des Landesbauernführers die Verwaltung und Nutznießung des Erbhofs dauernd oder auf Zeit auf den Ehegatten des Bauern oder auf denjenigen übertragen, der im Falle des Todes des Bauern der Anerbe wäre.
(3) Ist ein Ehegatte oder Anerbe nicht vorhanden oder sind diese nicht bauernfähig, so kann das Anerbengerichts das Eigentum am Erbhof auf Antrag des Reichsbauernführers auf eine von diesem vorzuschlagende bauernfähige Person übertragen. Der Reichsbauernführer soll, falls geeignete Verwandte des Bauern vorhanden sind, einen von diesen vorschlagen.
(4) Das Eigentum am Erbhof geht mit Rechtskraft des Übertragungsbeschlusses über. Das Anerbengericht hat das Grundbuchamt von Amts wegen um die Eintragung des neuen Eigentümers zu ersuchen. Die Vorschriften des § 419 des Bürgerlichen Gesetzbuches finden entsprechende Anwendung.

§ 16 REG.
Wirkung des Verlusts der Bauernfähigkeit.
Verliert der Bauer die Bauernfähigkeit, so darf er sich nicht mehr Bauer nennen. Hierdurch wird sein Eigentum am Hof vorbehaltlich des § 15 sowie sie Erbhofeigenschaft des Hofs nicht berührt.

§ 17 REG.
Miteigentum. Juristische Person.
(1) Ein Erbhof kann nicht zum Gesamtgut einer ehelichen Gütergemeinschaft gehören oder sonst im Eigentum mehrerer Personen stehen.
(2) Ein Erbhof kann nicht einer juristischen Person gehören.

§ 18 REG.
Entscheidung des Anerbengerichts über die Bauernfähigkeit.
Bestehen Zweifel darüber, ob eine Person bauernfähig ist, so entscheidet auf ihren Antrag oder auf Antrag des Kreisbauernführers das Anerbengericht.

3. Abschnitt
Erbfolge in den Erbhof

§ 19 REG.
Erbfolge in den Erbhof.
(1) Beim Tode des Bauern bildet der Erbhof hinsichtlich der gesetzlichen Erbfolge und der Erbteilung einen besonderen Teil der Erbschaft.
(2) Der Erbhof geht kraft Gesetzes ungetielt auf den Anerben über.

§ 20 REG.
Anerbenordnung.
Zum Anerben sind in folgender Ordnung berufen:
1. die Söhne des Erblassers; an die Stelle eines verstorbenen Sohnes treten dessen Söhne und Sohnessöhne;
2. der Vater des Erblassers;
3. die Brüder des Erblassers; an die Stelle eines verstorbenen Bruders treten dessen Söhne und Sohnessöhne;
4. die Töchter des Erblassers; an die Stelle einer verstorbenen Tochter treten deren Söhne und Sohnessöhne;
5. die Schwestern des Erblassers; an die Stelle einer verstorbenen Schwester treten deren Söhne und Sohnessöhne;
6. die weiblichen Abkömmlinge des Erblassers und die Nachkommen von solchen, soweit sie nicht bereits zu Nr. 4 gehören. Der dem Mannesstamm des Erblassers Näherstehende schließt den Fernstehenden aus. Im übrigen entscheidet der Vorzug des männlichen Geschlechts.

§ 21 REG.
Einzelvorschriften zur Anerbenordnung.
(1) Wer nicht bauernfähig ist, scheidet als Anerbe aus. Der Erbhof fällt demjenigen an, welcher berufen sein würde, wenn der Ausscheidende zur Zeit des Erbfalls nicht gelebt hätte.

(2) Ein Verwandter ist nicht zur Erbfolge berufen, solange ein Verwandter einer vorhergehenden Ordnung vorhanden ist.
(3) Innerhalb der gleichen Ordnung entscheidet je nach dem in der Gegend geltenden Brauch Ältesten- oder Jüngstenrecht. Besteht kein bestimmter Brauch, so gilt Jüngstenrecht. Ist zweifelhaft, ob oder welcher Brauch besteht, so entscheidet auf Antrag eines Beteiligten das Anerbengericht.
(4) Unter den Söhnen gehen die Söhne der ersten Frau den anderen Söhnen vor. Bei Brüdern oder Schwestern gehen Vollbürtige vor Halbbürtigen.
(5) Durch nachfolgende Ehe anerkannte Kinder stehen den nach Eingehung der Ehe geborenen Kindern gleich. Für ehelich erklärte Kinder des Vaters gehen in derselben Ordnung den ehelichen Kindern nach; uneheliche Kinder der Mutter gehen schlechthin den ehelichen Kindern nach.
(6) An Kindes statt angenommene Personen sind nicht zur Anerbenfolge berufen.
(7) Wenn zu der Zeit, zu der der Hof auf Grund dieses Gesetzes Erbhof wird, keine Söhne oder Sohnessöhne vorhanden sind, so sind die Anerben der vierten Ordnung vor denen der zweiten und dritten Ordnung berufen.

§ 22 REG.
Austausch eines Erbhofes.
(1) Hat der Anerbe bereits einen Erbhof, so scheidet er als Anerbe aus. Der Erbhof fällt demjenigen an, welcher berufen sein würde, wenn der Ausscheidende zur Zeit des Erbfalls nicht gelebt hätte.
(2) Dies tritt jedoch nicht ein, wenn der Anerbe innerhalb sechs Wochen nach dem Zeitpunkt, in dem er von dem Anfall Kenntnis erlangt hat, dem Anerbengericht gegenüber in öffentlich beglaubigter Form oder zur Niederschrift der Geschäftsstelle erklärt, dass er den angefallenen Hof übernehme.
(3) Im Falle des Abs. 2 fällt das Eigentum an dem eigenen Hof des Anerben kraft Gesetzes dem nächstberufenen Anerben des Erblassers an. Dieser kann den Anfall ausschlagen. Die Vorschriften des Bürgerlichen Gesetzbuches über die Annahme oder Ausschlagung einer Erbschaft finden entsprechende Anwendung.
(4) Das Anerbengericht bestimmt, in welcher Höhe dieser Nächstberufene verpflichtet ist, den Anerben von den Nachlaßverbindlichkeiten zu befreien.
(5) Die Vorschrift des Abs. 4 gilt auch für die mit dem übertragenen Hof zusammenhängenden persönlichen Verbindlichkeiten des Anerben. Insoweit das Anerbengericht den Erwerber des Hofes zu ihrer Tragung verpflichtet, haftet er auch den Gläubigern gegenüber.

§ 23 REG.
Mehrere Erbhöfe.
(1) Hinterläßt der Bauer mehrere Erbhöfe, so können die als Anerben Berufenen in der Reihenfolge ihrer Berufung je einen Erbhof wählen, so daß niemand mehr

als einen Erbhof bekommt.
(2) Die Wahl ist gegenüber dem Anerbengericht in öffentlich beglaubigter Form oder zur Niederschrift der Geschäftsstelle zu erklären. Der Vorsitzende des Anerbengerichts hat dem Wahlberechtigten auf Antrag eines nachstehenden Wahlberechtigten eine angemessene Frist zur Erklärung über die Wahl zu bestimmen. Erfolgt die Wahl nicht vor Ablauf der Frist, so tritt der Wahlberechtigte hinter die übrigen Wahlberechtigten zurück.
(3) Jeder Anerbenberechtigte erwirbt das Eigentum an dem von ihm gewählten Hof mit der Vollziehung der Wahl. Mit der Vollziehung der letzten Wahl erwirbt zugleich der Nächstberufene das Eigentum an dem übrig bleibenden Hof.

§ 24 REG.
Verfügungen von Todes wegen.
(1) Der Erblasser kann die Erbfolge kraft Anerbenrechts durch Verfügung von Todes wegen nicht ausschließen oder beschränken.
(2) Die Vorschrift des Abs. 1 schließt die Verfügung über einzelne für die Bewirtschaftung das Hofs unwesentliche Zubehörstücke nicht aus, sofern es sich nicht um Hofesurkunden oder um die in § 8 Abs. 2 bezeichneten besonderen Stücke handelt.
(3) Zu den Verfügungen, durch welche die Erbfolge kraft Anerbenrechts beschränkt wird, gehören auch Verfügungen von Todes wegen, durch die eine Belastung des Hofs angeordnet oder über den übrigen Nachlaß so verfügt wird, dass eine Berichtigung der Nachlassverbindlichkeiten gemäß den Vorschriften des § 34 nicht mehr möglich ist.

§ 25 REG.
Bestimmung des Anerben durch den Erblasser.
(1) Innerhalb der ersten Ordnung kann der Erblasser den Anerben bestimmen,
1. wenn in den Gegenden bei Inkrafttreten dieses Gesetzes Anerbenrecht nicht Brauch gewesen ist,
2. wenn in der Gegend bei Inkrafttreten dieses Gesetzes freie Bestimmung durch den Bauern üblich gewesen ist,
3. in anderen Fällen mit Zustimmung des Anerbengerichts, wenn ein wichtiger Grund vorliegt.
Darüber, ob die Voraussetzungen der Nr. 1, 2 gegeben sind, entscheidet in Zweifelsfällen das Anerbengericht.
(2) Sind eheliche Söhne oder Sohnessöhne nicht vorhanden, so kann der Erblasser mit Zustimmung des Anerbengerichts bestimmen, daß ein unehelicher Sohn, dessen Vater er ist, Anerbe wird. Vor der Entscheidung hat das Anerbengericht den Landesbauernführer zu hören.
(3) Mit Zustimmung des Anerbengerichts kann der Erblasser bestimmen, dass eine Person der vierten Ordnung vor Personen der ersten, zweiten oder dritten

Ordnung Anerbe wird. Das Anerbengericht soll die Zustimmung erteilen, wenn ein wichtiger Grund vorliegt.

(4) Innerhalb der zweiten und der folgenden Ordnungen kann der Erblasser den Anerben bestimmen. Er kann dabei auch mit Zustimmung des Anerbengerichts eine oder mehrere Ordnungen überspringen.

(5) Sind Personen der im § 20 bezeichneten Ordnungen nicht vorhanden, so kann der Erblasser den Anerben bestimmen. Ist der vom Erblasser bestimmte Anerbe nicht bauernfähig oder trifft der Bauer keine Bestimmung, so bestimmt der Reichsbauernführer den Anerben. Bauernfähige Verwandte des Erblassers sollen hierbei bevorzugt berücksichtigt werden.

§ 26 REG.
Verwaltung und Nutznießung für Vater und Mutter des Anerben.
Der Erblasser kann anordnen, daß dem Vater oder der Mutter des Anerben über die Volljährigkeit, jedoch nicht über das fünfundzwanzigste Lebensjahr hinaus, die Verwaltung und Nutznießung des Hofs zustehen soll.

§ 27 REG.
Führung des Hofnamens.
Der Erblasser kann bestimmen, daß der Anerbe als Zusatz zu seinem Namen den Hofnamen führt.

§ 28 REG.
Form der Anordnungen des Erblassers.
Der Erblasser kann die in §§ 25 bis 27 vorgesehenen Anordnungen nur durch Testament oder Erbvertrag treffen.

§ 29 REG.
Ausschlagung.
(1) Der Anerbe kann den Anfall des Erbhofs ausschlagen, ohne die Erbschaft in das übrige Vermögen auszuschlagen. Auf diese Ausschlagung finden die Vorschriften des Bürgerlichen Gesetzbuchs über die Ausschlagung der Erbschaft entsprechende Anwendung.

(2) Die Ausschlagung ist gegenüber dem Anerbengericht zu erklären. Die Frist für die Ausschlagung beginnt mit dem Zeitpunkt, in welchem der Anerbe von seiner Berufung zum Anerben Kenntnis erlangt, wenn jedoch die Berufung auf einer Verfügung von Todes wegen beruht, nicht vor der Verkündigung der Verfügung.

(3) Ist der zum Anerben Berufene nicht deutscher Staatsangehöriger, so tritt sein Ausscheiden als Anerbe (§ 21 Abs. 1, § 12) zunächst nicht ein; es gilt aber als Ausschlagung des Anfalls des Erbhofs, wenn er nicht die Verleihung der deut-

schen Staatsangehörigkeit innerhalb der im Abs. 2 bezeichneten Frist nachgesucht hat, oder wenn sein Gesuch abgelehnt wird.

§ 30 REG.
Versorgung der Abkömmlinge des Erblassers; Heimatzuflucht.
(1) Die Abkömmlinge eines Erblassers werden, soweit sie Miterben oder pflichtteilsberechtigt sind, bis zu ihrer Volljährigkeit auf dem Hofe angemessen unterhalten und erzogen.
(2) Sie sollen auch für einen dem Stande des Hofs entsprechenden Beruf ausgebildet und bei ihrer Verselbständigung, weibliche Abkömmlinge auch bei ihrer Verheiratung, ausgestattet werden, soweit die Mittel des Hofs dies gestatten; die Ausstattung kann insbesondere auch in der Gewährung von Mitteln für die Beschaffung einer Siedlerstelle bestehen.
(3) Geraten sie unverschuldet in Not, so können sie auch noch später gegen Leistung angemessener Arbeitshilfe auf dem Hofe Zuflucht suchen (Heimatzuflucht). Dieses Recht steht auch den Eltern des Erblassers zu, wenn sie Miterben oder pflichtteilsberechtigt sind.

§ 31 REG.
Altenteil des Ehegatten.
Der überlebende Ehegatte des Erblassers kann, wenn er Miterbe oder pflichtteilsberechtigt ist und er auf alle ihm gegen den Nachlaß zustehenden Ansprüche verzichtet, von dem Anerben lebenslänglich den in solchen Verhältnissen üblichen Unterhalt auf dem Hofe verlangen, soweit er sich nicht aus eigenem Vermögen unterhalten kann.

§ 32 REG.
Regelung von Streitigkeiten.
Bei Streitigkeiten aus den §§ 30 und 31 trifft das Anerbengericht die erforderliche Regelung unter billiger Berücksichtigung der Verhältnisse der Beteiligten so, daß der Hof bei Kräften bleibt. Es kann das Versorgungsrecht aufheben oder einschränken, wenn der Versorgungsberechtigte anderweitig gesichert ist oder wenn dem Verpflichteten die Leistung nicht mehr zugemutet werden kann, insbesondere wenn sie die Kräfte des Hofes übersteigt. Die Entscheidung des Anerbengericht ist endgültig.

§ 33 REG.
Der übrige Nachlaß.
Das außer dem Erbhof vorhandene Vermögen des Bauern vererbt sich nach den Vorschriften des allgemeinen Rechts.

§ 34 REG.
Nachlaßverbindlichkeiten.
(1) Die Nachlaßverbindlichkeiten einschließlich der auf dem Hofe ruhenden Hypotheken, Grund- und Rentenschulden, ohne ihre die auf dem Hofe ruhenden sonstigen Lasten (Altenteil, Nießbrauch, Entschuldungsrente u.a.) sind, soweit das außer dem Hof vorhandene Vermögen dazu ausreicht, aus diesen zu berichtigen.
(2) Soweit die Nachlaßverbindlichkeiten nicht in dieser Weise berichtigt werden können, ist der Anerbe den Miterben gegenüber verpflichtet, sie allein zu tragen und die Miterben von ihnen zu befreien.

§ 35 REG.
Teilung des übrigen Nachlasses.
(1) Verbleibt nach Berichtigung der Nachlaßverbindlichkeiten ein Überschuß, so ist dieser auf die Miterben des Anerben nach den Vorschriften des allgemeinen Rechts zu verteilen.
(2) Der Anerbe kann, falls er nach den Vorschriften des allgemeinen Rechts überhaupt zu einem Erbteil an dem übrigen Nachlaß berufen ist, eine Beteiligung an dem Überschuß nur verlangen, insoweit der auf ihn entfallende Anteil größer ist als der lastenfreie Ertragwert des Erbhofs. Der Ertragswert bestimmt sich nach dem Reinertrag den der Hof nach seiner bisherigen wirtschaftlichen Bestimmung nachhaltig gewähren kann.

§ 36 REG.
Verbindlichkeiten bei mehreren Erbhöfen.
(1) Gehören zum Nachlaß mehrere Erbhöfe (§ 23), so können die gemäß §§ 30, 31 zur Verfolgung Berechtigten wählen, auf welchem Hof sie den Unterhalt beziehen wollen. Die Pflicht zur Berufsausbildung und Ausstattung wird von allen Anerben gemeinschaftlich, und zwar im Verhältnis zueinander entsprechend dem Wert der Höfe, getragen.
(2) Die Anerben tragen die Nachlaßverbindlichkeiten im Verhältnis zueinander entsprechend dem Wert der Höfe.
(3) Entsteht Streit über die Anwendung von Abs. 1 Satz 2 oder Abs. 2, so entscheidet das Anerbengericht endgültig.

4. Abschnitt
Beschränkungen der Veräußerung und Belastung des Erbhofs. Zwangsvollstreckung

§ 37 REG.
Veräußerung und Belastung des Erbhofs.

(1) Der Erbhof ist grundsätzlich unveräußerlich und unbelastbar. Dies gilt nicht für eine Verfügung über Zubehörstücke, die im Rahmen ordnungsgemäßer Wirtschaftsführung getroffen wird.
(2) Das Anerbengericht kann die Veräußerung oder Belastung genehmigen, wenn ein wichtiger Grund vorliegt. Die Genehmigung kann auch unter einer Auflage erteilt werden.
(3) Das Anerbengericht soll die Genehmigung zur Veräußerung des Erbhofs erteilen, wenn der Bauer den Hof einem Anerbenberechtigten hergeben will, der beim Erbfall der Nächstberechtigte wäre oder vom Erblasser gemäß § 25 zum Anerben bestimmt werden könnte. Das Anerbengericht soll die Genehmigung nur erteilen, wenn der Uebergabevertrag den Erbhof nicht über seine Kräfte belastet.

§ 38 REG.
Vollstreckungsschutz.
(1) In den Erbhof kann wegen einer Geldforderung nicht vollstreckt werden.
(2) Auch in die auf dem Erbhof gewonnenen landwirtschaftlichen Erzeugnisse kann wegen einer Geldforderung nicht vollstreckt werden, jedoch vorbehaltlich der Vorschriften der §§ 39, 59.

§ 39 REG.
Vollstreckung wegen öffentlich-rechtlicher Geldforderungen.
(1) Wegen öffentlicher Abgaben, wegen eines Anspruchs aus öffentlichen Lasten oder wegen einer sonstigen öffentlich-rechtlichen Geldforderung kann in die auf dem Erbhof gewonnenen landwirtschaftlichen Erzeugnisse vollstreckt werden, soweit diese nicht zum Zubehör gehören und nicht zum Unterhalt des Bauern oder seiner Familie bis zur nächsten Ernte erforderlich sind.
(2) Die Vollstreckung gemäß Abs. 1 darf nur beginnen, wenn der Gläubiger einen Monat vorher dem Kreisbauernführer den Vollstreckungstitel sowie die Erklärung hat zustellen lassen, daß er die Zwangsvollstreckung gegen den Bauern einzuleiten beabsichtige.
(3) Innerhalb der Frist kann der Kreisbauernführer, falls er vom Reichsnährstand dazu ermächtigt ist, dem Gläubiger gegenüber schriftlich die Erklärung abgeben, daß er die Schuld für den Reichsnährstand übernehme. Durch diese Erklärung wird der Reichsnährstand verpflichtet, den Gläubiger gegen Aushändigung des Vollstreckungstitels nebst einer öffentlich beglaubigten Empfangsbestätigung zu befriedigen. Der Gläubiger kann die Forderung nicht mehr gegen den Bauern geltend machen.
(4) Soweit der Reichsnährstand den Gläubiger befriedigt, geht die Forderung des Gläubigers kraft Gesetzes auf ihn über. Der Reichsnährstand kann aus dem Vollstreckungstitel gegen den Bauern mit der Beschränkung des § 38, § 39 Abs. 1 vollstrecken.

(5) Die Vorschriften der Abs. 2 bis 4 finden keine Anwendung, wenn die Forderung ohne Zinsen und Kosten den Betrag von einhundertfünfzig Reichsmark nicht übersteigt.

5. Abschnitt
Die Anerbenbehörden

§ 40 REG.
Grundsatz.
(1) Zur Durchführung der besonderen Aufgaben dieses Gesetzes werden Anerbengerichte, Erbhofgerichte und das Reichserbhofgericht gebildet.
(2) In den durch dieses Gesetz den Anerbenbehörden zur Entscheidung überwiesenen Angelegenheiten könne die ordentlichen Gerichte nicht angerufen werden.

§ 41 REG.
Das Anerbengericht.
(1) Das Anerbengericht wird durch die (Landes-) Justizverwaltung bei dem Amtsgericht für dessen Bezirk gebildet. Die (Landes-) Justizverwaltung kann den Bezirk anders bestimmen; sie kann insbesondere bestimmen, daß für mehrere Amtsgerichtsbezirke nur ein Anerbengericht gebildet wird.
(2) Das Anerbengericht entscheidet in der Besetzung von einem Richter als Vorsitzendem und zwei Bauern.
(3) Der Vorsitzende und sein ständiger Stellvertreter werden von der (Landes-) Justizverwaltung ernannt, und zwar regelmäßig für die Dauer des Kalenderjahrs. Sie sollen mit den Erbgewohnheiten der bäuerlichen Bevölkerung vertraut sein.

§ 42 REG.
Örtliche Zuständigkeit des Anerbengerichts.
(1) Zuständig ist das Anerbengericht, in dessen Bezirk sich die Hofstelle des Erbhofs befindet.
(2) Bestehen Zweifel, so bestimmt der Präsident des Erbhofgerichts das zuständige Anerbengericht.

§ 43 REG.
Das Erbhofgericht.
(1) Für jedes Land wird durch die (Landes-) Justizverwaltung bei einem von ihr zu bestimmenden Oberlandesgericht ein Erbhofgericht gebildet. Für mehrere Länder kann durch die beteiligten Länder ein gemeinschaftliches Erbhofgericht gebildet werden. In einem Lande können auch mehrere Erbhofgerichte gebildet werden.

(2) Das Erbhofgericht entscheidet in der Besetzung von einem Richter als Vorsitzendem, zwei weiteren Richtern und zwei Bauern.
(3) Die Vorschriften des § 41 Abs. 3 finden entsprechende Anwendung.

§ 44 REG.
Ernennung der bäuerlichen Beisitzer.
Die bäuerlichen Beisitzer der Anerbengerichte werden auf Vorschlag des Landesbauernführers, die bäuerlichen Beisitzer der Erbhofgerichte auf Vorschlag des Reichsbauernführers durch die Landesjustizverwaltung ernannt. Außer den Beisitzern ist die erforderliche Zahl von Stellvertretern zu ernennen.

§ 45 REG.
Rechtsverhältnisse und Entschädigung der bäuerlichen Beisitzer.
(1) Für die Rechtsverhältnisse und die Entschädigung der bäuerlichen Beisitzer gelten die für die Schöffen bestehenden Vorschriften der §§ 31 bis 33, § 35 Nr. 1 und 5, §§ 51 bis 56 des Gerichtsverfassungsgesetzes sinngemäß mit der Maßgabe, daß es einer Mitwirkung der Staatsanwaltschaft her nicht bedarf.
(2) Über die im Schlußsatz des § 55 des Gerichtsverfassungsgesetzes gegebene Aufsichtsbeschwerde entscheidet endgültig bei den Anerbengerichten der Landgerichtspräsident und bei den Erbhofgerichten der Präsident des Oberlandesgerichts.
(3) Wird das Fehlen einer Voraussetzung für die Berufung zum Beisitzeramt nachträglich bekannt oder fällt eine Voraussetzung nachträglich fort, so wird der Beisitzer von der Stelle, welche ihn ernannt hat, seines Amtes enthoben; vor der Entscheidung ist der Beisitzer zu hören. Die Entscheidung ist endgültig.

§ 46 REG.
Verfahren.
(1) Das Verfahren vor den Anerbengerichten und Erbhofgerichten wird in Anlehnung an die Grundsätze des Verfahrens in Angelegenheiten der freiwilligen Gerichtsbarkeit durch Verordnung des Reichsministers der Justiz und des Reichsministers für Ernährung und Landwirtschaft geregelt.
(2) Die Verordnung kann eine Vorentscheidung des Vorsitzenden und die Erhebung von Beweisen durch einzelne Mitglieder des Gerichts vorsehen.

§ 47 REG.
Das Reichserbhofgericht.
Einrichtung, Verfahren und Sitz des Reichserbhofgerichts werden durch Verordnung des Reichsministers der Justiz und des Reichsministers für Ernährung und Landwirtschaft geregelt. Dabei kann vorgesehen werden, daß die Entscheidungen des Reichserbhofgerichts der Bestätigung durch den Reichsminister für Ernährung und Landwirtschaft bedürfen.

§ 48 REG.
Sofortige Beschwerde.
(1) Gegen die Entscheidungen des Anerbengerichts findet die sofortige Beschwerde statt. Die Beschwerdefrist beträgt zwei Wochen.
(2) Gegen Entscheidungen, welche das Anerbengericht auf Grund des § 10, § 15, Abs. 3; § 18, § 21, Abs. 3, § 25, § 37, Abs. 2 getroffen hat, kann die sofortige Beschwerde auch von dem Kreisbauernführer eingelegt werden. Das Anerbengericht hat die vorerwählten Entscheidungen dem Kreisbauernführer von Amts wegen zuzustellen.
(3) Über die Beschwerde entscheidet das Erbhofgericht.

§ 49 REG.
Sofortige weitere Beschwerde.
(1) Gegen die Entscheidung des Erbhofgerichts findet die sofortige weitere Beschwerde statt. Die Beschwerdefrist beträgt zwei Wochen.
(2) Bezieht sich die Entscheidung des Erbhofgerichts auf eine der im § 48 Abs. 2 erwähnten Entscheidungen, so kann diese Beschwerde auch von dem Landesbauernführer eingelegt werden. Das Erbhofgericht hat die vorerwähnten Entscheidungen dem Landesbauernführer von Amts wegen zuzustellen.
(3) Über die weitere Beschwerde entscheidet das Reichserbhofgericht.
(4) Die weitere Beschwerde ist zulässig, wenn in der Entscheidung des Erbhofgerichts ein neuer selbständiger Beschwerdegrund enthalten ist. Dies gilt nicht für die im Abs. 2 vorgesehene Beschwerde des Landesbauernführers.

§ 50 REG.
Vollstreckung der Entscheidungen.
Aus den rechtskräftigen Entscheidungen der Anerbengerichte, der Erbhofgerichte und des Reichserbhofgerichts findet die Zwangsvollstreckung nach den Vorschriften der Zivilprozessordnung statt.

§ 51 REG.
Kosten.
Die Gebühren und Kosten für das Verfahren vor den Anerbenbehörden werden durch Verordnung des Reichsministers der Justiz und des Reichsministers der Justiz und des Reichsministers für Ernährung und Landwirtschaft geregelt.

6. Abschnitt.
Erbhöferolle und Grundbuch.

§ 52 REG.
(1) Die Erbhöferolle (§ 1 Abs. 3) wird beim Anerbengericht geführt.

(2) Die Eintragung der Erbhöfe erfolgt gebührenfrei.
(3) Die Einrichtung der Höferolle und das Eintragungsverfahren wird durch Verordnung des Reichsministers der Justiz geregelt.

§ 53 REG.
Grundbuchvermerk.
(1) Die Eintragung in die Höferolle ist auf Ersuchen des Vorsitzenden des Anerbengerichts bei den zum Erbhof gehörenden Grundstücken im Grundbuch zu vermerken. Der Vermerk erfolgt gebührenfrei.
(2) Die zum Erbhof gehörenden Grundstücke sind auf ein besonderes Grundbuchblatt einzutragen. Das Grundbuchamt soll tunlichst darauf hinwirken, daß der Bauer sie durch entsprechende Eintragung im Grundbuch zu einem Grundstück vereinigen läßt.

7. Abschnitt.
Schlußvorschriften.

§ 54 REG.
Örtliche Zuständigkeit der Kreis- und Landesbauernführer.
Für die örtliche Zuständigkeit der Kreis- und Landesbauernführer ist der Ort maßgebend, an dem sich die Hofstelle des Erbhofs befindet.

§ 55 REG.
Befreiung von der Erbschafts- und Grunderwerbsteuer.
Der Anerbe hat für den Uebergang des Erbhofs keine Erbschaftsteuer oder Grunderwerbsteuer zu zahlen.

§ 56 REG.
Auslegungsregel.
Entstehen bei Anwendung dieses Gesetzes Zweifel, so hat der Richter so zu entscheiden, wie es dem in den Einleitungsworten dargelegten Zweck des Gesetzes entspricht.

§ 57 REG.
Inkrafttreten.
(1) Dieses Gesetz tritt am 1. Oktober 1933 in Kraft.
(2) Es hat Wirkung für die Erbfälle, die nach diesem Zeitpunkt eintreten.

§ 58 REG.
Übergangsvorschrift zu § 23 (Mehrere Erbhöfe).
Besitzt der Erblasser mehrere Erbhöfe, so kann er durch Testament oder Erbver-

trag in Abweichung von § 23 bestimmen, daß bei dem ersten nach dem Inkrafttreten dieses Gesetzes eintretenden Erbfall insgesamt zwei Erbhöfe auf einen Anerben entfallen, wenn der Anerbe ein Sohn oder Sohnessohn ist und beide Höfe zusammen einhundertfünfundzwanzig Hektar nicht übersteigen.

§ 59 REG.
Übergangsvorschrift zu §§ 38, 39 (Vollstreckung).
Die Vorschriften des § 39 über die Vollstreckung in die landwirtschaftlichen Erzeugnisse des Erbhofs finden bis zu einer anderen, im Wege der Durchführungsverordnung zu treffenden Regelung auch auf die Vollstreckung wegen privatrechtlicher Geldforderungen Anwendung.

§ 60 REG.
Landesgesetze.
(1) Mit dem Inkrafttreten dieses Gesetzes treten die landesgesetzlichen Vorschriften über das Anerbenrecht außer Kraft.
(2) Unberührt bleiben die landesgesetzlichen Vorschriften über das Anerbenrecht bei den auf Grund der Gesetze über Auflösung der Fideikommisse gebildeten Gütern (insbesondere Waldgütern und Deichgütern), soweit sie nicht Erbhof werden, sowie bei Erbpachtgütern.

§ 61 REG.
Ausführungsvorschriften.
(1) Der Reichsminister der Justiz und der Reichsminister für Ernährung und Landwirtschaft sind ermächtigt, gemeinschaftlich die zur Durchführung dieses Gesetzes erforderlichen Rechtsverordnungen und allgemeinen Verwaltungsvorschriften zu erlassen.
(2) Sie können hierbei, soweit sie es zur Erreichung des Zwecks dieses Gesetzes für erforderlich halten, auch Vorschrifen ergänzenden oder abweichenden Inhalts treffen, insbesondere auch die im § 60 Abs. 2 bezeichneten Vorschriften aufheben oder abändern.

B. Erste Durchführungsverordnung (DVO. I) zum Reichserbhofgesetz vom 19. Oktober 1933 (RGBl. I S. 749) / Auszug

6 DVO. I.
Einrichtung des Reichserbhofgerichts.
(1) Das Reichserbhofgericht wird beim Reichsminister für Ernährung und Landwirtschaft gebildet. Es kann auch außerhalb von Berlin Sitzungen abhalten.

Präsident des Reichserbhofgerichts ist der Reichsminister für Ernährung und Landwirtschaft. Auf seinen Vorschlag ernennt der Reichspräsident einen zum Richteramt befähigten Beamten hauptamtlich oder für die Dauer seines Hauptamtes nebenamtlich zum Vizepräsidenten.
(2) Beim Reichserbhofgericht werden Senate gebildet. Die Zahl der Senate bestimmt der Reichsminister für Ernährung und Landwirtschaft im Einvernehmen mit dem Reichsminister der Justiz. Jeder Senat entscheidet in der Besetzung mit einem Vorsitzenden, zwei beamteten Beisitzern und zwei Reichserbhofrichtern.
(3) Den Vorsitz führt der Präsident, der Vizepräsident, ein Senatspräsident, ein von dem Präsidenten mit dem Vorsitz beauftragtes Mitglied oder bei Behinderung einer dieser Personen ein zu ihrem Vertreter bestimmter beamteter Beisitzer.
(4) Die Senatspräsidenten und die beamteten Beisitzer müssen die Befähigung zum Richteramt haben. Sie werden vom Reichsminister für Ernährung und Landwirtschaft im Einvernehmen mit dem Reichsminister der Justiz vorgeschlagen und durch den Reichspräsidenten hauptamtlich auf Lebenszeit oder nebenamtlich für die Dauer ihres Hauptamts oder für einen Zeitraum von mindestens drei Jahren ernannt. Die hauptamtlich ernannten Beisitzer führen die Bezeichnung Reichserbhofgerichtsräte.
(5) Die allgemeinen Vorschriften über Dienstvergehen der Reichsbeamten finden auf die hauptamtlich ernannten Mitglieder des Reichserbhofgerichts und bei Handlungen, die in Ausübung des Richteramtes begangen sind, auch auf die nebenamtlich ernannten Mitglieder nur insoweit Anwendung, als nicht nachstehend etwas anderes vorgeschrieben ist. Sie dürfen wider ihren Willen nur wegen eines Dienstvergehens und nur durch eine in einem förmlichen Dienststrafverfahren ergangene Entscheidung aus ihrem Amte enfernt werden. Die Entscheidung aus dem Amte darf nur in Dienstentlassung bestehen. Dienststrafen jeder Art dürfen nur in einem förmlichen Dienststrafverfahren durch die entscheidenden Dienststrafbehörden auf Grund der §§ 84 bis 118 des Reichsbeamtengesetzes verhängt werden. Bei der Entscheidung dürfen nur richterliche Mitglieder der Dienststrafbehörden mitwirken.
(6) Die hauptamtlich ernannten Mitglieder des Reichserbhofgerichts treten mit Ablauf des Vierteljahrs in den Ruhestand, das auf den Monat folgt, in dem sie das achtundsechzigste Lebensjahr vollendet haben. Die Ernennung eines nebenamtlich ernannten Mitgliedes darf, wenn sie für die Dauer seines Hauptamts erfolgt, vor Beendigung seiner hauptamtlichen Tätigkeit, wenn sie auf bestimmte Zeit erfolgt, vor Ablauf dieser Zeit nicht widerrufen werden.
(7) Der Reichsminister für Ernährung und Landwirtschaft ist ermächtigt, bei Bedarf im Einvernehmen mit dem Reichsminister der Justiz aus der Zahl der im Dienst des Reichs oder eines deutschen Landes stehenden, planmäßig angestellten richerlichen Beamten Hilfsrichter zum Reichserbhofgericht einzuberufen.

Die Abordnung eines Hilfsrichters ist für die Zeit, für die er einberufen ist, unwiderruflich.
(8) Die Reichserbhofrichter werden auf Vorschlag des Reichsbauernführers vom Reichsminister für Ernährung und Landwirtschaft auf die Dauer von drei Jahren ernannt. Im Übrigen finden die Vorschriften des § 45 des Gesetzes sowie des § 3 Abs. 3 bis 6, § 4 dieser Verordnung entsprechende Anwendung.
(9) Vor Beginn des Geschäftsjahrs verteilt der Präsident die Geschäfte auf die Senate und bestimmt, in welcher Reihenfolge die Mitglieder des Reichserbhofgerichts zu den Sitzungen heranzuziehen sind, und bezeichnet die regelmäßigen Vertreter der Vorsitzenden und Beisitzer.
(10) Der Geschäftsgang wird durch eine Anweisung geregelt, die vom Reichsminister für Ernährung und Landwirtschaft und vom Reichsminister der Justiz gemeinschaftlich erlassen wird.

§ 6 a DVO. I.
Der Große Senat des Reichserbhofgerichts.
(1) Will in einer grundsätzlichen Rechtsfrage ein Senat von der Entscheidung eines anderen Senats abweichen, so hat er die Sache zur Entscheidung an den Großen Senat zu verweisen. Der verweisende Senat hat in dem Verweisungsbeschluß die Entscheidung, von der er abweichen will, zu bezeichnen und seine eigene Rechtsauffassung zu begründen. Die Verweisung findet nicht statt, wenn der Senat, von dessen Entscheidung abgewichen werden soll, der Abweichung zustimmt.
(2) Die Vorschriften des Abs. 1 finden auch dann Anwendung, wenn ein Senat von einer Entscheidung des Großen Senats abweichen will.
(3) Der Große Senat besteht aus dem Vorsitzenden und acht Beisitzern. Den Vorsitz führt der Präsident oder der Vizepräsident des Reichserbhofgerichts. Als Beisitzer wirken mit vier beamtete Mitglieder des Reichserbhofgerichts und vier Reichserbhofrichter.
(4) Die Beisitzer und ihre Stellvertreter werden für je ein Kalenderjahr im voraus durch den Präsidenten des Reichserbhofgerichts ausgewählt.
(5) Der verweisende Senat bestimmt eines seiner beamteten Mitglieder, das für die Entscheidung der Sache in den Großen Senat eintritt. Gehört dieses Mitglied nicht zu den nach Abs. 4 bestimmten Beisitzern, so scheidet von den bezeichneten Beisitzern der dem Dienstalter, bei gleichem Dienstalter der dem Lebensalter nach Jüngere für die Entscheidung der Sache aus.
(6) Soweit die Entscheidung über die Sache, die an den Großen Senat verwiesen ist, eine mündliche Verhandlung erfordert, findet diese vor dem Großen Senat statt.

§ 34 DVO. I.
Gemeindeverzeichnis der Höfe bis zu einer Größe von 125 Hektar (Verzeichnis A).
(1) Die Gemeindevorsteher stellen ein Verzeichnis der in ihrem Bezirk gelegenen Besitzungen auf, die durch Land- oder Forstwirtschaft oder durch Wein-, Gemüse- oder Obstbau genutzt werden und deren Umfang mindestens 7 ½ Hektar, aber nicht mehr als 125 Hektar beträgt. Besitzungen unter 7 ½ Hektar sind nur aufzunehmen, wenn sie eine Ackernahrung im Sinne der §§ 2, 6 des Gesetzes darstellen.

§ 60 DVO. I.
Ausführungsvorschrift zu §§ 3, 5 des Gesetzes (Vergrößerung eines Erbhofs über die zugelassene Höchstgrenze).
(1) Soll ein Erbhof durch Hinzunahme von Grundstücken über eine Gesamtfläche von hundertfünfundzwanzig Hektar hinaus vergrößert werden, so werden die hinzugenommenen Flächen nur dann Bestandteil des Erbhofs, wenn der Reichsminister für Ernährung und Landwirtschaft demäß § 5 des Gesetzes hierzu die Genehmigung erteilt.
(2) Dasselbe gilt, wenn eine Besitzung, die auf Grund des § 5 des Gesetzes Erbhof geworden ist, vergrößert werden soll.
(3) Die Vorschriften der §§ 44, 45 dieser Verordnung finden entsprechende Anwendung.

§ 61 DVO. I.
Ausführungsvorschrift zu §§ 10, 13 Abs. 3, § 18 des Gesetzes (Erbhofeigenschaft, Bauernfähigkeit).
Der Antrag auf Entscheidung über die Erbhofeigenschaft, Rassereinheit oder Bauernfähigkeit kann auch von demjenigen gestellt werden, der ein rechtliches Interesse an der Feststellung nachweist.

§ 62 DVO. I.
Übergangsvorschrift zu § 17 (Eigentum von Ehegatten).
(1) Befindet sich beim Inkrafttreten des Gesetzes eine Besitzung, die abgesehen vom Alleineigentum den Voraussetzungen der §§ 1 bis 4, 6 des Gesetzes entspricht, im Gesamtgut einer ehelichen Gütergemeinschaft oder sonst im Miteigentum von Ehegatten, so ist die Besitzung vom Inkrafttreten des Gesetzes ab Erbhof.
(2) Die Ehegatten können in einem Erbvertrag oder in einem gemeinschaftlichen Testament sich gegenseitig zu Anerben des Erbhofs einsetzen oder bestimmen, daß der Erbhof nach dem Tode des Erstversterbenden oder des Überlebenden an eine Person als Anerben fallen soll, die nach dem Reichserbhofgesetz als Anerbe

des einen oder des anderen Ehegatten berufen wäre oder bestimmt werden könnte.
(3) Machen die Ehegatten von dem Recht des Abs. 2 keinen Gebrauch, so fällt der Hof beim Tode der Frau dem Manne als Anerben an. Stirbt der Mann, gleichviel ob vor oder nach der Frau, so fällt der Hof derjenigen Person als Anerben an, die nach dem Reichserbhofgesetz als Anerbe des Mannes berufen ist.
(4) Die Vorschriften der Abs. 1, 2 finden entsprechende Anwendung, wenn die Besitzung zum Gesamtgut einer fortgesetzten Gütergemeinschaft gehört. Haben die Ehegatten keine Bestimmung gemäß Abs. 2 getroffen, so fällt der Hof bei Beendigung der fortgesetzten Gütergemeinschaft derjenigen Person an, die nach dem Reichserbhofgesetz als Anerbe des Mannes berufen ist.

§ 63 DVO. I.
Übergangsvorschrift zu § 21 des Gesetzes (Annahme an Kindes Statt).
Hat der Erblasser vor dem 1. Oktober 1933 eine Person an Kindes Statt angenommen, so steht dieses Kind hinsichtlich der Anerbenfolge einem ehelichen Kinde gleich.

§ 64 DVO. I.
Ausführungs- und Uebergangsvorschriften zu § 37 des Gesetzes (Belastung mit Dienstbarkeiten. Verpachtung des Erbhofs. Teilung eines Erbhofs. Auszahlung einer Hypothek. Siedlungen).
(1) Das im § 37 des Gesetzes ausgespochene Verbot der Belastung des Erbhofs bezieht sich nicht auf Grunddienstbarkeiten, beschränkte persönliche Dienstbarkeiten oder öffentliche Lasten.
(2) Vom Inkrafttreten des Gesetzes ab bedarf ein Vertrag, durch den der Erbhof oder ein Teil des Erbhofs für einen Zeitraum von mehr als drei Jahren verpachtet wird, der Genehmigung des Anerbengerichts. § 48 Abs. 2, § 49 Abs. 2 des Gesetzes findet entsprechende Anwendung.
(3) Vom Inkrafttreten des Gesetzes ab bedarf die Bildung mehrerer Erbhöfe durch Teilung eines bestehenden Erbhofs der Genehmigung des Anerbengerichts. Einzelnen Teilen des Erbhofs kann die Erbhofeigenschaft nur mit Genehmigung des Anerbengerichts entzogen werden. § 48 Abs. 2, § 49 Abs. 2 des Gesetzes findet entsprechende Anwendung
(4) Ist vor dem Inkrafttreten des Gesetzes auf eine Besitzung, die Erbhof im Sinne des Gesetzes geworden ist, eine Hypothek eingetragen, der Gegenwert aber noch nicht ausbezahlt, so hindert die Vorschrift des § 37 Abs. 1 des Gesetzes den Gläubiger nicht, durch Auszahlung des Gegenwertes die Hypothek zu erwerben.
(5) Hat eine Besitzung, die auf Grund des Reichssiedlungsgesetzes vom 11. August 1919 oder des Gesetzes über die Neubildung deutschen Bauerntums vom 14. Juli 1933 geschaffen ist, die Erbhofeigenschaft, so steht § 37 Abs. 1 des

Gesetzes einer von der Siedlungsbehörde zugelassenen Belastung des Hofes nicht entgegen.

§ 65 DVO. I.
Ausführungsvorschriften zu § 39 des Gesetzes (Beitreibung öffentlich-rechtlicher Geldforderungen).
(1) Unterliegt eine unter § 39 Abs.1 des Gesetzes fallende öffentlich-rechtliche Geldforderung der Beitreibung im Wege des Verwaltungszwangsverfahrens, so gelten die Bestimmungen im Abs. 2 bis 4.
(2) Die mit der Beitreibung befaßte Vollstreckungsbehörde stellt eine Erklärung aus, in der sie

1. Gläubiger und Schuldner sowie Grund und Höhe des Anspruchs bezeichnet,
2. die Verfügung (Entscheidung, Anordnung, Beschluß) angibt, aus der die Verpflichtung zur Zahlung hervorgeht,
3. bescheinigt, daß der Anspruch vollstreckbar und im Verwaltungszwangsverfahren beizutreiben ist.

(3) Die Vollstreckungsbehörde läßt diese Bescheinigung dem Kreisbauernführer zustellen. Hierdurch wird die im § 39 Abs. 2 des Gesetzes vorgesehene Zustellung des Vollstreckungstitels ersetzt.
(4) Falls der Kreisbauernführer gemäß § 39 Abs. 3 des Gesetzes die Schuld für den Reichsnährstand übernehmen will, hat er dies der Vollstreckungsbehörde gegenüber zu erklären. Der Reichsnährstand befriedigt den Gläubiger durch Zahlung an die Vollstreckungsbehörde gegenüber zu erklären. Der Reichsnährstand befriedigt den Gläubiger durch Zahlung an die Vollsreckungsbehörde. Die Verpflichtung des Reichsnährstandes zur Befriedigung des Gläubigers ist abhängig von der Aushändigung einer von der Vollstreckungsbehörde vollzogenen und mit dem Dienstsiegel versehenen Bescheinigung, die den in Abs. 2 angegebenen Inhalt hat und außerdem die Bestätigung enthält, daß der Reichsnährstand die Schuld übernommen und beglichen hat und daß gemäß § 39 Abs. 3 des Gesetzes die Forderung gegen den Schuldner auf den Reichsnährstand übergegangen ist.
(5) Ist die im Abs. 4 bezeichnete Bescheinigung dem Kreisbauernführer ausgehändigt worden, so ist der Reichsnährstand berechtigt, die Forderung nach den Vorschriften über die Beitreibung öffentlicher Abgaben beitreiben zu lassen.

§ 66 DVO. I.
Ausführungsvorschrift zu § 43 (Erbhofgericht).
Die Landesgesetzgebung kann bestimmen, daß die Erbhofgerichte als selbständige Behörden eingerichtet werden.

§ 67 DVO. I.
Ausführungsvorschrift zu § 55 des Gesetzes (Abgabenfreiheit und Gebührenermäßigung).

(1) Wird eine den §§ 1 bis 4, 6 des Gesetzes entsprechende Besitzung, welche im Eigentum mehrerer Personen oder einer juristischen Person steht, nach dem 30. September 1933 in das Alleineigentum einer bauernfähigen Person überführt und hierdurch, soweit sie es nicht schon ist, in einen Erbhof im Sinne des Reichserbhofgesetzes verwandelt, so wird von der Erhebung von Grunderwerbssteuer, Erbschaftssteuer und Stempelabgaben für die Überführung sowie von Gerichtskosten für die Umschreibung im Grundbuch abgesehen.

(2) Die notariellen oder gerichtlichen Gebühren für die Beurkundung von Erklärungen, welche für die im Abs. 1 bezeichnete Überführung erforderlich sind, werden auf die Hälfte ermäßigt.

(3) Wird eine Besitzung, welche größer ist als 125 Hektar, nach dem 30. September 1933 aus dem Eigentum mehrerer Personen oder einer juristischen Person in das Alleineigentum einer bauernfähigen Person überführt und wird die Besitzung auf Grund eines unverzüglich zu stellenden Antrags gemäß § 5 des Gesetzes als Erbhof zugelassen, so finden die Vorschriften der Abs. 1, 2 entsprechende Anwendung. Beträge, die sich hiernach als zuviel gezaht herausstellen, sind zu erstatten.

§ 68 DVO. I.
Übergangsvorschrift zu § 57 des Gesetzes (Gegenseitige Erbeinsetzung. Vor- und Nacherbschaft).

(1) Haben Ehegatten vor dem Inkrafttreten des Gesetzes sich gegenseitig zu Erben eingesetzt und soll nach den Bestimmungen der Verfügung von Todes wegen nach dem Tode des Überlebenden der Nachlaß an Verwandte des Erstverstorbenen fallen, so fällt der Erbhof beim Tode des Überlebenden demjenigen der eingesetzten Verwandten als Anerben an, der nach dem Gesetz als Anerbe des Erstverstorbenen berufen wäre. Soll nach der gemeinschaftlichen Verfügung von Todes wegen ein Verwandter des Erstverstorbenen allein den Hof übernehmen, so fällt der Hof diesem Verwandten als Anerben an, falls er zu den Personen gehört, die nach § 25 des Gesetzes als Anerbe des Erstverstorbenen hätten bestimmt werden können.

(2) Ein Erbhof, der beim Inkrafttreten des Gesetzes zu einer Vorerbschaft gehört, fällt beim Tode des Vorerben demjenigen als Anerbe an, der Anerbe wäre, wenn der Erblasser im Zeitpunkt des Todes des Vorerben verstorben wäre. Hat der Erblasser in einer Verfügung von Todes wegen bestimmt, daß einer der Nacherben allein den Hof übernehmen soll, so fällt der Hof diesem Nacherben als Anerben an, falls er zu den Personen gehört, die nach § 25 des Gesetzes als Anerbe des Erblassers hätten bestimmt werden können.

§ 69 DVO. I.
Inkrafttreten.
Diese Verordnung tritt mit Wirkung vom 1. Oktober 1933 an in Kraft.

C. Zweite Durchführungsverordnung (DVO. II) zum Reichserbhofgesetz vom 19. Dezember 1933 (RGBl. I S. 1096) / Auszug

§ 1 DVO. II.
Ausführungsvorschrift zu § 1 des Gesetzes (Eintragung in die Erbhöferolle).
(1) Die Eintragung eines Grundstücks in die Erbhöferolle begründet die Vermutung, daß das Grundstück Erbhofeigenschaft besitzt.
(2) Sobald die Erbhöferolle als angelegt anzusehen ist, wird vermutet, daß Grundstücke, die nicht in die Erbhöferolle eingetragen sind, die Erbhofeigenschaft nicht besitzen.
(3) Der Zeitpunkt, in dem die Erbhöferolle als angelegt anzusehen ist, wird vom Reichsminister der Justiz im Reichsgesetzblatt bekanntgegeben.

§ 2 DVO. II.
Ausführungsvorschrift zu § 9 des Gesetzes (Nutzungsrechte).
Forstnutzungsrechte, sonstige dem Erbhof dienende dingliche Nutzungsrechte, Anteile an einer Waldgenossenschaft und ähnliche dem Erbhof dienende Rechte gehören zum Erbhof, gleichviel ob sie mit dem Eigentum am Erbhof verbunden sind oder dem Bauern persönlich zustehen. Das gleiche gilt für den Anteil an einer Molkerei, Zuckerfabrik oder ähnlichen Einrichtung, in der Erzeugnisse des Erbhofs verarbeitet oder verwertet werden, sowie für den Anteil an einer gemeinschaftlichen benutzten Dreschmachine oder ähnlichen Anlage.

§ 3 DVO. II.
Ausführungsvorschrift zu § 12 des Gesetzes (Staatsangehörigkeit).
Von dem Erfordernis der deutschen Staatsangehörigkeit kann der Reichsminister für Ernährung und Landwirtschaft auf Antrag des Eigentümers Ausnahmen gewähren.

§ 4 DVO. II.
Ausführungsungsvorschrift zu §§ 12, 13 des Gesetzes (Nachweis der Staatsangehörigkeit und der Abstammung).

Bescheinigungen von Verwaltungs- oder Kirchenbehörden, die zur Durchführung des §§ 12, 13 des Gesetzes erforderlich waren, sind gebühren- und stempelfrei.

§ 5 DVO. II
Übergangsvorschrift zu § 17 des Gesetzes (Eigentum von Ehegatten).
(1) Befindet sich beim Inkrafttreten dieser Verordnung eine von einer Hofstelle aus bewirtschaftete Besitzung
a) zum Teil im Alleineigentum des Ehemannes und zum Teil im Alleineigentum der Ehefrau oder
b) zum Teil im gemeinschaftlichen Eigentum beider Ehegatten und zum Teil im Alleineigentum eines oder jedes der Ehegatten
und entspricht die Besitzung, abgesehen von diesen Eigentumsverhältnissen, den Voraussetzungen der § 1 bis 4, 6 des Gesetzes, so wird die Besitzung vom Inkrafttreten dieser Verordnung ab Erbhof.
(2) Die Ehegatten können durch Erbvertrag oder gemeinschaftliches Testament sich gegenseitig zu Anerben des Erbhofs einsetzen oder bestimmen, daß der Erbhof nach dem Tode des Erstversterbenden oder des Überlebenden an eine Person als Anerbe fallen soll, die nach dem Reichserbhofgesetz als Anerbe des einen oder des anderen Ehegatten berufen wäre oder bestimmt werden könnte. Die Vorschriften, wonach zur Bestimmung des Anerben in gewissen Fällen die Zustimmung des Anerbengerichts erforderlich ist, bleiben unberührt; dies gilt nicht für gemeinschaftliche Testamente und Erbverträge, die vor dem Inkrafttreten dieser Verordnung errichtet worden sind.
(3) Machen die Ehegatten von dem Recht des Abs. 2 keinen Gebrauch, so fällt der Erbhof beim Tode der Frau dem Manne als Anerben an. Stirbt der Mann, gleichviel ob vor oder nach der Frau, so fällt der Hof derjenigen Person als Anerben an, die nach dem Reichserbhofgesetz als Anerbe des Mannes berufen ist; der Ehefrau steht bis zur Vollendung des 25. Lebensjahres des Anerben die Verwaltung und Nutznießung des Hofes zu, falls dieses Recht nicht durch Erbvertrag oder gemeinschaftliches Testament ausgeschlossen oder beschränkt ist.

§ 6 DVO. II.
Übergangsvorschrift zu § 17 des Gesetzes (Eigentum von Ehegatten).
(1) Haben im Falle des § 62 Abs. 4 der Ersten Durchführungsverordnung die Ehegatten den Anerben nicht gemeinschaftlich bestimmt, so kann mit Zustimmung des Anerbengerichts auch der überlebende Ehegatte allein unter den anteilsberechtigten Abkömmlingen den Ehegatten bestimmen.
(2) In den Fällen des § 62 Abs. 2 der Ersten Durchführungsverordnung bleiben die Vorschriften, wonach zur Bestimmung des Anerben in gewissen Fällen die Zustimmung des Anerbengerichts erforderlich ist, unberührt; dies gilt nicht für

gemeinschaftliche Testamente und Erbverträge, die vor dem Inkrafttreten des Gesetzes errichtet worden sind.
(3) Im Falle des § 62 Abs. 4 Satz 2 des Ersten Durchführungsverordnung kann das Anerbengericht auf Antrag bestimmen, daß in der Zeit nach Beendigung der fortgesetzten Gütergemeinschaft dem überlebenden Ehegatten die Verwaltung und Nutznießung des Erbhofs zustehen soll, und zwar auch über das fünfundzwanzigste Lebensjahr des Anerben hinaus, jedoch höchstens auf Lebenszeit. Dies gilt nicht, wenn die fortsgesetzte Gütergemeinschaft auf Grund § 1495 des Bürgerlichen Gesetzbuchs durch Urteil aufgehoben worden ist.
(4) In den Fällen des Abs. 1, 3 finden die Vorschriften des § 48 Abs. 2, § 49 Abs. 2 des Gesetzes entsprechende Anwendung
(5) Für das Verfahren gemäß Abs. 1, 3 wird eine volle Gebühr erhoben. Die Vorschriften der § 49 Abs. 2, § 53 Abs. 2 der Ersten Durchführungsverordnung finden entsprechende Anwendung.

§ 7 DVO. II.
Übergangsvorschrift zu § 21 Abs. 6 des Gesetzes (Annahme an Kindes Statt).
Das Anerbengericht kann für den nächsten auf das Inkrafttreten des Gesetzes folgenden Erbfall zulassen, daß ein an Kindes Statt angenommenes Kind zum Anerben bestimmt wird, wenn es bei Inkrafttreten des Gesetzes bereits längere Zeit wie ein Kind im Haus des Bauern gelebt hatte. Die Vorschriften des § 48 Abs. 2, § 49 Abs. 2 des Gesetzes finden entsprechende Anwendung.

§ 8 DVO. II.
Ausführungsvorschrift zu § 21 Abs. 7 des Gesetzes (Vorrang der Tochter).
Die Vorschrift des § 21 Abs. 7 findet nur für den ersten Erbfall nach dem Zeitpunkt Anwendung, in dem die Besitzung Erbhof geworden ist; bei Anwendung der Vorschrift macht es keinen Unterschied, ob die Söhne oder Sohnessöhne schon zu dem vorbezeichneten Zeitpunkt nicht vorhanden oder nicht bauernfähig waren oder erst später weggefallen sind.

§ 9 DVO. II.
Ausführungsvorschrift zu § 25 des Gesetzes (Zustimmung des Anerbengerichts).
In allen Fällen, in denen nach dem Gesetz oder den Durchführungsvorschriften zur Errichtung einer Verfügung von Todes wegen die Zustimmung des Anerbengerichts erforderlich ist, kann die Zustimmung vor oder nach der Errichtung der Verfügung von Todes wegen beantragt werden. Antragsberechtigt ist der Erblasser, bei einem Erbvertrag auch die andere Vertragspartei. Nach dem Tode des Erblassers ist, falls bis dahin eine rechtskräftige Entscheidung des Anerben-

gerichts nicht ergangen ist, jeder antragsberechtigt, der ein berechtigtes Interesse an der Entscheidung des Anerbengerichts nachweist.

§ 10 DVO. II.
Ausführungsvorschrift zu §§ 25, 37 des Gesetzes (Notar).

(1) Ist ein Rechtsgeschäft, das der Zustimmung oder Genehmigung des Anerbengerichts bedarf, von einem Notar beurkundet oder beglaubigt, so gilt der Notar als ermächtigt, im Namen des Antragsberechtigten die Entscheidung des Anerbengerichts zu beantragen. Anträgen und Eingaben, die der Notar in diesen Scahen an die Anerbenbehörden richtet, stehen die Vorschriften des § 14 Abs. 2 der Ersten Durchführungsverordnung, mit Ausnahme der die arische Abstammung betreffenden, nicht entgegen.

(2) Zur Einlegeung der sofortigen weiteren Beschwerde an das Reichserbhofgericht bedarf es der Zuziehung eines Rechtsanwalts nicht, wenn die Beschwerde von einem Notar eingelegt wird, der in der Angelegenheit für den Beschwerdeführer einen Antrag beim Anerbengericht gestellt hat.

(3) Für den Antrag sowie für die Erledigung von Beanstandungen des Antrags kann der Notar keine Gebühren fordern. Ist es notwendig, mit einem Antrag einen das Sach- und Rechtsverhältnis entwickelnden Vortrag zu verbinden, und wird dessen Einreichung von der Partei verlangt, so erhält der Notar fünf Zehnteile der im § 50 der Ersten Durchführungsverordnung bezeichneten vollen Gebühr. Unter Anträgen im Sinne dieses Absatzes sind auch Beschwerden zu verstehen.

(4) Ist der Notar, der das Rechtsgeschäft beurkundet oder beglaubigt hat, zugleich Rechtsanwalt, so kann er als Rechtsanwalt Gebühren nur dann fordern, wenn er in dem Verfahren als Rechtsanwalt kraft besonderen Auftrags tätig ist; auch in diesem Falle steht ihm für das Verfahren die Prozeßgebühr nicht zu.

§ 11 DVO. II.
Ausführungsvorschrift zu §§ 25, 37 des Gesetzes (Wirksamkeit der Zustimmung oder Genehmigung des Anerbengerichts).

In allen Fällen, in denen nach dem Gesetz oder den Durchführungsvorschriften die Zustimmung oder Genehmigung des Anerbengerichts erforderlich ist, wirkt diese erst mit der Rechtskraft.

§ 12 DVO. II.
Übergangsvorschrift zu § 25 des Gesetzes (Bestimmung des Anerben).

Ist jemand, dessen Ehegatte vor dem Inkrafttreten des Gesetzes gestorben ist, Eigentümer eines Erbhofs, der von der Seite des Verstorbenen herstammt, so kann er zum Anerben auch eine Person bestimmen, die zum Anerben des anderen Ehegatten hätte bestimmt werden können. Die Vorschriften, wonach zur Bestimmung des Anerben in gewissen Fällen die Zustimmung des Anerbengerichts erforderlich ist, bleiben unberührt; dies gilt nicht für Verfügungen von Todes wegen, die vor dem Inkrafttreten des Gesetzes errichtet worden sind.

§ 13 DVO. II.
Ausführungsvorschrift zu § 26 des Gesetzes (Verwaltung und Nutznießung des Ehegatten des Erblassers).
(1) Durch Testament oder Erbvertrag kann bestimmt werden, daß dem Ehegatten des Erblassers die Verwaltung und Nutznießung des Erbhofs zustehen soll, und zwar für den Fall, daß der Anerbe zur ersten oder vierten Anerbenordnung gehört, bis zur Vollendung des fünfundzwanzigsten Lebensjahres des Anerben, für andere Fälle auch darüber hinaus, jedoch höchstens auf Lebenszeit.
(2) Hat der Anerbe das dreißigste Lebensjahr vollendet, so kann das Anerbengericht auf Antrag des Landesbauernführers die im Abs. 1 bezeichnete Verwaltung und Nutznießung aufheben.

§ 14 DVO. II.
Ausführungsvorschrift zu § 29 des Gesetzes (Staatsangehörigkeit).
Im Falle des § 29 Abs. 3 wird die Frist auch dadurch gewahrt, dass der zum Anerben Berufene den im § 3 dieser Verordnung vorgesehenen Antrag auf Befreiung vom Erfordernis der deutschen Staatsangehörigkeit stellt. Wird dieser Antrag abgelehnt, so beginnt die im § 29 Abs. 3 vorgesehene Frist, falls sie nicht bei Stellung des vorerwähnten Antrags bereits abgelaufen war, mit Zustimmung des ablehnenden Bescheides von neuem zu laufen.

§ 15 DVO. II.
Auführungsvorschrift zu § 37 des Gesetzes (Veräußerung oder Belastung).
(1) Der Antrag auf Erteilung der im § 37 für die Veräußerung oder Belastung vorgesehenen Genehmigung kann sowohl von dem Eigentümer als auch von demjenigen gestellt werden, zu dessen Gunsten die Veräußerung oder Belastung stattfindet.
(2) Die Genehmigung ist auch dann erforderlich, wenn vor dem Inkrafttreten des Gesetzes die auf Veräußerung oder Belastung gerichtete Erklärung des Eigentümers bindend geworden und der Antrag auf Eintragung beim Grundbuchamt gestellt, die Eintragung aber vor dem vorbezeichneten Zeitpunkt noch nicht bewirkt worden ist. Das Anerbengericht soll in diesen Fällen in der Regel die Genehmigung erteilen, wenn nicht besondere Gründe dagegen sprechen.
(3) Als Belastung des Grundstücks gilt vorbehaltlich des § 64 Abs. 4 der Ersten Durchführungsverordnung auch die Veräußerung oder Belastung einer Eigentümergrundschuld.

§ 16 DVO. II.
Ausführungsvorschrift zu § 37 des Gesetzes (Zusammenlegungsverfahren).
Zur Einbeziehung eines Erbhofs in ein Verfahren zur Zusammenlegung zersplitterten Grundbesitzes (Umlegung, Feld- und Flurbereinigung) ist die Zustimmung des Anerbengerichts nicht erforderlich.

§ 17 DVO. II.
Übergangsvorschrift zu § 37 des Gesetzes (Osthilfeentschuldung).
Im Osthilfegebiet (§ 97 Abs. 1 des Schuldenregelungsgesetzes vom 1. Juni 1933) können Erbhöfe in den beim Inkrafttreten des Reichserbhofgesetzes anhängigen Entschuldungsverfahren ohne Genehmigung des Anerbengerichts mit einer Entschuldungshypothek zugunsten der Bank für deutsche Industrie-Obligationen oder mit einer Betriebssicherungs-Hypothek zugunsten des Reichs belastet werden.

§ 18 DVO. II.
Ausführungsvorschrift zu § 38 des Gesetzes (Eigentümergrundschuld).
In eine Eigentümergrundschuld am Erbhof kann nicht vollstreckt werden.

§ 19 DVO. II.
Übergangsvorschrift zu § 38 des Gesetzes (Kosten).
Wird infolge des Vollstreckungsverbots des § 38 des Gesetzes ein Zwangsversteiferungs- oder Zwangsverwaltungsverfahren aufgehoben, so werden die staatlichen Gebühren des Verfahrens niedergeschlagen.

§ 20 DVO. II.
Übergangsbestimmung zu §§ 38, 59 des Gesetzes (Früchtepfandrecht).
Wird aus Ansprüchen, die gemäß § 1 der Notverordnung zur Sicherung der Düngemittel- und Saatgutversorgung vom 19. Januar 1933 (Reichsgesetzbl. I S. 23) und § 1 des Gesetzes zur Versorgung mit Schädlingsbekämpfungsmittel und Hopfenbindematerial vom 25. April 1933 (Reichsgesetzbl. I S. 227) durch ein gesetzliches Pfandrecht gesichert sind, in die dem Pfandrecht unterliegenden Gegenstände vollstreckt, so unterliegt die Vollstreckung nicht den aus § 39 Abs. 2 bis 4 in Verbindung mit § 59 des Gesetzes sich ergebenden Beschränkungen.

§ 25 DVO. II.
Übergangsvorschrift zu § 57 des Gesetzes (Gegenseitige Erbeinsetzung).
Die Vorschriften des § 68 Abs. 1 der Ersten Durchführungsverordnung gelten nur für den Fall, daß der eine der Ehegatten vor dem Zeitpunkt, in dem die Besitzung Erbhof geworden ist, gestorben ist.

§ 26 DVO. II.
Ausführungsvorschrift zu § 60 des Gesetzes (Renten- und Ansiedlungsgüter).
Unberührt bleiben die landesgesetzlichen Vorschriften über das Anerbenrecht bei Renten- und preußischen Ansiedlungsgütern von nicht mehr als einhundertfünfundzwanzig Hektar, soweit diese Güter nicht Erbhof werden.

§ 27 DVO. II.
Ausführungsvorschrift zu §§ 60, 61 des Gesetzes (Erbpachtgüter und Lehnbauerngüter).
(1) Entspricht ein Erbpachtgut, abgesehen davon, daß es nur im Nutzeigentum des Erbpächters steht, den Voraussetzungen für die Entstehung eines Erbhofs, so ist es als Erbhof anzusehen.
(2) Durch ein mit Zustimmung der Reichsminister der Justiz und für Ernährung und Landwirtschaft zu erlassendes Landesgesetz kann bestimmt werden, daß das Nutzeigentum von Erbpächtern ohne Entschädigung des Obereigentümers in freies Eigentum des Erbpächters umgewandelt wird.
(3) Durch das im Abs. 2 bezeichnete Landesgesetz kann auch bestimmt werden,
1. daß Belastungen und Beschränkungen des Nutzeigentums als Belastungen des Eigentums bestehen bleiben;
2. daß Rechte, die dem Erbpächter aus dem Erbpachtverhältnis gegen den Obereigentümer zustehen, bestehen bleiben;
3. daß die in Nr. 1, 2 bezeichneten Lasten und Rechte im Grundbuch der beteiligten Grundstücke eingetragen werden;
4. daß die aus dem Erbpachtverhältnis herrührenden Lasten und Rechte den Vorrang vor anderen Rechten haben.
(4) Die Überleitung von Belastungen und Beschränkungen des Nutzeigentums in Belastungen des Eigentums bedarf nicht der im § 37 des Gesetzes vorgesehenen Genehmigung des Anerbengerichts.
(5) Die Vorschriften des Abs. 1 bis 4 finden auf Lehnbauerngüter entsprechende Anwendung.

§ 28 DVO. II.
Übergangsvorschrift zu § 60 des Gesetzes (Landesgesetze).
Die landesgesetzlichen Vorschriften über das Anerbenrecht treten für die Besitzungen über einhundertfünfundzwanzig Hektar, die bisher kraft Eintragung oder kraft Gewohnheitsrechts dem Anerbenrecht unterworfen waren, erst mit dem Zeitpunkt außer Kraft, in dem über ihre Zulassung gemäß § 5 des Gesetzes entschieden ist, spätestens jedoch mit dem 1. Juli 1934. Die Vorschriften des § 60 Abs. 2 des Gesetzes bleiben unberührt.

§ 29 DVO. II.
Inkrafttreten.
Diese Verordnung tritt mit Wirkung vom 1. Oktober 1933 ab, hinsichtlich der §§ 5, 27 jedoch erst mit dem Tage der Verkündung in Kraft.

D. Dritte Durchführungsverordnung (DVO. III) vom 27. April 1934 (RGBl. I S. 349) / Auszug

§ 1 DVO. III.
Übergangsvorschrift zu § 17 des Gesetzes (Ansiedlerstellen).
(1) Erwerben Eheleute in einem Siedlungsverfahren im Sinne des Reichssiedlungsgesetzes vom 11. August 1933 oder des Gesetzes über die Neubildung deutschen Bauerntums vom 14. Juli 1933 auf Grund eines vor dem 1. Oktober 1933 abgeschlossenen Vertrages nach dem 30. September 1933 eine Ansiedlerstelle zum gemeinsamen Eigentum im Sinne des § 62 Abs. 1 der Ersten Durchführungsverordnung und entspricht diese Besitzung, abgesehen vom Alleineigentum, den Voraussetzungen der §§ 1 bis 4, 6 des Gesetzes, so wird die Besitzung mit der Überführung in das Eigentum der Eheleute Erbhof.
(2) Die Vorschriften des Absatz 1 gelten entsprechend für die Vergrößerung eines Kleinbetriebes auf die Größe einer Ackernahrung gemäß § 1 des Reichssiedlungsgesetzes vom 11. August 1919.
(3) Die Vorschriften des § 62 Abs. 2, 3 des Ersten und § 6 Abs. 2 der Zweiten Durchführungsverordnung finden entsprechende Anwendung.

§ 2 DVO. III.
Übergangsvorschrift zu § 17 des Gesetzes (Fortgesetze Gütergemeinschaft).
§ 62 Abs. 4 der Ersten Durchführungsverordnung erhält folgenden Zusatz:
„Der vorstehende Satz gilt nicht, wenn alle Anteile an der fortgesetzten Gütergemeinschaft sich in der Hand des überlebenden Ehegatten vereinigen (§§ 1490, 1491 des Bürgerlichen Gesetzbuchs."

§ 3 DVO. III.
Ausführungsvorschrift zu § 19 des Gesetzes (Erbschein).
(1) Gehört zu einem Nachlaß ein Erbhof, so ist in dem Erbschein auch der Anerbe als solcher aufzuführen.
(2) Der Anerbe kann auch beantragen, daß ihm das Nachlaßgericht einen Erbschein ausstellt, in dem lediglich seine Folge in den Erbhof bescheinigt wird.
(3) Auf den Nachweis des Übergangs des Erbhofs gemäß § 22 Abs. 3 des Gesetzes, § 62 der Ersten Durchführungsverordnung, § 5 der Zweiten Durchführungs-

verordnung finden die Vorschriften über den Erbschein entsprechende Anwendung.

§ 4 DVO. III.
Übergangsvorschrift zu §§ 21, 58 des Gesetzes (Nächster Erbfall).
Wenn in den Fällen des § 62 der Ersten oder des § 5 der Zweiten Durchführungsverordnung zunächst der überlebende Ehegatte Anerben geworden ist, wird bei Anwendung des § 58 des Gesetzes und der §§ 7, 8 der Zweiten Durchführungsverordnung der Tod des überlebenden Ehegatten noch als erster oder nächster Erbfall angesehen.

§ 5 DVO. III.
Ausführungsvorschrift zu § 27 des Gesetzes (Hofname).
(1) Hat der Erblasser gemäß §§ 27, 28 der Gesetzes durch Verfügung von Todes wegen bestimmt, daß der Anerbe als Zusatz zu seinem Namen den Hofnamen führt, so tritt die Namensänderung mit dem Anfall des Erbhofs ein; sie erstreckt sich nicht auf die Ehefrau oder die Kinder des Anerben.
(2) Der Hofname wird im Falle des Abs. 1 mit einem Bindestrich mit dem Familiennamen des Anerben verbunden. Bestehen Zweifel über den Hofnamen, so entscheidet auf Antrag eines Beteiligten oder von Amts wegen das Anerbengericht endgültig. Das Anerbengericht soll vor der Entscheidung den Kreisbauernführer hören. Das Anerbengericht teilt dem Nachlaßgericht beglaubigte Abschrift seiner Entscheidung mit.
(3) Der Anerbe kann, wenn ein wichtiger Grund vorliegt, die Führung des Namenszusatzes durch Erklärung gegenüber dem Anerbengericht ablehnen. Die Vorschriften über die Ausschlagung einer Erbschaft finden entsprechende Anwendung. Darüber, ob ein wichtiger Grund vorliegt, entscheidet von Amts wegen nach Anhörung des Kreisbauernführers das Anerbengericht endgültig. Das Anerbengericht teilt dem Nachlaßgericht beglaubigte Abschrift seiner Entscheidung mit.
(4) Sobald der Namenszusatz und seine Annahme feststeht, veranlaßt das Nachlaßgericht die Eintragung eines Randvermerks im Geburts- und Heiratsregister des Anerben.
(5) Für das Verfahren des Anerbengerichts und des Nachlaßgerichts gemäß Abs. 2 bis 4 werden keine Gebühren erhoben.

§ 6 DVO. III.
Ausführungsvorschrift zu § 37 des Gesetzes (Belastung eines Erbhofs bei seiner Entstehung).
Die im § 37 des Gesetzes für die Belastung eines Erbhofs vorgesehene Genehmigung des Anerbengerichts ist nicht erforderlich, wenn die Besitzung erst

durch ein Veräußerungsgeschäft Erbhofeigenschaft erlangt und die Belastung im Zusammenhang mit dem Veräußerungsgeschäft erfolgt.

§ 13 DVO. III.
Inkrafttreten.
Diese Verordnung tritt mit Wirkung vom 1. Oktober 1933 ab, hinsichtlich der §§ 3, 5, 8 bis 11 jedoch erst mit dem Tage der Verkündung in Kraft.

E. Erbhofrechtsverordnung (EHRV) vom 21. Dezember 1936 (RGBl. I S. 1069) / Auszug

1. Abschnitt
Der Erbhof

§ 1 EHRV.
Berücksichtigung der Schulden des Eigentümers bei der Entstehung eines Erbhofs.
(1) Eine Besitzung, die vor dem Inkrafttreten dieser Verordnung noch nicht Erbhof geworden ist, kann Erbhofeigenschaft nur erlangen, wenn
1. die allgemeinen sachlichen und persönlichen Erfordernisse für die Entstehung der Erbhofeigenschaft gegeben sind und
2. der Gesamtbetrag der Schulden des Eigentümers den Betrag von siebzig vom Hundert des zuletzt festgestellten steuerlichen Einheitswertes der Besitzung nicht übersteigt.
(2) In dem anerbengerichtlichen Verfahren, das die Klärung der Erbhofeigenschaft einer Besitzung der im Abs. 1 erwähnten Art zum Gegendstand hat, hat der Eigentümer über den Schuldenstand Auskunft zu geben und die Richtigkeit seiner Angaben auf Verlangen des Richters an Eides Statt zu versichern
(3) Bei der Prüfung des Gesamtbetrags der Schulden im Sinne des Abs. 1 Nr. 2 gilt als Wert der vom Eigentümer geschuldeten wiederkehrenden Leistungen die Hälfte des Betrags, der sich bei Anwendung der Vorschriften des § 22 Abs. 1, 2, 5 der Kostenordnung vom 25. November 1935 (RGBl. Teil I, S. 1371) ergibt.
(4) Sobald die Besitzung in die Erbhöferolle eingetragen ist, gilt die Voraussetzung des Absatzes 1 Nr. 2 als erfüllt, auch wenn sich später herausstellen sollte, daß der Schuldenstand zum maßgebenden Zeitpunkt die zulässige Höhe überschritten hat.
(5) Das im Absatz 1 Nr. 2 vorgeschriebene Erfordernis gilt nicht

1. für Höfe, die in einem Verfahren zur Neubildung deutschen Bauerntums (Neusiedlungs- oder Anliegersiedlungsverfahren auf Grund des Reichssiedlungsgesetzes vom 11. August 1919 (RGBl. S. 1429) oder des Gesetzes über die Neubildung deutschen Bauerntums vom 14. Juli 1933 (RGBl. Teil I, S. 517) gebildet werden
2. für Besitzungen, hinsichtlich deren der Reichsminister für Ernährung und Landwirtschaft gemäß § 5 des Gesetzes eine Ausnahme von den Erfordernissen des § 3 des Gesetzes zuläßt;
3. für Besitzungen, bei denen die Voraussetzungen für die Entstehung der Erbhofeigenschaft im Zuge eines über das Vermögen des Eigentümers durchgeführten Entschuldungsverfahrens erfüllt werden.

§ 2 EHRV.
Vergrößerung eines Erbhofs über die zugelassene Höchstgrenze.
(1) Soll ein Erbhof durch Hinzunahme von Grundstücken über eine Gesamtfläche von hundertzwanzig Hektar hinaus vergrößert werden, so werden die hinzugenommenen Flächen nur dann Bestandteil des Erbhofs, wenn der Reichsminister für Ernährung und Landwirtschaft gemäß § 5 des Gesetzes eine Ausnahme von den Erfordernissen des § 3 des Gesetzes zuläßt.
(2) Dasselbe gilt, wenn eine Besitzung, die auf Grund des § 5 des Gesetzes Erbhof geworden ist, vergrößert werden soll.
(3) Die Vorschriften der §§ 44, 45 der Erbhofverfahrensordnung finden entsprechende Anwendung.

§ 3 EHRV.
Grundstücke im Umlegungsverfahren.
Sind Grundstücke in ein Verfahren zur Grundstücksumlegung (Flur- oder Feldbereinigung) einbezogen und im Laufe dieses Verfahrens durch vorläufige Besitzeinweisung einem anderem am Umlegungsverfahren Beteiligten zugewiesen, so wird hierdurch für die Anwendung des Reichserbhofgesetzes, insbesondere des § 7 des Gesetzes, ihre Zugehörigkeit zu dem Grundbesitz, von dem aus sie bisher bewirtschaftet werden, noch nicht berührt.

§ 4 EHRV.
Nutzungsrechte und Anteile.
(1) Forstnutzungsrechte, sonstige dem Erbhof dienende dingliche Nutzungsrechte, Anteile an einer Waldgenossenschaft, und ähnliche dem Erbhof dienende Rechte gehören zum Erbhof, gleichviel ob sie mit dem Eigentum am Erbhof verbunden sind oder dem Bauern persönlich zustehen. Dasselbe gilt für Miteigentumsanteile an einem Grundstück, die dem Erbhof dienen, falls diese Anteile im Verhältnis zu dem sonstigen den Erbhof bildenden Grundbesitz von untergeordneter Bedeutung sind.

(2) Anteile an einer Molkerei, Zuckerfabrik oder ähnlichen Einrichtungen, in der Erzeugnisse des Erbhofs verarbeitet oder verwertet werden, gehören zum Erbhof, gleichviel ob sie mit dem Eigentum am Erbhof verbunden sind oder dem Bauern persönlich zustehen. Das gleiche gilt für die Anteile an einer gemeinschaftlich betriebenen Dreschmaschine oder ähnlichen Anlage.

2. Abschnitt
Der Bauer

§ 5 EHRV.
Befreiung vom Erfordernis der deutschen Staatsangehörigkeit.
(1) Von dem im § 12 des Gesetzes vorgesehenen Erfordernis der deutschen Staatsangehörigkeit kann der Reichsminister für Ernährung und Landwirtschaft auf Antrag Befreiung gewähren.
(2) Fällt der Erbhof jemandem an, der nicht deutscher Staatsangehöriger ist, so gilt es als Ausschlagung des Anfalls des Erbhofs, wenn der zum Anerben Berufene innerhalb der Frist des § 29 Abs. 2 des Gesetzes weder das Einbürgerungsgesuch gemäß § 29 Abs. 3 des Gesetzes noch den im obigen Abs. 1 vorgesehenen Befreiungsantrag stellt.
(3) Wird das Einbürgerungsgesuch rechtzeitig gestellt, aber abgelehnt, so gilt es als Ausschlagung des Anfalls des Erbhofs, wenn der zum Anerben Berufene nicht innerhalb von sechs Wochen nach Ablehnung seines Gesuchs den im Abs. 1 vorgesehenen Befreiungsantrag stellt, oder wenn auch der Befreiungsantrag abgelehnt wird.
(4) Wird der im Abs. 1 vorgesehene Befreiungsantrag innerhalb der im § 29 Abs. 2 des Gesetzes vorgesehenen Frist gestellt, aber abgelehnt, so gilt es als Ausschlagung des Anfalls des Erbhofs, wenn der zum Anerben Berufene nicht innerhalb von sechs Wochen nach Zustellung des ablehnenden Bescheids das Einbürgerungsgesuch stellt, oder wenn auch das Einbürgerungsgesuch abgelehnt wird.
(5) Zur Wahrung der Fristen, die im § 29 Abs. 3 des Gesetzes sowie in den vorstehenden Absätzen vorgesehen sind, reicht es aus, wenn das Einbürgerungsgesuch oder der Befreiungsantrag innerhalb der Frist bei einer inländischen Behörde oder bei einer Dienststelle des Reichsnährstandes eingeht. Geht das Gesuch oder der Antrag bei einer nicht zuständigen Stelle ein, so hat diese das Gesuch oder den Antrag unverzüglich an die für die Entscheidung zuständige Stelle abzugeben.

§ 6 EHRV.
Nachweis der deutschen Staatsangehörigkeit und der Abstammung.
Bescheinigung von Verwaltungs- oder Kirchenbehörden, die zur Durchführung der §§ 12, 13 des Gesetzes erforderlich waren, sind gebührenfrei.

§ 6 a EHRV.
Jüdischer Bluteinschlag.
Ergibt sich beim Zurückverfolgen der Ahnenreihen des Bauern, daß keiner der vor dem 1. Januar 1800 geborenen nächsten Vorfahren des Bauern einen Elternteil hatte, der der jüdischen Religionsgemeinschaft angehört hat, so ist die Möglichkeit eines jüdischen Bluteinschlags als ausgeschlossen anzusehen.

3. Abschnitt
Erbfolge kraft Anerbenrechts

§ 7 EHRV.
Kinder aus mehreren Ehen.
(1) Hat der Ehegatte, dem der Erbhof gehört, Söhne aus mehreren Ehen, so gehen die Söhne aus der ersten Ehe den anderen Söhnen vor.
(2) Hat der Ehegatte, dem der Erbhof gehört, Töchter aus mehreren Ehen, so gehen die Töchter aus der ersten Ehe den anderen Töchtern vor.
(3) Die Vorschriften der Absätze 1, 2 gelten entsprechend, wenn in einer der übrigen Ordnungen Söhne oder Töchter aus mehreren Ehen vorhanden sind.
(4) Will der Erblasser unter Übergehung eines Sohnes aus seiner ersten Ehe einen Sohn aus seiner zweiten Ehe zum Anerben bestimmen, so bedarf er hierzu der Zustimmung des Anerbengerichts. Das Anerbengericht soll die Zustimmung nur erteilen, wenn ein wichtiger Grund vorliegt.

§ 8 EHRV.
Ausscheiden eines Anerben, der bereits einen Erbhof hat (§ 22 Abs. 1 des Gesetzes).
(1) Hat der Erblasser, dessen Anerbe ausscheidet, weil er bereits einen Erbhof hat, einen anderen Verwandten der gleichen Anerbenordnung (z. B. einen weiteren Sohn oder Bruder oder eine weitere Tochter oder Schwester) und hat weder dieser Verwandte noch dessen Ehegatte noch einer der Abkömmlinge dieses Verwandten einen Erbhof, so hat dieser Verwandte den Vorrang vor den Abkömmlingen des ausscheidenden Anerben.
(2) Ist der Verwandte gestorben oder wird er aus einem anderen Grunde nicht Anerbe, so gilt der im Abs. 1 vorgesehene Vorrang auch zugunsten seines Sohnes oder Sohnessohns.

§ 9 EHRV.
Ueberspringen eines Anerbenberechtigten (§ 25 des Gesetzes).
(1) Der Erblasser kann mit Zustimmung des Anerbengerichts unter Ueberspringen eines noch nicht durch Tod, Erbverzicht oder auf andere Weise weggefallenen Sohnes dessen Sohn oder Sohnessohn zum Anerben bestimmen, wenn hierfür ein wichtiger Grund vorliegt.
(2) Dasselbe gilt entsprechend, wenn ein Bruder (eine Tochter, eine Schwester) des Erblassers zugunsten eines Sohnes oder Sohnessohns des Bruders (der Tochter, der Schwester) übersprungen werden soll.
(3) Abs. 1 gilt ferner entsprechend, wenn ein zur sechsten Ordnung gehörender Abkömmling des Erblassers zugunsten eines Nachkommen dieses Abkömmlings übersprungen werden soll.

§ 9a EHRV. Feststellung des Erbhofbrauchs (in der Fassung der Verordnung vom 28. September 1940).
(1) Der Reichsminister der Justiz und der Reichsminister für Ernährung und Landwirtschaft können gemeinschaftlich feststellen, welche Erbbräuche beim Inkrafttreten des Gesetzes in einer Gegend bestanden haben. Hierbei können sie feststellen:
1. im Hinblick auf die gesetzliche Erbfolge (§ 21 Abs. 3 REG):
a) Aeltestenrecht ist Brauch gewesen;
b) Jüngstenrecht ist Brauch gewesen;
c) ein bestimmter Brauch hat nicht bestanden;
2. im Hinblick auf die Bestimmung des Anerben durch den Erblassers innerhalb der ersten Ordnung (§ 25 Abs. 1 REG):
a) Anerbenrecht ist nicht Brauch gewesen;
b) freie Bestimmung des Anerben durch den Bauern ist üblich gewesen oder ist nicht üblich gewesen.
(2) Die Feststellung eines bestimmten Erbbrauchs (Abs. 1 Nr. 1 Buchst. a,b) schließt die Feststellung nicht aus, daß in derselben Gegend freie Bestimmung des Anerben durch den Bauern üblich gewesen ist (Abs. 1 Nr. 2 Buchst. b).
(3) Die im Abs. 1 vorgesehene Feststellung ist in dem Amtsblatt des Reichsministers der Justiz (Deutsche Justiz) zu veröffentlichen. Sie ist von dem auf die Veröffentlichung folgenden Tage ab für die Gerichte bei allen nach diesem Zeitpunkt eintretenden Erbfällen bindend, auch wenn die Anerbenfolge auf einer Verfügung von Todes wegen beruht, die früher errichtet worden ist.

§ 10 EHRV.
Hofsatzung über die Anerbenfolge im Mannesstamm (§ 25 des Gesetzes).
(1) Der Bauer kann in einer Hofsatzung mit Geltung für alle künftigen Erbfälle bestimmen, dass der Hof sich zunächst ausschließlich im Mannesstamm vererbt, also nur auf Personen männlichen Geschlechts, die durch Männer mit dem Bau-

ern verwandt sind. Hierbei können Anerbenberechtigte der vierten bis sechsten Ordnung hinter männlichen Verwandten, die nicht zu den Anerbenberechtigten im Sinne des § 20 des Gesetzes gehören, zurückgesetzt oder ganz ausgeschlossen werden.
(2) In der Hofsatzung ist ferner zu regeln, inwieweit der jeweilige Erbhofeigentümer innerhalb der festgelegten Folgeordnung den Anerben bestimmen kann.
(3) Die Hofsatzung bedarf der gerichtlichen oder notariellen Beurkundung.
(4) Die Hofsatzung unterliegt der Genehmigung der Reichsminister der Justiz und für Ernährung und Landwirtschaft. Vor der Entscheidung ist der Reichsbauernführer zu hören. Bei der Genehmigung kann angeordnet werden, daß die Bestimmung des Anerben in gewissen Fällen der Zustimmung des Anerbengerichts bedarf.
(5) Die Entscheidung über den Antrag auf Genehmigung der Hofsatzung wird dem Antragsteller von Amts wegen zugestellt. Für das Genehmigungsverfahren wird eine volle Gebühr im Sinne der Kostenordnung vom 25. November 1935 (ReichsgesetzBl. I S. 1371) erhoben; der Geschäftswert bestimmt sich nach deren § 24 Abs. 2; die Vorschriften der §§ 7, 28 der Kostenordnung gelten entsprechend.
(6) Die Entscheidung, durch welche die Hofsatzung genehmigt wird, wird mit einer beglaubigten Abschrift der Hofsatzung dem Anerbengericht zugefertigt. Das Anerbengericht trägt von Amts wegen und gebührenfrei in die Erbhofrolle (Spalte Bemerkungen) ein, dass die Anerbenfolge sich nach der genehmigten Hofsatzung richtet.
(7) Für die Aenderung oder Aufhebung der Hofsatzung gelten die Vorschriften der vorstehenden Absätze 3 bis 6 entsprechend.

§ 11 EHRV.
Verwaltung und Nutznießung des Ehegatten des Erblassers (§ 26 des Gesetzes).
(1) Durch Testament oder Erbvertrag kann bestimmt werden, daß dem Ehegatten des Erblassers die Verwaltung und Nutznießung des Erbhofs zustehen soll, und zwar für den Fall, daß der Anerbe zur ersten oder vierten Anerbenordnung gehört, bis zur Vollendung des fünfundzwanzigsten Lebensjahres des Anerben, für andere Fälle auch darüber hinaus.
(2) Hat der Anerbe das dreißigste Lebensjahr vollendet, so kann das Anerbengericht auf Antrag des Landesbauernführers die im Abs. 1 bezeichnete Verwaltung und Nutznießung aufheben.

§ 12 EHRV.
Hofname (§ 27 des Gesetzes).
(1) Hat der Erblasser gemäß §§ 27, 28 des Gesetzes durch Verfügung von Todes wegen bestimmt, daß der Anerbe als Zusatz zu seinem Namen den Hofnamen

führt, so tritt die Namensänderung mit dem Anfall des Erbhofs ein; sie erstreckt sich nicht auf den Ehegatten oder die Kinder des Anerben.
(2) Der Hofname wird im Falle des Absatzes 1 durch einen Bindestrich mit dem Familiennamen des Anerben verbunden. Bestehen Zweifel über den Hofnamen, so entscheidet auf Antrag eines Beteiligten oder von Amts wegen das Anerbengericht endgültig. Das Anerbengericht soll vor der Entscheidung den Kreisbauernführer hören. Das Anerbengericht teilt dem Nachlaßgericht beglaubigte Abschrift seiner Entscheidung mit.
(3) Der Anerbe kann, wenn ein wichtiger Grund vorliegt, die Führung des Namenszusatzes durch Erklärung gegenüber dem Anerbengericht ablehnen. Die Vorschriften über die Ausschlagung einer Erbschaft finden entsprechende Anwendung. Darüber, ob ein wichtiger Grund vorliegt, entscheidet von Amts wegen nach Anhörung des Kreisbauernführers das Anerbengericht endgültig. Das Anerbengericht teilt dem Nachlaßgericht beglaubigte Abschrift seiner Entscheidung mit.
(4) Sobald der Namenszusatz und seine Annahme feststehen, veranlasst das Nachlaßgericht die Eintragung eines Randvermerks im Geburts- und Heiratsregister des Anerben.
(5) Für das Verfahren des Anerbengerichts und des Nachlassgerichts gemäß den Absätzen 2 bis 4 werden keine Gebühren erhoben.

§ 13 EHRV.
Form der Bestimmung des Anerben oder der Anordnung der Verwaltung und Nutznießung.

(1) Der Erblasser kann die Erklärung, durch die er für den Erbhof einen Anerben bestimmt oder die nach seinem Tode eintretende Verwaltung und Nutznießung am Erbhof anordnet, außer durch Testament oder Erbvertrag (§ 28 des Gesetzes) auch mündlich zur Niederschrift vor dem Vorsitzenden des zuständigen Anerbengerichts oder vor einem Notar abgeben.
(2) Die Form der Beurkundung richtet sich nach den für die gerichtliche oder notarielle Beurkundung eines Rechtsgeschäfts unter Lebenden geltenden Vorschriften. Die Urkunde soll nicht als Testament bezeichnet werden. Im übrigen steht die Urkunde einem vor einem Richter oder Notar in ordentlicher Form errichteten Testament gleich; dies gilt insbesondere für die Verwahrung, den Widerruf, die Eröffnung und die Beweiskraft der Urkunde.

§ 14 EHRV.
Haftung für Nachlaßverbindlichkeiten (§ 34 des Gesetzes).

(1) Der Anerbe haftet, auch wenn er am übrigen Nachlaß als Miterbe beteiligt ist, für die Nachlaßverbindlichkeiten als Gesamtschuldner.
(2) Der Anerbe haftet für die Erfüllung der Nachlaßverbindlichkeiten mindestens mit den pfändbaren Nutzungen des Erbhofs. Das durch Pfändung zugunsten

eines Nachlaßgläubigers begründete Pfandrecht an den Nutzungen des Erbhofs hat (in Abweichung von § 804 Abs. 3 der Zivilprozeßordnung) ohne Rücksicht auf die zeitliche Reihenfolge der Pfändungen den Vorrang vor dem Pfändungspfandrecht eines Gläubigers des Anerben, dessen Anspruch vor dem Erbfall begründet ist.

§ 15 EHRV.
Erbschein.
(1) Gehört zu einem Nachlaß ein Erbhof, so ist in dem Erbschein auch der Anerbe als solcher aufzuführen.
(2) Der Anerbe kann auch beantragen, daß ihm das Nachlaßgericht einen Erbschein ausstellt, in dem lediglich seine Folge in den Erbhof bescheinigt wird.
(3) Auf den Nachweis des Uebergangs des Erbhofs gemäß § 22 Abs. 3 des Gesetzes, §§ 20, 21, 22, 24 dieser Verordnung finden die Vorschriften über den Erbschein entsprechende Anwendung.

§ 16 EHRV.
Feststellung, daß kein Anerbe vorhanden ist.
(1) Besteht Grund zu der Annahme, daß kein Anerbe vorhanden ist (§ 25 Abs. 5 Satz 2 des Gesetzes), so hat das Nachlaßgericht von Amts wegen den Sachverhalt aufzuklären.
(2) Das Nachlaßgericht kann eine öffentliche Aufforderung zur Anmeldung des Anerbenrechts erlassen. Die Art der Bekanntmachung und die Dauer der Anmeldefrist bestimmen sich nach den für das Aufgebotsverfahren geltenden Vorschriften der §§ 948 bis 950 der Zivilprozeßordnung. Die öffentliche Aufforderung soll auch in dem amtlichen Blatt der Landesbauernschaft un in einer örtlichen Tageszeitung veröffentlicht werden.
(3) Ergeben die Ermittlungen, daß kein Anerbe vorhanden ist, so stellt das Nachlaßgericht dies in einem Beschluß fest. Der Beschluß ist dem Reichsbauernführer, gegebenenfalls auch demjenigen, der behauptet Anerbe zu sein, von Amts wegen zuzustellen. Das Verfahren ist gebührenfrei.
(4) Der Kreisbauernführer kann beim Nachlaßgericht den Erlaß eines Beschlusses des im Abs. 3 vorgesehenen Inhalts beantragen. Wird der Antrag abgelehnt, so steht dem Kreisbauernführer das Recht der sofortigen Beschwerde und dem Landesbauernführer das Recht der sofortigen weiteren Beschwerde zu.
(5) Die Feststellung (Abs. 3) begründet die Vermutung, daß ein Anerbe nicht vorhanden ist.
(6) Wer ein berechtigtes Interesse glaubhaft macht, kann die Ermittlungen des Nachlaßgerichts einsehen. Er kann auch eine Abschrift der einzusehenden Schriftstücke fordern. Die Abschrift ist auf Verlangen zu beglaubigen.

4. Abschnitt
Ehegattenerbhöfe

§ 17 EHRV.
Erbhöfe im Miteigentum von Ehegatten.

(1) Befindet sich am 1. Oktober 1933 (dem Tage des Inkrafttretens des Reichserbhofgesetzes) eine Besitzung, die, abgesehen vom Alleineigentum, den Voraussetzungen der §§ 1-4, 6 des Gesetzes entspricht, im Geamtgut einer ehelichen Gütergemeinschaft oder sonst im Miteigentum von bauernfähigen Ehegatten, so ist die Besitzung vom Inkrafttreten des Gesetzes an Erbhof.
(2) Erfüllt beim Inkrafttreten dieser Verordnung eine Besitzung, die bis dahin noch nicht Erbhof geworden ist, die im Abs. 1 vorgesehenen Voraussetzungen (abgesehen von dem dort vorgesehenen Stichtag), so ist sie vom Inkrafttreten dieser Verordnung ab Erbhof. Die Vorschriften des § 1 dieser Verordnung finden keine Anwendung.
(3) Eine Besitzung, die noch nicht Erbhof ist, wird Erbhof, sobald sie nach dem Inkrafttreten dieser Verordnung die Voraussetzungen des vorstehenden Absatzes 1 und die des § 1 dieser Verordnung erfüllt.
(4) Auf Antrag eines der Ehegatten oder des Kreisbauernführers kann das Anerbengericht bestimmen, daß das Fehlen der Bauernfähigkeit eines der Ehegatten die Entstehung der Erbhofeigenschaft nicht hindert. Das Anerbengericht darf dem Antrag nur entsprechen, wenn der nichtbauernfähige Ehegatte wenigstens die Erfordernisse der §§ 12, 13 des Gesetzes erfüllt und wenn der andere Ehegatte bauernfähig ist und nach seiner Persönlichkeit die Gewähr dafür bietet, daß der Hof ordnungsgemäß bewirtschaftet wird. Die Vorschriften des § 48 Abs. 2, § 49 Abs. 2 des Gesetzes finden entsprechende Anwendung. Sobald der dem Antrag entsprechende Beschluß rechtskräftig geworden ist, gilt die Befreiung als erteilt, und zwar mit Wirkung vom Beginn des Tages ab, an dem der Antrag beim Anerbengericht eingegangen ist.

§ 18 EHRV.
Ehegattenerbhöfe, die sich aus verschiedenen Eigentumsarten zusammensetzen.

(1) Befindet sich am 21. Dezember 1933 (dem Tage des Inkrafttretens der Zweiten Durchführungsverordnung) eine von einer Hofstelle aus bewirtschaftete Besitzung

1. zum Teil im Alleineigentum des Ehemannes und zum Teil im Alleineigentum der Ehefrau oder
2. zum Teil im gemeinschaftlichen Eigentum beider Ehegatten und zum Teil im Alleineigentum eines oder jedes der Ehegatten

und entspricht die Besitzung zu diesem Zeitpunkt, abgesehen von diesen Eigentumsverhältnissen, den Voraussetzungen des §§ 1 bis 4, 6 des Gesetzes, nament-

lich auch hinsichtlich der Bauernfähigkeit beider Ehegatten, so ist die Bestizung von diesem Zeitpunkt ab Erbhof.
(2) Erfüllt beim Inkrafttreten dieser Verordnung eine Besitzung, die bis dahin noch nicht Erbhof geworden ist, die im Abs. 1 vorgesehenen Voraussetzungen (abgesehen von dem dort bezeichneten Stichtag), so wird sie mit dem Inkrafttreten dieser Verordnung Erbhof. Die Vorschriften des § 1 dieser Verordnung finden keine Anwendung.
(3) Eine Besitzung, die noch nicht Erbhof ist, wird Erbhof, sobald sie nach dem Inkrafttreten dieser Verordnung die Voraussetzungen des vorstehenden Absatzes 1 und die des § 1 dieser Verordnung erfüllt.
(4) Die Vorschriften des § 17 Abs. 4 finden entsprechende Anwendung.

§ 19 EHRV.
Rechtliche Behandlung der Ehegattenerbhöfe.
Für die Ehegattenerbhöfe sind dieselben Vorschriften maßgebend, welche allgemein für Erbhöfe gelten, soweit sich nicht aus den nachstehenden §§ 20 bis 23 etwas anderes ergibt.

§ 20 EHRV.
Bestimmung des Anerben.
(1) Jeder Ehegatte kann den anderen Ehegatten zum Anerben bestimmen.
(2) Die Ehegatten können ferner durch gemeinschaftliches Testament oder durch Erbvertrag bestimmen, daß der Erbhof nach dem Tode des Erstverstorbenen oder des Ueberlebenden an eine Person als Anerben fallen soll, die nach dem Reichserbhofgesetz als Anerbe des einen oder des anderen Ehegatten berufen wäre oder bestimmt werden könnte.
(3) Der überlebende Ehegatte, der Anerbe geworden ist, kann falls er nicht durch eine gemeinschaftliche Verfügung von Todes wegen gebunden ist, auch einseitig bestimmen, daß der Hof nach seinem Tode an eine Person fallen soll, die nach dem Reichserbhofgesetz als Anerbe des einen oder des anderen Ehegatten berufen wäre oder bestimmt werden könnte.
(4) Die Vorschriften, nach denen in gewissen Fällen die Zustimmung des Anerbengerichts erforderlich ist, bleiben unberührt. Dies gilt nicht für Verfügungen von Todes wegen, die bei Ehegattenerbhöfen aus § 17 vor dem Inkrafttreten des Gesetzes, bei Ehegattenerbhöfen aus § 18 vor dem 21. Dezember 1933 errichtet worden sind.

§ 21 EHRV.
Recht der Ehefrau, in besonderen Fällen den Anerben einseitig zu bestimmen.
(1) Hat die Ehefrau den wirtschaftlich bedeutenderen Teil des den Erbhof bildenden Besitzes in die Ehe eingebracht, so kann sie, solange sie nicht durch eine

gemeinschaftliche Verfügung von Todes wegen gebunden ist, mit Zustimmung des Anerbengerichts auch ohne Mitwirkung des Mannes bestimmen, daß sie selbst Anerbe des Mannes sein soll, oder daß der Hof beim Tode des Mannes oder bei ihrem eigenen Vorversterben an eine Person als Anerben fallen soll, die nach dem Reichserbhofgesetz als Anerbe des einen oder des anderen Ehegatten bestimmt werden könnte, oder daß ihr selbst oder dem andern Ehegatten die Verwaltung und Nutznießung am Erbhof zustehen soll, und zwar auch über das fünfundzwanzigste Lebensjahr des Anerben hinaus.

(2) Die Frau kann die im Abs. 1 vorgesehenen Verfügungen nur bei Lebzeiten des Mannes und nur in Form eines öffentlichen Testamentes vornehmen; die Errichtung des Testaments durch Uebergabe einer verschlossenen Schrift ist ausgeschlossen. Die bestimmung ist nur wirksam, wenn dem Ehemann eine beglaubigte Abschrift zugestellt wird; der beurkundete Richter oder Notar hat die Zustellung von Amts wegen zu veranlassen.

(3) Jeder der Ehegatten kann beim Anerbengericht den Antrag auf Entscheidung über die Zustimmung zu dem Testament stellen.

(4) Das Anerbengericht kann auf Antrag bestimmen, daß dem überlebenden Ehegatten, falls er nicht Anerbe wird, die Verwaltung und Nutznießung zustehen soll, und zwar auch über das fünfundzwanzigste Lebensjahr des von der Frau bestimmten Anerben hinaus.

(5) In den Fällen der vorstehenden Absätze finden die Vorschriften des § 48 Abs. 2, § 49 Abs. 2 des Gesetzes entsprechende Anwendung.

§ 22 EHRV.
Gesetzliche Anerbenfolge.

(1) Machen die Ehegatten von dem Recht, den Anerben gemäß §§ 20, 21 zu bestimmen, keinen Gebrauch, so fällt der Erbhof beim Tode der Frau dem Manne als Anerben an.

(2) Stirbt der Mann, gleichviel ob vor oder nach der Frau, so fällt der Hof derjenigen Person als Anerben an, die nach dem Reichserbhofgesetz als Anerbe des Mannes berufen ist.

(3) Im Falle des Absatzes 2 steht der Frau bis zur Vollendung des fünfundzwanzigsten Lebensjahres des Anerben die Verwaltung und Nutznießung des Hofes zu, soweit dieses Recht nicht durch eine gemeinschaftliche Verfügung von Todes wegen ausgeschlossen oder beschränkt ist. Unter der gleichen Voraussetzung kann das Anerbengericht in besonderen Fällen zur Vermeidung einer unbilligen Härte auf Antrag bestimmen, daß der überlebenden Ehefrau auch über das fünfundzwanzigste Lebensjahr des Anerben hinaus die Verwaltung und Nutznießung des Erbhofes zustehen soll.

§ 23 EHRV.
Ehescheidung.
(1) Die Erbhofeigenschaft eines Ehegattenerbhofs wird nicht dadurch berührt, daß die Ehe rechtskräftig geschieden wird.
(2) Auf Antrag eines der geschiedenen Ehegatten leitet das Anerbengericht das Verfahren zur Auseinandersetzung über den Erbhof ein (§§ 67 ff. der Erbhofverfahrensordnung).

§ 24 EHRV.
Fortgesetzte Gütergemeinschaft.
(1) Gehört eine Besitzung, die, abgesehen vom Alleineigentum, den Voraussetzungen der §§ 1 bis 4, 6 des Gesetzes entspricht, beim Inkrafttreten des Reichserbhofgesetzes zum Gesamtgut einer fortgesetzten Gütergemeinschaft, so ist sie vom Inkafttreten des Gesetzes ab Erbhof. Die Entstehung der Erbhofeigenschaft wird nicht dadurch ausgeschlossen, daß nicht alle anteilsberechtigten Abkömmlinge bauernfähig sind; jedoch muß der überlebende Ehegatte und mindestens einer der anteilsberechtigten Abkömmlinge bauernfähig sein.
(2) Haben die Ehegatten vor Eintritt der fortgesetzten Gütergemeinschaft gemeinschaftlich einen Anerben bestimmt (etwa gemäß §§ 1515, 1516 des Bürgerlichen Gesetzbuchs), so fällt der Erbhof bei Tode des überlebenden Ehegatten dieser Person als Anerben an, falls sie nach dem Reichserbhofgesetz zum Anerben des einen oder des anderen Ehegatten hätte bestimmt werden können.
(3) Haben die Ehegatten den Anerben nicht gemeinschaftlich bestimmt, so kann mit Zustimmung des Anerbengerichts auch der überlebende Ehegatte allein unter den anteilsberechtigten Abkömmlingen des Anerben bestimmen.
(4) Haben die Ehegatten den Anerben nicht gemeinschaftlich bestimmt und hat auch der überlebende Ehegatte von dem Recht des Absatzes 3 keinen Gebrauch gemacht, so fällt der Hof bei Beendigung der fortgesetzten Gütergemeinschaft derjenigen Person als Anerben an, die nach dem Reichserbhofgesetz als Anerbe des Mannes berufen ist. Hierbei gehen die anteilsberechtigten Abkömmlinge anderen Anerbenberechtigten vor.
(5) Die Vorschriften des Absatzes 4 gelten nicht, wenn alle Anteile an der fortgesetzten Gütergemeinschaft sich in der Hand des überlebenden Ehegatten vereinigen (§§ 1490, 1491 des Bürgerlichen Gesetzbuches).
(6) Im Falle des Absatzes 4 kann das Anerbengericht auf Antrag bestimmen, daß in der Zeit nach Beendigung der fortgesetzten Gütergemeinschaft dem überlebenden Ehegatten die Verwaltung und Nutznießung des Erbhofs zustehen soll, und zwar auch über das fünfundzwanzigste Lebensjahr des Anerben hinaus. Das gilt nicht, wenn die fortgesetzte Gütergemeinschaft auf Grund des § 1495 des Bürgerlichen Gesetzbuches durch Urteil aufgehoben worden ist.
(7) In den Fällen der Absätze 3,6 finden die Vorschriften des § 48 Abs. 2, § 49 Abs. 2 des Gesetzes entsprechende Anwendung.

§ 25 EHRV.
Siedlungsverträge, die vor dem 1. Oktober 1933 mit Ehegatten abgeschlossen sind.
(1) Erwerben bauernfähige Eheleute in einem Verfahren zur Neubildung deutschen Bauerntums (Neusiedlungs- oder Anliegersiedlungsverfahren) im Sinne des Reichssiedlungsgesetzes vom 11. August 1919 oder des Gesetzes über die Neubildung deutschen Bauerntums vom 14. Juli 1933 auf Grund eines vor dem 1. Oktober 1933 abgeschlossenen Vertrages nach dem 30. September 1933 eine Siedlungsstelle als Teil des Gesamtguts ihrer ehelichen Gütergemeinschaft oder sonst als ihr gemeinsames Eigentum und entspricht diese Besitzung, abgesehen vom Alleineigentum, den Voraussetzungen der §§ 1 bis 4, 6 des Gesetzes, so wird die Besitzung mit der Ueberführung in das Eigentum der Ehegatten Erbhof.
(2) Die Vorschriften der §§ 19 bis 23 dieser Verordnung finden Anwendung.

5. Abschnitt
Beschränkungen der Veräußerung oder Belastung des Erbhofs

§ 26 EHRV.
Eigentümergrundschuld. Auszahlung einer Hypothek. (in der Fassung vom 21. Dezember 1936).
(1) Als Belastung des Grundstücks im Sinne des § 37 des Gesetzes gilt auch die Veräußerung oder Belastung einer Eigentümergrundschuld.
(2) Ist bei einer Besitzung vor dem Zeitpunkt, in dem sie Erbhof geworden ist, eine Hypothek eingetragen, der Gegenwert aber noch nicht ausgezahlt, so hindert die Vorschrift des § 37 Abs. 1 des Gesetzes den Gläubiger nicht, durch Auszahlung des Gegenwerts die Hypothek zu erwerben.

§ 27 EHRV.
Teilung eines Erbhofs. Entziehung der Erbhofeigenschaft.
(1) Vom Inkrafttreten des Gesetzes ab bedarf die Bildung mehrerer Erbhöfe durch Teilung eines bestehenden Erbhofs der Genehmigung des Anerbengerichts.
(2) Einzelnen Teilen des Erbhofs kann die Erbhofeigenschaft nur mit Genehmigung des Anerbengerichts entzogen werden.
(3) § 48 Abs. 2, § 49 Abs. 2 des Gesetzes finden entsprechende Anwendung.

§ 28 EHRV.
Tilgungsversicherung.
(1) Ist ein Erbhof von einer öffentlich-rechtlichen Kreditanstalt, insbesondere von einer Landschaft, beliehen, so kann das Anerbengericht gemäß §§ 9, 37 Abs. 2 des Gesetzes genehmigen, daß ein zur Abtragung der Hofschuld ange-

sammeltes Tilgungsguthaben und künftige Tilgungsbeträge gemäß den Satzungen der Kreditanstalt als Gegenleistung für eine Lebensversicherung verwendet werden. Die Genehmigung ist nicht erforderlich, wenn die Vereinbarung über diese Art der Verwendung der Tilgungsbeträge schon vor dem Zeitpunkt getroffen ist, in dem die Besitzung Erbhof geworden ist.
(2) Der Versicherer hat die ihm aus einer solchen Tilgungsversicherung obliegenden Leistungen (Versicherungssumme, Rückvergütung bei vorzeitiger Beendigung des Versicherungsverhältnisses) bei Fälligkeit mindestens insoweit an die Kreditanstalt abzuführen, als sich bei dieser ohne den Abschluß der Versicherung aus pflichtmäßigen Tilgungsbeträgen ein Tilgungsguthaben ergeben hätte.
(3) Die Kreditanstalt hat die gemäß Abs. 2 an sie abzuführenden Beträge zum Tilgungsfonds zu vereinnahmen und zur Abdeckung rückständiger Darlehnszinsen sowie des Darlehns selbst zu verwenden.
(4) Beim Vorliegen eines wichtigen Grundes kann das Anerbengericht genehmigen, daß die Kreditanstalt in Abweichung von Abs. 3 die Leistungen des Versicherers ganz oder teilweise zur Auszahlung für andere Zwecke freigibt.
(5) Für die Anwendung der Absätze 2 bis 4 macht es keinen Unterschied, ob die Vereinbarung über die im Abs. 1 vorgesehen Art der Verwendung der Tilgungsbeträge vor oder nach dem Zeitpunkt getroffen worden ist, in dem die Besitzung Erbhofeigenschaft erlangt hat.

§ 30 EHRV.
Verpachtung des Erbhofs.
(1) Ein Vertrag, durch den der Erbhof oder ein Teil des Erbhofs für einen Zeitraum von mehr als einem Jahr oder auf unbestimmte Zeit verpachtet wird, bedarf der Genehmigung des Anerbengerichts.
(2) § 48 Abs. 2, § 49 Abs. 2 des Gesetzes finden entsprechende Anwendung.

§ 30 EHRV (i.d.F der Verordnung vom 26. April 1939).
Verpachtung des Erbhofs.
(1) Ein Vertrag, durch den der Erbhof oder ein Teil des Erbhofs verpachtet wird, bedarf der Genehmigung des Anerbengerichts.
(2) § 48 Abs. 2, § 49 Abs. 2 des Gesetzes finden entsprechende Anwendung.

§ 31 EHRV.
Alte Veräußerungs- oder Belastungsanträge.
(1) Die im § 37 des Gesetzes vorgesehene anerbengerichtliche Genehmigung ist auch dann erforderlich, wenn zu dem Zeitpunkt, in dem die Besitzung Erbhof geworden ist, die auf Veräußerung oder Belastung gerichtete Erklärung des Eigentümers bindend und der Antrag auf Eintragung beim Grundbuchamt gestellt,

die Eintragung aber vor dem vorbezeichneten Zeitpunkt noch nicht bewirkt worden ist.
(2) Das Anerbengericht soll in den Fällen des Absatzes 1 in der Regel die Genehmigung erteilen, wenn nicht besondere Gründe dagegen sprechen.

§ 32 EHRV.
Ausnahmen vom Belastungs- und Veräußerungsverbot.
(1) Die im § 37 des Gesetzes vorgesehene anerbengerichtliche Genehmigung ist nicht erforderlich
1. für die Belastung eines Erbhofs mit öffentlichen Lasten sowie mit solchen Grunddienstbarkeiten und beschränkten persönlichen Dienstbarkeiten, die die bestimmungsmäßige Nutzung des Erbhofs nicht wesentlich beeinträchtigen;
2. zur Einbeziehung eines Erbhofs in ein Verfahren zur Grundstücksumlegung (Flur- oder Feldbereinigung);
3. für die von der Siedlungsbehörde zugelassene Belastung derjenigen Erbhöfe, die in einem Verfahren zur Neubildung deutschen Bauerntums (Neusiedlungs- oder Anliegersiedlungsverfahren) auf Grund des Reichssiedlungsgesetzes vom 11. August 1919 oder des Gesetzes über die Neubildung deutschen Bauerntums vom 14. Juli 1933 gebildet werden;
4. für die Belastung eines Erbhofs, wenn die Besitzung erst durch ein Veräußerungsgeschäft Erbhofeigenschaft erlangt und die Belastung im Zusammenhang mit dem Veräußerungsgeschäft erfolgt;
5. für die Eintragung der im § 128 des Zwangsversteigerungsgesetzes vorgesehenen Sicherungshypothek gegen den Ersteher.
(2) Die anerbengerichtliche Genehmigung ist ferner nicht erforderlich, wenn im Osthilfegebiet (§ 97 Abs. 1 des Schuldenregelungsgesetzes vom 1. Juni 1933) in einem beim Inkrafttreten des Reichserbhofgesetzes anhängigen Entschuldungsverfahren ein Erbhof mit einer Entschuldungshypothek zugunsten der Bank für deutsche Industrie-Obligationen oder mit einer Betriebssicherungshypothek zugunsten des Reichs belastet werden soll.

§ 33 EHRV.
Verpflichtungsgeschäft.
(1) Bedarf eine Verfügung über den Erbhof der anerbengerichtlichen Genehmigung, so ist diese auch zu einem Rechtsgeschäft erforderlich, das die Eingehung einer Verpflichtung zu einer solchen Verfügung zum Gegenstand hat. Dies gilt nicht für Verpflichtungsgeschäfte, die vor dem Inkrafttreten dieser Verordnung abgeschlossen worden sind.
(2) Wird das Verpflichtungsgeschäft genehmigt, so gilt die Genehmigung auch für das diesem Verpflichtungsgeschäft entsprechende Erfüllungsgeschäft als erteilt.

(3) Die Ausübung eines Vorkaufsrechts ist davon unabhängig, daß das Rechtsgeschäft, auf das sich das Vorkaufsrecht erstreckt, die anerbengerichtliche Genehmigung gefunden hat. Hinsichtlich des Vertragsverhältnisses, das durch die Ausübung des Vorkaufsrechts zwischen dem Vorkaufsberechtigten und dem Verpflichteten zustande kommt, bewendet es bei Vorschriften der Absätze 1, 2.

§ 34 EHRV.
Verhältnis zu den Verfügungsbeschränkungen des Landwirtschafts- und Siedlungsrechts.
(1) Die Verordnung über den Verkehr mit landwirtschaftlichen Grundstücken vom 15. März 1918 (RGBl. S. 123) sowie die sonstigen reichs- und landesgesetzlichen Vorschriften, welche die Veräußerung, Teilung oder Belastung von Grundstücken oder die Aufhebung ihrer wirtschaftlichen Selbständigkeit (oder die Eingehung einer Verpflichtung zu einer solchen Maßnahme) verbieten oder beschränken, finden auf Erbhöfe keine Anwendung.
2. Rechtsgeschäfte, die der zuständigen Behörde noch nicht gemäß den im Abs. 1 erwähnten Vorschriften zur Genehmigung vorgelegt worden sind oder über deren Genehmigung die zuständige Behörde beim Inkrafttreten dieser Verordnung noch nicht rechtskräftig entschieden hat, sind so anzusehen, als wenn die Behörde die Genehmigung ohne Einschränkung erteilt hätte.
(3) Die vorstehenden Absätze gelten nicht für die Beschränkungen, die sich aus dem Gesetz über die Aufschließung von Wohnsiedlungsgesellschaften vom 22. September 1933 (RGBl.I S. 659) sowie aus dem Gesetz zur Regelung der landwirtschaftlichen Schuldverhältnisse vom 1. Juni 1933 (RGBl. I S. 331) ergeben.

§ 35 EHRV.
Verhältnis zu sonstigen siedlungsrechtlichen Beschränkungen.
(1) Auf einem Siedlungs- oder Rentengutsverfahren beruhende Wiederkaufs-, Ankaufs- und Heimfallrechte sowie ähnliche auf einem solchen Verfahren beruhende Beschränkungen des Eigentums am Erbhof erlöschen mit dem Inkrafttreten dieser Verordnung, bei künftig entstehenden Erbhöfen mit der Erlangung der Erbhofeigenschaft.
(2) Soweit Rechte der im Abs. 1 bezeichneten Art in das Grundbuch engetragen sind, werden sie nach und nach von Amts wegen gebührenfrei gelöscht. Die Vorschriften des § 46 Abs. 2 dieser Verordnung gelten entsprechend.
(3) Das Vorkaufsrecht des gemeinnützigen Siedlungsunternehmens und des Landlieferungsverbandes gemäß §§ 4, 11, 14 des Reichssiedlungsgesetzes vom 11. August 1919 (Reichsgesetzbl. S. 1429) bleibt unberührt.

§ 36 EHRV.
Streitigkeiten über vertragliche Versorgungsansprüche.
(1) Das Anerbengericht ist zuständig für die Entscheidung von Streitigkeiten über Versorgungsansprüche, die dem Übergeber eines Erbhofs oder seinen Familienangehörigen auf Grund des Übergabevertrages oder auf Grund eines aus Anlaß der Übergabe geschlossenen Rechtsgeschäfts gegenüber dem Übernehmer zustehen, und zwar gleichviel, ob der Vertrag vor oder nach Entstehung der Erbhofeigenschaft des Anwesens abgeschlossen worden ist.
(2) Das gleiche gilt für Versorgungsansprüche von Familienangehörigen des Bauern, die auf einer vom Bauern mit seinen Familienangehörigen oder dem Anerben getroffenen Vereinbarung oder auf einr Verfügung von Todes wegen beruhen und gegen einen Anerben des Bauern geltend gemacht werden, auf den der Erbhof nicht durch Übergabevertrag, sondern von Todes wegen übergegangen ist.
(3) Das Anerbengericht kann die Versorgungsleistungen (Abs. 1, 2), soweit dies unter der Berücksichtigung der Umstände des Falles der Billigkeit entspricht, auf Antrag anderweitig festsetzen. Dies gilt insbesondere dann, wenn die Verhältnisse, welche für die Bemessung der Leistungen maßgebend waren, sich seit dem Abschluß des Vertrags oder seit der Errichtung der Verfügung von Todes wegen wesentlich verändert haben.
(4) Soweit die Versorgungsansprüche bereits den Gegenstand einer anerbengerichtlichen Entscheidung gebildet haben (etwa bei Genehmigung eines Übergabevertrags), können sie nur dann auf Grund des Absatzes 3 anderweitig festgesetzt werden, wenn die Verhältnisse, welche für die Bemessung der Leistungen maßgebend waren, sich seit Erlaß der Entscheidung wesentlich verändert haben.
(5) Soweit gemäß vorstehenden Vorschriften das Anerbengericht zuständig ist, finden die Vorschriften des Gesetzes über die anderweitige Festsetzung von Geldleistungen aus Altenteilsverträgen vom 18. Agugust 1923 (Reichsgesetzbl. I S. 815) keine Anwendung.

6. Abschnitt
Beschränkungen der Zwangsvollstreckung

§ 37 EHRV.
Vollstreckung in Forderungen.
(1) Die Zwangsvollstreckung in Forderungen, die dem Bauern aus dem Verkauf von Erzeugnissen des Erbhofs, oder in Miet- oder Pachtzinsforderungen, die dem Bauern aus der Vermietung oder Verpachtung von Erbhofgrundstücken zustehen, unterliegt folgenden Beschränkungen.

(2) Die Pfändung ist auf Antrag des Bauern vom Vollstreckungsgericht (im Verwaltungszwangsverfahren von der Vollstreckungsbehörde) insoweit aufzuheben, als der Bauer die Einkünfte braucht, um sich und seine Familie zu ernähren und zu bekleiden sowie den Wirtschaftsablauf des Hofs zu erhalten.
(3) Die Voraussetzungen des Absatzes 2 sind insbesondere insoweit nicht erfüllt, als der Bauer den vorbezeichneten Bedarf aus den Erzeugnissen des Hofs entnehmen (§ 2 Abs. 2, § 39 Abs. 1 des Gesetzes) oder aus sonstigen Einkünften decken kann.

§ 38 EHRV.
Eigentümergrundschuld.
Das im § 38 des Gesetzes ausgesprochene Verbot, in einen Erbhof zu vollstrecken, bewirkt, daß auch eine Eigentümergrundschuld am Erbhof wegen einer Geldforderung nicht gepfändet werden kann.

§ 39 EHRV.
Maßnahmen gegen mißbräuchliche Beanspruchung des Vollstreckungsschutzes.
(1) Ist ein Grundstück, das keine Erbhofeigenschaft hat, durch eine Rechtshandlung, die der Anfechtung wegen Gläubigerbenachteiligung unterliegt, veräußert worden und macht der Anfechtungsbeklagte geltend, daß das Grundstück Erbhofeigenschaft erlangt habe, so kann das Prozeßgericht dem Antrage, den Beklagten ohne Vorbehalt des Vollstreckungsschutzes des § 38 des Gesetzes zur Duldung der Zwangsvollstreckung in das Grundstück zu verurteilen, nur entsprechen, nachdem das Anerbengericht in einem auf Antrag eingeleiteten Verfahren rechtskräftig die Erbhofeigenschaft verneint hat (Abs. 3).
(2) Hat ein Schuldner ein Grundstück, das keine Erbhofeigenschaft hat, veräußert, nachdem es zum Zwecke der Zwangsvollstreckung beschlagnahmt worden ist und wird geltend gemacht, daß das Grundstück Erbhofeigenschaft erlangt habe, so darf das Vollstreckungsgericht, falls die Behauptung der Erbhofeigenschaft nicht offenbar unrichtig ist, das Versteigerungsverfahren erst fortsetzen, nachdem das Anerbengericht in einem auf Antrag eingeleiteten Verfahren rechtskräftig die Erbhofeigenschaft des Grundstücks verneint hat (Abs. 3). Gelangt das Anerbengericht rechtskräftig zur Bejahung der Erbhofeigenschaft, so hebt das Vollstreckungsgericht die Beschlagnahme auf.
(3) In den Fällen der Absätze 1, 2 hat das Anerbengericht die Erbhofeigenschaft auch dann zu verneinen, wenn die Veräußerung sich als eine unlautere Machenschaft oder als ein Versuch zur mißbräuchlichen Beanspruchung des im § 38 des Gesetzes vorgesehenen Vollstreckungsschutzes darstellt.
(4) Die vorstehenden Vorschriften gelten auch für Verfahren, die beim Inkrafttreten dieser Verordnung bereits anhängig sind.

8. Abschnitt
Besondere Güterarten

§ 44 EHRV.
Familienfideikommisse und ähnliche gebundene Vermögen.

(1) Wird ein Familienfideikommiß Erbhof, so regelt sich die Anerbenfolge, solange das Fideikommiß noch nicht aufgelöst oder der Eigentümer noch nach Art eines Vorerben beschränkt ist, nach den fideikommißrechtlichen Bestimmungen.

(2) Wird eine früher fideikommissarisch gebundene Besitzung, deren Eigentümer noch nach Art eines Vorerben beschränkt ist, Erbhof, so regelt sich die Anerbenfolge, solange der Eigentümer noch nach Art eines Vorerben beschränkt ist, nach fideikommißrechtlichen Bestimmungen.

(3) Ist der nach den Absätzen 1, 2 zum Anerben Berufene nicht bauernfähig, so bestimmt sich die Anerbenfolge ausschließlich nach dem Reichserbhofgesetz. Das gleiche gilt, wenn nach den fideikommißrechtlichen Bestimmungen mehrere in Rechtsgemeinschaft nebeneinander zur Nachfolge berufen sind.

(4) Gehört der nach den Absätzen 1, 2 zum Anerben Berufene nicht zu einer der im § 20 des Gesetzes aufgeführten Ordnungen, so kann der Fideikommißbesitzer oder der nach Art eines Vorerben beschränkte Eigentümer mit Zustimmung des Anerbengerichts statt des nach den Absätzen 1, 2 Berufenen einen Anerbenberechtigten der vierten bis sechsten Ordnung des § 20 des Gesetzes zum Anerben bestimmen, wenn dies nach den Umständen des Falles der Billigkeit entspricht. Die Vorschriften des § 48 Abs. 2, § 49 Abs. 2 des Gesetzes finden entsprechende Anwendung.

(5) In den Fällen der Absätze 3, 4 kann das Anerbengericht dem Anerben die Verpflichtung auferlegen, dem Anwärter (Anfallberechtigten, Nacherben), der nach den Absätzen 1, 2 berufen wäre, eine angemessene Versorgungsleistung zu gewähren

(6) Zur Entscheidung von Streitigkeiten darüber, wer nach den fideikommißrechtlichen Bestimmungen Folger geworden ist, sind die Fideikommißgerichte zuständig.

(7) Die vorstehenden Vorschriften gelten entsprechend, soweit Lehen, Stammgüter oder sonstige gebundene Vermögen im Sinne des Artikels 59 des Einführungsgesetzes zum Bürgerlichen Gesetzbuch oder Hausgüter und Hausvermögen in Betracht kommen.

(8) Die Vorschriften der Absätze 1 bis 7 treten vom 1. Oktober 1933 ab in Kraft.

§ 45 EHRV.
Erbpachtgüter und Lehnbauerngüter.

(1) Entspricht ein Erbpachtgut, abgesehen davon, daß es nur im Nutzeigentum des Erbpächters steht, den Voraussetzungen für die Entstehung eines Erbhofs, so ist es als Erbhof anzusehen.

(2) Durch ein mit Zustimmung der Reichsminister der Justiz und für Ernährung und Landwirtschaft zu erlassendes Landesgesetz können Bestimmungen folgenden Inhalts getroffen werden:

1. Es kann bestimmt werden, daß das Nutzeigentum von Erbpächtern ohne Entschädigung des Obereigentümers in freies Eigentum des Erbpächters umgewandelt wird.

2. Es können Bestimmungen darüber getroffen werden, inwieweit Belastungen des Nutzeigentums als Belastungen des Eigentums bestehen bleiben und wie die auf dem bisherigen Erbpachtverhältnis beruhenden Rechte und Pflichten der Obereigentümer und Erbpächter zu regeln sind.

3. Es kann angeordnet werden, daß Hypotheken, die zur Ablösung der auf dem Erbpachtverhältnis beruhenden Rechte eingetragen sind, erlöschen, soweit die ihnen zugrunde liegenden Forderungen getilgt werden.

(3) Die Ueberleitung von Belastungen und Beschränkungen des Nutzeigentums in Belastungen des Eigentums bedarf nicht der im § 37 des Gesetzes vorgesehenen Genehmigung des Anerbengerichts.

(4) Die Vorschriften der Absätze 1 bis 3 finden auf Lehnbauerngüter entsprechende Anwendung.

§ 46 EHRV.
Landesrechtliches Anerbenrecht bei Renten und Ansiedlungsgütern.

(1) Unberührt bleiben die landesgesetzlichen Vorschriften über das Anerbenrecht bei Rentengütern und preußischen Ansiedlungsgütern von nicht mehr als hundertfünfundzwanzig Hektar, soweit diese Güter nicht Erbhof werden.

(2) Ist das Anwesen in die Erbhöferolle eingetragen und der Anerbengutsvermerk im Grundbuch gelöscht worden, stellt sich aber nachträglich heraus, daß die Eintragung in die Erbhöferolle zu Unrecht erfolgt ist, so gilt die Aufhebung der Anerbengutseigenschaft als nicht eingetreten; die Vorschriften zugunsten derjenigen, die Rechte von einem Nichtberechtigten herleiten, bleiben unberührt. Bei Löschung des Guts in der Erbhöferolle ist das Grundbuch von Amts wegen durch Wiedereintragung des Vermerks gebührenfrei zu berichtigen.

9. Abschnitt
Uebergangsvorschriften

§ 47 EHRV.
Rechtsstellung des angenommenen Kindes (§ 21 Abs. 6 des Gesetzes).

(1) Hat der Erblasser vor dem 1. Oktober 1933 eine Person an Kindes Statt angenommen, so steht dieses Kind hinsichtlich der Anerbfolge einem ehelichen Kinde gleich.

(2) Hat der Bauer eine Person erst nach dem 30. September 1933 an Kindes Statt angenommen, so kann er sie mit Zustimmung des Anerbengerichts und nur für den ersten auf die Entstehung der Erbhofeigenschaft folgenden Erbfall zum Anerben bestimmen, wenn die Person schon vor der Entstehung der Erbhofeigenschaft längere Zeit wie ein Kind im Hause des Bauern gelebt hat.
(3) Ist bei einem Ehegattenerbhof zunächst der überlebende Ehegatte Anerbe geworden, so gilt bei Anwendung des vorstehenden Absatzes 2 der Tod des überlebenden Ehegatten noch als erster Erbfall.
(4) Hat eine an Kindes statt angenommene Person einen Erbhof durch Erbgang oder Übergabevertrag von dem Annehmenden erworben, so findet beim Tode des Angenommenen die Erbfolge in den Erbhof so statt, als ob der Angenommene ein eheliches Kind des Annehmenden wäre. Hierbei macht es keinen Unterschied, ob der Hof vor oder nach Entstehung der Erbhofeigenschaft auf den Angenommenen übergegangen ist.

§ 48 EHRV.
Anerbenstellung der Tochter des Erblassers (§ 21 Abs. 7 des Gesetzes) in der Fassung nach der Verordnung über Erbhofrecht vom 26. April 1939.
(1) Der im § 21 Abs. 7 des Gesetzes vorgesehene Vorrang der Tochter des Erblassers und der sonstigen Anerben der vierten Ordnung vor den Anerben der zweiten und dritten Ordnung gilt nur für den ersten und den zweiten Erbfall nach dem Zeitpunkt, in dem die Besitzung Erbhof geworden ist. Bei Anwendung der Vorschrift macht es keinen Unterschied, ob die Söhne oder Sohnessöhne schon zu dem vorbezeichneten Zeitpunkt nicht vorhanden oder nicht bauernfähig waren oder erst später weggefallen sind. Einem Erbfall im Sinne des Satzes 1 steht es gleich, wenn der Erbhof durch Übergabevertrag übertragen wird.
(2) Wenn bei einem Ehegattenerbhof zunächst der überlebende Ehegatte Anerbe geworden ist, wird bei Anwendung des vorstehenden Absatzes der Tod des überlebenden Ehegatten noch als erster Erbfall angesehen.

§ 49 EHRV.
Mehrere Erbhöfe (§§ 23, 58 des Gesetzes).
Wenn bei einem Ehegattenerbhof zunächst der überlebende Ehegatte Anerbe geworden ist, wird bei Anwendung des § 58 des Gesetzes der Tod des überlebenden Ehegatten noch als erster Erbfall angesehen.

§ 50 EHRV.
Gemeinschaftliche Verfügungen von Todes wegen aus der Zeit vor dem Eintritt der Erbhofeigenschaft.
(1) Haben Ehegatten vor dem Zeitpunkt, in dem die Besitzung Erbhof geworden ist, sich gegenseitig zu Erben eingesetzt und ist der eine Ehegatte vor diesem

Zeitpunkt gestorben und soll nach den Bestimmungen der Verfügung von Todes wegen nach dem Tode des Überlebenden demjenigen der eingesetzten Verwandten als Anerben an, der nach dem Reichserbhofgesetz als Anerbe des Erstverstorbenen berufen wäre.
(2) Soll nach der gemeinschaftlichen Verfügung von Todes wegen ein Verwandter des Erstverstorbenen allein den Hof übernehmen, so fällt der Hof diesem Verwandten als Anerben an, falls er zu den Personen gehört, die nach dem Reichserbhofgesetz zum Anerben des Erstverstorbenen hätten bestimmt werden können.
(3) Haben die Ehegatten den Anerben nicht bestimmt, auch keine Bestimmung des im Abs. 2 vorgesehenen Inhalts getroffen, so kann der überlebende Ehegatte mit Zustimmung des Anerbengerichts unter den eingesetzten Verwandten den Anerben bestimmen.

§ 51 EHRV.
Vorerbschaft.
(1) Die Entstehung eines Erbhofs wird nicht dadurch ausgeschlossen, daß die Besitzung dem Eigentümer lediglich als Vorerben gehört.
(2) Beim Eintritt des Falles der Nacherbfolge fällt der Erbhof demjenigen Anerben an, der Anerbe wäre, wenn der Erblasser im Zeitpunkt des Falles der Nacherbfolge verstorben wäre.
(3) Hat der Erblasser in einer Verfügung von Todes wegen bestimmt, daß einer der Nacherben allein den Hof übernehmen soll, so fällt der Hof diesem Nacherben als Anerben an, falls er zu den Personen gehört, die nach dem Reichserbhofgesetz als Anerbe des Erblassers hätten bestimmt werden können.
(4) Hat der Erblasser den Anerben nicht bestimmt, auch keine Bestimmung des im vorstehenden Absatz vorgesehenen Inhalts getroffen, so kann der Vorerbe mit Zustimmung des Anerbengerichts unter den Nacherben den Anerben bestimmen.

§ 52 EHRV.
Volleigentum und Vorerbschaftseigentum.
(1) Hat eine Besitzung am 1. Oktober 1933 dem Eigentümer teils als Volleigentümer, teils als Vorerben gehört, so steht dieser Umstand dem nicht entgegen, daß die Besitzung in diesem Zeitpunkt Erbhofeigenschaft erlangt.
(2) Erreicht der Wert des Teils der Besitzung, der dem Eigentümer bereits bei Anfall der Vorerbschaft zu Volleigentum gehört, mindestens die Hälfte des Wertes der ganzen Besitzung, so richtet sich die Anerbenfolge nach der Person des Eigentümers. Mit Zustimmung des Anerbengerichts kann der Eigentümer auch eine Person zum Anerben bestimmen, die nach dem Reichserbhofgesetz zum Anerben des ursprünglichen Erblassers hätte bestimmt werden können.

(3) Ist der Wert des Teils der Besitzung, der dem Eigentümer beim Anfall der Vorerbschaft zu Volleigentum gehört, geringer als der Wert des zur Vorerbschaft gehörenden Teils der Besitzung, so richtet sich die Anerbenfolge nach § 51 Absätze 2 bis 4 dieser Verordnung. Mit Zustimmung des Anerbengerichts kann der Eigentümer auch eine Person zum Anerben bestimmen, die nach dem Reichserbhofgesetz zum Anerben des Eigentümers bestimmt werden könnte, wenn die Anerbenfolge sich nach seiner Person richtete.
(4) Tritt der Fall der Nacherbfolge vor dem Tode des Eigentümers ein, so kann das Anerbengericht auf Antrag des Eigentümers bestimmen, daß dem Eigentümer die Verwaltung und Nutznießung des Erbhofes zustehen soll, und zwar auch über das fünfundzwanzigste Lebensjahr des Anerben hinaus. Die Vorschriften des § 48 Abs. 2, § 49 Abs. 2 des Gesetzes finden entsprechende Anwendung.

§ 53 EHRV.
Bestimmung des Anerben aus der Sippe des Ehegatten.
(1) Ist jemand Eigentümer eines Erbhofs, den er vor dem Zeitpunkt, in dem die Besitzung Erbhof geworden ist, durch Erbgang oder Rechtsgeschäft von seinem Ehegatten oder von einer Gemeinschaft (z. B. einer Erbengemeinschaft), an der sein Ehegatte beteiligt war, erworben hat, so kann er zum Anerben auch eine Person bestimmen, die zum Anerben des anderen Ehegatten hätte bestimmt werden können.
(2) Macht der Berechtigte von der Befugnis des Absatzes 1 Gebrauch, so finden die Vorschriften, nach denen zur Bestimmung des Anerben in gewissen Fällen die Zustimmung des Anerbengerichts erforderlich ist, Anwendung; hierbei ist der Fall so anzusehen, als wenn es sich um die Bestimmung des Anerben nach dem anderen Ehegatten handelte. Der vorstehende Satz gilt nicht bei Verfügungen von Todes wegen, die vor dem Inkrafttreten des Gesetzes errichtet worden sind.

10. Abschnitt
Schlußvorschriften

§ 54 EHRV.
Zulassung einer Abweichung von der gesetzlichen Anerbenfolge.
(1) Falls die kraft Gesetzes eingetretene Erbfolge in den Erbhof nach den besonderen Umständen des Falles zu einer als ungerecht und unbillig anzusehenden schweren Härte führen sollte, so kann der Reichsminister der Justiz im Einvernehmen mit dem Reichsminister für Ernährung und Landwirtschaft auf den binnen drei Monaten nach dem Erbfall zu stellenden Antrag des Landesbauern-

führers nach Anhörung des Erbhofgerichts mit Wirkung vom Erbfall ab einen anderen Anerbenberechtigten zum Anerben bestimmen.
(2) Die Vorschrift des Absatzes 1 gilt entsprechend beim Übergang eines Erbhofs in den Fällen des § 22 Abs. 3 des Gesetzes. Die für den Antrag des Landesbauernführers vorgesehen Frist beginnt in diesen Fällen mit dem Zeitpunkt, an dem die Übernahmeerklärung des Anerben beim Anerbengericht eingeht.
(3) Die Vorschriften der Absätze 1,2 finden bei Erblässen, die vor dem Inkrafttreten dieser Verordnung eingetreten sind, keine Anwendung. Auf Antrag des Reichsbauernführers kann von den Vorschriften der Absätze 1, 2 ausnahmsweise auch bei Erbfällen Gebrauch gemacht werden, die in dem Zeitraum zwischen dem 1. Oktober 1934 und dem Inkrafttreten dieser Verordnung eingetreten sind; der Antrag ist spätestens binnen drei Monaten nach dem Inkrafttreten dieser Verordnung zu stellen.
(4) Die Vorschriften der Absätze 1 bis 3 treten mit Ende des 31. Dezembers 1938 außer Kraft.

§ 55 EHRV.
Inkrafttreten.
(1) Diese Verordnung tritt mit dem Tage der Verkündung in Kraft.
(2) Mit dem gleichen Tage treten die Ersten Durchführungsverordnung vom 19. Oktober 1933 (RGBl. I S. 749), die Zweite Durchführungsverordnung vom 19. Dezember 1933 (RGBl. I S. 1096) und die Dritte Durchführungsverordnung vom 27. April 1934 (RGBl. I S. 343) außer Kraft.

F. Erbhofverfahrensordnung (EHVfO) vom 21. Dezember 1936 (RGBl. I S. 1082) / Auszug

8. Abschnitt
Verfahren gegen einen schlecht wirtschaftenden oder bauernunfähigen Erbhofeigentümer

§ 73 EHVfO.
Übersicht über die Maßnahmen.
(1) Das Anerbengericht kann gegen einen schlecht wirtschaftenden Bauern
1. die Wirtschaftsüberwachung durch einen Vertrauensmann (§§ 74 bis 76 dieser Verordnung) oder
2. die Wirtschaftsführung durch einen Treuhänder (§§ 77 bis 84 dieser Verordnung) anordnen.

(2) Verliert der Erbhofeigentümer die Bauernfähigkeit, so kann das Anerbengericht
1. eine der im Abs. 1 vorgesehenen Maßnahmen treffen oder
2. dem Eigentümer die Verwaltung und Nutznießung des Hofes, unter Umständen das Eigentum am Hof entziehen (§ 15 des Gesetzes, §§ 85 bis 98 dieser Verordnung).

1. Unterabschnitt
Wirtschaftsüberwachung

§ 74 EHVfO.
Anordnung der Wirtschaftsüberwachung.

(1) Bewirtschaftet der Bauer den Hof nicht ordnungsgemäß oder kommt er seinen Schuldverpflichtungen nicht nach, obwohl ihm dies bei ordnungsgemäßer Wirtschaftführung möglich wäre, so kann das Anerbengericht auf Antrag des Landesbauernführers anordnen, dass die Wirtschaft des Bauern für bestimmte Zeit durch einen Vertrauensmann überwacht wird (Wirtschaftsführung).
(2) In dem Beschluß, durch den die Wirtschaftsüberwachung angeordnet wird, bestellt das Anerbengericht eine vom Landesbauernführer vorzuschlagende Person zum Vertrauensmann. Der Vertrauensmann soll bauernfähig und für das Amt geeignet sein.
(3) In dem Anordnungsbeschluß bestimmt das Anerbengericht ferner, wie lange die Überwachung dauern soll; über die Frage der Dauer der Überwachung soll sich der Landesbauernführer bereits in seinem Antrag äußern. Auf Antrag des Landesbauernführers kann das Anerbengericht die Überwachung verlängern.
(4) Der Anordnungsbschluß wird dem Bauern, dem Landesbauernführer und dem Vertrauensmann zugestellt; der Beschluß wird mit der Zustellung an den Eigentümer wirksam. Dasselbe gilt für den Verlängerungsbeschluß.
(5) Der Beschluß, durch den das Anerbengericht über den Antrag auf Anordnung der Wirtschaftüberwachung entscheidet, unterliegt der sofortigen Beschwerde und der sofortigen weiteren Beschwerde (§§ 48, 49 des Gesetzes). Beschwerdeberechtigt sind der Eigentümer und der Landesbauernführer. Dasselbe gilt für den Beschluß, durch den das Anerbengericht die Wirtschaftsüberwachung verlängert oder die Verlängerung ablehnt.

§ 75 EHVfO.
Rechte und Pflichten des Vertrauensmannes.

(1) Der Vertrauensmann hat die wirtschaftliche Lage des Bauern zu prüfen und seine Betriebs- und Wirtschaftsführung zu überwachen. Er soll darauf hinwirken, daß der Bauer den Hof ordnungsgemäß und mit dem Ziel einer möglichst hohen Erzeugungsleistung bewirtschaftet und seinen Schuldverpflichtungen gegenüber seinen Gläubigern nachkommt.

(2) Der Vertrauensmann ist insbesondere berechtigt, die Grundstücke und Gebäude des Bauern zu betreten und dort Nachforschungen anzustellen. Er kann von dem Bauern und von den auf dem Hof beschäftigten Personen alle erforderlichen Auskünfte verlangen.
(3) Verbindlichkeiten, die nicht zum gewöhnlichen Wirtschaftsbetrieb gehören, soll der Bauer nur mit Zustimmung des Vertrauensmanns eingehen. Auch die Eingehung von Verbindlichkeiten, die zum gewöhnlichen Wirtschaftsbetrieb gehören, soll er unterlassen, wenn der Vertrauensmann dagegen Einspruch erhebt.
(4) Nimmt der Bauer Maßnahmen, die für die landwirtschaftliche Betriebsführung notwendig sind, trotz einer Aufforderung des Vertrauensmannes nicht vor, so kann das Anerbengericht den Vertrauensmann auf seinen Antrag ermächtigen, einzelne näher zu bezeichnende Maßnahmen dieser Art auf Kosten des Bauern selbst vorzunehmen oder vornehmen zu lassen.
(5) Der Vertrauensmann und die von ihm bei der Überwachung etwa zugezogenen Personen sind zur Verschwiegenheit über alle auf Grund der Überwachungstätigkeit zu ihrer Kenntnis gelangenden persönlichen und wirtschaftlichen Angelegenheiten des Bauern verpflichtet.
(6) Der Vertrauensmann hat dem Anerbengericht und dem Landesbauernführer über seine Tätigkeit und seine Beobachtungen Bericht zu erstatten.
(7) Die näheren Einzelheiten der Wirtschaftsüberwachung können durch Richtlinien geregelt werden, die hinsichtlich der landwirtschaftlichen Betriebsführung vom Reichsbauernführer mit Zustimmung der Reichsminister der Justiz sowie für Ernährung und Landwirtschaft, im übrigen von den Reichsministern der Justiz sowie für Ernährung und Landwirtschaft gemeinschaftich erlassen werden.
(8) Erweist sich der Vertrauensmann als ungeeignet, so kann das Anerbengericht ihn entlassen. Das Anerbengericht soll den Vertrauensmann ferner entlassen, , wenn der Landesbauernführer die Entlassung unter Darlegung triftiger Gründe beantragt, Vor der Entscheidung soll das Anerbengericht den Vertrauensmann und, soweit nötig, auch den Landesbauernführer hören. Das Anerbengericht ersetzt den Abberufenen durch einen vom Landesbauernführer vorzuschlagenden anderen Vertrauensmann.
(9) Der Vertrauensmann erhält für seine Tätigkeit keine Vergütung. Er kann jedoch verlangen, dass der Bauer ihm die angemessenen baren Auslagen erstattet. Das Anerbengericht setzt die zu ertstattenden Beträge fest. Vor der Entscheidung ist der Bauer zu hören. Vereinbarngen des Vertrauensmannes und des Bauern über die Höhe der Auslagen oder über die Zahlung einer Vergütung sind nichtig.
(10) Die in den Absätzen 8, 9 vorgesehenen Beschlüsse des Anerbengerichts unterliegen der sofortigen, dagegen nicht der weiteren Beschwerde.

§ 76 EHVfO.
Beendigung der Wirtschaftsüberwachung.
(1) Die Wirtschaftsüberwachung endigt, falls kein Verlängerungsbeschluß ergeht, mit dem Ablauf der im Anordnungsbeschluß festgesetzten Zeit.
(2) Das Anerbengerichtkann die Wirtschaftsüberwachung schon vorher auf Antrag des Landesbauernführers oder des Bauern oder von Amts wegen aufheben, wenn der Grund für ihre Anordnung weggefallen ist.
(3) Der Beschluss, durch den das Anerbengericht die Aufhebung anordnet oder einen Aufhebungsantrag ablehnt, unterliegt der sofortigen Beschwerde und der sofortigen weiteren Beschwerde (§§ 48, 49 des Gesetzes). Beschwerdeberechtigt sind der Bauer und der Landesbauernführer. Der Aufhebungsbeschluß wird erst mit der Rechtskraft wirksam. Das Beschwerdegericht kann jedoch anordnen, dass der Aufhebungsbeschluß schon vorher vorläufug wirksam wird.
(4) Die Wirtschaftsüberwachung endigt ferner mit dem Wirksamwerden des Beschlusses, durch den die Wirtschaftsführung durch einen Treuhänder angeordnet oder dem Bauern die Verwaltung und Nutznießung oder das Eigentum am Erbhof gemäß § 15 des Gesetzes (§§ 85, 95 dieser Verordnung) entzogen wird.

2. Unterabschnitt
Wirtschaftsführung durch einen Treuhänder

§ 77 EHVfO.
Anordnung der Wirtschaftsführung.
(1) Bewirtschaftet der Bauer den Hof nicht ordnungsgemäß oder kommt er seinen Schuldverpflichtungen nicht nach, obwohl ihm dies bei ordnungsgemäßer Wirtschaftsführung möglich wäre, und erscheint die Anordnung einer Wirtschaftsüberwachung gemäß §§ 74 bis 76 dieser Verordnung zur Beseitigung des Misstandes nicht ausreichend, so kann das Anerbengericht auf Antrag des Landesbauernführers anordnen, dass ein Treuhänder die Wirtschaftsführung auf dem Hof übernimmt.
(2) Das Anerbengericht kann die Anordnung der Wirtschaftsführung auf einen Teil des Betriebs beschränken.
(3) In dem Beschluß, durch den die Wirtschaftführung angeordnet wird, bestellt das Anerbengericht eine vom Landesbauernführer vorzuschlagende Person zum Treuhänder. Der Treuhänder soll bauernfähig und für das Amt geeignet sein.
(4) In dem Anordnungsbeschluß bestimmt das Anerbengericht ferner, wie lange die Wirtschaftsführung dauern soll; über die Frage der Dauer der Wirtschaftsführung soll sich der Landesbauernführer bereits in seinem Antrag äußern. Auf Antrag des Landesbauernführers kann das Anerbengericht die Wirtschaftsführung verlängern.

(5) In geeigneten Fällen kann das Anerbengericht anstatt der beantragten Wirtschaftsführung die Wirtschaftsüberwachung gemäß §§ 74 bis 76 anordnen.
(6) Ist der Vorsitzende des Anerbengerichts der Meinung, dass anstatt der beantragten Wirtschaftsführung durch einen Treuhänder in dem Einzelfall die Entziehung der Verwaltung und Nutznießung gemäß § 85 dieseer Verordnung zulässig sei und der Sachlage mehr entspreche, so kann er beim Landesbauernführer eine entsprechende Ergänzung des Antrags anregen.

§ 78 EHVfO.
Bekanntgabe des Anordnungsbeschlusses. Beschwerde.
(1) Der Anordnungsbeschluß wird dem Bauern, dem Landesbauernführer und dem Treuhänder zugestellt; der Beschluß wird mit der Zustellung an den Bauern wirksam. Dasselbe gilt für den Verlängerungsbeschluß.
(2) Das Anerbengericht macht die Anordnung der Wirtschaftsführung sowie den Namen des Treuhänders in dem für die amtlichen Bekanntmachungen des Gerichts bestimmten Blatt sowie in dem amtlichen Blatt der Landesbauernschaft und in einer örtlichen Tageszeitung bekannt.
(3) Das Anerbengericht ersucht das Grundbuchamt, die Anordnung der Wirtschaftsführung durch einen Treuhänder im Grundbuch zu vermerken.
(4) Der Beschluß, durch den das Anerbengericht über den Antrag auf Anordnung der Wirtschaftsführung entscheidet, unterliegt der sofortigen Beschwerde und der sofortigen weiteren Beschwerde (§§ 48,49 des Gesetzes); beschwerdeberechtigt sind der Bauer und der Landesbauernführer. Dasselbe gilt für den Beschluß, durch den das Anerbengericht die Wirtschaftsführung verlängert oder die Verlängerung ablehnt.

§ 79 EHVfO.
Wirkungen des die Wirtschaftsführung anordnenden Beschlusses.
(1) Die Anordnung der Wirtschaftsführung bewirkt, daß der Bauer die Befugnis verliert, den Erbhof zu verwalten oder über die zum Erbhof gehörenden Gegenstände zu verfügen.
(2) Der Bauer kann nicht mehr über die Nutzungen des Erbhofs verfügen, und zwar auch nicht über die bei Anordnung der Wirtschaftsführung vorhandenen Erbhoferzeugnisse und über die aus der Veräußerung von Erbhoferzeugnissen ausstehenden Forderungen.
(3) Eine Verfügung des Bauern, die mit den Vorschriften der Absätze 1, 2 im Widerspruch steht, ist dem Treuhänder gegenüber unwirksam.
(4) Der Treuhänder verwaltet den Erbhof für Rechnung des Bauern. Die Erträge sind zum Besten des Hofes, insbesondere auch zur Abdeckung der Schulden und Lasten zu verwenden. Reinerträge gebühren dem Bauern. Geht der Treuhänder bei der Verwaltung des Hofes für den Bauern eine Verpflichtung ein, so ist nicht der Treuhänder, sondern der Bauer Schuldner der Verpflichtung.

(5) Hat das Anerbengericht gemäß § 77 Abs. 2 die Wirtschaftsführung nur für einen Teil des Betriebs angeordnet, so erstrecken sie die Wirkungen der Anordnung nur auf diesen Teil.

§ 80 EHVfO.
Rechte und Pflichten des Treuhänders.

(1) Der Treuhänder ist berechtigt und verpflichtet, den Erbhof in Besitz zu nehmen und ihn nach den Regeln einer ordnungsgemäßen Wirtschaft zu verwalten. Bei der Erfüllung seiner Pflichten haftet er für die Sorgfalt, die er in eigenen Angelegenheiten anzuwenden pflegt.

(2) Der Treuhänder kann im Rahmen ordnungsmäßiger Wirtschaftsführung über den Erbhof sowie über die zu ihm gehörenden Gegenstände und seine Nutzungen verfügen. Die Vorschriften, nach denen gewisse Rechtsgeschäfte der Genehmigung des Anerbengerichts bedürfen, bleiben unberührt. Hat das Anerbengericht Genehmigung rechtskräftig erteilt, so gilt das Erfordernis, daß die Verfügung nur im Rahmen ordnungsmäßiger Wirtschaftsführung getroffen werden darf, als erfüllt.

(3) Der Treuhänder vertritt den Bauern in Rechtshängigkeiten über Anspüche, die mit dem Betriebe oder der Verwaltung des Erbhofs zusammenhängen.

(4) Hat der Bauer nach dem Zeitpunkt, in welchem der im § 77 vorgesehene Antrag des Landesbauernführers beim Anerbengericht eingegangen ist, Grundstücke des Erbhofs vermietet oder verpachtet, so ist der Miet- oder Pachtvertrag demTreuhäner gegenüber nur wirksam, wenn dieser den Vertrag genehmigt.

(5) Hat der Bauer vor Anordnung der Wirtschaftsführung über Ansprüche auf wiederkehrende Leistungen verfügt, so sind die Verfügungen nur insoweit wirksam, als Vorausverfügungen eines Schuldners über wiederkehrende Leistungen im Falle der Zwangsverwaltung eines Grundstücks wirksam wären.

§ 81 EHVfO.
Rechtsstellung des Bauern während der Wirtschaftsführung durch einen Treuhänder.

(1) Während der Wirtschaftsführung hat der Treuhänder dem Bauern die für seinen Hausstand erforderlichen Räume zu belassen.

(2) Der Treuhänder gewährt dem Bauern und den von diesem zu unterhaltenden Familienangehörigen, insbesondere dem Ehegatten und den unversorgten Kindern des Bauern, den angemessenen und der wirtschaftlichen Lage des Hofes entsprechenden Unterhalt.

(3) Der Bauer ist verpflichtet, soweit dies nach den Verhältnissen des Hofes und der Beteiligten angemessenen erscheint, bei der Bewirtschaftung des Hofes mitzuarbeiten und in dem üblichen Umfange auch die Mitglieder seiner Familie zur Mitarbeit anzuhalten.

(4) Das Anerbengericht kann die in den vorstehenden Absätzen 1 bis 3 vorgesehenen Rechte und Pflichten in Anlehnung an die Grundsätze des § 32 des Gesetzes näher regeln. Gefährdet der Bauer oder ein Mitglied seines Hausstandes die Wirtschaftsführung, so kann das Anerbengericht auf Antrag des Treuhänders dem Bauern die Räumung der Wohnräume aufgeben oder andere geeignete Maßnahmen treffen.
(5) Reichen die dem Treuhänder zur Verfügung stehenden Mittel zur ordnungsmäßigen Bewirtschaftung des Hofes nicht aus, so kann das Anerbengericht, falls dies nach den Vermögensverhältnissen des Bauern der Billigkeit entspricht, auf Antrag des Treuhänders dem Bauern aufgeben, dem Treuhänder einen Beitrag zu den Bewirtschaftungskosten zu leisten.
(6) Die in den Absätzen 4, 5 vorgesehen Beschlüsse des Anerbengerichts unterliegen der sofortigen Beschwerde. Die hierauf ergehende Entscheidung des Erbhofgerichts kann nur zusammen mit dem Beschluß über die Anordnung oder Verlängerung der Wirtschaftsführung mit der sofortigen weiteren Beschwerde angefochten werden.

§ 82 EHVfO.
Pflichten des Treuhänders gegenüber dem Anerbengericht und dem Landesbauernführer.
(1) Der Treuhänder untersteht der Aufsicht des Anerbengerichts. Das Anerbengericht wird hierbei durch den Landesbauernführer unterstützt. Der Landesbauernführer kann dem Treuhänder in Angelegenheiten des landwirtschaftlichen Betriebs (Bestellung der Äcker, Behandlung des Viehs u dgl.) Weisungen erteilen.
(2) Der Treuhänder hat dem Anerbengericht und dem Landesbauernführer jederzeit auf Verlangen über seine Tätigkeit Auskunft zu geben. Er hat dem Anerbengericht und dem Landesbauernführer halbjährlich Bericht zu erstatten.
(3) Der Treuhänder hat dem Anerbengericht und dem Landesbauernführer jährlich, und zwar in der Regel nach Schluß des Wirtschaftsjahres, sowie bei Beendigung seiner Wirtshcaftsführung Rechnung zu legen. Der Landesbauernführer prüft die Rechnung und teilt das Ergebnis der Prüfung dem Anerbengericht mit. Das Anerbengericht kann einem Gläubiger des Bauern auf Antrag Einsicht in die Rechnung gewähren.
(4) Das Anerbengericht kann auf Antrag des Landesbauernführers oder von Amts wegen dem Treuhänder die Leistung einer Sicherheit auferlegen.
(5) Das Anerbengericht kann dem Treuhänder durch Verhängung von Ordnungsstrafen zur Erfüllung seiner Pflichten anhalten.
(6) Das Anerbengericht kann dem Treuhänder aus wichtigem Grunde, insbesondere, wenn er gegen die Pflichten eines ordentlichen Verwalters verstößt, entlassen. Das Gericht soll vor der Entscheidung den Treuhänder und den Landesbauernführer hören.

(7) Die in den Absätzen 4 bis 6 vorgesehenen Beschlüsse des Anerbengerichts unterliegen der sofortigen, dagegen nicht der weiteren Beschwerde.

§ 83 EHVfO.
Vergütung und Auslagen des Treuhänders.

(1) Das Anerbengericht kann bestimmen, daß der Treuhänder von dem Bauern eine angemessene Vergütung für seine Tätigkeit sowie Erstattung barer Auslagen verlangen kann.

(2) Die Höhe der Vergütung und der Auslagen wird auf Antrag des Treuhänders sowie nach Anhörung des Bauern vom Anerbengericht festgesetzt.

(3) Vereinbarungen des Treuhänders mit dem Eigentümer über die Höhe der Vergütung oder der Auslagen sind nichtig.

(4) Der in den Absätzen 1, 2 vorgesehene Beschluß kann von dem Bauern, dem Treuhänder oder dem Landesbauernführer mit sofortiger Beschwerde angefochten werden. Eine weitere Beschwerde ist nicht zulässig.

§ 84 EHVfO.
Beendigung der Wirtschaftsführung durch den Treuhänder.

(1) Die Wirtschaftsführung durch einen Treuhänder endigt, falls kein Verlängerungsbeschluß ergeht, mit dem Ablauf der im Anordnungsbeschluß festgesetzten Zeit.

(2) Das Anerbengericht kann die Wirtschaftsführung auf Antrag des Landesbauernführers oder des Bauern oder von Amts wegen schon vorher aufheben, wenn der Grund für die Anordnung weggefallen ist.

(3) Die Wirtschaftsführung endigt ferner mit dem Wirksamwerden des Beschlusses, durch welchen dem Bauern die Verwaltung und Nutznießung oder das Eigentum am Erbhof gemäß § 15 des Gesetzes (§§ 85, 95 dieser Verordnung) entzogen wird.

(4) Auf die Anfechtung des im Abs. 2 vorgesehenen Beschlusses finden die Vorschriften des § 76 Abs. 3 dieser Verordnung entsprechende Anwendung.

(5) Nach Beendigung der Wirtschaftsführung durch einen Treuhänder macht das Anerbengericht die Beendigung in denselben Blättern bekannt, in denen die Anordnung der Wirtschaftsführung veröffentlicht worden ist. Das Anerbengericht ersucht ferner das Grundbuchamt, den Vermerk über die Wirtschaftsführung im Grundbuch zu löschen.

3. Unterabschnitt
Entziehung der Verwaltung und Nutznießung gemäß § 15 Abs. 2 des Gesetzes.

§ 85 EHVfO.
Grundsatz.
(1) Hat der Erbhofeigentümer die Bauernfähigkeit verloren oder kommt er seinen Schuldverpflichtungen nicht nach, obwohl ihm dies bei ordnungsmäßiger Wirtschaftsführung möglich wäre, so kann das Anerbengericht auf Antrag des Landesbauernführers dem Eigentümer gemäß § 15 Abs. 2 des Gesetzes die Verwaltung und Nutznießung des Erbhofs dauernd oder auf Zeit entziehen (§§ 86 bis 94 dieser Verordnung).
(2) In geeigneten Fällen kann das Anerbengericht, ohne daß es hierzu eines weiteren Antrags des Landesbauernführers bedarf, anstatt der Entziehung der Verwaltung und Nutznießung die Wirtschaftsführung durch einen Vertrauensmann oder die Wirtschaftsführung durch einen Treuhänder gemäß §§ 74 bis 84 dieser Verordnung anordnen.

§ 86 EHVfO.
Auswahl des Nutzverwalters.
(1) Für die Auswahl desjenigen, dem die Verwaltung und Nutznießung zu übertragen ist (Nutzverwalter) gelten die folgenden Vorschriften:
(2) Das Anerbengericht soll die Verwaltung und Nutznießung grundsätzlich auf den Ehegatten des Eigentümers oder auf denjenigen übertragen, der gesetzlicher Anerbe des Eigentümers wäre, wenn dieser im Zeitpunkt des Erlasses des Übertragungsbeschlusses stürbe.
(3) Das Anerbengericht kann die Verwaltung und Nutznießung auch auf eine Person übertragen, die der Eigentümer zulässigerweise zum Anerben bestimmt hat. Bedarf der Eigentümer zur Bestimmung dieses Anerben der Zustimmung des Anerbengerichts und ist über den Antrag auf Erteilung der Zustimmung noch nicht rechtskräftig entschieden, so wird die anerbengerichtliche Zustimmung durch die Übertragung der Verwaltung und Nutznießung auf diesen Anerben ersetzt.
(4) Erscheint die nach den Absätzen 2, 3 in Betracht kommende Person nach den Umständen des Falles für die Aufgaben des Nutzverwalters dauernd oder doch voraussichtlich auf lange Zeit ungeeignet, so kann das Anerbengericht die Verwaltung und Nutznießung auf eine andere Person übertragen, die dem Eigentümer gegenüber anerbenberechtigt ist oder von ihm auf Grund einer anderen Vorschrift als § 25 Abs. 5 des Gesetzes zum Anerben bestimmt werden könnte. Vor der Entscheidung ist die nach Abs. 2, gegebenenfalls auch die nach Abs. 3 in Betracht kommende Person zu hören.
(5) Erscheint die nach den Absätzen 2 bis 4 in Betracht kommende Person für die Aufgaben eines Nutzverwalters lediglich aus solchen Gründen ungeeignet, die voraussichtlich in absehbarer Zeit wegfallen, oder ist damit zu rechnen, daß noch ein geeigneter Anerbenberechtigter geboren wird, so kann das Anerbengericht gemäß § 85 Abs. 2 für eine entsprechende Zeit die Wirtschaftsüberwa-

chung oder Wirtschaftsführung anordnen und aussprechen, daß der Eigentümer nicht bauernfähig ist, sowie bestimmen, daß die Reinerträge der Wirtschaftsführung (§ 79 Abs. 4) nich dem Eigentümer, sondern dem Anerben oder dem später etwa eingesetzten Nutzverwalter gebühren.

§ 87 EHVfO.
Bestimmung des Nutzverwalters zum Anerben.
(1) Auf Grund eines spätestens vor Eintritt des Erbfalls gestellten Antrags des Landesbauernführers kann das Anerbengericht bestimmen, daß derjenige, dem gemäß vorstehendem § 86 die Verwaltung und Nutznießung des Hofes dauernd übertragen ist, beim Tode des Eigentümers auch dessen Anerbe ist. Ist die Ehefrau zum Nutzverwalter bestellt, so kann das Anerbengericht sie nur dann zur Anerbin bestimmen, wenn auch der Bauer sie zur Anerbin einsetzen könnte.
(2) Die im Abs. 1 vorgesehene Anordnung ist nur zulässig, wenn sie den Belangen der Sippe und des Hofes entspricht und für andere, insbesondere näherberufene Anerbenberechtigte keine unbillige Härte bedeutet.
(3) Vor der Entscheidung sind der Eigentümer, der nächstberufene gesetzliche Anerbenberechtigte sowie der vom Eigentümer zulässigerweise durch Verfügung von Todes wegen bestimmte Anerbe zu hören.
(4) Ergeben sich später wichtige neue Tatsachen, die den gemäß Abs. 1 erlassenen Beschluß als ungerechtfertigt erscheinen lassen, so kann das Anerbengericht auf Grund eines spätestens vor dem Erbfall gestellten Antrags des Landesbauernführers die Anordnung wieder aufheben.

§ 88 EHVfO.
Einschränkung der Befugnis des Eigentümers, den Anerben zu bestimmen.
(1) Der Eigentümer, dem die Verwaltung und Nutznießung rechtskräftig entzogen ist, kann nur mit Zustimmung des Anerbengerichts den Anerben für den Erbhof bestimmen oder eine solche Bestimmung widerrufen oder von ihr zurücktreten.
(2) Die Genehmigungsbedürftigkeit tritt schon mit der Stellung des im § 15 Abs. 2 des Gesetzes vorgesehenen Antrags des Landesbauernführers ein, auf Grund dessen dem Eigentümer die Verwaltung und Nutznießung rechtskräftig entzogen wird.
(3) Die Vorschriften des § 48 Abs. 2, § 49 Abs. 2 des Gesetzes finden entsprechende Anwendung.

§ 89 EHVfO.
Bekanntgabe der Einsetzung des Nutzverwalters.
(1) Sobald der den Nutzverwalter einsetzende Beschluß Rechtskraft erlangt, macht das Anerbengericht die Übertragung der Verwaltung und Nutznießung sowie den Namen des Nutzverwalters in dem für die amtlichen Bekannt-

machungen des Gerichts bestimmten Blatt sowie in dem amtlichen Blatt der Landesbauernschaft und in einer örtlichen Tageszeitung bekannt. Dasselbe gilt für eine Entscheidung nach § 86 Abs. 5.
(2) Nach Rechtskraft des Beschlusses ersucht das Anerbengericht ferner das Grundbuchamt, die Übertragung der Verwaltung und Nutznießung und den Namen des Nutzverwalters im Grundbuch zu vermerken.

§ 90 EHVfO.
Wirkungen des den Nutzverwalter einsetzenden Beschlusses.
(1) Mit der Rechtskraft des den Nutzverwalter einsetzenden Beschlusses verliert der Eigentümer die Befugnis, den Erbhof zu verwalten, zu nutzen oder über die zum Erbhof gehörenden Gegenstände zu verfügen.
(2) Der Erbhofeigentümer kann nicht mehr über die Nutzungen des Erbhofs verfügen, und zwar auch nicht über die bei Rechtskraft des Einsetzungsbeschlusses vorhandenen Erbhoferzeugnisse und über die in diesem Zeitpunkt aus der Veräußerung von Erbhoferzeugnissen ausstehenden Forderungen.
(3) Eine Verfügung des Eigentümers, die mit den Vorschriften der Absätze 1, 2 im Widerspruch steht, ist dem Nutzverwalter gegenüber unwirksam.
(4) Das Recht, den Erbhof zu verwalten und zu nutzen, geht auf den Nutzverwalter über.
(5) Steht dem Eigentümer kraft ehelichen Güterrechts, kraft elterlicher Gewalt oder aus einem sonstigen Rechtsgrunde das Recht der Verwaltung und Nutznießung am Vermögen des Nutzverwalters zu, so erstreckt sich dieses Recht nicht auf die dem Nutzverwalter durch den Einsetzungsbeschluß übertragenen Rechte.
(6) Der Nutzverwalter haftet mit den pfändbaren Nutzungen des Erbhofs für die bei Einsetzung der Nutzverwaltung bestehenden Schulden des Eigentümers. Das durch Pfändung zugunsten eines solchen Gläubigers begründete Pfandrecht an den Nutzungen des Erbhofs hat (in Abweichung vom § 804 Abs. 3 der Zivilprozessordnung) ohne Rücksicht auf die zeitliche Reihenfolge der Pfändungen den Vorrang vor dem Pfändungspfandrecht eines Gläubigers der Nutzverwalters, dessen Anspruch vor Einsetzung der Nutzverwaltung begründet ist.

§ 91 EHVfO.
Rechte und Pflichten des Nutzverwalters.
(1) Der Nutzverwalter ist berechtigt und verpflichtet, den Erbhof in Besitz zu nehmen und ihn nach den Regeln einer ordnungsmäßigen Wirtschaft zu verwalten und zu nutzen.
(2) Der Nutzverwalter kann im Rahmen ordnungsmäßiger Wirtschaftsführung über den Erbhof sowie über die zu ihm gehörenden Gegenstände und seine Nutzungen verfügen. Die Vorschriften, nach denen gewisse Rechtsgeschäfte der Genehmigung des Anerbengerichts bedürfen, bleiben unberührt. Hat das Aner-

bengericht die Genehmigung rechtskräftig erteilt, so gilt das Erfordernis, daß die Verfügung nur im Rahmen ordnungsmäßiger Wirtschaftsführung getroffen werden darf, als erfüllt.
(3) Der Nutzverwalter kann Rechtsstreitigkeiten, die mit dem Betriebe oder der Verwaltung des Erbhofs zusammenhängen, im eigenen Namen führen.
(4) Hat der Eigentümer nach dem Zeitpunkt, in welchem der im § 15 Abs. 2 des Gesetzes vorgesehene Antrag des Landesbauernführers beim Anerbengericht eingeht, Grundstücke des Erbhofs vermietet oder verpachtet, so ist der Miet- oder Pachtvertrag dem Nutzverwalter gegenüber nur wirksam, wenn dieser den Vertrag genehmigt.
(5) Hat der Eigentümer vor Rechtskraft des den Nutzverwalter einsetzenden Beschlusses über Ansprüche auf wiederkehrende Leistungen verfügt, so sind diese Verfügungen nur insoweit wirksam, als Vorausverfügungen eines Schuldners über wiederkehrende Leistungen im Falle der Zwangsverwaltung eines Grundstücks wirksam wären.

§ 92 EHVfO.
Rechtsstellung des Eigentümers während der Nutzverwaltung.
(1) Der Nutzverwalter hat dem Eigentümer die für seinen Hausstand unentbehrlichen Räume zu belassen.
(2) Das Anerbengericht kann bestimmen, daß der Nutzverwalter dem Eigentümer und den von diesem zu unterhaltenden Familienangehörigen, insbesondere dem Ehegatten und den unversorgten Kindern des Eigentümers, den angemessenen und der wirtschaftlichen Lage des Hofes entsprechenden Unterhalt zu gewähren hat.
(3) Erhält der Eigentümer gemäß Abs. 2 Unterhalt, so ist er verpflichtet, soweit dies nach den Verhältnissen des Hofes und der Beteiligten angemessen erscheint, bei der Bewirtschaftung des Hofes mitzuarbeiten und in dem üblichen Umfange die Mitglieder seiner Familie zur Mitarbeit anzuhalten.
(4) Das Anerbengericht kann die in den vorstehenden Absätzen 1 bis 3 vorgesehenen Rechte und Pflichten in Anlehnung an die Grundsätze des § 32 des Gesetzes näher regeln. Gefährdet der Eigentümer oder ein Mitglied seines Hausstandes die Nutzverwaltung, so kann das Anerbengericht auf Antrag des Nutzverwalters dem Eigentümer die Räumung der Wohnräume aufgeben oder andere geeignete Maßnahmen treffen.
(5) Reichen die dem Nutzverwalter zur Verfügung stehenden Mittel zur ordnungsmäßigen Bewirtschaftung des Hofes nicht aus, so kann das Anerbengericht, falls dies nach den Vermögensverhältnissen des Eigentümers der Billigkeit entspricht, auf Antrag des Nutzverwalters dem Eigentümer aufgeben, dem Nutzverwalter einen Beitrag zu den Bewirtschaftungskosten zu leisten.
(6) Die in den Absätzen 4, 5 vorgesehenen Beschlüsse des Anerbengerichts unterliegen der sofortigen Beschwerde. Die hierauf ergehende Entscheidung des

Erbhofgerichts kann nur zusammen mit dem Beschluß über die Anordnung der Nutzverwaltung angefochten werden.

§ 93 EHVfO.
Wechsel des Nutzverwalters.
(1) Verliert der Nutzverwalter die Bauernfähigkeit oder kommt er den Schuldverpflichtungen nicht nach, obwohl ihm dies bei ordnungsmäßiger Wirtschaftsführung möglich wäre, so kann das Anerbengericht auf Antrag des Landesbauernführers ihm die Verwaltung und Nutznießung entziehen und sie gemäß § 85 dieser Verordnung einer anderen Person übertragen, die gegenüber dem Eigentümer anerbenberechtigt ist oder von ihm auf Grund einer anderen Vorschrift als § 25 Abs. 5 des Gesetzes zum Anerben bestimmt werden könnte. Mit der Rechtskraft dieser Entscheidung verliert ein Beschluß, durch den der abgesetzte Nutzverwalter gemäß § 87 dieser Verordnung zum Anerben des Eigentümers eingesetzt worden war, seine Wirksamkeit.
(2) Stirbt der Nutzverwalter, so bleibt dies dem Eigentümer gegenüber auf die Entziehung der Verwaltung und Nutznießung ohne Einfluß. Das Anerbengericht setzt auf Antrag des Landesbauernführers gemäß § 85 dieser Verordnung einen anderen Anerbenberechtigten als Nutzverwalter ein.
(3) Das Anerbengericht macht den Wechsel des Nutzverwalters in denselben Blättern bekannt, in denen auch die Anordnung der Nutzverwaltung veröffentlicht worden ist. Das Anerbengericht ersucht ferner das Grundbuchamt, den Wechsel des Nutzverwalters im Grundbuche zu vermerken.

§ 94 EHVfO.
Beendigung der Nutzverwaltung.
(1) Ist die Nutzverwaltung auf Zeit angeordnet, so endigt sie, falls das Anerbengericht nicht auf Antrag des Landesbauernführers rechtskräftig die Verlängerung anordnet, mit dem Ablauf der im Anordnungsbeschluß vorgesehenen Zeit.
(2) Nach Beendigung der Nutzverwaltung macht das Anerbengericht die Beendigung in denselben Blättern bekannt, in denen die Anordnung der Nutzverwaltung veröffentlicht worden ist. Das Anerbengericht ersucht ferner das Grundbuchamt, den Vermerk über die Nutzverwaltung im Grundbuch zu löschen.

4. Unterabschnitt
Entziehung des Eigentums am Erbhof gemäß § 15 Abs. 3, 4 des Gesetzes

§ 95 EHVfO.
Grundsatz.

(1) Hat der Erbhofeigentümer die Bauernfähigkeit verloren oder kommt er seinen Schuldverpflichtungen nicht nach, obwohl ihm dies bei ordnungsmäßiger Wirtschaftsführung möglich wäre, und ist ein bauernfähiger Ehegatte oder eine bauernfähige Person nicht vorhanden, die dem Eigentümer gegenüber anerbenberechtigt ist oder von ihm auf Grund einer anderen Vorschrift als § 25 Abs. 5 des Gesetzes zum Anerben bestimmt werden könnte, so kann das Anerbengericht auf Antrag des Reichsbauernführers gemäß § 15 Abs. 3, 4 des Gesetzes das Eigentum am Erbhof auf eine vom Reichsbauernführer vorzuschlagende bauernfähige Person übertragen (§§ 96 bis 98 dieser Verordnung).
(2) In geeigneten Fällen kann das Anerbengericht, ohne daß es hierzu eines weiteren Antrags des Reichs- oder Landesbauernführers bedarf, anstatt der Eigentumsübertragung die Wirtschaftsüberwachung durch einen Vertrauensmann oder die Wirtschaftsführung durch einen Treuhänder gemäß §§ 74 bis 84 dieser Verordnung anordnen.

§ 96 EHVfO.
Bekanntgabe der Eigentumsübertragung.
(1) Sobald der Beschluß, durch den das Eigentum übertragen wird, Rechtskraft erlangt, macht das Anerbengericht die Eigentumsübertragung sowie den Namen des neuen Bauern in dem für die amtlichen Bekanntmachungen des Gerichts bestimmten Blatt sowie in dem amtlichen Blatt der Landesbauernschaft und in einer örtlichen Tageszeitung bekannt.
(2) Das Anerbengericht ersucht ferner gemäß § 15 Abs. 4 des Gesetzes das Grundbuchamt um die Eintragung des neuen Eigentümers.

§ 97 EHVfO.
Wirkungen des Übertragungsbeschlusses.
(1) Bei Rechtskraft des Übertragungsbeschlusses geht auch das Eigentum an den in diesem Zeitpunkt vorhandenen Erbhoferzeugnissen von dem früheren Eigentümer auf den neuen Bauern über. Dasselbe gilt für die in diesem Zeitpunkt noch ausstehenden Forderungen aus dem Verkauf solcher Erzeugnisse.
(2) Hat der Eigentümer nach dem Zeitpunkt, in welchem der im § 15 Abs. 3 des Gesetzes vorgesehene Antrag des Reichsbauernführers beim Anerbengericht eingegangen ist, Grundstücke des Erbhofs vermietet oder verpachtet, so ist der Miet- oder Pachtvertrag dem neuen Bauern gegenüber nur wirksam, wenn dieser den Vertrag genehmigt.
(3) Hat der Eigentümer vor Rechtskraft des die Eigentumsübertragung anordnenden Beschlusses über Ansprüche auf wiederkehrende Leistungen verfügt, so sind dieser Verfügungen nur insoweit wirksam, als Vorausverfügungen eines Schuldners über wiederkehrende Leistungen im Falle der Zwangsverwaltung eines Grundstücks wirksam wären.

§ 98 EHVfO.
Rechtsstellung des Eigentümers und seiner Angehörigen nach der Eigentumsübertragung.

(1) Das Anerbengericht kann bestimmen, daß der neue Bauer dem früheren Eigentümer die für dessen Hausstand unentbehrlichen Räume zu belassen hat.

(2) Das Anerbengericht kann ferner bestimmen, daß der neue Bauer dem früheren Eigentümer und dessen Ehegatten wie Altenteilern sowie den unversorgten Abkömmlingen des früheren Eigentümers wie weichenden Erben den angemessenen und der wirtschaftlichen Lage des Hofes entsprechenden Unterhalt zu gewähren hat.

(3) Erhält der frühere Eigentümer gemäß Abs. 2 Unterhalt, so ist er verpflichtet, soweit dies nach den Verhältnissen des Hofes und der Beteiligten angemessen erscheint, bei der Bewirtschaftung des Hofes mitzuarbeiten und in dem üblichen Umfang auch die Mitglieder seiner Familie zur Mitarbeit anzuhalten.

(4) Das Anerbengericht kann die in vorstehenden Absätzen 1 bis 3 vorgesehenen Rechte und Pflichten in Anlehnung an die Grundsätze des § 32 des Gesetzes näher regeln. Gefährdet der frühere Eigentümer oder ein Mitglied seines Hausstandes die ordnungsmäßige Bewirtschaftung des Hofes, so kann das Anerbengericht auf Antrag des neuen Bauern dem früheren Eigentümer die Räumung der Wohnräume aufgeben oder andere geeignete Maßnahmen treffen.

(5) Reichen die dem neuen Bauern zur Verfügung stehenden Mittel zur ordnungsmäßigen Bewirtschaftung des Hofes nicht aus, so kann das Anerbengericht, falls dies nach den Vermögensverhältnissen des früheren Eigentümers der Billigkeit entspricht, auf Antrag des Bauern dem früheren Eigentümer aufgeben, dem Bauern einen Beitrag zur Bewirtschaftung zu leisten.

(6) Die in den Absätzen 4, 5 vorgesehenen Beschlüsse des Anerbengerichts unterliegen der sofortigen Beschwerde. Die hierauf ergehende Entscheidung des Erbhofgerichts kann nur zusammen mit dem die Eigentumsübertragung aussprechenden Beschluß angefochten werden.

G. Verordnung zur Fortbildung des Erbhofrechts (Erbhoffortbildungsverordnung – EHFV) vom 30. September 1943 (RGBl. I S. 549) / Auszug

Erster Abschnitt
Besserstellung des einheiratenden Ehegatten
I. Erweiterter Bauernbegriff

§ 1 EHFV.
Bauern und Bäuerin.
(1) Bauer heißt auch der in einen Erbhof einheiratende bauernfähige Ehemann.
(2) Bäuerin heißt auch die in einen Erbhof einheiratende bauernfähige Ehefrau.

§ 2 EHFV.
Altbauer und Altbäuerin.
(1) Bauer und Bäuerin heißen nach der Uebergabe des Erbhofs Altbauer und Altbäuerin.
(2) Dasselbe gilt nach dem Tode des Hofeigentümers für den überlebenden Ehegatten, soweit er nicht bäuerlicher Verwalter und Nutznießer oder Anerbe wird und deshalb weiterhin Bauer oder Bäuerin heißt.

§ 3 EHFV.
Bäuerliche Beisitzer bei den Anerbenbehörden.
Der in einen Erbhof einheiratende bauernfähige Ehemann und der Altbauer können Anerbenrichter, Erbhofrichter oder Reichserbhofrichter werden.

II. Stellung des einheiratenden Ehemannes

§ 4 EHFV.
Bäuerliche Verwaltung und Nutznießung des einheiratenden Ehemannes.
(1) Dem einheiratenden bauernfähigen Ehemanne steht am Erbhofe seiner Ehefrau die bäuerliche Verwaltung und Nutznießung (§ 17) zu. Das gleiche gilt, wenn die Ehefrau nur die bäuerliche Verwaltung und Nutznießung an einem Erbhofe hat.
(2) Die bäuerliche Verwaltung und Nutznießung des Ehemannes kann durch Ehevertrag (Ehepakt) ausgeschlossen, aufgehoben oder zeitlich begrenzt werden.
(3) Auf Antrag des Landesbauernführers oder der Ehefrau kann das Anerbengericht die bäuerliche Verwaltung und Nutznießung des Ehemannes aus wichtigem Grund aufheben oder beschränken.

§ 5 EHFV.
Gemeinsame Bestimmung des Anerben.
(1) Die Bäuerin kann den Anerben aus den gemeinsamen Abkömmlingen nur gemeinsam mit dem einheiratenden bauernfähigen Ehemanne bestimmen. Verweigert er die Mitwirkung oder ist er an der Mitwirkung verhindert, so ist die Zustimmung des Anerbengerichts in jedem Fall erforderlich und genügend.
(2) Die Ehegatten können die getroffene Bestimmung gemeinsam aufheben. Verweigert einer die Mitwirkung oder ist er an der Mitwirkung verhindert, so ist die Zustimmung des Anerbengerichts erforderlich und genügend.

§ 6 EHFV.

Beteiligung in Verfahren vor Anerbenbehörden.

(1) In den Verfahren vor den Anerbenbehörden ist der einheiratende bauernfähige Ehemann als Beteiligter hinzuzuziehen, und zwar auch dann, wenn ihm die bäuerliche Verwaltung und Nutznießung nicht zusteht. Das gilt nicht, wenn sie ihm durch das Anerbengericht entzogen worden ist.

(2) Das Anerbengericht kann von der Beteiligung absehen, wenn es sich um eine Angelegenheit von geringer Bedeutung handelt, oder wenn der Ehemann an der Mitwirkung behindert ist.

III. Stellung des überlebenden Ehegatten. Wiederverheiratung.

§ 7 EHFV.

Bäuerliche Verwaltung und Nutznießung des überlebenden Ehegatten.

(1) Dem bauernfähigen überlebenden Ehegatten des Hofeigentümers steht die bäuerliche Verwaltung und Nutznießung (§ 17) am Erbhofe zu, und zwar, wenn der Anerbe ein Abkömmling des Erblassers ist, bis zur Vollendung des 25. Lebensjahres des Anerben, in anderen Fällen auch darüber hinaus. Dieses Recht kann durch Ehevertrag augeschlossen oder zeitlich begrenzt werden. Der Erblasser kann die Verwaltung und Nutznießung mit Zustimmung des Anerbengerichts auch durch Verfügung von Todes wegen ausschließen oder beschränken.

(2) Auf Antrag des Landesbauernführers oder des überlebenden Ehegatten kann das Anerbengericht die Verwaltung und Nutznießung aus wichtigem Grund ausschließen, aufheben, beschränken oder ihre Dauer verlängern.

§ 8 EHFV.

Nachträgliche Bestimmung eines anderen Anerben durch den überlebenden Ehegatten.

(1) Der überlebende Ehegatte kann während der Dauer der bäuerlichen Verwaltung und Nutznießung an Stelle des Abkömmlings des Erblassers, der kraft Gesetzes Anerbe geworden ist, einen anderen Abkömmling des Erblassers zum Anerben bestimmen, wenn ein wichtiger Grund vorliegt. Er kann die Bestimmung nicht mehr treffen, wenn der gesetzliche Anerbe das 25. Lebensjahr vollendet hat. Der Erblasser kann die Befugnis zur nachträglichen Bestimmung eines anderen Anerben durch Verfügung von Todes wegen ausschließen.

(2) Der überlebende Ehegatte kann die im Abs. 1 vorgesehene Bestimmung nur mündlich zur Niederschrift vor dem Vorsitzenden des zuständigen Anerbengerichts oder in der Form der notariellen Beurkundung treffen. Sie bedarf der Zustimmung des Anerbengerichts. Das Anerbengericht hat vor seiner Entschei-

dung den Landesbauernführer zu hören. § 59 der Erbhofverfahrensordnung vom 21. Dezember 1936 (RGBl. I S. 1082) gilt sinngemäß.
(3) Die Bestimmung des Anerben wird mit der Rechtskraft des Zustimmungsbeschlusses wirksam. Mit diesem Zeitpunkte tritt der bestimmte Anerbe hinsichtlich des Erbhofs in die Rechtstellung des gesetzlichen Anerben ein. Das Anerbengericht regelt und entscheidet, und zwar auch mit Wirkung gegenüber Dritten, die mit dem Uebergange des Hofes zusammenhängenden Fragen.
(4) Der Vorsitzende des Anerbengerichts ersucht das Grundbuchamt von Amts wegen um die Eintragung des neuen Eigentümers im Grundbuch.

§ 9 EHFV.
Wiederverheiratung der überlebenden Ehefrau.
(1) Heiratet die überlebende und bäuerliche Nutzverwalterin wieder (§ 7), so steht dem neuen bauernfähigen Ehemanne die bäuerliche Verwaltung und Nutznießung am Erbhofe zu (§§ 4, 17). Stirbt sie, so behält er die Verwaltung und Nutznießung, und zwar, wenn der Anerbe zu den Abkömmlingen des vorherigen Hofeigentümers gehört, bis zur Vollendung des 25. Lebensjahres des Anerben, in anderen Fällen auch darüber hinaus, jedoch nicht länger, als sie der Ehefrau zugestanden hätte. Die bäuerliche Verwaltung und Nutznießung kann durch eine vom verstorbenen Eigentümer getroffene Verfügung von Todes wegen oder durch Ehevertrag (Ehepakt) ausgeschlossen, aufgehoben oder zeitlich begrenzt werden. Das Anerbengericht kann sie auf Antrag des Landesbauernführers oder der Ehefrau aus wichtigem Grund ausschliessen, aufheben, beschränken oder ihre Dauer verlängern. Endet die Verwaltung und Nutznießung des neuen Ehemannes während der Ehe, so wird sie wieder von der Ehefrau ausgeübt.
(2) Nach Beendigung der Verwaltung und Nutznießung am Erbhofe hat auch der neue Ehemann einen Anspruch auf Altenteil (§ 31 des Reichserbhofgesetzes). Den während der Verwaltung und Nutznießung gezeugten Kindern aus der neuen Ehe stehen Unterhalts, Erziehungs- und Ausstattungsansprüche (§ 30 Abs. 1 und 2 des Gesetzes) zu. Bei der Bemessung des Altenteils des neuen Ehegatten und der Ausstattungsansprüche der Kinder aus der neuen Ehe sind jedoch außer der Leistungsfähigkeit des Hofes grundsätzlich die Verdienste der Berechtigten um den Erbhof maßgebend zu berücksichtigen.

§ 10 EHFV.
Wiederverheiratung des überlebenden Ehegatten.
Heiratet der überlebende Ehemann und bäuerliche Nutzverwalter (§ 7) wieder, so stehen der neuen Ehefrau und den während der Verwaltung und Nutznießung gezeugten Kindern aus der neuen Ehe ebenfalls ein Altenteilsanspruch sowie die Versorgungsansprüche nach § 9 Abs. 2 zu.

§ 11 EHFV.
Zwischenwirtschaftsvertrag. Zwischenwirtschaftsregelungen des Anerbengerichts.
(1) Der überlebende Ehegatte, sein neuer Ehegatte und der Anerbe können die bäuerliche Verwaltung und Nutznießung, den Unterhalt und die bäuerliche Erziehung des Anerben, die Versorgung seiner Geschwister, die Altenteilsansprüche des überlebenden und des neuen Ehegatten sowie die Versorgung der Kinder aus der neuen Ehe nach den besonderen Verhältnissen des Erbhofs und der Sippe durch Zwischenwirtschaftsvertrag näher regeln. Der Vertrag bedarf der Genehmigung des Anerbengerichts.
(2) Ist ein Zwischenwirtschaftsvertrag nicht geschlossen, lassen die Verhältnisse des einzelnen Falles aber eine besondere Regelung erforderlich erscheinen, so kann das Anerbengericht auf Antrag des Kreisbauernführers oder eines Beteiligten eine solche durch eine Zwischenwirtschaftsanordnung oder durch Regelung einzelner Rechtsbeziehungen treffen.
(3) Das Anerbengericht kann auf Antrag des Kreisbauernführers oder eines Beteiligten die durch den Zwischenwirtschaftsvertrag oder die Zwischenwirtschaftsregelungen begründeten Ansprüche anderweit festsetzen oder die Rechtsbeziehungen unter den Beteiligten anderweit regeln, wenn die Verhältnisse, die für die vereinbarte oder getroffene Regelung maßgebend waren, sich seit Abschluß und Genehmigung des Vertrages oder seit Anordnung der Zwischenwirtschaftsregelung wesentlich geändert haben.
(4) Auf Antrag des Landesbauernführers kann das Anerbengericht den Zwischenwirtschaftsvertrag oder die Zwischenwirtschaftsordnung aufheben, wenn ein wichtiger Grund vorliegt.
(5) Die Reichspachtschutzverordnung vom 30. Juli 1940 (RGBl. I S. 1065) findet auf den Zwischenwirtschaftsvertrag keine Anwendung.

IV. Sippegebundene Anerbenfolge des Ehegatten. Wiederverheiratung.

§ 12 EHFV.
Bestimmung des Ehegatten zum Anerben. Weitere Anerbenfolge.
(1) Der Alleineigentümer eines Erbhofs kann seinen bauernfähigen Ehegatten zum Anerben bestimmen. Weiter kann er anordnen, daß auch schon zu Lebzeiten des Ehegatten in einem bestimmten Zeitpunkt oder mit einem bestimmten Ereignis die weitere Anerbenfolge nach dem Ehegatten eintritt.
(2) Mit dem Tode des Anerbe gewordenen Ehegatten oder mit dem sonstigen Eintritte der weiteren Anerbenfolge fällt der Hof demjenigen als weiterem Anerben an, der nach dem Reichserbhofgesetz als Anerbe des vorverstorbenen Ehegatten und Hofeigentümers berufen wäre, wenn dieser erst in diesem Zeitpunkte gestorben wäre.

(3) Hat der Eigentümer seinen Ehegatten zum Anerben bestimmt (Abs. 1), so kann er auch den weiteren Anerben, in den Fällen des § 5 gemeinsam mit dem Ehegatten, bestimmen. Ist eine solche Bestimmung nicht getroffen, so kann auch der zur Anerbenfolge gelangte Ehegatte den weiteren Anerben bestimmen. Zum weiteren Anerben kann jedoch nur bestimmt werden, wer nach dem Reichserbhofgesetze zum Anerben des erstverstorbenen Ehegatten berufen wäre oder bestimmt werden könnte. Die Vorschriften, nach denen in gewissen Fällen die Zustimmung des Anerbengerichts zur Anerbenbestimmung erforderlich ist, bleiben unberührt. Der überlebende Ehegatte bedarf jedoch zur Bestimmung des weiteren Anerben in jedem Falle der Zustimmung des Anerbengerichts.
(4) Sind bauernfähige eheliche Abkömmlinge des vorverstorbenen Ehegatten und Hofeigentümers nicht vorhanden und ist eine Bestimmung nach Abs. 3 Satz 1 nicht getroffen, so kann der Anerbe gewordene überlebende Ehegatte den weiteren Anerben in besonderen Ausnahmefällen mit Zustimmung des Anerbengerichts auch aus seinen Abkömmlingen bestimmen, wenn nach den besonderen Umständen des Falles das Festhalten an der Anerbenfolge in der Hofessippe für diesen Abkömmling eine unbillige schwere Härte bedeuten würde. Das Anerbengericht hat vor seiner Entscheidung den Landesbauernführer zu hören
(5) Im Erbschein (in der Einantwortungsurkunde) und im Hoffolgezeugnis (in der Amtsbestätigung) ist der nach den vorstehenden Bestimmungen zur Anerbenfolge gelangte Ehegatte als „Anerbe nach § 12 der Erbhoffortbildungsverordnung“ zu bezeichnen.

§ 13 EHFV.
Wiederverheiratung der zum Anerben bestimmten Ehefrau.
(1) Heiratet die zur Anerbenfolge gelangte Ehefrau (§ 12) wieder, bevor die weitere Anerbenfolge eingetreten ist, so steht dem neuen bauernfähigen Ehemanne die bäuerliche Verwaltung und Nutznießung am Erbhofe zu (§§ 4, 17). Stirbt sie, so behält er die Verwaltung und Nutznießung, und zwar, wenn der weitere Anerbe zu den Abkömmlingen des vorherigen Hofeigentümers gehört, bis zur Vollendung des 25. Lebensjahres des weiteren Anerben, in anderen Fällen auch darüber hinaus, jedoch nicht länger, als die Ehefrau Anerbin gewesen wäre. Die Verwaltung und Nutznießung kann durch eine von dem verstorbenen Eigentümer getroffene Verfügung von Todes wegen oder durch Ehevertrag (Ehepakt) ausgeschlossen, aufgehoben oder zeitlich begrenzt werden. Das Anerbengericht kann sie auf Antrag des Landesbauernführers oder der Ehefrau aus wichtigem Grund ausschließen, aufheben, beschränken oder ihre Dauer verlängern.
(2) Nach Eintritt der weiteren Anerbenfolge stehen der Ehefrau und dem neuen Ehegatten die Ansprüche auf Altenteil (§ 31 des Reichserbhofgesetzes) zu. Die vor Eintritt der weiteren Anerbenfolge gezeugten Kinder aus der neuen Ehe haben die Unterhalts-, Erziehungs und Ausstattungsansprüche (§ 30 Abs. 1 und 2

des Gesetzes). Bei der Bemessung des Altenteils des neuen Ehegatten und der Ausstattungsansprüche der Kinder aus der neuen Ehe sind jedoch außer der Leistungsfähigkeit des Hofes grundsätzlich die Verdienste der Berechtigten um den Erbhof maßgebend zu berücksichtigen.

§ 14 EHFV.
Wiederverheiratung des zum Anerben bestimmten Ehemannes.
Heiratet der zur Anerbenfolge gelangte Ehemann (§ 12) wieder, bevor die weitere Anerbenfolge eingetreten ist, so stehen nach Eintritt der weiteren Anerbenfolge ihm, dem neuen Ehegatten und den vor Eintritt der weiteren Anerbenfolge gezeugten Kindern aus der neuen Ehe die Altenteilsansprüche sowie die Versorgungsansprüche nach § 13 Abs. 2 zu.

§ 15 EHFV.
Anordnung der weiteren Anerbenfolge. Hofübergabe an den weiteren Anerben.
(1) Auf Antrag des Landesbauernführers kann das Anerbengericht, und zwar auch im Falle der Wiederverheiratung des Anerbe gewordenen Ehegatten (§ 12), aus wichtigem Grund den vorzeitigen Eintritt der weiteren Anerbenfolge anordnen. Die weitere Anerbenfolge tritt mit der Rechtskraft dieses Beschlusses ein. Der Vorsitzende des Anerbengerichts ersucht das Grundbuchamt von Amts wegen um die Eintragung des weiteren Anerben als neuen Eigentümers im Grundbuch.
(2) Der Anerbe gewordene Ehegatte soll den Erbhof an den weiteren Anerben übergeben, wenn dieser zu den Abkömmlingen des verstorbenen Ehegatten gehört, das 25. Lebensjahr überschritten hat und nach seiner bäuerlichen Ausbildung zur Selbstbewirtschaftung des Hofes in der Lage ist, und wenn die Hofübergabe zur Förderung der Familiengründung des weiteren Anerben oder des Kinderreichtums auf dem Hofe geboten erscheint. Wird die Hofübergabe verweigert, so soll das Anerbengericht auf Antrag des Landesbauernführers nach Abs. 1 den vorzeitigen Eintritt der weiteren Anerbenfolge anordnen. § 43 Abs. 3 und 4 gelten auch hier.

§ 16 EHFV.
Erbfolge in einen weiteren Erbhof bei Einsetzung eines Ehegatten zum Anerben.
(1) Wer als Ehegatte auf Grund des § 12 Abs. 1 einen Erbhof erworben hat, kann abweichend von § 22 des Reichserbhofgesetzes Anerbe eines weiteren Erbhofs werden, ohne seinen Erbhof gegen den anfallenden Erbhof austauschen zu müssen.
(2) Der Eigentümer eines Erbhofs kann auf Grund des § 12 Abs. 1 als Ehegatte Anerbe weiterer Erbhöfe werden; hierbei entfällt der im § 22 des Gesetzes vor-

gesehene Austausch der Erbhöfe und das im § 23 des Gesetzes geregelte Wahlrecht der als Anerbe Berufenen.
(3) Der Eintritt der Anerbenfolge auf Grund des § 12 Abs. 1 gilt nicht als Erbfall im Sinne des § 47 Abs. 2 der Erbhofrechtsverordnung vom 21. Dezember 1936 (Bestimmung des Hauskindes zum Anerben) und des § 58 des Gesetzes (Anerbenfolge eines Sohnes in zwei Erbhöfe).

V. Sonstige Bestimmungen

§ 17 EHFV.
Inhalt und Wirkungen der bäuerlichen Verwaltung und Nutznießung.
(1) Der bäuerliche Nutzwalter (in den Fällen der §§ 4, 9, 13, 22, 26 der einheiratende Ehemann, in den Fällen des § 7 der überlebende Ehegatte) hat den Erbhof ordnungsgemäß zu bewirtschaften. Ihm stehen die Nutzungen einer ordnungsmäßigen Wirtschaftsführung zu. Soweit dabei ein den Erbhof betreffendes Rechtsgeschäft nach den Vorschriften des Reichserbhofrechts der Genehmigung des Anerbengerichts bedarf, kann er es nur mit Zustimmung der Ehefrau (§§ 4, 13, 22, 26) oder des sonstigen Eigentümers (§§ 7, 9) vornehmen. Verweigert die Ehefrau oder der sonstige Eigentümer die Zustimmung oder sind sie an der Mitwirkung verhindert, so kann das Anerbengericht die Zustimmung erteilen. Der Ehefrau verbleiben in jedem Falle die ortsüblichen Rechte und Pflichten einer Bäuerin.
(2) Die Ehefrau (in den Fällen der §§ 4, 13, 22, 26) und der sonstige Eigentümer (in den Fällen der §§ 7, 9) bedürfen zu Rechtsgeschäften unter Lebenden, die den Erbhof betreffen und nach den Vorschriften des Reichserbhofrechts anerbengerichtlich genehmigt werden müssen, während der Dauer der Verwaltung und Nutznießung auch der Zustimmung des Nutzwalters. Verweigert er seine Zustimmung oder ist er an der Mitwirkung verhindert, so kann das Anerbengericht die Zustimmung erteilen.
(3) Der Nutzwalter hat dem Eigentümer und Anerben, soweit dies der Billigkeit entspricht, Unterhalt nach den Kräften des Hofes zu gewähren und ihm, auch wenn dieser nicht zu seiner Hausgemeinschaft gehört, Gelegenheit zur bäuerlichen Ausbildung zu geben.
(4) Während der Verwaltung und Nutznießung kann der Nutzverwalter etwaige Ansprüche aus Vermögensverwendungen für den Erbhof nicht geltend machen. Nach Beendigung der Verwaltung und Nutznießung kann er ein Zurückbehaltungsrecht am Erbhofe wegen solcher Ansprüche nicht ausüben.
(5) Wird die bäuerliche Verwaltung und Nutznießung durch Verfügung von Todes wegen, durch Ehevertrag (Ehepakt) oder durch das Anerbengericht ausgeschlossen, aufgehoben oder beschränkt, so gilt, sofern dabei nicht etwas anderes vereinbart oder angeordnet ist, auch die Verwaltung und Nutznießung (rech-

nungsfreie Verwaltung) des bürgerlichen Rechts hinsichtlich des Erbhofs als ausgeschlossen, aufgehoben oder beschränkt.
(6) Inhalt und Wirkungen der bäuerlichen Verwaltung und Nutznießung bestimmen sich im übrigen in ihren verschiedenen Anwendungsfällen nach den mit der Verwaltung und Nutznießung verfogten Zwecken. Im Zweifel entscheidet das Anerbengericht.
(7) Die vorstehenden Vorschriften gelten auch für die im § 26 des Reichserbhofgesetzes und in den §§ 11, 21, 22, 24 und 52 der Erbhofrechtsverordnung vorgesehenen Fällen der Verwaltung und Nutznießung.

§ 18 EHFV.
Zuständigkeit der Anerbenbehörden.
Für die Entscheidung über alle Anträge und Streitigkeiten, die die bäuerliche Verwaltung und Nutznießung (§ 17), Zwischenwirtschaftsverträge und Zwischenwirtschaftsregelungen (§ 11) oder sonstige ähnliche Abmachungen der Beteiligten betreffen, oder die sich sonst bei der Anwendung der Vorschriften dieses Abschnitts ergeben, sind die Anerbenbehörden ausschließlich zuständig.

§ 19 EHFV.
Bestehende Ehen, bereits eingetretene Erbfälle.
Die Vorschriften dieses Abschnitts gelten auch für die vor dem Inkrafttreten der Verordnung geschlossenen Ehen und eingetretenen Erbfälle, soweit sich nicht aus den Uebergangsbestimmungen des § 50 etwas anderes ergibt.

Zweiter Abschnitt
Sippegebundene Ehegattenerbhöfe

§ 20 EHFV.
Überführung von Erbhöfen in Eigentum der Ehegatten.
(1) Der Eigentümer eines Erbhofs kann mit seinem Ehegatten auch mit Wirkung für den Hof Gütergemeinschaft vereinbaren oder dem Ehegatten sonst das Miteigentum am Hof einräumen.
(2) Ehegatten können einen Erbhof auch gemeinschaftlich erwerben.
(3) Die Rechtsgeschäfte nach Abs. 1 und 2 können auch von Brautleuten vorgenommen werden. In diesem Falle werden solche Rechtsgeschäfte erst mit der Eheschließung wirksam.
(4) Das Anerbengericht soll die zur Begründung des Ehegattenerbhofs erforderliche Genehmigung erteilen, wenn ein wichtiger Grund vorliegt. Ein wichtiger Grund ist insbesondere dann gegeben, wenn in der Gegend, in der der Erbhof liegt, die Begründung von Ehegattenerbhöfen in Fällen der zur Entscheidung stehenden Art früher üblich war.

(5) Mit dem Uebergang in das gemeinschaftliche Eigentum wir der Erbhof Ehegattenerbhof.

§ 21 EHFV.

Rechtliche Behandlung der Ehegattenerbhöfe.

Für Ehegattenerbhöfe sind dieselben Vorschriften maßgebend, die allgemein für Erbhöfe gelten, soweit sich nicht aus den nachstehenden Bestimmungen etwas anderes ergibt.

§ 22 EHFV.

Güterrechtliche Vorschriften.

(1) Soweit die Ehegatten mit Wirkung für den Erbhof Gütergemeinschaft vereinbaren, gelten die Vorschriften des allgemeinen Rechts über die Gütergemeinschaften, insbesondere über die rechtliche Stellung der Ehegatten. Im Geltungsbereich des Allgemeinen bürgerlichen Gesetzbuchs kann die Ehefrau der rechnungsfreien Verwaltung (§§ 1238, 1239) nur mit Genehmigung des Anerbengerichts widersprechen.

(2) Soweit die Ehegatten sonst das Miteigentum am Erbhofe begründen, steht dem bauernfähigen Ehemanne die bäuerliche Verwaltung und Nutznießung (§ 17) an den der Ehefrau gehörenden Teilen oder Anteilen des Erbhofes zu. Die Verwaltung und Nutznießung kann durch Ehevertrag (Ehepakt) ausgeschlossen, aufgehoben oder zeitlich begrenzt werden. Auf Antrag des Landesbauernführers oder der Ehefrau kann das Anerbengericht die Verwaltung und Nutznießung des Ehemannes aus wichtigem Grund aufheben oder beschränken.

§ 23 EHFV.

Ehegatte, von dem der Erbhof stammt.

(1) Der Ehegattenerbhof stammt von dem Ehegatten, der den wirtschaftlich bedeutenderen Teil des den Erbhof bildenden Besitzes bei der Eheschließung oder später eingebracht hat. Ist der Hof von den beiden Ehegatten zu gleichen Teilen in die Ehe eingebracht, so gilt er als von dem Ehemanne stammend. Bestehen Zweifel, so entscheidet auf Antrag eines der Ehegatten das Anerbengericht nach billigem Ermessen.

(2) Ist jedoch die Sippe des einen Ehegatten bereits in mehrfacher Geschlechterfolge auf dem von ihm eingebrachten Teile des Hofes ansässig, während das für den anderen Ehegatten nicht zutrifft, so kann das Anerbengericht, sofern dies dem bäuerlichen Denken entspricht, ohne Rücksicht auf die wirtschaftliche Bedeutung der von den Ehegatten eingebrachten Teile des Hofes auf Antrag des Kreisbauernführers oder eines der Ehegatten entscheiden, daß der Hof von dem alteingesessenen Ehegatten stammt.

(3) Das Anerbengericht hat im Verfahren die nächstberechtigten gesetzlichen Anerben aus den Sippen beider Ehegatten als Beteiligte hinzuzuziehen. Die Entscheidung wirkt für und gegen alle Anerbenberechtigten aus beiden Sippen.

(4) Eheverträge (Ehepakte) und gemeinschaftliche Verfügungen von Todes wegen sollen zur Erleichterung der späteren Feststellung, von wem der Hof stammt, Angaben über den Umfang und den Wert des von jedem Ehegatten eingebrachten Vermögens enthalten.

§ 24 EHFV.
Gesetzliche Anerbenfolge.
(1) Beim Tode eines Ehegatten fällt der Ehegattenerbhof zunächst dem überlebenden Ehegatten als Anerben an. Nach ihm wird derjenige weiterer Anerbe, der nach dem Reichserbhofgesetz als Anerbe des Ehegatten, von dem der Erbhof stammt, berufen wäre, wenn dieser erst in diesem Zeitpunkt gestorben wäre.
(2) Der Ehegatte, von dem der Hof stammt, kann durch Verfügung von Todes wegen mit Zustimmung des Anerbengerichts den anderen Ehegatten aus wichtigem Grund von der Anerbenfolge ausschließen. Diesem steht alsdann die bäuerliche Verwaltung und Nutznießung zu, soweit sie nicht ebenfalls durch Verfügung von Todes wegen mit Zustimmung des Anerbengerichts ausgeschlossen oder beschränkt ist (§ 7 Abs. 1 Satz 3).

§ 25 EHFV.
Bestimmung des Anerben.
(1) Die Ehegatten können den Anerben nur gemeinsam bestimmen und eine getroffene Bestimmung nur gemeinsam aufheben. Einigen sie sich nicht, so kann derjenige, von dem der Erbhof stammt, allein den Anerben bestimmen oder die getroffene Bestimmung aufheben. Hierzu ist aber die Zustimmung des Anerbengerichts in jedem Fall erforderlich.
(2) Die Ehegatten können einander gegenseitig zum Anerben bestimmen. Ferner können sie anordnen, daß die weitere Anerbenfolge schon zu Lebzeiten des Ueberlebenden in einem bestimmten Zeitpunkt oder mit einem bestimmten Ereignis eintritt. Sie können auch bestimmen, wer sonst nach dem Tode des Erstversterbenden oder wer nach dem Ueberlebenden Anerbe oder weiterer Anerbe werden soll. Ist eine solche Bestimmung nicht getroffen, so kann der überlebende Ehegatte, der Anerbe geworden ist, den weiteren Anerben bestimmen. Zum Anerben oder weiteren Anerben kann jedoch nur bestimmt werden, wer nach dem Reichserbhofgesetz zum Anerben des Ehegatten berufen wäre oder bestimmt werden könnte, von dem der Erbhof stammt. Die Vorschriften, nach denen in gewissen Fällen die Zustimmung des Anerbengerichts zur Anerbenbestimmung erforderlich ist, bleiben unberührt. Der überlebende Ehegatte, von dem der Hof nicht stammt, bedarf jedoch zur Bestimmung des weiteren Anerben in jedem Falle dieser Zustimmung.
(3) Sind bauernfähige eheliche Abkömmlinge des verstorbenen Ehegatten, von dem der Hof stammt, nicht vorhanden und ist eine Bestimmung nach Abs. 2 Satz 3 oder nach Abs. 1 Satz 2 nicht getroffen, so kann der überlebende Ehe-

gatte, der Anerbe geworden ist, den weiteren Anerben in besonderen Ausnahmefällen mit Zustimmung des Anerbengerichts auch aus seinen Abkömmlingen bestimmen, wenn nach den besonderen Umständen des Falles das Festhalten an der Anerbenfolge in der Hofessippe für diesen Abkömmling eine unbillige schwere Härte bedeuten würde. Das Anerbengericht hat vor seiner Entscheidung den Landesbauernführer zu hören.
(4) Im Erbschein (in der Einantwortungsurkunde) und im Hoffolgezeugnis (in der Amtsbestätigung) ist der nach den §§ 24 und 25 zur Anerbenfolge gelangte Ehegatte, von dem der Hof nicht stammt, als "Anerbe nach §§ 24,25 der Erbhoffortbildungsverordnung" zu bezeichnen.

§ 26 EHFV.
Wiederverheiratung des zum Anerben berufenen Ehegatten.
(1) Heiratet der zum Anerben berufene Ehegatte, von dem der Erbhof stammt, wieder, so kann er mit dem neuen Ehegatten wieder einen Ehegattenerbhof begründen. Geschieht das nicht, so steht dem neuen bauernfähigen Ehemanne die bäuerliche Verwaltung und Nutznießung am Erbhofe (§§ 4,7,17) nach § 13 Abs. 1 zu.
(2) Heiratet die zum Anerben berufene Ehefrau, von der der Hof nicht stammt, wieder, so steht dem neuen bauernfähigen Ehemanne die Verwaltung und Nutznießung am Erbhofe (§§ 4, 7, 17) nach § 13 Abs. 1 zu.
(3) Die Altenteilsansprüche der Ehegatten und die Versorgungsansprüche der Kinder aus der neuen Ehe bestimmen sich bei Wiederverheiratung des Ehegatten, von dem der Hof stammt, nach § 31 und § 30 des Reichserbhofgesetzes, bei Wiederverheiratung des Ehegatten, von dem der Hof nicht stammt, nach § 13 Abs. 2 und 14 dieser Verordnung.

§ 27 EHFV.
Anordnung der weiteren Anerbenfolge. Hofübergabe an den weiteren Anerben.
(1) Auf Antrag des Landesbauernführers kann das Anerbengericht aus wichtigem Grunde den vorzeitigen Eintritt der weiteren Anerbenfolge nach dem Anerbe gewordenen Ehegatten (§§ 24, 25), von dem der Erbhof nicht stammt, anordnen, und zwar auch dann, wenn der Ehegatte wieder geheiratet hat. Die weitere Anerbenfolge tritt mit der Rechtskraft dieses Beschlusses ein. Der Vorsitzende des Anerbengerichts ersucht das Grundbuchamt von Amts wegen um die Eintragung des weiteren Anerben als neuen Eigentümers im Grundbuch.
(2) Der Anerbe gewordene Ehegatte (§§ 24, 25), von dem der Hof nicht stammt, soll den Erbhof an den weiteren Anerben übergeben, wenn dieser zu den Abkömmlingen des verstorbenen Ehegatten gehört, das 25. Lebensjahr überschritten hat und nach seiner bäuerlichen Ausbildung zur Selbstbewirtschaftung des Hofes in der Lage ist, und wenn die Hofübergabe zur Förderung der Familien-

gründung des weiteren Anerben oder des Kinderreichtums geboten erscheint. Wird die Hofübergabe verweigert, so soll das Anerbengericht auf Antrag des Landesbauernführers nach Abs. 1 den vorzeitigen Eintritt der weiteren Anerbenfolge anordnen. § 43 Abs. 3 und 4 gelten auch hier.
(3) Für die Hofübergabe durch den Anerbe gewordenen Ehegatten, von dem der Hof stammt, gilt § 43.

§ 28 EHFV.
Ehegattenerbhof und Erbfolge in einen weiteren Erbhof.
(1) Der Ehegatte, von dem der Erbhof stammt, kann einen weiteren Erbhof nur nach § 22 des Reichserbhofgesetzes (Austausch des Erbhofes gegen einen anfallenden Erbhof), § 42 dieser Verordnung oder § 16 Abs. 2 dieser Verordnung erben. Die Erklärung, daß er den angefallenen Erbhof übernehme (§ 22 Abs. 2 des Gesetzes), bedarf der Zustimmung des anderen Ehegatten, die innerhalb der Frist des § 22 Abs. 2 des Gesetzes dem Anerbengerichte gegenüber in öffentlich beglaubigter Form oder zur Niederschrift der Geschäftsstelle abzugeben ist. Verweigert der andere Ehegatte seine Zustimmung oder ist er an der Erteilung der Zustimmung verhindert, so bedarf die Erklärung der Genehmigung des Anerbengerichts, die während der Frist des § 22 Abs. 2 des Gesetzes beantragt werden muß. Die Genehmigung ersetzt die Zustimmung des anderen Ehegatten. Wird die Genehmigung versagt, so ist die Erklärung unwirksam.
(2) Der Ehegatte, von dem der Hof nicht stammt, scheidet in Abweichung von § 22 des Gesetzes als Anerbe eines anderen Erbhofs nicht aus.

§ 29 EHFV.
Auseinandersetzung bei Ehescheidung.
(1) Für die Auseinandersetzung über einen Ehegattenerbhof nach einer Ehescheidung gelten die §§ 67 bis 72 der Erbhofverfahrensordnung sowie die folgenden Vorschriften.
(2) Der Erbhof ist im allgemeinen dem Ehegatten zuzusprechen, von dem er stammt. Das soll nicht geschehen, wenn die Ehe aus alleinigem oder überwiegendem Verschulden dieses Ehegatten geschieden ist, der Ehegatte sich eines unbäuerlichen und ehrlosen Verhaltens schuldig gemacht hat und der andere Ehegatte fähig ist, den Erbhof ordnungsgemäß zu bewirtschaften. Die Entscheidung ist unter Berücksichtigung aller Umstände nach billigem Ermessen zu treffen.
(3) Das Anerbengericht kann dabei den Erbhof auf den gesetzlichen oder bestimmten Anerben übertragen, wenn ein wichtiger Grund vorliegt. Erscheinen der gesetzliche und der bestimmte Anerbe mit Rücksicht auf die an eine ordnungsgemäße Wirtschaftsführung zu stellenden Anforderungen dauernd oder voraussichtlich auf lange Zeit ungeeignet und würde die Uebertragung des Erbhofs auf einen von ihnen dem bäuerlichen Denken widersprechen, so kann das

Anerbengericht den Erbhof auf eine andere Person übertragen, die zum Anerben des Ehegatten, von dem der Hof stammt, bestimmt werden könnte. Die Bestimmung muß den Belangen der Sippe und des Erbhofs entsprechen und soll für den übergangenen oder einen anderen näher berufenen Anerbenberechtigten keine unbillige Härte bedeuten. Vor der Entscheidung sind der gesetzliche und der bestimmte Anerbe sowie die etwa übergangenen näher berufenen Anerbenberechtigten zu hören.

(4) Wird der Erbhof dem Ehegatten zugesprochen, von dem er nicht stammt, so hat dieser dieselbe Rechtsstellung wie als Anerbe seines Ehegatten (§§ 24, 25). Er kann von einer Anerbenbestimmung aus der Zeit vor der Ehescheidung mit Zustimmung des Anerbengerichts abweichen.

(5) Das Anerbengericht kann im Rahmen der Auseinandersetzung den Ehegatten, dem der Erbhof nicht zugesprochen ist, als Anerben des Hofes für künftige Fälle ausschließen.

§ 30 EHFV.
Zuständigkeit der Anerbenbehörden.
Für die Entscheidung über alle Anträge und Streitigkeiten, die sich bei der Anwendung der Vorschriften dieses Abschnitts sowie aus Abmachungen der Beteiligten hierüber ergeben, sind die Anerbenbehörden ausschließlich zuständig.

§ 31 EHFV.
Bereits bestehende Ehegattenerbhöfe.
Für die schon bestehenden Ehegattenerbhöfe gelten die Vorschriften dieses Abschnitts erst vom 1. April 1944 ab. Im übrigen gelten für diese Ehegattenerbhöfe die Uebergangsvorschriften des § 51.

Dritter Abschnitt
Anerbenfolge und Anerbenbestimmung in sonstigen Fällen

§ 32 EHFV.
Anerbenrecht der Mutter.
Stammt der Erbhof von der Mutter des Erblassers, so tritt sie in der Anerbfolge (§ 20 des Reichserbhofgesetzes) an die Stelle des Vaters.

§ 33 EHFV.
Anerbenfolge der Töchter und Töchtersöhne.
(1) Töchter, Töchtersöhne und deren Söhne haben als Anerbenberechtigte bis auf weiteres den Vorrang vor dem Vater (im Falle des § 32 vor der Mutter) und den Seitenverwandten des Erblassers.

(2) Der Bauer kann jedoch mit Geltung für alle künftigen Erbfälle den im Abs. 1 vorgesehenen Vorrang der Töchter, Töchtersöhne und deren Söhne mit Genehmigung des Anerbengerichts ausschließen (Bruderrecht). In diesem Falle kann der jeweilige Hofeigentümer auch nicht mit Genehmigung des Anerbengerichts eine Tochter oder deren Abkömmlinge vor den Brüdern, deren Söhnen und Sohnessöhnen (§ 25 Abs. 3 des Reichserbhofgesetzes) zum Anerben bestimmen.
(3) Die Bestimmung des Bruderrechts ist mündlich zur Niederschrift vor dem Vorsitzenden des zuständigen Anerbengerichts zu erklären. Das Bruderrecht wird mit der Rechtskraft des Genehmigungsbeschlusses wirksam. Das Anerbengericht trägt von Amts wegen in die Erbhöferolle ein, daß Bruderrecht gilt.
(4) Abs. 3 gilt auch für die Aufhebung des Bruderrechts; sie bedarf ebenfalls der Genehmigung des Anerbengerichts.

§ 34 EHFV.
In die Erbhofrechtsverordnung wird folgender § 54a eingefügt:
§ 54a. Zulassung der Sohnestöchter zur bevorzugten Anerbenfolge
(1) Falls die gesetzliche Anerbenfolge eines Seitenverwandten des Erblassers zu einer als ungerecht und unbillig anzusehenden schweren Härte für eine Sohnestochter des Erblassers führen würde, kann der Reichsminister der Justiz im Einvernehmen mit dem Reichsminister für Ernährung und Landwirtschaft auf Antrag des Landesbauernführers oder der Sohnestochter diese mit Wirkung vom Erbfall ab zum Anerben bestimmen.
(2) Der Antrag ist innerhalb eines Jahres nach dem Erbfalle bei dem zuständigen Anerbengericht zu stellen; der Landesbauernführer reicht ihn schriftlich ein, die Sohnestochter hat ihn mündlich zur Niederschrift vor dem Vorsitzenden zu erklären. Aus besonderen Gründen kann der Antrag auch dann noch zugelassen werden, wenn er spätestens innerhalb eines Jahres nach der Eintragung des Todesfalles durch den Standesbeamten in des Sterbebuch gestellt worden ist.
(3) Der Vorsitzende des Anerbengerichts hat den Antrag mit seiner Stellungnahme dem Erbhofgericht zur Prüfung vorzulegen. Das Erbhofgericht klärt erforderlichenfalls den Sachverhalt noch näher auf und hört, sofern der Antrag von der Sohnestochter gestellt ist, den Landesbauernführer. Hält es den Antrag nicht für gerechtfertigt, so lehnt es ihn ab. Die Entscheidung ist zu begründen; sie ist unanfechtbar. Andernfalls legt das Erbhofgericht den Antrag mit seiner gutachtlichen Stellungnahme dem Reichsminister der Justiz vor.

§ 35 EHFV.
Anerbenfolge der halbbürtigen Geschwister.
(1) Halbbürtige Geschwister, die mit dem Erblasser nicht den Elternteil gemeinsam haben, von dem der Erbhof stammt, sind nicht anerbenberechtigt.
(2) Der Erblasser kann sie, ihre Söhne oder Sohnessöhne jedoch in besonderen Ausnahmefällen mit Zustimmung des Anerbengerichts zum Anerben bestim-

men, wenn er bauernfähige Abkömmlinge nicht hat, der Annehmende nicht mehr am Leben oder nicht bauernfähig ist, und wenn nach den besonderen Umständen des Falles das Festhalten an der Anerbenfolge in der Hofessippe für den zum Anerben bestimmten leiblichen Seitenverwandten des Erblassers eine unbillige schwere Härte bedeuten würde. Das Anerbengericht hat vor seiner Entscheidung den Landesbauernführer zu hören.

§ 36 EHFV.
Anerbenfolge der Seitenverwandten des angenommenen Kindes.
(1) Sind Abkömmlinge der an Kindes Statt angenommenen Person und Anerbenberechtigte nach dem Angenommenen aus der Sippe des Annehmenden (§ 47 Abs. 4 der Erbhofrechtsverordnung) nicht vorhanden, so sind die leiblichen Seitenverwandten des Angenommenen im Rahmen des § 20 des Reichserbhofgesetzes zur Anerbenfolge berufen, sofern sie auch nach dem Annehmenden anerbenberechtigt gewesen wären.
(2) Der Angenommene kann seine leiblichen Geschwister, ihre Söhne oder Sohnessöhne in besonderen Ausnahmefällen mit Zustimmung des Anerbengerichts zum Anerben bestimmen, wenn er bauernfähige Abkömmlinge nicht hat, der Annehmende nicht mehr am Leben oder nicht bauernfähig ist, und wenn nach den besonderen Umständen des Falles das Festhalten an der Anerbenfolge in der Hofessippe für den zum Anerben bestimmten leiblichen Seitenverwandten des Erblassers eine unbillige schwere Härte bedeuten würde. Das Anerbengericht hat vor seiner Entscheidung den Landesbauernführer zu hören.

§ 37 EHFV.
Anerbenbestimmung bei Fehlen gesetzlicher Anerbenberechtigter.
Will der Erblasser in den Fällen des § 25 Abs. 5 Satz 1 des Reichserbhofgesetzes eine Person zum Anerben bestimmen, die nicht zu der Sippe gehört, von der der Erbhof stammt, so bedarf er der Zustimmung des Anerbengerichts.
Bestimmt der Reichsbauernführer in den Fällen des § 25 Abs. 5 Satz 2 den Anerben, so kann er dabei einem Dritten die bäuerliche Verwaltung und Nutznießung für eine bestimmte Zeit oder auf Lebensdauer einräumen.

Vierter Abschnitt
Sonstige Vorschriften

§ 38 EHFV.
Bergbauernhöfe über 125 Hektar.
(1) Bergbauernhöfe von mehr als 125 Hektar, die nach bäuerlicher Art bewirtschaftet werden, sind mit dem Inkrafttreten dieser Verordnung Erbhöfe, sofern die sonstigen allgemeinen sachlichen und persönlichen Erfordernisse für das

Entstehen der Erbhofeigenschaft vorliegen und die Schuldengrenze des § 1 der Erbhofrechtsverordnung gewahrt ist.
(2) Die Erfassung dieser Erbhöfe und ihre Eintragung in die Erbhöferolle erfolgt durch besondere Regelung. § 32 Abs. 2 der Erbhofverfahrensordnung (Bedeutung der Nichteintragung in die Erbhöferolle) gilt hinsichtlich dieser Erbhöfe bis auf weiteres nicht.

§ 39 EHFV.
Zulassung von sonstigen Erbhöfen über 125 Hektar.
(1) § 5 Abs. 2 Nrn. 2 und 3 des Reichserbhofgesetzes erhalten folgende Fassung:
„2. wenn ein wirtschaftlich in sich geschlossener und in seinen Ländereien abgerundeter oder im Wege der Umlegung abrundungsfähiger Hof zur Verwurzelung des auf ihm lebenden Geschlechts erhalten werden soll, und wenn dies einer gesunden Bodenverteilung in der Gegend nicht widerspricht;
3. wenn ein um das Gesamtwohl des Deutschen Volkes besonders verdienter Deutscher in eigener Person oder in seinen Nachkommen geehrt werden soll, vor allem, wenn er sich große Verdienste um den nationalsozialistischen Staat erworben oder sich im Kampf um die Zukunft des Deutschen Volkes durch Tat und Leistung besonders ausgezeichnet hat;"
(2) § 5 Abs. 3 des Reichserbhofgesetzes wird aufgehoben.

§ 40 EHFV.
Zuständigkeit bei Vergrößerung von Erbhöfen über 125 Hektar.
(1) Im Falle des § 2 Abs. 1 der Erbhofrechtsverordnung entscheidet an Stelle des Reichsministers für Ernährung und Landwirtschaft das Anerbengericht, wenn eine Ausnahmegenehmigung nach § 5 Abs. 2 Nrn. 1 und 2 des Reichserbhofgesetzes (Zulassung von Höfen über 125 Hektar wegen Bodenart, Klima oder zur Erhaltung geschlossenen Familienbesitzes) in Betracht kommt.
(2) Im Falle des § 2 Abs. 2 der Erbhofrechtsverordnung entscheidet das Anerbengericht, wenn die seit dem Entstehen der Erbhofeigenschaft hinzugekommene Fläche 10 vom Hundert der bisherigen Gesamtfläche des Erbhofs nicht übersteigt.
(3) In den Fällen der Abs. 1 und 2 kann der Antrag auch vom Landesbauernführer gestellt werden.

§ 41 EHFV.
Zulassung einer Abweichung von der gesetzlichen Anerbenfolge.
(1) § 54 Abs. 1 der Erbhofrechtsverordnung erhält folgende Fassung:
„Falls die kraft Gesetzes eingetretene Erbfolge in den Erbhof nach den besonderen Umständen des Falles zu einer als ungerecht und unbillig anzusehenden schweren Härte führen würde, kann der Reichsminister für Ernährung und Landwirtschaft auf den innerhalb eines Jahres nach dem Erbfalle zu stellenden

Antrag des Landesbauernführers nach Anhörung des Erbhofgerichts mit Wirkung vom Erbfall ab einen anderen Anerbenberechtigten, Verwandten, den Ehegatten oder einen Verschwägerten des Erblassers zum Erben bestimmen. Der Antrag kann aus besonderen Gründe auch dann noch zugelassen werden, wenn er spätestens innerhalb eines Jahres nach der Eintragung des Todesfalles durch den Standesbeamten in das Sterbebuch gestellt worden ist. Die Bestimmung des anderen Anerben kann unter einer Auflage erfolgen."
(2) § 54 Abs. 4 der Erbhofrechtsverordnung (zeitliche Beschränkung der Geltungsdauer des § 54) wird aufgehoben.

§ 42 EHFV.
Zulassung der Erbfolge in einen weiteren Erbhof oder in mehrere Erbhöfe.
(1) In den Fällen des § 22 des Reichserbhofgesetzes (Austausch des Erbhofs gegen einen anfallenden Erbhof) kann das Anerbengericht auf Antrag des Erblassers oder des Anerben, der nach Abs. 1 dieser Vorschrift als Anerbe ausscheidet, weil er schon einen Erbhof hat, bei Vorliegen eines wichtigen Grundes anordnen, daß dieser Anerbe nicht ausscheidet. Der Antrag muß spätestens innerhalb von sechs Wochen nach dem Zeitpunkt, in dem der Anerbe vom Anfalle des Erbhofes Kenntnis erlangt hat, gestellt werden. Die Frist des § 22 Abs. 2 des Gesetzes beginnt in diesen Fällen erst mit der Rechtskraft des den Antrag abweisenden Beschlusses.
(2) In den Fällen des § 23 des Gesetzes (Hinterlassung mehrerer Erbhöfe) kann das Anerbengericht auf Antrag des Erblassers oder des an erster Stelle berufenen Anerben bei Vorliegen eines wichtigen Grundes anordnen, dass dieser Anerbe mehrere Erbhöfe erbt. Der Antrag muß spätestens innerhalb von sechs Wochen nach dem Zeitpunkt, in dem der Anerbe von seiner Berufung Kenntnis erlangt hat, gestellt werden. Die Frist des § 23 Abs. 2 Satz 2 des Gesetzes kann in diesem Fall erst nach Rechtskraft des den Antrag abweisenden Beschlusses bestimmt werden. Eine vorher bestimmte Frist bleibt ohne Rechtswirkung.
(3) Ein wichtiger Grund liegt dann vor, wenn durch die Vereinigung mehrerer Erbhöfe in einer Hand eine wünschenswerte Bereinigung der Besitzverhältnisse ermöglicht wird, oder die Vereinigung nur eine vorübergehende ist, weil beim nächsten Erbfall die getrennte Vererbung der Erbhöfe auf gesetzliche Anerben zu erwarten steht.

§ 44 EHFV.
§ 31 des Reichserbhofgesetzes erhält folgende Fassung:
§ 31 REG.
Altenteil.
Der überlebende Ehegatte des Erblassers kann, wenn er Miterbe oder pflichtteilsberechtigt ist und er auf alle ihm aus der Verwendung eigenen Vermögens

für den Erbhof zustehenden Ansprüche verzichtet, vom Anerben auf Lebenszeit den in solchen Verhältnissen üblichen Unterhalt auf dem Erbhofe verlangen.

§ 49 EHFV.

Beschränkung des Rechtsmittelzuges.

(1) In den Verfahren, in denen der vom Anerbengericht oder von dessen Vorsitzenden festgesetzte Geschäftswert den Betrag vom 300 Reichsmark nicht übersteigt, findet die sofortige Beschwerde an das Erbhofgericht, und in den Fällen, in denen der vom Erbhofgericht oder von dessen Vorsitzenden festgesetzte Geschäftswert den Betrag von 600 Reichsmark nicht übersteigt, findet die sofortge weitere Beschwerde an das Reichserbhofgericht nur statt, wenn das Anerbengericht oder das Erbhofgericht das Rechtsmittel wegen der tatsächlichen oder rechtlichen Bedeutung der Sache in der Entscheidung ausdrücklich zugelassen hat.

(2) Dies gilt jedoch nicht für Entscheidungen, welche die Feststellung der Erbhofeigenschaft oder der Bauernfähigkeit betreffen oder die Entziehung des Eigentums am Erbhofe (§ 15 des Reichserbhofgesetzes, § 95 der Erbhofverfahrensordnung) zum Gegenstand haben. Weicht in Verfahren, in denen nach ausdrücklicher Vorschrift der Landesbauernführer vor der Entscheidung zu hören ist oder ihm ein eigenes Antragsrecht zusteht, die Entscheidung von der Stellungnahme des Landesbauernführers ab, so findet die Rechtsmittelbeschränkung des Abs. 1 ebenfalls keine Anwendung.

Fünfter Abschnitt
Übergangs- und Schlußbestimmungen

§ 51 EHFV.

Übergangsvorschriften zum Zweiten Abschnitt.

(1) Die §§ 19 bis 22 der Erbhofrechtsverordnung treten mit Ablauf des 31. März 1944 außer Kraft. Für die nach diesen Vorschriften errichteten Verfügungen von Todes wegen und die hiernach eingetretene Verwaltung und Nutznießung sind sie jedoch weiterhin anzuwenden. Hat eine nach dem Inkrafttreten dieser Verordnung vor dem 1. April 1944 getroffene Bestimmung des Anerben den Verlust des Erbhofs für die Sippe, von der der Hof stammt, zur Folge, so bedarf sie in jedem Falle der Zustimmung des Anerbengerichts.

§ 53 EHFV.

Übergangsvorschriften zum Vierten Abschnitt.

(1) § 41 Abs. 1 gilt auch für die vor dem Inkrafttreten der Verordnung eingetretenen Erbfälle.

(2) In den Fällen des § 42, in denen die Frist des § 22 Abs. 2 des Reichserbhofgesetzes bei dem Inkrafttreten der Verordnung noch nicht abgelaufen ist, kann der Antrag aus § 42 auch noch innerhalb von sechs Wochen nach Inkrafttreten der Verordnung gestellt werden.
(3) Der Altbauer und die Altbäuerin erwerben den Altenteilsanspruch nach § 31 des Gesetzes in der Fassung des § 44 der Verordnung auch in den Fällen, in denen die Erbfolge bereits vor dem Inkrafttreten der Verordnung eingetreten ist, jedoch nur für die zukünftige Zeit.
(4) § 47 gilt nicht für die bei dem Inkrafttreten der Verordnung anhängigen Verfahren.
(5) § 49 gilt nicht für die bei dem Inkrafttreten der Verordnung bereits eingelegten Beschwerden.
(6) § 32 Satz 3 des Gesetzes und § 23 a der Erbhofverfahrensordnung werden aufgehoben.

§ 55 EHFV.
Ermächtigung.
Der Reichsminister der Justiz und der Reichsminister für Ernährung und Landwirtschaft können gemeinschaftlich Vorschriften zur Durchführung und Ergänzung dieser Verordnung im Verwaltungswege treffen und auch Zweifelsfragen im Verwaltungswege regeln.

§ 56 EHFV.
Inkrafttreten dieser Verordnung.
Diese Verordnung tritt am 1. Oktober 1943 in Kraft.

RECHTSHISTORISCHE REIHE

Band 1 Studien zu den germanischen Volksrechten. Gedächtnisschrift für Wilhelm Ebel. Vorträge gehalten auf dem Fest-Symposion anläßlich des 70. Geburtstages von Wilhelm Ebel am 16. Juni 1978 in Göttingen. Götz Landwehr (Hrsg.) 1982.

Band 2 Hans Poeschel: Die Statuten der Banken, Sparkassen und Kreditgenossenschaften in Hamburg und Altona von 1710 bis 1889. 1978.

Band 3 Thomas Kolbeck: Juristenschwemmen, Untersuchungen über den juristischen Arbeitsmarkt im 19. und 20. Jahrhundert. 1978.

Band 4 Norbert Hempel: Richterleitbilder in der Weimarer Republik. 1978.

Band 5 Rolf Stratmann: Die Scheinbußen im mittelalterlichen Recht. 1978.

Band 6 Martin C. Lockert: Die niedersächsischen Stadtrechte zwischen Aller und Weser. Vorkommen und Verflechtungen. Eine Bestandsaufnahme. 1979.

Band 7 Joachim Rückert/Wolfgang Friedrich: Betriebliche Arbeiterausschüsse in Deutschland, Großbritannien und Frankreich im späten 19. und frühen 20. Jahrhundert. Eine vergleichende Studie zur Entwicklung des kollektiven Arbeitsrechts. 1979.

Band 8 Peter Bender: Die Rezeption des römischen Rechts im Urteil der deutschen Rechtswissenschaft. 1979.

Band 9 Friedrich Karl Alsdorf: Untersuchungen zur Rechtsgestalt und Teilung deutscher Ganerbenburgen. 1980.

Band 10 Dietmar Willoweit/Winfried Schich (Hrsg.): Studien zur Geschichte des sächsisch-magdeburgischen Rechts in Deutschland und Polen (Sammelband). 1980.

Band 11 Brigitte Hempel: Der Entwurf einer Polizeiordnung für das Herzogtum Sachsen-Lauenburg aus dem Jahre 1591. 1980.

Band 12 Klaus-Detlev Godau-Schüttke: Rechtsverwalter des Reiches. Staatssekretär Dr. Curt Joël. 1981.

Band 13 Rainer Polley: Anton Friedrich Justus Thibaut (AD 1772-1840) in seinen Selbstzeugnissen und Briefen. Teil 1: Abhandlung. Teil 2: Briefwechsel. Teil 3: Register zum Briefwechsel. 1982.

Band 14 Michael Wettengel: Der Streit um die Vogtei Kelkheim 1275-1276. Ein kanonischer Prozeß.1981.

Band 15 Otto Wilhelm Krause: Naturrechtler des sechzehnten Jahrhunderts. Ihre Bedeutung für die Entwicklung eines natürlichen Privatrechts. 1982.

Band 16 Helga Spindler: Von der Genossenschaft zur Betriebsgemeinschaft. Kritische Darstellung der Sozialrechtslehre Otto von Gierkes. 1982.

Band 17 Holger Otte: Gustav Radbruchs Kieler Jahre 1919-1926. 1982.

Band 18 Rüdiger Teuner: Die fuldische Ritterschaft 1510-1656. 1982.

Band 19 Gerhard Dilcher/Rudolf Hoke/Gian Savino Pene Vidari/Hans Winterberg (Hrsg.): Grundrechte im 19. Jahrhundert. 1982.

Band 20 Karl-Hans Schloßstein: Die westfälischen Fabrikengerichtsdeputationen - Vorbilder, Werdegang und Scheitern. 1982.

Band 21 Birger Schulz: Der Republikanische Richterbund (1921-1933). 1982.

Band 22 Engelbert Krause: Die gegenseitigen Unterhaltsansprüche zwischen Eltern und Kindern in der deutschen Privatrechtsgeschichte. 1982.

Band 23 Meent W. Francksen: Staatsrat und Gesetzgebung im Großherzogtum Berg (1806-1813). 1982.

Band 24 Gerd von Sonnleithner: Bearbeitung des Handelsrechts durch Ignaz von Sonnleithner in seinem "Leitfaden über das österreichische Handels- und Wechselrecht". 1982.

Band 25 Rudolf Palme: Rechts-, Wirtschafts- und Sozialgeschichte der inneralpinen Salzwerke bis zu deren Monopolisierung. 1983.

Band 26 Helen Bosshard: Pestalozzis Staats- und Rechtsverständnis und seine Stellung in der Aufklärung. 1983.

Band 27 Jens Jessen: Die Selbstzeugnisse der deutschen Juristen. Erinnerungen, Tagebücher und Briefe. Eine Bibliographie. 1983.

Band 28 Günter Martin Jensen: Das Domanium Waldeck. Die rechtliche Zuordnung eines Fürstenvermögens. 1984.

Band 29 Johann Heinrich Kumpf: Petitionsrecht und öffentliche Meinung im Entstehungsprozeß der Paulskirchenverfassung 1848/49. 1983.

Band 30 Sabine Frey: Rechtsschutz der Juden gegen Ausweisungen im 16. Jahrhundert. 1983.

Band 31 Dietrich Joswig: Die germanische Grundstücksübertragung. 1984.

Band 32 Andreas Baryli: Konzessionssystem contra Gewerbefreiheit. Zur Diskussion der österreichischen Gewerberechtsreform 1835 bis 1860. 1984.

Band 33 Gerhard Oberkofler: Studien zur Geschichte der österreichischen Rechtswissenschaft. 1984.

Band 34 Rudolf Lauda: Kaufmännische Gewohnheit und Burgrecht bei Notker dem Deutschen. Zum Verhältnis von literarischer Tradition und zeitgenössischer Realität in der frühmittelalterlichen Rhetorik. 1984.

Band 35 Jens Jensen: Die Ehescheidung des Bischofs Hans von Lübeck von Prinzessin Julia Felicitas von Württemberg-Weiltingen AD 1648-1653. Ein Beitrag zum protestantischen Ehescheidungsrecht im Zeitalter des beginnenden Absolutismus. 1984.

Band 36 Horst Schröder: Friedrich Karl von Savigny. Geschichte und Rechtsdenken beim Übergang vom Feudalismus zum Kapitalismus in Deutschland. 1984.

Band 37 Andreas Hatzung: Dogmengeschichtliche Grundlagen und Entstehung des zivilrechtlichen Notstands. 1984.

Band 38 Matthias Klasen: Das Billwerder Landrecht. Landrecht und Landgericht in den Hamburger Elbmarschen. 1985.

Band 39 Rainer Jamin: Aufbau, Tätigkeit und Verfahren der Auseinandersetzungsbehörden bei der Durchführung der preußischen Agrarreformen. 1985.

Band 40 Henry Winter: Teilschuld, Gesamtschuld und unechte Gesamtschuld. Zur Konzeption der §§ 420 ff. BGB - Ein Beitrag zur Entstehungsgeschichte des BGB. 1985.

Band 41 Hermann Eichler: Verfassungsbewegung in Amerika und Europa. 1985.

Band 42 Dagmar Bandemer: Heinrich Albert Zachariae. Rechtsdenken zwischen Restauration und Reformation. 1985.

Band 43 Eva-Christine Frentz: Das Hamburgische Admiralitätsgericht (1623-1811). Prozeß und Rechtsprechung. 1985.

Band 44 Karl Lillig: Rechtsetzung im Herzogtum Pfalz-Zweibrücken während des 18. Jahrhunderts. Ein Beitrag zur Geschichte der territorialen Rechtsbildung. 1985.

Band 45 Walter Weber: Die Entwicklung der Sparkassen zu selbständigen Anstalten des öffentlichen Rechts. Ein Beitrag zur Entwicklung des Anstaltsbegriffs im 19. Jahrhundert. 1985.

Band 46 Bärbel Baum: Der Stabreim im Recht. Vorkommen und Bedeutung des Stabreims in Antike und Mittelalter. 1986.

Band 47 Hans Popp: Die nationalsozialistische Sicht einiger Institute des Zivilprozeß- und Gerichtsverfassungsrechts. 1986.

Band 48 John Karl-Heinz Montag: Die Lehrdarstellung des Handelsrechts von Georg Friedrich von Martens bis Meno Pöhls. Die Wissenschaft des Handelsrechts im ersten Drittel des 19. Jahrhunderts. 1986.

Band 49 Volker D. Anhäusser: Das internationale Obligationenrecht in der höchstrichterlichen Rechtsprechung des 19. Jahrhunderts. 1986.

Band 50 Udo Beer: Die Juden, das Recht und die Republik. Verbandswesen und Rechtsschutz 1919-1933. 1986.

Band 51 Herbert Grziwotz: Der moderne Verfassungsbegriff und die "Römische Verfassung" in der deutschen Forschung des 19. und 20. Jahrhunderts. 1986.

Band 52 Ralf Conradi: Karl Friedrich Eichhorn als Staatsrechtslehrer. Seine Göttinger Vorlesung über "Das Staatsrecht der deutschen Bundesstaaten" nach einer Kollegmitschrift aus dem Wintersemester 1821/22. 1987.

Band 53 Dieter Dannreuther: Der Zivilprozeß als Gegenstand der Rechtspolitik im Deutschen Reich 1871-1945. Ein Beitrag zur Geschichte des Zivilprozeßrechts in Deutschland. 1987.

Band 54 Stephan Felix Pauly: Organisation, Geschichte und Praxis der Gesetzesauslegung des (Königlich) Preußischen Oberverwaltungsgerichtes 1875-1933. 1987.

Band 55 Rüdiger Schulz: Die Entstehung des Seerechts des Allgemeinen Deutschen Handelsgesetzbuches unter besonderer Berücksichtigung der Bestimmungen über die Reederei, den Schiffer und die Schiffsmannschaft. 1987.

Band 56 Reinhold Reis: Deutsches Privatrecht in den Weistümern der Zenten Schriesheim und Kirchheim. 1987.

Band 57 Jürgen Christoph: Die politischen Reichsamnestien 1918-1933. 1987.

Band 58 Gerhard Oberkofler/Eduard Rabofsky: Hans Kelsen im Kriegseinsatz der k.u.k.-Wehrmacht. Eine kritische Würdigung seiner militärtheoretischen Angebote. 1988.

Band 59 Arne Wulff: Staatssekretär Prof. Dr. Dr. h.c. Franz Schlegelberger. 1876-1970. 1991.

Band 60 Gerhard Köbler (Hrsg.): Wege europäischer Rechtsgeschichte. Karl Kroeschell zum 60. Geburtstag. 1987.

Band 61 Rüdiger Hütte: Der Gemeinschaftsgedanke in den Erbrechtsreformen des Dritten Reichs. 1988.

Band 62 Markus Göldner: Politische Symbole der europäischen Integration. Fahne, Hymne, Hauptstadt, Paß, Briefmarke, Auszeichnungen. 1988.

Band 63 Wolfgang Kröner: Freiheitsstrafe und Strafvollzug in den Herzogtümern Schleswig, Holstein und Lauenburg von 1700 bis 1864. 1988.

Band 64 Werner Gaile: Die Norder Theelacht. 1988.

Band 65 Karl v. Kempis: Andreas Gaill (1526-1587). Zum Leben und Werk eines Juristen der frühen Neuzeit. 1988.

Band 66 Wolf-Rüdiger Osburg: Die Verwaltung Hamburgs in der Franzosenzeit. 1811-1814. 1988.

Band 67 Christian Schudnagies: Hans Frank. Aufstieg und Fall des NS-Juristen und Generalgouverneurs. 1988.

Band 68 Otmar Jung: Senatspräsident Freymuth. Richter, Sozialdemokrat und Pazifist in der Weimarer Republik. Eine politische Biographie. 1989.

Band 69 Joachim Lohner: Das landeshauptmannschaftliche Gericht in Oberösterreich zu Beginn der Neuzeit. Eine Darstellung des oberösterreichischen Prozeßrechts am obersten Territorialgericht des Landes anhand der oberösterreichischen Landtafel.1989.

Band 70 Bernd Klemann: Rudolf von Jhering und die Historische Rechtsschule. 1989.

Band 71 Adalbert Langer: Männer um die österreichische Zivilprozeßordnung 1895. Zusammenspiel / Soziales Ziel. 1990.

Band 72 Robert-Dieter Klee: Die Landessuperintendentur Lauenburg. Ursprung und Entwicklung sowie Ende der Sonderstellung des Kirchenkreises Herzogtum Lauenburg durch die nordelbische Kirchenvereinigung. 1989.

Band 73 Heinrich Herrmann: Die Gehöferschaften im Bezirk Trier. 1989.

Band 74 Wilhelm Brauneder, Franz Baltzarek (Hrsg.): Modell einer neuen Wirtschaftsordnung. Wirtschaftsverwaltung in Österreich 1914-1918. 1991.

Band 75 Thomas Dreyer: Die "Assecuranz- und Haverey-Ordnung" der Freien und Hansestadt Hamburg von 1731. 1990.

Band 76 Bernhard Sendler: Die Rechtssprache in den süddeutschen Stadtrechtsreformationen. 1990.

Band 77 Brigitte Lehmann: Ehevereinbarungen im 19. und 20. Jahrhundert. 1990.

Band 78 Michael Sunnus: Der NS-Rechtswahrerbund (1928-1945). Zur Geschichte der nationalsozialistischen Juristenorganisation. 1990.

Band 79 Stefan Schulz: Die historische Entwicklung des Rechts an Bienen. (§§ 961-964 BGB). 1990.

Band 80 Gerhard Lingelbach, Heiner Lück (Hrsg.): Deutsches Recht zwischen Sachsenspiegel und Aufklärung. Rolf Lieberwirth zum 70. Geburtstag dargebracht von Schülern, Freunden und Kollegen, herausgegeben von Gerhard Lingelbach und Heiner Lück. 1991.

Band 81 Manfred Krohn: Die deutsche Justiz im Urteil der Nationalsozialisten 1920-1933. 1991.

Band 82 Angelika Kühn: Privilegierung nationaler Minderheiten im Wahlrecht der Bundesrepublik Deutschland und Schleswig-Holsteins. 1991.

Band 83 Georg Brun: Leben und Werk des Rechtshistorikers Heinrich Mitteis unter besonderer Berücksichtigung seines Verhältnisses zum Nationalsozialismus. 1991.

Band 84 Wolfgang Simon: Claudius Freiherr von Schwerin. Rechtshistoriker während dreier Epochen deutscher Geschichte. 1991.

Band 85 Friedrich-Carl Wachs: Das Verordnungswerk des Reichsdemobilmachungsamtes. Stabilisierender Faktor zu Beginn der Weimarer Republik. 1991.

Band 86 Jens-Uwe Petersen: Die Vorgeschichte und die Entstehung des Mieterschutzgesetzes von 1923 nebst der Anordnung für das Verfahren vor dem Mieteinigungsamt und der Beschwerdestelle. 1991.

Band 87 Ulrike Haibach: Familienrecht in der Rechtssprache. Die historische Entwicklung zentraler Ausdrücke des geltenden Familienrechts. 1991.

Band 88 Joern Christian Nissen: Die Beratungen des Seeversicherungsausschusses der Akademie für Deutsches Recht zu einem neuen Seeversicherungsgesetz (1934-1939). Ein Beitrag zur Entwicklung der allgemeinen Lehren des Seeversicherungsrechts unter besonderer Berücksichtigung des Handelsgesetzbuchs und der Allgemeinen Deutschen Seeversicherungs-Bedingungen 1919. 1991.

Band 89 Diethard Bühler: Die Entstehung der allgemeinen Vertragsschluß-Vorschriften im Allgemeinen Deutschen Handelsgesetzbuch (ADHGB) von 1861. Ein Beitrag zur Kodifikationsgeschichte des Privatrechts im 19. Jahrhundert. 1991.

Band 90 Gerhard Oberkofler: Die Vertreter des Römischen Rechts mit deutscher Unterrichtssprache an der Karls-Universität in Prag. Vom Vormärz bis 1945. 1991.

Band 91 Ulrich Andermann: Ritterliche Gewalt und bürgerliche Selbstbehauptung. Untersuchungen zur Kriminalisierung und Bekämpfung des spätmittelalterlichen Raubrittertums am Beispiel norddeutscher Hansestädte. 1991.

Band 92 Heinz Marcus Hanke: Luftkrieg und Zivilbevölkerung. Der kriegsvölkerrechtliche Schutz der Zivilbevölkerung gegen Luftbombardements von den Anfängen bis zum Ausbruch des Zweiten Weltkrieges. 1991.

Band 93 Kirsten Kraglund: Familien- und Erbrecht. Materielles Recht und Methoden der Rechtsanwendung in der Rechtsprechung des Oberappellationsgerichts der vier Freien Städte Deutschlands zu Lübeck. 1991.

Band 94 Reinhard Lorenz: Die politische und rechtliche Stellung des Proletariats in Preußen in der Zeit zwischen den Reformen und der Revolution 1848/49. 1991.

Band 95 Eric Hilgendorf: Die Entwicklungsgeschichte der parlamentarischen Redefreiheit in Deutschland. 1991.

Band 96 Hans J. Reiter: Die Handelsgesellschaft Villeroy & Boch von der Gründung 1836 bis zum Jahr 1878. 1992.

Band 97 Martin Johannes Heller: Reform der deutschen Rechtssprache im 18. Jahrhundert. 1992.

Band 98 Michael Kotulla: Die Tragweite der Grundrechte der revidierten preußischen Verfassung vom 31.01.1850. 1992.

Band 99 Michael Siefener: Hexerei im Spiegel der Rechtstheorie. Das crimen magiae in der Literatur von 1574 bis 1608. 1992.

Band 100 Andreas Ebert-Weidenfeller: Hamburgisches Kaufmannsrecht im 17. und 18. Jahrhundert. Die Rechtsprechung des Rates und des Reichskammergerichtes. 1992.

Band 101 Enno Bommel: Die Entstehung der Verwirkungslehre in der Krise des Positivismus. 1992.

Band 102 Ralph Steppacher: Die Berücksichtigung der bäuerlichen Postulate bei der Entstehung des ZGB und der Revision des OR. Ein Beitrag zur schweizerischen Kodifikationsgeschichte (1893-1912). 1992.

Band 103 Martin Fleckenstein: Die Todesstrafe im Werk Carl Joseph Anton Mittermaiers (1787-1867). Zur Entwicklungsgeschichte eines Werkbereichs und seiner Bedeutung für Theorie- und Methodenbildung. 1992.

Band 104 Jörn Eckert: Der Kampf um die Familienfideikommisse in Deutschland. Studien zum Absterben eines Rechtsinstitutes. 1992.

Band 105 Jörg Grotkopp: Beamtentum und Staatsformwechsel. Die Auswirkungen der Staatsformwechsel von 1918, 1933 und 1945 auf das Beamtenrecht und die personelle Zusammensetzung der deutschen Beamtenschaft. 1992.

Band 106 Andreas Rohde: Die Garantiehaftung des Vermieters und ihr Verhältnis zum Unmöglichkeitsrecht in dogmengeschichtlicher und modernrechtlicher Sicht. 1992.

Band 107 Tjark Siefke Kunstreich: Gesamtvertretung. Eine historisch-systematische Darstellung. 1992.

Band 108 Jürgen Krüger: Blindheit und Königtum. Die Blindheit des Königs Georg V. von Hannover als verfassungsrechtliches Problem. 1992.

Band 109 Wolfgang Putschek: Ständische Verfassung und autoritäre Verfassungspraxis in Österreich 1933-1938 mit Dokumentenanhang. Verfassung und Verfassungswirklichkeit. Mit einem Anhang: Denkschriften von Rechtsanwalt Dr. Erich Führer 1936/37. 1993.

Band 110 Klaus Hofmann: Die Verdrängung der Juden aus öffentlichem Dienst und selbständigen Berufen in Regensburg 1933-1939. 1993.

Band 111 Franz Kilger: Die Entwicklung des Telegraphenrechts im 19. Jahrhundert mit besonderer Berücksichtigung der technischen Entwicklung. Telegraphenrecht im 19. Jahrhundert. 1993.

Band 112 Wilhelm Brauneder (Hrsg.): Heiliges Römisches Reich und moderne Staatlichkeit. 1993.

Band 113 Thomas Heinrich: Das preußische Nichtehelichenrecht: Von der Aufklärung zur Reaktion. 1993.

Band 114 Gerald Kohl: Jagd und Revolution. Das Jagdrecht in den Jahren 1848 und 1849. 1993.

Band 115 Christian Schudnagies: Der Kriegs- oder Belagerungszustand im Deutschen Reich während des Ersten Weltkrieges. Eine Studie zur Entwicklung und Handhabung des deutschen Ausnahmezustandsrechts bis 1918. 1994.

Band 116 Elisabeth Bellmann: Die Internationale Kriminalistische Vereinigung (1889-1933). 1994.

Band 117 Julia Pfannkuch: Volksrichterausbildung in Sachsen 1945-1950. 1993.

Band 118 Jörg Offen: Von der Verwaltungsgemeinschaft des BGB von 1896 zur Zugewinngemeinschaft des Gleichberechtigungsgesetzes von 1957. 1994.

Band 119 Dorothee Kohlhas-Müller: Untersuchungen zur Rechtsstellung Theoderichs des Großen. 1995.

Band 120 Monika Rose: Das Gerichtswesen des Herzogtums Pfalz-Zweibrücken im 18. Jahrhundert. Ein Beitrag zur territorialen Gerichtsbarkeit im Alten Reich. 1994.

Band 121 Jörn Eckert / Hans Hattenhauer (Hrsg.): Bibel und Recht. Rechtshistorisches Kolloquium 9. - 13. Juni 1992 an der Christian-Albrechts-Universität zu Kiel. 1994.

Band 122 Robert Martin Mizia: Der Rechtsbegriff der Autonomie und die Begründung des Privatfürstenrechts in der deutschen Rechtswissenschaft des 19. Jahrhunderts. 1995.

Band 123 Walther Graf von Plettenberg: Das Fortleben des Liber Iudiciorum in Asturien/León (8.-13. Jh.). 1994.

Band 124 Wolfgang Schulz: Das deutsche Börsengesetz. Die Entstehungsgeschichte und wirtschaftlichen Auswirkungen des Börsengesetzes von 1896. 1994.

Band 125 Frank Hagemann: Der Untersuchungsausschuß Freiheitlicher Juristen. 1949-1969. 1994.

Band 126 Andreas Rethmeier: "Nürnberger Rassegesetze" und Entrechtung der Juden im Zivilrecht. 1995.

Band 127 Edith Grether: Die Poesie der Throne. Die Juristen in der Fruchtbringenden Gesellschaft. 1995.

Band 128 Anna Bartels-Ishikawa: Der Lippische Thronfolgestreit. Eine Studie zu verfassungsrechtlichen Problemen des Deutschen Kaiserreiches im Spiegel der zeitgenössischen Staats. 1995.

Band 129 Jörg Schmidt: Otto Koellreutter 1883-1972. Sein Leben, sein Werk, seine Zeit. 1995.

Band 130 Christian Hattenhauer: Wahl und Krönung Franz II. AD 1792. Das Heilige Reich krönt seinen letzten Kaiser - Das Tagebuch des Reichsquartiermeisters Hieronymus Gottfried von Müller und Anlagen. 1995.

Band 131 Jutta v. der Decken: Das Seearbeitsrecht im Hamburger Stadtrecht von 1301 bis 1603. 1995.

Band 132 Detlev Schmidt: Die Reform des Rechts der Handelsvertreter von 1953. 1995.

Band 133 Gabi Roßdeutscher: Privatautonomie im Scheidungsrecht. Scheidungsbezogene Vereinbarungen in den letzten 200 Jahren. 1995.

Band 134 Harald Kahlenberg: Leben und Werk des Rechtshistorikers Walther Merk. Ein Beispiel für das Verhältnis von Rechtsgeschichte und Nationalsozialismus. 1995.

Band 135 Michael Steitz: Adelbert Düringer am Reichsgericht (1902-1915). Seine aktienrechtlichen Entscheidungen und sein Einfluß auf das Aktienrecht in Deutschland. 1995.

Band 136 Christian Becker: Beata Justorum Translatio. Juristen in schleswig-holsteinischen Leichenpredigten. 1996.

Band 137 Christoph Seiler: Vom Allgemeinen Landrecht zum Bürgerlichen Gesetzbuch. Dargestellt am Beispiel der höchstrichterlichen Judikatur zum kaufrechtlichen Sachmängelgewährleistungsrecht. 1996.

Band 138 Bernd Mayer: Die Vertrauensmännerausschüsse auf den preußischen Steinkohlegruben an der Saar. Entstehung und Wirken. Eine rechtshistorische Untersuchung. 1996.

Band 139 Rochus Scholl: Juden und Judenrecht im Herzogtum Pfalz-Zweibrücken. Ein Beitrag zur Rechtsgeschichte eines deutschen Kleinstaates am Ende des alten Reiches. 1996.

Band 140 Meike Bursch: Judentaufe und frühneuzeitliches Strafrecht. Die Verfahren gegen Christian Treu aus Weener/Ostfriesland 1720-1728. 1996.

Band 141 Markus Hillenbrand: Fürstliche Eheverträge. Gottorfer Hausrecht 1544-1773. 1996.

Band 142 Ulf Häder: Das gemeinschaftliche Oberappellationsgericht thüringischer Staaten in Jena. Ein Beitrag zur Geschichte des Gerichtswesens im 19. Jahrhundert. 1996.

Band 143 Andreas Bauer: Das Gnadenbitten in der Strafrechtspflege des 15. und 16. Jahrhunderts. Dargestellt unter besonderer Berücksichtigung von Quellen der Vorarlberger Gerichtsbezirke Feldkirch und des Hinteren Bregenzerwaldes. 1996.

Band 144 Christian Wirth: Der Jurist Johann Andreas Georg Friedrich Rebmann zwischen Revolution und Restauration. 1996.

Band 145 Stefanie Müller: Die Rechtsprechung des Hanseatischen Oberlandesgerichts zum persönlichen Eherecht in Hamburgischen Gerichtsfällen von 1879-1900. 1996.

Band 146 Jean-Nicolas Morisset: Der Frachtvertrag in der *Ordonnance de la marine* von 1681. 1996.

Band 147 Dirk Lentfer: Die Glogauer Landesprivilegien des Andreas Gryphius von 1653. 1996.

Band 148 Wencke Mull: Die Haftung für Einsturzschäden nach den §§ 836-838 BGB in der Rechtsprechung des Reichsgerichts. 1996.

Band 149 Renate Zelger: Teufelsverträge. Märchen, Sage, Schwank, Legende im Spiegel der Rechtsgeschichte. 1996.

Band 150 Guido Kraß: Das Arrestverfahren in Frankfurt am Main im Spätmittelalter. 1996.

Band 151 F. Benedict Heyn: Die Entwicklung des Eisenbahnfrachtrechts von den Anfängen bis zur Einführung des Allgemeinen Deutschen Handelsgesetzbuches (ADHGB). 1996.

Band 152 Thomas Lang: Die Staats- und Verfassungslehre Carl Salomo Zachariaes. 1996.

Band 153 Michael Hebeis: Karl Anton von Martini (1726-1800). Leben und Werk. 1996.

Band 154 Gerald Hubert: Die Diskussion um die rechtliche Natur der Bizone in den Jahren 1947-1949. 1996.

Band 155 Christof Horn: Die Rechtsprechung des Reichsgerichts in Ehescheidungssachen der Jahre 1900 bis 1905. 1996.

Band 156 Hermann Nehlsen / Georg Brun (Hrsg.): Münchener rechtshistorische Studien zum Nationalsozialismus. 1996.

Band 157 Jan Otto Clemens Kehrberg: Die Entwicklung des Elektrizitätsrechts in Deutschland. Der Weg zum Energiewirtschaftsgesetz von 1935. 1997.

Band 158 Johannes Tradt: Der Religionsprozeß gegen den Zopfschulzen (1791-1799). Ein Beitrag zur protestantischen Lehrpflicht und Lehrzucht in Brandenburg-Preußen gegen Ende des 18. Jahrhunderts. 1997.

Band 159 Dietmar Olsen: Das kaufrechtliche Sachmängelgewährleistungsrecht des Code civil in der Rechtsprechung deutscher Gerichte im 19. Jahrhundert. Ein Beitrag zur Ablösung der Partikularrechte durch das BGB. 1997.

Band 160 Ulrich Bernhardt: Die Deutsche Akademie für Staats- und Rechtswissenschaft »Walter Ulbricht" 1948-1971. 1997.

Band 161 Claudia Susan Hoppe: Die Bürgschaft im Rechtsleben Hamburgs von 1600 bis 1900. 1997.

Band 162 Franz-Rudolf Ecker: Die Entwicklung des Bergrechts im Saarbrücker Steinkohlenrevier bis zum Ende des 18. Jahrhunderts. Ein Vergleich mit dem älteren deutschen Bergrecht. 1997.

Band 163 Anne Katrin Rückert: Politik und Privatrecht in der »konservativen Revolution". 1997.

Band 164 Gisbert Laube: Der Reichskunstwart. Geschichte einer Kulturbehörde 1919-1933. 1997.

Band 165 Nicolas Lührig: Die Diskussion über die Reform der Juristenausbildung von 1945 bis 1995. 1997.

Band 166 Regula Gerber Jenni: Die Emanzipation der mehrjährigen Frauenzimmer. Frauen im bernischen Privatrecht des 19. Jahrhunderts. 1997.

Band 167 Mischa A. Färber: Das gemeinschaftliche Testament in der höchstrichterlichen Rechtsprechung zum Allgemeinen Preußischen Landrecht und zum BGB. Ein Beitrag zur Ablösung der Partikularrechte durch das BGB. 1997.

Band 168 Catherine Antoinette Gasser: Philipp Lotmar 1850-1922. Professor der Universität Bern. Sein Engagement für das Schweizerische Arbeitsrecht. 1997.

Band 169 Lars Immisch: Der sozialistische Richter in der DDR und seine Unabhängigkeit. Der Versuch eines Rechtsvergleiches zum Unabhängigkeitsbegriff in der bundesdeutschen Rechtsordnung. 1997.

Band 170 Jessica Jacobi: Besitzschutz vor dem Reichskammergericht. Die friedenssichernde Funktion der Besitzschutzklagen am Reichskammergericht im 16. Jahrhundert, dargestellt anhand von Kameralisten. 1998.

Band 171 Ewald Hügemann: Die Geschichte des öffentlichen und privaten Mietpreisrechts vom Ersten Weltkrieg bis zum Gesetz zur Regelung der Miethöhe von 1974. 1998.

Band 172 Lutz Rentzow: Die Entstehungs- und Wirkungsgeschichte der Vernewerten Landesordnung für das Königreich Böhmen von 1627. 1998.

Band 173 Sabine Stürmer: Mühlenrecht im Herzogtum Pfalz-Zweibrücken während des 18. Jahrhunderts. Ein Beitrag zum Wirtschaftsrecht eines deutschen Kleinstaates im Alten Reich. 1998.

Band 174 Mario Bogisch: *Nemo testis in re sua.* Das Problem der Zeugnisfähigkeit bei der Anwendung der deutschen Zivilprozeßordnung von 1877. 1998.

Band 175 Rainer Oßwald: Pactane sunt servanda? Freiwilligkeit, Zwang und Unverbindlichkeitserklärungen im islamischen Vertragsrecht malikitischer Schule. 1998.

Band 176 Bettina Kern: Der preußische BGB-Entwurf von 1842. 1998.

Band 177 Inken Fuhrmann: Die Diskussion über die Einführung der fakultativen Zivilehe in Deutschland und Österreich seit Mitte des 19. Jahrhunderts. 1998.

Band 178 Annette Rieck: Der Heilige Ivo von Hélory (1247-1303). Advocatus pauperum und Patron der Juristen. 1998.

Band 179 Frank Bottenberg: Die Hamburgische Strafprozeßordnung von 1869. 1998.

Band 180 Matthias Krauß: Das kursächsische Postrecht von seinen Anfängen bis zum Ende des Alten Reichs. 1998.

Band 181 Torsten Schmidt: Die Entmündigung von den Anfängen des BGB bis zu ihrer Ablösung durch das Institut der Betreuung. 1998.

Band 182 Christian Nunn: Rudolf Müller-Erzbach. 1874-1959. Von der realen Methode über die Interessenjurisprudenz zum kausalen Rechtsdenken (Leben und Werk). 1998.

Band 183 Christian Ortloff: Das staatskirchenrechtliche System Wilhelm Traugott Krugs. Glaubens- und Gewissensfreiheit – eine Forderung der Vernunft. 1998.

Band 184 Christian Hattenhauer: Schuldenregulierung nach dem Westfälischen Frieden. Der sog. § *de indaganda* und seine Umsetzung im Jüngsten Reichsabschied (AD 1648 und 1654). 1998.

Band 185 Werner Schubert: Preußen im Vormärz. Die Verhandlungen der Provinziallandtage von Brandenburg, Pommern, Posen, Sachsen und Schlesien sowie – im Anhang – von Ostpreußen, Westfalen und der Rheinprovinz (1841-1845). 1998.

Band 186 Silvia Schumacher: Das Rechtsverhältnis zwischen Eltern und Kindern in der Privatrechtsgeschichte. 1999.

Band 187 Kai Sommer: Die Strafbarkeit der Homosexualität von der Kaiserzeit bis zum Nationalsozialismus. Eine Analyse der Straftatbestände im Strafgesetzbuch und in den Reformentwürfen (1871-1945). 1998.

Band 188 Jan Erik Backhaus: Volksrichterkarrieren in der DDR. 1999.

Band 189 Ralf Ruhnau: Die Fürstlich Thurn und Taxissche Privatgerichtsbarkeit in Regensburg. Ein Kuriosum der deutschen Rechtsgeschichte. 1999.

Band 190 Antonio Grilli: Die französische Justizorganisation am linken Rheinufer 1797-1803. 1999.

Band 191 Stephanie Kammerloher-Lis: Die Entstehung des Gesetzes über die religiöse Kindererziehung vom 15. Juli 1921. 1999.

Band 192 Jan Telp: Ausmerzung und Verrat. Zur Diskussion um Strafzwecke und Verbrechensbegriffe im Dritten Reich. 1999.

Band 193 Kurt von Pannwitz: Die Entstehung der Allgemeinen Deutschen Wechselordnung. Ein Beitrag zur Geschichte der Vereinheitlichung des deutschen Zivilrechts im 19. Jahrhundert. 1999.

Band 194 Sylvia Busch: Die Entstehung der Allgemeinen Gerichtsordnung für die Preussischen Staaten von 1793/95. Ein Beitrag zur Geschichte der Kodifikationsbewegung und der Reform des Zivilprozesses in Preußen im 18. Jahrhundert. 1999.

Band 195 Dirk Bieresborn: Klage und Klageerwiderung im deutschen und englischen Zivilprozeß. Eine rechtshistorische und rechtsvergleichende Untersuchung unter besonderer Berücksichtigung der Beeinflussung durch das römisch-kanonische Verfahren. 1999.

Band 196 Andreas Thier / Guido Pfeifer / Philipp Grzimek (Hrsg.): Kontinuitäten und Zäsuren in der Europäischen Rechtsgeschichte. Europäisches Forum Junger Rechtshistorikerinnen und Rechtshistoriker München 22.-24. Juli 1998. 1999.

Band 197 Franz Smola: Die Fürstlich Liechtenstein'sche Kunstsammlung. Rechtsfragen zur Verbringung der Sammlung von Wien nach Vaduz in den Jahren 1944/45. 1999.

Band 198 Frank Martin Krauss: Das geteilte Eigentum im 19. und 20. Jahrhundert. Eine Untersuchung zum Fortbestand des Teilungsgedankens. 1999.

Band 199 Matthias Frey: Die spanische Aktiengesellschaft im 18. Jahrhundert und unter dem Código de Comercio von 1829. 1999.

Band 200 Alexandra Gilde: Die Stellung der Frau im Reichsstrafgesetzbuch von 1870/71 und in den Reformentwürfen bis 1919 im Urteil der bürgerlichen Frauenbewegung. Eine Analyse ausgewählter Straftatbestände. 1999.

Band 201 Malte Dießelhorst / Arne Duncker: Hans Kohlhase. Die Geschichte einer Fehde in Sachsen und Brandenburg zur Zeit der Reformation. 1999.

Band 202 Jörg Hillmann: Territorialrechtliche Auseinandersetzungen der Herzöge von Sachsen-Lauenburg vor dem Reichskammergericht im 16. Jahrhundert. 1999.

Band 203 Carsten Engler: Die Kommanditgesellschaft (KG) und die stille Gesellschaft im Allgemeinen Deutschen Handelsgesetzbuch (ADHGB) von 1861. 1999.

Band 204 Vesta Hoffmann-Steudner: Die Rechtsprechung des Reichsgerichts zu dem Scheidungsgrund des § 49 EheG (EheG 1938) in den Jahren 1938-1945. 1999.

Band 205 Michaela Thiele: Die Auflösung von Arbeitsverhältnissen aufgrund Anfechtung und außerordentlicher Kündigung nach der Rechtsprechung des Reichsarbeitsgerichts (1927-1945). 2000.

Band 206 Peter Landau / Hermann Nehlsen / Mathias Schmoeckel (Hrsg.): Karl von Amira zum Gedächtnis. 1999.

Band 207 Marcus Flinder: Die Entstehungsgeschichte des Zivilgesetzbuches der DDR. 1999.

Band 208 Boris Franz Leo Bromm: Die Entstehungsgeschichte des Berufs des Handelsvertreters. Unter besonderer Berücksichtigung der Sozialgesetzgebung in den Jahren von 1871-1933. 2000.

Band 209 Winfried C. J. Eberstein: Das Tierschutzrecht in Deutschland bis zum Erlaß des Reichs-Tierschutzgesetzes vom 24. November 1933. Unter Berücksichtigung der Entwicklung in England. 1999.

Band 210 Patrick Deller: Der „nach dem Vertrage" vorausgesetzte Gebrauch (§ 459 Absatz 1 Satz 1 BGB). Eine kaufrechtliche Untersuchung unter Berücksichtigung rechtshistorischer wie rechtsvergleichender Grundlagen. 2000.

Band 211 Eckard Freiherr von Bodenhausen: Haftung des Geschäftsherrn für Verrichtungsgehilfen im Straßen- und Schienenverkehr. Eine Analyse der Entscheidungen des Reichsgerichts zu § 831 BGB (1900-1945). 2000.

Band 212 Birte Gast: Der Allgemeine Teil und das Schuldrecht des Bürgerlichen Gesetzbuchs im Urteil von Raymond Saleilles (1855-1912). 2000.

Band 213 Hansjörg Michael Huber: Koloniale Selbstverwaltung in Deutsch-Südwestafrika. Entstehung, Kodifizierung und Umsetzung. 2000.

Band 214 Ulf Björner: Die Verfassungsgerichtsbarkeit im Norddeutschen Bund und Deutschen Reich (1867-1918). Eine rechtshistorische Untersuchung über Gerichtsbarkeit im Spannungsfeld von Politik und Recht innerhalb der von Bismarck geschaffenen deutschen Bundesstaaten. 2000.

Band 215 Mathias Freiherr von Rosenberg: Friedrich Carl von Savigny (1779-1861) im Urteil seiner Zeit. 2000.

Band 216 Reinhard Binder-Krieglstein: Österreichisches Adelsrecht 1868-1918/19. Von der Ausgestaltung des Adelsrechts der cisleithanischen Reichshälfte bis zum Adelsaufhebungsgesetz der Republik unter besonderer Berücksichtigung des adeligen Namensrechts. 2000.

Band 217 Claudia-Regine Nerius: Johannes Lehmann-Hohenberg (1851-1925). Eine Studie zur völkischen Rechts- und Justizkritik im Deutschen Kaiserreich. 2000.

Band 218 Ludger Meuten: Die Erbfolgeordnung des Sachsenspiegels und des Magdeburger Rechts. Ein Beitrag zur Geschichte des sächsisch-magdeburgischen Rechts. 2000.

Band 219 Christoph Alexander von Wilcken: Die Reformbestrebungen zum Genossenschaftsgesetz in der Frühzeit der Bundesrepublik. Die Beratungen der Sachverständigenkommission zur Überprüfung des Genossenschaftsrechts 1954 bis 1958 und der Referentenentwurf von 1962. 2000.

Band 220 Verein Junger RechtshistorikerInnen Zürich (Hrsg.): ¿Rechtsgeschichte(n)? ¿Histoire(s) du droit? ¿Storia/storie del diritto? ¿Legal Histori(es)? Europäisches Forum Junger Rechtshistorikerinnen und Rechtshistoriker Zürich 28.-30. Mai 1999. 2000.

Band 221 Hans Christian Schüler: Die Entstehungsgeschichte der Bundesnotarordnung vom 24. Februar 1961. 2000.

Band 222 Nils-Eberhard Schramm: Die Vereinigung demokratischer Juristen (1949-1999). 2000.

Band 223 Silke Anke Torp: Das Rechtsverhältnis zwischen den Eltern und ihren Kindern. Dienstleistungspflicht, Aussteuer und Ausstattung. Eine Analyse der Rechtsprechung des Reichsgerichts und des Reichsarbeitsgerichts zu den Vorschriften der §§ 1616 bis 1625 des Bürgerlichen Gesetzbuches in der Zeit von 1900 bis 1945. 2000.

Band 224 Martin Jürgen Maaß: Die Geschichte des Eigentumsvorbehalts, insbesondere im 18. und 19. Jahrhundert. 2000.

Band 225 Stefanie Langer: Rechtswissenschaftliche Itinerarien. Lebenswege namhafter europäischer Juristen vom 11. bis zum 18. Jahrhundert. 2000.

Band 226 Ulrich Schmitz: Der Unterhaltsanspruch des nichtehelichen Kindes gegen seinen Erzeuger. Die rechtsgeschichtliche und dogmatische Entwicklung im deutschen Recht. 2000.

Band 227 Sebastian Günther: Friedrich Carl von Savigny als Grundherr. 2000.

Band 228 Henning Ibs: Hermann J. Held (1890-1963). Ein Kieler Gelehrtenleben in den Fängen der Zeitläufe. 2000.

Band 229 Matthias Rücker: Wirtschaftswerbung unter dem Nationalsozialismus. Rechtliche Ausgestaltung der Werbung und Tätigkeit des Werberats der deutschen Wirtschaft. 2000.

Band 230 Hendrik Sandmann: Die Entwicklung von Begriff und Inhalt des Wirtschaftsrechts durch die Rechtswissenschaft in der Weimarer Republik. 2000.

Band 231 Sibylle Müller: Gibt es Menschenrechte bei Samuel Pufendorf? 2000.

Band 232 Karin Olechowski-Hrdlicka: Die gemeinsamen Angelegenheiten der Österreichisch-Ungarischen Monarchie. Vorgeschichte – Ausgleich 1867 – Staatsrechtliche Kontroversen. 2001.

Band 233 Johannes Mierau: Die juristischen Abschluß- und Diplomprüfungen in der SBZ/DDR. Ein Einblick in die Juristenausbildung im Sozialismus. 2001.

Band 234 Jörg Wolff (Hrsg.): Stillstand, Erneuerung und Kontinuität. Einsprüche zur Preußenforschung. 2001.

Band 235 Friedo Schröder: Die anwaltliche Tätigkeit während der nationalsozialistischen Herrschaft. Eine Analyse der anwaltlichen Argumentation in Zivilprozessen anhand der vorhandenen Prozeßakten der Landgerichte Frankenthal, Wiesbaden, Limburg und Frankfurt und der Handakten der *jüdischen Konsulenten* des OLG-Bezirks Frankfurt. 2001.

Band 236 Der Code pénal des Königreichs Westphalen von 1813 mit dem Code pénal von 1810 im Original und in deutscher Übersetzung. Herausgegeben und mit einer Einleitung versehen von Werner Schubert. 2001.

Band 237 Klaus Richter: Deutsches Kolonialrecht in Ostafrika 1885-1891. 2001.

Band 238 Kai von Lewinski: Deutschrechtliche Systembildung im 19. Jahrhundert. 2001.

Band 239 Alexander Herzog: Sittenwidrige Rechtsgeschäfte in der höchstrichterlichen Rechtsprechung aus den Jahren 1948-1965. 2001.

Band 240 Claudia Rönnau: Die Beratungen des Wasserrechtsausschusses der Akademie für Deutsches Recht zu einem Reichswassergesetz (1934-1941). Ein Beitrag zur Dogmatik der Begriffe *Gemeingebrauch* und *Sondergebrauch* in der Zeit des Nationalsozialismus. 2001.

Band 241 Momme Rohlack: Kriegsgesellschaften (1914-1918). Arten, Rechtsformen und Funktionen in der Kriegswirtschaft des Ersten Weltkrieges. 2001.

Band 242 Rolf Geyer: Der Gedanke des Verbraucherschutzes im Reichsrecht des Kaiserreichs und der Weimarer Republik (1871-1933). Eine Studie zur Geschichte des Verbraucherrechts in Deutschland. 2001.

Band 243 Felix Lorenz Benjamin Lehmann: Der Rote Adlerorden. Entstehung und rechtliche Grundlagen (1705-1918). 2002.

Band 244 Marc Ludwig: Der Pfändungsschutz für Lohneinkommen. Die Entstehungs- und Entwicklungsgeschichte der Vorschriften zum Schutz vor Lohnpfändung in Deutschland. 2001.

Band 245 Alexander Wachter: Dorfschule zwischen Pastor und Schulmeister. Zur Säkularisierung des niederhessischen Schulwesens im 19. Jahrhundert. 2001.

Band 246 Richard Scholz: Analyse der Entstehungsbedingungen der reichsgerichtlichen Aufwertungsrechtsprechung. Untersuchung unter besonderer Berücksichtigung der konservativen Geldpolitik der Reichsbank und der Inflationspolitik der Reichsregierung. 2001.

Band 247 Judith Laeverenz: Märchen und Recht. Eine Darstellung verschiedener Ansätze zur Erfassung des rechtlichen Gehalts der Märchen. 2001.

Band 248 Christina Schenk: Bestrebungen zur einheitlichen Regelung des Strafvollzugs in Deutschland von 1870 bis 1923. 2001.

Band 249 Nils Werner: Die Prozesse gegen die Landvolkbewegung in Schleswig-Holstein 1929/32. Ein Beitrag zur Justizkritik in der späten Weimarer Republik. 2001.

Band 250 Wolfgang Walter: Das Duell in Bayern. Ein Beitrag zur bayerischen Strafrechtsgeschichte. 2002.

Band 251 Jörn Eckert / Kjell Å. Modéer (Hrsg.): Geschichte und Perspektiven des Rechts im Ostseeraum. Erster Rechtshistorikertag im Ostseeraum 8.–12. März 2000. 2001.

Band 252 Jan Könighaus: Die Inauguration der Christian-Albrechts-Universität zu Kiel 1665. Symbolgehalt und rechtliche Bedeutung des Universitätszeremoniells. 2002.

Band 253 Andreas Görgen: Rechtssprache in der Frühen Neuzeit. Eine vergleichende Untersuchung der Fremdwortverwendung in Gesetzen des 16. und 17. Jahrhunderts. 2002.

Band 254 Ralf Schäfer: Die Rechtsstellung der Haigerlocher Juden im Fürstentum Hohenzollern-Sigmaringen von 1634-1850. Eine rechtsgeschichtliche Untersuchung. 2002.

Band 255 Regine Schmalhorst: Die Tierhalterhaftung im BGB von 1896. Die Entstehung und Änderung des § 833 BGB sowie eine Analyse der Rechtsprechung des Reichsgerichts bis 1908. 2002.

Band 256 Thomas Hense: Konrad Beyerle. Sein Wirken für Wissenschaft und Politik in Kaiserreich und Weimarer Republik. 2002.

Band 257 Christian Mahlmann: Die Strafrechtswissenschaft der DDR. Klassenkampftheorie und Verbrechenslehre. 2002.

Band 258 Henning Kahmann: Die Bankiers von Jacquier & Securius 1933–1945. Eine rechtshistorische Fallstudie zur "Arisierung" eines Berliner Bankhauses. Mit einem Geleitwort von John Kornblum. 2002.

Band 259 Volker Friedrich Drecktrah: Die Gerichtsbarkeit in den Herzogtümern Bremen und Verden und in der preußischen Landdrostei Stade von 1715 bis 1879. 2002.

Band 260 Andreas Klass: Standes- oder Leistungselite? Eine Untersuchung der Karrieren der Wetzlarer Anwälte des Reichskammergerichts (1693-1806). 2002.

Band 261 Wolfgang Eder: Das italienische Tribunale Speciale per la Difesa dello Stato und der deutsche Volksgerichtshof. Ein Vergleich zwischen zwei politischen Gerichtshöfen. 2002.

Band 262 Albrecht Cordes / Bernd Kannowski (Hrsg.): Rechtsbegriffe im Mittelalter. 2002.

Band 263 Thomas Hildebrandt: Die Brandenburgischen Provinziallandtage von 1841, 1843, und 1845 anhand ausgewählter Verhandlungsgegenstände. 2002.

Band 264 Jan Finzel: Georg Adam Struve (1619-1692) als Zivilrechtler. 2003.

Band 265 Björn Carsten Frenzel: Das Selbstverständis der Justiz nach 1945. Analyse der Rolle der Justiz unter Berücksichtigung der Reden zur *Wiedereröffnung* der Bundes- und Oberlandesgerichte. 2003.

Band 266 Nils Reichhelm: Die marxistisch-leninistische Staats- und Rechtstheorie Karl Polaks. 2003.

Band 267 Raik Schneider: Altrechtliche Personenzusammenschlüsse. Ihre Entwicklung unter besonderer Berücksichtigung des Rechts des Großherzogtums Sachsen-Weimar-Eisenach sowie der Herzogtümer Sachsen-Meiningen und Sachsen-Gotha. 2003.

Band 268 Anke Meier: Die Geschichte des deutschen Konkursrechts, insbesondere die Entstehung der Reichskonkursordnung von 1877. 2003.

Band 269 Stefan Jens Jordan: Leben und Werk des Tübinger Rechtsprofessors Wilhelm Gottlieb Tafinger 1760-1813. 2003.

Band 270 Stefanie Hubig: Die historische Entwicklung des § 23 ZPO. Zum Ursprung und Fortleben des Vermögensgerichtsstandes im deutschen Prozeßrecht des 19. Jahrhunderts. 2003.

Band 271 Michael G. Perband: Der Grundsatz der freien Beweiswürdigung im Zivilprozeß (§ 286 ZPO) in der Rechtsprechung des Reichsgerichts. 2003.

Band 272 Mathias Bouveret: Die Stellung des Staatsoberhauptes in der parlamentarischen Diskussion und Staatsrechtslehre von 1848 bis 1918. 2003.

Band 273 Barbara Széchényi: Rechtliche Grundlagen bayerischer Zensur im 19. Jahrhundert. 2003.

Band 274 Sylvia Scharfenberg: Die Entstehungsgeschichte des Beurkundungsgesetzes vom 28. August 1969. 2003.

Band 275 Urte Nesemann: Die schwedische Familiengesetzgebung von 1734 bis zu den Reformgesetzen von 1915 bis 1920 und deren Einfluss auf die Gesetzgebungsprojekte der Weimarer Republik. Unter besonderer Berücksichtigung der Rechtsstellung der Frau und des unehelichen Kindes. 2003.

Band 276 Alexandra Brück: Die Polizeiordnung Herzog Christians von Braunschweig-Lüneburg vom 6. Oktober 1618. 2003.

Band 277 Torsten Landwehr: Das Kommissionsgeschäft in Rechtswissenschaft, Gesetzgebung und Rechtspraxis vom 16. bis zum Ende des 18. Jahrhunderts. 2003.

Band 278 Tassilo Wilhelm Maria Englert: Deutsche und italienische Zivilrechtsgesetzgebung von 1933–1945. Parallelen in der Rechtsetzung und gegenseitige Beeinflussung unter besonderer Berücksichtigung des Familien- und Erbrechts. 2003.

Band 279 Tobias Prang: Der Schutz der Versicherungsnehmer bei der Auslegung von Versicherungsbedingungen durch das Reichsgericht. 2003.

Band 280 Thorsten Lieb: Privileg und Verwaltungsakt. Handlungsformen der öffentlichen Gewalt im 18. und 19. Jahrhundert. 2004.

Band 281 Michael Rühling: Das Ladenschlussgesetz vom 28. November 1956. Vorgeschichte, Entstehung des Gesetzes und weitere Entwicklung. 2004.

Band 282 Kathrin Nawotki: Die schleswigsche Deichstavengerechtigkeit. Vom 17. Jahrundert bis in die Gegenwart. Eine gewohnheitsrechtliche Superfizies an nordfriesischen Deichgrundstücken und ihre Entwicklung. 2004.

Band 283 Erik Nils Voigt: Die Gesetzgebungsgeschichte der militärischen Ehrenstrafen und der Offizierehrengerichtsbarkeit im preußischen und deutschen Heer von 1806 bis 1918. 2004.

Band 284 Dorothea Riedi Hunold: Die Einführung der allgemeinen Wechselfähigkeit in der Schweiz in der zweiten Hälfte des 19. Jahrhunderts. Unter besonderer Berücksichtigung der politischen, wirtschaftlichen und sozialen Verhältnisse. 2004.

Band 285 Thomas Gergen: Pratique juridique de la paix et trêve de Dieu à partir du concile de Charroux (989–1250). Juristische Praxis der Pax und Treuga Dei ausgehend vom Konzil von Charroux (989–1250). 2004.

Band 286 Kathrin Bethkenhagen: Die Entwicklung des Luftrechts bis zum Luftverkehrsgesetz von 1922. 2004.

Band 287 Heiko Lüpkes: Die Verbrechen der Diener des Staats im Allgemeinen Landrecht für die Preußischen Staaten von 1794 und ihre Entwicklung zu den Vergehen und Verbrechen im Amte im Strafgesetzbuch für die Preußischen Staaten von 1851. 2004.

Band 288 Mirco Peter Hirsch: Von der Erbbescheinigung des Preußischen Rechts zum Erbschein des Bürgerlichen Gesetzbuchs. 2004.

Band 289 Bettina Günther: Die Behandlung der Sittlichkeitsdelikte in den Policeyordnungen und der Spruchpraxis der Reichsstädte Frankfurt am Main und Nürnberg im 15. bis 17. Jahrhundert. 2004.

Band 290 Seunghyeon Seong: Der Begriff der *nicht gehörigen Erfüllung* aus dogmengeschichtlicher und rechtsvergleichender Sicht. 2004.

Band 291 Steffen-Werner Meyer: Bemühungen um ein Reichsgesetz gegen den Büchernachdruck. Anläßlich der Wahlkapitulation Leopolds II. aus dem Jahre 1790. 2004.

Band 292 Ulrich Löffler: Instrumentalisierte Vergangenheit? Die nationalsozialistische Vergangenheit als Argumentationsfigur in der Rechtsprechung des Bundesverfassungsgerichts. 2004.

Band 293 Norbert Koch: Die Entwicklung des deutschen privaten Immissionsschutzrechts seit Beginn der Industrialisierung. Unter besonderer Berücksichtigung des Einflusses der höchstrichterlichen Rechtsprechung. 2004.

Band 294 Julius Ludwig Pfeiffer: Das Tierschutzgesetz vom 24. Juli 1972. Die Geschichte des deutschen Tierschutzrechts von 1950 bis 1972. 2004.

Band 295 Bert-Hagen Strodthoff: Die richterliche Frage- und Erörterungspflicht im deutschen Zivilprozeß in historischer Perspektive. 2004.

Band 296 Tim Kannewurf: Die Höfeordnung vom 24. April 1947. Entstehungsgeschichte und Einordnung in die Entwicklung des Anerbenrechts. 2004.

Band 297 Steffi Heine: Die Methodendiskussion nach Inkrafttreten des Bürgerlichen Gesetzbuches und die Gründung des Vereins *Recht und Wirtschaft*. 2004.

Band 298 Anne Marlene Simon-Holtorf: Geschichte des Familienwahlrechts in Frankreich (1871 bis 1945). 2004.

Band 299 Jürgen Busch: Das Germanenbild der deutschen Rechtsgeschichte. Zwischen Wissenschaft und Ideologie. Mit einem Vorwort von Herwig Wolfram. 2004.

Band 300 Jan Kohlmann: Der Marsch zu den Gräbern von Karl und Rosa. Geschichte eines Gedenktages. 2004.

Band 301 Christian Rainer Schlicht: Die kumulative Schuldübernahme in der Rechtsprechung des Reichsgerichts und in der zeitgenössischen Literatur. 2004.

Band 302 Hans Peter Glöckner: Positive Vertragsverletzung. Die Geburt eines Rechtsinstituts. 2006.

Band 303 João Manuel Azevedo Alexandrino Fernandes: Die Theorie der Interpretation des Gesetzes bei Francisco Suárez. 2005.

Band 304 René Funk: Die Wahlprüfung der volksgewählten Abgeordneten der Volksvertretungen im Frühkonstitutionalismus. Eine Untersuchung der Wahlprüfung in den Kammern der Abgeordneten des Großherzogtums Baden, des Königreichs Württemberg und des Großherzogtums Hessen. 2005.

Band 305 Carolin O'Sullivan. Die Ahndung von Rechtsbrüchen der Seeleute im mittelalterlichen hamburgischen und hansischen Seerecht (1301–1482). 2005.

Band 306 Martin Jürgens: Staat und Reich bei Ernst Rudolf Huber. Sein Leben und Werk bis 1945 aus rechtsgeschichtlicher Sicht. 2005.

Band 307 Florian G. Dürselen: Franz Beyerle (1885–1977). Leben, Ära und Werk eines Rechtshistorikers. 2005.

Band 308 Kai Bandilla: Urheberrecht im Kaiserreich. Der Weg zum Gesetz betreffend das Urheberrecht an Werken der Literatur und Tonkunst vom 19. Juni 1901. 2005.

Band 309 Stefan Mieth: Die Entwicklung des Denkmalrechts in Preußen 1701–1947. 2005.

Band 310 Catharina Lodemann: Die Geschichte des französischen *acte de gouvernement*. 2005.

Band 311 Christina Wicke: Kodifikationsbestrebungen und Wissenschaft in Hessen-Darmstadt im vorkonstitutionellen Zeitalter. Zu der Beteiligung der Gießener Rechtsprofessoren an den Gesetzgebungsarbeiten in Hessen-Darmstadt in der Zeit zwischen 1769 und 1820. 2005.

Band 312 Christiane Chlosta: Nur dem Gesetz unterworfen? Eine rechtsgeschichtliche Untersuchung zu Idee und Wirklichkeit richterlicher Gesetzestreue unter besonderer Berücksichtigung der Aufwertungsrechtsprechung und des richterlichen Prüfungsrechts. 2005.

Band 313 Kathrin Dirr: Hoheitsrechtliche Streitigkeiten zwischen den Kölner Erzbischöfen und der Stadt Köln auf Grundlage reichskammergerichtlicher Verfahren des 16. und 17. Jahrhunderts. 2005.

Band 314 Michael Racky: Die Diskussion über Gewaltenteilung und Gewaltentrennung im Vormärz. 2005.

Band 315 Petra Thiemrodt: Die Entstehung des Staatshaftungsgesetzes der DDR. Eine Untersuchung auf der Grundlage von Materialien der DDR-Gesetzgebungsorgane mit zeitgeschichtlichen Bezügen. 2005.

Band 316 Julius F. Reiter: Entstehung und staatsrechtliche Theorie der italienischen *Carta del Lavoro*. 2005.

Band 317 André Book: Die Justizreform in der Frühzeit der Bundesrepublik. Die Beratungen der Kommission zur Vorbereitung einer Reform der Zivilgerichtsbarkeit in den Jahren 1955 bis 1961. 2005.

Band 318 Frank Zentz: Das amerikanische Strafverfahren als Element der Besatzungspolitik in Deutschland. Erziehung zur Demokratie durch den *Court of Appeals* 1948–1955. 2005.

Band 319 Friederike Quaisser: Mietrecht im 19. Jahrhundert. Ein Vergleich der mietrechtlichen Konzeptionen im Allgemeinen Landrecht für die Preußischen Staaten von 1794 und dem gemeinen Recht. 2005.

Band 320 Stefan Burghard: Professor Dr. Wilhelm Kahl – Leben zwischen Wissenschaft und Politik. 2005.

Band 321 Günter Baranowski: Die *Russkaja Pravda* – ein mittelalterliches Rechtsdenkmal. 2005.

Band 322 Christina Schneider: Die SS und „das Recht". Eine Untersuchung anhand ausgewählter Beispiele. 2005.

Band 323 Werner Schubert (Hrsg.): Zivilprozessreform in der Weimarer Zeit. Quellen zur Emminger-Zivilprozessverordnung vom 13.2.1924 und zu den Arbeiten der Zivilprozesskommission des Reichsjustizministeriums (1922–1930). Eingeleitet und herausgegeben von Werner Schubert. 2005.

Band 324 Felix Gaul: Der Jurist Rudolf Isay (1886–1956). Ein verantwortungsbewusster Vermittler im Spannungsfeld zwischen dynamischer Rechtsschöpfung, ökonomischem Wandel und technischem Fortschritt. 2005.

Band 325 Konstanze Braun: Dr. Otto Georg Thierack (1889–1946). 2005.

Band 326 Eckart Klein / Stefan Chr. Saar / Carola Schulze (Hrsg.): Zwischen Rechtsstaat und Diktatur. Deutsche Juristen im 20. Jahrhundert. 2006.

Band 327 Stefan Botor: Das *Berliner Sühneverfahren* – Die letzte Phase der Entnazifizierung. 2006.

Band 328 Andreas Köhler: Die Sorgerechtsregelungen bei Ehescheidung seit 1945. Scheidungsstrafe und verordnete Gemeinsamkeit. 2006

Band 329 Lars Düwel: Die Nichtigkeit und Anfechtbarkeit der Ehe in der Rechtsprechung des Reichsgerichts zwischen 1900 und 1945. 2006.

Band 330 Katalin Polgar: Das Oberappellationsgericht der vier freien Städte Deutschlands (1820–1879) und seine Richterpersönlichkeiten. 2007.

Band 331 Julia Schweitzer: Schiffer und Schiffsmann in den Rôles d'Oléron und im Llibre del Consolat de Mar. Ein Vergleich zweier mittelalterlicher Seerechtsquellen. 2007.

Band 332 Diana-Catharina Kurtz: Das Institut der Adoption im preußischen Allgemeinen Landrecht und im französischen Code civil zwischen Rezeption römisch-rechtlicher Prinzipien und verändertem Familienverständnis. 2006.

Band 333 Dino Joakim Duderstadt: Spiel, Wette und Differenzgeschäft (§§ 762–764 BGB) in der Rechtsprechung des Reichsgerichts und in der zeitgenössischen Literatur. 2007.

Band 334 Ronald Hoffmann: Die Domänenfrage in Thüringen. Über die vermögensrechtlichen Auseinandersetzungen mit den ehemaligen Landesherren in Thüringen nach dem Ersten Weltkrieg. 2006.

Band 335 Joachim Windmüller: *Ohne Zwang kann der Humanismus nicht existieren...* – „Asoziale" in der DDR. 2006.

Band 336 Sven Christian Gläser: Die Mediatisierung der Grafschaft Wertheim. Der juristische Kampf eines kleinen Reichsstandes gegen den Verlust der Landesherrschaft und seine Folgen. 2006.

Band 337 Benjamin Schleyer: Friedrich Wilhelm Bornemann (1798–1864). Eine Juristenkarriere im Preußen des 19. Jahrhunderts. 2006.

Band 338 Die Reform des Ehescheidungsrechts von 1976. Quellen zum Ersten Gesetz vom 14.6.1976 zur Reform des Ehe- und Familienrechts (Parlamentarische Ausschussprotokolle – Anglikanische Denkschrift von 1966 zur Scheidungsrechtsreform – Schlussabstimmung 1969 in der Eherechtskommission des Bundesministeriums der Justiz). Eingeleitet und herausgegeben von Werner Schubert. 2006.

Band 339 Andreas Feld: Das Bayerische Gesetz zum Schutz des Eigentums an Erzeugnissen der Literatur und Kunst gegen Nachdruck vom 15.04.1840. Vorgeschichte und Zustandekommen. 2007.

Band 340 Bernd Wörner: Adelbert Düringers Einfluß als Richter am Reichsgericht in Leipzig auf dem Gebiet des Personengesellschaftsrechts. 2007.

Band 341 Jan Jelle Kähler: Französisches Zivilrecht und französische Justizverfassung in den Hansestädten Hamburg, Lübeck und Bremen (1806–1815). 2007.

Band 342 Jörn Eckert / Pia Letto-Vanamo / Kjell Å. Modéer (Hrsg.): Juristen im Ostseeraum. Dritter Rechtshistorikertag im Ostseeraum 20.–22. Mai 2004. 2007.

Band 343 Ferdinand von Weyhe: A.E. Wassermann. Eine rechtshistorische Fallstudie zur „Arisierung" zweier Privatbanken. 2007.

Band 344 Martin Klaus Römermann: Kündigungen und Kündigungsschutz im Franquismus. 2007.

Band 345 Thomas Hoffmann: Der Landrechtsentwurf David Hilchens von 1599. Ein livländisches Rechtszeugnis polnischer Herrschaft. 2007.

Band 346 Ingo Ullmann: Die rechtliche Behandlung holsteinischer Leibeigener um die Mitte des 18. Jahrhunderts. Dargestellt unter besonderer Berücksichtigung der Schmoeler Leibeigenschaftsprozesse von 1738 bis 1743 sowie von 1767 bis 1777. 2007.

Band 347 Petra Fischer-Langosch: Die Entstehungsgeschichte des Familiengesetzbuches der DDR von 1965. 2007.

Band 348 Lasse O. Johannsen: Die rechtliche Behandlung ausreisewilliger Staatsbürger in der DDR. 2007.

Band 349 Ralf Schlottau: Deutsche Kolonialrechtspflege. Strafrecht und Strafmacht in den deutschen Schutzgebieten 1884 bis 1914. 2007.

Band 350 Hartwig Brandt / Ewald Grothe (Hrsg.): Rheinbündischer Konstitutionalismus. 2007.

Band 351 Nora Lutze: Der Verwandtenunterhalt nach den §§ 1601 bis 1603 und §§ 1610 bis 1612 BGB in der Rechtsprechung des Reichsgerichts. Unter Berücksichtigung der Entstehung des BGB. 2007.

Band 352 Frank Thiäner: Das Verhältnis von Aufsichtsrat und Abschlussprüfern in der rechtshistorischen Entwicklung bis 1937. 2007.

Band 353 Britta Heymann: Ernst Melsheimer (1897–1960). Eine juristische Karriere in verschiedenen staatlichen Systemen. Mitarbeiter im Preußischen Justizministerium in der Weimarer Republik, im Justizministerium Preußens und des Reiches sowie Richter am Kammergericht in der NS-Zeit und Erster Generalstaatsanwalt der Deutschen Demokratischen Republik. 2007.

Band 354 Susanne Adlberger: Wilhelm Kisch – Leben und Wirken (1874–1952). Von der Kaiser-Wilhelms-Universität Straßburg bis zur nationalsozialistischen Akademie für Deutsches Recht. 2007.

Band 355 Moritz Waibel: Josef Berchtold (1833–1894). Ein Leben gegen den Ultramontanismus. 2007.

Band 356 Aline Levin: Erinnerung? Verantwortung? Zukunft? Die Beweggründe für die gemeinsame Entschädigung durch den deutschen Staat und die deutsche Industrie für historisches Unrecht. 2007.

Band 357 Ferdinand Krause: Die hergebrachten Grundsätze des Berufsbeamtentums. Eine rechtshistorische Analyse. 2008.

Band 358 André Tiebel: Die Entstehung der Schutztruppengesetze für die deutschen Schutzgebiete Deutsch-Ostafrika, Deutsch-Südwestafrika und Kamerun (1884–1898). 2008.

Band 359 Holger Ruff: Sittenwidrige Rechtsgeschäfte in der späten Kaiserzeit. Die Entwicklung der reichsgerichtlichen Rechtsprechung zu § 138 BGB von 1900 bis 1914. 2007.

Band 360 Frank Rohrer: Strafjustiz im Dritten Reich und in der SBZ/DDR. Die personelle und organisatorische Neuordnung des Justizapparates in den totalitären Diktaturen (1933–1955) mit ihren Auswirkungen auf die Rechtsprechung zum politischen Strafrecht. 2007.

Band 361 Hans-Georg Knothe / Marc Liebmann (Hrsg.): Gerichtskultur im Ostseeraum. Vierter Rechtshistorikertag im Ostseeraum. 18.–20. Mai 2006 in Greifswald. 2007.

Band 362 Christina Meß: Das Vertragsrecht bei Adam Smith. 2008.

Band 363 Quellen zur dänischen Rechts- und Verfassungsgeschichte (12.–20. Jahrhundert). Herausgegeben von Ditlev Tamm, Werner Schubert und Jens Ulf Jørgensen. 2008.

Band 364 Günter Baranowski: Die Gerichtsurkunde von Pskov. 2008.

Band 365 Mark Spengler: Die Entstehung des Scheckgesetzes vom 11. März 1908. 2008.

Band 366 Ivan Biliarsky / Radu G. Păun (eds./éds.): The Biblical Models of Power and Law. Les modèles bibliques du pouvoir et du droit. Papers of the International Conference, Bucharest, New Europe College 2005. Actes du colloque international, Bucarest, New Europe College 2005. 2008.

Band 367 Thomas A. Roth: Ausgestaltungen der Rechtsfähigkeit im 19. und 20. Jahrhundert. Zur Rechtspersönlichkeit natürlicher Personen in den bedeutenden deutschen Zivilrechtsordnungen. 2008.

Band 368 Björn Alexander Rautenberg: Der Fiskal am Reichskammergericht. Überblick und exemplarische Untersuchungen vorwiegend zum 16. Jahrhundert. 2008.

Band 369 Thorsten Miederhoff: *Man erspare es mir, mein Juristenherz auszuschütten.* Dr. iur. Kurt Tucholsky (1890–1935). Sein juristischer Werdegang und seine Auseinandersetzung mit der Weimarer Strafrechtsreformdebatte am Beispiel der Rechtsprechung durch Laienrichter. 2008.

Band 370 Philipp Nordloh: Kölner Zunftprozesse vor dem Reichskammergericht. 2008.

Band 371 Judith Freund: Die Wechselverpflichtung im 19. Jahrhundert. 2008.

Band 372 Hans-Michael Empell: Gutenberg vor Gericht. Der Mainzer Prozess um die erste gedruckte Bibel. 2008.

Band 373 Rainer Schröder: Die DDR-Ziviljustiz im Gespräch – 26 Zeitzeugeninterviews. 2008.

Band 374 Christian Neschwara: Die Lebenserinnerungen eines österreichischen Juristen aus der Zeit des Vormärz. „Selbstbiographische Skizzen" des Freiherrn Karl Josef Pratobevera (1769–1853) herausgegeben aus dem Familienarchiv. 2008.

Band 375 Stefan Ullrich: Untersuchungen zum Einfluss des lübischen Rechts auf die Rechte von Bergen, Stockholm und Visby. 2008.

Band 376 Johanna Gertrude Schmitzberger: Das nationalsozialistische Nebenstrafrecht 1933 bis 1945. 2008.

Band 377 Christian Brom: Urteilsbegründungen im „Hoge Raad van Holland, Zeeland en West-Friesland" am Beispiel des Kaufrechts im Zeitraum 1704–1787. 2008.

Band 378 Christian Böse: Die Entstehung und Fortbildung des Reichserbhofgesetzes. 2008.

www.peterlang.de